U0160929

岩土力学与工程离散单元法

Fundamentals of Discrete Element Methods for Rock Engineering: Theory and Applications

井兰如（Lanru Jing）〔瑞典〕奥文·斯特凡松（Ove Stephansson）著

王者超 乔丽苹 杨典森 译

科学出版社

北京

图字：01-2021-3718 号

内 容 简 介

本书主要介绍了岩土力学与工程离散单元法的基本原理、数值方法与应用案例，包括：绪论，块体系统的运动、变形和传热控制方程，岩石裂隙和岩体本构模型，裂隙岩体中流体流动的基本控制方程和流动模型，裂隙系统的现场测绘和随机模拟，数值软件中块体系统识别、追踪和构建的方法与过程，显式离散单元法、非连续变形分析方法、离散裂隙网络方法的基本原理和应用，颗粒材料离散单元法的基本原理以及离散单元法在地质、地球物理和岩石工程中的经典应用案例。

本书是井兰如(Lanru Jing)和奥文 · 斯特凡松(Ove Stephansson)教授所著 *Fundamentals of Discrete Element Methods for Rock Engineering*: *Theory and Applications* 的中文译本，可作为高等院校土木工程、矿业工程、水利工程和地质工程等专业高年级本科生和研究生教材，也可供相关领域研究人员、数值方法开发人员和相关行业专业技术人员使用或参考。

图书在版编目（CIP）数据

岩土力学与工程离散单元法 / 井兰如（Lanru Jing），（瑞典）奥文 · 斯特凡松（Ove Stephansson）著；王者超，乔丽苹，杨典森译. —北京：科学出版社，2022.6

书名原文: Fundamentals of Discrete Element Methods for Rock Engineering: Theory and Applications

ISBN 978-7-03-072384-0

Ⅰ. ①岩…　Ⅱ. ①井…　②奥…　③王…　④乔…　⑤杨…　Ⅲ. ①岩土工程-工程计算　Ⅳ. ①TU4

中国版本图书馆 CIP 数据核字（2022）第 089910 号

责任编辑：牛宇锋　乔丽维 / 责任校对：任苗苗
责任印制：师艳茹 / 封面设计：十样花

科学出版社 出版
北京东黄城根北街 16 号
邮政编码：100717
http://www.sciencep.com

河北鹏润印刷有限公司 印刷

科学出版社发行　各地新华书店经销

*

2022 年 6 月第　一　版　开本：720 × 1000　B5
2022 年 6 月第一次印刷　印张：35 3/4
字数：694 000

定价：268.00 元

（如有印装质量问题，我社负责调换）

Fundamentals of Discrete Element Methods for Rock Engineering: Theory and Applications
Lanru Jing, Ove Stephansson
ISBN: 978-0-444-82937-5
Copyright © 2007 Elsevier B.V. All rights reserved
Authorized Chinese translation published by China Science Publishing & Media Ltd. (Science Press).

《岩土力学与工程离散单元法》（王者超 乔丽苹 杨典森 译）
ISBN: 978-7-03-072384-0
Copyright © Elsevier B.V. and China Science Publishing & Media Ltd.(Science Press). All rights reserved.
No part of this publication may be reproduced or transmitted in any form or by any means, electronic or mechanical, including photocopying, recording, or any information storage and retrieval system, without permission in writing from Elsevier (Singapore) Pte Ltd. Details on how to seek permission, further information about the Elsevier's permissions policies and arrangements with organizations such as the Copyright Clearance Center and the Copyright Licensing Agency, can be found at our website: www.elsevier.com/permissions.
This book and the individual contributions contained in it are protected under copyright by Elsevier B.V. and China Science Publishing & Media Ltd.
(Science Press) (other than as may be noted herein).

This edition of Fundamentals of Discrete Element Methods for Rock Engineering: Theory and Applications is published by China Science Publishing & Media Ltd. (Science Press) under arrangement with Elsevier B.V.
This edition is authorized for sale in China only, excluding Hong Kong, Macau and Taiwan. Unauthorized export of this edition is a violation of the Copyright Act. Violation of this Law is subject to Civil and Criminal Penalties.

本版由 Elsevier B.V.授权中国科技出版传媒股份有限公司（科学出版社）在中国大陆地区（不包括香港、澳门以及台湾地区）出版发行。
本版仅限在中国大陆地区（不包括香港、澳门以及台湾地区）出版及标价销售。
未经许可之出口，视为违反著作权法，将受民事及刑事法律之制裁。
本书封底贴有 Elsevier 防伪标签，无标签者不得销售。

注　意

本书涉及领域的知识和实践标准在不断变化。新的研究和经验拓展我们的理解，因此须对研究方法、专业实践或医疗方法作出调整。从业者和研究人员必须始终依靠自身经验和知识来评估和使用本书中提到的所有信息、方法、化合物或本书中描述的实验。在使用这些信息或方法时，他们应注意自身和他人的安全，包括注意他们负有专业责任的当事人的安全。在法律允许的最大范围内，爱思唯尔、译文的原文作者、原文编辑及原文内容提供者均不对因产品责任、疏忽或其他人身或财产伤害及/或损失承担责任，亦不对由于使用或操作文中提到的方法、产品、说明或思想而导致的人身或财产伤害及/或损失承担责任。

译 者 序

数值模拟技术已成为岩土工程建设不可或缺的重要工具之一。过去几十年，世界各国岩土工程建设得到蓬勃发展，建成了一批规模宏大、技术先进的重大工程。这些工程的顺利建设离不开岩土数值模拟技术的快速发展，随着工程建设规模和难度不断增加，岩土工程数值模拟理论和技术也得到了长足发展。岩土工程数值计算方法已由最初的基于连续介质理论的有限单元法(FEM)、有限差分法(FDM)和边界单元法(BEM)等发展到基于非连续介质理论的离散单元法(DEM)、非连续变形分析(DDA)方法等，以及包含连续和非连续介质的耦合算法，如 DEM 与 FEM 的耦合算法等。基于连续介质力学理论的数值方法假设整个物理过程中岩土材料是连续的,它适用于模拟无裂隙或少裂隙且发生小变形的岩土工程问题。而对于非连续介质，特别是不同尺寸和不同性质的裂隙相交的岩体，连续介质理论的数值模拟技术难以真实反映介质的非连续性。基于非连续理论的离散单元法，将裂隙岩体视为由岩块和裂隙组成的离散系统，将土体视为由颗粒组成的离散集合体，将问题域划分为独立单元的组合，因此可以解决非连续求解难题。

目前离散单元法在岩土工程中得到了广泛应用，但无论是相关商业软件还是研究人员自行开发的计算程序，其理论基础介绍并不全面、系统。对有意使用离散单元法解决工程问题的学者和专业技术人员来说，掌握数值分析方法的基础理论,进一步根据工程问题开发或选择合适的离散单元法成为摆在他们面前的难题。因此,我们组织翻译了井兰如(Lanru Jing)教授和奥文 · 斯特凡松(Ove Stephansson)教授的著作 *Fundamentals of Discrete Element Methods for Rock Engineering*:*Theory and Applications*。原著总结了近二十年离散单元法的发展成果，全面介绍了离散单元法的基本理论及其在岩土工程中的相关应用。我们希望本书能够为工程师、学者和研究人员提供一个基础，帮助大家进行更深入的研究，解决工程中遇到的难题。全书共 12 章，第 1 章为绪论，介绍岩土工程离散单元法提出的背景、方法特征与发展历程；第 2～4 章为离散单元法基础知识，包含运动、变形、流体流动和传热等部分的基本控制方程;第 5～7 章为裂隙系统的表征与块体模型的构建方法；第 8～11 章为离散单元法介绍，包括块体系统的显式离散单元法、非连续变形分析方法、用于流体流动分析的离散裂隙网络法以及颗粒材料离散单元法；第 12 章为离散单元法的应用算例。

感谢原著作者井兰如教授和奥文 · 斯特凡松教授的辛勤工作，两位学者所总结的离散单元法理论与数值方法在岩土工程领域产生了广泛影响，为深入理解和广泛推广离散单元法做出了重要贡献。本书的翻译过程得到了原著作者的大力支持：井兰如教授参加了本书的全文审阅修订工作，提出了许多宝贵意见，帮助译者提高了认识水平与翻译质量；奥文 · 斯特凡松教授帮助译者查找原书图表，并欣然答应译著出版后帮助译者进行推广，但遗憾的是，奥文 · 斯特凡松于 2020 年 2 月不幸辞世。本书译者衷心感谢两位教授给予的大力支持与热心帮助，也谨以本书向两位教授致以崇高的敬意。

离散单元法是译者开设的一门岩土工程特色课程，最早于 2015～2016 学年面向山东大学岩土工程专业研究生开设。课程授课材料在本书原著内容基础上翻译制作，此后六年间逐步完善，至 2021 年完成了全书翻译工作。在此过程中，团队研究生李崴、刘杰、刘欢、杨金金、郭家繁、岳伟平、张宇鹏、孙华阳、杨磊、李康林、钟盛燃、王小倩、李佳佳、苏国锋、石伟川、郑天、李成、冯浩、卢卫莉、马广原、李秉胤、赵金萌、贾文杰、秦镭镭、易云佳、李傲等做了大量工作，特此致谢。

感谢国家自然科学基金项目(51779045)、辽宁省“兴辽英才计划”项目(XLYC1807029)、辽宁省自然科学基金优秀青年基金计划项目(2019-YQ-02)、东北大学研究生教材建设项目《离散单元法》、教育部第二批新工科研究与实践项目(E-KYDZCH20201807)对本书译制出版的资助。

由于本书译者水平有限，书中难免存在不足之处，恳请广大专家和读者不吝指教。

译　者

2022 年 2 月

原　书　序

为协调地设计地上和地下岩土工程结构，我们需要特定的模型来预测未来情况，例如，在某种岩体中以某一方向和深度建造一个特定尺寸和形状的隧道，将会发生什么？为了使预测结果更加准确，模型必须在最大程度上反映岩体实际情况：模型应包含必要的物理变量、机理和相关参数，并能够模拟工程活动引起的扰动。我们需要能够反映岩体不连续、不均匀、各向异性和非弹性等特性的力学模型，特别是能够模拟岩体中的裂隙，以及由岩体组成的块体系统的力学模型。因此，离散单元模型的研究对岩石工程结构的成功模拟起到至关重要的作用，而这些结构采用不同方式建造，进而推进人类文明发展。

因为支持工程设计的离散元模型必须是现实的，并且只有理解模型的组成、运行规则和输入输出参数的含义，人们才能审核模型的运行和输出，所以理解 *Fundamentals of Discrete Element Methods for Rock Engineering: Theory and Applications* 一书的内容非常重要。与其他许多工程学科不同，在岩石工程中，我们很少能验证模型输出结果，因此必须花费更多的精力来确保计算机中的模型能良好构建岩体的特性。

幸运地是，该书的两位作者井兰如和奥文·斯特凡松，在百忙之中抽出时间来撰写这本权威著作。他们是这一领域的专家，对离散元模型中岩体几何学和力学有足够的了解。该书从基本原理上系统地解释了这一主题的各个方面，此外，该书编写清晰，能让读者读过后完整理解作者对主题。

当我阅读这本书的稿件时，编写的顺序、对方法的强调、博学的知识、清晰的风格和准确的阐述吸引着我继续阅读，加上整体建模的目的是预测未来的情况，这就让我想起了亚里士多德的哲学。亚里士多德是柏拉图的学生和亚历山大大帝的导师。亚里士多德认为物体有四个因：“质料因”，物体是由材料制造的；“形式因”，材料的整合形式；“动力因”，创造物体的对象或力量；“目的因”，创造物体的目的。在该书背景中，“质料因”是岩体，“形式因”是基于模型的岩体工程设计，“动力因”是岩体施工过程，“目的因”是可操作的工程功能。亚里士多德认为，四个因的解释能够完全抓住所描述物体的意义和现实性。

此外，亚里士多德认为未来的拉力比过去的推力更重要，因为在他的目的论方法中，一个物体的性质与它的目标有着不可分割的联系。基于离散单元法，我们不需要在早期理想弹性连续体模型上开展更多工作，而是将可以更真实地反映裂隙的新模型推向前进。他还说：“受过教育头脑的标志是，当只能接近真相时可以接受事物本质所能达到的精确程度，而不追求绝对准确”——这也是作者在该书解释中反复出现的暗示。

最后，亚里士多德认为幸福是通过使用我们的心智才能和修行智德实现的。因此，我希望所有读者，将自己对离散单元模型的理解与真实表征岩体和模拟物理机制的总体目标相结合，就能像我一样高兴地从头到尾阅读这本书。

John A. Hudson 教授
英国皇家工程院院士
帝国理工学院岩石工程顾问
2007～2011 年国际岩石力学学会(ISRM)主席

原 书 前 言

这本书总结了我们在过去二十年内与离散单元法(DEM)及其在岩石力学和岩石工程中的应用相关的合作教学和研究工作。我们并不打算在本书中全面介绍DEM领域的最新前沿研究课题或者其在地球科学和地球工程中的应用,因为进展太过迅速。我们主要介绍DEM基本理论和方法,以及它们背后的基本概念和DEM的历史发展及其在地质学、地球物理学和岩石工程中的广泛应用。我们希望,有了这个适度的目标,本书可能会对更多的实践工程师、学生和研究人员有更大的帮助和用处,并成为更先进、更深入的研究起步平台。

与绝大部分关于DEM的书籍不同,本书涵盖了显式和隐式DEM方法,即刚性块体和可变形块体及颗粒系统的离散元方法和非连续变形分析(DDA),以及流体流动模拟的离散裂隙网络方法(DFN)。实际上,后者对于岩石力学和岩石工程来说也是一种重要的离散方法。此外,本书还简要介绍了一些其他方法,如逾渗理论和颗粒系统的Cosserat微观力学等效方法,在文献中这些方法经常与DEM同时出现。

我们介绍了离散系统运动、变形、流体流动和传热控制方程的基本原理,内容深度与目前常用的DEM程序计算原理相当。本书着重聚焦于岩石裂隙的本构模型和裂隙系统表征方法,这两个问题是DEM的基本组成部分,同时对DEM模型性能和不确定性也具有重要影响。

离散单元法由显式离散单元法创始人P. A. Cundall博士以及DDA、块体理论和数值流形方法的创始人石根华博士开创并持续发展。作者从他们那里学到了DEM的基本知识,并不断受到启发和鼓励。这本书只介绍了一些显式离散单元法和DDA的基础知识,而这只是他们杰出贡献的一小部分。

本书第一作者特别感谢中国学者于学馥教授,他在20世纪70年代末带领作者进入岩石力学和数值模拟领域,并提供了持续的指导和鼓励。

我们要感谢Itasca咨询集团有限公司的朋友们,特别是D. Hart博士和L. Lorig博士,感谢他们在过去几十年中持续的支持和帮助。

我们要特别感谢我们已毕业和在读的博士生,尤其是F. Lanaro、K. B. Min、T. Koyama和A. Baghbanan,他们对本书中的一些重要结果做出了巨大贡献,并在图片方面提供了帮助。

对于显式DEM方法的介绍(第8章),我们在很大程度上依赖于Itasca公司的程序，即UDEC、3DEC和PFC程序，因为这些程序是自20世纪70年代初以来显式DEM方法开发和应用的主流代表，我们的许多工作都是使用这种方法和这些程序开发的，所以不可避免需要大量使用这些材料。然而，我们试图尽可能多地关注算法和编程技术背后的基本概念，并避免特定的代码特性。有关DEM基础知识的其他材料来源于Itasca程序和出版物之外，已标注在适当的位置。我们希望，通过纳入这些内容，能够实现对整个主题更平衡的表述。

本书第一作者要感谢帝国理工学院岩石力学组的J. Harrison博士和M. Knox女士，以及柏林波茨坦地学研究中心的G. Dresen教授和T. Backers博士，感谢他们在作者编写本书时两次学术休假访问他们团队期间的热情款待和帮助。特别感谢块体理论和DDA的创始人石根华博士的指导、鼓励和富有成效的讨论。

本书第二位作者在柏林工业大学工程地质系学术休假期间开始写这本书，感谢J. Tiedeman教授、M. Alber博士和D. Marioni博士的盛情款待。

本书作者尤其想向John A. Hudson教授致以最诚挚的感谢，他在检查英文、纠正错误、对本书所有章节的技术内容进行详细评论，以及撰写序言方面做出了巨大的努力，非常感谢他对这本书巨大的贡献。

如果没有家人的爱、理解和支持，这本书是不可能完成的。

井兰如　奥文·斯特凡松

2006年12月，斯德哥尔摩

目　录

译者序

原书序

原书前言

第 1 章　绪论 …… 1

1.1　裂隙岩体的特性 …… 2

1.2　非连续介质的数学模型 …… 7

1.2.1　基于连续介质的数值方法和均匀化 …… 8

1.2.2　非连续介质离散单元法基本特征 …… 10

1.3　DEM 的发展历程 …… 13

参考文献 …… 17

第 2 章　块体系统的运动、变形和传热控制方程 …… 21

2.1　质点的 Newton 运动方程 …… 22

2.2　刚体的 Newton-Euler 运动方程 …… 23

2.2.1　惯性矩和惯性积 …… 23

2.2.2　刚体的质量、线动量和角动量 …… 25

2.3　刚体平移的 Newton 运动方程 …… 25

2.4　Euler 转动方程——一般形式和特殊形式 …… 26

2.5　Euler 转动方程——角动量公式 …… 28

2.6　可变形体的 Cauchy 运动方程 …… 31

2.7　可变形体的刚体运动与变形耦合 …… 34

2.7.1　刚体运动和可变形体耦合的复杂性 …… 34

2.7.2　大转动变形体运动方程的扩展 …… 35

2.7.3　运动和变形的惯性耦合有限元法处理 …… 38

2.8　热传递和热-力耦合方程 …… 40

2.8.1　Fourier 定律与热传导方程 …… 40

2.8.2　热应变与热弹性本构方程 …… 41

2.8.3　热传导与能量守恒方程 …… 42

参考文献 …… 42

第 3 章　岩石裂隙和岩体本构模型基础 ······ 44
3.1　岩石裂隙的力学特性 ······ 45
3.2　岩石裂隙的抗剪强度 ······ 47
3.2.1　Patton 准则 ······ 47
3.2.2　Ladanyi 和 Archambault 准则 ······ 48
3.2.3　Barton 准则 ······ 49
3.2.4　粗糙度各向异性岩石裂隙的三维抗剪强度准则 ······ 51
3.3　岩石裂隙本构模型 ······ 52
3.3.1　Goodman 经验模型 ······ 52
3.3.2　Barton-Bandis 经验模型(BB 模型) ······ 54
3.3.3　Amadei-Saeb 理论模型 ······ 58
3.3.4　Plesha 理论模型及其推广 ······ 60
3.3.5　粗糙度各向异性裂隙岩体的三维本构模型 ······ 64
3.4　裂隙岩体等效连续本构模型 ······ 65
3.4.1　小变形弹性连续介质本构模型 ······ 66
3.4.2　含有成组贯穿裂隙岩体的等效弹性本构模型 ······ 74
3.4.3　含有随机分布且有限长度裂隙岩体的本构模型 ······ 81
3.4.4　裂隙岩体弹塑性本构模型 ······ 88
3.5　总结 ······ 96
3.5.1　岩石材料和岩体的经典本构模型 ······ 97
3.5.2　岩石裂隙本构模型 ······ 100
3.5.3　岩石裂隙试验重要问题 ······ 102
参考文献 ······ 104
第 4 章　裂隙中流体流动与水-力耦合特性 ······ 112
4.1　多孔连续介质中流体流动的控制方程 ······ 113
4.1.1　多孔介质中流体流动的连续性方程 ······ 114
4.1.2　流体运动方程 ······ 116
4.2　流体在光滑裂隙中的流动方程 ······ 118
4.2.1　光滑平行裂隙流动方程 ······ 118
4.2.2　光滑倾斜裂隙导水系数 ······ 120
4.3　粗糙裂隙中流体流动经验模型 ······ 121
4.3.1　基于立方定律有效性的流动模型 ······ 121
4.3.2　不考虑立方定律有效性的流动模型 ······ 124
4.4　连通裂隙系统的流动方程 ······ 128
4.5　裂隙流体流动与变形的耦合 ······ 130

4.5.1 流体压力和块体运动/变形的耦合 …… 130
4.5.2 流体压力与裂隙变形的耦合 …… 132
4.6 重要问题述评 …… 137
4.6.1 裂隙中流体流动的试验与模型 …… 137
4.6.2 THM 耦合过程 …… 138
参考文献 …… 140
第 5 章 裂隙系统的基本特征——现场测绘和随机模拟 …… 148
5.1 引言 …… 148
5.2 裂隙的现场测绘与几何性质 …… 149
5.2.1 几何参数与现场测绘 …… 149
5.2.2 裂隙系统参数识别的数据处理 …… 153
5.3 裂隙几何参数的统计分布 …… 161
5.3.1 统计学原理 …… 161
5.3.2 随机裂隙系统模型的统计技术 …… 163
5.4 特定场地条件下的裂隙系统综合表征 …… 170
参考文献 …… 173
第 6 章 块体系统组合拓扑表征的理论基础 …… 177
6.1 曲面与同胚体 …… 179
6.2 多面体及其特性 …… 180
6.3 单纯形和复形 …… 182
6.4 多面体的平面图解 …… 188
6.5 多面体边界表示的数据集 …… 193
6.6 用边界算子进行块体追踪 …… 194
参考文献 …… 195
第 7 章 块体系统构建的数值方法 …… 196
7.1 引言 …… 196
7.2 采用边界算子方法的二维块体系统构建 …… 198
7.2.1 裂隙相交及边集合的形成 …… 200
7.2.2 边的规则化 …… 201
7.2.3 二维单纯复形的边界算子 …… 203
7.2.4 二维块体追踪 …… 205
7.2.5 流动路径和块体力学接触的表征 …… 209
7.3 采用边界算子方法的三维块体系统构建 …… 212
7.3.1 裂隙表征与坐标系 …… 212
7.3.2 裂隙交线 …… 214

7.3.3 面和边的规则化 …… 217
7.3.4 三维块体追踪 …… 222
7.4 总结 …… 229
参考文献 …… 230
第 8 章 块体系统的显式离散单元法——DtME …… 231
8.1 引言 …… 231
8.2 导数的有限差分近似 …… 233
8.2.1 矩形单元的规则网格 …… 233
8.2.2 一般形状单元网格——有限体积法 …… 235
8.3 动态松弛方法和静态松弛方法 …… 236
8.3.1 一般概念 …… 236
8.3.2 块体系统的动态松弛方法 …… 239
8.3.3 DEM 中刚体系统的静态松弛方法 …… 242
8.3.4 多孔介质中流体流动的动态松弛方法 …… 250
8.4 可变形连续体应力分析的动态松弛方法 …… 252
8.5 块体几何的表征和内部离散化 …… 255
8.5.1 内部三角剖分和 Voronoi 网格 …… 256
8.5.2 二维 Delaunay 三角剖分 …… 256
8.5.3 二维 Voronoi 过程 …… 260
8.5.4 三维 Delaunay 三角剖分——四面体单元 …… 261
8.5.5 高阶单元 …… 266
8.6 内部单元的应变和应力计算 …… 266
8.7 块体接触的表征 …… 268
8.8 运动方程的数值积分 …… 270
8.9 DtEM 中的接触类型及识别 …… 274
8.10 阻尼 …… 279
8.11 链表数据结构 …… 282
8.12 热-水-力耦合分析 …… 284
8.12.1 采用域结构的流动和水-力分析方法 …… 286
8.12.2 UDEC 程序中的热传导和热-力分析 …… 289
8.12.3 沿裂隙的热对流和热-水-力耦合过程 …… 293
8.12.4 DtEM 中耦合过程的处理 …… 298
8.13 混合 DEM-FEM/BEM 表达形式 …… 299
8.14 FEM 与 DEM 建模实例对比 …… 301
8.15 总结 …… 303

参考文献 …… 304
第 9 章 块体系统的隐式离散单元法——非连续变形分析方法 …… 315
9.1 能量最小原理与全局平衡方程 …… 316
9.2 接触类型及识别 …… 318
9.2.1 两相近块体间的最小距离 …… 318
9.2.2 接触类型及识别算法 …… 320
9.3 刚性块体表达形式 …… 322
9.4 三角形有限元网格的可变形块体 …… 326
9.5 四边形有限元网格的可变形块体 …… 329
9.6 单元刚度矩阵和荷载矢量的计算 …… 333
9.6.1 岩石材料的弹性变形——应变能最小化 …… 334
9.6.2 质量惯性——动能最小化 …… 334
9.6.3 单元(块体)接触 …… 336
9.6.4 外力 …… 344
9.6.5 体力 …… 349
9.6.6 位移约束 …… 349
9.6.7 锚杆 …… 351
9.7 全局运动方程的组合 …… 353
9.8 DDA 中流体流动和水-力耦合分析 …… 354
9.8.1 DDA 中流体压力-块体变形耦合表达形式 …… 355
9.8.2 求解方法 …… 358
9.9 总结 …… 361
参考文献 …… 362
第 10 章 离散裂隙网络法 …… 366
10.1 引言 …… 366
10.2 裂隙网络表征 …… 368
10.2.1 单裂隙 …… 368
10.2.2 裂隙网络 …… 370
10.3 裂隙网络内渗流场的求解 …… 372
10.3.1 FEM 求解技术 …… 373
10.3.2 BEM 求解技术 …… 376
10.3.3 考虑岩石基质渗透和裂隙传导的 BEM 方法 …… 379
10.3.4 管网和通道格子模型 …… 383
10.4 逾渗理论 …… 383
10.5 组合拓扑理论 …… 387

10.6　总结 …… 390
10.6.1　裂隙测绘质量与数据估计 …… 390
10.6.2　分形或幂律表征的尺度效应 …… 391
10.6.3　网络连通性 …… 391
参考文献 …… 392
第 11 章　颗粒材料离散单元法 …… 401
11.1　引言 …… 401
11.2　颗粒材料 DEM 计算特征 …… 407
11.3　PFC 程序应用示例 …… 411
11.4　数值稳定性与时间积分问题 …… 421
11.4.1　FEM 网格与 DEM 颗粒系统的类比 …… 421
11.4.2　接触单元的刚度矩阵 …… 423
11.4.3　接触单元的质量矩阵 …… 426
11.4.4　特征值计算 …… 429
11.4.5　检测数值不稳定性的能量平衡方法 …… 429
11.5　颗粒系统的 Cosserat 连续体等效 …… 431
11.5.1　基本概念 …… 431
11.5.2　颗粒系统均匀化的微观力学基本概念 …… 433
11.5.3　微观力学——运动学变量 …… 434
11.5.4　Cosserat 连续体与颗粒系统静力学和运动学变量的微宏观等效表达 …… 438
11.6　总结 …… 439
参考文献 …… 440
第 12 章　DEM 在地质、地球物理和岩石工程中的应用案例研究 …… 450
12.1　引言 …… 450
12.2　地质结构与过程 …… 451
12.2.1　地壳变形 …… 451
12.2.2　地震和地震灾害 …… 455
12.2.3　岩体应力 …… 459
12.2.4　天然岩石边坡的失稳 …… 464
12.3　地下土木结构 …… 468
12.3.1　隧道工程 …… 468
12.3.2　岩石洞室 …… 473
12.4　矿山结构 …… 477
12.4.1　露天矿和采石场 …… 479
12.4.2　地下矿 …… 480

12.4.3 矿山地表沉陷 …… 485
12.5 放射性废物处置 …… 489
12.5.1 案例分析 1——热和冰川荷载作用下储库性能三维 DEM 预测 …… 491
12.5.2 案例分析 2——处置孔渗水量三维 DEM 研究 …… 497
12.6 岩体加固 …… 501
12.7 地下水流动和地热能开采 …… 502
12.8 裂隙岩体等效水-力性质的推导 …… 506
12.8.1 裂隙岩体连续介质近似的基本概念 …… 506
12.8.2 使用 DEM 确定裂隙岩体 REV 和推导等效连续介质渗透性 …… 507
12.8.3 裂隙岩体 REV 和弹性柔度张量 …… 513
12.8.4 应力对流体流场的影响：应力诱导的沟槽流 …… 523
12.8.5 重要问题讨论 …… 529
参考文献 …… 530
延伸阅读 …… 545
部分英文缩写及中文对照 …… 546
附录 等效为 Cosserat 连续体颗粒系统应力和偶应力张量表达式的推导 …… 547
A.1 连续体平衡方程 …… 547
A.2 平衡方程的矩 …… 548

第1章　绪　　论

本书主要介绍离散单元法的基本原理和应用实例。针对岩体构造，无论是哪种数值模拟方法，其建模困难的主要原因就是岩体属于一种天然的地质材料，其物理和工程性质不能像金属和塑料那样通过制作过程来建立或确定。自然界中岩体性质可描述为 DIANE，即不连续、非均匀、各向异性和非弹性(Harrison and Hudson，2000)。岩体是预加载的，即岩体处于应力作用下，除受到重力作用外，还不断受到地壳上部动态运动的影响，如构造运动、地震、陆地抬升/沉降、冰川旋回和潮汐等。岩体是一种裂隙性孔隙介质，在复杂的地应力、温度和流体压力条件下，其内部含有液相或气相流体(如水、油、天然气和空气)。多样性的岩体成分和漫长的形成过程使岩体构造很复杂，对其数学建模存在困难。然而，数值建模在岩体工程项目设计和性能评价中不可缺少。静/动态加载条件下裂隙岩体几何结构和本构关系的演化、流体流动和压力、温度梯度和地球化学反应的耦合过程相关的理论在很多岩体工程问题的解决方案中必不可少，对于环境要求高的岩体工程问题更是如此。

为了充分反映裂隙岩体的物理和地球化学性质以及工程扰动的影响，数值方法应该具有表示几何系统(特别是裂隙几何系统及其影响)、边界和初始条件、自然和工程扰动历史、岩石基质和裂隙的本构方程(包括尺寸和时间效应)的能力。对于有环境影响的工程，数值方法还必须考虑物理和化学的耦合，并且需要在三维空间中开展研究。

目前，还不存在包罗万象的数值模型，主要原因是关于裂隙和裂隙岩体物理性质的认识是有限的，用来表示复杂裂隙几何系统及其演化的手段是有限的，解决大型和超大型问题的计算能力是有限的(即使计算能力在不断提高)。对于很多具有复杂结构条件的实际岩体工程问题，数值方法仍然是一种主要的研究方法，它能够帮助我们理解工程问题，针对岩体工程结构中的不确定性提供设计和运行方面的指导，并且为研究岩体的基本行为提供更深入的理解。但是，对于简单的岩体工程项目(如隧道设计和边坡稳定性分析)，这类工程包含足够的岩体构造和裂隙信息，数值方法在解决这类工程问题时已经成为一个有价值和可靠的设计工具。“模型”和“计算”现在已经成为岩体力学和岩体工程中不可缺少的组成部分。数值方法和计算已经成为行之有效的工具，其用途是建立并验证概念模型和数学理论。这些模型和理论综合了地质、物理、建筑技术、经济及其相互作用等多种信息，最重要的是可以在一个模型或者平台上研究这些因素的影响。这一成就极大地推动了基于质量、动量和能量守恒定律建立的现代岩体力学的发展，使岩体力学岩体强度评价与支护设计的传统经验方法过渡到可以基于现代连续介质力学的理性主义设计。

1.1　裂隙岩体的特性

地壳岩体主要由两大部分组成：完整岩块和不连续面。天然的岩体不连续面包括断层、节理、岩脉、裂隙带、层理面和其他类型的软弱不连续面，这些不连续面对裂隙岩体整体的强度、可变形性和渗透性有重要影响。岩体工程的稳定性、运行性能或油/地热资源储库中裂隙岩体的渗透性等性能都受到不连续面的力、热和水力性质的影响，有时候这种影响是非常显著的。正是这些天然不连续面的存在，使得裂隙岩体成为复杂的材料，其性质和完整岩块大相径庭。

岩体中包含不同尺寸的不连续面。大规模地质结构，如断层、岩脉和裂隙带，通常在尺寸上延伸数十、数百米甚至数千米，且一般具有构造成因(如断层)作用，但它们在工程中数量非常有限(图 1.1)。微观尺度的不连续面(如晶界和微裂隙)在岩块中的分布更为随机，且数量极为庞大，常用标准试样的室内试验结果已包含其对完整岩体的影响。在上述两种极端尺寸情况之间的不连续面通常为节理、

图 1.1　(a)英格兰中部一个断层，与露天采石场斜坡相交，可观察到的迹长大于 50m；(b)中国泰山的一个断裂带，其迹长大于 100m

层理面、片理或爆破等工程事件引起的人工裂隙，它们的尺寸通常从几厘米到几十米不等(图 1.2)，依据其聚集方向，这些不连续面常常以集合(组)的形式出现。它们经常大量出现在岩体中，并把岩体切割成复杂形状的块体。这些不连续面的存在使得岩体在结构上不均匀，在力学变形和流体流动性质方面具有高度的不连续和非线性。由于它们数量大且几何形状复杂，在数值模型中如何考虑这类不连续面是一项极具挑战性的工作。图 1.3 给出了不同晶粒尺寸和人工微裂纹大理石试样的微观结构图像。

(a)

(b)

图 1.2　(a)天然岩壁上和(b)中国泰山开挖面上观察到的天然裂隙系统，其迹长可达 30m 左右

(a)

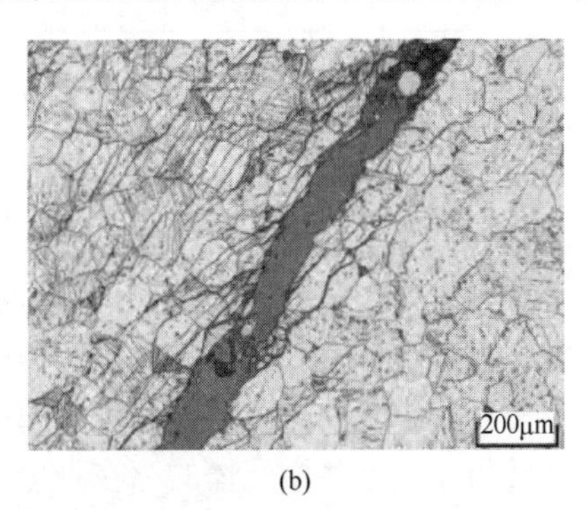

(b)

图 1.3　(a)Carrara 大理岩试样显微照片和(b)断裂韧性试验中产生的微裂纹
(版权归德国 GFZ 的 Tobias Backer)

岩体中存在的裂隙不一定都是地质作用造成的天然裂隙，它们也可以由人类活动产生，如在硬岩和软岩中开挖和爆破引起的裂隙。这些裂隙是开挖损伤(或扰动)区的主要组成部分，可以导致开挖损伤区(EDZ)岩块的变形、孔隙结构和孔隙度(进而渗透率)发生变化。图 1.4 为在法国南部 Tournemire 的一条旧铁路隧道与实验巷道交汇处的开挖损伤区内由开挖引起的裂隙。这种人工形成的致密裂隙将

在很大程度上改变开挖损伤区的水-力耦合特性和相关性能。

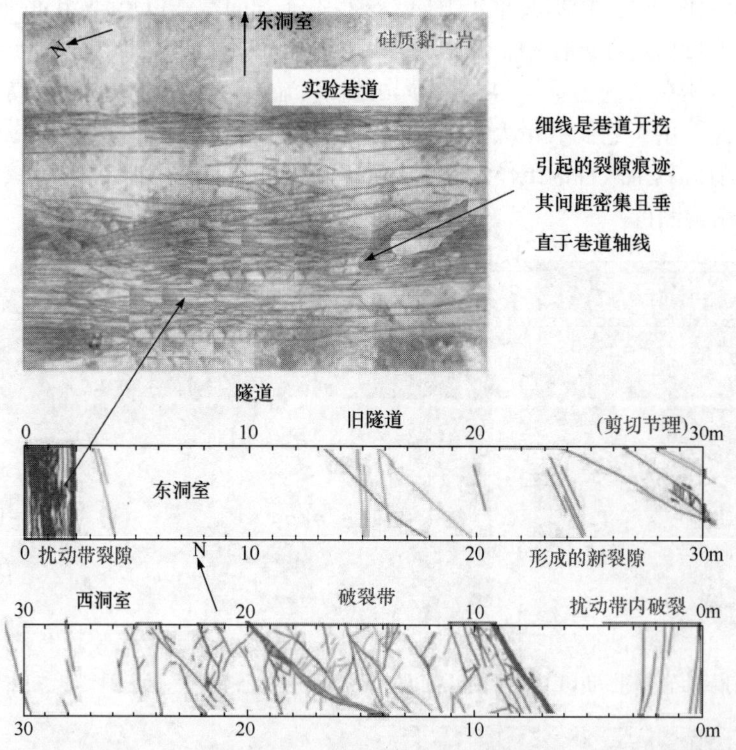

图 1.4　法国南部 Tournemire 的一条旧铁路隧道与实验巷道交汇处由开挖引起的密集裂隙(版权归 Amel Rejeb 博士)

在岩石力学文献中，对于同一实体，不连续面和裂隙这两个术语可以互换使用。除非另有特别说明，裂隙一词在本书中作为所有类型的天然或人工裂隙的统称。在宏观层面上，裂隙表面可以被简化为名义上的平面，但在更大的尺度上，随着波长和振幅的变化，它们会发生起伏。在微观层面上，这些表面存在大量的小尺度微凸体。这些微凸体的存在是造成裂隙表面粗糙的原因，也是造成裂隙岩体力学和水力行为复杂性的主要因素。

三维空间中的裂隙可以用以下几何参数来描述(图 1.5)：倾角、倾向、延展性(维度和形状)和开度(裂隙的两个相对表面之间的间距)。

岩体中的大多数裂隙是预先存在的天然裂隙。虽然这些裂隙是通过地质过程自然发生的，但它们的形成受力学原理控制。由于裂隙的地质模式和生成历史，裂隙(方向)往往集中在一定的方向上。一组裂隙由许多方向(倾角和倾向)相同或相似的裂隙组成。裂隙组的几何参数除方向外，还包括裂隙的迹长和间距(即相邻两段裂隙在垂直于平均裂隙面方向上的距离)。裂隙方向、迹长、间距、开度和其他几何参数通常通过现场测量(包括测线映射、窗口映射或测井记录，详见第 5 章)来获得。

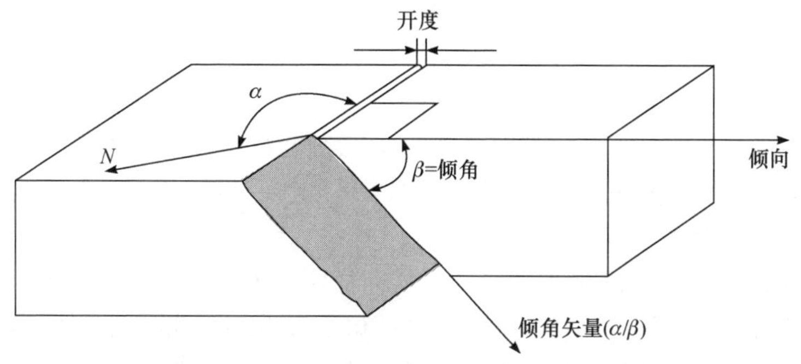

图 1.5 与裂隙相关的几何参数(为了说明开度，裂隙面间距被放大)

裂隙之间的连通方式主要有三种类型：多连通(连续)、不连通(孤立)和单连通(死端)(图 1.6)。多连通裂隙通常体积较大，与其他裂隙有多个(至少两个)交叉点，可以在问题域边界处截断，也可以在岩块内部存在死端。不连通裂隙完全位于一个单独的岩块内，与其他任何裂隙没有交叉点。单连通裂隙与其他裂隙只有一个交叉点，其两端位于一个或两个相邻的岩块中。多连通或单连通裂隙死端端点之间的岩块称为岩桥，岩桥对岩体的强度和变形特性产生重要的影响。岩体的渗透性是由裂隙系统的连通性决定的，裂隙系统通常称为裂隙网络。需要注意的是，上述定义仅限于二维情景。实际工程中，裂隙是三维的，而且隐藏在地表以下，其连通性和延展模式可能与从可观测窗口获得的二维裂隙有很大不同。裂隙网络模型几何性质即形状、密度(间距)、延展性、开度、方向和连通性的数学描述至今仍然是岩体力学和岩体工程中最重要的基本问题之一，且在唯一和定量表示方面具有最大的不确定性(Kulatilake，1991；Priest，1993；Jing，2003)。

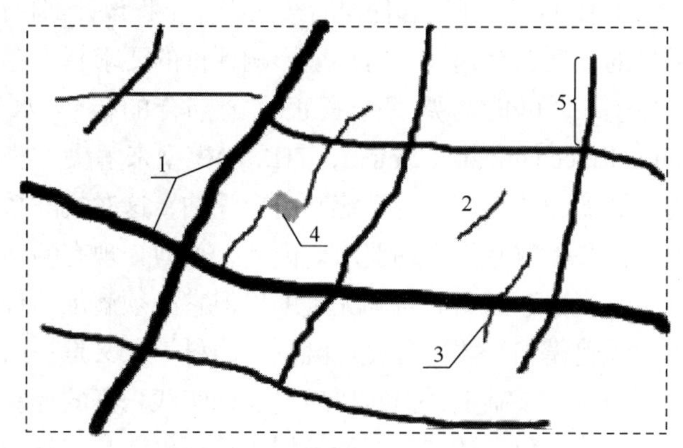

图 1.6 裂隙连通性类型的定义

1-多连通裂隙；2-孤立裂隙；3-死端裂隙；4-岩桥；5-连续裂隙的死端段

岩体力学数值模拟的主要任务之一是能够在计算模型中明确地描述裂隙系统(几何和行为)，无论是显式的(单个裂隙是用裂隙单元，如有限单元法中的薄层单元或离散单元法中的接触单元，在计算模型中表示)还是隐式的(计算模型中不包含显式裂隙单元，而是通过将裂隙岩体作为等效连续介质的本构规律来考虑对物理行为，如变形、强度和渗透性的影响，即系统和材料的概念化)。此外，在面向设计和性能评估的建模过程中，必须考虑岩体和工程结构之间的相互关系，以便能够描述施工过程的影响。

为了在计算模型中准确表征岩体，从而抓住裂隙系统及其 DIANE 本质与工程影响等主要问题，在模型概化过程中必须包括以下特征(Jing and Hudson, 2002)：

(1) 有关的物理过程及其偏微分方程的数学表达，特别是当需要同时考虑热、水力和力学耦合过程时。

(2) 岩块和裂隙的相关机理和本构关系，以及相关的变量和参数。

(3) 原岩应力的存在状态(岩体地应力状态)。

(4) 赋存的温度和水压状态(岩体具有多孔性，并能由自然热能梯度或人工热源加热致裂，同时被地下水或其他地质流体完全或部分饱和)。

(5) 天然裂隙的存在(裂隙岩体的不连续性)。

(6) 不同部位上性质的变化(裂隙岩体的非均匀性)。

(7) 不同方向上性质的变化(裂隙岩体的各向异性)。

(8) 与时间/速率相关的力学行为(受时间影响的岩体性质，如蠕变以及塑性变形)。

(9) 不同尺寸下性质的变化(岩体性质具有尺寸效应)。

(10) 工程扰动的影响(工程施工活动改变问题的几何特征，即移动边界问题)。

这些特征能多大程度纳入计算模型，取决于所涉及的物理化学过程的概化及所使用或所需的建模技术。因此，建模和任何后续的岩体工程设计都将包含主观判断。

岩体工程项目的规模越来越大，对环境影响评价的要求越来越高，因此对建模的要求也越来越高，可能需要一个真正完全耦合的传热-水力-力学-化学(thermal-hydrological-mechanical-chemical，THMC)模型来解决一些重要的环境问题，如放射性废物储库和地热储层的性能和安全评估，这对裂隙系统特征及裂隙岩体的耦合材料特性和参数有更高的要求。因此，如何为现有的问题开发有效的模型成为一个挑战。模型不必是完备和完美的，但它必须满足工程的需求。

因此，岩体力学建模和岩体工程设计既是一门科学，又是一门艺术。它们建立在连续介质力学的科学基础上，但需要通过长期实践积累的经验来进行判断。现实情况是，进行岩体工程设计和分析的数据永远不可能是完备的且经常是不够充分的，即使它们可以在模型中得到完美的定义。

1.2 非连续介质的数学模型

在工程问题的数值模拟中，可以用一个适当的模型来表示一些问题，该模型由有限数量的组成部分定义，这些组成部分的行为要么是众所周知的，要么可以用数学方法独立处理。(工程)问题的全局性质可以通过各个组成部分(元素)之间的相互关系得到，这样的系统称为离散系统，如土木工程中有限数量的相互连接的梁结构。通常这类系统的表示和求解非常简单，如用代数函数表示单个梁行为及其相互作用的梁矩阵求解方法。

在其他问题中，这种独立组成部分的定义可能需要对问题域进行不确定的细分，并且只能用无穷小的数学模型来处理，这意味着有无穷多个组成部分，因此需要微分方程或等效的数学定义，通过场中点的性质来描述系统行为。这样的系统被认为是连续的，并且有无限的自由度。为了用数值方法求解这类连续问题，通常将问题域细分为有限数量的子域(元素)，这些子域(元素)的行为可以用近似有限自由度的简单数学描述，这些子域(元素)必须同时满足问题的微分控制方程和沿单元边界的连续性条件，这就是连续介质的离散化，即用有限自由度的离散单元系统近似表达无限自由度的连续系统。这里所指的连续性是一个宏观概念。在微观尺度上，所有材料都是离散系统。然而，逐个表示微观组成部分只会导致一个棘手的数值问题。因此，为降低求解问题的自由度，近似表达是需要的，但由此产生的误差应在可接受范围之内。FEM 就是这种方法的一个典型例子。

在自然界中，离散系统可能包含大量的独立组成部分，完全表示这些组成部分将引起数值求解的极大困难。例如，$1km^3$ 的裂隙岩体可能包含大量不同大小的岩块，如果岩块无论多小都考虑的话，在计算模型中表征它们需要很大的内存，以至于现实中无法实现。因此，需要限制单个组成部分的数量和自由度，主要的方法是减小问题域大小(改变边界位置)、将小的组成部分合并成一个大的组成部分或者简化单个块体的性质(如假设为刚体)来达到对所研究问题在允许范围内的近似。然后，要考虑这些不同组成部分连接处的物理性质，需要对这些小的组成部分的连接处施加连续性条件和定义大的组成部分间的相关关系。这是离散系统和简化离散系统的一个重要区别。

裂隙的几何形状和物理性质与完整的岩块有很大的不同，忽略裂隙往往会导致在岩体对外界荷载条件等工程因素的响应上产生未知程度的影响。地壳上部的岩体本质上是一个离散系统，对于岩体力学变形或流体热传导的初始边值问题，即使假定其为等效连续介质，也很少存在解析解。因此，必须使用数值方法。由于有关问题的系统组成和材料特性的假设不同，研究人员针对连续系统和离散系统开发了不同的数值方法。

1.2.1 基于连续介质的数值方法和均匀化

连续介质最常用的数值方法是有限差分法(FDM)、有限单元法(FEM)和边界单元法(BEM)。这些数值方法所采用的基本假设是：在整个物理过程中材料是连续的。这种连续性的假设表明，在问题域中的所有点上，材料都不能被撕裂或破碎成碎片。在整个物理模拟过程中，问题域中某一点的邻域内所有质点都保持在同一邻域内。在材料中存在裂隙的情况下，连续性假设意味着沿裂隙或跨裂隙的变形与裂隙附近的固体基质变形具有相同的量级，因此不允许发生大规模的宏观滑移或裂隙张开。在基于连续介质力学的方法中，已经开发了一些特殊的算法来处理裂隙材料，如 FEM 中的特殊节点单元(Goodman，1976)和 BEM 中的位移不连续技术(Crouch and Starfield，1983)。然而，它们只能在限定条件下应用：

(1) 为了保持材料的宏观连续性，禁止裂隙单元发生大规模滑移和张开。

(2) 裂隙单元的数量必须保持相对较少，这样才能很好地保持整体刚度矩阵的适定性，而不会造成严重的数值不稳定性。

(3) 对于由于变形而导致的单元或单元组的完全分离和旋转情况，要么是不允许的，要么采用特殊算法处理。

这些限制使得基于连续介质力学的方法最适用于无裂隙或少量裂隙且发生小变形的问题。虽然已经发展了专门的积分算法或本构方程来处理有限(或大)变形和非线性材料的问题，但基于连续介质的数值方法还是在处理线性材料的小变形(或小应变)问题中最有效。FEM、FDM 和 BEM 中处理方法的详细内容在许多教科书中很容易找到(Crouch and Starfield，1983；Davis，1986；Banerjee，1993；Zienkiewicz and Taylor，2000)，这里不再赘述。

当基于连续介质的数值方法(FEM 或 BEM)应用于不连续介质问题(如包含不同尺寸裂隙的裂隙岩体)时，在宏观层面和统计意义上，不连续介质需要看成等效的连续介质。重要的是建立连续介质本构模型时，裂隙的影响能用假定连续介质的本构模型中定义的等效材料特性来表示，这个过程通常称为均匀化。均匀化只在统计意义上有效，它通过某一采样体积内平均值表示，这个采样体积称为表征单元体(REV)，如图 1.7 所示。

设 $\bar{\sigma}_{ij}$ 和 $\bar{\varepsilon}_{ij}$ 分别为裂隙岩体等效连续介质的宏观应力张量和应变张量，其微观应力张量和应变张量分别为 σ_{ij} 和 ε_{ij}。均质化是本构关系由微观向宏观的过渡，需要满足式(1.1)

$$\bar{\sigma}_{ij}=\frac{1}{V_{\mathrm{R}}}\int_{V_{\mathrm{R}}}\sigma_{ij}\mathrm{d}V=\left\langle\sigma_{ij}\right\rangle,\quad \bar{\varepsilon}_{ij}=\frac{1}{V_{\mathrm{R}}}\int_{V_{\mathrm{R}}}\varepsilon_{ij}\mathrm{d}V=\left\langle\varepsilon_{ij}\right\rangle \tag{1.1}$$

和式(1.2)

$$\bar{\sigma}_{ij} = \bar{k}_{ijkl}\bar{\varepsilon}_{kl} \tag{1.2}$$

式中，$\langle\cdot\rangle = \dfrac{1}{V_{\mathrm{R}}}\int_{V_{\mathrm{R}}}(\cdot)\mathrm{d}V$ 表示体积的平均算子；V_{R} 为裂隙介质的 REV；刚度矩阵 $\bar{k}_{ijkl}$ 是 REV 中岩块和裂隙力学性能及裂隙几何特征的函数。因此，均匀化的有效性取决于 REV 的有效性。

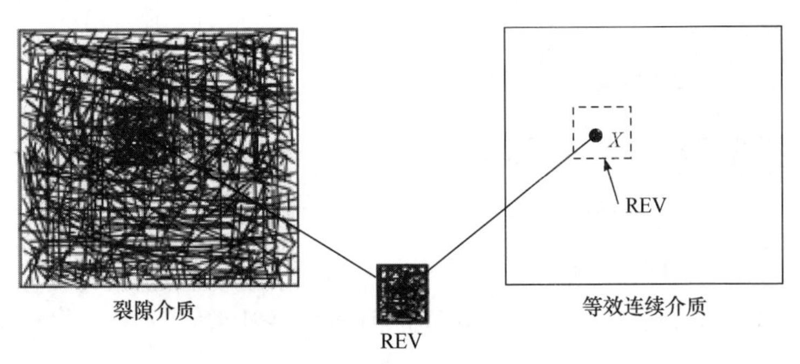

图 1.7　裂隙介质、表征单元体和等效连续介质

均匀化不是一个简单的平均过程，运算时不仅要满足式(1.1)所示的微观-宏观转变定律，而且不能违反基本物理规律。

图 1.8(a)说明了裂隙性孔隙介质中 REV 的定义(Bear and Bachmat, 1991)。该区域可分解为孔隙介质和裂隙系统。设 n_{pm} 和 n_{fr} 分别是描述孔隙介质和裂隙系统物理过程的本构参数，为了获得每个系统的 REV，需要在区域内选取不同大小和位置的孔隙介质和裂隙系统的采样体积，分别用符号 V_{p} 和 V_{f} 表示，然后在 V_{p} 和 V_{f} 上取平均算子获得相应的 n_{pm} 和 n_{fr}，并绘制 n_{pm} 和 n_{fr} 与样本体积的关系(图 1.8(b))，n_{pm} 和 n_{fr} 存在稳定的区域，分别定义为 $R_{\mathrm{p}} = \left[V_{\mathrm{pm}}^{\min}, V_{\mathrm{pm}}^{\max}\right]$ 和 $R_{\mathrm{f}} = \left[V_{\mathrm{fr}}^{\min}, V_{\mathrm{fr}}^{\max}\right]$。在这两个区域外，$n_{\mathrm{pm}}$ 和 n_{fr} 可能会随着样本体积的变化产生较大的波动。

波动的物理解释是在稳定区域 R_{p} 之外，采样体积要么太小，导致孔隙介质的晶界可能有显著影响，采样体积要么太大，导致裂隙起显著作用。对于 n_{fr} 也可以找到类似的解释。在稳定区域 R_{f} 之外，采样体积要么太小，导致孔隙介质中的颗粒而不是裂隙主导整个过程；采样体积要么太大，导致更大尺度的裂隙(如断层和裂隙带)成为重要的贡献者。因此，对于孔隙介质，封闭区间内的任何体积 $R_{\mathrm{p}} = \left[V_{\mathrm{pm}}^{\min}, V_{\mathrm{pm}}^{\max}\right]$ 可以作为其 REV。同样，对于裂隙系统，封闭区间内的任何体积 $R_{\mathrm{f}} = \left[V_{\mathrm{fr}}^{\min}, V_{\mathrm{fr}}^{\max}\right]$ 可以作为其 REV。通常将 $V_{\mathrm{pm}}^{\min}$ 和 $V_{\mathrm{fr}}^{\min}$ 作为它们各自的 REV。

对于裂隙性孔隙介质，其 REV 值在两个稳态区域的交集(如果存在)为 $\left[V_{\mathrm{pm}}^{\min}, V_{\mathrm{pm}}^{\max}\right] \bigcap \left[V_{\mathrm{fr}}^{\min}, V_{\mathrm{fr}}^{\max}\right]$。REV 的下限取两个稳态区域下限 $\left(V_{\mathrm{pm}}^{\min},\ V_{\mathrm{fr}}^{\min}\right)$ 的最大

值。在实际应用中，这种交集一般不存在，裂隙的 REV 通常要大于孔隙介质的 REV，因此可以选择裂隙的 REV 下限作为裂隙性孔隙介质的 REV 下限。

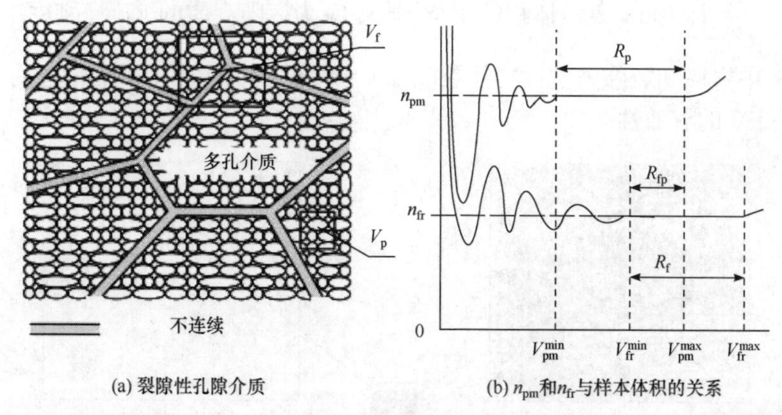

(a) 裂隙性孔隙介质　　(b) n_{pm}和n_{fr}与样本体积的关系

图 1.8　裂隙性孔隙介质的 REV(在 Bear 和 Bachmat(1991)的成果上进行了细微修改)

REV 是一个特定的体元，在这个体元上，可以根据相关物理过程(如力学变形、流体流动或热能输送)建立等效连续介质与原始不连续介质本构参数之间统计上的等效性。然而，并不能保证所有情况都存在 REV，特别是对于被不同尺寸和不同性质的裂隙切割的岩体(有关这一点的更多讨论请参见 3.5.1 节)。在此条件下，连续介质力学原理不再适用，必须采用离散方法，将裂隙岩体视为由岩块和裂隙组成的离散系统来解决问题。当应力较低且变形可忽略时，单个岩块可视为刚体，或采用可变形连续介质的本构(如线性弹性体)处理。与基于连续介质的数值方法相比，离散方法提供了一种更直观的裂隙岩体表征方法，但其方法论和算法完全不同于基于连续介质的数值方法。

1.2.2　非连续介质离散单元法基本特征

离散系统数值方法通常采用的术语是 DEM(discrete element method)，包含所有将问题域作为独立单元集合体处理的数值方法。该方法主要应用于力学工程中的裂隙岩体、颗粒介质和多体系统问题，同时也应用于流体力学问题。单个单元可以是岩块、颗粒材料的固体颗粒、结构元件或多体系统的单个部件。在力学分析方面，DEM 的表达形式是基于组成部分之间的接触、运动学和变形机理。对于岩石工程问题，岩块是由相交裂隙定义的，裂隙的位置、方向和尺寸是确定问题几何特征所必需的。在现阶段，由于无法有效地模拟裂隙尖端的萌生和扩展，一般会删除孤立裂隙和裂隙死端。图 1.9 分别用 FEM、BEM 和 DEM 模型对裂隙岩体进行了表征。对于颗粒材料，固体颗粒可以是规则的圆盘(二维问题)、球体(三维问题)或不规则形状的固体颗粒，这取决于材料的表征要求。从几何角度看，DEM 表示更为自然，因此可以更真实地表示裂隙岩体。BEM 模型是表示问题几何特征最简单的模型。

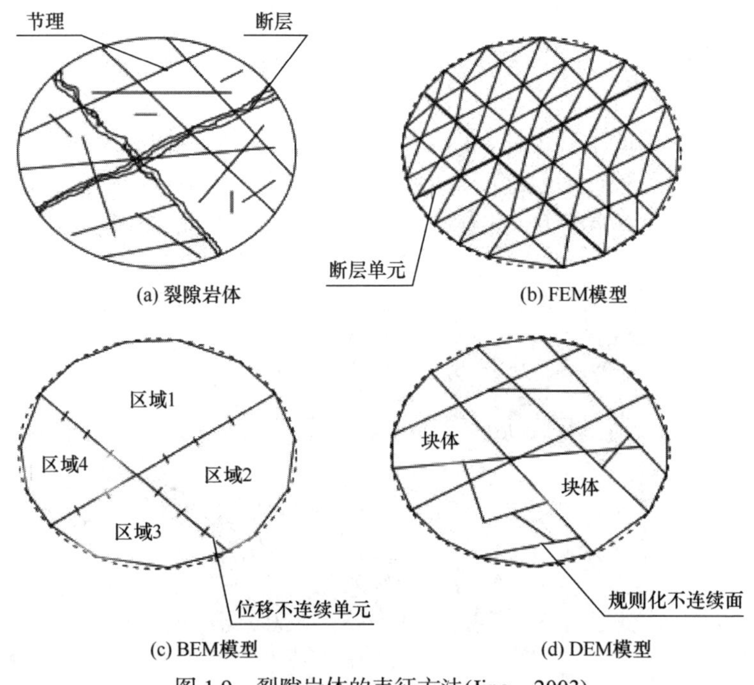

图 1.9　裂隙岩体的表征方法(Jing，2003)

对于特定的岩石工程问题，连续数值方法和离散数值方法都有各自的优缺点。采用 DEM 研究岩石力学问题的主要问题在于除大规模断层或破碎带外，裂隙的位置、方向和尺寸在问题求解前，甚至求解后，在很大程度上是未知的。为了获得有关岩体内部裂隙的分布情况，最常用的方法是对裂隙组进行统计分析，这将在第 5 章进行介绍。假设裂隙在不同的统计均匀区(或亚区)以不同的方向(倾角和倾向)成组存在，这些方向参数及其他参数(如尺寸和开度(通常难以测量))的分布通常是从有限的勘探钻孔、测线和统计窗的裂隙素描中获得。根据这些参数的分布函数，采用随机生成方式得到的裂隙网络并不是岩体中真实的裂隙网络，而是在统计意义上与岩体裂隙网络模型具有一定程度等效的模型。这种等效模型通常称为一种实现，但它并不是唯一的，因为使用相同的参数分布函数生成的裂隙网络将存在无穷多个统计模型。因此，需要生成多个模型实现并对其进行分析，以获得问题的解答，希望这些解答的共性能够提供真实系统的代表性行为。该技术的可靠性随裂隙数据的质量和数量以及测绘和测井技术的不同而有较大的差异。通过拓扑识别过程建立裂隙网络定义的块体系统(参见第 6 章和第 7 章)。

对于紧密排列的块体系统，如果问题的维数、材料性质和边界条件得到适当的定义，等效模型应力和变形的整体响应可以接近于实际裂隙岩体应力和变形的响应。然而，对于裂隙硬岩中的流体流动，这种随机模型可能无法对流动路径提供足够的近似，特别是在开挖体的近场中，因为裂隙硬岩中的流体流动对路径高度敏感，即其完全取决于裂隙的连通性。因此，裂隙岩体中流体流动对裂隙系统特征更为敏感，其解具有很大的不确定性。

虽然存在很大的不确定性，由于 DEM 在处理裂隙方面具有独特的优势，它仍然是解决岩石工程或一般地质力学问题最具吸引力的方法之一。图 1.10 说明了如何在不同裂隙发育情况下采用连续介质方法和离散单元法求解岩体力学问题。

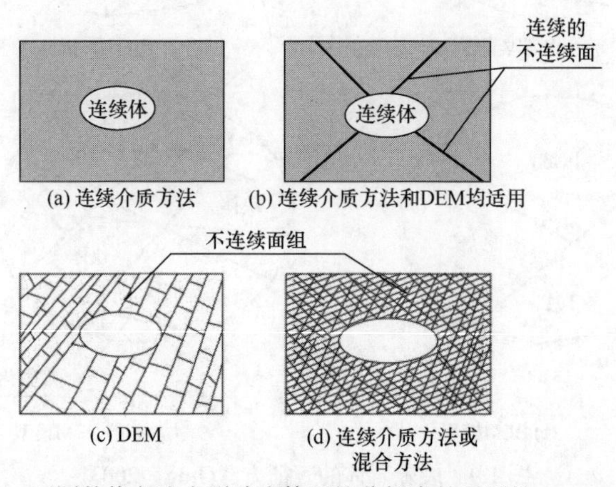

图 1.10　不同数值方法在裂隙岩体开挖分析中的适用性(Brady，1987)

在裂隙岩体数值模拟中，对实际问题采用连续介质方法或离散单元法并不总是只依赖于几何条件或地质条件，还在很大程度上取决于问题的大小、相关面或体的尺寸(如开挖)、离散单元(块)的数量、计算机的计算能力和概念化过程。在实际中最有用的是两种方法结合，采用离散单元法表征近场离散块体和裂隙，采用连续介质方法表征远场部分问题(图 1.11)，这样离散单元法和连续介质方法的优势可以在各自适宜的尺寸上得以利用。

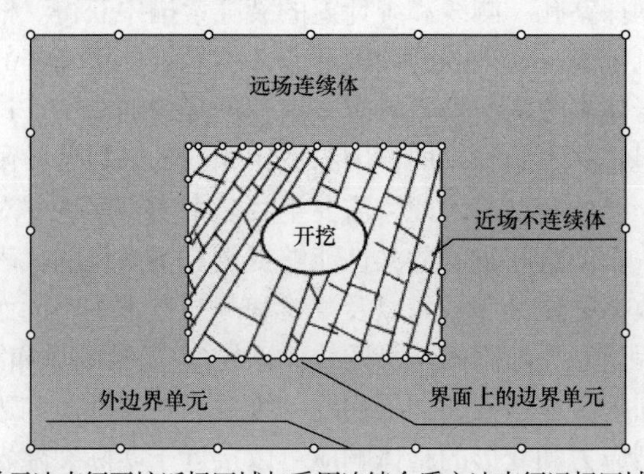

图 1.11　采用离散单元法表征开挖近场区域与采用连续介质方法表征远场区域的联合表征方法示意

连续方法和离散方法的另一个基本区别是如何处理刚体运动。当发生大位移时，刚体运动往往是离散系统的主要变形形式，而岩块的连续变形一般要小得多，特别是坚硬岩体。典型的例子是边坡问题中的岩体滑动，这与基于连续介质的方法(如 FEM 和 BEM)相反。在连续方法中，刚体的位移运动模式通常被忽略，因为它不会在单元中产生应变。这种差异反映了连续和离散概念化对所涉及物理过程概念化的不同侧重点。离散单元法中，在边界表面的力(或应力)约束和其他外部荷载作用下，单个单元(块)遵循独立的运动方程，因此一个物体的刚体运动可以从其他物体中“解放”出来。对于连续介质方法，由于连续性假设，单个单元不自由移动，而是根据位移相容条件与周围单元始终保持邻近关系，因而该单元的运动不是独立的，而是受到沿其边界连接的其他相邻单元的约束。在计算过程中，一个单元与其他单元的连接性(或接触)是固定的。因此，连续方法更多地反映系统的“材料变形”，离散方法更多地反映系统“组成部分(单元或部件)的运动”。DEM 通常采用刚体运动模式与单元连续变形模式的完全解耦。刚体运动不会在块体内部产生应变，但会产生块体位移，而且往往是大量级的位移。

1.3 DEM 的发展历程

地质和工程问题的 DEM 求解方法是在 20 世纪 70～80 年代逐步发展起来的。岩石力学和土力学是块体/颗粒系统运动和变形思想的起源学科(Burman，1971；Cundall，1971，1982，1988；Chappel，1972，1974；Byrne，1974；Cundall and Strack，1979a，1979b，1979c，1982；Williams et al.，1985；Williams and Mustoe，1987；Shi，1988；Shi and Goodman，1988；Barbosa and Ghaboussi，1989；Cundall and Hart，1992)，概念上的突破见 Cundall(1971)、Cundall 和 Strack(1979a, 1979b, 1979c)和 Shi(1988)的文献。用于地质和工程系统建模的其他离散单元法包括用于裂隙岩体中流动和传输分析的离散裂隙网络(DFN)方法(Long et al.，1982，1985；Andersson et al.，1984；Endo et al.，1984；Robinson，1984，1986；Smith and Schwartz，1984；Elsworth，1986a，1986b；Andersson and Dverstorp，1987；Charlaix et al.，1987；Dershowitz and Einstein，1987；Tsang and Tsang，1987；Billaux et al.，1989；Cacas et al.，1990a，1990b；Stratford et al.，1990)和结构分析方法(Kawai，1977a，1977b，1979；Kawai et al.，1978；Nakezawa and Kawai，1978)。

上述文献只涵盖了这一领域早期的一些原创发展，而且还不完整。在上述时期及之后，岩体工程领域继续保持广泛的进一步发展和工业应用，正如下面章节所述，并以有关文献为证。

离散单元法的理论基础为刚体和可变形体运动方程，参见 Wittenburg(1997)

和 Wang(1975)描述狭窄裂隙中流体流动的 Navier-Stokes 方程(DFN 中的物质输运方程)和热传递方程。上述理论均以连续介质力学的一般原理为基础，采用连续介质力学的 FEM(Zienkiewicz and Taylor，2000)和 FDM(Wilkins，1969)的基本数值表达形式。

应用于岩石工程问题的 DEM 表达形式也经历了从刚体运动的早期阶段发展到静态、准静态或动态问题的有限元或有限差分离散的可变形块体系统的运动和变形阶段。该方法在岩体力学、土力学、冰学、结构分析、颗粒材料、材料加工、流体力学、多体系统、机器人仿真和计算机动画等方面有着广泛的应用，它是计算力学发展最迅速的领域之一。在上述应用中，DEM 存在以下三个核心问题：

(1) 单元(岩块、材料颗粒、机械部件或裂隙系统)系统拓扑结构的识别。

(2) 根据所需要的基本概念，对包括或不包括变形的单个单元的运动方程进行求解。

(3) 作为单元运动和变形的结果，检测和更新单元之间的不同接触(或连接)。DEM 与其他基于连续介质的数值方法的基本区别在于系统的拓扑结构，即系统各单元之间的接触/连接性模式是计算的核心问题，它可能随时间和变形过程而演化，但对连续介质方法来说是一个固定的初始条件。

不同 DEM 表达形式的求解策略不同，其基本差异与材料的变形处理有关。对于刚体分析，采用有限差分显式时间步进格式求解刚体系统动力学方程，或采用动态松弛格式求解拟静力问题。对于可变形体系统，存在两种积分格式：

(1) 对变形体内部进行有限差分离散的显式解，这种积分格式下在一个时间步长内仅在局部方程左侧保留一组未知量，因此不需要求解矩阵方程。

(2) 对变形体内部进行有限元离散的隐式解，可得到一个既表示变形体运动又表示其变形的矩阵方程。

在本书中，第一种积分式称为显式离散单元法(distinct element method，DtEM)，是代表性方法；第二种积分式是用非连续变形分析表示的隐式离散单元法。在 DFN 方法(用于解决连通裂隙系统中的流体流动)中，当分别用 FEM 和 FDM 进行区域离散化和求解流体方程时，可以是隐式或显式的。

最具代表性的显式 DEM 程序是模拟二维和三维块体系统 UDEC 和 3DEC 以及模拟颗粒材料问题的颗粒流程序 PFC 2D 和 PFC 3D(Itasca，2000a，2000b，2000c)。

隐式 DEM 利用 FEM 表示组成部分的变形。这可以通过在块体系统的 DEM 框架中插入一个标准的有限元表达形式来实现。由此得到的矩阵不是 FEM 中连续介质分析中那样的单纯的变形刚度矩阵，而是由不同物体之间的接触刚度与物体变形引起的变形刚度混合而成的矩阵。该公式得到的矩阵方程会随着个体之间接触方式的不断变化而变化，需要一个高效的方程求解器来实现整体计算效率。

系统在每个时间步长的平衡是无条件的。然而，由于它是隐式格式，可能会使用比显式 DEM 更大的时间步长。块体系统中单个块体与标准有限单元法中超级单元作用相似，但在变形体边界上不受位移协调条件的约束，由于刚体运动模式可以完整表达，且与系统变形模式解耦，此种方式很容易处理块体系统的大位移问题。

由于对土木工程(如大坝及地基问题)、能源工程(如地热开采和地下天然气或石油储存)与废物隔离及环保(如放射性废物储存库)中裂隙岩体的水-力耦合、热-力耦合和热-水-力耦合过程建模的需求，裂隙网络中流体流动和裂隙-岩石系统传热问题的求解变得越来越重要。DEM 的作用扩展至需要考虑裂隙岩体的热-水-力耦合性质。但是，目前发展起来的 DEM 技术大多假设流体只在连通裂隙网络中流动，认为岩块是不可渗透的。

在 DEM 的实际应用中，热传导主要发生在岩块中(虽然在 UDEC 中可以考虑流体在裂隙中流动时产生的热传导)，主要原因是流体在裂隙中慢速运动所占用的体积相对于岩块体积微不足道，这在实践中已被证明是可接受的近似。在现有的 DEM 程序中，热对水力和力学过程的影响除考虑温度场分布和随时间变化外，还考虑热引起的流体黏度和岩块体积膨胀与热应力的变化，而通常忽略了力学变形和流体流动对传热的影响，如耗散的功与热之间的转变，且岩块中由于流动引起的热对流通常被忽略。本书专注于使用 DEM 对水-力耦合过程进行数值模拟。

另一种不同类型的离散方法是 DFN 方法，用于连通裂隙系统中流体流动与污染物运移。对于 DFN 方法，只明确表示连通裂隙的空隙空间，而不考虑裂隙之间的岩块，因此一般不能反映岩块中的力学变形和热流过程。这种方法对于研究难以建立等效连续介质模型的裂隙硬性结晶岩石中流动和运移问题非常有效。

虽然建立流动和运移过程的方程很简单，但在现场尺度上表征裂隙系统是一项具有挑战性的任务，也是 DFN 的核心问题。DFN 方法之所以被纳入本书，是因为一般 DEM 中也包含裂隙网络中的流体流动，尽管目前 DEM 还没有包含运移过程。因此，考虑到读者的不同背景，本书将 DFN 作为 DEM 家族的一员，尽管这样可能不太适合那些在不同科学和工程领域使用 DFN 方法的读者。然而，由于介绍 DFN 的优秀书籍(如 Bear 等(1993)、Sahimi(1995)、National Research Council(1996)、Adler 和 Thovert(1999)的文献)已经广为流传，该方法只以摘要的方式简要介绍。

使用 DEM 研究的另一个重要领域是颗粒系统，研究中颗粒本身的变形和应力往往不被考虑。这一方向经过了广泛的研究和开发，在选矿、化工、土力学、岩石力学等科学与工程领域有着广泛的应用。这部分将在第 11 章进行简要的总结。但由于以下两个原因，该方法没有像本书中的非连续变形分析(DDA)和 DtEM 那样被详细介绍：一是这个领域已经出版了很多优秀的书籍，如 Oda 和

Iwashita(1999)的文献；二是这部分将显著增加本书的内容，这是我们不希望的。

在岩体工程应用中，DEM 公式的基本特征是通过引入裂隙(单独或作为一组)将问题域细分为有限个独立块体。由此形成的块体系统的特性取决于各块体之间形成的接触、岩体块体的变形能力以及裂隙系统中的流体流动和压力。裂隙的接触特性取决于本构模型的表达形式。因此，块间接触关系在很大程度上也决定了块体系统的整体水-力特性，并在很大程度上控制着 DEM 程序的计算性能。因此，DEM 表达形式的这一基本特征要求在水-力耦合问题的求解中必须正确地解决以下问题：

(1) 裂隙现场测绘结果表征裂隙系统。

(2) 用裂隙系统正规化方法对块体-裂隙系统进行识别。

(3) 块体和裂隙变形的表征。

(4) 接触识别和演化的表征。

(5) 块体运动与流体流动方程的积分。

(6) 计算机程序中可以有效地更新系统几何特征的数据结构。

初始条件和边界条件的处理方法与其他数值方法类似，这里不作特别说明。

在本书接下来的章节中，将会针对不同 DEM 有侧重地对上述问题进行介绍，特别是作为显式示例的 DtEM 和作为隐式示例的 DDA。在第 10 章中简要总结了 DFN 方法，但未详细介绍数值技术，然后深入讨论了它在解决岩石工程问题中的适用性。第 11 章简要介绍了颗粒材料的 DEM，该方法可以从微观颗粒中得出岩块的宏观力学性质。

本书的内容安排如下：

第 1 章　绪论(本章)

第一部分：基础知识

第 2 章　块体系统的运动、变形和传热控制方程

第 3 章　岩石裂隙和岩体本构模型基础

第 4 章　裂隙中流体流动与水-力耦合特性

第二部分：裂隙系统表征与块体模型构建

第 5 章　裂隙系统的基本特征

第 6 章　块体系统组合拓扑表征的理论基础

第 7 章　块体系统构建的数值方法

第三部分：离散单元法介绍

第 8 章　块体系统的显式离散单元法——DtEM

第 9 章　块体系统的隐式离散单元法——非连续变形分析方法

第 10 章　离散裂隙网络法

第 11 章　颗粒材料离散单元法

第四部分：工程应用

第 12 章 DEM 在地质、地球物理和岩体工程中的应用案例研究

参 考 文 献

Adler P M, Thovert J F. 1999. Fractures and Fracture Networks. Dordrecht: Kluwer Academic.

Andersson J, Dverstorp B. 1987. Conditional simulations of fluid flow in three-dimensional networks of discrete fractures. Water Resources Research, 23(10): 1876-1886.

Andersson J, Shapiro A M, Bear J. 1984. A stochastic model of a fractured rock conditioned by measured information. Water Resources Research, 20(1): 79-88.

Banerjee P K. 1993. The Boundary Element Methods in Engineering. London: McGraw-Hill Book Company.

Barbosa R, Ghaboussi J. 1989. Discrete finite element method//Proceedings of the 1st US Conference on Discrete Element Methods, Golden.

Bear J, Bachmat Y. 1991. Introduction to Modeling of Transport Phenomena in Porous Media. Dordrecht: Kluwer Academic.

Bear J, Tsang C F, de Marsily. 1993. Flow and Contamination Transport in Fractured Rock. San Diego: Academic Press.

Billaux D, Chiles J P, Hestir K, et al. 1989. Three-dimensional statistical modelling of a fractured rock mass—An example from the Fanay-Augères mine. International Journal of Rock Mechanics and Mining Sciences & Geomechanics Abstracts, 26(3-4): 281-299.

Brady B H G.1987. Boundary element and linked methods for underground excavation design// Brown E T. Analytical and Computational Methods in Engineering Rock Mechanics. London: Allen & Unwin: 164-204.

Burman B C. 1971. A numerical approach to the mechanics of discontinua. Townsville: James Cook University of North Queensland.

Byrne R J. 1974. Physical and numerical model in rock and soil-slope stability. Townsville: James Cook University of North Queensland.

Cacas M C, Ledoux E, de Marsily G, et al. 1990a. Modeling fracture flow with a stochastic discrete fracture network: Calibration and validation 1. The flow model. Water Resources Research, 26(3): 479-489.

Cacas M C, Ledoux E, de Marsily G, et al. 1990b. Modeling fracture flow with a stochastic discrete fracture network: Calibration and validation 2. The transport model. Water Resources Research, 26(3): 491-500.

Chappel B A. 1972. The mechanics of blocky material. Canberra: Australia National University.

Chappel B A.1974. Numerical and physical experiments with discontinua//Proceedings of 3rd Congress of ISRM, Denver: 188-125.

Charlaix E, Guyon E, Roux S. 1987. Permeability of a random array of fractures of widely varying apertures. Transport in Porous Media, 2(1): 31-43.

Crouch S L, Starfield A M. 1983. Boundary Element Methods in Solid Mechanics. London: Allen & Unwin.

Cundall P A. 1971. A computer model for simulating progressive, large-scale movements in blocky rock systems//Proceedings of Symposium of International Society of Rock Mechanics, Nancy: 2-8.

Cundall P A. 1982. Adaptive density-scaling for time-explicit calculations//Proceedings of the 4th International Conference on Numerical Methods in Feomechanics, Edmonton: 23-26.

Cundall P A. 1988. Formulation of a three-dimensional distinct element model—Part I. A scheme to detect and represent contacts in a system composed of many polyhedral blocks. International Journal of Rock Mechanics and Mining Sciences & Geomechanics Abstracts, 25(3): 107-116.

Cundall P A, Hart R D. 1992. Numerical modelling of discontinua. Engineering Computations, 9: 101-133.

Cundall P A, Strack O D L. 1979a. A discrete numerical model for granular assemblies.Géotechnique, 29(1): 47-65.

Cundall P A, Strack O D L. 1979b. The development of constitutive laws for soil using the distinct element method// Wittke W. Numerical Methods in Geomechanics, Aachen: 289-298.

Cundall P A, Strack O D L. 1979c. The distinct element method as a tool for research in granular media. Report to NSF concerning grant ENG76-20711, Part II, Department of Civil Engineering, University of Minnesota.

Cundall P A, Strack O D L. 1982. Modelling of microscopic mechanisms in granular material// Proceedings of USA-Japan Seminar on New Models and Constitutive Relations in the Mechanics of Granular Matters, Ithaca.

Davis J L. 1986. Finite Difference Methods in Dynamics of Continuous Media. New York: Macmillan.

Dershowitz W S, Einstein H H. 1987. Three-dimensional flow modelling in jointed rock masses// Proceedings of the 6th Congress on ISRM, Montreal: 87-92.

Elsworth D. 1986a. A model to evaluate the transient hydraulic response of three-dimensional sparsely fractured rock masses. Water Resources Research, 22(13): 1809-1819.

Elsworth D. 1986b. A hybrid boundary element-finite element analysis procedure for fluid flow simulation in fractured rock masses. International Journal for Numerical and Analytical Methods in Geomechanics, 10(6): 569-584.

Endo H K, Long J C S, Wilson C R, et al. 1984. A model for investigating mechanical transport in fracture networks. Water Resources Research, 20(10): 1390-1400.

Goodman R E. 1976. Methods of Geological Engineering in Discontinuous Rocks. San Francisco: West Publishing Company.

Harrison J P, Hudson J A. 2000. Engineering Rock Mechanics: Part 2. Illustrative Worked Examples. Oxford: Pergamon.

International Society of Rock Mechanics. 1978. Suggested methods for the quantitative description of discontinuities in rock masses. International Journal of Rock Mechanics and Mining Sciences & Geomechanics Abstracts, 15(6): 319-368.

Itasca Consulting Group Ltd. 2000a. User manual of UDEC code. Minneapolis, USA.

Itasca Consulting Group Ltd. 2000b. User manual of 3DEC code. Minneapolis, USA.

Itasca Consulting Group Ltd. 2000c. User manual of PFC codes. Minneapolis, USA.

Jing L. 2003. A review of techniques, advances and outstanding issues in numerical modelling for rock mechanics and rock engineering. International Journal of Rock Mechanics and Mining Sciences, 40(3): 283-353.

Jing L, Hudson J A. 2002. Numerical methods in rock mechanics. International Journal of Rock Mechanics and Mining Sciences, 39(4): 409-427.

Kawai T. 1977a. New discrete structural models and generalization of the method of limit analysis//Proceedings of the International Conference on Finite Elements in Nonlinear Solid and Structural Mechanics, Norway: 1-20.

Kawai T. 1977b. New element models in discrete structural analysis. Journal of the Society of Naval Architects of Japan,141:174-180.

Kawai T. 1979c. Collapse load analysis of engineering structures by using new discrete element models. Copenhagen: IABSE Colloquium.

Kawai T, Kawabata K Y, Kondou I, et al. 1978. A new discrete model for analysis of solid mechanics problems//Proceedings of the 1st Conference on Numerical Methods in Fracture Mechanics, Swansea: 26-27.

Kulatilake P H S W. 1991. Lecture notes on stochastic 3-D fracture network modeling including verification at the division of engineering geology. Stockholm: Royal Institute of Technology.

Long J C S, Gilmour P, Witherspoon P A. 1985. A model for steady fluid flow in random three-dimensional networks of disc-shaped fractures. Water Resources Research, 21(8): 1105-1115.

Long J C S, Remer J S, Wilson C R, et al. 1982. Porous media equivalents for networks of discontinuous fractures. Water Resources Research, 18(3): 645-658.

Nakezawa S. Kawai T. 1978. A rigid element spring method with applications to non-linear problems//Proceedings of the 1st Conference on Numerical Methods in Fracture Mechanics, Swansea: 38-51.

National Research Council. 1996. Rock Fractures and Fluid Flow: Contemporary Understanding and Applications. Washington DC: National Academy Press.

Oda M, Iwashita K. 1999. Mechanics of Granular Materials—An Introduction. Rotterdam: Balkema.

Priest S D. 1993. Discontinuity Analysis for Rock Engineering. London: Chapman & Hall.

Robinson P C. 1984. Connectivity, flow and transport in network models of fractured media. Orford: St Catherine's College, Oxford University.

Robinson P C. 1986. Flow modelling in three dimensional fracture networks. UK AEA Harwell, AERER 11965.

Sahimi M. 1995. Flow and transport in porous media and fractured rock. Weinheim: VCH Verlagsgesellschaft GmbH.

Shi G. 1988. Discontinuous deformation analysis—A new numerical model for statics and dynamics of block systems. Berkeley: University of California.

Shi G, Goodman R E. 1988. Discontinuous deformation analysis—A new method for computing stress, strain, and sliding of block systems//Cundall P A, Sterling R L, Starfield A M. Key Questions in Mechanics(Proceedings of the 29th US Symposium on Rock Mechanics, University of Minnesota, Minneapolis). Rotterdam: Balkema: 381-393.

Smith L, Schwartz F W. 1984. An analysis of the influence of fracture geometry on mass transport in fractured media. Water Resources Research, 20(9): 1241-1252.

Stratford R G, Herbert A W, Jackson C P. 1990. Parameter study of the influence of aperture variation on fracture flow and the consequences in a fracture network//Proceedings of the International Sympostum on Rock Joints, Loen: 413-422.

Tsang Y W, Tsang C F. 1987. Channel model of flow through fractured media. Water Resources Research, 23(3): 467-479.

Wang C Y. 1975. Mathematical Principles for Continuum Mechanics and Magnetism—Part A. New York: Analytical and Continuum Mechanics, Plenum Press.

Wilkins M L. 1969. Calculation of elastic-plastic flow. Lawrence Radiation Laboratory, University of California, Research Report, UCRL-7322, Rev. I.

Williams J R, Hocking G, Mustoe G G W. 1985. The theoretical basis of the discrete element method//NUMETA'85, Numerical Methods in Engineering, Theory and Application, Conference in Swansea. Rotterdam: Balkema Publishers.

Williams J R, Mustoe G G W. 1987. Modal methods for the analysis of discrete systems. Computers and Geotechnics, 4(1): 1-19.

Wittenburg J. 1977. Dynamics of Systems of Rigid Bodies. Stuttgart: B G Tenbner.

Zienkiewicz O C, Taylor R L. 2000. The Finite Element Method. Volume 1—The Basics. 5th ed. Oxford: Butterworth-Heinemann.

第 2 章　块体系统的运动、变形和传热控制方程

DEM 技术主要用于研究质点或块体集合体的力学变形与运动过程。控制方程是刚体、可变形体或质点系统的运动方程。在土木工程(如边坡、隧道、水电大坝和岩基工程)、能源工程(如地热储层、地下油气储库)和环境工程(如放射性废物地下储库)等工程中，需要对裂隙岩体的水-力、热-力和水-热-力耦合过程进行建模，因此流体和热量在裂隙岩体内的流动与传输成为岩体结构设计、运行和性能评价的重要内容。连续介质力学中质量、动量和能量的一般守恒方程仍是 DEM 的基本原理。

用 DEM 分析热-水-力(THM)耦合过程的一个显著特征是：在 DEM 中，通常假设连通的裂隙网络主导流体流动，而岩块主导其热传导过程，这主要是由于在结晶体硬岩中，相对于岩块，流体的体积非常小，并且流速也非常低。这一假设可能不适用于砂岩等孔隙岩石。DEM 主要用于坚硬的裂隙岩体，其裂隙和岩块之间的流体渗透性差异较大。因此，通常忽略流体在岩块内的流动和由流体流动引起的热对流。现场试验和数值模拟中积累的经验表明，该假设基本上可以接受，特别是对于裂隙岩体的传热过程。

进一步总结，主要的控制方程包括刚体的 Newton-Euler 运动方程、可变形体的 Cauchy 方程、流体在裂隙网络中流动的 Navier-Stokes 方程、基于 Fourier 定律的传热方程及岩块、裂隙的各种本构方程。水-力耦合由岩石变形对裂隙开度(渗透率)的影响及流体压力对岩块的附加边界应力来表示。因为岩块被认为是不可渗透的，所以孔隙压力对岩石基质变形的影响或应力对岩块孔隙度/渗透率的影响在本书中没有考虑。

在大多数现有 DEM 程序中，对水-力过程中的热效应研究包括：岩块中流体黏度、体积膨胀和热应力的变化，瞬态热传导过程中的温度分布及其随时间的演变。力学变形和流体流动对热传导的影响，如由于力做功耗散的能量转化为热能和岩石中流体流动引起的热对流，在实践中通常被忽略。

本章主要介绍当前 DEM 中应用最广泛的控制方程，要求读者熟悉连续介质力学基础、有限元和张量分析基础。有关基本概念和基本关系的完整定义，建议读者参考经典著作(Fung，1969；Wang，1975；McDonough，1976；Shabana，1998)中的运动方程，以及 Lai 等(1993)的热传导和一般连续介质力学的原理。

2.1　质点的 Newton 运动方程

根据经典力学，质点被定义为质量不变的物体，其体积和形状对其动力学行为几乎没有影响。质点质量和速度的乘积：

$$p_i = mv_i \quad (i=1,2,3) \tag{2.1}$$

是有限质量为 m(但体积可以忽略)的质点的线动量，根据牛顿第二运动定律可以推导出质点线动量的变化率，即

$$f_i = \dot{p}_i = \frac{\mathrm{d}p}{\mathrm{d}t} = m\dot{v}_i = \frac{\mathrm{d}(mv_i)}{\mathrm{d}t} \tag{2.2}$$

在牛顿力学中(非相对论)，质点的质量在运动过程中保持不变，因此该定律可以表示为

$$f_i = \frac{\mathrm{d}p}{\mathrm{d}t} = m\dot{v}_i = m\frac{\mathrm{d}v_i}{\mathrm{d}t} = m\frac{\mathrm{d}^2u_i}{\mathrm{d}t^2} = ma_i \tag{2.3}$$

式中，u_i 和 a_i 分别为质点的位移和加速度矢量。Newton 运动方程(2.3)只考虑质点的平移运动，因为质点的旋转是通过忽略其体积(因此也忽略其形状)而消除的。式(2.3)也是线性动量守恒方程。

在单个固定惯性坐标系中表示质点的运动时，上述方程是有效的。相反，如果质点固定在相对于惯性坐标系 $O\text{-}XYZ$ 任意移动(平移和旋转)的坐标系 $o\text{-}xyz$ 中，其动坐标系相对于惯性坐标系的角速度分量为 $(\Omega_x, \Omega_y, \Omega_z)$，可以使用 Euler 角 (θ,ψ,ϕ) 定义(图 2.1)，则质点在惯性坐标系中加速度分量的表达式为(Wells，1967)

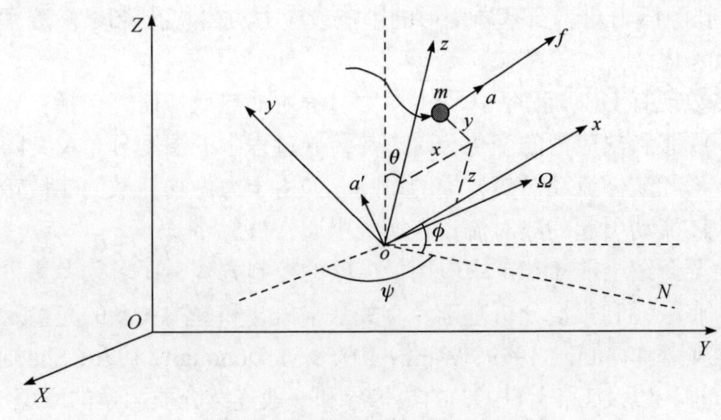

图 2.1　质点在双坐标系中的运动

$$
\begin{cases}
a_x = a'_x + \ddot{x} - x(\Omega_y^2 + \Omega_z^2) + y(\Omega_x\Omega_y - \dot{\Omega}_z) + z(\Omega_x\Omega_z + \dot{\Omega}_y) + 2(\dot{z}\Omega_y - \dot{y}\Omega_z) \\
a_y = a'_y + \ddot{y} + x(\Omega_x\Omega_y + \dot{\Omega}_z) - y(\Omega_x^2 + \Omega_z^2) + z(\Omega_y\Omega_z - \dot{\Omega}_z) + 2(\dot{x}\Omega_z - \dot{z}\Omega_x) \\
a_z = a'_z + \ddot{z} + x(\Omega_x\Omega_z - \dot{\Omega}_y) + y(\Omega_y\Omega_z + \dot{\Omega}_x) - z(\Omega_x^2 + \Omega_y^2) + 2(\dot{y}\Omega_x - \dot{x}\Omega_y)
\end{cases} \tag{2.4}
$$

式中，(a'_x, a'_y, a'_z) 为动坐标系 o-xyz 的原点相对于惯性坐标系 O-XYZ 的平动加速度，其角速度为

$$
\begin{cases}
\Omega_x = \dot{\psi}\sin\theta\sin\phi + \dot{\theta}\cos\phi \\
\Omega_y = \dot{\psi}\sin\theta\cos\phi - \dot{\theta}\sin\phi \\
\Omega_z = \dot{\phi} + \dot{\psi}\cos\theta
\end{cases} \tag{2.5}
$$

2.2　刚体的 Newton-Euler 运动方程

一个刚体具有恒定体积 V 和质量 M，且不发生变形，刚体中任意两点之间的距离保持不变。当然，刚体是理想化的，因为所有物体在外力作用下都会或多或少地发生变形。然而，这种理想化假设在许多岩石工程问题中是可以接受的，特别是低应力条件下的大规模块体运动。刚体动力学特征由 Newton 运动定律和 Euler 旋转方程控制。

2.2.1　惯性矩和惯性积

在刚体动力学中，必须考虑刚体的旋转。因此，刚体的体积和几何形状变得很重要。刚体最重要的性质是它的惯性矩和惯性积。如图 2.2 所示，假设刚体中微分单元体的质量为 $\mathrm{d}m$，$\mathrm{d}m = \rho\mathrm{d}V = \rho\mathrm{d}x\mathrm{d}y\mathrm{d}z$，其位置由矢量 $\boldsymbol{r} = \{r_i\} = (x, y, z)$ 表示。微分单元体与过原点 O 的任意直线 OB 的垂直距离为 d。直线 OB 的方向余弦在采用的惯性坐标系 O-XYZ 中为 $(l, m, n) = (\cos\alpha, \cos\beta, \cos\gamma)$。该微分单元体相对直线 OB 的惯性矩为

$$
\mathrm{d}I_{OB} = (\mathrm{d}m)d^2 = \rho[(|\boldsymbol{r}|)^2 - (OP)^2]\mathrm{d}V = \rho[(x^2 + y^2 + z^2) - (lx + my + nz)^2]\mathrm{d}V \tag{2.6}
$$

将 $l^2 + m^2 + n^2 = 1$ 代入式(2.6)，可以写为

$$
\begin{aligned}
\mathrm{d}I_{OB} &= \rho[(x^2 + y^2 + z^2)(l^2 + m^2 + n^2) - (lx + my + nz)^2]\mathrm{d}V \\
&= \rho[l^2(y^2 + z^2) + m^2(x^2 + z^2) + n^2(x^2 + y^2) - 2lm(xy) - 2ln(xz) - 2mn(yz)]\mathrm{d}V
\end{aligned} \tag{2.7}
$$

对式(2.7)积分，可得刚体的惯性矩为

$$I_{OB}=\int_V \rho[l^2(y^2+z^2)+m^2(x^2+z^2)+n^2(x^2+y^2)-2lm(xy)-2ln(xz)-2mn(yz)]\mathrm{d}V$$

$$=\rho(l^2I_{xx}+m^2I_{yy}+n^2I_{zz}-2lmI_{xy}-2lnI_{xz}-2mnI_{yz}) \tag{2.8}$$

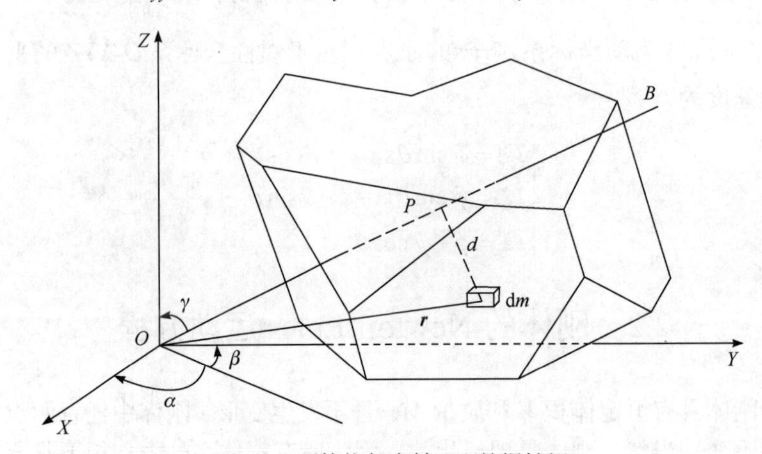

图 2.2　刚体绕任意轴 OB 的惯性矩

式中

$$I_{xx}=\int_V (y^2+z^2)\mathrm{d}V,\quad I_{yy}=\int_V (x^2+z^2)\mathrm{d}V,\quad I_{zz}=\int_V (x^2+y^2)\mathrm{d}V \tag{2.9a}$$

分别为刚体对 x 轴、y 轴和 z 轴的惯性矩。

$$I_{xy}=\int_V xy\mathrm{d}V,\quad I_{xz}=\int_V xz\mathrm{d}V,\quad I_{yz}=\int_V yz\mathrm{d}V \tag{2.9b}$$

分别为刚体的惯性积。惯性积是对称的，即 $I_{xy}=I_{yx}$，$I_{xz}=I_{zx}$，$I_{yz}=I_{zy}$。刚体的惯性矩和惯性积的集合也常常用惯性张量 $\boldsymbol{I}_{ij}$ 表示：

$$\boldsymbol{I}_{ij}=\begin{bmatrix} I_{xx} & I_{xy} & I_{xz} \\ I_{yx} & I_{yy} & I_{yz} \\ I_{zx} & I_{zy} & I_{zz} \end{bmatrix}=\begin{bmatrix} I_{xx} & I_{xy} & I_{xz} \\ I_{xy} & I_{yy} & I_{yz} \\ I_{xz} & I_{yz} & I_{zz} \end{bmatrix} \tag{2.10}$$

这是一个二阶张量。它的三个主惯性矩 $\boldsymbol{I}_x^P$、$\boldsymbol{I}_y^P$、$\boldsymbol{I}_z^P$ 由方程的三个非零解给出：

$$\begin{bmatrix} I^P-I_{xx} & I_{xy} & I_{xz} \\ I_{xy} & I^P-I_{yy} & I_{yz} \\ I_{xz} & I_{yz} & I^P-I_{zz} \end{bmatrix}\begin{Bmatrix} l \\ m \\ n \end{Bmatrix}=0 \tag{2.11}$$

式(2.11)存在非零解的必要条件为

$$\begin{vmatrix} I^P - I_{xx} & I_{xy} & I_{xz} \\ I_{xy} & I^P - I_{yy} & I_{yz} \\ I_{xz} & I_{yz} & I^P - I_{zz} \end{vmatrix} = 0 \tag{2.12}$$

惯性矩的主方向为(l_k, m_k, n_k) $(k = x, y, z)$，可以通过将主惯性矩代入式(2.11)中求解，三个正交的主轴(x^P, y^P, z^P)即可确定。

2.2.2　刚体的质量、线动量和角动量

对于密度为ρ、体积为V的刚体，其质量M、线动量p_i和角动量h_i定义为

$$M = \iiint_V \rho \mathrm{d}V = \rho V \tag{2.13}$$

$$p_i = \iiint_V \rho v_i \mathrm{d}V = \rho V v_i^{\mathrm{c}} = M v_i^{\mathrm{c}} \tag{2.14}$$

$$h_i = \iiint_V \rho e_{ijk} x_j v_k \mathrm{d}V \quad 或 \quad \iiint_V \rho (\boldsymbol{r} \times \boldsymbol{v})\, \mathrm{d}V \tag{2.15}$$

式中，v_i为刚体中坐标为x_i的点x的速度；v_i^{c}为刚体质心的线速度；ρ为密度；e_{ijk}为置换张量；$\boldsymbol{r} = (x_1, x_2, x_3)$为位置矢量；$\boldsymbol{v} = (v_1, v_2, v_3)$为式(2.14)和式(2.15)中的速度矢量。角动量h_i是相对于惯性(全局)坐标系的原点测量的。

2.3　刚体平移的 Newton 运动方程

令f_i表示作用在质量为M的刚体上的一组外力的合力矢量，线动量守恒方程为

$$\frac{\mathrm{d}p_i}{\mathrm{d}t} = f_i \tag{2.16}$$

$$M \frac{\mathrm{d}v_i^{\mathrm{c}}}{\mathrm{d}t} = M a_i^{\mathrm{c}} = f_i \tag{2.17}$$

式中，a_i^{c}为刚体质心的加速度。除合力f_i外，这组外力也可能产生合力矩，引起刚体转动。然而，不考虑刚体转动，式(2.16)和式(2.17)是有效的。刚体转动将用后面的 Euler 转动方程表示。

2.4　Euler 转动方程——一般形式和特殊形式

如图 2.3 所示，将动坐标系 $o\text{-}xyz$ 与刚体固定，其原点为任意点 o。对于刚体中任意的微分单元体 dm，其一般加速度矢量可由式(2.4)直接推导，推导时做如下简化：①x、y 和 z 为常数，② $\dot{x}=\dot{y}=\dot{z}=\ddot{x}=\ddot{y}=\ddot{z}=0$ ，这是因为刚体内任意两点间无相对运动。动坐标系的角速度 $(\Omega_x,\Omega_y,\Omega_z)$ 是动坐标系 $o\text{-}xyz$ 相对于惯性坐标系 $O\text{-}XYZ$ 的角速度 $(\omega_x,\omega_y,\omega_z)$ 。微分单元体 dm 的加速度写为(Wells，1967)

$$
\begin{cases}
a_x = a'_x - x(\omega_y^2+\omega_z^2) + y(\omega_x\omega_y - \dot{\omega}_z) + z(\omega_x\omega_z + \dot{\omega}_y) \\
a_y = a'_y + x(\omega_x\omega_y + \dot{\omega}_z) - y(\omega_x^2+\omega_z^2) + z(\omega_y\omega_z - \dot{\omega}_z) \\
a_z = a'_z + x(\omega_x\omega_z - \dot{\omega}_y) + y(\omega_y\omega_z + \dot{\omega}_x) - z(\omega_x^2+\omega_y^2)
\end{cases} \tag{2.18}
$$

式中，x、y 和 z 为动坐标系的坐标，其原点在惯性坐标系中的坐标为 (X_o,Y_o,Z_o) ，加速度为 (a'_x,a'_y,a'_z) 。

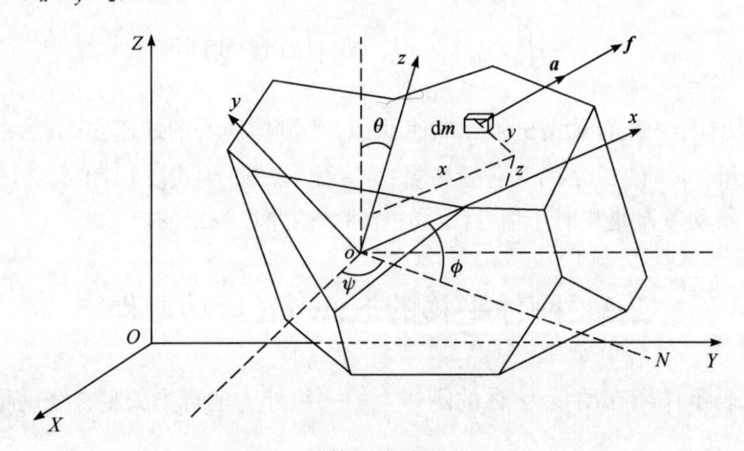

图 2.3　刚体的旋转和 Euler 角

对图 2.3 所示的刚体中的微分单元体 dm 来说，其加速度为 $\boldsymbol{a}=(a_x,a_y,a_z)$ ，合(内)力为 $\boldsymbol{f}=(f_x,f_y,f_z)$ ，其加速度分量和合(内)力分量的关系为

$$
(\mathrm{d}m)a_x = f_x,\quad (\mathrm{d}m)a_y = f_y,\quad (\mathrm{d}m)a_z = f_z \tag{2.19}
$$

且合(内)力 $\boldsymbol{f}$ 相对于动坐标轴的力矩为

$$
\begin{cases}
(\mathrm{d}m)(a_z y - a_y z) = f_z y - f_y z = \mathrm{d}T_x \\
(\mathrm{d}m)(a_x z - a_z x) = f_x z - f_z x = \mathrm{d}T_y \\
(\mathrm{d}m)(a_y x - a_x y) = f_y x - f_x y = \mathrm{d}T_z
\end{cases} \tag{2.20}
$$

整体积分得到

$$\begin{cases}\int_V \rho(a_z y - a_y z)\mathrm{d}V = \int_V \rho(f_z y - f_y z)\mathrm{d}V = T_x \\ \int_V \rho(a_x z - a_z x)\mathrm{d}V = \int_V \rho(f_x z - f_z x)\mathrm{d}V = T_y \\ \int_V \rho(a_y x - a_x y)\mathrm{d}V = \int_V \rho(f_y x - f_x y)\mathrm{d}V = T_z \end{cases} \tag{2.21}$$

式(2.21)是转动方程的基本形式。将式(2.18)代入式(2.21)，并消除所有加速度分量，得到刚体转动的 Euler 方程的一般形式：

$$\begin{cases} M(a_z' y_\mathrm{c} - a_y' z_\mathrm{c}) + I_{xx}\dot{\omega}_x + (I_{zz} - I_{yy})\omega_y\omega_z + I_{xy}(\omega_x\omega_z - \dot{\omega}_y) - I_{xz}(\omega_x\omega_y + \dot{\omega}_z) \\ \quad + I_{yz}(\omega_z^2 - \omega_y^2) = T_x \\ M(a_x' z_\mathrm{c} - a_z' x_\mathrm{c}) + I_{yy}\dot{\omega}_y + (I_{xx} - I_{zz})\omega_x\omega_z + I_{yz}(\omega_y\omega_x - \dot{\omega}_z) - I_{xy}(\omega_y\omega_z + \dot{\omega}_x) \\ \quad + I_{xz}(\omega_x^2 - \omega_z^2) = T_y \\ M(a_y' x_\mathrm{c} - a_x' y_\mathrm{c}) + I_{zz}\dot{\omega}_z + (I_{yy} - I_{xx})\omega_x\omega_y + I_{xz}(\omega_y\omega_z - \dot{\omega}_x) - I_{yz}(\omega_x\omega_z + \dot{\omega}_y) \\ \quad + I_{xy}(\omega_y^2 - \omega_x^2) = T_z \end{cases} \tag{2.22}$$

式中，$(x_\mathrm{c}, y_\mathrm{c}, z_\mathrm{c})$ 为刚体质心的坐标。

式(2.22)和式(2.17)完全确定了刚体的运动，其中动坐标系原点 o 可以为任意点。式(2.22)的左边是惯性力/内力对坐标轴的力矩之和，右边是外力对相应坐标轴的力矩之和。因此，该方程是力矩守恒原理的表达式。合力矩 $\boldsymbol{T} = (T_x, T_y, T_z)$ 可以通过在惯性坐标系中施加的外力计算得到：

$$T_x = \sum(f_Z Y - f_Y Z), \quad T_y = \sum(f_X Z - f_Z X), \quad T_z = \sum(f_Y X - f_X Y) \tag{2.23}$$

式(2.22)的一般形式在一定条件下可以简化为以下特殊形式：

(1) 假设原点 o 位于刚体任意位置，并且动坐标系的 x、y 和 z 轴通过原点 o 且沿着惯性主轴，惯性积 $I_{xy} = I_{xz} = I_{yz} = 0$ ，则转动方程变为

$$\begin{cases} M(a_z' y_\mathrm{c} - a_y' z_\mathrm{c}) + I_{xx}\dot{\omega}_x + (I_{zz} - I_{yy})\omega_y\omega_z = T_x \\ M(a_x' z_\mathrm{c} - a_z' x_\mathrm{c}) + I_{yy}\dot{\omega}_y + (I_{xx} - I_{zz})\omega_x\omega_z = T_y \\ M(a_y' x_\mathrm{c} - a_x' y_\mathrm{c}) + I_{zz}\dot{\omega}_z + (I_{yy} - I_{xx})\omega_x\omega_y = T_z \end{cases} \tag{2.24}$$

(2) 假设动坐标系的坐标原点位于物体的质心(即使质心可能不在刚体上)，那么 $x_\mathrm{c} = y_\mathrm{c} = z_\mathrm{c} = 0$ 。相反，如果坐标原点 o 是任意的，但在空间中是固定的(可以绕 o 转动)，那么 $a_x' = a_y' = a_z' = 0$ 。无论哪种情况，式(2.22)都可简化为

$$\begin{cases} I_x\dot{\omega}_x+(I_{zz}-I_{yy})\omega_y\omega_z+I_{xy}(\omega_x\omega_z-\dot{\omega}_y)-I_{xz}(\omega_x\omega_y+\dot{\omega}_z)+I_{yz}(\omega_z^2-\omega_y^2)=T_x \\ I_y\dot{\omega}_y+(I_{xx}-I_{zz})\omega_x\omega_z+I_{yz}(\omega_y\omega_x-\dot{\omega}_z)-I_{xy}(\omega_y\omega_z+\dot{\omega}_x)+I_{xz}(\omega_x^2-\omega_z^2)=T_y \\ I_z\dot{\omega}_z+(I_{yy}-I_{xx})\omega_x\omega_y+I_{xz}(\omega_y\omega_z-\dot{\omega}_x)-I_{yz}(\omega_x\omega_z+\dot{\omega}_y)+I_{xy}(\omega_y^2-\omega_x^2)=T_z \end{cases} \quad (2.25)$$

(3) 如果刚体的原点固定在空间中或者位于其质心，并且动坐标系的 x、y 和 z 轴通过原点 o 且沿着惯性主轴，那么式(2.22)可简化为

$$\begin{cases} I_x^P\dot{\omega}_x+(I_z^P-I_y^P)\omega_y\omega_z=T_x \\ I_y^P\dot{\omega}_y+(I_x^P-I_z^P)\omega_x\omega_z=T_y \\ I_z^P\dot{\omega}_z+(I_y^P-I_x^P)\omega_x\omega_y=T_z \end{cases} \quad (2.26)$$

式中，(I_x^P,I_y^P,I_z^P) 是对惯性主轴 (x^P,y^P,z^P) 的主惯性矩。

$\int x^m y^n \mathrm{d}V$、$\int y^m z^n \mathrm{d}V$、$\int z^m x^n \mathrm{d}V$ $(m,n=0,1,2)$ 是刚体的积分性质，当其顶点的坐标已知时，可以用单纯形积分法(Shi，1993)对二维多边形体进行分析计算，详见第 9 章。在运动过程中，这些坐标会不断变化，因此在每个时间步重新计算的代价很高。因此，在某些 DEM 程序中，使用等效圆盘或球体代替一般形状的多边形或多面体(但具有相同的面积和体积)以简化计算，便于式(2.26)用于具有恒定惯性矩的旋转计算。对于使用小旋转、紧密堆积质点系统的岩石工程问题，这种简化在一些实际情况下是可接受的。然而，这在理论上是不正确的，当旋转和转动力矩是需要解决的关键问题时，这种简化不能应用于对颗粒介质一般特性的研究，例如，对等效 Cosserat 介质的 DEM 模拟，其中由于颗粒旋转引起的耦合应力是介质力学行为最重要的变量，详见第 11 章。对于其他技术，如使用基于三角形单元对多面体表面进行三角形划分的数值积分，以及使用组装的形状规则的实体单元表示复杂形状物体的构造实体几何(CSG)方法，可参见 Messner 和 Taylor(1980)或 Lee 和 Requicha(1982a，1982b)的文献。

2.5 Euler 转动方程——角动量公式

利用角速度、Euler 角、惯性矩和惯性积的概念，建立了刚体 Euler 转动方程的一般形式。利用角动量的概念，可以建立另外一种不同形式的 Euler 转动方程。如图 2.4 所示，将 $O\text{-}XYZ$ 坐标系视为惯性坐标系，将 $o\text{-}X'Y'Z'$坐标系作为动坐标系(原点 o 可以在或不在刚体上)，且这两个坐标系平行，则存在

$$X=X'+x,\ Y=Y'+y,\quad Z=Z'+z \quad (2.27)$$

式中，(X',Y',Z') 为动坐标系原点 o 在惯性全局坐标系中的坐标。

令 $\boldsymbol{f}=(f_x,f_y,f_z)$ 为作用于微分单元体 dm 上的合力，该微分单元体作为自由质点的运动方程为

$$(\mathrm{d}m)\ddot{X}=f_x,\quad (\mathrm{d}m)\ddot{Y}=f_y,\quad (\mathrm{d}m)\ddot{Z}=f_z \tag{2.28}$$

其加速度为

$$\ddot{X}=\frac{\partial^2 x}{\partial t^2},\quad \ddot{Y}=\frac{\partial^2 y}{\partial t^2},\quad \ddot{Z}=\frac{\partial^2 z}{\partial t^2}$$

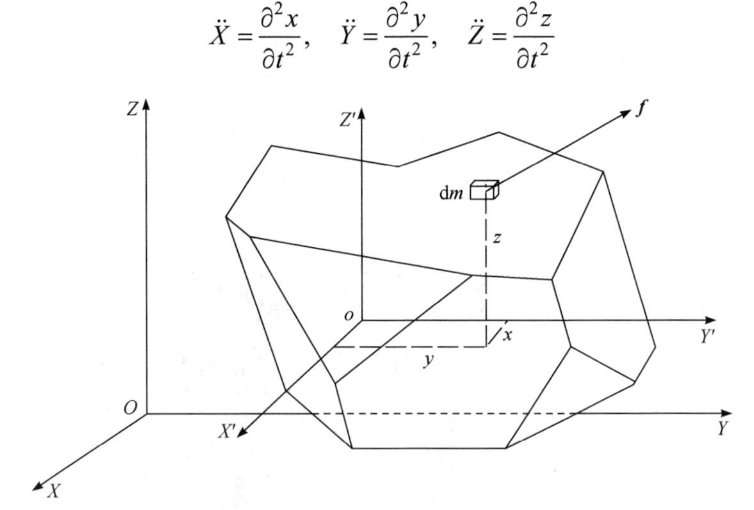

图 2.4　刚体 Euler 转动方程的角动量公式坐标系

类似地，刚体在惯性坐标系中的力矩可以写为

$$\begin{cases}\int\limits_V \rho(\ddot{Z}Y-\ddot{Y}Z)\mathrm{d}V=\dfrac{\mathrm{d}}{\mathrm{d}t}\int\limits_V \rho(\dot{Z}Y-\dot{Y}Z)\mathrm{d}V=\int\limits_V \rho(f_zY-f_yZ)\mathrm{d}V=T_X\\ \int\limits_V \rho(\ddot{X}Z-\ddot{Z}X)\mathrm{d}V=\dfrac{\mathrm{d}}{\mathrm{d}t}\int\limits_V \rho(\dot{X}Z-\dot{Z}X)\mathrm{d}V=\int\limits_V \rho(f_xZ-f_zX)\mathrm{d}V=T_Y\\ \int\limits_V \rho(\ddot{Y}X-\ddot{X}Y)\mathrm{d}V=\dfrac{\mathrm{d}}{\mathrm{d}t}\int\limits_V \rho(\dot{Y}X-\dot{X}Y)\mathrm{d}V=\int\limits_V \rho(f_yX-f_xY)\mathrm{d}V=T_Z\end{cases} \tag{2.29}$$

式中，(T_X,T_Y,T_Z) 分别为外力对 X、Y 和 Z 轴的力矩。结合式(2.15)中对角动量的定义，把 $\dot{X}$、$\dot{Y}$、$\dot{Z}$ 写成速度分量，$\dot{X}=v_X$，$\dot{Y}=v_Y$，$\dot{Z}=v_Z$，式(2.29)可以写为

$$\begin{cases}\dot{h}_X=\dfrac{\mathrm{d}}{\mathrm{d}t}\int\limits_V \rho(v_ZY-v_YZ)\mathrm{d}V=\int\limits_V \rho(f_zY-f_yZ)\mathrm{d}V=T_X\\ \dot{h}_Y=\dfrac{\mathrm{d}}{\mathrm{d}t}\int\limits_V \rho(v_XZ-v_ZX)\mathrm{d}V=\int\limits_V \rho(f_xZ-f_zX)\mathrm{d}V=T_Y\\ \dot{h}_Z=\dfrac{\mathrm{d}}{\mathrm{d}t}\int\limits_V \rho(v_YX-v_XY)\mathrm{d}V=\int\limits_V \rho(f_yX-f_xY)\mathrm{d}V=T_Z\end{cases} \tag{2.30}$$

这是在惯性坐标系中定义的刚体 Euler 转动方程的基本形式，该方程中未用到角速度、惯性矩或惯性积。

将式(2.27)代入式(2.29)得到

$$\begin{cases}\int_V \rho(\ddot{Z}Y' - \ddot{Y}Z')\mathrm{d}V + \int_V \rho(\ddot{z}y - \ddot{y}z)\mathrm{d}V + \int_V \rho(\ddot{Z}'y - \ddot{Y}'z)\mathrm{d}V = T_X \\ \int_V \rho(\ddot{X}Z' - \ddot{Z}X')\mathrm{d}V + \int_V \rho(\ddot{x}z - \ddot{z}x)\mathrm{d}V + \int_V \rho(\ddot{X}'z - \ddot{Z}'x)\mathrm{d}V = T_Y \\ \int_V \rho(\ddot{Y}X' - \ddot{X}Y')\mathrm{d}V + \int_V \rho(\ddot{y}x - \ddot{x}y)\mathrm{d}V + \int_V \rho(\ddot{Y}'x - \ddot{X}'y)\mathrm{d}V = T_Z\end{cases} \tag{2.31}$$

回顾以下关系：

$$\begin{aligned}&\int_V \rho\ddot{Z}'y\mathrm{d}V = M\ddot{Z}'y_{\mathrm{c}},\ \int_V \rho\ddot{Y}'z\mathrm{d}V = M\ddot{Y}'z_{\mathrm{c}},\ \int_V \rho\ddot{X}'z\mathrm{d}V = M\ddot{X}'z_{\mathrm{c}} \\ &\int_V \rho\ddot{Z}'x\mathrm{d}V = M\ddot{Z}'x_{\mathrm{c}},\ \int_V \rho\ddot{Y}'x\mathrm{d}V = M\ddot{Y}'x_{\mathrm{c}},\ \int_V \rho\ddot{X}'y\mathrm{d}V = M\ddot{X}'y_{\mathrm{c}}\end{aligned} \tag{2.32a}$$

与

$$\begin{cases}T_X = \int_V \rho(f_zY - f_yZ)\mathrm{d}V = \int_V \rho[f_z(Y'+y) - f_y(Z'+z)]\mathrm{d}V \\ T_Y = \int_V \rho(f_xZ - f_zX)\mathrm{d}V = \int_V \rho[f_x(Z'+z) - f_z(X'+x)]\mathrm{d}V \\ T_Z = \int_V \rho(f_yX - f_xY)\mathrm{d}V = \int_V \rho[f_y(X'+x) - f_x(Y'+y)]\mathrm{d}V\end{cases} \tag{2.32b}$$

式中，$(x_{\mathrm{c}}, y_{\mathrm{c}}, z_{\mathrm{c}})$ 为动坐标系中刚体质心的坐标，将式(2.28)和式(2.32)代入式(2.31)得到

$$\begin{cases}T_X = \int_V \rho(f_zY - f_yZ)\mathrm{d}V = M(\ddot{Z}'y_{\mathrm{c}} - \ddot{Y}'z_{\mathrm{c}}) + \frac{\mathrm{d}}{\mathrm{d}t}\int_V \rho(\dot{z}y - \dot{y}z)\mathrm{d}V \\ T_Y = \int_V \rho(f_xZ - f_zX)\mathrm{d}V = M(\ddot{X}'z_{\mathrm{c}} - \ddot{Z}'x_{\mathrm{c}}) + \frac{\mathrm{d}}{\mathrm{d}t}\int_V \rho(\dot{x}z - \dot{z}x)\mathrm{d}V \\ T_Z = \int_V \rho(f_yX - f_xY)\mathrm{d}V = M(\ddot{Y}'x_{\mathrm{c}} - \ddot{X}'y_{\mathrm{c}}) + \frac{\mathrm{d}}{\mathrm{d}t}\int_V \rho(\dot{y}x - \dot{x}y)\mathrm{d}V\end{cases} \tag{2.33}$$

动坐标系中定义的角动量速率为

$$\dot{h}_x = \int_V \rho(\ddot{z}y - \ddot{y}z)\mathrm{d}V,\quad \dot{h}_y = \int_V \rho(\ddot{x}z - \ddot{z}x)\mathrm{d}V,\quad \dot{h}_z = \int_V \rho(\ddot{y}x - \ddot{x}y)\mathrm{d}V \tag{2.34}$$

式(2.33)可写为

$$\begin{cases} T_X = M(\ddot{Z}'y_c - \ddot{Y}'z_c) + \dot{h}_x \\ T_Y = M(\ddot{X}'z_c - \ddot{Z}'x_c) + \dot{h}_y \\ T_Z = M(\ddot{Y}'x_c - \ddot{X}'y_c) + \dot{h}_z \end{cases} \tag{2.35}$$

式(2.35)是基于角动量概念的刚体 Euler 转动方程的常用形式。数值计算时不需要刚体的惯性矩、惯性积和角速度。除惯性坐标 (X',Y',Z') 及其关联量外，所有分量都在动坐标系中确定。如果刚体固定在空间的一个点上，或者动坐标系原点 o 位于刚体质心上，式(2.35)就可简化为

$$\begin{cases} T_X = \dot{h}_x \\ T_Y = \dot{h}_y \\ T_Z = \dot{h}_z \end{cases} \tag{2.36}$$

2.6　可变形体的 Cauchy 运动方程

与刚体不同，可变形体可以平移、转动和变形，如从一种构型变化到另一种构型，有无限的自由度。

假设一个连续介质 Ω，体积为 V，边界为 S，在相对于惯性坐标系原点的合力 f_i 和合力矩 l_i 的作用下进行平移和转动。如图 2.5 所示，设 (a_1,a_2,a_3) 表示时间 t=0 时参考构型中物体中一点 x 的坐标，一段时间后，该点移动到同一坐标系中所指的另一个位置 (x_1,x_2,x_3)，其映射为

$$x_i = \hat{x}_i(a_1,a_2,a_3,t) \tag{2.37}$$

构建了物体在不同时刻 t 的瞬时构型。

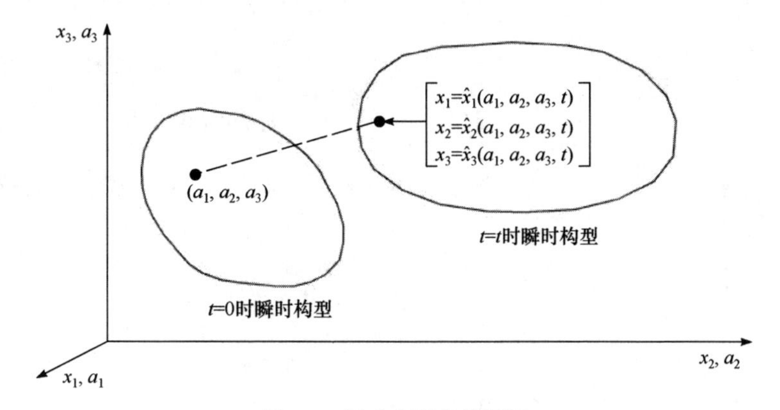

图 2.5　运动中质点的标记

函数 $\hat{x}_i(a_1,a_2,a_3,t)$ 称为变形函数。当 (a_1,a_2,a_3) 和时间 t 为自变量时，式(2.37)给出了物体在不同时刻 t 的瞬时构型。力学变化描述称为物质描述或拉格朗日描述。相反，如果将空间位置 (x_1,x_2,x_3) 和时间 t 作为独立变量来描述过程，则该描述为空间描述或 Euler 描述。空间描述更方便，因为它描述发生在确定位置的力学状态，不跟随质点运动。

在材料描述中，当 a_i 保持不变时，速度 v_i 和加速度 a_i 在点 (a_1,a_2,a_3) 处定义为

$$v_i(a_1,a_2,a_3,t)=\frac{\partial x_i}{\partial t} \tag{2.38}$$

$$a_i(a_1,a_2,a_3,t)=\frac{\partial v_i}{\partial t} \tag{2.39}$$

当保持时间不变时，物体的变形速率 f_{ij} 可以表示为

$$f_{ij}=\frac{\partial x_i}{\partial a_j} \tag{2.40}$$

$$\det[f_{ij}]>0 \tag{2.41}$$

在空间描述中，使用式(2.37)的逆映射，通过使用链式法则，速度和加速度可写为

$$v_i=\frac{\partial x_i}{\partial t}+\frac{\partial a_i}{\partial x_j}\frac{\partial x_j}{\partial t}=\frac{\mathrm{D}x_i}{\mathrm{D}t} \tag{2.42}$$

$$a_i=\frac{\partial v_i}{\partial t}+\frac{\partial a_i}{\partial x_j}v_j=\frac{\mathrm{D}v_i}{\mathrm{D}t} \tag{2.43}$$

式(2.42)和式(2.43)中的 $\mathrm{D}(\cdot)/\mathrm{D}t$ 是物质导数。

变形速率、速度场和加速度场是连续介质运动的基本运动度量值，其他运动度量值，如动量和能量，可以根据这些基本量来定义。

连续性方程为

$$\frac{\mathrm{D}M}{\mathrm{D}t}=\frac{\mathrm{D}}{\mathrm{D}t}\iiint\rho\mathrm{d}\Omega=\iiint\frac{\partial\rho}{\partial t}\mathrm{d}\Omega+\iint\rho v_i\boldsymbol{n}_i\mathrm{d}S=0 \tag{2.44}$$

式中，S 为连续介质的代表性微分单元体的表面；$\boldsymbol{n}_i$ 为 S 的单位法向量。式(2.44)的微分形式为

$$\frac{\partial\rho}{\partial t}+\frac{\partial(\rho v_i)}{\partial x_i}=0 \tag{2.45}$$

这是质量守恒定律的表达式。

线动量和角动量的平衡定律可以写成

$$\frac{\mathrm{D}p_i}{\mathrm{D}t}=\frac{\mathrm{D}}{\mathrm{D}t}\iiint\rho v_i\mathrm{d}\Omega=f_i \tag{2.46}$$

$$\frac{\mathrm{D}h_i}{\mathrm{D}t}=\frac{\mathrm{D}}{\mathrm{D}t}\iiint e_{ijk}x_jv_k\mathrm{d}\Omega=l_i \tag{2.47}$$

物体相对于惯性坐标系原点的合力和合力矩可以表示为

$$f_i=\iint t_i\mathrm{d}S+\iiint b_i\mathrm{d}\Omega \tag{2.48}$$

$$l_i=\iint e_{ijk}x_jt_k\mathrm{d}S+\iiint e_{ijk}x_jb_k\mathrm{d}\Omega \tag{2.49}$$

式中，b_i 为体力。

应用高斯定理和 Cauchy 应力公式：

$$t_i=\sigma_{ij}n_j \tag{2.50}$$

式中，$\sigma_{ij}(i,j=1,2,3)$ 表示作用在可变形物体基本区域上的 Cauchy 应力张量的分量。式(2.48)和式(2.49)变成

$$f_i=\iint t_i\mathrm{d}S+\iiint b_i\mathrm{d}\Omega=\iiint\left(\frac{\partial\sigma_{ij}}{\partial x_j}+b_i\right)\mathrm{d}\Omega \tag{2.51}$$

$$l_i=\iint e_{ijk}x_jt_k\mathrm{d}S+\iiint e_{ijk}x_jb_k\mathrm{d}\Omega=\iiint\left[e_{ijk}x_j\left(\frac{\partial\sigma_{ik}}{\partial x_i}+b_k\right)\right]\mathrm{d}\Omega \tag{2.52}$$

式中，S 和 Ω 由变形体控制。

将式(2.51)和式(2.52)代入式(2.46)和式(2.47)，并使用连续性方程(2.45)，得到连续介质的运动方程：

$$\frac{\mathrm{D}}{\mathrm{D}t}\iiint\rho v_i\mathrm{d}\Omega=\iiint\left(\frac{\partial\sigma_{ij}}{\partial x_j}+b_i\right)\mathrm{d}\Omega \tag{2.53a}$$

$$\frac{\mathrm{D}}{\mathrm{D}t}\iiint\rho e_{ijk}x_jv_k\mathrm{d}\Omega=\iiint\left[e_{ijk}x_j\left(\frac{\partial\sigma_{ik}}{\partial x_i}+b_k\right)\right]\mathrm{d}\Omega \tag{2.53b}$$

式(2.53a)和式(2.53b)的微分形式可以写成

$$\rho\frac{\mathrm{D}v_i}{\mathrm{D}t}=\frac{\partial\sigma_{ij}}{\partial x_j}+b_i \tag{2.54}$$

$$e_{ijk}\sigma_{ik}=0 \tag{2.55}$$

式(2.55)表明，如果应力张量是对称的，即 $\sigma_{ij}=\sigma_{ji}$，则在连续介质内的一点上满足角动量平衡定律。式(2.54)和式(2.55)是可变形体的运动方程，通常称为

Cauchy 运动方程。

在块体或结构系统的动态或准静态分析的许多应用中，阻尼通常用于描述黏性流体(如空气)对运动的阻力效应。最常见的公式是假设阻尼与运动速度成正比，阻尼物体的运动方程为

$$\rho \frac{\mathrm{D}v_i}{\mathrm{D}t} + cv_i = \frac{\partial \sigma_{ij}}{\partial x_j} + b_i \tag{2.56}$$

式中，参数 c 为阻尼系数，需要通过试验确定，对于包含多个可变形体的复杂结构，这些试验可能难以进行。

阻尼还可以作为人为增加的受力项，以得到动态运动方程的静稳态解。在这种情况下，阻尼项是作为更稳定的数值计算技术的一个影响因素，而不具有物理意义。因此，可以使用试错程序来获得数值上合适的阻尼系数。阻尼系数只是作为一个人为加速参数，用于 DEM 模型中块体系统准静态问题的收敛，详见第 8 章。

2.7　可变形体的刚体运动与变形耦合

2.7.1　刚体运动和可变形体耦合的复杂性

在小变形假设下，可变形体的运动方程(2.55)和方程(2.56)是适用的。该假设意味着，对于可变形体，变形前后物体的总体尺寸和形状差异可以忽略不计，并且由外力/内力引起的应变很小。对于许多实际问题，其总位移与工程尺寸相比非常小，可以假设为小变形。在其他情况下，如果变形主要来自裂隙位移且岩块变形相当小，如在岩石斜坡上块体的楔形滑动，则刚体运动也可以是岩石工程问题中可接受的近似值。

然而，小变形或刚体假设只是在不考虑变形-运动耦合条件下的两种极端情况，不具有普适性。在某些情况下，可变形体可能会发生大规模位移，但应变很小(如爆破时的岩块运动，具有内部岩石变形和破裂过程的大规模滑坡或边坡失稳，以及公路工程设计中落石的运动和变形/破裂/分裂等)。在这种情况下，需要考虑大规模的刚体运动和物体变形模式的相互耦合。

大位移物体的运动和变形具有以下特征：

(1) 物体的惯性力不再恒定，而是时间和位移/变形路径的函数。

(2) 由于物体相对于惯性坐标系的有限旋转，运动方程变得高度非线性。

(3) 物体的变形不仅取决于材料的本构关系和外力作用，还取决于物体相对于惯性坐标系的刚体运动，即刚体运动和变形之间的耦合。

刚体运动与变形之间的耦合问题一直是工程力学的一个重要内容，特别是在

多体系动力学中，最简单的方法是假设物体是遵循广义胡克定律的线性弹性材料。由此产生了弹性动力学线性理论(Eringen，1974，1975；Shabana，1998)，它在机械工程和飞行器的空气动力学中起着重要作用。解决这些问题的运动方程的基本技术有三步算法：

(1) 假设系统由刚体集合组成，并求解运动方程，以得到每个刚体的惯性力和相互作用力，以及整个刚体总的平移和旋转位移。

(2) 将这些惯性力和相互作用力引入每个物体，但是将它们视为弹性变形体，根据理论分析(如果物体的几何形状允许)或数值方法(如 FEM)来确定它们的变形(位移和应变)和应力场。

(3) 弹性小变形场在刚体总运动位移上的叠加。

因此，刚体运动和弹性变形在线弹性动力学中是解耦求解。刚体运动和静态线弹性变形可以看成一般弹性动力学中的两种极端情况。前者适用于不考虑物体变形和应力的情况，总体运动是目标。后者仅需要考虑物体的线性变形和应力，而不考虑物体的运动。

逐步线性化过程可以很容易地模拟材料的非线性，而没有额外的困难。然而，这种处理可能不适用于具有较高运动速度和非线性变形的问题。同时，在大多数岩石工程问题中，较高运动速度和非线性大变形相结合的情况很少。因此，使用线弹性动力学原理是可接受的。

下面首先回顾基于 Cauchy 经典方程(2.54)和方程(2.55)的可变形体的完整运动方程，然后给出线性弹性动力学中运动方程的数值处理。

2.7.2　大转动变形体运动方程的扩展

McDonough(1976)提出了运动方程的完整公式，其结合了刚体的总运动形式和变形形式，没有规定任何具体的材料行为。这里认为 Cauchy 运动方程(2.54)和方程(2.55)是有效的，进一步假设物体的运动(和所有运动学参数)也相对于非惯性参考系进行定义。参考系与物体紧密相关，可以固定或不固定在物体上，并且相对于惯性参考系具有一般的平移和转动。类似于刚体的 Euler 转动方程的一般形式，非惯性参考系的平移和转动可以表示可变形体的总体刚体运动。

更小尺度上，在与物体相关的非惯性参考系中定义了物体内颗粒的变形运动。在下面的推导中，令(X, Y, Z)为惯性坐标系中的坐标，$(\bar{x},\bar{y},\bar{z})$ 为非惯性坐标系中的坐标。惯性和非惯性参考系中的位置矢量分别表示为 $\boldsymbol{R}=(X,Y,Z)$ 、$R_i = X_i$ 或 $\boldsymbol{r}=(\bar{x},\bar{y},\bar{z})$ 、$r_i=\bar{x}_i$ $(i=1,2,3)$ 。相同质点在两个坐标系中的位置矢量之间的关系为(图 2.6)

$$R_i = C_i(t) + r_i \quad 或 \quad X_i = C_i(t) + \bar{x}_i \tag{2.57}$$

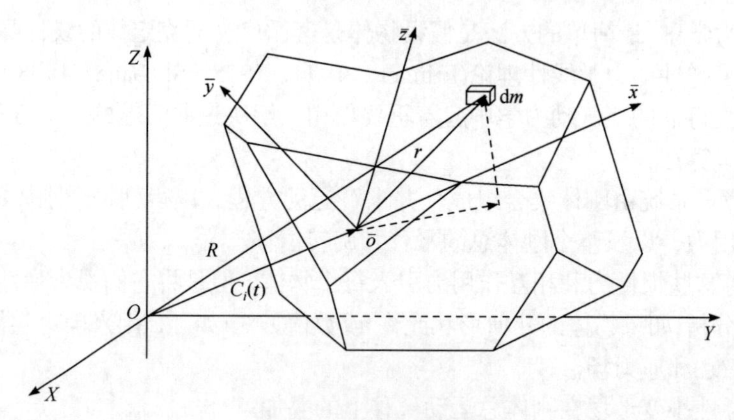

图 2.6　变形体坐标系

式中，$C_i(t)$为非惯性坐标系原点相对于惯性坐标系原点的位置矢量，并且是时间 t 的函数。任意矢量 $\boldsymbol{v}$ 相对于两个坐标系的物质导数由式(2.58)给出：

$$\dot{v}_i = \frac{\mathrm{D}_R v_i}{\mathrm{D}t} = e_{ijk}\omega_j v_k + \frac{\mathrm{D}_r \dot{v}_i}{\mathrm{D}t} \tag{2.58}$$

式中，$\mathrm{D}_R(\cdot)/\mathrm{D}t$ 和 $\mathrm{D}_r(\cdot)/\mathrm{D}t$ 分别为相对于惯性坐标系和非惯性坐标系的物质时间导数；$\boldsymbol{\omega}=(\omega_X,\omega_Y,\omega_Z)$ 为惯性坐标系中非惯性参考系的角速度矢量，也是时间的函数。

将式(2.58)代入式(2.57)得到

$$\frac{\mathrm{D}_R R_i}{\mathrm{D}t} = \frac{\mathrm{D}_R C_i(t)}{\mathrm{D}t} + e_{ijk}\omega_j r_k + \frac{\partial_r r_i}{\partial t} \tag{2.59}$$

$$\frac{\mathrm{D}_R^2 R_i}{\mathrm{D}t^2} = \frac{\mathrm{D}_R^2 C_i(t)}{\mathrm{D}t^2} + e_{ijk}\frac{\mathrm{D}_R \omega_j}{\mathrm{D}t} r_k + e_{ijk}\omega_j(\omega_k + r_k) + 2e_{ijk}\omega_j \frac{\partial_r r_i}{\partial t} + \frac{\partial_r^2 r_i}{\partial t^2} \tag{2.60}$$

需要注意的是，由于矢量和张量在两个坐标系之间变换的不变性，可以得到在惯性(顶部没有短杆)和非惯性(顶部有短杆)坐标系中定义的应力张量、力矢量和应变张量：

$$\sigma_{ij} = \bar{\sigma}_{ij}, \quad f_i = \bar{f}_i, \quad \varepsilon_{ij} = \bar{\varepsilon}_{ij} \tag{2.61}$$

将线动量和角动量守恒方程(式(2.46)、式(2.47)、式(2.51)和式(2.52))应用到相对于惯性参考系移动的非惯性参考系中的可变形体中，则具有类似的方程：

$$\mathrm{D}_r \frac{\bar{p}_i}{\mathrm{D}t} = \frac{\mathrm{D}_r}{\mathrm{D}t}\iiint \rho \bar{v}_i \mathrm{d}\Omega = \bar{f}_i \tag{2.62}$$

$$\mathrm{D}_r \frac{\bar{h}_i}{\mathrm{D}t} = \frac{\mathrm{D}_r}{\mathrm{D}t}\iiint e_{ijk}\bar{x}_j \bar{v}_k \mathrm{d}\Omega = \bar{l}_i \tag{2.63}$$

$$\bar{f}_i = \iint \bar{t}_i \mathrm{d}S + \iiint \bar{b}_i \mathrm{d}\Omega = \iiint \left(\frac{\partial \bar{\sigma}_{ij}}{\partial x_j} + \bar{b}_i\right)\mathrm{d}\Omega \tag{2.64}$$

$$\overline{l}_i = \iint e_{ijk}\overline{x}_j\overline{t}_k \mathrm{d}S + \iiint e_{ijk}\overline{x}_j\overline{b}_k \mathrm{d}\Omega = \iiint \left[e_{ijk}\overline{x}_j \left(\frac{\partial \dot{\sigma}_{ik}}{\partial x_i} + \overline{b}_k \right) \right] \mathrm{d}\Omega \tag{2.65}$$

将式(2.57)、式(2.59)和式(2.60)代入式(2.46)、式(2.47)、式(2.51)和式(2.52)，并结合式(2.61)，将这些项重新排列后得到如下关系：

$$f_i = \overline{f}_i \tag{2.66}$$

$$l_i = e_{ijk}C_j\overline{f}_k + \overline{l}_i \tag{2.67}$$

$$p_i = M\frac{\mathrm{D}_R C_i}{\mathrm{D}t} + e_{ijk}\omega_j G_k + \overline{p}_i \tag{2.68}$$

$$h_i = e_{ijk}C_j p_k - e_{ijk}C_j G_k + \omega_i \overline{I}_{ij} + \overline{h}_i \tag{2.69}$$

$$\frac{\mathrm{D}_R p_i}{\mathrm{D}t} = M\frac{\mathrm{D}_R^2 C_i}{\mathrm{D}t^2} + e_{ijk}\omega_j G_k + e_{ijk}\omega_j(e_{lmn}\omega_m G_n + 2\overline{p}_i) + \frac{\mathrm{D}_r\overline{p}_i}{\mathrm{D}t} \tag{2.70}$$

$$\frac{\mathrm{D}_R h_i}{\mathrm{D}t} = e_{ijk}C_j\frac{\mathrm{D}_R p_k}{\mathrm{D}t} - e_{ijk}\frac{\mathrm{D}_R^2 C_j}{\mathrm{D}t^2}G_k + \frac{\mathrm{D}_R\omega_i}{\mathrm{D}t}(\overline{I}_{ij}\omega_j) + e_{ijk}\omega_j(\omega_l\overline{I}_{lk}) + \omega_i\overline{I}_{ij} + e_{ijk}\omega_j\overline{h}_k + \frac{\mathrm{D}_r\overline{h}_i}{\mathrm{D}t} \tag{2.71}$$

式中，M 为物体的质量；$\overline{I}_{ij}$ 为相对于非惯性参考系的惯性张量；

$$G_i = \iiint_{\Omega} \rho r_i \mathrm{d}\Omega = M r_i^{\mathrm{c}} \tag{2.72}$$

式中，$r_i^{\mathrm{c}} = \overline{x}_i c$ 为非惯性参考系中质心的坐标。可以将惯性坐标系中定义的可变形体的运动方程写为线性动量和角动量守恒定律：

$$f_i = \frac{\partial \sigma_{ij}}{\partial x_j} + b_i = M\frac{\mathrm{D}_R^2 C_i}{\mathrm{D}t^2} + e_{ijk}\omega_j G_k + e_{ijk}\omega_j(e_{lmn}\omega_m G_n + 2\overline{p}_i) + \frac{\mathrm{D}_r\overline{p}_i}{\mathrm{D}t} \tag{2.73}$$

$$\begin{aligned} l_i = e_{ijk}x_j\left(\frac{\partial \sigma_{ik}}{\partial x_i} + b_k\right) &= e_{ijk}C_j\frac{\mathrm{D}_R p_k}{\mathrm{D}t} - e_{ijk}\frac{\mathrm{D}_R^2 C_j}{\mathrm{D}t^2}G_k + \frac{\mathrm{D}_R\omega_i}{\mathrm{D}t}(\overline{I}_{ij}\omega_j) + e_{ijk}\omega_j(\omega_l\overline{I}_{lk}) \\ &+ \omega_i\overline{I}_{ij} + e_{ijk}\omega_j\overline{h}_k + \frac{\mathrm{D}_r\overline{h}_i}{\mathrm{D}t} \end{aligned} \tag{2.74}$$

利用式(2.61)、式(2.66)、式(2.67)和式(2.70)，可导出非惯性参考系中可变形体的运动方程为

$$\overline{f}_i = f_i = \frac{\partial \sigma_{ij}}{\partial x_j} + b_i = M\frac{\mathrm{D}_R^2 C_i}{\mathrm{D}t^2} + e_{ijk}\omega_j G_k + e_{ijk}\omega_j(e_{lmn}\omega_m G_n + 2\overline{p}_i) + \frac{\mathrm{D}_r\overline{p}_i}{\mathrm{D}t} \tag{2.75}$$

$$\overline{l}_i=-e_{ijk}C_jf_k+e_{ijk}x_j\left(\frac{\partial\sigma_{ik}}{\partial x_i}+b_k\right)=-e_{ijk}C_jf_k+e_{ijk}C_j\frac{\mathrm{D}_Rp_k}{\mathrm{D}t}-e_{ijk}\frac{\mathrm{D}_R^2C_j}{\mathrm{D}t^2}G_k+\frac{\mathrm{D}_R\omega_i}{\mathrm{D}t}(\overline{I}_{ij}\omega_j)$$
$$+e_{ijk}\omega_j(\omega_l\overline{I}_{lk})+\omega_i\overline{I}_{ij}+e_{ijk}\omega_j\overline{h}_k+\frac{\mathrm{D}_r\overline{h}_i}{\mathrm{D}t} \tag{2.76}$$

如果在选择 $C(t)$ 的基础上，仔细选择非惯性参考系，则可以简化上述等式。

当 $C(t)$ 固定在物体的质心时，惯性参考系中 $C(t)$ 的坐标由式(2.77)给出：

$$C_i=X_i^{\mathrm{c}}=\frac{1}{M}\iiint_{\Omega}\rho R_i\mathrm{d}\Omega \tag{2.77}$$

在非惯性参考系中

$$G_i=\iiint_{\Omega}\rho r_i\mathrm{d}\Omega=\overline{p}_i=\frac{\mathrm{D}_r\overline{p}}{\mathrm{D}t}=0 \tag{2.78a}$$

$$\overline{x}^{\mathrm{c}}=\overline{y}^{\mathrm{c}}=\overline{z}^{\mathrm{c}}=0 \tag{2.78b}$$

然后将式(2.66)和式(2.67)简化为

$$\frac{\partial\sigma_{ij}}{\partial x_j}+b_i=M\frac{\mathrm{D}_R^2C_i}{\mathrm{D}t^2} \tag{2.79}$$

$$e_{ijk}\overline{x}_j\left(\frac{\partial\sigma_{ij}}{\partial x_i}+b_k\right)=\frac{\mathrm{D}_R\omega_i}{\mathrm{D}t}(\overline{I}_{ij}\omega_j)+e_{ijk}\omega_j(\omega_l\overline{I}_{lk})+\omega_i\overline{I}_{ij}+e_{ijk}\omega_j\overline{h}_k+\frac{\mathrm{D}_r\overline{h}_i}{\mathrm{D}t} \tag{2.80}$$

从上述推导和式(2.80)可以清楚地看出，刚体运动和变形耦合的主要复杂因素涉及转动和变形之间的耦合，因为惯性张量现在是时间和变形的函数。对于可变形体的大转动问题，这就是 FEM 中的惯性耦合或共同旋转问题，对于高速度和细长体问题尤其重要。

2.7.3 运动和变形的惯性耦合有限元法处理

解决多体系弹性动力学问题的最常用数值技术是 FEM，它是处理可变形体运动和变形惯性耦合的一种有效技术。使用 FEM，对物体 i，式(2.79)和式(2.80)可以在 FEM 离散化后用于分割形式的矩阵方程(Shabana，1998)：

$$\begin{cases}\boldsymbol{M}_{\mathrm{rr}}^i\ddot{\boldsymbol{u}}_{\mathrm{r}}^i+\boldsymbol{M}_{\mathrm{rf}}^i\ddot{\boldsymbol{u}}_{\mathrm{f}}^i=\boldsymbol{F}_{\mathrm{r}}^i\\ \boldsymbol{M}_{\mathrm{fr}}^i\ddot{\boldsymbol{u}}_{\mathrm{r}}^i+\boldsymbol{M}_{\mathrm{rf}}^i\ddot{\boldsymbol{u}}_{\mathrm{f}}^i+\boldsymbol{K}_{\mathrm{ff}}^i\boldsymbol{u}_{\mathrm{f}}^i=\boldsymbol{F}_{\mathrm{f}}^i\end{cases} \tag{2.81}$$

式中，$\boldsymbol{M}_{\mathrm{rr}}^i$ 为刚体运动形式的质量矩阵；$\boldsymbol{M}_{\mathrm{rf}}^i$ 为变形形式的质量矩阵；$\boldsymbol{M}_{\mathrm{fr}}^i=(\boldsymbol{M}_{\mathrm{rf}}^i)^{\mathrm{T}}$ 为惯性耦合矩阵；$\boldsymbol{K}_{\mathrm{ff}}^i$ 为刚度矩阵；$\boldsymbol{u}_{\mathrm{r}}^i$、$\boldsymbol{u}_{\mathrm{f}}^i$ 为区分刚体运动形式和变形形式的广义坐标(未知)矢量(两点表示相对于时间的二阶偏微分)；$\boldsymbol{F}_{\mathrm{r}}^i$ 和 $\boldsymbol{F}_{\mathrm{f}}^i$ 为区分刚体运动形式和变形形式的广义力矢量；下标 r 和 f 分别表示刚体运动形式和变形形式。

假设满足线性弹性动力学简化，弹性变形对广义坐标变化的贡献可以忽略不计，上述方程可化简为

$$
\begin{cases}
\boldsymbol{M}_{\mathrm{rr}}^{i}\ddot{\boldsymbol{u}}_{\mathrm{r}}^{i}=\boldsymbol{F}_{\mathrm{r}}^{i}\\
\boldsymbol{M}_{\mathrm{rf}}^{i}\ddot{\boldsymbol{u}}_{\mathrm{f}}^{i}+\boldsymbol{K}_{\mathrm{ff}}^{i}\boldsymbol{u}_{\mathrm{f}}^{i}=\boldsymbol{F}_{\mathrm{f}}^{i}-\boldsymbol{M}_{\mathrm{fr}}^{i}\ddot{\boldsymbol{u}}_{\mathrm{r}}^{i}
\end{cases}
\tag{2.82}
$$

式(2.82)中的第一个方程可以通过仅考虑刚体运动来求解，但是对于弹性变形计算，必须考虑惯性耦合的影响，如式(2.82)中第二个方程右侧最后一项所示。关键问题是确保物体中刚体运动产生零应变的条件优先于同向旋转应变约束。

需要注意的是，惯性耦合对于使用 FEM 模拟细长构件的耦合运动和变形是最重要的，如梁、板和壳体结构，其线性尺寸在一维(梁)或二维(壳)方向上比其他方向上大得多，这种情况下传统的 FEM 离散化不能应对大的转动，因为无穷小的转动被用作一般的节点未知数。对于使用标准网格划分并且使用位移作为唯一节点未知数的具有完全 FEM 离散化的一般弹性体，惯性耦合能够自动满足。图 2.7 给出了一个使用标准四节点平面 FEM 单元的例子(Shabana，1998)。

对于图 2.7 所示的四节点矩形有限单元体，其节点位移分量可形成位移矢量 $\boldsymbol{U}=(u_x^1,u_y^1,u_x^2,u_y^2,u_x^3,u_y^3,u_x^4,u_y^4)^{\mathrm{T}}$，单元体的几何矩阵由式(2.83)给出：

$$
\boldsymbol{S}=\begin{bmatrix} N_1 & 0 & N_2 & 0 & N_3 & 0 & N_4 & 0\\ 0 & N_1 & 0 & N_2 & 0 & N_3 & 0 & N_4 \end{bmatrix}
\tag{2.83}
$$

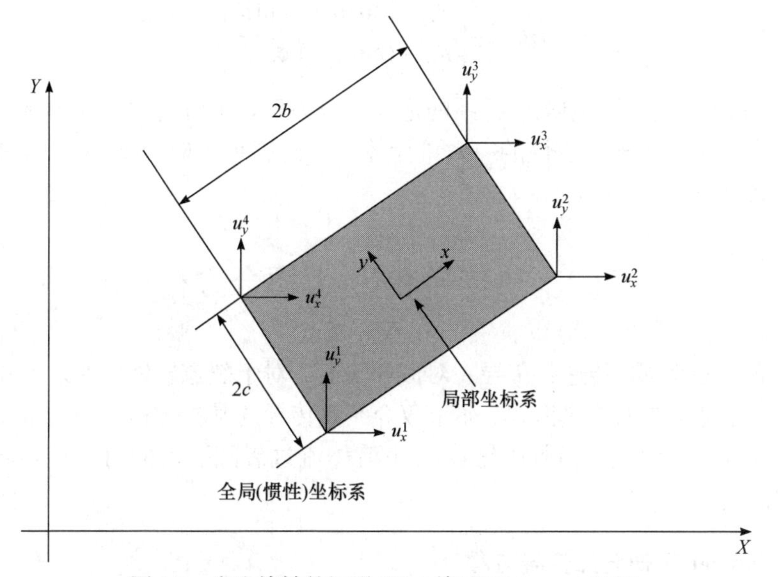

图 2.7　发生旋转的矩形 FEM 单元(Shabana，1998)

式中，形函数表达式如下：

$$N_1=\frac{1}{4bc}(b-x)(c-y),\quad N_2=\frac{1}{4bc}(b+x)(c-y) \tag{2.84}$$

$$N_3=\frac{1}{4bc}(b+x)(c+y),\quad N_4=\frac{1}{4bc}(b-x)(c+y) \tag{2.85}$$

式中，b 和 c 分别为单元长度和宽度的一半(图 2.7)，形函数的和等于 1。

对于刚体运动，可以由两个平移分量 R_x、R_y 和有限旋转角 θ 来描述，其节点位移矢量 $\boldsymbol{U}$ 变为

$$\boldsymbol{U}=\begin{Bmatrix} u_x^1 \\ u_y^1 \\ u_x^2 \\ u_y^2 \\ u_x^3 \\ u_y^3 \\ u_x^4 \\ u_y^4 \end{Bmatrix}=\begin{Bmatrix} R_x-b\cos\theta+c\sin\theta \\ R_y-b\sin\theta-c\cos\theta \\ R_x+b\cos\theta+c\sin\theta \\ R_y+b\sin\theta-c\cos\theta \\ R_x+b\cos\theta-c\sin\theta \\ R_y+b\sin\theta+c\cos\theta \\ R_x-b\cos\theta-c\sin\theta \\ R_y-b\sin\theta+c\cos\theta \end{Bmatrix} \tag{2.86}$$

形函数矩阵 $\boldsymbol{S}$ 与位移矢量 $\boldsymbol{U}$ 的乘积为

$$\boldsymbol{S}\boldsymbol{U}^{\mathrm{T}}=\begin{bmatrix} R_x+x\cos\theta-y\sin\theta \\ R_y+x\sin\theta+y\cos\theta \end{bmatrix} \tag{2.87}$$

式中，x 和 y 为单元体中动坐标系的坐标，该关系表示所需的精确刚体运动。矩形单元体是完整性和兼容性的一致单元体，因此满足零应变条件，如 Bathe 和 Wilson(1976)所定义的。

2.8 热传递和热-力耦合方程

热量以三种模式传递：传导、对流和辐射。对于裂隙岩体，通过流体运动的传导和对流是主要的传热模式。本节仅介绍热传导的基本方程和一些重要的热力学性质(导热系数和热容量(比热容))，由流体流过裂隙引起的对流传热将在第 8 章介绍。

2.8.1 Fourier 定律与热传导方程

连续介质中热传导的基本本构关系是 Fourier 定律，即连续介质中单位面积横截面上的热通量 q_i^h 与温度场 T 的梯度成正比，其比例系数 k(W/(m · K))为导热系数：

$$q_i^h = -k\frac{\partial T}{\partial x_j} \tag{2.88}$$

忽略力做功的热量转换(对一般岩石工程而言，通常非常小)，能量守恒方程通常由式(2.89)给出：

$$\rho c_p \frac{\partial T}{\partial t} = -(q_i^h)_{,j} + s^h \tag{2.89}$$

式中，s^h 为热源项(W/m^3)；c_p 为介质的定压比热容。

将式(2.88)代入式(2.89)得到

$$T_{,ii} = \nabla^2 T = \frac{\rho c_p}{k}\frac{\partial T}{\partial t} - \frac{s^h}{k} = \frac{1}{\alpha}\frac{\partial T}{\partial t} - \frac{s^h}{k} \tag{2.90}$$

式(2.90)称为热传导(或扩散)方程。$\alpha = k/(\rho c_p)$ 为介质的热扩散率。对于没有源项条件的稳态问题，方程类似地简化为拉普拉斯方程：

$$\nabla^2 T = 0 \tag{2.91}$$

2.8.2 热应变与热弹性本构方程

在热-力耦合过程中，假定(但在实践中已得到充分证明)质点的总线性应变为两个分量的总和：由外力引起的力学应变 ε_{ij}^M 和温度梯度场引起的热应变 ε_{ij}^T 。

$$\varepsilon_{ij} = \varepsilon_{ij}^M + \varepsilon_{ij}^T \tag{2.92}$$

假设岩石具有弹性，遵循弹性胡克定律，力学应变与应力关系如下：

$$\varepsilon_{ij}^M = \frac{1}{2G}\left(\sigma_{ij} - \frac{\lambda}{3\lambda + 2G}\delta_{ij}\sigma_{kk}\right) \tag{2.93}$$

式中，λ 和 G 为拉梅弹性常数；δ_{ij} 为克罗内克符号。

热应变为

$$\varepsilon_{ij}^T = \alpha'(T - T_0)\delta_{ij} \tag{2.94}$$

式中，α' 为热膨胀系数；T 为当前温度；T_0 为初始(参考)温度。

将式(2.93)和式(2.94)代入式(2.92)得到

$$\varepsilon_{ij} = \varepsilon_{ij}^M + \varepsilon_{ij}^T = \frac{1}{2G}\left(\sigma_{ij} - \frac{\lambda}{3\lambda + 2G}\delta_{ij}\sigma_{kk}\right) + \alpha'(T - T_0)\delta_{ij} \tag{2.95}$$

这是关于热弹性的 Duhamel-Neumann 关系。通过转换，可以得到式(2.95)的另一种表示形式，即连续介质热弹性的本构方程：

$$\sigma_{ij} = \lambda\delta_{ij}\varepsilon_{kk} + 2G\varepsilon_{ij} - (3\lambda + 2G)\cdot\alpha'(T - T_0)\delta_{ij} \tag{2.96}$$

使用式(2.96)给出的应力张量项，对密度为 ρ 的弹性变形块体，考虑热传递的运动方程与式(2.79)相同，但其形式更简单常见：

$$\frac{\partial \sigma_{ij}}{\partial x_j} + \rho b_i = \rho \ddot{u}_i \tag{2.97a}$$

当用位移而不是应力来表示方程时，运动方程变为

$$G u_{i,jj} + (\lambda + G) u_{j,ji} + \rho b_i + (3\lambda + 2G)\alpha'(T - T_0)_{,j}\delta_{ji} = \rho \ddot{u}_i \tag{2.97b}$$

2.8.3 热传导与能量守恒方程

如果考虑内能转化为热量，则需要修改热传导方程(2.90)。引入介质的定压比热：

$$c_p = -\left[\frac{1}{\rho}\left(\frac{\partial T}{\partial t}\right)^{-1}\right]\frac{\partial q_i^h}{\partial x_i} \tag{2.98}$$

单位为 J/(kg · ℃)，假设连续介质的内能是应变和温度的函数，则热力学第一定律的能量守恒方程可以写成

$$k T_{,kk} + s^h = \rho c_p \frac{\partial T}{\partial t} + (3\lambda + 2G)\alpha T_0 \frac{\partial \dot{\varepsilon}_{kk}}{\partial t} \tag{2.99}$$

式中，s^h 为热源项。

式(2.99)包括了力学变形的影响(用体积应变率表示，即关于温度场的式(2.99)右边最后一项)。如果这种影响可以忽略不计，则方程简化为热传导方程(2.90)。

对于二维各向异性介质，瞬态热传导方程简单地推广为

$$\frac{\partial T}{\partial t} = \frac{1}{\rho c_p}\left[\frac{\partial}{\partial x}\left(k_x \frac{\partial T}{\partial x}\right) + \frac{\partial}{\partial y}\left(k_y \frac{\partial T}{\partial y}\right)\right] \tag{2.100}$$

式中，$k_i(i=x, y)$为岩石材料在 i 方向上的导热系数。

参 考 文 献

Bathe K J, Wilson E L. 1976. Numerical Methods in Finite Element Analysis. Englewood Cliffs: Prentice-Hall.

Eringen A C. 1974. Elastodynamics. Vol. Ⅰ: Finite Motion. Rotterdam: Elsevier.

Eringen A C. 1975. Elastodynamics. Vol. Ⅱ: Linear Theory. Rotterdam: Elsevier.

Fung Y C. 1969. A First Course in Continuum Mechanics. Englewood Cliffs: Prentice-Hall.

Lai W M, Rubin D, Krempl E. 1993. Introduction to Continuum Mechanics. 3rd ed. Oxford: Butterworth-Heinemann.

Lee Y T, Requicha A A G. 1982a. Algorithms for computing the volume and other integral properties of solids. I. Known methods and open issues. Communication of the ACM, 25(9): 635-641.

Lee Y T, Requicha A A G. 1982b. Algorithms for computing the volume and other integral properties of solids. II. A family of algorithms based on representation convention and cellular approximation. Communication of the ACM, 25(9): 642-650.

McDonough T B. 1976. Formulation of the global equations of motion of a deformable body. American Institute of Aeronautics and Astronautics Journal, 14(5): 656-660.

Messner A M, Taylor G Q. 1980. Algorithm 550: Solid polyhedron measures. ACM Transactions on Mathematical Software, 6(1): 121-130.

Shabana A A. 1998. Dynamics of Multibody Systems. 2nd ed. London: Cambridge University Press.

Shi G. 1993. Block System Modeling by Discontinuous Deformation Analysis. Southampton: Computational Mechanics Publications.

Wang C Y. 1975. Mathematical Principles for Continuum Mechanics and Magnetism. Part A: Analytical and Continuum Mechanics. New York: Plenum Press.

Wells D A. 1967. Theory and Problems of Lagrangian Dynamics. New York: McGraw-Hill.

第3章 岩石裂隙和岩体本构模型基础

岩石裂隙和岩体本构模型是对裂隙岩体物理行为进行数值模拟的关键内容，本构模型的建立必须满足两个要求：

(1) 本构模型必须能够反映室内或现场试验中观察到的岩体的物理行为，且其误差可接受，以便用来定量分析相关工程问题中岩体的变形和应力。

(2) 本构模型必须能够模拟在一般加载条件和相应的应力/变形路径条件下的岩石裂隙和岩体行为，且不违反热力学第二定律。

需要注意的是，本构模型是对实际观测结果的理论近似，是基于不同理论原理、数学方法和室内试验或现场监测得到的材料行为做出特定假设。由于岩石裂隙和裂隙岩体物理行为极为复杂，以及现有数学工具和计算机方法的局限性，不可能用数学模型模拟岩石物理行为的每个方面，因而在建立本构模型时，通常只考虑其整体行为最重要的方面。基于不同的理论原理和数学方法建立不同的本构模型表达形式，从而出现不同的材料属性和参数。岩石裂隙和岩体本构模型方程与质量守恒方程、动量守恒方程和能量守恒方程以及接触检测算法共同构成了DEM的重要组成部分。

本构模型的建立通常有两种方法：经验方法和理论方法。经验方法是使用经验函数来最优拟合室内或现场试验的结果，这些试验通常在简单的加载路径下开展。基于数学回归方法的曲线拟合(如最小二乘法)是最常用的方法，这种方法通常会引入一些人为参数，其函数或参数具有很大的灵活性，因此具有较广的适用范围。一般而言，经验方法建立的本构模型没有考虑热力学第二定律。因此，在某些特殊条件下，这些模型可能产生能量，而不是消散能量。然而，如果适当考虑了加载条件和参数范围，这些模型可以提供令人满意的结果。

理论方法通常以固体力学某一个分支(如塑性理论、接触力学、损伤力学等)为基础进行推导。用理论方法建立本构模型时，必须满足相应理论中的必要假设，对材料属性或参数的选择进行特别考虑，以便在模型中反映裂隙或岩体的重要性质，并通过室内或现场试验确定其属性或参数。为了使模型在一定的参数取值范围内和一般加载条件下不违反热力学第二定律，需要考虑热动力学约束，但这在实践中往往被忽视。理论方法的难点是，通常需要在理论推导中设定特定的参数，但这些参数可能没有明确的物理意义或者很难通过试验来确定。理论模型通常是满足所有基本物理定律的可接受的一般模型，而经验模型是特殊条件下的良好模型。更合理的方法是将这两种方法结合起来，这样既有良好的热力学基础，也具备参数的灵活性，可以反映研究对象力学行为最重要的性质。

本章介绍与岩石裂隙和岩体力学行为有关的基础理论，包括最常见的岩石裂隙剪切强度准则和本构模型，以及基于弹性理论、弹塑性理论和裂隙张量概念的岩体本构模型。固体力学中的塑性理论在本章未叙述，由于在 DEM 程序中，弹性模型是最常用的本构模型，本章重点介绍弹性理论。本构模型涉及领域非常广泛，有众多出版物和非常热门的研究主题，在此仅引用了有限数量的文献。

岩石裂隙本构模型的一个重要方面是裂隙表面粗糙度的表征，但是由于本书的篇幅和内容限制，未对这方面进行系统的介绍。为了使读者能够深入探究该问题，本章给出了一些考虑表面粗糙度的本构模型的相关文献。

近年来，学者们已经提出了众多裂隙剪切强度准则及裂隙和裂隙岩体的本构模型，但是本书仅介绍其中的几种，重点介绍 DEM 相关模型。

3.1　岩石裂隙的力学特性

图 3.1(a)和图 3.1(b)分别为在恒法向应力和恒法向刚度条件下，室内裂隙直剪试验的典型的、理想化的剪切应力-剪切位移曲线。由于表面粗糙度的原因，在恒法向刚度条件下，法向应力的增加会导致剪切应力不断增加，从而不会出现明显的峰值。法向压缩加载-卸载条件下的裂隙力学特性如图 3.1(c)所示。随着法向位移闭合量的增加，循环加载-卸载条件下裂隙法向应力-法向位移曲线发生移动，这表明在试验过程中裂隙表面的凸起受到累积损坏。

将裂隙切向和法向应力、位移分别表示为 σ_t 、 σ_n 、 u_t 和 u_n ，理想的剪切应力-剪切位移曲线可由 5 个参数表征：剪切刚度 k_t 、峰值剪切应力(剪切强度) σ_t^{p} 、残余剪切应力 σ_t^{r} 、峰值剪切应力所对应的剪切位移 u_t^{p} 和残余剪切应力所对应的剪切位移 u_t^{r} 。 ϕ_{r} 称为残余内摩擦角， $\phi_{\mathrm{r}} = \sigma_t^{\mathrm{r}} / \sigma_n$ 。正如在室内试验中观察到的，在峰值剪切应力之前的曲线范围内，剪切刚度可以表示为

$$k_t = \frac{\partial \sigma_t}{\partial u_t} \quad (0 \leqslant u_t \leqslant u_t^{\mathrm{p}}) \tag{3.1}$$

峰值剪切应力可以用各种准则来预测(见 3.2 节)，剪切刚度与作用于岩石裂隙上的法向应力大小有关。Jing(1990)在一系列不同法向应力下的直剪试验基础上，提出了剪切刚度-法向应力的经验关系：

$$k_t = k_{t0} \left(1 - \frac{\sigma_n}{\sigma_{\mathrm{c}}} \right)^a \tag{3.2}$$

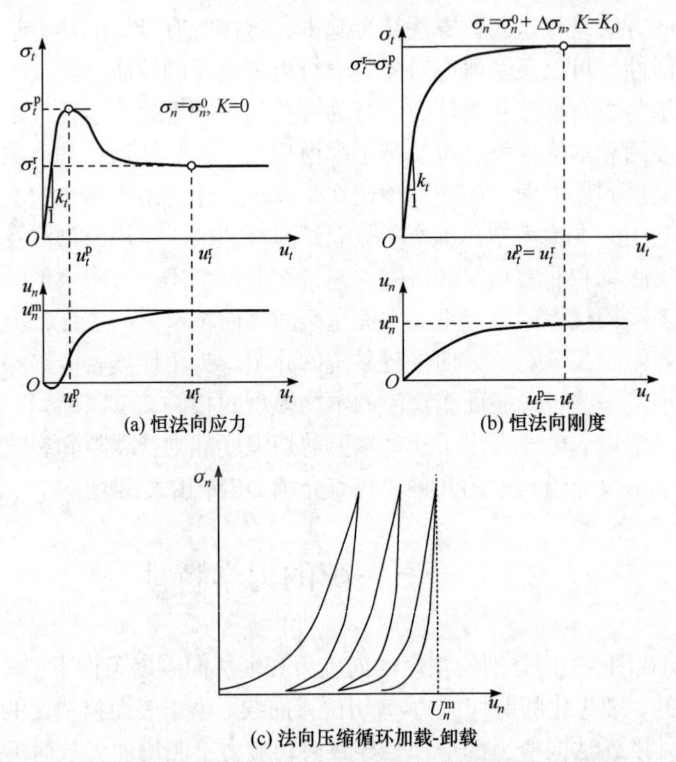

图 3.1　直剪试验和法向压缩试验中岩石裂隙的力学特性

式中，k_{t0} 为初始剪切刚度；a 为材料常数；σ_n 为作用于裂隙上的法向应力；σ_c 为岩石材料的单轴抗压强度。

对岩石裂隙的水力传导和变形具有关键影响的一个现象是剪胀，即在剪切过程中，由于裂隙的相对粗糙表面上的粗糙度过大而导致裂隙开度增加的现象。剪胀的速率和大小取决于许多因素，如法向压缩应力的大小、岩石材料的硬度、抗压强度、填充物/流体的存在以及剪切速率。然而最重要的因素是岩石裂隙表面粗糙度的形态特征。学者们提出了各种经验模型来模拟剪胀现象，并取得了不同程度的成功。最简单的方法是使用剪胀角α，它与法向位移增量和切向位移增量的关系为

$$\mathrm{d}u_n = \tan\alpha \cdot \mathrm{d}u_t \quad (0 \leqslant u_t \leqslant u_t^{\mathrm{r}}) \tag{3.3a}$$

$$\mathrm{d}u_n = 0 \quad (u_t^{\mathrm{r}} < u_t) \tag{3.3b}$$

虽然这是一个粗略的近似，但由于它的简便性，已被许多岩石裂隙本构模型所应用。剪胀的具体内容将在 3.3 节的不同本构模型中介绍。

两种经验模型常用来表征法向应力-法向位移(闭合)曲线。一种是 Bandis (1980)提出的双曲函数模型：

$$\sigma_n = \frac{u_n}{a - bu_n} = k_{n0}\left(\frac{u_n}{1 - u_n / u_n^{\mathrm{m}}}\right) \tag{3.4}$$

式中，k_{n0} 为初始法向刚度；a 和 b 为试验常数。$k_{n0} = 1/a$；$u_n^{\mathrm{m}} = a/b$。

另一种是 Goodman(1976)提出的模型：

$$\frac{\sigma_n - \sigma_{n0}}{\sigma_{n0}} = A\left(\frac{u_n}{u_n^{\mathrm{m}} - u_n}\right)^t \tag{3.5}$$

式中，σ_{n0} 为参考法向应力；A、t 为材料常数；参数 u_n^{m} 为裂隙的最大法向位移(闭合量)。

由 Bandis 经验模型可得裂隙法向刚度为

$$k_n = \frac{\partial \sigma_n}{\partial u_n} = k_{n0}\left(1 - \frac{u_n}{u_n^{\mathrm{m}}}\right)^{-2} = \left(1 - \frac{u_n}{u_n^{\mathrm{m}}}\right)^{-1}\frac{\sigma_n}{u_n} \tag{3.6}$$

由 Goodman 经验模型可得裂隙法向刚度为

$$k_n = \frac{\partial \sigma_n}{\partial u_n} = \left(1 - \frac{u_n}{u_n^{\mathrm{m}}}\right)^{-1}\frac{t-1}{u_n}(\sigma_n - \sigma_{n0}) \tag{3.7}$$

在 Goodman 经验模型中，当 $t = 2$ 和 $\sigma_{n0} = 0$ 时，由式(3.6)和式(3.7)可以得到相同的法向刚度。可以看出在两种模型中，当 $u_n = u_n^{\mathrm{m}}$ 时，$k_n \to \infty$。

3.2　岩石裂隙的抗剪强度

3.2.1　Patton 准则

表面粗糙度对岩石裂隙抗剪强度的影响早在很久以前就被认识到，Patton(1966)首次尝试将表面粗糙度与岩石裂隙的剪切强度联系起来，其假设裂隙表面粗糙度具有相同的形状和倾角 i。Patton 准则可表达为(图 3.2)

$$\sigma_t^{\mathrm{p}} = \sigma_n \tan(\phi_{\mathrm{b}} + i) \tag{3.8}$$

式中，ϕ_{b} 为岩石材料光滑表面的摩擦角；i 表征不规则粗糙度对裂隙表面的影响，也称为剪胀角。剪胀角确定为平均光滑参考面与整个粗糙面一阶波度夹角的统计平均值，忽略了一阶波度上叠加的二次不规则性(粗糙度)。随后对该模型进行了扩展，使之包含高法向应力下剪切强度的黏性增量 S_0。Patton 准则认为基本摩擦角与残余摩擦角相等，但对于不同类型的岩石裂隙，残余摩擦角可能有所不同。

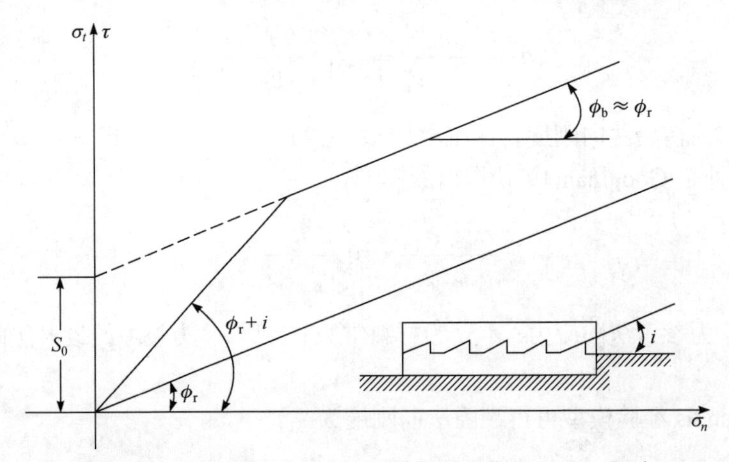

图 3.2　适用于含多个均匀倾斜微凸体岩石裂隙抗剪强度的 Patton 准则(Patton，1966)

令 $\mu = \tan\phi_b$，则

$$\tan(\phi_b + i) = \frac{\tan\phi_b + \tan i}{1 - \tan\phi_b \tan i} = \frac{\mu\cos i + \sin i}{\cos i - \mu\sin i} \tag{3.9}$$

式(3.8)可转化为等价的替代形式：

$$(\sigma_t^p \cos i + \sigma_n \sin i) + \mu(-\sigma_t^p \sin i + \sigma_n \cos i) = 0 \tag{3.10}$$

或者

$$\sigma_t^p + \sigma_n \tan(\phi_b + i) = 0 \tag{3.11}$$

需要注意的是，式(3.8)和式(3.11)中的法向压应力采用了不同的符号约定。

Patton 准则不考虑尺度效应和变形过程中粗糙度的变化，通过二维简化表示岩石表面粗糙度对其抗剪强度的影响。实际上，在室内试验的试样大小下，平均一阶摩擦角可能并不是固定的。虽然，该准则是一个简单的函数，但作为一个概念上的突破，它促进了之后许多剪切强度准则和岩石裂隙本构模型的发展。

3.2.2　Ladanyi 和 Archambault 准则

Patton 准则假定剪胀角是一个常数，不受法向应力大小的影响，忽略了凸体间咬合作用的影响，也忽略了剪切过程中凸体破坏造成的表面粗糙度变化。在此基础上，Ladanyi 和 Archambault(1969)提出了岩石裂隙的另一种抗剪强度准则：

$$\sigma_t^p = \frac{\sigma_n(1 - a_s)(\tan\phi_b + v) + a_s(\sigma_n \tan\phi_0 + s_0\eta)}{1 - v(1 - a_s)\tan\phi_f} \tag{3.12}$$

$$a_s = 1 - \left(1 - \frac{\sigma_n}{\sigma_c}\right)^{k_1}, \quad v = \left(1 - \frac{\sigma_n}{\sigma_c}\right)^{k_2} \tan i_0 \tag{3.13}$$

式中，v 为剪切应力峰值出现时的剪胀率；a_s 为实际接触面积与裂隙总表面积之比；ϕ_0 为光滑裂隙的摩擦角；ϕ_f 为沿凸体滑动时摩擦角的统计平均值；s_0 为凸体之间的内聚力；i_0 为初始剪胀角；k_1 和 k_2 为材料常数；η 为咬合度，其定义为(图 3.3(b))

$$\eta = \left| \frac{\sum \Delta A_t}{\sum \Delta A} \right| = \left| 1 - \frac{\Delta x}{\Delta L} \right| \tag{3.14}$$

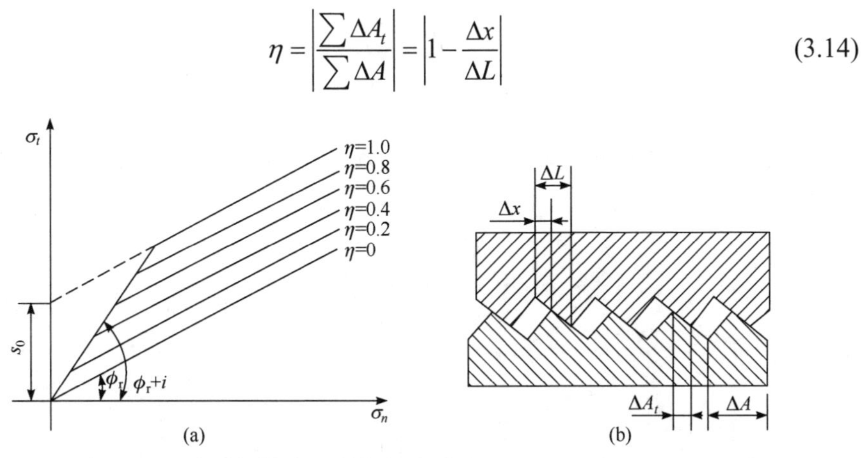

图 3.3　(a)采用 Patton 准则的结果(b)咬合度η的定义(Ladanyi and Archambault，1969)

在高法向应力作用下，$a_s = 1$ 和 $v = 0$，峰值剪切应力与 Patton 准则等价，记为(图 3.3(a))

$$\sigma_t^{\mathrm{p}} = \sigma_n \tan \phi_0 + s_0 \eta \tag{3.15}$$

Ladanyi 和 Archambault 准则是一种预测粗糙裂隙抗剪强度的非线性模型，在某些情况下，它能提供比 Patton 准则更好的法向应力与剪切应力的非线性关系。然而，这一准则也有一些缺点：①它比 Patton 准则需要更多的参数，需要一些特殊的试验来确定这些参数；②参数 a_s 和 v 表示裂隙粗糙度的影响，在任何变形过程中，由于材料表面的累积损伤，裂隙粗糙度只能是一个单调递减的量。Ladanyi 和 Archambault 准则中关于 a_s 和 v 的定义使得它们相对于法向应力是可逆的。剪切变形过程中，如果法向应力减小，则 a_s 和 v 值会增大而不是减小，说明裂隙的粗糙度增大，这违背了客观物理性质。因此，该准则更适用于在恒定或单调增加的法向应力下剪切位移较小的裂隙。

3.2.3　Barton 准则

Barton(1971，1973，1974，1976)提出了众所周知的裂隙抗剪强度准则，该准则引入了节理粗糙度系数(JRC)。该准则表达为

$$\sigma_t^{\mathrm{p}} = \sigma_n \left(\mathrm{JRC} \lg \frac{\mathrm{JCS}}{\sigma_n} + \phi_b \right) \tag{3.16}$$

式中，σ_t^{p}、σ_n、ϕ_{b}和前面的定义一致，JCS 为节理壁面抗压强度，对风化裂隙可以采用回弹仪(施密特锤)实验得到，对于完整岩石的新鲜裂隙，可以简单地采用其抗压强度。在高应力情况下，将方程修改为

$$\sigma_t^{\mathrm{p}} = \sigma_n \tan\left(\mathrm{JRC}\lg\frac{\sigma_1-\sigma_3}{\sigma_n}+\phi_{\mathrm{b}}\right) \tag{3.17}$$

式中，σ_1为破坏时的轴向应力；σ_3为有效围压。

JRC 和 JCS 都和尺寸有关，对于长度为L_n的实际裂隙，JRC 和 JCS 值可按以下公式评价：

$$\mathrm{JRC}_n = \mathrm{JRC}_0\left(\frac{L_n}{L_0}\right)^{-0.02\mathrm{JRC}_0} \tag{3.18}$$

和

$$\mathrm{JCS}_n = \mathrm{JCS}_0\left(\frac{L_n}{L_0}\right)^{-0.03\mathrm{JRC}_0} \tag{3.19}$$

式中，JRC_0和JCS_0分别为长度为L_0的裂隙通过室内试验确定的JRC和JCS值(L_0的典型值为 100mm)。

Barton 准则由式(3.16)和式(3.17)表示，因为粗糙度增加了摩擦力，本质上等同于 Patton 准则。不同之处在于 Patton 准则中的恒定剪胀角i被 Barton 准则中的函数所代替：

$$i_{\mathrm{B}} = \mathrm{JRC}\lg\frac{\sigma_1-\sigma_3}{\sigma_n} \quad 或 \quad i_{\mathrm{B}} = \mathrm{JRC}\lg\frac{\mathrm{JCS}}{\sigma_n} \tag{3.20}$$

Barton 准则考虑了法向应力和岩石材料强度对裂隙摩擦角变化的影响。JRC 是由较小的恒定法向应力作用下的倾斜试验或直剪试验确定的(Barton and Choubey，1977)。

与 Ladanyi 和 Archambault 准则相似，Barton 准则中，对数函数中的应力变量考虑了法向应力下粗糙度的降低。然而，它同样也有缺点，即在循环法向应力作用下，粗糙度i_{B}具有可逆性。

抗剪强度准则可以在不违反热力学第二定律的前提下使用，因为能量耗散过程将造成不可逆转的粗糙部分磨损或表面粗糙度退化。确保这种不可逆性的一种方法是为表面粗糙度提供一个额外的约束，或者说是一个演化定律，这样粗糙度就总是朝着一个递减的方向演化。Plesha(1987)提出了这样一个约束，后来由 Hutson(1987)通过指数定律进行了试验验证：

$$\alpha = \alpha_0 \mathrm{e}^{-\lambda W^{\mathrm{p}}} \tag{3.21}$$

式中，α 为粗糙角；λ 为试验确定的常数；W^{p} 为发生剪切滑移后，剪切应力在剪切位移路径上累积所做的功。由于 $W^{\mathrm{p}}>0$，并且是单调增加的量，α 值会不可逆地减小。当然，这种方法除计算功 W^{p} 外，还增加了两个在室内试验中可能不容易测量的参数。

3.2.4 粗糙度各向异性岩石裂隙的三维抗剪强度准则

仅当裂隙是遍历性的，即表面的几何特性不仅是稳定的和各向同性的，而且可以用裂隙所有方向都相同的轮廓线来真实地表示时，用粗糙角的单一恒定测量值来表示粗糙度才是有效的。由于产生裂隙的构造运动或裂隙在其过去的历史中经历的剪切位移有很强的方向性，岩石表面通常只是有条件地稳定，是各向异性，而不是遍历性的，因此上述假设并不现实。即使在考虑二维循环剪切情况下，仅含一个参数的粗糙度适用性也是有限的。

Jing(1990)开展了天然岩石裂隙的混凝土复制品的倾斜和剪切试验，研究了粗糙表面摩擦性质的各向异性(图 3.4(a))。剪切强度仍为 Patton 型，但是三维的：

$$\sigma_t^{\mathrm{p}}=\sigma_n\tan(\phi_{\mathrm{b}}+\alpha_\theta) \tag{3.22}$$

式中，ϕ_{b} 为常数(在所有剪切方向上是各向同性的)，但是假定在剪切方向 θ 上的粗糙角 α_θ 在裂隙的表面上具有椭圆形分布：

$$\alpha_\theta=\sqrt{(C_1\cos\psi-C_2\sin\psi)^2+(C_2\sin\psi+C_1\cos\psi)^2} \tag{3.23}$$

$$C_1=\alpha_1\cos(\theta-\psi),\ \ C_2=\alpha_2\cos(\theta-\psi) \tag{3.24}$$

$$\begin{cases}\alpha_1=\alpha_1^0\mathrm{e}^{-d_m W^{\mathrm{p}}}\left|\cos(\theta-\psi)\right|\\ \alpha_2=\alpha_2^0\mathrm{e}^{-d_m W^{\mathrm{p}}}\left|\sin(\theta-\psi)\right|\end{cases} \tag{3.25}$$

式中，α_1 和 α_2 为粗糙角(粗糙度)椭圆的主轴值(图 3.4(b))；α_1^0、α_2^0 分别为 α_1、α_2

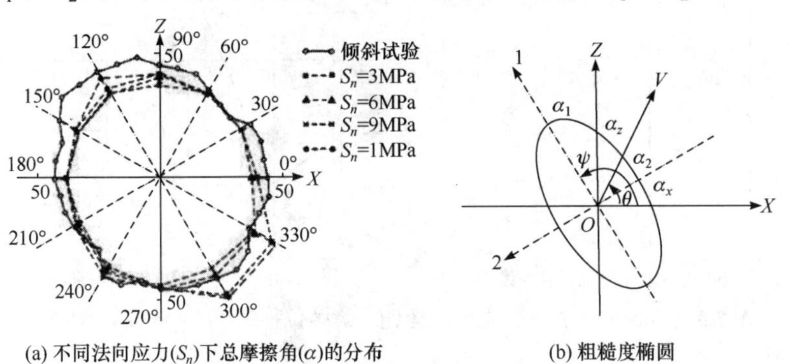

(a) 不同法向应力(S_n)下总摩擦角(α)的分布　　(b) 粗糙度椭圆

图 3.4　直剪试验和倾斜试验获得的摩擦角(Jing，1990)

的初始值。对于一般的剪切路径，式(3.25)所表示的粗糙度破坏是不可逆的，因此无论在任何特殊的加载情况下都满足热力学第二定律。然而，材料常数 $d_m(d_m > 0)$ 必须通过室内试验来确定，最好是在较大的剪切位移和较大的法向应力范围内。

3.3 岩石裂隙本构模型

岩石裂隙本构模型在岩石力学分析中已经发展和应用了很长时间，经典模型如传统的 Mohr-Coulomb 模型和 Goodman 模型(Goodman，1976)。岩石裂隙本构模型决定了穿越接触界面(裂隙)的接触块体之间相互作用的力/应力，从而影响块体的运动与变形，因此是 DEM 中最重要的组成部分之一。

3.3.1 Goodman 经验模型

Goodman(1976)采用经验方法建立了第一个岩石裂隙的二维本构模型。该模型根据室内恒定法向应力下的剪切试验，得到岩石裂隙总应力和位移的关系。法向应力-法向位移关系(图 3.5(a))和法向刚度分别由式(3.5)和式(3.7)定义，也可用增量关系表示为

$$d\sigma_n = k_n du_n \tag{3.26}$$

单调剪切路径条件下，剪切应力-剪切位移的完整曲线由五个阶段组成(图 3.5(b))：

$$(\text{I})\qquad \sigma_t = -\sigma_t^{\mathrm{r}},\ k_t = 0 \quad (u_t < u_t^{\mathrm{r}(-)}) \tag{3.27}$$

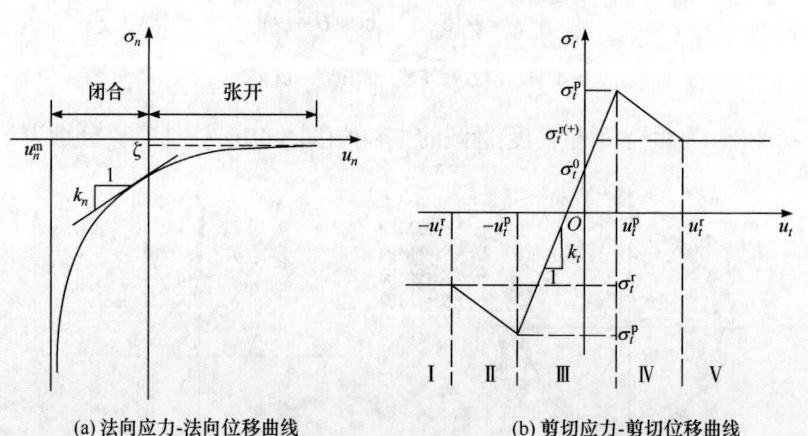

图 3.5　Goodman 岩石裂隙本构模型的应力-位移曲线(Goodman，1976)

$$(\text{II})\ \sigma_t = -\sigma_t^{\mathrm{p}} + \frac{\sigma_t^{\mathrm{p}} - \sigma_t^{\mathrm{r}}}{u_t^{\mathrm{p}} - u_t^{\mathrm{r}}}(u_t - u_t^{\mathrm{p}(-)}),\ k_t = \frac{\sigma_t^{\mathrm{p}} - \sigma_t^{\mathrm{r}}}{u_t^{\mathrm{p}} - u_t^{\mathrm{r}}}\quad (u_t^{\mathrm{r}(-)} \leqslant u_t < u_t^{\mathrm{p}(-)}) \tag{3.28}$$

$$(\text{III})\quad \sigma_t = k_t u_t + \sigma_t^0,\ k_t = \text{constant}\quad (u_t^{\mathrm{p}(-)} \leqslant u_t < u_t^{\mathrm{p}(+)}) \tag{3.29}$$

$$(\text{IV})\ \sigma_t = \sigma_t^{\mathrm{p}} + \frac{\sigma_t^{\mathrm{p}} - \sigma_t^{\mathrm{r}}}{u_t^{\mathrm{p}} - u_t^{\mathrm{r}}}(u_t - u_t^{\mathrm{p}(+)}),\ k_t = \frac{\sigma_t^{\mathrm{p}} - \sigma_t^{\mathrm{r}}}{u_t^{\mathrm{p}} - u_t^{\mathrm{r}}}\quad (u_t^{\mathrm{p}(+)} \leqslant u_t < u_t^{\mathrm{r}(+)}) \tag{3.30}$$

$$(\text{V})\quad \sigma_t = \sigma_t^{\mathrm{r}},\ k_t = 0\quad (u_t \geqslant u_t^{\mathrm{r}(+)}) \tag{3.31}$$

式中，σ_t^0 为初始剪切应力；$u_t^{\mathrm{p}(+)}$、$u_t^{\mathrm{p}(-)}$ 分别对应于正剪切和负剪切方向上的峰值剪切应力的剪切位移；$u_t^{\mathrm{r}(+)}$、$u_t^{\mathrm{r}(-)}$ 分别对应于正剪切和负剪切方向上的残余剪切应力开始时的剪切位移。其关系为

$$u_t^{\mathrm{p}(+)} = u_t^{\mathrm{p}} = \frac{\sigma_t^{\mathrm{p}} - \sigma_t^0}{k_t},\quad u_t^{\mathrm{p}(-)} = -u_t^{\mathrm{p}} - \frac{2\sigma_t^0}{k_t} \tag{3.32}$$

$$u_t^{\mathrm{r}(+)} = u_t^{\mathrm{r}} = M\frac{\sigma_t^{\mathrm{p}} - \sigma_t^0}{k_t},\quad u_t^{\mathrm{r}(-)} = -u_t^{\mathrm{r}} - \frac{2\sigma_t^0}{k_t} \tag{3.33}$$

式中，M 为与材料相关的常数。

根据不同情况，由剪胀引起的法向位移增量可以分别表示为

$$\Delta u_n = -\frac{d_{\mathrm{p}}}{u_t^{\mathrm{p}}}\left(|u_t| + \left|\frac{\sigma_t^0}{k_t}\right|\right)\quad (u_t^{\mathrm{r}(-)} \leqslant u_t < u_t^{\mathrm{r}(+)}) \tag{3.34}$$

$$\Delta u_n = -\frac{d_{\mathrm{p}}}{u_t^{\mathrm{p}}}\left(u_t^{\mathrm{r}(+)} + \left|\frac{\sigma_t^0}{k_t}\right|\right)\quad (u_t \geqslant u_t^{\mathrm{r}(+)}) \tag{3.35}$$

式中，d_{p} 为在 u_t^{p} 时裂隙的剪胀。

虽然 Goodman 模型最初是用总应力和总位移来表示的，但基于应力-位移曲线上五个阶段的剪切刚度(式(3.27)～式(3.31))和式(3.26)，也可以得到增量形式：

$$\begin{Bmatrix} \mathrm{d}\sigma_n \\ \mathrm{d}\sigma_t \end{Bmatrix} = \begin{bmatrix} k_n & 0 \\ 0 & k_t \end{bmatrix} \begin{Bmatrix} \mathrm{d}u_n \\ \mathrm{d}u_t \end{Bmatrix} \tag{3.36}$$

这是一个法线方向的非线性弹性模型和剪切方向的分段线性模型。

Goodman 模型是岩石本构模型领域另一个理论上的突破，因为它不仅是有史以来第一个全面的岩石裂隙本构模型，而且是基于有限元理论框架构建的，从而持续促进了岩石力学和岩石工程中数值模拟的发展和应用，使有限元方法在计算机程序中得以实现。然而，这个模型没有考虑几个重要因素，如表面粗糙度减小、循环剪切路径、尺寸效应等。这主要是因为该模型是基于经验的早期开拓性工作，

而没有考虑热力学第二定律，特别是针对一般条件下剪切路径和裂隙表面材料损伤的情况。

3.3.2 Barton-Bandis 经验模型(BB 模型)

Barton-Bandis 经验模型(通常称为 BB 模型)是基于大量试验结果的岩石裂隙经验本构模型(Bandis et al.,1981；Bandis et al.,1983；Barton et al.,1985；Barton and Bandis，1987)。该模型也采用总应力和位移分量来表示，而不是通常计算机实现所需的增量形式。需要输入的参数有 JRC、JCS、裂隙长度 L、理论水力开度 e、力学开度 E 和残余摩擦角 ϕ_b(相当于未风化的新鲜裂隙的基本摩擦角)。以上参数都必须通过试验或反分析来确定。

1. 法向应力-法向位移方程

法向应力-法向位移关系由式(3.4)表示，法向刚度由式(3.6)表示。初始法向刚度 k_{n0} 和最大闭合量 u_n^{m} 由以下经验关系式确定：

$$k_{n0} = 0.02\frac{\mathrm{JCS}_0}{E_i} + 1.75\mathrm{JRC}_0 - 7 \tag{3.37}$$

$$u_n^{\mathrm{m}} = A_i + B_i\mathrm{JRC}_0 + C_i\left(\frac{\mathrm{JCS}_0}{E_i}\right)^{D_i} \tag{3.38}$$

式中，JRC_0 和 JCS_0 分别为室内尺度下 JRC 和 JCS 的测量值；A_i、B_i、C_i、D_i 为材料常数；E_i 为循环法向压缩试验第 i 个循环开始时的当前力学开度，它们的值应根据法向压缩循环加载-卸载的应力路径进行调整。力学开度定义为

$$E_i = E_0 - \sum_{k=1}^{i-1} u_{n,k}^{irr} \tag{3.39}$$

式中，$u_{n,k}^{irr}$ 为第 k 个循环结束时不可恢复的残余法向闭合量；E_0 为初始力学开度，需要用另一个经验关系来估计：

$$E_0 = \frac{\mathrm{JRC}_0}{5}\left(0.2\frac{\sigma_{\mathrm{c}}}{\mathrm{JCS}_0} - 0.1\right) \tag{3.40}$$

2. 剪切应力-剪切位移方程

BB 模型中，岩石裂隙剪切特性中使用了变化摩擦的概念。前面介绍的 JRC 与峰值剪切应力存在特定的关系(式(3.16)和式(3.17))。与峰值剪切应力对应的摩擦角为

$$\phi_{\mathrm{peak}} = \mathrm{JRC}_{\mathrm{peak}} \lg \frac{\mathrm{JCS}}{\sigma_n} + \phi_{\mathrm{r}} \tag{3.41}$$

峰值剪切位移 δ_{peak} 可由经验方程估计：

$$\delta_{\mathrm{peak}} = \frac{L_n}{500}\left(\frac{\mathrm{JRC}_n}{L_n}\right)^{0.33} \tag{3.42}$$

任意给定剪切位移下的变化剪切应力 σ_t^{mob} 为

$$\sigma_t^{\mathrm{mob}} = \sigma_n \tan\left(\mathrm{JRC}_{\mathrm{mob}} \lg \frac{\mathrm{JCS}_{\mathrm{mob}}}{\sigma_n} + \phi_{\mathrm{r}}\right) \tag{3.43}$$

式中，ϕ_{r} 为残余摩擦角；$\mathrm{JRC}_{\mathrm{mob}}$ 为相应剪切位移下裂隙的变化粗糙度系数；$\mathrm{JCS}_{\mathrm{mob}}$ 为岩石材料的变化单轴抗压强度。在非常高的法向应力下，$\mathrm{JCS}_{\mathrm{mob}}$ 项由 $(\sigma_1 - \sigma_3)$ 代替。因此，该方程描述了整个剪切应力-剪切位移曲线。变化摩擦角可表示为

$$\phi_{\mathrm{mob}} = \mathrm{JRC}_{\mathrm{mob}} \lg \frac{\mathrm{JCS}_{\mathrm{mob}}}{\sigma_n} + \phi_{\mathrm{r}} \tag{3.44}$$

为了便于在模拟过程中跟踪曲线，采用二维无量纲坐标：

$$\frac{\mathrm{JRC}_{\mathrm{mob}}}{\mathrm{JRC}_{\mathrm{peak}}} = \frac{\phi_{\mathrm{mob}} - \phi_{\mathrm{r}}}{\phi_{\mathrm{peak}} - \phi_{\mathrm{r}}} = \frac{\phi_{\mathrm{mob}} - \phi_{\mathrm{r}}}{i_{\mathrm{B}}} \tag{3.45}$$

Barton(1982)提出了用比率 $\delta/\delta_{\mathrm{peak}}$ 来表示剪切阶段，整个过程分为四个阶段(图 3.6)(Barton et al., 1985)：

(1) 在剪切开始时，$\delta = 0$，$\phi_{\mathrm{mob}} = 0$，因此：

$$\frac{\delta}{\delta_{\mathrm{peak}}} = 0, \quad \frac{\mathrm{JRC}_{\mathrm{mob}}}{\mathrm{JRC}_{\mathrm{peak}}} = -\frac{\phi_{\mathrm{r}}}{i_{\mathrm{B}}} \tag{3.46}$$

(2) 粗糙度和剪胀的变化从初始值开始：

$$\Delta u_n = \frac{1}{2}\mathrm{JRC}_{\mathrm{mob}} \lg \frac{\mathrm{JCS}_{\mathrm{mob}}}{\sigma_n} \tag{3.47}$$

(3) 在 $\mathrm{JRC}_{\mathrm{mob}}/\mathrm{JRC}_{\mathrm{peak}} = 1.0$ 和 $\delta/\delta_{\mathrm{peak}} = 1.0$ 时，达到峰值剪切应力(式(3.16))和峰值剪切位移 δ_{peak}，其剪胀为

$$\Delta u_n = \frac{1}{2}\mathrm{JRC}_{\mathrm{peak}} \lg \frac{\mathrm{JCS}_{\mathrm{peak}}}{\sigma_n} \tag{3.48}$$

(4) 剪切应力和剪胀随剪切位移 δ 的增大而减小，直至达到残余应力，即 $\phi_{\mathrm{mob}} = \phi_{\mathrm{r}}$，因此：

$$
\frac{\mathrm{JRC_{mob}}}{\mathrm{JRC_{peak}}}=0 \quad 且 \quad \frac{\delta}{\delta_{\mathrm{peak}}}=\infty \tag{3.49}
$$

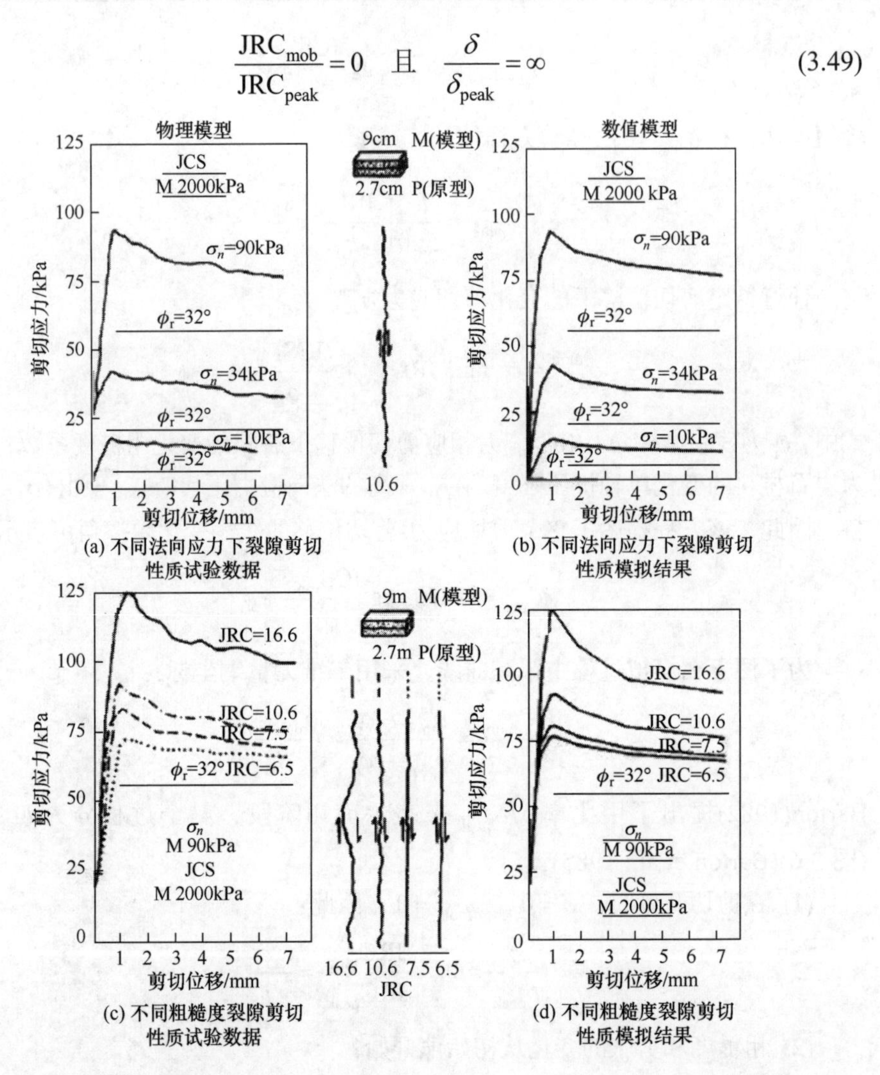

图 3.6　BB 模型剪切应力-剪切位移关系曲线(Barton et al.,1985)，Sharp(1970)也有类似想法

在实践中，Barton 等(1985)建议当$\delta/\delta_{\mathrm{peak}}=100$时可以认为达到残余应力，剪胀为零。

Guvanasen 和 Chan(1991)建立了简化的 BB 模型，用于模拟岩石裂隙的水-力耦合特性。在该简化模型中，节点的法向应力-法向位移关系与式(3.4)相同，法向刚度为

$$
k_n=\frac{\partial \sigma_n}{\partial u_n}=k_{ni}\left(\frac{u_n^{\mathrm{m}}}{u_n^{\mathrm{m}}-u_n}\right)^2=\frac{\sigma_n u_n^{\mathrm{m}}}{(u_n^{\mathrm{m}}-u_n)u_n} \tag{3.50}
$$

剪切应力-剪切位移关系为

$$\sigma_t = \frac{\sigma_t^{\mathrm{p}}}{u_t^{\mathrm{p}}} u_t \quad \left(|u_t| < |u_t^{\mathrm{p}}|\right) \tag{3.51}$$

$$\sigma_t = \sigma_t^{\mathrm{p}} + \frac{\sigma_t^{\mathrm{r}} - \sigma_t^{\mathrm{p}}}{u_t^{\mathrm{r}} - u_t^{\mathrm{p}}}(u_t - u_t^{\mathrm{p}}) \quad \left(|u_t^{\mathrm{p}}| \leqslant |u_t| < |u_t^{\mathrm{r}}|\right) \tag{3.52}$$

$$\sigma_t = \sigma_t^{\mathrm{r}} \quad \left(|u_t| \geqslant |u_t^{\mathrm{r}}|\right) \tag{3.53}$$

式中

$$\sigma_t^{\mathrm{p}} = \sigma_n \tan(\phi_{\mathrm{r}} + i) = \sigma_n \tan\left(\phi_{\mathrm{r}} + \mathrm{JRC}\lg\frac{\mathrm{JCS}}{\sigma_n}\right) \tag{3.54}$$

$$u_t^{\mathrm{p}} = A(\mathrm{JRC})^B \tag{3.55}$$

$$u_t^{\mathrm{r}} = m(u_t^{\mathrm{p}}) \tag{3.56}$$

$$\sigma_t^{\mathrm{r}} = \left(\frac{0.5 + r}{1.0 + r}\right)\sigma_t^{\mathrm{p}} \tag{3.57}$$

式中，i 为裂隙有效剪胀角；$r = \frac{\phi_{\mathrm{r}}}{i}$；参数 A、B 和 m 为经验常数。剪切刚度为

$$k_t = \frac{\partial \sigma_t}{\partial u_t} = \frac{\sigma_t^{\mathrm{p}}}{u_t^{\mathrm{p}}} \quad \left(|u_t| < |u_t^{\mathrm{p}}|\right) \tag{3.58}$$

$$k_t = \frac{\partial \sigma_t}{\partial u_t} = \frac{\sigma_t^{\mathrm{r}} - \sigma_t^{\mathrm{p}}}{u_t^{\mathrm{r}} - u_t^{\mathrm{p}}} \quad \left(|u_t^{\mathrm{p}}| \leqslant |u_t| < |u_t^{\mathrm{r}}|\right) \tag{3.59}$$

$$k_t = 0 \quad \left(|u_t| \geqslant |u_t^{\mathrm{r}}|\right) \tag{3.60}$$

由此可以得出增量形式的非线性弹性模型，记为

$$\begin{Bmatrix} \mathrm{d}\sigma_n \\ \mathrm{d}\sigma_t \end{Bmatrix} = \begin{bmatrix} k_n & 0 \\ 0 & k_t \end{bmatrix} \begin{Bmatrix} \mathrm{d}u_n \\ \mathrm{d}u_t \end{Bmatrix} \tag{3.61}$$

式中，k_n 和 k_t 分别由式(3.6)和式(3.58)～式(3.60)确定。

BB 模型是总应力-位移曲线的数学表达式，需要修改为增量形式进行计算机编程。BB 模型表现出粗糙度项(式(3.54)左侧最后一项 i)随法向应力变化的可逆性，对于某些特殊的反向应力路径，这可能违反热力学第二定律。BB 模型中，经验关系中用到了很多材料常数，而这些常数的确定往往缺少足够的试验支撑，因此其适用范围受到了限制。该模型在应用于法向应力单调增加(或不变)的剪切路径时具有足够的灵活性。但由于其经验属性，用于复杂的加载路径可能存在理论上的困难。

另外，在已经提出的本构模型中，BB 模型可以最真实地反映在室内试验中观察到的粗糙岩石裂隙性质。因为这个优点，BB 模型在岩石力学分析中得到了广泛的应用，特别是需要考虑裂隙中的流体流动时，该模型可以有效地估计开度随法向应力和剪胀的变化。然而，当问题中包含可逆应力/变形路径时需要谨慎，因为该模型的提出是基于经验框架，缺乏热力学第二定律的约束。

3.3.3 Amadei-Saeb 理论模型

Amadei 和 Saeb(1990)建立了岩石裂隙的二维非线性弹性本构模型，该模型考虑了初始吻合和不吻合的岩石裂隙法向变形能力的不同，以及周围岩体变形能力对裂隙性质的影响。该模型给出了更为一般的增量形式：

$$\begin{Bmatrix} \mathrm{d}\sigma_n \\ \mathrm{d}\sigma_t \end{Bmatrix} = \begin{bmatrix} k_{nn} & k_{nt} \\ k_{tn} & k_{tt} \end{bmatrix} \begin{Bmatrix} \mathrm{d}u_n \\ \mathrm{d}u_t \end{Bmatrix} \tag{3.62}$$

式中，$k_{ij}(i, j = n, t)$ 为裂隙刚度张量。

关于 k_{nn} 与 k_{nt} 的确定如下：

当 $u_n \leqslant u_\mathrm{r}$ 且 $\sigma_n < \sigma_\mathrm{c}$ 时，有

$$k_{nn} = \frac{\partial \sigma_n}{\partial v} = \frac{1}{\dfrac{-uk_2}{\sigma_\mathrm{c}}\left(1 - \dfrac{\sigma_n}{\sigma_\mathrm{c}}\right)^{k_2 - 1} \tan i_0 + \dfrac{k_n^0 (u_n^m)^2}{(k_n^0 u_n^m - \sigma_n)^2}} \tag{3.63}$$

$$k_{nt} = \frac{\partial \sigma_n}{\partial u} = \frac{-\left(1 - \dfrac{\sigma_n}{\sigma_\mathrm{c}}\right)^{k_2} \tan i_0}{\dfrac{-uk_2}{\sigma_\mathrm{c}}\left(1 - \dfrac{\sigma_n}{\sigma_\mathrm{c}}\right)^{k_2 - 1} \tan i_0 + \dfrac{(u_n^m)^2 k_n^0}{(k_n^0 u_n^m - \sigma_n)^2}} \tag{3.64}$$

当 $u_n > u_\mathrm{r}$ 且 $\sigma_n < \sigma_\mathrm{c}$ 时，有

$$k_{nn} = \frac{\partial \sigma_n}{\partial v} = \frac{1}{\dfrac{-u_n k_2}{\sigma_\mathrm{c}}\left(1 - \dfrac{\sigma_n}{\sigma_\mathrm{c}}\right)^{k_2 - 1} \tan i_0 + \dfrac{k_n^0 (u_n^m)^2}{(k_n^0 u_n^m - \sigma_n)^2}} \tag{3.65}$$

$$k_{nt} = \frac{\partial \sigma_n}{\partial u} = \frac{-\left(1 - \dfrac{\sigma_n}{\sigma_\mathrm{c}}\right)^{k_2} \tan i_0}{\dfrac{-u_n k_2}{\sigma_\mathrm{c}}\left(1 - \dfrac{\sigma_n}{\sigma_\mathrm{c}}\right)^{k_2 - 1} \tan i_0 + \dfrac{(u_n^m)^2 k_n^0}{(k_n^0 u_n^m - \sigma_n)^2}} \tag{3.66}$$

当 $\sigma_n \geqslant \sigma_\mathrm{c}$ 时，有

$$k_{nn}=\frac{(k_n^0 u_n^m-\sigma_n)^2}{(u_n^m)^2 k_n^0} \tag{3.67}$$

$$k_{nt}=0 \tag{3.68}$$

关于k_{tn}与k_{tt}的确定如下：

当$\sigma_n<\sigma_c$且$u_t<u_p$时，有

$$k_{tn}=\frac{u}{u_p}k_{nn}\frac{\partial\tau_p}{\partial\sigma_n} \tag{3.69}$$

$$k_{tt}=\frac{u}{u_p}k_{nt}\frac{\partial\tau_p}{\partial\sigma_n}+\frac{\tau_p}{u_p} \tag{3.70}$$

当$\sigma_n<\sigma_c$且$u_p\leqslant u_t<u_r$时，有

$$k_{tn}=\frac{k_{nn}}{u_p-u_r}\frac{\partial\tau_p}{\partial\sigma_n}(u-u_r)+\frac{k_{nn}}{u_p-u_r}(u_p-u)\left[\frac{\partial\tau_p}{\partial\sigma_n}\left(B_0+\frac{1-B_0}{\sigma_c}\sigma_n\right)+\frac{\tau_p}{\sigma_c}(1-B_0)\right] \tag{3.71}$$

$$\begin{aligned}k_{tt}=&\frac{\tau_p-\tau_r}{u_p-u_r}+\frac{k_{nt}}{u_p-u_r}\frac{\partial\tau_p}{\partial\sigma_n}(u-u_r)+\frac{k_{nt}}{u_p-u_r}(u_p-u)\\&\cdot\left[\frac{\partial\tau_p}{\partial\sigma_n}\left(B_0+\frac{1-B_0}{\sigma_c}\sigma_n\right)+\frac{\tau_p}{\sigma_c}(1-B_0)\right]\end{aligned} \tag{3.72}$$

当$\sigma_n<\sigma_c$且$u_t\geqslant u_r$时，有

$$k_{tn}=k_{nn}\left[\frac{\partial\tau_p}{\partial\sigma_n}\left(B_0+\frac{1-B_0}{\sigma_c}\sigma_n\right)+\frac{\tau_p}{\sigma_c}(1-B_0)\right] \tag{3.73}$$

$$k_{tt}=k_{nt}\left[\frac{\partial\tau_p}{\partial\sigma_n}\left(B_0+\frac{1-B_0}{\sigma_c}\sigma_n\right)+\frac{\tau_p}{\sigma_c}(1-B_0)\right]=0 \tag{3.74}$$

当$\sigma_n\geqslant\sigma_c$且$u_t<u_p$时，有

$$k_{tn}=\frac{u}{u_p}k_{nn}\frac{\partial\tau_p}{\partial\sigma_n} \tag{3.75}$$

$$k_{tt}=k_s \tag{3.76}$$

当$\sigma_n\geqslant\sigma_c$且$u_t\geqslant u_p$时，有

$$k_{tn}=k_{nn}\frac{\partial\tau_p}{\partial\sigma_n} \tag{3.77}$$

$$k_{tt}=0 \tag{3.78}$$

式中，参数 $B_0\,(0\leqslant B_0\leqslant 1)$为在没有(或很低的)法向应力下，残余剪切应力与峰值剪切应力的比值。σ_t^{p}、σ_t^{r}和$\partial\sigma_t^{\mathrm{p}}/\partial\sigma_n$的表达式取决于所选择的峰值剪切应力准则。Amadei 和 Saeb(1990)利用 Ladanyi 和 Archambault 的峰值剪切应力准则，给出了表达式：

$$\frac{\partial\sigma_t^{\mathrm{p}}}{\partial\sigma_n}=a_{\mathrm{s}}\tan\varphi_0+\frac{s_{\mathrm{r}}}{\sigma_{\mathrm{c}}}k_1\left(1-\frac{\sigma_n}{\sigma_{\mathrm{c}}}\right)^{k_1-1}(1-a_{\mathrm{s}})F_1+F_2 \tag{3.79}$$

$$F_1=\tan(\phi_\mu+i) \tag{3.80}$$

$$F_2=-\frac{\sigma_n}{\sigma_t}\frac{(1-a_{\mathrm{s}})k_2}{\cos^2(\phi_\mu+i)}\frac{\tan i_0\left(1-\dfrac{\sigma_n}{\sigma_{\mathrm{c}}}\right)^{k_1-1}}{1+\left(1-\dfrac{\sigma_n}{\sigma_{\mathrm{c}}}\right)^{2k_2}\tan^2 i_0}-\frac{\sigma_n}{\sigma_{\mathrm{c}}}k_1\tan(\phi_\mu+i)\left(1-\frac{\sigma_n}{\sigma_{\mathrm{c}}}\right)^{k_1-1} \tag{3.81}$$

式中，ϕ_μ为沿凸体滑动时的摩擦角(相当于 Ladanyi-Archambault 准则中的ϕ_0)。其他参数与前面定义的一样。当$u_t>u_t^{\mathrm{r}}$时，k_{tt}消去。当$\sigma_n\geqslant\sigma_{\mathrm{c}}$、$u_t\geqslant u_t^{\mathrm{p}}=u_t^{\mathrm{r}}$时，也同样适用。当$\sigma_n\geqslant\sigma_{\mathrm{c}}$、$u_t<u_t^{\mathrm{p}}$时，$k_{tt}=\sigma_t^{\mathrm{p}}/u_t^{\mathrm{p}}$。剪胀率可由式(3.82)得到：

$$\mathrm{d}u_n=-\frac{k_{nt}}{k_{nn}}\mathrm{d}u_t \tag{3.82}$$

在常法向应力条件下，$\mathrm{d}\sigma_n=0$。

在上述模型中，用初始粗糙角 i_0 和变化粗糙角 i 所表示的k_{nn}、k_{nt}、k_{tn}、k_{tt}(式(3.63)～式(3.78))来体现粗糙度。然而，将$\tan i_0$和$\tan(\phi_\mu+i)$乘以$(1-\sigma_n/\sigma_{\mathrm{c}})^{k_1-1}$或类似表达式会使得粗糙度可逆，如同 BB 模型。对于某些特殊的应力路径，可能会违反热力学第二定律。因此，该模型一般只适用于法向应力单调增加的路径。

Souley 等(1995)对 Amadei-Saeb 模型进行了扩展，扩展中假设弹性卸载剪切模量为初始剪切模量，裂隙恢复到初始位置前循环剪切过程中剪切应力保持为残余状态时对应的量值，从而实现了循环剪切路径的模拟。假定模型满足反对称剪切特性，非线性弹性理论整体上仍然适用。该模型在 UDEC 程序中得到实现。

3.3.4 Plesha 理论模型及其推广

Plesha(1987)建立了考虑粗糙度退化的岩石裂隙二维本构模型。假设裂隙表面在宏观上是光滑的平面，但在微观尺度上具有形状均匀的凸体(图 3.7(a))。该模型以塑性理论为基础，假设凸体均匀，呈齿形，应力变换为

$$\begin{cases}\sigma_t^{\mathrm{c}}=\eta(\sigma_t\cos\alpha_k+\sigma_n\sin\alpha_k)\\ \sigma_n^{\mathrm{c}}=\eta(-\sigma_t\sin\alpha_k+\sigma_n\cos\alpha_k)\end{cases}\tag{3.83}$$

式中，η 为一个常数，表示有效粗糙面与粗糙基面的面积之比($\eta=L_k/L_0$，$k=\mathrm{l}$，r)；α_k 为当前有效粗糙角；σ_t^{c} 和 σ_n^{c} 表示有效粗糙表面上的剪切和法向应力(图 3.7(b))。

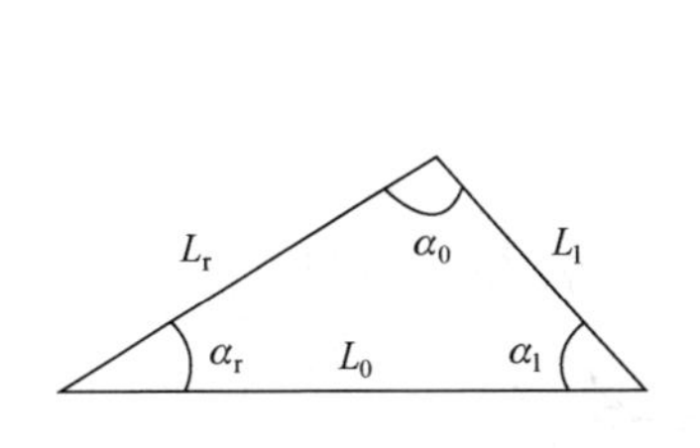

(a) 有效的粗糙表面：向前(α_{r})和向后(α_{l})

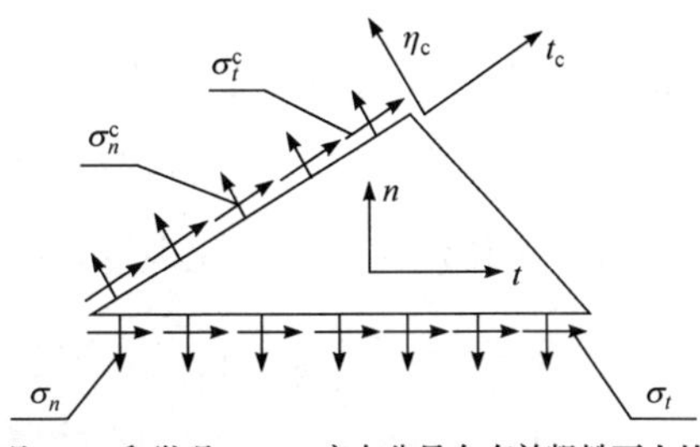

(b) 宏观(σ_t, σ_n)和微观(σ_t^{c}, σ_n^{c})应力分量在有效粗糙面上的变化

图 3.7　有效粗糙表面的应力转换(Plesha，1987)

该本构模型是利用塑性理论的非关联流动法则推导而来的，且该模型考虑了塑性体的弹性-塑性变形和裂隙剪切应力-剪切位移的相似性(图 3.1)。

根据塑性理论的基本原理，岩体的位移增量假定为 $\mathrm{d}u_i$ ($i=t$，n)，它可分为弹性(可逆)位移增量 $\mathrm{d}u_i^{\mathrm{e}}$ 和塑性(不可逆)位移增量 $\mathrm{d}u_i^{\mathrm{p}}$：

$$\mathrm{d}u_i=\mathrm{d}u_i^{\mathrm{e}}+\mathrm{d}u_i^{\mathrm{p}}\tag{3.84}$$

式中，弹性位移增量与接触应力增量的关系为

$$\mathrm{d}\sigma_i=k_{ij}\mathrm{d}u_j^{\mathrm{e}}\tag{3.85}$$

式中，k_{ij} 为刚度张量，表示为

$$\left[k_{ij}\right]=\begin{bmatrix}k_t & 0\\ 0 & k_n\end{bmatrix}\tag{3.86}$$

式(3.85)中的应力增量也可以写为

$$\mathrm{d}\sigma_i=k_{ij}\mathrm{d}u_j^{\mathrm{e}}=k_{ij}(\mathrm{d}u_j-\mathrm{d}u_j^{\mathrm{p}})\tag{3.87}$$

塑性位移增量由塑性理论中的非关联流动法则描述为

$$\mathrm{d}u_i^{\mathrm{p}}=\begin{cases}0, & F<0\\ \lambda\dfrac{\partial Q}{\partial\sigma_i}, & F\geqslant 0\end{cases}\tag{3.88}$$

式中，$\lambda>0$ 为正标量；Q 和 F 分别为塑性势函数和屈服函数，表示为

$$F=|\sigma_t\cos\alpha_k+\sigma_n\sin\alpha_k|+\tan\phi_{\mathrm{r}}(-\sigma_t\sin\alpha_k+\sigma_n\cos\alpha_k)-C\tag{3.89}$$

$$Q = |\sigma_t \cos\alpha_k + \sigma_n \sin\alpha_k| \tag{3.90}$$

式中，ϕ_r、C分别为裂隙的残余摩擦角和黏聚力。应力在相应位移上所做的耗散功为

$$\mathrm{d}W^{\mathrm{p}} = \sigma_i \mathrm{d}u_i^{\mathrm{p}} = \lambda\sigma_i \frac{\partial Q}{\partial \sigma_i} \tag{3.91}$$

假设加载函数 $f(\sigma_i, W^{\mathrm{p}})$ 为线性形式：

$$f(\sigma_i, W^{\mathrm{p}}) = F(\sigma_i) - mW^{\mathrm{p}} \tag{3.92}$$

式中，m 为做功硬化模量或软化模量。由一致性条件 $\mathrm{d}f = 0$，可得

$$\frac{\partial F}{\partial \sigma_i} k_{ij} \left(\mathrm{d}u_j - \lambda \frac{\partial Q}{\partial \sigma_i} \right) - m\sigma_i \left(\lambda \frac{\partial Q}{\partial \sigma_i} \right) = 0 \tag{3.93}$$

λ 可由式(3.94)求出：

$$\lambda = \frac{k_{i\mathrm{r}} \dfrac{\partial Q}{\partial \sigma_{\mathrm{r}}} \dfrac{\partial F}{\partial \sigma_p} k_{pj}}{\dfrac{\partial F}{\partial \sigma_{\mathrm{r}}} k_{\mathrm{r}p} \dfrac{\partial Q}{\partial \sigma_p} + m\sigma_{\mathrm{r}} \dfrac{\partial Q}{\partial \sigma_{\mathrm{r}}}} \tag{3.94}$$

式中，i，j，$p=t$，n，对应于二维问题。

将式(3.88)和式(3.94)代入式(3.87)，最终得到岩石裂隙的增量本构模型为

$$\mathrm{d}\sigma_i = \left(k_{ij} - \frac{k_{i\mathrm{r}} \dfrac{\partial Q}{\partial \sigma_{\mathrm{r}}} \dfrac{\partial F}{\partial \sigma_p} k_{pj}}{\dfrac{\partial F}{\partial \sigma_{\mathrm{r}}} k_{\mathrm{r}p} \dfrac{\partial Q}{\partial \sigma_p} + m\sigma_{\mathrm{r}} \dfrac{\partial Q}{\partial \sigma_{\mathrm{r}}}} \right) \mathrm{d}u_j \tag{3.95}$$

Plesha(1987)令 $m = 0$ (完全塑性变形)并采用了式(3.21)中的粗糙度指数退化规律。

Jing(1990)将具有不同峰前和峰后剪切应力特性的原 Plesha 模型扩展为力学硬化和软化两种情况，利用剪切刚度的应力依赖性(式(3.3))和热力学第二定律来约束材料常数和参数的取值，最终的本构模型写成(Jing，1990；Jing et al., 1993)

$$\begin{cases} \mathrm{d}\sigma_t = \left(k_t - \dfrac{b_1 k_t^2}{b_1 k_t + b_2 k_n + mQ} \right) \mathrm{d}u_t - \dfrac{b_3 k_t k_n}{b_1 k_t + b_2 k_n + mQ} \mathrm{d}u_n \\ \mathrm{d}\sigma_n = -\dfrac{b_4 k_t k_n}{b_1 k_t + b_2 k_n + mQ} \mathrm{d}u_t + \left(k_n - \dfrac{b_2 k_n^2}{b_1 k_t + b_2 k_n + mQ} \right) \mathrm{d}u_n \end{cases} \tag{3.96}$$

式中

$$b_1 = \cos^2 \alpha_k - \tan\phi_{\mathrm{r}} \operatorname{sgn}(\sigma_t^{\mathrm{c}}) \sin\alpha_k \cos\alpha_k \tag{3.97a}$$

$$b_2 = \sin^2 \alpha_k + \tan\phi_{\mathrm{r}} \operatorname{sgn}(\sigma_t^{\mathrm{c}}) \sin\alpha_k \cos\alpha_k \tag{3.97b}$$

$$b_3 = \sin\alpha_k \cos\alpha_k + \tan\phi_{\mathrm{r}} \operatorname{sgn}(\sigma_t^{\mathrm{c}}) \cos^2\alpha_k \tag{3.97c}$$

$$b_4 = \sin\alpha_k \cos\alpha_k - \tan\phi_{\mathrm{r}} \operatorname{sgn}(\sigma_t^{\mathrm{c}}) \sin^2\alpha_k \tag{3.97d}$$

式中，$\operatorname{sgn}(\sigma_t^{\mathrm{c}})$ 表示有效粗糙表面上微观剪切应力分量 σ_t 的正负号；刚度 k_n 和 k_t 分别由式(3.6)和式(3.2)来确定，表示剪切刚度的应力依赖性和双曲线型法向应力-闭合量关系；模量 m 有两个不同的函数，一个用于表征峰值剪切应力前的位移硬化(图 3.8)：

$$m = \frac{u_t^{\mathrm{p}} - u_t}{u_t^{\mathrm{p}} - u_t^0} k_t \quad (u_t^0 \leqslant u_t \leqslant u_t^{\mathrm{p}}) \tag{3.98}$$

另一个用于表征峰值剪切应力后的位移软化：

$$m = -s_{\mathrm{c}} \frac{(u_t^{\mathrm{r}} - u_t)(u_t - u_t^{\mathrm{p}})}{(u_t^{\mathrm{r}} - u_t^{\mathrm{p}})^2} \frac{\sin^2\alpha}{Q} k_t \quad (u_t > u_t^{\mathrm{p}}) \tag{3.99}$$

式中，$s_{\mathrm{c}} > 0$ 为材料常数。

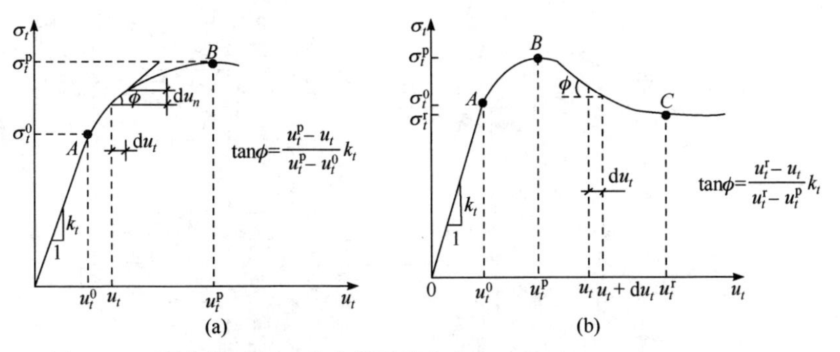

图 3.8　(a)硬化模量和(b)软化模量的定义(Jing，1990；Jing et al.，1993)

热力学第二定律要求耗散能必须是非负的：

$$\mathrm{d}W^{\mathrm{p}} = \lambda \frac{\partial Q}{\partial \sigma_i} \sigma_i \geqslant 0 \tag{3.100}$$

因此，可以导出

$$[1 + \eta \sin^2\alpha + \eta \tan\phi_{\mathrm{r}} \operatorname{sgn}(\sigma_t^{\mathrm{c}}) \sin\alpha \cos\alpha] k_t + mQ \geqslant 0 \tag{3.101}$$

位移硬化情况为

$$[\cos^2\alpha + (1-f)\sin^2\alpha + \eta \tan\phi_{\mathrm{r}} \operatorname{sgn}(\sigma_t^{\mathrm{c}}) \sin\alpha \cos\alpha] k_t \geqslant 0 \tag{3.102}$$

位移软化情况为

$$f = s_c(u_t^r - u_t)(u_t - u_t^p)(u_t^r - u_t^p)^{-2} \tag{3.103}$$

Jing(1990)研究发现，当 $-45° < \alpha < 45°$、$k_n \geqslant k_t$、$\phi_r \leqslant 45°$ 和 $0 \leqslant s_c \leqslant 4.0$ 时，上述条件都是满足的。

该模型被应用到 UDEC 程序中，并通过试验验证。

3.3.5　粗糙度各向异性裂隙岩体的三维本构模型

裂隙岩体建模的困难是，由于裂隙几何形状复杂，很难用二维的简化模型来近似。裂隙表面固有的各向异性也使得二维裂隙模型不适用于许多实际问题。因此，建立合适的裂隙岩体三维本构模型是十分必要的，尤其是在 DEM 分析中。

在三维空间中，形成裂隙的两个岩块一般有 6 个自由度(图 3.9)：在裂隙平面中的两个平动、在法线方向上的一个平动和三个围绕坐标轴的转动。这三个转动中，前两个是弯矩，剩下一个可以在裂隙平面中引起摩擦转动。由于这两个弯矩只引起岩块的变形，它们对裂隙的影响不大。因此，在 DEM 分析中，岩石裂隙的三维本构模型应考虑岩块间三个平动和一个摩擦转动对岩块间界面力学性质的影响。

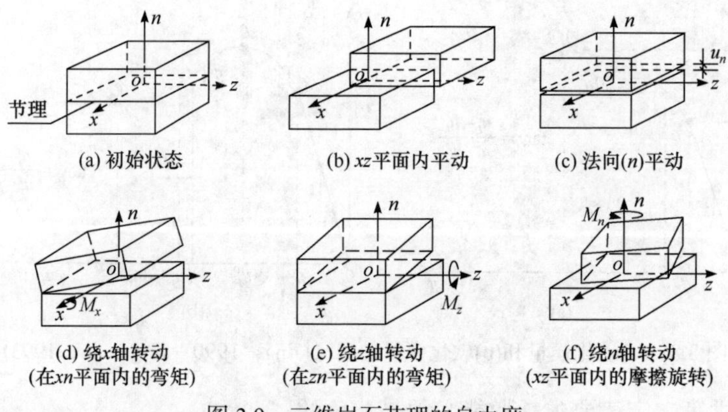

图 3.9　三维岩石节理的自由度

Jing(1990)和 Jing 等(1994)基于式(3.95)，令 $i, j, r, p = x, z, n$，建立了岩石裂隙的三维本构模型。滑动函数 F_s 和滑动势 Q_s 分别为

$$F_s = \sqrt{\left(\frac{\tau_x}{\mu_x}\right)^2 + \left(\frac{\tau_z}{\mu_z}\right)^2} + \sigma_n - C \tag{3.104}$$

$$Q_s = \sqrt{\left(\frac{\tau_x}{\mu_x}\right)^2 + \left(\frac{\tau_z}{\mu_z}\right)^2} + \sigma_n \sin\alpha \tag{3.105}$$

式中

$$\mu_x = \tan(\phi_r + \alpha_x), \quad \mu_z = \tan(\phi_r + \alpha_z) \tag{3.106}$$

式中，粗糙角 $\alpha = \alpha_\theta$，α_x 和 α_z 由当前剪切方向 θ 代入式(3.23)得出。最终的增量模型形式为

$$\begin{aligned}
\mathrm{d}\tau_x &= \frac{1}{A}[(a^2 k_z + k_n \sin\alpha) k_x \mathrm{d}u_x - abk_x k_z \mathrm{d}u_z - bk_x k_n \mathrm{d}u_n] \\
\mathrm{d}\tau_z &= \frac{1}{A}[-abk_x k_z \mathrm{d}u_x (b^2 k_x + k_n \sin\alpha) k_z \mathrm{d}u_z - ak_z k_n \mathrm{d}u_n] \\
\mathrm{d}\sigma_n &= \frac{1}{A}[-(bk_x \mathrm{d}u_x + ak_z \mathrm{d}u_z) k_n \sin\alpha + (b^2 k_x + a^2 k_z) k_n \mathrm{d}u_n]
\end{aligned} \tag{3.107}$$

式中

$$a = \frac{1}{\mu_z} \frac{\tau_z'}{\sqrt{(\tau_x')^2 + (\tau_z')^2}}, \quad \tau_z' = \frac{\tau_z}{\mu_z} \tag{3.108a}$$

$$b = \frac{1}{\mu_z} \frac{\tau_x'}{\sqrt{(\tau_x')^2 + (\tau_z')^2}}, \quad \tau_x' = \frac{\tau_x}{\mu_x} \tag{3.108b}$$

$$A = b^2 k_x + a^2 k_z + k_n \sin\alpha + mQ \tag{3.108c}$$

可用椭圆模型来近似描述裂隙粗糙度的各向异性，Jing(1990)和 Jing 等(1994)通过试验验证了这个模型。

上述本构模型都只用了粗糙角这一个参数作为粗糙度的度量，这显然是一种简化的表示。它们中大多数都没有考虑尺寸效应，还有一些没有考虑粗糙度的损伤演化。这些模型都没有考虑剪切过程产生碎屑的影响，也没有考虑动态(率)效应和时间(蠕变)效应。Stephansson 和 Jing(1995)、Jing 等(1996)及 Jing(2003)对岩石裂隙本构模型在裂隙岩体水-热-力耦合过程中的适用性进行了全面综述，结果显示现有的岩石裂隙本构模型仍然面临巨大的挑战，这些挑战在于这些模型在预测岩石裂隙和裂隙岩体的温度-水力-力学耦合特性时的准确性、可靠性、鲁棒性和可信度，特别是与裂隙系统中流体流动相关的预测。人们也认识到，对粗糙度的理解是克服这一困难的关键。

3.4　裂隙岩体等效连续本构模型

本构模型由描述连续介质或等效(或有效)均匀连续介质(如裂隙岩体或大小和形状各异的颗粒组合体)REV 的应力和应变分量增量之间关系的方程表达。严格地说，连续介质本构模型的建立应遵循固体热力学的基本原则，其基础是热力学

势的概念和经典 Clausius-Duhem 不等式，该不等式结合了热力学第一定律和第二定律，并谨慎选择了状态变量。然而，实际上本构模型通常是通过对材料性质的直观表现来定义的，如开展小试样的室内试验并用简单的数学形式来表现。这样的模型无须使用抽象的状态变量，但仍然需要遵循 Clausius-Duhem 不等式。典型的例子是线弹性和弹塑性定律。在弹性理论中，假定材料性质是不变的，不产生耗散能。因此，不需要考虑 Clausius-Duhem 不等式。塑性模型可以通过正塑性功增量 $\mathrm{d}W^{\mathrm{p}} \geqslant 0$ 的要求进行适当约束，这是具有等温假设的 Clausius-Duhem 不等式的简化形式。本章只介绍最常用的裂隙岩体本构模型，而不考虑热力学因素。

3.4.1　小变形弹性连续介质本构模型

从广义上讲，弹性连续介质本构模型的一般形式可以用总应力和总应变分量表示为

$$\sigma_{ij} = f(\varepsilon_{ij}) \tag{3.109}$$

在正交笛卡儿坐标系中，$i, j = x, y, z$，应力分量可更明确地表示为

$$\begin{aligned}
\sigma_{xx} &= f_1(\varepsilon_{xx}, \varepsilon_{yy}, \varepsilon_{zz}, \varepsilon_{xy}, \varepsilon_{yz}, \varepsilon_{zx}) \\
\sigma_{yy} &= f_2(\varepsilon_{xx}, \varepsilon_{yy}, \varepsilon_{zz}, \varepsilon_{xy}, \varepsilon_{yz}, \varepsilon_{zx}) \\
\sigma_{zz} &= f_3(\varepsilon_{xx}, \varepsilon_{yy}, \varepsilon_{zz}, \varepsilon_{xy}, \varepsilon_{yz}, \varepsilon_{zx}) \\
\sigma_{xy} &= f_4(\varepsilon_{xx}, \varepsilon_{yy}, \varepsilon_{zz}, \varepsilon_{xy}, \varepsilon_{yz}, \varepsilon_{zx}) \\
\sigma_{yz} &= f_5(\varepsilon_{xx}, \varepsilon_{yy}, \varepsilon_{zz}, \varepsilon_{xy}, \varepsilon_{yz}, \varepsilon_{zx}) \\
\sigma_{zx} &= f_6(\varepsilon_{xx}, \varepsilon_{yy}, \varepsilon_{zz}, \varepsilon_{xy}, \varepsilon_{yz}, \varepsilon_{zx})
\end{aligned} \tag{3.110}$$

假设只考虑小变形，式(3.110)的泰勒展开式为(忽略二阶及以上偏导数的影响)

$$\begin{aligned}
\sigma_{xx} &= C_{10} + C_{11}\varepsilon_{xx} + C_{12}\varepsilon_{yy} + C_{13}\varepsilon_{zz} + C_{14}\varepsilon_{xy} + C_{15}\varepsilon_{yz} + C_{16}\varepsilon_{zx} \\
\sigma_{yy} &= C_{20} + C_{21}\varepsilon_{xx} + C_{22}\varepsilon_{yy} + C_{23}\varepsilon_{zz} + C_{24}\varepsilon_{xy} + C_{25}\varepsilon_{yz} + C_{26}\varepsilon_{zx} \\
\sigma_{zz} &= C_{30} + C_{31}\varepsilon_{xx} + C_{32}\varepsilon_{yy} + C_{33}\varepsilon_{zz} + C_{34}\varepsilon_{xy} + C_{35}\varepsilon_{yz} + C_{36}\varepsilon_{zx} \\
\sigma_{xy} &= C_{40} + C_{41}\varepsilon_{xx} + C_{42}\varepsilon_{yy} + C_{43}\varepsilon_{zz} + C_{44}\varepsilon_{xy} + C_{45}\varepsilon_{yz} + C_{46}\varepsilon_{zx} \\
\sigma_{yz} &= C_{50} + C_{51}\varepsilon_{xx} + C_{52}\varepsilon_{yy} + C_{53}\varepsilon_{zz} + C_{54}\varepsilon_{xy} + C_{55}\varepsilon_{yz} + C_{56}\varepsilon_{zx} \\
\sigma_{zx} &= C_{60} + C_{61}\varepsilon_{xx} + C_{62}\varepsilon_{yy} + C_{63}\varepsilon_{zz} + C_{64}\varepsilon_{xy} + C_{65}\varepsilon_{yz} + C_{66}\varepsilon_{zx}
\end{aligned} \tag{3.111}$$

式中，对于 $i = 1, 2, \cdots, 6$，有

$$C_{i0} = (f_i)_0, \quad C_{i1} = \left(\frac{\partial f_i}{\partial \varepsilon_{xx}}\right)_0, \quad C_{i2} = \left(\frac{\partial f_i}{\partial \varepsilon_{yy}}\right)_0, \quad C_{i3} = \left(\frac{\partial f_i}{\partial \varepsilon_{zz}}\right)_0 \tag{3.112a}$$

$$C_{i4}=\left(\frac{\partial f_i}{\partial \varepsilon_{xy}}\right)_0, \quad C_{i5}=\left(\frac{\partial f_i}{\partial \varepsilon_{yz}}\right)_0, \quad C_{i6}=\left(\frac{\partial f_i}{\partial \varepsilon_{zx}}\right)_0 \tag{3.112b}$$

符号$(\ )_0$表示函数在$\varepsilon_{ij}=0$处的值。第一项C_{i0}表示初始应力分量，可以忽略不计。这种表达称为广义 Hooke 定律，写为

$$\sigma_{ij}=E_{ijkl}\varepsilon_{kl} \tag{3.113}$$

$$\varepsilon_{ij}=\frac{1}{2}\left(\frac{\partial u_i}{\partial x_j}+\frac{\partial u_j}{\partial x_i}\right) \tag{3.114}$$

式中，$u_i(i=x,y,z)$为位移分量；四阶张量E_{ijkl}称为弹性张量。

式(3.113)的矩阵形式为

$$\begin{Bmatrix}\sigma_{xx}\\ \sigma_{yy}\\ \sigma_{zz}\\ \sigma_{xy}\\ \sigma_{yz}\\ \sigma_{zx}\end{Bmatrix}=\begin{bmatrix}C_{11}&C_{12}&C_{13}&C_{14}&C_{15}&C_{16}\\ C_{21}&C_{22}&C_{23}&C_{24}&C_{25}&C_{26}\\ C_{31}&C_{32}&C_{33}&C_{34}&C_{35}&C_{36}\\ C_{41}&C_{42}&C_{43}&C_{44}&C_{45}&C_{46}\\ C_{51}&C_{52}&C_{53}&C_{54}&C_{55}&C_{56}\\ C_{61}&C_{62}&C_{63}&C_{64}&C_{65}&C_{66}\end{bmatrix}\begin{Bmatrix}\varepsilon_{xx}\\ \varepsilon_{yy}\\ \varepsilon_{zz}\\ \varepsilon_{xy}\\ \varepsilon_{yz}\\ \varepsilon_{zx}\end{Bmatrix} \tag{3.115}$$

应变能密度π为

$$\pi=\frac{1}{2}\sigma_{ij}\varepsilon_{ij}=\frac{1}{2}(\sigma_{xx}\varepsilon_{xx}+\sigma_{yy}\varepsilon_{yy}+\sigma_{zz}\varepsilon_{zz}+\sigma_{xy}\varepsilon_{xy}+\sigma_{yz}\varepsilon_{yz}+\sigma_{zx}\varepsilon_{zx}) \tag{3.116}$$

根据微分交换定律

$$\frac{\partial^2\pi}{\partial\varepsilon_{ij}\partial\varepsilon_{kl}}=\frac{\partial}{\partial\varepsilon_{ij}}\left(\frac{\partial\pi}{\partial\varepsilon_{kl}}\right)=\frac{\partial}{\partial\varepsilon_{kl}}\left(\frac{\partial\pi}{\partial\varepsilon_{ij}}\right) \tag{3.117}$$

式(3.115)中的矩阵有 21 个独立的弹性系数

$$C_{ij}=C_{ji}\quad (i,j=1,2,\cdots,6) \tag{3.118}$$

这表示材料的各向异性，具有这种特性的材料称为极端弹性体。

通过对xyz和$x'y'z'$两种不同坐标系下的应力应变张量进行变换(映射)，得到各向异性程度不同的弹性体本构模型，xyz和$x'y'z'$坐标系间的方向余弦如表 3.1 所示。

表 3.1　xyz 和 $x'y'z'$ 坐标系间的方向余弦

	x	y	z
x'	$l_1=\cos(x,x')$	$m_1=\cos(y,x')$	$n_1=\cos(z,x')$
y'	$l_2=\cos(x,y')$	$m_2=\cos(y,y')$	$n_2=\cos(z,y')$
z'	$l_3=\cos(x,z')$	$m_3=\cos(y,z')$	$n_3=\cos(z,z')$

这两个坐标系之间的应力和应变的变换关系如下：

$$\begin{Bmatrix}\sigma_{x'x'}\\\sigma_{y'y'}\\\sigma_{z'z'}\\\sigma_{y'z'}\\\sigma_{z'x'}\\\sigma_{x'y'}\end{Bmatrix}=\begin{bmatrix}l_1^2 & m_1^2 & n_1^2 & 2m_1n_1 & 2n_1l_1 & 2l_1m_1\\ l_2^2 & m_2^2 & n_2^2 & 2m_2n_2 & 2n_2l_2 & 2l_2m_2\\ l_3^2 & m_3^2 & n_3^2 & 2m_3n_3 & 2n_3l_3 & 2l_3m_3\\ l_2l_3 & m_2m_3 & n_2n_3 & m_2n_3+m_3n_2 & n_2l_3+n_3l_2 & l_2m_3+l_3m_2\\ l_3l_1 & m_3m_1 & n_3n_1 & m_3n_1+m_1n_3 & n_3l_1+n_1l_3 & l_3m_1+l_1m_3\\ l_1l_2 & m_1m_2 & n_1n_2 & m_1n_2+m_2n_1 & n_1l_2+n_2l_1 & l_1m_2+l_2m_1\end{bmatrix}\begin{Bmatrix}\sigma_{xx}\\\sigma_{yy}\\\sigma_{zz}\\\sigma_{yz}\\\sigma_{zx}\\\sigma_{xy}\end{Bmatrix}\tag{3.119a}$$

$$\begin{Bmatrix}\varepsilon_{x'x'}\\\varepsilon_{y'y'}\\\varepsilon_{z'z'}\\\varepsilon_{y'z'}\\\varepsilon_{z'x'}\\\varepsilon_{x'y'}\end{Bmatrix}=\begin{bmatrix}l_1^2 & m_1^2 & n_1^2 & m_1n_1 & n_1l_1 & l_1m_1\\ l_2^2 & m_2^2 & n_2^2 & m_2n_2 & n_2l_2 & l_2m_2\\ l_3^2 & m_3^2 & n_3^2 & m_3n_3 & n_3l_3 & l_3m_3\\ 2l_2l_3 & 2m_2m_3 & 2n_2n_3 & m_2n_3+m_3n_2 & n_2l_3+n_3l_2 & l_2m_3+l_3m_2\\ 2l_3l_1 & 2m_3m_1 & 2n_3n_1 & m_3n_1+m_1n_3 & n_3l_1+n_1l_3 & l_3m_1+l_1m_3\\ 2l_1l_2 & 2m_1m_2 & 2n_1n_2 & m_1n_2+m_2n_1 & n_1l_2+n_2l_1 & l_1m_2+l_2m_1\end{bmatrix}\begin{Bmatrix}\varepsilon_{xx}\\\varepsilon_{yy}\\\varepsilon_{zz}\\\varepsilon_{yz}\\\varepsilon_{zx}\\\varepsilon_{xy}\end{Bmatrix}\tag{3.119b}$$

1. 横观各向异性体

如果一个弹性体有一个弹性对称面，那么关于这个平面对称的两个相反方向上具有相同的弹性性质。这个弹性对称平面的法线方向称为弹性体的主方向，在这个弹性对称平面内，固体一般仍然是各向异性的，这种固体称为横观各向异性体。在不失一般性的前提下，假设 yz 面是 xyz 空间中的弹性对称平面，对于相同的弹性体，在 $x'y'z'$ 坐标系(图 3.10(a))中应具有与 xyz 坐标系相同的弹性性质，即式(3.115)的广义 Hooke 定律应该是相同的。两个坐标系的方向余弦如表 3.2 所示。

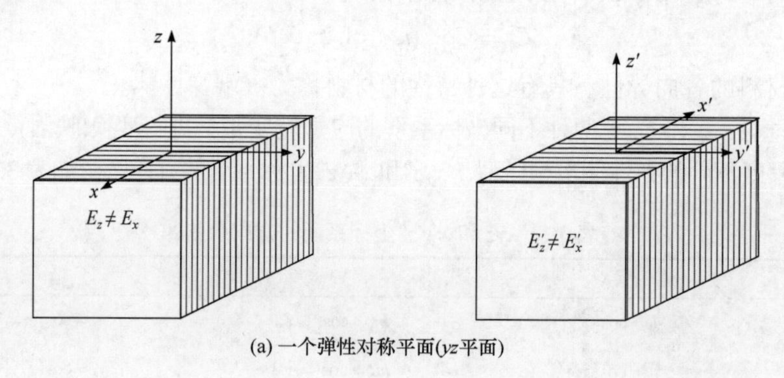

(a) 一个弹性对称平面(yz平面)

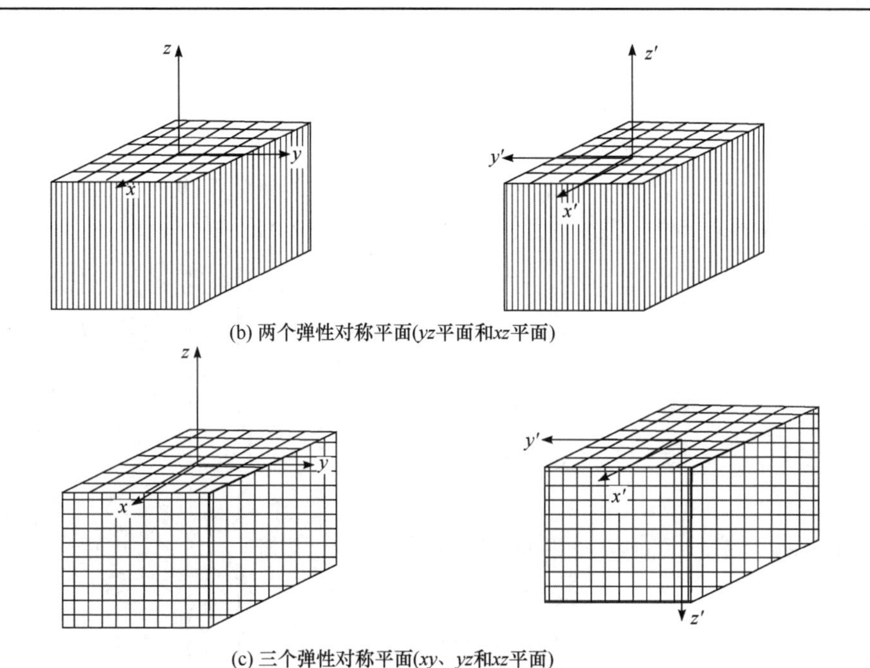

(b) 两个弹性对称平面(yz平面和xz平面)

(c) 三个弹性对称平面(xy、yz和xz平面)

图 3.10　具有弹性对称平面的固体

表 3.2　定义横观各向异性体的方向余弦

	x	y	z
x'	$l_1=\cos(x,x')=-1$	$m_1=\cos(y,x')=0$	$n_1=\cos(z,x')=0$
y'	$l_2=\cos(x,y')=0$	$m_2=\cos(y,y')=1$	$n_2=\cos(z,y')=0$
z'	$l_3=\cos(x,z')=0$	$m_3=\cos(y,z')=0$	$n_3=\cos(z,z')=1$

将方向余弦代入式(3.119)，得到横观各向异性体的弹性对称条件：

$$\sigma_{xx}=\sigma_{x'x'},\ \sigma_{yy}=\sigma_{y'y'},\ \sigma_{zz}=\sigma_{z'z'},\ \sigma_{xy}=-\sigma_{x'y'},\ \sigma_{yz}=\sigma_{y'z'},\ \sigma_{zx}=-\sigma_{z'x'} \tag{3.120a}$$

$$\varepsilon_{xx}=\varepsilon_{x'x'},\ \varepsilon_{yy}=\varepsilon_{y'y'},\ \varepsilon_{zz}=\varepsilon_{z'z'},\ \varepsilon_{xy}=-\varepsilon_{x'y'},\ \varepsilon_{yz}=\varepsilon_{y'z'},\ \varepsilon_{zx}=-\varepsilon_{z'x'} \tag{3.120b}$$

将式(3.120)代入式(3.115)得到

$$\begin{Bmatrix}\sigma_{x'x'}\\ \sigma_{y'y'}\\ \sigma_{z'z'}\\ -\sigma_{x'y'}\\ \sigma_{y'z'}\\ -\sigma_{z'x'}\end{Bmatrix}=\begin{bmatrix}C_{11} & C_{12} & C_{13} & -C_{14} & C_{15} & -C_{16}\\ C_{21} & C_{22} & C_{23} & -C_{24} & C_{25} & -C_{26}\\ C_{31} & C_{32} & C_{33} & -C_{34} & C_{35} & -C_{36}\\ C_{41} & C_{42} & C_{43} & -C_{44} & C_{45} & -C_{46}\\ C_{51} & C_{52} & C_{53} & -C_{54} & C_{55} & -C_{56}\\ C_{61} & C_{62} & C_{63} & -C_{64} & C_{65} & -C_{66}\end{bmatrix}\begin{Bmatrix}\varepsilon_{x'x'}\\ \varepsilon_{y'y'}\\ \varepsilon_{z'z'}\\ -\varepsilon_{x'y'}\\ \varepsilon_{y'z'}\\ -\varepsilon_{z'x'}\end{Bmatrix} \tag{3.121}$$

由于式(3.121)与式(3.115)相同，则两个弹性张量相同，因此可得

$$C_{14}=C_{24}=C_{34}=C_{54}=C_{16}=C_{26}=C_{36}=C_{56}=0 \tag{3.122}$$

由对称条件(3.118)进一步得到

$$C_{41}=C_{42}=C_{43}=C_{45}=C_{61}=C_{62}=C_{63}=C_{65}=0 \tag{3.123}$$

最终得到横观各向异性弹性体的弹性张量(具有 13 个独立的弹性系数，$C_{ij}=C_{ji}$)为

$$\begin{Bmatrix}\sigma_{xx}\\ \sigma_{yy}\\ \sigma_{zz}\\ \sigma_{xy}\\ \sigma_{yz}\\ \sigma_{zx}\end{Bmatrix}=\begin{bmatrix}C_{11} & C_{12} & C_{13} & 0 & C_{15} & 0\\ C_{21} & C_{22} & C_{23} & 0 & C_{25} & 0\\ C_{31} & C_{32} & C_{33} & 0 & C_{35} & 0\\ 0 & 0 & 0 & C_{44} & 0 & C_{46}\\ C_{51} & C_{52} & C_{53} & 0 & C_{55} & 0\\ 0 & 0 & 0 & C_{64} & 0 & C_{66}\end{bmatrix}\begin{Bmatrix}\varepsilon_{xx}\\ \varepsilon_{yy}\\ \varepsilon_{zz}\\ \varepsilon_{xy}\\ \varepsilon_{yz}\\ \varepsilon_{zx}\end{Bmatrix} \tag{3.124a}$$

同样地，以 xz 平面或 xy 平面为弹性对称平面，得到

$$\begin{Bmatrix}\sigma_{xx}\\ \sigma_{yy}\\ \sigma_{zz}\\ \sigma_{xy}\\ \sigma_{yz}\\ \sigma_{zx}\end{Bmatrix}=\begin{bmatrix}C_{11} & C_{12} & C_{13} & C_{14} & 0 & 0\\ C_{21} & C_{22} & C_{23} & C_{24} & 0 & 0\\ C_{31} & C_{32} & C_{33} & C_{34} & 0 & 0\\ C_{41} & C_{42} & C_{43} & C_{44} & 0 & 0\\ 0 & 0 & 0 & 0 & C_{55} & C_{56}\\ 0 & 0 & 0 & 0 & C_{65} & C_{66}\end{bmatrix}\begin{Bmatrix}\varepsilon_{xx}\\ \varepsilon_{yy}\\ \varepsilon_{zz}\\ \varepsilon_{xy}\\ \varepsilon_{yz}\\ \varepsilon_{zx}\end{Bmatrix} \tag{3.124b}$$

$$\begin{Bmatrix}\sigma_{xx}\\ \sigma_{yy}\\ \sigma_{zz}\\ \sigma_{xy}\\ \sigma_{yz}\\ \sigma_{zx}\end{Bmatrix}=\begin{bmatrix}C_{11} & C_{12} & C_{13} & 0 & 0 & C_{16}\\ C_{21} & C_{22} & C_{23} & 0 & 0 & C_{26}\\ C_{31} & C_{32} & C_{33} & 0 & 0 & C_{36}\\ 0 & 0 & 0 & C_{44} & C_{45} & 0\\ 0 & 0 & 0 & C_{54} & C_{55} & 0\\ C_{61} & C_{62} & C_{63} & 0 & 0 & C_{66}\end{bmatrix}\begin{Bmatrix}\varepsilon_{xx}\\ \varepsilon_{yy}\\ \varepsilon_{zz}\\ \varepsilon_{xy}\\ \varepsilon_{yz}\\ \varepsilon_{zx}\end{Bmatrix} \tag{3.124c}$$

2. 正交各向异性体

若除 yz 平面外，xz 平面也是弹性对称平面，即 y 轴和 x 轴均为主轴(图 3.10(b))，则同样具有弹性对称条件，即

$$\sigma_{xx}=\sigma_{x'x'},\ \sigma_{yy}=\sigma_{y'y'},\ \sigma_{zz}=\sigma_{z'z'},\ \sigma_{xy}=-\sigma_{x'y'},\ \sigma_{yz}=-\sigma_{y'z'},\ \sigma_{zx}=\sigma_{z'x'} \tag{3.125a}$$

$$\varepsilon_{xx}=\varepsilon_{x'x'},\ \varepsilon_{yy}=\varepsilon_{y'y'},\ \varepsilon_{zz}=\varepsilon_{z'z'},\ \varepsilon_{xy}=-\varepsilon_{x'y'},\ \varepsilon_{yz}=-\varepsilon_{y'z'},\ \varepsilon_{zx}=\varepsilon_{z'x'} \tag{3.125b}$$

将式(3.125)代入式(3.124b)，使两组应力-应变关系相同，得到

$$C_{15}=C_{25}=C_{35}=C_{56}=C_{51}=C_{52}=C_{53}=C_{65}=0 \tag{3.126}$$

应力-应变关系变为

$$\begin{Bmatrix} \sigma_{xx} \\ \sigma_{yy} \\ \sigma_{zz} \\ \sigma_{xy} \\ \sigma_{yz} \\ \sigma_{zx} \end{Bmatrix} = \begin{bmatrix} C_{11} & C_{12} & C_{13} & 0 & 0 & 0 \\ C_{21} & C_{22} & C_{23} & 0 & 0 & 0 \\ C_{31} & C_{32} & C_{33} & 0 & 0 & 0 \\ 0 & 0 & 0 & C_{44} & 0 & 0 \\ 0 & 0 & 0 & 0 & C_{55} & 0 \\ 0 & 0 & 0 & 0 & 0 & C_{66} \end{bmatrix} \begin{Bmatrix} \varepsilon_{xx} \\ \varepsilon_{yy} \\ \varepsilon_{zz} \\ \varepsilon_{xy} \\ \varepsilon_{yz} \\ \varepsilon_{zx} \end{Bmatrix} \tag{3.127}$$

独立的弹性系数减少到 9 个，法向应力和剪切应变分量以及不同平面上的剪切应力被完全解耦。将式(3.125)代入式(3.124b)或式(3.124c)可得到相同的结果。

如果进一步假设 xy 平面也是一个弹性对称平面(图 3.10(c))，那么会得到同样的结果。这意味着，对于具有两个正交弹性平面的弹性体，第三个正交平面也一定是一个弹性平面。

3. 横观各向同性体

对于用式(3.127)表示的正交各向异性体，进一步假设在一个弹性对称平面内的固体是各向同性的，即在这个平面内，固体在各个方向上的弹性特性是相同的，这样的固体称为横观各向同性体。

假设图 3.10(c)所示正交各向异性体中的 xy 平面为各向同性平面，则 x 轴正、负方向的弹性性质应相同。基于式(3.127)，将 xyz 坐标系绕 z 轴旋转 90°(图 3.10(c))，得到弹性对称条件：

$$\sigma_{xx}=\sigma_{x'x'},\ \sigma_{yy}=\sigma_{y'y'},\ \sigma_{zz}=\sigma_{z'z'},\ \sigma_{xy}=-\sigma_{x'y'},\ \sigma_{yz}=\sigma_{y'z'},\ \sigma_{xz}=-\sigma_{z'x'} \tag{3.128a}$$

$$\varepsilon_{xx}=\varepsilon_{x'x'},\ \varepsilon_{yy}=\varepsilon_{y'y'},\ \varepsilon_{zz}=\varepsilon_{z'z'},\ \varepsilon_{xy}=-\varepsilon_{x'y'},\ \varepsilon_{yz}=\varepsilon_{y'z'},\ \varepsilon_{xz}=-\varepsilon_{z'x'} \tag{3.128b}$$

将式(3.128)给出的条件代入式(3.127)，得到

$$\begin{Bmatrix} \sigma_{x'x'} \\ \sigma_{y'y'} \\ \sigma_{z'z'} \\ -\sigma_{x'y'} \\ -\sigma_{y'z'} \\ \sigma_{z'x'} \end{Bmatrix} = \begin{bmatrix} C_{11} & C_{12} & C_{13} & 0 & 0 & 0 \\ C_{21} & C_{22} & C_{23} & 0 & 0 & 0 \\ C_{31} & C_{32} & C_{33} & 0 & 0 & 0 \\ 0 & 0 & 0 & C_{44} & 0 & 0 \\ 0 & 0 & 0 & 0 & C_{55} & 0 \\ 0 & 0 & 0 & 0 & 0 & C_{66} \end{bmatrix} \begin{Bmatrix} \varepsilon_{x'x'} \\ \varepsilon_{y'y'} \\ \varepsilon_{z'z'} \\ -\varepsilon_{x'y'} \\ -\varepsilon_{y'z'} \\ \varepsilon_{z'x'} \end{Bmatrix} \tag{3.129}$$

令式(3.129)和式(3.127)中的系数矩阵相同，则

$$C_{11}=C_{22},\ C_{13}=C_{23},\ C_{44}=C_{55} \tag{3.130}$$

由式(3.127)导出的应力-应变关系为

$$\begin{Bmatrix} \sigma_{xx} \\ \sigma_{yy} \\ \sigma_{zz} \\ \sigma_{xy} \\ \sigma_{yz} \\ \sigma_{zx} \end{Bmatrix} = \begin{bmatrix} C_{11} & C_{12} & C_{13} & 0 & 0 & 0 \\ C_{12} & C_{11} & C_{13} & 0 & 0 & 0 \\ C_{13} & C_{13} & C_{33} & 0 & 0 & 0 \\ 0 & 0 & 0 & C_{44} & 0 & 0 \\ 0 & 0 & 0 & 0 & C_{44} & 0 \\ 0 & 0 & 0 & 0 & 0 & C_{66} \end{bmatrix} \begin{Bmatrix} \varepsilon_{xx} \\ \varepsilon_{yy} \\ \varepsilon_{zz} \\ \varepsilon_{xy} \\ \varepsilon_{yz} \\ \varepsilon_{zx} \end{Bmatrix} \tag{3.131}$$

式(3.131)有 6 个独立的弹性系数。然而，基于式(3.131)，坐标系围绕 z 轴旋转一个有限角度 ϕ，可得到

$$\begin{cases} \sigma_{x'y'} = \dfrac{1}{2}(\sigma_{yy} - \sigma_{xx})\sin(2\phi) + \sigma_{xy}\cos(2\phi) \\ \varepsilon_{x'y'} = (\varepsilon_{yy} - \varepsilon_{xx})\sin(2\phi) + \varepsilon_{xy}\cos(2\phi) \end{cases} \tag{3.132}$$

根据(3.129)，$\sigma_{x'y'} = C_{44}\varepsilon_{x'y'}$，即

$$\frac{1}{2}(\sigma_{yy} - \sigma_{xx})\sin(2\phi) + \sigma_{xy}\cos(2\phi) = C_{44}[(\varepsilon_{yy} - \varepsilon_{xx})\sin(2\phi) + \varepsilon_{xy}\cos(2\phi)] \tag{3.133}$$

将 $\sigma_{xy} = C_{44}\varepsilon_{xy}$ 代入式(3.133)，可得

$$\sigma_{yy} - \sigma_{xx} = 2C_{44}(\varepsilon_{yy} - \varepsilon_{xx}) \tag{3.134}$$

由式(3.131)可知，前两个方程的差值为

$$\sigma_{yy} - \sigma_{xx} = (C_{11} - C_{12})(\varepsilon_{yy} - \varepsilon_{xx}) \tag{3.135}$$

因此，最终可以得到

$$C_{44} = \frac{1}{2}(C_{11} - C_{12}) \tag{3.136}$$

横观各向同性体的应力-应变关系为

$$\begin{Bmatrix} \sigma_{xx} \\ \sigma_{yy} \\ \sigma_{zz} \\ \sigma_{xy} \\ \sigma_{yz} \\ \sigma_{zx} \end{Bmatrix} = \begin{bmatrix} C_{11} & C_{12} & C_{13} & 0 & 0 & 0 \\ C_{12} & C_{11} & C_{13} & 0 & 0 & 0 \\ C_{13} & C_{13} & C_{33} & 0 & 0 & 0 \\ 0 & 0 & 0 & (C_{11} - C_{12})/2 & 0 & 0 \\ 0 & 0 & 0 & 0 & (C_{11} - C_{12})/2 & 0 \\ 0 & 0 & 0 & 0 & 0 & C_{66} \end{bmatrix} \begin{Bmatrix} \varepsilon_{xx} \\ \varepsilon_{yy} \\ \varepsilon_{zz} \\ \varepsilon_{xy} \\ \varepsilon_{yz} \\ \varepsilon_{zx} \end{Bmatrix} \tag{3.137}$$

式(3.137)有 5 个独立的弹性系数。xy 平面既是它的各向同性平面，又是它的弹性对称平面，但在 xy 平面内和 z 方向上的弹性性质是不同的。

4. 各向同性弹性体

进一步假设式(3.137)所描述的固体在各个方向都是各向同性的，即所有的弹性对称面也是各向同性面，材料性质与坐标系选择无关，弹性性质在各个方向上都是对称的。如图 3.11 所示，应力-应变关系如下：

$$\sigma_{xx}=\sigma_{x'x'},\ \sigma_{yy}=\sigma_{y'y'},\ \sigma_{zz}=\sigma_{z'z'},\ \sigma_{xy}=-\sigma_{x'y'},\ \sigma_{yz}=-\sigma_{y'z'},\ \sigma_{zx}=\sigma_{z'x'} \tag{3.138a}$$

$$\varepsilon_{xx}=\varepsilon_{x'x'},\ \varepsilon_{yy}=\varepsilon_{y'y'},\ \varepsilon_{zz}=\varepsilon_{z'z'},\ \varepsilon_{xy}=-\varepsilon_{x'y'},\ \varepsilon_{yz}=-\varepsilon_{y'z'},\ \varepsilon_{zx}=\varepsilon_{z'x'} \tag{3.138b}$$

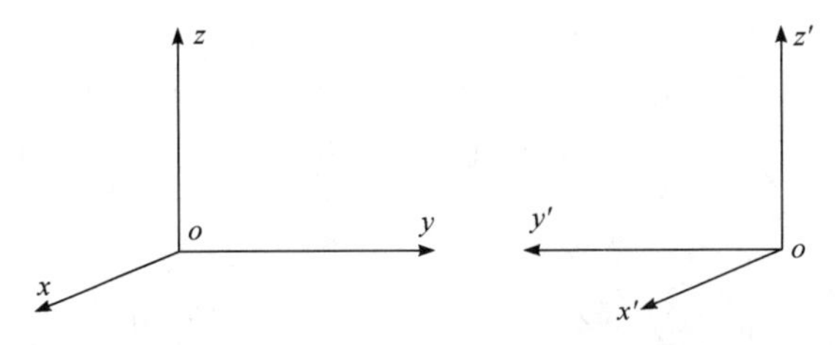

图 3.11　定义各向同性体的坐标旋转

将式(3.138)代入式(3.137)得到

$$\begin{Bmatrix}\sigma_{x'x'}\\ \sigma_{y'y'}\\ \sigma_{z'z'}\\ \sigma_{x'y'}\\ -\sigma_{y'z'}\\ -\sigma_{z'x'}\end{Bmatrix}=\begin{bmatrix}C_{11} & C_{13} & C_{12} & 0 & 0 & 0\\ C_{13} & C_{33} & C_{13} & 0 & 0 & 0\\ C_{12} & C_{13} & C_{11} & 0 & 0 & 0\\ 0 & 0 & 0 & C_{44} & 0 & 0\\ 0 & 0 & 0 & 0 & C_{44} & 0\\ 0 & 0 & 0 & 0 & 0 & (C_{11}-C_{12})/2\end{bmatrix}\begin{Bmatrix}\varepsilon_{x'x'}\\ \varepsilon_{y'y'}\\ \varepsilon_{z'z'}\\ \varepsilon_{x'y'}\\ -\varepsilon_{y'z'}\\ -\varepsilon_{z'x'}\end{Bmatrix} \tag{3.139}$$

式(3.139)和式(3.137)中的系数矩阵应该是相同的，因此得到

$$C_{12}=C_{13},\ C_{11}=C_{33},\ C_{66}=(C_{11}-C_{12})/2 \tag{3.140}$$

将式(3.140)代入式(3.137)，得到各向同性弹性体的应力-应变关系：

$$\begin{Bmatrix}\sigma_{xx}\\ \sigma_{yy}\\ \sigma_{zz}\\ \sigma_{xy}\\ \sigma_{yz}\\ \sigma_{zx}\end{Bmatrix}=\begin{bmatrix}C_{11} & C_{12} & C_{12} & 0 & 0 & 0\\ C_{12} & C_{11} & C_{12} & 0 & 0 & 0\\ C_{12} & C_{12} & C_{11} & 0 & 0 & 0\\ 0 & 0 & 0 & (C_{11}-C_{12})/2 & 0 & 0\\ 0 & 0 & 0 & 0 & (C_{11}-C_{12})/2 & 0\\ 0 & 0 & 0 & 0 & 0 & (C_{11}-C_{12})/2\end{bmatrix}\begin{Bmatrix}\varepsilon_{xx}\\ \varepsilon_{yy}\\ \varepsilon_{zz}\\ \varepsilon_{xy}\\ \varepsilon_{yz}\\ \varepsilon_{zx}\end{Bmatrix} \tag{3.141}$$

即各向同性弹性体只有 2 个独立的弹性系数，记

$$\lambda = C_{12},\ 2\mu = C_{11} - C_{12},\ E = \frac{\mu(3\lambda + 2\mu)}{\lambda + \mu},\ \nu = \frac{\lambda}{2(\lambda + \mu)} \tag{3.142}$$

式中，λ、μ 为拉梅弹性常数；E 为杨氏模量；ν 为泊松比。

应力-应变关系可以用两种更常见的形式表示：

$$\begin{Bmatrix} \sigma_{xx} \\ \sigma_{yy} \\ \sigma_{zz} \\ \sigma_{xy} \\ \sigma_{yz} \\ \sigma_{zx} \end{Bmatrix} = \frac{E}{(1+\nu)(1-2\nu)} \begin{bmatrix} 1-\nu & \nu & \nu & 0 & 0 & 0 \\ \nu & 1-\nu & \nu & 0 & 0 & 0 \\ \nu & \nu & 1-\nu & 0 & 0 & 0 \\ 0 & 0 & 0 & 1/(1-2\nu) & 0 & 0 \\ 0 & 0 & 0 & 0 & 1/(1-2\nu) & 0 \\ 0 & 0 & 0 & 0 & 0 & 1/(1-2\nu) \end{bmatrix} \begin{Bmatrix} \varepsilon_{xx} \\ \varepsilon_{yy} \\ \varepsilon_{zz} \\ \varepsilon_{xy} \\ \varepsilon_{yz} \\ \varepsilon_{zx} \end{Bmatrix} \tag{3.143}$$

$$\begin{Bmatrix} \sigma_{xx} \\ \sigma_{yy} \\ \sigma_{zz} \\ \sigma_{xy} \\ \sigma_{yz} \\ \sigma_{zx} \end{Bmatrix} = \begin{bmatrix} 2\mu+\lambda & \lambda & \lambda & 0 & 0 & 0 \\ \lambda & 2\mu+\lambda & \lambda & 0 & 0 & 0 \\ \lambda & \lambda & 2\mu+\lambda & 0 & 0 & 0 \\ 0 & 0 & 0 & \mu & 0 & 0 \\ 0 & 0 & 0 & 0 & \mu & 0 \\ 0 & 0 & 0 & 0 & 0 & \mu \end{bmatrix} \begin{Bmatrix} \varepsilon_{xx} \\ \varepsilon_{yy} \\ \varepsilon_{zz} \\ \varepsilon_{xy} \\ \varepsilon_{yz} \\ \varepsilon_{zx} \end{Bmatrix} \tag{3.144}$$

这是只有两个独立弹性系数的各向同性弹性体的 Hooke 定律，也是 DEM 中对材料性质最常采用的假设之一。

3.4.2 含有成组贯穿裂隙岩体的等效弹性本构模型

裂隙对岩体力学性能的影响是显著的，但在本构模型中难以考虑。多年来，建立的应力-应变关系的解析解仅适用于具有连续裂隙系统(Duncan and Goodman，1968；Singh，1973；Lekhnitskii，1977；Huang et al.，1995)和随机分布裂隙系统(Oda，1982，1986a，1986b，1988a，1988b；Oda et al.，1984，1986；Stietel et al.，1996)的岩体，在实际中具有不同的适用性。

1. 含有正交连续裂隙组的岩体

对于包含三个平均间距恒定的正交连续裂隙组的岩体，可通过使用等效连续体的概念推导出裂隙岩体弹性模量的解析关系(Duncan and Goodman，1968；Lekhnitskii，1977)。将岩体各向异性轴表示为 x、y、z(图 3.12)，岩体等效弹性模量为

$$\frac{1}{E_i} = \frac{1}{E_0} + \frac{1}{k_n^i S_i} \tag{3.145}$$

$$\frac{1}{G_{ij}}=\frac{1}{G_0}+\frac{1}{k_t^i S_i}+\frac{1}{k_t^j S_j} \tag{3.146}$$

式中，$i, j=x, y, z$；E_0和G_0分别为完整岩石的杨氏模量和剪切模量；E_i为裂隙岩体在 i 方向上的杨氏模量；G_{ij}为 ij 平面内的剪切模量；参数k_n^i和k_t^i分别为裂隙组的法向刚度和剪切刚度，它们的法向量平行于方向 i，间距为S_i。通过调整式(3.145)和式(3.146)中指标 i 和 j 的取值范围就可以适用于二维和三维问题。

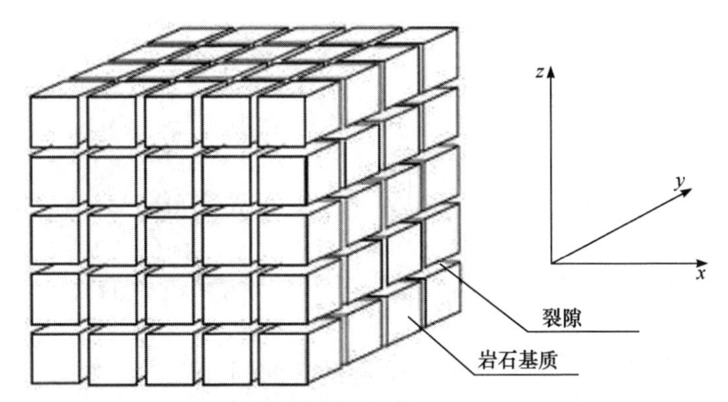

图 3.12　含有三组正交连续裂隙的岩体(Duncan and Goodman，1968)

将裂隙作为弹性对称面，裂隙岩体与图 3.12 所示正交各向异性体相似，其应力-应变关系由具有 9 个独立弹性系数的式(3.127)来描述：

$$\boldsymbol{\sigma}_{ij}=\boldsymbol{E}_{ijkl}\boldsymbol{\varepsilon}_{kl} \tag{3.147}$$

式中，$\boldsymbol{\sigma}_{ij}=\{\sigma_{xx},\sigma_{yy},\sigma_{zz},\sigma_{xy},\sigma_{yz},\sigma_{zx}\}^{\mathrm{T}},\boldsymbol{\varepsilon}_{ij}=\{\varepsilon_{xx},\varepsilon_{yy},\varepsilon_{zz},\varepsilon_{xy},\varepsilon_{yz},\varepsilon_{zx}\}^{\mathrm{T}}$，$\boldsymbol{E}_{ijkl}$在文献(Chen，1994)中称为弹性刚度张量，其形式与式(3.127)相同。由于裂隙的存在，各系数不同，如

$$C_{11}=E_xE_y(E_z-E_y\nu_{yz}^2)/A,\quad C_{22}=E_y^2(E_z-E_x\nu_{zx}^2)/A \tag{3.148a}$$

$$C_{33}=E_z^2(E_y-E_x\nu_{xy}^2)/A,\ C_{12}=E_xE_y(E_z\nu_{xy}+E_y\nu_{zx}\nu_{yz})/A \tag{3.148b}$$

$$C_{13}=E_xE_yE_z[\nu_{zx}+\nu_{xy}\nu_{yz}]/A,\ C_{23}=E_yE_z(E_x\nu_{xy}\nu_{zx}+E_y\nu_{yz})/A \tag{3.148c}$$

$$C_{44}=G_{xy},\ C_{55}=G_{yz},\ C_{66}=G_{zx} \tag{3.148d}$$

$$A=E_yE_z-E_xE_y\nu_{xy}^2-(E_zE_x\nu_{zx}^2-E_y^2\nu_{yz}^2-2E_xE_y\nu_{xy}\nu_{yz}\nu_{zx}) \tag{3.148e}$$

式中，ν_{ij}为方向 i 和 j 之间的泊松比。正交各向异性体的弹性柔度张量可写成(Lekhnitskii，1977；Wittke，1990)

$$
\boldsymbol{C}_{ijkl}=\boldsymbol{E}_{ijkl}^{-1}=\begin{bmatrix}
\dfrac{1}{E_x} & -\dfrac{\nu_{xy}}{E_y} & -\dfrac{\nu_{zx}}{E_z} & 0 & 0 & 0 \\
-\dfrac{\nu_{xy}}{E_y} & \dfrac{1}{E_y} & -\dfrac{\nu_{yz}}{E_z} & 0 & 0 & 0 \\
-\dfrac{\nu_{zx}}{E_z} & -\dfrac{\nu_{yz}}{E_z} & \dfrac{1}{E_z} & 0 & 0 & 0 \\
0 & 0 & 0 & \dfrac{1}{G_{xy}} & 0 & 0 \\
0 & 0 & 0 & 0 & \dfrac{1}{G_{yz}} & 0 \\
0 & 0 & 0 & 0 & 0 & \dfrac{1}{G_{zx}}
\end{bmatrix} \tag{3.149}
$$

这 9 个弹性系数分别是三个杨氏模量、三个剪切模量和三个泊松比，必须满足一致性条件 $A>0$。

对于只有一组间隔为 S 的连续裂隙的各向同性岩体，本构关系可简化为(Amadei and Goodman，1981；Fossum，1985)

$$
\begin{Bmatrix}\sigma_{xx}\\ \sigma_{yy}\\ \sigma_{zz}\\ \sigma_{xy}\\ \sigma_{yz}\\ \sigma_{zx}\end{Bmatrix}=\begin{bmatrix}
C_{11} & C_{12} & C_{12} & 0 & 0 & 0\\
C_{12} & C_{22} & C_{23} & 0 & 0 & 0\\
C_{12} & C_{23} & C_{33} & 0 & 0 & 0\\
0 & 0 & 0 & C_{44} & 0 & 0\\
0 & 0 & 0 & 0 & C_{22}-C_{23} & 0\\
0 & 0 & 0 & 0 & 0 & C_{44}
\end{bmatrix}\begin{Bmatrix}\varepsilon_{xx}\\ \varepsilon_{yy}\\ \varepsilon_{zz}\\ \varepsilon_{xy}\\ \varepsilon_{yz}\\ \varepsilon_{zx}\end{Bmatrix} \tag{3.150}
$$

式中，裂隙位于 yz 平面，x 轴垂直于裂隙。裂隙岩体的特征用杨氏模量 E、泊松比 ν、裂隙间距 S 及裂隙刚度 k_n 和 k_s 来表征。根据式(3.145)和式(3.146)，式(3.150)中的系数为

$$
C_{11}=\frac{Sk_nE(1-\nu)}{Sk_n(1+\nu)(1-2\nu)+E(1-\nu)}，\quad C_{44}=\frac{2k_nSE}{2(1+\nu)k_sS+E} \tag{3.151a}
$$

$$
C_{12}=\frac{Sk_nE\nu}{Sk_n(1+\nu)(1-2\nu)+E(1-\nu)} \tag{3.151b}
$$

$$
C_{22}=\frac{E[Sk_n(1-\nu)^2+E]}{(1+\nu)[Sk_n(1+\nu)(1-2\nu)+E(1-\nu)]} \tag{3.151c}
$$

$$
C_{23}=\frac{E\nu[Sk_n(1+\nu)+E]}{(1+\nu)[Sk_n(1+\nu)(1-2\nu)+E(1-\nu)]} \tag{3.151d}
$$

2. 含有非正交连续裂隙组的岩体

Fossum(1985)、Yoshinaka 和 Yamabe(1986)提出了非正交连续裂隙的弹性应力-应变关系的解析解。Huang 等(1995)采用更一致的方法，建立了含三组非正交裂隙的岩体应力-应变关系。最初的理论是用应变和应力增量建立的。由于裂隙岩体被假定为一个等效的连续弹性体，上述理论也适用于这类岩体的总应力和总应变。基本假设是裂隙岩体的总应变 ε_{ij} 可分为两个分量，一个为完整岩块的应变 $\varepsilon_{ij}^{\mathrm{I}}$，另一个为裂隙的应变 $\varepsilon_{ij}^{\mathrm{f}}$，满足

$$\varepsilon_{ij}=\varepsilon_{ij}^{\mathrm{I}}+\varepsilon_{ij}^{\mathrm{f}} \tag{3.152}$$

假定完整岩块遵循弹性 Hooke 定律：

$$\varepsilon_{ij}^{\mathrm{I}}=C_{ijkl}^{\mathrm{I}}\sigma_{ij} \tag{3.153}$$

式中，C_{ijkl}^{I} 为柔度张量。

裂隙的应变为

$$\varepsilon_{ij}^{\mathrm{f}}=C_{ijkl}^{\mathrm{f}}\sigma_{ij} \tag{3.154}$$

式中，C_{ijkl}^{f} 为裂隙柔度张量。

将裂隙应力和位移的法向和剪切分量之间的弹性本构方程写成

$$\begin{Bmatrix}u_n\\u_s\\u_t\end{Bmatrix}=\begin{bmatrix}c_{nn}&c_{ns}&c_{nt}\\c_{sn}&c_{ss}&c_{st}\\c_{tn}&c_{ts}&c_{tt}\end{bmatrix}\begin{Bmatrix}\sigma_n\\\sigma_s\\\sigma_t\end{Bmatrix}\quad\text{或}\quad u_i^{\mathrm{f}}=C_{ij}^{\mathrm{f}}\sigma_j^{\mathrm{f}} \tag{3.155}$$

式中，i，$j=n$，s，t 为裂隙的法向轴和两个正交剪切轴。

接触应力分量(裂隙上的拉力)与岩石整体应力分量之间的关系可用 Cauchy 公式描述为

$$\sigma_i^{\mathrm{f}}=\sigma_{ij}n_j \tag{3.156}$$

式中，n_j 为裂隙单位外法向矢量。在体积为 V 的代表性岩体中，面积为 A_k 的区域存在 M 条裂隙，裂隙变形上的拉力(接触应力)所做的功为

$$W^{\mathrm{f}}=\sigma_{ij}\varepsilon_{ij}^{\mathrm{f}}=\frac{1}{V}\sum_{k=1}^{M}(\sigma_i^{\mathrm{f}})_k(u_j^{\mathrm{f}})_k A_k \tag{3.157}$$

将式(3.156)代入式(3.157)得到

$$\varepsilon_{ij}^{\mathrm{f}}=\sum_{k=1}^{M}(n_i)_k(u_j^{\mathrm{f}})_k\frac{1}{S_k} \tag{3.158}$$

式中，$S_k=V/A_k$ 为平均裂隙间距。

将式(3.155)进行指标转换并代入式(3.158)得到

$$\varepsilon_{ij}^{\mathrm{f}}=\sum_{k=1}^{M}(n_i)_k(u_j^{\mathrm{f}})_k\frac{1}{S_k}=\left[\sum_{k=1}^{M}(n_i)_k(C_{ij}^{\mathrm{f}})_k(n_j)_k\frac{1}{S_k}\right]\sigma_{ij} \tag{3.159}$$

将裂隙上局部坐标系与全局坐标系 xyz 之间的坐标变换矩阵表示为 T_{ij} ，则张量 C_{ij}^{f} 可替换为

$$C_{ijkl}^{\mathrm{f}}=T_{ij}C_{jk}^{\mathrm{f}}T_{kl}^{\mathrm{T}} \tag{3.160}$$

式(3.154)中的柔度张量为

$$C_{ijkl}^{\mathrm{f}}=\sum_{k=1}^{M}(n_i)_k(T_{ij}C_{jk}^{\mathrm{f}}T_{kl}^{\mathrm{T}})_k(n_l)_k\frac{1}{S_k} \tag{3.161}$$

因此，裂隙岩体的总柔度张量为

$$C_{ijkl}=C_{ijkl}^{\mathrm{I}}+C_{ijkl}^{\mathrm{f}} \tag{3.162}$$

假设裂隙的剪切特性为各向同性，忽略剪切分量之间的耦合作用，可将裂隙的柔度矩阵简化为

$$C_{ij}=\begin{bmatrix}c_n & 0 & 0\\ 0 & c_t & 0\\ 0 & 0 & c_t\end{bmatrix}=\begin{bmatrix}1/k_n & 0 & 0\\ 0 & 1/k_t & 0\\ 0 & 0 & 1/k_t\end{bmatrix} \tag{3.163}$$

式中，c_n 为法向柔度；c_t 为剪切柔度，忽略剪胀以保持弹性对称(否则非对角项不为零)。对于具有三个裂隙组的表征单元体，前两个裂隙组间角度为 θ，间距为 S，第三个裂隙组间距为 S_3，方向垂直于前两个裂隙组(图 3.13)，总柔度矩阵为(Huang et al.，1995)

$$C_{ijkl}=\begin{bmatrix}\frac{1}{E_0}+\frac{1}{E_x} & -\frac{\nu_0}{E_0}-\frac{\nu_{yx}}{E_y} & -\frac{\nu_0}{E_0}-\frac{\nu_{zx}}{E_z} & 0 & 0 & 0\\ -\frac{\nu_0}{E_0}-\frac{\nu_{xy}}{E_x} & \frac{1}{E_0}+\frac{1}{E_y} & -\frac{\nu_0}{E_0}-\frac{\nu_{yz}}{E_z} & 0 & 0 & 0\\ -\frac{\nu_0}{E_0}-\frac{\nu_{xz}}{E_x} & -\frac{\nu_0}{E_0}-\frac{\nu_{zy}}{E_y} & \frac{1}{E_0}+\frac{1}{E_z} & 0 & 0 & 0\\ 0 & 0 & 0 & \frac{1}{G_0}+\frac{1}{G_{xy}} & 0 & 0\\ 0 & 0 & 0 & 0 & \frac{1}{G_0}+\frac{1}{G_{yz}} & 0\\ 0 & 0 & 0 & 0 & 0 & \frac{1}{G_0}+\frac{1}{G_{zx}}\end{bmatrix} \tag{3.164}$$

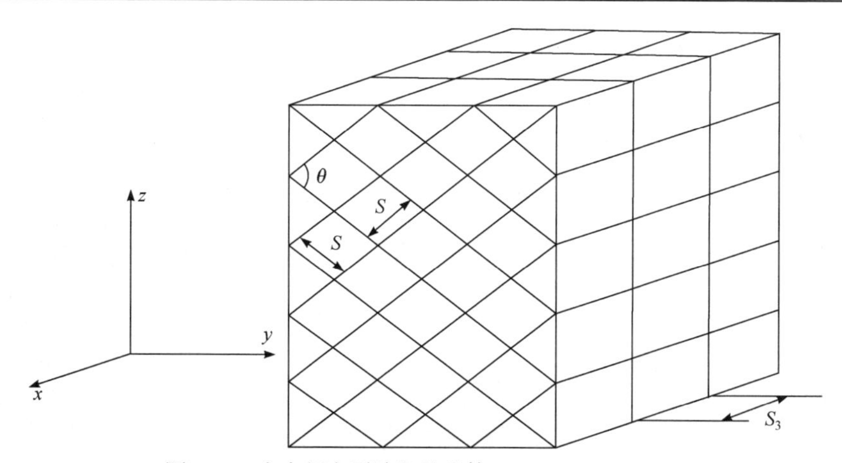

图 3.13　含有相交裂隙组的岩体(Huang et al.，1995)

$$\frac{1}{E_x}=\frac{1}{k_{n3}S_3} \tag{3.165a}$$

$$\frac{1}{E_y}=2\sin^2(\theta/2)\frac{k_n\cos^2(\theta/2)+k_s\sin^2(\theta/2)}{k_nk_sS} \tag{3.165b}$$

$$\frac{1}{E_z}=2\cos^2(\theta/2)\frac{k_n\sin^2(\theta/2)+k_s\cos^2(\theta/2)}{k_nk_sS} \tag{3.165c}$$

$$\frac{1}{G_{xy}}=\frac{1}{k_{s3}S_3}+\frac{2\sin\theta\cos^2(\theta/2)}{k_sS} \tag{3.165d}$$

$$\frac{1}{G_{yz}}=\frac{2\sin^2\theta(k_n+k_s)}{k_sk_nS} \tag{3.165e}$$

$$\frac{1}{G_{zx}}=\frac{1}{k_{s3}S}+\frac{2\sin\theta\sin^2(\theta/2)}{k_sS}$$

$$\frac{\nu_{yz}}{E_z}=\frac{\nu_{zy}}{E_y}=\frac{k_n-k_s}{2k_sk_n}\sin^2\theta \tag{3.165f}$$

$$\frac{\nu_{xy}}{E_x}=\frac{\nu_{yx}}{E_y}=0 \tag{3.165g}$$

$$\frac{\nu_{zx}}{E_z}=\frac{\nu_{xz}}{E_x}=0 \tag{3.165h}$$

式中，E_0 、G_0 和 ν_0 分别为完整岩块的杨氏模量、剪切模量和泊松比；参数 k_n 和 k_s 分别为夹角为 θ、间距为 S 的两组相交裂隙的法向刚度和剪切刚度；k_{n3} 和 k_{s3} 分别为垂直于上述两组非正交裂隙组且间距为 S_3 的裂隙组的法向刚度和剪切刚度。

当$\theta = 90°$时，将式(3.164)简化为 Amadei 和 Goodman(1981)提出的模型。式(3.161)中没有考虑剪胀，因为剪胀会使式(3.161)中张量出现非零非对角元素，从而使式 (3.160)和式(3.161)的弹性对称条件不再满足。

3. 含有非贯穿性裂隙组的 Singh 弹性体

对于非贯穿性裂隙，Singh(1973)提供了包含一个连续性裂隙组和一个交错裂隙组的裂隙岩体的二维例子(图 3.14)。弹性模量E_n和E_s、剪切模量G_{ns}及泊松比ν_{ns}分别为

$$\frac{1}{E_n} = \frac{1}{E_0} + \frac{b_{nn}}{k_{nn}S_n} \tag{3.166a}$$

$$\frac{1}{E_s} = \frac{1}{E_0} + \frac{1}{k_{ns}S_s} \tag{3.166b}$$

$$G_{ns} = \frac{G_0 S_n S_s k_{sn} k_{ss}}{S_n S_s k_{sn} k_{ss} + G_0 b_{sn} k_{ss} S_s + G_0 k_{sn} S_n} \tag{3.166c}$$

$$\nu_{ns} = \frac{\nu_0 S_n k_{nn}}{S_n k_{nn} + b_{nn} E_0} \tag{3.166d}$$

式中，E_n为n方向的弹性模量；E_s为s方向的弹性模量；G_{ns}为剪切模量；ν_{ns}为n方向加载时的泊松比；E_0、G_0和ν_0分别为完整岩块的弹性模量、剪切模量和泊松比；k_{ns}、k_{nn}分别为垂直和水平裂隙的法向刚度；k_{ss}、k_{sn}分别为垂直和水平裂隙的剪切刚度；S_s为垂直裂隙在s方向的平均间距；S_n为水平裂隙在n方向的平均间距，且

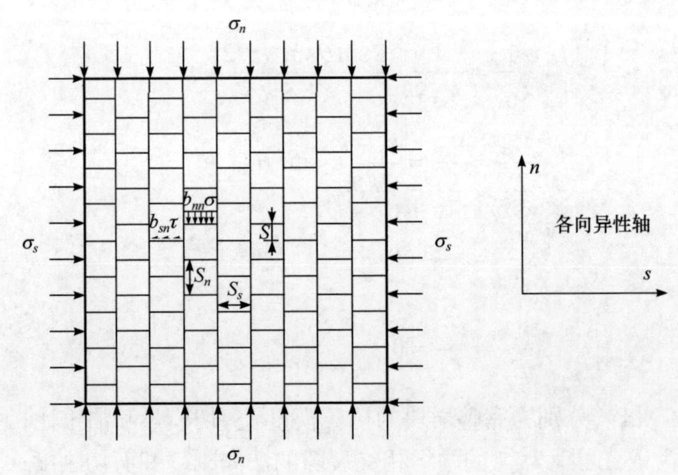

图 3.14 含有两组正交裂隙的岩体：一组为连续性裂隙，一组为交错裂隙(Singh，1973)

$$b_{nn} = \left[1 + \frac{k_{ss}}{k_{nn}}\left(1 - \frac{s}{S_n}\right)\frac{s}{S_s}\right]^{-1} \tag{3.167}$$

$$b_{sn} = \left[1 + \frac{k_{ns}}{k_{sn}}\left(1 - \frac{s}{S_n}\right)\frac{s}{S_s}\right]^{-1} \tag{3.168}$$

这是由交错裂隙引起的应力集中因子。符号 s 为水平交错裂隙的偏移量。Singh 将 b_{nn} 、b_{sn} 这两个参数定义为沿裂隙的平均法向应力和剪切应力与岩体内平行于裂隙平面上相应的总应力之比，并推导了刚性块体中 b_{nn} 、b_{sn} 的表达式，即(3.167)和式(3.168)。完整的应力-应变关系可以用二维弹性刚度张量表示为

$$\begin{Bmatrix} \sigma_{xx} \\ \sigma_{yy} \\ \sigma_{zz} \end{Bmatrix} = \begin{bmatrix} \dfrac{E_x E_y}{E_y - E_x \nu_{xy}^2} & \dfrac{E_x E_y \nu_{xy}}{E_y - E_x \nu_{xy}^2} & 0 \\ \dfrac{E_x E_y \nu_{xy}}{E_y - E_x \nu_{xy}^2} & \dfrac{(E_y)^2}{E_y - E_x \nu_{xy}^2} & 0 \\ 0 & 0 & G_{xy} \end{bmatrix} \begin{Bmatrix} \varepsilon_{xx} \\ \varepsilon_{yy} \\ \varepsilon_{zz} \end{Bmatrix} \tag{3.169}$$

且满足一致性条件 $E_y > E_x \nu_{xy}^2$ 。

只要在变形很小、没有发生剪切破坏和裂隙开裂的情况下，等效弹性连续体模型就是有效的。裂隙的大变形和剪切破坏/开裂将破坏模型几何构型，可能导致公式的基本假设不再成立。

还应注意的是，裂隙的变形模量依赖于裂隙的刚度(式(3.145)、式(3.146)和式(3.166))，而后者又依赖于 Bandis 和 Goodman 双曲模型中的法向应力(或闭合量)((式(3.6)、式(3.7))。这说明裂隙岩体的变形与应力和路径有关。上述等效弹性模型只能用于估算连续裂隙岩体的初始弹性性质。对于裂隙系统分布较为随机、应力路径变化较大且剪切位移较大的裂隙岩体，必须采用 DEM 进行数值模拟(详见第 12 章)。

3.4.3　含有随机分布且有限长度裂隙岩体的本构模型

虽然裂隙通常成组出现在岩体中，但它们的大小各不相同，而且往往不连续。裂隙总数中相当大的一部分是随机分布的，不属于任何特定的组。因此，具有规则裂隙的岩体模型不适用于一般情况。

1. Oda 裂隙张量模型

Oda(1982)提出用“组构”或“裂隙”张量的概念来描述岩体中裂隙分布的几

何特征。假设裂隙是半径为 r 的圆形平面(或对于具有等效半径 $r=\sqrt{A/\pi}$ 的非圆形裂隙，其中 A 是裂隙的面积)，裂隙的尺寸由概率密度函数 $f(r)$ 描述：

$$\int_0^\infty f(r)\mathrm{d}r=1 \tag{3.170}$$

$f(r)$ 的 n 阶矩定义为

$$\left\langle r^n\right\rangle=\int_0^\infty r^n f(r)\mathrm{d}r \tag{3.171}$$

裂隙的方向由另一个概率密度函数 $E(\boldsymbol{n}\cdot r)$ 描述，遵循类似条件：

$$\int_0^\infty\iint_\Omega E(\boldsymbol{n},r)\mathrm{d}\Omega\mathrm{d}r=1 \tag{3.172}$$

式中，$\boldsymbol{n}$ 为裂隙单位法向量；$\mathrm{d}\Omega$ 为三维空间中立体角的增量(图 3.15)，可以简单地写成

$$\mathrm{d}\Omega=\sin\beta\mathrm{d}\alpha\mathrm{d}\beta \tag{3.173}$$

乘积 $E(\boldsymbol{n}\cdot r)\mathrm{d}\Omega\mathrm{d}r$ 表示裂隙面的一部分，单位法向量 $\boldsymbol{n}$ 包含在立体角 $\mathrm{d}\Omega$ 内，其半径位于区间$(r,r+\mathrm{d}r)$中。对于相互独立的 $\boldsymbol{n}$ 和 r，有

$$E(\boldsymbol{n},r)=E(\boldsymbol{n})f(r) \tag{3.174}$$

$$E(\boldsymbol{n})=E(-\boldsymbol{n}) \tag{3.175}$$

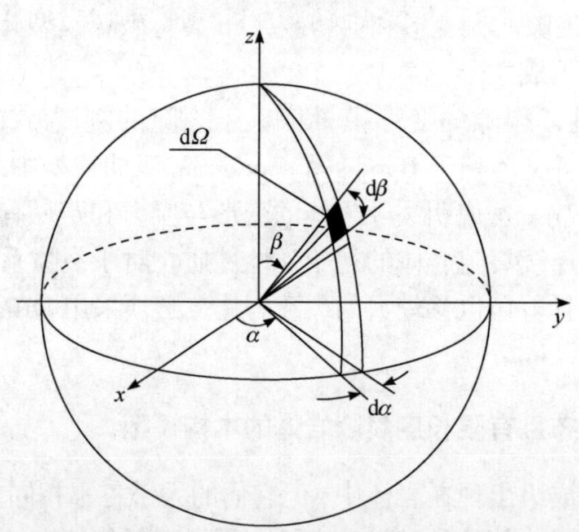

图 3.15　组构张量定义与定义立体角 dΩ 的单位球(Oda，1982)

如果裂隙的方向 $\boldsymbol{n}$ 是各向同性分布的，则 $E(\boldsymbol{n})=1/(4\pi)$。用 ρ 表征体积 V 中的裂隙密度，$\rho=M_V/V$，其中 M_V 为体积 V 中裂隙的数量，相交于一条直测线的裂隙密度为

$$\eta = 2\pi r^2 n_i E(\boldsymbol{n},r)\mathrm{d}\Omega\mathrm{d}r \tag{3.176}$$

式中，n_i 为单位法向量 $\boldsymbol{n}$ 在测线 i 方向上的投影。定义一个新向量 $\boldsymbol{m}=2r\boldsymbol{n}$，$\boldsymbol{m}$ 与裂隙单位法向量方向相同，但大小与裂隙直径相等，在 i 方向上与单位长度测线相交的所有裂隙的合向量为

$$\eta\cdot\boldsymbol{m} = [4\pi r^3 n_i E(\boldsymbol{n},r)\mathrm{d}\Omega\mathrm{d}r]\boldsymbol{n} \tag{3.177}$$

将这个合向量在与之正交的 j 方向上投影，得到一个新的密度函数：

$$f_{ij} = 4\pi r^3 n_i E(\boldsymbol{n},r)\mathrm{d}\Omega\mathrm{d}r \tag{3.178}$$

将组构张量定义为上半球体($\Omega/2$，$0<r<\infty$)密度函数的积分：

$$F_{ij} = 4\rho\pi\int_0^\infty \iint_{\Omega/2} r^3 n_i n_j E(\boldsymbol{n},r)\mathrm{d}\Omega\mathrm{d}r \tag{3.179}$$

式中，i，j=1, 2, 3 或 x, y, z 构成正交坐标系。如果假设 $\boldsymbol{n}$ 和 r 是独立的，且 $\boldsymbol{n}$ 是各向同性的，则

$$E(\boldsymbol{n},r) = E(\boldsymbol{n})f(r) = \frac{f(r)}{4\pi} \tag{3.180}$$

将组构张量简化为

$$\begin{aligned} F_{ij} &= 4\rho\pi\int_0^\infty\int_0^{2\pi}\int_0^{\pi} r^3 n_i n_j E(\boldsymbol{n})f(r)\sin\beta\mathrm{d}\alpha\mathrm{d}\beta\mathrm{d}r \\ &= 2\rho\pi n_i n_j\int_0^\infty r^3 f(r)\mathrm{d}r = 2\rho\pi n_i n_j\left\langle r^3\right\rangle \end{aligned} \tag{3.181}$$

式中，$\left\langle r^3\right\rangle$ 为概率密度函数 $f(r)$ 的三阶矩。

考虑计算机实现，组构张量可以简单地写为

$$F_{ij} = \frac{2\pi}{V}\sum_{k=1}^{M_V}(r^3 n_i n_j)_k \tag{3.182}$$

式中，$(r^3 n_i n_j)_k$ 代表在体积 V 中第 k 条裂隙 $(r^3 n_i n_j)$ 的乘积。

因此，组构张量表征了在体积 V 中随机分布的裂隙的大小和方向。

Oda(1986a，1986b)将初始组构张量扩展到裂隙张量概念，特别是对于裂隙岩体，在概率密度函数中包含裂隙开度 t，$E(\boldsymbol{n},r)$ 变为 $E(\boldsymbol{n},r,t)$，且满足以下条件：

$$\int_0^{r_\mathrm{m}}\int_0^{t_\mathrm{m}}\iint_{\Omega} E(\boldsymbol{n},r,t)\,\mathrm{d}\Omega\mathrm{d}r\mathrm{d}t = 2\int_0^{r_\mathrm{m}}\int_0^{t_\mathrm{m}}\iint_{\Omega/2} E(\boldsymbol{n},r,t)\,\mathrm{d}\Omega\mathrm{d}r\mathrm{d}t = 1 \tag{3.183}$$

式中，$\Omega/2$ 为上半球；r_m、t_m 为裂隙最大半径和最大开度。

类似地，$E(\boldsymbol{n},r\cdot t) = E(-\boldsymbol{n},r\cdot t)$，在 r 和 t 是独立的条件下，则有

$$E(\boldsymbol{n},r,t)=E(\boldsymbol{n})f(r,t)=\frac{f(r,t)}{4\pi} \tag{3.184}$$

假设裂隙由两个平行的平面组成，开度为t，由刚度为$\bar{k}_n$的法向弹簧和刚度为$\bar{k}_s$的剪切弹簧进行连接。用 Bandis 法向应力-法向位移双曲函数(式(3.4))和 Cauchy 应力公式(式(3.156))得到单个裂隙的割线法向刚度$\bar{k}_n$：

$$\bar{k}_n=\frac{\sigma_n}{u_n}=\frac{1+b\sigma_n}{a}=\frac{1}{a}+\frac{b\sigma_n}{a}=k_{n0}+\frac{1}{t_0}\sigma_n=k_{n0}+\frac{1}{t_0}\sigma_{ij}n_i n_j \tag{3.185}$$

式中，σ_{ij}为全局坐标系中的应力张量，法向应力σ_n是在裂隙局部坐标系中定义的。引入一个长宽比$c=r/t_0$，割线法向刚度可写为

$$\bar{k}_n=\frac{1}{r}(rk_{n0}+c\sigma_{ij}n_i n_j)=\frac{1}{r}(h+c\sigma_{ij}n_i n_j) \tag{3.186}$$

其中通过长宽比考虑了尺寸效应。然后得出整个立体角范围内的平均法向刚度：

$$\bar{k}_n=\int_{\Omega}\bar{k}_n E(\boldsymbol{n})\mathrm{d}\Omega=\int_{\Omega}\frac{h}{r}E(\boldsymbol{n})\mathrm{d}\Omega+\int_{\Omega}\frac{c}{r}\sigma_{ij}n_i n_j E(\boldsymbol{n})\mathrm{d}\Omega=\frac{1}{r}(h+c\sigma_{ij}N_{ij})=\frac{\bar{h}}{r} \tag{3.187}$$

式中，$E(\boldsymbol{n})$为裂隙法向方向的概率密度函数，且有

$$\int_{\Omega}E(\boldsymbol{n})\mathrm{d}\Omega=1 \tag{3.188}$$

$$N_{ij}=\int_{\Omega}n_i n_j E(\boldsymbol{n})\mathrm{d}\Omega \tag{3.189}$$

$$\bar{h}=h+c\sigma_{ij}N_{ij} \tag{3.190}$$

剪切刚度的简化形式表示为

$$\bar{k}_t=\frac{g}{r}\sigma_n=\frac{g}{r}\sigma_{ij}n_i n_j \tag{3.191}$$

式中，g为常数，与法向应力和裂隙尺寸无关。同样，整个立体角范围内的平均剪切刚度为

$$\hat{k}_t=\int_{\Omega}\bar{k}_t E(\boldsymbol{n})\mathrm{d}\Omega=\frac{g}{r}\sigma_{ij}N_{ij}=\frac{\bar{g}}{r} \tag{3.192}$$

式中

$$\bar{g}=g\sigma_{ij}N_{ij} \tag{3.193}$$

同样，现在假设裂隙岩体的总变形可分为完整岩块变形与裂隙变形之和，即

$$\varepsilon_{ij}=\varepsilon_{ij}^{\mathrm{I}}+\varepsilon_{ij}^{\mathrm{f}} \tag{3.194}$$

式中，ε_{ij} 为总应变；$\varepsilon_{ij}^{\mathrm{I}}$ 岩块的应变；$\varepsilon_{ij}^{\mathrm{f}}$ 裂隙的应变。假定岩块是均匀的、各向同性的、线性弹性的，并可由各向同性弹性的 Hooke 定律来描述：

$$\varepsilon_{ij}^{\mathrm{I}}=C_{ijkl}^{\mathrm{I}}\sigma_{kl} \tag{3.195}$$

式中，C_{ijkl}^{I} 为岩块的弹性柔度张量，通过弹性刚度矩阵的逆得出：

$$C_{ijkl}^{\mathrm{I}}=\frac{1}{E_0}[(1+\nu_0)\delta_{ik}\delta_{jl}-\nu_0\delta_{ij}\delta_{kl}] \tag{3.196}$$

在全局坐标系中，设 u_n^{f} 为法向位移矢量，u_t^{f} 为最大剪切位移矢量。由于 u_n^{f} 与裂隙的单位法向量 $\boldsymbol{n}$ 平行，可以写出其分量：

$$(u_n^{\mathrm{f}})_i=\frac{1}{\hat{k}_n}\sigma_{jk}n_in_jn_k\quad(i=x,y,z\text{ 或 }1,2,3) \tag{3.197}$$

剪切位移矢量 $\boldsymbol{u}_t$ 与最大剪切应力分量方向平行，其大小为

$$(u_t^{\mathrm{f}})_i=\frac{1}{\hat{k}_t}(\sigma_{ij}n_jk_t-\sigma_{jk}n_in_jn_k) \tag{3.198}$$

为了定义裂隙张量，需要沿着方向为 i 、长度为 L_i 的测线对裂隙位移进行求和，这条测线需要足够长，以确保体积 V 具有代表性。根据裂隙单位法向量与测线相交且包含在立体角增量 $\mathrm{d}\Omega$ 中的裂隙数量，裂隙在空间上的密度由式(3.199)给出：

$$\bar{N}=\frac{\pi}{4}L_i\rho r^2n_i[2E(\boldsymbol{n},r,t)\mathrm{d}\Omega\mathrm{d}r\mathrm{d}t] \tag{3.199}$$

裂隙的总位移分量 u_i^{f} 是式(3.197)和式(3.198)所表示裂隙位移分量乘积的总和：

$$u_i^{\mathrm{f}}=\sum_{k=1}^{\bar{N}}[(u_n^{\mathrm{f}})_i+(u_t^{\mathrm{f}})_i]_k=\frac{\pi}{2}L_i\rho\left[\left(\frac{1}{\bar{h}}-\frac{1}{g}\right)n_in_jn_kn_l+\frac{1}{g}n_in_l\delta_{jk}\right]r^3E(\boldsymbol{n},r,t)\mathrm{d}\Omega\mathrm{d}r\mathrm{d}t \tag{3.200}$$

对上半球 $\Omega/2$ ，在 $0\leqslant r\leqslant r_m$ 和 $0\leqslant t\leqslant t_m$ 上积分得到

$$\frac{1}{L_i}(u_i^{\mathrm{f}})=\frac{1}{L}\sum_{k=1}^{M_V}[(u_n^{\mathrm{f}})_i+(u_t^{\mathrm{f}})_i]_k=\left[\left(\frac{1}{\bar{h}}-\frac{1}{g}\right)F_{ijkl}+\frac{1}{g}\delta_{jk}F_{il}\right]\sigma_{kl} \tag{3.201}$$

式中，M_V 为体积 V 中裂隙的总数，且

$$F_{ij\cdots k}=\frac{\pi\rho}{4}\int_0^{r_{\mathrm{m}}}\int_0^{t_{\mathrm{m}}}\iint_{\Omega}r^3n_in_j\cdots n_kE(\boldsymbol{n},r,t)\mathrm{d}\Omega\mathrm{d}r\mathrm{d}t \tag{3.202}$$

这是裂隙系统的一个无量纲、正定的几何张量，称为裂隙张量，其中

$$F_0=\frac{\pi\rho}{4}\int_0^{r_{\mathrm{m}}}\int_0^{t_{\mathrm{m}}}r^3f(r,t)\mathrm{d}r \tag{3.203}$$

$$F_{ij} = \frac{\pi\rho}{4}\int_0^{r_m}\int_0^{t_m}\iint_{\Omega} r^3 n_i n_j E(\boldsymbol{n},r,t)\mathrm{d}\Omega\mathrm{d}r\mathrm{d}t \tag{3.204}$$

$$F_{ijkl} = \frac{\pi\rho}{4}\int_0^{r_m}\int_0^{t_m}\iint_{\Omega} r^3 n_i n_j n_k n_l E(\boldsymbol{n},r,t)\mathrm{d}\Omega\mathrm{d}r\mathrm{d}t \tag{3.205}$$

裂隙应变定义为

$$\varepsilon_{ij}^{\mathrm{f}} = \frac{1}{2}\left(\frac{u_i^{\mathrm{f}}}{L_j} + \frac{u_j^{\mathrm{f}}}{L_i}\right) \tag{3.206}$$

式中，i，$j=x$，y，z 或 1, 2, 3 定义为正交坐标系。

将式(3.200)和式(3.201)代入(3.206)，最终确定裂隙应变为

$$\varepsilon_{ij}^{\mathrm{f}} = \left[\left(\frac{1}{\overline{h}} - \frac{1}{\overline{g}}\right)F_{ijkl} + \frac{1}{4\overline{g}}(\delta_{ik}F_{ji} + \delta_{jk}F_{il} + \delta_{il}F_{jk} + \delta_{jl}F_{ik})\right]\sigma_{kl} = C_{ijkl}^{\mathrm{f}}\sigma_{kl} \tag{3.207}$$

式中，C_{ijkl}^{f} 为裂隙体系的柔度张量：

$$C_{ijkl}^{\mathrm{f}} = \left[\left(\frac{1}{\overline{h}} - \frac{1}{\overline{g}}\right)F_{ijkl} + \frac{1}{4\overline{g}}(\delta_{ik}F_{ji} + \delta_{jk}F_{il} + \delta_{il}F_{jk} + \delta_{jl}F_{ik})\right] \tag{3.208}$$

将式(3.195)、式(3.206)、式(3.207)和式(3.208)代入式(3.194)，得到裂隙岩体的总柔度张量：

$$C_{ijkl} = C_{ijkl}^{\mathrm{I}} + C_{ijkl}^{\mathrm{f}} \tag{3.209}$$

裂隙张量是一个涵盖裂隙岩体五个重要方面力学性质的特殊度量,包括体积、裂隙大小、裂隙方向、裂隙刚度和裂隙开度，裂隙开度是分析裂隙岩体水-力耦合的关键。许多实验研究(Oda，1988a，1988b；Oda et al., 1984，1986)证明了裂隙张量在裂隙岩体问题中的适用性。

Oda 的裂隙张量模型以解析解的形式考虑了尺寸有限、方向随机的裂隙，具有很强的适用性。该理论在岩石工程中得到了广泛的应用。然而，像其他理论一样，它也存在一些局限性：

(1) 裂隙张量的定义涉及裂隙方向、裂隙大小和开度的分布，因此张量的定义可能缺乏唯一性，因为相同的分布可能会给出不同的裂隙分布模式的实现，从而可能导致不同的裂隙张量。因此，需要根据 REV 尺寸进行大量的 Monte Carlo 模拟，以减少缺乏唯一性导致的不确定性。

(2) 裂隙张量的定义没有考虑裂隙之间的相互作用(Horii and Sahasakmontri，1988)，因此单一裂隙的变形并不影响其邻近裂隙。这意味着，该理论最适用于包含孤立裂隙的岩石，这些裂隙彼此相距很远，因此它们之间不会发生力学或水力

的相互作用。对于相交裂隙，一个裂隙的变形会影响与其相交裂隙的变形，特别是当考虑剪切、剪胀和开度变化时，该理论中多条裂隙效应的简单叠加并不适用。

(3) 假设所有的裂隙都是闭合的，剪切刚度非零，即 $\bar{g} \neq 0$(否则裂隙的柔度张量趋于无穷大)。然而，由于不允许产生摩擦应力，裂隙是不允许滑动的。这意味着该理论适用于较小的弹性变形而无裂隙滑移的问题。

Stietel 等(1996)利用 Oda 理论求解二维问题，提出了裂隙岩体的等效孔隙介质弹性性质裂隙张量公式。用 θ_i ($i = x$，y 或 1, 2)表示单裂隙段相对于相应坐标轴的倾角，并用 k_n 和 k_t 代替 $\bar{h}$ 和 $\bar{g}$，可以得到裂隙组的柔度张量：

$$C_{ijkl}^{\mathrm{f}} = \frac{1}{A}\sum_{f=1}^{M_V}\left[\left(\frac{1}{k_n} - \frac{1}{k_t}\right)_f L_f (\cos\theta_i \cos\theta_j \cos\theta_k \cos\theta_l)_f \right.$$
$$\left. + \frac{L_f}{(k_t)_f}(\cos\theta_i \cos\theta_j \delta_{kl} + \cos\theta_j \cos\theta_l \delta_{ik} + \cos\theta_j \cos\theta_k \delta_{il} + \cos\theta_i \cos\theta_l \delta_{jk}\right] \tag{3.210}$$

式中，$i, j, k, l = x, y$ 或 1,2；下标 f 表示第 f 条裂隙。

2. Kaneko 和 Shiba 等效弹性连续体裂隙岩体模型

在面积为 A 的二维区域内，基于某一张开或闭合裂隙的弹性应变贡献，并应用线性裂隙力学理论(图 3.16(a))，Kaneko 和 Shiba(1990)提出了一种新的方法来表示裂隙岩体的等效弹性柔度张量。这个方法单独处理张开与闭合裂隙，忽略了裂隙之间的相互作用，且假设裂隙不相交(图 3.16(b))。

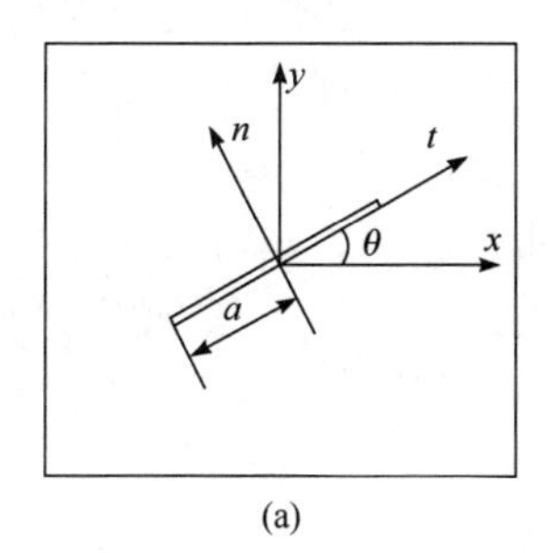

(a)

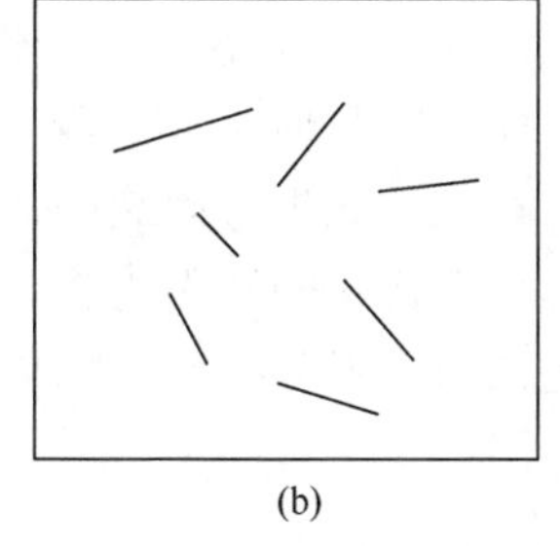
(b)

图 3.16　(a)弹性连续体中长度为 $2a$ 且倾角为 θ 的张开裂隙(b)包含多个孤立裂隙的弹性连续体

对于一个弹性连续体中长度为 $2a$ 且倾角为 θ 的单一裂隙(图 3.16(a))，张开裂隙的应变为

$$\varepsilon_{ij}^{\mathrm{f}} = \left(cwn_i n_k \delta_{jl}\right)\sigma_{kl} \tag{3.211}$$

在平面应力问题中，$c=1/E_0$，在平面应变问题中，$c=(1-\nu_0^2)/E_0$；δ_{ij} 为克罗内克符号；$w=2a^2h$，h 为平面应力问题中板的厚度。对于发生摩擦滑移的闭合裂隙，应变为

$$\varepsilon_{ij}^{\mathrm{f}}=\left(cwn_in_kg_{jl}\right)\sigma_{kl} \tag{3.212}$$

式中

$$g_{ij}=\begin{bmatrix} n_yn_y+f\mu n_xn_y & -n_yn_y+f\mu n_xn_y \\ -n_xn_y+f\mu n_xn_x & n_xn_x-f\mu n_xn_y \end{bmatrix} \tag{3.213a}$$

$$f=\mathrm{sign}(\sigma_{xy})\,(\text{剪切应力的符号}) \tag{3.213b}$$

$$\mu=\tan\phi\,(\phi\,\text{是裂隙面的摩擦角}) \tag{3.213c}$$

$$\sigma_{xy}=N_{ki}N_{lj}\sigma_{kl} \tag{3.214a}$$

$$N_{ij}=\begin{pmatrix} n_y & n_x \\ -n_x & n_y \end{pmatrix} \tag{3.214b}$$

该方法假定裂隙是孤立的，不会相互干扰，通过简单的叠加原理，得到了含 N 条张开裂隙和 M 条闭合裂隙的总弹性柔度张量。裂隙岩体的弹性柔度张量即式(3.209)变为

$$\begin{aligned} C_{ijkl}&=C_{ijkl}^{\mathrm{I}}+C_{ijkl}^{\mathrm{f}} \\ &=\frac{1}{E_0}\left[(1+\nu_0)+\delta_{ik}\delta_{jl}-\nu_0\delta_{ij}\delta_{kl}\right]+\sum_{f=1}^{N}(cwn_in_k\delta_{jl})_f+\sum_{f=1}^{M}(cwn_in_k\delta_{jl})_f \end{aligned} \tag{3.215}$$

这种方法与裂隙张量理论有相似之处，也有相似的适用性和局限性，但在最终弹性柔度张量的推导过程中，它比裂隙张量理论更为简单直接，不像裂隙张量模型那样需要裂隙几何参数的概率密度函数。这可能是这种方法的优点。与裂隙张量模型相似，如果考虑裂隙的相互作用，则需要通过数值模拟。因此这种条件下，解析表达式的吸引力将会丧失。此外，该方法与裂隙张量理论共有的一个局限是，由于很难再现裂隙体系及其特征，难以通过室内试验直接验证模型。

3.4.4 裂隙岩体弹塑性本构模型

另一种描述裂隙岩体本构模型的方法通常是基于塑性理论的非线性材料模型。将裂隙引起的变形假设为等效连续体的塑性变形，采用塑性硬化软化规律模拟裂隙岩体的类似性质。本书不对塑性理论及其在岩石力学问题中的应用进行冗长的介绍，本节使用 Mohr-Coulomb 和 Hoek-Brown 准则作为屈服函数，简要介绍

在是否考虑硬化软化的情况下得到的弹性-理想塑性变形过程的应力-应变增量关系，这些准则被广泛应用在模拟岩体性质的许多 DEM 模型中。

1. 弹性-理想塑性模型的一般表达形式

对于塑性体，假定总应变增量 $\mathrm{d}\varepsilon_{ij}$ 为可逆(弹性)分量 $\mathrm{d}\varepsilon_{ij}^{\mathrm{e}}$ 和不可逆(塑性)分量 $\mathrm{d}\varepsilon_{ij}^{\mathrm{p}}$ 的和，即

$$\mathrm{d}\varepsilon_{ij}=\mathrm{d}\varepsilon_{ij}^{\mathrm{e}}+\mathrm{d}\varepsilon_{ij}^{\mathrm{p}} \tag{3.216}$$

根据各向同性弹性 Hooke 定律，可得

$$\mathrm{d}\sigma_{ij}=D_{ijkl}\mathrm{d}\varepsilon_{kl}^{\mathrm{e}} \tag{3.217}$$

或

$$\mathrm{d}\varepsilon_{ij}^{\mathrm{e}}=C_{ijkl}\mathrm{d}\sigma_{kl}=D_{ijkl}^{-1}\mathrm{d}\sigma_{kl} \tag{3.218}$$

式中，D_{ijkl} 为刚度张量，它的逆 C_{ijkl} 为柔度张量。

定义 $F(\sigma_{ij},m)$ 为屈服函数，$Q(\sigma_{ij})$ 为塑性势函数，其中 m 为材料的变形硬化或变形软化性质的标量函数，确定塑性应变的流动法则为

$$\mathrm{d}\varepsilon_{ij}^{\mathrm{p}}=\begin{cases}0, & F<0\\ \lambda\dfrac{\partial Q}{\partial\sigma_{ij}}, & F\geqslant 0\end{cases} \tag{3.219}$$

式中，$\lambda>0$ 是一个标量。当 $F(\sigma_{ij})\neq Q(\sigma_{ij})$ 时，塑性应变流动法则称为非关联流动法则。塑性功表示塑性变形过程中耗散的能量，表示为

$$\mathrm{d}W^{\mathrm{p}}=\sigma_{ij}\mathrm{d}\varepsilon_{ij}^{\mathrm{p}}=\lambda\frac{\partial Q}{\partial\sigma_{ij}}\sigma_{ij} \tag{3.220}$$

因此，在塑性变形过程中，应力-应变关系变为

$$\mathrm{d}\sigma_{ij}=D_{ijkl}\mathrm{d}\varepsilon_{kl}^{\mathrm{e}}=D_{ijkl}(\mathrm{d}\varepsilon_{ij}-\mathrm{d}\varepsilon_{ij}^{\mathrm{p}})=D_{ijkl}\left(\mathrm{d}\varepsilon_{ij}-\lambda\frac{\partial Q}{\partial\sigma_{ij}}\right) \tag{3.221}$$

塑性的一致性条件要求在变形硬化/软化过程中应力点保持在屈服面上，即

$$F(\sigma_{ij})=0 \tag{3.222a}$$

或

$$F(\sigma_{ij}+\mathrm{d}\sigma_{ij},W^{\mathrm{p}}+\mathrm{d}W^{\mathrm{p}})=F(\sigma_{ij})+\mathrm{d}F(\sigma_{ij},W^{\mathrm{p}})=0 \tag{3.222b}$$

增量形式为

$$\mathrm{d}F(\sigma_{ij},W^{\mathrm{p}})=\frac{\partial F}{\partial \sigma_{ij}}\mathrm{d}\sigma_{ij}+\frac{\partial F}{\partial W^{\mathrm{p}}}\mathrm{d}W^{\mathrm{p}}=0 \tag{3.223}$$

令

$$-m=\frac{\partial F}{\partial W^{\mathrm{p}}} \tag{3.224}$$

将式(3.220)和式(3.221)代入式(3.223)给出的一致性条件，得到

$$\frac{\partial F}{\partial \sigma_{ij}}D_{ijkl}\left(\mathrm{d}\varepsilon_{ij}-\lambda\frac{\partial Q}{\partial \sigma_{ij}}\right)+m\lambda\frac{\partial Q}{\partial \sigma_{ij}}\sigma_{ij}=0 \tag{3.225}$$

从而得到标量λ的表达式：

$$\lambda=\frac{\dfrac{\partial F}{\partial \sigma_{ij}}D_{ijkl}\mathrm{d}\varepsilon_{kl}}{\dfrac{\partial F}{\partial \sigma_{ij}}D_{ijkl}\dfrac{\partial Q}{\partial \sigma_{kl}}+m\dfrac{\partial Q}{\partial \sigma_{ij}}\sigma_{ij}} \tag{3.226}$$

将式(3.226)中的λ代入式(3.221)，最终得到

$$\mathrm{d}\sigma_{ij}=\left(D_{ijkl}-\frac{D_{ijmn}\dfrac{\partial F}{\partial \sigma_{mn}}\dfrac{\partial Q}{\partial \sigma_{rs}}D_{rskl}}{\dfrac{\partial F}{\partial \sigma_{mn}}D_{mnrs}\dfrac{\partial Q}{\partial \sigma_{rs}}+m\dfrac{\partial Q}{\partial \sigma_{rs}}\sigma_{rs}}\right)\mathrm{d}\varepsilon_{kl}=D_{ijkl}^{\mathrm{ep}}\mathrm{d}\varepsilon_{kl} \tag{3.227}$$

标量m是试验确定的硬化或软化塑性功的常数或函数。对于理想弹塑性本构，不考虑硬化/软化，m=0。有关硬化/软化的详细介绍请参见相关文献(Chen，1994)。对于裂隙岩体，在室内试验中可以观察到硬化和软化现象。

定义如下关系：

$$f_1=\frac{\partial F}{\partial \sigma_{xx}},\quad f_2=\frac{\partial F}{\partial \sigma_{yy}},\quad f_3=\frac{\partial F}{\partial \sigma_{zz}},\quad f_4=\frac{\partial F}{\partial \sigma_{xy}},\quad f_5=\frac{\partial F}{\partial \sigma_{yz}},\quad f_6=\frac{\partial F}{\partial \sigma_{zx}} \tag{3.228a}$$

$$q_1=\frac{\partial Q}{\partial \sigma_{xx}},\quad q_2=\frac{\partial Q}{\partial \sigma_{yy}},\quad q_3=\frac{\partial Q}{\partial \sigma_{zz}},\quad q_4=\frac{\partial Q}{\partial \sigma_{xy}},\quad q_5=\frac{\partial Q}{\partial \sigma_{yz}},\quad q_6=\frac{\partial Q}{\partial \sigma_{zx}} \tag{3.228b}$$

同时各向同性弹性连续体的弹性刚度张量(式(3.144))表示为

$$D_{ijkl}=\begin{bmatrix} D_{11} & D_{12} & D_{13} & D_{14} & D_{15} & D_{16} \\ D_{21} & D_{22} & D_{23} & D_{24} & D_{25} & D_{26} \\ D_{31} & D_{32} & D_{33} & D_{34} & D_{35} & D_{36} \\ D_{41} & D_{42} & D_{43} & D_{44} & D_{45} & D_{46} \\ D_{51} & D_{52} & D_{53} & D_{54} & D_{55} & D_{56} \\ D_{61} & D_{62} & D_{63} & D_{64} & D_{65} & D_{66} \end{bmatrix}=\begin{bmatrix} 2\mu+\lambda & \lambda & \lambda & 0 & 0 & 0 \\ \lambda & 2\mu+\lambda & \lambda & 0 & 0 & 0 \\ \lambda & \lambda & 2\mu+\lambda & 0 & 0 & 0 \\ 0 & 0 & 0 & \mu & 0 & 0 \\ 0 & 0 & 0 & 0 & \mu & 0 \\ 0 & 0 & 0 & 0 & 0 & \mu \end{bmatrix} \tag{3.228c}$$

式(3.227)中张量形式的弹塑性本构关系可以写成矩阵形式，以便应用到计算机中：

$$\begin{Bmatrix} \mathrm{d}\sigma_{xx} \\ \mathrm{d}\sigma_{yy} \\ \mathrm{d}\sigma_{zz} \\ \mathrm{d}\sigma_{xy} \\ \mathrm{d}\sigma_{yz} \\ \mathrm{d}\sigma_{zx} \end{Bmatrix}=\begin{bmatrix} D_{11}^{\mathrm{ep}} & D_{12}^{\mathrm{ep}} & D_{13}^{\mathrm{ep}} & D_{14}^{\mathrm{ep}} & D_{15}^{\mathrm{ep}} & D_{16}^{\mathrm{ep}} \\ D_{21}^{\mathrm{ep}} & D_{22}^{\mathrm{ep}} & D_{23}^{\mathrm{ep}} & D_{24}^{\mathrm{ep}} & D_{25}^{\mathrm{ep}} & D_{26}^{\mathrm{ep}} \\ D_{31}^{\mathrm{ep}} & D_{32}^{\mathrm{ep}} & D_{33}^{\mathrm{ep}} & D_{34}^{\mathrm{ep}} & D_{35}^{\mathrm{ep}} & D_{36}^{\mathrm{ep}} \\ D_{41}^{\mathrm{ep}} & D_{42}^{\mathrm{ep}} & D_{43}^{\mathrm{ep}} & D_{44}^{\mathrm{ep}} & D_{45}^{\mathrm{ep}} & D_{46}^{\mathrm{ep}} \\ D_{51}^{\mathrm{ep}} & D_{52}^{\mathrm{ep}} & D_{53}^{\mathrm{ep}} & D_{54}^{\mathrm{ep}} & D_{55}^{\mathrm{ep}} & D_{56}^{\mathrm{ep}} \\ D_{61}^{\mathrm{ep}} & D_{62}^{\mathrm{ep}} & D_{63}^{\mathrm{ep}} & D_{64}^{\mathrm{ep}} & D_{65}^{\mathrm{ep}} & D_{66}^{\mathrm{ep}} \end{bmatrix}\begin{Bmatrix} \mathrm{d}\varepsilon_{xx} \\ \mathrm{d}\varepsilon_{yy} \\ \mathrm{d}\varepsilon_{zz} \\ \mathrm{d}\varepsilon_{xy} \\ \mathrm{d}\varepsilon_{yz} \\ \mathrm{d}\varepsilon_{zx} \end{Bmatrix} \tag{3.229}$$

式中

$$D_{ij}^{\mathrm{ep}}=D_{ij}-\frac{1}{H}\left(\sum_{k=1}^{6}f_k D_{lk}\right)\left(\sum_{k=1}^{6}q_k D_{kj}\right) \tag{3.230}$$

其中

$$H=\sum_{k=1}^{6}\left(q_k\sum_{l=1}^{6}f_l D_{lk}\right)+m\left(q_1\sigma_{xx}+q_2\sigma_{yy}+q_3\sigma_{xy}+q_4\sigma_{xz}+q_5\sigma_{yz}+q_6\sigma_{zx}\right) \tag{3.231}$$

2. 基于 Mohr-Coulomb 屈服准则的理想弹塑性模型

下面给出用 Mohr-Coulomb 准则作为屈服面和塑性势的非关联流动法则的一个例子：

$$\sigma_t=C-\sigma_n\tan\phi \tag{3.232}$$

式中，σ_t、σ_n 为作用于某一点的最大剪切应力和法向应力；ϕ 为摩擦角；C 为黏聚力。该式更方便的一种形式为

$$\begin{aligned} F&=A\sigma_1-\sigma_3-B \\ &=A\left(\sigma_{xx}+\sigma_{yy}+\sigma_{zz}\right) \\ &\quad-\left(\sigma_{xx}\sigma_{yy}\sigma_{zz}+2\sigma_{xy}\sigma_{yz}\sigma_{zx}-\sigma_{xx}\sigma_{yz}^2-\sigma_{yy}\sigma_{zx}^2-\sigma_{zz}\sigma_{xy}^2\right)-B=0 \end{aligned} \tag{3.233}$$

式中，σ_1、σ_3 分别为最大和最小主应力($\sigma_1>\sigma_2>\sigma_3$)，且

$$A=\frac{1+\sin\phi}{1-\sin\phi},\quad B=\frac{2C\cos\phi}{1-\sin\phi} \tag{3.234}$$

因此，该准则有两个参数：摩擦角 ϕ 和黏聚力 C。图 3.17 为主应力空间的 Mohr-Coulomb 准则。塑性势的选择可以是多种多样的，这取决于不同的问题和材料。常见的用法是假设关联的流动法则，以便 $F=Q$，这通常会导致一些过度的体积膨胀。对于塑性势，非关联流动法则可以简单地看成最大剪切应力或其函数：

$$\begin{aligned}Q&=b\left(\sigma_1-\sigma_3\right)\\&=b\left[\left(\sigma_{xx}+\sigma_{yy}+\sigma_{zz}\right)-\left(\sigma_{xx}\sigma_{yy}\sigma_{zz}+2\sigma_{xy}\sigma_{yz}\sigma_{zx}-\sigma_{xx}\sigma_{yz}^2-\sigma_{yy}\sigma_{zx}^2-\sigma_{zz}\sigma_{xy}^2\right)\right]\end{aligned} \tag{3.235}$$

式中，$b>0$ 是常数。

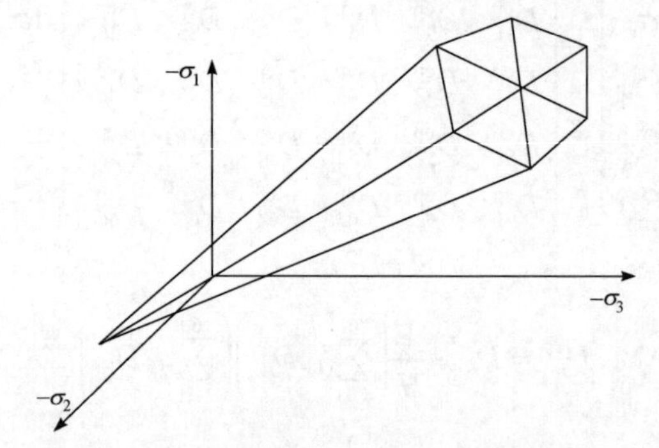

图 3.17　主应力空间 Mohr-Coulomb 准则的图形表示

对于二维问题，将应力-应变增量关系简化为

$$\begin{Bmatrix}\mathrm{d}\sigma_{xx}\\ \mathrm{d}\sigma_{yy}\\ \mathrm{d}\sigma_{xy}\end{Bmatrix}=\begin{bmatrix}D_{11}^{\mathrm{ep}} & D_{12}^{\mathrm{ep}} & D_{13}^{\mathrm{ep}}\\ D_{21}^{\mathrm{ep}} & D_{22}^{\mathrm{ep}} & D_{23}^{\mathrm{ep}}\\ D_{31}^{\mathrm{ep}} & D_{32}^{\mathrm{ep}} & D_{33}^{\mathrm{ep}}\end{bmatrix}\begin{Bmatrix}\mathrm{d}\varepsilon_{xx}\\ \mathrm{d}\varepsilon_{yy}\\ \mathrm{d}\varepsilon_{xy}\end{Bmatrix} \tag{3.236}$$

式中

$$D_{ij}^{\mathrm{ep}}=D_{ij}-\frac{1}{H}\left(\sum_{k=1}^{3}f_kD_{ik}\right)\left(\sum_{k=1}^{3}q_kD_{kj}\right) \tag{3.237}$$

其中

$$H=\sum_{k=1}^{3}\left(q_k\sum_{l=1}^{3}f_lD_{lk}\right)+m\left(q_1\sigma_{xx}+q_2\sigma_{yy}+q_3\sigma_{xy}\right) \tag{3.238}$$

下面给出非关联 Mohr-Coulomb 模型的例子，其屈服函数和塑性势函数为(图 3.18)(Desa and Siriwardane，1984)

$$
\begin{cases}
F = \dfrac{\sigma_{xx}+\sigma_{yy}}{2}\sin\phi - \left[\left(\dfrac{\sigma_{xx}-\sigma_{yy}}{2}\right)^2 + \sigma_{xy}^2\right]^{\frac{1}{2}} + C\cos\phi \\
Q = \dfrac{\sigma_{xx}+\sigma_{yy}}{2}\sin\psi - \left[\left(\dfrac{\sigma_{xx}-\sigma_{yy}}{2}\right)^2 + \sigma_{xy}^2\right]^{\frac{1}{2}} + C\cos\psi
\end{cases}
\tag{3.239}
$$

式中，ψ 为表示类岩石材料在剪切过程中体积膨胀效应的剪胀角。当 $\psi = \phi$ 时为关联流动法则的结果，但通常 $\psi < \phi$。

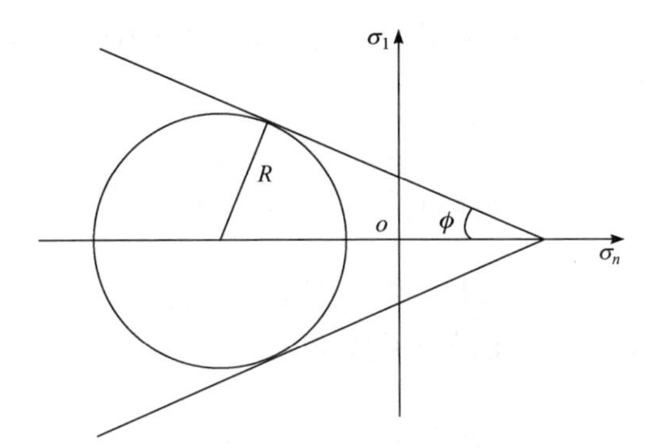

图 3.18　平面问题的 Mohr-Coulomb 判据

屈服函数和塑性势的导数可表示以下变量函数：

$$
G_1 = \left[\left(\frac{\sigma_{xx}-\sigma_{yy}}{2}\right)^2 + \sigma_{xy}^2\right]^{-\frac{1}{2}}, \quad G_2 = \frac{\sigma_{xx}-\sigma_{yy}}{4} \tag{3.240a}
$$

$$
f_1 = \frac{\partial F}{\partial \sigma_{xx}} = \frac{\sin\phi}{2} - G_2 G_1, \quad f_2 = \frac{\partial F}{\partial \sigma_{yy}} = \frac{\sin\phi}{2} + G_2 G_1, \quad f_3 = \frac{\partial F}{\partial \sigma_{xy}} = -\sigma_{xy} G_1 \tag{3.240b}
$$

$$
q_1 = \frac{\partial Q}{\partial \sigma_{xx}} = \frac{\sin\psi}{2} - G_2 G_1, \quad q_2 = \frac{\partial Q}{\partial \sigma_{yy}} = \frac{\sin\psi}{2} + G_2 G_1, \quad q_3 = \frac{\partial Q}{\partial \sigma_{xy}} = f_3 \tag{3.240c}
$$

对于理想弹塑性本构，$m = 0$，则

$$
D_{ijkl} = \begin{bmatrix} 2\mu+\lambda & \lambda & 0 \\ \lambda & 2\mu+\lambda & 0 \\ 0 & 0 & \lambda \end{bmatrix}, \quad H = 2(3\mu+\lambda) f_1 q_1 + \mu(f_3 q_3) \tag{3.241}
$$

得到应力-应变增量关系(3.236)中的系数矩阵为

$$D_{ij}^{\mathrm{ep}}=\begin{bmatrix} 2\mu+\lambda-\dfrac{f_1q_1}{H}(3\mu+\lambda) & \mu-\dfrac{f_1q_1}{H}(3\mu+\lambda) & \dfrac{-f_1q_3}{H}\mu(3\mu+\lambda) \\ \mu-\dfrac{f_1q_1}{H}(3\mu+\lambda) & 2\mu+\lambda-\dfrac{f_1q_1}{H}(3\mu+\lambda)(2\mu+\lambda) & \dfrac{-f_1q_3}{H}\mu(2\mu+\lambda) \\ \dfrac{-f_1q_3}{H}\mu(3\mu+\lambda) & \dfrac{-f_1q_3}{H}\mu(2\mu+\lambda) & -\dfrac{f_3q_3}{H}\mu^2 \end{bmatrix} \tag{3.242}$$

3. 基于 Hoek-Brown 屈服准则的理想弹塑性模型

对于裂隙岩体，Hoek 和 Brown(1980，1988，1997)和 Hoek(1983，1994)提出了另一种常用的破坏准则：

$$\sigma_1=\sigma_3+\sigma_{\mathrm{c}}\left(\frac{m_i}{\sigma_{\mathrm{c}}}\sigma_3+1\right)^{\frac{1}{2}} \tag{3.243}$$

式中，m_i 为完整岩石的材料常数；σ_{c} 为单轴抗压强度。

Hoek 等(1992)对这一准则进行了修改：

$$\sigma_1=\sigma_3+\sigma_3\left(\frac{m_{\mathrm{b}}}{\sigma_{\mathrm{c}}}\sigma_3\right)^{a} \tag{3.244}$$

式中，m_{b} 和 a 为材料常数，取决于岩体的组成、结构和裂隙表面条件。表 3.3 和 3.4 列出了 m_i 、m_{b} 和 a 的推荐值(Hoek et al.，1992)。

表 3.3 各岩石组完整岩石的常数 m_i 值(Hoek et al., 1992)

颗粒大小		粗糙的	中等的	精细的	非常精细的
沉积岩	碳酸盐岩	白云岩 10.1	白垩岩 7.2	石灰岩 8.4	
	碎屑岩	砾岩 20	砂岩 18.8	粉砂岩 9.6	泥岩 3.4
	化学沉积岩		角岩 19.3	石膏岩 15.5	硬石膏岩 13.2
变质岩	碳酸盐岩	大理岩 9.3			
	硅酸盐岩	片麻岩 29.2	角闪岩 31.2	石英岩 23.7	板岩 11.4
火成岩	长英质岩	花岗岩 32.7		流纹岩 20	
	镁铁质岩	辉长岩 25.8	粗玄岩 15.2	安山岩 18.9	
	镁铁质岩	苏长岩 25.8		玄武岩 17	

Hoek-Brown 屈服准则与 Mohr-Coulomb 屈服准则一样，在裂隙岩体的数值模拟和岩石分类中有着广泛的应用，特别是对于坚硬裂隙岩体。这两个准则可以相

互转换(Hoek and Brown，1997)。

修正后的二维 Hoek-Brown 准则可作为屈服面：

$$F=\sigma_1-\sigma_3-\sigma_c\left(\frac{m_b}{\sigma_c}\sigma_3\right)^a=\sigma_1-\sigma_3-\sigma_c\left(\frac{m_b}{\sigma_c}\right)^a\sigma_3^a$$

$$=2\left[\left(\frac{\sigma_{xx}-\sigma_{yy}}{2}\right)^2+\sigma_{xy}^2\right]^{\frac{1}{2}}-\sigma_c\left(\frac{m_b}{\sigma_c}\right)^a\left\{\frac{\sigma_{xx}+\sigma_{yy}}{2}-\left[\left(\frac{\sigma_{xx}-\sigma_{yy}}{2}\right)^2+\sigma_{xy}^2\right]^{\frac{1}{2}}\right\}^a \tag{3.245}$$

$$f_1=\frac{\partial F}{\partial\sigma_{xx}}=\frac{\sigma_{xx}-\sigma_{yy}}{\sigma_1-\sigma_3}-\frac{a\sigma_c}{2}\left(\frac{m_b}{\sigma_c}\right)^a\left(1-\frac{\sigma_{xx}-\sigma_{yy}}{\sigma_1-\sigma_3}\right)\sigma_3^{a-1}=q_1 \tag{3.246a}$$

$$f_2=\frac{\partial F}{\partial\sigma_{yy}}=\frac{\sigma_{xx}-\sigma_{yy}}{\sigma_1-\sigma_3}-\frac{a\sigma_c}{2}\left(\frac{m_b}{\sigma_c}\right)^a\left(1+\frac{\sigma_{xx}-\sigma_{yy}}{\sigma_1-\sigma_3}\right)\sigma_3^{a-1}=q_2 \tag{3.246b}$$

$$f_3=\frac{\partial F}{\partial\sigma_{xy}}=\frac{\sigma_{xy}}{\sigma_1-\sigma_3}\left[8+2a\sigma_c\left(\frac{m_b}{\sigma_c}\right)^a\sigma_3^{a-1}\right]=q_3 \tag{3.246c}$$

表 3.4　基于岩体结构和表面条件的 $r=m_b/m_i$ 值估计(Hoek et al., 1992)

结构		表面条件				
		非常好	好	中等	差	非常差
		未风化，不连续，开度非常小，表面非常粗糙，无填充	微风化，连续，开度小，表面粗糙，铁质残留，无填充	中风化，连续，开度非常狭窄，抛光/光滑表面，硬填充	强风化，连续，开度非常狭窄，抛光/光滑表面，硬填充	强风化，连续，开度非常狭窄，抛光/光滑表面，软填充
块状结构①	r	0.7	0.5	0.3	0.1	
	a	0.3	0.35	0.4	0.45	
完全块状②	r	0.3	0.2	0.1	0.04	
	a	0.4	0.45	0.5	0.5	
块状或较碎③	r		0.08	0.04	0.01	0.004
	a		0.5	0.5	0.55	0.6
碎块状④	r		0.03	0.015	0.003	0.001
	a		0.5	0.55	0.6	0.65

注：①咬合非常紧密，未扰动的岩体，大到非常大的块体尺寸。②咬合紧密，部分扰动的岩体，中等块体尺寸。③褶皱和断层化岩体，许多相交的节理，小块。④咬合不紧密，非常破碎的岩体，非常小的块体。

假设 $F=Q$，得到关联的流动法则，再取屈服函数的导数，将式(3.246)代入式 (3.237)和式(3.238)，并令 m=0，得到

$$D_{ij}^{\mathrm{ep}}=\begin{bmatrix} 2\mu+\lambda-\dfrac{f_1^2}{H}(3\mu+\lambda) & \mu-\dfrac{f_1^2}{H}(3\mu+\lambda) & -\dfrac{f_1 f_3}{H}\mu(3\mu+\lambda) \\ \mu-\dfrac{f_1^2}{H}(3\mu+\lambda) & 2\mu+\lambda-\dfrac{f_1^2}{H}(3\mu+\lambda)(2\mu+\lambda) & -\dfrac{f_1 f_3}{H}\mu(2\mu+\lambda) \\ -\dfrac{f_1 f_3}{H}\mu(3\mu+\lambda) & -\dfrac{f_1 f_3}{H}\mu(2\mu+\lambda) & -\dfrac{f_3^2}{H}\mu^2 \end{bmatrix} \tag{3.247}$$

式中

$$H=2(3\mu+\lambda)f_1^2+\mu f_3^2 \tag{3.248}$$

3.5　总　　结

本章介绍的本构模型都是在岩石力学研究和岩石工程应用中广泛使用的经典模型，也是 DEM 中使用的典型模型。本章的主要目的是介绍基础知识，以上模型为裂隙岩体研究的基础，但不一定代表这一非常热门的研究领域的前沿发展，但是对研究现状的总结有助于读者更深入地探讨不同的、更先进的方法及其之间的关系。在 Jing(2003)发表的综述文献中列出了更多的参考文献，本节只列出本章前几节没有涉及的关于建模的基本知识和必要的、有代表性的文献。

在 DEM 模型中，岩体本构方程决定了完整或等效完整岩块应力和应变之间的关系。岩石裂隙和岩块的运动方程、接触识别算法和本构模型决定了 DEM 模型中岩体的运动和最终的几何性质。由于岩石裂隙数量往往过大，无法完全明确地纳入 DEM 模型，通常不考虑大多数小尺寸裂隙。因此，它们的影响只能通过对含较小尺寸裂隙的块体本构模型性质参数等效处理来反映。

裂隙岩体本构模型的建立有三个难点：

(1) 尺寸效应，它反映了岩体体积大小对力学性能的影响。

(2) 应力依赖，或者更一般地说，路径依赖。这意味着裂隙岩体的变形能力和渗透率取决于应力的大小和演化路径。

上述两个难点都与裂隙的尺寸效应和应力依赖性有关，而裂隙应力依赖性又取决于裂隙的表面粗糙度及其损伤演化。

(3) 第三个难点正如压缩条件下岩石试样中出现剪切带所示，即如同模拟岩石从具有应变局部化特征的小尺度塑性变形转变为大尺度上岩石结构性解件与运

动。这种分叉的典型例子是大尺度上的滑坡现象与小尺度上的蠕变断裂。因此，还需要考虑从微观到宏观的转变。

所有上述这些复杂性都要求对裂隙岩体建立专门的本构模型。塑性和损伤力学理论为其发展提供了基础平台(Krajcinovic，1989；Chen，1994；Shao and Rudnicki，2000；Chen et al.，2004)，但如果没有进一步的发展，则不能直接用于解决上述困难。在之后的章节中，将针对建立合适岩体与裂隙本构模型时存在的困难，介绍当前相关方向的最新研究进展。

3.5.1　岩石材料和岩体的经典本构模型

1. 经典模型

经典本构模型是以弹塑性理论为基础，并考虑裂隙效应的本构模型。特别对于硬岩，由于广义 Hooke 定律的线弹性模型的简易性，它仍然是 DEM 中应用最广泛的岩体力学性质假设。当采用连续、均匀、各向同性、线弹性(continuou，homogeneous，isotropic，linear elastic，CHILE)假设时，岩体本构模型可简单地由两个独立的材料参数表征，最常见的是杨氏模量(E)和泊松比(ν)或者是两个拉梅常数μ和λ，这些材料常数都可以通过简单的室内试验确定。较精确的各向异性弹性体模型假定完整岩石具有一定的弹性对称条件，如横观各向同性弹性体，有效或等效连续的弹性岩块与无限或有限大的正交裂隙组相交，尽管它们的条件不同，但它们在理论上都是简单直接的。然而，要获得弹性或裂隙特性(主要是裂隙刚度)，需要额外的室内试验，想要对现场裂隙形态和弹性对称的主要方向有较好的了解，就需要大量的室内和现场工作来确定参数。裂隙张量方法需要更多工作来表征裂隙系统，但也可通过材料性质范围内的随机处理来显示该方法的优势。

20 世纪 70 年代以来，塑性和弹塑性模型得到了发展并广泛应用于裂隙岩体，其中 Mohr-Coulomb 和 Hoek-Brown 屈服准则是应用最广泛的屈服函数和塑性势。如 Hoek 和 Brown(1997)所介绍，Mohr-Coulomb 屈服准则中摩擦角和黏聚力或 Hoek-Brown 屈服准则中的参数 m 和 s 可以通过室内均质岩石材料的三轴试验或使用大尺寸裂隙岩体的岩石分类方法进行估算。Owen 和 Hinton(1980)、Desai 和 Siriwardane(1984)给出了塑性模型的标准表达形式。

应变硬化和应变软化是岩石塑性行为的两个主要特征，对于不同模型有不同的参数。使用模型的主要困难并不是复杂的理论，而是很难在室内试验中确定其硬化和软化参数。如果参数与尺寸有关，这将更加困难，正如裂隙岩体中的情况。这种困难通常是此类综合模型在实践中应用较少的主要原因。

岩石的破坏准则是本构关系的重要组成部分，在塑性模型中通常用作屈服面或塑性势函数。除应用广泛的 Mohr-Coulomb 屈服准则和 Hoek-Brown 屈服准则外，多年来还提出了不同的岩体破坏(或强度)准则，Sheorey(1997)、Mostyn 和 Douglas(2000)、Parry(2000)对这一问题进行了全面的综述。然而，值得注意的是，这些准则大部分是基于试验结果或现场观测提出的，其荷载和边界条件都是很简单或有限的，其中一些是可逆的应力路径，可能违反热力学第二定律。因此，应该根据这些模型的假设谨慎地应用它们，以避免原则上的错误。

2. 基于损伤力学理论的模型

基于 Kachanov(1958)首次提出的连续损伤力学原理，学者们建立了多个岩石损伤本构模型。在该类模型中，用标量、矢量或张量形式定义岩石的损伤，包括在静态或动态荷载下岩石中空隙、微裂纹或嵌入裂隙扩展。该理论与连续介质力学和断裂力学密切相关，可以看成连接两者的桥梁。它与塑性模型在本质上具有一定的等同性，如损伤理论中以损伤演化规律代替塑性理论中的流动法则，以损伤演化代替塑性理论中的塑性势函数。损伤力学理论在用连续介质方法模拟局部应变现象和研究岩石试样试验过程中观察到的脆性-塑性变形模式转变方面具有一定的优势。Krajcinovic(2000)和 de Borst(2002)对其发展、特点、趋势和不足进行了全面的综述。

损伤力学方法已被应用于研究岩石的强度退化和局部应变化现象，如开挖损伤区(EDZ)，并建立了岩石和类岩石材料的损伤本构模型，Jing(2003)详细阐述了相关内容。

3. 时间效应和黏度

时间效应是岩体物理性质中最重要的方面，也是人们最不了解的方面。时间效应主要有两个方面的影响：岩石(和裂隙)黏度的影响和动态加载条件的影响。前者主要是关于岩石性质长期或极长期的时程，如地质时间尺度；后者正相反，是短时间内动态甚至剧烈变化的性质，如地震效应。在动态加载条件下，加载参数的大小、方向、持续时间和变化率是很重要的。因此，时间效应和速率效应(也称为动态效应)常常结合起来讨论。岩石性质的测量与加载速率有关，体现在动态和静态弹性模量之间的明显不同，动态和静态弹性模量可以分别用弹性波透射法和室内准静态试验进行测量。

黏性效应是与时间相关的效应，并不常见于硬岩的数值模拟中(因为硬岩的黏度太小而不能在工程结构的设计寿命期内引起显著的应变或位移，如数十年或数百年)，但在岩盐、黏土和其他软岩中具有重要影响。黏性效应包括蠕变和松弛，并具有温度依赖性。蠕变是恒载(应力)作用下变形(应变)增加的行为，松弛是恒定变形(应变)状态下荷载(应力)减小的行为，这两种情况常在恒温条件下进行长期试验，以进行工程分析。事实上，当卸载发生时，实际情况可能介于两者之间。Jaeger

和 Cook(1969)与 Cristescu 和 Hunsche(1991)对这两种主要岩石黏性机理的物理、试验和本构模型基础理论进行了详细的描述，并应用于采矿和石油工程中隧道/洞室破坏和钻孔闭合分析。

黏性效应已经在本构模型中予以考虑，通常与弹性、弹塑性或塑性等其他基本变形机制综合考虑(即黏弹性与塑性模型、黏弹塑性模型或黏塑性模型)。Valanis(1976)、Owen 和 Hinton(1980)给出了黏塑性本构模型的基本描述。

岩石力学领域从早期就开始研究岩石率效应模型性质，主要涉及疲劳和动态加载效应(Burdine，1963；Haimson and Kim，1972；Brown and Hudson，1974)。该问题对爆破或地震/构造运动引起的岩石材料损伤和破裂/断裂等现象尤为重要，对开挖损伤区和岩爆现象具有重要影响。因此，关于动态效应的本构模型主要关注动力损伤的发生和演化，大多基于微观力学方法研究(Taylor et al.，1986；Chen，1995)。如 Jing(2003)所述，已有许多关于静态连续损伤方法的文献。Li 等(2001)开展了大量的室内试验，研究了不同加载水平和频率下裂隙岩体试样的动态变形特性和强度，建立了岩石疲劳模型。

岩石力学中的动力学问题通常采用静态材料性质作为瞬态(时间相关)问题来处理，特别是在 DEM 中。对于某些岩石工程问题，当材料性能与荷载速率无关时，这种简化是可以接受的。然而，在研究动态损伤或波传播问题时，如地震和爆炸/爆破问题，可能需要考虑包含加载速率效应的动态特性。衡量特定场地频率范围内率相关的动态特性，需要额外的试验工作。

4. 尺寸效应及等效连续体方法

由于岩体中存在大小不等的裂隙，尺寸效应是裂隙岩体的一个特殊性质，主要有以下两个原因：

(1) 裂隙将裂隙岩体划分为大量的子域或块体，这些子域或块体的大小控制着岩体的整体特性。

(2) 裂隙本身的物理性质依赖于其大小，这是由于岩石裂隙表面粗糙度的尺度依赖性，而裂隙粗糙度稳定阈值为变尺度参数(Lanaro et al.，1998；Lanaro，2000；Fardin et al.，2001；Jing and Hudson，2004)。Da Cunha(1990，1993)介绍了该课题的早期研究进展，Bažant(2000)对包括岩土体在内的结构强度与性质的尺寸效应进行了全面综述。

由于大部分实测岩石性质是通过小尺度的室内试验获得的，这些实测值最多只能在这些小尺度下有效，只能代表完整岩块的特性，而不能代表实际尺度下裂隙岩体的特性。对于大尺度问题，岩体通常被认为是等效连续体，因此可以使用 REV 或有效介质方法通过组合均匀化和升尺度过程评估等效性质，或者使用经验岩石分类/表征方法评估等效性质，如 RMR、GSI 或其他。

在统计意义上，均匀化是在一定大小的区域内对材料属性进行平均的过程，而升尺度则是随着区域大小的增加而均匀化的过程，直到所研究的平均属性达到平稳极限。因此，均匀化和升尺度经常一起使用。由此确定的性质称为有效性质或等效性质，前者多用于材料科学和固体力学，后者多用于岩石力学。

REV 概念为用等效连续体方法分析裂隙岩体提出的一个难题。理论上，REV 大小应该足够大(或包含在该体积中的裂隙数量应该足够多)，以便在原始裂隙介质和等效连续介质之间建立统计上的等价性。另一方面，将求解域离散为连续单元，单元尺寸需要足够小，以便在求解域内获得连续的变形梯度或流体流动(Long et al，1982)，这两个要求可能互相矛盾。此外，REV 可能不存在，特别是对于含有不同尺寸裂隙的硬岩。在这种情况下，可能很难证明使用基于连续的数值方法是正确的。Pariseau(1993，1995，1999)在对局部连续体单元等效特性进行数值评估的基础上，提出了一种非代表性体元(NERV)方法来替代原有的离散材料，对这一问题进行了分析。

考虑到裂隙尺寸和宽度(或开度)的层次结构的存在，如在工程现场中存在从厘米级的小裂隙到大型断层和公里尺度的断裂带，其物理行为和性质差别很大，这时争论的焦点是 REV 是否在实际工程中存在。另一方面，REV 的存在与裂隙密度、连通性和模型尺寸有关。裂隙系统层次金字塔顶部或附近的断层和断裂带等大型裂隙通常数量较少，在分布上具有确定性。通过分离这些大的裂隙，可以为其他裂隙建立 REV，这些大小适中或较小的裂隙更适合随机均匀化和升尺度来定义 REV。问题是在升尺度过程中，需要将裂隙尺寸、密度、模型尺寸以及现场测绘中裂隙尺寸的上/下临界值考虑到什么程度。

DEM 特别适用于使用确定性或随机方法对具有一般不规则裂隙的裂隙岩体的流体力学性质进行升尺度均匀化，如 Min 和 Jing(2003，2004)、Min 等(2004a，2004b)所显示的那样。如第 12 章 12.8 节所述，由于在均匀化和升尺度的计算模型中需要明确表示相对大量的裂隙，这对像 FEM、BEM 或 FDM 这样的连续介质方法造成了数值上的困难。

3.5.2　岩石裂隙本构模型

岩石裂隙本构模型在岩石力学和岩石工程的各个方面都发挥着重要的作用，特别是在数值模拟领域，尤其是 DEM 领域。因此，岩石裂隙的力学性质和本构模型成为国内外岩石力学、岩石物理和岩石工程会议的主题之一，并且发表了大量的论文。最直接相关的著作是 Stephansson(1985)、Barton 和 Stephansson(1990)、Myer 等(1995)、Rossmanith(1990，1995，1998)。这一主题也不可避免地成为许多文章和参考书的一部分，如 Chernyshev 和 Dearman(1998)、Lee 和 Farmer(1993)、Selvadurai 和 Boulon(1995)、Hudson(1993)、Indrarantna 和 Haque(2000)、Indrarantna

和 Ranjith(2001)、Aliabadi(1999)。早期 Stephansson 和 Jing(1995)以及 Ohnishi 等(1996)分别对岩石裂隙本构模型和强度包络线的试验现象方面和表达形式进行了综述。

岩石裂隙本构模型的建立主要采用经验和理论两种方法，如 3.1～3.3 节所述，主要的变量是接触拉力和相对位移(而不是连续介质模型中的应力和应变)，从这些变量可以导出水力开度来进行流量计算。将本构模型嵌入连续体的数值方法(如 FEM)中通常会引入节理或接触单元，当使用零厚度的界面单元时，也可能导致数值不稳定，如 Kaliakin 和 Li(1995)、Day 和 Potts(1994)所讨论的。DEM 的实现通常是直接使用接触力学原理，但必须使用罚函数、拉格朗日乘子或增广拉格朗日乘子等方法来防止固体块的相互穿刺。

目前在实践中使用的大多数本构模型方法，特别是 Mohr-Coulomb 模型，都是以塑性理论为基础数学平台建立岩石裂隙本构模型的方法。然而，正如 Jing(2003)所总结的，还有许多其他的岩石裂隙本构模型，是经验方法和理论方法的结合。一类特殊的模型是使用粗糙表面的接触力学原理，主要基于 Greenwood 和 Williamson(1966)、Greenwood 和 Tripp(1971)建立的原理，模拟固体粗糙表面的接触、摩擦和磨损，该方法需要用统计量和概率量全面地表示表面粗糙度。这些模型的实际适用性在很大程度上取决于表面粗糙度的唯一量化及其对裂隙特性的影响，而这至今仍然是一个具有挑战性的课题，特别是当岩石裂隙呈现非平稳粗糙度性质时。

除了 JRC 外，学者们还利用随机场理论、地质统计学和分形模型提出了许多其他裂隙粗糙度度量方法。Lanaro 等(1998)和 Fardin 等(2001)发表了这方面的一些最新研究成果。利用分形来表示岩石裂隙的粗糙度已经成为一个重要的课题，正如上述研究中所指出的，裂隙粗糙度度量方法仍然是一个有争议的话题，在其他领域也是如此(Whitehouse，2001)。

上述本构模型已在许多实际岩石工程和岩石力学问题中得到了应用，并取得了不同程度的成功。通常，更成功的应用是关于裂隙岩体特性的通用研究，而不是针对现场特定的工程应用，因为现场裂隙系统几何形状的不确定性对最终结果的影响与单个裂隙的本构模型的影响相同甚至更大。尽管有这些缺点，但是已建立的本构模型已经在岩石工程设计和分析中发挥了作用，它们也是进一步建立更可靠和更强大模型的良好起点。

除裂隙外，岩石工程实践还有其他界面，如不同材料和构件之间的界面(岩石和土壤、岩石和缓冲或回填材料、岩石和加固单元(如锚杆、浆体、锚索等)，以及岩石和其他建筑材料(如混凝土等))，这些也是 DEM 模拟实际问题中的重要课题。关于这种界面的本构模型的深入研究在文献中很少，但是该主题对于岩石结构的设计和性能评估是重要的。

3.5.3 岩石裂隙试验重要问题

虽然本书的主要内容是 DEM 建模，但岩石裂隙试验是理解和应用该方法的必要内容，因此有必要简要介绍一下岩石裂隙试验。

岩石裂隙室内试验主要包括法向加载-卸载试验、直剪试验(恒定法向应力或恒定法向刚度)和法向应力-流体流动耦合试验。上述大多数试验是在法向应力约束下进行的。恒定法向刚度下的直剪试验研究为受限情况下(如地下岩石工程岩石裂隙的力学特性研究提供了更好的理解。在上述加载条件下，剪切强化是岩石裂隙的主要特征，这与在近自由表面条件下恒定法向应力下的剪切弱化正相反。尽管在建立数学模型时需要考虑不同的加载和卸载路径，但双曲线模型可以合理地描述岩石裂隙法向应力与法向变形之间的关系。温度影响裂隙的剪切强度，流体速度影响岩石基质和裂隙中的流体流动之间的热传递，力学变形过程又影响流体速度。根据迄今为止收集的试验数据，可以确定这些一般性结论至少在定性上是正确的。

另一方面，仍然还存在一些与岩石裂隙有关的重要问题尚未解决。

1. 粗糙度

所有的试验结果都清楚地表明，岩石裂隙的表面粗糙度是岩石裂隙力学性能、水力性能和水-力耦合性能等几乎所有方面的决定性因素。粗糙度的表征仍然是一个持久的挑战。现有的 JRC 和分形维数方法在表征裂隙粗糙度特征方面还存在一定的局限性。考虑到粗糙度与其他裂隙特性(如尺寸效应、各向异性、应力(路径)依赖性和导水率)之间的密切相关性，需要唯一定量地表示二维和三维岩石裂隙的粗糙度，以及其随时间和变形路径的变化，以建立更可靠的本构模型。

2. 尺寸效应

尺寸效应肯定存在于裂隙行为中，并且是粗糙度尺度依赖性的表现。过去大多数尺寸效应试验是在恒定法向应力下的直剪试验中进行的，为了得到足够的数据，可能还需要研究其他试验条件下的尺度效应(法向压缩试验、恒定法向刚度下的直剪试验和其他水-力耦合试验)，以便有效建立室内试验、数学模型和现场尺度应用之间的联系。

岩石裂隙的性能通常是通过对有限尺寸的试样(如 100～400mm)进行室内试验获得的。根据试样表面的粗糙度特征，该尺寸可能足够大，也可能不够大，不能达到裂隙试样的平稳性阈值。对于大型裂隙(如断层或破碎带)的水力力学性质，目前还缺乏深入的了解，这些裂隙的尺度从几十米到几千米不等，宽度也很大(如 10mm～50m)。这种类型的岩石裂隙与许多工程项目中的问题有关，是水电工程、核废料、地热和油气藏以及其他大型岩体工程设计和安全最重要的地质特征，对岩石结构性能和环境具有潜在的重大影响。在数值模型中，这种较大的特征常被视为裂隙单元，其本构关系仍采用与节理等较小裂隙类似的本构关系，有时会根据断层/破碎带的宽度和材料特性，对模型的刚度和摩擦角等特性进行变化，但由于这种简化处理，其不确定性难以估计。困难之处在于，如此大的特征无法在控制良好的试验条件下进行试验，而现场监测结果可能是使用反分析技术进行模型验证的唯一手段。即使有现场监测数据，它们仍然包含由大量未知的原位边界条件和假定本构模型的有效性带来的不确定性。

3. 碎屑材料

裂隙滑动过程中所产生的碎屑材料通过颗粒稳定引起润滑和开度变化，进而影响岩石裂隙的性质，特别是摩擦、剪切强度和流体导水系数。然而，对于岩石裂隙，这方面的研究进展并不令人满意。困难之处在于如何在试验过程中测量碎屑材料的产量、其在裂隙表面上的分布和实际接触面积的分布，以及量化碎屑材料的水-力效应，因此需要更多的试验数据来得到关于碎屑材料影响(机理、产量、后果)更具体定量的结论。这一课题对于理解裂隙表面的损伤演化是很重要的，同时也是建立岩石裂隙本构模型的另一个具有挑战性的方面。

4. 三维效应

到目前为止，大多数的试验研究都是一维(法向加载-卸载)或二维(直剪)试验。然而，分析现场裂隙在空间上的方位、有限的尺寸和原位应力状态很难说明这种简化是合理的。具有各向异性摩擦行为的岩石裂隙三维模型(Jing，1990；Jing et al.，1994)需要额外的试验来确定参数。Grasselli 等(2002)、Grasselli 和 Egger(2003)提出了基于试验确定的法向荷载下接触面积与粗糙角关系的粗糙岩石裂隙三维本构模型。

由于裂隙粗糙度各向异性的复杂影响，需要在剪切与法向联合加载以及恒定法向刚度、恒定法向应力和其他环境条件(如存在温度和流体)下开展更为系统的真三轴试验。这些试验要求三维剪切试验装置在法向约束条件下能被灵活控制(Boulon，1995；Armand et al.，1998)。

5. 动态效应和时间效应

大多数发表的岩石裂隙试验都是准静态试验，即加载速率保持较低水平、稳态和恒定，以避免不必要的动态效应影响。过去已经开展了法向应力约束下的动态剪切试验(Barla et al.，1990)，但到目前为止，积累的数据仍然非常有限，无法得出明确的结论。然而，对地震事件、工业爆破作业以及保护地下军事或民用避难所免受地表或深层爆炸等影响需要更可靠的数值模拟，因此不能忽视该主题的重要性。试验结果表明，裂隙行为与剪切速度有关，可呈现为速度强化、速度弱化或与速度无关。

动态岩石裂隙滑动的建模通常使用状态变量摩擦模型。如 Rice 等(2002)、Rice 和 Ruina(1983)、Ruina(1983)、Gu 等(1984)的研究，将剪切应力视为滑动历史和速度的函数，表示摩擦性质的路径依赖性和率效应。Lorig 和 Hobbs(1990)采用该理论模拟岩质边坡失稳过程。Qin 等(2001)在滑坡研究中，利用动态混沌和突变理论研究了裂隙表面的动态摩擦过程，以综合处理裂隙面刚度、摩擦和岩块弹性之间的相互作用。沿着表面(通常是接触带或断层带)的蠕动和动态滑动通常一起处理，特别是对于滑坡和边坡稳定性问题，因为这两个因素在该过程中占主导地位(Chau，1995，1999)。在应用中，由于室内和现场测量所面临的挑战性，对可靠参数的需求也是一个重要问题。

6. 重要问题总结

岩石裂隙中的耦合过程是一个重要问题，会在第 4 章末岩石裂隙中的流动问题提出后，对其进行讨论。

综上所述，虽然在岩石裂隙本构模型的建立上付出了巨大的努力，但是目前现有的模型在预测裂隙行为方面仍然存在很大的局限性。主要困难在于缺乏对裂隙表面粗糙度的唯一定量表征，对一般变形过程中表面损伤演化及其对热-水-力耦合过程和岩石裂隙性质的影响缺乏可靠的预测。其他困难包括大尺度特征，如宽度很大的断层或破碎节理模型、时间尺度依赖性和水-力耦合效应。有关注的新主题是裂隙化学耦合和溶质运移(如矿物沉淀和溶解)的影响，考虑岩石裂隙变形和化学过程中的流动和运移，这些影响包括流径迂曲度、初始接触面积及其演化估计和裂隙-岩石相互作用。

以上所有内容不断增加对岩石裂隙物理化学行为和性质建模的复杂性，并且为建立适用的本构模型带来了越来越多的困难。另外，还应该注意的是，本构模型是为了理解整体性质并帮助解决实际问题而建立的。因此，需要适当和谨慎地简化与理想化来推导出足够简化的模型用以解决当前的问题，同时仍然保持必要的科学复杂程度，以便不违反物理和化学的基本定律。研究中需要进一步加强的工作是解决在过程、性质和参数上不同程度的简化导致的不确定性，以便可以合理地估算其来源、变化和传播途径及其对最终结果的影响。

参考文献

Aliabadi M H. 1999. Fractures of Rock. Boston, Southampton: WIT Press, Computational Mechanics Publications.

Amadei B, Goodman R E. 1981. A 3-D constitutive relation for fractured rock masses//Proceedings of International Symposium on Mechanical Behaviour of Structured Media, Ottawa: 249-268.

Amadei B, Saeb S. 1990. Constitutive models of rock joints//Barton N, Stephansson O. Rock Joints (Proceedings of International Symposium on Rock Joints, June 4-6, 1990. Loen, Norway). Rotterdam: Rotterdam: 585-604.

Armand G, Boulon M, Papadopoulos C et al. 1998. Mechanical behaviour of Dionysos marble smooth joints: I. Experiments//Rossmanith H P. Mechanics of Jointed and Faulted Rocks (Proceedings of the 3nd International Conference on MJFR, 1998. Vienna, Austria). Rotterdam: Balkema: 159-164.

Bandis S C. 1980. Experimental studies of scale effects on shear strength and deformation of rock joints. Leeds: University of Leeds.

Bandis S C, Lumsden A C, Barton N R. 1981. Experimental studies of scale effects on the shear behaviour of rock joints. International Journal of Rock Mechanics and Mining Sciences & Geomechanics Abstracts, 18(1): 1-21.

Bandis S C, Lumsden A C, Barton N R. 1983. Fundamentals of rock joint deformation. International Journal of Rock Mechanics and Mining Sciences & Geomechanics Abstracts, 20(6):249-268.

Barla G, Barbero M, Scavia C, et al.1990. Direct shear testing of single joints under dynamic loading// Barton N, Stephansson O. Rock Joints (Proceedings of International Symposium on Rock Joints, June 4-6, 1990. Loen, Norway). Rotterdam: Balkema: 447-454.

Barton N. 1971. A relationship between joint roughness and joint shear strength//Proceedings of International Symposium on Rock Mechanics, Nancy: 1-8.

Barton N. 1973. Review of a new shear-strength criterion for rock joints. Engineering Geology, 7(4): 287-332.

Barton N. 1974. Estimating the shear strength of rock joint//Proceedings of 3rd Congress of the International Society for Rock Mechanics, Denver: 219-220.

Barton N. 1976. The shear strength of rock and rock joints. International Journal of Rock Mechanics and Mining Sciences & Geomechanics Abstracts, 13(9): 255-279.

Barton N. 1982. Modelling rock joint behaviour from in situ block tests: Implications for nuclear waste repository design. Office of Waste Isolation, Columbus, OH, ONWI-308.

Barton N, Bandis S C. 1987. Rock joint model for analyses of geological discontinua//Desai C S. Constitutive Laws for Engineering Materials: Theory and Applications (Proceedings of the 2nd International Conference on Constitutive Laws for Engineering Materials: Theory and Applications, January 5-10, 1987. Tucson, AZ, USA). Amsterdam: Elsevier: 993-1002.

Barton N, Bandis S, Bakhtar K. 1985. Strength, deformation and conductivity coupling of rock joints. International Journal of Rock Mechanics and Mining Sciences & Geomechanics Abstracts, 22(3): 121-140.

Barton N, Choubey V. 1977. The shear strength of rock joints in theory and practice. Rock Mechanics, 10(1-2): 1-54.

Barton N, Stephansson O. 1990. Rock Joints (Proceedings of International Symposium on Rock Joints, June 4-6, 1990. Loen, Norway). Rotterdam: Balkema.

Bažant Z P. 2000. Size effect. International Journal of Solids and Structures, 37(1-2): 69-80.

Boulon M. 1995. A 3D direct shear device for testing thermomechanical behaviour and hydraulic conductivity of rock joints//Rossmanith H P. Mechanics of Jointed and Faulted Rocks (Proceedings of the 2nd International Conference on MJFR, 1995. Vienna, Austria). Rotterdam: Balkema: 407-413.

Brown E T, Hudson J A. 1973. Fatigue failure characteristics of some models of jointed rock. Earthquake Engineering & Structural Dynamics, 2(4): 379-386.

Burdine N T. 1963. Rock failure under dynamic loading conditions. Society of Petroleum Engineers Journal, 3(1): 1-8.

Chau K T. 1995. Landslides modeled as bifurcations of creeping slopes with nonlinear friction law. International Journal of Solids and Structures, 32(23): 3451-3464.

Chau K T. 1999. Onset of natural terrain landslides modelled by linear stability analysis of creeping slopes with a two-state variable friction law. International Journal for Numerical and Analytical Methods in Geomechanics, 23(15): 1835-1855.

Chen W F. 1994. Constitutive Equations for Engineering Materials. Vol. 2: Plasticity and Modeling. Amsterdam: Elsevier.

Chen E P. 1995. Dynamic brittle material response based on a continuum damage model//Barta R C, Mal A K, MacSithigh G P. Impact Waves and Fracture. New York: ASME: 21-34.

Chen W Z, Zhu W S, Shao J F. 2004. Damage coupled time-dependent model of a jointed rock mass and application to large underground cavern excavation. International Journal of Rock Mechanics and Mining Sciences, 41(4): 669-677.

Chernyshev S N, Dearman W R. 1998. Rock Fractures. London: Butterworth-Heinemann.

Cristescu N D, Hunsche U. 1991. The Time Effects in Rock Mechanics. Chichster: Wiley.

da Cunha A P. 1990. Scale Effects in Rock Masses. Rotterdam: Balkema.

da Cunha A P. 1993. Scale Effects in Rock Masses 93. Rotterdam: Balkema.

Day R A, Potts D M. 1994. Zero thickness interface elements-numerical stability and applications. International Journal for Numerical and Analytical Methods in Geomechanics, 18(10): 689-708.

de Borst R. 2002. Fracture in quasi-brittle materials: A review of continuum damage-based approaches. Engineering Fracture Mechanics, 69(2): 95-112.

Desai C S, Siriwardane H J. 1984. Constitutive Laws for Engineering Materials with Emphasis on Geological Materials. Englewood Cliffs: Prentice-Hall.

Duncan J M, Goodman R E. 1968. Finite element analysis of slopes in jointed rock. Final report to US Army Corps of Engineers, Vicksburg, Mississippi, Report S-68-3.

Fardin N, Stephansson O, Jing L R. 2001. The scale dependence of rock joint surface roughness. International Journal of Rock Mechanics and Mining Sciences, 38(5): 659-669.

Fossum A F. 1985. Effective elastic properties for a randomly jointed rock mass. International Journal of Rock Mechanics and Mining Sciences & Geomechanics Abstracts, 22(6): 467-470.

Goodman R E. 1976. Methods of Geological Engineering in Discontinuous Rocks. San Francisco: West Publishing Company.

Grasselli G, Egger P. 2003. Constitutive law for the shear strength of rock joints based on three-dimensional surface parameters. International Journal of Rock Mechanics and Mining Sciences, 40(1): 25-40.

Grasselli G, Wirth J, Egger P. 2002. Quantitative three-dimensional description of a rough surface and parameter evolution with shearing. International Journal of Rock Mechanics and Mining Sciences, 39(6): 789-800.

Greenwood J A, Tripp J H. 1971. The contact of two nominally flat rough surfaces. Proceedings of the Institution of Mechanical Engineers, Part C, 185(48): 625-633.

Greenwood J A, Williamson J B P. 1966. Contact of nominally flat rough surfaces. Proceedings of the Royal Society of London, Series A, 295(1442): 300-319.

Gu J C, Rice J R, Ruina A L, et al. 1984. Slip motion and stability of a single degree of freedom elastic system with rate and state dependent friction. Journal of the Mechanics and Physics of Solids, 32(3): 167-196.

Guvanasen V, Chan T. 1991. A three-dimensional finite element solution for heat and fluid transport in deformable rock masses with discrete fractures//Proceedings of the International Conference of the International Association for Computer Methods and Advances in Geomechanics, Cairns: 1547-1552.

Haimson B C, Kim C M. 1972. Mechanical behavior of rock under cyclic fatigue//Cording E J. Stability of Rock Slopes(Proceeding of the 13th US Symposium on Rock Mechanics). New York: ASCE: 845-863.

Hoek E. 1983. Strength of jointed rock masses. Geotechnique, 33(3): 187-223.

Hoek E. 1994. Strength of rock and rock masses. ISRM News Journal, 2(2): 4-16.

Hoek E, Brown E T. 1980. Underground Excavations in Rock. London: Institution of Mining and Metallurgy.

Hoek E, Brown E T. 1988. The Hoek-Brown failure criterion—A update//Curran J C. Rock Engineering for Underground Excavations (Proceedings of the 15th Canadian Rock Mechanics Symposium). Toronto: University of Toronto.

Hoek E, Brown E T. 1997. Practical estimates of rock mass strength. International Journal of Rock Mechanics and Mining Sciences, 34(8): 1165-1186.

Hoek E, Wood D, Shah S. 1992. A modified Hoek-Brown failure criterion for jointed rock masses// Proceedings of EUROCK'92. London: Thomas Telford: 209-214.

Horii H, Sahasakmontri K. 1988. Is the fabric tensor sufficient?//Satake M, Jenkins J T. Micromechanics of Granular Materials. Amsterdam: Elsevier: 91-94.

Huang T H, Chang C S, Yang Z Y. 1995. Elastic moduli for fractured rock mass. Rock Mechanics and Rock Engineering, 28(3): 135-144.

Hudson J A. 1993. Comprehensive Rock Engineering, Vols 1-5, 4407 Pages. Oxford: Pergamon Press, Elsevier Science.

Hutson R W. 1987. Preparation of duplicate rock joints and their changing dilatancy under cyclic shear. Evanston: Northwestern University.

Indrarantna B, Haque A. 2000. Shear Behaviour of Rock Joints. Rotterdam: Balkema.

Indrarantna B, Ranjith P G. 2001. Hydromechanical Aspects and Unsaturated Flow in Jointed Rock.

Rotterdam: Balkema.

Jaeger J C, Cook N G W. 1969. Fundamentals of Rock Mechanics. London: Methuen.

Jing L. 1990. Numerical modelling of fractured rock masses by distinct element method for two and three dimensional problems. Luleå: Luleå University of Technology.

Jing L. 2003. A review of techniques, advances and outstanding issues in numerical modelling for rock mechanics and rock engineering. International Journal of Rock Mechanics and Mining Sciences, 40(3): 283-353.

Jing L, Hudson J A. 2004. Fundamentals of the hydro-mechanical behaviour of rock fractures: Roughness characterization and experimental aspects. International Journal of Rock Mechanics and Mining Sciences, 41(3): 383.

Jing L, Stephansson O, Nordlund E. 1993. Study of rock joints under cyclic loading conditions. Rock Mechanics and Rock Engineering, 26(3): 215-232.

Jing L, Nordlund E, Stephansson O. 1994. A 3-D constitutive model for rock joints with anisotropic friction and stress dependency in shear stiffness. International Journal of Rock Mechanics and Mining Sciences & Geomechanics Abstracts, 31(2): 173-178.

Jing L, Tsang C F, Stephansson O, et al. 1996. Validation of mathematical models against experiments for radioactive waste repositories—DECOVALEX experience//Stephansson O, Jing L, Tsang C F. Mathematical Models for Coupled Thermo-Hydro-Mechanical Processes in Fractured Media. Rotterdam: Elsevier: 25-56.

Kachanov L M. 1958. Time of the rupture process under creep conditions. Otdelenie Teckhnicheskikh Nauk, 8: 26-31.

Kaliakin V N, Li J. 1995. Insight into deficiencies associated with commonly used zero-thickness interface elements. Computers and Geotechnics, 17(2): 225-252.

Kaneko K, Shiba T. 1990. Equivalent volume defect model for estimation of deformation behavior of jointed rock//Rossmanith H P. Proceedings of International Symposium on Mechanics of Jointed and Faulted Rock (MJFR-1). Rotterdam: Balkema: 277-284.

Krajcinovic D. 1989. Damage mechanics. Mechanics of Materials, 8(2-3): 117-197.

Krajcinovic D. 2000. Damage mechanics: Accomplishments, trends and needs. International Journal of Solids and Structures, 37(1-2): 267-277.

Ladanyi B, Archambault G. 1969. Simulation of shear behaviour of a fractured rock mass//Chapter 7 in Rock Mechanics—Theory and Practice (Proceedings of the 11th US Symposium on Rock Mechanics, June, 1969. Berkeley): 105-125.

Lanaro F. 2000. A random field model for surface roughness and aperture of rock fractures. International Journal of Rock Mechanics and Mining Sciences, 37(8): 1195-1210.

Lanaro F, Jing L, Stephansson O. 1998. 3-D-laser measurements and representation of roughness of rock fractures//Rossmanith H P. Mechanics of Jointed and Faulter Rock(Proceedings of the International Conference on Mechanics of Jointed and Faulted Rock, MJFR-3, Vienna, Austria). Rotterdam: Balkema: 185-189.

Lee C H, Farmer I. 1993. Fluid Flow in Discontinuous Rocks. London: Chapman and Hall.

Lekhnitskii S G. 1977. Theory of Elasticity of an Anisotropic Body. Moscow: Mir Publishers.

Li N, Chen W, Zhang P, et al. 2001. The mechanical properties and a fatigue-damage model for jointed rock masses subjected to dynamic cyclical loading. International Journal of Rock Mechanics and Mining Sciences, 38(7): 1071-1079.

Long J C S, Remer J S, Wilson C R, et al. 1982. Porous media equivalents for networks of discontinuous fractures. Water Resources Research, 18(3): 645-658.

Lorig L J, Hobbs B E. 1990. Numerical modelling of slip instability using the distinct element method with state variable friction laws. International Journal of Rock Mechanics and Mining Sciences & Geomechanics Abstracts, 27(6): 525-534.

Min K B, Jing L R. 2003. Numerical determination of the equivalent elastic compliance tensor for fractured rock masses using the distinct element method. International Journal of Rock Mechanics and Mining Sciences, 40(6): 795-816.

Min K B, Jing L. 2004. Stress-dependent mechanical properties and bounds of Poisson's ratio for fractured rock masses investigated by a DFN-DEM technique. International Journal of Rock Mechanics and Mining Sciences, 41(3): 431-432.

Min K B, Jing L R, Stephansson O. 2004a. Determining the equivalent permeability tensor for fractured rock masses using a stochastic REV approach: Method and application to the field data from Sellafield, UK. Hydrogeology Journal, 12(5): 497-510.

Min K B, Rutqvist J, Tsang C F, et al. 2004b. Stress-dependent permeability of fractured rock masses: A numerical study. International Journal of Rock Mechanics and Mining Sciences, 41(7): 1191-1210.

Mostyn G, Douglas K. 2000. Strength of intact rock and rock masses.//Geotechnical and Geological Engineering (Proceedings of Conference on Geotechnical and Geological Engineering, November 19-24, 2000. Melbourne, Australia). Lancaster: Technomic Publishing: 1389-1421.

Myer L R, Cook N G W, Goodman R E, et al. 1995. Fractured and Jointed Rock Masses (Proceedings of Conference on Fractured and Jointed Rock Masses, June 3-5, 1992. Lake Tahoe, USA). Rotterdam: Balkema.

Oda M. 1982. Fabric tensor for discontinuous geological materials. Soils and Foundations, 22(4): 96-108.

Oda M. 1986a. An equivalent continuum model for coupled stress and fluid flow analysis in jointed rock masses. Water Resources Research, 22(13): 1845-1856.

Oda M. 1986b. A theory for coupled stress and fluid flow analysis in jointed rock masses//Gittus J, Zarka J, Nemat-Nasser S. Large Deformation of Solids: Physical Basis and Mathematical Modelling. Dordrecht: Springer: 349-373.

Oda M. 1988a. An experimental study of the elasticity of mylonite rock with random cracks. International Journal of Rock Mechanics and Mining Sciences & Geomechanics Abstracts, 25(2): 59-69.

Oda M. 1988b. A method for evaluating the representative elementary volume based on joint survey of rock masses. Canadian Geotechnical Journal, 25(3): 440-447.

Oda M, Suzuki K, Maeshibu T. 1984. Elastic compliance for rock-like materials with random cracks. Soils and Foundations, 24(3): 27-40.

Oda M, Yamabe T, Kamemura, K. 1986. A crack tensor and its relation to wave velocity anisotropy in jointed rock masses. International Journal of Rock Mechanics and Mining Sciences & Geomechanics Abstracts, 23(6): 387-397.

Ohnishi Y, Chan T, Jing L. 1996. Constitutive models of rock joints. Developments in Goetechnical Engineering, 79: 57-92.

Owen D R J, Hinton E. 1980. Finite Elements in Plasticity: Theory and Applications. Swansea: Pineridge Press.

Pariseau W G. 1993. Equivalent properties of a jointed Biot material. International Journal of Rock Mechanics and Mining Sciences & Geomechanics Abstracts, 30(7): 1151-1157.

Pariseau W G. 1995. Non-representative volume element modelling of equivalent jointed rock mass properties//Rossmanith H P. Proceedings of the International Symposium on Mechanics of Jointed and Faulted Rock (MJFR-2). Rotterdam: Balkema: 563-568.

Pariseau W G. 1999. An equivalent plasticity theory for jointed rock masses. International Journal of Rock Mechanics and Mining Sciences, 36(70): 907-918.

Parry R H G. 2000. Shear strength of geomaterials—A brief historical perspective//Proceedings of GeoEng2000 (International Conference on Geotechnical and Geological Engineering, November 19-24, 2000. Melbourne, Australia). Lancaster: Technomic Publishing: 1592-1617.

Patton F D. 1966. Multiple modes of shear failure in rock//Proceedings of the 1st Congress, Vol. 1. Lisbon: ISRM: 509-513.

Plesha M E. 1987. Constitutive models for rock discontinuities with dilatancy and surface degradation. International Journal for Numerical and Analytical Methods in Geomechanics, 11(4): 345-362.

QinS, Jiao J J, Wang S, et al. 2001. A nonlinear catastrophe model of instability of planar-slip slope and chaotic dynamical mechanisms of its evolutionary process. International Journal of Solids and Structures, 38(44-45): 8093-8109.

Rice J R, Lapusta N, Ranjith, K. 2002. Rate and state dependent friction and the stability of sliding between elastically deformable solids. Journal of the Mechanics and Physics of Solids, 49(9): 1865-1898.

Rice J R, Ruina A L. 1983. Stability of steady frictional slipping. Journal of Applied Mechanics, 50(2): 343-349.

Rossmanith H P. 1990. Mechanics of Jointed and Faulted Rock (Proceedings of the 1st International Conference on the Mechanics of Jointed and Faulted Rock-MJFR-1, April 18-20, 1990. Vienna). Rotterdam: Balkema.

Rossmanith H P. 1995. Mechanics of Jointed and Faulted Rock (Proceedings of the 2nd International Conference on the Mechanics of Jointed and Faulted Rock-MJFR-2, April 10-14, 1995. Vienna). Rotterdam: Balkema.

Rossmanith H P. 1998. Mechanics of Jointed and Faulted Rock (Proceedings of the 3rd International Conference on the Mechanics of Jointed and Faulted Rock-MJFR-3, April 6-9, 1998. Vienna). Rotterdam: Balkema.

Ruina A. 1983. Slip instability and state variable friction laws. Journal of Geophysical Research,

88(B12): 10359-10370.
Selvadurai A P S, Boulon M J. 1995. Mechanics of Geomaterial Interfaces. Amsterdam: Elsevier.
Shao J F, Rudnicki J W. 2000. A microcrack-based continuous damage model for brittle geomaterials. Mechanics of Materials, 32(10): 607-619.
Sharp J C. 1970. Fluid flow through fissured media. London: University of London.
Sheorey P R. 1997. Empirical Rock Failure Criteria. Rotterdam: Balkema.
Singh B. 1973. Continuum characterization of jointed rock masses, Part I—The constitutive equations. International Journal of Rock Mechanics and Mining Sciences & Geomechanics Abstracts, (10): 337-345.
Souley M, Homand F, Amadei B. 1995. An extension to the Saeb and Amadei constitutive model for rock joints to include cyclic loading paths. International Journal of Rock Mechanics and Mining Sciences & Geomechanics Abstracts, 32(2): 101-109.
Stephansson O. 1985. Fundamentals of Rock Joints (Proceedings of International Symposium on Fundamentals of Rock Joints, September 15-20, 1985. Björkliden, Sweden). Luleå: CENTIK Publishers.
Stephansson O, Jing L. 1995. Mechanics of rock joints: Experimental aspects//Selvadurai A P S, Boulon M J. Mechanics of Geomaterial Interfaces. Amsterdam: Elsevier: 317-342.
Stietel A, Millard A, Treille E, et al. 1996. Continuum representation of coupled hydromechanic processes of fractured media: Homogenization and parameter identification//Stephansson O, Jing L, Tsang C F. Coupled Thermo-Hydro-Mechanical Processes of Fractured Media—Mathematical and Experimental Studies: Recent Developments of DECOVALEX Project for Radioactive Waste Repositories. Amsterdam: Elsevier: 135-164.
Taylor L M, Chen E P, Kuszmaul J S. 1986. Microcrack-induced damage accumulation in brittle rock under dynamic loading. Computer Methods in Applied Mechanics and Engineering, 55(3): 301-320.
Valanis K C. 1976. Constitutive Equations in Viscoplasticity: Phenomenological and Physical Aspects (Proceedings of the Winter Annual Meeting of the ASME, December 5-10, 1976. New York). New York: ASME.
Whitehouse D J. 2001. Fractal or fiction. Wear, 249(5-6): 345-353.
Wittke W. 1990. Rock Mechanics—Theory and Applications with Case Histories. Berlin: Springer-Verlag.
Yoshinaka R, Yamabe T. 1986. Joint stiffness and the deformation behaviour of discontinuous rock. International Journal of Rock Mechanics and Mining Sciences & Geomechanics Abstracts, 23(1): 19-28.

第 4 章　裂隙中流体流动与水-力耦合特性

力学特性是岩体众多物理性质之一，主要通过应力和变形的演化来分析，决定了裂隙与裂隙岩体的强度和稳定性。在岩石工程中，裂隙岩体中的流体流动(地下水、石油、天然气)和热传递(地热开采、天然气储存、核废料储存等)同样重要，主要考虑因素包括水力传导与热传导，压力、速度和流速的分布，温度和温度梯度。这些发生在裂隙岩体中的力学、水力和传热过程不是各自独立的，而是相互影响的。这种相互影响关系称为裂隙岩体的热-水-力(THM)耦合过程。

水-力耦合机理是指裂隙开度、岩体孔隙度/渗透率、流体压力和岩体应力之间相互依赖的关系(图 4.1)。热-力耦合过程是岩块由于温度梯度而引起的体积膨胀和热应力增量(从而间接引起裂隙开度变化)，将耗散的机械能转化为热能，这在岩体工程实际中通常是忽略的，但在地球物理和构造问题(如断层运动引起的摩擦生热)中具有重要意义。热-水耦合过程比较复杂，涉及流体的体积变化(密度)、由温度梯度引起的流体黏度变化和相变(蒸发、冷凝等)，以及流体和气体通过裂隙岩体的传导-对流相关热传递过程。因此，在上述背景下，岩体力学比传统认识到的应用领域要广泛得多，除应力、变形、强度和稳定性等方面外，还需要将其扩展到裂隙岩体更一般的物理问题，这些问题受力学、水力和热加载等机制作用的影响。

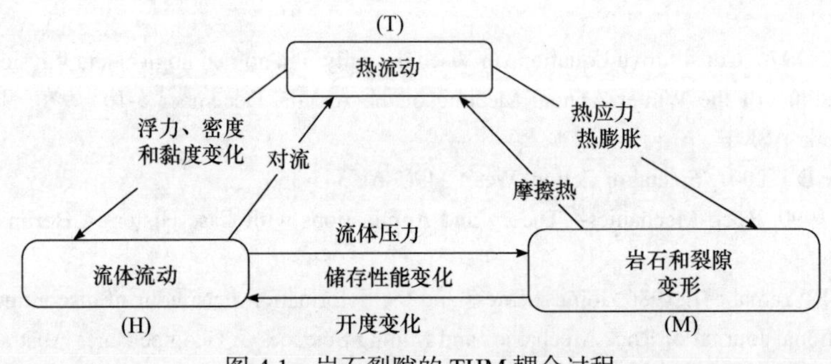

图 4.1　岩石裂隙的 THM 耦合过程

裂隙岩体中的耦合机理实际上比 THM 耦合广泛得多，典型的例子是电磁、地球化学甚至生物化学过程对 THM 耦合过程的影响。虽然岩体力学分析中通常排除了这些因素的相互作用，但它们往往是岩体工程实际中需要关注的问题。随着现代社会对环境保护和可持续发展的要求越来越高，裂隙岩体的地球化学问题在岩体工程设计、施工、运营和性能/安全评价中越来越重要，尤其是对环境的影响。典型的例子是 THM 耦合与地球化学过程之间的紧密联系，特别是在裂隙岩体中，通过地下流体流动，污染物或其他有害元素与反应性或非反应性运移的耦合，是放射性废物地质处置和地热储层工程的核心问题之一。

20 世纪 60 年代以来，裂隙岩体中的流体流动现象得到了广泛的研究，但仍存在许多不确定因素。对裂隙岩体流体流动的基本认识来源于流体流动的室内试验，或各种法向应力和有(无)剪应力作用下的裂隙耦合应力-流动试验，以及通过现场抽水和示踪试验确定裂隙岩体渗透性。Esaki 等(1999)、Olsson 和 Barton(2001)、Jiang 等(2004)开展了一些相对新颖的试验。基本的模拟方法是将岩体视为离散裂隙系统或可变形多孔介质求解连续性方程和运动方程。

裂隙岩体中流体流动有两种基本类型：连通裂隙网络中的流动和固体岩块(块体)中的流体渗透。岩体基质通常认为是不渗透的(如低渗透硬岩、花岗岩)或者多孔介质(如砂岩)。对于许多实际问题，特别是在硬岩中，连通裂隙网络的流动通常控制着整个流动模式。

裂隙的渗透性主要取决于裂隙的有效开度，并且开度在变形过程中会发生变化。岩块的渗透性取决于岩块的孔隙度，孔隙度在应力作用下也会发生变化。因此，裂隙岩体的整体渗透性取决于裂隙网络的拓扑结构(几何结构和连通性)、裂隙的变形和开度、岩块的变形和孔隙度。

本书只研究水-力耦合，因为它是大多数岩体工程中最重要的问题。除地热储层工程外，岩体内的热流动主要是传导作用，热传递通常可以看成一个单向耦合，只考虑力学过程中热应力、体积膨胀和流体流动部分的流体黏度/浮力变化。热传递方程的求解通常是单独进行的，因此在本书中不做详细介绍。

在实际工程中，流体在裂隙多孔介质中的流动问题通常采用双重孔隙、双重渗透率或多重连续介质模型来处理，主要采用 FEM 或 FDM 求解。流体在裂隙硬岩中的流动问题通常采用离散方法，如 DFN 法或 DEM 与 DFN 法的组合来处理。本书在分析牛顿流体的流动和耦合问题时采用组合方法。然而，为了使基本原理上更加完整，本章简要介绍牛顿流体在多孔介质中的流动原理，这对于需要更深入了解裂隙介质中流体流动物理特性的读者具有很好的参考价值。

4.1　多孔连续介质中流体流动的控制方程

多孔连续介质中流体流动的控制方程是基于质量、动量和能量守恒定律的连续性方程、运动方程和能量方程建立的。本书不考虑流体的热传递，只介绍用质量守恒定律导出的连续性方程和用动量守恒定律导出的运动方程。

多孔介质中黏性流体流动的基本定律是通过试验建立的达西定律，流体流动

速度分量为

$$v_x = -k_x \frac{\partial h}{\partial x}, \; v_y = -k_y \frac{\partial h}{\partial y}, \; v_z = -k_z \frac{\partial h}{\partial z} \tag{4.1}$$

式中，$v_i(i=x,y,z)$ 为流速在方向 i 上的分量(单位时间内流体在单位截面上的流量)；$k_i(i=x,y,z)$ 为多孔介质渗透系数在方向 i 上的分量；h 为测压管水头，定义为

$$h = Z + \frac{p}{\rho_{\mathrm{f}} g} \tag{4.2}$$

式中，ρ_{f} 为流体密度；g 为重力加速度；Z 为某点所在的位置距离基准面的垂直高度；p 为流体压力，有时也称为压力水头。测压管水头和压力是位置(坐标 x、y、z)的函数。

式(4.1)中的负号表示流动方向指向水头降低的方向。达西定律通过式(4.1)总结了许多地下水在多孔岩体中流动的基本物理学知识，它可以用更一般的形式写成

$$\begin{Bmatrix} v_x \\ v_y \\ v_z \end{Bmatrix} = -\begin{bmatrix} k_{xx} & k_{xy} & k_{xz} \\ k_{yx} & k_{yy} & k_{yz} \\ k_{zx} & k_{zy} & k_{zz} \end{bmatrix} \begin{Bmatrix} \partial h / \partial x \\ \partial h / \partial y \\ \partial h / \partial z \end{Bmatrix} \tag{4.3}$$

对各向异性介质或矢量形式写成

$$\boldsymbol{v} = -\boldsymbol{K}\mathrm{grad}(h) \tag{4.4}$$

式中，$\boldsymbol{K}$ 为二阶张量，称为介质的渗透张量。

4.1.1　多孔介质中流体流动的连续性方程

从质量守恒定律出发，对于空间单元体(图 4.2)，出口体积流速等于进口体积流速与介质单位时间释放体积流速和源汇项流速之和。将笛卡儿坐标系中的流速分量表示为 v_x、v_y、v_z，单元体的边长为 Δx 、Δy 、Δz 。考虑到图 4.2 中单元体的质量守恒，单元体中的流体质量应等于流入单元体的流体质量减去流出单元体的流体质量，再加上单元体内源或汇提供流体质量，以及因水头变化而从单元体储存中释放出来的流体质量。

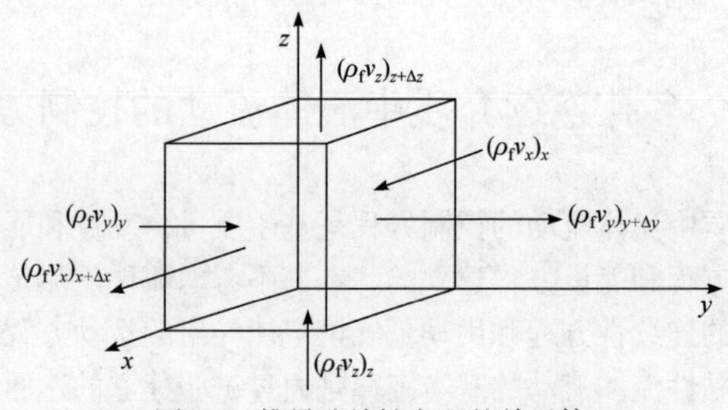

图 4.2　推导连续性方程的单元体

单位时间内单元体内流体质量的增加由式(4.5a)给出：

$$\frac{\partial \bar{\rho}_{\mathrm{f}}}{\partial t}\Delta x\Delta y\Delta z \tag{4.5a}$$

式中，$\bar{\rho}_{\mathrm{f}}$ 为单元体内的平均流体密度。

单元体六个面的流入量为

$$(\rho_{\mathrm{f}}v_x)_x\Delta y\Delta z+(\rho_{\mathrm{f}}v_y)_y\Delta x\Delta z+(\rho_{\mathrm{f}}v_z)_z\Delta x\Delta y \tag{4.5b}$$

流出量为

$$(\rho_{\mathrm{f}}v_x)_{x+\Delta x}\Delta y\Delta z+(\rho_{\mathrm{f}}v_y)_{y+\Delta y}\Delta x\Delta z+(\rho_{\mathrm{f}}v_z)_{z+\Delta z}\Delta x\Delta y \tag{4.5c}$$

定义 S 为岩体的释水系数，表示单位体积岩体在单位水头损失下释放的流体质量，即

$$S=-\frac{\bar{\rho}_{\mathrm{f}}\Delta V_{\mathrm{f}}}{(\Delta x\Delta y\Delta z)\Delta h} \tag{4.6a}$$

式中，ΔV_{f} 为从单元体释放出来的流体体积。负号表明 ΔV_{f} 与水头变化Δh 的符号相反。当流体从基质中释放且$\Delta h>0$ 时，$\Delta V_{\mathrm{f}}<0$；当流体流入基质且$\Delta h<0$ 时，$\Delta V_{\mathrm{f}}>0$。根据式(4.6a)，流体释放的速率为$\Delta V_{\mathrm{f}}/\Delta t$，可写成

$$\frac{\Delta V_{\mathrm{f}}}{\Delta t}=-S\frac{\Delta h}{\Delta t}(\Delta x\Delta y\Delta z) \tag{4.6b}$$

再次假定单位岩体由源汇项引起的流量为 $r(x, y, z, t)$，则质量守恒定律要求

$$\begin{aligned}\frac{\partial \bar{\rho}_{\mathrm{f}}}{\partial t}\Delta x\Delta y\Delta t=&\left[(\rho_{\mathrm{f}}v_x)_x\Delta y\Delta z+(\rho_{\mathrm{f}}v_y)_y\Delta x\Delta z+(\rho_{\mathrm{f}}v_z)_z\Delta x\Delta y\right.\\&\left.-(\rho_{\mathrm{f}}v_x)_{x+\Delta x}\Delta y\Delta z-(\rho_{\mathrm{f}}v_y)_{y+\Delta y}\Delta x\Delta z-(\rho_{\mathrm{f}}v_z)_{z+\Delta z}\Delta x\Delta y\right]\\&-S\frac{\Delta h}{\Delta t}(\Delta x\Delta y\Delta z)+r(x,y,z,t)\Delta x\Delta y\Delta z\end{aligned} \tag{4.7}$$

除以单位体积$\Delta x\Delta y\Delta z$，并设$\Delta x\to 0$，$\Delta y\to 0$，$\Delta z\to 0$，$\Delta t\to 0$，导出连续性方程：

$$\frac{\partial \rho_{\mathrm{f}}}{\partial t}+\frac{\partial(\rho_{\mathrm{f}}v_x)}{\partial x}+\frac{\partial(\rho_{\mathrm{f}}v_y)}{\partial y}+\frac{\partial(\rho_{\mathrm{f}}v_z)}{\partial z}=-S\frac{\partial h}{\partial t}+r(x,y,z,t) \tag{4.8}$$

对于不可压缩流体，ρ_{f} =常数，$\partial\rho_{\mathrm{f}}/\partial t=0$，连续性方程变成

$$\frac{\partial v_x}{\partial x}+\frac{\partial v_y}{\partial y}+\frac{\partial v_z}{\partial z}=\frac{1}{\rho_{\mathrm{f}}}\left[-S\frac{\partial h}{\partial t}+r(x,y,z,t)\right] \tag{4.9}$$

将达西定律代入式(4.9)，得到渗透系数为 k 的均匀介质连续性方程表达式为

$$\frac{\partial^2 h}{\partial^2 x}+\frac{\partial^2 h}{\partial^2 y}+\frac{\partial^2 h}{\partial^2 z}=\frac{1}{\rho_{\mathrm{f}}k}\left[S\frac{\partial h}{\partial t}-r(x,y,z,t)\right] \tag{4.10}$$

而正交各向异性介质的连续性方程表达式为

$$\frac{\partial}{\partial x}\left(k_x\frac{\partial h}{\partial x}\right)+\frac{\partial}{\partial y}\left(k_y\frac{\partial h}{\partial y}\right)+\frac{\partial}{\partial z}\left(k_z\frac{\partial h}{\partial z}\right)=\frac{1}{\rho_{\mathrm{f}}}\left[S\frac{\partial h}{\partial t}-r(x,y,z,t)\right] \tag{4.11}$$

式中，x、y、z 方向是渗透张量的主方向。对于各向异性介质，应采用式(4.9)表示的连续性方程的一般形式。

对于稳态问题，$\partial h/\partial t=0$，将连续性方程化为不可压缩流体的泊松方程：

$$\frac{\partial}{\partial x}\left(k_x\frac{\partial h}{\partial x}\right)+\frac{\partial}{\partial y}\left(k_y\frac{\partial h}{\partial y}\right)+\frac{\partial}{\partial z}\left(k_z\frac{\partial h}{\partial z}\right)=-\frac{r(x,y,z,t)}{\rho_{\mathrm{f}}} \tag{4.12}$$

当源项也为零时，连续性方程成为 Laplace 方程：

$$\frac{\partial}{\partial x}\left(k_x\frac{\partial h}{\partial x}\right)+\frac{\partial}{\partial y}\left(k_y\frac{\partial h}{\partial y}\right)+\frac{\partial}{\partial z}\left(k_z\frac{\partial h}{\partial z}\right)=0 \tag{4.13}$$

4.1.2 流体运动方程

利用动量守恒定律(牛顿第二定律)可推导多孔介质中牛顿流体流动的运动方程。设 V 为体积力为 b 的牛顿流体所占体积，其边界面 S 的单位外法向量为 $\boldsymbol{n}$。在面 S 上作用应力 σ_{ij}，根据 Cauchy 应力式得到表面作用力 $T_i=\sigma_{ij}n_j$。$\boldsymbol{v}$ 为流体的速度矢量，动量守恒定律表示为

$$\frac{\mathrm{D}}{\mathrm{D}t}\iiint_V \rho_{\mathrm{f}} v_i \mathrm{d}V=\iint_S \sigma_{ij}n_j\mathrm{d}S+\iiint_V \rho_{\mathrm{f}} b_i\mathrm{d}V \quad (i=x,y,z) \tag{4.14}$$

因为

$$\frac{\mathrm{D}}{\mathrm{D}t}\iiint_V \rho_{\mathrm{f}} v_i \mathrm{d}V=\iiint_V \rho_{\mathrm{f}}\frac{\mathrm{D}v_i}{\mathrm{D}t}\mathrm{d}V \tag{4.15a}$$

根据高斯定理，有

$$\iint_S \sigma_{ij}n_j\mathrm{d}S=\iiint_V \frac{\partial\sigma_{ij}}{\partial x_j}\mathrm{d}V \tag{4.15b}$$

式(4.14)可以改写为

$$\iiint_V\left(\rho_{\mathrm{f}}\frac{\mathrm{D}v_i}{\mathrm{D}t}-\rho_{\mathrm{f}}b_i-\frac{\partial\sigma_{ij}}{\partial x_j}\right)\mathrm{d}V=0 \tag{4.16}$$

或用它的微分形式：

$$\rho_{\mathrm{f}}\frac{\mathrm{D}v_i}{\mathrm{D}t}=\rho_{\mathrm{f}}b_i+\frac{\partial\sigma_{ij}}{\partial x_j} \tag{4.17}$$

连续介质的变形梯度可写成

$$e_{ij}=\frac{1}{2}\left(\frac{\partial v_i}{\partial x_j}+\frac{\partial v_j}{\partial x_i}\right)\qquad (i,j=x,y,z) \tag{4.18}$$

对于动力黏度为μ的牛顿流体，应力和变形率张量之间的本构关系写成

$$\sigma_{ij}=\left[-p+\left(\mu'-\frac{2}{3}\mu\right)\left(\frac{\partial v_x}{\partial x}+\frac{\partial v_y}{\partial y}+\frac{\partial v_z}{\partial z}\right)\right]\delta_{ij}+2\mu e_{ij} \tag{4.19}$$

式中，μ'为流体的二次黏度或膨胀黏度；p为流体压力；δ_{ij}为克罗内克增量。

将式(4.18)和式(4.19)代入式(4.17)可得

$$\rho_{\mathrm{f}}\frac{\mathrm{D}v_i}{\mathrm{D}t}=\rho_{\mathrm{f}}b_i-\frac{\partial p}{\partial x_i}+\frac{\partial}{\partial x_i}\left[\left(\mu'-\frac{2}{3}\mu\right)\theta\right]+\frac{\partial}{\partial x_i}\left[\mu\left(\frac{\partial v_i}{\partial x_j}+\frac{\partial v_j}{\partial x_i}\right)\right] \tag{4.20a}$$

式中

$$\theta=\frac{\partial v_x}{\partial x}+\frac{\partial v_y}{\partial y}+\frac{\partial v_z}{\partial z} \tag{4.20b}$$

表示体积变化率。这个方程是牛顿流体在多孔介质中的运动方程或动量方程，通常称为牛顿流体的 Navier-Stokes(N-S)方程。

在 Stokes 条件下，$\mu'=0$，这表明压力p被定义为静止时可压缩流体的法向应力平均值，N-S 方程变为

$$\frac{\mathrm{D}v_i}{\mathrm{D}t}=b_i-\frac{1}{\rho_{\mathrm{f}}}\frac{\partial p}{\partial x_i}-\nu\frac{2}{3}\frac{\partial}{\partial x_i}\left(\frac{\partial v_i}{\partial x_i}\right)+\nu\frac{\partial}{\partial x_i}\left(\frac{\partial v_i}{\partial x_j}+\frac{\partial v_j}{\partial x_i}\right) \tag{4.21a}$$

式中，$\nu=\mu/\rho_{\mathrm{f}}$为流体的运动黏度。根据式(4.2)并舍弃任意量 Z，可压缩牛顿黏性流体的 N-S 方程通常写成

$$\begin{cases}\dfrac{\mathrm{D}v_x}{\mathrm{D}t}=b_x-g\dfrac{\partial h}{\partial x}+\nu\left(\dfrac{\partial^2 v_x}{\partial x^2}+\dfrac{\partial^2 v_x}{\partial y^2}+\dfrac{\partial^2 v_x}{\partial z^2}\right)\\ \dfrac{\mathrm{D}v_y}{\mathrm{D}t}=b_y-g\dfrac{\partial h}{\partial y}+\nu\left(\dfrac{\partial^2 v_y}{\partial x^2}+\dfrac{\partial^2 v_y}{\partial y^2}+\dfrac{\partial^2 v_y}{\partial z^2}\right)\\ \dfrac{\mathrm{D}v_z}{\mathrm{D}t}=b_z-g\dfrac{\partial h}{\partial z}+\nu\left(\dfrac{\partial^2 v_z}{\partial x^2}+\dfrac{\partial^2 v_z}{\partial y^2}+\dfrac{\partial^2 v_z}{\partial z^2}\right)\end{cases} \tag{4.21b}$$

流体的黏度通常是温度的函数，但是本书不考虑温度效应，流体黏度假设为常数。因此，也不需要描述压力(应力)、温度和密度之间关系的状态方程。在给定边界条件和初始条件下，连续性方程(4.9)和 N-S(动量)方程(4.21)构成了一个求

解多孔介质流动问题的完整封闭方程组。

4.2 流体在光滑裂隙中的流动方程

4.2.1 光滑平行裂隙流动方程

在岩体力学中，最常用的单裂隙流动模型是黏性流体通过一对相对距离(开度)较小的光滑平行板裂隙。由此可推导出简化的N-S方程，通常称为平行板模型或立方定律。本书采用局部坐标系(x, y, z)进行分析，坐标系中xy平面是裂隙的中间面，z轴沿裂隙面法向。

通过考虑作用于微分体上的惯性力、压力、重力和摩擦力之间的平衡，得到了N-S方程(4.21b)。假设裂隙中的流动是无扰动和无旋涡的，流动处于稳定的层流状态，因此垂直于裂隙方向的速度分量v_z等于零。进一步假设速度分量的惯性效应和二阶导数可忽略不计(即裂隙平面内流动是各向同性的)，N-S方程(4.21b)变成

$$\begin{cases} \nu\dfrac{\partial^2 v_x}{\partial z^2} = -b_x + g\dfrac{\partial h}{\partial x} \\ \nu\dfrac{\partial^2 v_y}{\partial z^2} = -b_y + g\dfrac{\partial h}{\partial y} \\ -b_z + g\dfrac{\partial h}{\partial z} = 0 \end{cases} \tag{4.22a}$$

对式(4.22a)的前两个方程进行二次积分可得

$$\begin{cases} v_x = \dfrac{g}{2\nu}\dfrac{\partial\left(h-b_x x\right)}{\partial x}z^2 + c_1 z + c_2 \\ v_y = \dfrac{g}{2\nu}\dfrac{\partial\left(h-b_y y\right)}{\partial y}z^2 + c_3 z + c_4 \end{cases} \tag{4.22b}$$

利用边界条件$v_x = v_y = 0\big|_{z=\pm e/2}$，可以确定积分常数$c_i$ (i=1, 2, 3, 4)，从而得到速度分量v_x和v_y的抛物线分布(图4.3)：

$$\begin{cases} v_x = \dfrac{g}{2\nu}\dfrac{\partial\left(h-b_x x\right)}{\partial x}\left[z^2 - \left(\dfrac{e}{2}\right)^2\right] \\ v_y = \dfrac{g}{2\nu}\dfrac{\partial\left(h-b_y y\right)}{\partial y}\left[z^2 - \left(\dfrac{e}{2}\right)^2\right] \end{cases} \tag{4.23a}$$

当xy面是水平面时，式(4.23a)可变成更简便的形式：

$$
\begin{cases}
v_x = \dfrac{g}{2\nu}\dfrac{\partial h}{\partial x}\left[z^2 - \left(\dfrac{e}{2}\right)^2\right] \\
v_y = \dfrac{g}{2\nu}\dfrac{\partial h}{\partial y}\left[z^2 - \left(\dfrac{e}{2}\right)^2\right]
\end{cases}
\tag{4.23b}
$$

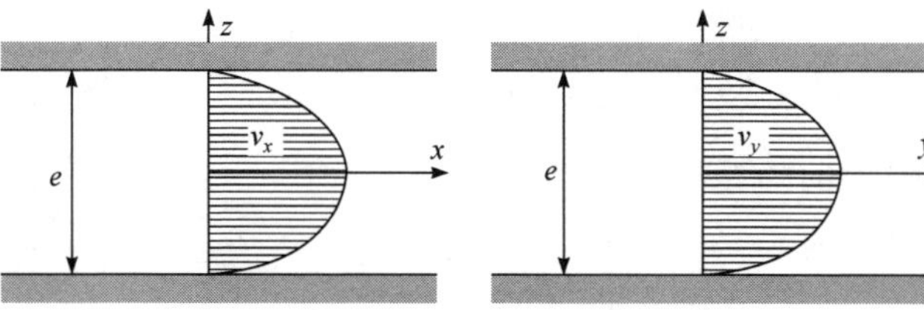

图 4.3　单裂隙中流速的抛物线分布

式(4.23a)和式(4.23b)为两个间距为 e 的平行平板之间层流流动的雷诺方程，e 表示裂隙的水力开度。将式(4.23a)在开度 e 上沿 z 方向积分，得到两个平行板间流动的平均速度分量 $\overline{v}_x$ 和 $\overline{v}_y$：

$$
\begin{cases}
\overline{v}_x = \dfrac{1}{e}\displaystyle\int_{-e/2}^{e/2} v_x \mathrm{d}z = -\dfrac{ge^2}{12\nu}\dfrac{\partial\left(h - b_x x\right)}{\partial x} \\
\overline{v}_y = \dfrac{1}{e}\displaystyle\int_{-e/2}^{e/2} v_y \mathrm{d}z = -\dfrac{ge^2}{12\nu}\dfrac{\partial\left(p - b_y y\right)}{\partial y}
\end{cases}
\tag{4.24}
$$

平均速度和开度的乘积是各自方向上的流量分量，即

$$
\begin{cases}
q_x = e\overline{v}_x = -\dfrac{ge^3}{12\nu}\dfrac{\partial\left(h - b_x x\right)}{\partial x} \\
q_y = e\overline{v}_y = -\dfrac{ge^3}{12\nu}\dfrac{\partial\left(h - b_y y\right)}{\partial y}
\end{cases}
\tag{4.25}
$$

定义

$$
T = \frac{ge^3}{12\nu} = \frac{\rho_{\mathrm{f}} g e^3}{12\mu}
\tag{4.26}
$$

为裂隙的导水系数。T 除以开度 e 导出另一个参数，称为渗透系数：

$$
k = \frac{ge^2}{12\nu} = \frac{\rho_{\mathrm{f}} g e^2}{12\mu}
\tag{4.27}
$$

通过假设裂隙面内的流动是各向同性的，导出了上述关系和参数，因此 T 和 k 都是常数并且在裂隙面内是均匀的。对于各向异性情况，x 与 y 方向的导水系数是不同的，流速分量可写为

$$\begin{cases} q_x = -T_x \dfrac{\partial h}{\partial x} \\ q_y = -T_y \dfrac{\partial h}{\partial y} \end{cases} \tag{4.28}$$

式中，T_x 和 T_y 必须通过试验确定。连续性方程变成

$$\frac{\partial}{\partial x}\left(T_x \frac{\partial h}{\partial x}\right)+\frac{\partial}{\partial y}\left(T_y \frac{\partial h}{\partial y}\right)=\frac{1}{\rho_{\mathrm{f}}}\left[S_{\mathrm{f}} \frac{\partial h}{\partial t}-r(x, y, t)\right] \tag{4.29}$$

式中，S_{f} 为裂隙的储存系数，表达式为

$$S_{\mathrm{f}}=\rho_{\mathrm{f}} g\left(\frac{1}{k_n}+e C_{\mathrm{f}}\right) \tag{4.30}$$

式中，k_n 为裂隙的法向刚度；C_{f} 为流体的压缩系数(Doe and Osnes，1985)。孔隙岩体 S_{f} 的定义由 Lesnic 等(1997)给出：

$$S_{\mathrm{f}}=\rho_{\mathrm{f}} g\left(\phi C_{\mathrm{f}}\right) \tag{4.31}$$

式中，ϕ为多孔岩体的孔隙度。

将式(4.28)代入连续性方程(4.29)，得到

$$T_x \frac{\partial h}{\partial x}+T_y \frac{\partial h}{\partial y}=\frac{1}{\rho_{\mathrm{f}}}\left[S_{\mathrm{f}} \frac{\partial h}{\partial t}-r(x, y, t)\right] \tag{4.32}$$

正交各向异性裂隙在两个正交方向 x 和 y 上具有恒定但不同的导水系数。

在分析没有源项的稳态问题时，即 $\partial h / \partial t=0$，$r(x, y, t)=0$，连续性方程变成 Laplace 方程：

$$T_x \frac{\partial h}{\partial x}+T_y \frac{\partial h}{\partial y}=0 \tag{4.33}$$

式(4.33)联立了 N-S 方程(使用立方定律表示导水系数)和连续性方程，因此是求解相应流动问题的方程。

4.2.2　光滑倾斜裂隙导水系数

具有平行表面的裂隙只是粗略的近似，实际情况下，裂隙表面很可能不是平行的，或者最初平行的裂隙表面在变形后会变成楔形。基于推导平行裂隙立方定律相同的原理，Iwai(1976a，1976b)推导出非平行楔形裂隙的流动方程(图 4.4(a))，表达式为

$$\frac{q_i^n}{q_i^m}=16 \frac{r^2}{(1+r)^4} \tag{4.34}$$

式中

$$r = \frac{e_{\mathrm{a}}}{e_{\mathrm{b}}} \quad \text{或} \quad r = \frac{e_{\mathrm{b}}}{e_{\mathrm{a}}} \tag{4.35}$$

式中，e_{a} 和 e_{b} 为位于流速为 q_i^n 的楔形裂隙两端的水力开度，且 q_i^m 为由平行板模型(立方定律)计算的平均水力开度为 e_{m} 裂隙的流速。

$$e_{\mathrm{m}} = \frac{1}{2}\left(e_{\mathrm{a}} + e_{\mathrm{b}}\right) \tag{4.36}$$

换句话说，楔形、非平行裂隙的水力开度可视为等效开度 e_n 的平行裂隙，修正因子为 $F=(1+r)^4/16r^2$：

$$e_n = \frac{e_{\mathrm{m}}}{F} = e_{\mathrm{m}}\left[\frac{16r^2}{(1+r)^4}\right]^{1/3} \tag{4.37}$$

非平行裂隙的导水系数可写为

$$T_n = \frac{g e_n^3}{12\nu} = \frac{\rho_{\mathrm{f}} g e_n^3}{12\mu} \tag{4.38}$$

图 4.4(b)形象地表示了不同开度比下裂隙中压力的变化，虚线表示开度恒定时的压力。

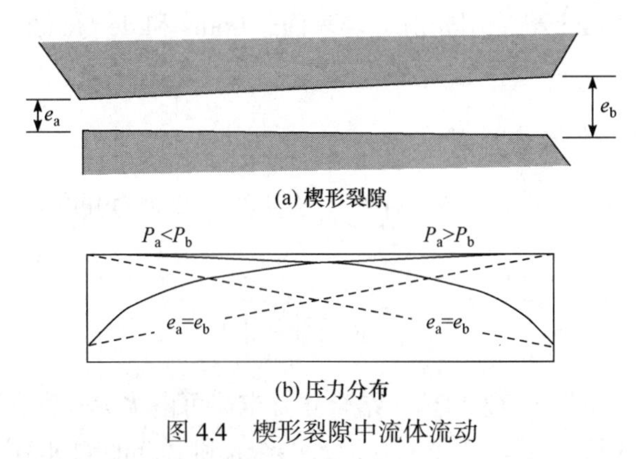

图 4.4　楔形裂隙中流体流动

4.3　粗糙裂隙中流体流动经验模型

4.3.1　基于立方定律有效性的流动模型

立方定律是针对光滑固体壁面采用理论分析得到的，部分试验结果表明，该定律不适用于岩体粗糙裂隙。学者们开展了大量研究并对其进行修正，以便能够在保持渗透系数与开度的平方关系前提下，将裂隙壁面粗糙度考虑进来。利用上述方法提出的模型称为修正的立方定律。

1. Lomitze、Louis 和 de Quadros 模型

Lomitze(1969)用宏观光滑玻璃板研究微凸体对裂隙中流体渗透性的影响，提出

$$k=\frac{ge^2}{12\nu}\left[1+17\left(\frac{R_t}{2e}\right)^{1.5}\right] \tag{4.39}$$

式中，$R_t=z_{\max}-z_{\min}$ 为粗糙平板的测量值，$z_{\max}$ 和 $z_{\min}$ 分别为以裂隙壁面平均中心线为基准的最大和最小微凸体高度。该模型是用粗糙度系数对立方定律进行改进，Louis(1969)也采用了类似的方法，提出模型表达式为

$$k=\frac{ge^2}{12\nu}\left[1+8.8\left(\frac{R_t}{2e}\right)^{1.5}\right] \tag{4.40}$$

Barton 和 de Quadros(1997)也提出类似模型表达式：

$$k=\frac{ge^2}{12\nu}\left[1+20.5\left(\frac{R_t}{2e}\right)^{1.5}\right] \tag{4.41}$$

模型中常数 17、8.8 和 20.5 的差异反映了用于推导这些经验模型的不同裂隙试样的影响，Lomitze 使用光滑玻璃表面，Louis 和 de Quadros 使用不同的岩体裂隙。

2. Barton 的 JRC 开度模型

Barton 等(1985)提出了裂隙中存在力学开度 E 和水力开度 e，且它们之间遵循以下经验关系：

$$e=\text{JRC}^{2.5}\left(\frac{E}{e}\right)^{-2} \tag{4.42}$$

式(4.42)使用时以微米(μm)为单位，结合立方定律可由水力开度 e 导出渗透系数。根据 Bandis(1980)记录的 JRC 和 JCS 值，Barton 和 Bakhtar(1983)认为初始力学开度 E_0 可由另外一个经验式给出，即

$$E_0=\frac{\text{JRC}_0}{5}\left(0.2\frac{\sigma_{\text{c}}}{\text{JCS}}-0.1\right) \tag{4.43}$$

或者，最初的原位水力开度可以通过钻孔水力测试数据反算。当前的力学开度为

$$E=E_0-u_n \tag{4.44}$$

式中，u_n 为裂隙面的法向闭合累积增量；JRC_0 为 JRC 的初始值；σ_{c} 为岩石材料

的单轴抗压强度。Barton 和 de Quadros(1997)也采用了这一经验模型，有关该方法的更全面的介绍详见 Bandis(1993)。

式(4.42)和式(4.43)两侧的量纲不匹配(右侧无量纲，但左侧具有量纲，可能表现出物理不相容)。这些方程中的常数(2.5、5、0.2 和 0.1)来自试验数据，当这些常数直接用于其他特定情况时需要谨慎。

现有的试验数据非常有限，无法用来测量或估计所有需要的参数。Barton 等(1985)、Barton 和 Bakhtar(1983)的研究表明，采用上述经验模型计算的法向应力-流动和剪胀-流动之间的响应与 Maini 和 Hocking(1977)的室内试验以及 Hardin 等(1982)在美国内华达实验基地的坑道进行的现场平板加载试验和加热块试验结果一致。

Gale 等(1993)发现，Barton 等(1985)的模型所给出的法向应力作用下的水力开度以及导出的流体速度与流动试验不相符。Gale 等(1993)认为，原因可能是摩擦系数和粗糙度测量存在问题，或者它们在模型中没有得到适当的表达。

3. Tsang 和 Witherspoon 模型

Tsang 和 Witherspoon(1981)提出了双重概念模型，包括用于描述应力-法向闭合关系的空隙变形模型和用于描述应力-流动关系的开度(微凸体高度)分布模型。在该模型中，岩体裂隙用接触的微凸体之间的扁平空隙集合表示，法向闭合量是应力作用下空隙的变形引起的。根据 Walsh(1965)提出的公式，在平均空隙长度为 l 的前提下，得到了含空隙岩石的等效模量与完整岩石固有模量之间比值 d 的表达式，有效/固有模量比与 l/d 呈比例变化。因此，试验中含有裂隙岩石试样的应力-位移曲线可以用来计算比值 d 和接触点数量 N_c，并由此通过数值微分来计算微凸体高度分布 $n(h)$。一旦这些粗糙特性确定，在没有裂隙面轮廓和通过应力-渗流数据拟合的参数条件下，就可以计算统计平均水力开度 $\langle e \rangle$。这个平均水力开度是法向变形 u_n 和法向有效应力 σ_n' 的函数，该关系由式(4.45)给出：

$$\left\langle e^3(u_{n,}\sigma_n')\right\rangle = \frac{\int_0^{e_0-\Delta u_n}(e_0-u_n-h)^3 n(h)\mathrm{d}h}{\int_0^{e_n} n(h)\mathrm{d}h} \tag{4.45}$$

式中，e_0 为零法向应力下裂隙的最大开度，可以在指定应力下通过对裂隙壁上的裂隙接触面积进行估算。裂隙的导水系数由立方定律给出，其中统计平均值 $\langle e^3 \rangle$ 用于代替常用的平行板模型的开度。该模型与 Iwai(1976a)花岗岩和玄武岩中张开裂隙的试验数据非常吻合，试验中裂隙接触面积比为 10%～20%。然而，Gale 等(1993)发现，这个模型与他们的 URL 试样的试验数据很不吻合。他们的结论是，由于该模型同时处理裂隙的应力-渗流曲线的加载和卸载部分，可能需要进一步研究从试验数据中提取模型关键参数的正确方法。

4.3.2 不考虑立方定律有效性的流动模型

裂隙面的粗糙度是裂隙中流体流动偏离立方定律的主要原因，特别是当法向应力高、开度小时。多年来，学者们提出了用来解释流体通过裂隙面不服从立方定律特征的多个经验模型，这些模型中采用不同形式体现粗糙度和法向应力的影响。

1. Gangi 模型

利用 Hertzian 方法，Gangi(1978)建立了单个裂隙面中流体渗透系数模型。裂隙的粗糙面近似看成由很多放置在基准面上且横截面均匀的竖直柱体组成，粗糙面几何形状即裂隙面微凸体的空间分布特征可用不同的统计分布函数生成。建立的模型中渗透系数为

$$k = k_0\left[1-\left(\frac{\sigma_n'}{E}\frac{A}{A_{\mathrm{c}}}\right)^{1/N(x)}\right]^3 \tag{4.46}$$

式中，σ_n' 为有效法向应力；E 为岩石杨氏模量；A 为裂隙名义面积；A_{c} 为裂隙接触面积(微凸体的覆盖面积)；k_0 为初始渗透系数(在零法向应力下)；$N(x)$为微凸体(柱体微凸体高差)的累积概率分布函数(定义为微凸体最高高度和某特定微凸体高度之差，$z_{\max}-z$)，由幂函数给出：

$$N(x) = m\left(\frac{x}{z_{\max}-z}\right)^{n-1} \quad (1 \leqslant n < \infty) \tag{4.47}$$

式中，n 为试验确定的常数；参数 m 为微凸体的总数。函数 $N(x)$表示微凸体高差小于或等于 x 的柱体数量。

Gangi 发现，他的模型与 Nelson 和 Hardin(1977)砂岩裂隙、Jones(1975)碳酸盐岩裂隙测试数据相吻合。其他研究工作，如 Gale 等(1993)、Barr 和 Stesky(1980)、Tsang 和 Witherspoon(1981)以及 Elliot 等(1985)，则发现试验数据和与 Gangi 模型预测不吻合。

2. Walsh 模型

基于微凸体服从高斯分布的假设，Walsh 和 Grosenbaugh(1979)将裂隙面的法向刚度与 Greenwood 和 Williamson(1966)的摩擦学模型(G-W 模型)相结合，导出了粗糙接触裂隙面弹性变形的法向应力-闭合量关系。他们的模型将开度的变化和法向应力下接触面积的变化联系起来，假设微凸体的顶端是具有相同曲率半径的球体，并假定微凸体的高度呈指数分布，表明裂隙面的法向刚度应随有效法向应

力呈线性变化，比例常数为微凸体高度的标准差，这相当于 Bandis(1980)、Goodman(1976)和其他学者发现的法向应力与闭合变形之间的双曲线关系。他们发现，由 Pratt 等(1977)在大型块体试验中测量的裂隙面的原位法向刚度正如他们的模型所预测的那样，与施加的法向应力呈线性变化关系。

利用上述闭合模型，并利用含有绝缘圆柱形夹杂物的薄板中的热流动与平面界面中的流体流动之间的类比，通过接触微凸体来说明接触面积如何影响裂隙的渗透系数，Walsh(1981)推导出裂隙的渗透系数 k 与有效正应力之间有下列关系：

$$k = k_0\left(1 - 2\sqrt{2}\frac{R_q}{e_0}\ln\frac{\sigma_n'}{\sigma_0'}\right)^3 \tag{4.48}$$

式中，k_0、e_0 为参考有效应力 σ_0' 处的渗透系数和水力开度；R_q 为裂隙微凸体高度分布的标准差。

Walsh 发现，式(4.48)与 Jones(1975)、Kranz 等(1979)以及 Barr 和 Stesky(1980)人工裂隙的试验结果之间具有一致性。Gale 等(1993)采用式(4.48)的 Walsh 模型拟合他们的试验结果(法向应力-归一化流速数据)，发现各最佳拟合参数对间的相关性从中强到弱，但模型参数与流量之间缺乏相关性，这可能是由于使用了二维表面轮廓仪测量微凸体高度的分布，而不是三维扫描仪。试验结果与 R_q 和 e_0 的最佳拟合值不一致。当必须考虑剪切变形时，G-W 模型不再适用，因此该模型也不再适用。

3. Gale 模型

Gale(1975，1982，1987)提出裂隙渗透系数 k 和有效法向应力 σ_n' 存在幂函数关系：

$$k = s(\sigma_n')^n \tag{4.49}$$

式中，s 和 n 为试验常数。该模型可用于解释许多不考虑剪胀效应的应力-渗流耦合试验。

4. Swan 模型

Swan(1980，1983)的模型与 Walsh 和 Grosenbaugh(1979)的模型基本相同，但假设微凸体的高度呈指数分布，且接触发生在峰顶与峰顶间。接触面积和法向刚度是 R_q/e_0 的函数，且与法向应力成正比。在几个板岩裂隙面上的轮廓面测量结果和不高于 30MPa 的法向加载试验结果证实了上述假设。将粗糙度以及闭合模型与立方定律结合起来，粗糙裂隙的渗透系数表达式为

$$k = k_0 \left[\left(1 - \frac{a}{e_0} \right) - \frac{R_q}{e_0} \ln \sigma_n' \right]^2 \tag{4.50}$$

式中，k_0为法向应力为 0 或仅在自重下的渗透系数；a 为常数；e_0、R_q和σ_n'已在上文定义。

Swan(1980，1983)在他的试验中没有测量接触面积和流速，而是使用数值模型来模拟接触粗糙面的闭合。他发现模型的预测结果与 Iwai(1976a)测得的接触面积和法向应力关系基本吻合。他的模型表明，裂隙接触面积随着法向应力的增加而线性增加，随着初始开度的增加而减小，并且在 20MPa 的法向应力下裂隙接触面积小于初始值的 5%。接触面积小意味着峰顶与峰顶接触发生在一些高的微凸体上这个假设可能只在较低的法向应力下有效。Gale 等(1993)的一些裂隙轮廓测量数据证实了这一点，而其数据中有一小部分显示裂隙是吻合的。相反，Pyrak-Nolte 等(1987)和 Gentier(1989)的试验结果认为接触面积随法向应力的增加呈非线性变化。

在不同的加载循环下，Gale 等(1993)将他们的法向应力-归一化流速试验结果与 Swan 模型进行了比较，发现与 Gangi 模型相比，Swan 模型拟合参数随循环次数变化，并且最佳拟合参数与归一化流速之间没有相关性。

5. Cook 模型

Cook(1988)和他的同事根据观察到的室内试验结果与使用立方定律预测之间的差异，提出了一种流体流经天然粗糙岩石单裂隙的经验模型。假设裂隙的初始平均开度为e_0，在某一法向应力下平均闭合量为 d，裂隙平均有效开度的增量可写为$\Delta(e_0-d)=\Delta e_c$，并且分布在裂隙的整个名义面积 A 上。平均开度的增量伴随着邻近接触面的空隙平均厚度Δe_a变化。但是，Δe_a分布在面积$(A-a)$上，其中 a 是实际接触面积。在垂直于裂隙平均平面方向的均匀位移作用下，必须保持以下关系：

$$\Delta e_a = \frac{\Delta e_c}{1 - a/A} \tag{4.51}$$

式(4.51)是在法向应力作用下，裂隙的力学闭合量与水力开度之间的关系。假设在任意应力下接触的裂隙面积比近似等于由该应力下力学闭合量与法向应力为 0 时初始平均开度比 d/e_0，则

$$\overline{a} = \frac{a}{A} = \frac{d}{e_0} = 1 - \frac{e_c}{e_0} \tag{4.52}$$

将式(4.52)代入式(4.51)得到

$$\Delta e_a = e_0 \frac{\Delta e_c}{e_c} \tag{4.53a}$$

或写成微分形式：

$$\mathrm{d}e_a = e_0 \frac{\mathrm{d}e_c}{e_c} \tag{4.53b}$$

式中

$$e_a = e_0 \left(1 + \ln \frac{e_c}{e_0}\right) \tag{4.54}$$

在法向应力为 0 时，$e_a = e_c = e_0$。

将面外迂曲度定义为在法向应力为 0 时的平均裂隙开度与当前应力下的平均裂隙开度之比，即 $\varsigma = e_0 / e_c$，经验流动模型为

$$\overline{q}_x = -L_y \frac{g}{12\nu}\left[e_0(1-\ln\varsigma\cdot\varsigma)\right]^3 \frac{\varsigma}{2\varsigma-1} + q_{\mathrm{r}} \tag{4.55a}$$

或者

$$\ln\frac{-12(\overline{q}_x - q_{\mathrm{r}})}{L_y e_0^3\, \mathrm{d}h/\mathrm{d}x} = \ln\left[(1-\ln\varsigma\cdot\varsigma)^3 \frac{\varsigma}{2\varsigma-1}\right] \tag{4.55b}$$

式中，$\overline{q}_x$ 为 x 方向上的平均流速；q_{r} 为独立的残余流速；L_y 为垂直于流体流动方向上的裂隙尺寸(x 方向)，即流动流体的宽度；h 为水头。裂隙单宽流量 $q/(\Delta h) = \overline{q}_x/(\mathrm{d}h/\mathrm{d}x)$ 与开度的对数关系曲线斜率大于 6，而不是立方定律给出的 3。这一经验模型与试验结果的许多特征很吻合，包括低应力下的高指数、与开度和应力无关的流速，但也需要通过更多的室内试验或推导来确定参数。

由于裂隙面的粗糙度，流体在裂隙中的流动是一个复杂的过程。裂隙接触面积的不均匀分布在裂隙的两个面之间形成了一个具有复杂路径模式的开放空间(图 4.5)。因此，流体流动并不像立方定律所假定的那样均匀分布在裂隙面上，而是通过接触微凸体间沟槽状连接空隙流动，即“沟槽流”(Tsang and Tsang，1987)。这一点已在 Hakami(1988，1995)的试验中得到了证明。即使在极高的法向应力下，部分开放空间也不会闭合，因此会产生残余的水力开度。正如上面所讨论的，这就是在极高法向应力下观察到的残余流量变小但未消失的原因。因此，对于任一岩石裂隙，水力开度不同于力学开度。力学开度可以通过法向压缩试验或使用 Bandis 或 Goodman 的法向应力-法向闭合量模型来得到，参见式(3.4)和式(3.5)。然而，在不使用任何流动定律的情况下，仅通过试验很难确定水力开度。图 4.6 为 Zhao 和 Brown(1992)得到的裂隙面的力学开度和水力开度之间的关系，Niemi 等(1997)也得到了类似的结果。需要指出的是，由于试验中观测到在高法向应力作用下具

有残余流动，图 4.6 中的水力开度-力学开度曲线应在较大的力学闭合量处趋于平缓，称为残余水力开度 e_r。

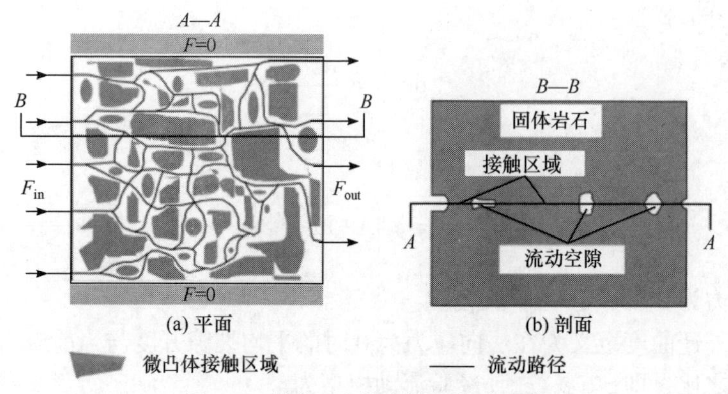

图 4.5 裂隙面中的沟槽状流动通道

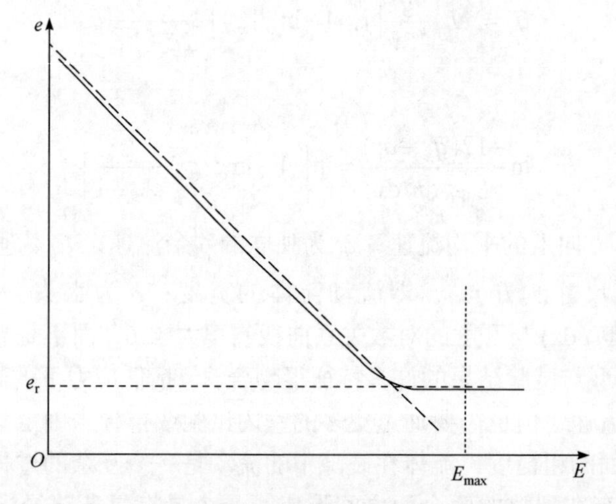

图 4.6 Zhao 和 Brown(1992)提出的裂隙面力学开度 E 与水力开度 e 的线性关系(带有残余水力开度)

4.4 连通裂隙系统的流动方程

裂隙网络的流动分析基于裂隙段、交叉点和闭环等要素。交叉点是两个或多个裂隙相交的位置，是裂隙网络中流体流动最重要的几何性质。两个相邻交叉点之间的裂隙称为裂隙段，形成完全切割块体的一组裂隙段称为裂隙闭环。图 4.7 为理想化二维裂隙网络(在删除了所有死端和孤立裂隙后)中的各要素。类似的定义可以扩展到三维裂隙网络。

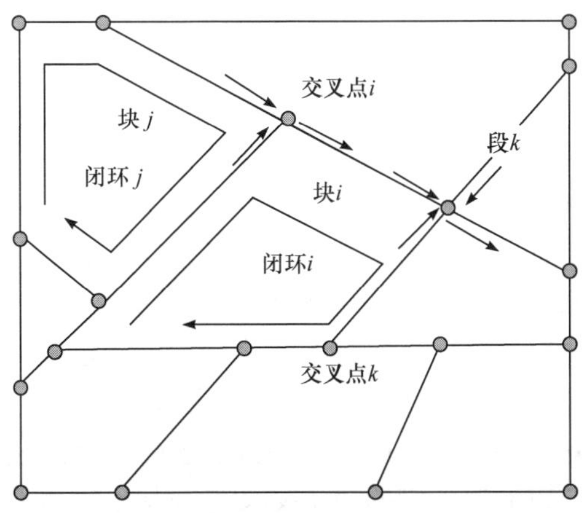

图 4.7　用于流动分析的二维理想裂隙网络

假设有 n_i 个裂隙段连接于交叉点 i，其中还存在一个外部合成的补给量 q_i^s（或排放量）。根据流体质量守恒原理，总进口流量和出口流量的总和应等于补给量(正)或排放量(负)，即

$$\sum_{j=1}^{n_j}\frac{\rho_f g e_{ij}^3}{12\mu}\frac{h_i-h_j}{L_{ij}}=q_i^s \quad 或 \quad \sum_{j=1}^{n_j}e_{ij}^3\frac{h_i-h_j}{L_{ij}}=\frac{12\mu_{\mathrm{f}}}{g\rho_{\mathrm{f}}}q_i^s \tag{4.56}$$

式中，h_i 和 h_j 为交叉点 i 和 $j(j=1,2,\cdots,n_i)$处的测压管水头；ρ_{f} 为流体的质量密度(对于水，$\rho_{\mathrm{f}}=1.0$)；e_{ij} 为等效水力开度；L_{ij} 为裂隙段在交叉点$(j=1,2,\cdots,n_i)$之间的长度；μ为流体的动力黏度；g 为重力加速度。需要注意的是，对于楔形裂隙段，应使用式(4.37)的等效水力开度。在所有交叉点列出质量守恒方程(边界节点上的水头已知)，将已知测压管水头相关项移至方程右侧可以联立获得方程组：

$$[T_{ij}]\ \{h_j\}=\{\hat{q}_j\} \ 或 \ \boldsymbol{TH}=\boldsymbol{Q} \tag{4.57}$$

式中，$[T_{ij}]$称为裂隙系统的全局导水系数矩阵，写成

$$T_{ij}=\sum_{j=1}^{n_i}\frac{e_{ij}^3}{L_{ij}} \tag{4.58}$$

对任意两个交叉点，有

$$T_{ij}=\begin{cases}-\dfrac{e_{ij}^3}{L_{ij}}, & i\neq j, i和j是相邻的交叉点\\ 0, & i和j不是相邻的交叉点\end{cases} \tag{4.59}$$

方程(4.57)右边的向量$\{\hat{q}_j\}$由式(4.60)给出：

$$\hat{q}_j = \frac{12\mu}{\rho_f g} q_j^s + \sum_{k=1}^{n_i} \frac{e_{ik}^3}{L_{ik}} \hat{h}_k \tag{4.60}$$

式中，$\hat{h}_k$ (k=1, 2, …, n_i)为与交叉点 i 相邻的交叉点 k 的测压管水头。求解式(4.57)得到所有交叉点处测压管水头，其他未知量(压力、流速等)的取值可通过水头计算。对于自由流场，应采用设定初始水头(或压力)的迭代法确定自由测压面(地下水位)的最终几何位置，测压面由裂隙段上压力等于大气压力的附加交叉点形成。用于检查迭代过程的标准是，每次迭代后用于确定地下水位的这些附加交叉点的竖直坐标值与对应点上现有的测压管水头进行比较；如果竖直纵坐标值大于当前测压管水头，则该点位于地下水位(潜水面)之上，应将水位点坐标改为当前测压管水头值。如果裂隙段的两个交叉点都位于潜水面上方，则应将该段的导水系数设置为零(或在实际中设为极小值)，以确保在下一次迭代时不会有流体流入该段。通过修改导水系数矩阵 $\boldsymbol{T}$ 和矢量 $\boldsymbol{Q}$，对式(4.57)进行修改，并通过求解生成一组新的潜水面相交坐标值，该过程需要一直持续到两组数值达到预设的误差范围。

上述解决方案以二维问题进行了说明，该原理也适用于三维问题，但三维问题中处理裂隙系统几何形状和连通性方面要比二维问题复杂得多。

4.5 裂隙流体流动与变形的耦合

本节介绍裂隙流体流动和变形模拟方法。假设岩块是不渗透的，则裂隙与岩块之间不存在流体相互作用。流体流动和块体运动/裂隙变形是通过双向作用进行耦合的。

(1) 块体边界表面流体压力的变化会影响块体的运动和变形，进而影响裂隙的变形(因此开度会发生变化)。

(2) 裂隙水力开度的变化影响其导水率、沿裂隙的流量和流体压力分布，即块体表面的作用力又反过来影响块体的运动和变形。

4.5.1 流体压力和块体运动/变形的耦合

岩块边界面上的流体压力是岩块运动/变形的附加边界作用力。对于刚性块体，流体压力的贡献被计算为额外的净分布力和扭矩增量。假设代表性块体具有 N 个边(面)和 N 个交叉点(节点)，交叉点水头为 h_i(i = 1,2,⋯, N)。第 i 条边的两个交点坐标分别为(x_1, y_1)和(x_2, y_2)，水头分别为 h_1 和 h_2(图 4.8(a))，净力的大小和它在第 i 条边上作用点 e 的坐标分别由式(4.61a)和式(4.61b)给出：

$$\Delta F = \frac{\rho_{\mathrm{f}} g}{2}(h_1 + h_2)\sqrt{(x_2 - x_1)^2 + (y_2 - y_1)^2} \tag{4.61a}$$

$$\begin{cases} x_e = \dfrac{(h_2 - h_1)(x_2 - x_1)}{6(h_1 + h_2)} + \dfrac{x_2 + x_1}{2} \\ y_e = \dfrac{(h_2 - h_1)(y_2 - y_1)}{6(h_1 + h_2)} + \dfrac{y_2 + y_1}{2} \end{cases} \tag{4.61b}$$

边 i 的余弦方向 (l_i, m_i) 可以由式(4.62)计算：

$$l_i = \frac{x_2 - x_1}{\sqrt{(x_2 - x_1)^2 + (y_2 - y_1)^2}}, \quad m_i = \frac{y_2 - y_1}{\sqrt{(x_2 - x_1)^2 + (y_2 - y_1)^2}} \tag{4.62}$$

由于合净力ΔF的方向与第 i 条边是垂直的，其方向余弦(l_F, m_F)由下列方程的解给出：

$$\begin{cases} l_F l_i + m_F m_i = 0 \\ l_F^2 + m_F^2 = 1 \end{cases} \tag{4.63}$$

然后由此计算流体压力引起的分力和扭矩的最终净增量：

$$F_x = \sum_{i=1}^{N} \Delta F_x = \sum_{i=1}^{N} (l_F \Delta F_x)_i \tag{4.64a}$$

$$F_y = \sum_{i=1}^{N} \Delta F_y = \sum_{i=1}^{N} (m_F \Delta F_y)_i \tag{4.64b}$$

$$T = \sum_{i=1}^{N} \left[\bar{x} \Delta F_x - \bar{y} \Delta F_x \right] = \sum_{i=1}^{N} \left[(x_e - x_{ic})(m_F \Delta F) - (y_e - y_{ic})(l_F \Delta F) \right] \tag{4.64c}$$

式中，(x_{ic}, y_{ic}) 为块体质心的坐标，其合力分量和扭矩应用于 DEM 中的块体运动计算。

对于楔形裂隙，压力分布不是线性的(参见图 4.4(b))，不能直接应用式(4.64)。通过将每个裂隙段划分成少量的子段，插入少量的辅助节点(额外的人为交叉点)，可以进行近似处理；对应于不同的 r 值($0<r<1$)，这些附加点处的压力可由式(4.34)～式(4.37)得到。两个相邻辅助节点间的压力分布近似呈线性，并且可以直接用式 (4.64)来求解合力分量和扭矩。

对于可变形的块体，块体的内部被离散成若干有限差分区或有限单元(图 4.8(b))，在两个相邻的交叉点之间引入额外的辅助节点，从而定义若干子段(取决于网格密度)。楔形裂隙的相同方法也适用于这种情况，不同之处在于，由于压力而产生的等效节点力应使用单元形函数来求解。由于压力与应力具有相同的单位，由此产生的流体压力的附加压力增量只是块体的一组附加边界作用力。上述原理同样适用于三维情况。

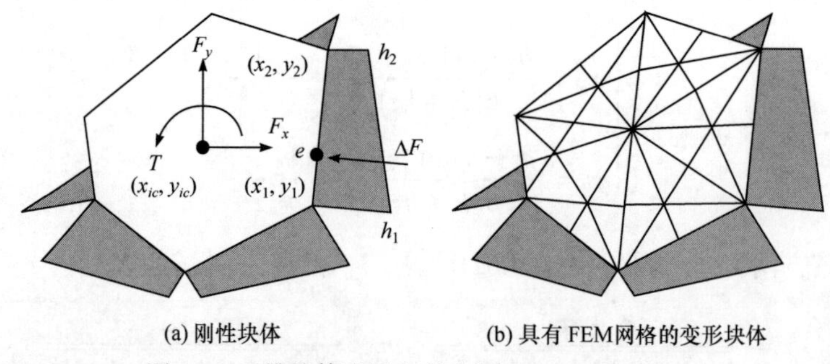

图 4.8　二维块体边界上的水压(Jing et al.，2001)

4.5.2　流体压力与裂隙变形的耦合

流体压力对裂隙变形和水力开度变化的影响用类似的“有效应力”概念来表示，并通过 DEM 中裂隙或点接触的本构关系来计算。

对于刚性块体，流体压力的影响是在块体表面附加边界牵引力，如 4.5.1 节所述，导致形成裂隙的两个岩块相对位置发生变化，因此裂隙开度改变。接触点处的法向应力分量会因为流体压力而直接改变。

对于可变形块体，法向应力分量 σ_n 修改为有效法向应力 $\sigma_n' = \sigma_n - p$，在裂隙本构关系中采用有效应力而不是总应力。最终开度也同样取决于形成裂隙岩体的运动和变形相关的裂隙本构关系，以及 DEM 程序中对接触的处理方式。

然后，将更新后的裂隙开度代入立方定律(或 4.4 节中提出的其他经验定律)，得到更新后裂隙上的压力分布。因此，整个耦合过程是相互作用的，必须通过迭代运算才能得到最终解。为了说明考虑裂隙应力/变形与流体压力之间耦合的不同方法，下面将介绍几种典型的模型。

1. Pine 和 Cundall 模型

Pine 和 Cundall(1985)提出了一种岩石裂隙面的水-力耦合模型，应用于干热/湿热岩中的地热能开发。假设它为二维问题，裂隙将岩体切割为矩形块体系统，并且每个块体被进一步划分为四个有限差分单元。假定水力开度由四个分量组成：

$$e_h = e_{\mathrm{r}} + re_{\mathrm{e}} + e_{\mathrm{d}} + e_{\mathrm{j}} \tag{4.65}$$

式中，e_{r} 为残余开度(图 4.9(a))；e_{e} 为有效应力 $\sigma_n' = 0$ 时由岩块弹性膨胀引起的开度；e_{d} 为由剪胀产生的附加开度(这是由裂隙本构模型中的剪胀定律决定的)；e_{j} 为由形成裂隙的块体总体运动引起的开度；r 为系数，通过下列条件来考虑围压的影响：

$$r=\begin{cases}0, & \sigma_n' > \sigma_{n0}' \\ 1, & \sigma_n' < 0 \\ 1-\sigma_n'/\sigma_{nr}', & \text{其他}\end{cases} \tag{4.66}$$

式中，σ_{nr}' 为有效法向应力，对应于残余开度 e_r。σ_n' 和 σ_{nr}' 根据裂隙交叉点处的压力和接触力(块体角点)计算，然后用立方定律来计算流体流量。流体压力和法向应力之间的相互作用如图 4.9 所示。设定初始流体压力和法向应力相等，且流量为 q(图 4.9(b)中的步骤 1)。在步骤 2 中，裂隙通过法向位移(开度)的增加 Δu_n 而张开：

$$\Delta u_n = \dot{u}_n \Delta t = \frac{q}{L}\Delta t \tag{4.67}$$

式中，L 为裂隙长度；Δt 为时间步长。在步骤 3 中，由于法向变形，最终流体压力等于新的法向应力。

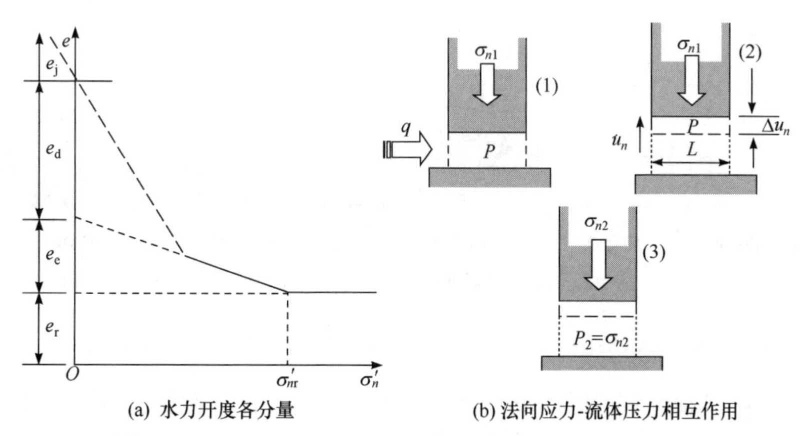

(a) 水力开度各分量　　(b) 法向应力-流体压力相互作用

图 4.9　Pine 和 Cundall(1985)压力-开度-法向应力耦合模型

2. Kafritsas 和 Einstein 模型

基于块体变形到水力开度转换算法，Kafritsas 和 Einstein(1987)提出了另一种裂隙应力-渗流耦合模型。对于边角接触的两个块体(图 4.10(a))，假设嵌入(裂隙闭合)为正值，分离(裂隙张开)为负值，平均裂隙开度 e_m 由式(4.68)给出：

$$e_m = \frac{e_1+e_2}{2} \tag{4.68}$$

式中，$e_1>0$ 为接触 1 处的嵌入(闭合)；$e_2<0$ 为长度为 L 的裂隙接触 2 处的分离(张开)。

对于 $e_m<0$ 的情况，裂隙的嵌入和分离转换为等效水力开度，由式(4.69)给出：

$$e = e_0 - f_\delta e_m = e_0 - \left[\frac{E/L}{K_N}\left(1+\frac{E/k_n}{L}\right)^{-1}\right]e_m \tag{4.69}$$

式中，K_N 为接触点的法向刚度；k_n 为裂隙的法向刚度(测量值)；E 为岩石的杨氏模量；e_0 为初始开度；f_δ 为裂隙和岩块的复合接触法向刚度(图 4.10(b))。

对于 $e_{\mathrm{m}}>0$ 的情况，水力开度为

$$e=e_{\mathrm{r}}+\left(e_0-e_{\mathrm{r}}\right)\exp\left(-\frac{f_\alpha f_\delta e_{\mathrm{m}}}{e_0-e_{\mathrm{r}}}\right) \tag{4.70}$$

$$f_\alpha=\left(\frac{Lk_n}{E}+1\right)^{-1} \tag{4.71}$$

式中，e_{r} 为残余开度。通过立方定律计算流量，计算中使用由上述关系转换的等效水力开度 e。由剪胀引起的开度变化不包含在关系中，但可以增加进来。

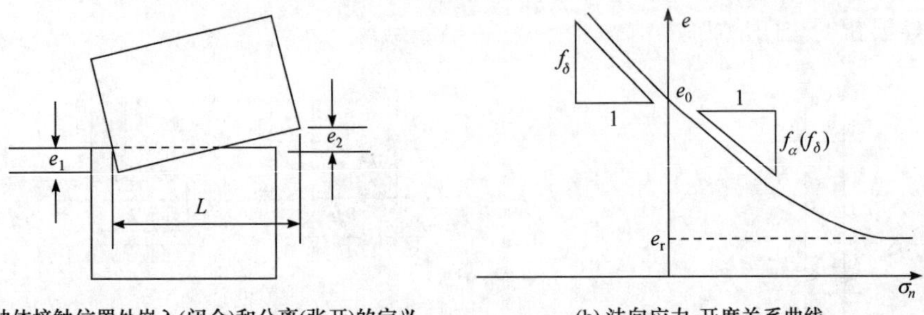

(a) 块体接触位置处嵌入(闭合)和分离(张开)的定义　　(b) 法向应力-开度关系曲线

图 4.10　Kafritsas 和 Einstein(1987)裂隙面耦合流动-应力分析中块嵌入与裂隙开度的转换

3. Harper 和 Last 模型

Harper 和 Last(1989)提出裂隙的水力开度 e 是三个分量的总和(图 4.11)：

$$e=e_{\mathrm{r}}+r\frac{\sigma_n-P}{k_n}+e_{\mathrm{d}} \tag{4.72}$$

式中，e_{r} 为残余开度，当法向应力的大小等于岩块的抗压强度 σ_{c} 时，裂隙水力开度取该值；k_n 为裂隙的法向刚度；σ_n 为法向应力；P 为流体压力；e_{d} 为由剪胀引起的附加开度分量，根据剪胀定律确定。如果 $0<\left|\sigma_n\right|<\sigma_{\mathrm{c}}$，则 r=1，否则 r=0。然后用立方定律计算裂隙流量。在每个时间步长 Δt 处，裂隙的压力梯度由式(4.73)给出：

$$\Delta P=\left(\frac{Q}{V}+\dot{V}\right)C_{\mathrm{s}}\Delta t \tag{4.73}$$

式中，Q 为沿裂隙的净流量(沿流动方向裂隙两端的流量差)；V 为裂隙体积(或二维条件下的区域面积)；$\dot{V}$ 为裂隙体积变化率(裂隙体积应变率的一个度量)；C_{s} 为流体的体积刚度(或流体可压缩性的倒数)。

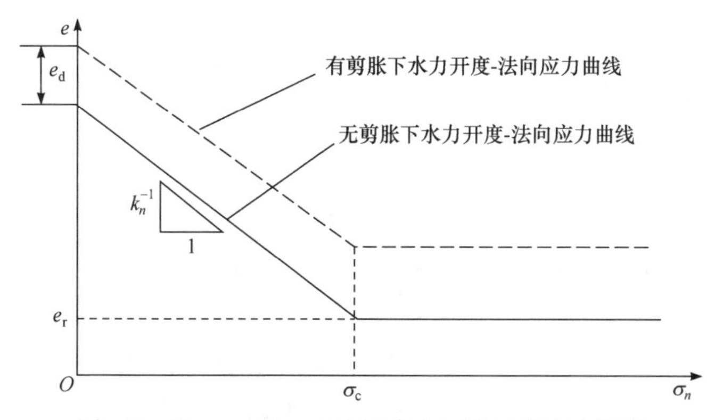

图 4.11　Harper 和 Last(1989)水力开度-法向应力模型

4. Wei 模型

在两个接触块和由此产生的水力开度之间用假想的“嵌入”概念，根据 Pine 和 Cundall(1985)、Kafritsas 和 Einstein(1987)以及 Harper 和 Last(1989)提出的模型，Wei(1992)提出了嵌入和水力开度之间的简化关系。如 Kafritsas 和 Einstein(1987)所述,嵌入是正的,分离是负的,在裂隙两个接触面 1 和 2 处的水力开度(图 4.12(a))由如下公式计算：

$$e_i = e_0 - d_i \quad (\text{分离，} d_i \leqslant 0) \tag{4.74}$$

$$e_i = e_r + (e_0 - e_r)\exp\left(-\frac{\alpha}{e_0 - e_r}d_i\right) + e_{d,i} \quad (\text{嵌入，} d_i \geqslant 0) \tag{4.75}$$

式中，下标 $i = 1, 2$；d_i 为裂隙两端的法向接触变形；α 代表与临界法向应力 σ_{nc} 有关的裂隙变形的应力依赖性，超过临界法向应力，流动几乎与应力无关，达到残余状态，这是 Pyrak-Nolte 等(1987)基于试验提出的；$e_{d,i}$ 为由于剪胀效应，裂隙末端 i 处的水力开度增量；其他符号物理意义与前面相同。设 d_c 为临界法向应力 σ_{nc} 作用下裂隙接触处嵌入值。临界水力开度 e_c 可以取最大开度(e_0-e_r)的一小部分，即

$$e_c = r(e_0 - e_r) + e_r \tag{4.76}$$

式中，$r \ll 1.0$，为非常小的百分比值(如 0.01)。

将式(4.76)代入式(4.75)(因为在计算 α 时不涉及剪切，$e_{d,i} = 0$)，可得

$$\alpha = -\ln r \cdot \frac{e_0 - e_r}{d_c} = |\ln r|\frac{e_0 - e_r}{d_c} = |\ln r|\frac{(e_0 - e_r)k_n}{\sigma_{nc}} \tag{4.77}$$

式(4.77)成立的前提为假设裂隙的法向刚度 k_n 为一个常数。将式(4.77)代入式 (4.75)，可得

$$e_i = e_{\mathrm{r}} + (e_0 - e_{\mathrm{r}})\exp\left(-\frac{|\ln r| k_n}{\sigma_{nc}} d_i\right) + e_{\mathrm{d},i} \quad (\text{嵌入，} d_i \geqslant 0,\ i = 1,2) \tag{4.78}$$

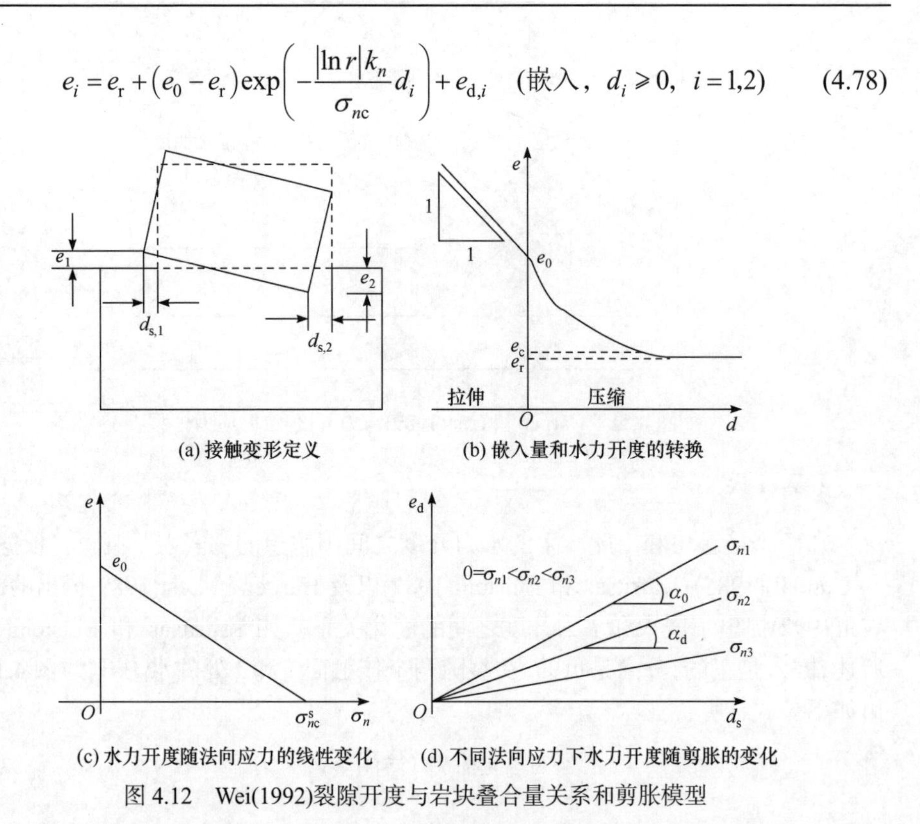

图 4.12　Wei(1992)裂隙开度与岩块叠合量关系和剪胀模型

Wei(1992)模型中使用的临界值 r=0.01，式(4.78)变为

$$e_i = e_{\mathrm{r}} + (e_0 - e_{\mathrm{r}})\exp\left(-\frac{4.6052 k_n}{\sigma_{nc}} d_i\right) + e_{\mathrm{d},i} \tag{4.79}$$

在不同裂隙本构模型中，剪胀对水力开度的贡献 $e_{\mathrm{d},i}$ 是不同的。在 Wei(1992)提出的模型中，它用一个简单的关系表示为

$$e_{\mathrm{d},i} = d_{\mathrm{s},i} \tan\alpha_{\mathrm{d}} = d_{\mathrm{s},i} \tan\left(\alpha_{\mathrm{d}0} \frac{\sigma_{nc}^{\mathrm{s}} - \sigma_n}{\sigma_{nc}^{\mathrm{s}}}\right) \tag{4.80}$$

式中，$d_{\mathrm{s},i}$ 为 i 端的剪切位移(图 4.12(a))；当剪胀角接近于零时，剪胀角 α_{d} 的初始值为 $\alpha_{\mathrm{d}0}$，临界法向应力为 σ_{nc}^{s}。式(4.80)对于 $\sigma_n > 0$ 成立，σ_n 为压应力。对于拉应力，$\alpha_{\mathrm{d}} = 0$。图 4.12(b)显示了 Wei(1992)模型的法向应力-水力开度关系。剪胀角 α_{d} 和法向应力之间的线性关系如图 4.12(c)所示，图 4.12(d)显示了不同法向应力下剪胀对水力开度的作用。

4.6　重要问题述评

3.6 节讨论的一些关于裂隙力学特性的重要问题同样适用于裂隙的水力特性，如粗糙度的主导作用、尺寸和时间效应以及充填材料的影响，在此不再赘述。Brown 和 Scholz(1985，1986)与 Brown(1987，1989)基于 GM 模型的裂隙粗糙度表征，对裂隙闭合和导水性提出了代表性的想法。Cheng 等(1993)、Detournay 和 Cheng(1993)、Rutqvist 和 Stephansson(2003)与 Zimmerman 和 Main(2004)给出了更深刻的观点，本节讨论流动和应力-渗流耦合效应相关的几个重要问题。

4.6.1　裂隙中流体流动的试验与模型

1. 三维效应

这里强调的重点是，对于裂隙中的流体流动，应力和流体导水系数之间的相互作用几乎完全取决于变形路径中裂隙粗糙度和开度变化，并且本质上是三维问题。Yeo 等(1998)与 Koyama 等(2004，2006)的研究表明，裂隙的两个表面相对位移模式对流动特性有重要影响。垂直于剪切方向上流速的增加可能变得明显，因此增加了裂隙平面中流场的各向异性。然而，两个表面之间相对的轻微旋转(如 5°)可以消除流动各向异性，并在不小程度上增加垂直方向上流速。这表明裂隙中的流体流动应该在真实的三维空间中表示，尽管这意味着需要更高的计算能力和程序编写能力。

2. 裂隙交叉点的影响

裂隙交叉点在裂隙岩体的水力和力学性质及其相互作用中起着重要作用。这些交叉点通常形成流体流动的重要路径，也是引起应力集中的关键点。在交叉点处保持质量守恒是推导裂隙网络流动方程的常用条件，但在交叉点处局部的集中流动，尤其是变形过程中的局部集中流动尚未得到充分认识，并且尚未在数值模型中得到很好的处理。

理论上讲，DEM 是表示裂隙交叉效应比较自然适用的方法，因为它们在 DEM 模型中自然且明确地表示出来。然而，模拟这些交点处的块体相互作用存在数值上的困难，这是由于它们的尺寸与形成裂隙块体的有限单元或有限差分单元相比非常小。因此，对这些交叉点需要特殊的数值处理，从而保持接触位移的相容性(没有嵌入或相互贯穿)。

3. 裂隙开度的定义和确定

尽管开度是裂隙中流体流动的主要特性，但在不同学科之间并没有普遍认同的定义。从文献来看，裂隙开度大致存在三种定义(Adler and Thovert，1999)：几何开度、力学开度和水力开度。假设裂隙由两个名义上平行但粗糙的平行表面组成，则几何开度是裂隙两个相对表面之间的(名义)法向距离。

假设两个粗糙表面的平均表面平行，那么力学开度就是这两个平均表面之间的距离。水力开度是流体流动的空隙空间，实际上流体流动由裂隙表面决定。在概念上，这三个开度的量值大小顺序是几何开度、力学开度和水力开度，它们都是裂隙应力和变形路径的函数。这些定义在水文地质学中被普遍采用，而在岩体力学中，通常不使用几何开度。由于表面粗糙度随机性和尺度效应，开度不是常数，而是位置的函数。因此，平均开度和局部开度在不同的尺度和应用中使用。如本章所述，开度与应力和变形路径有关。

困难之处在于，通过简单的试验来确定开度，特别是初始开度并不容易。如 Lanaro 等(1998)所讨论的，几何开度可以用精确的激光扫描仪来测量，但需要一种精确的重新定位技术。由于开度值通常以毫米计，要求重新定位的误差较低，在实际中难以实现。然而，需要几何开度来估计初始力学开度，特别是在室内试验中。

在岩石力学中，力学开度通常由法向压缩试验确定，取循环加-卸载结束时的最大闭合值，实践中它有时也作为初始水力开度。

水力开度主要通过实验室压缩-流动试验或单裂隙现场尺度抽水试验反分析确定。通常认为立方定律是适用的，因此其取值受制于流动定律假设的有效性。立方定律最为常用且被证明适用于许多情况。当然，如 Cook(1988)和其他人所证明的那样，也有例外情况存在。问题是必须假定开度或流动指数，其他参数才可以根据测量的流速结果来确定，流速是试验中唯一已知的值。这些试验，特别是室内试验，也受尺寸效应的影响。理论上，裂隙的代表性开度值只能通过等于或大于其表面粗糙度平稳性阈值尺寸的裂隙来确定(Fardin，2003)。实践中，为确定试样粗造度阈值，需要开展足够大试样的试验，这额外增加了工作量，致使开展大试样试验是不现实的。

需要指出的是，在描述、建立流体流动模型和岩石裂隙力学模型时，裂隙表面粗糙度是导致困难和复杂性的主要原因，能够普遍接受的粗糙度定量化数学表示还有待发展。

4.6.2　THM 耦合过程

自 20 世纪 80 年代初，传热、流体流动、溶质运移和裂隙面中的应力/变形过程之间的耦合已成为岩石力学研究与岩石工程应用中越来越重要的课题，主要是由于建设地下放射性废物处置库的设计和性能评估要求，并且在其他工程领域中传热和流体流动也扮演着重要角色，如油气藏工程、地热能开采、大型水电设施、地面沉降、滑坡、污染物运移分析和环境影响评价。虽然本书不关注 THM 耦合过程，但需要从更广泛的角度来提醒读者这些过程对 DEM 和 DFN 在岩石工程应用中的影响。

由于对环境问题有着广泛的影响，耦合模拟这一主题吸引了大量研究人员的注意。已经有了大量的出版物，Whitaker(1977)、Domenico 和 Schwartz(1990)、Charlez(1991)、Charlez 和 Keramsi(1995)、Coussy(1998)、Sahimi(1995)、Selvadurai(1996)、Lewis 和 Schrefler(1987，1998)、Bai 和 Elsworth(2000)针对油气藏和环境工程的多孔介质中多相流和运移问题的理论基础编制了专著。Tsang(1987)与 Stephansson 等(1996，2004)的著作更侧重于核废料处置中裂隙岩体应力/变形、流体流动和传热的耦合效应。Tsang(1991)给出了关于岩体裂隙耦合过程的全面综述。

由于物理上遇到的复杂性和时间效应的重要性，数学模型和相关的计算方法往往是科学家和工程师了解复杂耦合系统的唯一定量手段，通过采用多种随机系统实现和参数灵敏度分析来解释众多过程、性质和参数之间的相互作用，以及参数值的不确定性。其原因是，数学模型是唯一能够将如此众多和复杂的相互作用集成的平台，对敏感性-参数-方案进行长期分析(如 1 万～10 万年的核废料储置库)，而这种分析不能在实验室条件下实现。

由于不同尺寸裂隙的存在，增加了耦合问题的复杂性，裂隙在热、水力和力学荷载下的物理特性还远未被清楚地理解，主要原因是其表面的几何复杂性。

在地质介质中，THM 耦合过程的研究主要表现在多孔介质力学中，研究成果一般也适用于裂隙岩体。第一个理论可以追溯到 Terzaghi 的土的一维固结理论(von Terzaghi，1923)，但耦合理论的基础是 Biot 建立的多孔弹性介质等温固结理论，这是一种孔隙弹性介质的唯象方法(Biot，1941，1955，1956)。另一种方法是 Morland(1972)、Bowen(1982)与其他人建立的混合介质理论。现代耦合 THM 模型的基础是可变形多孔介质的非等温固结理论，它采用由 Hassanizadeh 和 Gray(1979a，1979b，1980，1990)、Achanta 等(1994)提出的平均方法，或考虑温度影响的 Biot 唯象学方法(de Boer，1998)。前者更适合在微观层面上了解多孔介质的热力学行为，后者更适用于宏观描述和计算机建模。

THM 耦合模型是根据两个基本“部分”耦合机制开发的，这两部分是根据连续介质力学原理建立的：固体热弹性(T-M)(应力/应变场与温度场通过热应力和膨胀的相互作用)和孔隙弹性理论(H-M)(多孔介质应力场与渗透场之间的相互作用)，而它们基于 Hooke 弹性定律、Darcy 流动定律和 Fourier 热传递定律。将 THM 耦合作用表达为流体流动、热传递和固体变形过程相互作用的质量守恒、能量守恒和动量守恒三个相互关联的偏微分方程。

守恒方程组的求解可以使用连续法或离散法。对于连续法，FEM 和有限体积法(FVM)是最常用的方法(Pruess，1991；Noorishad et al.，1992；Millard，1996；

Noorishad and Tsang，1996；Ohnishi and Kobayashi，1996；Börgesson et al.，2001；Nguyen et al.，2001；Rutqvist et al.，2001a，2001b)。Schrefler(2001)给出了多孔介质中方程的基本框架和有限元表达形式。连续方法是建立在裂隙多孔介质等效性质基础上的，当需要明确表示大量裂隙和推导等效性质时，其计算效率并不高，特别是要考虑裂隙的尺寸效应时，往往需要采用离散方法。

1992 年以来，在大型国际合作项目 DECOVALEX 中广泛应用了连续的和离散的数值方法，对核废料地质处置库周围裂隙岩体和缓冲材料中的 THM 耦合过程问题进行了大量的数值模拟研究。研究成果已在 Stephansson 等(1996，2004)和 *International Journal of Rock Mechanics and Mining Science* 三期专辑(1995：32(5)，2001：38(1)和 2005：42(5-6))中进行了总结。这些成果对理解裂隙岩体的耦合过程和数学模型做出了重大贡献。

与连续数值方法相比，THM 过程的离散数值方法没有达到相同的发展程度，这主要是因为流体流动通常局限于裂隙中，而不考虑岩块中的流动，因此也无法考虑裂隙-基质相互作用。在裂隙岩体 THM 耦合过程离散数值方法中，最有代表性的是 UDEC/3DEC 系列软件。该软件可以分析热对流(Abdaliah et al.，1995)，但由于岩块中不存在流动，非饱和流体相变尚未加入软件中。然而，DECOVALEX 项目的经验表明，DEM 对于研究裂隙岩体的近场 THM 特性，特别是应力-流体流动的相互作用尤其重要(Jing et al.，1996)。DEM 也被证明是一种可用于建立 REV 和获得裂隙岩体等效水力特性的有效方法，如 Stietel 等(1996)、Min 和 Jing(2003，2004)与 Min 等(2004a，2004b)采用 DEM 生成了由数千个不规则裂隙组成的随机裂隙网络，这些裂隙网络不能采用连续方法模拟。这些工作证明，对裂隙岩体本构特性基础研究来说，DEM 通常是一种最直接的工具。

在裂隙岩体 THM 耦合过程建模领域，一个重要不足是缺乏裂隙 THM 耦合过程的室内试验。早期 Zhao 和 Brown(1992)和后来 Pöllä 等(1996)的三轴试验仍然是为数不多的考虑裂隙中热、流体流动和应力之间完全耦合的试验。然而，这些试验是在没有剪切的情况下进行的，不能揭示流体流动和热对流中剪切诱导的各向异性。对于 THM 耦合过程，试验进展的不足对发展和验证更加先进可靠的岩石裂隙和裂隙岩体本构模型起到了制约作用。

参 考 文 献

Abdallah G, Thoraval A, Sfeir A, et al. 1995. Thermal convection of fluid in fractured media. International Journal of Rock Mechanics and Mining Sciences & Geomechanics Abstracts, 32(5): 481-490.

Achanta S, Cushman J H, Okos M R. 1994. On multicomponent, multiphase thermomechanics with interfaces. International Journal of Engineering Science, 32(11): 1717-1738.

Adler P M, Thovert J F. 1999. Fractures and Fracture Networks. Dordrecht: Kluwer Academic.

Bai M, Elsworth D. 2000. Coupled Processes in Subsurface Deformation: Flow and Transport. Reston: ASCE Press.

Bandis S C. 1980. Experimental studies of scale effects on shear strength and deformation of rock joints. Leads: University of Leads.

Bandis S C. 1993. Engineering properties and characterization of rock discontinuities//Hudson J A. Comprehensive Rock Engineering—Principles, Practice & Projects. Oxford: Pergamon Press: 155-183.

Barr N S, Stesky R M. 1980. Permeability of intact and jointed rock. EOS, 61(46): 361.

Barton N, Bakhtar K. 1983. Rock joint description and modeling for the hydrothermo-mechanical design of nuclear waste repositories. TerraTek Engineering, Report 83-10.

Barton N, de Quadros E F. 1997. Joint aperture and roughness in the prediction of flow and groutability of rock masses. International Journal of Rock Mechanics and Mining Sciences, 34(3-4): 252.

Barton N, Bandis S C, Bakhtar K. 1985. Strength, deformation and conductivity coupling of rock joints. International Journal of Rock Mechanics and Mining Sciences & Geomechanics Abstracts, 22(3): 121-140.

Biot M A. 1941. General theory of three-dimensional consolidation. Journal Applied Physics, 12(2): 155-164.

Biot M A. 1955. Theory of elasticity and consolidation for a porous anisotropic solid. Journal of Applied Physics, 26(2): 182-185.

Biot M A. 1956. General solutions of the equations of elasticity and consolidation for a porous material. Journal of Applied Mechanics, 23(1): 91-96.

Bowen R M. 1982. Compressible porous media models by use of the theory of mixtures. International Journal of Engineering Science, 20(6): 697-735.

Brown S R. 1987. Fluid flow through rock joints: the effect of surface roughness. Journal of Geophysical Research: Solid Earth, 92(B2): 1337-1347.

Brown S R. 1989. Transport of fluid and electric current through a single fracture. Journal of Geophysical Research: Solid Earth, 94(B7): 9429-9438.

Brown S R, Scholz C H. 1985. Closure of random elastic surfaces in contact. Journal of Geophysical Research: Solid Earth, 90(B7): 5531-5545.

Brown S R, Scholz C H. 1986. Closure of rock joints. Journal of Geophysical Research Atmospheres, 91(B5): 4939-4948.

Börgesson L, Chijimatsu M, Fujita T, et al. 2001. Thermo-hydro-mechanical characterisation of a bentonite-based buffer material by laboratory tests and numerical back analyses. International Journal of Rock Mechanics and Mining Sciences, 38(1): 95-104.

Charlez P. 1991. Theoretical Fundamentals, Editions Technip. Paris: Rock Mechanics. Vol. 1.

Charlez P, Keramsi D. 1995. Mechanics of Porous Media. Rotterdam: Balkema.

Cheng A H D, Abousleiman Y, Roegiers J C. 1993. Review of some poroelastic effects in rock mechanics. International Journal of Rock Mechanics and Mining Sciences & Geomechanics

Abstracts, 30(7): 1119-1126.

Cook N G W. 1988. Natural joints in rock: mechanical, hydraulic and seismic behaviour and properties under normal stress//29th US Symposium on Rock Mechanics. Minneapolis: First Jaeger Memorial Lecture.

Coussy O. 1998. Mechanics of Porous Media. Chichester: Wiley.

de Boer R. 1998. The thermodynamic structure and constitutive equations for fluid-saturated compressible and incompressible elastic porous solids. International Journal of Solids and Structures, 35(34-35): 4557-4573.

Detournay E, Cheng A H D. 1993. Fundamentals of poroelasticity//Hudson J A. Comprehensive Rock Engineering. Oxford: Pergamon Press: 113-171.

Doe T W, Osnes J D. 1985. Interpretation of fracture geometry from well test//Stephansson O. Rock Joints(Proceedings of International Symposium on Rock Joints, Björkliden, 1985). Luleå: CENTIK Publishers: 281-292.

Domenico P A, Schwartz F W. 1990. Physical and Chemical Hydrogeology. New York: Wiley.

Elliot G M, Brown E T, Boodt P I, et al. 1985. Hydromechanical behaviour of joints in the Carnmenellis granite, S. W. England//Stephansson O. Rock Joints(Proceedings of International Symposium on Fundamentals of Rock Joints, Björkliden, 1985). Luleå: CENTEK Publishers: 249-258.

Esaki T, Du S, Mitani Y, et al. 1999. Development of a shear-flow test apparatus and determination of coupled properties for a single rock joint. International Journal of Rock Mechanics and Mining Sciences, 36(5): 641-650.

Fardin N. 2003. The effect of scale on the morphology, mechanics and transmissivity of single rock fractures. Stockholm: Royal Institute of Technology.

Gale J E. 1975. A numerical, field and laboratory study of flow in rocks with deformable fractures. Berkeley: University of California.

Gale J E. 1982. The effects of fracture type (induced versus natural) on the stress-fracture closure-fracture permeability relationships//Proceedings of the 23rd US Symposium on Rock Mechanics, Berkeley: 290.

Gale J E. 1987. Comparison of coupled fracture deformation and fluid flow models with direct measurements of fracture pore structure and stress-flow properties//Proceedings of the 28th US Symposium on Rock Mechanics, Tucson: 1213-1223.

Gale J E, McLeod R, Gutierrez M, et al. 1993. Integration and analysis of coupled stress-flow: Laboratory tests data on natural fractures. MUN and NGI Tests. Report submitted to Atomic Energy Limited of Canada Limited by FracFlow Consultsnts, Inc. and Norwegian Geotechnical Institute.

Gangi A F. 1978. Variation of whole and fractured porous rock permeability with confining pressure. International Journal of Rock Mechanics and Mining Sciences & Geomechanics Abstracts, 15(5): 249-257.

Gentier S. 1989. Morphological analysis of a natural fracture//Simpson E S, Sharp J M. Selected Papers on Hydrogeology from the 28th International Geological Congress. Washington DC:

International Association of Hydrogeologists: 315-326.

Goodman R E. 1976. Methods of Geological Engineering in Discontinuous Rocks. San Francisco: West Publishing Company.

Greenwood J A, Williamson J B P. 1966. Contact of nominally flat surfaces. Proceedings of the Royal Society of London, A295(1442): 300-319.

Hakami E. 1988. Water flow in single rock joints. Luelå: Luleå University of Technology.

Hakami E. 1995. Aperture distribution of rock fractures. Stockholm: Royal Institute of Technology.

Hardin E L, Barton N, Lingle R, et al. 1982. A heated flatjack test series to measure the thermo-mechanical and transport properties of in situ rock masses. Office of Nuclear Waste Isolation, Columbus, Ohio, ONWI-260, 193.

Harper T R, Last N C. 1989. Interpretation by numerical modelling of changes of fracture system hydraulic conductivity induced by fluid injection. Géotechnique, 39(1): 1-11.

Hassanizadeh M, Gray W G. 1979a. General conservation equations for multi-phase systems: 1. Averaging procedures. Advances in Water Resources, 2: 131-144.

Hassanizadeh M, Gray W G. 1979b. General conservation equations for multi-phase systems: 2. Mass, momenta, energy and entropy equations. Advances in Water Resources, 2: 191-203.

Hassanizadeh M, Gray W G. 1980. General conservation equations for multi-phase systems: 3. Constitutive theory for porous media flow. Advances in Water Resources, 3(1): 25-40.

Hassanizadeh M, Gray W G. 1990. Mechanics and thermodynamics of multiphase flow in porous media including interphase boundaries. Advances in Water Resources, 13(4): 169-186.

Iwai K. 1976a. Fluid flow in simulated fractures. American Institute of Chemical Engineering Journal, 2: 259-263.

Iwai K. 1976b. Fundamental studies of fluid flow through a single fracture. Berkeley: University of California.

Jiang Y, Tanabashi T, Xiao J, et al. 2004. An improved shear-flow test apparatus and its application to deep underground construction. International Journal of Rock Mechanics and Mining Sciences, 41(3): 385-386.

Jing L, Stephansson O, Tsang C F, et al. 1996. Validation of mathematical models against experiments for radioactive waste repositories—DECOVALEX experience//Stephansson O, Jing L, Tsang C F. Mathematical Models for Coupled Thermo-Hydro-Mechanical Processes in Fractured Media. Rotterdam: Elsevier: 25-56.

Jing L, Ma Y, Fang Z. 2001. Modeling of fluid flow and solid deformation for fractured rocks with discontinuous deformation analysis (DDA) method. International Journal of Rock Mechanics and Mining Sciences, 38(3): 343-356.

Jones F O. 1975. A laboratory study of the effects of confining pressure on fracture flow and storage capacity in carbonate rocks. Journal of Petroleum Technology, 27(1): 21-27.

Kafritsas J C, Einstein H H. 1987. Coupled flow/deformation analysis of a dam foundation with the distinct element method//Proceedings of the 28th US Symposium on Rock Mechanics, Tucson: 481-489.

Koyama T, Fardin N, Jing L. 2004. Shear//induced anisotropy and heterogeneity of fluid flow in a single rock fracture with translational and rotary shear displacements—A numerical study. International Journal of Rock Mechanics and Mining Sciences, 41(3): 426.

Koyama T, Fardin N, Jing L, et al. 2006. Numerical simulation of shear-induced flow anisotropy and scale-dependent aperture and transmissivity evolution of rock fracture replicas. International Journal of Rock Mechanics and Mining Sciences, 43(1): 89-106.

Kranz R L, Frankel A D, Engelder T E. 1979. The permeability of whole and jointed Barry Granite. International Journal of Rock Mechanics and Mining Sciences & Geomechanics Abstracts, 16(4): 225-234.

Lanaro F, Jing L, Stephansson O. 1998. 3-D-laser measurements and representation of roughness of rock fractures//Rossmanith H P. Proceedings of the International Conference on Mechanics, Jointed and Faulted Rock, MJFR-3, Vienna, Austria. Rotterdam: Balkema: 185-189.

Lesnic D, Elliott L, Ingham D B, et al. 1997. A mathematical model and numerical investigation for determining the hydraulic conductivity of rocks. International Journal of Rock Mechanics and Mining Sciences, 34(5): 741-759.

Lewis R W, Schrefler B A. 1987. The Finite Element Method in the Deformation and Consolidation of Porous Media. Chichester: Wiley.

Lewis R W, Schrefler B A. 1998. The Finite Element Method in the Static and Dynamic Deformation and Consolidation of Porous Media. 2nd ed. Chichester: Wiley.

Lomitze G. 1969. Fluid flow in fissured formation, 1951 (In Russian). Cited from Louis.

Louis C. 1969. A study of groundwater flow in fractured rock and its influence on the stability of rock masses. Rock Mechanics Research Report No.10, Imperial College, University of London.

Maini T, Hocking G. 1977. Anexamination of the feasibility of hydrologic isolation of a high level repository in crystalline rock//Proceedings of Geologic Disposal of High-level Radioactive Waste Session, Annual Meeting of the Geological Society of America, Seatle: 535-540.

Millard A. 1996. Short description of CASTEM 2000 and TRIO-EF//Stephansson O, Jing L, Tsang C F. Coupled Thermo-Hydro-Mechanical Processes of Fractured Media. Rotterdam: Elsevier: 559-564.

Min K B, Jing L. 2003. Numerical determination of the equivalent elastic compliance tensor for fractured rock masses using the distinct element method. International Journal of Rock Mechanics and Mining Sciences, 40(6): 795-816.

Min K B, Jing L. 2004. Stress dependent mechanical properties and bounds of Poisson's ratio for fractured rock masses investigated by a DFN-DEM technique. International Journal of Rock Mechanics and Mining Sciences, 41(S1): 390-395.

Min K B, Stephansson O, Jing L. 2004a. Determining the equivalent permeability tensor for fractured rock masses using a stochastic REV approach: Method and application to the field data from Sellafield, UK. Hydrogeology Journal, 12(5): 497-510.

Min K B, Rutqvist J, Tsang C F, et al. 2004b. Stress-dependent permeability of fractured rock masses: A numerical study. International Journal of Rock Mechanics and Mining Sciences, 41(7): 1191-1210.

Morland L W. 1972. A simple constitutive theory for a fluid-saturated porous solid. Journal of

Geophysical Research, 77(5): 890-900.

Nelson R A, Hardin J W. 1977. Experimental study of fracture permeability in porous rock. American Association of Petroleum Geology Bulletin, 61(2): 227-236.

Nguyen T S, Börgesson L, Chijimatsu M, et al. 2001. Hydro-mechanical response of a fractured granitic rock mass to excavation of a test pit—The Kamaishi Mine experiment in Japan. International Journal of Rock Mechanics and Mining Sciences, 38(1): 79-94.

Niemi A P, Vaittinen T A, Vuopio J A. 1997. Simulation of heterogeneous flow in a natural fracture under varying normal stress. International Journal of Rock Mechanics and Mining Sciences, 34(3-4): 227.

Noorishad J, Tsang C F, Witherspoon P A. 1992. Theoretical and field studies of coupled hydromechanical behaviour of fractured rocks—1. Development and verification of a numerical simulator. International Journal of Rock Mechanics and Mining Sciences & Geomechanics Abstracts, 29(4): 401-409.

Noorishad J, Tsang C F. 1996. Coupled thermohydroelasticity phenomena in variably saturated fractured porous rocks—formulation and numerical solution//Stephansson O, Jing L, Tsang C F. Coupled Thermo-Hydro-Mechanical Processes of Fractured Media. Rotterdam: Elsevier: 93-134.

Ohnishi Y, Kobayashi A. 1996. THAMES//Stephansson O, Jing L, Tsang C F. Coupled Thermo-Hydro-Mechanical Processes of Fractured Media. Rotterdam: Elsevier: 545-549.

Olsson R, Barton N. 2001. An improved model for hydromechanical coupling during shearing of rock joints. International Journal of Rock Mechanics and Mining Sciences, 38(3): 317-329.

Pine R J, Cundall P A. 1985. Applications of the flow-rock interaction program (FRIP) to the modelling of hot dry rock geothermal energy systems//Proceedings of International Symposium on Fundamentals of Rock Joints. Björkliden: CENTEK Publishers: 292-302.

Pöllä J, Kuusela-Lahtinen A, Kajanen J. 1996. Experimental study on the coupled T-H-M processes of single rock joint with a triaxial chamber//Stephansson O, Jing L, Tsang C F. Coupled Thermo-Hydro-Mechanical Processes of Fractured Media. Rotterdam: Elsevier: 449-465.

Pratt H R, Swolfs H S, Brace W F, et al. 1977. Elastic and transport properties of an in situ jointed granite. International Journal of Rock Mechanics and Mining Sciences & Geomechanics Abstracts, 14(1): 35-45.

Pruess K. 1991. TOUGH2—A general-purpose numerical simulator for multiphase fluid and heat flow. Lawrence Berkeley Laboratory Report LBL-29400, Berkeley.

Pyrak-Nolte L T, Myer L R, Cook N G W, et al. 1987. Hydraulic and mechanical properties of natural fractures in low permeability rock//Proceedings of the 6th ISRM Congress, Montreal: 225-231.

Rutqvist J, Börgesson L, Chijimatsu M, et al. 2001a. Thermohydro-mechanics of partially saturated geological media: Governing equations and formulation of four finite element models. International Journal of Rock Mechanics and Mining Sciences, 38(1): 105-127.

Rutqvist J, Börgsson L, Chijimatsu M, et al. 2001b. Coupled thermo-hydro-mechanical analysis of a heater test in fractured rock and bentonite at Kamaishi Mine—Comparison of field results to predictions of four finite element codes. International Journal of Rock Mechanics and Mining Sciences, 38(1): 129-142.

Rutqvist J, Stephansson O. 2003. The role of hydromechanical coupling in fractured rock engineering. Hydrogeology Journal, 11(1): 7-40.

Sahimi M. 1995. Flow and transport in porous media and fractured rock. VCH Verlagsgesellschaft GmbH, Weinheim.

Schrefler B A. 2001. Computer modelling in environmental geomechanics. Computers & Structures, 79(22-25): 2209-2223.

Selvadurai A P S. 1996. Mechanics of Poroelastic Media. Dordrecht: Kluwer Academic.

Stephansson O, Jing L, Tsang C F. 1996. Coupled Thermo-Hydro-Mechanical Processes of Fractured Media. Developments in Geotechnical Engineering 79. Rotterdam: Elsevier.

Stephansson O, Jing L, Hudson J A. 2004. Coupled T-H-M-C Processes in Geo-Systems: Fundamentals, Modeling, Experiments and Applications. Rotterdam: Elsevier.

Stietel A, Millard A, Reillem E, et al. 1996. Continuum representation of coupled hydromechanic processes of fractured media: Homogenisation and parameter identification//Stephansson O, Jing L, Tsang C F. Coupled Thermohydro-Mechanical Processes of Fractured Media. Amsterdam: Elsevier: 135-163.

Swan G. 1980. Stiffness and associated joint properties of rock//Proceedings of Conference on Applications of Rock Mechanics to Cut-and-Fill Mining, Luleå: 169-178.

Swan G. 1983. Determination of stiffness and other joint properties from roughness measurements. Rock Mechanics and Rock Engineering, 16(1): 19-38.

Tsang C F. 1987. Coupled Processes Associated with Nuclear Waste Repositories. New York: Academic Press.

Tsang C F. 1991. Coupled hydromechanical-thermochemical processes in rock fractures. Reviews of Geophysics, 29: 537-548.

Tsang Y W, Tsang C F. 1987. Channel model of flow through fractured media. Water Resources Research, 23(3): 467-479.

Tsang Y W, Witherspoon P A. 1981. Hydromechanical behavior of a deformable rock fracture subject to normal stress. Journal of Geophysical Research: Solid Earth, 86(B10): 9287-9298.

von Terzaghi K. 1923. Die berechnung der Durchaṡsigkeitsziffer des Tones aus dem Verlauf der hydrodynamischen Spannungserscheinungen. Sitzungsber. Akad. Wiss., Mathematish-Naturwiss, Section IIa, 132(3-4): 125-138.

Walsh J B. 1965. The effect of cracks on the uniaxial elastic compression of rocks. Journal of Geophysical Research, 70(2): 399-411.

Walsh J B. 1981. Effect of pore pressure and confining pressure on fracture permeability. International Journal of Rock Mechanics and Mining Sciences & Geomechanics Abstracts, 18(5): 429-435.

Walsh J B, Grosenbaugh M A. 1979. A new model for analyzing the effect of fractures on compressibility. Journal of Geophysical Research: Solid Earth, 84(B7): 3532-3536.

Wei L. 1992. Numerical studies of the hydromechanical behaviour of jointed rocks. London: University of London.

Whitaker S. 1977. Simultaneous Heat, Mass and Momentum Transfer in Porous Media: A Theory of

Drying. New York: Academic Press.

Yeo I W, de Freitas M H, Zimmerman R W. 1998. Effect of shear displacement on the aperture and permeability of a rock fracture. International Journal of Rock Mechanics and Mining Sciences, 35(8): 1051-1070.

Zhao J, Brown E T. 1992. Hydro-thermo-mechanical properties of joints in the Carnmenellis granite. Quarterly Journal of Engineering Geology and Hydrogeology, 25(4): 279-290.

Zimmerman R, Main I. 2004. Hydromechanical behaviour of fractured rocks//Guéguen Y, Boutéca M. Mechanics of Fluid-saturated Rocks. Amsterdam: Elsevier Academic Press: 363-421.

第5章　裂隙系统的基本特征——现场测绘和随机模拟

5.1　引　　言

岩体裂隙系统的几何特征是岩石工程实践中模型表征的最重要方面之一。裂隙岩体有三个基本要素：裂隙、岩块和流体(水、油、气体等)。应力和温度是荷载或环境因素。岩石力学与工程中数值模拟的一个主要任务是将岩体的裂隙系统表征为几何模型，这需要对所有裂隙的位置、方向、大小、形状和开度，裂隙间连通性以及由这些裂隙决定的岩块几何特征进行定量描述，并使用适当的数据结构进行数值分析。

对于特定问题，如果涉及的裂隙数量相对较少，那么从理论上来说，裂隙系统表征较为简单，可直接获得各种裂隙(包括位置、方向、形状、尺寸和开度)及由它们形成的岩块的明确表示，进而形成确定性的几何模型用于分析或设计。但是，这种理想化假设在实际问题中是不适用的，因为在实际中通常需要处理大量不同尺寸的、参数不确定的裂隙，尤其是裂隙的形状、尺寸和空间分布等参数。一般的做法是将有限数量的大尺寸裂隙视为单独的确定性实体(图 5.1(a))，将晶界、裂隙、微裂隙的作用视为完整岩块的特性。对于中等尺寸的裂隙，因为不能

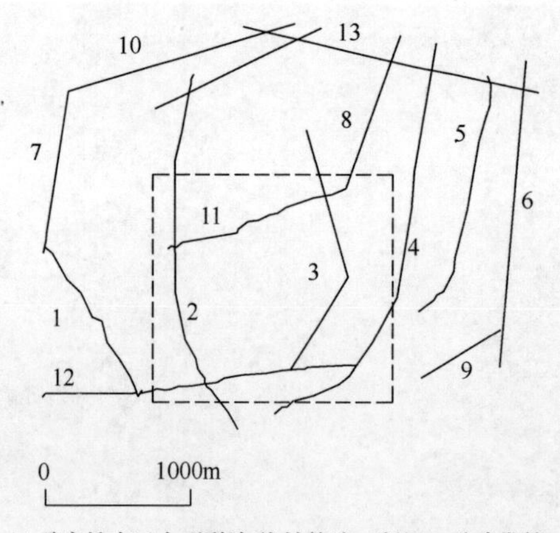

(a) 确定性表示大型裂隙(线性构造、断层、破碎带等)

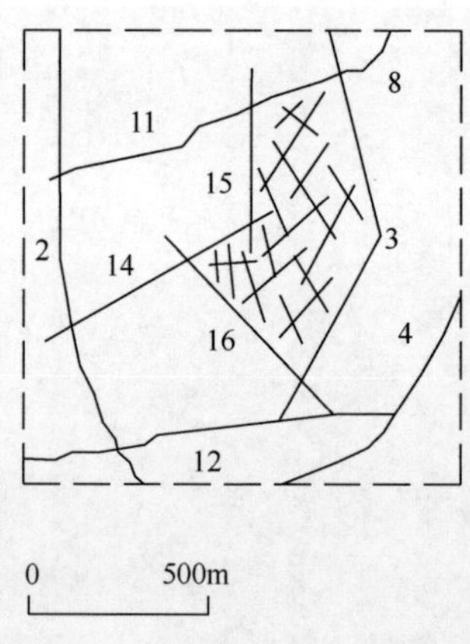

(b) 在统计意义上均质子域内随机表示中等尺寸裂隙组

图 5.1　不同尺寸裂隙的处理

忽略其数量和尺寸对岩体整体行为的影响，所以最难模拟。

通常采用随机方法对中等尺寸裂隙进行系统表征(图 5.1(b))。结合现场有限露头的测绘或测井数据，各裂隙组的方向、间距、大小、开度都有其统计分布表达式，然后将这些统计模型推广到整个问题域或其子区域来作为裂隙参数的表征模型。表征模型对现场裂隙系统的反映程度取决于采样技术以及所收集数据的数量和质量。根据概率论中的大数定理，测绘区域或钻孔中的裂隙数量应足够多，要在测线/钻孔和区域测绘中适当考虑采样方向，以在允许的范围内减小采样偏差。

有些分析可以直接使用统计信息进行，如评估岩石质量指标(RQD)(Deere，1964)和岩块尺寸分布。然而更为严格的分析，如对在外部荷载和环境条件下岩体特性进行数值分析，则需要裂隙系统的几何模型，而不仅仅是一些参数分布。为此，在假设裂隙位置和形状的前提下，基于裂隙参数的统计分布函数，使用随机裂隙生成的逆过程，可以获得裂隙系统的随机实现。在裂隙参数具有相同统计规律的前提条件下，每个生成的目标裂隙系统只是部分再现了现场真实裂隙系统。使用相同的裂隙参数分布函数生成大量系统的集合可更好地表征现场裂隙系统。这种技术就是 Monte Carlo 模拟过程。

尽管位置、形状、方向和尺寸等裂隙参数通常是三维的，但是这些参数数据可通过一维或二维测量手段获得。主要技术手段是通过钻孔测井获得裂隙方向以及地表露头测线和统计窗采样。这些获得的信息通常是一维或二维的，三维性质则需要通过一维或二维信息推测获得。

本章不详细介绍现场裂隙测绘技术和裂隙系统表征方法，仅介绍在实际中常用的测绘基础知识、使用 Monte Carlo 方法进行随机模拟的基本数学理论以及现场裂隙系统综合表征的基本概念，因为这些知识是岩石工程中开发和应用 DEM 的基础。

5.2　裂隙的现场测绘与几何性质

5.2.1　几何参数与现场测绘

对于 DEM 和 DFN 分析，定义单一岩石裂隙几何形状的特性包括以下几个：

(1) 方向。倾向α(自正北方向起)和倾角β(与水平面夹角)，用于赤平投影方法下区分不同裂隙组。

(2) 密度。单位岩体体积内的裂隙数量，其值与频数、间距密切相关。

(3) 间距。间距是方向服从相同分布函数的同组裂隙中两相邻裂隙间的距离，其值用于确定裂隙群的体密度。

(4) 形状。基本未知，通常假设为圆形、矩形或平面多边形。

(5) 尺寸。很大程度上未知，无法直接从地表测绘或测井数据确定，通常根据迹长分布和形状假设来估计。在实际中，通常假设尺寸(即圆形裂隙盘的直径)与迹长具有相同的分布，并加以偏差校正。

(6) 迹长。用于估计尺寸分布。

(7) 开度。难以直接在现场测量，当裂隙表面可代表裂隙群时，使用二维摄影遍历裂隙表面测量开度。

(8) 几何中心的位置(坐标)。除采样统计窗内或钻孔测井记录中的小部分裂隙外，其他基本未知，不能直接从地表测绘或测井数据确定。

上述变量是使用钻孔测井或露头测绘方法在现场中测量的参数组，其不确定性在很大程度上与裂隙几何特性有关，特别是裂隙的位置、形状和尺寸。正是这些不确定性，裂隙的数学表达式常采用随机分布，而非明确和确定性表达。

测线法是现场采集裂隙迹长的常用技术手段之一。将带刻度的标尺沿选定方向固定于岩石表面的露头上(图 5.2)，依次记录标尺起始端与裂隙相交距离、方向角α、与标尺相交裂隙的迹长。通过考虑露头方向来计算统计窗中裂隙的真实方向角，然后根据真实方向角将裂隙群分成适当数量的裂隙组。每组的相邻裂隙间距由它们与标尺起始端距离计算，通过相应统计分析获得间距和迹长的分布。该方法不记录未与标尺相交的裂隙，更多信息详见 Priest(1993)。

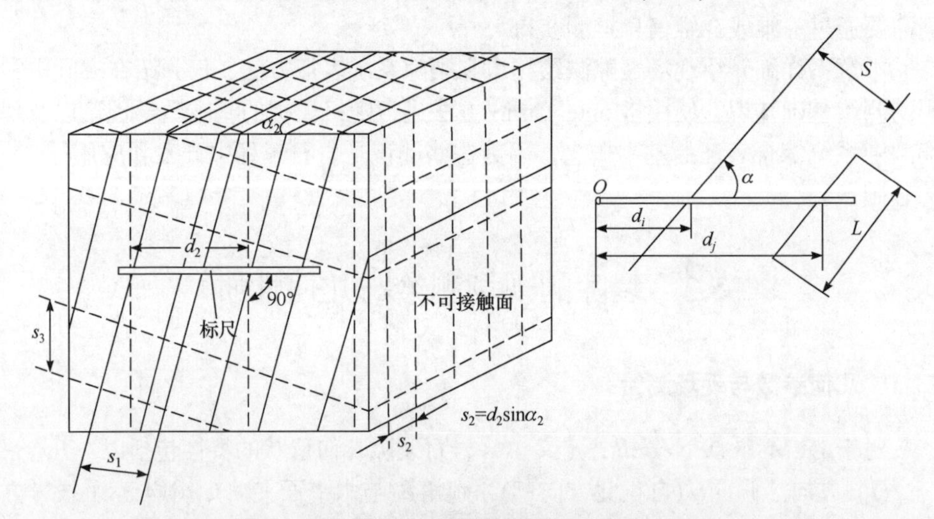

图 5.2　通过测线法测量裂隙间距(ISRM，1978)

α 为裂隙与标尺之间的夹角；d 为裂隙与标尺的交点至标尺起始端的距离；L 为裂隙的迹长

测线法没考虑未与标尺相交的裂隙，因而会低估裂隙密度。在此情况下提出了统计窗采样法，该方法通过在露头圈定正方形、矩形或圆形区域，测量落在统计窗内的所有裂隙迹线(或部分迹线)(图 5.3)。相较于测线法，统计窗采样法可更好地估计裂隙迹长和密度，提高采样数据的可靠性。Mauldon 等(2001)提出，圆形统计窗采样法可消除因统计窗与裂隙相对方向而产生的采样偏差，纠正因测线和矩形统计窗采样所固有的长度偏差和截断误差(统计窗边界处的截断)。

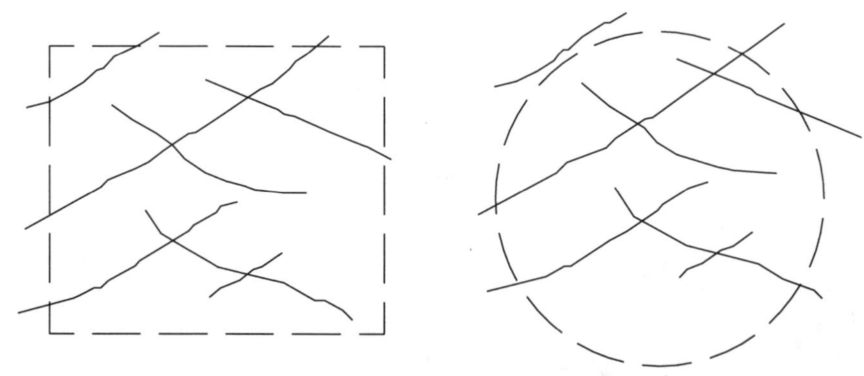

图 5.3　用正方形或圆形统计窗测量裂隙迹长

图 5.4(a)为瑞典南部 Äspö 地表露头裂隙迹线统计窗采样示例(Bossart et al., 2001)；图 5.4(b)为瑞典核燃料和废料管理公司(SKB)Äspö 硬岩实验室隧道的完

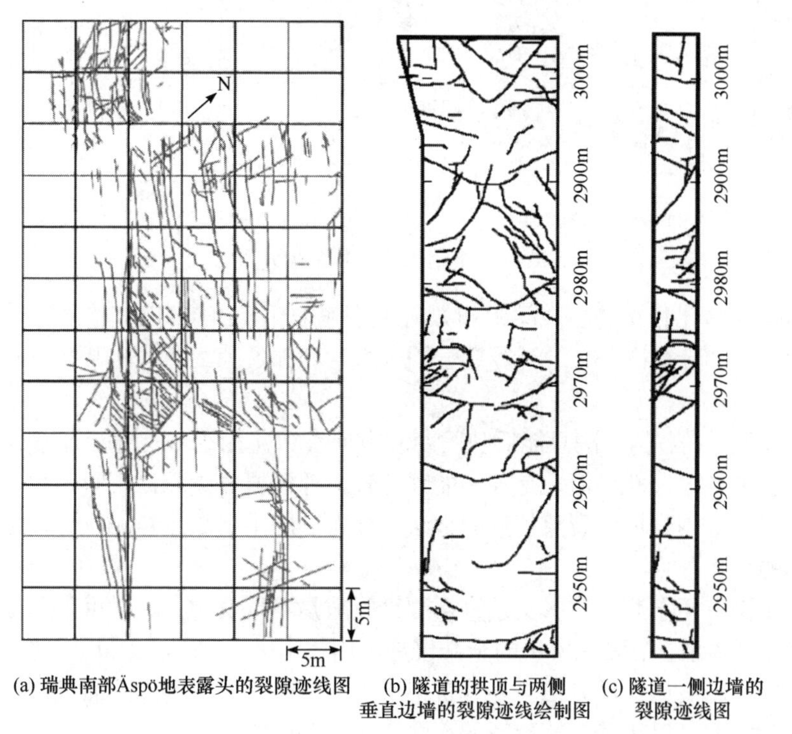

(a) 瑞典南部Äspö地表露头的裂隙迹线图　(b) 隧道的拱顶与两侧垂直边墙的裂隙迹线绘制图　(c) 隧道一侧边墙的裂隙迹线图

图 5.4　瑞典核燃料和废料管理公司(SKB)Äspö 硬岩实验室附近使用矩形统计窗的裂隙迹线图

整裂隙迹线绘制结果图，包括隧道拱顶与两侧边墙；图 5.4(c)为其中隧道一侧边墙的裂隙迹线图。

使用钻孔数据测量裂隙方向和间距,这项工作也可以使用数字化的孔壁图像。在孔壁图像中，裂隙面垂直于钻孔轴线的迹线表现为水平线，裂隙面倾斜于钻孔轴线的迹线表现为曲线，可将这些曲线拟合到正余弦函数来进行方向参数的计算(图 5.5(a))。如图 5.5(b)(Bossart et al.，2001)所示，孔壁图像分析的最终结果是系统地表示钻孔岩芯裂隙的位置、方向、开度、填充物和岩芯岩性。

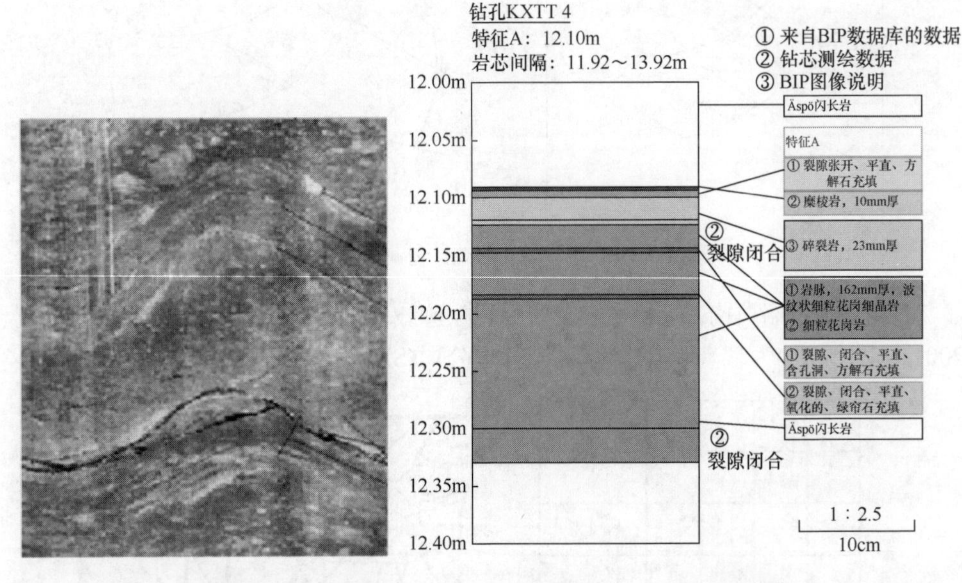

(a) 在孔壁图像上显示的倾斜裂隙的弯曲线　　(b) 从孔壁图像分析的理想岩芯信息(Bossart et al.，2001)

图 5.5　钻孔孔壁图像数据分析

与定向钻孔相交的裂隙间距和方向(包括倾向和倾角)可以直接从岩芯或孔壁图像中测量和计算(图 5.6)，计算属于同一组的相邻裂隙之间的间距并绘制裂隙组图像。

钻孔测井(岩芯)方法只能反映间距和方向参数，因为钻孔直径通常很小，所以无法反映裂隙尺寸，但它是唯一能够为较大埋深岩体裂隙提供间距和方向数据从而获得大范围岩体中裂隙信息的方法，该方法的主要缺点是无法估计钻孔外裂隙方向的变化。

如果没有便于测量的露头，直接测绘裂隙是不现实的，这时可采用摄影测量和激光扫描方法。图 5.7 所示的全站仪是可用技术之一(Feng et al.，2001)，该系统不需要在露头架设反光镜，高分辨率激光束可确保记录的裂隙面或迹线坐标足够准确，精度足以用于反算裂隙的方向、密度和间距。

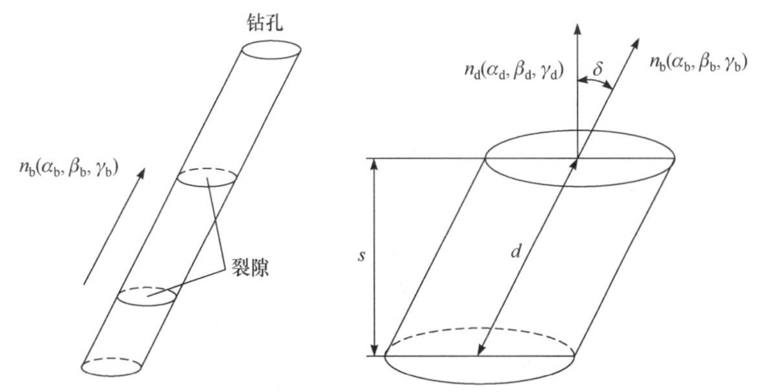

图 5.6　从定向钻孔的岩芯测量裂隙的间距(s)和方向(n)

d 是属于同一方向组两个相邻裂隙与轴线交点的距离；δ 是钻孔轴向与裂隙法向之间的夹角

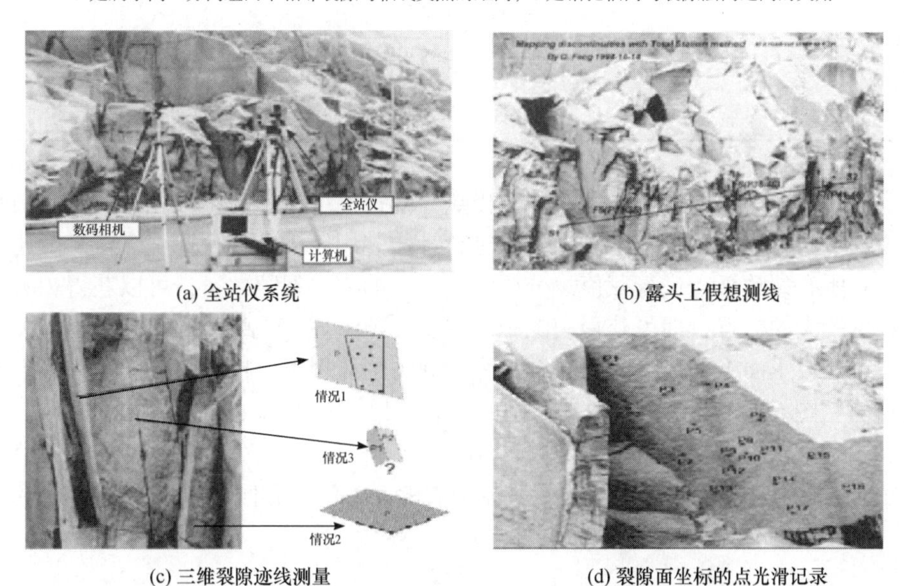

(a) 全站仪系统　(b) 露头上假想测线

(c) 三维裂隙迹线测量　(d) 裂隙面坐标的点光滑记录

图 5.7　使用免棱镜全站仪测量现场裂隙(Feng et al.，2001)

5.2.2　裂隙系统参数识别的数据处理

1. 方向

裂隙的倾向α和倾角β可以由半径为 R 的下(或上)半球的水平圆形投影平面上的单点(极点或法向点)来表示(图 5.8 和表 5.1)。点坐标通过选择两种方法中的一种来确定：等角投影或等面积投影。裂隙组通过极点簇来识别。

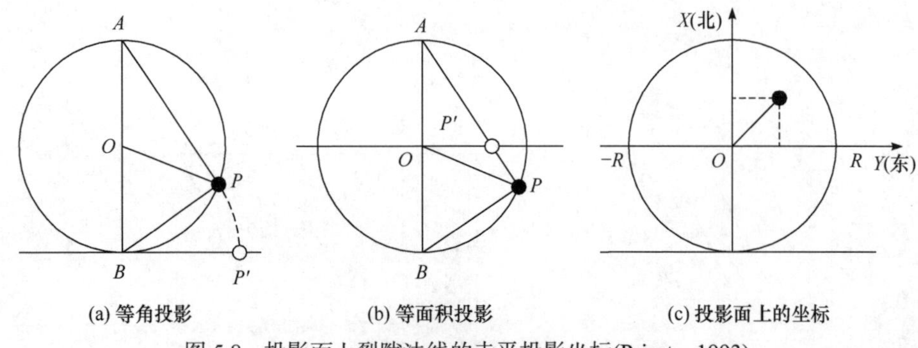

(a) 等角投影 (b) 等面积投影 (c) 投影面上的坐标

图 5.8 投影面上裂隙法线的赤平投影坐标(Priest，1993)

表 5.1 投影平面坐标的计算(Priest，1993)

	X 坐标(正北 0°)	Y 坐标(正东 90°)
等角投影	$R\cos\alpha\tan(\pi/4-\beta/2)$	$R\sin\alpha\tan(\pi/4-\beta/2)$
等面积投影	$R\sqrt{2}\cos\alpha\cos(\pi/4+\beta/2)$	$R\sqrt{2}\sin\alpha\cos(\pi/4+\beta/2)$

对在赤平极射投影上的每个裂隙极点，选择围绕极点的用户定义的有限实心锥角ψ。对落入所选锥角的裂隙极点进行计数并用该极点进行标识，重复上述过程可对所有裂隙极点进行赋值。分析每个极点的相关裂隙数量，可以获得相关裂隙数量较大的极点，即可获得裂隙中的主要裂隙组。相关裂隙的大极点与相关裂隙极点在投影面上形成裂隙组轮廓。为了获得最佳聚类分析，需要尝试许多不同的ψ值。图 5.9 为根据测井数据识别四组裂隙的示例(Park et al.，2002)。

如果通过测线法获得方向数据，则由于采样线与裂隙平面法线之间的角度δ而存在采样偏差。假设采样线及其相交裂隙面的倾向和倾角分别为α_s、β_s、α_n、β_n，那么锐角δ的大小可由式(5.1)计算：

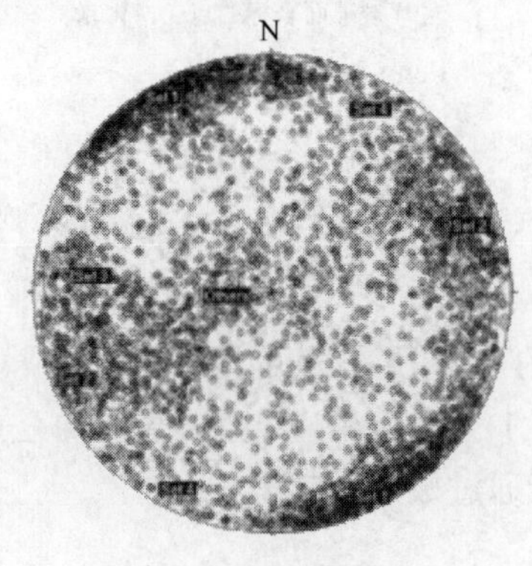

(a) 所有极点

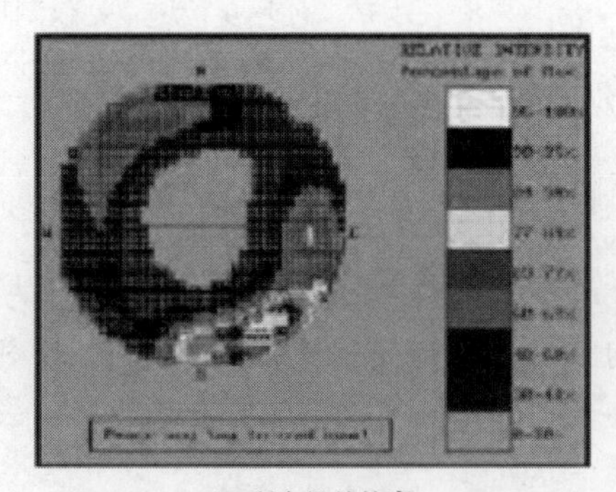

(b) 所有组的轮廓

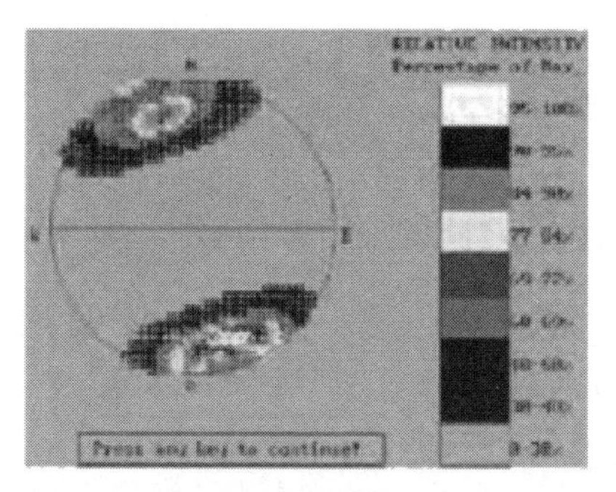

(c) 1组的轮廓

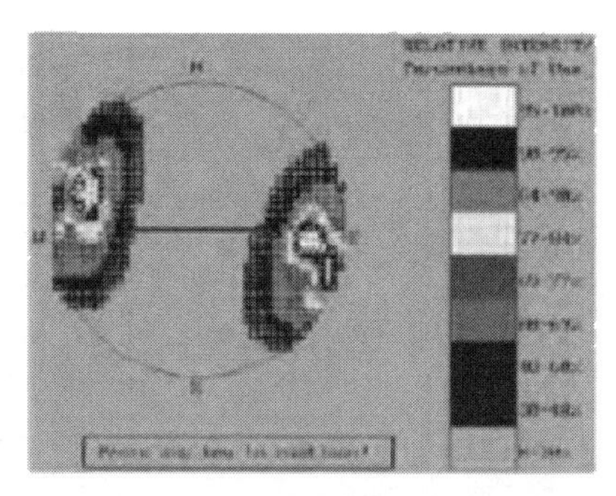

(d) 2组的轮廓

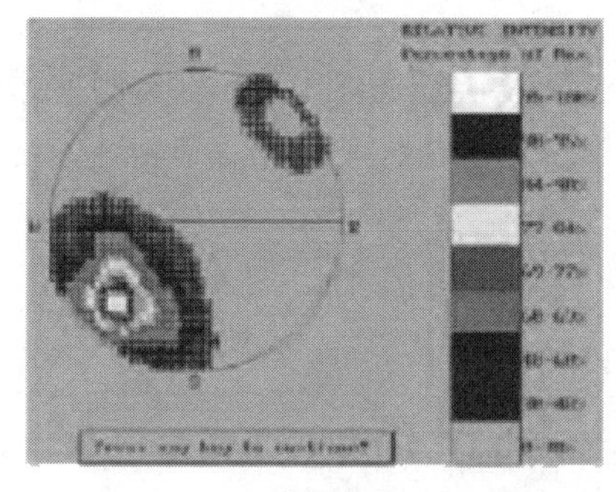

(e) 3组的轮廓

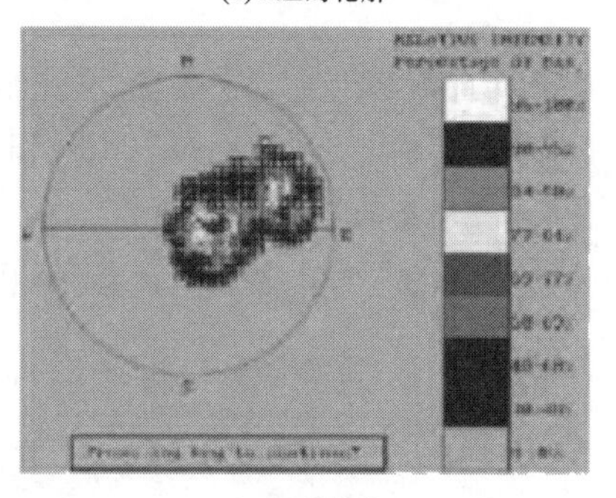

(f) 4组的轮廓

图 5.9　通过测井数据确定裂隙组(Park et al.，2002)

(a)极点的赤平投影；(b)～(f)极点的密度等值线分为 4 组。通过 10 个钻孔测井共观测到 4609 个极点

$$\cos\delta = \cos(\alpha_n - \alpha_s)\cos\beta_n + \sin\beta_n \sin\beta_s \tag{5.1}$$

然后应将校正因子 $w = 1/\cos\delta$ 应用于所有方向的数据。

将裂隙重新划分到相应组后进行统计分析，即使用标准的单变量统计方法确定倾向和倾角的平均值及其概率密度函数。方向分布函数的常见类型是 Fisher 分布，其中变量 x(在 Priest(1993)中为θ)表示代表性极点与裂隙组中任一裂隙间的立体角。Fisher 常数(在式(5.36)中为 K)是裂隙组的聚集或发散程度的度量，K 值越大表示越聚集(Priest，1993)。

确定分组后，分析密度、频数/间距、迹长/尺寸和开度等参数并产生相应概率密度函数。整体裂隙系统的实现是通过各裂隙组实现的组合完成的。

除上述确定裂隙组的标准技术手段外，文献中还介绍了聚类分析方法，如模糊 K-均值算法(Hammah and Curran，1999)。Herda(1999)讨论了使用传统的现场测量技术(如地质罗盘)定量研究走向角数据标准差等问题。

2. 频数和间距

裂隙的频数λ为一维条件下每单位长度、二维条件下每单位面积或三维条件下每单位体积的平均裂隙数。一维和二维频数取决于测线的方向和统计窗平面的方向，而体积频数与测线或统计窗方向无关。频数λ与间距 s 互为倒数关系，即 $s=1/\lambda$。

对于线性频数，如果测线与裂隙平面法线之间的夹角δ不为零，那么频数λ^*和间距 s 按式(5.2)予以校正：

$$\lambda^* = \frac{N}{L}\cos\delta \tag{5.2}$$

$$s = \frac{1}{\lambda^*} \tag{5.3}$$

对于具有频数为$\lambda_1, \lambda_2, \cdots, \lambda_n$的 N 组裂隙的岩体，Hudson 和 Priest(1983)指出岩体整体的线性频数是它们的累积求和，即

$$\lambda = \sum_{i=1}^{N}(\lambda_i \cos\delta_i) \tag{5.4}$$

式(5.4)通常用于估算裂隙岩体的理论 RQD 值：

$$\mathrm{RQD} = 100\mathrm{e}^{-\lambda t}(\lambda t + 1) \tag{5.5}$$

式中，t 为间距的 RQD 截断阈值，并假设间距服从负指数分布。t 的标准值为 0.1m。

一组裂隙中的频数或间距通常不是固定值，而是服从某种分布。如前所述，概率函数可以通过直方图或密度函数方法得到。图 5.10 为通过测线法获得的英国 Chinnor 白垩岩隧道裂隙间距直方图(Priest and Hudson，1976)。

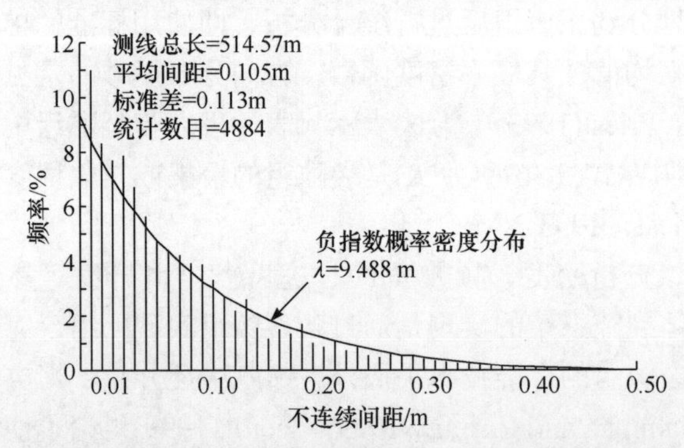

图 5.10　裂隙间距直方图示例(Priest and Hudson，1976)

对于多组裂隙，应分别对每组进行分析，以便确定各自不同的平均值、标准差和分布函数。常见的间距分布函数有负指数函数、正态函数和对数正态分布函数，也可以使用其他类型的函数，并且性质通常取决于工程特定条件。图 5.11 为

三组裂隙的频数各向异性的示例，可以确定岩体中任意方向上裂隙频数，从而计算 RQD 值。

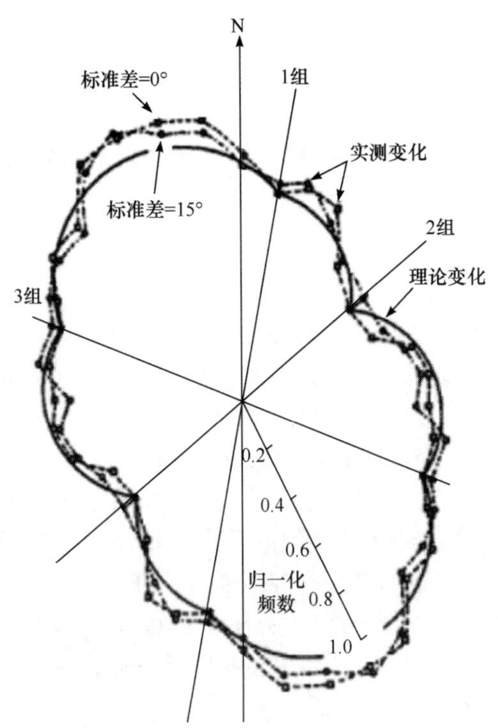

图 5.11　三组裂隙归一化频数的实测变化与理论变化示例(Priest and Hudson，1983)

3. 密度

裂隙组的裂隙密度 D_3 定义为每单位岩体体积的平均裂隙数，其值受采样技术影响。根据文献(Chilés 和 de Marsily，1993)，由测井数据得到体积裂隙密度为

$$D_3 = \frac{1}{L}\sum_{i=1}^{N}\frac{1}{\sin\theta_i} \tag{5.6}$$

式中，N 为与长度 L 的钻孔相交的某组裂隙数；θ_i 为相对于水平面的钻孔倾斜角。总体裂隙密度是采样区域内所有裂隙组密度的累积求和。

密度可以采用测线法获得的一维线密度 D_1 和用统计窗采样法得到的二维面密度 D_2，它们分别为与测线相交或包含在统计窗内的裂隙平均数量，其值取决于采样方向，又称表观裂隙密度。

如果所有裂隙平行且属于同一组并且钻孔倾角θ恒定，则 D_1 与 D_3 的关系为

$$D_3 = \frac{N}{L\sin\theta} = \frac{D_1}{\sin\theta} \tag{5.7}$$

对于各向同性分布的随机裂隙，裂隙平面和一维测线之间夹角的正弦平均值是0.5，与二维统计窗平面间夹角的正弦平均值是π/4，即对于各向同性分布的随机裂隙系统，有

$$D_1 = \frac{D_3}{2}, \quad D_2 = \frac{\pi}{4} D_3 \tag{5.8}$$

裂隙密度也不是一个常数，而是随钻孔、测线或统计窗及位置而变化。因此，密度本身也可能服从某种概率密度分布。

4. 形状

形状和尺寸是两个最难确定的裂隙几何参数，即使有非常强的假设，也没有可靠的直接测量方法。室内试验和现场观测表明，在各向同性和均质岩石中，拉伸裂隙的形状或至少其初始裂隙形状是圆形，然而经过后期构造运动和变形过程(如折叠、断层、接合)，裂隙形状发生相应的变化。

实际裂隙形状很复杂，无法理想化为规则的圆形、椭圆形、正方形或矩形等平面形状。多边形一般较能被接受，但由于其具有不同数量的顶点及凹和凸的边，计算较困难。在实际中，通常假设裂隙是圆形(如 FracMan 程序(Golder Associates Ltd，1993))、椭圆形、正方形或矩形(如 NAPSAC 程序(Wilcock，1996))，从而简化计算。在流体渗流分析中，如果涉及的裂隙数量非常多，则裂隙形状的影响随着裂隙群规模的增大而减弱。

5. 尺寸和迹长

裂隙的尺寸是一个更为重要的参数，因为它直接影响决定岩体逾渗阈值和渗透率的裂隙连通性，以及决定块体系统变形和稳定性的岩块生成和相关尺寸分布。裂隙尺寸信息的唯一获取来源是迹长分布。迹长分布通过在露头上圈定一定面积的统计窗观察获得，由于截断误差(去除了小裂隙)、包含非天然裂隙(如爆破产生的裂隙)和超出采样窗的隐含裂隙，通过测线法或统计窗采样法获得的迹长分布本身带有误差，可以通过反复试错法来研究裂隙尺寸(Chilés and de Marsily，1993)。

由于迹长的一维属性，不能仅用迹长分布估计尺寸分布，还必须使用关于裂隙形状的假设，以便可以在一维迹长分布和二维裂隙尺寸分布之间建立一些解析关系。

假设所有的裂隙都是圆盘状，其直径 r 的分布遵循三维概率密度分布函数 $P(r)$，圆盘中心体密度为 T_3，圆盘中心面密度为 T_2，二维迹长分布为 $P(l)$，根据文献(Chilés and de Marsily，1993)，有如下关系：

$$T_2 = T_3 \int_0^\infty rP(r)\mathrm{d}r \tag{5.9}$$

$$P(l) = \frac{1}{r}\int_l^\infty \frac{P(r)}{\sqrt{r^2 - l^2}}\mathrm{d}r \tag{5.10}$$

裂隙体密度 D_3 与圆盘中心体密度 T_3 之间的关系可表示为

$$D_3 = \frac{\pi}{4}\left[\left(\int_0^\infty rP(r)\mathrm{d}r\right)^2 + \sigma_{\mathrm{r}}^2\right]T_3 \tag{5.11}$$

式中，σ_{r}^2 为三维圆盘中心分布的方差。

理论上可由式(5.11)反算 $P(r)$，但在实际中未必可行(Chilés and de Marsily，1993)。实际经验表明，迹长和三维裂隙圆盘直径 r 倾向于遵循相同的概率密度函数(负指数或对数正态)，即可以简单地认为 $P(r) = P(l)$。

表 5.2 列出了文献中列出的裂隙间距和迹长的分布形式，作者采用的幂函数分布也列入表中。迹长和(假设的)裂隙形状是决定裂隙尺寸的两个参数。通常将裂隙简化为圆形、椭圆形或矩形(Robertson，1970；Einstein and Baecher，1983；Long and Witherspoon，1985；Rasmussen et al.，1985)，裂隙尺寸可以通过在露头观测的迹长来估计。Robertson(1970)通过下面的关系预估在露头观测的迹长 L 的裂隙实际面积 A 与直径为 L 的裂隙圆盘面积 A'成正比：

$$A = \left(\frac{4}{\pi}\right)^2 A' \tag{5.12a}$$

裂隙半径 r 为

$$r = \sqrt{\frac{A}{\pi}} = \frac{4}{\pi}\sqrt{\frac{A'}{\pi}} = \frac{2L}{\pi} \tag{5.12b}$$

表 5.2　裂隙间距和迹长的分布函数(Kulatilake，1991)

间距分布形式	来源	迹长分布形式	来源
对数正态	Steffen(1975)，Bridges(1975)，Barton(1977)，Einstein 等(1979)，Sen 和 Kazi(1984)	对数正态	McMahon(1971)，Bridges(1975)，Barton(1977)，Baecher 等(1977)，Einstein 等(1979)
负指数	Call 等(1976)，Priest 和 Hudson(1976)，Baecher 等(1977)，Einstein 等(1979)，Wallis 和 King(1980)	负指数	Robertson(1970)，Call 等(1976)，Cruden(1977)，Priest 和 Hudson(1983)
幂函数(分形)	—	幂函数(分形)	Babadagli(2002)，La Pointe 等(1999)

统计窗与裂隙的相对方向、裂隙迹长与统计窗(或测线)的相对大小、删减和截断及测绘窗口内外的裂隙情况都会导致在现场测绘得到的迹长产生偏差，详见 Attewell 和 Farmer(1976)、Einstein 和 Baecher(1983)、Kulatilake(1988)、Mauldon (1998)。对于圆形窗口，考虑到不同的裂隙终止条件，Zhang 和 Einstein(1998)估计平均裂隙迹长为

$$\mu_L = \frac{\pi}{2}\frac{2N_0 + N_1}{N_1 + 2N_2}R_w \tag{5.13}$$

式中，R_w 为圆形采样窗半径；N_0 为两端超出采样窗边界的迹线数量；N_1 为一端在内部、一端在采样窗边界外的迹线数量；N_2 为两端在采样窗边界内的迹线数量。Mauldon(1998)得出了相同的结论。导出式(5.13)的假设条件是：裂隙是平面的，统计窗中的迹线中心遵循均匀分布，裂隙迹长和方向遵循独立分布。

Warburton(1980)提出了迹长和裂隙尺寸的理论关系：

$$f(l) = \frac{1}{\mu_D}\int_l^{\infty}\frac{g(D)}{\sqrt{D^2 - l^2}}\mathrm{d}D \tag{5.14}$$

式中，D 为圆盘裂隙的直径；l 为露头的迹长；$g(D)$ 为直径 D 的概率密度函数；$f(l)$ 为迹长 l 的概率密度函数；μ_D 为直径的平均值。

平均迹长 μ_l 为(Zhang and Einstein，1998)

$$\mu_l = \int_0^{\infty} lf(l)\mathrm{d}l \tag{5.15}$$

如果 $g(D)$ 服从对数正态分布，则

$$\mu_l = \frac{\pi}{4}\left[1 + \left(\frac{\sigma_D}{\mu_D}\right)^2\right]\mu_D \tag{5.16}$$

式中，σ_D 为裂隙直径的标准差。

如果 $g(D)$ 服从负指数分布，则

$$\mu_l = \frac{\pi}{2}\mu_D \tag{5.17}$$

上述结果表明，在露头统计窗裂隙的平均迹长通常大于圆盘裂隙直径。因此，如果直接使用迹长来代表裂隙尺寸，估值会偏高。

6. 开度

除形状和尺寸外，开度也是较难确定的裂隙特性，主要是试样尺寸、可测性限制、现场和实验室测试条件之间的差异以及开度自身的定义等因素导致的。

依据不同的定义角度，裂隙开度可分为几何开度、力学开度和水力开度。几

何开度是岩石裂隙两粗糙面间的垂直距离，可以使用激光扫描仪获得的裂隙两表面进行的精确定位数据来计算(Lanaro et al.，1998；Fardin et al.，2002)。力学开度是指在循环法向压缩试验中裂隙的最大闭合量，它表示不涉及剪切的法向位移。水力开度不能直接测量，需要通过裂隙的流体渗流试验或依据已知几何形状和连通性的现场裂隙渗流试验使用立方定律反推得到。

三种开度取决于所施加的应力、裂隙表面粗糙度、变形路径、填充物、初始状态及裂隙尺寸等。开度是影响裂隙岩体渗透性和变形性的重要特性之一，也是最不容易获得的裂隙性质之一。

确定各裂隙组的方向、密度、迹长和开度后，下一步是确定这些参数的统计分布函数，以便于 Monte Carlo 模拟生成裂隙系统的多次实现。由于部分代表了现场测绘数据，这些生成的裂隙系统在一定程度上可等效表示现场裂隙系统。

5.3　裂隙几何参数的统计分布

Monte Carlo 模拟方法是一个随机过程，在假设裂隙形状并计算密度后，通过将其位置、尺寸、方向和开度等裂隙属性表示为遵循各自概率密度函数的随机变量，进而解决裂隙网络几何的随机性。模拟的目的是生成大量的裂隙系统，每一个都对应于一组特定的独立随机变量，这些随机变量的位置(裂隙几何中心)、方向、大小和开度根据它们特定的概率密度函数生成。每次生成的裂隙在几何上有差异，将大量生成的裂隙组合后在统计上更能表示裂隙系统，因此该方法需要重复的模拟过程。裂隙系统的代表性取决于概率密度函数，即统计过程中所收集的原始数据的质量和数量。

这些实现可用做特定物理过程(如变形或流体流动)的裂隙岩体数值模拟中的几何模型。随机模拟获得的应力、位移、流量或流速等结果可视为随机值，而非传统确定性模型在特定位置得到的确定值，其平均值和分布为工程设计和性能评估提供更好的基础。

Monte Carlo 方法可以减少由大部分未知的裂隙系统几何特征引起的不确定性，提高几何性质变化性的量化程度，特别适用于裂隙岩体中的地下工程。鉴于必须生成大量裂隙系统实现并将其用于支持数值建模的几何模型，从计算角度而言，Monte Carlo 方法需要更多的时间和计算资源消耗。

5.3.1　统计学原理

Monte Carlo 模拟的数学基础是概率论中的大数定理和中心极限定理。基于这些定理，Monte Carlo 模拟得到了裂隙参数服从不同分布的随机数，从而实现数值模拟。

1. 大数定理

该方法包括三项定理：

(1) Bernoulli 定理。对于 n 次独立试验，随机事件的发生频数 v/n 收敛于试验次数增加时的事件概率，对于任何 $\varepsilon>0$：

$$\lim_{n\to\infty} P\left(\left|\frac{v}{n}-p\right|<\varepsilon\right)=1 \tag{5.18}$$

式中，v 为在 n 次试验中发生的相关事件的数量。

(2) Khintchine 大数定理。如果对于一组独立随机变量 $\xi_1,\xi_2,\cdots$，存在均值 μ 和标准差 σ，或有着同样分布的随机变量 $\xi_1,\xi_2,\cdots$，具有有限的均值 μ，则对于任何 $\varepsilon>0$，当 n 增加时，同一组的 n 个随机变量 $\xi_1,\xi_2,\cdots,\xi_n$ 的平均值收敛于 μ，即

$$\lim_{n\to\infty} P\left(\left|\frac{1}{n}\sum_{i=1}^{n}\xi_i-\mu\right|<\varepsilon\right)=1 \tag{5.19}$$

(3) Chebyshev 大数定理。如果独立随机变量 $\xi_1,\xi_2,\cdots$ 具有相同的分布，它们的均值 μ 和标准差 σ 也存在，对于任何 $\varepsilon>0$，当 n 增加时，同一组的 n 个随机变量 $\xi_1,\xi_2,\cdots,\xi_n$ 的标准差收敛到 σ，即

$$\lim_{n\to\infty} P\left[\left|\frac{1}{n}\sum_{i=1}^{n}\left(\xi_i-\frac{1}{n}\sum_{k=1}^{n}\xi_k\right)^2-\sigma^2\right|<\varepsilon\right]=1 \tag{5.20}$$

在裂隙分析中之所以应用大数定理，是因为通过统计方法处理裂隙时，裂隙数量必须足够大，以便通过采样数据及其分布，将代表现场系统的统计模型偏差降低到可接受的误差内。

2. 中心极限定理

如果 $\xi_1,\xi_2,\cdots,\xi_n$ 是一组独立的随机变量，其均值为 μ，标准差为 σ，一个新随机变量 R 表示这 n 个变量的均值，将 μ 和 σ 标准化，新变量 R 遵循标准正态分布 $N(0,1)$，即

$$\lim_{n\to\infty} P(R\leqslant x)=\lim_{n\to\infty} P\left(\frac{\frac{1}{n}\sum_{i=1}^{n}\xi_i-\mu}{\frac{1}{\sqrt{n}}}\leqslant x\right)=\lim_{n\to\infty} P\left(\frac{\frac{1}{n}\sum_{i=1}^{n}\xi_i-\mu}{\frac{1}{\sqrt{n}}\sqrt{\frac{1}{n}\sum_{i=1}^{n}\left(\xi_i-\frac{1}{n}\sum_{k=1}^{n}\xi_k\right)^2}}\right) \tag{5.21}$$

$$=\int_{-\infty}^{x}\frac{1}{\sqrt{2\pi}}\mathrm{e}^{-\frac{t^2}{2}}\mathrm{d}t$$

对于裂隙参数的其他分布，如对数正态分布、指数分布等，中心极限定理能够通过简单变换将有关参数遵循正态分布 $N(0,1)$ 的随机数转换为非正态分布的随机数。根据中心极限定理，参数生成值的数量必须足够大，以便生成值的频率将产生与最初连续分布相同或相近的形状。

裂隙几何变量统计分布的建立遵循单随机变量的标准统计方法，以下是一些用于此目的的基本统计定义。

5.3.2　随机裂隙系统模型的统计技术

1. 随机数据组统计特性的定义

对于具有最小值 $x_{\min}$、最大值 $x_{\max}$ 的 n 个单变量数据 $x_1, x_2,\cdots, x_n$，区间$[x_{\min}, x_{\max}]$可以被分成相等长度的 m 个子区间，$\Delta x = (x_{\max} - x_{\min})/m$，将其沿 xy 坐标系的 x 轴排列：

$$x_{\min}, x_{\min} + \Delta x, x_{\min} + 2\Delta x, \cdots, x_{\max} \tag{5.22}$$

落入上述每个子区间中的数据点 $x \in \{x_1, x_2, \cdots, x_n\}$ 的数量记为 $k_i(i=1, 2,\cdots, m)$，基于所选 m 个子区间的数据组频率 $F(m)$定义为

$$F(m) = \{k_1/m, k_2/m, \cdots, k_m/m\} \tag{5.23}$$

频率值也可以写成百分数形式，方法是将上述每个频率值乘以 100。频谱的特性为

$$\sum_{i=1}^{m} \frac{k_i}{m} = 1 \tag{5.24}$$

这些离散频率值可以绘制为坐标系的 y 值，称为直方图，它们是显示整个频谱中数据值分布的图(图 5.12(a))，直方图的面积始终等于 1。

关于平均值、离散度和形状存在一些统计性质，平均值的度量通常由如下公式定义。

算术平均值：

$$\mu = \frac{x_1 + x_2 + \cdots + x_m}{m} \tag{5.25}$$

几何平均值：

$$\mu = (x_1 x_2 \cdots x_m)^{\frac{1}{m}} \tag{5.26}$$

中位数：将样本总数除以一半对应的 x 值。

众数：对应最高频率的 x 值。

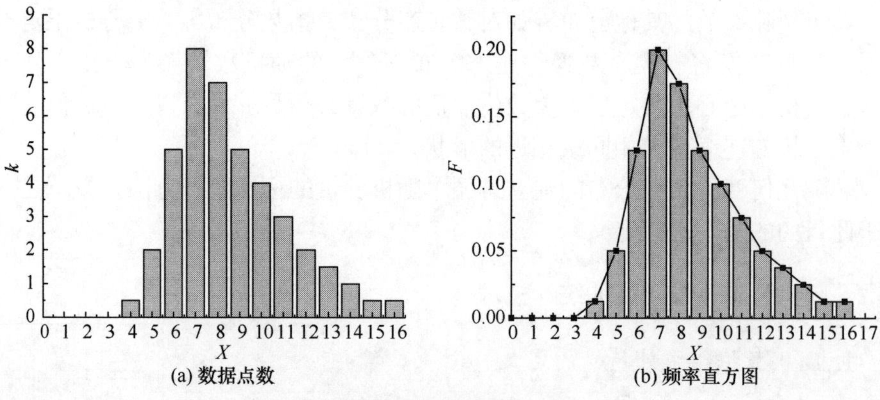

图 5.12　随机变量的频率分布直方图

算术平均值通常用于对称分布，几何平均值通常用于偏态分布。对于偏态分布，中位数介于众数和平均值之间。

离散度主要由标准差σ和方差σ^2度量：

$$\sigma^2 = \frac{1}{N-1}\sum_{i=1}^{N}(x_i - \mu)^2 \tag{5.27}$$

并由全距$[x_{\min}, x_{\max}]$和四分位差一起度量，四分位差为去除随机变量x值的前25%和后25%定义的范围。

分布形状的偏态度由两个参数定义：Pearson 偏态系数及 Fisher 偏态系数，其表达式分别为

$$S(x) = \frac{\mu - \text{众数}}{\sigma} \tag{5.28}$$

$$S(x) = \frac{1}{\sigma^3}\frac{1}{N-1}\sum_{i=1}^{N}(x_i - \mu)^3 \tag{5.29}$$

对称分布时$S=0$；$S>0$代表正偏态(高值长尾)；$S<0$代表负偏态(高值长头)。偏态度表示分布的“峰值”，在实际应用中不太常用。

2. 概率密度函数

频率直方图的轮廓通常用光滑连续曲线近似表示，称为频率密度函数，记为$p(x)$，如图 5.12(b)所示。它们通常被用作理想的概率密度函数，作为假设的、随机变量的总体分布。与式(5.24)类似，概率密度函数满足

$$\int p(x)\mathrm{d}x = 1 \tag{5.30}$$

在描述频率分布时有四个基本特征：平均值及其位置、离散度(频率沿标度分布的程度)、这些值与平均(中心)值的差异程度、形状(分布的对称性和模式)。

下面列出了一些在描述裂隙参数分布时常用的典型连续概率密度函数。除 Poisson 分布外的其他分布都是连续分布。

(1) 均匀分布：

$$p(x)=\frac{1}{x_{\max}-x_{\min}},\quad x\in[x_{\min},x_{\max}] \tag{5.31}$$

(2) 负指数分布：

$$p(x)=\lambda \mathrm{e}^{-\lambda x},\quad x>0 \tag{5.32}$$

(3) 正态分布：

$$p(x)=\frac{1}{\sigma\sqrt{2\pi}}\mathrm{e}^{-\left(\frac{x-\mu}{\sigma\sqrt{2}}\right)^2},\quad \sigma>0, x\in(-\infty,\infty) \tag{5.33}$$

(4) 对数正态分布：

$$p(x)=\frac{1}{\sigma x\sqrt{2\pi}}\mathrm{e}^{-\left(\frac{\ln x-\mu}{\sigma\sqrt{2}}\right)^2},\quad x\in(0,\infty) \tag{5.34}$$

(5) Weibull 分布：

$$p(x)=\frac{m}{a}x^{m-1}\mathrm{e}^{-\frac{x^m}{a}},\quad a>0, m>0, x\in[0,\infty) \tag{5.35}$$

(6) Fisher 分布：

$$p(x)=\frac{K\sin(x\mathrm{e}^{K\cos x})}{\mathrm{e}^{K}-\mathrm{e}^{-K}},\quad x\in[0,\infty) \tag{5.36}$$

(7) Poisson 分布(对于离散情况)：

$$p(x)=\frac{\lambda^x}{x!}\mathrm{e}^{-\lambda},\quad x=0,1,2,\cdots \tag{5.37}$$

(8) 幂律分布：

$$p(x)=Ax^{-D},\quad x\in[0,\infty) \tag{5.38}$$

3. 生成已知概率密度函数的随机数

裂隙系统的建立取决于在确定裂隙组密度和假设裂隙形状之后由位置、方向、尺寸和开度等裂隙特性概率密度函数生成随机数。

生成指定概率密度函数的随机变量包括两个步骤：①遵循标准单位区间[0, 1]的均匀分布生成随机数；②通过分析或数值方法将均匀分布的随机数转换为遵循指定概率密度函数的随机数。

(1) 在[0, 1]上生成均匀分布的随机数。

对于区间[a, b]上均匀分布的随机数(式(5.31))，累积分布函数可通过积分得到:

$$F(x)=\int_a^x p(t)\mathrm{d}t=\int_a^x \frac{1}{b-a}\mathrm{d}t=\frac{x-a}{b-a} \tag{5.39}$$

令 $r=F(x)$，[a, b]上的均匀随机变量x为(图5.13)

$$x=r(b-a)+a \tag{5.40}$$

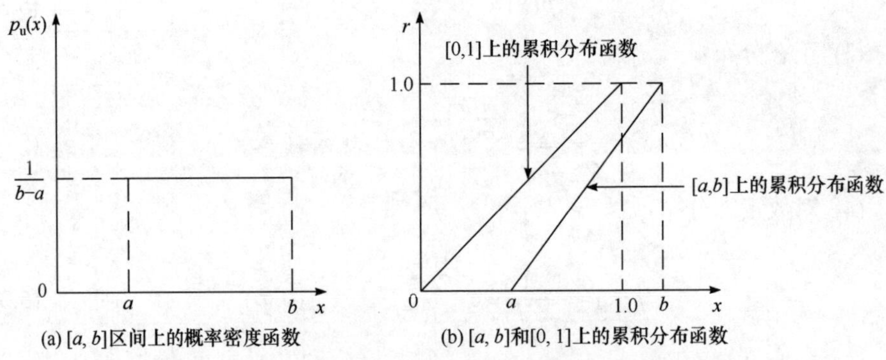

(a) [a, b]区间上的概率密度函数　　(b) [a, b]和[0, 1]上的累积分布函数

图 5.13　均匀分布随机数的概率密度函数和累积分布函数

当$a=0$且$b=1$时，$r=x$，此时概率密度函数和累积分布函数对于[0, 1]上均匀分布的随机数是相同的，记为 R_u[0, 1]，$1-r$ 也是[0, 1]上均匀分布的随机数。遵循特定概率密度函数 $p(x)$的随机数 x_p 可以通过累积分布函数的逆过程得到(图 5.14)。

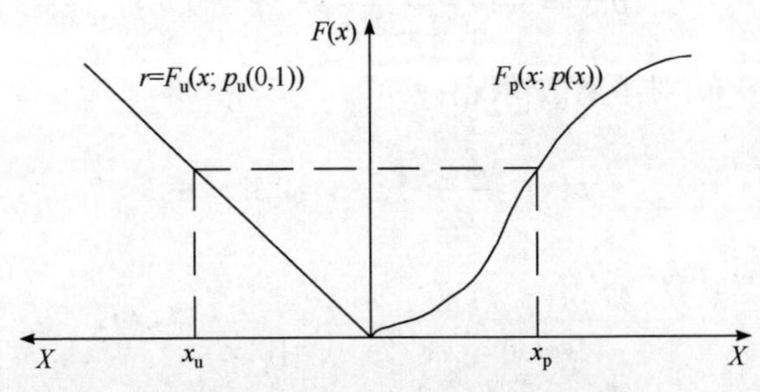

图 5.14　通过[0, 1]均匀随机数 x_u 反向生成概率密度函数 $p(x)$的随机数 x_p

对于负指数分布的随机数(式(5.32))，累积分布函数为

$$F_e(x)=\int_{-\infty}^x p_e(t)\mathrm{d}t=1-\mathrm{e}^{-\lambda t} \tag{5.41}$$

令 $r=F_e(x)$，同时$1-r\in R_u[0,1]$，则负指数分布的随机数 x_e 为

$$x_e=-\frac{1}{\lambda}\ln r,\quad r\in R_u[0,1] \tag{5.42}$$

对于服从正态分布 $N(\mu, \sigma)$的随机数(式(5.33))，由于其概率密度函数不能进行解析积分，须采用数值逼近方法，如 Newton 或 Runge-Kutta 数值积分。还可应用概率论中的中心极限定理，其随机数服从正态分布，$x_N \in N[\mu,\sigma]$：

$$x_N \approx \mu + \sigma\sqrt{\frac{12}{\pi}}\left(\sum_{i=1}^{M}\rho_i - \frac{M}{2}\right),\ \ \rho_i \in R_{\mathrm{u}}[0,1] \tag{5.43}$$

式中，M 通常取 10～12。可以通过简单测绘获得对数正态分布的随机数：

$$x' = \ln x,\ \ \mu' = \ln\mu - \frac{\sigma^2}{2},\ \ \sigma' = \left\{\ln\left[\left(\frac{\sigma}{\mu}\right)^2 + 1\right]\right\}^{\frac{1}{2}} \tag{5.44}$$

由于正态分布随机数在自然科学和工程中有广泛应用，在许多计算机程序和编译器中可直接使用。上述技术可生成其他概率密度函数的随机数。

(2) 生成裂隙网络。

裂隙网络可通过不同方式生成，下面描述的是一个简单的例子，它包括以下步骤：

① 在二维平面或三维空间中选择生成域，在该空间内生成裂隙网络系统。

② 从裂隙组 1 开始，根据密度(D_2 或 D_3)和间距计算要生成的裂隙数量 N。

③ 以 Poisson 过程生成 N 个裂隙中心点的位置。

④ 在每个裂隙中心点，根据 Fisher 分布生成代表其倾向和倾角的随机数。

⑤ 根据迹长概率密度函数生成随机数，并根据形状假设(圆盘或矩形等)生成定义其外边界的一串顶点坐标。

⑥ 根据相应的概率密度函数生成表示其开度的随机数。

⑦ 对所有裂隙组重复步骤①～⑥。

⑧ 确定裂隙的交叉点。

⑨ 对于流体渗流分析，删除与生成域和其他裂隙簇边界无关的裂隙子集或裂隙簇，对裂隙网络进行正则化，根据交叉点信息进行裂隙簇分析。

⑩ 对于二维流动或应力分析，还应删除所有裂隙死端。

上述步骤只可建立裂隙网络的一个实现。对于一个恰当的随机模拟，必须通过使用不同种子数(用于初始化随机数生成过程)重复上述步骤，生成最终所需数量的裂隙网络实现。

近年来，裂隙网络生成程序不断发展，并已开发出一些复杂技术克服原有的简单性以满足现场条件。较典型的是 FracMan 程序(Golder Associates Ltd，1993)，除上述介绍的方法外，还增加了概率密度函数，此外，可以根据现场信息，生成更真实或受约束的裂隙系统。

(3) 实例。

本节介绍一个生成随机裂隙系统的实例，旨在二维条件下推导出裂隙岩体的本构关系(Min and Jing，2003；Min et al.，2004)。几何特性数据来自一个现场调查项目(Nirex UK Ltd，1997)，该项目在英国 Cumbria Sellafield 地区一个岩层中查明了四组裂隙(图 5.15(a))。研究中采用幂函数拟合了 CH22 和 CH37 测绘点处及航拍范围内裂隙迹线长度与每平方千米内裂隙数之间的关系。迹长范围 0.5～250m 的数据点落在一条幂函数关系直线上，其幂律关系为

$$N = 4L^{-D} \tag{5.45}$$

式中，L 为迹长；$D = 2.2$ 为从 2.2 ± 0.2 范围内选择的拟合分形维数；N 为迹长不小于 L 的裂隙数量。裂隙密度(在本例所有组为 4.6)定义为每组单位面积内的裂隙数量，由式(5.45)计算的累积裂隙数量得出。图 5.16 是使用不同分形维数后，裂隙迹长的累积概率密度分布函数曲线。

组	倾角/(°)/倾向/(°)	Fisher系数(K)
1	8/145	5.9
2	88/148	9.0
3	76/21	10.0
4	69/87	10.0

(a) 裂隙组的方位和Fisher系数

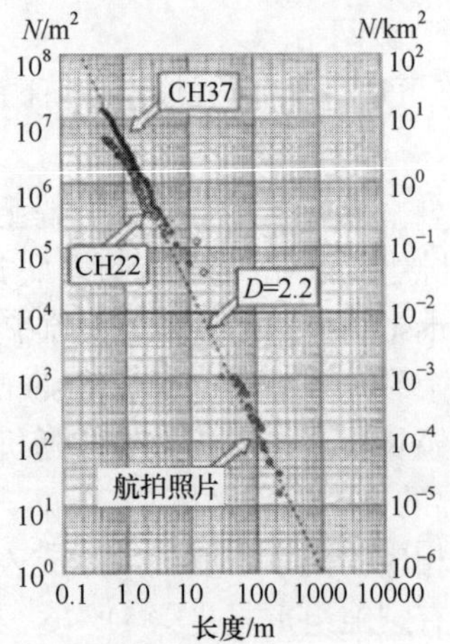

(b) 迹长的幂律分布(Min et al.，2004)

图 5.15　英国 Cumbria Sellafield 地区裂隙的现场数据

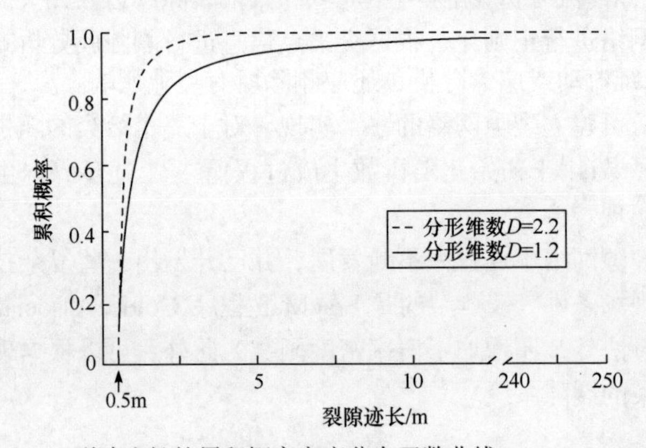

图 5.16　裂隙迹长的累积概率密度分布函数曲线(Min et al.，2004)

图 5.17 是采用 Poisson 过程生成的裂隙中心点。使用独立开发的程序(其流程图见图 5.18)生成 10 个裂隙网络实现(图 5.19)，用于水力、力学和水-力耦合过程等岩石行为的 Monte Carlo 模拟。具体研究细节详见本书第 12 章。

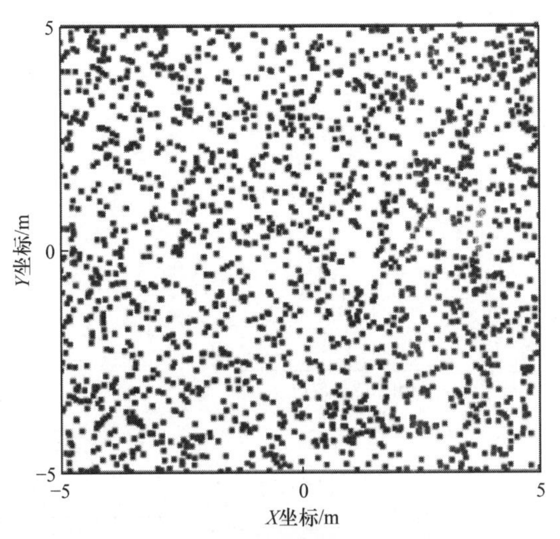

图 5.17 采用 Poisson 过程生成的裂隙中心点(Min et al.，2004)

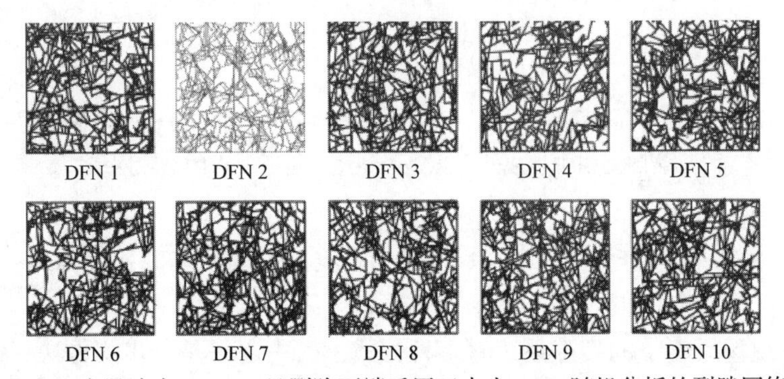

图 5.18 10 个尺寸为 5m×5m 且删除死端后用于水力 REV 随机分析的裂隙网络实现

生成的裂隙网络的几何性质相似但不相同，方向服从 Fisher 分布，迹长服从幂律或分形分布，位置服从 Poisson 分布，因此它们在统计上视为等同的。

上述示例的目的是对裂隙岩体的行为进行一般性研究，并非针对现场大范围裂隙系统。因此，可忽略与场地密切相关的特征，如大规模断层、不同岩性组、裂隙和断层的流体传导特征差异。此例演示了使用 Monte Carlo 模拟方法生成裂隙系统的过程。然而对于现场应用，特别是需要进行裂隙系统生成的大规模现场应用，除 Monte Carlo 模拟外，还必须考虑这些特定场地的特征，在不同尺度上使用不同方法。此过程即现场尺度的“裂隙系统综合表征”。生成的裂隙系统还需要通过整合过程，使用测井或露头中测量的裂隙数据进行调整。

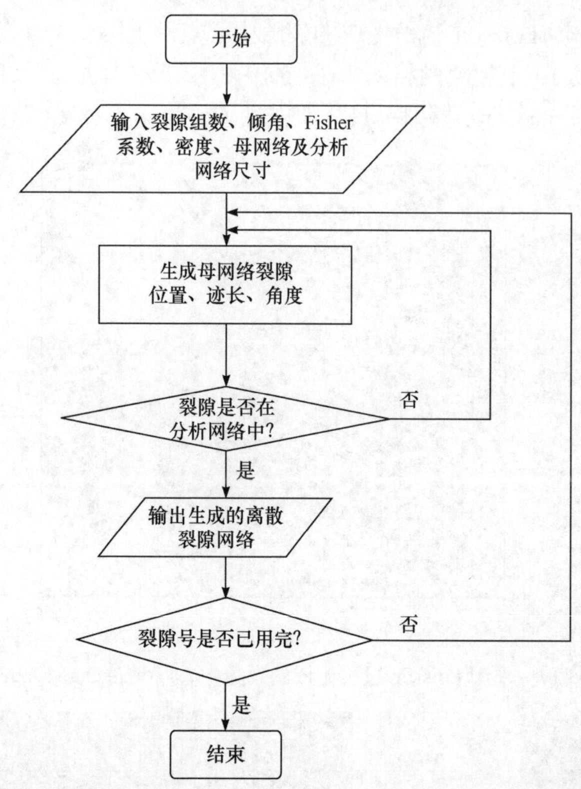

图 5.19　生成裂隙系统的流程图(Min et al.，2004)。“裂隙是否在分析网络中”这一步决定了母裂隙网络中生成的裂隙是否到达分析所要求的裂隙网络

5.4　特定场地条件下的裂隙系统综合表征

表征现场尺度下的裂隙系统有多种方式，其中之一是分步式方法：

(1) 根据大尺度结构特征(如破碎带)或岩性将现场划分为不同的区域，每个区域内的裂隙在统计意义上是均质的，如图 5.20 中的区域 1-1、2-2 等。这些数量少、尺寸大的结构特征会对岩体的理化过程产生全局影响，它们是使用地球物理、结构地质学、水文地质学等调查方法，利用钻孔测井和地表测绘进行现场调查的主要对象。可根据应用目标和现场调查条件，将区域进一步划分为子域，使子域裂隙系统特性的统计均匀性降至容差范围。

(2) 对每个区域(子域)进行 Monte Carlo 模拟，以便可以在统计意义上建立裂隙几何的随机模型。

(3) 将区域尺度的裂隙系统模型叠加至决定性的大规模裂隙模型，从而得到整个现场的综合裂隙系统。这样的综合模型是一种复合模型，从某种意义上来说，它在整体上是确定性的，在子域上是随机的。

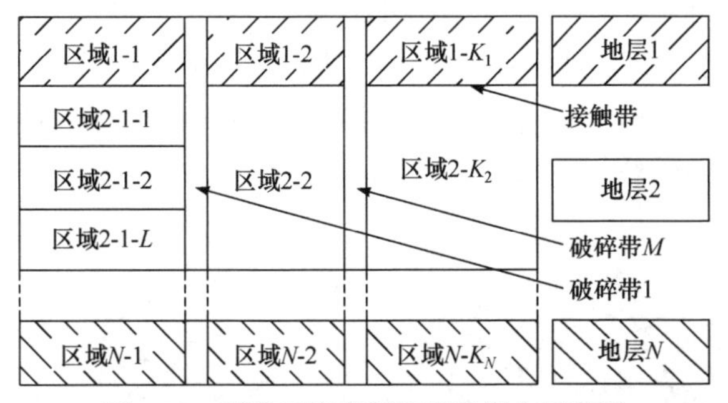

图 5.20　裂隙系统表征的理想划分示意图

现场尺度单元划分示意图是理想化的。实际上，任何大小的裂隙都具有复杂的形状。图 5.21 为使用地球物理探测方法和钻孔信息等确定的瑞典 Ävrö 地区大规模破碎带方向、厚度和尺寸的示例。

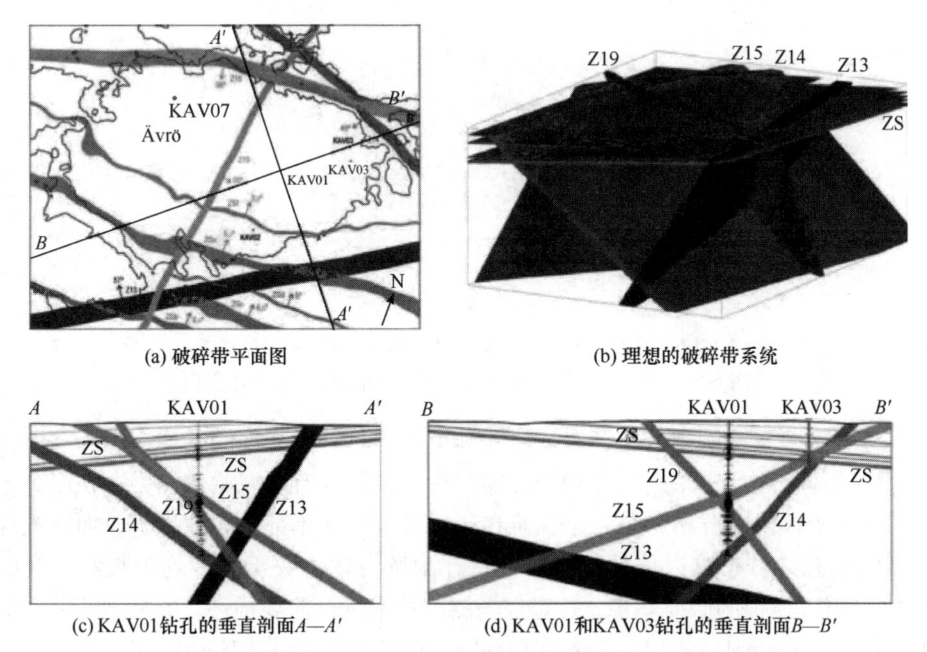

(a) 破碎带平面图　(b) 理想的破碎带系统

(c) KAV01钻孔的垂直剖面A—A'　(d) KAV01和KAV03钻孔的垂直剖面B—B'

图 5.21　瑞典 Ävrö 地区使用地球物理方法探测的大规模破碎带

图 5.22 为使用位于瑞典南部 Ävrö 硬岩实验室同一区域内水平钻孔初始数据的整合过程(Bossart et al.，2001)。首先沿钻孔长度记录裂隙的位置和方向(图 5.22(a))，然后将附近具有相同特征的钻孔之间的裂隙连接起来(图 5.22(b))。这种跨孔连接只能在相对较大规模裂隙上使用。

这种处理既需要基于测井数据提供基于岩性的地质条件和与裂隙尺寸相关的

可能特征(如宽度/开度、矿物填充特性、含水条件等)进行判断，也需要区域划分的指导，除可能的大断层外，尽量不穿越区域边界。人工连接的跨孔裂隙仍是确定性特征。最后，将确定性的跨孔裂隙(相对规模较大)与随机模拟的小裂隙网络进行叠加(图 5.22(c))，并使用尽可能多的裂隙测井数据。由于裂隙网络模型的随机性，可以进行多次这样的叠加。

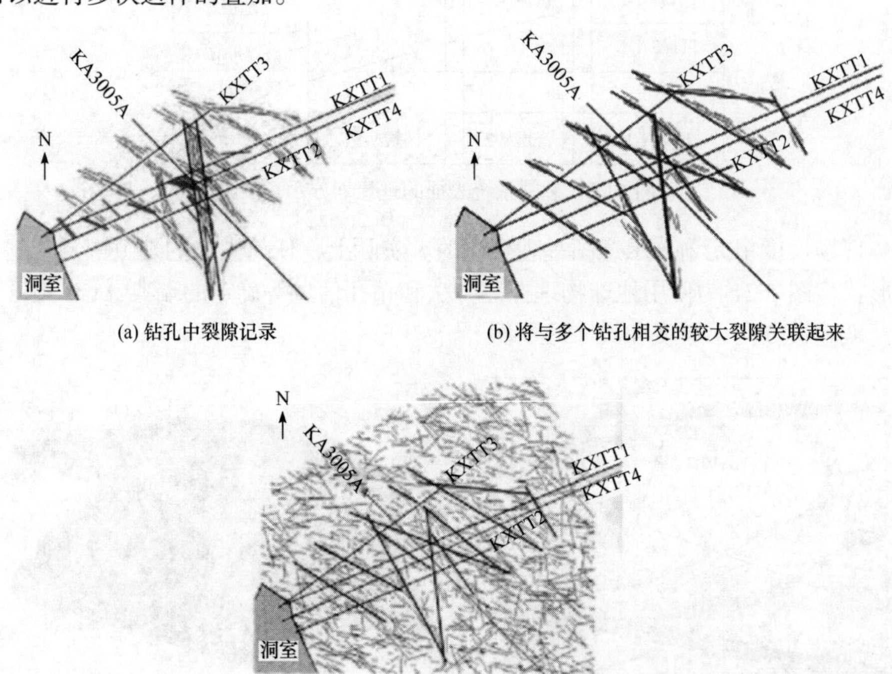

(a) 钻孔中裂隙记录

(b) 将与多个钻孔相交的较大裂隙关联起来

(c) 在随机生成的裂隙网络上叠加相关的较大裂隙

图 5.22 瑞典南部 Ävrö 硬岩实验室裂隙网络的综合实现

综合裂隙系统的现场特征表征是一项重要但具有挑战性的工作，因为与所涉及的岩体体积相比，采用测井和统计窗在现场测量的有限原始数据中存在不确定性。对于流体渗流分析，另一个困难在于通常只有一小部分裂隙导水，而这些导水裂隙的几何分布难以估计。本章仅旨在为读者提供关于统计均匀裂隙系统的 Monte Carlo 模拟的必要知识，并对现场测绘技术进行简要描述。更多细节可在如下文献找到：Geological Society of London(1970)钻孔测井、ISRM(1978)测线法、统计窗采样法(Pahl，1981；Mauldon，1995，1998；Mauldon et al.，2001)。更详细的信息也可以在相关文献和教科书中找到，如 McClay(1987)、Priest(1993)、Terzaghi(1965)、Mathab 等(1972)、Priest 和 Hudson(1976)、Cruden(1977)、Hudson 和 Priest(1979，1983)、Baecher(1980)、Baecher 等(1977)、Barton(1978)、La Pointe(1980)、Long 等(1987)、Dershowitz(1992)、Dershowitz 和 Einstein(1988)、

Kulatilake 和 Wu(1984)、Kulatilake(1985，1986，1988，1991)、Grossmann(1990)、Wang 和 Chen(1992)、Pan 和 Jing(1987)。

裂隙网络具有特殊的几何和物理特性，如尺寸效应和流动聚集或分区化。在离散裂隙网络渗流和溶质运移方面，Berkowitz(2002)对采用 DFN 方法分析流动与溶质运移问题现状及未解决的问题进行了详细和系统的综述。第 10 章将总结 DFN 方法理论、方法和应用的特点。

参 考 文 献

Attewell P B, Farmer I W. 1976. Principles of Engineering Geology. London: Chapman and Hall.

Babadagli T. 2002. Scan line method to determine the fractal nature of 2-D fracture networks. Mathematical Geology, 34(6): 647-670.

Baecher G B. 1980. Progressively censored sampling of rock joint traces. Journal of the International Association for Mathematical Geology, 12(1): 33-40.

Baecher G B, Lanney N A, Einstein H H. 1977. Statistical description of rock properties and sampling//Proceedings of 18th US Symposium on Rock Mechanics, 5C-1-5C1-8.

Barton C M. 1977. Geotechnical analysis of rock structure and fabric in C.S.A. mine, cobar, New South Wales. Applied Geomechanics Technical Paper 24, Australia: CSIRO.

Barton C M. 1978. Analysis of joint traces//Proceedings of 17th US Symposium on Rock Mechanics, Nevada: 38-41.

Berkowitz B. 2002. Characterizing flow and transport in fractured geological media: A review. Advances in Water Resources, 25(8-12): 861-884.

Bossart P, Hermanson J, Mazurek M. 2001. Äspö Hard Rock Laboratory: Analysis of fracture networks based on the integration of structural and hydrogeological observations on different scales. Technical Report, TR-01-21, Swedish Nuclear Fuel and Waste Management Co. Sweden: (SKB) Stockholm.

Bridges M C.1975. Presentation of fracture data for rock mechanics//Proceedings of the 2nd Australia-New Zealand Conference on Geomechanics, Brisbane: 144-148.

CallR B, Savely J, Nicholas D E. 1976. Estimation of joint set characteristics from surface mapping data//Proceedings of the 17th US Symposium on Rock Mechanics, Nevada, 2B-1-2B2-9.

Chileś J P, de Marsily G. 1993. Modeling flow and contaminant transport in fractuel vocks//Bear J, Tsang C F, de Marsily G. Flow and Contamination Transport in Fractured Rock. San Diego: Academic Press: 169-236.

Cruden D M. 1977. Describing the size of discontinuities. International Journal of Rock Mechanics and Mining Sciences & Geomechanics Abstracts, 14(3): 133-137.

Deere D U. 1964. Technical description of rock cores for engineering purposes. Rock Mechanics and Rock Engineering, 1: 17-22.

Dershowitz W S. 1992. Interpretation and synthesis of discrete fracture orientation, size, shape, spatial structure and hydrologic data by forward modeling//Proceedings of the ISRM Regional

Conference on Fractured and Fractured Rock Masses(Preprints), Lake Tahoe: 680-687.

Dershowitz W S, Einstein H H. 1988. Characterizing rock joint geometry with joint system models. Rock Mechanics and Rock Engineering, 21(1): 21-51.

Einstein H H, Baecher G B, Veneziano D. 1979. Risk analysis for rock slopes in open pit mines—Part Ⅰ and Ⅳ. Technical Report to US Bureau of Mines, Contract JO2575015, MIT, Massachusetts.

Einstein H H, Baecher G B. 1983. Probabilistic and statistical methods in engineering geology—Specific methods and examples. Rock Mechanics and Rock Engineering, 16(1): 39-72.

Fardin N, Stephansson O, Jing L. 2002. The scale dependence of rock joint surface roughness. International Journal of Rock Mechanics and Mining Sciences, 38(5): 659-669.

Feng Q, Sjögren P, Stephansson O, et al. 2001. Measuring fracture orientation at exposed rock faces by using a non-reflector total station. Engineering Geology, 59(1-2): 133-146.

Geological Society of London. 1970. The logging of rock cores for Engineering purposes. Geological Society Engineering Group Working Party Report. Quarterly Journal of Engineering Geology, 3: 1-24.

Golder Associate Ltd. 1993. The Manual of FracMan Code.

Grossmann N G. 1990. Joint Statistics—state-of-the-art and practical applications. Int. Workshop on Survey and Testing Method for Discontinuous Rock Masses, Tokyo.

Hammah R E, Curran J H. 1999. On distance measures for the fuzzy K-means algorithm for joint data. Rock Mechanics and Rock Engineering, 32(1): 1-27.

Herda H H W. 1999. Strike standard deviation for shallow-dipping rock fracture sets. Rock Mechanics and Rock Engineering, 32(4): 241-255.

Hudson J A, Priest S D. 1979. Discontinuities and rock mass geometry. International Journal of Rock Mechanics and Mining Sciences & Geomechanics Abstracts, 16: 339-362.

Hudson J A, Priest S D. 1983. Discontinuity frequency in rock masses. International Journal of Rock Mechanics and Mining Sciences & Geomechanics Abstracts, 20: 73-89.

ISRM(International Society of Rock Mechanics). 1978. Suggested methods for the quantitative description of discontinuities in rock masses. International Journal of Rock Mechanics and Mining Sciences & Geomechanics Abstracts, 15: 319-368.

Kulatilake P H S W. 1985. Fitting fisher distributions to discontinuity orientation data. Journal of Geological Education, 33(5): 266-269.

Kulatilake P H S W. 1986. Bivariate normal distribution fitting on discontinuity orientation clusters. Mathematical Geology, 18(2): 181-195.

Kulatilake P H S W. 1988. A correction for sampling bias on joint orientation for finite size joints intersecting finite size exposures//Proceedings of the 6th International Conference on Numerical Methods in Geomechanics, Innsbruck: 871-876.

Kulatilake P H S W. 1991. Lecture notes on stochastic 3-D fracture network modeling including verification at the Division of Engineering Geology. Royal Institute of Technology, Stockholm.

Kulatilake P H S W, Wu T H. 1984. Sampling bias on orientation of discontinuities. Rock Mechanics and Rock Engineering, 17(4): 243-253.

Lanaro F, Jing L, Stephansson O.1998. 3-D-laser measurements and representation of roughness of rock fractures//Proceedings of the International Conference on Mechanics, Jointed and Faulted Rock, Vienna: 185-189.

La Pointe P R. 1980. Analysis of spatial variation in rock mass properties through geostatistics// Proceedings of US Symposium on Rock Mechanics, Rolla: 570-580.

La Pointe P, Cladouhos T, Follin S. 1999. Calculation of displacements on fractures intersecting canisters induced by earthquakes: Aberg, Beberg and Ceberg examples. Technical Report, TR-99-03, Stockholm: Swedish Nuclear Fuel and Waste Management Company.

Long J C S, Witherspoon P A. 1985. The relationship of the degree of interconnection to permeability in fracture networks. Journal of Geophysical Research: Solid Earth, 90(B4): 3087-3098.

Long J C S, Billaux D, Hestir K, et al. 1987. Some geostatistical tools for incorporating spatial structures in fracture network modeling//Proceedings of the 6th ISRM Congress, Montreal: 171-176.

Mathab M A, Bolstad D D, Allredge J R, et al. 1972. Analysis of fracture orientations for the input to structural models of discontinuous rocks. Report of Investigations 7669, Washington DC: US Dept. of the Interior-Bureau of Mines.

Mauldon M. 1995. Keyblock probabilities and size distributions: A first model for impersistent 2-D fractures. International Journal of Rock Mechanics and Mining Sciences & Geomechanics Abstracts, 32(6): 575-583.

Mauldon M. 1998. Estimating mean fracture trace length and density from observations in convex windows. Rock Mechanics and Rock Engineering, 31(4): 201-216.

Mauldon M, Dunne W M, Rohrbaugh M B. 2001. Circular scanlines and circular windows: new tools for characterizing the geometry of fracture traces. Journal of Structural Geology, 23(2-3): 247-258.

McClay K.1987. The mapping of geological structures//The Geological Field Guide Series. Chichester: Wiley.

McMahon B. 1971. A statistical method for the design of rock slopes//Proceedings of the 1st Australia-New Zealand Conference on Geomechanics, Melbourne: 314-321.

Min K B, Jing L. 2003. Numerical determination of the equivalent elastic compliance tensor for fractured rock masses using the distinct element method. International Journal of Rock Mechanics and Mining Sciences, 40(6): 795-816.

Min K B, Stephansson O, Jing L. 2004. Fracture system characterization and evaluation of the equivalent permeability tensor of fractured rock masses using a stochastic REV approach. Hydrogeology Journal, 12(5): 497-510.

Nirex UK Ltd. 1997. Evaluation of heterogeneity and scaling of fractures in the Borrowdale Volcanic Group in the Sellafield Area, Nirex Report SA/97/028.

Pahl P J. 1981. Estimating the mean length of discontinuity traces. International Journal of Rock Mechanics and Mining Sciences & Geomechanics Abstracts, 18(3): 221-228.

Pan B, Jing L.1987. Computer simulation methods and applications of statistical models of rockmass structure//New Development in Rock Mechanics. Shenyang: Northeast University Press: 55-80.

Park B Y, Kim K S, Kwon S, et al. 2002. Determination of the hydraulic conductivity components using a three-dimensional fracture network model in volcanic rock. Engineering Geology, 66(1-2): 127-141.

Priest S D. 1993. Discontinuity Analysis for Rock Engineering. London: Chapman and Hall.

Priest S D, Hudson J A. 1976. Discontinuity spacings in rock. International Journal of Rock Mechanics and Mining Sciences & Geomechanics Abstracts, 13(5): 135-148.

Priest S D, Hudson J A. 1983. Estimation of discontinuity spacing and trace length using scanline surveys. International Journal of Rock Mechanics and Mining Sciences & Geomechanics Abstracts, 18(3): 183-197.

Rasmussen T C, Huang C H, Evans D D. 1985. Numerical experiments on artificially generated three-dimensional fracture networks: An examination of scale and aggregation effects//17th International Congress of International Association of Hydrogeologists, Tucson: 676-680.

Robertson A. 1970. The interpretation of geologic factors for use in slope theory//van Rensburg P W J. Proceedings of Symposium Theoretical Background to the Planning of Open Pit Mines, Johannesburg: 55-71.

Sen Z, Kazi A. 1984. Discontinuity spacing and RQD estimates from finite length scanlines. International Journal of Rock Mechanics and Mining Sciences & Geomechanics Abstracts, 21(4): 203-212.

Steffen O K H. 1975. Recent developments in the interpretation of data from joint surveys in rock masses//Proceedings of the 6th Regional Conference for Africa on Soil Mechanics and Foundation Engineering, Durban: 17-26.

Terzaghi R D. 1965. Sources of error in joint surveys. Géotechnique, 15(3): 287-304.

Wallis P F, King M S. 1980. Discontinuity spacings in a crystalline rock. International Journal of Rock Mechanics and Mining Sciences & Geomechanics Abstracts, 17(1): 63-66.

Wang X, Chen Z. 1992. Statistical survey of rock fracture systems and computer simulations. Research Report, Institute of Water Conservancy and Hydroelectric Power Researches, Beijing(in Chinese).

Warburton P M. 1980. A stereological interpretation of joint trace data. International Journal of Rock Mechanics and Mining Sciences & Geomechanics Abstracts, 17(4): 181-190.

Wilcock P. 1996. The NAPSAC fracture network code//Stephansson O, Jing L, Tsang C F. Coupled Thermo-Hydro-Mechanical Processes of Fractured Media—Mathematical and Experimental Studies. Amsterdam: Elsevier: 529-538.

Zhang L, Einstein H H. 1998. Estimating the mean trace length of rock discontinuities. Rock Mechanics and Rock Engineering, 31(4): 217-235.

第 6 章　块体系统组合拓扑表征的理论基础

DEM 的首要任务是用数学的方法表征由裂隙网络形成的块体系统。这就需要定义块体的几何形状，无论是单个块体还是块体组合，对三维问题来说，块体系统的几何表征是相当复杂的。根据 DEM 和实体几何建模的资料，块体系统生成的基本方法有三种：构造实体几何(constructive solid geometry，CSG)法、连续空间划分(successive space division，SSD)法和边界表示(boundary representation，BR)法。

CSG 法将简单的几何实体单元(如立方体、球等)作为基本构件，通过拓扑变换和识别过程的结合来实现更为复杂的组合实体的几何表征(Mäntylä，1998)，广泛应用于计算机图形学、实体几何建模和机器人研究等领域。采用不同尺寸的圆形、椭圆形、球形或椭球形单元，基于 CGS 法进行颗粒组合，可对颗粒材料进行模拟(Cundall and Strack，1979)。

SSD 法依赖于预先定义的主导块体的连续划分过程，其中主导块体由无限大尺寸的裂隙分割而成。主导块体通常在形式上是规则的，也是研究区域的主体(图 6.1(a)～(c))。岩体工程问题中广泛应用的 3DEC 程序采用了 SSD 法(Itasca，2000)。在 SSD 法中，裂隙被视为光滑且无厚度的平面，模型中生成新裂隙所需要输入的参数包括方向(倾向和倾角)和参考点的坐标，以便将裂隙放在模型的指定位置，裂隙的形状和尺寸参数不需要。为了避免已有的块体被新裂隙切割，将现有块体隐藏，并且删除现有块体和新裂隙的交点。

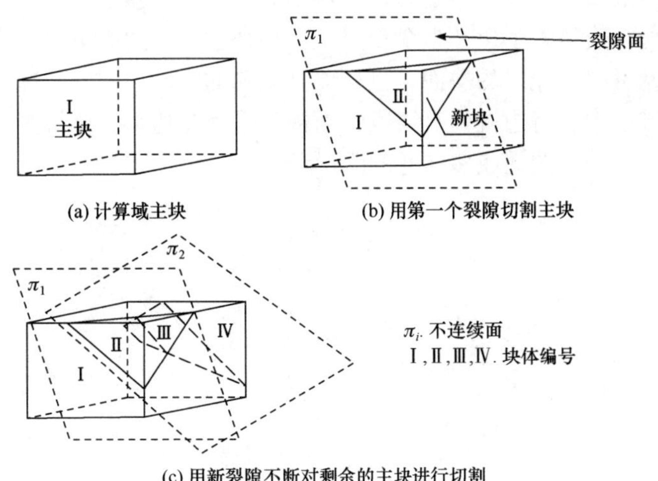

(c) 用新裂隙不断对剩余的主块进行切割

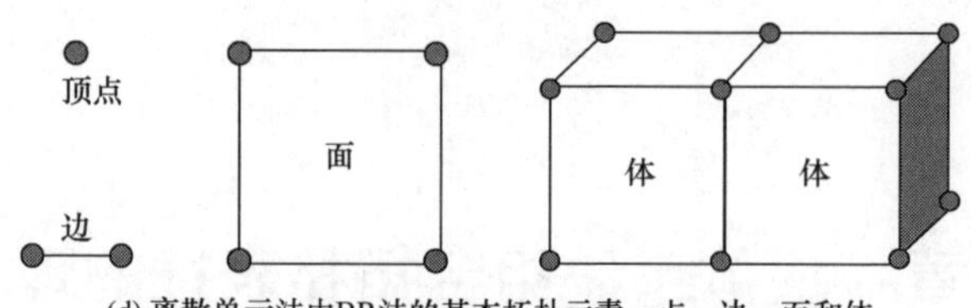

(d) 离散单元法中BR法的基本拓扑元素：点、边、面和体

图 6.1　无限大裂隙连续空间划分方法

SSD 法具有概念简单、易于编程、计算效率高等优点。另外，由无限大尺寸的裂隙所生成的块体都是凸体，用于定义工程边界(如隧道、洞室和边坡)引入的人工裂隙也是无限大尺寸，因此会生成不必要的人为裂隙和块体，这就使得近场块体的几何和力学行为比实际情况更为复杂。以上缺点归结于一个因素：无限大尺寸裂隙的假设，无论是天然的还是人为的。这一方法更大的缺点是：难以确定地或统计地表征由有限尺寸和一般形状的裂隙构成的天然裂隙系统，而天然裂隙系统对流体流动分析是很重要的。

BR 法利用组合拓扑中的闭曲面和多面体原理来表征块体的边界。Lin 等(1987)首次用 BR 表征岩石力学问题中的块体几何系统。由于 BR 法广泛使用集合论的术语和操作，对于没有系统的几何代数和拓扑几何知识背景的学者，它比较难理解。此外，该方法更适合表征一般形状、凸或凹形状的块体以及相邻块体之间的连通性，而且通过巧妙编程，计算效率更高。顶点、边、面、体等基本拓扑元素的定义如图 6.1(d)所示。

BR 法采用顶点、边、面和体等基本拓扑元素定义裂隙的尺寸、形状、方位、位置和体的形状、尺寸、位置，并通过体之间的连通关系来定义块体系统。顶点是一个点元素，表示两个或多个边之间的交点。边是一个线性元素，表示两个或多个面之间的相交线段。面是由至少三个相交边定义的面元素，表示两个物体之间的相交面(图 6.2)。一条边只连接两个顶点，但可以连接多个面。一个面只连接两个体，但可以连接多个边和多个顶点。在拓扑学中，边既可以是直线，也可以是曲线。面既可以是光滑的平面，也可以是粗糙的曲面。但是，在 DEM 或任何其他的数值方法中，将边视为直线段，面视为平面多边形，体视为一般形状的多面体，可以是凸的、凹的或多连通的(即有孔)。

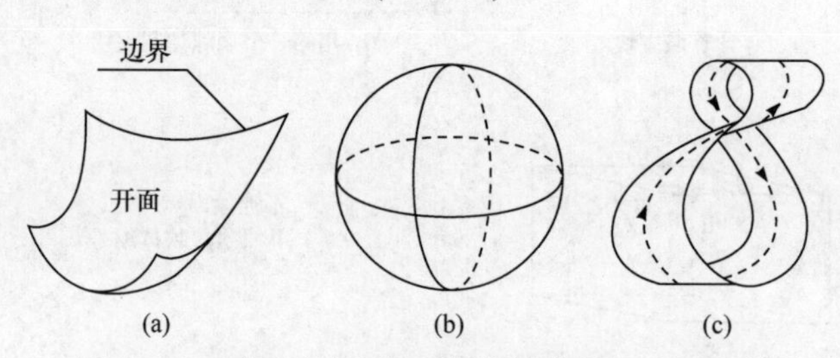

图 6.2　(a)开面及其边界(b)闭合的球面(c)Mobius 带

在 BR 法中，假定裂隙要么是规则的(矩形、圆形或椭圆形)，要么是一般不规则形状的平面多边形(有限尺寸且无厚度的)。裂隙方向(倾角和倾向)、迹长(矩形裂隙)、半径(圆形裂隙)或两个半主轴长度(椭圆裂隙)和参考点坐标(如质心)作为常规裂隙定义的输入数据。基于边界顶点坐标可以计算出不规则裂隙的倾向和倾角。所有的裂隙都是一次引入的，而不是像 SSD 法那样连续地引入。通过计算交点来定义顶点集、边集和面集(由单个封闭的边环形成的一般多边形)，以描述单个块。然后利用边界算子从顶点、边和面的集合中逐个识别单个块，并调用多面体的 Euler-Poincare 公式，以确保块体识别(称为跟踪)过程的正确性。该算法的优点是生成的块体一般为凸、凹、单或多连通的块体，由此生成的块体系统为裂隙连通性和块体系统的形成提供了更接近实际的表征。这是因为使用了有限的裂隙尺寸，只需要用最少的具有精确形状、尺寸的人为裂隙来定义工程边界，而不需要引入额外的、不必要的裂隙和块体。

本章介绍多面体组合拓扑的基本概念和基本原理，以及基于此的边界表示算法。虽然多面体组合拓扑的全面介绍不在本书范围内(Henle，1974)，但本书介绍一些实体几何和代数直观理解的基本概念，以使算法尽可能容易地被工程师和学术研究人员理解。

6.1　曲面与同胚体

组合拓扑中的曲面可以具有不同的拓扑性质：开、闭、定向或非定向(单向性)。开曲面是具有边界(边)的曲面(图 6.2(a))。开曲面一边的移动点不能在不穿过其边的情况下连续移动到另一边，但在单向面上可以实现。

闭曲面是没有边界(边)的曲面。闭曲面上的移动点不能连续地从一边移动到另一边，除非在面上钻一个孔，包围固体球或一般形状的实体多面体的表面是闭曲面(图 6.2(b))。典型的(也是最著名的)单向面(或单侧)是 Mobius 带，在这个带上移动点可以连续地从带的一边移动到另一边，而不穿过它的边缘(图 6.2(c))。

面拓扑是数学的一个分支，其研究对象是曲面在拓扑变换下的性质，即曲面在拉伸、收缩、折叠、揉皱(不断裂)、撕裂、冲压或重叠等连续变形下的性质。曲面在所有拓扑变换下不变的性质称为曲面的拓扑性质。如果两个曲面可以在拓扑上从一个转换到另一个，则认为这两个曲面在拓扑上是等价的，或者说是同胚，或者说一个曲面是另一个曲面的同胚。例如，圆形圆盘可以通过连续变形(没有撕裂、断裂和重叠)转换成椭圆、曲线或直边多边形和帽状曲面(图 6.3(a))。所有这些图形都是同胚的，可以说它们在拓扑上都等价于圆形圆盘。类似地，球面同胚于椭球面和无贯通孔的直边多面体(图 6.3(b))。但是，圆盘不同胚于环，球面非同胚于环面(图 6.4)。拓扑中有两类与本章研究最相关的定向封闭曲面：同胚球面和同胚于一个或多个孔的复杂闭合曲面的环面。

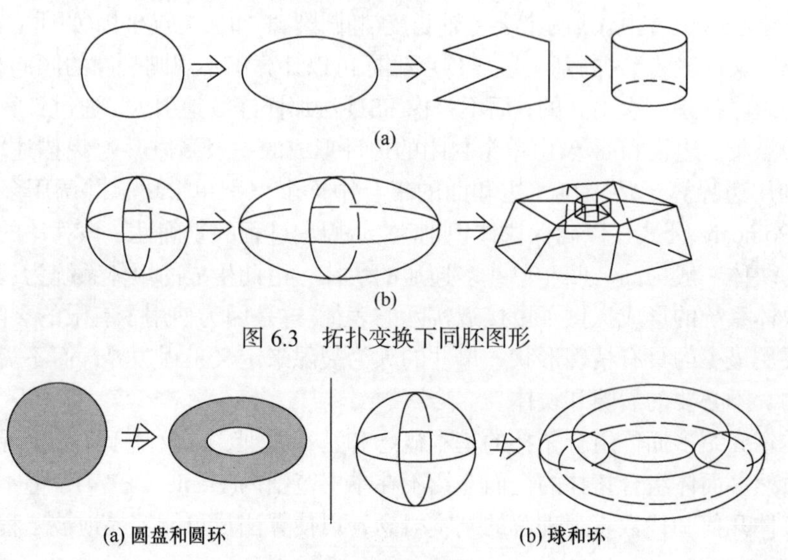

(a)

(b)

图 6.3　拓扑变换下同胚图形

(a) 圆盘和圆环　(b) 球和环

图 6.4　非同胚的图形

6.2　多面体及其特性

三维欧几里得空间 R^3 中的定向闭曲面称为多面体。多面体一词有两种意思：一种是指具有体积和质量的实体块，另一种是包围实体质量的多面体表面。本书中多面体的含义是后者，除非另有说明。多面体的同胚可以是球、圆环或者含有多个孔洞的一般形状块体的封闭表面。

一个球(或环面)可以被划分成一定数量的曲线多边形(称为多边形剖分)，使它有且只有两个曲线多边形共享一条边。通过同胚，被划分为曲线边和多边形的球(或环面)可以转化为具有相同数量的直线边和平面多边形的多面体(图 6.5)。

多面体必须满足以下条件：

(1) 体上任意两个多边形都不重叠。

(2) 这些多边形的边成对重合(表示多边形集的边的总数为偶数)。

(3) 多边形集不能分成两个不相交的子集(这意味着多面体必须是属于一片的)。

(4) 围绕多面体顶点，与顶点相连的多边形和边以面与边的交替循环顺序排列：$(f_1, e_1, f_2, e_2, \cdots, f_n, e_n)$，其中 f_i 与 f_{i+1} $(1 \leqslant i \leqslant n$，其中$f_{n+1} = f_1$，$e_n = e_1)$ 共享与此顶点连接的公共边 e_i (图 6.6)。

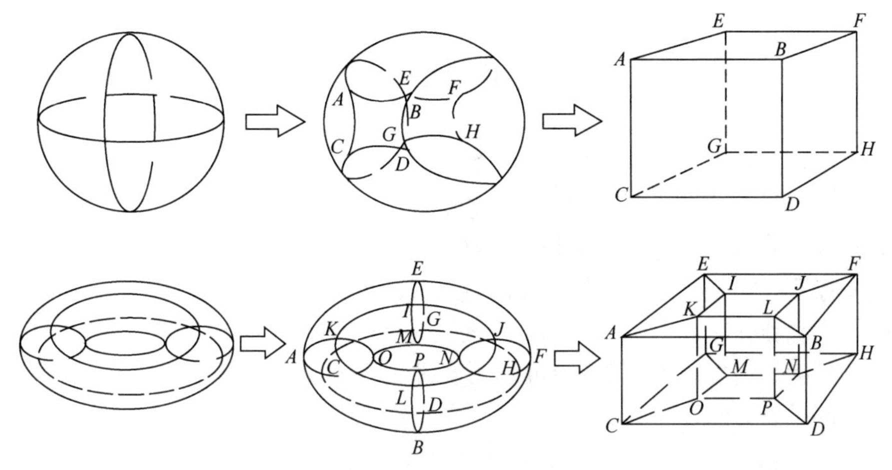

图 6.5　球和环面依次被多边形划分为具有曲线边界的多面体以及平面直边的多面体

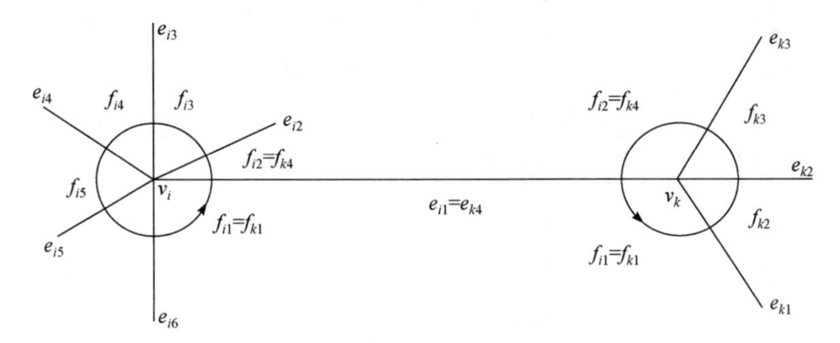

图 6.6　多面体顶点周围边和面的循环顺序

多面体的拓扑性质在所有同胚下都是不变的。这意味着多面体的拓扑性质不会因其满足上述条件的不同多边形划分而发生改变。这个性质用公式表示为

$$N_{\mathrm{v}} + N_{\mathrm{f}} - N_{\mathrm{e}} = 2(N_{\mathrm{b}} - N_{\mathrm{h}}) \tag{6.1}$$

式中，N_{v}、N_{f}、N_{e}、N_{b}、N_{h} 分别为顶点、面、边、体(多面体)和孔的数目。式(6.1)称为 Euler-Poincare 公式。

对于没有孔的多面体，式(6.1)变成

$$N_{\mathrm{v}} + N_{\mathrm{f}} - N_{\mathrm{e}} = 2 \tag{6.2}$$

式(6.2)通常称为 Euler 或 Euler-Poincare 多面体公式。

对于环面，式(6.1)变成

$$N_{\mathrm{v}} + N_{\mathrm{f}} - N_{\mathrm{e}} = 0 \tag{6.3}$$

数字 2 和 0 是球和环面的特征，它们在所有同胚下都是不变的。式(6.1)～式(6.3)是利用裂隙数据重建块体系统的控制方程。

6.3 单纯形和复形

在组合拓扑中，顶点、边和面(多边形)都称为单纯形。图 6.7 描述了三维空间中一些简单的单纯形，它们称为 0-单纯形(一个单顶点)、1-单纯形(两个顶点的边)、2-单纯形(三顶点、三边的三角形)和 3-单纯形(四顶点、六边、四面的四面体)。这些由坐标原点和坐标轴上单位长度的点组成的单纯形称为单位单纯形(图 6.7(a)～(d))，它们的同胚(图 6.7(e)～(h))是三维欧几里得空间中拥有任意坐标的单纯形。单纯形所满足的规律是一个简单的 n-单纯形总是有 n+1 个顶点。图 6.7 包含了单纯形全部子集的四种情况。

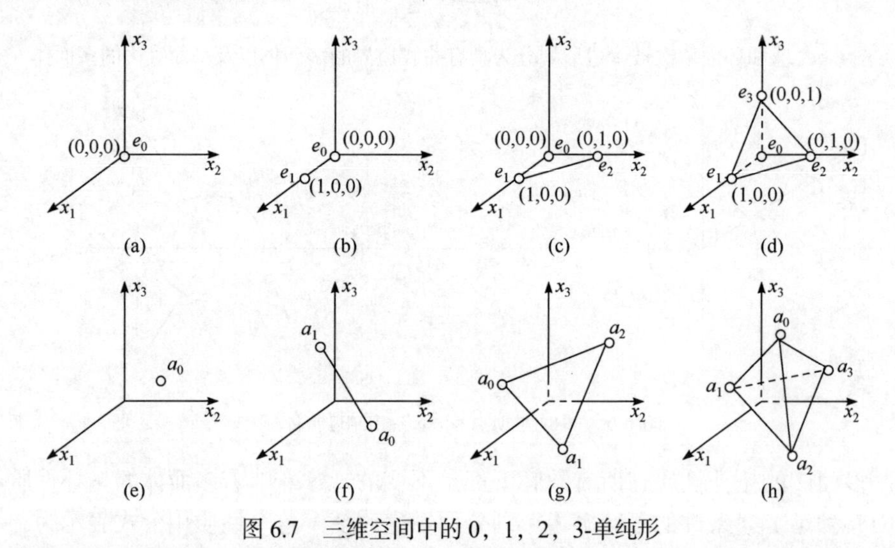

图 6.7　三维空间中的 0，1，2，3-单纯形

(1) 图 6.7(a)和(e)：0-单纯形(a_0)。包括一个顶点(a_0)。

(2) 图 6.7(b)和(f)：1-单纯形(a_0, a_1)。包括两个顶点和一条边，即(a_0)、(a_1)、(a_0，a_1)。

(3) 图 6.7(c)和(g)：2-单纯形(a_0, a_1, a_2)。包括三个顶点、三条边和一个三角形，即(a_0)、(a_1)、(a_2)、(a_0, a_1)、(a_0, a_2)、(a_1, a_2)、(a_0, a_1, a_2)。

(4) 图 6.7(d)和(h)：3-单纯形(a_0, a_1, a_2, a_3)。包括四个顶点、六条边、四个面和一个四面体，即(a_0)、(a_1)、(a_2)、(a_3)、(a_0, a_1)、(a_0, a_2)、(a_0, a_3)、(a_1, a_2)、(a_1, a_3)、(a_2, a_3)、(a_0, a_1, a_2)、(a_0, a_2, a_3)、(a_0, a_3, a_1)、(a_1, a_3, a_2)、(a_0, a_1, a_2, a_3)。

令 $S=(a_0,a_1,a_2,\cdots,a_n)$ 代表 n-单纯形，其中 $(a_0,a_1,a_2,\cdots,a_n)$ 是该单纯形中 $n+1$ 个顶点的有序排列顺序，向量 $(x_{1i},x_{2i},\cdots,x_{ni})$ 表示顶点 a_i 的坐标。在 S 中添加一个顶点 $(1,1,\cdots,1)$，构成 $S^e=(a_0,a_1,a_2,\cdots,a_n,1)$，称为 S 的扩展，则 $n+1$ 个顶

点$(x_{1i},x_{2i},\cdots,x_{ni},1)(i=0,1,\cdots,n)$构成了线性独立的 n+1 维线性空间。该线性空间的行列式 $D(a_0, a_1, a_2, \cdots, a_n, 1)$决定了 n-单纯形 $S=(a_0,a_1,a_2,\cdots,a_n)$ 的方向性：

$$(-1)^n D(a_0,a_1,a_2,\cdots,a_n)=(-1)^n\begin{vmatrix} x_{10} & x_{20} & \dots & x_{n0} & 1 \\ x_{11} & x_{21} & \dots & x_{n1} & 1 \\ \vdots & \vdots & & \vdots & \vdots \\ x_{1i} & x_{2i} & \dots & x_{ni} & 1 \\ \vdots & \vdots & & \vdots & \vdots \\ x_{1n} & x_{2n} & \dots & x_{nn} & 1 \end{vmatrix}\neq 0 \tag{6.4}$$

若$(-1)^n D(a_0,a_1,a_2,\cdots,a_n)>0$，则 n-单纯形为正定。若$(-1)^n D(a_0,a_1,a_2,\cdots,a_n)<0$，则 n-单纯形为负定。这表明如果 n-单纯形和单位 n-单纯形 $S^0=(e_0,e_1,e_2,\cdots,e_n)$ 有相同的方向性，其中，$e_0=\{0,0,\cdots,0\}$是原点，$e_1=\{1,0,\cdots,0\}$，$e_2=\{0,1,\cdots,0\},\cdots$，$e_n=\{0,0,\cdots,1\}$是单位坐标轴上的顶点。同时

$$D(e_1,e_2,\cdots,e_n,1)=\begin{vmatrix} 0 & 0 & \dots & 0 & 1 \\ 1 & 0 & \dots & 0 & 1 \\ \vdots & \vdots & & \vdots & \vdots \\ 0 & 0 & \dots & 1 & 1 \end{vmatrix}=(-1)^n \tag{6.5}$$

一个 0-单纯形只有一个点，因此没有方向性。1-单纯形包括一条边和两个点(x_{10})、(x_{11})，其方向由下式确定：

$$(-1)D(a_0,a_1)=-\begin{vmatrix} x_{10} & 1 \\ x_{11} & 1 \end{vmatrix}=x_{11}-x_{10} \tag{6.6}$$

由式(6.6)可知，若$x_{11}>x_{10}$，则 1-单纯形(即边(a_0,a_1))为正定；若$x_{11}<x_{10}$，则 1-单纯形为负定。这意味着，针对一个 1-单纯形正方向与负方向有两种有序顶点对：(a_0,a_1)和(a_1,a_0)，而且有$(a_0,a_1)=-(a_1,a_0)$。

一个 2-单纯形的方向由式(6.2)确定：

$$(-1)^2 D(a_0,a_1,a_2)=\begin{vmatrix} x_{10} & x_{20} & 1 \\ x_{11} & x_{21} & 1 \\ x_{12} & x_{22} & 1 \end{vmatrix} \tag{6.7}$$

当行列式值大于零，也就是当顶点(a_0,a_1,a_2)以逆时针排列时，2-单纯形为正定。当顶点为偶数排列(a_1,a_2,a_0)和(a_2,a_0,a_1)时，2-单纯形为正定，而当顶点为奇数排列(a_1,a_0,a_2)、(a_0,a_2,a_1)和(a_2,a_1,a_0)时，2-单纯形为负定。

对于 3-单纯形，如果满足式(6.8)，则为正定：

$$(-1)^3 D(a_0,a_1,a_2,a_3) = -\begin{vmatrix} x_{10} & x_{20} & x_{30} & 1 \\ x_{11} & x_{21} & x_{31} & 1 \\ x_{12} & x_{22} & x_{32} & 1 \\ x_{13} & x_{23} & x_{33} & 1 \end{vmatrix} > 0 \tag{6.8}$$

在满足这一条件的情况下，可以直接推断出它的所有 2-单纯形都是正定的。因此，顶点的奇偶排列将决定单纯形的方向。

n 维欧几里得空间 R^n 中单纯形的有限集 K，当且仅当它具有以下性质时，称为有限欧几里得单纯复形(以下简称单纯复形)：①K 中单纯形的每个边(或面)也是 K 中的单纯形；②K 中每两个单纯形的交集要么是这两个单纯形的空集，要么是这两个单纯形的公共边(或面)。简单地说，上述定义意味着所有的单纯形都完全覆盖了单纯复形的外部表面，没有重叠，每条边都是有且只有两个单纯形共享的。图 6.8 为 R^2 中的三组单纯形，集合(b)和(c)是单纯复形，集合(a)不是。

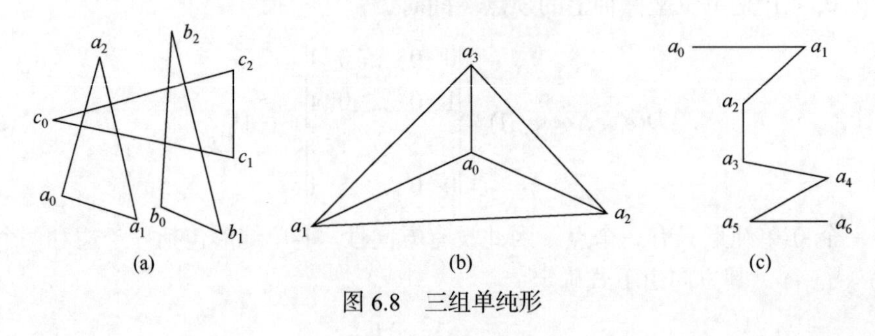

图 6.8　三组单纯形

当且仅当 K 中的每一个单纯形都有确定的方向时(可以任意)，K 才能称为是方向确定的。如果在 R^n 中，n 维单纯复形 K 中的所有单纯形都有相同的方向，则单纯复形称为 K 的简单细分。如果 K 的方向与它的 n-单纯形相同，K 称为 n 维单纯复形。图 6.9 为具有 7 顶点多边形(称为 7 角)的二维单纯复形，并用箭头标出了其所有的单纯形和单纯复形的方向。定向的 n 维单纯复形 K 称为广义的 n-单纯形，可以用来构造更复杂的 n+1 维单纯复形。

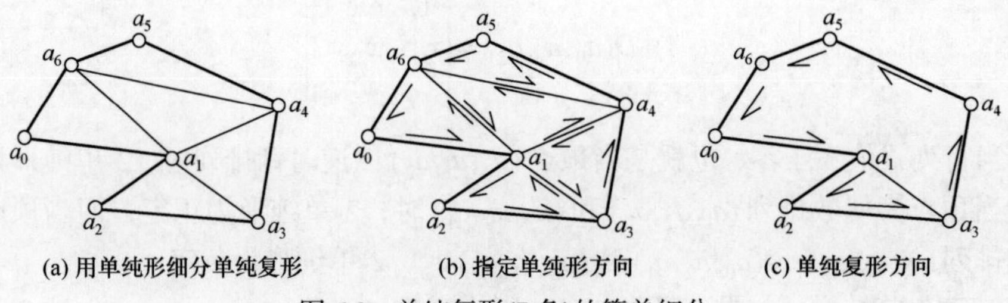

图 6.9　单纯复形(7 角)的简单细分

对于 n 维单纯复形 K，定义 K 中的 m 维 $(m \leqslant n)$ 定向单纯形为 $s_i\,(i=1,2,\cdots,k)$，

则 $\sum_{i=1}^{k} c_i s_i$ 称为 K 中单纯形的 m-链，写作 $C_m(K)$，c_i 为实数，称为 m-链的系数。当且仅当两个链具有相同的维数和相同的系数时，两个链相等。该求和是一个形式上的求和，m-链中的单纯形之间没有任何运算。加法和乘法运算是根据下列规则(a、b、c、1 和 0 为实数)在一组(同维)链上定义的：

$$1 \cdot s = s \tag{6.9a}$$

$$(-1) \cdot s = -s \tag{6.9b}$$

$$0 \cdot s = 0 \tag{6.9c}$$

$$a(b)s = (ab)s \tag{6.9d}$$

$$(a+b)s = as + bs \tag{6.9e}$$

$$\sum_{i=1}^{K} a_i s_i + \sum_{i=1}^{K} b_i s_i = \sum_{i=1}^{K} b_i s_i + \sum_{i=1}^{K} a_i s_i \tag{6.9f}$$

$$c\left(\sum_{i=1}^{K} a_i s_i + \sum_{i=1}^{K} b_i s_i\right) = c\sum_{i=1}^{K} a_i s_i + c\sum_{i=1}^{K} b_i s_i \tag{6.9g}$$

这些操作定义了链上的 Abelian 群组(Henle，1974)。

链的概念对单纯形和单纯复形边界的定义和计算是必须的。设 $S=(a_0,a_1,\cdots,a_n)$ 表示 R^n 中的 n 维单纯形，$S_r=(a_0,a_1,\cdots,\hat{a}_r,\cdots,a_n)=(a_0,a_1,\cdots,a_{r-1},a_{r+1},\cdots,a_n)$ $(r=0,1,2,\cdots,n)$ 为去掉顶点 a_r 的 $n-1$ 维边(表 6.1)，则此单纯形的拓扑边界由如下集合定义：

$$\bigcup_{i=0}^{n}(a_0,a_1,\cdots,\hat{a}_r,\cdots,a_n) \tag{6.10}$$

即所有 $n-1$ 维边的集合写作 $\partial(a_0,a_1,\cdots,a_n)$，$\partial$ 为边界算子。表 6.1 列出了 R^i 中 i-单纯形的拓扑边界。

表 6.1　R^i 中 i-单纯形的拓扑边界

n-单纯形	$n-1$ 维边
(a_0,a_1)	(a_0)，(a_1)
(a_0,a_1,a_2)	(a_0,a_1)，(a_0,a_2)，(a_1,a_2)
(a_0,a_1,a_2,a_3)	(a_0,a_1,a_2)，(a_0,a_1,a_3)，(a_0,a_2,a_3)，(a_1,a_2,a_3)
⋮	⋮
$(a_0,a_1,\cdots,a_n)$	$\{(a_0,a_1,\cdots,\hat{a}_r,\cdots,a_n), r=0,1,2,\cdots,r\}$

式(6.10)对拓扑边界的定义表明，n-单纯形的边界 ∂S 是 n 维边的链，但其系数尚未确定。这些线性独立的边构成 n 维线性空间，其行列式 $D(a_0,a_1,\cdots,\hat{a}_r,\cdots,a_n)$ 定义如下：

$$D(a_0,a_1\cdots,\hat{a}_r,\cdots,a_n)=\begin{vmatrix} x_{10} & x_{20} & \cdots & x_{n0} \\ \vdots & \vdots & & \vdots \\ x_{1,r-1} & x_{2,r-1} & \cdots & x_{n,r-1} \\ x_{1,r+1} & x_{2,r+1} & \cdots & x_{n,r+1} \\ \vdots & \vdots & & \vdots \\ x_{1n} & x_{2n} & \cdots & x_{nn} \end{vmatrix} \tag{6.11}$$

对于一个定向的 n-单纯形，S 的方向是由式(6.4)的乘积决定的。通过加入元为 1 的列来扩展成 n+1 维行列式，则方向的乘积表达式变为

$$(-1)^n D(a_0,a_1,a_2,\cdots,a_n,1)=(-1)^{2n+2}\sum_{r=0}^{n}(-1)^r D(a_0,a_1,\cdots,\hat{a}_r,\cdots,a_n) \tag{6.12}$$

表达式 $(-1)^r\,(r=0,1\cdots,n)$ 确定了 $(n-1)$-链 $(C_{n-1}(K))$ 的缺失系数(通常是+1 或−1)，即 n-单纯形的拓扑边界 $S=(a_0,a_1,\cdots,a_n)$，求得的$(n-1)$-链称为定向 n-单纯形的代数边界(表 6.2)。因此，对于定向单纯复形 K 中的定向 n-单纯形 $S=(a_0,a_1,\cdots,a_n)$ 的代数边界 ∂S，可用 K 的$(n-1)$-链 $C_{n-1}(K)$ 的求和形式进行精确定义：

$$\partial S=\sum_{i=0}^{n}(-1)^i(a_0,a_1,\cdots,\hat{a}_i,\cdots,a_n)=\sum_{i=0}^{n}(-1)^i(a_0,a_1,\cdots,a_{i-1},a_{i+1},\cdots,a_n) \tag{6.13}$$

表 6.2 列出了 R^i 中 i-单纯形的代数边界，与表 6.1 中的拓扑边界相对应。

表 6.2　R^i 中 i-单纯形的代数边界

单纯形方向表达式	代数边界 $C_{n-1}(K)$
$(-1)^1 D(a_0,a_1,1)=D(a_1)-D(a_0)$	$\partial(a_0,a_1)=(a_1)-(a_0)$
$(-1)^2 D(a_0,a_1,a_2,1)=D(a_1,a_2)-D(a_0,a_2)+D(a_0,a_1)$	$\partial(a_0,a_1,a_2)=(a_1,a_2)-(a_0,a_2)+(a_0,a_1)$
$(-1)^3 D(a_0,a_1,a_2,a_3,1)=D(a_1,a_2,a_3)-D(a_0,a_2,a_3)$ $+D(a_0,a_1,a_3)+D(a_0,a_1,a_2)$	$\partial(a_0,a_1,a_2,a_3)=(a_1,a_2,a_3)-(a_0,a_2,a_3)$ $+(a_0,a_1,a_3)-(a_0,a_1,a_2)$
$\vdots$	$\vdots$
$(-1)^n D(a_0,a_1,a_2,\cdots,a_n,1)$ $=\sum_{r=0}^{n}(-1)^r D(a_0,a_1,\cdots,\hat{a}_r,\cdots,a_n)$	$\partial(a_0,a_1,a_2,\cdots,a_n)$ $=\sum_{r=0}^{n}(-1)^r(a_0,a_1,\cdots,\hat{a}_r,\cdots,a_n)$

对于 R^n 中有 M 个定向 n-单纯形的定向单纯复形 K, K 的代数边界 ∂K 被定义为所有 n-单纯形边界的和：

$$\partial K=\partial\sum_{i=1}^{M}S_i=\sum_{i=1}^{M}\partial S_i=\sum_{i=1}^{M}\left(\sum_{r=0}^{n}(-1)^r(a_0,a_1,\cdots,\hat{a}_r,\cdots,a_n)\right) \tag{6.14}$$

图 6.9 中 R^2 的定向单纯复形 K 含有 5 个正定向的 2-单纯形，即 $S_1=(a_0,a_1,a_6)$、$S_2=(a_1,a_2,a_3)$、$S_3=(a_1,a_3,a_4)$、$S_4=(a_1,a_4,a_6)$ 和 $S_5=(a_4,a_5,a_6)$，如图 6.9(c)所示，K 的代数边界表示为

$$\begin{aligned}\partial K&=\partial(S_1+S_2+S_3+S_4+S_5)=\partial S_1+\partial S_2+\partial S_3+\partial S_4+\partial S_5\\&=[(a_1,a_6)-(a_0,a_6)+(a_0,a_1)]+[(a_2,a_3)-(a_1,a_3)+(a_1,a_2)]\\&\quad+[(a_3,a_4)-(a_1,a_4)+(a_1,a_3)]+[(a_4,a_6)-(a_1,a_6)+(a_1,a_4)]\\&\quad+[(a_5,a_6)-(a_4,a_6)+(a_4,a_5)]\\&=(a_0,a_1)+(a_1,a_2)+(a_2,a_3)+(a_3,a_4)+(a_4,a_5)+(a_5,a_6)-(a_0,a_6)\end{aligned} \tag{6.15}$$

式(6.15)是 1-单纯形的链，简称 1-链。

图 6.10(a)为 R^3 中有 4 个单纯形的单纯复形 K。由式(6.4)给单纯形的方向赋值，正向单纯形的次序列表如下：$S_1=(a_0,a_1,a_2,a_5)$、$S_2=(a_0,a_2,a_3,a_5)$、$S_3=(a_0,a_3,a_4,a_5)$ 和 $S_4=(a_0,a_4,a_1,a_5)$。单纯复形 K 的代数边界计算式如下：

$$\begin{aligned}\partial K&=\partial(S_1+S_2+S_3+S_4)=\partial S_1+\partial S_2+\partial S_3+\partial S_4\\&=[(a_1,a_2,a_5)-(a_0,a_2,a_5)+(a_0,a_1,a_5)-(a_0,a_1,a_2)]\\&\quad+[(a_2,a_3,a_5)-(a_0,a_3,a_5)+(a_0,a_2,a_5)-(a_0,a_2,a_3)]\\&\quad+[(a_3,a_4,a_5)-(a_0,a_4,a_5)+(a_0,a_3,a_5)-(a_0,a_3,a_4)]\\&\quad+[(a_4,a_1,a_5)-(a_0,a_1,a_5)+(a_0,a_4,a_5)-(a_0,a_4,a_1)]\\&=(a_1,a_2,a_5)-(a_0,a_1,a_2)+(a_2,a_3,a_5)-(a_0,a_2,a_3)\\&\quad+(a_3,a_4,a_5)-(a_0,a_3,a_4)+(a_4,a_1,a_5)-(a_0,a_4,a_1)\end{aligned} \tag{6.16}$$

这是一个 2-单纯形的链，即 2-链。式(6.4)还意味着，对于 R^3 中的一个定向多面体，如果一个面(多边形)的顶点是逆时针方向(正方向)排列，该面的外法线方向就会远离多边形的内部，即适用右手准则，如图 6.10(b)所示。

如果 R^n 中的定向单纯复形 K 包含有 M 个定向 n-单纯形：$S_r=(a_0,a_1,\cdots,\hat{a}_r,\cdots,a_n)(r=0,1,2,\cdots,n)$，则这些单纯形的边界为 0-链。即

$$\partial(\partial S_r)=\partial\partial S_r=0 \tag{6.17}$$

因此，单纯复形 K 中的 $(n-1)$-链的边界同样是 0-链，即

$$\partial(\partial K)=\partial\partial K=\partial\left(\partial\sum_{i=0}^{M}S_i\right)=\partial\left(\sum_{i=0}^{M}\partial S_i\right)=\sum_{i=0}^{M}\partial(\partial S_i)=0 \tag{6.18}$$

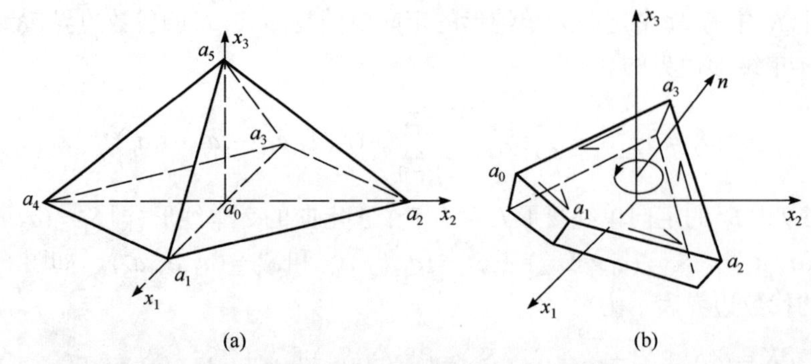

图 6.10　(a)三维空间中有四个单纯形的单纯复形(b)用右手准则确定多面体面的正方向

对于图 6.9 和 6.10(a)中的例子，应用式(6.17)和式(6.18)，得到如下结果。

(1) 对于图 6.9 中的单纯复形 K，有

$$
\begin{aligned}
\partial(\partial K) &= \partial(\partial S_1 + \partial S_2 + \partial S_3 + \partial S_4 + \partial S_5) \\
&= \partial(\partial S_1) + \partial(\partial S_2) + \partial(\partial S_3) + \partial(\partial S_4) + \partial(\partial S_5) \\
&= \partial(a_0, a_1) + \partial(a_1, a_2) + \partial(a_2, a_3) + \partial(a_3, a_4) + \partial(a_4, a_5) + \partial(a_5, a_6) - \partial(a_0, a_6) \\
&= (a_1 - a_0) + (a_2 - a_1) + (a_3 - a_2) + (a_4 - a_3) + (a_5 - a_4) + (a_6 - a_5) \\
&\quad - (a_6 - a_0) = 0
\end{aligned}
\tag{6.19}
$$

(2) 对于图 6.10(a)中的单纯复形 K，有

$$
\begin{aligned}
\partial(\partial K) &= \partial(\partial S_1 + \partial S_2 + \partial S_3 + \partial S_4) \\
&= \partial(\partial S_1) + \partial(\partial S_2) + \partial(\partial S_3) + \partial(\partial S_4) \\
&= \partial(a_1, a_2, a_5) - \partial(a_0, a_1, a_2) + \partial(a_2, a_3, a_5) - \partial(a_0, a_2, a_3) \\
&\quad + \partial(a_3, a_4, a_5) - \partial(a_0, a_3, a_4) + \partial(a_4, a_1, a_5) - \partial(a_0, a_4, a_1)] \\
&= [(a_2, a_5) - (a_1, a_5) + (a_1, a_2)] - [(a_1, a_2) - (a_0, a_2) + (a_0, a_1)] \\
&\quad + [(a_3, a_5) - (a_2, a_5) + (a_2, a_3)] - [(a_2, a_3) - (a_0, a_3) + (a_0, a_2)] \\
&\quad + [(a_4, a_5) - (a_3, a_5) + (a_3, a_4)] - [(a_3, a_4) - (a_0, a_4) + (a_0, a_3)] \\
&\quad + [(a_1, a_5) - (a_4, a_5) + (a_4, a_1)] - [(a_4, a_1) - (a_0, a_1) + (a_0, a_4)] = 0
\end{aligned}
\tag{6.20}
$$

式(6.18)表征了闭曲面的拓扑性质，即 R^3 中表示多面体的单纯复形，其有向边之和为零；否则，该单纯复形代表的就是一个开表面。

6.4　多面体的平面图解

多面体(曲线或平面)可以用二维平面图表示，称为多面体的平面模式。图 6.11 为立方体的平面图形制作，球的同胚多面体平面模式可以通过移除多面体中的一个面并展平和拉伸其余曲面来完成。多面体的平面图表示是一种边界表示。

球的同胚多面体的边界表示并不复杂，图 6.12 给出了一些示例。图中所有面的方向都是正的(顶点逆时针方向排列，用右手准则确定面的外法向方向)，所有的面都是单纯形(由一组封闭的边围成)。在每一个示例中，每组面中加下划线的面为边界表示中想象被移除的面。如图 6.13 所示，如果多面体有非单纯形面，即多面体有由多组封闭的边围成的面(对应于多连通的平面图)，则应在这些非单纯形面上添加辅助边，使其成为单纯形面，加入辅助边并不影响多面体的特征(Fréchet and Fan，1967；Henle，1974)。

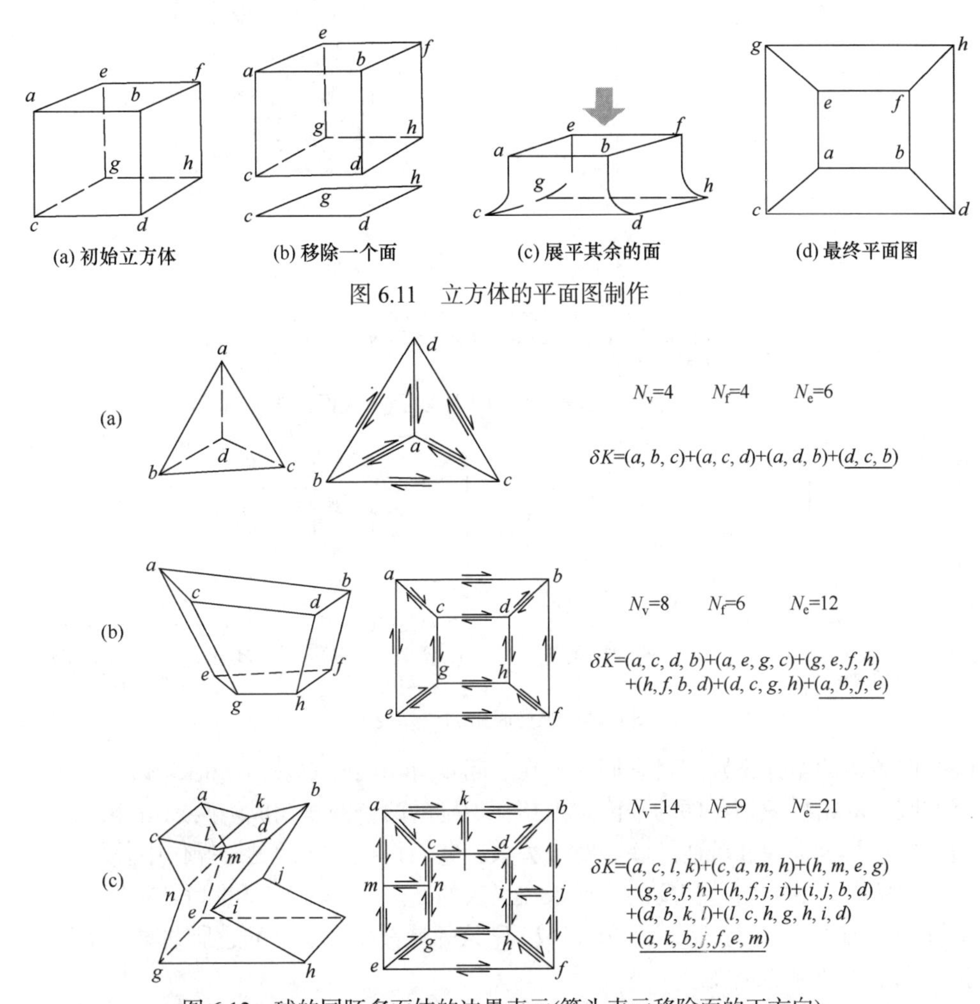

图 6.11 立方体的平面图制作

图 6.12 球的同胚多面体的边界表示(箭头表示移除面的正方向)

图 6.14(a)为圆柱形的开面，即一个没有顶面和底面的圆柱体。通过拓扑变换，它可以转化为一个环(图 6.14(b))，即圆柱形开表面同胚于环。但是，环形不是具有一个边界的单纯形，而是具有两个边界。

另一种表示是沿该圆柱形曲面从顶点 p 到顶点 a 生成边 $\overline{pa}$ ，沿边 $\overline{pa}$ 将其切开(图 6.14(c))，然后将其展平成两个边为 (p,a) 但方向相反的矩形(图 6.14(d))。由 (p, a, a, p)组成的矩形，方向由 p 指向 a，即是圆柱形曲面的平面图。然后在这个矩形上定义一个特殊的拓扑，使得两个相对的边 (p,a) 在拓扑上被识别，即它们实际上是相同的边。

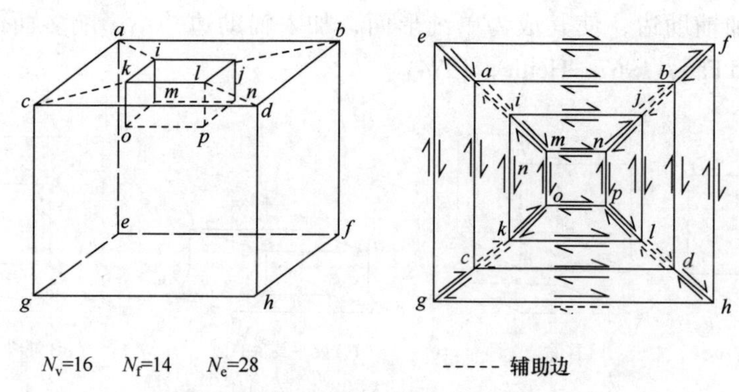

δK=(a, e, g, c)+(c, g, h, d)+(d, h, f, b)+(b, f, e, a)+(i, a, c, k)+(k, c, d, l)
+(l, d, b, j)+(j, b, a, i)+(m, i, k, o)+(o, k, l, p)+(p, l, j, n)+(n, j, i, m)
+(n, m, o, p)+(e, f, h, g)

图 6.13　同胚于球体的多面体的边界表示(上表面为非单纯形)

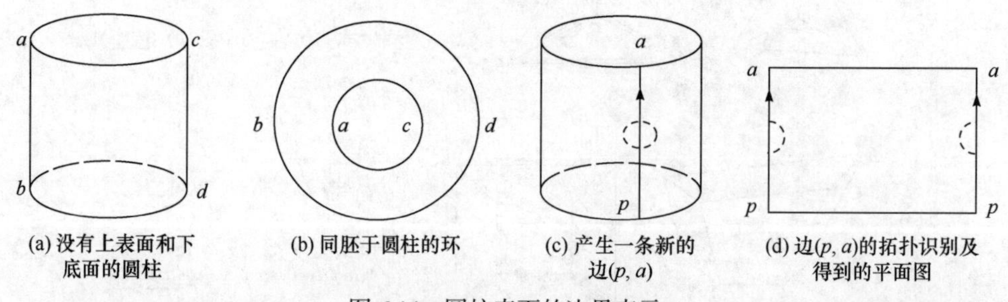

(a) 没有上表面和下底面的圆柱　(b) 同胚于圆柱的环　(c) 产生一条新的边(p, a)　(d) 边(p, a)的拓扑识别及得到的平面图

图 6.14　圆柱表面的边界表示

两条边的拓扑识别与将它们黏合在一起具有相同的效果。图 6.15 显示了用于球和圆环的拓扑识别。球的平面图由拓扑识别的两条曲线构成。两条拓扑识别的边上的点具有唯一和可逆的一一对应关系，它们将在假想的黏合操作中叠加在一起，但两条边的方向是相反的。如果在引入的新边(如图 6.14 和图 6.15 中一个点周围的小圆盘)一点上定义一个小邻域，则该邻域被拓扑识别的边所共享。以下是拓扑识别更精确的定义。

设 P 是一组多边形，$a_i\,(i=1,2,\cdots,n)$ 是这些多边形的一组边。若定义在 P 上的拓扑满足如下条件，这些边称为拓扑识别的。

(1) 每条边都有从起始端点到终点端点的方向，并通过拓扑关联，对应于实数区间[0,1]，使得起始端点对应于 0，终点端点对应于 1。

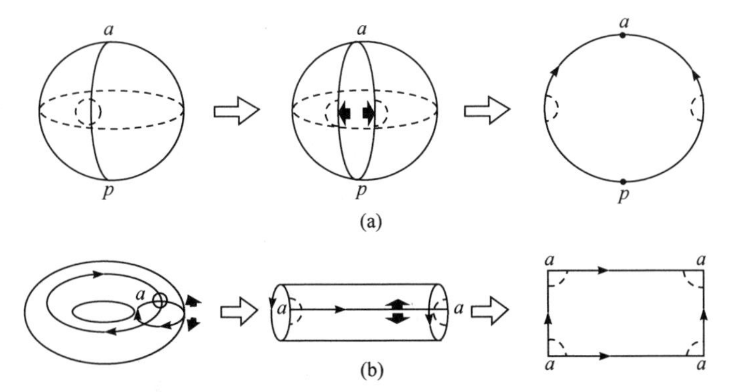

图 6.15　(a)通过拓扑识别的球的平面图(b)通过拓扑识别的环的平面图

(2) 边集 $a_i(i=1,2,\cdots,n)$ 上的点如果对应单位区间上的值相同，则被视为相同的点。

(3) P 上新拓扑邻域是完全包含在单个多边形中的圆盘和 $a_i(i=1,2,\cdots,n)$ 上对应点周围直径在(0,1)区间半圆盘(1/4 圆盘或部分)的联合体(Henle，1974)。

图 6.16 直观地展示了逐次投影和拓扑识别绘制与球同胚的多面体平面图的计算机算法，图中所用的方法可以应用于与球同胚的更复杂的多面体。然而，该算法应用于绘制与环同胚的多面体平面图时比较困难，这是因为此拓扑识别需要额外引入两条辅助边。

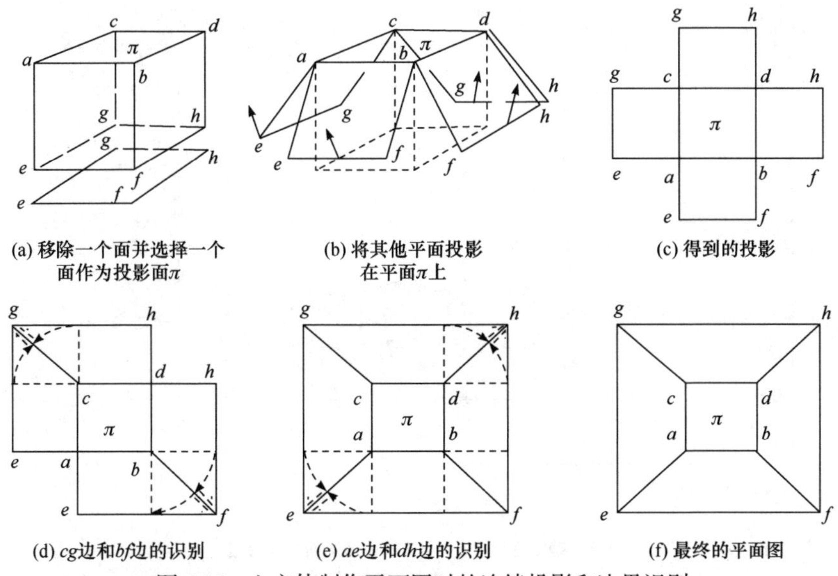

图 6.16　立方体制作平面图时的连续投影和边界识别

对于实际问题，裂隙并不是平面的，而是粗糙的，块体也是不规则的。常用的方法是先假定裂隙是光滑平面(或分段平面，虽然这对于它们的拓扑分析并不是必要的)，然后用它们相应的平面来表示岩块的表面(图 6.17(a)和(b))。形成的岩块被视为多面体，并对其顶点进行标记(图 6.17(c))，这些操作均在三维空间中进行，因此顶点的位置、边和面的尺寸非常重要。生成块的任务就是利用边界算子跟踪单个块体及其顶点、边和面的数目。图 6.17(d)、(e)所示的平面图可以帮助分析这些关联，但是在块体追踪过程中不需要计算各边的长度等度量信息。

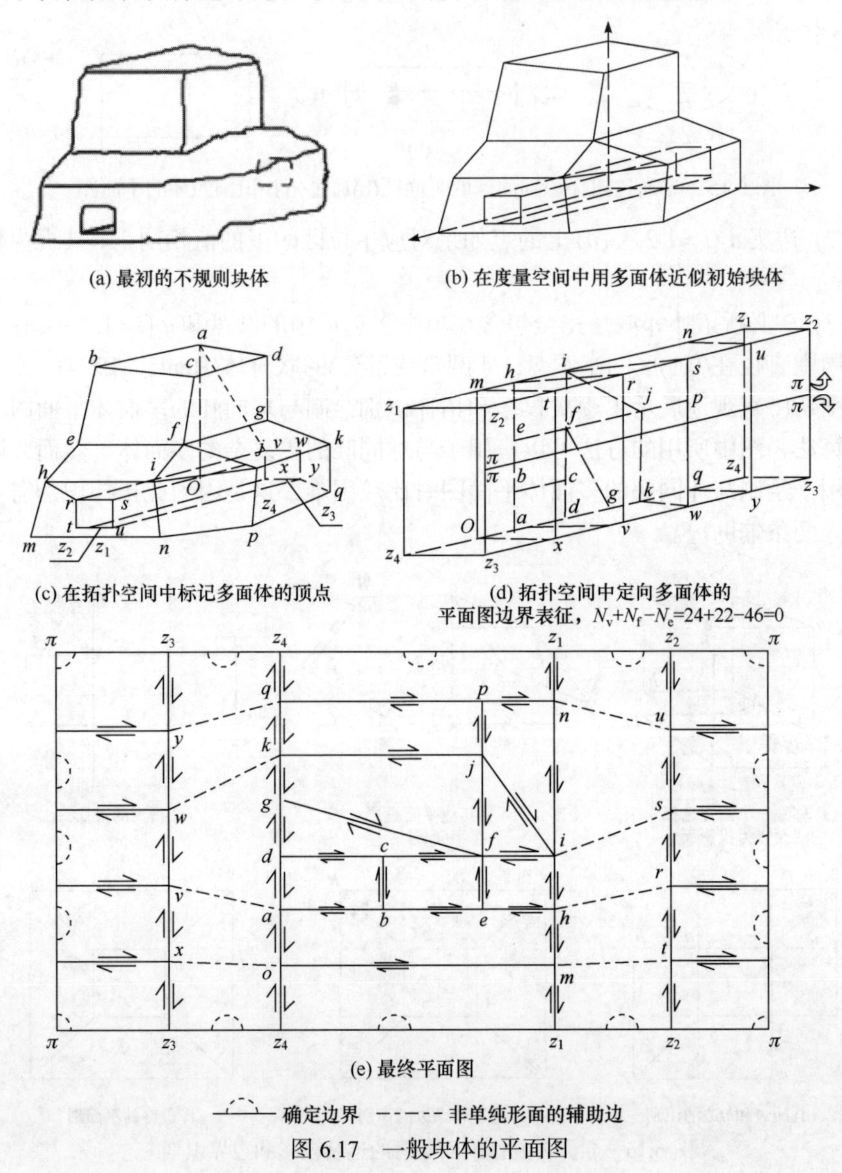

(a) 最初的不规则块体　(b) 在度量空间中用多面体近似初始块体

(c) 在拓扑空间中标记多面体的顶点　(d) 拓扑空间中定向多面体的平面图边界表征，$N_v+N_f-N_e=24+22-46=0$

(e) 最终平面图

确定边界　非单纯形面的辅助边

图 6.17　一般块体的平面图

组合恒等式(6.1)和式(6.18)不需要多面体的任何度量性质，因此完全可以在拓扑空间中应用。

6.5　多面体边界表示的数据集

多面体的拓扑性质有助于设计合适的数据结构来表示多面体的几何特征，从而使信息存储和检索计算达到高效、经济的目的。为此，创建了不同的数据结构，其中最主要的是链表结构和数组。链表数据结构的优点是占用较小的计算机内存，但需要大量使用指针进行信息存储和检索，因此计算机实现速度相对较慢。数组需要更多的计算机内存，但在信息的检索和存储方面速度更快。两种数据结构的差异是相对的，计算效率在很大程度上取决于编程技巧。

设整数集合 $M_{\mathrm{v}}=(1,2,\cdots,N_{\mathrm{v}})$ 、$M_{\mathrm{e}}=(1,2,\cdots,N_{\mathrm{e}})$ 和 $M_{\mathrm{f}}=(1,2,\cdots,N_{\mathrm{f}})$ 分别为顶点号、边号和面号。集合 $V(X)$ 记录各个顶点的坐标，如

$$V(X)=\{(v_i(x_i,y_i,z_i)),i\in M_{\mathrm{v}},(x_i,y_i,z_i)\in R^3\}$$

集合 $E(V)$ 记录每条边的成对顶点号，集合 $F(V)$ 记录按顺序形成封闭环的顶点，以此来表征不同的面：

$$E(V)=\{(v_j,v_k)_i,j\in M_{\mathrm{v}},k\in M_{\mathrm{v}},i\in M_{\mathrm{e}}\}$$

$$F(V)=\{(v_j,v_k,\cdots,v_l,v_j)_i,j\in M_{\mathrm{v}},k\in M_{\mathrm{v}},l\in M_{\mathrm{v}},i\in M_{\mathrm{f}}\}$$

为了使数据结构更有效地用于计算，定义三组数组来表示块体系统的拓扑结构。第一组为 $V(E)$，记录以循环顺序连接每个顶点的边；第二组为 $V(F)$，记录以循环顺序连接每个顶点的面；第三组为 $F(E)$，记录以循环顺序围成面的边(见图 6.18，立方体与其数据组)。

$$V(E)=\{(e_j,e_k,\cdots,e_l)_i,j,k,l\in M_{\mathrm{e}},i\in M_{\mathrm{v}}\}$$

$$V(F)=\{(f_j,f_k,\cdots,f_l)_i,j,k,l\in M_{\mathrm{f}},i\in M_{\mathrm{v}}\}$$

$$F(E)=\{(e_j,e_k,\cdots,e_l)_i,j,k,l\in M_{\mathrm{e}},i\in M_{\mathrm{f}}\}$$

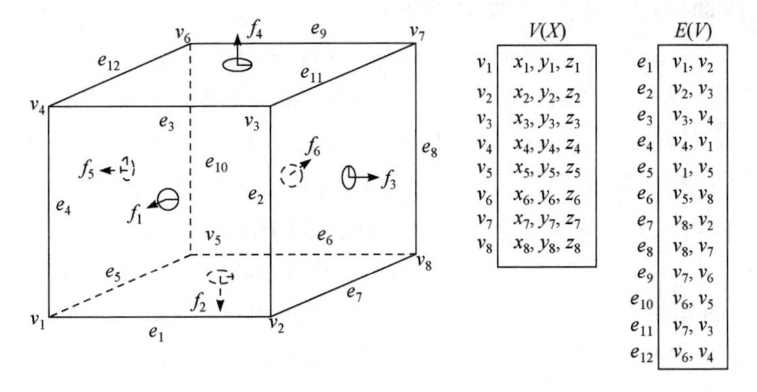

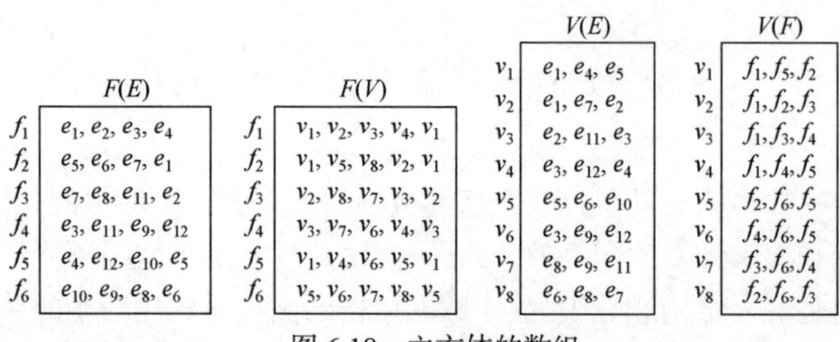

	$F(E)$
f_1	e_1, e_2, e_3, e_4
f_2	e_5, e_6, e_7, e_1
f_3	e_7, e_8, e_{11}, e_2
f_4	e_3, e_{11}, e_9, e_{12}
f_5	e_4, e_{12}, e_{10}, e_5
f_6	e_{10}, e_9, e_8, e_6

	$F(V)$
f_1	v_1, v_2, v_3, v_4, v_1
f_2	v_1, v_5, v_8, v_2, v_1
f_3	v_2, v_8, v_7, v_3, v_2
f_4	v_3, v_7, v_6, v_4, v_3
f_5	v_1, v_4, v_6, v_5, v_1
f_6	v_5, v_6, v_7, v_8, v_5

	$V(E)$
v_1	e_1, e_4, e_5
v_2	e_1, e_7, e_2
v_3	e_2, e_{11}, e_3
v_4	e_3, e_{12}, e_4
v_5	e_5, e_6, e_{10}
v_6	e_3, e_9, e_{12}
v_7	e_8, e_9, e_{11}
v_8	e_6, e_8, e_7

	$V(F)$
v_1	f_1, f_5, f_2
v_2	f_1, f_2, f_3
v_3	f_1, f_3, f_4
v_4	f_1, f_4, f_5
v_5	f_2, f_6, f_5
v_6	f_4, f_6, f_5
v_7	f_3, f_6, f_4
v_8	f_2, f_6, f_3

图 6.18　立方体的数组

数组 $V(X)$、$E(V)$和 $F(V)$是表示多面体拓扑的基本数组，$V(E)$、$V(F)$和 $F(E)$可由基本数组导出。从理论上讲，它们会提供冗余的信息。但是，对计算机而言，与每次通过计算获得的有用信息相比，处理这些冗余信息使之易于访问所需要的计算时间更少。考虑到 DEM 在接触检测过程中广泛使用点、线和面，这些计算工作可能非常耗时。因此，通过链表或数组在局部(按块划分)和全局数据结构中显式地表征这些数组可能会更有效。

6.6　用边界算子进行块体追踪

表征多面体拓扑结构的有序数组是在空间细分和块体追踪形成过程中生成的。

空间细分的任务是同时引入所有裂隙，以便将计算域(具有一组特定的人为边界表面的子空间)划分为有限数量的块体(多面体)的集合。块体的面、边和顶点通过引入裂隙的交叉点/线来定义。如式(6.1)、式(6.2)和式(6.3)和图 6.18，去除无法形成闭曲面的“悬空”边和面(称为正则化)之后，通过连续使用 Euler-Poincare 公式和边界算子来逐个追踪单个块体。

图 6.19 为用以上控制方程逐步逐面追踪一个由 6 个面、8 个顶点和 12 条边组成的立方体，假设所有的面、顶点和边都已知。立方体用单纯复形 K 标识，由 6 个 3-单纯形(面)形成的代数边界面环如下：

$$\partial K = (f_1) + (f_2) + (f_3) + (f_4) + (f_5) + (f_6) \tag{6.21}$$

这是 K 的 2-链。从一个面的任意顶点开始追踪，如图 6.19 中的面 2(f_2)。2-链 $\partial K = (f_2)$ 只有一个面，对其使用边界运算(式(6.18))得到 ∂K 的非零边界。如图 6.19(a)所示，该非零边界可表示为 $\partial\partial K = (-e_1) + (e_5) + (e_6) + (e_7)$，说明该面为一个开放面。如图 6.19(b)所示，通过追踪发现面 6(f_6)与面 2(f_2)相连接，此时 2-链的边界变成 $\partial(\partial K) = -(e_1) + (e_5) + (e_{10}) + (e_9) + (e_8) + (e_7)$，仍然为非零边界。继续进行追踪，寻找新的相交面并对其边界重复上述操作，如果边界运算 $\partial(\partial K)$ 不为零，该单纯复形仍为开放面，而不是一个闭合体。追踪继续进行，直到 $\partial(\partial K)$ 为零，此时单纯复形代表多面体，追踪结束。用于定义面的顺序就是追踪过程中面出现的顺序。对于图 6.19 所示的立方体，数据结构中面的顺序应该为 f_2、f_6、f_5、f_1、f_3、f_4。代入式(6.1)，$N_v + N_f - N_e = 2$ 成立，表明该立方体同胚于球。图 6.19 中的边界运算步骤如下：

(1) 基准面 2，$\partial(\partial K) = (-e_1) + (e_5) + (e_6) + (e_7)$。

(2) 增加面 6，$\partial(\partial K) = (-e_1) + (e_5) + (e_{10}) + (e_9) + (e_8) + (e_7)$。

(3) 增加面 5，$\partial(\partial K) = (-e_1) - (e_4) + (e_{12}) + (e_9) + (e_8) + (e_7)$。

(4) 增加面 1，$\partial(\partial K) = (e_2) + (e_3) + (e_{12}) + (e_9) + (e_8) + (e_7)$。

(5) 增加面 3，$\partial(\partial K) = (e_3) + (e_{12}) + (e_9) + (e_{11})$。

(6) 增加面 4，$\partial(\partial K) = 0$，追踪结束。

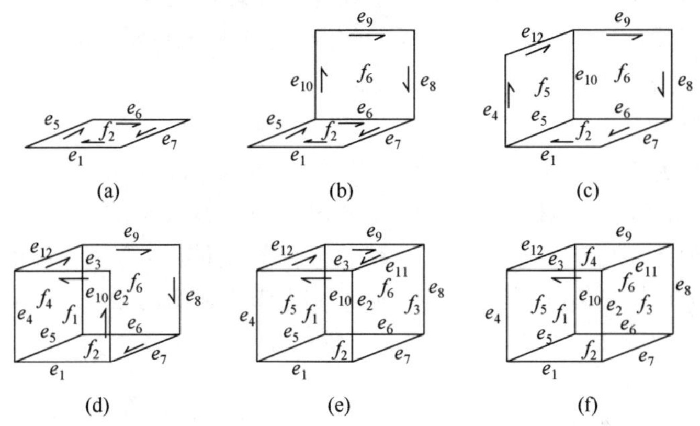

图 6.19　块体产生过程中的边界运算

图中⟹表示边及其方向

块体追踪算法依赖于面、边和顶点数组的可用性及其连接性，这些数组是在由裂隙划分计算空间的过程中生成的。

参 考 文 献

Cundall P A, Strack O D L. 1979. A discrete numerical model for granular assemblies. Géomechanique, 29(1): 47-65.

Fréchet M, Fan K Y. 1967. Initiation to Combinatorial Topology. Boston: Prindle Weber and Schmidt Inc.

Henle M. 1974. A combinatorial Introduction to Topology. New York: Dover Publications.

Itasca Consulting Group Ltd. 2000. The 3DEC Manual.

Lin D, Fairhurst C, Starfield A M. 1987. Geometrical identification of three-dimensional rock block systems using topological techniques. International Journal of Rock Mechanics and Mining Sciences & Geomechanics Abstracts, 24(6): 331-338.

Mäntylä M. 1998. An Introduction to Solid Modeling. Rockville: Computer Science Press.

第 7 章　块体系统构建的数值方法

7.1　引　　言

二维裂隙岩体相关问题较为少见，这是由裂隙系统几何结构的三维性质、岩块的各向异性与不均匀性导致的。二维简化方法已被广泛应用到岩体工程中，且这种简化在岩体工程问题研究及发展中具有重要的理论价值。但三维模型及其解答才是岩体工程数值求解的最终目标。该目标能否实现主要取决于三维裂隙-块体系统的表征方法，尤其是对 DEM 模型而言。

自 20 世纪 80 年代初以来，裂隙网络的离散表征方法就一直被用于模拟地下水及其他牛顿流体的流动，其中著名的程序有 Golder Associates 公司(1995)开发的 FRACMAN/MAFIC 和 AEA Technology 公司开发的 NAPSAC(Herbert，1996)。前者可用于各种计算机和工作站，而后者可通过大型主机计算大尺度的岩体工程问题。裂隙系统几何建模并不复杂，其流动方程解将在第 10 章介绍。图 7.1 为一个三维裂隙系统的说明性示例(Niemi et al.，2000)。

图 7.1　一个用于模拟 10m 范围试井(位于图中心位置)的裂隙网络实例，模型尺寸为 30m×30m×30m(Niemi et al.，2000)

如图 7.1 所示，裂隙系统的实现是随机且不规则的，通过这些不规则裂隙的交叉来追踪固体块体并不是一个简单的数值分析工作，分析中需要对块体的面和边进行正则化处理。裂隙系统的正则化就是要删除三维网格中悬空和独立的面以及二维网格中悬空和独立的边，因为它们并不参与块体的构建，而且有它们在的话，表示面、边和点之间拓扑关系的 Euler-Poincare 公式也不成立(图 7.2 和 7.3)。

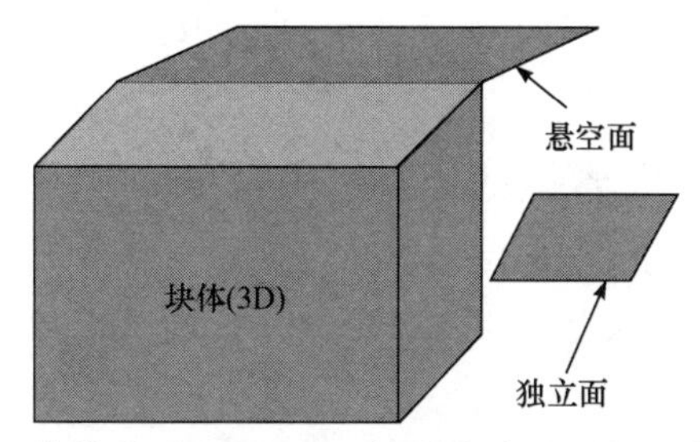

图 7.2　三维情况下悬空和独立的裂隙需要通过正则化来移除

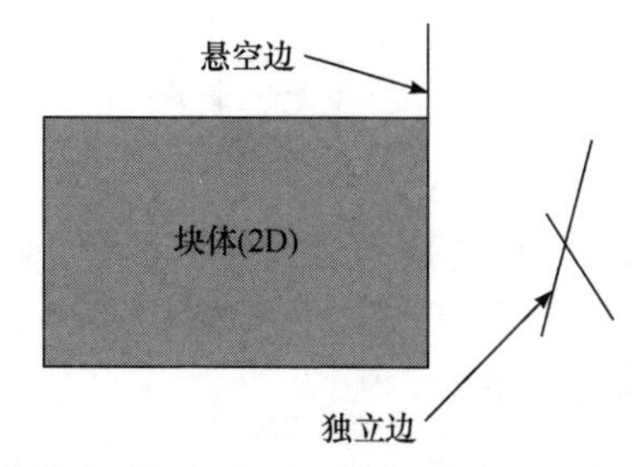

图 7.3　二维情况下悬空和独立的裂隙需要通过正则化来移除

规则化的裂隙网络应具有以下特性：

(1) 每条边有且只有两个顶点与其他裂隙相交。

(2) 每个面由两个且仅由两个多面体(3D 块体)共有。

(3) 将独立子网格的数量表示为 N_{sn}，顶点(交叉点)的数量表示为 N_v，边的数量表示为 N_e，多边形(面)的数量表示为 N_f，它们之间的拓扑关系如下：

$$N_v + N_f - N_e = 1 + N_{sn} \tag{7.1}$$

式(7.1)是组合拓扑中多边形系统的扩展 Euler-Poincare 公式。完全连通网络必须满足式(7.1)，也就是说，不满足式(7.1)的网络一定包含不规则元素(死端、独立裂隙或单连通裂隙)。因此，式(7.1)可以作为裂隙网络正则化的判断准则。可以使用边界算子对块体(凸、凹或多重连通块体)和流动路径进行追踪，并识别断开的子网络(Jing and Stephansson，1994a，1994b)。然而，需要特别注意的是用于流体流动分析的三维 DFN，网络中部分裂隙虽然不能切割形成完整块体，但可以作为流体流动路径的一部分，因此在流体流动分析中不应忽略。但在使用 DEM 进行块体系统的应力、变形或运动分析的过程中，必须移除这些不能形成完整块体的裂隙系统，因为它们对块体的构建不起作用。因此，应根据情况使用不同的数值技术。

图 7.4 为一个二维裂隙网络及其规则化的示例(Jing and Stephansson，1996)。图 7.4(a)为带有死端和孤立裂隙的原始裂隙系统，共有 126 个交叉点(顶点)。通过规则化得到 34 个块体(面)、146 条边(组成裂隙的部分)和 92 个顶点(交叉点)，得到 3 个网络(一个全局网络和两个额外孤立的子网络)，如图 7.4(b)所示。用 Euler-Poincare 公式进行验证：

$$N_{\mathrm{v}} + N_{\mathrm{f}} - N_{\mathrm{e}} = 1 + N_{\mathrm{sn}} = 92 + 57 - 146 = 1 + 2 = 3 \tag{7.2a}$$

若不考虑两个较小的孤立子网络，只考虑全局网络，裂隙系统就剩下 130 条裂隙边、53 个面和 78 个顶点，如图 7.4(c)所示，再次用 Euler-Poincare 公式进行验证：

$$N_{\mathrm{v}} + N_{\mathrm{f}} - N_{\mathrm{e}} = 1 + N_{\mathrm{sn}} = 78 + 53 - 130 = 1 + 0 = 1 \tag{7.2b}$$

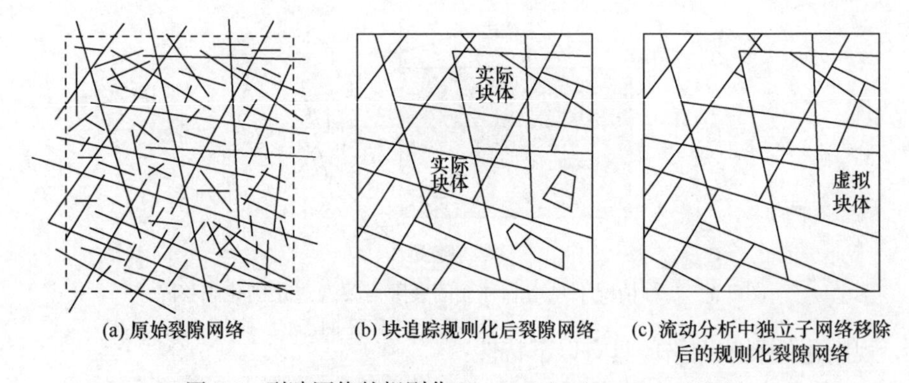

(a) 原始裂隙网络　(b) 块追踪规则化后裂隙网络　(c) 流动分析中独立子网络移除后的规则化裂隙网络

图 7.4　裂隙网络的规则化(Jing and Stephansson，1996)

然而，块体系统几何特征的构建并不像裂隙系统那样直观。由于裂隙的形状和尺寸分布都比较复杂，从相交的裂隙中追踪这些块体比较困难。除非裂隙尺寸非常大且形状一致，否则可能产生复杂的块体几何形状。三维块体的追踪十分烦琐且耗费时间，因此在许多三维 DEM 程序中，通常假设裂隙是无限大的，或者使用简单的块体几何。但是利用边界算子构建块体的拓扑方法和 Euler-Poincare 公式就可以克服或减少这一困难。本章详细介绍利用边界算子算法对形状和尺寸分布较简单的天然裂隙系统模型进行三维块体追踪，其理论基础和基本算法在许多方面与二维算法相似。

7.2　采用边界算子方法的二维块体系统构建

二维裂隙块体系统构建相对较为简单，因此相关文献不多。然而，采用不同的算法，计算效率也是不同的。本章所介绍的算法都是使用组合拓扑理论和二维边界算子，以及扩展的多面体 Euler-Poincare 公式(式(7.1))。Euler-Poincare 公式之所以可以使用，是因为多面体可以用平面图来表示，其拓扑关系仍然是有效的，只需删除一个面(或者包围整个模型的外部面)。其原理和算法主要参考 Shi(1988)、Lin(1992)与 Jing 和 Stephansson(1994a，1994b，1996)的文献，图论主要参考 Wang(1987)的文献。

可采用以下假设使问题简化：

(1) 所有裂隙都是由两个端点构成的平滑有限线段(图 7.5(a))。

(2) 裂隙交点组成边，边构成具有一般形状的多边形，用这样的多边形表示块体(图 7.5(b))。这些弯曲裂隙由一系列有限数量的相连线段构成，且本章的算法可以成功追踪到它们。

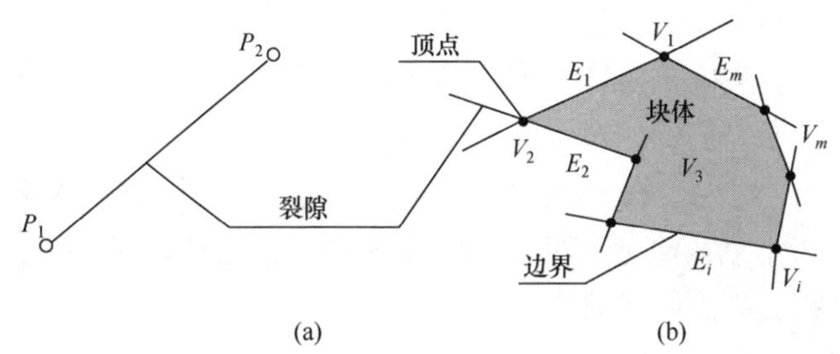

图 7.5　(a)两顶点(P_1, P_2)的直线裂隙(b)顶点(V_i)和边(E_i)逆时针排列成正方向的块体

块体的形状可以是凸的、凹的或多重连通的。块体可以分为外部块体(图 7.6(a))和内部块体(图 7.6(b)和(c))，外部块体表示的是无限大区域内的内部孔，而内部块体是有限体积的，由一组规则的边和顶点围成。如果一个块体有一个或多个内部孔，则称为多连通块体，如图 7.6(c)所示。

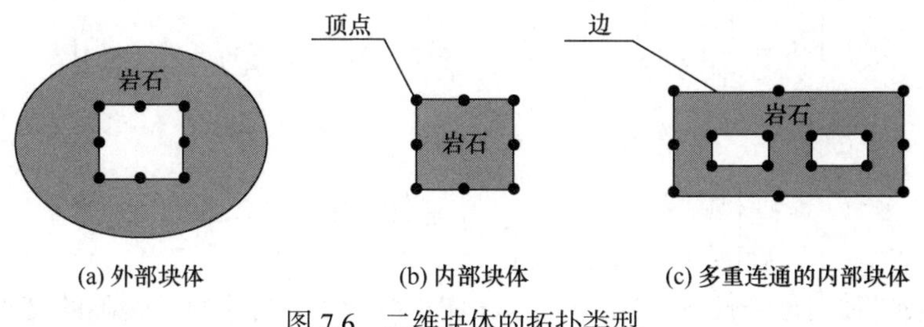

图 7.6　二维块体的拓扑类型

如第 6 章所述，所有的边和面都是有向的单形体。一条边的正方向是从起点到终点，一个面的正方向是由它的顶点和边按逆时针方向进行排列(参见图 7.5(b))，所研究区域的假想边界可视为人为裂隙。

7.2.1　裂隙相交及边集合的形成

设 d_i 和 d_j 为半长 r_i 和 r_j 的两条裂隙，在全局坐标系 $O\text{-}XY$ 中，其中点坐标分别为 $c_i(x_i^c, x_i^c)$ 和 $c_j(x_j^c, x_j^c)$。这两条裂隙的单位法向量分别为 $\boldsymbol{n}_i(n_x^i, n_y^i) = (\cos\theta_i, \sin\theta_i)$，$\boldsymbol{n}_j(n_x^j, n_y^j) = (\cos\theta_j, \sin\theta_j)$。$c_i$ 到 c_j 的距离公式为

$$d_{ij}^c = \sqrt{(x_i^c - x_j^c)^2 + (y_i^c - y_j^c)^2} \tag{7.3}$$

如果满足下列两个条件之一：

$$d_{ij}^c > r_i + r_j \tag{7.4a}$$

$$\boldsymbol{n}_i \cdot \boldsymbol{n}_j = n_x^i n_x^j + n_y^i n_y^j + n_z^i n_z^j = \pm 1 \tag{7.4b}$$

则这两条裂隙就没有交点，有可能是相距较远，或者彼此平行，又或者部分重叠(在这种情况下应合并裂隙)。若不满足上述条件，则这两条裂隙有可能有交点，但并不一定，这取决于它们的相对位置。

设 $P_1^i(x_1^i, y_1^i)$、$P_2^i(x_2^i, y_2^i)$、$P_1^j(x_1^j, y_1^j)$、$P_2^j(x_2^j, y_2^j)$ 分别为第 i 条和第 j 条裂隙的起点和终点，如图 7.7(a)所示。两条裂隙若存在交点，记为端点 $V(x_s, y_s)$(图 7.7(b))。可以写出两个相交裂隙的参数方程：

$$\begin{cases} x = x_1^i + (x_2^i - x_1^i)t_i \\ y = y_1^i + (y_2^i - y_1^i)t_i \end{cases}, \quad \begin{cases} x = x_1^j + (x_2^j - x_1^j)t_j \\ y = y_1^j + (y_2^j - y_1^j)t_j \end{cases} \tag{7.5}$$

式中，$0 \leqslant t_i \leqslant 1$、$0 \leqslant t_j \leqslant 1$ 为长度参数。式(7.5)的解为

$$\begin{cases} x_s = \dfrac{1}{\varDelta}[(x_1^j y_2^j - x_2^j y_1^j)(x_2^i - x_1^i) - (x_1^i y_2^i - x_2^i y_1^i)(x_2^j - x_1^j)] \\ y_s = \dfrac{1}{\varDelta}[(x_1^i y_2^i - x_2^i y_1^i)(x_2^j - x_1^j) - (x_1^j y_2^j - x_2^j y_1^j)(y_1^i - y_2^i)] \end{cases} \tag{7.6a}$$

式中

$$\varDelta = \begin{vmatrix} y_1^i - y_2^i & x_2^i - x_1^i \\ y_1^j - y_2^j & x_2^j - x_1^j \end{vmatrix}, \quad t_i = \frac{x_s - x_1^i}{x_2^i - x_1^i}, \quad t_j = \frac{x_s - x_1^j}{x_2^j - x_1^j} \tag{7.6b}$$

如果同时满足条件 $\varDelta = 0$、$0 \leqslant t_i \leqslant 1$ 和 $0 \leqslant t_j \leqslant 1$，则这两个裂隙的交点 (x_s, y_s) 为新的端点，如果上述条件不满足，则两条裂隙不相交。

两个相邻端点之间的线段称为边。在确定所有裂隙段之间的交点后(包括定义研究区域的人为裂隙)，追踪每条裂隙上由单边环定义的所有面。相邻端点对 $(v_{ij}, v_{i,j+1})(j=1, 2, \cdots, M)$ 表示第 i 条裂隙的相邻边。从起始点开始，利用式(7.6b)中每条裂隙的长度参数值 t，可以对每条裂隙上从起点到终点的所有点进行排序

(图 7.8)。

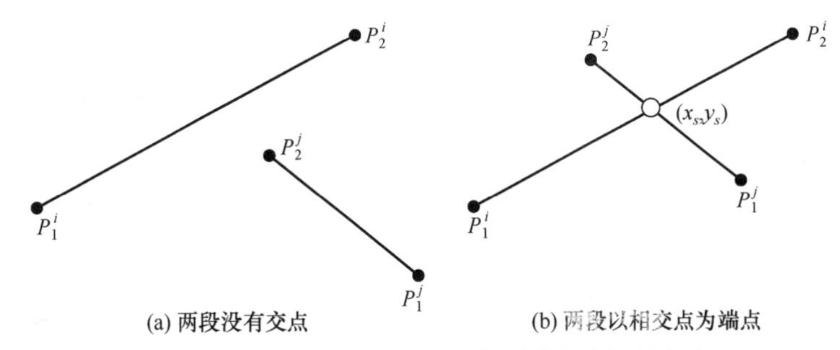

图 7.7　确定一个端点作为两条裂隙段之间的交点

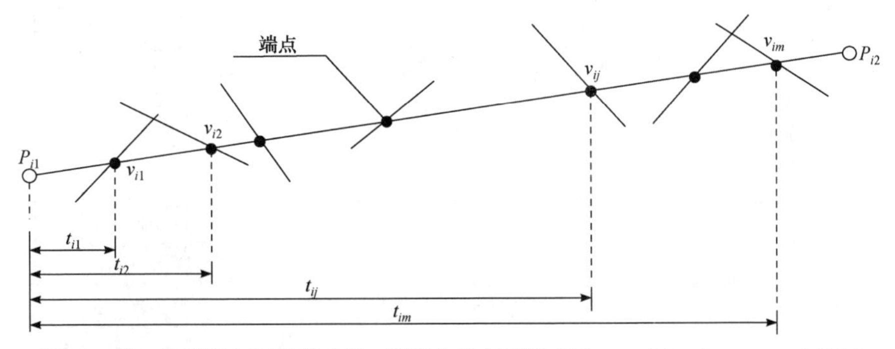

图 7.8　第 i 条裂隙上随长度参数 t 值增大的有序端点(Jing and Stephansson，1994a)

在所有裂隙的交点(顶点)确定后会产生三组数据：端点坐标 $V(X)$、由相邻端点定义的边集 $E(V)$、裂隙-边的连接矩阵 $F(V)$。

(1) $V(X)=\{(x_i,y_i),i=1,2,\cdots,N_{\mathrm{v}}\}$, N_{v} 为端点总数。

(2) $E(V)=\{v_i^s,v_i^e),i=1,2,\cdots,N_{\mathrm{e}}\}$, N_{e} 为总边数，v_i^s 、v_i^e 为起始和结束端点；

(3) $F(V)=\{(v_1,v_2,\cdots,v_{im}),i=1,2,\cdots,N_{\mathrm{d}}\}$, N_{d} 为裂隙总数，$v_{ij}\,(j=1,2,\cdots,m)$为从第 i 条裂隙的开始点到结束点按顺序排列的端点总数。

图 7.9 为具有 19 条裂隙、25 个端点的裂隙网络及其对应的裂隙端点连接矩阵 $F(V)$。以下将使用这个例子来说明块体追踪算法，该算法是以上述已得到的裂隙之间交点为基础的。

7.2.2　边的规则化

边的规则化是要删除同其他裂隙没有交点的独立裂隙和只有一个端点的悬空裂隙，以此生成的边的集合称为规则化边集。规则化后的边和端点组成的网络构成了一个完全连接的平面有向图。每条边都只由两个端点(起始顶点和结束端点)确定，且由两个相邻多边形(块)共有，这两个多边形方向相反，分别为逆时针(正)

和顺时针(负)。因此，边 $\overline{v_{ij}v_{i,j+1}}$ 和边 $\overline{v_{i,j+1}v_{ij}}$ 指的是同一条边，但方向相反。一个由有向边构成的图称为有向图，在组合拓扑学中，用 K 来表示，而且可以用去掉一个面后的三维空间中多面体的平面图式来表示(参见第 6 章)。图 7.10 为图 7.9 中的裂隙系统经过边集规则化后的简单复合体(有向图)和更新的 $F(E)$矩阵。

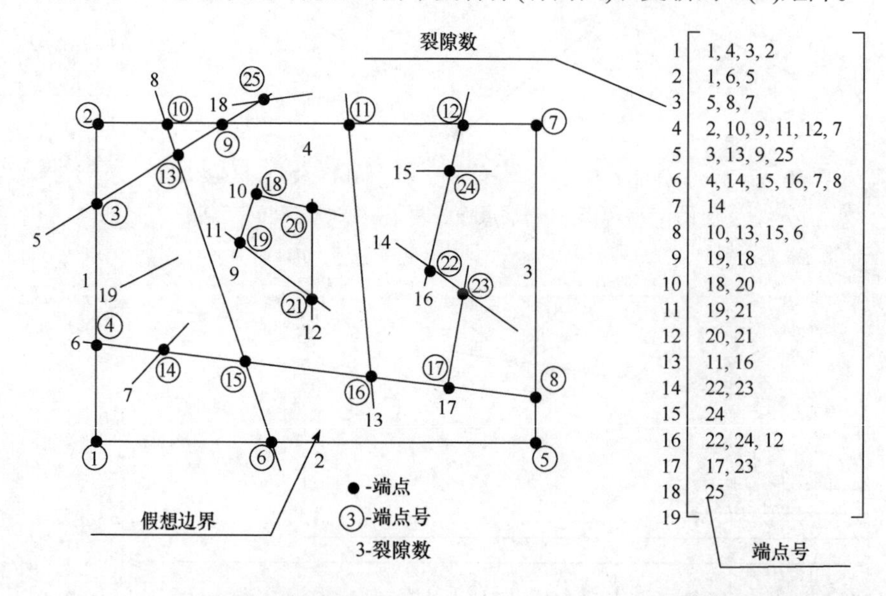

(a) 裂隙网络及其端点　　(b) 初始裂隙端点矩阵$F(V)$

图 7.9　裂隙网络示例(Jing and Stephansson，1994a)

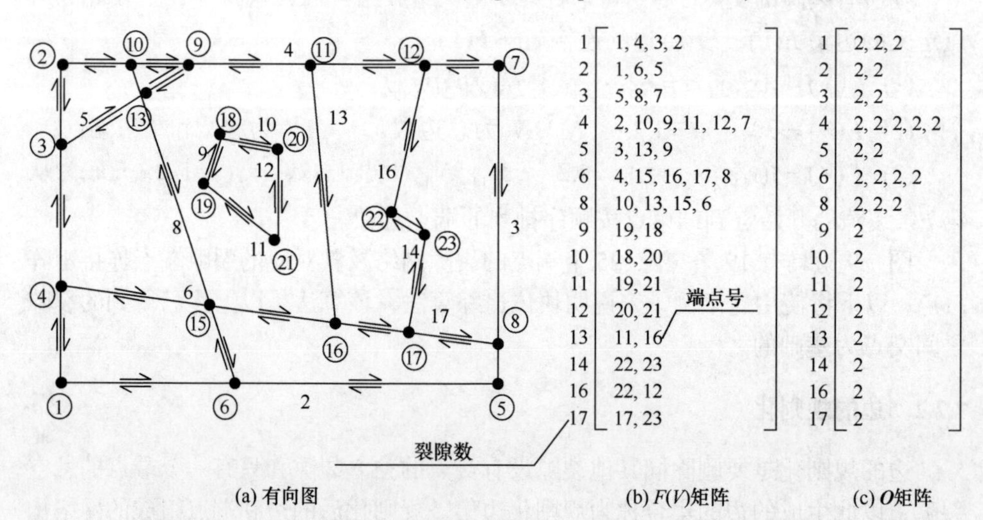

(a) 有向图　　(b) $F(V)$矩阵　　(c) $\boldsymbol{O}$矩阵

图 7.10　(a)裂隙网络的定向复合体(有向图)(b)裂隙顶点连接矩阵 $F(V)$(c)规则化边集后图 7.9 中裂隙系统的边方向的索引矩阵 $\boldsymbol{O}$(Jing and Stephansson，1994a)

辅助矩阵 $\boldsymbol{O}=\left[o_{ij}\right]$，称为边的方向索引矩阵，用于在识别过程中追踪边的方向状态。矩阵 $F(V)=\left[v_{ij}\right]$ 第 i 行的 r 个元素(端点) v_{i1}, $v_{i2},\cdots$, v_{ir} 对应着矩阵 $\boldsymbol{O}$ 第 i 行的 $r-1$ 个元素 $o_{i1}, o_{i2},\cdots, o_{i,r-1}$，代表 $r-1$ 条由相邻端点 v_{ij} 和 $v_{i,j+1}$(或 $v_{i,j-1}$)组成的边，其具有以下值：

(1) o_{ij}=2(边 $\overline{v_{ij}v_{i,j+1}}$ 的初始状态，边的两个方向都未使用)。

(2) o_{ij}=1(边 $\overline{v_{ij}v_{i,j+1}}$ 的中间状态，端点 v_{ij} 到端点 $v_{i,j+1}$ 的方向未使用)。

(3) o_{ij}=−1(边 $\overline{v_{ij}v_{i,j+1}}$ 的中间状态，端点 $v_{i,j+1}$ 到端点 v_{ij} 的方向未使用)。

(4) o_{ij}=0(边 $\overline{v_{ij}v_{i,j+1}}$ 的最终状态，边的两个方向都使用)。

图 7.10(c)为图 7.9 中的裂隙网络规则化后的 $\boldsymbol{O}$ 矩阵，其中所有的元素都具有初始值 2，说明块体处于识别的初始状态。在识别结束时，矩阵 $\boldsymbol{O}$ 中的所有元素应全部为零。

7.2.3　二维单纯复形的边界算子

对二维单纯复形 K 做边界运算可得到一系列单纯复形的有向边，表示为$\partial(K)$，在组合拓扑中称为 1-链，它们代表单纯复形的边界边环。对于闭合的边环(面)，其边界算子$\partial(\partial K)$=0。块体追踪是以这些边集的边界运算为基础的。

将一个有向的边-端点网络看成平面单纯复形，需要用这个边集的边界算子来进行面的追踪算法。为了定义这样的边界算子，需要将端点进行分解并重新标记。设 $E_B=(v_1,v_2,\cdots,v_n,v_1)$ 为定义多边形端点的闭合环，其中多边形相邻的一对端点按逆时针方向定义一条边。如果 v 是一条边的端点，则沿着面的正方向，边的端点为 v^+，终点为 v^-(图 7.11)。(v^+,v^-)指的是同一个端点 v，但分别位于端点 v 上相连的两条相邻边上。对于一对分解重标记的端点(v^+,v^-)，定义如下拓扑运算(求和规则)：

$$v^+ + v^- = 0 \tag{7.7}$$

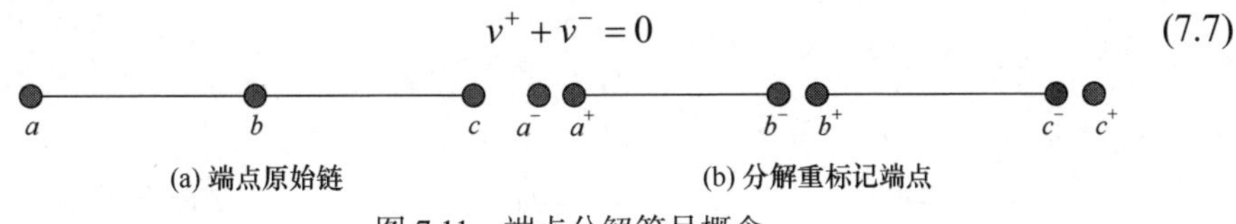

图 7.11　端点分解符号概念

这个关系表示当同一端点标记的起点和终点相遇时，它们彼此相互抵消，拓扑和为零。这个关系将使我们能够定义一组相连边的起点和终点。由一对端点(v_i,v_j)定义的边界端点标记为(v_i^+)和(v_j^-)。对于一条单个边，其边界算子为

$$\partial(v_i, v_j) = (v_i^+) + (v_j^-) \tag{7.8}$$

对于一组连接的边，其边界运算结果为

$$\partial\left(\sum(v_i, v_j)\right) = \sum \partial(v_i, v_j) = \sum[(v_i^+) + (v_j^-)] \tag{7.9}$$

定义块体的闭合边环，其边集的边界算子会导出一个空的端点集：

$$\partial\left(\sum(v_i, v_{i+1})\right) = 0 \tag{7.10}$$

式(7.10)为一个二维边界算子，用于检查块体追踪是否完成。它们与Euler-Poincare 公式一起构成了二维块体识别算法的基础。图 7.12 为通过连续应用边集边界算子来追踪六边形块体的过程，这六条边分别是(a^+, b^-)、(b^+, c^-)、(c^+, d^-)、(d^+, e^-)、(e^+, f^-)和(f^+, a^-)，每条边都带有标记符，用来追踪块体。

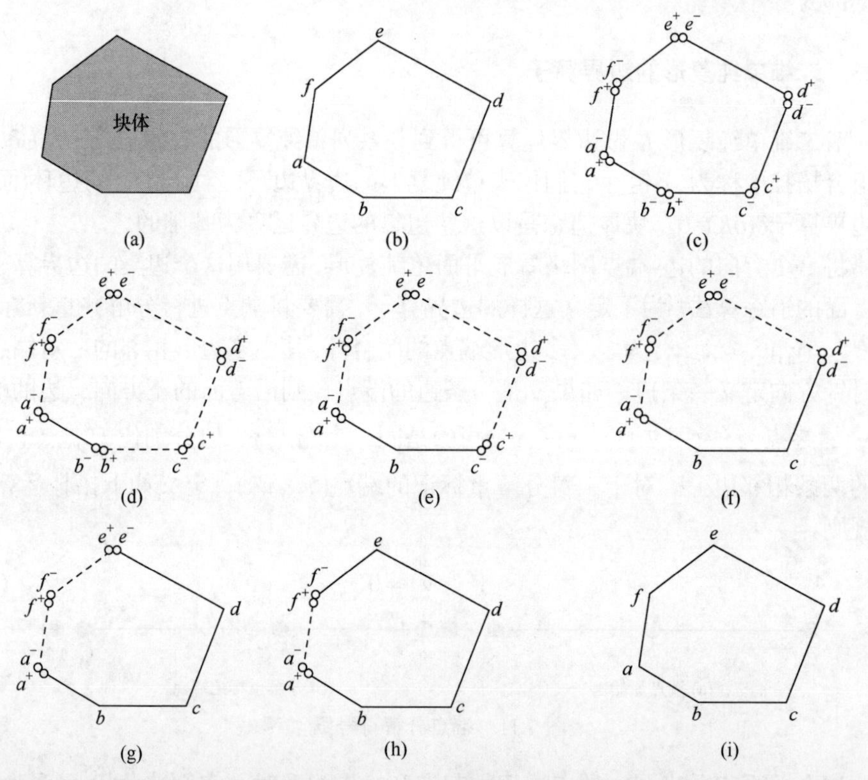

图 7.12　连续应用边集边界算子追踪一个六边形的示例块(Jing and Stephansson，1994b)

(a) 块；(b) 端点标识；(c) 标出了分解和标记端点对的有向边；(d) $\partial(a,b) = (a^+) + (b^-)$；(e) $\partial[(a,b)+(b,c)] = (a^+) + (c^-)$；(f) $\partial[(a,b)+(b,c)+(c,d)] = (a^+) + (d^-)$；(g) $\partial[(a,b)+(b,c)+(c,d)+(d,e)] = (a^+) + (e^-)$；(h) $\partial[(a,b)+(b,c)+(c,d)+(d,e)+(e,f)] = (a^+) + (f^-)$；(i) 完成块体追踪，满足 $\partial[(a,b)+(b,c)+(c,d)+(d,e)+(e,f)+(f,a)] = (a^+) + (a^-) = 0$

7.2.4　二维块体追踪

1.“最小左转角”原理

块体的追踪可从任一顶点以及任一与此顶点相连的边开始。从裂隙-边的连接矩阵 $F(E)$中可以找到所有与该顶点相连的边。以当前边为基线，围绕此顶点做顺时针旋转，选择与基线形成最小角度的边作为定义块体的下一条边。换句话说，确定下一条边的准则就是从当前顶点出发，以最小角度左转(图 7.13)。需要辅助数组来记录每条边被追踪的次数(因为每条边正好有两个方向，定义了两条不同的面，每条边要追踪两次)。当每条边都完成两次追踪时，则代表完成了块体追踪。

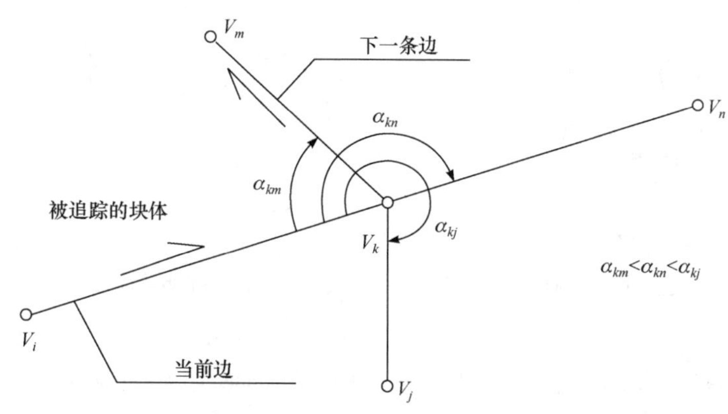

图 7.13　确定与当前边相连于结束端点的下一条边(Jing and Stephansson，1994a)

2. 内孔顶点环的确定

以下给出的块体追踪算法将追踪所有类型的块体(内部、外部、单连通或多重连通)，而确定它们的类型需要使用以下推论。

推论 1　如果点 P 落在一个由 n 个端点相连的 n 条直边围成的凸多边形内，且此多边形上的端点都是按逆时针方向排列的，那么由 n 对相邻顶点与 P 点连接围成的 n 个三角形的面积为正值(图 7.14(a))，可由如下公式计算得出：

$$A^i = \frac{1}{2}\begin{vmatrix} 1 & x_p & y_p \\ 1 & x_i & y_i \\ 1 & x_j & y_j \end{vmatrix} \tag{7.11}$$

此处 $i = 1, n$ 且 $j = i + 1$。如果 $i = n, j = 1$。

点 $P(x_p, y_p)$ 称为参考点。所有面积值为正的面(块体)均为内部面(块体)。$A > 0$ 表示追踪完成块体的顶点环是逆时针排列的，围成一个实心的内部块体。

$A<0$ 表示所有的边是沿顺时针方向排列的，代表着一个较大块体的内部开口，或者是一个边环完全沿着人为边界裂隙(由于其顺时针顺序)的外部块体。内部开口的边环需要与其内部母块体相关联，来一同定义一个多联通的内部块体。识别这些多重连通块体需要确定内部开口的负向边环的一个端点是否位于另一个正向边环(块)内部。

推论 2　如果参考点 P 落在由 n 个端点连接的 n 条边围成的凸多边形外部，且此多边形的端点是按逆时针方向排列的，那么由 n 对相邻端点与点 P 连接而成的 n 个三角形中，至少有一个三角形的面积经过式(7.11)计算后为负值，如图 7.14(b)所示。

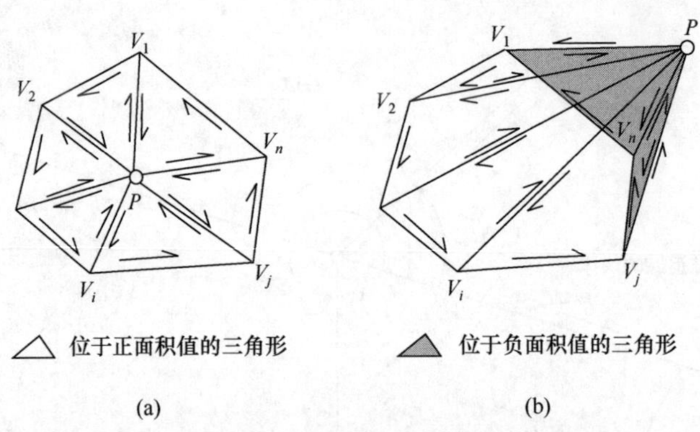

图 7.14　参考点位于 n 个多边形(a)内部和(b)外部(Jing and Stephansson，1994a)

以上推论同样适用于最简单的凸多边形即三角形(n=3)。一般的多边形可以是凸多边形，也可以是凹多边形，但上述推论并不适用于凹多边形。当检验点 P 位于有 n 个端点的一般多边形内部或外部时，无论此多边形是凸的还是凹的，可将一个特定的端点(如环的第一个顶点)与其余 $n-2$ 个端点相连，将该多边形分化为 $n-2$ 个三角形(见图 7.15 的三角形 $V_1V_iV_{i+1}(i=3,\cdots,n-1)$)。

设点 P 为参考点，应用上述推论检验点 P 位于三角形内部还是外部，并同时定义索引 I_c^k：

$$I_c^k=1\quad (P\text{ 为面积为正值的第 }k\text{ 个三角形的内点})\tag{7.12a}$$

$$I_c^k=0\quad (P\text{ 为第 }k\text{ 个三角形的外点})\tag{7.12b}$$

$$I_c^k=-1\quad (P\text{ 为面积为负值的第 }k\text{ 个三角形的内点})\tag{7.12c}$$

然后，计算 $n-2$ 个三角形索引 I_c^k 的代数和，通过以下方式确定点 P 是在多边形内部还是外部：

$$\sum_{k=1}^{n-2}I_c^k>0\quad (\text{点}P\text{在多边形内})\tag{7.13a}$$

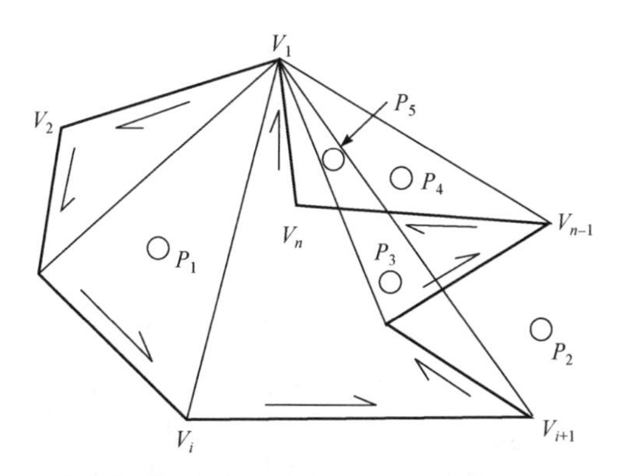

图 7.15　位于任一多边形分化后正三角形或负三角形中的点(Jing and Stephansson，1994a)

P_1-位于 1 个面积为正的三角形内，$\Sigma l_c=1$；P_2-位于所有三角形外，$\Sigma l_c=0$；P_3-位于 2 个面积为正、1 个面积为负的三角形内，$\Sigma l_c=1-1+1=1$；P_4-位于 1 个面积为负的三角形内，$\Sigma l_c=1$；P_5-位于 2 个面积为正、2 个面积为负的三角形内，$\Sigma l_c=1-1+1-1=0$

$$\sum_{k=1}^{n-2} I_c^k \leqslant 0 \quad (\text{点}P\text{在多边形外}) \tag{7.13b}$$

准则(7.13a)和(7.13b)适用于一般形状的多边形，即凸多边形、凹多边形或多重连通形。由于构成平面图的规则化边集的唯一性和完备性，如果一个边循环的一个端点在一个多边形内，那么这个循环的所有顶点也都在这个多边形内(Jing and Stephansson，1994a)。

图 7.9 和图 7.10 中裂隙网络的块体追踪过程如图 7.16 所示。表 7.1 为追踪的结果。

(a) $\partial\partial(K)$=(1, 6)+(6, 15)+(15, 4)+(4, 1)。

(b) $\partial\partial(K)$=(6, 15)+(15, 4)+(4, 3)+(3, 2)+(2, 10)+(10, 9)+(9, 11)+(11, 12)+(12, 7)+(7, 8)+(8, 5)+(5, 6)。

(c) $\partial\partial(K)$=(6, 15)+(15, 13)+(13, 3)+(3, 2)+(2, 10)+(10, 9)+(9, 11)+(11, 12)+(12, 7)+(7, 8)+(8, 5)+(5, 6)。

(d) $\partial\partial(K)$=(6, 15)+(15, 13)+(13, 10)+(10, 9)+(9, 11)+(11, 12)+(12, 7)+(7, 8)+(8, 5)+(5, 6)。

(e) $\partial\partial(K)$=(15, 13)+(13, 10)+(10, 9)+(9, 11)+(11, 12)+(12, 7)+(7, 8)+(8, 17)+(17, 16)+(16, 15)。

(f) $\partial\partial(K)$=(15, 13)+(13, 10)+(10, 9)+(9, 11)+(11, 12)+(12, 22)+(22, 23)+(23, 17)+(17, 16)+(16, 15)。

(g) $\partial\partial(K)$=(15, 13)+(13, 9)+(9, 11)+(11, 12)+(12, 22)+(22, 23)+(23, 17)+(17, 16)+(16, 15)。

(h) $\partial\partial(K)$=(16, 11)+(11, 12)+(12, 22)+(22, 23)+(23, 17)+(17, 16)。

(i) $\partial\partial(K)$=0，有剩余边没有用到。

(j) $\partial\partial(K)$=(18, 19)+(19, 21)+(21, 20)+(20, 18)。

(k) $\partial\partial(K)$=0，所有边界都被使用。块体追踪完成。

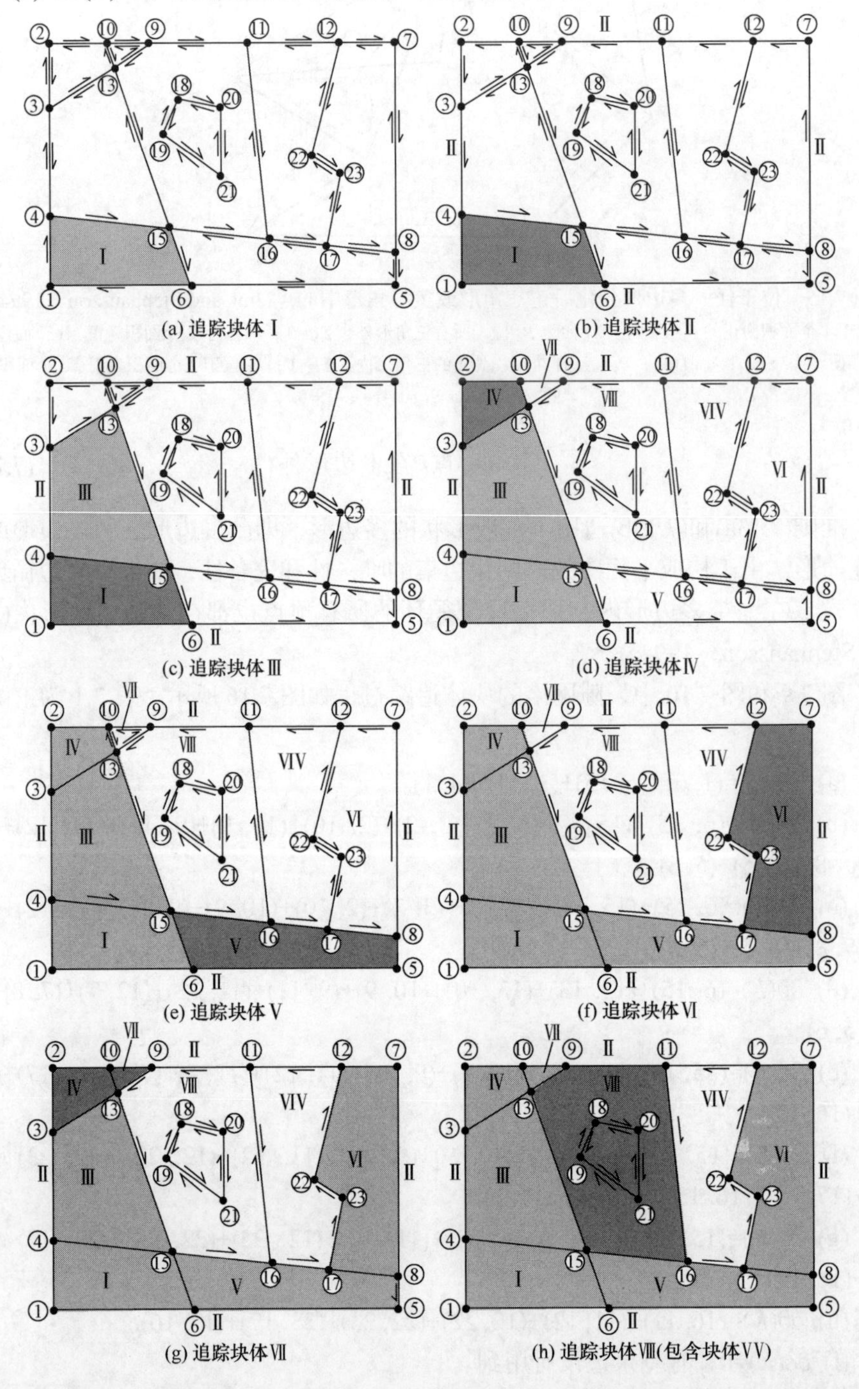

(a) 追踪块体Ⅰ　(b) 追踪块体Ⅱ　(c) 追踪块体Ⅲ　(d) 追踪块体Ⅳ　(e) 追踪块体Ⅴ　(f) 追踪块体Ⅵ　(g) 追踪块体Ⅶ　(h) 追踪块体Ⅷ(包含块体ⅤⅤ)

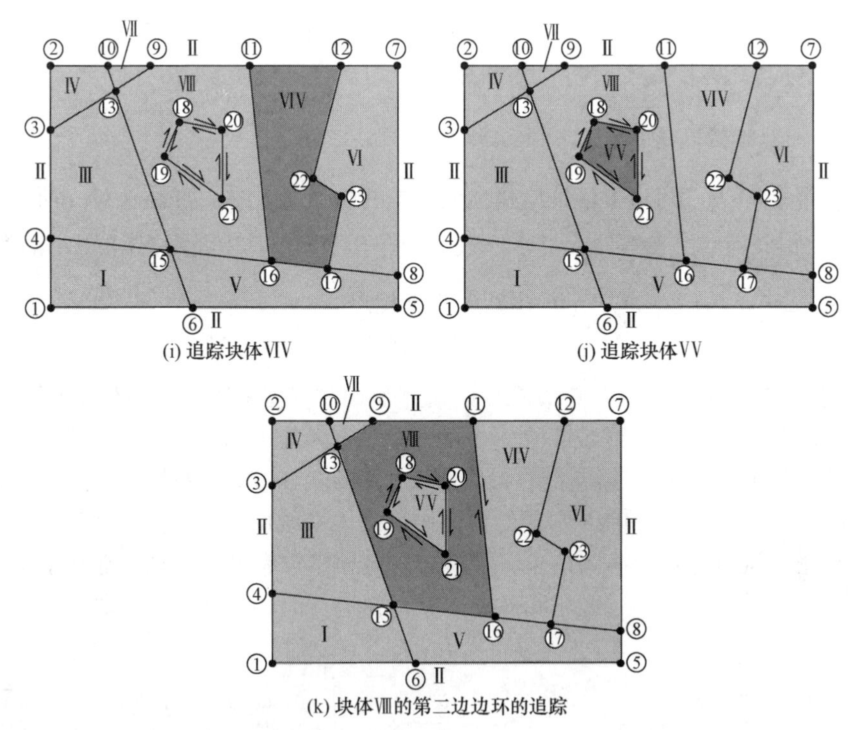

(i) 追踪块体VIV　(j) 追踪块体VV

(k) 块体Ⅷ的第二边边环的追踪

图 7.16　示例裂隙网络中块体的识别(块体Ⅰ～VV)(Jing and Stephansson，1994a)

表 7.1　定义块体的顶点环

块体	顶点环	边环	块体类型
Ⅰ	1,6,15,4,1	1,4,21,15	内部
Ⅱ	1,4,3,2,10,9,11,12,7,8,5,6,1	1,2,3,8,9,10,11,12,7,6,5,4	外部
Ⅲ	3,4,15,13,3	2,15,20,13	内部
Ⅳ	2,3,13,10,2	3,13,19,8	内部
Ⅴ	6,5,8,17,16,15,6	5,6,18,17,16,21	内部
Ⅵ	8,7,12,22,23,17,8	7,12,28,27,29,18	内部
Ⅶ	9,10,13,9	9,19,14	内部
Ⅷ	环 1: 11,9,13,15,16,11 环 2: 19,18,20,21,19	环 1: 10,14,26,16,26 环 2: 22,23,25,24	多重 连通
VIV	12,11,16,17,23,22,12	11,26,17,29,27,28	内部
VV	18,19,21,20,18	22,24,25,23	内部

7.2.5　流动路径和块体力学接触的表征

在块体追踪完成后，裂隙块体模型的构建还剩下两项任务：规则化裂隙网络流动路径的建立以及块体之间接触关系的建立。前者用于流体流动分析，后者用于块体的应力/变形/运动分析。两者都是水-力耦合分析所必需的。

1. 流动路径连通性和裂隙系统识别

利用矩阵 $F(E)$可以方便地构建出无死端的裂隙连通图，如图 7.17(a)所示。该图也可以由一个对称矩阵$\boldsymbol{C}_V = [c_{ij}^V]$来表示(图 7.17(b))，其中元素根据式(7.14)确定：

$$c_{ij}^V = \begin{cases} 0 & (\text{端点}i\text{和}j\text{不相连}) \\ 1 & (\text{端点}i\text{和}j\text{相连}) \end{cases}, \quad c_{ij}^V = c_{ji}^V \tag{7.14}$$

图 7.17 也表示了仅考虑裂隙中的流体流动时块体系统的流动路径(假设完整岩块中的流场可以忽略不计)。在每个端点上，流体流动满足连续性方程，且外部块体Ⅱ点环上端点满足边界条件(参见表 7.1 和图 7.16(b))。由顶点 18、19、20 和 21(对应边 22、23、24 和 25)组成的孤立内部裂隙系统应该被移除，因为它们与整个流动系统没有连接。换句话说，假设岩石基质中没有流体流动，那么整个裂隙系统可能会被划分为连通区域和孤立区域，在进行流动分析时，一般只研究连通区域。

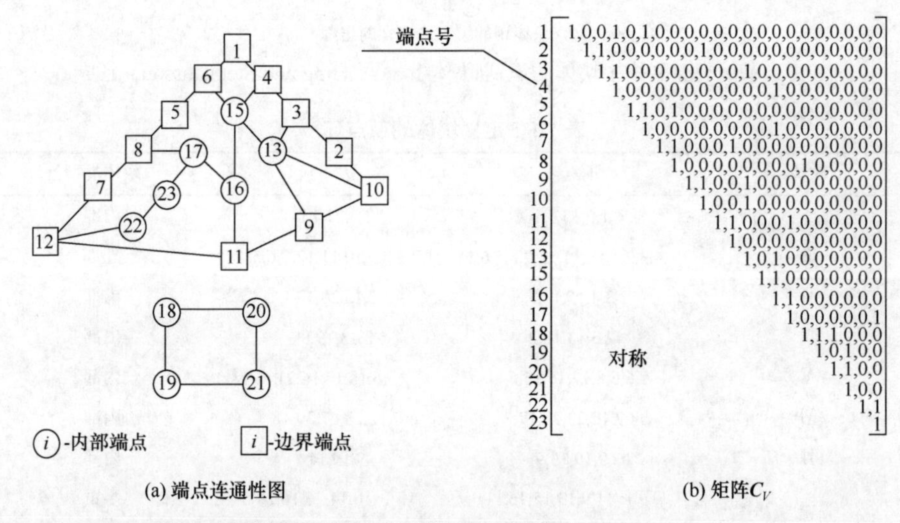

图 7.17　(a)端点连通性图及其(b)流动路径的矩阵表示(Jing and Stephansson，1994a)

2. 用于力学分析的块体提取

对于力学分析，在块体追踪完成后，定义块体的顶点-边环并不能直接用于 DEM 分析，因为所有的块体都是被共有的顶点和边“绑定”在一起。因此，需要一个块体提取的过程，提取出顶点和边的编号不同但其顶点坐标保持不变的块体。

这种块体提取以及进行顶点、边重编号的方法有很多，而且它们都不难进行。基本的方法就是在块体追踪结束图上的某些顶点位置添加一些额外的顶点，使得在该位置的总顶点数等于该位置顶点连接的总块体数。对顶点和边进行重新编号，那么构成块体的顶点和边环也应该遵循新的编号系统。

如图 7.18 所示，新的顶点集(2, 6)、(5, 10)、(4, 13)、(3, 7, 29, 16)与旧的顶点(4, 3, 6, 15)的坐标是相同的，相应的边也应该遵循新的编号系统进行编号。

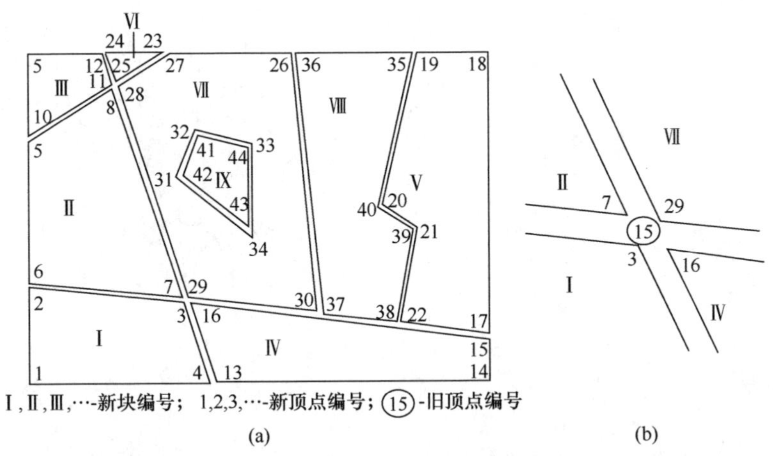

图 7.18　对顶点重新编号和块提取(a)以及向旧顶点添加新顶点(b)(Jing and Stephansson，1994a)

对于力学分析，块体之间的初始接触关系也可以用图来表示(图 7.19)，其矩阵形式为 $\boldsymbol{C}^B=\boldsymbol{C}_{ij}^B$ ，其中元素为

$$c_{ij}^B=\begin{cases}0 & (\text{块体}i\text{和}j\text{未接触})\\ 1 & (\text{块体}i\text{和}j\text{接触了})\end{cases},\quad c_{ij}^B=c_{ji}^B \tag{7.15}$$

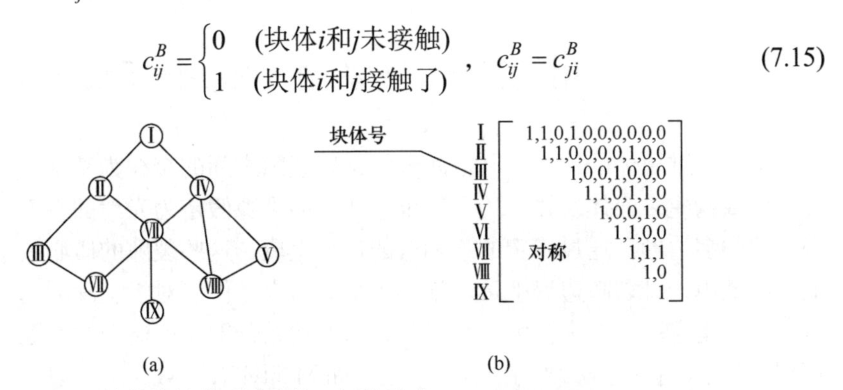

图 7.19　(a)块体接触关系图及其(b)矩阵形式(Jing and Stephansson，1994a)

最方便的块体接触矩阵构建方法就是在块体提取进行力学分析之前，使用追踪完成后定义块体的边环来构建。在用 DDA 等隐式解法求解离散的刚性块体系统的运动方程时，这种接触矩阵构建方法十分有效。因为由能量最小化过程得到的单元刚度矩阵 $k_{ij}\neq0$，只有在 $c_{ij}^B\neq0$ 时才有可能。

边界算子块体追踪算法并不是唯一适用于二维问题的算法，只要最小左转角原则适用，就会存在更简单直接的算法。然而，使用边界算子算法可以保证块体系统构建过程中拓扑关系的正确性，不需要另外检查是否存在其他错误，这些错误都可以利用式(7.1)正确地识别。图 7.20 为使用 UDEC 程序进行块体识别的示例，而并没有使用边界算子方法。

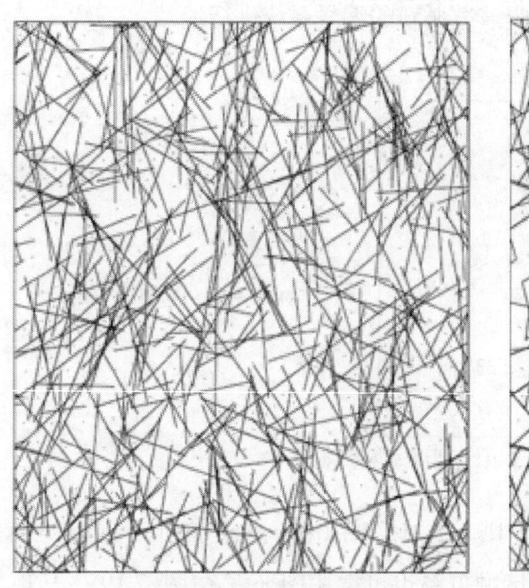

(a) 边规则化前生成的裂隙系统　　(b) 边规则化后生成的块体系统

图 7.20　使用 UDEC 程序(Itasca Consulting Group Ltd，2000)实现裂隙网络中块体识别示例

7.3　采用边界算子方法的三维块体系统构建

关于三维块体的构建，其空间分割是以裂隙之间的交线为基础的，利用这些交线生成构建多面体块体的边。三维空间中的裂隙假定为光滑的平面，为具有有限尺寸的多边形，通过确定的或随机的过程生成。这些裂隙的质心位于一个规则的形状域内，且裂隙边界上可以施加指定的边界条件。对于实际问题的分析，可以给裂隙指定一个有限厚度，相当于裂隙的初始开度。连通随机裂隙的拓扑块体识别数学准则在 Jing(2000)中有所描述，而 Maňtylä(1998) 介绍了以机械工程中最常见的规则表面形状为基础的用 BR 法进行实体建模的数学准则。

7.3.1　裂隙表征与坐标系

对于块体或 DFN 模型的构建，裂隙的方向在三维空间(记为 R^3)中由其倾向 ω 和倾角 ρ 唯一确定。为了表示三维空间中的裂隙，除倾向和倾角外，还需要裂隙面上参考点的坐标，如其质心或形心，以及描述其形状和尺寸的参数(如圆形裂隙的半径或矩形裂隙的边长)。因此，七参数组 $d_i(x_i, y_i, z_i, \omega_i, \rho_i, a_i, b_i)$可以唯一地确定空间中的椭圆、圆形或矩形裂隙的方向、位置、形状和尺寸，但不能描述一般形状的不规则裂隙的几何形状和尺寸。后者必须由坐标已知的有限数量的 M 个顶点表示，即 $d_i\{(v_{i,1}, v_{i,2}, \cdots, v_{i,M}),\ i=1,2,\cdots,N_\mathrm{d}\}$，符号 N_d 代表裂隙总数，所有这些顶点必须位于同一裂隙平面上。

另一方面，对于椭圆和圆形裂隙(数据串中 $a_i=b_i=r_i$，r_i 为半径)，也可以用有限数量的 M 个顶点来表示，这些顶点的坐标是从裂隙方程中计算得来的。对于矩形裂隙(包括 $a_i=b_i$ 的正方形裂隙)，M=4。因此，裂隙的形状、尺寸和位置总是可以很容易地用数据组 $d_i\{(v_{i,1}, v_{i,2}, \cdots, v_{i,M}),\ i=1,2,\cdots,N_\mathrm{d}\}$ 来表示，这些数据组可近似为其边界。唯一的区别是 M 的定义方式：规则裂隙需通过计算来定义，而不规则裂隙可直接输入或通过 Monte Carlo 模拟。为简便明了地演示算法，本章假设裂隙为圆形，方程推导采用六参数字符串 $d_i(x_i, y_i, z_i, \omega_i, \rho_i, r_i)$ 表示。为简化计算，裂隙总是由它们的顶点字符串 $d_i\{(v_{i,1}, v_{i,2}, \cdots, v_{i,M}),\ i=1,2,\cdots,N_\mathrm{d}\}$ 表示，其中顶点数 M 可能因裂隙而异。

块体追踪是基于裂隙的交线，追踪过程在双坐标系中进行，即全局坐标系 *O-XYZ* 和局部坐标系 *o-nst*，如图 7.21 所示。每个裂隙面上都有一个局部坐标系框架，它是由带有 *n-s-t* 轴的右手坐标系唯一确定，如图 7.21(a)所示。*n* 轴指向裂隙外法线方向，*s* 轴指向走向，*t* 轴指向倾向。假设第 *i* 条裂隙中心在全局坐标系中的坐标为 $c_i=(x_i^c, y_i^c, z_i^c)$，则第 *i* 条裂隙的全局坐标系与局部坐标系的转换关系为(图 7.21(b))

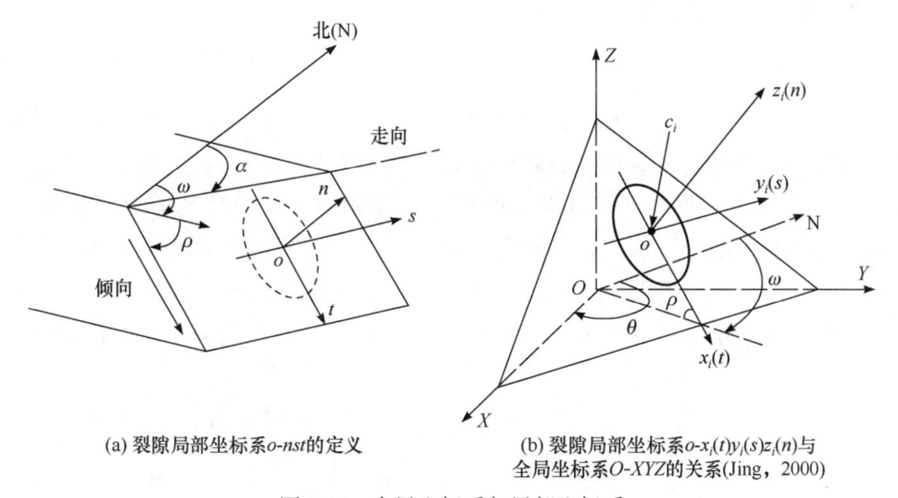

(a) 裂隙局部坐标系*o-nst*的定义　(b) 裂隙局部坐标系$o\text{-}x_i(t)y_i(s)z_i(n)$与全局坐标系*O-XYZ*的关系(Jing，2000)

图 7.21　全局坐标系与局部坐标系

$$\begin{Bmatrix} t^i \\ s^i \\ n^i \end{Bmatrix} = \begin{Bmatrix} x_i \\ y_i \\ z_i \end{Bmatrix} = \begin{vmatrix} t_{11}^i & t_{12}^i & t_{13}^i \\ t_{21}^i & t_{22}^i & t_{23}^i \\ t_{31}^i & t_{32}^i & t_{33}^i \end{vmatrix} \begin{Bmatrix} x \\ y \\ z \end{Bmatrix} - \begin{Bmatrix} x \\ y \\ z \end{Bmatrix} \tag{7.16}$$

式中，$\boldsymbol{T}^i = \left[t_{kl}^i \right]$$(k, l=1, 2, 3)$为第 i 条裂隙局部坐标系与全局坐标系之间的变换矩阵。变换矩阵由北方向与 X 轴的夹角θ(一个由全局坐标系选择而确定的量，与裂隙无关)、第 i 条裂隙的倾向 ω^i 以及倾角 ρ^i 确定，记为

$$\boldsymbol{T}^i = \left[t_{kl}^i \right] = \begin{bmatrix} \cos\rho^i \cos(\theta-\omega^i) & -\sin(\theta-\omega^i) & \sin\rho^i \cos(\theta-\omega^i) \\ \cos\rho^i \sin(\theta-\omega^i) & \cos(\theta-\omega^i) & \sin\rho^i \sin(\theta-\omega^i) \\ -\sin\rho^i & 0 & \cos\rho^i \end{bmatrix} \tag{7.17}$$

矩阵 $\boldsymbol{T}^i$ 是一个正交矩阵，满足 $(\boldsymbol{T}^i)^{-1} = (\boldsymbol{T}^i)^{\mathrm{T}}$，$\left|\boldsymbol{T}^i\right| = \left|(\boldsymbol{T}^i)^{-1}\right| = 1$。它是从一个右手坐标系到另一个右手坐标系的变换。

7.3.2　裂隙交线

设 d_i 和 d_j 分别是半径为 r_i 和 r_j 的两条裂隙，$c_i = (x_i^c, y_i^c, z_i^c)$ 和 $c_j = (x_j^c, y_j^c, z_j^c)$ 为它们各自形心在全局坐标系 $O\text{-}XYZ$ 中的坐标。在全局坐标系 $O\text{-}XYZ$ 中，这两条裂隙的法向量分别为 $\boldsymbol{n}_i(n_x^i, n_y^i, n_z^i) = \boldsymbol{n}_i(t_{13}^i, t_{23}^i, t_{33}^i)$ 和 $\boldsymbol{n}_j(n_x^j, n_y^j, n_z^j) = \boldsymbol{n}_j(t_{13}^j, t_{23}^j, t_{33}^j)$。$c_i$ 和 c_j 之间的距离公式为

$$d_{ij}^c = \sqrt{(x_i^c - x_j^c)^2 + (y_i^c - y_j^c)^2 + (z_i^c - z_j^c)^2} \tag{7.18}$$

如果满足下列两种情况之一：

$$d_{ij}^c > r_i + r_j \tag{7.19}$$

$$\boldsymbol{n}_i \cdot \boldsymbol{n}_j = n_x^i n_x^j + n_y^i n_y^j + n_z^i n_z^j = \pm 1 \tag{7.20}$$

则这两条裂隙不相交，有可能是相距较远，或者互相平行，又或者部分重叠。若不满足上述条件，则这两条裂隙可能(但不一定相交，像二维系统中的那样)有一条相交轨迹线，在这里称为边，由两个端点定义，如图 7.22 中名为 e_k 的边。定义边的两个端点存在与否及其坐标值由裂隙的局部坐标系确定。

在全局坐标系中包含第 i 条裂隙和第 j 条裂隙的平面，含有第 i 条裂隙的平面方程为

$$\left\{ x - x_i^c, y - y_i^c, z - z_i^c \right\} \cdot \begin{Bmatrix} n_x^i \\ n_y^i \\ n_z^i \end{Bmatrix} = \left(\begin{Bmatrix} x \\ y \\ z \end{Bmatrix} - \begin{Bmatrix} x_i^c \\ y_i^c \\ z_i^c \end{Bmatrix} \right)^{\mathrm{T}} \cdot \begin{Bmatrix} n_x^i \\ n_y^i \\ n_z^i \end{Bmatrix} = 0 \tag{7.21}$$

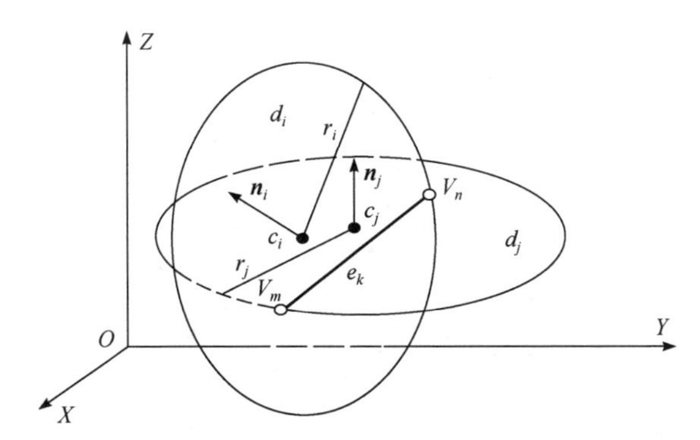

图 7.22　R^3 中两条圆形裂隙的交线(Jing，2000)

含有第 j 条裂隙的平面方程为

$$\left\{x-x_j^c, y-y_j^c, z-z_j^c\right\}\cdot\begin{Bmatrix} n_x^j \\ n_y^j \\ n_z^j \end{Bmatrix}=\left(\begin{Bmatrix} x \\ y \\ z \end{Bmatrix}-\begin{Bmatrix} x_j^c \\ y_j^c \\ z_j^c \end{Bmatrix}\right)^{\mathrm{T}}\cdot\begin{Bmatrix} n_x^j \\ n_y^j \\ n_z^j \end{Bmatrix}=0 \tag{7.22}$$

对式(7.16)重新排列可得到

$$\begin{Bmatrix} x \\ y \\ z \end{Bmatrix}=\begin{bmatrix} t_{11}^i & t_{21}^i & t_{31}^i \\ t_{12}^i & t_{22}^i & t_{32}^i \\ t_{13}^i & t_{23}^i & t_{33}^i \end{bmatrix}\begin{Bmatrix} x_i+x_i^c \\ y_i+y_i^c \\ z_i+z_i^c \end{Bmatrix} \tag{7.23}$$

式(7.23)将全局坐标系转化为定义在第 i 个裂隙面上的局部坐标系，原点位于 $c_i(x_i^c, y_i^c, z_i^c)$。将式(7.23)代入式(7.22)，得到在第 i 条裂隙上的局部坐标系中第 j 条裂隙的平面方程：

$$\left(\begin{Bmatrix} x \\ y \\ z \end{Bmatrix}-\begin{Bmatrix} x_j^c \\ y_j^c \\ z_j^c \end{Bmatrix}\right)^{\mathrm{T}}\cdot\begin{Bmatrix} n_x^j \\ n_y^j \\ n_z^j \end{Bmatrix}=\left(\begin{bmatrix} t_{11}^i & t_{21}^i & t_{31}^i \\ t_{12}^i & t_{22}^i & t_{32}^i \\ t_{13}^i & t_{23}^i & t_{33}^i \end{bmatrix}\begin{Bmatrix} x_i+x_i^c \\ y_i+y_i^c \\ z_i+z_i^c \end{Bmatrix}-\begin{Bmatrix} x_j^c \\ y_j^c \\ z_j^c \end{Bmatrix}\right)^{\mathrm{T}}\cdot\begin{Bmatrix} n_x^j \\ n_y^j \\ n_z^j \end{Bmatrix}=0 \tag{7.24}$$

第 i 条裂隙在其自身的局部坐标系下的方程为

$$\begin{cases} x_i^2+y_i^2=r_i^2 \\ z_i=0 \end{cases} \tag{7.25}$$

联立式(7.24)和式(7.25)得到

$$\begin{cases} x_i^2+y_i^2=r_i^2 \\ Ax_i+By_i+C=0 \end{cases} \tag{7.26}$$

式中

$$A = t_{11}^i n_x^j + t_{12}^i n_y^j, \quad B = t_{21}^i n_x^j + t_{22}^i n_y^j, \quad C = (A - n_x^j) x_i^c + (B - n_y^j) y_i^c \tag{7.27}$$

如果$\varDelta = 4A(B^2 r_i^2 + A r_i^2 - C) > 0$，则平面与裂隙有两个交点，其坐标分别为

$$(x_{i1}, y_{i1}, z_{i1}) = \left(\frac{B^2 C - B\sqrt{\varDelta}}{B^2 + A}, \frac{-BC + \sqrt{\varDelta}}{B^2 + A}, 0 \right) \tag{7.28}$$

$$(x_{i2}, y_{i2}, z_{i2}) = \left(\frac{B^2 C - B\sqrt{\varDelta}}{B^2 + A} + C, \frac{-BC - \sqrt{\varDelta}}{B^2 + A}, 0 \right) \tag{7.29}$$

这两个点的全局坐标为

$$\begin{Bmatrix} x_1 \\ y_1 \\ z_1 \end{Bmatrix} = \begin{bmatrix} t_{11}^i & t_{21}^i & t_{31}^i \\ t_{12}^i & t_{22}^i & t_{32}^i \\ t_{13}^i & t_{23}^i & t_{33}^i \end{bmatrix} \begin{Bmatrix} x_{i1} + x_i^c \\ y_{i1} + y_i^c \\ z_{i1} + z_i^c \end{Bmatrix}, \quad \begin{Bmatrix} x_2 \\ y_2 \\ z_2 \end{Bmatrix} = \begin{bmatrix} t_{11}^i & t_{21}^i & t_{31}^i \\ t_{12}^i & t_{22}^i & t_{32}^i \\ t_{13}^i & t_{23}^i & t_{33}^i \end{bmatrix} \begin{Bmatrix} x_{i2} + x_i^c \\ y_{i2} + y_i^c \\ z_{i2} + z_i^c \end{Bmatrix} \tag{7.30}$$

如果$\varDelta = 4A(B^2 r_i^2 + A r_i^2 - C) \leqslant 0$，则第$i$条裂隙与包含第$j$条裂隙的平面不相交，即两条裂隙之间没有交线。

在第j条裂隙的局部坐标系中进行同样的操作，要么会产生另外两个与i条裂隙的交点(x_3, y_3, z_3)和(x_4, y_4, z_4)，要么两者根本没有相交。如果是第二种情况，则4个交点$P_i(x_i, y_i, z_i)$ (i=1, 2, 3, 4)在全局空间中位于同一直线上，实际的相交轨迹线由$\overline{P_1P_2}$段和$\overline{P_3P_4}$段有限长度的公共部分决定(图7.23)。在图7.23(a)和(b)中，两个轨迹线段要么没有公共部分，要么公共部分为单点，则这两条裂隙没有相交。在图7.23(c)和(d)中，两个轨迹线段的公共部分分别为非零段$\overline{P_3P_2}$和$\overline{P_3P_4}$，表示两段裂隙的相交轨迹线段。这个轨迹线段有可能是定义块的边之一，称为相交边。

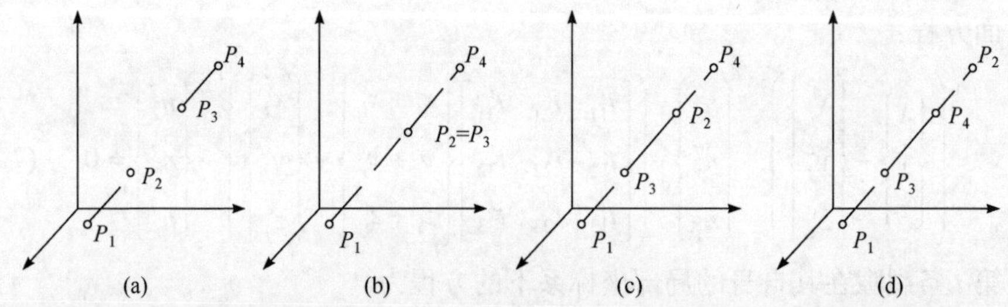

图7.23　相交边定义为相交线上两个相交轨迹线段之间的公共部分(Jing，2000)

可以创建一个矩阵来记录裂隙之间的连通性关系。假设问题中裂隙总数为N_{d}，则这个秩为$(N_{\mathrm{d}} \times N_{\mathrm{d}})$的方阵$\boldsymbol{C}^{\mathrm{d}} = [c_{ij}^{\mathrm{d}}]$ (i, j=1, 2,⋯, N_{d})，可表示为

$$c_{ij}^{\mathrm{d}} = \begin{cases} 0, & \text{裂隙}i\text{和裂隙}j\text{不相交} \\ 1, & \text{裂隙}i\text{和裂隙}j\text{相交} \end{cases} \tag{7.31}$$

式中

$$c_{ii}^{\mathrm{d}}=0 \tag{7.32}$$

对应于矩阵 $\boldsymbol{C}^{\mathrm{d}}$ 中的对角线元素。

矩阵 $\boldsymbol{C}^{\mathrm{d}}$ 是一个对称矩阵(因为如果第 i 个裂隙盘与第 j 个裂隙盘相交，那么第 j 个裂隙盘也与第 i 个裂隙盘相交)，称为裂隙盘连接矩阵。$\boldsymbol{C}^{\mathrm{d}}$ 中第 i 行元素的和 M_i^e 为第 i 个裂隙盘与其他裂隙盘相交段的个数。

如果使用传统的矩阵存储技术，矩阵 $\boldsymbol{C}^{\mathrm{d}}$ 会非常大。因此，对于涉及大量裂隙的问题，应采用特殊的压缩技术或链表结构来记录和追踪裂隙连通性，这在流动分析和块体追踪中发挥着重要作用。

输入和生成的初始数组包括以下几个：

(1) 裂隙边数据。$D(E)=d_i\{(e_{i,1},e_{i,2},\cdots,e_{i,M+K}),i=1,2,\cdots,N_{\mathrm{d}}\}$，其中边环 $e_{i,j}$(j=1, 2,⋯, M+K)定义第 i 条裂隙的 M 条边界边和其他裂隙相交的内部边组成。

(2) 顶点数据。$V(X)=\{(x_i,y_i,z_i),i=1,2,\cdots,N_{\mathrm{v}}\}$，其中 N_{v} 为当前顶点总数，(x_i, y_i, z_i)为顶点的全局坐标，包括定义所有裂隙边界边和所有内部相交边的所有顶点。

(3) 边数据。$E(V)=\{(v_{i,1},v_{i,2}),i=1,2,\cdots,N_{\mathrm{e}}\}$，其中 N_{e} 为当前总边数，包括定义裂隙边界的边和裂隙间的交线。

(4) 裂隙连通性数据。当前裂隙连通矩阵 $\boldsymbol{C}^{\mathrm{d}}$ 或对应的等效链表。

根据单纯复形的定义，它的面和边集一定是完整的闭合集。模型中悬空和独立的面应被移除(图 7.2)，因为它们没有作为相关的单纯形参与块体(多面体)的构成，类似于二维情况下边的规则化。然而在三维情况下，边和面都需要规则化。

7.3.3　面和边的规则化

在块体系统中，块体的面由二维多边形(代表裂隙的圆盘)和它们之间的交线来定义。面集规则化是通过消除那些与其他裂隙盘相交的边少于三条的多边形来实现的(因为三角形是可能形成一个潜在多面体的面的最简单的多边形)。边(E(V))、端点(V(X))和裂隙(D(E))的初始数据组需要进行不断更新，具体方法是在每个裂隙平面上添加新的端点，作为该裂隙与其他所有裂隙相交的两条边之间的交点。

块体(多面体)的边由裂隙之间的相交边来确定，包括定义计算模型的人为边界曲面。这些相交的边在裂隙盘上组成了一个端点和边的网络，形成了一组多边形面。边规则化的任务是确定每个裂隙盘上相交线交点的坐标，移除独立的和“悬空”的线段，进而形成一个由边和顶点围成的完整平面图形。

设点 $P_1^i(x_1^i,y_1^i,z_1^i)$、$P_2^i(x_2^i,y_2^i,z_2^i)$、$P_1^j(x_1^j,y_1^j,z_1^j)$、$P_2^j(x_2^j,y_2^j,z_2^j)$ 分别为一条特定裂隙上第 i 个和第 j 个相交线段的起点和终点，如图 7.24(a)所示。若两线段存

在交点，则定义其为一个新的顶点 $V(x_s, y_s, z_s)$，如图 7.24(b)所示。这两个交点段的参数方程可以写成

$$\begin{cases} x = x_1^i + (x_2^i - x_1^i)t_i \\ y = y_1^i + (y_2^i - y_1^i)t_i, \\ z = z_1^i + (z_2^i - z_1^i)t_i \end{cases} \quad \begin{cases} x = x_1^j + (x_2^j - x_1^j)t_j \\ y = y_1^j + (y_2^j - y_1^j)t_j \\ z = z_1^j + (z_2^j - z_1^j)t_j \end{cases} \tag{7.33}$$

式中，$0 \leqslant t_i \leqslant 1$、$0 \leqslant t_j \leqslant 1$ 为参数。式(7.33)的解为

$$x_s = x_1^i + (x_2^i - x_1^i)\frac{\Delta x}{\varDelta}, \quad y_s = y_1^i + (y_2^i - y_1^i)\frac{\Delta y}{\varDelta}, \quad z_s = z_1^i + (z_2^i - z_1^i)\frac{\Delta z}{\varDelta} \tag{7.34}$$

式中

$$\begin{cases} \varDelta = \begin{vmatrix} x_2^i - x_1^i & -(x_2^j - x_1^j) \\ y_2^i - y_1^i & -(y_2^j - y_1^j) \end{vmatrix} \\ \Delta x = \begin{vmatrix} x_1^j - x_1^i & -(x_2^j - x_1^j) \\ y_1^j - y_1^i & -(y_2^j - y_1^j) \end{vmatrix} \\ \Delta y = \begin{vmatrix} x_2^i - x_1^i & x_1^j - x_1^i \\ y_2^i - y_1^i & y_1^j - y_1^i \end{vmatrix} \end{cases} \tag{7.35}$$

且

$$t_i = \frac{x_s - x_1^i}{x_2^i - x_1^i} = \frac{\Delta x}{\varDelta}, \quad t_j = \frac{x_s - x_1^j}{x_2^j - x_1^j} = \frac{\Delta y}{\varDelta} \tag{7.36}$$

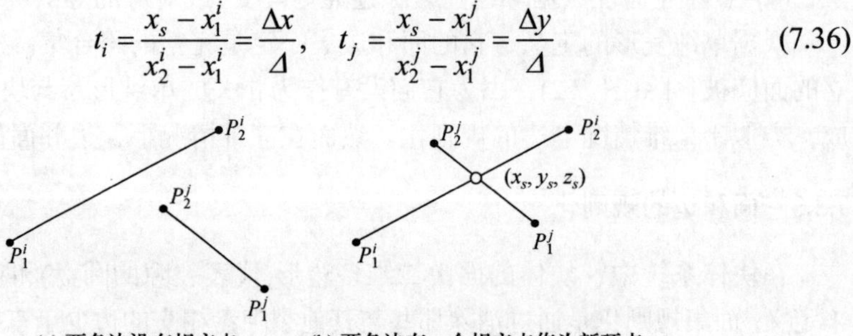

图 7.24　裂隙上两条边相交顶点的确定(Jing，2000)

如果条件 $\varDelta \neq 0$、$0 \leqslant t_i \leqslant 1$ 和 $0 \leqslant t_j \leqslant 1$ 同时满足，则两个边相交得到一个新的交点，其坐标为 (x_s, y_s, z_s)，它定义了一个新的端点，用新标号标记。然后这两条相交的边被分成四条边，每条边都有相应的起点和终点端点。所有的相交边都应该进行此类操作，包括定义裂隙边界的边，要把它们当成其他内部相交的边进行处理。

边集规则化就是移除那些与裂隙盘上其他裂隙段没有交点或仅有一个交点(顶点)的边。生成的边和顶点组成的网络构成一个完全连通的平面图形，其本身

可以看成一个平面单纯复形。这意味着每个裂隙盘上与其他裂隙盘相交确定的顶点和边应具备下列条件：①每个顶点至少连接两条边；②每条边是由两个顶点确定的且仅由两个面共有，并且作为它们的公共边；③围成一个闭合图形的顶点和边的数目最少为 3。

边集规则化应当与面集规则化相结合，并进行迭代。移除没有或只有一个顶点的线段意味着移除一个与这条裂隙盘连接的裂隙盘，这也应该在面的连通矩阵 $\boldsymbol{C}^{\mathrm{d}}$ 中完成，并且其他元素也应随之发生变化。面和边的规则化应该迭代进行，直到移除所有独立的面和边，即小于三个相交段的面和小于两个顶点的边。

然后就要进行初始数组的更新，使边集数组 $E(V)$和顶点数组 $V(X)$中包含新的顶点坐标，并在 $D(E)$中包含新的内部相交边和边界边。在每条裂隙平面上创建两个新的数据组：一个是边线段矩阵 $S(V)_j=\{(v_{i,1}, v_{i,2},\cdots, v_{i,k})$，$i=1, 2,\cdots, N_{\mathrm{d}}$；$j=1, 2,\cdots, N_{\mathrm{d}}\}$，记录第 j 个裂隙盘上沿每个相交边的顶点顺序，类似于二维情况下的 $F(V)$数据(图 7.8)；另一个就是顶点-边连接矩阵 $V(E)_j=\{(e_{i,1}, e_{i,2},\cdots, e_{i,k})_j$，$i=1, 2,\cdots, N_{\mathrm{v}}$；$j=1, 2,\cdots, N_{\mathrm{d}}\}$，记录连接同一顶点 i 的边。

创建一个边连通矩阵 $\boldsymbol{C}_{kl}^{\mathrm{e}}$ ($l=1, 2,\cdots, M_{\mathrm{v}}$；$k=1, 2,\cdots, M^{\mathrm{e}}$)，用于在一个特定的裂隙盘上执行边集规则化，其中 M_{v} 是该裂隙盘一条边上端点数的最大值。$\boldsymbol{C}_{kl}^{\mathrm{e}}$ 每一行的元素 $v_{k1}, v_{k2},\cdots, v_{kn}$ 是根据其与相应段起点的相对距离从小到大排序的端点号，该矩阵反映了裂隙面上边与边之间的连接关系。端点号 v_{kl} 同时出现在矩阵的第 k 行和第 l 行中，因为它同时连接了第 k 段和第 l 段。图 7.25 给出了裂隙盘上面/边规则化过程，图 7.25(a)为裂隙面上裂隙交线轨迹的原始图，图 7.25(b)为在数据结构中计算并添加轨迹间新的交点坐标后的交线轨迹图。

对边规则化后，“悬空”的线段会被移除，且一些移除线段后的终点如果不在边界上，它们将会成为孤立的端点，这些孤立的端点也要移除。此时追踪图就变成一个由边和相交线上端点组成的边环(或由相同编号的端点交替组成)围成的多边形面组成的完整平面图(图 7.25(c))。面的初始规则化通过移除少于三条共线边的面来实现(因为三角形是可形成多面体的裂隙面的最简单多边形)。具有一个或多个不与其他面共有边的面为悬空面，应当移除，正如圆形裂隙盘外边界面。在确定了边(然后面)的方向后，得到的裂隙交线轨迹图就是一个可用于块体追踪的有向平面单纯复形(有向图)，如图 7.25(d)所示。

追踪这些三维面所使用的算法本质上与二维块体追踪相同，但三维面追踪是在每个裂隙盘局部坐标系中完成后转换为全局坐标系。边的方向是通过对顶点分解重标记进行指定的，与二维情况类似。选择边环的逆时针方向进行追踪，因为这将得到内部块体的面积值为正，外部块体的面积值为负。

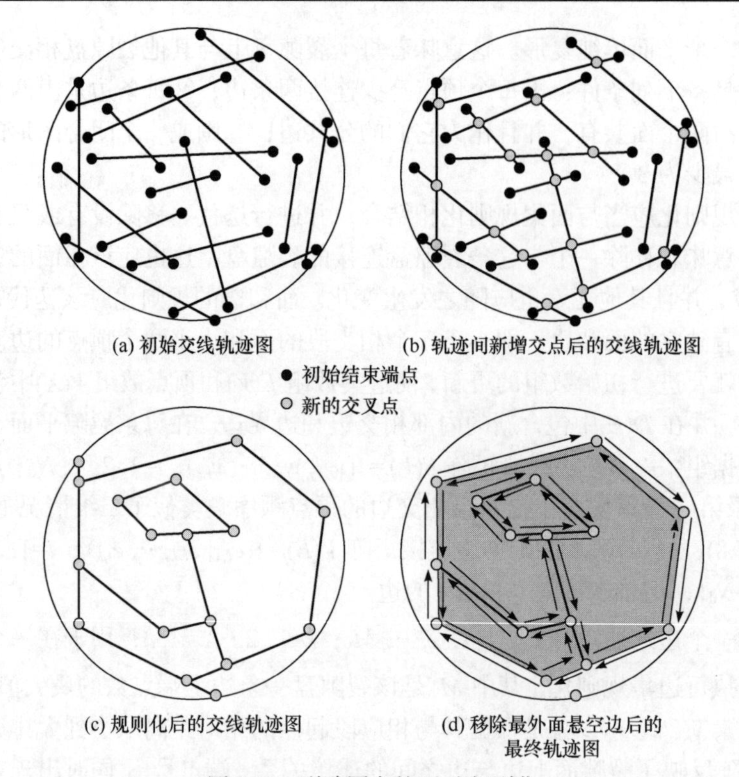

图 7.25　裂隙圆盘的面/边规则化

在面和边规则化结束后进行数据更新，以数组 $F(E)$、$E(V)$和 $V(X)$中记录的端点号(及其坐标)为基础来表示整个模型的面和边的拓扑结构：

$$F(E)=\left[\left\{f_i\right\}\right]=[e_i^1,e_i^2,\cdots,e_i^{N_e}],\quad i=1,2,\cdots,N_F$$

式中，N_F 为更新后的标记面数；N_e 为定义面 f_i 的边数；e_i^k 为指定的边号。

$$F(V)=\left[\left\{f_i\right\}\right]=[v_i^1,v_i^2,\cdots,v_i^{N_v}],\quad i=1,2,\cdots,N_F$$

式中，N_F 为更新后的标记面数；N_v 为逆时针方向定义面 f_i 的端点数；v_i^k 为指定的端点号。

$$V(X)=\{v_i\}=\left\{(x_i,y_i,z_i),i=1,2,\cdots,N_v\right\}$$

式中，N_v 为更新后的端点数。

$$E(V)=\{e_i\}=\left\{(v_{i,1},v_{i,2}),i=1,2,\cdots,N_e\right\}$$

式中，N_e 为更新后的边数。

这三个数组作为主数组，可以从中推导出其他类型的数据。对于 $F(E)$和 $F(V)$，其中一个可以很容易地从另一个推导出来，但它们对于块体追踪操作都有用处。

特别有用的是边-面连通矩阵和面-面连通矩阵，定义为

$$\boldsymbol{C}^{\mathrm{EF}}=[\{e_i\}]=[f_{i,1},f_{i,2},\cdots,f_{i,m}],\quad i=1,2,\cdots,N_{\mathrm{e}}$$

$$\boldsymbol{C}^{\mathrm{FF}}=[\{f_i\}]=[f_{i,1},f_{i,2},\cdots,f_{i,m}],\quad i=1,2,\cdots,N_{\mathrm{f}}$$

式中，m 为在 i 边连接的面总数；n 为在 i 面连接的面总数；N_{e} 为边总数；N_{f} 为面总数；$f_{i,j}$ 为每种情况下的面号。为了加快数据检索过程，可能还需要其他数组，这些数组都可以很容易地从主数组计算出来。

创建一个索引数组$\{I_{\mathrm{F}}\}=\{(I_i),\ i=1, 2,\cdots, N_{\mathrm{F}}\}$方便块体追踪，此索引数组用于记录块体追踪期间面的状态。在块体追踪期间，分配给元素的值不同，代表面处于不同的追踪状态：

(1) $I_i=2$(初始状态，面 i 未在块体追踪期间使用)。

(2) $I_i=1$(中间状态，面 i 负法线方向已使用)。

(3) $I_i=-1$(中间状态，面 i 正法线方向已使用)。

(4) $I_i=0$(残余状态，面 i 的正法线方向和负法线方向均已使用)。

这些数据对于块体追踪都有用处，由于链表数据结构的维度不规则，此方法通常最为有效且内存效率最高。

结合边界算子、Euler-Poincare 公式、面-面连通矩阵 $\boldsymbol{C}_{ij}^{\mathrm{FF}}$ 、边-面连通矩阵 $\boldsymbol{C}_{ij}^{\mathrm{EF}}$ 和索引数组$\{I_{\mathrm{F}}\}$可进行块体(多面体)追踪。块体追踪从索引数组$\{I_{\mathrm{F}}\}$中的面 1 开始，当索引数组$\{I_{\mathrm{F}}\}$中的所有元素变为零时结束。

图 7.26 是数组结构的一个示例。模型区域由 12 条矩形裂隙定义，数组 $F(E)$、$F(V)$和$\{I_{\mathrm{F}}\}$用于块体追踪。图 7.27 为示例模型的边-端点组合矩阵以及边-面连接矩阵。

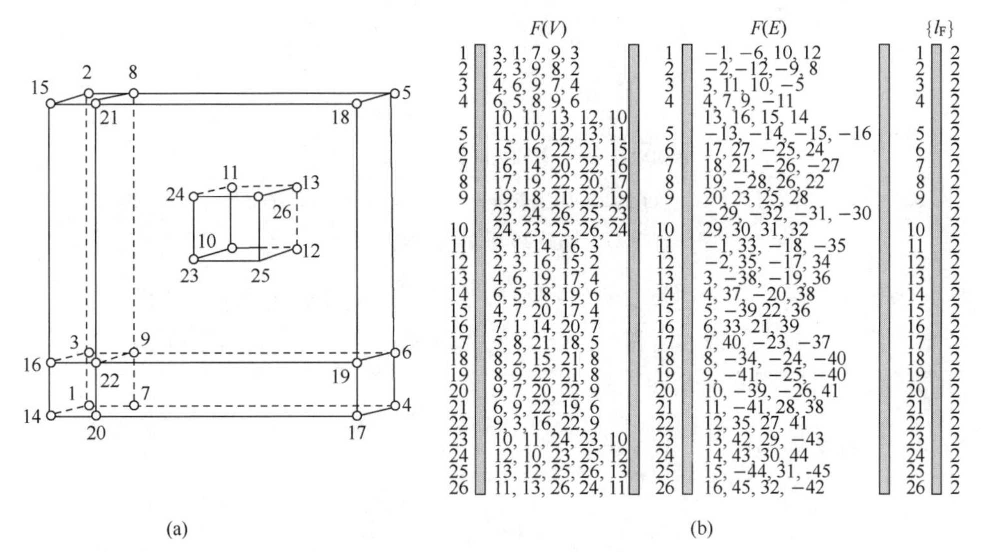

图 7.26　块体系统及块体追踪数组示例(Jing，2000)

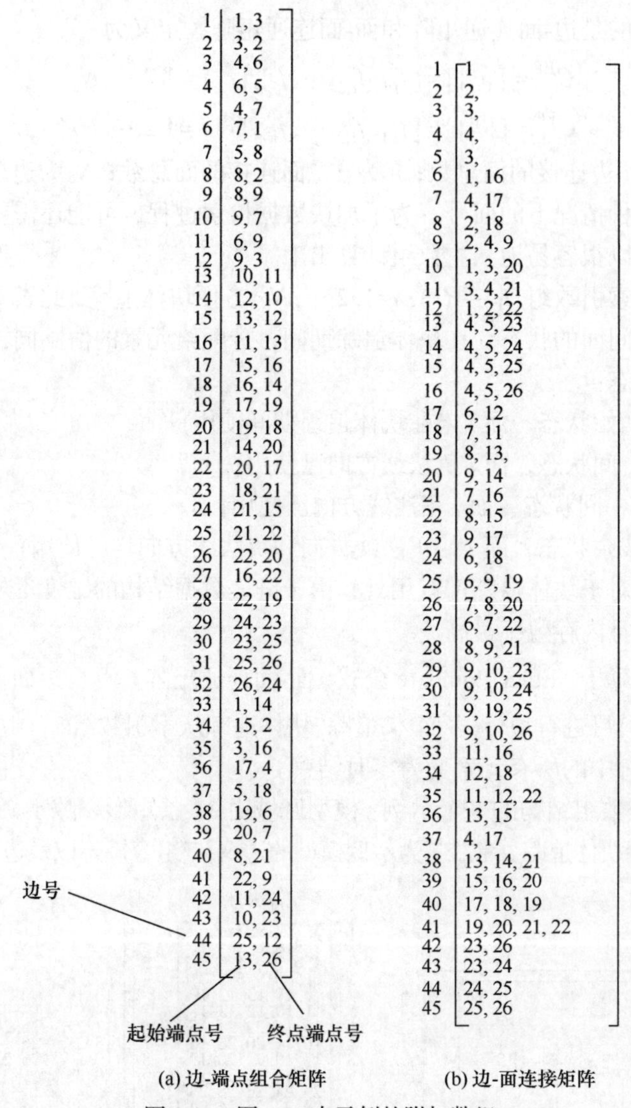

图 7.27　图 7.26 中示例的附加数组

需要指出的是，上述算法和数据结构并不是计算机实现的最优选择，而是更清晰地说明了端点、边、面和多面体/多边形的基本变量之间的拓扑关系，在程序开发过程中需要删除冗余的数组。

7.3.4　三维块体追踪

1. 基本原则

三维块体追踪具体方法如下：采用边界算子方法连续添加相关面，直到边界

2-链之和为零；然后应用 Euler-Poincare 多面体公式来保证运算的正确性，并检测多面体的类型(球面或环面同态)。需要注意的是，每个面恰好由两个多面体共享，且两个法线方向相反。因此，对一个面必须进行两次处理，因为它的负法线方向和正法线方向定义了两个不同的块体。

与二维多边形相似，三维多面体也有三种类型：①由无限大体积的外多面体和由有限个面定义的外部多面体(图 7.28(a))；②由有限数量的面围成的简单(单独连接)内部多面体(图 7.28(b))；③由一个外边界和有限个内边界围成的多连通多面体(有一个或有限个内部开口的环)(图 7.28(c))。

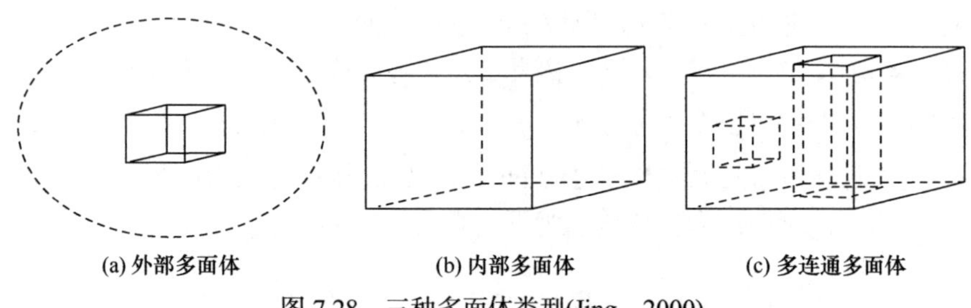

图 7.28　三种多面体类型(Jing，2000)

n 面体体积可采用式(7.37)确定：

$$V=\sum_{i=1}^{n}V_i=\frac{1}{6}\sum_{i=1}^{n}\sum_{j=1}^{m_i-2}\begin{vmatrix} x_p & y_p & z_p & 1 \\ x_j & x_j & z_j & 1 \\ x_{j+1} & y_{j+1} & z_{j+1} & 1 \\ x_{j+2} & y_{j+2} & z_{j+2} & 1 \end{vmatrix} \tag{7.37}$$

其中，V_i 是由多面体的一个参考点(x_p, y_p, z_p)和面 i 组成的圆锥的体积。m_i 个顶点的多边形面 i 将由参考点划分为 m_i-2 个三角形，形成 m_i-2 个四面体(图 7.29)。如果多面体各面顶点逆时针排列，则式(7.37)计算出的体积 V 对于内部(单连通或多连通)多面体为正，对于外部多面体和多连通多面体的内部开口为负。外部块通常从块数据结构中舍弃，但它仍为模型提供了边界面，有助于实现数值分析中的边界条件。

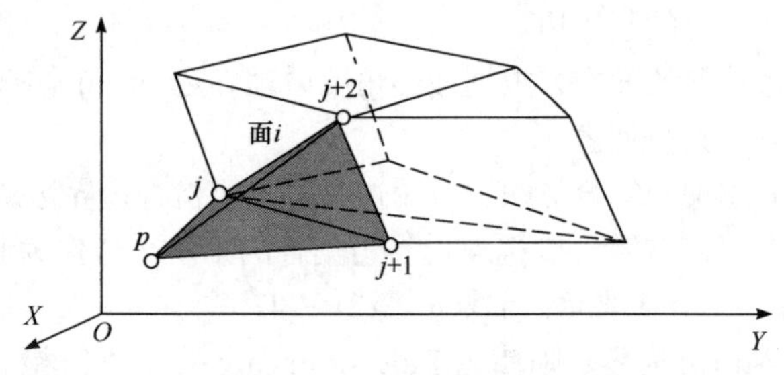

图 7.29　多面体参考点 p 与相邻多面体上三个顶点形成四面体的体积计算算法(Jing，2000)

与二维面追踪相似，三维块体追踪过程中，与当前面连接的下一个面也是由当前面(称为基准面)与它在同一边上连接的其他面之间的最小角度决定的(图 7.30)。如果与同一条边连接的多个面(图 7.30(a)中的边(a, b))中有一条是基准面(图 7.30(a)中的π_1面)，那么围成实心块体的面是与基准面顺时针方向转角最小的面(图 7.30(b))。在这里注意面的方向是很重要的，因为每个面都有两个方向，其正法向量和负法向量分别对应于端点(边)的逆时针和顺时针旋转方向。由于基准面方向是预先确定的，公共边的方向也确定为与基准面方向相同。与基准面相交于公共边的其他面所在边环在公共边处方向与基准面所在边环在公共边处相反。例如，在图 7.30 中，基准面是单位法向量为$\boldsymbol{n}_1^+$的正π_1面，顶点环为(a, c, d, b, a)，边环为$\{(a, c)+(c, d)+(d, b)+(b, a)\}$。因此，公共边的选择方向为$(b, a)$。其他三个面的方向应该分别对应顶点循环$\pi_2(a, b, f, e, a)(\boldsymbol{n}_2^-)$、$\pi_3(a, b, i, j, a)(\boldsymbol{n}_3^+)$和$\pi_4(a, b, h, g, a)(\boldsymbol{n}_4^+)$。基准面与其他三个面之间的顺时针旋转角度分别为$\alpha_{12}$、$\alpha_{13}$和$\alpha_{14}$。因为$\alpha_{12}<\alpha_{13}<\alpha_{14}$，所以$\pi_2$面应该被选为下一个面。

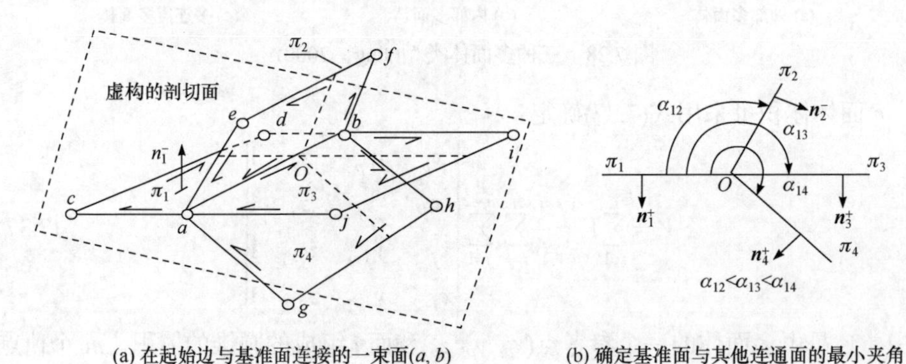

(a) 在起始边与基准面连接的一束面(a, b)　　(b) 确定基准面与其他连通面的最小夹角

图 7.30　确定与基准面连接的下一个面(Jing，2000)

在本章以下部分中，约定用f_i^+、f_i^-表示面及其方向，e_i^+、e_i^-表示边及其方向，其中i表示面或边的编号。

三维块体追踪的一般过程如下：

(1) 选择基准面上的起始边。

(2) 从沿该边连接的面中，根据最小角度原理确定下一个候选面。

(3) 更新面方向数组列表。

(4) 将候选面添加到复合形中，应用边界算子，检查边界边链是否为零。

(5) 如果边界边链非零，则选取边界边集合的第一个边作为起始边，选取包含该边的面作为下一个基准面，重复步骤(2)～(4)。

(6) 如果边界边链为零，则使用 Euler-Poincare 公式进行检查，以确保操作的正确性，计算块体体积确定块体拓扑类型。重复上述处理过程，直到每个面完成两次追踪，即一次正方向和一次负方向。图 6.19 为一个应用边界算子方法对矩形块进行追踪的示例，示例中使用箭头对边界边循环的步骤和方向进行说明。

块体追踪是一项复杂的操作，通常需要额外的数组来帮助存储和提取动态数据状态，特别是关于连接信息(面-面、边-面、边-边、端点-边、端点-面等)。

2. 算例

本小节使用图 7.26 中的块体系统演示使用边界算子的三维块体追踪过程，(Jing，2000)。

块体追踪始于边环 $(e_1^- + e_6^- + e_{10}^- + e_{12}^+)$ ={(3,1)+(1,7)+(7,9)+(9,3)}(来自 $\{F_{\mathrm{E}}\}$)的 f_1^+(基准面)的第一个边 e_1^-=(3,1)。在 $\{I_{\mathrm{F}}\}$ 中改变 $I_1=-1$(因为使用了 f_1^+)并检查边-面连通矩阵 $\boldsymbol{C}_{\mathrm{F}}^{\mathrm{E}}$ 的第 1 行，f_{11}^+ 的边环 $(e_1^- + e_{33}^+ + e_{18}^- + e_{35}^-)$ ={(3,1)+(1,14)+(14,16)+(16,3)}中，在边界 1 处和 f_1 相连接的唯一面是 f_{11}。面 f_{11}^- 是边环 $(e_1^- + e_{35}^- + e_{10}^- + e_{12}^-)$ ={(1,3)+(3,16)+(16,14)+(14,1)}下一个赋值的面(因为它的边(1,3)与 f_1^+ 中的边(3,1)方向相反)。到目前为止，单纯复形由 K=($f_1^+ + f_{11}^-$)组成，其 2-链边界计算为求和形式(图 7.31(a))：

$$
\begin{aligned}
\partial K &= \partial(f_1^+ + f_{11}^-) = \partial(f_1^+) + \partial(f_{11}^-) = (e_1^- + e_6^- + e_{10}^- + e_{12}^+) + (e_1^- + e_{35}^- + e_{10}^- + e_{12}^-) \\
&= (e_6^- + e_{10}^- + e_{12}^+ + e_{35}^+ + e_{18}^+ + e_{33}^-) = (1,7) + (7,9) + (9,3) + (3,16) + (16,14) + (14,1) \neq 0
\end{aligned}
$$

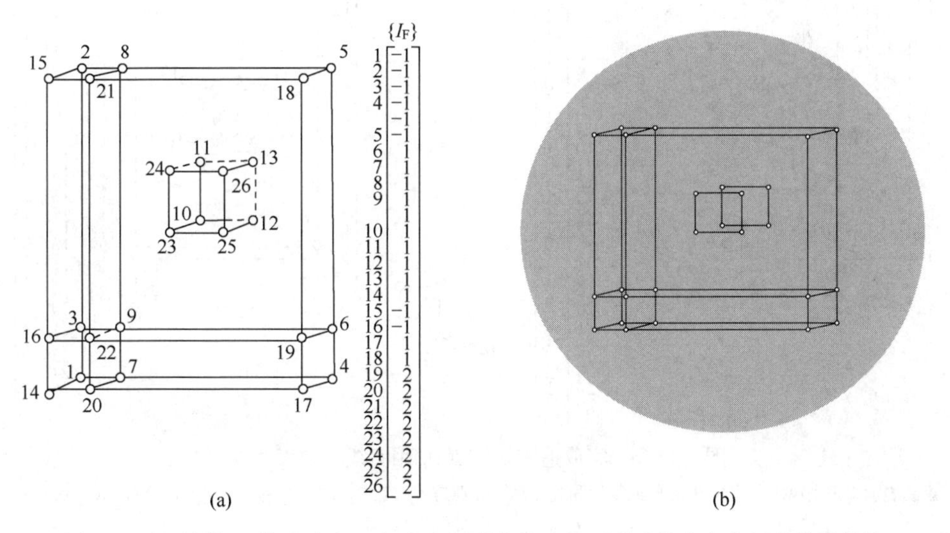

图 7.31　(a)块体 B_0 的追踪和(b)包含由识别出的连接面形成的中空空间的外部块体

其中，只有 $e_1^- + e_1^+ = 0$。索引数组$\{I_F\}$中的 I_{11} 应根据上述规则更改为 1。因为单纯复形的边界边集不是空的，即尚未形成一个块体(多面体)，以当前复算子的面和边界边为基础继续追踪，添加连接面，直到最后添加面 f_{10}^- (图 7.31(a))作为最后一个闭合面，得到

$$
\begin{aligned}
\partial K &= \partial(f_1^+ + f_{11}^- + f_{16}^+ + f_3^+ + f_2^+ + f_{12}^- + f_7^- + f_{15}^+ + f_{13}^- + f_4^+ + f_{18}^- + f_6^- + f_8^- + f_{14}^- \\
&\quad + f_{17}^- + f_9^- + f_5^+ + f_{10}^-) \\
&= \partial(f_1^+ + f_{11}^- + f_{16}^+ + f_3^+ + f_2^+ + f_{12}^- + f_7^- + f_{15}^+ + f_{13}^- + f_4^+ \\
&\quad + f_{18}^- + f_6^- + f_8^- + f_{14}^- + f_{17}^- + f_9^- + f_5^+) + \partial(f_{10}^-) \\
&= (e_{30}^+ + e_{31}^+ + e_{32}^+ + e_{29}^+) + (e_{32}^- + e_{31}^- + e_{30}^- + e_{29}^-) = 0
\end{aligned}
$$

因为实现了$\partial K=0$，所以完成了对一个块体的追踪。由式(7.37)计算出块体的体积，可以发现体积为负，说明块体要么是另一个内部块体内部的开口，要么是包裹整个模型的外部块体(图 7.31(b))。通过检查该块的所有面都位于模型的边界圆盘上，可以确定这是包围整个模型的外部块体。这个块通常从块体数据结构中舍弃，但是它也提供了对其他应用程序有用的边界面(如指定边界条件)。块体表示为 $B_0(K)$。

继续使用边界算子∂K 进行类似的块体追踪过程，直到满足条件$\partial K=0$，得到所有其他内部块体 $B_1 \sim B_5$ 的渐进标识，分别如图 7.32～图 7.36 所示。

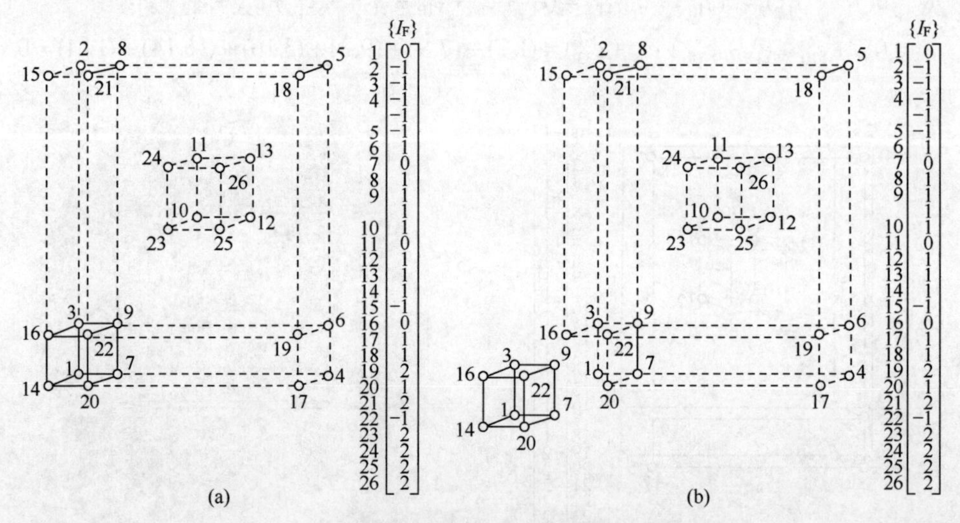

图 7.32　(a)完成追踪块体 B_1(b)用实线单独表示 B_1

虚线表示未识别块体。块体 B_1 的单纯复形和边界算子分别是 $K_1 = (f_1^- + f_{22}^+ + f_{20}^- + f_{16}^- + f_{11}^+ + f_7^+)$ 和 $\partial K_1 = \partial(f_1^- + f_{22}^+ + f_{20}^- + f_{16}^- + f_{11}^+ + f_7^+) = 0$

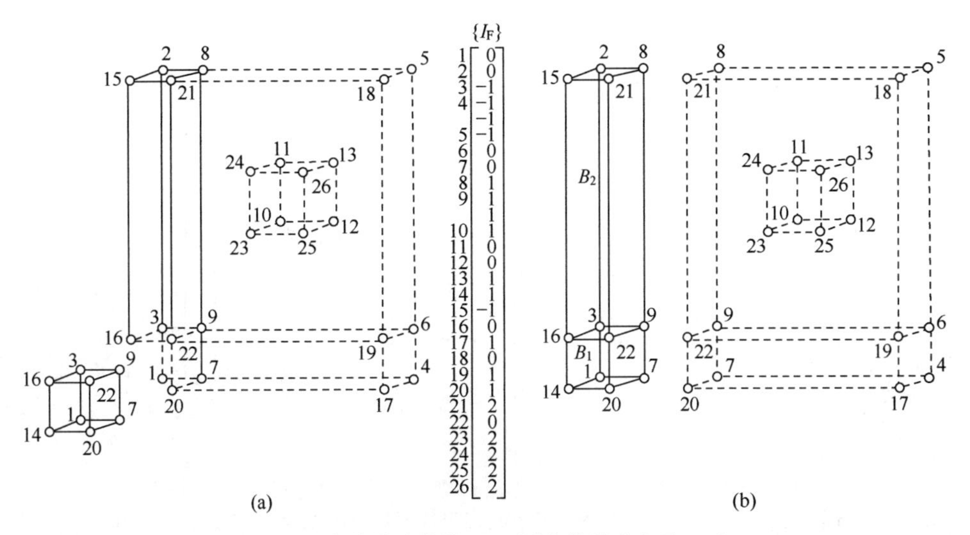

图 7.33　(a)完成追踪块体 B_2(b)用实线单独表示 B_1 和 B_2

虚线表示未识别的块体。块体 B_2 的单纯复形和边界算子分别是 $K_2=(f_2^-+f_{18}^++f_{19}^-+f_{22}^-+f_{12}^++f_6^+)$ 和 $\partial K_2=\partial(f_2^-+f_{18}^++f_{19}^-+f_{22}^-+f_{12}^++f_6^+)=0$

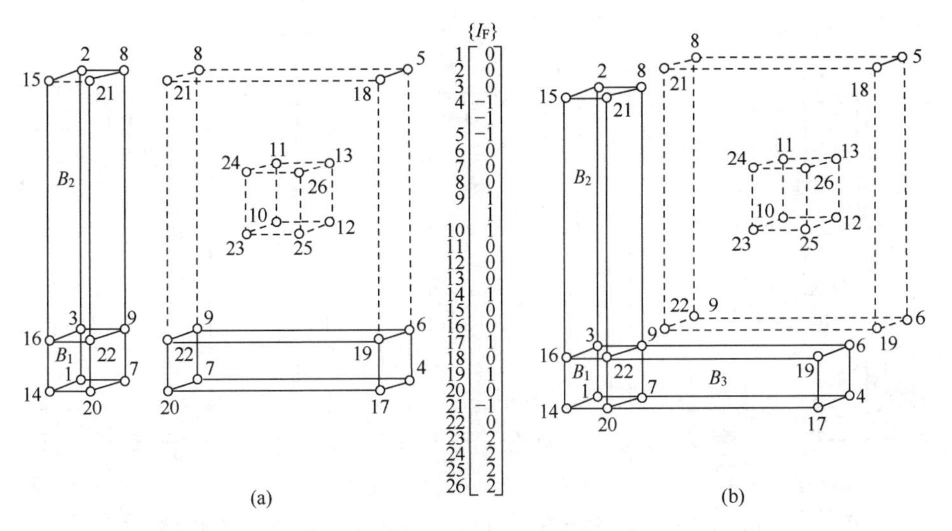

图 7.34　(a)完成追踪块体 $B_3(K)$(b)用实线单独表示 B_1、B_2 和 B_3

虚线表示未识别的块体。块体 B_3 的单纯复形和边界算子分别是 $K_3=(f_3^-+f_{15}^++f_{20}^++f_{21}^++f_{13}^++f_8^+)$ 和 $\partial K_3=\partial(f_3^-+f_{15}^-+f_{20}^++f_{21}^++f_{13}^++f_8^+)=0$

本示例中有向面及组成识别块体的有向边列表如表 7.2 所示，面和边前的负号代表与生成裂隙时假定的方向相反。没有任何符号的面和边的数字表示它们(为正)。可以证明，对于每个块体，有向(分配)边的总和为零。

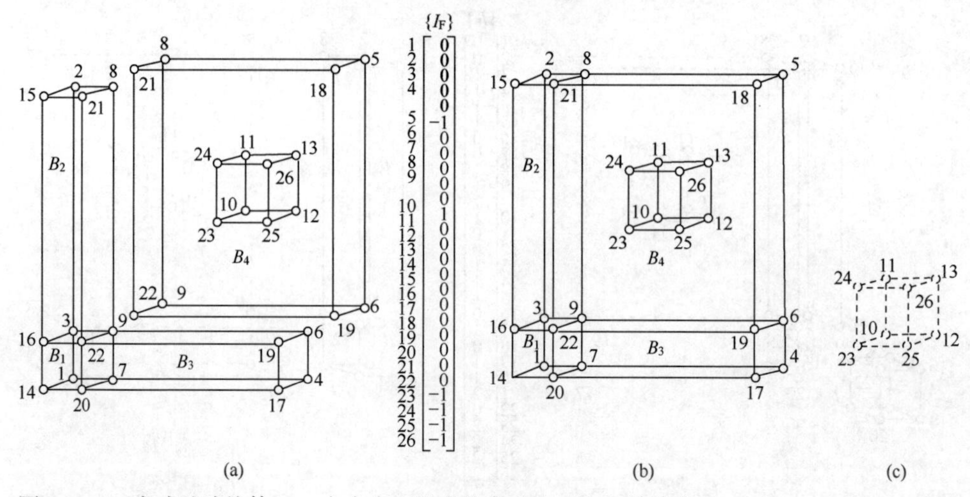

图 7.35　(a)完成追踪块体 B_4，由十个面组成的多重连通块(b)单独表示 B_1、B_2、B_3 和 B_4(c)未识别块体

B_4 块体的单纯复形和边界算子分别为 $K_4=(f_4^-+f_{21}^-+f_{19}^++f_{17}^++f_{14}^++f_{24}^++f_{25}^++f_{26}^++f_{23}^++f_9^+)$ 和 $\partial K_4=\partial(f_4^-+f_{21}^-+f_{19}^++f_{17}^++f_{14}^++f_{24}^++f_{25}^++f_{26}^++f_{23}^++f_9^+)=0$

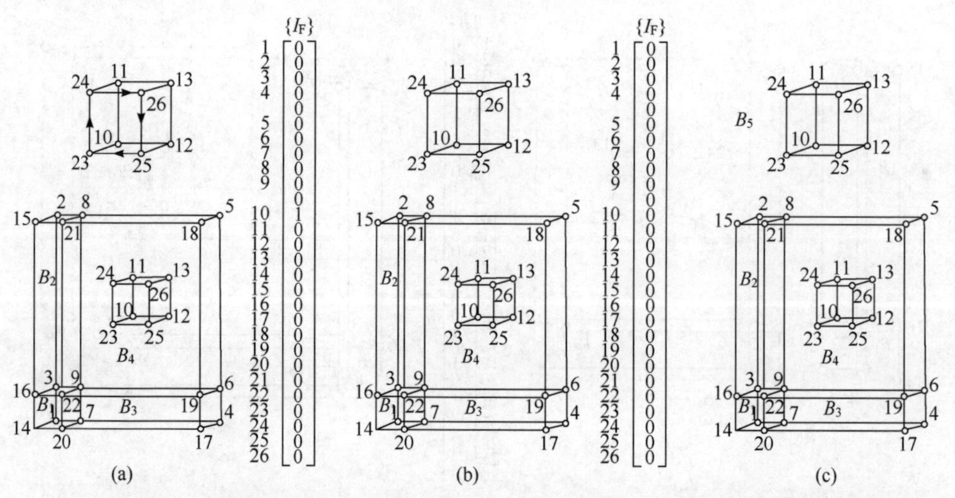

图 7.36　(a)将最终面添加到 B_5(b)完成对 B_5 的块体追踪(c)最终展示出来的 5 个块体

B_5 块体的单纯复形和边界算子为 $K_5=(f_5^-+f_{26}^-+f_{25}^-+f_{24}^-+f_{23}^-+f_{10}^+)$ 和 $\partial K_5=\partial(f_5^-+f_{26}^-+f_{25}^-+f_{24}^-+f_{23}^-+f_{10}^+)=0$

表 7.2　B_1～B_5 的面序号及其边环

B_1	B_2	B_3	B_4	B_5
−1(−12,10,6,1)	−2(−8,9,12,2)	−3(5,−10,−11,−3)	−4(11,−9,−7,−4;−14,−15,−16,−13)	−5(16,15,14,13)
22(12,35,27,41)	18(8,−34,−24,−40)	−15(−36,−22,39,−5)	−21(−38,−28,41,−11)	−26(42,−32,−45,−16)

续表

B_1	B_2	B_3	B_4	B_5
−20(−41,26,39,−10)	−19(40,25,41,−9)	20(10,−39,−26,41)	19(9,−41,−25,−40)	−25(45,−31,44,−15)
−16(−39,−21,−33,−6)	−22(−41,−27,−35,−12)	21(11,−41,28,38)	17(7,40,−23,−37)	−24(−44,−30,−43,−14)
11(−1,33,−18,−35)	12(−2,35,−17,34)	13(3,−38,19,36)	14(4,37,−20,38)	−23(43,−29,−42,−23)
7(18,21,−26,−27)	6(17,27,−25,24)	8(19,−28,26,22)	24(14,43,30,44)	10(29,30,31,32)
			25(15,−44,31,−45)	
			26(16,45,32,−42)	
			23(13,42,29,−43)	
			9(20,23,25,28,−29,−32,−31,−30)	

7.4　总　　结

Warburton(1983)是第一个开发利用无限大裂隙识别岩块块体算法的学者。如本章引言所述，这种方法不适用于表示岩体中的复杂形状块体，因此生成的块体仅限于凸形块体。Heliot(1988)也提出了类似的算法，并在一些 DEM 程序中实现。由这一假设引入的裂隙扩展部分需要作为无限裂隙的人为部分来处理。在 DEM 模型中，还需要虚拟力学性质的人为裂隙来定义开挖边界。在力学分析中，此类人为裂隙(或无限大裂隙的延伸部分)对运动和变形过程的影响不大，但对应力集中的影响不可忽视，特别是在天然-人为裂隙和人为-人为裂隙相交处附近。使用这样简单的技术，其最大的不确定性在于高估了裂隙系统的连通性，如果人为裂隙(或者是真实裂隙的人为延长部分)的渗透系数处理不当，将会对流体流动过程产生未知影响。本章介绍的边界算子方法克服了这一困难，其代价是应用了更复杂的块体追踪算法，但该代价在预处理阶段就一次性完成了。

正如 Lu(2002)所指出的，在块体系统识别的过程中，单纯形和单纯复形的拓扑概念可能并不是必需的，使用方向图理论或定向多边形也可以取得同样的效果。而从另一方面来考虑，组合拓扑为这一算法提供了基础，而且 Euler-Poincare 关系对于检验追踪操作的正确性十分有效。通常情况下，在编程中，简单的向量代数借助于 Lu(2002)和 Lin(1992)介绍的复杂操作，关键问题在于追踪过程中建立合适的数组。上面介绍的数据结构和追踪算法不能说是最有效的，可由高水平程序开发者研究出更为有效的算法。

在开发 DEM 的裂隙-块体系统算法时，一个至关重要的问题就是同时模拟流体流动、裂隙变形和块体运动/变形耦合效应，因为流体流动过程已成为岩石工程中越来越重要的问题，在许多实际的环境影响问题中不可忽视。由于裂隙系统通常是主要的流体流动路径，在建模过程中对其进行更加真实的表示是获得可靠结果的决定性因素。因此，在 DEM 所有层面必须采用这种客观(非面向对象)的开发策略。

参 考 文 献

Golder Associates Ltd. 1995. FracMan Manual.

Heliot D. 1988. Generating a blocky rock mass. International Journal of Rock Mechanics and Mining Sciences & Geomechanics Abstracts, 25(3): 127-138.

Herbert A. 1996. Modeling approaches for discrete fracture network flow analysis//Stephansson O, Jing L, Tsang C F. Coupled Thermo-Hydro-Mechanical Processes of Fractured Media. Rotterdam: Elsevier.

Itasca Consulting Group Ltd. 2000. The UDEC Manual.

Jing L. 2000. Block system construction for three-dimensional discrete element models of fractured rocks. International Journal of Rock Mechanics and Mining Sciences, 37(4): 645-659.

Jing L, Stephansson O. 1994a. Topological identification of block assemblages for jointed rock masses. International Journal of Rock Mechanics and Mining Sciences & Geomechanics Abstracts, 31(2): 163-172.

Jing L, Stephansson O. 1994b. Identification of block topology for jointed rock masses using boundary operators//Proceedings of International ISRM Symposium on Rock Mechanics, Santiago: 19-29.

Jing L, Stephansson O. 1996. Network topology and homogenization of fractured rocks//Jamtveit Band Yardley B. Fluid Flow and Transport in Rocks: Mechanisms and Effects. London: Chapman & Hall: 191-202.

Lin D. 1992. Elements of rock block modeling. Minneapolis: University of Minnesota.

Lu J. 2002. Systematic identification of polyhedral rock blocks with arbitrary joints and faults. Computers and Geotechnics, 29(1): 49-72.

Mañtylä M. 1998. An Introduction to Solid Modeling. Rockville: Computer Science Press: 231.

Niemi A, Kontio K, Kuusela-Lahtinen A, et al. 2000. Hydraulic characterization and upscaling of fracture networks based on multiple-scale well test data. Water Resources Research, 36(12): 3481-3497.

Shi G. 1988. Discontinuous deformation analysis—A new numerical model for the statics and dynamics of block systems. Berkeley: University of California.

Wang C. 1987. Graph Theory. Beijing: Press of Beijing University of Technology: 399.

Warburton P M. 1983. Application of a new computer model for reconstructing blocky rock geometry—Analysing single block stability and identifying keystones//Proceedings of the 5th International Congress on Rock Mechanics(preprints), Melbourne: F225-F230.

第 8 章　块体系统的显式离散单元法——DtME

8.1　引　　言

显式离散单元法(DtEM)是一种基于有限差分法(FDM)原理的显式离散单元法，起源于 20 世纪 70 年代初，是将岩体作为二维刚性块体组合进行研究的里程碑(Cundall，1971a，1971b)。Cundall(1974)将这一方法通过计算机语言 RBM 程序实现。最先用恒定应变张量近似复杂二维块体的变形，然后将其翻译成 Fortran 语言，称为 SDEM(Cundall et al.，1978)。CRACK 是 SDEM 程序的另一版本，基于拉伸破坏准则，用于研究荷载作用下完整块体的开裂、破坏和断开等。然而，以上简单块体变形的表征导致块体的复杂几何性与均匀应变张量之间的不相容性。后来，早期的 UDEC 和 3DEC 程序(Cundall，1980；Cundall and Hart，1985)使用三角形单元划分 FDM 网格，实现对块体内部完全离散化，克服了其不相容性。同时使用 Wilkins(1963)提出的 FDM 来模拟弹塑性材料的大尺度变形。Itasca(1993)发展了二维裂隙 (被视为块体边界之间的界面)中热传导和黏性流体流动的耦合问题求解方法，Cundall(1988)、Hart 等(1988)和 Itasca(1994)研究了三维热-力耦合问题，这些研究都促进了该方法和计算程序的发展。此外，Lemos(1983)开发了 DEM 与边界单元法(BEM)相结合的耦合方法来研究远场效应，该法对于二维问题尤其有效。

Cundall 团队开发的二维 UDEC 和三维 3DEC 都是经典的 DEM 计算机程序(Itasca，1993，1994)。DEM 还被开发用于模拟颗粒材料的力学行为(Cundall and Strack，1979a，1979b，1979c，1982)。BALL 是其早期的经典程序(Cundall，1978)，后来发展为 PFC 程序，可模拟二维和三维颗粒系统(Itasca，1995)。

经过近三十年的不断发展和广泛应用，人们对 DtEM 的认识更深，相关文献也越来越多。除上述的 UDEC、3DEC、PFC 程序外，人们还开发了基于 DEM 原理的其他表达形式与程序来解决各种问题，如模拟刚体运动的 BLOCKS 程序(Taylor，1982)、CICE 程序(Williams et al.，1986；Williams and Mustoe，1987；Mustoe，1992)以及 BSM 技术(Kawai，1977a，1977b，1979；Kawai et al.，1978；Wang and Garga，1993；Li and Wang，1998；Li and Varce，1999；Hu，1997)。然而，DEM 在岩石工程中的主要发展和应用以 UDEC/3DEC 程序为代表。因此，本章将在 UDEC、3DEC 程序的背景下介绍 DtEM 的主要特点，并简要讨论其他程序的基本特征。由于简单块体变形仅具有历史价值，在实践中不再适用，因此不再讨论。

如第 1 章所述，DtEM 用于模拟裂隙岩体的块体之间的相互作用。第 5～7 章针对二维和三维问题，介绍了由裂隙网络生成的块体集合的几何表征。本章将重点介绍块体几何、变形、接触、阻尼、求解方法和数据结构，详细介绍动态松弛的主要数学方法，并在本章末尾简要介绍其他求解公式或方法。

在 DtEM 的力学分析过程中，有三个重要的基本任务：

(1) 建立块体集合，使用适当的数据结构记录块体拓扑，并在整个变形过程中更新记录。

(2) 选择合适的岩石和裂隙的运动方程、本构模型以及求解方法。

(3) 在变形过程中，确定和更新块体之间接触的几何特征和力学行为。

如果还涉及流体流动(通过裂隙)和热传导，还必须考虑接触识别、裂隙变形以及块体的热扩散等问题对裂隙空间的影响。

大多数 DtEM 程序使用链表数据结构来建立和更新块体系统的几何特征。基于动态或静态松弛方法，采用中心 FDM 对刚体系统的 Newton-Euler 运动方程积分，或者对可变形块体系统的 Cauchy 运动方程进行积分。接触识别和更新是基于接触重叠这一概念进行的，接触点上两块体之间的嵌入深度视为两块体在接触点上的相对法向变形。本章详细介绍 DtEM 的这三个主要方面，以及与阻尼、数值稳定性和其他表达形式有关的其他重要问题。在详细介绍该方法之前，首先介绍有关函数及其导数的有限差分近似和松弛方法的理论概念。

DtEM 可分为两类：静态松弛方法和动态松弛方法。尽管后者目前在实践中得到了更广泛的应用，但前者在概念化和理论发展方面都具有重要价值。本章对这两种方法都做介绍。

除接触分析外，固体应力分析的 FDM 也是 DtEM 的基础。这种方法可以追溯到 Wilkins(1963)提出的用于计算一维和二维问题的大尺度弹塑性材料变形的 FDM 格式。Otter 等(1966)使用类似算法发展了针对弹性问题的动态松弛算法，Marti 和 Cundall(1982)、Cundall 和 Board(1988)将类似算法用于研究地质材料塑性流动问题的不同 DtEM 中。

块体系统运动和变形的 DEM 表达形式基于以下三个方面：

(1) 当块体被视为可变形体时，用有限差分或有限体积单元将块体内部离散化。

(2) 可变形块体应力分析的动态松弛方法。

(3) 块体接触的高效识别和表征方法。

如果需要进行水-力耦合分析，流体在块体界面构成的连通裂隙网络中的流动是需要额外考虑的一个方面。

在接下来的几节中，将从不同详细程度上介绍上述 DtEM 的基本内容。首先介绍静态和动态松弛的原理，然后是内部离散化方法、变形和应力分析的表征、接触以及对块体系统中流体流动和热传导的处理。部分基本表达形式上与 UDEC 和 3DEC 中的公式相似甚至完全相同，如应力应变分析和运动方程的求解，但在某些方面可能不相同，如内部离散化。然而，基本原理都是相同的，熟知本章所述方法也助于理解其他 DEM 程序。由于在前面的章节已经充分讨论了块体系统划分方法，本章将不再赘述。

8.2　导数的有限差分近似

8.2.1　矩形单元的规则网格

当函数 $f(x)$及其导数是变量 x 的单值、有限和连续函数时，其 Taylor 展开式为

$$\begin{cases} f(x+\Delta x)=f(x)+\dfrac{\mathrm{d}f(x)}{\mathrm{d}x}(\Delta x)+\dfrac{1}{2}\dfrac{\mathrm{d}^2 f(x)}{\mathrm{d}x^2}(\Delta x)^2+\cdots+\dfrac{1}{n!}\dfrac{\mathrm{d}^n f(x)}{\mathrm{d}x^n}(\Delta x)^n+\cdots \\ f(x-\Delta x)=f(x)-\dfrac{\mathrm{d}f(x)}{\mathrm{d}x}(\Delta x)+\dfrac{1}{2}\dfrac{\mathrm{d}^2 f(x)}{\mathrm{d}x^2}(\Delta x)^2-\cdots+\dfrac{(-1)^n}{n!}\dfrac{\mathrm{d}^n f(x)}{\mathrm{d}x^n}(\Delta x)^n+\cdots \end{cases} \tag{8.1}$$

把式(8.1)两个表达式相加，得到

$$f(x+\Delta x)+f(x-\Delta x)=2f(x)+(\Delta x)^2\frac{\mathrm{d}^2 f(x)}{\mathrm{d}x^2}+O[(\Delta x)^4] \tag{8.2}$$

式中，$O[(\Delta x)^4]$表示包含 Δx 的四次幂和更高次幂的项。假设这些与 Δx 的较低次幂相比可以忽略不计，则得到

$$\frac{\mathrm{d}^2 f(x)}{\mathrm{d}x^2}\approx\frac{1}{(\Delta x)^2}[f(x+\Delta x)-2f(x)+f(x-\Delta x)] \tag{8.3}$$

方程右边存在 $(\Delta x)^2$ 阶的截断误差。将式(8.1)的两个表达式相减，忽略 $(\Delta x)^3$ 阶的项，可得

$$\frac{\mathrm{d}f(x)}{\mathrm{d}x}\approx\frac{1}{2\Delta x}[f(x+\Delta x)-f(x-\Delta x)] \tag{8.4}$$

方程右边存在 Δx 阶的截断误差。式(8.4)通过弦 AB 的斜率来近似 $f(x)$ 在 P 点处的正切斜率(图 8.1(a))，称为中心差分近似。

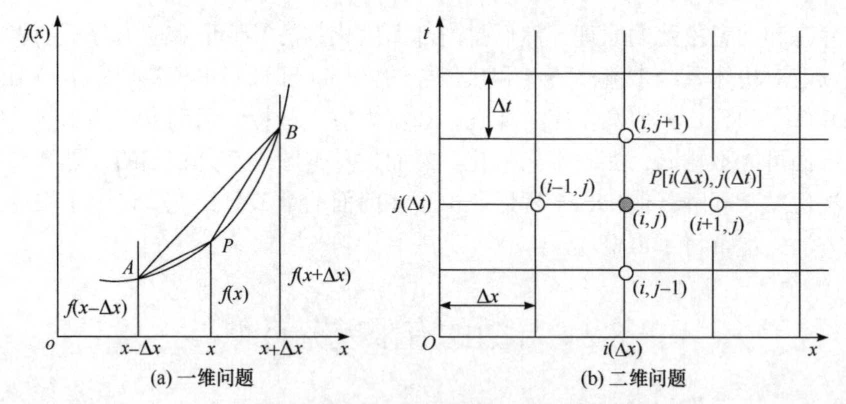

图 8.1　函数导数的中心差分值近似

式(8.5)的近似值称为 $\mathrm{d}f(x)/\mathrm{d}x$ 的前向差分近似值，由弦 PB 的斜率表示。

$$\frac{\mathrm{d}f(x)}{\mathrm{d}x}\approx\frac{1}{\Delta x}[f(x+\Delta x)-f(x)] \tag{8.5}$$

式(8.6)的近似值称为 $\mathrm{d}f(x)/\mathrm{d}x$ 的后向差分近似值，由弦 AP 的斜率表示。

$$\frac{\mathrm{d}f(x)}{\mathrm{d}x}\approx\frac{1}{\Delta x}[f(x)-f(x-\Delta x)] \tag{8.6}$$

忽略 Δx 的二阶及以上阶项，式(8.5)和式(8.6)可以直接从式(8.1)和式(8.2)中推导出来，因此会产生 Δx 阶截断误差。

对于多变量 $(x_1,x_2,\cdots,x_n)$ 函数，方法是相似的。将变量空间划分为 $(\Delta x_1,\Delta x_2,\cdots,\Delta x_n)$ 边的等子空间集合，通过忽略子空间增量的高次幂，然后对函数开展 Taylor 展开近似。图 8.1(b)为变量 (x,t) 的二维问题示例。

x-t 平面被分成边长为等 Δx 和等 Δt 的矩形集合。设点 P 的坐标 (x,t) 为 $x=i(\Delta x)$，$t=j(\Delta t)$，其中 i、j 为整数，且在 P 点 $f(x,t)$ 的值为 $f_p(x,t)=f(i\Delta x, j\Delta t)=f_{i,j}$，代入式(8.3)可得

$$\left[\frac{\partial^2 f(x,t)}{\partial x^2}\right]_{i,j}\approx\frac{f[(i+1)(\Delta x),j(\Delta t)]-2f[i(\Delta x),j(\Delta t)]+f[(i-1)(\Delta x),j(\Delta t)]}{(\Delta x)^2} \tag{8.7}$$

$$\left[\frac{\partial^2 f(x,t)}{\partial t^2}\right]_{i,j}\approx\frac{f[i(\Delta x),(j+1)(\Delta t)]-2f[i(\Delta x),j(\Delta t)]+f[i(\Delta x),(j-1)(\Delta t)]}{(\Delta t)^2} \tag{8.8}$$

或简写成

$$\left[\frac{\partial^2 f(x,t)}{\partial x^2}\right]_{i.j}\approx\frac{f_{i+1,j}-2f_{i,j}+f_{i-1,j}}{(\Delta x)^2},\ \left[\frac{\partial^2 f(x,t)}{\partial t^2}\right]\approx\frac{f_{i,j+1}-2f_{i,j}+f_{i,j-1}}{(\Delta t)^2} \tag{8.9}$$

当然，上述两式仍存在 $(\Delta x)^2$ 阶和 $(\Delta t)^2$ 阶的截断误差。同样地，采用中心差值法同样可以得到函数 f 导数表达式：

$$\left[\frac{\partial f(x,t)}{\partial x}\right]_{i,j} \approx \frac{f[(i+1)(\Delta x), j(\Delta t)] - f[(i-1)(\Delta x), j(\Delta t)]}{2(\Delta x)} = \frac{f_{i+1,j} - f_{i-1,j}}{2(\Delta x)} \tag{8.10}$$

$$\left[\frac{\partial f(x,t)}{\partial x}\right]_{i,j} \approx \frac{f[i(\Delta x),(j+1)(\Delta t)] - f[i(\Delta x),(j-1)(\Delta t)]}{2(\Delta t)} = \frac{f_{i,j+1} - f_{i,j-1}}{2(\Delta t)} \tag{8.11}$$

式中截断误差为 Δx 阶和 Δt 阶。

8.2.2　一般形状单元网格——有限体积法

以上介绍的具有规则矩形网格的 FEM，要求单元的形状必须是与坐标轴方向对齐的规则矩形(尽管在不同的坐标方向上可以有不同的间隔长度)。如果区域的形状复杂且不规则，特别是在边界附近，这种情况会给离散化带来数值困难。

采用用于流体力学问题的有限差分法，即有限体积法可以克服上述困难。该方法的实现有赖于在一般形状的多边形或多面体域上采用高斯散度定理对连续函数的偏导数进行积分定义。例如，图 8.2 中用于分析二维问题的六边形、四边形和三角形单元。

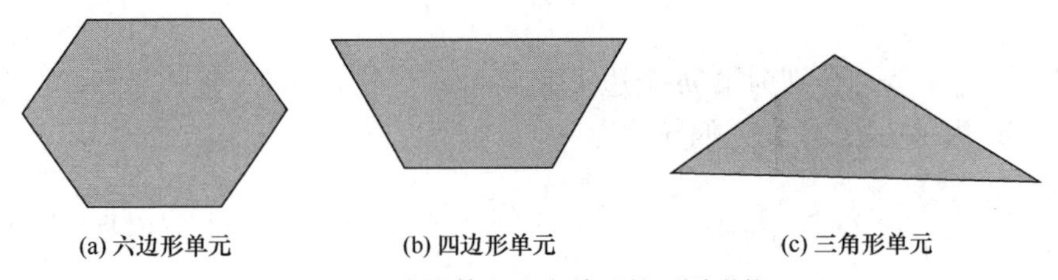

(a) 六边形单元　(b) 四边形单元　(c) 三角形单元

图 8.2　有限体积法中单元的不同形状

假设一个连续(或分段连续)函数定义在体积为 A 的域内(或单元)上，体积 A 由任意形状的 N 个平面(二维情况下为直边)围成的边界曲面 S 包围，则坐标轴方向上的偏导数定义为

$$\begin{cases} \dfrac{\partial f}{\partial x} = \dfrac{\oint\limits_S f n_x \mathrm{d}S}{\lim\limits_{A\to 0} A} \approx \dfrac{1}{A}\oint\limits_S f n_x \mathrm{d}S \approx \dfrac{1}{A}\sum\limits_{m=1}^{N} f_m n_x \Delta S_m \\ \dfrac{\partial f}{\partial y} = \dfrac{\oint\limits_S f n_y \mathrm{d}S}{\lim\limits_{A\to 0} A} \approx \dfrac{1}{A}\oint\limits_S f n_y \mathrm{d}S \approx \dfrac{1}{A}\sum\limits_{m=1}^{N} f_m n_y \Delta S_m \\ \dfrac{\partial f}{\partial z} = \dfrac{\oint\limits_S f n_z \mathrm{d}S}{\lim\limits_{A\to 0} A} \approx \dfrac{1}{A}\oint\limits_S f n_z \mathrm{d}S \approx \dfrac{1}{A}\sum\limits_{m=1}^{N} f_m n_z \Delta S_m \end{cases} \tag{8.12}$$

式中，f_m为边界S上第m个面(或边)的函数f的平均值；ΔS_m为组成边界面S的第m个平面；$\boldsymbol{n}=(n_x, n_y, n_z)$为面$S$的单位外法向量。$\boldsymbol{n}$与坐标轴单位矢量之间的关系为

$$\boldsymbol{n}=n_x\boldsymbol{i}+n_y\boldsymbol{j}+n_z\boldsymbol{k}=\frac{\partial x}{\partial n}\boldsymbol{i}+\frac{\partial y}{\partial n}\boldsymbol{j}+\frac{\partial z}{\partial n}\boldsymbol{k} \tag{8.13}$$

式中，$\boldsymbol{i}$、$\boldsymbol{j}$、$\boldsymbol{k}$分别为坐标轴x、y和z的单位向量。对于二维情况，式(8.13)可以写成

$$\boldsymbol{n}=\frac{\partial x}{\partial n}\boldsymbol{i}+\frac{\partial y}{\partial n}\boldsymbol{j}=\frac{\partial y}{\partial S}\boldsymbol{i}-\frac{\partial x}{\partial S}\boldsymbol{j} \tag{8.14}$$

在二维情况下，偏导数$\partial f/\partial x$和$\partial f/\partial y$可表示为

$$\begin{cases}\dfrac{\partial f}{\partial x}\approx\dfrac{1}{A}\oint\limits_{\Gamma}fn_x\mathrm{d}S=\dfrac{1}{A}\oint\limits_{\Gamma}f\dfrac{\partial x}{\partial n}\mathrm{d}S=\dfrac{1}{A}\oint\limits_{\Gamma}f\dfrac{\partial y}{\partial S}\mathrm{d}S\approx\dfrac{1}{A}\sum\limits_{m=1}^{N}f_m\dfrac{\Delta y_m}{\Delta S_m}\Delta S_m=\dfrac{1}{A}\sum\limits_{m=1}^{N}f_m\Delta y_m\\ \dfrac{\partial f}{\partial y}\approx\dfrac{1}{A}\oint\limits_{\Gamma}fn_y\mathrm{d}S=\dfrac{1}{A}\oint\limits_{\Gamma}f\dfrac{\partial y}{\partial n}\mathrm{d}S=-\dfrac{1}{A}\oint\limits_{\Gamma}f\dfrac{\partial x}{\partial S}\mathrm{d}S\approx-\dfrac{1}{A}\sum\limits_{m=1}^{N}f_m\dfrac{\Delta x_m}{\Delta S_m}\Delta S_m=\dfrac{1}{A}\sum\limits_{m=1}^{N}f_m\Delta x_m\end{cases} \tag{8.15}$$

式中，Δx_m、Δy_m分别为第m个边上起点和终点在x轴和y轴的坐标差。对于图 8.2(b)中的四边形单元，偏导数为

$$\begin{cases}\dfrac{\partial f}{\partial x}\approx\dfrac{1}{A}\sum\limits_{m=1}^{4}f_m\Delta y_m=\dfrac{1}{A}[f_{12}(y_2-y_1)+f_{23}(y_3-y_2)+f_{34}(y_4-y_3)+f_{41}(y_1-y_4)]\\ \dfrac{\partial f}{\partial y}\approx-\dfrac{1}{A}\sum\limits_{m=1}^{4}f_m\Delta x_m=-\dfrac{1}{A}[f_{12}(x_2-x_1)+f_{23}(x_3-x_2)+f_{34}(x_4-x_3)+f_{41}(x_1-x_4)]\end{cases} \tag{8.16}$$

式中，$f_{ij}\,(i,j=1,2,3,4)$为顶点i和j定义的第m条边上函数f的平均值。假设$f_{ij}=(f_i+f_j)/2$，其中f_i和f_j分别为i、j点上函数f的值，其偏导数为

$$\begin{cases}\dfrac{\partial f}{\partial x}\approx\dfrac{1}{2A}[(f_1-f_3)(y_2-y_4)+(f_2-f_4)(y_3-y_1)]\\ \dfrac{\partial f}{\partial y}\approx-\dfrac{1}{2A}[(f_1-f_3)(x_2-x_4)+(f_2-f_4)(x_3-x_1)]\end{cases} \tag{8.17}$$

8.3　动态松弛方法和静态松弛方法

8.3.1　一般概念

松弛方法是结构和应力分析问题中的经典求解方法(Southwell，1935，1940)，

后来扩展到解决物理和工程科学的一般问题(Southwell, 1956)。Cross(1932)首次使用这一方法求解连续梁的力矩分布问题，而不需要求解联立方程。松弛方法的基本概念是“松弛”，即以较小步骤逐渐移动或加载初始未加载且受限系统部件或全部系统(连续或离散)，计算与相邻单元的相互作用应力/力和应变/位移，并根据控制方程解除适当位置单元的初始约束和人工约束，直到系统总储存的内部(应变)能量最小。因此，松弛是一个渐进的过程，这个过程通常采用时间步进方法。通过对部件逐个进行松弛(Southwell 称为块体松弛)，计算中不需要像有限单元法那样求解大量联立方程。相反，部件的组合可以用作松弛的实体，称为组松弛。在结构分析中，框架影响系数的生成问题就是一种典型的松弛方法。

对于刚性岩石块体系统，该方法可以归纳为以下几个步骤：

(1) 块体系统先不加载，保持其初始约束，且不引起任何内部相互作用。

(2) 当施加任意荷载效应时(如引入边界荷载/位移或重力)，不再同时考虑所有块体的荷载效应，而是考虑逐个块体的荷载效应。

(3) 对于某一松弛的块体，即当其他所有块体保持初始位置和条件不变时，当前块体受到荷载影响，遵循控制方程发生平移和转动(本例中为运动方程)，那么我们称当前块体的约束被解除，此时称块体是松弛的。

(4) 根据接触准则和接触位置，计算松弛块体与相邻块体之间的相互作用力，因此荷载的影响从该松弛块体传至块体系统。

(5) 与当前松弛块体相邻的块体依次松弛，即由于受到当前松弛块体的作用反力/力矩，相邻块体移动并解除初始约束。这一松弛过程不是同时进行的，而是逐个进行，因此不必联立方程组求解。

(6) 对所有受边界荷载(或重力)影响的块体重复步骤(1)～(5)。

(7) 计算所有块体的不平衡合力和合力矩，持续松弛这些块体，并将不平衡合力和合力矩与预先设定值进行比较。当整个系统的不平衡力和力矩最小时，达到收敛。

上述方法采用较小的时间步长，在合理的时间内实现收敛，不会造成数值不稳定，避免了接触点产生过大的重叠，保证接触识别算法有效。计算的收敛性可以通过变量的阈值来检测，如最大速度的差值或连续两步之间整个系统不平衡力。松弛这一命名代表了随着时间步的推移，逐渐解除块体约束的本质。接下来用 Stewart(1981)的例子来继续介绍块体系统松弛方法的原理。

如图 8.3 所示，该系统由三个单自由度刚性块组成，由不同刚度的弹簧连接，自重加载，且系统只在竖向运动。这些块编号分别为 i、i+1 和 i–1，自重为 W_i、W_{i+1}、W_{i-1}，由刚度为 K_i、K_{i+1}、K_{i+2} 和 K_{i-1} 的弹簧连接到固定参考系。第 k 次迭代时块体 i 的垂直位移记为 u_i^k，作用在弹簧 i 和 i+1 上的力分别记为 F_i 和 F_{i+1}。

经过 k 次迭代后，块体 i 的静力平衡式为

$$F_i + F_{i+1} = W_i \tag{8.18a}$$

式中，弹簧力分别为

$$F_i = K_i\left[\left(u_i^{k+1} - u_{i-1}^{k+1}\right) + \left(u_i^k - u_{i-1}^k\right) + \cdots + \left(u_i^1 - u_{i-1}^1\right)\right] = K_i \sum_{j=1}^{k+1}\left(u_i^j - u_{i-1}^j\right) \tag{8.18b}$$

$$F_{i+1} = K_{i+1}\left[u_i^{k+1} + \left(u_i^k - u_{i+1}^k\right) + \cdots + \left(u_i^k - u_{i+1}^1\right)\right] = K_{i+1}\left[u_i^{k+1} + \sum_{j=1}^{k}\left(u_i^j - u_{i+1}^j\right)\right] \tag{8.18c}$$

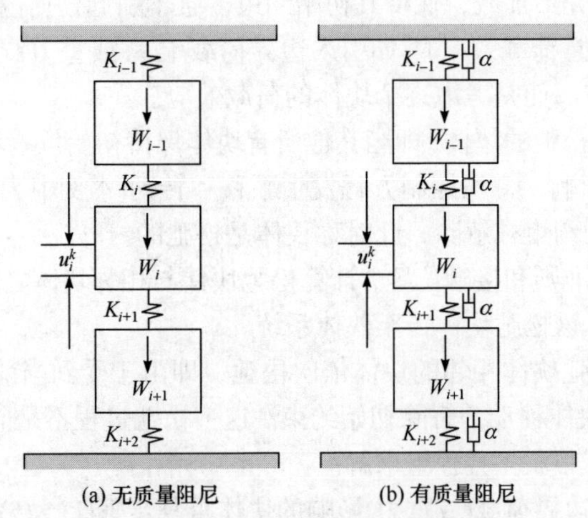

图 8.3　三刚体动态松弛问题

假设 $W_{i-1} = W_{i+1} = 12$，$W_i = 6$，$K_{i-1} = K_i = K_{i+1} = K_{i+2} = 1$，计算结果列在表 8.1 中。通过 10 次迭代，误差接近 0.1%。

表 8.1　图 8.2 示例的松弛结果(Stewart，1981)

迭代序号	块体 $i-1$		块体 i		块体 $i+1$	
	F_{i-1}	F_i	F_i	F_{i+1}	F_{i+1}	F_{i+2}
1	6	6	0	6	3	9
2	9	3	3	3	0	12
3	12	0	3	3	−1.5	13.5
4	13.5	−1.5	3	3	−2.25	14.25
5	14.25	−2.25	3	3	−2.625	14.625
6	14.625	−2.625	3	3	−2.8125	14.8125

续表

迭代序号	块体 $i-1$		块体 i		块体 $i+1$	
	F_{i-1}	F_i	F_i	F_{i+1}	F_{i+1}	F_{i+2}
7	14.8125	−2.8125	3	3	−2.9063	14.8125
8	14.9063	−2.9063	3	3	−2.9531	14.9063
9	14.9531	−2.9531	3	3	−2.9766	14.9766
10	14.9766	−2.9766	3	3	−2.98863	14.9883
解析解	15	−3	3	3	−3	15

8.3.2　块体系统的动态松弛方法

基于 Southwell(1940)提出的原理和有限差分表达形式，Otter 等(1966)提出了一种动态松弛方法来求解弹性应力问题。这一方法意义非凡，因为它是 Cundall(1971a)、Parekh(1976)、Hocking(1977)、Ozgenoglu(1978)、Cundall 和 Strack(1979a，1979b，1979c)开发 DtEM 的先驱。该方法具有以下特点：

(1) 类似初边值问题，该方法中对弹性连续体的动态运动方程(振动方程)采用逐步积分法，因此计算中包括惯性项。

(2) 由于接触采用弹簧模型产生了多余动能，采用临界黏性阻尼获得稳态解。

(3) 采用 FDM 计算应力和位移，使用三角形单元网格离散内部求解域。

(4) 只有在同一迭代循环中所有块体/单元都做过松弛处理后(即相应时间步长内每个完整的迭代周期结束时)，由相邻块体/单元引起的每个块体/单元上的荷载/应力才会更新(即块体/单元的约束被解除，或称块体已经松弛)。

(5) 采用导数的有限差分近似法建立运动的动力学方程，并逐个单元求解，因此不需要构建和求解传统 FDM 中的联立方程组。

(6) 需要选择合适的块体接触识别方法和不同接触的本构模型(点接触、边接触和面接触)来确定块体的反作用力/应力。

由于采用黏性阻尼来求解稳态解(即使对于静态问题)，运动方程中加入了惯性项(质量和加速度的乘积)，因此这种方法称为动态松弛。该方法本质上是离散块体系统运动方程的数值积分方法，使用两组控制方程(图 8.4)：运动方程和本构方程。通过求解运动方程来确定运动量的增量，如平动位移、转动位移、每个块体的速度和加速度(或 FDM 离散化后可变形块体的每个单元的速度和加速度)，以及块体边界接触处的相对位移增量和块体内部单元的应变增量。求解块体边界接触和岩石材料的本构方程(如果块体被视为可变形体，且已用 FDM 进行网格离散化)，根据可用的相对位移增量、接触的本构模型、相应应变增量的 FDM 单元内部的应力增量等，获得动态变量(如边界接触处的相互作用力/应力)的增量。

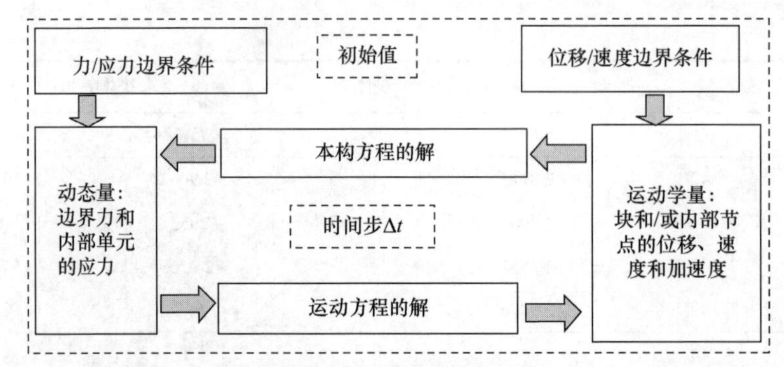

图 8.4　动态松弛计算循环

在保证数值计算稳定的情况下，以足够小的时间步长进行迭代求解，直到系统的不平衡力(或最大速度)之和最小。以图 8.3 所示的三个刚性块组成的系统为例，解释动态松弛方法的基本特性，这里增加质量比例的黏性阻尼项，其阻尼系数为α(图 8.3(b))。

在第 k 次迭代时，块体 i 的垂直方向运动方程为

$$m_i\frac{\mathrm{d}^2u_i^k}{\mathrm{d}t^2}+\alpha m_i\frac{\mathrm{d}u_i^k}{\mathrm{d}t}+(K_i-K_{i+1})u_i^k=W_i-K_i\sum_{j=1}^{k-1}\left(u_i^j-u_{i-1}^j\right)-K_{i+1}\sum_{j=1}^{k-1}\left(u_{i+1}^j-u_i^j\right)=f_i^{k-1} \tag{8.19}$$

式中，f_i^{k-1} 为当前迭代之前的累积合力。

应用式(8.3)和式(8.4)所示的中心差分格式，式(8.19)近似为时间步长 Δt 的差分方程，而非一般步进增量 Δx。

$$\ddot{u}_i^k=\frac{1}{(\Delta t)^2}(u_i^{k+1}-2u_i^k+u_i^{k-1}),\quad \dot{u}_i^k=\frac{1}{2\Delta t}(u_i^{k+1}-u_i^{k-1}) \tag{8.20}$$

将式(8.20)代入式(8.19)，整理可得

$$u_i^{k+1}=\left(1+\frac{\Delta t}{2}\alpha\right)^{-1}\left\{f_i^{k-1}\frac{(\Delta t)^2}{m}+\left[2-\left(K_i-K_{i+1}\right)\frac{(\Delta t)^2}{m}\right]u_i^k-\left(1-\frac{\Delta t}{2}\alpha\right)u_i^{k-1}\right\} \tag{8.21a}$$

或

$$u_i^{k}=\left(1+\frac{\Delta t}{2}\alpha\right)^{-1}\left\{f_i^{k-2}\frac{(\Delta t)^2}{m}+\left[2-\left(K_i-K_{i+1}\right)\frac{(\Delta t)^2}{m}\right]u_i^{k-1}-\left(1-\frac{\Delta t}{2}\alpha\right)u_i^{k-2}\right\} \tag{8.21b}$$

可见，位移计算总是比速度和加速度计算提前一个时间步长。

因为在第 $k+1$ 次迭代之前的所有位移值是已知的，包括 $k=1$ 时的初始值 u_i^0，该方法可以不求解联立方程组，直接得出当前值 u_i^{k+1}。因此，该方法为显式求解，简单直接，唯一复杂的地方在于要根据接触点的累积相对位移更新接触点处的反作用力(用式(8.21)中的弹簧力表示)。对于不同的问题和程序，接触力/应力-相对位移关系是不同的，接下来将对不同情况进行详细描述。

一般情况下，对于质量为 m 的二维刚体系统，黏性阻尼系数为 α，当时间为 t 时，块体的标准运动方程为

$$m\ddot{u}_x^t + \alpha m\dot{u}_x^t = F_x,\quad m\ddot{u}_y^t + \alpha m\dot{u}_y^t = F_y,\quad I\ddot{\theta}^t + \alpha I\dot{\theta}t = T \tag{8.22}$$

式中，F_x、F_y 分别为 x 和 y 方向的合力分量；T、I 分别为块体相对于垂直于 xy 平面的假想 z 轴的合力矩和惯性矩；(u_x^t, u_y^t) 为块体在 t 时刻物体质心处的位移分量；θ^t 为块体的旋转位移(旋转角度)。合力和合力矩包括所有外力的作用，如边界条件、接触处的反作用力，以及重力、电磁或离心力(如果存在)引起的自重等外力。将标准动态松弛方法应用于含时间步长 Δt 的式(8.22)中，得到

$$\begin{cases} u_x^{t+\Delta t} = \left(1+\dfrac{\Delta t}{2}\alpha\right)^{-1}\left[\dfrac{(\Delta t)^2}{m}F_x^{t-\Delta t} + 2u_x^t - \left(1-\dfrac{\Delta t}{2}\alpha\right)u_x^{t-\Delta t}\right] \\ u_y^{t+\Delta t} = \left(1+\dfrac{\Delta t}{2}\alpha\right)^{-1}\left[\dfrac{(\Delta t)^2}{m}F_y^{t-\Delta t} + 2u_y^t - \left(1-\dfrac{\Delta t}{2}\alpha\right)u_y^{t-\Delta t}\right] \\ \theta^{t+\Delta t} = \left(1+\dfrac{\Delta t}{2}\alpha\right)^{-1}\left[\dfrac{(\Delta t)^2}{I}T^{t-\Delta t} + 2\theta^t - \left(1-\dfrac{\Delta t}{2}\alpha\right)\theta^{t-\Delta t}\right] \end{cases} \tag{8.23}$$

再结合式(8.20)，可以得到速度和加速度分量：

$$\dot{u}_x^t = \frac{u_x^{t+\Delta t} - u_x^{t-\Delta t}}{2\Delta t},\quad \dot{u}_y^t = \frac{u_y^{t+\Delta t} - u_y^{t-\Delta t}}{2\Delta t},\quad \dot{\theta}^t = \frac{\theta^{t+\Delta t} - \theta^{t-\Delta t}}{2\Delta t} \tag{8.24a}$$

$$\ddot{u}_x^t = \frac{u_x^{t+\Delta t} - 2u_x^t + u_x^{t-\Delta t}}{(\Delta t)^2},\quad \ddot{u}_y^t = \frac{u_y^{t+\Delta t} - 2u_y^t + u_y^{t-\Delta t}}{(\Delta t)^2},\quad \ddot{\theta}^t = \frac{\theta^{t+\Delta t} - 2\theta^t + \theta^{t-\Delta t}}{(\Delta t)^2} \tag{8.24b}$$

由于式(8.23)和式(8.24)右边的所有项都是已知的，公式左边未知项是显式且可以直接求解的。因此，运动方程的积分可以在每一个连续的时间步内逐块进行，而不需要建立和求解联立方程。另外，该方法可以实现任意复杂的接触本构关系，而不像在用 FEM 或 BEM 求解问题时必须进行迭代过程以确保应力路径与相应本构关系对应。

松弛过程是一个交错的过程，位移计算比速度和加速度提前一个时间步长。然而，描述接触点处力/应力-相对位移的本构关系取决于接触点的类型(点、边、面等)和使用的数学平台(简单的弹簧模型、弹簧-阻尼器组合、塑性理论、损伤力学、接触力学等)。因此，本构关系具有方法/程序特定性，这将在本章后面相应的地方介绍。

8.3.3 DEM 中刚体系统的静态松弛方法

松弛方法中的另一种方法为静态松弛方法，专门研究裂隙岩体的二维离散模型，最早由 Stewart(1981)提出，然后是 Wei(1992)、Chen 等(1994)、Chen(1998)等。该方法也是基于 Southwell(1935，1940)的原理，是一个显式表达形式。该方法的主要特点如下：

(1) 采用与图 8.4 相同的方法，对运动方程与本构方程进行迭代交互求解，每个时间步结束时松弛所有块体/单元。

(2) 相对于逐块/单元松弛的动态松弛方法，静态松弛还可以同时松弛所有块体/单元，以消除在连续松弛过程产生的非物理路径依赖性，其原因是采用了复杂的岩石、裂隙/接触的非线性本构关系。静态松弛方法又称为同步松弛法(Stewart，1981)。与逐步松弛法相比，该方法将降低扰动传播和收敛速度，但只会降低一小部分，其优势在于求解复杂岩石/裂隙行为时更稳定。

(3) 在 Stewart(1981)方法中，只考虑刚体的静态平衡力和力矩，而未考虑惯性力和黏性阻尼效应，因此称为静态松弛。吸收系统耗散能量的唯一机制是通过块体间界面的摩擦，这将导致相邻块之间的轻微连续振动，因此在理论上可能无法完全实现精确的平衡。静态平衡法通过控制加载速率和减小时间步长的方式解决上述问题。

(4) 在刚性块体系统静态松弛方法的最初表达形式中(Stewart，1981)，块体之间的接触有两种类型：①顶点-边(点)接触，其特征参数为三个，即法向刚度 K_n、剪切刚度 K_s 和摩擦角 φ，均为常数；②采用 Goodman 节理模型(Goodman，1976)，用等效连续层单元表示边-边接触(界面)。

(5) 首先，在第一个时间步依次对相关块体施加外部荷载(如边界荷载和重力)，从而产生不平衡力和力矩增量，以及平动和转动位移增量。然后，根据位移增量的分量，将受影响的块体做松弛处理(去除假想约束)并移动到新的位置。这与动态松弛不同，动态松弛在求解过程中使用总量而不是不平衡力增量。接着，施加假想约束(即块体被临时固定在它们的新位置，直到下一次迭代为止)。最后，根据接触类型和本构关系确定初始受影响块体与其相邻块体之间的相互作用力，从而依次对相邻块体求解位移增量。因此，扰动一直持续，直到所有具有非零不平衡力矩/力的块体移动到它们的新位置。如果总不平衡力增量大于下一次迭代的规定阈值，则重复该过程。

1. 逐步静态松弛方法

对于在顶点或沿边界与其他有限块体接触的块体(图 8.5)，在上一个迭代步 $k-1$ 结束时存在不平衡合力和合力矩，块体的中心会有平动和转动的刚体位移增量 $(\Delta u_x^c, \Delta u_y^c, \Delta\theta^c)$。由于假设为刚体，块体上任意点 i 的相应位移可近似为

$$\begin{cases}\Delta u_x^i = \Delta u_x^c + \Delta\theta^c (x^i - x^c) \\ \Delta u_y^i = \Delta u_y^c + \Delta\theta^c (y^i - y^c)\end{cases} \tag{8.25}$$

式中，(x^i, y^i) 和 (x^c, y^c) 分别为块体中任意场点的全局坐标和块体的几何中心坐标。

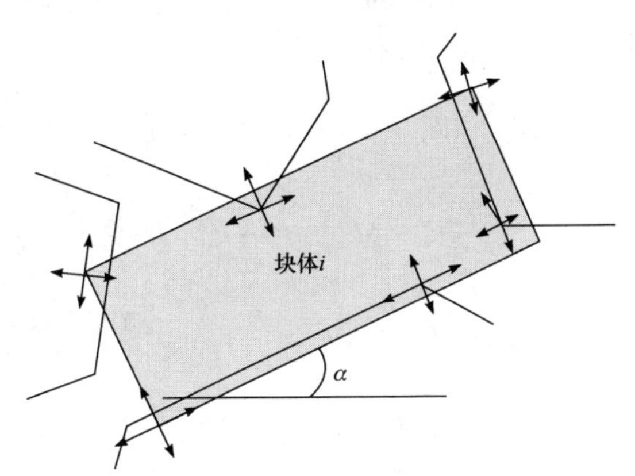

图 8.5　块体 i 在顶点和沿边与其他几个块体接触的例子(Stewart，1981)
箭头表示作用于接触点处的接触力矢量

假设场点分配在典型块体的 M 个接触点上，接触点处的法向和剪切刚度分别为 K_n、K_t，接触点与水平轴的倾角分别为 $\alpha_i\,(i=1, 2,\cdots, M)$，位移增量和力增量的全局坐标分量与接触法向/切向分量之间的转换关系为

$$\begin{cases}\Delta u_n^i = -\Delta u_x^i \sin\alpha_i + \Delta u_y^i \cos\alpha_i \\ \Delta u_t^i = \Delta u_x^i \cos\alpha_i + \Delta u_y^i \sin\alpha_i\end{cases} \tag{8.26}$$

$$\begin{cases}\Delta F_x^i = -\Delta F_n^i \sin\alpha_i + \Delta F_t^i \cos\alpha_i \\ \Delta F_y^i = \Delta F_n^i \cos\alpha_i + \Delta F_t^i \sin\alpha_i\end{cases} \tag{8.27}$$

$$\begin{cases}\Delta F_n^i = K_n \Delta u_n^i \\ \Delta F_t^i = K_t \Delta u_t^i\end{cases} \tag{8.28}$$

接触力增量为

$$\begin{cases}\Delta F_x^i = -K_n\left(\Delta u_x^i \sin\alpha_i - \Delta u_y^i \cos\alpha_i\right)\sin\alpha_i + K_t\left(\Delta u_x^i \cos\alpha_i - \Delta u_y^i \sin\alpha_i\right)\cos\alpha_i \\ \Delta F_y^i = K_n\left(\Delta u_x^i \sin\alpha_i - \Delta u_y^i \cos\alpha_i\right)\cos\alpha_i + K_t\left(\Delta u_x^i \cos\alpha_i - \Delta u_y^i \sin\alpha_i\right)\sin\alpha_i\end{cases} \tag{8.29}$$

由接触点 i 处的接触力引起的相对于块体中心的力矩为

$$\Delta T_c^i = \Delta F_x^i\left(y^i - y^c\right) + \Delta F_y^i\left(x^i - x^c\right) \tag{8.30}$$

以上所有关系都是对于接触点 i 的(i=1, 2,⋯, M)。

静态松弛解要求作用于块体上的 M 个接触点的所有接触力之和满足静力平衡公式，而不考虑惯性项和黏性项，即

$$\sum_{i=1}^{M}\left(F_x^i + \Delta F_x^i\right) + b_x + F_x^e = 0 \tag{8.31a}$$

$$\sum_{i=1}^{M}\left(F_y^i + \Delta F_y^i\right) + b_y + F_y^e = 0 \tag{8.31b}$$

$$\begin{aligned}&\sum_{i=1}^{M}\left(F_y^i + \Delta F_y^i\right)\left[x^i - \Delta\theta^c\left(y^i - y^c\right) - x^c\right] \\ &-\sum_{i=1}^{M}\left(F_x^i + \Delta F_x^i\right)\left[y^i - \Delta\theta^c\left(x^i - x^c\right) - y^c\right] + T^e = 0\end{aligned} \tag{8.31c}$$

式中，(F_x^i, F_y^i) 为已知残余合力分量；(F_x^i, F_y^i, T^e) 分别为第 k–1 次迭代结束时已知的合外力(合力和合力矩)。

将式(8.25)～式(8.30)代入式(8.31)，求解块体质心未知位移分量，得到典型块体联立方程：

$$\begin{cases}k_{11}\Delta u_x^c + k_{12}\Delta u_y^c + k_{13}\Delta\theta^c + F_x = 0 \\ k_{21}\Delta u_x^c + k_{22}\Delta u_y^c + k_{23}\Delta\theta^c + F_y = 0 \\ k_{31}\Delta u_x^c + k_{32}\Delta u_y^c + k_{33}\Delta\theta^c + F = 0\end{cases} \tag{8.32}$$

式中

$$F_x = \sum_{i=1}^{M} F_x^i + F_x^e \tag{8.33a}$$

$$F_y = \sum_{i=1}^{M} F_y^i + F_y^e \tag{8.33b}$$

$$T = \sum_{i=1}^{M} F_y^i (x^i - x^c) - \sum_{i=1}^{M} F_x^i (y^i - y^c) + M^e \tag{8.33c}$$

$$k_{11} = \sum_{i}^{M} \left(-K_t \cos^2 \alpha_i - K_n \sin^2 \alpha_i \right) \tag{8.33d}$$

$$k_{12} = k_{21} = \sum_{i=1}^{M} \cos \alpha_i \sin \alpha_i \left(K_n - K_t \right) \tag{8.33e}$$

$$\begin{aligned} k_{13} = k_{31} = \sum_{i=1}^{M} \Big\{ & K_t \left[\cos^2 \alpha_i \left(y^i - y^c \right) - \sin \alpha_i \cos \alpha_i \left(x^i - x^c \right) \right] \\ & + K_n \left[\sin \alpha_i \cos \alpha_i \left(x^i - x^c \right) + \sin^2 \alpha_i \left(y^i - y^c \right) \right] \Big\} \end{aligned} \tag{8.33f}$$

$$k_{22} = \sum_{i=1}^{M} \left(-K_t \sin^2 \alpha_i - K_n \cos^2 \alpha_i \right) \tag{8.33g}$$

$$\begin{aligned} k_{23} = k_{32} = \sum_{i=1}^{M} \Big\{ & K_t \left[\sin \alpha_i \cos \alpha_i \left(y^i - y^c \right) - \sin^2 \alpha_i \left(x^i - x^c \right) \right] \\ & - K_n \left[\cos^2 \alpha_i \left(x^i - x^c \right) + \sin \alpha_i \cos \alpha_i \left(y^i - y^c \right) \right] \Big\} \end{aligned} \tag{8.33h}$$

$$k_{33} = \sum_{i=1}^{M} \left[k_{23} \left(x^i - x^c \right) - k_{13} \left(y^i - y^c \right) \right] \tag{8.33i}$$

以上均在最后 k–1 次迭代中求值。式(8.32)的矩阵形式为

$$\begin{bmatrix} k_{11} & k_{12} & k_{13} \\ k_{21} & k_{22} & k_{23} \\ k_{31} & k_{32} & k_{33} \end{bmatrix} \begin{Bmatrix} \Delta u_x^c \\ \Delta u_y^c \\ \Delta \theta^c \end{Bmatrix} + \begin{Bmatrix} F_x \\ F_y \\ T \end{Bmatrix} = \begin{Bmatrix} 0 \\ 0 \\ 0 \end{Bmatrix} \tag{8.34}$$

式中，k_{ij} $(i, j=1, 2, 3)$称为块体的接触刚度矩阵。

因此，基于 k–1 次迭代时的接触刚度矩阵和力矢量，通过式(8.34)可以得到第 k 次迭代时块体未知位移矢量的求解公式：

$$\begin{Bmatrix} \Delta u_x^c \\ \Delta u_y^c \\ \Delta \theta^c \end{Bmatrix}_k = \begin{bmatrix} k_{11} & k_{12} & k_{13} \\ k_{21} & k_{22} & k_{23} \\ k_{31} & k_{32} & k_{33} \end{bmatrix}_{k-1}^{-1} \begin{Bmatrix} F_x \\ F_y \\ T \end{Bmatrix}_{k-1} \tag{8.35}$$

持续迭代，直到系统中的所有块体均被松弛，且不平衡力(扭矩)最小时计算结束。

2. 组静态松弛方法

逐步静态松弛方法可以看成一种显式的方法(因为所有的未知数都无须求解复杂的矩阵方程，在前一次迭代结束时可以直接得到)。Chen 等(1994)提出了一种隐式的组松弛方法，随后，Chen(1998)对其进行了更全面的阐述，该方法不需要像 Stewart(1981)那样依次连续松弛块体，而是在不考虑惯性项和黏性项的情况下，所有块体同时松弛。逐步静态松弛方法和组静态松弛方法的主要区别在于，逐步静态松弛方法的接触刚度矩阵只针对单个块体，同时考虑该块体上所有接触点的全部力的影响；然而组静态松弛方法为两个块体之间的每个接触点编写一个接触刚度子矩阵，然后将所有子矩阵组合成一个大型全局刚度矩阵，其方式与 FEM 相似。基于式(8.31)的所有接触点(i=1, 2,⋯, M)的求和(默认情况为式(8.32))，将每个接触点的贡献分散到全局刚度矩阵中适当的位置。

如图 8.6 所示，假设块体 m 和块体 n 存在点-边接触，接触点为 i，接触边为块体 m 上倾角为α的边。与 Stewart(1981)的逐步松弛相似，在小位移假设下，接触点 i 的位移增量由块体 m 和块体 n 质心的位移增量得到，分别为

$$\begin{Bmatrix} \Delta u_{x,m}^i \\ \Delta u_{y,m}^i \end{Bmatrix} = \begin{bmatrix} 1 & 0 & x^i - x_m^c \\ 0 & 1 & -\left(y^i - y_m^c\right) \end{bmatrix} \begin{Bmatrix} \Delta u_{x,m}^c \\ \Delta u_{y,m}^c \\ \Delta \theta_m^c \end{Bmatrix} \tag{8.36}$$

$$\begin{Bmatrix} \Delta u_{x,n}^i \\ \Delta u_{y,n}^i \end{Bmatrix} = \begin{bmatrix} 1 & 0 & x^i - x_n^c \\ 0 & 1 & -\left(y^i - y_n^c\right) \end{bmatrix} \begin{Bmatrix} \Delta u_{x,n}^c \\ \Delta u_{y,n}^c \\ \Delta \theta_n^c \end{Bmatrix} \tag{8.37}$$

式中，$(\Delta u_{x,m}^c, \Delta u_{y,m}^c, \Delta \theta_m^c)^{\mathrm{T}}$、$(\Delta u_{x,n}^c, \Delta u_{y,n}^c, \Delta \theta_n^c)^{\mathrm{T}}$ 分别为块体 m、n 的质心平动和转动位移增量；$(\Delta u_{x,m}^i, \Delta u_{y,m}^i)^{\mathrm{T}}$、$(\Delta u_{x,n}^i, \Delta u_{y,n}^i)^{\mathrm{T}}$ 分别为由块体 m、n 位移引起的 i 点位移增量。由于块体 m、n 的运动，点 i 的相对位移 $(\Delta u_x^i, \Delta u_y^i)^{\mathrm{T}}$ 为

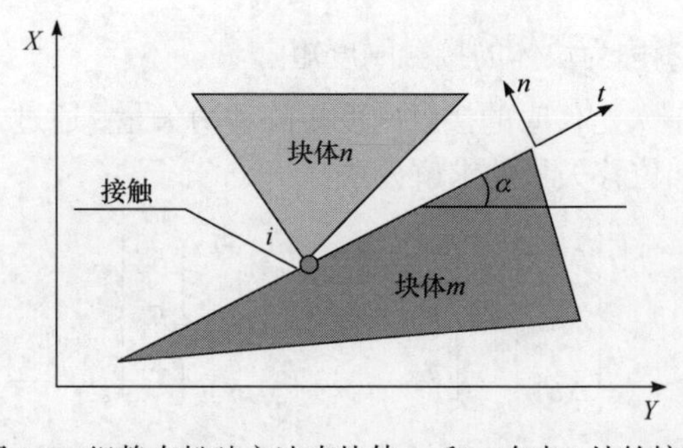

图 8.6　组静态松弛方法中块体 m 和 n 在点 i 处的接触

$$
\begin{Bmatrix} \Delta u_x^i \\ \Delta u_y^i \end{Bmatrix} = \begin{Bmatrix} \Delta u_{x,m}^i \\ \Delta u_{y,m}^i \end{Bmatrix} - \begin{Bmatrix} \Delta u_{x,n}^i \\ \Delta u_{y,n}^i \end{Bmatrix} = \begin{bmatrix} 1 & 0 & x^i - x_m^c & -1 & 0 & -\left(x^i - x_m^c\right) \\ 0 & 1 & y^i - y_m^c & 0 & -1 & -\left(y^i - y_m^c\right) \end{bmatrix} \begin{Bmatrix} \Delta u_{x,m}^c \\ \Delta u_{y,m}^c \\ \Delta \theta_m^c \\ \Delta u_{x,n}^c \\ \Delta u_{y,n}^c \\ \Delta \theta_n^c \end{Bmatrix}
\tag{8.38}
$$

由式(8.27)和式(8.30)的转换关系，对于块体 m，接触点 i 处力增量的组合矩阵形式为

$$
\begin{Bmatrix} \Delta F_{x,m}^i \\ \Delta F_{y,m}^i \\ \Delta T_m^i \end{Bmatrix} = \begin{bmatrix} -\sin\alpha_i & \cos\alpha_i \\ \cos\alpha_i & \sin\alpha_i \\ -\left(y_m^c - y^i\right)\sin\alpha_i + \left(x_m^c - x^i\right)\cos\alpha_i & \left(y_m^c - y^i\right)\sin\alpha_i + \left(x_m^c - x^i\right)\cos\alpha_i \end{bmatrix} \begin{Bmatrix} \Delta F_n^i \\ \Delta F_t^i \end{Bmatrix}
\tag{8.39}
$$

将式(8.26)、式(8.28)和式(8.38)代入式(8.39)，得到块体 m 对接触点 i 的接触刚度矩阵的贡献为

$$
\begin{Bmatrix} \Delta F_{x,m}^i \\ \Delta F_{y,m}^i \\ \Delta T_m^i \end{Bmatrix} = \begin{bmatrix} k_{11} & k_{12} & k_{13} & k_{14} & k_{15} & k_{16} \\ k_{21} & k_{22} & k_{23} & k_{24} & k_{25} & k_{26} \\ k_{31} & k_{32} & k_{33} & k_{34} & k_{35} & k_{36} \end{bmatrix} \begin{Bmatrix} \Delta u_{x,m}^c \\ \Delta u_{y,m}^c \\ \Delta \theta_m^c \\ \Delta u_{x,n}^c \\ \Delta u_{y,n}^c \\ \Delta \theta_n^c \end{Bmatrix} = \begin{bmatrix} [k_{mm}] & [k_{mn}] \end{bmatrix} \begin{Bmatrix} \{\Delta u_m^c\} \\ \{\Delta u_n^c\} \end{Bmatrix}
\tag{8.40}
$$

式中，$\left\{\Delta u_m^c\right\} = (\Delta u_{x,m}^c, \Delta u_{y,m}^c, \Delta\theta_m^c)^{\mathrm{T}}$；$\left\{\Delta u_n^c\right\} = (\Delta u_{x,n}^c, \Delta u_{y,n}^c, \Delta\theta_n^c)^{\mathrm{T}}$；矩阵$[k_{mm}]$($m$=1, 2, 3)中的元素与式(8.32)中相同，但没有求和符号，即

$$
k_{11} = -K_t \cos^2\alpha_i - K_n \sin^2\alpha_i \tag{8.41a}
$$

$$
k_{12} = k_{21} = \cos\alpha_i \sin\alpha_i \left(K_n - K_t\right) \tag{8.41b}
$$

$$
\begin{aligned}
k_{13} = k_{31} = {} & K_t\left[\cos^2\alpha_i\left(y^i - y_m^c\right) - \sin\alpha_i\cos\alpha_i\left(x^i - x_m^c\right)\right] \\
& + K_n\left[\cos\alpha_i\sin\alpha_i\left(x^i - x_m^c\right) + \sin^2\alpha_i\left(y^i - y_m^c\right)\right]
\end{aligned}
\tag{8.41c}
$$

$$k_{22} = -K_t \sin^2 \alpha_i - K_n \cos^2 \alpha_i \tag{8.41d}$$

$$k_{33} = k_{23}\left(x^i - x_m^c\right) - k_{13}\left(y^i - y_m^c\right) \tag{8.41e}$$

$$\begin{aligned} k_{23}=k_{32} = K_t\left[\sin\alpha_i \cos\alpha_i\left(y^i - y_m^c\right) - \sin^2\alpha_i\left(x^i - x_m^c\right)\right] \\ - K_n\left[\cos^2\alpha_i\left(x^i - x_m^c\right) + \sin\alpha_i \cos\alpha_i\left(y^i - y_m^c\right)\right] \end{aligned} \tag{8.41f}$$

矩阵$[k_{mn}]$(m=1, 2, 3；n=4, 5, 6)的元素为

$$k_{14} = -k_{11} = K_t \cos^2 \alpha_i + K_n \sin^2 \alpha_i \tag{8.42a}$$

$$k_{15} = -k_{12} = \cos\alpha_i \sin\alpha_i\left(K_t - K_n\right) \tag{8.42b}$$

$$\begin{aligned} k_{16} = K_t\left[-\cos^2\alpha_i\left(y^i - y_n^c\right) + \sin\alpha_i \cos\alpha_i\left(x^i - x_n^c\right)\right] \\ - K_n\left[\sin\alpha_i \cos\alpha_i\left(x^i - x_n^c\right) + \sin^2\alpha_i\left(y^i - y_n^c\right)\right] \end{aligned} \tag{8.42c}$$

$$k_{24} = k_{15} = \cos\alpha_i \sin\alpha_i\left(K_t - K_n\right) \tag{8.42d}$$

$$k_{25} = -k_{22} = K_t \sin^2 \alpha_i + K_n \cos^2 \alpha_i \tag{8.42e}$$

$$\begin{aligned} k_{26} = -k_{23} = K_t\left[-\sin\alpha_i \cos\alpha_i\left(y^i - y_n^c\right) + \sin^2\alpha_i\left(x^i - x_n^c\right)\right] \\ + K_n\left[\cos^2\alpha_i\left(x^i - x_n^c\right) + \sin\alpha_i \cos\alpha_i\left(y^i - y_n^c\right)\right] \end{aligned} \tag{8.42f}$$

$$k_{34} = k_{24}\left(x^i - x_m^c\right) - k_{14}\left(y^i - y_m^c\right) \tag{8.42g}$$

$$k_{35} = k_{25}\left(x^i - x_m^c\right) - k_{15}\left(y^i - y_m^c\right) \tag{8.42h}$$

$$k_{36} = k_{26}\left(x^i - x_m^c\right) - k_{16}\left(y^i - y_m^c\right) \tag{8.42i}$$

对于块体 n，接触力就是与块体 m 的接触点的反作用力，因此块体 n 对接触刚度矩阵的作用是相似的：

$$\begin{Bmatrix} \Delta F_{x,n}^i \\ \Delta F_{y,n}^i \\ \Delta T_n^i \end{Bmatrix} = \begin{bmatrix} k_{41} & k_{42} & k_{43} & k_{44} & k_{45} & k_{46} \\ k_{51} & k_{52} & k_{53} & k_{54} & k_{55} & k_{56} \\ k_{61} & k_{62} & k_{63} & k_{64} & k_{65} & k_{66} \end{bmatrix} \begin{Bmatrix} \Delta u_{x,m}^c \\ \Delta u_{y,m}^c \\ \Delta \theta_m^c \\ \Delta u_{x,n}^c \\ \Delta u_{y,n}^c \\ \Delta \theta_n^c \end{Bmatrix} = \left[\left[k_{nm}\right]\left[k_{nn}\right]\right] \begin{Bmatrix} \left\{\Delta u_m^c\right\} \\ \left\{\Delta u_n^c\right\} \end{Bmatrix} \tag{8.43}$$

刚度矩阵中的元素为

$$k_{41}=-k_{11},\quad k_{42}=-k_{12},\quad k_{43}=-k_{13},\quad k_{44}=-k_{14},\quad k_{45}=-k_{15},\quad k_{46}=-k_{16} \tag{8.44a}$$

$$k_{51}=-k_{21},\quad k_{52}=-k_{22},\quad k_{53}=-k_{23},\quad k_{54}=-k_{24},\quad k_{55}=-k_{25},\quad k_{56}=-k_{26} \tag{8.44b}$$

$$k_{61}=k_{51}\left(x^i-x_n^c\right)-k_{41}\left(y^i-y_n^c\right),\quad k_{62}=k_{52}\left(x^i-x_n^c\right)-k_{42}\left(y^i-y_n^c\right) \tag{8.44c}$$

$$k_{63}=k_{53}\left(x^i-x_n^c\right)-k_{43}\left(y^i-y_n^c\right),\quad k_{64}=k_{54}\left(x^i-x_n^c\right)-k_{44}\left(y^i-y_n^c\right) \tag{8.44d}$$

$$k_{65}=k_{55}\left(x^i-x_n^c\right)-k_{45}\left(y^i-y_n^c\right),\quad k_{66}=k_{56}\left(x^i-x_n^c\right)-k_{46}\left(y^i-y_n^c\right) \tag{8.44e}$$

令 $\left\{\Delta F_m^i\right\}=(\Delta F_{x,m}^i,\Delta F_{y,m}^i,\Delta T_m^i)^{\mathrm{T}}$ 和 $\left\{\Delta F_n^i\right\}=(\Delta F_{x,n}^i,\Delta F_{y,n}^i,\Delta T_n^i)^{\mathrm{T}}$ 分别为接触力增量矢量，联立式(8.40)和式(8.41)得到块体 m 和块体 n 在接触点 i 处的完整接触刚度矩阵：

$$\begin{Bmatrix}\Delta F_{x,m}^i\\ \Delta F_{y,m}^i\\ \Delta T_m^i\\ \Delta F_{x,n}^i\\ \Delta F_{y,n}^i\\ \Delta T_n^i\end{Bmatrix}=\begin{bmatrix}k_{11}&k_{12}&k_{13}&k_{14}&k_{15}&k_{16}\\ k_{21}&k_{22}&k_{23}&k_{24}&k_{25}&k_{26}\\ k_{31}&k_{32}&k_{33}&k_{34}&k_{35}&k_{36}\\ k_{41}&k_{42}&k_{43}&k_{44}&k_{45}&k_{46}\\ k_{51}&k_{52}&k_{53}&k_{54}&k_{55}&k_{56}\\ k_{61}&k_{62}&k_{63}&k_{64}&k_{65}&k_{66}\end{bmatrix}\begin{Bmatrix}\Delta u_{x,m}^c\\ \Delta u_{y,m}^c\\ \Delta\theta_m^c\\ \Delta u_{x,n}^c\\ \Delta u_{y,n}^c\\ \Delta\theta_n^c\end{Bmatrix} \tag{8.45a}$$

或

$$\begin{Bmatrix}\left\{\Delta F_m^i\right\}\\ \left\{\Delta F_n^i\right\}\end{Bmatrix}=\begin{bmatrix}\left[k_{mm}\right]&\left[k_{mn}\right]\\ \left[k_{nm}\right]&\left[k_{nn}\right]\end{bmatrix}\begin{Bmatrix}\left\{\Delta u_m^c\right\}\\ \left\{\Delta u_n^c\right\}\end{Bmatrix} \tag{8.45b}$$

子矩阵中的元素为

$$\left[k_{mm}\right]=\begin{bmatrix}k_{11}&k_{12}&k_{13}\\ k_{21}&k_{22}&k_{23}\\ k_{31}&k_{32}&k_{33}\end{bmatrix},\quad \left[k_{mn}\right]=\begin{bmatrix}k_{14}&k_{15}&k_{16}\\ k_{24}&k_{25}&k_{26}\\ k_{34}&k_{35}&k_{36}\end{bmatrix} \tag{8.46a}$$

$$\left[k_{nm}\right]=\begin{bmatrix}k_{41}&k_{42}&k_{43}\\ k_{51}&k_{52}&k_{53}\\ k_{61}&k_{62}&k_{63}\end{bmatrix},\quad \left[k_{nn}\right]=\begin{bmatrix}k_{44}&k_{45}&k_{46}\\ k_{54}&k_{55}&k_{56}\\ k_{64}&k_{65}&k_{66}\end{bmatrix} \tag{8.46b}$$

所有这些子矩阵都是对称的。

令 $\left\{F_m^e\right\}=(F_{x,m}^e,F_{y,m}^e,T_m^e)^{\mathrm{T}}$ 和 $\left\{F_n^e\right\}=(F_{x,n}^e,F_{y,n}^e,T_n^e)^{\mathrm{T}}$ 分别为作用于块体 m 和 n 上的外力/力矩矢量，则 m 和 n 块体在接触点 i 的静力平衡方程为

$$\begin{Bmatrix}\{\Delta F_m^i\}\\\{\Delta F_n^i\}\end{Bmatrix}+\begin{Bmatrix}\{F_m^e\}\\\{F_n^e\}\end{Bmatrix}=\begin{bmatrix}[k_{mm}] & [k_{mn}]\\ [k_{nm}] & [k_{nn}]\end{bmatrix}\begin{Bmatrix}\{\Delta u_m^c\}\\\{\Delta u_n^c\}\end{Bmatrix}+\begin{Bmatrix}\{F_m^e\}\\\{F_n^e\}\end{Bmatrix}=\begin{Bmatrix}\{0\}\\\{0\}\end{Bmatrix} \tag{8.47}$$

N 个块体组成的系统全局静力平衡方程为

$$\begin{bmatrix}[k_{11}] & [k_{12}] & [k_{13}] & \cdots & [k_{1N}]\\ [k_{21}] & [k_{22}] & [k_{23}] & \cdots & [k_{2N}]\\ [k_{31}] & [k_{32}] & [k_{33}] & \cdots & [k_{3N}]\\ \vdots & \vdots & \vdots & & \vdots\\ [k_{N1}] & [k_{N2}] & [k_{N3}] & \cdots & [k_{NN}]\end{bmatrix}\begin{Bmatrix}\{\Delta u_1^c\}\\\{\Delta u_2^c\}\\\{\Delta u_3^c\}\\\vdots\\\{\Delta u_N^c\}\end{Bmatrix}+\begin{Bmatrix}\{F_1^e\}\\\{F_2^e\}\\\{F_3^e\}\\\vdots\\\{F_N^e\}\end{Bmatrix}=\begin{Bmatrix}\{0\}\\\{0\}\\\{0\}\\\vdots\\\{0\}\end{Bmatrix} \tag{8.48}$$

式中，所有子矩阵$[k_{ij}]$$(i, j=1, 2,\cdots, N)$的秩为 3×3，并依据块体的编号以及是否接触由式(8.46)计算。如果块体 i 和 j 没有接触，那么$[k_{ij}]=[0]$。

全局接触刚度矩阵的组合方法与 FEM 相似，即子矩阵$[k_{ij}]$被分配在秩为 $3N\times3N$ 的全局刚度矩阵中的第 i 行和第 j 列。根据当前的外部荷载，求解全局平衡方程(8.48)，可以同时得到所有块体质心的位移增量。由第 $k-1$ 次迭代的刚度矩阵和外荷载向量的解，可将公式转化为递推式形式，第 k 次迭代时的块体位移增量为

$$\begin{Bmatrix}\{\Delta u_1^c\}\\\{\Delta u_2^c\}\\\{\Delta u_3^c\}\\\vdots\\\{\Delta u_N^c\}\end{Bmatrix}_k=-\begin{bmatrix}[k_{11}] & [k_{12}] & [k_{13}] & \cdots & [k_{1N}]\\ [k_{21}] & [k_{22}] & [k_{23}] & \cdots & [k_{2N}]\\ [k_{31}] & [k_{32}] & [k_{33}] & \cdots & [k_{3N}]\\ \vdots & \vdots & \vdots & & \vdots\\ [k_{N1}] & [k_{N2}] & [k_{N3}] & \cdots & [k_{NN}]\end{bmatrix}_{k-1}^{-1}\begin{Bmatrix}\{F_1^e\}\\\{F_2^e\}\\\{F_3^e\}\\\vdots\\\{F_N^e\}\end{Bmatrix}_{k-1} \tag{8.49}$$

解的收敛性取决于整个系统是否达到最小不平衡力，或者连续两次迭代间的差值是否满足误差阈值。将惯性项和黏性项作为附加矢量加到等式右边，可以直接扩展为动态松弛方法(Chen，1998)。上述方法仅适用于刚体系统。

8.3.4 多孔介质中流体流动的动态松弛方法

动态松弛方法也可用于多孔介质的渗流问题(Day，1965；Parekh，1976)。研究目的是获得当流体通过多孔介质时，阻尼动态波动方程的最终稳态解：

$$\frac{\partial}{\partial x}\left(k_x\frac{\partial h}{\partial x}\right)+\frac{\partial}{\partial y}\left(k_y\frac{\partial h}{\partial y}\right)+\frac{\partial}{\partial z}\left(k_z\frac{\partial h}{\partial z}\right)+s=c\frac{\partial h}{\partial t}+\rho\frac{\partial^2 h}{\partial t^2} \tag{8.50}$$

式中，h 为水头；(k_x,k_y,k_z) 为介质各向异性渗透率；s 为源项；c 为阻尼系数；ρ

为流体密度。

令 $v=\dfrac{\partial h}{\partial t}$，$q=\dfrac{\partial}{\partial x}\left(k_x\dfrac{\partial h}{\partial x}\right)+\dfrac{\partial}{\partial y}\left(k_y\dfrac{\partial h}{\partial y}\right)+\dfrac{\partial}{\partial z}\left(k_z\dfrac{\partial h}{\partial z}\right)+s$，式(8.50)可简化为

$$q=cv+\rho\frac{\partial v}{\partial t} \tag{8.51}$$

在 t 时刻，式(8.51)在典型节点 o 的显式有限差分表达形式为(图 8.7)

$$q_{o,t}=\frac{c}{2}(v_{o,t+\Delta t/2}+v_{o,t-\Delta t/2})+\frac{\rho}{\Delta t}(v_{o,t+\Delta t/2}-v_{o,t-\Delta t/2}) \tag{8.52}$$

$v_{o,t+\Delta t/2}$ 可表示为

$$v_{o,t+\Delta t/2}=\left(\frac{\rho}{\Delta t}+\frac{c}{2}\right)^{-1}\left[\left(\frac{\rho}{\Delta t}-\frac{c}{2}\right)v_{o,t-\Delta t/2}+q_{o,t}\right] \tag{8.53}$$

式中，q 可以由有限差分近似定义为

$$q_{o,t}=\frac{k_x}{(\Delta x)^2}\left[h_1-2h_0+h_2\right]_t+\frac{k_y}{(\Delta y)^2}\left[h_3-2h_0+h_4\right]_t+\frac{k_z}{(\Delta z)^2}\left[h_5-2h_0+h_6\right]_t+s_{o,t} \tag{8.54}$$

在 $t+\Delta t$ 时刻，o 点处的 h 值为

$$h_{o,t+\Delta t}=h_{o,t}+(\Delta t)v_{o,t+\Delta t/2} \tag{8.55}$$

式(8.53)和式(8.55)表示当初始值 $h_{o,t}=0$ 已知时(通常情况)，式(8.51)迭代解所需的递推格式。解的稳定性由临界时间步长确定：

$$\Delta t\leqslant\Delta t^c=\frac{1}{2}\frac{c}{\max\left(k_x,k_y,k_z\right)}\left[\min\left(\Delta x,\Delta y,\Delta z\right)\right]^2 \tag{8.56}$$

对于恒定渗透率 k 和方形网格，准则简化为

$$\Delta t\leqslant\Delta t^c=\frac{1}{2}\frac{c}{k}(\Delta x)^2 \tag{8.57}$$

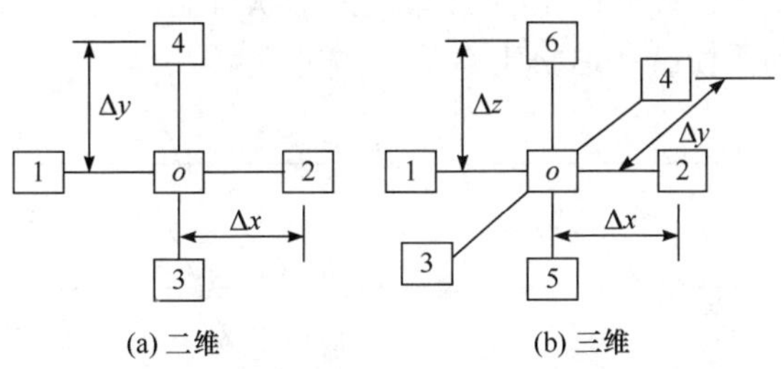

图 8.7　二维和三维情况下的有限差分网格(Parekh，1976)

阻尼系数 c 也会影响求解过程的收敛速度。应选择临界阻尼系数，使水头的阻尼振荡迅速减小到零，从而得到稳态解，该系数是无阻尼系统基频的函数。在

大多数实际问题中，用封闭形式精确地计算基频是不现实的，但可以通过近似方法来实现。第一种方法是看成无阻尼形式，观察典型节点上水头 h 值的振荡。如果完成一个周期，水头变化所需要的迭代次数为 N，则系统的基频(rad/s)为

$$\omega = \frac{2\pi}{N\Delta t} \tag{8.58}$$

然后确定临界阻尼系数：

$$c = 2\rho\omega = \frac{4\rho\pi}{N\Delta t} \tag{8.59}$$

第二种方法是观察整个系统动能的振荡。由于每个节点的速度已知，系统动能 $K=\sum v_i^2$ 很容易计算得到，达到 K 曲线第一个真正最大值所需的迭代次数为系统基本模式周期的四分之一。如果达到 K 的真正最大值时迭代次数为 M，则基频为

$$\omega = \frac{2\pi}{4M\Delta t} \tag{8.60}$$

临界阻尼系数为

$$c = 2\rho\omega = \frac{\rho\pi}{M\Delta t} \tag{8.61}$$

8.4　可变形连续体应力分析的动态松弛方法

利用上面介绍的有限差分近似，可使可变形连续材料的应力、应变及其速率(随时间的变化)和相应增量的计算简单直接。矩形网格是在 20 世纪 40 年代早期开发的，这里不再重复。以下内容仅限于有限体积法。有限体积法中单元的形状可以是二维一般多边形，也可以是三维多面体，而且在研究区域内的不同区域可以是不同的。下面用一个一般四边形单元的例子(图 8.8)来解释说明。假定材料密度和单元面积在变形过程中恒定(虽然单元的形状可能发生变化)，材料各向同性，且具有线弹性，杨氏模量和泊松比不变。

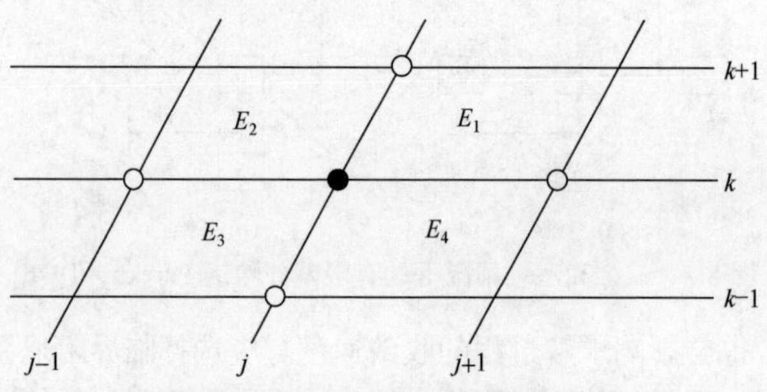

图 8.8　四边形单元的有限体积法

(1) 单元 i 质心处应变梯度为(节点 1、节点 2、节点 3、节点 4 逆时针排列)

$$\left(\dot{\varepsilon}_{xx}\right)_i=\left(\frac{\dot{x}}{x}\right)_i=\frac{1}{2A}\left[\left(\dot{x}_1-\dot{x}_3\right)\left(y_2-y_4\right)+\left(\dot{x}_2-\dot{x}_4\right)\left(y_3-y_1\right)\right] \tag{8.62a}$$

$$\left(\dot{\varepsilon}_{yy}\right)_i=\left(\frac{\dot{y}}{y}\right)_i=\frac{-1}{2A}\left[\left(\dot{y}_1-\dot{y}_3\right)\left(x_2-x_4\right)+\left(\dot{y}_2-\dot{y}_4\right)\left(x_3-x_1\right)\right] \tag{8.62b}$$

$$\begin{aligned}(\dot{\varepsilon}_{xy})_i&=\frac{1}{2}\left(\frac{\partial\dot{y}}{\partial x}+\frac{\partial\dot{x}}{\partial y}\right)_i\\&=\frac{1}{4A}\left[\left(\dot{y}_1-\dot{y}_3\right)\left(y_2-y_4\right)+\left(\dot{y}_2-\dot{y}_4\right)\left(y_3-y_1\right)+\left(\dot{x}_1-\dot{x}_3\right)\left(x_2-x_4\right)+\left(\dot{x}_2-\dot{x}_4\right)\left(x_3-x_1\right)\right]\end{aligned} \tag{8.62c}$$

(2) 单元 i 质心处应变增量为

$$\left(\Delta\varepsilon_{xx}\right)_i=\left(\dot{\varepsilon}_{xx}\right)_i\Delta t,\quad \left(\Delta\varepsilon_{yy}\right)_i=\left(\dot{\varepsilon}_{yy}\right)_i\Delta t,\quad \left(\Delta\varepsilon_{xy}\right)_i=\left(\dot{\varepsilon}_{xy}\right)_i\Delta t \tag{8.63}$$

(3) 单元 i 质心处应力增量为

$$\left(\Delta\sigma_{xx}\right)_i=\frac{E(1-\nu)}{(1+\nu)(1-2\nu)}\left(\Delta\varepsilon_{xx}+\frac{\nu}{1-\nu}\Delta\varepsilon_{yy}\right)_i \tag{8.64a}$$

$$\left(\Delta\sigma_{yy}\right)_i=\frac{E(1-\nu)}{(1+\nu)(1-2\nu)}\left(\Delta\varepsilon_{yy}+\frac{\nu}{1-\nu}\Delta\varepsilon_{xx}\right)_i \tag{8.64b}$$

$$\left(\Delta\sigma_{xy}\right)_i=\frac{E}{2(1+\nu)}\left(\Delta\varepsilon_{xy}\right)_i \tag{8.64c}$$

(4) 单元 i 质心处应力转换修正项。如果一个单元在时间步Δt 中旋转了角度ω，单元应力需根据单元在全局 x-y 坐标系中的新位置进行转换，其转换公式为

$$\begin{Bmatrix}\sigma'_{xx}\\ \sigma'_{yy}\\ \sigma'_{xy}\end{Bmatrix}=\begin{bmatrix}\cos^2\omega & \sin^2\omega & -2\sin\omega\cos\omega\\ \sin^2\omega & \cos^2\omega & 2\sin\omega\cos\omega\\ \sin\omega\cos\omega & -\sin\omega\cos\omega & \cos^2\omega-\sin^2\omega\end{bmatrix}\begin{Bmatrix}\sigma^0_{xx}\\ \sigma^0_{yy}\\ \sigma^0_{xy}\end{Bmatrix} \tag{8.65}$$

式中，σ'_{ij} 和 σ^0_{ij} $(i, j=x, y)$分别为转换前后的应力。角度ω可由式(8.66)计算：

$$\begin{aligned}\sin\omega&=\frac{1}{2}\left[\nabla\times\left(x\boldsymbol{i}+y\boldsymbol{j}\right)\right]=\frac{\Delta t}{2}\left(\frac{\partial\dot{y}}{\partial x}-\frac{\partial\dot{x}}{\partial y}\right)\\&=\frac{\Delta t}{8A}\left[\left(\dot{y}_1-\dot{y}_3\right)\left(y_2-y_4\right)+\left(\dot{y}_2-\dot{y}_4\right)\left(y_3-y_1\right)-\left(\dot{x}_1-\dot{x}_3\right)\left(x_2-x_4\right)\right.\\&\quad\left.+\left(\dot{x}_2-\dot{x}_4\right)\left(x_3-x_1\right)\right]\end{aligned} \tag{8.66}$$

相应的旋转修正应力为

$$\delta_{xx}=\sigma'_{xx}-\sigma^0_{xx}=\left(\sigma^0_{yy}-\sigma^0_{xx}\right)\sin^2\omega-\sigma^0_{xy}\sin(2\omega) \tag{8.67a}$$

$$\delta_{yy}=\sigma'_{yy}-\sigma^0_{yy}=\left(\sigma^0_{xx}-\sigma^0_{yy}\right)\sin^2\omega+\sigma^0_{xy}\sin(2\omega) \tag{8.67b}$$

$$\delta_{xy}=\sigma'_{xy}-\sigma^0_{xy}=-2\sigma^0_{xy}\sin^2\omega+\frac{1}{2}\left(\sigma^0_{xx}-\sigma^0_{yy}\right)\sin(2\omega) \tag{8.67c}$$

对于单元 i，在第 n+1 步时的应力更新为初始应力、应力增量和旋转修正应力之和：

$$\left(\sigma_{xx}\right)_i^{n+1}=\left(\sigma_{xx}\right)_i^n+\left(\Delta\sigma_{xx}\right)_i^n+\left(\delta_{xx}\right)_i^n \tag{8.68a}$$

$$\left(\sigma_{yy}\right)_i^{n+1}=\left(\sigma_{yy}\right)_i^n+\left(\Delta\sigma_{yy}\right)_i^n+\left(\delta_{yy}\right)_i^n \tag{8.68b}$$

$$\left(\sigma_{xy}\right)_i^{n+1}=\left(\sigma_{xy}\right)_i^n+\left(\Delta\sigma_{xy}\right)_i^n+\left(\delta_{xy}\right)_i^n \tag{8.68c}$$

(5) 求解运动方程的有限差分格式。图 8.8 为四边形网格单元，可以写出连接四个单元 E_1、E_2、E_3、E_4 的节点(j,k)和四个网格点$(j,k-1)$、$(j+1,k)$、$(j,k+1)$和$(j-1,k)$的运动方程。于是，在时间步长$(n,n+1)$内，节点(j,k)的运动方程可写为

$$\begin{aligned}\dot{x}_{j,k}^{n+1}=\dot{x}_{j,k}^{n}-\frac{\Delta t}{2M_m}\Big[&\left(\sigma_{xx}\right)_{E_1}^n\left(y_{j+1,k}^n-y_{j,k+1}^n\right)+\left(\sigma_{xx}\right)_{E_2}^n\left(y_{j,k+1}^n-y_{j-1,k}^n\right)\\&+\left(\sigma_{xx}\right)_{E_3}^n\left(y_{j-1,k}^n-y_{j,k-1}^n\right)+\left(\sigma_{xx}\right)_{E_4}^n\left(y_{j,k-1}^n-y_{j+1,k}^n\right)-\left(\sigma_{xy}\right)_{E_1}^n\left(x_{j+1,k}^n-x_{j,k+1}^n\right)\\&-\left(\sigma_{xy}\right)_{E_2}^n\left(x_{j,k+1}^n-x_{j-1,k}^n\right)-\left(\sigma_{xy}\right)_{E_3}^n\left(x_{j-1,k}^n-x_{j,k-1}^n\right)-\left(\sigma_{xy}\right)_{E_4}^n\left(x_{j,k-1}^n-x_{j+1,k}^n\right)\Big]\end{aligned} \tag{8.69a}$$

$$\begin{aligned}\dot{y}_{j,k}^{n+1}=\dot{y}_{j,k}^{n}-\frac{\Delta t}{2M_m}\Big[&\left(\sigma_{yy}\right)_{E_1}^n\left(y_{j+1,k}^n-y_{j,k+1}^n\right)+\left(\sigma_{yy}\right)_{E_2}^n\left(x_{j,k+1}^n-x_{j-1,k}^n\right)\\&+\left(\sigma_{yy}\right)_{E_3}^n\left(x_{j-1,k}^n-x_{j,k-1}^n\right)+\left(\sigma_{yy}\right)_{E_4}^n\left(x_{j,k-1}^n-x_{j+1,k}^n\right)-\left(\sigma_{xy}\right)_{E_1}^n\left(y_{j+1,k}^n-y_{j,k+1}^n\right)\\&-\left(\sigma_{xy}\right)_{E_2}^n\left(y_{j,k+1}^n-y_{j-1,k}^n\right)-\left(\sigma_{xy}\right)_{E_3}^n\left(y_{j-1,k}^n-y_{j,k-1}^n\right)-\left(\sigma_{xy}\right)_{E_4}^n\left(y_{j,k-1}^n-y_{j+1,k}^n\right)\Big]\end{aligned} \tag{8.69b}$$

式中

$$M_m=\left(M_{E_1}+M_{E_2}+M_{E_3}+M_{E_4}\right)/4 \tag{8.69c}$$

是与节点(j,k)相关联的质量。最终，节点(j,k)的位移为

$$x_{j,k}^{n+1}=x_{j,k}^n+\dot{x}_{j,k}^n\Delta t,\quad y_{j,k}^{n+1}=y_{j,k}^n+\dot{y}_{j,k}^n\Delta t \tag{8.70}$$

8.5　块体几何的表征和内部离散化

由于使用边界多尺度特征的检测方法，即 SSD 算法(见第 7 章)，块体用三维凸多面体表征(图 8.9(b))，该凸多面体的每个面都是由具有有限数量的直线边围成的平面凸多边形。块体对应的二维表征是具有有限数量直线边的多边形(图 8.9(a))。二维多边形可以是凸多边形，也可以是凹多边形，但三维多面体是凸多面体。这些块体是由研究区域内的裂隙切割而成的，其中裂隙可以是单一裂隙(大尺度裂隙)，也可以是裂隙组(小尺度裂隙集)，裂隙组的倾角、倾向、间距和开度符合随机分布特征。每个块体的顶点(角)、边、面及其连通性关系是在块体形成过程中利用方向面概念确定的。这个过程不使用拓扑算法和 Euler-Poincare 原理，因为假定三维空间中的所有裂隙都是无限大的(尽管使用隐藏块体或隐藏表面的算法会终止其他裂隙或边界的扩展)。

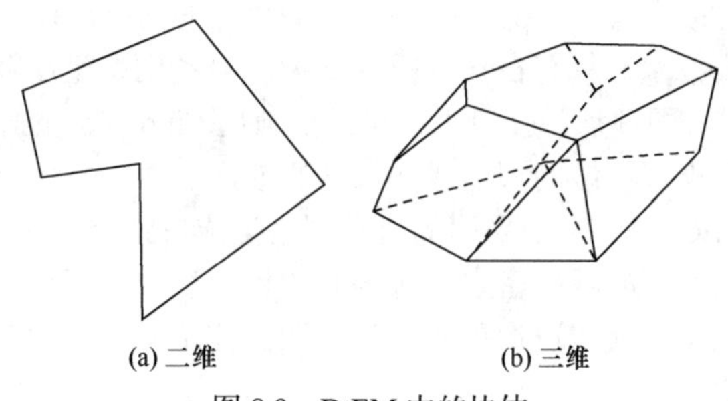

图 8.9　DtEM 中的块体

可变形块进一步划分为有限数量的内部单元，进行应力、应变和位移计算。如图 8.10 所示，这些单元在二维空间为恒应变三角形或线性应变四边形单元，在三维空间为恒应变四面体单元，它们形成了 FVM(或 FDM)单元的网格(在 UDEC/3DEC 程序中称为区域)。

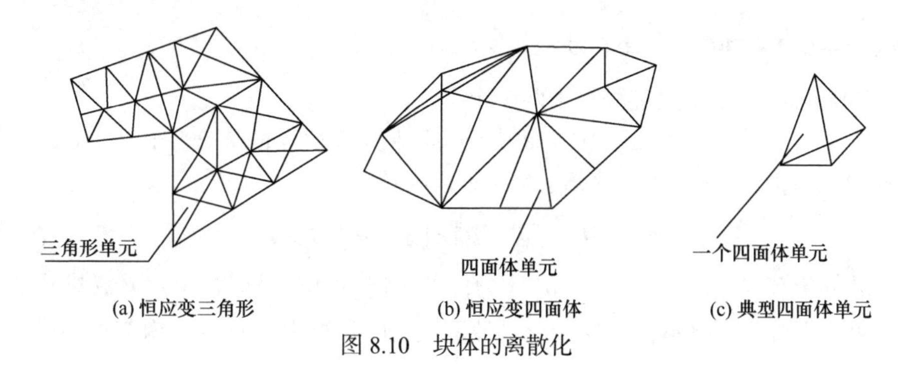

图 8.10　块体的离散化

这两种情况都使用显式的大应变拉格朗日表达形式来表示恒应变单元。每个单元的位移场是线性变化的，区域的面或边将保持平面或直线段，也可以使用更高阶的单元，可能会得到曲面(或边)，但这反过来会使接触检测算法复杂化。可以通过三角化，采用 FEM 或 FDM 中相同的网格生成方法来生成区域。离散化的一个重要问题是保证网格在单元数、节点(网格点)、边、面、边界面等方面的拓扑兼容性。第 6 章介绍的拓扑特征之间的拓扑关系仍然适用，可以用来检查 DEM 中网格的一致性。

8.5.1　内部三角剖分和 Voronoi 网格

在许多现有的 FEM 程序、商用前处理程序包和许多其他方法中，如拖-线或者拖-面方法(Park and Washam，1979)、Delaunay 三角剖分(Watson，1981；Cavendish et al.，1985；Schroeder and Shephard，1988)和基于 Delaunay 三角剖分原理的推进波前方法(Lo，1985，1989，1991a，1991b)，二维多边形或三维多面体自动生成三角形/四面体单元的方法都是数值模拟网格生成的标准方法。通用网格生成的数学原理可以参考 Knupp 和 Steinberg(1993)的文献。Delaunay 三角剖分是最常用的网格生成技术，具有自动运行的潜力。自动网格生成算法的关键要求是生成网格的一致性，即顶点、边和面之间必须满足 Euler-Poincare 关系，这样生成过程结束时就不会出现松散的顶点或狭长的边或面。

在 UDEC/3DEC 程序组中采用的自动网格生成方法类似于 Delaunay 三角剖分。这是一种根据所需的网格密度在域内和边界上生成一组点，然后将这些点连接起来形成平面三角形或四边形单元或三维四面体单元，从而对二维或三维域进行三角剖分的方法。

另一种方法不是将这些点连接起来，而是在每个内部点周围形成不规则的局部多边形，并通过迭代(如果需要的话)使它们光滑，直到得到所需的光滑多边形网格。这就是 Voronoi 过程，已在 UDEC 程序中实现(Itasca，1993)。

本节将简要回顾 Delaunay 三角剖分和 Voronoi 网格生成的原理，但不涉及太多细节。

8.5.2　二维 Delaunay 三角剖分

Delaunay 网格生成过程基于两个定义。

定义 1　给定二维或三维空间中 m 个唯一随机点的集合$\{P\}$，对于每个点 $P_i \in \{P\}$，存在一个局部子区域 V_i：

$$V_i = \left\{ X : \left\| X - P_i \right\| < \left\| X - P_j \right\|,\ i \neq j \right\} \tag{8.71}$$

子区域的集合$\{V\} = \{V_i, i = 1, \cdots, m\}$称为体的 Dirichlet 细分。这个定义意味着，该体积可以划分为子区域的紧凑集合，各子区域由随机生成的 m 个内部点围成。每

个子区域 V_i 可以表示为分隔点 P_i 和 $P_j(j \neq i)$ 的半开放空间(直线或平面)的凸交。这称为由一组随机生成的内部点相关的紧凑凸壳进行的空间随机划分。可以证明凸壳(也称之为小块)的 Dirichlet 细分结果满足 Euler-Poincare 关系(式(6.1))。子区域 V_i 每一个内部边或面都由且仅由两个小块共用。这个小块可以是三角形，也可以不是三角形(图 8.11(a)和(b))。

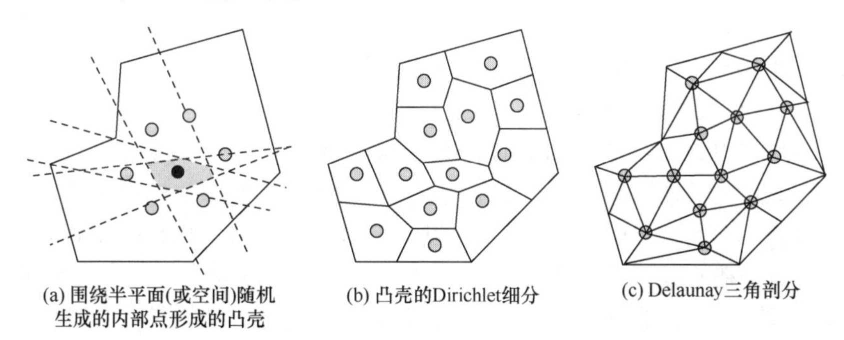

图 8.11　Dirichlet 细分和 Delaunay 三角剖分(未显示边界点)

定义 2　给定一个 Dirichlet 细分 $\{V\}=\{V_i, i=1,2,\cdots,m\}$，每个 V_i 有且只有一个内点 P_i，其中 V_i 和 V_j 相邻，连接相邻的内点 P_i 和 $P_j(j \neq i)$ 的线段构成了体积 V 的 Delaunay 三角剖分。连接线段形成的子区域在二维空间为三角形，在三维空间为四面体(图 8.11(c))。这实际上就是第 6 章中描述的体积单纯形划分，用三角形和四面体作为二维和三维单纯形。

根据上述两种定义的任意一个，可以设计出一种高效的网格自动生成算法，主要包括以下五个要素：

(1) 根据用户提供的单元平均线性尺寸(通常为平均边尺寸)，确定网格密度(或点间距)。

(2) 在内外边界上按所需节点间距布置边界节点(如表征开挖)。

(3) 根据所需的点间距生成内部点。

(4) 以 Dirichlet 细分或 Delaunay 三角剖分创建单元。

(5) 对生成的网格进行平滑处理，提高网格的均匀性。

步骤 1：在内外边界上生成和放置节点。

假设期望的平均边长为 $\overline{l}_e$，内外边界用 M 个直线段表示，其长度用 L_i $(i=1,2,\cdots,M)$ 表示，每条线段上的有 N_i 个节点，$N_i(i=1,2,\cdots,M)$ 表示为

$$N_i = \left[\frac{L_i}{\overline{l}_e}\right] + 1 \tag{8.72}$$

式中，[ ] 为 $L_i/\overline{l}_e$ 取整运算。每个边界段上新的平均边长为

$$l_e^i = \frac{L_i}{N_i} \quad (i = 1, 2, \cdots, M) \tag{8.73}$$

每个边界段上节点坐标的生成都是简单直接的。但是，外边界节点的排序应为逆时针，内边界节点的排序应为顺时针。由于研究区域边界的线段两端会重复生成节点，还应注意避免在相交角上具有相同坐标的双节点(然而，因为相交角上的单位法向量不是唯一确定的，角上的双节点表示也可能有用，一个解决方案是使用两个具有唯一单位法向量的节点，这有时在 BEM 中使用)。

步骤 2：生成和放置固体材料内部节点。

Fukuda 和 Suhara(1972)、Cavendish(1974)使用内部点(节点)随机生成的方法，该方法给研究区域叠加一个足够覆盖整个区域的正方形网格，然后随机、反复地生成内部点，每个子正方形只包含一个点。Shaw 和 Pitchen(1978)放弃随机生成点的尝试，而是在研究区域上使用矩形(而不是正方形)网格叠加，每个矩形网格的对角线上都有节点，节点可以连接成三角形单元。上述方法均具有在研究区域的外部或内部边界附近生成不理想网格形状的缺点。

Lo(1985)用于生成内部节点的方法对实现均匀网格更有效、更直观。该方法具体操作如下：

(1) 用坐标 $Y_{\max}$ 和 $Y_{\min}$ 确定研究区域的上下边界，根据所需的网格长度、式(8.72)和式(8.73)(用 $Y_{\max} - Y_{\min}$ 代替 L_i)，在研究区域上下边界中间放置虚构的水平线。在垂直方向上，水平线之间的间距由式(8.73)进行修正。每条线都由它与研究区域外边界相交的两个节点表征。

(2) 根据所需的网格长度、式(8.72)和式(8.73)，如果虚构的水平线不与任何内边界相交，则将该线视为一个连续的线段，沿定义边界的两个极端节点之间的线段放置内部点，内部节点不包括这两个极端节点。

(3) 如图 8.12 所示，如果虚构的水平线与一个或多个内边界相交，该线将被分割成若干段，其中水平线与域边界的交点表征为节点。然后，根据所需的网格长度、式(8.72)和式(8.73)，沿每个线段放置内部节点，内部节点不包括虚构线和研究区域边界的交点(因为所有边界节点已经在步骤 1 中放置)。

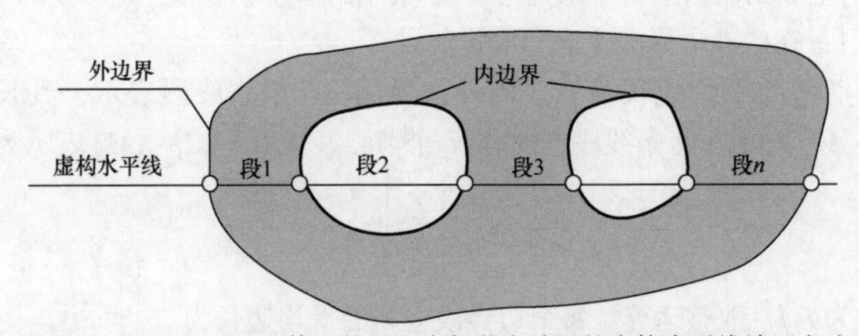

图 8.12　基于 Lo(1985)修正的用于内部节点放置的虚构水平线放置方法

(4) 假设一个典型的直线段在部分外部或内部域上，与定义域相交的两个端点的坐标为 (x_i, y_i) 和 (x_j, y_j) ，第 k 个虚构的水平线高度为 y_k ，如果满足下列条件，则不会相交。

$$\begin{cases}(y_i - y_k)(y_j - y_k) < 0 \quad 或 \\ (y_i - y_k)(y_j - y_k) = 0 \quad 和 \quad (y_k > y_i 或 y_k > y_j)\end{cases} \tag{8.74}$$

否则，直线与边界段相交，其交点坐标为

$$\left(x_i + \frac{(y_k - y_i)(x_j - x_i)}{y_j - y_i}, y_k\right) \tag{8.75}$$

步骤 3：生成内部单元——Delaunay 三角剖分。

根据步骤 1 所述的外边界节点逆时针排序和内边界节点顺时针排序，被离散的实体区域始终位于边界节点前进方向的左侧。如果采用相反的节点顺序，被离散的实体区域将位于前进方向的右侧。令 Γ 表示表征生成三角形单元拓扑边界的生成前沿，Λ 为在第 2 步生成的内部节点集合，通过连接内部节点与初始位置位于内部或外部边界上的生成前沿上节点生成单元。因此，每当形成一个新的三角形单元时，Γ 都会不断更新，并由一组表示生成单元的边(或开始时相邻节点之间的初始边界段)组成。因此，在 n 维(n=2 或 3)条件下，Γ 为已生成网格集合的第 n–1 个链。

Delaunay 三角剖分由选择最后一段 $AB \in \Gamma$ 开始，目的是找到一个内部点 $C \in (\Gamma \cup \Lambda)$ ，使 C 位于定向线段 AB 和三角形 ABC 左侧，这样，如果附近存在几个候选角，尽可能形成一个近似的等边三角形。该准则是选择提供范数 $\|AC\|^2 + \|BC\|^2$ 最小值的候选内部节点。如图 8.13 所示，假设有两个候选节点 $C_1 \in (\Gamma \cup \Lambda)$ 和 $C_2 \in (\Gamma \cup \Lambda)$ ，对于节点 C_1 ，定义以下参数：

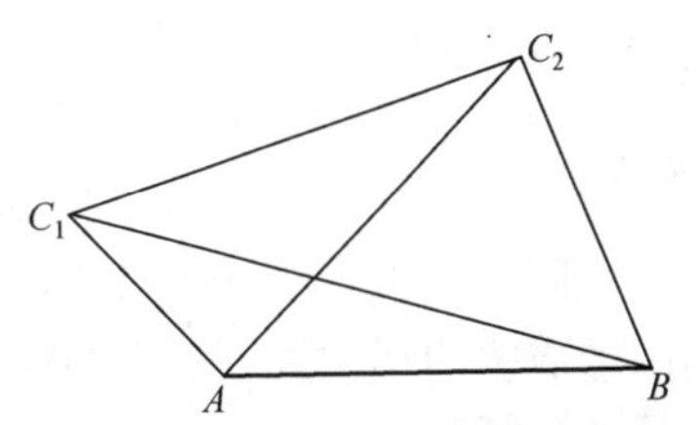

图 8.13　边 AB 三角剖分的两个候选节点 C_1 和 C_2 之间的选择(Lo，1985)

$$\alpha_1 = \frac{\triangle ABC_1}{\|AB\|^2 + \|BC_1\|^2 + \|C_1A\|^2}, \quad \beta_1 = \frac{\triangle C_1BC_2}{\|C_1B\|^2 + \|BC_2\|^2 + \|C_1C_2\|^2} \tag{8.76a}$$

$$\eta_1 = \frac{\triangle AC_1C_2}{\|AC_1\|^2 + \|C_1C_2\|^2 + \|C_2A\|^2}, \quad \lambda_1 = \max(\beta_1, \eta_1) \tag{8.76b}$$

对于节点 C_2 ，定义以下参数：

$$\alpha_2 = \frac{\triangle ABC_2}{\|AB\|^2 + \|BC_2\|^2 + \|C_2A\|^2}, \quad \beta_2 = \frac{\triangle C_2BC_1}{\|C_2B\|^2 + \|BC_1\|^2 + \|C_1C_2\|^2} = -\beta_1 \tag{8.76c}$$

$$\eta_2 = \frac{\triangle AC_2C_1}{\|AC_2\|^2 + \|C_1C_2\|^2 + \|C_1A\|^2} = -\eta_1, \quad \lambda_2 = \max(\beta_2, \eta_2) \tag{8.76d}$$

如果满足下列情况，则选择节点 C_1：

$$\alpha_1\lambda_1 > \alpha_2\kappa_2 \tag{8.77}$$

反之亦然。式(8.76)中的符号 $\triangle ABC_1$ 等表示由关联节点 A、B、C_1 组成的三角形面积。该算法可以扩展到任意数量的候选节点。在三角剖分结束时，生成的前沿边界集和内部节点集都被降为零集，至此三角剖分过程结束。由于 Lo 的 Delaunay 三角部分自动满足 Euler-Poincare 公式，不必再次检验。这种方法称为推进波前法，因为它具有生成前沿的基本性质。

步骤 4：平滑。

平滑有时是必要的，以产生一个更均匀的网格。对于每个内部节点，该过程会连接步骤 3 生成的若干个三角形，这些三角形构成一个一般形状的多边形。平滑的目的是通过一个迭代过程将内部节点的坐标移动到多边形的形心。

8.5.3 二维 Voronoi 过程

Delaunay 三角剖分是一种基于定义 2 过程的单纯形网格自动生成算法。结果是所有单元均为构成最简单的恒应变单元的三角形。相反，根据定义 1，也可以用 Dirichlet 细分法生成具有一般多边形形状的网格，这也称为 Voronoi 细分。如定义 2 和图 8.11，Voronoi 过程的原理很简单，可以直接形成多边形单元，然后进行平滑处理。内部节点可以根据所需单元的边长和密度随机生成或直接生成。另一种不同的技术是组合使用 Delaunay 三角剖分生成的三角形单元，在每个内部点周围形成多边形单元。在 UDEC 程序中，后一种方法即 Voronoi 网格生成方法。该算法包括以下步骤：

(1) 对研究区域的细分边界做细微扩展，以减少边界效应(与 Delaunay 三角剖分的步骤 1 相同)。

(2) 根据所需的单元边长，沿研究区域边界(外部或内部)分布节点(与 Delaunay 三角剖分的步骤 2 相同)。

(3) 随机生成内部节点，直到达到所需的内部节点密度。

(4) 对内部节点的位置进行平滑处理，通过迭代过程得到更加均匀的节点网格(迭代次数越多，网格越均匀)。

(5) 连接内部节点形成中间三角形单元网格(可以使用与 Delaunay 三角剖分步骤 3 相同的算法)。

(6) 通过构造共享一条边的所有三角形的垂直平分线，形成 Voronoi 多边形单元。多边形单元在初始细分区域的边界处截断。

图 8.14 显示了一个使用 UDEC 程序进行 50 次迭代的 Voronoi 网格生成过程的示例。

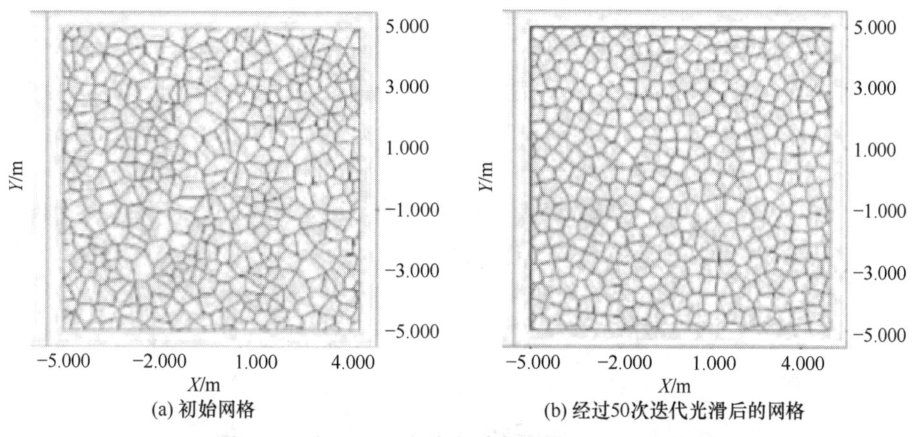

图 8.14 由 UDEC 程序创建的 Voronoi 网格示例

Voronoi 网格对模拟内部结构特征更为复杂的完整岩块及其与单元界面大变形、应力和流体流动的相互作用时具有一定的优势，其方法与颗粒力学方法相似。然而，单元/粒子及其接触点的性质可能需要特殊的测量方法或数值处理算法。

8.5.4 三维 Delaunay 三角剖分——四面体单元

基于 Delaunay 三角剖分原理，一种用于多面体三维离散化的推进波前方法被提出来，其在计算机实现上与二维情况有些不同。Peraire 等(1998)和 Lo(1991a, 1991b)对该方法的基础做了介绍，可以看成上述二维 Delaunay 三角剖分过程的扩展。

这一过程从研究区域的多面体边界表面(包括外部和内部边界)的 Delaunay 三角剖分开始。边界表面三角形单元的集合是三维 Delaunay 过程的初始推进前沿，通过将合适的内部节点与生成前沿面上三角形面连接构建四面体单元，随着新四面体单元的生成，不断更新推进前沿。与二维情况一样，所有四面体单元面的正确拓扑方向是必要的，因此生成的所有四面体单元的排序必须遵循第 6 章和第 7 章中介绍的定向面原则。如图 8.15 所示，三维 Delaunay 三角剖分相关的一个特殊困难是：内部节点可能位于前端生成的候选三角形面上，从而导致拓扑不一致，或生成体积非常小的不规则四面体。

设△*ABC*为前沿的候选三角形面，*D*为内部节点。在三维空间中，*D*到*A*、*B*和*C*所形成的平面之间的垂直距离d很小，所以新四面体*ABCD*将有一个非常小的体积，这可能会在水-力耦合计算时带来额外的困难(如需要采用很小的时间步长)。然而，△*ABD*、△*DCB*和△*ACD*是很均匀的。此外，如果垂直距离d具有和计算机截断累积误差相同的数量级，这个误差可能会影响三角剖分的下一个阶段。下一阶段存在一个新的内部节点*E*,会生成两个新的四面体*ABDE*和*BCDE*，它们的底面△*ABD*和△*BCD*并不完全在同一平面上(图 8.15(a))。实际上，更好的解决方案可以使内部节点*E*在内部节点*D*之前形成两个新的四面体单元*ABCE*和*ACDE*(图 8.15(b))，两个四面体单元上的所有面都是成比例的。虽然可以实现一系列用户干预和内置检查(如用户提供的与所需边长相关的最小单元体积)，但在任何意义下，该方法都不是完全自动优化的。

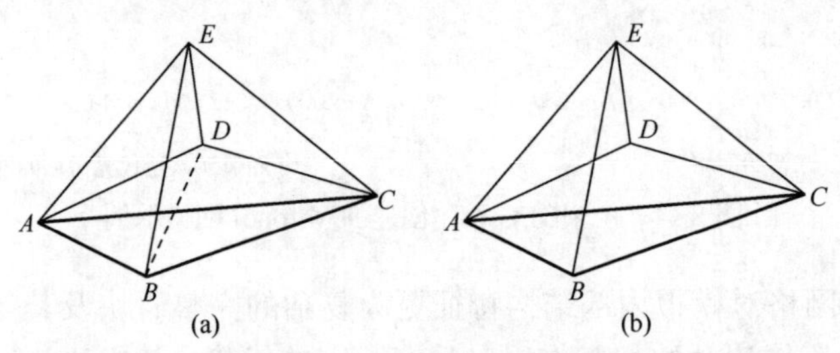

图 8.15　三维 Delaunay 三角剖分的典型困难(Lo，1991a)

Lo(1991b)提出了一种任意多面实体三维 Delaunay 三角剖分算法，在一定程度上降低了上述困难。该方法将在以下步骤中介绍。

(1) Delaunay 三角剖分多面体的边界表面。

在三维空间中，表征研究区域的任意多面体可以只与一个外部或有限数量的其他内部边界表面(如开挖边界)单连通或多连通。根据四面体单元的期望边长，采用与前面相同的算法进行三角剖分，得到一组三角形面来表征研究区域的完整边界表面，这组曲面构成初始生成前沿Γ。同样，所有这些三角形面的方向(节点编号)由右手准则定义，它们的单位法向量总是指向外侧。

(2) 内部节点的生成。

类似于二维 Delaunay 三角剖分中以接近或等于单元边长为间距的等间距虚构水平线，三维分析中，以接近或等于四面体边长为间距的等间距虚构水平面被均匀放置在研究域中，将研究域切割为一系列水平面(图 8.16)。在每一个由切割面和研究区域的内部体积构成的平截面上放置额外的虚构平行线，并按照与二维对应的方式沿着这些虚构的线生成和放置内部节点。

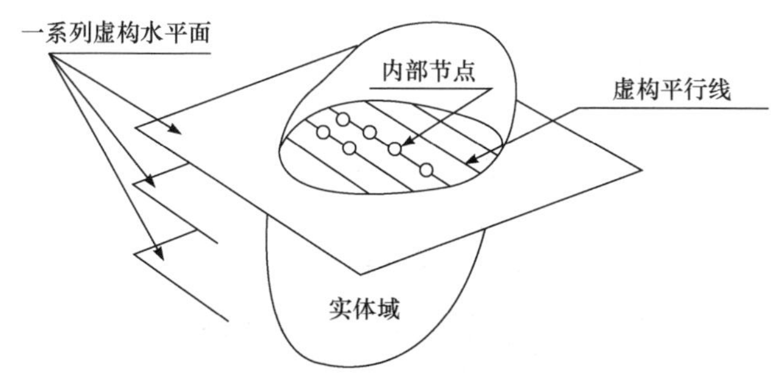

图 8.16　由一系列虚构水平面切割的实体域(Lo，1991a)

由于实体域的边界由一组三角形面表示，实体域与切割面截面的轮廓由边界表面的潜在三角形面与虚构切割面的相交线段确定。设第 k 个虚构平面的纵坐标为 $z_k\left(k=1,2,\cdots,M\right)$，集合 $\{\varDelta\}=\{\triangle A_iB_iC_i;i=1,2,\cdots,N\}$ 表示边界面的所有三角形面，其中 N 为边界面总数。典型的三角面$\triangle A_iB_iC_i$有三个正向节点 A_i、B_i 和 C_i($i=1,2,\cdots,N$)，坐标分别为$\left(x_A^i,y_A^i,z_A^i\right)$、$\left(x_B^i,y_B^i,z_B^i\right)$、$\left(x_C^i,y_C^i,z_C^i\right)$。$z_k$ 高度的虚构水平面与$\triangle A_iB_iC_i$ 的交点由平面与三角形的三条边 A_iB_i、B_iC_i、C_iA_i 中两条边的交点决定。对于边 A_iB_i，满足以下条件时存在交集(图 8.17)：

$$\begin{cases}\left(z_A^i-z_k\right)\left(z_B^i-z_k\right)<0 \quad 或\\ \left(z_A^i-z_k\right)\left(z_B^i-z_k\right)=0 \quad 且 \quad \left(z_k>z_A^i或z_k>z_B^i\right)\end{cases} \tag{8.78}$$

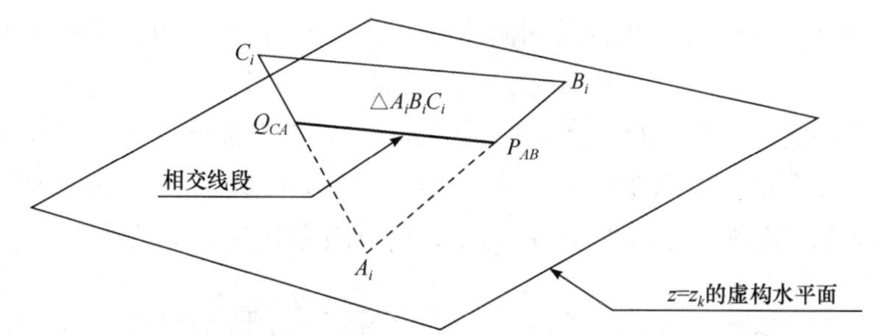

图 8.17　$z=z_k$ 的虚构水平面与边界上典型三角形面$\triangle A_iB_iC_i$ 的相交线段(Lo，1991)

交点 $P_{AB}(u, v)$坐标为

$$\begin{cases}u=\left(1-t\right)x_A^i+tx_B^i\\ v=\left(1-t\right)y_A^i+ty_B^i\end{cases} \quad 且 \quad t=\frac{z_k-z_A^i}{z_k-z_B^i} \tag{8.79}$$

对于另外两条边 B_iC_i 和 C_iA_i，也可以进行类似的计算来确定第二个交点 $Q_{BC}\left(r,s\right)$或$Q_{CA}\left(m,n\right)$。线段 PQ 为 $z=z_k$ 的虚构水平面与三角形面$\triangle A_iB_iC_i$ 的相交线段。由 $z=z_k$ 的虚构水平面与边界三角形面集合$\{\varDelta\}$的所有相交线段的集合，

可以得到完整的等高线段集合 $\{S\}=\{P_jQ_j;j=1,2,\cdots,K\}$，其排序与面集合 $\{\varDelta\}$ 的编号有关并形成了线段的闭环。具有均匀间距(等于或接近理想的单元边长)的平行水平线(如沿着 x 或 y 方向)可以放在由等高线段集合 $\{S\}$ 定义的平截面上，使用二维 Delaunay 三角剖分的算法可将内部节点沿线放置，需要注意的是靠近边界的节点距离。为了判断靠近边界轮廓线段的潜在节点 X 是否合适，可以定义由节点 X 和最近的三角形面 $\triangle ABC$ (包含最接近节点的线段)组成的四面体的质量判断公式：

$$
\begin{aligned}
\gamma &= \frac{\left(72\sqrt{3}\right)V_{\triangle ABC}}{\left(\text{所有边的平方和}\right)^{1.5}} \\
&= \frac{\left(12\sqrt{3}\right)\left(AC\cdot AB\cdot AX\right)}{\left(\|AC\|^2+\|BC\|^2+\|AB\|^2+\|AX\|^2+\|BX\|^2+\|CX\|^2\right)^{1.5}}
\end{aligned}
\tag{8.80}
$$

注意，如果 $\gamma>\gamma_{\min}$，则 X 是合适的节点，其中 $\gamma_{\min}$ 为用户确定的容许误差。例如，Lo(1991b)提出 $\gamma_{\min}=0.5\alpha$，其中 α 是三角形的形状因子(式(8.76a)和式(8.76c))。

(3) 四面体单元的生成——推进波前法。

内部节点生成后，以三角形的边界面为初始迭代面 $\varGamma_0=\{\varDelta\}=\{\triangle A_iB_iC_i;i=1,2,\cdots,N\}$，通过连接适当的内部节点到当前候选三角形面(图 8.18(a))，从 $\varGamma_0$ 集合的最后一个面开始，建立内部的四面体单元。由于 $\{\varDelta\}$ 中面的正确的拓扑方向，三角剖分的实体域内有一个内部体，该体总是与三角形面的单位法向量相反。当边界三角形面集合 $\{\varDelta\}$ 保持不变时，每构造一个新的四面体单元，前沿面都会更新，从而产生生成前沿面变量 $\Delta\varGamma$，$\varGamma_{i+1}=\varGamma_i+\Delta\varGamma\left(i=1,2,\cdots,N\right)$。这个过程一直持续到 $\varGamma_M=0$，最终生成的单元总数为 M，所有内部节点都被使用。

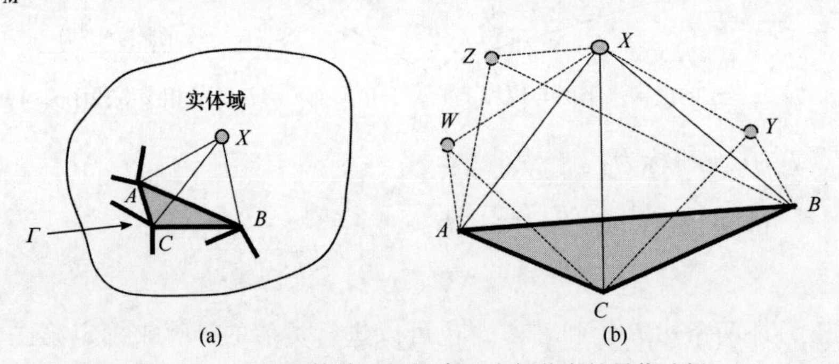

图 8.18 (a)四面体单元的构建(b)内部节点的最优选择

正确选择内部节点 X，以便在$\varGamma$上构造当前三角形面$\triangle ABC$ 的新单元，必须满足三个条件：

(1) 确保形成的四面体位于实体域的内部(即四面体的体积为正)，通过满足以下关系来保证：

$$AC \cdot AB \cdot AX > 0 \tag{8.81}$$

(2) 确保新生成的四面体单元与之前生成的单元不相交，通过满足以下条件来保证：

$$AX \cap \Gamma \in \{A, \{A, X\}, AX\}, \quad BX \cap \Gamma \in \{B, \{B, X\}, BX\}, \quad CX \cap \Gamma \in \{C, \{C, X\}, CX\} \tag{8.82}$$

(3) 确保新生成的四面体单元的形状最优。这并不容易实现，可以通过以下两个步骤来近似：

① 确保由式(8.80)得出的新单元的γ值为最大值，即

$$\gamma_X = \gamma(ABC; X) = \max\{\gamma(ABC; X_i), i = 1, 2, \cdots, N_A\} \tag{8.83}$$

式中，N_A为当前未使用的内部节点总数。

② 条件①是必要的，但不是充分的，特别是对于非常不规则的边界。此外，还需要考虑新生成的四面体的三角形面$\triangle XBC$、$\triangle XCA$和$\triangle XAB$的形状质量(图 8.18(b))。假设三个新四面体单元是由具有最佳形状单元候选面$\triangle XBC$、$\triangle XCA$、$\triangle XAB$及附近的内部节点 Y、W 和 Z 构建的，其γ值分别为γ_Y、γ_W和γ_Z。如果假设节点 Y、W 或 Z 位于前沿面Γ上，则分别设置$\gamma_Y = 1.0$、$\gamma_W = 1.0$。参数$\lambda_X = \gamma_X\gamma_Y\gamma_W\gamma_Z$表示四面体($ABC$; X)及后续的四面体$(XBC; Y)$、$(XCA; W)$、$(XAB; Z)$的质量。同样可以以节点 Y、W 和 Z 为主要内部节点构造参数λ_Y、λ_W和λ_Z。可以选取候选节点$P \in \{X, Y, W, Z\}$，使λ为局部最大值，即

$$\lambda_P = \max\{\lambda_X, \lambda_Y, \lambda_W, \lambda_Z\} \tag{8.84}$$

通过对内部节点进行最优选择，并将其余三个面添加到Γ中，去除最后的候选基础面，从而实现对生成前沿Γ的更新。

(4) 平滑。

类似于二维情况，Delaunay 三角剖分后，可通过平滑处理提高生成的四面体单元的质量。平滑是将内部节点的位置向多面体的中心移动，该多面体由备考虑的内部节点相连的四面体元素集合形成，这是一个迭代过程。

假设有 N 个四面体单元连接到一个内部节点 P，每个单元都有一个γ值，即$\gamma_i(i = 1, 2, \cdots, N)$，那么 P 处的总γ值是$\gamma_P = \sum_{i=1}^{N} \gamma_i$。光滑过程的正确方向是采用$\gamma_P$值的增大来度量的，当$\gamma_P$值达到最大值或者相邻两次迭代之间的$\gamma_P$值差等于或

小于规定的容许误差时，平滑过程结束。

8.5.5 高阶单元

二维三角形单元和三维四面体单元是最简单的具有恒定应变的内部单元，它们也是适应复杂和不规则边界最灵活的单元。当然，高阶单元可以使用 FEM、FDM 或 FVM 中的标准网格生成方法来构造，而后者用于二维 DEM 程序 UDEC 构造四边形单元，以增强程序的非线性应力分析能力。本书介绍了三角形和四面体单元。

8.6 内部单元的应变和应力计算

有限差分内部单元或区域的形状不一定是规则的矩形或立方体。采用与 Wilkins(1963)提出方法类似的 FDM 的有限体积法，计算一般形状的内部单元的位移和应变，其原理如下。

关于函数 f 的高斯定理，在边界为 S、体积为 V 上的梯度可以写成

$$\int_S f n_i \mathrm{d}S = \int_V \frac{\partial f}{\partial x_i} \mathrm{d}V \tag{8.85}$$

式中，n_i 为 S 的单位法向量，指向 V 的外侧。根据式(8.85)，函数 f 在体积 V 上的导数的平均值可以写成

$$\left\langle \frac{\partial f}{\partial x_i} \right\rangle = \frac{1}{V}\int_V \frac{\partial f}{\partial x_i} \mathrm{d}V = \frac{1}{V}\int_S f n_i \mathrm{d}S \tag{8.86}$$

式中，$\langle \cdot \rangle$ 代表函数的平均值。

对于具有 N 条直边的多边形或具有 N 个平面边界面的多面体，式(8.86)可以写成

$$\left\langle \frac{\partial f}{\partial x_i} \right\rangle \approx \frac{1}{V}\sum_{k=1}^{N} \overline{f} n_i \Delta S^k \tag{8.87}$$

式中，ΔS^k 为单位法向量 $\boldsymbol{n}_i$ 的第 k 个边界面(或边)的面积(或长度)；$\overline{f}$ 为 f 在 ΔS^k 上的均值，求和扩展到 N 个面(或边)。以二维问题为例，将函数 f 替换为速度 v_i 的函数，将由两个连续节点 a 与 b 构成边的速度 v_i 取为两个节点速度 v_i^a 和 v_i^b 的平均值(图 8.19)，速度梯度可表示为

$$\left\langle \frac{\partial v_i}{\partial x_j} \right\rangle = \frac{1}{2V}\sum_{k=1}^{N}\left[\left(v_i^a + v_i^b\right) n_j \Delta S^k\right] \approx \frac{\partial v_i}{\partial x_j} \tag{8.88}$$

单元的应变增量可以写成

$$\Delta\varepsilon_{ij} = \frac{1}{2}\left(\frac{\partial v_i}{\partial x_j} \pm \frac{\partial v_j}{\partial x_i}\right)\Delta t \tag{8.89}$$

式中，如果 $i=j$，则使用符号+，否则使用符号−；Δt 为时间步长。

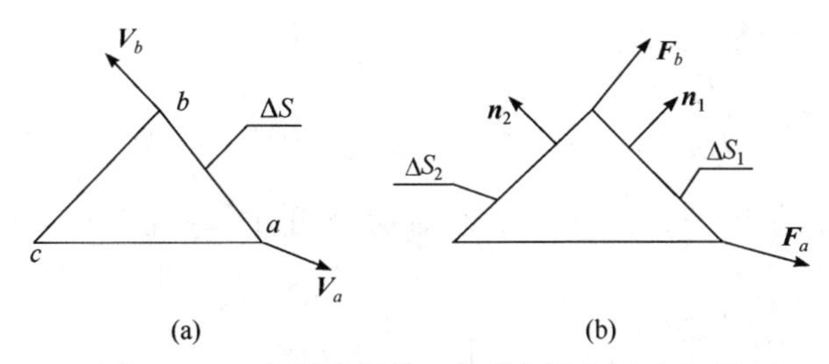

图 8.19　三角形单元的(a)速度矢量和(b)力矢量

通过对块体材料的本构方程进行求解，得到块体材料的应力增量。

作用于单元节点(网格点)上的力由单元应力 σ_{ij} 求出(由于应变恒定，单元上的应力为常数)：

$$f_i^z = \int_S \sigma_{ij} n_j \mathrm{d}S \approx \sigma_{ij} \sum_{k=1}^{N}\left(n_j \Delta S^k\right) \tag{8.90}$$

如果一个节点(网格点)由 M 个这样的单元共享，作用于这个节点的总力 F^z 是连接到这个节点的每个单元的 f_i^z 的和：

$$F^z = \sum_{l=1}^{M}\left(f_i^z\right)_l = \sum_{l=1}^{M}\left[\left(\sigma_{ij}\right)\sum_{k=1}^{N}\left(n_j \Delta S^k\right)\right]_l \tag{8.91}$$

二维 DEM 程序 UDEC 也开发了四边形单元(Cundall and Board，1988)，类似于 Wilkins(1963)提出的算法。对于一般的四边形单元，将其分为两对叠置的恒应变三角形单元 a/b 和 c/d(图 8.20)。

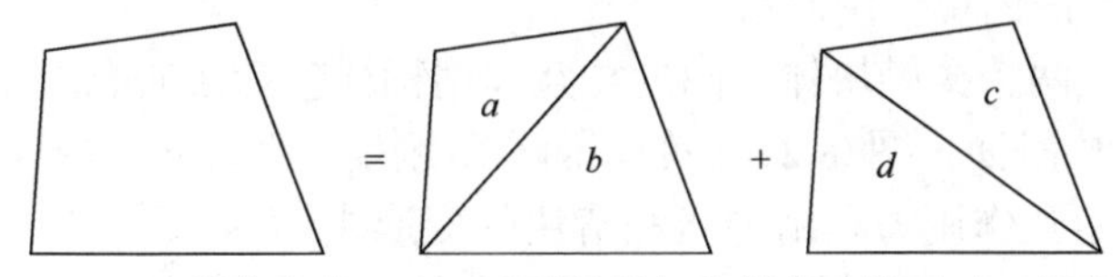

图 8.20　UDEC 程序中的一个四边形单元与它划分成的两对三角形子单元

每个三角形单元的应力分量是使用本章后面介绍的算法独立计算的。因此，对于四边形单元，总共计算和存储了 12 个应力分量，然后将四个子单元共有部位的应力分量的平均值确定为四边形单元的应力分量。这种三角形子单元的叠加和平均消除了任何可能的由网格引起的应力和应变各向异性，并确保应力对称。对

于每个三角形子单元，应变分量的增量为

$$\left(\Delta\varepsilon_{ij}\right)_{k=a,b,c,d}=\frac{1}{2}\left[\left(\frac{\partial\dot{u}_i}{\partial x_j}\right)_{k=a,b,c,d}+\left(\frac{\partial\dot{u}_j}{\partial x_i}\right)_{k=a,b,c,d}\right]\Delta t\quad(i,j=x,y)\tag{8.92}$$

然后，使用混合离散化方法(Marti and Cundall, 1982)对每对三角形子单元求平均，计算体积应变增量，即

$$\left(\Delta\varepsilon_m\right)_{j,k}=\frac{1}{2}\left[\left(\Delta\varepsilon_{11}\right)_q+\left(\Delta\varepsilon_{22}\right)_q+\left(\Delta\varepsilon_{11}\right)_b+\left(\Delta\varepsilon_{22}\right)_b\right]\tag{8.93}$$

并对每对子单元的应力进行平衡，以保证整个四边形单元 k 的应力各向同性。

$$\left(\sigma_{ij}\right)_k^{(a)}=\left(\sigma_{ij}\right)_k^{(b)}=\left[\frac{\left(\sigma_{ij}\right)_k^{(a)}A^{(a)}+\left(\sigma_{ij}\right)_k^{(b)}A^{(b)}}{A^{(a)}+A^{(b)}}\right]\tag{8.94}$$

式中，上标(*a*)和(*b*)表示三角形单元 a 和 b；A 为三角形单元的面积。对三角形单元 c 和 d 以及最终的平均也执行类似的操作。

四边形单元更适合分析塑性流动等非线性材料行为，但在匹配复杂块体形状时不如三角形单元灵活。因此，仅在可能发生大的非线性变形情况下，需将网格与四边形单元混合使用。

8.7　块体接触的表征

块体之间的接触由相邻块体之间的最小距离决定。当这个距离在规定的阈值内时，这两个块体之间的潜在接触就可以在数值上建立联系。在 DtEM 程序中，接触识别算法确定了接触类型(如果两个块体接触，则会出现点-边、边-边、面-面等接触)、最大间距(如果两个块体没有接触，但由接近预设公差的间隙隔开)和可以发生滑动的切向平面的单位法向量。

在力学上，两个接触块体之间的相互作用特征包括法向有限刚度(弹簧)、相对于裂隙表面(接触面，图 8.21(a))的切向有限刚度和摩擦角(弹簧-滑块串联)。在接触点产生的相互作用力是由弹簧和滑块的变形决定的(即块体在接触点处的相对运动)，并将其分解为法向分量 F_n 和切向分量 F_t。假设两个块体之间的相互作用力与相对位移 u_n、u_t 成线性正比，这种关系可以用增量形式表示为

$$\begin{cases}\Delta F_n=K_n\Delta u_n\\ \Delta F_t=K_t\Delta u_t\end{cases}(\text{无滑动})\quad\text{或}\quad\begin{cases}\Delta F_n=K_n\Delta u_n\\ \Delta F_t=\Delta F_n\tan\varphi\end{cases}(\text{滑动})\tag{8.95}$$

式中，K_n、K_t 为顶点与顶点之间或顶点与边之间接触点的法向刚度和切向刚度，

单位是力/长度。

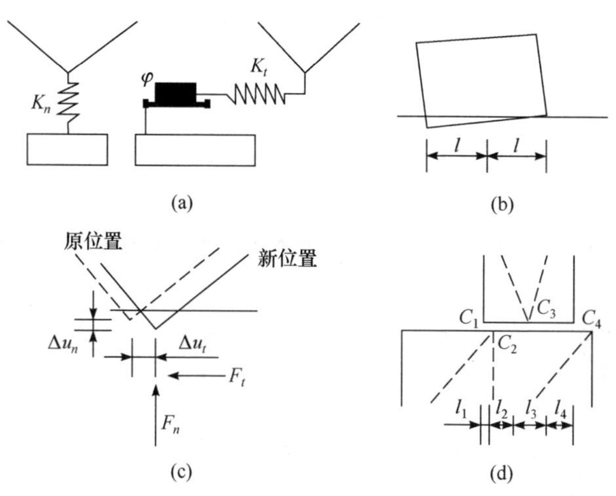

图 8.21　UDEC 程序中接触的力学表征(Itasca，1993)

一个边-边(或面-面)接触代表一条裂隙，且可以分解为若干点-边(或点-面)接触，需要应力增量(而不是力)与位移增量之间的关系来描述裂隙的行为。假定在以边-边接触所代表的裂隙两个相对表面之间发生滑移前后，接触应力与相对位移之间的关系可以写成如下线性或非线性关系：

$$\begin{cases}\Delta\sigma_n = k_n\Delta u_n \\ \Delta\sigma_t = k_t\Delta u_t\end{cases}(\text{无滑动})\quad 或 \quad \begin{cases}\Delta\sigma_n = k_n\Delta u_n \\ \Delta\sigma_t = \Delta\sigma_n\tan\varphi\end{cases}(\text{滑动}) \tag{8.96}$$

刚度参数 k_n 和 k_t 的单位是应力/长度，而不是力/长度。如图 8.21(c)所示，式(8.95)和式(8.96)中的增量 Δu_n 表示在法向方向接触点处接触重叠量(即两个块体之间的相互嵌入)，并且由此来确定其相互作用力。当滑移发生时，内聚力假定为零。

将可变形块体离散为有限数量的有限差分单元时，沿块体的边界将生成若干网格点。这些网格点将作为块体的新顶点，称为子接触。式(8.96)仍适用于这些子接触，对于二维问题，子接触长度的定义如图 8.21(d)所示。对每个时间步长，应力增量由式(8.96)计算，加上当前单元的总应力，并根据指定的裂隙本构关系进行校核。三维问题也类似。根据规定的容许误差检查接触重叠，以确定是否应该继续计算。

式(8.95)和式(8.96)为简单的接触本构关系，遵循库仑摩擦滑动定律。在 UDEC 和 3DEC 程序中有很多全面的裂隙本构模型，如 Mohr-Coulomb 模型、连续屈服模型、BB 模型等，可参考 Itasca(1993，1994)。

8.8 运动方程的数值积分

在 DtEM 中采用显式中心差分格式对块体系统的运动方程进行积分，而其他基于连续体的数值方法则采用隐式方法。在每一时间步内，块体边界或内部单元上的未知变量(接触力或应力)由边界上、单元内及其邻近的已知变量局部确定，不需要建立和求解运动方程的矩阵，材料(裂隙或完整块体)的非线性行为可以直接处理。

对于刚性块体，时间域内的平动速度(v_i)、角速度(ω_i)以及加速度在时刻 t 的中心差分格式可以写成

$$v_i^{(t)}=\frac{1}{2}\left[v_i^{(t+\Delta t/2)}+v_i^{(t-\Delta t/2)}\right],\quad \omega_i^{(t)}=\frac{1}{2}\left[\omega_i^{(t+\Delta t/2)}+\omega_i^{(t-\Delta t/2)}\right] \tag{8.97}$$

$$\frac{\mathrm{d}v_i^{(t)}}{\mathrm{d}t}=\frac{v_i^{(t+\Delta t/2)}-v_i^{(t-\Delta t/2)}}{\Delta t},\quad \frac{\mathrm{d}\omega_i^{(t)}}{\mathrm{d}t}=\frac{\omega_i^{(t+\Delta t/2)}-\omega_i^{(t-\Delta t/2)}}{\Delta t} \tag{8.98}$$

刚性块体的运动方程可以写成

$$v_i^{(t+\Delta t/2)}=v_i^{(t-\Delta t/2)}+\left(\frac{\sum f_i}{m}+b_i\right)\Delta t,\quad \omega_i^{(t+\Delta t/2)}=\omega_i^{(t-\Delta t/2)}+\frac{\sum M_i}{I}\Delta t \tag{8.99}$$

式中，m 为块体质量；I 为惯性矩；b_i 为块体体积力分量；M_i 为合力矩分量。下一个时间步的位移为

$$u_i^{(t+\Delta t)}=u_i^{(t)}+v_i^{(t+\Delta t/2)}\Delta t,\quad \theta_i^{(t+\Delta t)}=\theta_i^{(t)}+\omega_i^{(t+\Delta t/2)}\Delta t \tag{8.100}$$

式中，θ_i 为块体的角位移。

对于可变形块体，运动方程针对网格点即内部差分单元的顶点列出。中心差分格式类似于式(8.99)中的第一个方程，只是对产生的不平衡力做了修改，具体如下：

$$f_i=f_i^c+\sum_{k=1}^{N}\sigma_{ij}(n_j^k\Delta S^k) \tag{8.101}$$

式中，f_i^c 为块体边界上网格点上接触力的合力；N 表示由这个网格点连接的单元数量。

在每个时间步长中，首先计算运动变量(位移、速度和加速度)，然后通过调用接触和内部材料的本构关系得到动态变量(接触力或应力，以及单元内应力)。以刚性块体为例，图 8.22 为计算的中心差分格式，计算顺序用箭头表示。

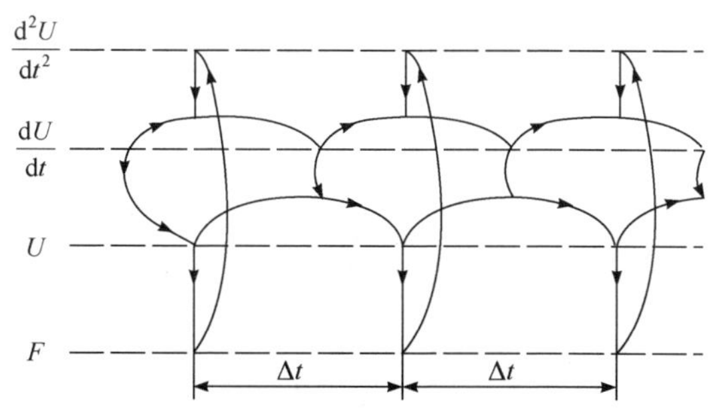

图 8.22　DEM 中交错计算顺序(Itasca，1993)

如图 8.23 所示，在一般的计算过程中，依次执行两个基本任务：首先更新运动变量，然后调用本构关系以获得相应的力和应力。

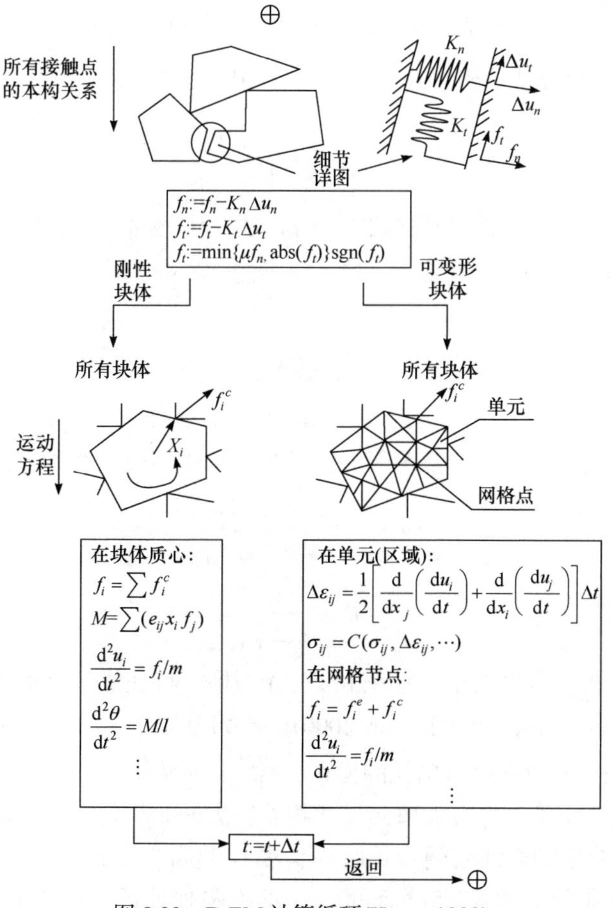

图 8.23　DtEM 计算循环(Hart，1993)

采用中心差分法对运动方程积分时所用的时间步长Δt不应大于临界值，以避免数值不稳定。这个临界时间步长由两项决定：一项是块体之间接触计算稳定所需的 Δt_b，另一项是块体材料变形所需的 Δt_n (Itasca，1993)。

$$\Delta t_b = 2\beta\left[\frac{m_{\min}^{(b)}}{k_{\max}^{(d)}}\right]^{1/2}, \quad \Delta t_n = 2\min\left[\frac{m_i^{(z)}}{k_i^{(z)}}\right]^{1/2} \tag{8.102}$$

式中，$m_{\min}^{(b)}$、$k_{\max}^{(d)}$ 分别为单个块体的最小质量和裂隙的最大法向(或切向)刚度；$m_i^{(z)}$、$k_i^{(z)}$ 分别为点 i 处的总质量和与点 i 相关单元的刚度。

参数 $0<\beta<1.0$ 是一个用户定义的分数常数，用于说明一个块体与其他几个块体相接触，β 的典型值是 0.2。$k_i^{(z)}$ 的值可以由式(8.103)计算：

$$k_i^{(z)} = \sum k_k^{(z)} + \max(k_n^i, k_t^i) \tag{8.103}$$

式中，当网格点 i 位于块体边界上时，k_n^i 和 k_i^i 为网格点 i 处的法向刚度和切向刚度；$\sum k_k^{(z)}$ 为与网格点 i 相关的各单元变形刚度之和，估算为

$$k_k^{(z)} = \frac{8}{3}\left(K + \frac{4}{3}G\right)\frac{b_{\max}^2}{h_{\min}} \tag{8.104}$$

式中，K、G 为块体材料的体积弹性模量和剪切弹性模量；$b_{\max}$ 为区域边长的最大值；$h_{\min}$ 为三角形区域的最小高度。计算模型的临界时间步长 Δt^c 为 Δt_b 和 Δt_n 中的小值：

$$\Delta t^c = \min(\Delta t_b, \Delta t_n) \tag{8.105}$$

当采用与刚度成比例的阻尼时，这种时间步长限制不能保证数值的稳定性。Belytschko(1983)指出，这种情况下的时间步长可以用以下两种方法评估：

$$\Delta t^c = \frac{2}{\omega_{\max}} = \xi\frac{2}{\sqrt{\lambda_{\max}}} \tag{8.106}$$

$$\Delta t^c = \frac{A_e}{c_{\mathrm{p}}\Delta l_{\max}} \tag{8.107}$$

式中，$\omega_{\max}$、$\lambda_{\max}$ 分别为最大频率和 DEM 网格的特征值，由系统的质量和刚度矩阵来评估(Zienkiewicz and Taylor, 2000)；$\xi \leqslant 1.0$ 为一个经验参数；c_{p} 为岩石材料的纵波速度；A_e 为三角形单元的面积；$\Delta l_{\max}$ 为所有单元的最大线性尺寸。

对于最小单元尺寸与最大单元尺寸相差较大的非均匀网格，根据式(8.105)，满足数值稳定要求的最终时间步长通常非常小,这可能导致不必要的长时间计算。为了减少这种限制，针对准静态问题开发了两种数值方法：自适应密度缩放(Cundall，1982)和动态时间步进(Unterberger et al.，1997)，这两种方法用于应力分析问题的显式有限差分求解。

动态时间步进的基本概念是，不考虑离散单元的大小，分别确定每个网格点和每个单元的时间步长，并将它们存储为本身的属性，而不再使用式(8.104)～式(8.107)中的标准来确定整个时间步长。在循环(迭代)过程中，当对特定的网格点/单元进行松弛时，使用每个网格点/单元的时间步长。将式(8.102)～式(8.107)确定的时间步长作为整体时间步长 Δt_G，网格点时间步长 Δt_{gp} 为整数乘子 M_{gp} 与 Δt_G 的乘积：

$$\Delta t_{gp} = M_{gp}\Delta t_G \tag{8.108}$$

式中，$M_{gp}\leqslant 2^n(n\leqslant 5)$，由图 8.24 中的算法确定。乘数选择 2 次幂的原因是为了确保力来自于连接在特定网格点上的所有单元。任意积分乘数都不能保证这种特性。对于特殊的网格点，如在边界上、结构单元或空单元(表示挖掘出的空间)上的网格点，乘数为 1；确定临界时间步长的整数乘子为单元网格点乘数的最小值，即 $\omega_{\max}$ 为块体系统的最高特征频率，λ 为该频率下阻尼的百分比。这可以用作用户定义的阻尼参数。

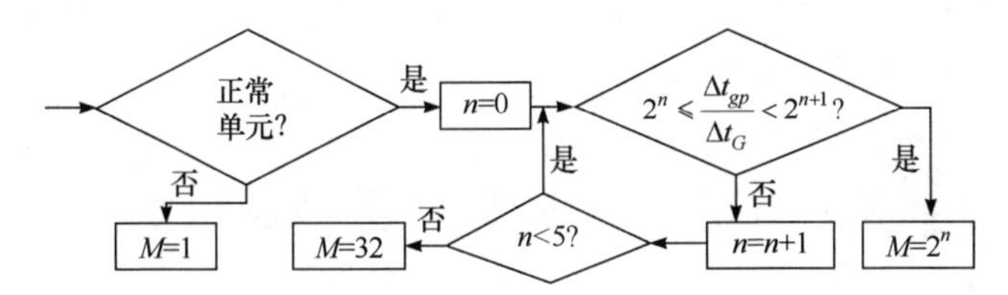

图 8.24　网格点时间步长乘数的确定流程图(Unterberger et al.，1997)

对于顶点为 l、k、m 的三角形单元，临界时间步长的另一种确定方法为(Unterberger et al.，1997)

$$M_e = \min\left\{M_{gp}^i, i \in l,k,m\right\} \tag{8.109}$$

对于顶点为 l、k、m 和 n 的四边形单元，临界时间步长为

$$M_e = \min\left\{M_{gp}^i, i \in l,k,m,n\right\} \tag{8.110}$$

确定网格点和单元乘数后，网格点运算(如计算新的速度和位移)和单元运算(如计算新的应变、应力和网格点力之和)的局部时间步长分别为 $M_{gp}\Delta t_G$ 和 $M_e\Delta t_G$，即只对网格点执行 M_{gp} 循环计算，对单元执行 M_e 循环计算。

Unterberger 等(1997)表示最小波长应确保至少是最大线性单元尺寸的 10 倍(因为单元乘数是网格点乘数的最小值)，因此上述动态时间步长对于表征应力波频率远低于单个单元的自然频率是准确的。然而，如果单元乘数不等于网格点乘数，则用于更新应变率的速度没有在时间间隔中心Δt 中定义，在涉及高频率波的模拟中可能出现一些错误，因此有限差分格式的中心二阶精度会出现偏离。在这种情况下，应使用整体时间步长来克服这种局部困难。Unterberger 等(1997)指出动态模拟的速度可以比原来的整体时间步长方法提高 3～5 倍，这是一个显著的改进。

在显式 DEM 程序中采用的另一种加速计算数值方法是密度缩放(有时称为质量缩放)(Cundall，1982)。这种方法的基本概念是，对于准静态过程，运动方程中的惯性项(质量和加速度的乘积)只作为静态(稳态)求解中收敛过程的一个加速项，且拟动力性质不再具有物理作用。因此，可以人为地调整岩石材料的密度(或单元或块体的质量)，使时间步长可选值大于式(8.102)～式(8.107)确定的常规整体时间步长，从而加快计算过程，条件是正确表示重力。自动时间步长也与材料密度 ρ 成正比，因此选择密度来增大时间步长。

$$\Delta t \propto \sqrt{\rho} \tag{8.111}$$

接下来是找到一个最优的假定密度，以便在保持数值稳定的情况下使用最大的时间步长。这是通过程序中的自动调整算法来实现的，该算法以百分比的方式递增或递减密度，从而保持一个接近最优的时间步长。密度比例也会影响所使用的阻尼方案，在 8.9 节会详细介绍。

8.9　DtEM 中的接触类型及识别

对于二维问题中的任意多边形或三维问题中的多面体块体，接触类型的总数分别为 3 和 6，如表 8.2 所示。

表 8.2　二维多边形和三维多面体块的接触类型

块体形状	接触类型
常规二维多边形(凸多边形或凹多边形，点对点，单连通或多连通)	点-点
	点-边
	边-边
三维凸多面体	点-点
	点-边
	点-面
	边-边
	边-面
	面-面

对于二维多边形，点-边接触是最基本的接触类型，另外两种接触类型可由点-边接触推导得出。例如，点-点接触可以分解为在同一接触点的两个点-边接触，边-边接触可以分解为两个点-边接触。

对于三维凸多面体，点-面接触和边-边接触是基本的接触类型，其他四种接触类型也可以类似地分解为这两种基本类型的组合。

(1) 点-点接触：相当于同一位置的三个或三个以上的点-面接触。

(2) 点-边接触：相当于两个相邻面重合的点-面接触。

(3) 边-面接触：相当于两个相邻点与一个面之间的两个点-面接触。

(4) 面-面接触：相当于三个或三个以上的点-面接触、两个或两个以上的边-边接触。

DtEM 中接触识别的目标是识别形成块体的潜在接触及其可能的类型，从而应用正确的物理定律来确定接触力(或应力)。接触识别算法还应提供一个单位法向量，该向量唯一确定了在接触点处的法向，沿此方向施加接触力法向分量，还应提供接触点处剪切面，沿此面可施加剪切应力，且可能发生滑动。在某些情况下，这种方法并不总是可行的。例如，从理论上讲，点-点接触没有这样的平面，因为它无法定义。

在 DtEM 中，当点、边或面之间发生重叠时，就用运动学方法建立接触。两个块体之间的间隙也需要计算，以便形成块体的潜在接触可以确定。由于整个计算过程中的大部分计算时间都花在接触识别和更新上，该算法是非常高效的。

直接搜索方法用来测试两个块体之间接触的所有可能性。如果块体 A 和块体 B 处于接触状态，则对于三维多面体，可能的接触组合总数 N 为(Cundall，1988)

$$N=(V_A+E_A+F_A)(V_B+E_B+F_B) \tag{8.112}$$

对于二维多边形，可能的接触组合总数 N 为(Cundall，1988)

$$N=(V_A+E_A)(V_B+E_B) \tag{8.113}$$

变量 V_i、E_i 和 F_i 分别为块体 A 和块体 B 的顶点数、边数和面数。如果只检测到接触的基本类型，则对于三维多面体，接触测试总数为

$$N=V_AF_B+F_AV_B+E_AF_B+F_AE_B \tag{8.114}$$

对于二维多边形，接触测试总数为

$$N=V_AE_B+E_AV_B \tag{8.115}$$

直接搜索方法是最简单、最可靠的接触识别算法，它对于二维多边形是有效的，但是对于三维情况太过耗时。例如，对于两个立方体块，根据式(8.112)计算

得接触组合总数为 676，根据式(8.114)计算得接触测试总数为 240。为了增强三维问题的接触识别算法，引入了公共面的概念(Cundall，1988)(图 8.25)。

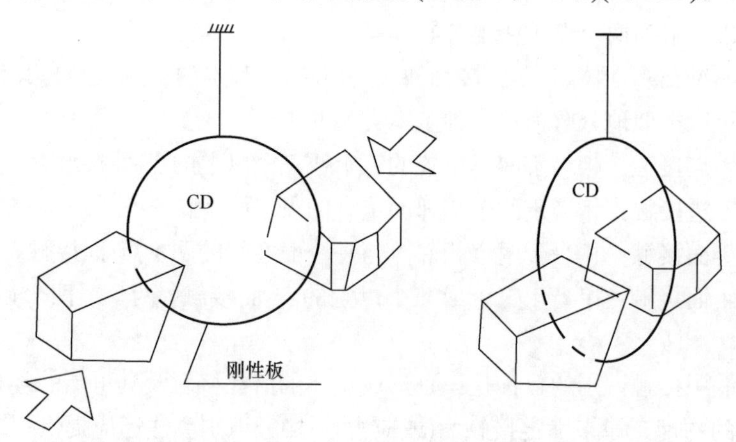

图 8.25　随块体运动旋转公共面的可视化(Cundall，1988)

公共面是一个名义上的切平面，它将两个接触块体之间的空间(或重叠部分)一分为二，就像两个块体之间松散地夹着一块刚性板(没有厚度)(图 8.25)。为这个公共面构建了一个算法，这样它就可以随着两个块体的相对运动进行平动和旋转。该公共面确定后，可以通过分别测试公共面和每个块体的接触来进行两个块体之间的接触检测。公共面总是在两个接近块体的中间位置，保证与两个接触块体之间的距离都是最大值，并为任意形状和方向的两个接触块体定义滑动面。因为对每个块体只需要进行简单的点-面接触检测，所以接触检测逻辑大大简化。通过计算两个凸块的点对公共面的重叠数(三个重叠为面接触，两个重叠为边接触)，可以识别两个凸块体之间的面-面接触和边-边接触。

因为公共面与块体 A 和 B 的顶点接触可以分别进行，接触测试的次数也大大减少，测试的次数为

$$N = V_A + V_B \tag{8.116}$$

相比于直接搜索方法的二次依赖关系，公共面法测试次数与顶点的数量线性相关。对于两个立方体，测试的次数变为 16 次。

在每一个时间步上，通过旋转和平动，与力学计算同步更新块体之间公共面的位置和运动。定位两个邻近块体间公共面的概念是指为使两个块体上最近端点与公共面距离相等而移动公共面位置。因此，两个最近的顶点之间的空间被公共面平分，如图 8.26 所示。对于重叠的块体，“间隙”变为负值，但同样的逻辑也适用。

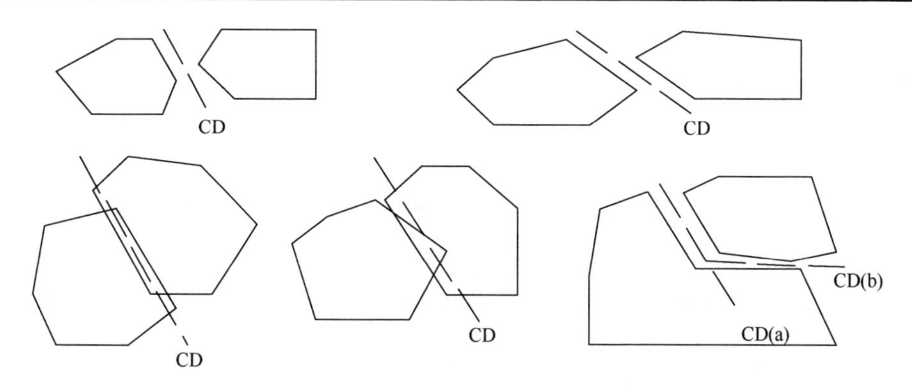

图 8.26　平分两个块体的最近点之间空间的公共面(Cundall，1988)

如表 8.3 所示，与公共面相关的两个块体之间的接触类型可以通过计算接触公共面的顶点数来表征。接触类型很重要，因为它决定了接触的力学响应。

表 8.3　与公共面相关的接触类型

A 块体接触点数	B 块体接触点数	接触类型
0	0	无
1	1	点-点
1	2	点-边
1	>2	点-面
2	1	边-点
2	2	边-边
2	>2	边-面
>2	1	面-点
>2	2	面-边
>2	>2	面-面

不需要测试两个块体是否有潜在的接触，因为公共面平分了两个块体之间的空间，如果两个块体接触公共面，它们一定相互接触；否则，它们将不会与公共面接触。公共面的单位法线是唯一的，也是接触点的单位法线，它可以随着块体的运动而平稳变化。两个相邻块体之间的最小间隙就是两个块体与公共面距离的代数和。

为一对相邻的块体建立和保持一个公共面所需的操作次数与顶点数线性相关。平动校正的操作次数为

$$M_T = V_A + V_B \tag{8.117}$$

转动校正的操作次数为

$$M_R = 4I(V_A + V_B) \tag{8.118}$$

式中，I 为迭代次数。

因此，总操作次数为

$$M = M_R + M_T = (4I+1)(V_A + V_B) \tag{8.119}$$

这个操作次数不能直接与直接搜索方法(参考式(8.114)和式(8.115))中的接触测试总数进行比较，因为迭代次数不是恒定的。然而，结合其他优点(公共面运动平稳，也为滑动提供切向面)，公共面逻辑更适合块体系统相对紧密的岩石工程问题。对于松散的块体系统(如爆破或爆炸中的块体)或颗粒材料，直接搜索方法仍然是有效的方法。

接触“重叠”的概念，虽然块体在物理上是不可以互相嵌入的，但可以作为一个数学手段来表示接触的变形。然而，当接触点的法向力或应力非常大时，它确实存在一个难以克服的数值缺点。在这种情况下，即使是非常高的法向刚度，“重叠”也可能发展到无法接受的程度，为了实施一些补救措施(如增加法向刚度)，计算需要停止，重新开始。这也为流体流动计算提出了一个问题，如果在接触点发生“重叠”，裂隙的开度可能变为负值。接触的数学表示并不完全符合重叠概念的物理现实。

理论上，为确定某一特定块体的潜在接触块体(即周围块体)，应该搜索包含在问题域中的所有其他块体。然而，就计算时间而言，直接搜索方法是低效的(它随块体的数量呈二次方增长)，而且对岩石力学中相对紧密的块体系统来说也是不必要的。因为在岩石力学中，除开挖或地表附近的块体会有较大运动，从而导致接触模式频繁变化外，大多数最初接触的块体在变形过程中可能仍然保持接触。因此，需要在问题区域中区分不同的区域，以便接触识别工作集中于“活动”区域。“元胞映射”就是这样一种方法(图 8.27)。

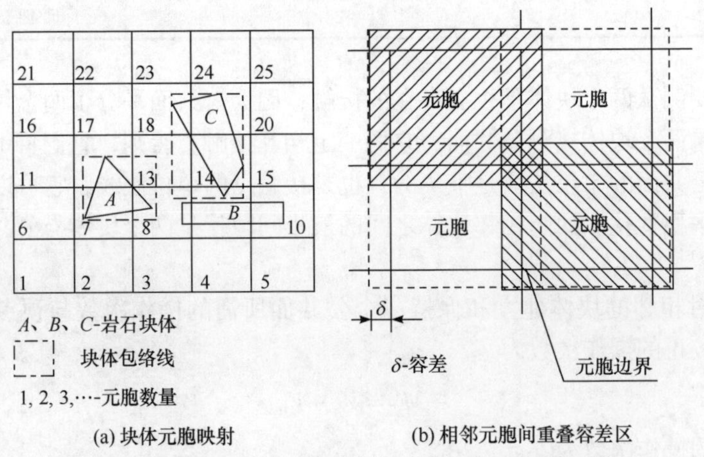

(a) 块体元胞映射　　(b) 相邻元胞间重叠容差区

图 8.27　DtEM 中的“元胞映射”(基于 Cundall(1988)修正)

通过元胞映射，将问题域划分为若干规则形状的元胞，这些元胞的边界在坐标轴方向上与问题域边界平行。每个块体被其包络空间包围，该包络空间由包含块体的最小矩形定义，其边界与坐标方向平行(图 8.27(a))，然后将该块体映射到与其包络空间重叠的一个或多个元胞中，一旦所有块体都映射到相应的元胞中，特定块体的相邻块体的识别就变得非常容易：它们包含在同一个元胞。相邻元胞之间通过容差存在一个重叠区域(图 8.27(b))，以便可以找到给定容差范围内的所有块体。元胞映射技术也有助于开发并行计算机程序的并行处理算法。每个块体执行映射和搜索功能所需的计算时间取决于块体的形状和大小。总计算时间是用于管理元胞的时间(计算期间块体的映射和重新映射)以及实际搜索相邻块体所花费的时间。元胞管理的时间会随着元胞数量的增加(或者单元体积的减小)而增加，但是相邻块体搜索上花费的时间会随着元胞数量的增加而减少。因此，对于某一特定问题，可能存在一个最优元胞数量(或体积)，其元胞管理和相邻块搜索的时间之和是最少的。由于岩石中所包含的块体形状千变万化，这个最优的元胞体积与块体数目之间的解析关系很难建立。Cundall(1988)建议，最优元胞体积应该是每个元胞块体一个元胞的顺序，即元胞数等于块体数。

每当一个块体移动到它的元胞空间之外时，就会触发元胞的重新映射。然而，对于不同的程序和问题，接触更新可能是不同的。例如，对于静态加载下的紧密压缩块体系统，除上面提到的“活动”区域外，大多数块体保留它们的接触(在模拟期间可能会移动)。因此，在“活动”区域的接触更新应该比问题域的其他区域更频繁，因为这些区域的接触或多或少保持不变。另外，对于动态荷载作用下的松散块体系统(如爆破或爆炸时的飞块)，整个区域可能是“活动的”，因此接触模式将迅速变化，需要更小的元胞体积，并且在元胞管理上花费的时间可能会比直接搜索方法花费的时间更多。在这种情况下，元胞映射方法不再有用。

8.10　阻　　尼

在显式 DtEM 中，由于采用线性弹簧来表征块体之间的接触，需采用阻尼来耗散块体系统中多余的能量。阻尼类型包括质量比例阻尼和刚度比例阻尼。

质量比例阻尼在接触点上施加与刚性块体质心或可变形块网格点速度成比例的力，但方向相反。其作用效果类似于将块体系统浸入黏性液体中，即抑制相对于惯性参考系的绝对运动。

刚度比例阻尼在接触点上施加与接触点上的力或应力增量成比例的力。它在物理上相当于在块体接触处(在法向和切向上)添加一个黏壶，以便阻止块体之间的相对运动。

质量比例阻尼可以有效地减少低频运动，此时整个块体系统从一边“晃动”到另一边。刚度比例阻尼在消除单个块体与相邻块体的高频干扰方面更为有效。上述任一数值阻尼可以单独使用，也可以组合使用。对于连续弹性系统，两种阻尼形式的组合使用通常称为瑞利阻尼(Bathe and Wilson，1976)。

动量方程中，平动自由度的质量比例阻尼力项 d_i^m 表示为

$$d_i^m = -\alpha \frac{\partial u_i}{\partial t} m \tag{8.120}$$

式中，m 为网格点处的块体质量或集中总质量；α 为常数。

刚度比例阻尼力项 d_i^s 表示为

$$d_i^s = \beta k_{ij} \frac{\partial u_j}{\partial t} \tag{8.121}$$

式中，β 为常数；k_{ij} 为接触刚度张量。这里的速度 $\partial u_j / \partial t$ 是接触点的相对速度。这种阻尼用于消除块体之间或内部区域接触处产生的额外振动能量。由于摩擦耗散会提供自然阻尼，如果接触处发生滑动或破坏，则应“关闭”阻尼。

对于多自由度系统，α 和 β 的选择不能通过分析确定。然而，在系统的任一自然(角)频率 ω 下，临界阻尼比 λ 计算如下(Bathe and Wilson, 1976)：

$$\lambda = \frac{1}{2}\left(\frac{\alpha}{\omega} + \beta\omega\right) \tag{8.122}$$

α、β 和 λ 之间的关系如图 8.28 所示。

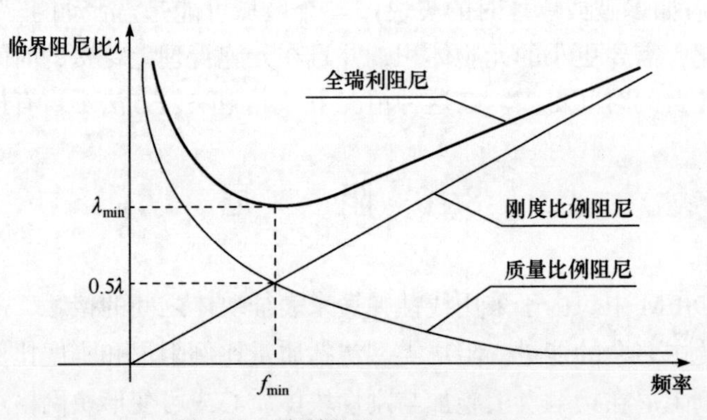

图 8.28　瑞利阻尼(Itasca，1993)

阻尼水平与频率有关。α 和 β 值的选择，应能提供适当的临界阻尼分数。与频率 ω 对应的 λ 的最小值为

$$\lambda_{\min} = \sqrt{\frac{\alpha}{\beta}} = \omega_{\min} \tag{8.123}$$

系统的基频 $f_{\min}$ 定义为

$$f_{\min}=\frac{\omega_{\min}}{2\pi} \tag{8.124}$$

式中，$f_{\min}$ 的单位为周/秒。$\lambda_{\min}$ 和 $f_{\min}$ 为显式 DtEM 计算机程序中需要的输入参数，它们的值可以通过试错法来确定。

理论上，阻尼可用于准动态问题，因为只关注系统的最终稳态或平衡状态。时间步进方法可以看成实现解答收敛的一个迭代过程。对于动态问题，阻尼参数表征在自然能量耗散机制综合效应下系统的物理行为，这些机制如沿不同尺度的裂隙(断层、节理、颗粒晶界)的摩擦和滑动，微裂隙的萌生和扩展，岩石材料的损伤和岩石/裂隙与其他环境因素(液体、气体、温度梯度等)的相互作用。然而，在动态问题中使用阻尼时应注意，实际中很难明确和定量地确定阻尼参数。

在考虑动态问题时，还应注意密度缩放。由于密度影响质量，它也影响式(8.120)、式(8.122)、式(8.123)中的质量比例阻尼参数α。由于惯性项对系统行为的起始、中间和最终状态具有重要的物理意义，前面描述的密度缩放方法不能用于动态问题。对时间步长的唯一限制是由最小的单元尺寸控制的该过程的数值稳定性。因此，应该谨慎地执行块体和单元的生成，避免太小的块体和单元，从而使最终时间步长对于分配的计算时间和资源是合理的。

另外，对于准动态问题，阻尼也是一种人工装置，通过吸收系统的过量动能来实现最终稳态解。在这种情况下，如果可以实现，最好是使用密度缩放来修改阻尼参数，从而得到最优的阻尼方案，这叫做自适应阻尼。然而，在实际中，对于复杂形状、尺寸和非均匀材料性质的块体/单元系统，不可能推导出最优的自适应阻尼参数的解析解。在前面提出的密度缩放算法的基础上，Cundall(1982)提出了一种自适应阻尼数值方法。

为了评估阻尼的影响，R 用来表示黏壶的能量耗散率 $\dot{D}$ 与动能变化率 $\dot{E}$ 的比值：

$$R=\frac{\dot{D}}{\dot{E}} \tag{8.125}$$

R 用来测量阻尼器从振荡块体系统的周期能量流中提取的能量比例，能量在储存应变能和动能间交替变化。数值实验发现，R=1.0 与临界阻尼的作用相似，R<1.0 表示“欠阻尼”，R>1.0 表示“过阻尼”。因此，自适应阻尼的数值算法与密度缩放的数值算法相同，只需用阻尼参数α替换密度ρ，用式(8.125)中的能量比例 R 替换不平衡力比 r：

$$r=\frac{\text{最大不平衡力}}{\text{典型网格点力}} \tag{8.126}$$

8.11　链表数据结构

在 DtEM 程序中，链表数据结构用于存储和检索所有数据元素，它适用于表示岩石结构(问题域、块、面、边、顶点等)所需数据的层次结构。程序中的变量被分成不同的数据块，表示不同的物理项：块、接触、流体域(孔隙、裂隙交叉处的接触块之间的空隙)、区域(FDM 单元)、网格点等。所有数据都存储在一个主数组中，并按照它们的“地址”(在主数组中用于特定项的第一个内存位置，如块体或接触)和“偏移量”(描述与特定项关联的特定变量的内存位置)进行排列。图 8.29(a)显示了用于 UDEC 程序的主数据数组的链表。每个数据块都通过指针访问，指针可以通过前一个数据块数组访问。全局指针用于不同的数据块，如全局数据块数

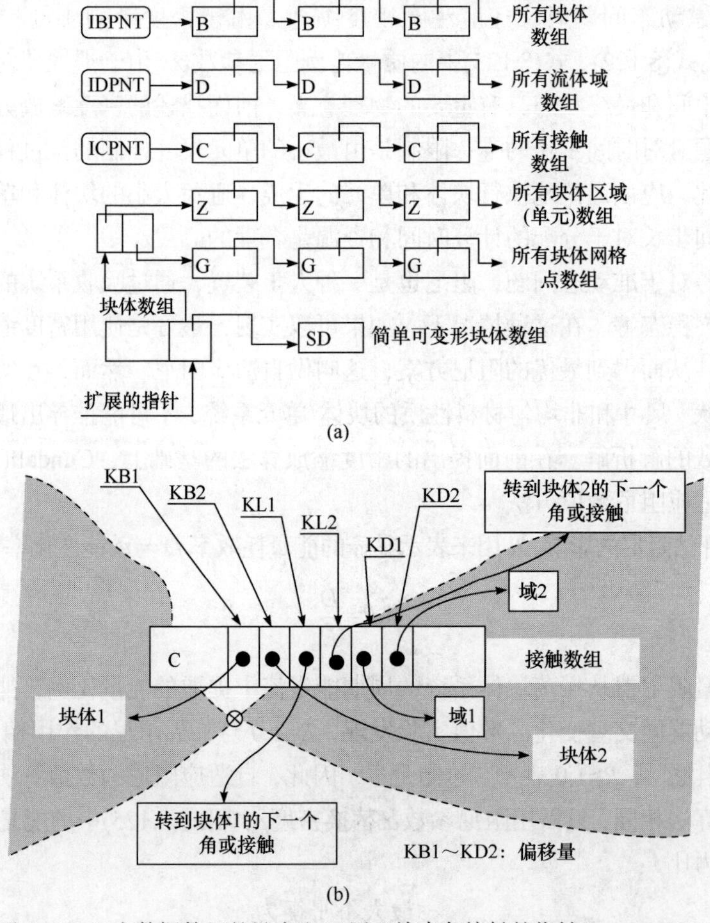

图 8.29　(a)主数据数组的链表和(b)用于检索各接触的指针(Itasca，1993)

组检索指针(IBPNT)和全局接触数据数组检索指针(ICPNT)。图 8.29(b)为用于接触数组中的指针的约定。

图 8.30 为 3DEC 程序中刚性多面体的分层数据结构。数据结构中的每个元素(在图中单独绘制)都嵌入主数据数组中，并由指针连接。块体是通过 IBPNT 检索的，该指针以任意顺序提供所有块体的列表条目。每个块体数据数组包含一个指针，用于访问顶点和面列表。每个面数据数组包含一个指针，该指针允许访问一个循环列表，该列表包含构成面的顶点地址的循环列表，且按一定的顺序排列。对于完全可变形的块体，数据结构是相似的，与块体内部离散为四面体一致，但每个初始多边形面都进一步离散为三角形子面。与子面关联的数据结构和与常规面关联的数据结构完全相同。为可变形块体添加一个额外指针，以指向所有内部四面体单元的列表。

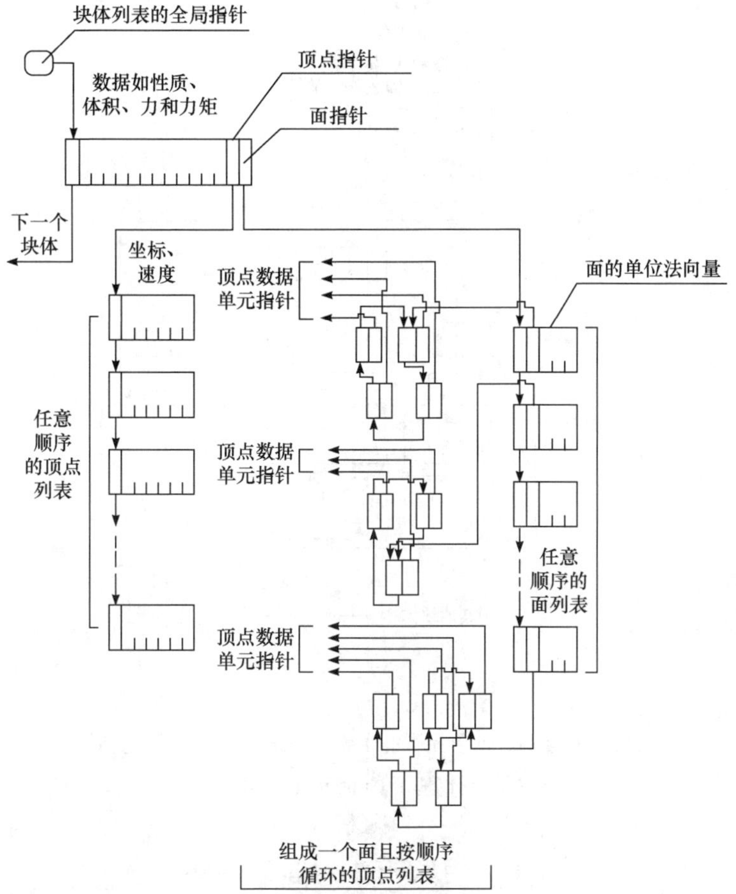

图 8.30　与刚性多面体块相关的简化数据结构(基于 Cundall(1988)修正)

类似的层次结构用于其他数据数组。接触数据数组中的主要项如图 8.31 所示。在主数据数组中为每对接触的块体分配一个数据单元。如图 8.31(a)所示，该单元包含摩擦力、法向力和切向力等相关信息。每个接触单元全局链接到所有其他的接触以及组成接触的两个块体上。图 8.31(b)为以四个块体为例的这种接触数据元素的指针数据结构形式。根据需要，可以通过多种方式访问接触。在主计算周期内更新所有接触力时，通过接触数组 ICPNT 一次扫描所有接触点。在接触识别和更新过程中，访问组成块体的现有接触并遍历所有块体。

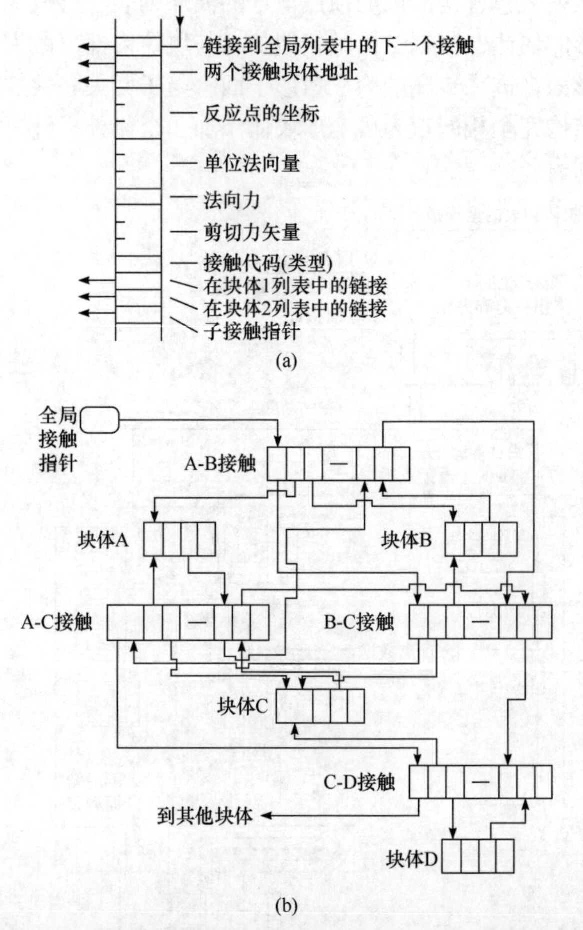

图 8.31　(a)接触数据单元中的主要项及(b)四块体系统的整体和局部指针(基于 Cundall(1988)修正)

8.12　热-水-力耦合分析

为了开发适用于分析不同工程应用中裂隙岩体热-水-力耦合过程的 DEM 程

序，人们做出了很多努力，特别是为了用于地下放射性废物储存库相关分析。然而，只有少数 DEM 程序能够模拟这样复杂的物理过程，但做了相当多的假设，包括材料(岩石裂隙、不同相的流体)的物理行为、几何结构(宏观层面的裂隙系统和微观层面的裂隙表面)和问题尺寸(二维与三维)。此外，还存在难以用数值方法处理的物理过程(如机械能或耗散能转化为热能、流体相变和浮力、裂隙流与基质流之间的相互作用、尺度效应等)以及运行时的计算成本等困难。针对上述局限性，处理裂隙岩体热-力-水耦合问题的最具代表性的 DEM 程序是二维 UDEC，其假设条件如下：

(1) 基于立方定律，流动仅在连通的裂隙中流动(对于裂隙表面粗糙度的影响，可采用简单的修正项)。

(2) 岩石基质的瞬态热传导和裂隙空间中由流动引起的热对流是主要的传热模式。

(3) 不考虑加热引起的流体相变和浮力。

(4) 不考虑机械能与热能之间的能量转换(如摩擦引起的)。

图 8.32 为 UDEC 程序中考虑的耦合过程，其中热-力和热-水耦合为单向耦合。然而，许多理论研究和实验测量(Jing et al.，1994a，1994b)表明，这种简化非常符合实际，不会造成重大误差。尤其是对于坚硬岩石(如花岗岩)，岩体中水的体积比岩石的体积小，而且流速通常很小，除在裂隙临空面或热源非常近的地方外，热对流在整体温度场中起着很小的作用。

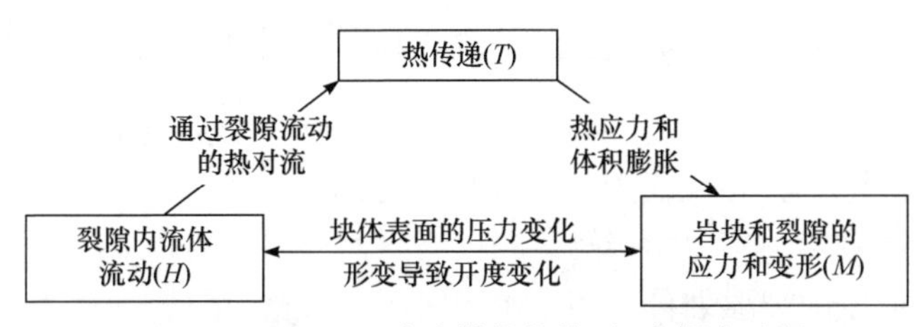

图 8.32　UDEC 程序中模拟的热-水-力耦合过程

图 8.32 所示的耦合机制仅显示了过程层面上的主要耦合机制，即在应力/变形、流体流动和传热之间的耦合。在较低的层次上也存在较弱的耦合机制，如水-力性能的温度依赖性、热-水性能的应力/变形依赖性和热-力性能的流动依赖性。这种物理性质相互依赖的典型例子有流体密度和黏度、裂隙剪切强度和其他力学性质随温度的变化，以及岩石材料孔隙度、渗透率和导热系数随应力的变化。这些变化在高温条件下可能变得非常显著，特别是随着流体和岩石相变(如熔融)的发生，可能涉及其他物理化学过程。由于岩块的不透水性假设，目前的 DEM 程序中没有考虑上述复杂性。但流体黏度μ和密度 ρ_{f} 随温度的变化除外，其一般关系为

$$\begin{cases}\rho_{\mathrm{f}}=\rho_{\mathrm{f}}^{0}\left[1-\alpha\left(T-T^{0}\right)\right]\\ \dfrac{1}{\mu}=\dfrac{1}{\mu_{0}}\left[1+\beta\left(T-T^{0}\right)\right]\end{cases}\tag{8.127}$$

式中，ρ_{f}^{0} 和 μ_0 为参考温度 T^0 下流体的初始密度和黏度；α 和 β 为室内实验确定的材料常数。

8.12.1　采用域结构的流动和水-力分析方法

基于经典立方定律的流体流动方程的求解是基于“域”结构的，并对 UDEC 中的非平行楔形裂隙进行了可能的修正。定义域是一个二维区域，用于表示由该点周围的接触点在裂隙交叉处构建的空隙空间及沿裂隙的空隙空间(对于边-边接触类型)。为了计算流动域之间的流体流动，流动域之间也设置了水力接触。这些区域的作用就好像它们是沿着裂隙和交叉处(形状可能非常不规则，如图 8.33 所示)的“流动单元”。

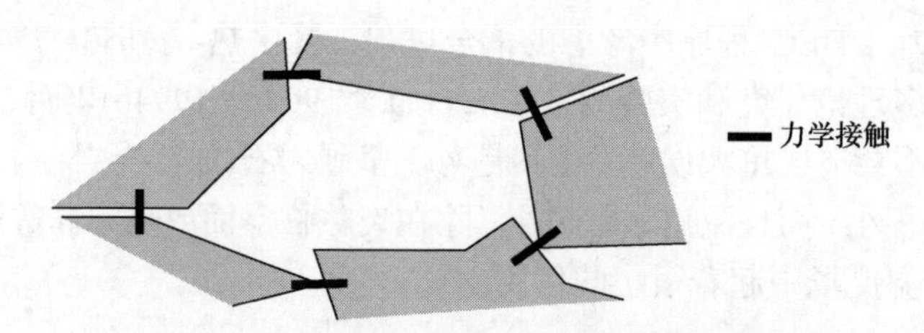

图 8.33　UDEC 模型中裂隙交叉处的不规则形状区域

水力接触是区域之间的分隔物，它由沿裂隙一个面上的顶点(块体角点或 FDM 单元的顶点)和其相反面上的边或顶点之间的力学接触来表征(图 8.34)。因此，水力接触总是伴随着力学接触。利用有限差分单元的内部离散化，可以将两个块体边之间形成的裂隙划分为多个水力区域。因此，在 UDEC 中，流动分析的速度和精度也取决于力学分析中块体的离散化。

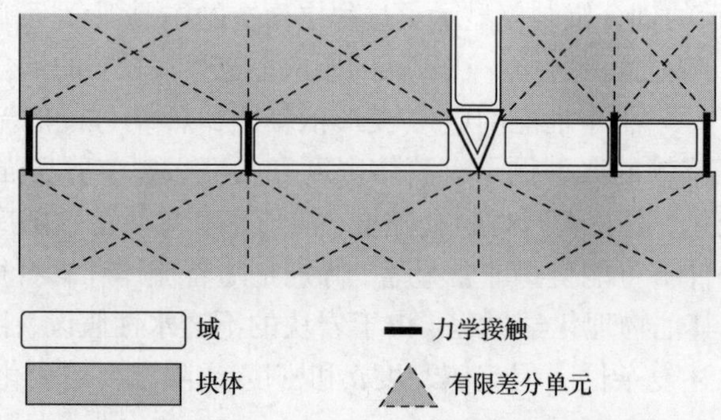

图 8.34　UDEC 模型中在交叉处与沿边-边接触裂隙的域(根据 Ahola 等(1996)修改)

在 UDEC 中，二维裂隙网络中流体流动的控制方程和求解方法与第 4 章和第 10 章基本相同，均采用了立方定律。然而，由于数值实现方法不同，在 UDEC 程序的流体分析中，需要描述流固耦合的一些特别方面：

(1) 在不考虑重力的情况下，通常假定流体压力在域中是均匀的(常数)，或者在考虑重力时，流体压力根据静水压力梯度线性变化。因此，进行实体块体(单元)运动和变形分析时，施加在块体边界上的流体压力为(图 8.35(a))

$$F_i = pn_iL \tag{8.128}$$

(2) 水力开度(e)随块体(或单元)力学变形/位移的变化而更新，具体如下：

$$e = e_0 + \Delta e \tag{8.129}$$

式中，e_0 和 Δe 分别为初始开度及其随块体力学变形和运动而产生的变化，通常取裂隙的法向位移 u_n (张开为正)(图 8.35(b))。

(3) 在交叉处的域内产生的压力梯度为(图 8.35(c))

$$\Delta p = \frac{K_{\mathrm{f}}}{V}\Delta V = \frac{K_{\mathrm{f}}}{V}\left(\Delta V_{\mathrm{f}} - \Delta V_{\mathrm{m}}\right) = \frac{K_{\mathrm{f}}}{V}\left(\sum_{k=1}^{M_i} q_k \Delta t - \Delta V_{\mathrm{m}}\right) \tag{8.130}$$

式中，K_{f} 为流体的体积模量；$M_i > 2$ 表示在域 i 内连通的裂隙数量；ΔV_{f} 为域内流体体积的变化；ΔV_{m} 为由于力学变形而产生的体积变化，根据更新接触位置的矢量计算；V 为域的当前体积。式(8.130)中括号内的第一项为上游域向下游域传递的流体体积，第二项为力学变形导致的域体积减小(或增大)。

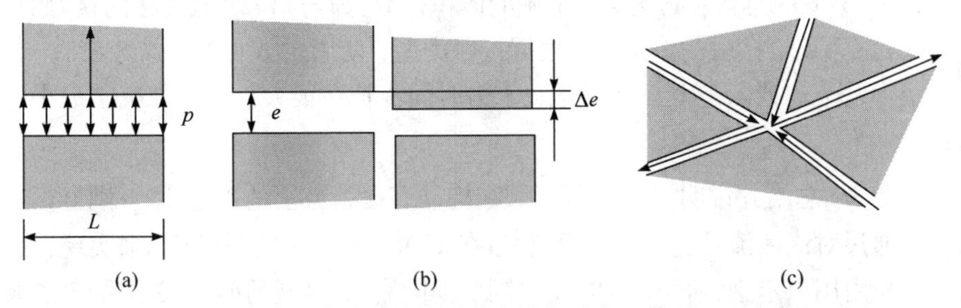

图 8.35　UDEC 程序中考虑的裂隙中的水-岩相互作用(Itasca，1994)

(4) 在两个相邻域(i 和 i+1)内产生的压力梯度为

$$\Delta p = p_{i+1} - p_i + \rho_{\mathrm{f}} g\left(y_{i+1} - y_i\right) \tag{8.131}$$

式中，ρ_{f} 为流体密度；g 为重力加速度；y_i 和 y_{i+1} 分别为域 i 和 i+1 的中心纵坐标。

(5) 流动受相邻区域压差控制，不同接触类型的流量计算方法不同。对于点-边接触，流速为

$$q = -k_e \Delta p \tag{8.132}$$

式中，k_e 为点接触渗透率。

对于表示裂隙的边-边接触，流速为

$$q = -\frac{e^3}{12\mu}\frac{\Delta p}{L} = -k_j \Delta p \tag{8.133}$$

式中，μ 为流体黏度；L 为相邻区域之间指定的接触长度；k_j 为裂隙渗透率。

(6) 在每一个力学时间步内，裂隙的开度根据当前块体(单元)顶点(边界网格点)坐标进行更新。这将有助于使用式(8.132)和式(8.133)来确定流速，域内的压力通过以下关系更新：

$$p^{i+1} = p^i + \Delta p^i \tag{8.134}$$

式中，i 为上一个迭代数；Δp^i 为由式(8.130)或式(8.131)确定的压力增量，其取决于区域类型。

(7) 显式流动分析方法的数值稳定性取决于时间步长，其临界值应遵循以下准则：

$$\Delta t_{\mathrm{f}} \leqslant \Delta t_{\mathrm{f}}^{\mathrm{c}} = \min\left\{V_i \Bigg/ \left(K_{\mathrm{f}} \sum_{k=1}^{M_{\mathrm{c}}^i} k_k\right); i = 1, 2, \cdots, N_d\right\} \tag{8.135}$$

式中，N_d 为域的总数；V_i 为第 i 个域的体积；M_c^i 为与第 i 个域连接的接触数量；k_k 为域 i 的第 k 个接触的渗透率，根据接触类型，使用式(8.132)或式(8.133)，其值被确定为 $k_k = k_e$ 或 $k_k = k_j$。明显地，水力时间步长在很大程度上取决于最小区域体积。

图 8.36 总结并说明了上述基于域结构动态松弛方法的瞬态水-力耦合算法。该算法通过对流体流动进行一系列迭代(在 UDEC 程序中称为循环)来实现，其中时间步长由用户定义，但由式(8.135)控制。对于一个典型的循环 i，按给定的顺序执行以下任务：

(1) 计算从域 i 到域 i+1 的流量 $Q_{i/i+1}$，其为在每个域的不平衡压力 p_i 和 p_{i+1} 的函数。

(2) 计算每个域的初始体积 $V_d^{i,0}$。

(3) 进行一系列的力学松弛分析步，直到各域达到连续流动。假设流体为不可压缩的，在水力时间步内，流体进入一个区域的净体积必须等于该区域的总体积变化量。在松弛过程中，不平衡的流体体积(两者之差)逐渐减小。

(4) 区域体积进行自适应改变，由式(8.130)，根据各域的不平衡体积改变域内压力，直到得到一个稳定的压力值。

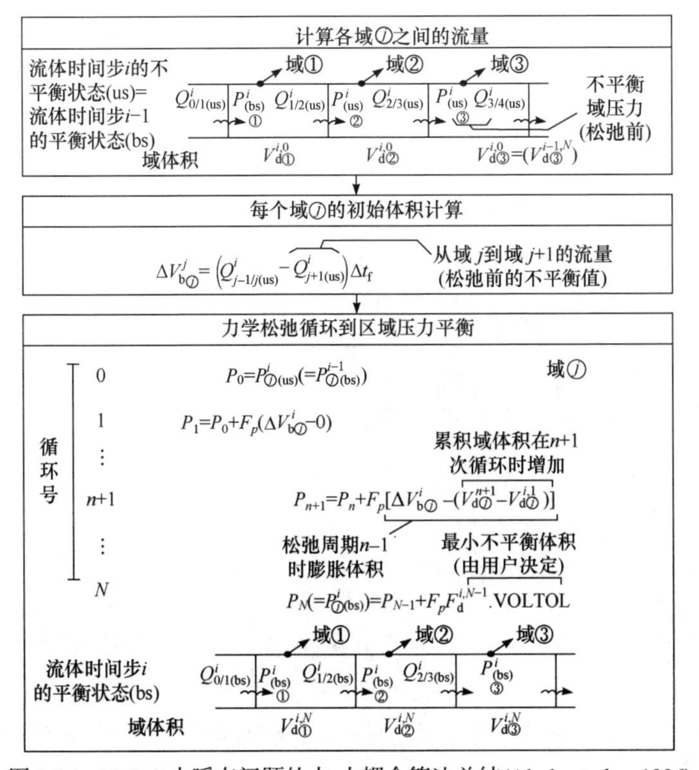

图 8.36　UDEC 中瞬态问题的水-力耦合算法总结(Ahola et al.，1996)

图 8.37 展示了上述动态松弛方法过程。

8.12.2　UDEC 程序中的热传导和热-力分析

对于具有弹性假设的岩石材料的热-力耦合过程，其控制方程为弹性变形和热传导的组合方程，不考虑机械能转化为热能，即

$$
\begin{cases}
Gu_{i,jj} + (\lambda + G)u_{j,ji} + \rho b_i + (3\lambda + 2G)\alpha(T - T_0)_{,j}\delta_{ji} = \rho \ddot{u}_i \\
(k_k T_{,k})_{,k} + s^{\mathrm{h}} = \rho c_p \dfrac{\partial T}{\partial t}
\end{cases}
\tag{8.136}
$$

因此，热传导与力学变形不耦合，可以独立模拟，但热应力和应变增量必须包括在应力/变形分析中，如扩展的 Navier 运动方程所示。式(8.136)的求解采用基于 FDM 显式步进的动态松弛方法。

对于岩石材料的非弹性响应，不再保持弹性小应力-应变关系，假设总应变为

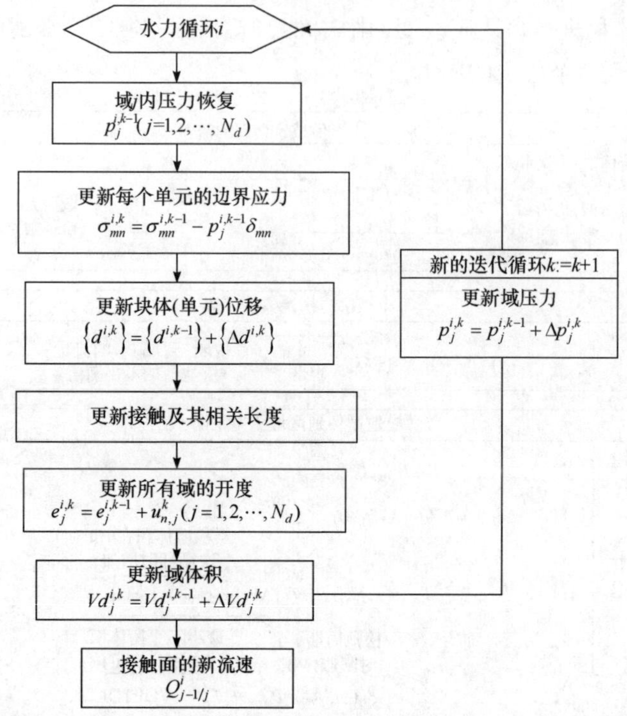

图 8.37　UDEC 中瞬态水-力分析的动态松弛方法(Ahola et al.，1996)

$$\varepsilon_{ij}=\varepsilon_{ij}^{\mathrm{e}}+\varepsilon_{ij}^{\mathrm{ne}}+\varepsilon_{ij}^{\mathrm{T}} \tag{8.137}$$

式中，ε_{ij} 为总应变；$\varepsilon_{ij}^{\mathrm{e}}$ 表示材料在加载下可恢复的弹性应变；$\varepsilon_{ij}^{\mathrm{ne}}$ 表示材料不可恢复的非弹性应变，如塑性、破坏等；$\varepsilon_{ij}^{\mathrm{T}}$ 表示岩石体积热膨胀引起的热应变。应变的可恢复部分通常写为

$$\varepsilon_{ij}^{\mathrm{e}}=C_{ijkl}\sigma_{kl}=\left[\lambda\delta_{ij}\delta_{kl}+\mu\left(\delta_{ik}\delta_{jl}+\delta_{il}\delta_{jk}\right)\right]\sigma_{kl} \tag{8.138}$$

式中，λ 和 μ 为拉梅弹性常数；C_{ijkl} 为材料的柔度张量，是常用刚度张量的逆。

在岩石力学和 UDEC 程序中，岩石材料非线性最常见的来源是塑性变形。屈服函数 F 和塑性势 Q 通常采用与 Mohr-Coulomb 模型或 Hoek-Brown 模型的相同或不同形式。

在这种情况下，控制方程以应力的形式给出，加上应变和本构关系的单独定义，再加上热传导方程，即以下方程的组合。

(1) 带阻尼的扩展运动方程：

$$\frac{\partial\sigma_{ij}}{\partial x_i}+b_i=\rho\frac{\partial^2 u_i}{\partial t^2}+c\frac{\partial u_i}{\partial t} \tag{8.139a}$$

(2) 几何方程——应变定义：

$$\varepsilon_{ij} = \varepsilon_{ij}^{\mathrm{e}} + \varepsilon_{ij}^{\mathrm{ne}} + \varepsilon_{ij}^{\mathrm{T}} \tag{8.139b}$$

(3) 本构方程，如塑性模型等：

$$f\left(\varepsilon_{ij}, \dot{\varepsilon}_{ij}, \sigma_{ij}, \dot{\sigma}_{ij}\right) = 0 \tag{8.139c}$$

(4) 热传导方程，式(8.136)中的第二个方程。

对于地下放射性废物储存库问题的分析，采用 St John(1985)提出的方法，确定单个热源或废物容器对岩石温度的影响半径(为时间的函数)，以确定在模型中进行传热分析问题的范围。单点热源的温度延迟方程表示为温度变化ΔT，其为热源的移动距离 R 和初始热强度 Q_0 的函数(Christiansson, 1979)：

$$\Delta T = \frac{Q_0}{\pi^{3/2}} \exp(-At) \frac{\sqrt{\pi}}{4k} \exp\left(-\frac{R^2}{4\kappa t}\right) \mathrm{Re}\left[w\left(\sqrt{At} + \frac{\mathrm{i}R}{\sqrt{4\kappa t}}\right)\right] \tag{8.140}$$

式中，$\mathrm{i} = \sqrt{-1}$；A 为热常数；κ 为热扩散系数；t 为时间；w=$w(z)$为复变量 z 的复误差函数；Re 为复函数的实部。因此，温度是指数衰减的，比例因子为 $\exp(-R^2/(4\kappa t))$。St John(1985)提出模型的最小尺寸 L 应根据以下准则进行确认(其中 t 应以年为单位)：

$$L \geqslant 4\sqrt{\kappa t} \tag{8.141}$$

在 UDEC 程序中，连续热源(如线源或面积源)被划分为具有集中热强度的离散点源阵列，使得模型的整体温度与连续热源相同。然而，这种集中点源的替换将在集中点源附近引起一定的温度分布误差。对于所有实际岩体问题，这些误差的影响并不显著，可以通过精细的点源阵列来减小。

由于热-力分析的单向耦合，热传导问题可以单独求解，式(8.136)或式(8.139)的求解大大简化。因此，只需要将每个热传导时步结束时产生的热应力引入力学松弛时间步长中，即可影响岩石的应力和变形。

在 UDEC 程序中，基于块体变形的单元网格、傅里叶定律和瞬态热传导方程的数值解，热传导模拟是很简单的。下面以三角形单元为例说明这一算法。

与应变计算类似，对于边界为 S、面积为 A_{e} 的每个三角形单元，温度梯度 $\partial T / \partial x_i = x_i (x_1 = x,\ x_2 = y)$ 如下：

$$\frac{\partial T}{\partial x_i} = \frac{1}{A_{\mathrm{e}}} \int_S T \boldsymbol{n}_i \mathrm{d}S \approx \frac{1}{A_{\mathrm{e}}} \sum_{i=1}^{3} \overline{T}_i e_{ij} \Delta x_j^m \tag{8.142}$$

式中，$\boldsymbol{n}_i$ 为边界 S 的单位法向量；e_{ij} 为二维置换张量，$e_{11} = e_{22} = 0$，$e_{12} = 1$，$e_{21} =$

-1；$\overline{T}_i$ 表示沿单元的第 i 条边的平均温度；Δx_j^m 为位于边上的两个网格点之间在 x_j 方向(即 x 或 y)的差。

简单起见，对于由网格点(顶点) l、m 和 k 定义的边，边 1=lm，边 2=mk，边 3=kl，可以写出如下关系：

$$\overline{T}_{lm} = \frac{1}{2}\left(T_l + T_m\right), \quad \overline{T}_{mk} = \frac{1}{2}\left(T_m + T_k\right), \quad \overline{T}_{kl} = \frac{1}{2}\left(T_k + T\right) \tag{8.143a}$$

$$\Delta x_{lm} = x_m - x_l, \quad \Delta x_{mk} = x_m - x_k, \quad \Delta x_{kl} = x_k - x_l \tag{8.143b}$$

$$\Delta y_{lm} = y_m - y_l, \quad \Delta y_{mk} = y_m - y_k, \quad \Delta y_{kl} = y_k - y_l \tag{8.143c}$$

令 w_x 和 w_y 表示热通量在单元内沿各自方向流动的宽度(图 8.38)，单元的热通量由傅里叶定律给出：

$$Q_i = -k_{ij}\frac{\partial T}{\partial x_i} \quad (i = x, y) \tag{8.144}$$

式中，温度梯度由式(8.142)给出。

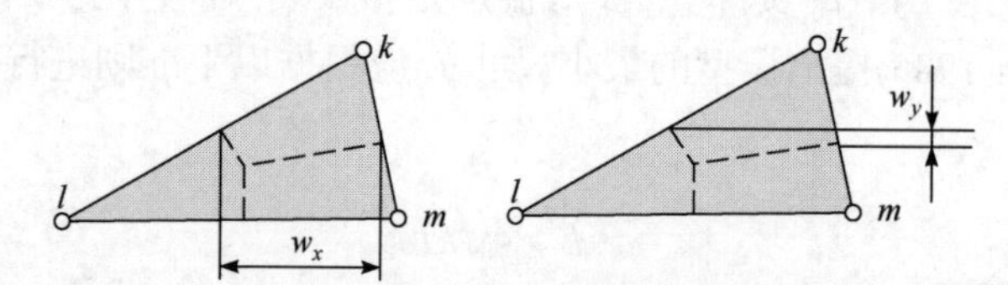

图 8.38　热通量在单元内沿 x 和 y 方向的流动宽度(Itasca，1993)

单元各顶点(网格点)的热通量为

$$F = w_i Q_i = w_x Q_x + w_y Q_y \tag{8.145}$$

式(8.145)为定义单元上各网格点对总热通量的贡献。如果一个网格点 k 连接 N 个单元，则与其连接的所有单元作用的总热通量为

$$F_k = \sum_{i=1}^{N} F_i = \sum_{i=1}^{N}\left(w_x^i Q_x^i + w_y^i Q_y^i\right) \tag{8.146}$$

式中，w_x^i、w_y^i、Q_x^i、Q_y^i 为与网格点 k 连接的单元 i 的代表宽度和热通量分量。则网格点 k 处的温度变化为

$$\Delta T = \frac{F_k}{c_p M}\Delta t \tag{8.147}$$

式中，M 为网格点 k 处的质量(所有与点 k 连接的单元面积的三分之一的和)。

上述格式为显式算法，Δt 的大小完全取决于数值稳定性要求。利用热传导方程的不同有限差分解可以推导出隐式格式，详见 Itasca(1993)。

如图 8.39 所示，在 UDEC 中，实现了热-力耦合计算的交错迭代(Board，1989)。

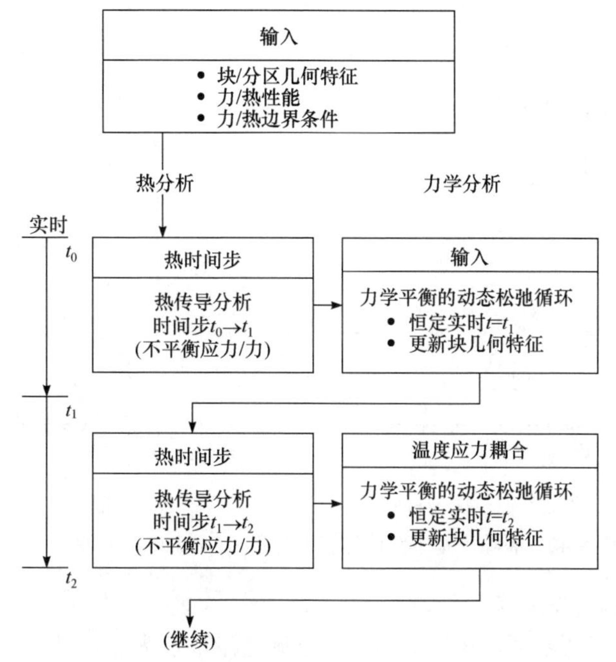

图 8.39　UDEC 中热-力分析交错时间步进方法(基于 Board(1989)修正)

8.12.3　沿裂隙的热对流和热-水-力耦合过程

对于由两个受热岩石表面形成的充满流动流体的岩石裂隙，热-水-力耦合的主要变量是裂隙变形、温度和流量或流速。这些变量是相互依赖或双向耦合的。前面介绍了 UDEC 程序中的裂隙变形、流体流动、热传导以及热-力耦合和水-力耦合的原理。本节主要介绍裂隙内部和沿裂隙方向的热-水-力耦合，即裂隙中流体流动引起的热对流，其原理和计算机的实施是基于 Abdallah 等(1995)的工作，Ahola 等(1996)也进行了总结。在 DEM 和 UDEC 程序中，由于假定岩体不透水，对流热传导仅限于裂隙中。如前所述，这种假设在实践中被证明是可以接受的，特别是对于坚硬的岩石。

Abdallah 等(1995)通过分析由开度为 e 的光滑裂隙和沿裂隙内流体流动方向流动位移 dx 组成的单元体(如图 8.40 中 $ABCD$ 所示)的热量平衡问题，提出了由沿裂隙流体流动引起对流热传导的理论模型。传热中考虑的机理包括流体-流体(域-域)热对流、流体-流体(域-域)热传导和流体-岩石(域-单元)热对流。

单元体 $ABCD$ 在平面外方向上具有单位厚度，在流动平面上，表面积为 edx。

热对流通量Q_1、Q_1'、Q_3、Q_3'及热传导通量Q_2、Q_2'分别通过块单元体的流体-流体边界(AB、CD)和流体-岩石边界(AD、BC)进入和流出单元体。岩石和流体中的温度分别用T^{r}和T^{f}表示，流体的密度和比热容分别用ρ_{f}和c_p^{f}表示。AB和CD界面表示 UDEC 程序中定义的两个相邻域的水力接触。它们建立在顶点-边或顶点-顶点接触的力学接触点位置上，并用于简化流动分析的“域单元”数据结构。

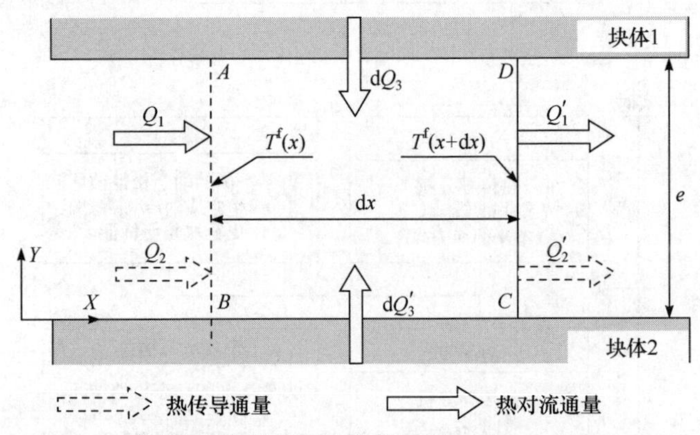

图 8.40 裂隙中基本流体体积的热平衡(Abdallah et al., 1995)

(1) 流体-流体热对流。

通过流体-流体界面(AB和CD)的热对流通量增量为

$$\mathrm{d}Q_x^{\text{流体间热对流}}=\mathrm{d}Q_1=Q_1-Q_1'=-\int_0^e\left[\rho_{\mathrm{f}}c_p^{\mathrm{f}}\left(v_x\frac{\partial T^{\mathrm{f}}}{\partial x}+T^{\mathrm{f}}\frac{\partial v_x}{\partial x}\right)\mathrm{d}x\right]\mathrm{d}y \tag{8.148}$$

式中，v_x为沿裂隙x方向的流体速度。热通量的增加是由流体流动的速度引起的。

(2) 流体-流体热传导。

对于图 8.40 中的单元体，流体颗粒之间也发生热传导，其热传导通量增量为

$$\mathrm{d}Q_x^{\text{流体间热传导}}=\mathrm{d}Q_2=Q_2-Q_2'=\int_0^e\left[\kappa^{\mathrm{f}}\frac{\partial}{\partial x}\left(\frac{\partial T^{\mathrm{f}}}{\partial x}\right)\mathrm{d}x\right]\mathrm{d}y \tag{8.149}$$

式中，κ^{f}为流体导热系数(W/(m · K))，假设为常数。

(3) 岩体-流体热对流。

热对流也发生在岩体-流体界面，遵循牛顿冷却定律。该定律的一般表达式为

$$\mathrm{d}Q_x^{\text{岩体-流体热对流}}=h\left(T^{\mathrm{r}}-T^{\mathrm{f}}\right)\mathrm{d}A \tag{8.150}$$

式中，h为岩石表面与流体之间的热交换系数(W/(m^2 · K))；T^{r}为岩石表面温度；$\mathrm{d}A=\mathrm{d}x\cdot 1$为垂直$xy$面的微分面积。对于图 8.40 中的单元体，有

$$\mathrm{d}Q_x^{\text{岩体-流体热对流}}=\mathrm{d}Q_3+\mathrm{d}Q_3'=h\left(T^{\mathrm{r}1}-T^{\mathrm{f}}\right)\mathrm{d}x+h\left(T^{\mathrm{r}2}-T^{\mathrm{f}}\right)\mathrm{d}x \tag{8.151}$$

式中，T^{r1} 和 T^{r2} 分别为岩块 1 和 2 的表面温度。

热能平衡方程可以写成

$$
\begin{aligned}
mc_p^{\mathrm{f}}\frac{\partial T^{\mathrm{f}}}{\partial t} &= \mathrm{d}Q_x^{\text{流体间热对流}} + \mathrm{d}Q_x^{\text{流体间热传导}} + \mathrm{d}Q_x^{\text{岩体-流体热对流}} \\
&= \mathrm{d}Q_1 + \mathrm{d}Q_2 + \mathrm{d}Q_3 + \mathrm{d}Q_3'
\end{aligned}
\tag{8.152}
$$

式中，m、c_p^{f} 分别为区域内的流体质量和比热容。

Abdallah 等(1995)假设流体之间的热传导效应非常小，因此可以认为 $\mathrm{d}Q_2 \approx 0$。简化后的式(8.152)变成

$$
\begin{aligned}
mc_p^{\mathrm{f}}\frac{\partial T^{\mathrm{f}}}{\partial t} &= \mathrm{d}Q_1 + \mathrm{d}Q_3 + \mathrm{d}Q_3' \\
&= -\int_0^e \left[\rho_{\mathrm{f}} c_p^{\mathrm{f}} \left(v_x \frac{\partial T^{\mathrm{f}}}{\partial x} + T^{\mathrm{f}} \frac{\partial v_x}{\partial x} \right) \mathrm{d}x \right] \mathrm{d}y + h\left(T^{\mathrm{r1}} + T^{\mathrm{r2}} - 2T^{\mathrm{f}}\right)\mathrm{d}x
\end{aligned}
\tag{8.153}
$$

进一步假设，裂隙交叉口处的热量变化也可以忽略不计。裂隙内的热传递仅限于流体-岩石表面之间的对流热传递以及沿裂隙流动的假想域边界的对流热传递(对二维问题而言)。基于这些假设，提出了一种基于以下算法求解式(8.153)的数值方法。

如图 8.41 所示，典型的流动域 i 由四个“水力角” A、B、C 和 D、两个“水力接触”(假想流体界面)AB 和 CD 以及两个岩石-流体界面 AD 和 BC 定义。域 i 通过 AB 和 CD 两个水力接触与邻域 $i-1$ 和 $i+1$ 建立联系，三个域的长度分别为 l_i、l_{i-1} 和 l_{i+1}，在 x 方向上的平均温度分别为 T_i^{f}、T_{i-1}^{f}、T_{i+1}^{f}，平均流体速度分别为 v_x^i、v_x^{i-1}、v_x^{i+1}，热交换系数分别为 h_i、h_{i-1}、h_{i+1}。

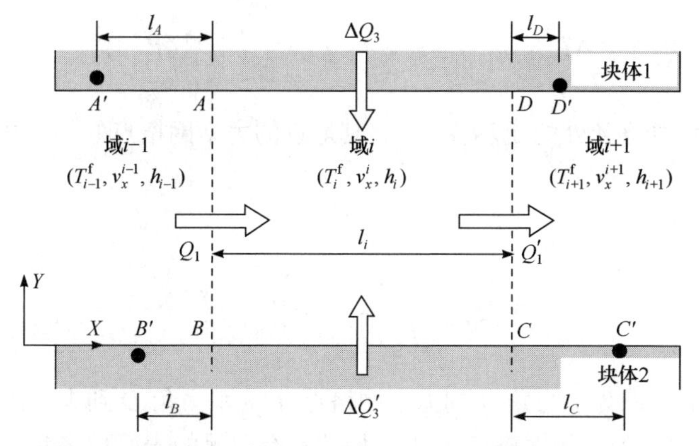

图 8.41　计算沿裂隙流动的流体热对流的区域数据结构(基于 Abdallah 等(1995))

在上述几何离散化的基础上，对式(8.153)中的热通量也进行如下离散化：

$$\Delta Q_1 \approx -\left(\rho_{\mathrm{f}} c_p^{\mathrm{f}}\right)\left(e_i l_i\right)\left(v_x^i \frac{T_i^{\mathrm{f}} - T_{i-1}^{\mathrm{f}}}{l_i} + T_i^{\mathrm{f}} \frac{v_x^{CD} - v_x^{AB}}{l_i}\right) \tag{8.154}$$

$$\Delta Q_3' \approx h_i l_i \left(\frac{T_A^{\mathrm{r}} + T_D^{\mathrm{r}}}{2} - T_i^{\mathrm{f}}\right) \tag{8.155}$$

$$\Delta Q_3 \approx h_i l_i \left(\frac{T_B^{\mathrm{r}} + T_C^{\mathrm{r}}}{2} - T_i^{\mathrm{f}}\right) \tag{8.156}$$

$$m c_p^{\mathrm{f}} \frac{\partial T^{\mathrm{f}}}{\partial t} \approx \left(\rho_{\mathrm{f}} c_p^{\mathrm{f}}\right)\left(e_i l_i\right) \frac{\Delta T_i^{\mathrm{f}}}{\Delta t} \tag{8.157}$$

这里不对指标 i 求和。在式(8.154)中，为了数值的稳定性，如 Patankar(1980)所提议的，使用 $(T_i^{\mathrm{f}} - T_{i-1}^{\mathrm{f}})$ 代替更加精确的 $(T_D^{\mathrm{f}} - T_A^{\mathrm{f}})$ 。

将式(8.154)～式(8.156)代入式(8.147)，重新排列各项，可得出计算时间步内温度变化的方程式：

$$\Delta T_i^{\mathrm{f}} = \left[\frac{2h_i}{\rho_{\mathrm{f}} c_p^{\mathrm{f}} e_i}\left(\frac{T_A^{\mathrm{r}} + T_B^{\mathrm{r}} + T_C^{\mathrm{r}} + T_D^{\mathrm{r}}}{4} - T_i^{\mathrm{f}}\right) - \left(v_x^i \frac{T_i^{\mathrm{f}} - T_{i-1}^{\mathrm{f}}}{l_i} + T_i^{\mathrm{f}} \frac{v_x^{CD} - v_x^{AB}}{l_i}\right)\right]\Delta t \tag{8.158}$$

这里不对指标 i 求和。该式表示 UDEC 中求解沿裂隙的线性流体域的联合自由热对流及裂隙表面和流动流体之间的强制热对流的算法。

由于热对流作用，岩石裂隙表面的温度发生了变化。这些变化可以用域角处的温度变化来近似。例如，在角 A 处，温度变化计算如下：

$$\Delta T_A^{\mathrm{r}} = h_i \left(\frac{l_i}{2}\right)\left(T_i^{\mathrm{f}} - T_A^{\mathrm{r}}\right) c_p^A \Delta t \quad (\text{不对}i\text{求和}) \tag{8.159}$$

式中，c_p^A 为水力角 A 处的比热容，取离其最近的力学网格点处的比热容(图 8.41)。

$$c_p^{A'} = \left(\rho_{\mathrm{r}} c_p^{\mathrm{r}} S_{A'}\right)^{-1} \tag{8.160}$$

$$c_p^A = \left(\frac{C_p^{D'} - C_p^{A'}}{l_A + l_i + l_D}\right) l_A + c_p^{A'} \tag{8.161}$$

式中，l_A 和 l_D 分别为水力角 A 到力学网格点 A' 、水力角 D 到力学网格点 D' 的距离(图 8.41)； $S_{A'}$ 表示与网格点 A' 上连接的所有单元的表面积之和的三分之一(每个单元有三个三角形单元网格点)。通过对同一块的相邻两个水力角进行插值，可

以得到网格点 A'、B'、C' 和 D' 处的温度变化。如图 8.42 所示，基于对流换热和传导换热，在 UDEC 中实现了一种计算流体温度和岩石温度的嵌套迭代循环算法。图 8.43 为 UDEC 程序中热-水-力耦合过程的完整计算流程，其中 N 为总循环数，Δt 为计算时间步长：

$$T=N_T\Delta t_T = N_{HM}\Delta t_{HM} \tag{8.162}$$

式中，N_T 为热计算的循环次数；N_{HM} 为水力计算的循环次数；Δt_T 为热计算的时间步长(s)；Δt_{HM} 为水力计算的时间步长。

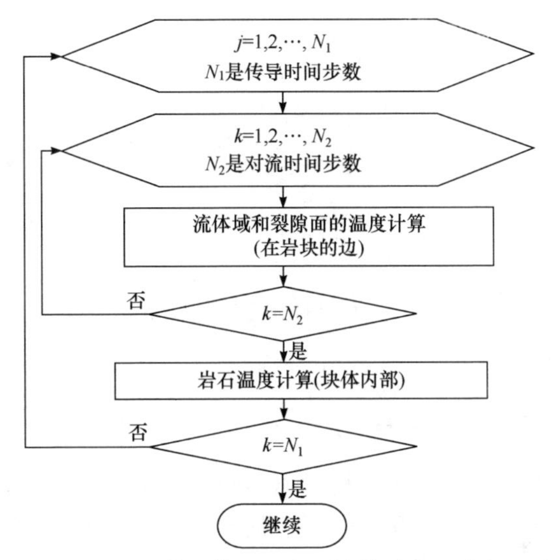

图 8.42　通过对流和传导换热计算流体域和岩石块体(表面和内部)温度的嵌套循环流程

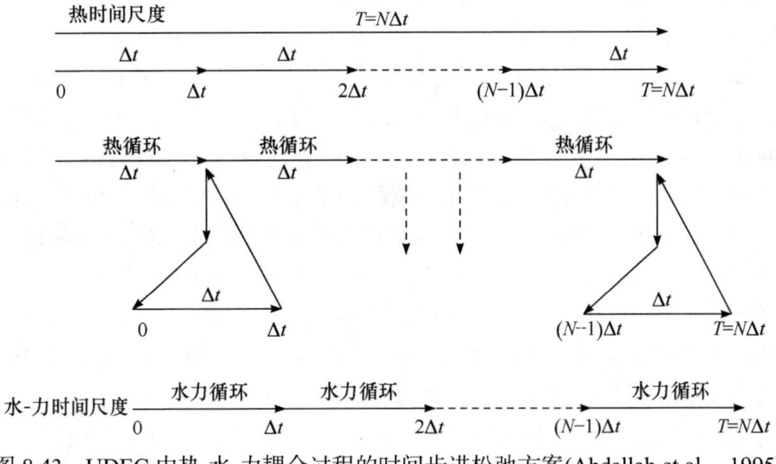

图 8.43　UDEC 中热-水-力耦合过程的时间步进松弛方案(Abdallah et al.，1995)

利用闭合形式积分，可以推导出式(8.148)中净热通量 dQ_1 的另一种表示方法：

$$\mathrm{d}Q_1=-\frac{\rho_\mathrm{f}c_p^\mathrm{f}g}{2v_x}\int_0^e\left(y^2-\frac{e^2}{4}\right)\left\{\frac{\partial}{\partial x}\left[\left(h-b_x x\right)T^\mathrm{f}\right]\right\}\mathrm{d}x\mathrm{d}y \tag{8.163}$$

进一步假设水头和流体温度梯度在 y 方向上(穿过裂隙)变化不大，Abdallah 等(1995)在推导式(8.154)～式(8.156)时也提过这一点，则式(8.163)中关于 y 的积分可以计算为

$$\mathrm{d}Q_1=-\frac{\rho_\mathrm{f}c_p^\mathrm{f}g}{2v_x}\frac{e^3}{12}\left\{\frac{\partial}{\partial x}\left[\left(h-b_x x\right)T^\mathrm{f}\right]\right\}\mathrm{d}x=\left(-\frac{\rho_\mathrm{f}c_p^\mathrm{f}g}{2v_x}\frac{e^3}{12}\right)\mathrm{d}\left[\left(h-b_x x\right)T^\mathrm{f}\right] \tag{8.164}$$

那么图 8.41 中域 i 的净热通量可计算如下：

$$\begin{aligned}\Delta Q_1&=-\frac{\rho_\mathrm{f}c_p^\mathrm{f}g}{2v_x}\frac{e^3}{12}\int_0^{l_i}\left\{\frac{\partial}{\partial x}\left[(h-b_x x)T^\mathrm{f}\right]\right\}\mathrm{d}x_0\\&=-\frac{\rho_\mathrm{f}c_p^\mathrm{f}g}{2v_x}\frac{e^3}{12}(h_{CD}T_{CD}^\mathrm{f}-h_{AB}T_{AB}^\mathrm{f}+b_x l_i)\end{aligned} \tag{8.165}$$

式中，h_{AB}、h_{CD}、T_{AB}^f、T_{CD}^f 分别为流体域边界 AB 和 CD 处的水头和流体温度，式中采用水头而非流速表达。

8.12.4　DtEM 中耦合过程的处理

20 世纪 70 年代以来，针对裂隙岩石，特别是结晶质硬岩的热-水-力-化耦合过程，热-水-力耦合过程的模拟一直在稳步发展，主要集中在水-力耦合过程，即流体流动与变形/应力之间的相互作用。采用 DtEM 及第 9 章即将介绍的非连续变形(DDA)方法，通常假设岩石基质是不渗透的而流体只在裂隙中流动。热传递通常被看成一个热传导过程，而不考虑由于流体流动引起的热对流。这对于一些工程应用可能是一个合理的假设，因为结晶质硬岩的孔隙率非常低，流体流速非常缓慢，并且与岩石体积相比，流体体积很小。因此，DEM 程序中包含的简单热传导算法通常可以满足温度分析的要求，至少对于远场问题，不会造成不可接受的误差，这一假设得到现场测量和连续与离散数值分析结果的证实(Jing et al., 1996)。对于近场问题，如既有天然屏障(岩石)又有工程屏障(膨润土)的核废料储存库，对流传热和温度梯度驱动的流体流动可能变得很重要(Rutqvist et al.，2001；Tsang et al., 2005)。如果涉及高温环境，热对流和流体相变(如蒸发和冷凝)将更为重要。对于其他需要流体在连通裂隙网络中进行传热的工程应用，如结晶岩中的地热储层，裂隙系统中的对流传热成为产热的重要机制，不容忽视。

在研究和实际应用中尚未深入研究的一个特殊问题是应力/变形诱导的各向异性、单个裂隙中的沟槽流和裂隙岩体的密集流，特别是通过裂隙剪切作用引起的(Yeo et al.，1998；Koyama，2005；Koyama et al.，2004，2006)。这一问题可能

会对 DEM 和 DFN 产生根本性的影响，因为单个裂隙中的流体流动行为是理解水-力耦合过程的基础。在 DEM 中，应力的影响只引起渗透率(或开度)的变化，而不考虑剪切引起的流动各向异性。在离散网格模型中根本无法考虑应力对流体流动(和输运)过程的影响，详见第 10 章。

对于裂隙岩体中的水-力耦合过程，Min 等(2004a，2004b，2004c)使用 DEM 方法已经证实，当在裂隙岩体中达到临界应力状态时，可能会形成许多局部化的流体流动路径，可能会显著改变岩体的初始渗透率(参见第 12 章)。这项工作是 DEM 在裂隙岩体水-力耦合过程以及等效水力和力学性质推导以及通过数值均质化和升尺度过程进行应力对岩石渗透率影响的定量估算等问题上的重要应用。

岩石裂隙中的化学过程，如矿物溶解和沉淀、溶质的吸附和扩散以及一般水-岩相互作用，一直是反应性输运、地球化学和地球化学工程领域的核心问题，也是安全评估分析核废料储存库和地热能源开采等领域的核心问题(Rasmuson and Neretnieks，1981；Tsang，1991；Yasuhara and Elsworth，2004)。然而，相关的结果还未纳入任何 DEM 或程序中。

考虑耦合过程必然会使 DEM 模型/程序更加复杂，从而增加额外的计算成本，特别是对计算机内存和接触识别更新时间的高需求。因此，为了解决大尺度的实际问题，通常采用混合方法，如在一个小的近场区域用 DEM 表征大量裂隙，在一个大得多但基本连续的远场区域用 FEM 或 BEM 表征大量裂隙，其简要介绍见 8.13 节。

8.13 混合 DEM-FEM/BEM 表达形式

如第 1 章中所述，如果两种方法结合使用，在较小的近场区域离散、显式地表示裂隙和岩石块体，而在大的远场区域等效、连续地表示，那么可以较好地实现离散和连续介质方法的优势。图 8.44 为混合 DEM-FEM 模型与界面表示。DEM 区域裂隙高度发育，包含开挖体(但这并不具有限制性，因为开挖也可以出现在 FEM 区域)，FEM 区域是连续的(虽然也可以放宽到包含一些由特殊裂隙单元模拟的特定大型裂隙)，关键问题是保证在连接 DEM 和 FEM 区域的界面上位移的兼容性。可以采用不同的耦合方法来建立混合模型，组合表示方法通常称为混合模

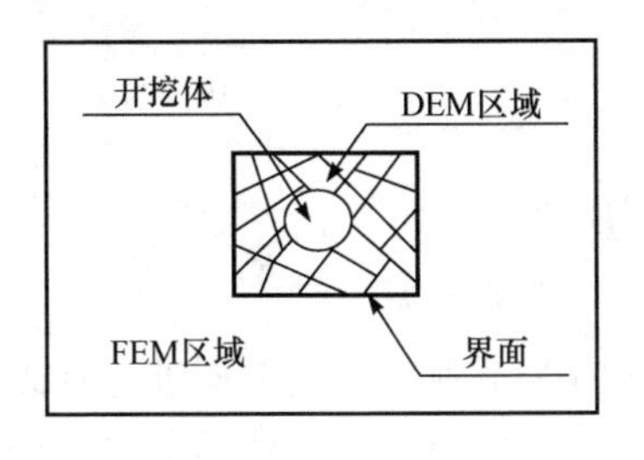

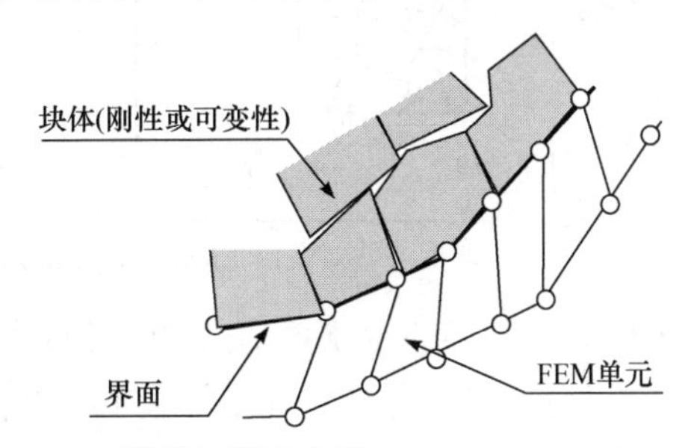

图 8.44 混合 DEM-FEM 模型与界面表示

型，可用于大尺度的实际问题。

这种离散-连续体混合表示的主要趋势是使用 DEM-BEM 进行力学或水-力耦合分析，但也开发了主要用于变形分析的 DEM-FEM 求解方法。本节将简要介绍混合离散-连续表示方法，以完成离散模型的全面介绍，并充分展示它们在求解岩石工程问题中的优势。

当采用动态松弛或单个静态松弛进行 DEM 区域分析时，不需要全局矩阵方程。取而代之的是，需要进行遵循时间步进过程的松弛迭代。通过确定 DEM 域中的诱导接触力，可以直接用 FEM 确定交界面上的诱导节点力，反过来，这又用于更新 FEM 分析中使用的残余力矢量，从而获得交界面上的节点位移矢量。然后，将交界面上的位移输入 DEM 分析中，最终获得界面上诱导节点位移。接着界面位移被用于 DEM 分析中来求解力增量矢量，上述嵌套迭代过程一直持续，直至求解过程收敛。Pan 和 Reed(1991)使用 Stewart(1981)提出并在 Pan(1988)中进一步发展的静态松弛方法，采用 Goodman 裂隙模型(Goodman，1976)和刚性块体假设，给出了混合模型的例子。FEM 技术是一种二维平面应变 FEM 方法，采用等参 8 节点单元，具有大规模变形分析能力，以 Owen 和 Hinton(1980)提出的弹黏塑性材料的最新拉格朗日公式为基础。需要注意的是，在 Pan 和 Reed 的工作中，8 节点等参 FEM 单元与 DEM 区域刚性块假设不兼容，因为 FEM 沿界面的曲线边界与 DEM 一侧刚性块的直边存在冲突。此外，当使用曲线边界时，接触检测也有困难。使用双线性四边形单元可以克服这一困难，但在 FEM 区域可能需要更多的单元。Dowding 等(1983)也开展了类似的工作。

然而，DEM-BEM 混合模型的主要趋势是将 DEM 区域嵌入更大(或无限或半空间)的弹性域中，因为如果开挖体周围的 DEM 区域足够大，远场岩石可以假定为线弹性(图 8.45)。在这方面已经做了很多工作，特别是 Lorig 和 Brady(1982)、Lorig 等(1986)进行了力学分析，Wei(1992)、Wei 和 Hudson(1998)进行了水-力耦合分析。在 DEM 程序 UDEC 和 3DEC 中实现了耦合算法(Itasca，1993，1994)。

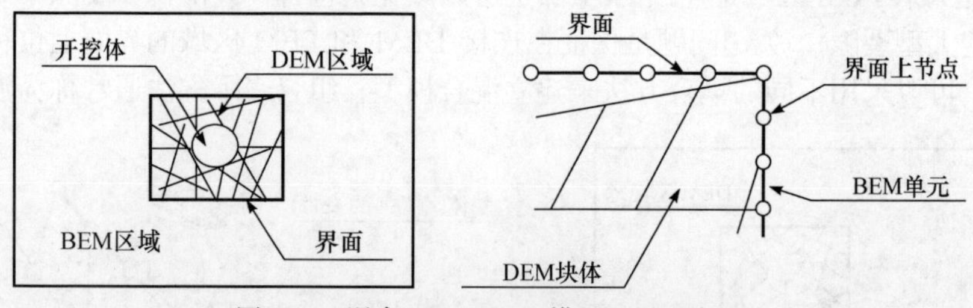

图 8.45　混合 DEM-BEM 模型和界面表示

DEM-BEM 耦合的优点是只需要对 DEM 与 BEM 区域之间的界面进行 BEM 离散化。界面上需要满足的条件是位移连续性条件和应力平衡条件，两个区域之间不存在分离和滑移。

因为通过这种混合模型无法对 DEM 模型有新见解，所以本书不详细介绍混合 DEM-FEM 或 DEM-BEM。

8.14　FEM 与 DEM 建模实例对比

图 8.46(a)和(b)为里斯本的 Sao Vicente de Fora 修道院回廊部分立面的全比例模型，该回廊在联合研究中心的 ELSA 实验室进行试验(图 8.46(c))。试验模型具有三根石砌柱、两个完整的拱门和两个半拱门，由砂浆连接石块。模型的上部由砖石结构制成，由预应力钢筋支撑。垂直荷载施加在柱子和板上，以模拟缺失的上部楼层的作用(图 8.46(c))。

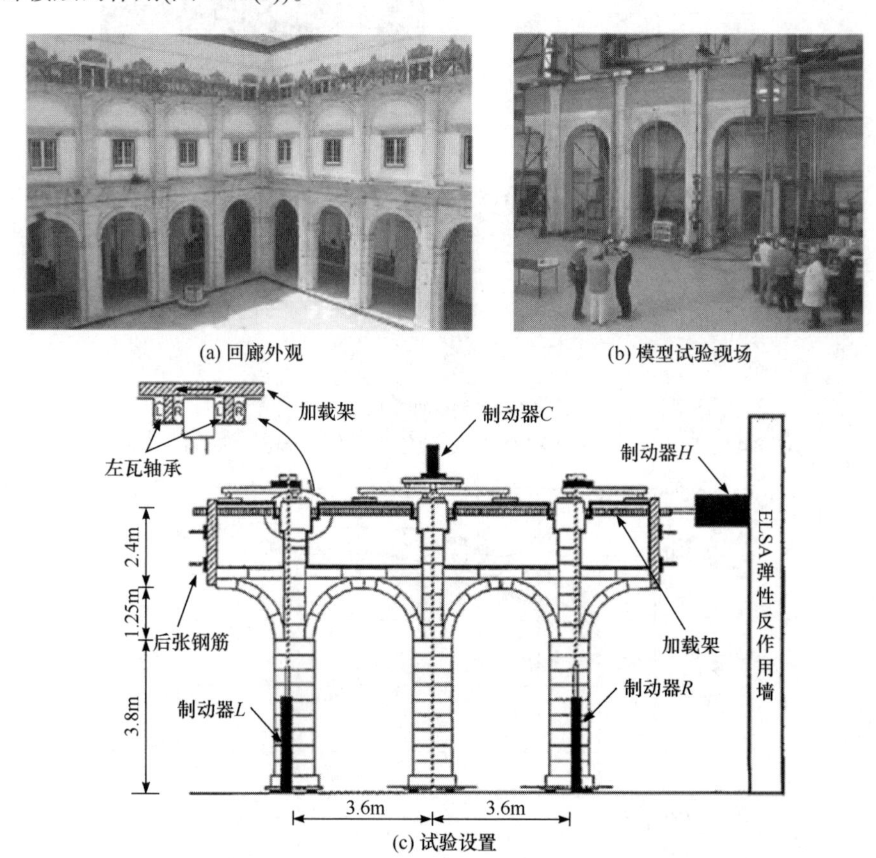

图 8.46　Sao Vicente de Fora 回廊砖石结构物理模型试验(Giordano et al.，2002)

采用两种数值模型模拟此模型试验，FEM 采用 ABAQUS 和 CASTEM2000 程序，DEM 采用 UDEC 程序。ABAQUS 模型采用涂抹裂纹的方法。在 CASTEM 2000 模型中，砂浆节理、砌块、砖块采用等参单元，UDEC 模型采用可变形砌块/

砖块等参单元。几何模型如图 8.47 所示。结果发现，就 ABAQUS 模型所需的等效材料特性以及 CASTEM 2000 模型中 FEM 网格中的大量节理单元而言，DEM 克服了 FEM 中遇到的数值难题，特别是关于砖块/砌块基质和砂浆节理之间的兼容性，由于 DEM 模型可以通过简单的 Mohr-Coulomb 弹-塑性本构模型更轻松地处理大量可变形的砖块/砌块和砂浆节理。该模型具有三个参数：法向刚度、剪切刚度和摩擦角。实测和数值模拟的竖向荷载与位移关系如图 8.48 所示，相似的结果说明了等效连续体和 DEM 数值模拟方法对此类结构的相同适用性。

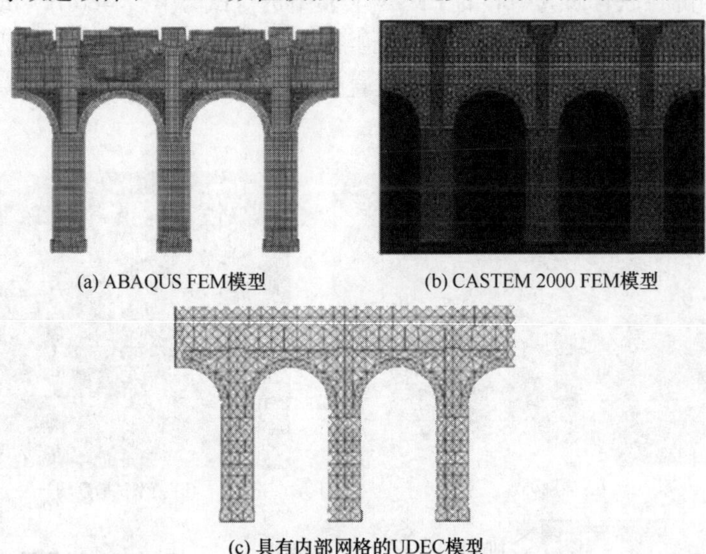

(a) ABAQUS FEM模型　(b) CASTEM 2000 FEM模型

(c) 具有内部网格的UDEC模型

图 8.47　砖石结构 FEM 和 DEM 数值模拟实例(Giordano et al.，2002)

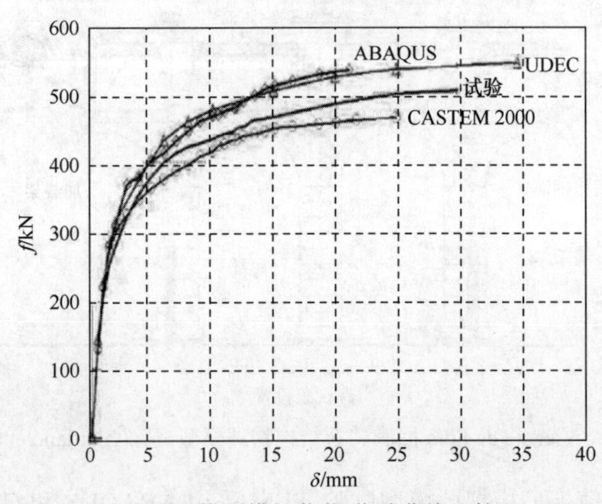

图 8.48　试验中监测点实测和模型模拟荷载-位移曲线比较(Giordano et al.，2002)

8.15　总　结

DtEM 在岩石工程中得到了广泛的应用，其主要原因是它对裂隙的显式表示具有概念上的吸引力。在期刊论文和会议论文集中已经发表了大量相关资料，成为工程教育中的重要课题。本书没有列出所有相关文献，主要列举了一些在国际期刊上发表的参考文献，以说明该方法的广泛适用性。第 12 章将更详细地介绍一些参考文献。

(1) 隧道、地下工程开挖和采矿：Barton(1991)、Jing 和 Stephansson(1991)、Hanssen 等(1993)、McNearny 和 Abel(1993)、Lorig 等(1995)、Nordlund 等(1995)、Bhasin 等(1996)、Kochen 和 Andrade(1997)、Chryssanthakis 等(1997)、Souley 等(1997a，1997b)、Shen 和 Barton(1997)、Sofianos 和 Kapenis(1998)、Bhasin 和 Høeg(1998)、Diederichs 和 Kaiser(1999)、Senseny 和 Pučik(1999)、Dowding 等(2000)、Konietzky 等(2001)、Monsen 和 Barton(2001)、Nomikos 等(2002a，2000b)、Kamata 和 Mashimo(2003)、Sapigni 等(2003)。

(2) 岩石动力学与爆破：Kim 等(1997a，1997b)、Ma 和 Brady(1999)、Zhao 等(1999)、Chen 等(2000)、Cai 和 Zhao(2000)。

(3) 核废料储存库设计及性能评估：Chan 等(1995)、Hansson 等(1995)、Jing 等(1995，1997)、Hökmark(1998)、Rejeb 和 Bruel(2001)、Hutri 和 Antikainen(2002)、Min 等(2005a)。

(4) 储存库模拟：Brignoli 等(1997)、Gutierrez 和 Makurat(1997)。

(5) 地球物理调查：Harper 和 Last(1989，1990a，1990b)、Jing(1990)、Hu 等(1997)、Homberg 等(1997)、Su 和 Stephansson(1999)、Hu 等(2001)、Su(2004)。

(6) 岩土边坡和滑坡：Kim 等(1997a，1997b)、Allison 和 Kimber(1998)、Zhu 等(1999)、Zhang 等(2001)、Eberhardt 等(2004)。

(7) 硬岩的室内试验模拟与本构模型的建立，如 Jing 等(1993，1994a，1994b)、Makurat 等(1995)、Lanaro 等(1997)。

(8) 应力-渗流耦合：Liao 和 Hencher(1997)。

(9) 硬岩加固：Lorig(1985)。

(10) 钻井和钻孔稳定性：Santarelli 等(1992)、Rawlings 等(1993)、Zhang 等(1999)。

(11) 历史建筑结构：Psycharis 等(2000)、Giordano 等(2002)、Jiang 和 Esaki(2002)、Papantonopoulos 等(2002)。

(12) 水电站及道路结构：Zhang 等(1997)、Hashash 等(2002)、Huang 等

(2003)。

(13) 构造地质学：Zhang 和 Sanderson(1996)、Pascal(2002)、Finch 等(2003)。

(14) 裂隙岩体等效水力学性质的推导：Zhang 和 Sanderson(1995)、Zhang 等(1996)、Min 和 Jing(2003, 2004)、Min 等(2001; 2004a, 2004b, 2004c, 2005b, 2005c)。

Sharma 等(2001)出版的书籍包含了岩石工程各个方面的 DEM 的应用文献，Mohammadi(2003)在书中详细介绍了离散单法元和非连续变形分析方法的基本原理。

DtEM 的应用主要集中在硬岩问题上，但由于岩石裂隙在这方面的主导作用，当需要显式表示裂隙时，裂隙岩体的水-力耦合行为也是一个重要的研究领域。对于较软和较弱的岩石，等效连续体模型更适用，因为裂隙的变形能力与岩石基质之间的差异较小。

与概念简单的吸引力相比，隐藏的岩石裂隙的几何特征未知，限制了 DEM 模型更广泛、更深入地应用。岩体中裂隙系统的几何形态无法完全了解，只能粗略估计。DEM 结果的准确性取决于对岩石真实情况的再现，而岩石真实情况反过来又取决于对现场裂隙系统几何特征的解释，而这在实践中甚至无法得到适当的验证。当然，同样的问题也存在于连续体模型，如 FEM 或 FDM，但 DEM 中对显式裂隙几何表示的要求突出了其潜在的局限性。采用 Monte Carlo 方法进行裂隙模拟，可以降低不确定性，但是增加了计算工作量。因此，如何用更先进、更经济的方法提高岩石裂隙系统表征的质量，可能采用更可靠、分辨率更高的地球物理勘探方法，是研究的首要问题。然而，这个问题并不是 DEM 特有的，而是适用于所有需要裂隙详细信息的裂隙岩体数值方法。

参考文献

Abdallah G, Thoraval A, Sfeir A, et al. 1995. Thermal convection of fluid in fractured media. International Journal of Rock Mechanics and Mining Sciences & Geomechanics Abstracts, 32(5): 481-490.

Ahola M P, Thoraval A, Chowdhury A H. 1996. Distinct element models for the coupled T-H-M processes: theory and implementation//Stephansson O, Jing L, Tsang C F. Coupled Thermo-Hydro-Mechanical Processes of Fractured Media, Development in Geotechnical Engineering. Rotterdam: Elsevier Science B.V: 181-211.

Allison R J, Kimber O G. 1998. Modelling failure mechanisms to explain rock slope change along the Isle of Purbeck coast, UK. Earth Surface Processes and Landforms, 23(8): 731-750.

Barton N. 1991. Modeling jointed rock behaviour and tunnel performance. World Tunnelling, 4(7): 414-416.

Bathe K J, Wilson E L. 1976. Numerical Methods in Finite Element Analysis. Englewood Cliffs: Prentice-Hall.

Belytschko T. 1983. An overview of semi-discretization and time integration procedures//Belytschko T, Hughes T J R. Computational Methods for Transient Analysis. New York: Computational

Methods in Mechanics Series: 1-65.

Bhasin R, Høeg K. 1998. Parametric study for a large cavern in jointed rock using a distinct element model(UDEC-BB). International Journal of Rock Mechanics and Mining Sciences, 35(1): 17-29.

Bhasin R K, Barton N, Grimstad E, et al. 1996. Comparison of predicted and measured performance of a large cavern in the Himalayas. International Journal of Rock Mechanics and Mining Sciences & Geomechanics Abstracts, 33(6): 607-626.

Board M. 1989. UDEC(Universal Distinct Element Code) version ICGI.5 Vols. 1-3. NUREG/CR-6021. Washington D C: Nuclear Regulatory Commission.

Brignoli M, Pellegrino A, Santarelli F J, et al. 1997. Continuous and discontinuous deformations above a compacting reservoir: Consequences upon the lateral extension of the subsidence bowl. International Journal of Rock Mechanics and Mining Sciences, 34(3-4): 20.

Cai J G, Zhao J. 2000. Effects of multiple parallel fractures on apparent attenuation of stress waves in rock masses. International Journal of Rock Mechanics and Mining Sciences, 37(4): 661-682.

Cavendish J C. 1974. Automatic triangulation of arbitrary planar domains for the finite element method. International Journal for Numerical Methods in Engineering, 8(4): 679-696.

Cavendish J C, Field D A, Frey W H. 1985. An apporach to automatic three-dimensional finite element mesh generation. International Journal for Numerical Methods in Engineering, 21(2): 329-347.

Chan T, Khair K, Jing L, et al. 1995. International comparison of coupled thermo-hydro-mechanical models of a multiple-fracture bench mark problem: DECOVALEX Phase I, Bench Mark Test 2. International Journal of Rock Mechanics and Mining Sciences & Geomechanics Abstracts, 32(5): 435-452.

Chen W. 1998. Research on relaxation numerical methods in rock and solid mechanics and its appplication. Wuhan: Institute of Rock and Soil Mechanics, Chinese Academy of Sciences, 142.

Chen S G, Cai J G, Zhao J, et al. 2000. Discrete element modelling of an underground explosion in a jointed rock mass. Geotechnical & Geological Engineering, 18(2): 59-78.

Chen W, Gu X, Ge X. 1994. A new discrete element method and its application in engineering// Siniwardane H J, Zaman M M. Proceedings of 8th Conference on Computer Methods and Advances in Geomechanics, Rotterdam: Balkema: 883-887.

Christiansson M. 1979. TEMP3D: A computer program for determining temperatures around single or arrays of constant or decaying heat sources. University of Minnesota, Department of Civil and Mineral Engineering, Minneapolis, MN.

Chryssanthakis P, Barton N, Lorig L, et al. 1997. Numerical simulation of fiber reinforced shotcrete in a tunnel using the discrete element method. International Journal of Rock Mechanics and Mining Sciences, 34(3-4): 54.

Cross H. 1932. Analysis of continuous frames by distributing fixed-end moments. Transactions of the American Society of Civil Engineers, 96(1): 1-10.

Cundall P A. 1971a. A computer model for simulating progressive, large-scale movements in blocky rock systems//Proceedings of International Symposium Rock Fracture, Nancy, II-8.

Cundall P A. 1971b. The measurement and analysis of acceleration in rock slopes. London: University of London.

Cundall P A. 1974. Rational design of tunnel supports: A computer model for rock mass behaviour using interactive graphics for the input and output of geomaterial data. Technical Report MRD-2-74, Missuri River Division, U.S. Army Corps of Engineers, NTIS Report No. AD/A-001 602.

Cundall P A. 1978. BALL—A program to model granular media using the distinct element method. London: Dames and Moore Advanced Technology Group.

Cundall P A. 1980. UDEC—A generalized distinct element program for modelling jointed rock. Peter Cundall Associates, European Research Office, U.S. Army Corps of Engineers, Report PCAR-1-80.

Cundall P A. 1982. Adaptive density-scaling for time-explicit calculations//Proceedings of the 4th International Conference on Numerical Methods in Geomech, Edmonton: 21-26.

Cundall P A. 1988. Formulation of a three-dimensional distinct element model—Part I: A scheme to detect and represent contacts in a system composed of many polyhedral blocks. International Journal of Rock Mechanics and Mining Sciences & Geomechanics Abstracts, 25(3): 107-116.

Cundall P A, Board M. 1988. A microcomputer program for modeling large-strain plasticity problems//Swoboda G. Numerical Methods in Geomechanics. Rotterdam: Balkema: 2101-2108.

Cundall P A, Hart R D. 1985. Development of generalized 2-D and 3-D distinct element programs for modelling jointed rock. Itasca Consulting Group, Misc. Paper SL-85-1. U.S. Army Corps of Engineers.

Cundall P A, Strack O D L. 1979a. A discrete numerical model for granular assemblies. Géotechnique, 29(1): 47-65.

Cundall P A, Strack O D L. 1979b. The development of constitutive laws for soil using the distinct element method//Wittke W. Numerical Methods in Geomechanics. Rotterdam: Balkema: 289-298.

Cundall P A, Strack O D L. 1979c. The distinct element method as a tool for research in granular material. Report to NSF concerning grant ENG 76-20711, Part II, Dept. Civ. Engng, University of Minnesota.

Cundall P A, Strack O D L. 1982. Modeling of microscopic mechanisms in granular material// Proceedings of the U. S. /Japan Seminar on New Models and Constitutive Relations in the Mechanics of Granular Materials, Itasca.

Cundall P A, Marti J, Beresford P J, et al. 1978. Computer modelling of jointed rock masses. U.S. Army Corps of Engineers, Waterways Experiment Station, Vicksburg, Mississipi, Technical Report N-78-4.

Day A S. 1965. An introduction to dynamic relaxation. London: The Engineer, 219(1): 218-221.

Diederichs M S, Kaiser P K. 1999. Stability of large excavations in laminated hard rock masses: the voussoir analogue revisited. International Journal of Rock Mechanics and Mining Sciences, 36(1): 97-117.

Dowding C H, Belytschko T B, Yen H J. 1983. A coupled finite element-rigid block method for transient analysis of rock caverns. International Journal for Numerical and Analytical Methods in Geomechanics, 7(1): 117-127.

Dowding C H, Belytschko T B, Dmytryshyn O. 2000. Dynamic response of million block cavern models with parallel processing. Rock Mechanics and Rock Engineering, 33(3): 207-214.

Eberhardt E, Stead D, Coggan J S. 2004. Numerical analysis of initiation and progressive failure in natural rock slopes—The 1991 Randa rockslide. International Journal of Rock Mechanics and Mining Sciences, 41(1): 69-87.

Finch E, Hardy S, Gawthorpe R. 2003. Discrete element modelling of contractional fault-propagation folding above rigid basement fault blocks. Journal of Structural Geology, 25(4): 515-528.

Fukuda J, Suhara J. 1972. Automatic mesh generation for finite element analysis//Oden J T, Clough R W, Yamamoto Y. Adbances in Computational Methods in Structural Mechanics and Designs. Huntsvile: UAH Press.

Giordano A, Mele E, de Luca A. 2002. Modelling historical masonry structures: comparison of different approaches through a case study. Engineering Structures, 24(8): 1057-1069.

Goodman R E. 1976. Methods of Geological Engineering in Discontinuous Rocks. San Francisco: West Publishing Company.

Gutierrez M, Makurat A. 1997. Coupled HTM modelling of cold water injection in fractured hydrocarbon reservoirs. International Journal of Rock Mechanics and Mining Sciences, 34(3-4): 113.

Hanssen F H, Spinnler L, Fine J. 1993. A new approach for rock mass cavability. International Journal of Rock Mechanics and Mining Sciences & Geomechanics Abstracts, 30(7): 1379-1385.

Hansson H, Jing L, Stephansson O. 1995. 3-D DEM modelling of coupled thermo-mechanical response for a hypothetical nuclear waste repository//Proceedings of 4th International Symposium on Numerical Models in Geomechanics, Davos: 257-262.

Harper T R, Last N C. 1989. Interpretation by numerical modelling of changes of fracture system hydraulic conductivity induced by fluid injection. Géotechnique, 39(1): 1-11.

Harper T R, Last N C. 1990a. Response of fractured rock subject to fluid injection Part II. Characteristic behaviour. Techonophysics, 172(1-2): 33-51.

Harper T R, Last N C. 1990b. Response of fractured rock subject to fluid injection Part III. Practical applications. Techonophysics, 172(1-2): 53-65.

Hart R D. 1993. An introduction to distinct element modeling for rock engineering//Hudson J A. Comprehensive Rock Engineering: Principles, Practice & Projects. Oxford: Pergamon Press: 245-261.

Hart R, Cundall P A, Lemos J. 1988. Formulation of a three-dimensional distinct element model—Part II. Mechanical calculations for motion and interaction of a system composed of many polyhedral blocks. International Journal of Rock Mechanics and Mining Sciences & Geomechanics Abstracts, 25(3): 117-125.

Hashash Y M A, Cording E J, Oh J. 2002. Analysis of shearing of a rock ridge. International Journal of Rock Mechanics and Mining Sciences, 39(8): 945-957.

Hocking G. 1977. Development and application of the boundary integral and rigid block method for geotechnics. London: University of London.

Homberg C, Hu J C, Angelier J, et al. 1997. Characterization of stress perturbations near major fault zones: insights from 2-D distinct-element numerical modelling and field studies(Jura Mountains). Journal of Structural Geology, 19(5): 703-718.

Hu Y. 1997 Block-spring-model considering large displacements and non-linear stress-strain relationships of rock joints//Yuan J X. Computer Methods and Advances in Geomechanics. Rotterdam: Balkema:

507-512.

Hu J C, Angelier J , Yu S B, et al. 1997. An interpretation of the active deformation of southern Taiwan based on numerical simulation and GPS studies. Tectonophysics, 274(1-3): 145-169.

Hu J C, Angelier J, Homberg C, et al. 2001. Three-dimensional modeling of the behavior of the oblique convergent boundary of southeast Taiwan: friction and strain partitioning. Tectonophysics, 333(1-2): 261-276.

Huang Z Q, Jiang T, Yue Z Q, et al. 2003. Deformation of the central pier of the permanent shiplock, Three Gorges project, China: an analysis case study. International Journal of Rock Mechanics and Mining Sciences, 40(6): 877-892.

Hutri K L, Antikainen J. 2002. Modelling of the bedrock response to glacial loading at the Olkiluoto site, Finland. Engineering Geology, 67(1-2): 39-49.

Hökmark H. 1998. Numerical study of the performance of tunnel plugs. Engineering Geology, 49(3-4): 327-335.

Itasca Consulting Group, Inc. 1993. UDEC Manual.

Itasca Consulting Group, Inc. 1994. 3DEC Manual.

Itasca Consulting Group, Inc. 1995. PFC-2D and PFC-3D Manuals.

Jiang K, Esaki T. 2002. Quantitative evaluation of stability changes in historical stone bridges in Kagoshima, Japan, by weathering. Engineering Geology, 63(1-2): 83-91.

Jing L. 1990. Numerical modelling of jointed rock masses by distinct element method for two and threedimensional problems. Luleå: Luleå University of Technology.

Jing L, Stephansson O. 1991. Distinct element modelling of sublevel stoping//Proceeding of 7th International Congress of ISRM, Aachen: 741-746.

Jing L, Stephansson O, Nordlund E. 1993. Study of rock joints under cyclic loading conditions. Rock Mechanics and Rock Engineering, 26(3): 215-232.

Jing L, Nordlund E, Stephansson O A. 1994a. A 3-D constitutive model for rock joints with anisotropic friction and stress dependency in shear stiffness. International Journal of Rock Mechanics and Mining Sciences & Geomechanics Abstracts, 31(2): 173-178.

Jing L, Rutqvist J, Stephansson O, et al. 1994b. DECOVALEX—Mathematical models of coupled T-H-M processes for nuclear waste repositories. Stockholm: Report of Phase II. SKI Report 94:16, Swedish Nuclear Power Inspectorate.

Jing L, Tsang C F, Stephansson O. 1995. DECOVALEX—An international co-operative research project on mathematical models of coupled THM processes for safety analysis of radioactive waste repositories. International Journal of Rock Mechanics and Mining Sciences & Geomechanics Abstracts, 32(5): 389-398.

Jing L. Tsang C F, Stephansson O, et al. 1997. Validation of mathematical models against experiments for radioactive waste repositories-DECOVALEX experience//Stephansson O, Jing L, Tsang C F. Coupled Thermo-Hydro-Mechanical Processes of Fractured Media. Rotterdam: Elsevier: 25-56.

Jing L, Hansson H, Stephansosn, O et al. 1996. 3D DEM study of thermo-mechanical responses of a nuclear waste repository in fractured rocks—far and near-field problems//Yuan J X. Computer Methods and Advances in Geomechanics. Rotterdam: Elsevier: 1207-1214.

Kamata H, Mashimo H. 2003. Centrifuge model test of tunnel face reinforcement by bolting. Tunnelling and Underground Space Technology, 18(2-3): 205-212.

Kawai T. 1977a. New discrete structural models and generalization of the method of limit analysis//Proceedings of International Conference on Finite Elements in Nonlinear Solid and Structural Mechanics, Norway: G04.1-G04.20.

Kawai T. 1977b. New element models in discrete structural analysis. Journal of the Society of Naval Architects of Japan, 141: 174-180.

Kawai T. 1979. Collapse load analysis of engineering structures by using new discrete element models. IABSE Colloquium, Copenhagen.

Kawai T, Kawabata K Y, Kondou I, et al. 1978. A new discrete model for analysis of solid mechanics problems//Proceedings of the 1st Conference on Numerical Methods in Fracture Mechanics, Swansea: 26-27.

Kim M K, Kim S E, Oh K H, et al. 1997a. A study on the behavior of rock mass subjected to blasting using modified distinct element method. International Journal of Rock Mechanics and Mining Sciences, 34(3-4): 156. e1-156.e4.

Kim J S, Kim J Y, Lee S R. 1997b. Analysis of soil nailed slope by discrete element method. Computers and Geotechnics, 20(1): 1-14.

Knupp P, Steinberg S. 1993. Fundamentals of Grid Generation. Boca Raton: CRC Press.

Kochen R, Andrade C. 1997. Predicted behavior of a Subway station in weathered rock. International Journal of Rock Mechanics and Mining Sciences, 34(3-4): 160. e1-160. e13.

Konietzky H, te Kamp L, Hammer H, et al. 2001. Numerical modelling of in situ stress conditions as an aid in route selection for rail tunnels in complex geological formations in South Germany. Computers and Geotechnics, 28(6-7): 495-516.

Koyama T. 2005. Numerical modelling of fluid flow and particle transport in rock fractures during shear. Stockholm: Royal Institute of Technology.

Koyama T, Fardin N, Jing L. 2004. Shear induced anisotropy and heterogeneity of fluid flow in a single rock fracture with translational and rotary shear displacements—a numerical study. International Journal of Rock Mechanics and Mining Sciences, 41(3): 426.

Koyama T, Fardin N, Jing L, et al. 2006. Numerical simulation of shear-induced flow anisotropy and scale dependent aperture and transmissivity evolution of rock fracture replicas. International Journal of Rock Mechanics and Mining Sciences, 43(1): 89-106.

Lanaro F, Jing L, Stephansson O, et al. 1997. D. E. M modelling of laboratory tests of block toppling. International Journal of Rock Mechanics and Mining Sciences, 34(3-4): 173. e1-173. e15.

Lemos J V. 1983. A hybrid distinct element computational model for the half-plane. Minnesota: University of Minnesota.

Li G, Vance J. 1999. A 3-D block-spring model for simulating the behaviour of jointed rocks//Amadei, Kranz, Scott, Smeallie. Rock Mechanics for Industry. Rotterdam: Balkema: 141-146.

Li G, Wang B. 1998. Development of a 3-D block-spring model for jointed rocks//Rossmanith H P. Mechanics of Jointed and Faulted Rock. Rotterdam: Balkema: 305-309.

Liao Q H, Hencher S R. 1997. Numerical modelling of the hydro-mechanical behaviour of fractured rock masses. International Journal of Rock Mechanics and Mining Sciences, 34(3-4): 177. e1-177. e17.

Lo S H. 1985. A new mesh generation scheme for arbitrary planar domains. International Journal for Numerical Methods in Engineering, 21(8): 1403-1426.

Lo S H. 1989. Delaunay triangulation of non-convex planar domains. International Journal for Numerical Methods in Engineering, 28(11): 2695-2707.

Lo S H. 1991a. Volume discretization into tetrahedra—I. Verification and orientation of boundary surfaces. Computers & Structures, 39(5): 493-500.

Lo S H. 1991b. Volume discretization into tetrahedra—II. 3D triangulation by advancing front approach. Computers & Structures, 39(5): 501-511.

Lorig L J. 1985. A simple numerical representation of fully bonded passive rock reinforcement for hard rocks. Computers and Geotechnics, 1(2): 79-97.

Lorig L J, Brady B H G. 1982. A hybrid discrete element-boundary element method of stress analysis//Proceedings of 23rd US Symposium on Rock Mechanics, Berkeley: 628-636.

Lorig L J, Brady B H G, Cundall P A. 1986. Hybrid distinct element-boundary element analysis of jointed rock. International Journal of Rock Mechanics and Mining Sciences & Geomechanics Abstracts, 23(4): 303-312.

Lorig L J, Gibson W, Alvial J, et al. 1995. Gravity flow simulations with the particle flow code(PFC). ISRM News Journal, 3(1): 18-24.

Ma M, Brady B H. 1999. Analysis of the dynamic performance of an underground excavation in jointed rock under repeated seismic loading. Geotechnical & Geological Engineering, 17(1): 1-20.

Makurat A, Ahola M, Khair K, et al. 1995. The DECOVALEX test—Case one. International Journal of Rock Mechanics and Mining Sciences & Geomechanics Abstracts, 32(5): 399-408.

Marti J, Cundall P. 1982. Mixed discretization procedure for accurate modelling of plastic collapse. International Journal for Numerical and Analytical Methods in Geomechanics, 6(1): 129-139.

McNearny R L, Abel J F. 1993. Large-scale two-dimensional block caving model tests. International Journal of Rock Mechanics and Mining Sciences & Geomechanics Abstracts, 30(2): 93-109.

Min K B, Jing L. 2003. Numerical determination of the equivalent elastic compliance tensor for fractured rock masses using the distinct element method. International Journal of Rock Mechanics and Mining Sciences, 40(6): 795-816.

Min K B, Jing L. 2004. Stress dependent mechanical properties and bounds of Poisson's ratio for fractured rock masses investigated by a DFN-DEM technique. International Journal of Rock Mechanics and Mining Sciences, 41(3): 431-432.

Min K B, Mas-Ivars D, Jing L. 2001. Numerical derivation of the equivalent hydro-mechanical properties of fractured rock masses using distinct element method//Elsworth D, Tinucci J P, Heasley P. E. Rock Mechanics in the National Interest. Rotterdam: Balkema: 1469-1476.

Min K B, Jing L, Stephansson O. 2004a. Fracture system characterization and evaluation of the equivalent permeability tensor of fractured rock masses using a stochastic REV approach. International Journal of Hydrogeology, 12(5): 497-510.

Min K B, Rutqvist J, Tsang C F, et al. 2004b. Stress-dependent permeability of fractured rock masses:

a numerical study. International Journal of Rock Mechanics and Mining Sciences, 41(7): 1191-1210.

Min K B, Rutqvist J, Tsang C F, et al. 2004c. A block-scale stress-permeability relationship of a fractured rock determined by numerical experiments//Stephansson O, Hudson J A, Jing L. Coupled Thermo-Hydro-Mechanical-Chemical Processes in Geo-Systems-Fundamentals, Modelling, Experiments and Applications. Amsterdam: Elsevier: 269-274.

Min K B, Rutqvist J, Tsang C F, et al. 2005a. Thermo-mechanical impacts on performance of a nuclear waste repository in fractured rock masses—A far-field study using an equivalent continuum approach. International Journal of Rock Mechanics and Mining Sciences, 42(5-6):765-780.

Min K B, Jing L, Rutqvist J, et al. 2005b. Representation of fractured rock masses as equivalent continua using a DFN-DEM approach//Proceedings of International Conference of IACMAG, Turin: 531-536.

Min, K B, Stephansson O, Jing L. 2005c. Effect of stress on mechanical and hydraulic rock mass properties—application of DFN-DEM approach for the site investigation at Forsmark, Sweden// International Symposium on Rocky Mechanics in Eunpe(EUROCK05), Brno: 389-395.

Mohammadi S. 2003. Discontinuum Mechanics Using Finite and Discrete Elements. Southampton: WIT Press.

Monsen K, Barton N. 2001. A numerical study of cryogenic storage in underground excavations with emphasis on the rock joint response. International Journal of Rock Mechanics and Mining Sciences, 38(7): 1035-1045.

Mustoe G G W. 1992. A generalized formulation of the discrete element method. Engineering Computations, 9(2): 181-190.

Nomikos P P, Sofianos A I, Tsoutrelis C E. 2002a. Symmetric wedge in the roof of a tunnel excavated in an inclined stress field. International Journal of Rock Mechanics and Mining Sciences, 39(1): 59-67.

Nomikos P P, Sofianos A I, Tsoutrelis C E. 2002b. Structural response of vertically multi-jointed roof rock beams. International Journal of Rock Mechanics and Mining Sciences, 39(1): 79-94.

Nordlund E, Radberg G, Jing L. 1995. Determination of failure modes in jointed pillars by numerical modelling//Myer L R, Cook N G W, Goodman R E, et al. Fractured and Jointed Rock Masses. Rotterdam: Balkema: 345-350.

Otter J R H, Cassell A C, Hobbs R E, et al. 1966. Dynamic relaxation. Proceedings of the Institution of Civil Engineers, 35(4): 633-656.

Owen D R J, Hinton. 1980. Finite Element in Plasticity. Swansea: Pineridge Press.

Ozgenoglu A. 1978. The analysis of toppling failure using models and numerical methods. London: University of London.

Pan X D. 1988. Numerical modelling of rock movements around mine openings. London: University of London.

Pan X D, Reed M B. 1991. A coupled distinct element—Finite element method for large deformation analysis of rock masses. International Journal of Rock Mechanics and Mining Sciences & Geomechanics Abstracts, 28(1): 93-99.

Patankar S V. 1980. Numerical Heat Transfer and Fluid Flow. Washington D C: Hemisphere.

Papantonopoulos C, Psycharis I N, Papastamatiou D Y, et al. 2002. Numerical prediction of the earthquake response of classical columns using the distinct element method. Earthquake Engineering & Structural Dynamics, 31(9): 1699-1717.

Parekh C J. 1976. Dynamic relaxation solution of seepage problems//Proceedings of ASCE Engineering Fundation Conference on Numerical Methods in Geomechanics, Virginia: 1133-1144.

Park S, Washam C J. 1979. Drag method as a finite element mesh generation scheme. Computers & Structures, 10(1-2): 343-346.

Pascal C. 2002. Interaction of faults and perturbation of slip: Influence of anisotropic stress states in the presence of fault friction and comparison between Wallace-Bott and 3D distinct element models. Tectonophysics, 356(4): 307-322.

Peraire J, Peiro J, Formaggia L, et al. 1988. Finite element Euler computations in three dimensions. International Journal for Numerical Methods in Engineering, 26(10): 2135-2159.

Psycharis I N, Papastamatiou D Y, Alexandris A P. 2000. Parametric investigation of the stability of classical columns under harmonic and earthquake excitations. Earthquake Engineering & Structural Dynamics, 29(8): 1093-1109.

Rasmuson A, Neretnieks I. 1981. Migration of radionuclides in fissured rock: The influence of micropore diffusion and longitudinal dispersion. Journal of Geophysical Research: Solid Earth, 86(B5): 3749-3758.

Rawlings C G, Barton N R, Bandis S C, et al. 1993. Laboratory and numerical discontinuum modeling of wellbore stability. Journal of Petroleum Technology, 45(11): 1086-1092.

Rejeb A, Bruel D. 2001. Hydromechanical effects of shaft sinking at the Sellafield site. International Journal of Rock Mechanics and Mining Sciences, 38(1): 17-29.

Rutqvist J, Börgesson L, Chijimatsu M, et al. 2001. Coupled thermo-hydro-mechanical analysis of a heater test in fractured rock and bentonite at Kamaishi mine—Comparison of field results to predictions of four finite element codes. International Journal of Rock Mechanics and Mining Sciences, 38(1): 129-142.

Santarelli F J, Dahen D, Baroudi H, et al. 1992. Mechanisms of borehole instability in heavily fractured rockmedia. International Journal of Rock Mechanics and Mining Sciences & Geomechanics Abstracts, 29(5): 457-467.

Sapigni M, La Barbera G, Ghirotti M. 2003. Engineering geological characterization and comparison of predicted and measured deformations of a cavern in the Italian Alps. Engineering Geology, 69(1-2): 47-62.

Schroeder W J, Shephard M S. 1988. Geometry-based fully automatic mesh generation and the Delaunay triangulation. International Journal for Numerical Methods in Engineering, 26(11): 2503-2515.

Senseny P E, Pučik T A. 1999. Development and validation of computer models for structures in jointed rock. International Journal for Numerical and Analytical Methods in Geomechanics, 23(8): 751-778.

Sharma V M, Saxena K R, Woods R D. 2001. Distinct Element Modelling in Geomechanics. Rotterdam: A A Balkema.

Shaw R D, Pitchen R G. 1978. Modification to the Suhara-Fukuda method of network generation. International Journal for Numerical Methods in Engineering, 12(1): 93-99.

Shen B, Barton N. 1997. The disturbed zone around tunnels in jointed rock masses. International Journal of Rock Mechanics and Mining Sciences, 34(1): 117-125.

Sofianos A I, Kapenis A P. 1998. Numerical evaluation of the response in bending of an underground hard rock voussoir beam roof. International Journal of Rock Mechanics and Mining Sciences, 35(8): 1071-1086.

Souley M, Homand F, Thoraval A. 1997a. The effect of joint constitutive laws on the modelling of an underground excavation and comparison with in situ measurements. International Journal of Rock Mechanics and Mining Sciences, 34(1): 97-115.

Souley M, Hoxha D, Homand F. 1997b. Distinct element modelling of an underground excavation using a continuum damage model. International Journal of Rock Mechanics and Mining Sciences, 35(4-5): 442-443.

Southwell R V. 1935. Stress-calculation in frameworks by the method of systematic relaxation of constraints. Parts I and II. Proceedings of the Royal Society A: Mathematical, Physical and Engineering Sciences, 151: 56-95.

Southwell R V. 1940. Relaxation Methods in Engineering Sciences—A Treatise on Approximate Computation. London: Oxford University Press.

Southwell R V. 1956. Relaxation Methods in Theoretical Physics—A Continuation of the Treatise: Relaxation Methods in Engineering Science. London: Oxford University Press.

St John C M. 1985. Thermal analysis of spent nuclear fuel disposal in vertical displacement boreholes in a welded tuff repository. Albuquerque: Sandia National Laboratories.

Stewart I J. 1981. Numerical and physical modeling of underground excavations in discontinuous rock. London: University of London.

Su S. 2004. Effect of fractures on in situ rock stresses studied by the distinct element method. International Journal of Rock Mechanics and Mining Sciences, 41(1): 159-164.

Su S, Stephansson O. 1999. Effect of a fault on in situ stresses studied by the distinct element method. International Journal of Rock Mechanics and Mining Sciences, 36(8): 1051-1056.

Taylor L M. 1982. BLOCKS—A block motion code for geomechanics studies. SANDIA Report, SAND822373, DE83 009221. New Mexico: Sandia National Laboratories, Albuquerque.

Tsang C F. 1991. Coupled thermomechanical and hydrochemical processes in rock fractures. Review of Geophysics, 29(4): 537-551.

Tsang C F, Jing L, Stephansson O, et al. 2005. Numerical modeling for the coupled THMC processes in underground nuclear waste disposal systems. International Journal of Rock Mechanics and Mining Sciences, 42(5-6): 563-610.

Unterberger W, Cundall P A, Zettler A H. 1997. Dynamic substepping-increasing the power of explicit finite difference modeling//Yuan J X. Computer Methods and Advances in Geomechanics. Rotterdam: Balkema: 409-412.

Wang B L, Garga V K. 1993. A numerical method for modelling large displacements of jointed rocks — Part I: Fundamentals. Canadian Geotechnical Journal, 30(1): 96-108.

Watson D F. 1981. Computing the *n*-dimensional Delaunay tessellation with application to Voronoi polytopes. The Computer Journal, 24(2): 167-172.

Wei L. 1992. Numerical studies of the hydro-mechanical behaviour of jointed rocks. London: University of London.

Wei L L, Hudson J A. 1998. A hybrid discrete-continuum approach to model hydro-mechanical behaviour of jointed rocks. Engineering Geology, 49(3-4): 317-325.

Wilkins M L. 1963. Calculation of elastic-plastic flow. UCRL-7332, Rev. I, TID-4500, UC-34, Physics. Livermore: Lawrence Radiation Laboratory, University of California.

Williams J R, Mustoe G G M. 1987. Modal methods for the analysis of discrete systems. Computers and Geotechnics, 4(1): 1-19.

Williams J R, Hockings G, Mustoe G G W. 1986. The theoretical basis of the discrete element method//Proceedings of the NUMETA'86 Conference, Swansea, 897-906.

Yasuhara H, Elsworth D. 2004. Evolution of permeability in a natural fracture: Significant role of pressure solution. Journal of Geophysical Research: Solid Earth, 109(B3): B03204.

Yeo I W, de Freitas M H, Zimmerman R W. 1998. Effect of shear displacement on the aperture and permeability of a rock fracture. International Journal of Rock Mechanics and Mining Sciences, 35(8): 1051-1070.

Zhang X, Sanderson D J. 1995. Anisotropic features of geometry and permeability in fractured rock masses. Engineering Geology, 40(1-2): 65-75.

Zhang X, Sanderson D J. 1996. Numerical modelling of the effects of fault slip on fluid flow around extensional faults. Journal of Structural Geology, 18(1): 109-119.

Zhang X, Sanderson D J, Harkness R M, et al. 1996. Evaluation of the 2-D permeability tensor for fractured rock masses. International Journal of Rock Mechanics and Mining Sciences & Geomechanics Abstracts, 33(1): 17-37.

Zhang C H, Pekau O A, Jin F, et al. 1997. Application of distinct element method in dynamic analysis of high rock slopes and blocky structures. Soil Dynamics and Earthquake Engineering, 16(6): 385-394.

Zhang X, Last N, Powrie W, et al. 1999. Numerical modelling of wellbore behaviour in fractured rock masses. Journal of Petroleum Science and Engineering, 23(2): 95-115.

Zhang J H, He J D, Fan J W. 2001. Static and dynamic stability assessment of slopes or dam foundations using a rigid body-spring element method. International Journal of Rock Mechanics and Mining Sciences, 38(8): 1081-1090.

Zhao J, Zhou Y X, Hefny A M, et al. 1999. Rock dynamics research related to cavern development for Ammunition storage. Tunnelling and Underground Space Technology, 14(4): 513-526.

Zhu W, Zhang Q, Jing L. 1999. Stability analysis of the ship-lock slopes of the Three-Gorge project by three-dimensional FEM and DEM techniques//Proceedings of the 3rd International Conference of discontinuous deformation Analysis(ICADD-3), Alexandria: 263-272.

Zienkiewicz O, 2000. Taylor R. The Finite Element Method, Volume 1, The Basis. 5th ed. Oxford: Butterworth-Heinemann.

第 9 章　块体系统的隐式离散单元法——非连续变形分析方法

隐式离散单元法(DEM)与有限单元法(FEM)相似。这两种方法都以位移作为基本未知量，并利用能量最小原理推导出矩阵形式的系统运动方程。DEM 与 FEM 之间最主要的区别在于对材料非连续性的处理。FEM 假设整个计算域为单个连续体，相邻单元的边界上满足位移协调条件。FEM 将不连续界面(如岩石中的结构面)视为单元边界，并用特殊的结构面单元表示。结构面单元可以沿结构面和垂直于结构面发生法向与切向变形，条件是这些变形不应超过其连续相邻单元的变形总量，从而不违反连续变形假设，同时不允许单元之间脱离或结构面单元张开。因此，在整个计算过程中，FEM 中单元的连通性是固定的。相邻单元沿其共同边界应具有相同数量级的位移以满足连续性假设。DEM 假设计算域是不连续的，由有限数量的离散块体作为基本元素组成，块体间相互关系是通过相邻但独立的块体之间的力学接触来实现的。DEM 的系数矩阵是由块体之间力学接触产生的接触刚度子矩阵组成的，如果考虑块体的变形，则需要加上完整块体的变形刚度子矩阵，采用标准 FEM，用内部离散方法对块体进行离散化处理。因此，DEM 和 FEM 相似，并更具通用性。

非连续变形分析(DDA)的发展历史可追溯到 1985 年石根华和 Goodman 共同提出的基于实际测量得到的位移和变形，利用有限元与刚性块体系统耦合方法进行反分析，以确定与块体系统变形的最佳拟合(Shi and Goodman，1985)。1988 年，石根华将上述工作做了进一步发展，将块体系统的变形分析称为 DDA(Shi，1988)。DDA 技术的早期研究集中在简单的可变形块体上，它将常应变张量与任意形状块体的刚体运动模式进行耦合。Shyu(1993)使用三角形或四边形有限元网格对可变形块体的内部进行离散，从而使得 DDA 可以更严格地表示任意形状块体的变形。Jing(1993，1998)提出了一种更严格的接触公式来考虑结构面的摩擦效应，Chang(1994)考虑了材料的非线性特性。该方法后来得到了进一步发展，使得编程结构和环境更加方便用户使用(Chen et al.，1996；Doolin and Sitar，2001)，包含刚性块体系统(Koo and Chern，1998；Cheng and Zhang，2000)、裂隙岩体(Lin et al.，1996)、水-力耦合过程(Ma，1999；Kim et al.，1999；Jing et al.，2001)和仅考虑结构面中的流体流动问题(Cheng，1998；Jing，2003)。之后，学者们将其扩展至三维问题(Shi，2001；Yeung et al.，2003；Jiang and Yeung，2004)，应用更高阶单元

(Hsiung，2001)并采用更全面的结构面模型(Zhang and Lu，1998)。DDA 方法主要应用于边坡、隧道、洞室、采矿、地质和结构材料的压裂和破碎过程、砌体结构、地震效应和粉末输送等(Yeung，1993；Chang et al.，1996；Yeung and Leong，1997；Hatzor and Benary，1998；Chiou et al.，1998，1999；Pearce et al.，2000；Cai et al.，2000；MacLaughlin et al.，2001；Mortazavi and Katsabanis，1998，2000，2001；Hatzor and Feintuch，2001；Thavalingam et al.，2001；Hsiung and Shi，2001；Soto-Yarritu and Martinez，2001；Kong and Liu，2002)。Ohnishi 等(2006)总结了 DDA 中涉及的关键数值问题、参数选取及其确定方法，以及阻尼和时间步长问题的处理。

本章详细介绍 DDA 方法的基本原理，主要包括刚性块体、三角形单元和四边形单元的表征。简单块体变形的内容首先由 Shi(1988，1992a)及 Shi 和 Goodman(1985，1989)提出，并全部收录在 Shi(1993)出版的书中，本章不再涉及。二维问题的块体生成算法与第 7 章介绍的算法相似，此处也不再赘述。

9.1 能量最小原理与全局平衡方程

根据热力学第二定律，内部、外部或内外同时受荷载的力学系统必须向一个方向移动或变形，使得整体系统的总能量最小。系统总能量包含由外部荷载引起的势能、物体的应变能(系统约束和内部变形)、块体动能和系统吸收的能量(如系统不可逆的耗散能及摩擦和发热产生的耗散能)。系统能量的最小化将产生系统的运动方程。这就是能量最小原理，与有限单元法中所使用的一致。

用$\boldsymbol{U}_i$表示由不同变形机制(内部荷载、应变能等)产生的势能，$\boldsymbol{K}$表示动能，$\boldsymbol{W}$表示系统耗散的能量，则总能量Π可以表示为

$$\Pi = \sum \boldsymbol{U}_i + \boldsymbol{K} + \boldsymbol{W} \tag{9.1}$$

总能量的最小化是通过对位移矢量进行一阶微分来实现的，$\boldsymbol{d} = \{d\}$，可写为

$$\frac{\partial \Pi}{\partial \boldsymbol{d}} = \frac{\sum \partial \boldsymbol{U}_i + \partial \boldsymbol{K} + \partial \boldsymbol{W}}{\partial \{d\}} = 0 \tag{9.2}$$

由式(9.2)将得到描述块体系统运动/变形的平衡方程的弱形式。可对不同机制的单个能量进行单独的微分求解，从而建立基于不同机制的局部运动方程。

能量最小化的第一步是定义能量函数Π，作为块体或单元i的节点位移矢量$\boldsymbol{d}_i$的函数，对于特定的能量机制，有$\Pi = F(\boldsymbol{d}_i)$。对仅包含一个块体(单元)$i$的情况使用最小化算子$\partial \Pi / \partial \boldsymbol{d}_i = 0$得到

$$\boldsymbol{k}_{ii}\boldsymbol{d}_i + \boldsymbol{f}_i = 0 \quad (\text{不对 } i \text{ 求和}) \tag{9.3}$$

如果两个块体 i 和 j(或者属于不同块体的两个单元 i 和 j)相接触，最小化后的方程则变为

$$\begin{cases}(\boldsymbol{k}_{ii}+\boldsymbol{k}_{ij})\boldsymbol{d}_i+\boldsymbol{f}_i=0\\(\boldsymbol{k}_{ji}+\boldsymbol{k}_{jj})\boldsymbol{d}_j+\boldsymbol{f}_j=0\end{cases}\quad(\text{不对}i\text{、}j\text{求和})\tag{9.4}$$

然后，将这些局部运动方程组合，与有限单元法相似，形成最终的全局运动方程。在含有 N 个块体的情况下，每个块体都含有 m_i 个主变量(如位移)，最小化将总共产生 $(N\times N)$ 个联立方程，可表示为

$$\begin{bmatrix}\boldsymbol{k}_{11} & \boldsymbol{k}_{12} & \boldsymbol{k}_{13} & \cdots & \boldsymbol{k}_{1N}\\\boldsymbol{k}_{21} & \boldsymbol{k}_{22} & \boldsymbol{k}_{23} & \cdots & \boldsymbol{k}_{2N}\\\boldsymbol{k}_{31} & \boldsymbol{k}_{32} & \boldsymbol{k}_{33} & \cdots & \boldsymbol{k}_{3N}\\\vdots & \vdots & \vdots & & \vdots\\\boldsymbol{k}_{N1} & \boldsymbol{k}_{N2} & \boldsymbol{k}_{N3} & \cdots & \boldsymbol{k}_{NN}\end{bmatrix}\begin{Bmatrix}\boldsymbol{d}_1\\\boldsymbol{d}_2\\\boldsymbol{d}_3\\\vdots\\\boldsymbol{d}_N\end{Bmatrix}=\begin{Bmatrix}\boldsymbol{f}_1\\\boldsymbol{f}_2\\\boldsymbol{f}_3\\\vdots\\\boldsymbol{f}_N\end{Bmatrix}\tag{9.5}$$

式中，$\boldsymbol{k}_{ij}$ 为 $m_i\times m_i$ 子矩阵；$\boldsymbol{d}_i$ 为块体 i 的位移变量的$(m_i\times1)$子矢量；$\boldsymbol{f}_i$ 为作用在块体(单元)i 上合力的$(m_i\times1)$子矢量；i、j 取值为 1～N。对角线项 $\boldsymbol{k}_{ii}$ 通常包含块体 $i(i=1, 2,\cdots, N)$的惯性和变形子矩阵，非对角线项 $\boldsymbol{k}_{ij}(i\neq j)$ 包含块体 i、j 的接触刚度子矩阵，取决于不同的能量最小化机制，最终的 $\boldsymbol{k}_{ij}$ 和 $\boldsymbol{f}_i$ 是 $m_i\times m_i$ 子矩阵 $\boldsymbol{k}_{ij}$ 和 $(m_i\times1)$ 子矢量 $\boldsymbol{f}_i$ 的和。m_i 的值取决于块体变形的表征形式，如刚性块体和具有三角形或四边形网格的变形块体。

与有限元中的全局刚度矩阵类似，式(9.5)可以简化为

$$\boldsymbol{KD}=\boldsymbol{F}\tag{9.6}$$

$\boldsymbol{K}$ 也可以称为全局刚度矩阵，它与整体连通矩阵 $\boldsymbol{C}$ 相似。当且仅当 $\boldsymbol{c}_{ij}=0$ 时，$\boldsymbol{k}_{ij}\neq0$，因为 $\boldsymbol{k}_{ij}$ 描述块体 i 和块体 $j(i\neq j)$ 之间的接触刚度。

刚度矩阵 $\boldsymbol{k}_{ij}$ 是基于材料特性、加载情况、初始边界条件类型等基本假设，通过不同机制的能量最小化而得到的。现列举其中一些考虑因素：

(1) 由变形产生的势能(应变能)；

(2) 由外部荷载产生的势能(点力、线力和体积力做功)；

(3) 由块体之间锚杆产生的势能(锚杆力做功)；

(4) 由块体质量产生的动能(由于惯性产生的动能)；

(5) 由边界位移约束引起的势能(边界条件)；

(6) 由块体接触产生的势能(块体之间的相互作用)。

上述因素并不包含能量贡献机制的全部因素，其他能量机制也可以单独表示并最小化，将得到的局部平衡方程组合到全局运动方程(9.5)中，从而将它们的影响考虑进来。

9.2　接触类型及识别

在加载过程中，块体根据作用在其上的力而移动，一些块体可能会在顶点或边上发生接触，并在接触点或边上产生相互作用力(接触力)。类似于其他 DEM，接触识别是 DDA 的重要组成部分。

9.2.1　两相近块体间的最小距离

接触检测是基于一对相邻块体之间的最小距离实现的。两块体只有在当前时间步内距离非常近的情况下，才可能在下一时间步发生接触。通过对比最小距离与指定阈值来定义两块体之间的靠近程度。

块体 i、j 之间的最小距离 η_{ij} 定义为块体 i 和 j(图 9.1)上任意两点 $p_1(x_1, y_1)$ 和 $p_2(x_2, y_2)$ 距离的最小值，其计算公式为

$$\eta_{ij} = \min\left\{\sqrt{(x_2 - x_1)^2 + (y_2 - y_1)^2}, \forall(x_1, y_1) \in B^i, \forall(x_2, y_2) \in B^j\right\} \tag{9.7}$$

式中，B^i 和 B^j 分别是块体 i 和块体 j 上所有点的集合。

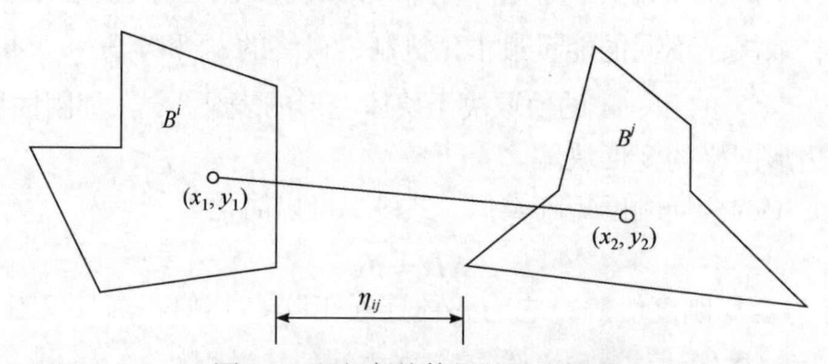

图 9.1　两相邻块体间的最小距离

通过上述定义，若 $\eta_{ij} < 0$，则块体 i 和块体 j 重叠；若 $\eta_{ij} = 0$，则两块体相互接触；若 $\eta_{ij} > 0$，则两块体相互分离，即无接触。令最大位移增量设为 ρ，在当前时间步得到的 ρ 可由表示为

$$\rho = \max\left\{\sqrt{\Delta u_x^2(x, y) + \Delta u_y^2(x, y)}, \forall(x_1, y_1) \in B^k, k = 1, 2, \cdots, N\right\} \tag{9.8}$$

式中，$\Delta u_x(x, y)$ 和 $\Delta u_y(x, y)$ 为在当前时间步内点(x, y)位移增量的两个分量；N 为块体的个数。

如果满足

$$\eta_{ij} < 2\rho \tag{9.9}$$

则块体 i 和块体 j 在下一时间步内将处于潜在的接触状态(图 9.2)。然而，用式(9.7)

无法计算两个相邻块体之间的最小距离，因为任何一个块体中点的个数都是无限的。更加实际的方法是用块体 i 和块体 j 顶点和边之间的距离表示最小距离，即

$$\eta_{ij}=\min\left[\sqrt{(x_2-x_1)^2+(y_2-y_1)^2},\begin{Bmatrix}\forall(x_1,y_1)\in V^i,\forall(x_2,y_2)\in B^i\\ \text{或}\forall(x_1,y_1)\in B^i,\forall(x_2,y_2)\in V^i\end{Bmatrix}\right] \tag{9.10}$$

式中，B^i 和 B^j 为块体 i 和块体 j 边的集合；V^i 和 V^j 为块体 i 和块体 j 顶点的集合。

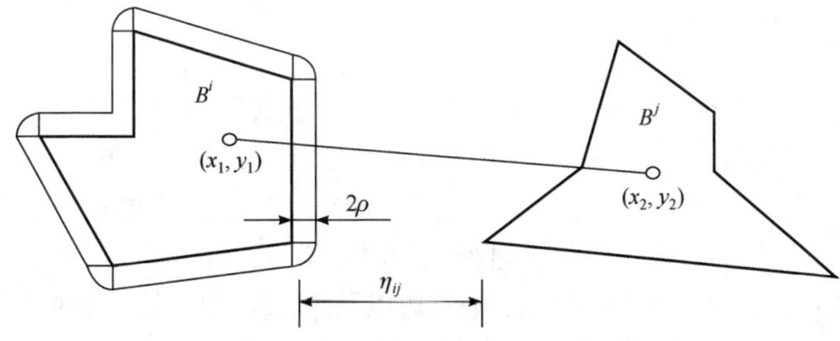

图 9.2　下一时间步内不接触的两个块体

块体的边界由直线段或者曲线段构成。点 $p_1(x_1,y_1)$ 到线段 $\overline{p_2p_3}$ 的最小距离可以由以下算法计算。线段 $\overline{p_2p_3}$ 的参数方程为

$$\begin{cases}x=x_2+(x_3-x_2)t\\ y=y_2+(y_3-y_2)t\end{cases}\quad(0\leqslant t\leqslant 1) \tag{9.11}$$

在 $0\leqslant t\leqslant 1$ 条件下，p_1 到线段 $\overline{p_2p_3}$ 上任意点(x,y)的距离为

$$\eta=\sqrt{(x-x_1)^2+(y-y_1)^2}=\sqrt{\left[(x_2-x_1)+(x_3-x_2)t\right]^2+\left[(y_2-y_1)+(y_3-y_2)t\right]^2} \tag{9.12}$$

采用$\partial\eta/\partial t=0$将距离最小化得

$$\left[(x_2-x_1)+(x_3-x_2)t\right](x_3-x_2)+\left[(y_2-y_1)+(y_3-y_2)t\right](y_3-y_2)=0 \tag{9.13}$$

该方程的解为

$$t=\frac{(x_3-x_2)(x_1-x_2)+(y_3-y_2)(y_1-y_2)}{(x_3-x_2)^2+(y_3-y_2)^2} \tag{9.14}$$

如果 $0<t<1$，则点$(\overline{x},\overline{y})$的坐标为

$$\begin{cases}\overline{x}=x_2+(x_3-x_2)t\\ \overline{y}=y_2+(y_3-y_2)t\end{cases} \tag{9.15}$$

线段 $\overline{p_2p_3}$ 与点 p_1 的最小距离 $\overline{\eta}$ 为

$$\overline{\eta}=\sqrt{(\overline{x}-x_1)^2+(\overline{y}-y_1)^2} \tag{9.16}$$

如果 $t\leqslant 0$ 或者 $t\geqslant 1$，则线段 $\overline{p_2p_3}$ 的一个顶点与点 p_1 的最小距离为

$$\overline{\eta}=\min\{|p_1p_2|,\ |p_1p_3|\} \tag{9.17}$$

式(9.10)、式(9.16)和式(9.17)可以用来计算两个块体之间的距离，表示一个块体的顶点到另一个块体的边界线段之间的距离。

9.2.2 接触类型及识别算法

对于二维多边形，因为顶点可以是凸的(内部实体顶点角度≤180°)或者是凹的(内部实体顶点角度>180°)，所以完整的接触类型可以总结为凸顶点-凸顶点、凸顶点-凹顶点、凸顶点-边、凹顶点-凹顶点、凹顶点-边以及边-边接触。事实上，凹顶点-凹顶点、凹顶点-边是不可能接触的(表 9.1)，所以接触类型就只剩下四种，即凸顶点-凸顶点、凸顶点-凹顶点、凸顶点-边以及边-边接触。在这四种接触类型中，凸顶点-边接触是基本的接触类型(图 9.3(a))，其他三种接触类型可以分解为这种基本类型的组合。凸顶点-凸顶点接触或凸顶点-凹顶点接触可以分解为在同一位置的两个凸顶点与边同时接触(图 9.3(b)和(c)，顶点 p_1 在顶点 p_3 处同时与边 $\overline{p_2p_3}$ 和 $\overline{p_3p_4}$ 接触)，边-边接触可以分解为两个在同一边上的凸顶点与边同时接触(图 9.3(d)，边 $\overline{p_1p_2}$ 与边 $\overline{p_3p_4}$ 的接触可以分解为两个凸顶点与边的接触：凸顶点 p_1 与边 $\overline{p_3p_4}$ 接触，凸顶点 p_4 与边 $\overline{p_1p_2}$ 接触)。

表 9.1 二维块体顶点和边之间可能的接触类型

	凸顶点	凹顶点	边
凸顶点	可能	可能	可能
凹顶点	可能	不可能	不可能
边	可能	不可能	可能

对于一个可能的接触，顶点与边的几何关系需要满足运动学要求。接触需满足两个运动学条件：

(1) 相邻顶点与边之间的距离必须满足式(9.9)。

(2) 除由于较小的数值截断误差而在相近顶点处的小邻域外，当顶点或边平动(不旋转)到接触位置时，不能出现过大的固体材料重叠。

第一个条件很大程度上取决于 DDA 中用于计算块体/单元位移和变形的时间步进方法，但无论何种顶点-边接触类型，第二个条件是自动满足的。只要时间步长在临界时间步长内，先发生的凸顶点-边接触阻止了不可能的凹顶点-边接触，

这样就不会发生固体材料的重叠。因此，只有凸顶点需要考虑接触识别。

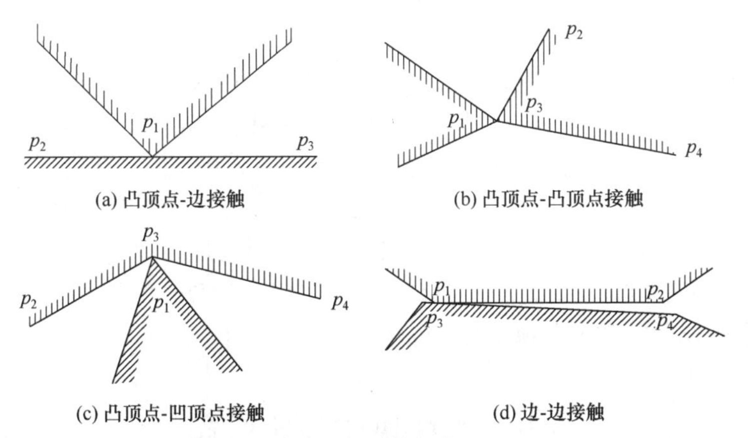

(a) 凸顶点-边接触　(b) 凸顶点-凸顶点接触

(c) 凸顶点-凹顶点接触　(d) 边-边接触

图 9.3　四种接触类型

在 DDA 中，接触识别是通过顶点-边的推理识别算法实现的。将一个顶点作为一个点，一条边作为参考线，顶点-边接触是基本接触类型，每当一个块体(单元)的顶点以非零的嵌入深度穿过另一个块体(或属于另一个块体的单元)的边时，就会产生接触，非零的嵌入深度 d 常常称为相互嵌入距离。

相互嵌入准则是通过分别属于两个不同块体(或者两个不同块体的单元)上的一个移动的顶点和一条边建立的(图 9.4，p_0 作为移动的顶点，$\overline{p_i p_{i+1}}$ 作为边)。

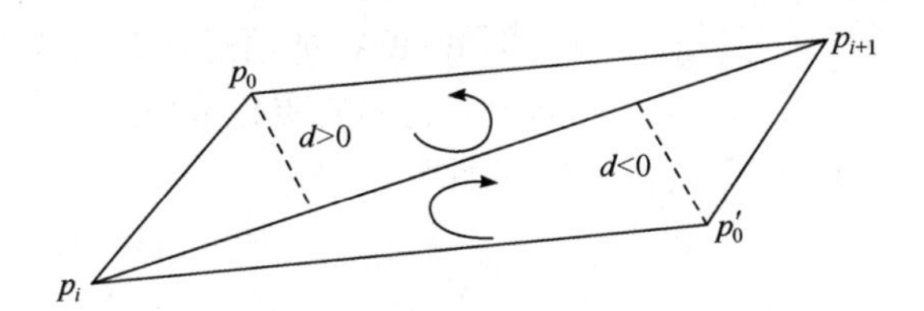

图 9.4　相互嵌入深度的确定

设 p_0、p_i、p_{i+1} 的初始位置分别为 (x_0, y_0)、(x_i, y_i) 和 (x_{i+1}, y_{i+1})。在一个时间步内，顶点 p_0、p_i 和 p_{i+1} 的位移增量分别为 $(\Delta u_x^0, \Delta u_y^0)$、$(\Delta u_x^i, \Delta u_y^i)$ 和 $(\Delta u_x^{i+1}, \Delta u_y^{i+1})$。按照 $p_0 \to p_i \to p_{i+1}$ 的顺序对三个顶点排序，并用 $\varDelta$ 表示如下行列式的值：

$$\varDelta = \begin{vmatrix} 1 & x_0 + \Delta u_x^0 & y_0 + \Delta u_y^0 \\ 1 & x_i + \Delta u_x^i & y_i + \Delta u_y^i \\ 1 & x_{i+1} + \Delta u_x^{i+1} & y_0 + \Delta u_y^{i+1} \end{vmatrix} \tag{9.18}$$

当移动点 p_0 (一个块体的顶点)穿过参考线 $\overline{p_i p_{i+1}}$ (另一块体的边)，即 $\varDelta < 0$ 时，两个块体相互嵌入。相互嵌入深度 d 为

$$d=\frac{\Delta}{\sqrt{\left(x_{i+1}-x_i\right)^2+\left(y_{i+1}-y_i\right)^2}} \tag{9.19}$$

当 $d<0$ 时，将会识别到相互嵌入，然后相应的块体(单元)会在顶点和边的接触点上建立一个接触。将相应的物理定律应用于不同类型的接触，以计算接触力，进而决定在下一时间步块体(单元)的运动(变形)。因为相互嵌入在物理上是不允许产生的，所以在 DDA 中通过迭代过程将相互嵌入最小化。DDA 中最常见的接触物理模型与 DtEM 非常相似，采用恒定法向刚度(Shi，1988；Shyu，1993；Chang，1994)或变法向刚度(Chen et al.，1996)及恒定剪切刚度表示点(顶点与边)的接触，边-边接触可以分解为两个顶点与边的接触。

9.3　刚性块体表达形式

DEM 中，岩石块体变形最简单的假设就是刚体假设，即在加载和块体运动条件下，块体内任意两点之间的距离保持不变。刚性块体系统运动的主要驱动机制是内部和外部荷载(重力、惯性力、水压力、锚固力等)、边界条件(边界力和位移约束)以及决定块体接触反作用力的规律。由于刚性假设，运动过程中刚性块体的质心与边界顶点之间的距离及其顶点之间的相对位置保持不变。因此，采用顶点的位置矢量(即坐标)来描述块体的几何形状，采用块体质心的坐标来表示块体的运动。块体的标签(即编号)是一个块体系统的特征信息，在块体系统形成过程中使用第 6 章和第 7 章提出的算法自动生成它们的质心和顶点。以图 9.5 中由三个块体组成的系统为例，可用的特征数据如下。

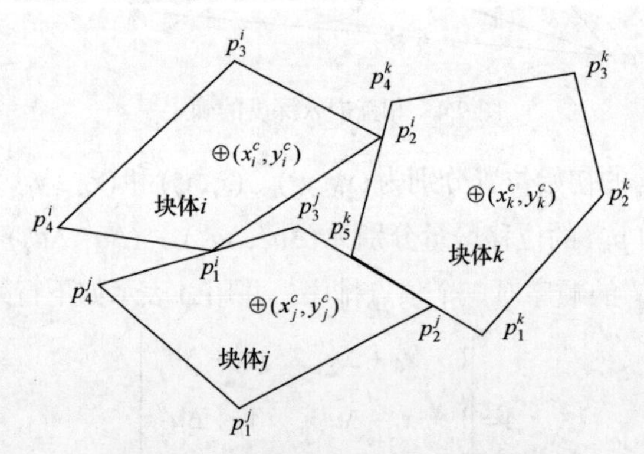

图 9.5　对顶点和质心标记的刚体系统

块体 i：质心坐标 (x_i^c, y_i^c)，边界顶点坐标 $p_1^i(x_1^i, y_1^i)$、$p_2^i(x_2^i, y_2^i)$、$p_3^i(x_3^i, y_3^i)$、$p_4^i(x_4^i, y_4^i)$。

块体 j：质心坐标 (x_j^c, y_j^c)，边界顶点坐标 $p_1^j(x_1^j, y_1^j)$、$p_2^j(x_2^j, y_2^j)$、$p_3^j(x_3^j, y_3^j)$、$p_4^j(x_4^j, y_4^j)$。

块体 k：质心坐标 (x_k^c, y_k^c)，边界顶点坐标 $p_1^k(x_1^k, y_1^k)$、$p_2^k(x_2^k, y_2^k)$、$p_3^k(x_3^k, y_3^k)$、$p_4^k(x_4^k, y_4^k)$、$p_5^k(x_5^k, y_5^k)$。

分析的关键在于通过块体质心的移动表示刚性块体的移动，其包括平动分量和转动分量。如图 9.6 所示，对于二维问题，一个刚性体有三个自由度(三个位移分量作为主要变量)：x、y 方向的平动位移 u_x^c 和 u_y^c，以及相对于块体质心的转动位移 θ^c。

$$\boldsymbol{d} = \begin{Bmatrix} u_x^c \\ u_y^c \\ \theta^c \end{Bmatrix} \tag{9.20}$$

向量 $\boldsymbol{d}$ 是刚性块体的位移矢量，表示块体中每个点的平动位移和转动位移。

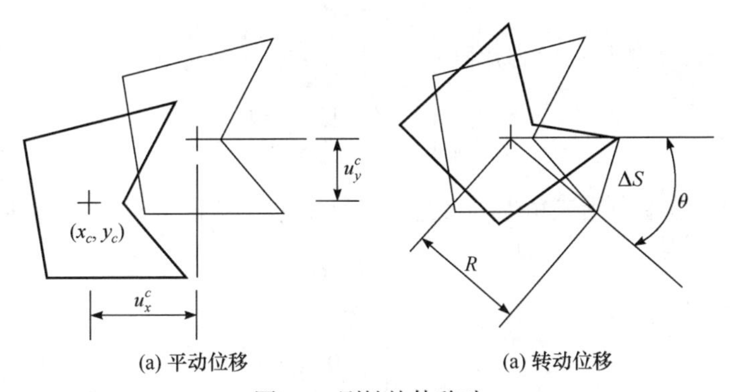

(a) 平动位移　　(a) 转动位移

图 9.6　刚性块体移动

块体的刚体平动对块体中任意点 (x, y) 位移的贡献可以写为(图 9.6(a))

$$\begin{Bmatrix} u_x \\ u_y \end{Bmatrix}_1 = \begin{bmatrix} 1 & 0 \\ 0 & 1 \end{bmatrix} \begin{Bmatrix} u_x^c \\ u_y^c \end{Bmatrix} \tag{9.21}$$

当位移很小时(如果时间步长足够小)，块体相对质心的刚性旋转对块体内任意点 (x, y) 处位移的贡献可由式(9.22)计算(图 9.6(b))。块体上任意一点 (x, y) 到旋转中心 (x_c, y_c) 的距离 R 为

$$R = \sqrt{(x - x_c)^2 + (y - y_c)^2} \tag{9.22}$$

因此

$$\begin{cases}\cos\theta^c = (x - x_c)/R \\ \sin\theta^c = -(y - y_c)/R\end{cases} \tag{9.23}$$

当 θ^c 很小时(一般情况下，时间步长要足够小)，弧长 ΔS 约等于 $R\theta^c$ (图 9.6(b))。因此，由式(9.23)可以得到

$$\begin{Bmatrix}u_x \\ u_y\end{Bmatrix}_2 = \begin{Bmatrix}R\theta^c \sin\theta^c \\ R\theta^c \cos\theta^c\end{Bmatrix} = \begin{Bmatrix}-(y - y_c) \\ x - x_c\end{Bmatrix}\theta^c \tag{9.24}$$

点 (x, y) 处的总位移矢量是块体两种位移贡献之和：

$$\begin{Bmatrix}u_x \\ u_y\end{Bmatrix} = \begin{Bmatrix}u_x \\ u_y\end{Bmatrix}_1 + \begin{Bmatrix}u_x \\ u_y\end{Bmatrix}_2 = \begin{bmatrix}1 & 0 & -(y - y_c) \\ 0 & 1 & (x - x_c)\end{bmatrix}\begin{Bmatrix}u_x^c \\ u_y^c \\ \theta^c\end{Bmatrix} \tag{9.25}$$

或者简写为

$$\boldsymbol{u} = \boldsymbol{T}\boldsymbol{d} \tag{9.26}$$

式中，$\boldsymbol{T}$ 为第 i 个块体的位移矩阵：

$$\boldsymbol{T} = \begin{bmatrix}1 & 0 & -(y - y_c) \\ 0 & 1 & x - x_c\end{bmatrix} \tag{9.27}$$

为了与下面章节中使用三角形和四边形单元的公式一致，式(9.26)可以修改为

$$\boldsymbol{u} = \boldsymbol{T}\boldsymbol{X}\boldsymbol{d} \tag{9.28}$$

式中，$\boldsymbol{X}$ 为单位矩阵：

$$\boldsymbol{X} = \begin{bmatrix}1 & 0 & 0 \\ 0 & 1 & 0 \\ 0 & 0 & 1\end{bmatrix} \tag{9.29}$$

矩阵 $\boldsymbol{H}$ 表示 $\boldsymbol{T}^{\mathrm{T}}\boldsymbol{T}$ 的乘积在整个块体域上的积分：

$$\boldsymbol{H} = \iint_{\Omega} \boldsymbol{T}^{\mathrm{T}}\boldsymbol{T}\mathrm{d}x\mathrm{d}y = \begin{bmatrix}S_{00} & 0 & 0 \\ 0 & S_{00} & 0 \\ 0 & 0 & S_{20} + S_{02} - y_c S_{01} - x_c S_{10}\end{bmatrix} \tag{9.30}$$

并且可以用于后面刚度矩阵的计算。对于含 N 个顶点的多边形，惯性性质 S_{00}、S_{10}、S_{01}、S_{02} 和 S_{20} 的积分表达式分别为

$$S_{00} = \iint_{\Omega} \mathrm{d}x\mathrm{d}y = \frac{1}{2}\sum_{i=1}^{N}\begin{vmatrix}1 & x_c & y_c \\ 1 & x_i & y_i \\ 1 & x_{i+1} & y_{i+1}\end{vmatrix} = A\ (\text{块体面积}) \tag{9.31}$$

$$S_{10}=\iint_{\Omega} x\mathrm{d}x\mathrm{d}y=\frac{A}{3}\sum_{i=1}^{N}\left(x_c+x_i+x_{i+1}\right) \tag{9.32}$$

$$S_{01}=\iint_{\Omega} y\mathrm{d}x\mathrm{d}y=\frac{A}{3}\sum_{i=1}^{N}(y_c+y_i+y_{i+1}) \tag{9.33}$$

$$S_{11}=\iint_{\Omega} xy\mathrm{d}x\mathrm{d}y=\frac{A}{12}\sum_{i=1}^{N}(2x_c y_c+2x_i y_i+2x_{i+1}y_{i+1}+x_i y_c+x_{i+1}y_c+x_c y_i+x_c y_{i+1}+x_i y_{i+1}+x_{i+1}y_i) \tag{9.34}$$

$$S_{20}=\iint_{\Omega} x^2\mathrm{d}x\mathrm{d}y=\frac{A}{6}\sum_{i=1}^{N}(x_c^2+x_i^2+x_{i+1}^2+x_c x_i+x_c x_{i+1}+x_i x_{i+1}) \tag{9.35a}$$

$$S_{02}=\iint_{\Omega} y^2\mathrm{d}x\mathrm{d}y=\frac{A}{6}\sum_{i=1}^{N}(y_c^2+y_i^2+y_{i+1}^2+y_c y_i+y_c y_{i+1}+y_i y_{i+1}) \tag{9.35b}$$

需要注意的是，块体的顶点以逆时针方向编号，并且$(x_{N+1},y_{N+1})=(x_1,y_1)$。$S_{11}$用于后面的可变形块体，在此处暂不使用。

为了进一步简化刚性块体的运动公式，这里考虑阻尼效应的能量最小化的例子，假设阻尼等于阻尼系数α和岩石密度ρ的乘积，可以得到与块体速度有关的力项：

$$\begin{Bmatrix} f_x \\ f_y \end{Bmatrix}_d=-\alpha\rho\begin{Bmatrix} \dfrac{\partial u_x}{\partial t} \\ \dfrac{\partial u_y}{\partial t} \end{Bmatrix} \tag{9.36}$$

块体k由于阻尼而产生的势能写为

$$\Pi_{\mathrm{D}}=-\iint_{\Omega}\{u_x,u_y\}\begin{Bmatrix} f_x \\ f_y \end{Bmatrix}\mathrm{d}x\mathrm{d}y=\iint_{\Omega}\partial\rho_k\{u_x,u_y\}\begin{Bmatrix} \dfrac{\partial u_x}{\partial t} \\ \dfrac{\partial u_y}{\partial t} \end{Bmatrix}\mathrm{d}x\mathrm{d}y=\iint_{\Omega}\partial\rho_k\boldsymbol{d}_k^{\mathrm{T}}\boldsymbol{T}_k^{\mathrm{T}}\boldsymbol{T}_k\,\mathrm{d}x\mathrm{d}y \tag{9.37}$$

结合式(9.30)，使势能Π_{D}最小化得

$$\boldsymbol{k}_{kk}=\frac{\alpha\rho_i}{\Delta t}\boldsymbol{H}_k \tag{9.38}$$

关于使用 DDA 方法描述刚性块体运动的更详细信息可以参阅 Koo 和 Chern (1998)及 Cheng 和 Zhang(2000)的文献。

这里省略了 DDA 中关于锚杆支护、阻尼效应以及刚性块体系统结构面渗流耦合的内容，因为这些问题要么包含在后面章节中，要么已经在相关文献中提出了更简单的算法。

9.4　三角形有限元网格的可变形块体

刚性块体假设可能获得岩石块体系统整体的大尺度运动，但缺乏考虑岩石材料应力、强度、破坏以及非线性变形的能力，这类问题常常是岩石工程中非常重要的问题。在早期的 DDA 方法中，针对简单的可变形块体，只使用一个常应变张量来表征块体的变形特性，而不考虑块体的几何复杂性，所以在这方面也存在局限性。以上两种方法都不适用于解决裂隙岩体中的应力、变形、渗流以及热传递的耦合问题。

Shyu(1993)的重要贡献是使用有限元网格对块体进行离散化，使得 DDA 方法不仅具有更好的块体系统应力和变形分析的能力，而且使得考虑结构面流动和结构面-基质相互作用的水-力耦合分析成为可能。图 9.7 为由三个块体组成的具有三角形有限元网格的块体系统，其中阴影单元与其他单元接触。

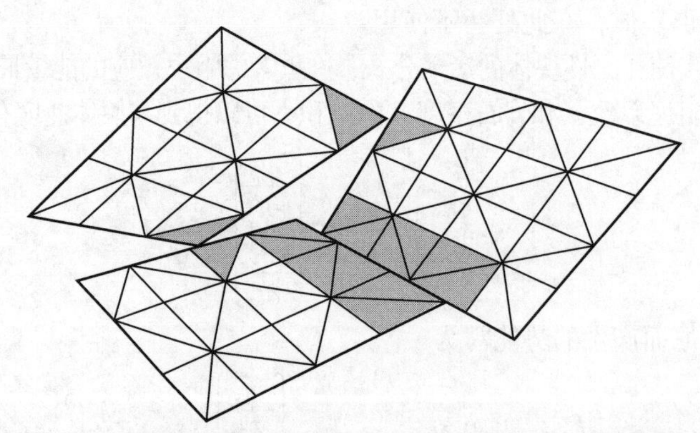

图 9.7　三角形有限元网格的块体内部离散化(阴影单元为接触单元)

使用有限元网格模拟单个体块的变形，为 DDA 方法引入了以下额外的工作：

(1) 针对所分析的问题选择单元类型。

(2) 不仅对块体，也要对单元进行接触检测。

(3) 对接触和岩石材料特性选择合适的本构关系，计算与变形、接触以及其他加载和约束的能量机制相关的单元刚度矩阵。

(4) 将单元刚度矩阵组装到全局刚度矩阵中。

(5) 采用与有限元类似的方式求解整体矩阵方程，以获得节点位移和单元应力。

然而，上述所有工作都可以用标准有限元方法来解决。本书中采用杨氏模量 E、泊松比 ν 来描述材料的弹性性质，并假定所有岩石材料都是均质、各向同性、线弹性的。

采用与 FEM 相同的方法将任意一个二维块体离散为一些三角形单元。每个单元有三个节点(l, m, n)和六个位移变量(分布于两个正交方向上)，将其写为一个 6×1 的向量 $\boldsymbol{d}=(u_x^l,u_y^l,u_x^m,u_y^m,u_x^n,u_y^n)^{\mathrm{T}}$，其中 u_x^i、$u_y^i(i=l,m,n)$ 分别表示 x、y 方向的位移(图 9.8)。当节点按照 $l\to m\to n$ 逆时针排列时，单元是正向的(如图 9.8 中箭头所示)。常应变三角形单元的位移场为

$$\begin{cases}u_x=a_0+a_1x+a_2y\\u_y=b_0+b_1x+b_2y\end{cases}\tag{9.39}$$

式中，(a_0,a_1,a_2)、(b_0,b_1,b_2) 为利用三个节点 l、m 和 n 的位移分量来确定的系数。

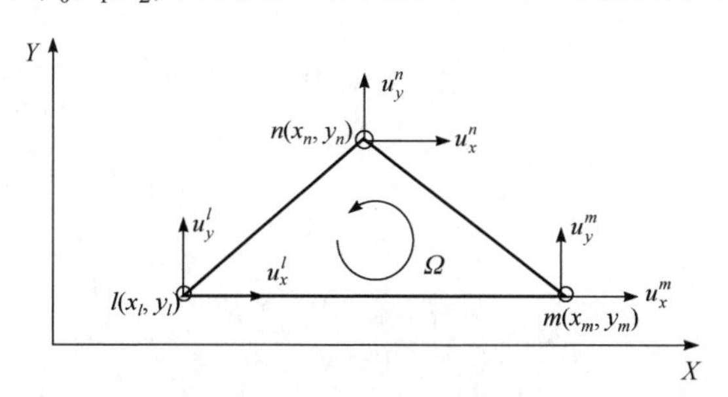

图 9.8　典型的常应变三角形单元

将节点位移代入式(9.39)得

$$\begin{Bmatrix}u_x^l\\u_x^m\\u_x^n\end{Bmatrix}=\begin{bmatrix}1&x_l&y_l\\1&x_m&y_m\\1&x_n&y_n\end{bmatrix}\begin{Bmatrix}a_0\\a_1\\a_2\end{Bmatrix},\quad\begin{Bmatrix}u_y^l\\u_y^m\\u_y^n\end{Bmatrix}=\begin{bmatrix}1&x_l&y_l\\1&x_m&y_m\\1&x_n&y_n\end{bmatrix}\begin{Bmatrix}b_0\\b_1\\b_2\end{Bmatrix}\tag{9.40}$$

系数 (a_0,a_1,a_2) 和 (b_0,b_1,b_2) 的解为

$$\begin{Bmatrix}a_0\\a_1\\a_2\end{Bmatrix}=\begin{bmatrix}1&x_l&y_l\\1&x_m&y_m\\1&x_n&y_n\end{bmatrix}^{-1}\begin{Bmatrix}u_x^l\\u_x^m\\u_x^n\end{Bmatrix}=\begin{bmatrix}n_{11}&n_{12}&n_{13}\\n_{21}&n_{22}&n_{23}\\n_{31}&n_{32}&n_{33}\end{bmatrix}\begin{Bmatrix}u_x^l\\u_x^m\\u_x^n\end{Bmatrix}\tag{9.41a}$$

和

$$\begin{Bmatrix}b_0\\b_1\\b_2\end{Bmatrix}=\begin{bmatrix}1&x_l&y_l\\1&x_m&y_m\\1&x_n&y_n\end{bmatrix}^{-1}\begin{Bmatrix}u_y^l\\u_y^m\\u_y^n\end{Bmatrix}=\begin{bmatrix}n_{11}&n_{12}&n_{13}\\n_{21}&n_{22}&n_{23}\\n_{31}&n_{32}&n_{33}\end{bmatrix}\begin{Bmatrix}u_y^l\\u_y^m\\u_y^n\end{Bmatrix}\tag{9.41b}$$

将式(9.41a)和(9.41b)代入式(9.39)，整理可得

$$\begin{Bmatrix} u_x \\ u_y \end{Bmatrix} = \begin{bmatrix} 1 & 0 & x & 0 & y & 0 \\ 0 & 1 & 0 & x & 0 & y \end{bmatrix} \begin{bmatrix} 1 & 0 & x_l & 0 & y_l & 0 \\ 0 & 1 & 0 & x_l & 0 & y_l \\ 1 & 0 & x_m & 0 & y_m & 0 \\ 0 & 1 & 0 & x_m & 0 & y_m \\ 1 & 0 & x_n & 0 & y_n & 0 \\ 0 & 1 & 0 & x_n & 0 & y_n \end{bmatrix} \begin{Bmatrix} u_x^l \\ u_y^l \\ u_x^m \\ u_y^m \\ u_x^n \\ u_y^n \end{Bmatrix} \tag{9.42}$$

或简化为

$$\boldsymbol{u} = \boldsymbol{TXd} \tag{9.43}$$

式中

$$\boldsymbol{T} = \begin{bmatrix} 1 & 0 & x & 0 & y & 0 \\ 0 & 1 & 0 & x & 0 & y \end{bmatrix} \tag{9.44}$$

$$\boldsymbol{X} = \begin{bmatrix} 1 & 0 & x_l & 0 & y_l & 0 \\ 0 & 1 & 0 & x_l & 0 & y_l \\ 1 & 0 & x_m & 0 & y_m & 0 \\ 0 & 1 & 0 & x_m & 0 & y_m \\ 1 & 0 & x_n & 0 & y_n & 0 \\ 0 & 1 & 0 & x_n & 0 & y_n \end{bmatrix} \tag{9.45}$$

令矩阵$\boldsymbol{\delta}$代表一个微分算子：

$$\boldsymbol{\delta} = \begin{bmatrix} \partial/\partial x & 0 & \partial/\partial y \\ 0 & \partial/\partial y & \partial/\partial x \end{bmatrix}^{\mathrm{T}} \tag{9.46}$$

对矩阵 $\boldsymbol{T}$ 微分得矩阵 $\boldsymbol{B}$：

$$\boldsymbol{B} = \boldsymbol{\delta T} = \begin{bmatrix} 0 & 1 & 0 & 0 & 0 & 0 \\ 0 & 0 & 0 & 0 & 0 & 1 \\ 0 & 0 & 1 & 0 & 1 & 0 \end{bmatrix} \tag{9.47}$$

对于弹性变形，应力矢量$\boldsymbol{\sigma} = (\sigma_x, \sigma_y, \tau_{xy})_i^{\mathrm{T}}$和应变矢量$\boldsymbol{\varepsilon} = (\varepsilon_x, \varepsilon_y, \gamma_{xy})_i^{\mathrm{T}}$可以表示为节点位移矢量的函数：

$$\boldsymbol{\varepsilon} = \boldsymbol{\delta u} = \boldsymbol{\delta TXd} = \boldsymbol{BXd} \tag{9.48}$$

$$\boldsymbol{\sigma} = \boldsymbol{E\varepsilon} = \boldsymbol{EBXd} \tag{9.49}$$

式中

$$\boldsymbol{E} = \frac{E}{1-\nu^2} \begin{bmatrix} 1 & \nu & 0 \\ \nu & 1 & 0 \\ 0 & 0 & (1-2\nu)/2 \end{bmatrix} \tag{9.50}$$

为平面应变问题的弹性张量，E 为杨氏模量，ν 为泊松比。下面为另外两个计算三角形单元的刚度矩阵时有用的矩阵：

$$\boldsymbol{H}=\iint_{\Omega}\boldsymbol{T}^{\mathrm{T}}\boldsymbol{T}\mathrm{d}x\mathrm{d}y=\begin{bmatrix} S_{00} & 0 & S_{10} & 0 & S_{01} & 0 \\ 0 & S_{00} & 0 & S_{10} & 0 & S_{01} \\ S_{10} & 0 & S_{20} & 0 & S_{11} & 0 \\ 0 & S_{10} & 0 & S_{20} & 0 & S_{11} \\ S_{01} & 0 & S_{02} & 0 & S_{02} & 0 \\ 0 & S_{01} & 0 & S_{11} & 0 & S_{02} \end{bmatrix} \tag{9.51}$$

$$\boldsymbol{D}=\iint_{\Omega}\boldsymbol{B}^{\mathrm{T}}\boldsymbol{E}\boldsymbol{B}\mathrm{d}x\mathrm{d}y=\frac{S_0 E}{1-\nu^2}\begin{bmatrix} 0 & 0 & 0 & 0 & 0 & 0 \\ 0 & 0 & 0 & 0 & 0 & 0 \\ 0 & 0 & 1 & 0 & 0 & \nu \\ 0 & 0 & 0 & (1-\nu)/2 & (1-\nu)/2 & 0 \\ 0 & 0 & 0 & (1-\nu)/2 & (1-\nu_i)/2 & 0 \\ 0 & 0 & \nu & 0 & 0 & 1 \end{bmatrix} \tag{9.52}$$

9.5　四边形有限元网格的可变形块体

四边形单元在单元域内含有四个节点和双线性应变场。与三角形单元相比，四边形单元具有更高阶的应变插值函数，在很大程度上提高了四边形单元的计算精度。网格划分方法与有限元中一致(图 9.9)。

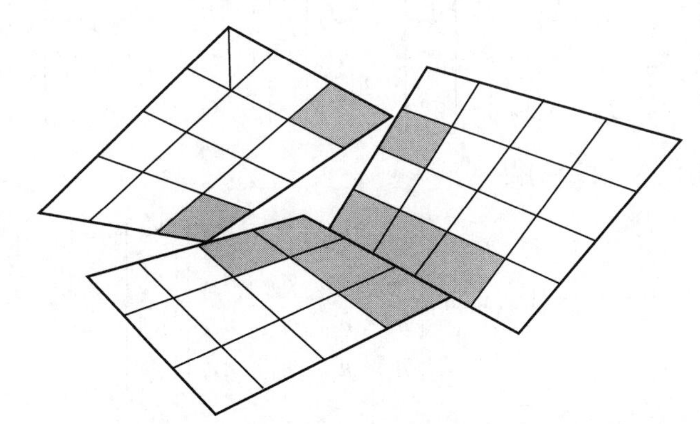

图 9.9　四边形有限元网格的块体内部离散化(阴影单元为接触单元)

与三角形单元类似，四边形单元内任意一点(x, y)的位移(u_x, u_y)为

$$\begin{cases} u_x = c_1 + c_2 x + c_3 y + c_4 xy \\ u_y = d_1 + d_2 x + d_3 y + d_4 xy \end{cases} \tag{9.53}$$

式中，系数 c_i、d_i(i=1,2,3,4)由单元节点位移决定。

如图 9.10 所示，令四个节点 k、l、m、n 的位移分量分别为(u_x^k,u_y^k)、(u_x^l,u_y^l)、(u_x^m,u_y^m)和(u_x^n,u_y^n)，节点坐标分别为(x_k,y_k)、(x_l,y_l)、(x_m,y_m)和(x_n,y_n)，将节点坐标和位移分量代入式(9.53)得

$$\begin{Bmatrix} u_x^k \\ u_x^l \\ u_x^m \\ u_x^n \end{Bmatrix}=\begin{bmatrix} 1 & x_k & y_k & x_k y_k \\ 1 & x_l & y_l & x_l y_l \\ 1 & x_m & y_m & x_m y_m \\ 1 & x_n & y_n & x_n y_n \end{bmatrix}\begin{Bmatrix} c_1 \\ c_2 \\ c_3 \\ c_4 \end{Bmatrix},\quad \begin{Bmatrix} u_y^k \\ u_y^l \\ u_y^m \\ u_y^n \end{Bmatrix}=\begin{bmatrix} 1 & x_k & y_k & x_k y_k \\ 1 & x_l & y_l & x_l y_l \\ 1 & x_m & y_m & x_m y_m \\ 1 & x_n & y_n & x_n y_n \end{bmatrix}\begin{Bmatrix} d_1 \\ d_2 \\ d_3 \\ d_4 \end{Bmatrix} \tag{9.54}$$

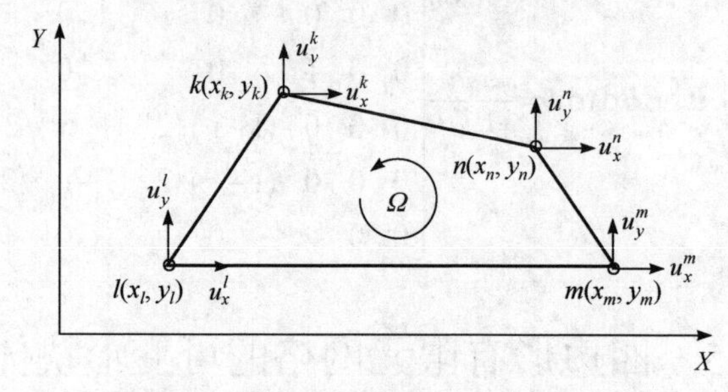

图 9.10　典型的双线性应变四边形单元

式(9.54)也可以写为

$$\begin{Bmatrix} c_1 \\ c_2 \\ c_3 \\ c_4 \end{Bmatrix}=\begin{bmatrix} 1 & x_k & y_k & x_k y_k \\ 1 & x_l & y_l & x_l y_l \\ 1 & x_m & y_m & x_m y_m \\ 1 & x_n & y_n & x_n y_n \end{bmatrix}^{-1}\begin{Bmatrix} u_x^k \\ u_x^l \\ u_x^m \\ u_x^n \end{Bmatrix},\quad \begin{Bmatrix} d_1 \\ d_2 \\ d_3 \\ d_4 \end{Bmatrix}=\begin{bmatrix} 1 & x_k & y_k & x_k y_k \\ 1 & x_l & y_l & x_l y_l \\ 1 & x_m & y_m & x_m y_m \\ 1 & x_n & y_n & x_n y_n \end{bmatrix}^{-1}\begin{Bmatrix} u_y^k \\ u_y^l \\ u_y^m \\ u_y^n \end{Bmatrix} \tag{9.55}$$

将式(9.55)代入式(9.53)得

$$u_x=\{1,x,y,xy\}\begin{bmatrix} n_{11} & n_{12} & n_{13} & n_{14} \\ n_{21} & n_{22} & n_{23} & n_{24} \\ n_{31} & n_{32} & n_{33} & n_{34} \\ n_{41} & n_{42} & n_{43} & n_{44} \end{bmatrix}\begin{Bmatrix} u_x^k \\ u_x^l \\ u_x^m \\ u_x^n \end{Bmatrix} \tag{9.56}$$

$$u_y=\{1,x,y,xy\}\begin{bmatrix} n_{11} & n_{12} & n_{13} & n_{14} \\ n_{21} & n_{22} & n_{23} & n_{24} \\ n_{31} & n_{32} & n_{33} & n_{34} \\ n_{41} & n_{42} & n_{43} & n_{44} \end{bmatrix}\begin{Bmatrix} u_y^k \\ u_y^l \\ u_y^m \\ u_y^n \end{Bmatrix} \tag{9.57}$$

和

$$\boldsymbol{N}=\left[n_{ij}\right]=\begin{bmatrix} n_{11} & n_{12} & n_{13} & n_{14} \\ n_{21} & n_{22} & n_{23} & n_{24} \\ n_{31} & n_{32} & n_{33} & n_{34} \\ n_{41} & n_{42} & n_{43} & n_{44} \end{bmatrix}=\begin{bmatrix} 1 & x_k & y_k & x_k y_k \\ 1 & x_l & y_l & x_l y_l \\ 1 & x_m & y_m & x_m y_m \\ 1 & x_n & y_n & x_n y_n \end{bmatrix}^{-1} \tag{9.58}$$

记

$$\boldsymbol{T}=\begin{bmatrix} 1 & 0 & x & 0 & y & 0 & xy & 0 \\ 0 & 1 & 0 & x & 0 & y & 0 & xy \end{bmatrix} \tag{9.59}$$

$$\boldsymbol{X}=\begin{bmatrix} n_{11} & 0 & n_{12} & 0 & n_{13} & 0 & n_{14} & 0 \\ 0 & n_{11} & 0 & n_{12} & 0 & n_{13} & 0 & n_{14} \\ n_{21} & 0 & n_{22} & 0 & n_{23} & 0 & n_{24} & 0 \\ 0 & n_{21} & 0 & n_{22} & 0 & n_{23} & 0 & n_{24} \\ n_{31} & 0 & n_{32} & 0 & n_{33} & 0 & n_{34} & 0 \\ 0 & n_{31} & 0 & n_{32} & 0 & n_{33} & 0 & n_{34} \\ n_{41} & 0 & n_{42} & 0 & n_{43} & 0 & n_{44} & 0 \\ 0 & n_{41} & 0 & n_{42} & 0 & n_{43} & 0 & n_{44} \end{bmatrix} \tag{9.60}$$

四边形单元中任意点(x, y)处的位移矢量可以由节点位移的函数表示为

$$\begin{Bmatrix} u_x \\ u_y \end{Bmatrix}=\begin{bmatrix} 1 & 0 & x & 0 & y & 0 & xy & 0 \\ 0 & 1 & 0 & x & 0 & y & 0 & xy \end{bmatrix}\begin{bmatrix} n_{11} & 0 & n_{12} & 0 & n_{13} & 0 & n_{14} & 0 \\ 0 & n_{11} & 0 & n_{12} & 0 & n_{13} & 0 & n_{14} \\ n_{21} & 0 & n_{22} & 0 & n_{23} & 0 & n_{24} & 0 \\ 0 & n_{21} & 0 & n_{22} & 0 & n_{23} & 0 & n_{24} \\ n_{31} & 0 & n_{32} & 0 & n_{33} & 0 & n_{34} & 0 \\ 0 & n_{31} & 0 & n_{32} & 0 & n_{33} & 0 & n_{34} \\ n_{41} & 0 & n_{42} & 0 & n_{43} & 0 & n_{44} & 0 \\ 0 & n_{41} & 0 & n_{42} & 0 & n_{43} & 0 & n_{44} \end{bmatrix}\begin{Bmatrix} u_x^k \\ u_y^k \\ u_x^l \\ u_y^l \\ u_x^m \\ u_y^m \\ u_x^n \\ u_y^n \end{Bmatrix} \tag{9.61}$$

或简化为

$$\boldsymbol{u}=\boldsymbol{TXd} \tag{9.62}$$

式中，$\boldsymbol{d}=(u_x^k,u_y^k,u_x^l,u_y^l,u_x^m,u_y^m,u_x^n,u_y^n)^{\mathrm{T}}$ 为节点位移矢量。

结合由式(9.46)定义的微分算子矩阵$\boldsymbol{\delta}$，可得

$$\boldsymbol{B}=\boldsymbol{\delta T}=\begin{bmatrix}\dfrac{\partial}{\partial x} & 0\\ 0 & \dfrac{\partial}{\partial y}\\ \dfrac{\partial}{\partial y} & \dfrac{\partial}{\partial x}\end{bmatrix}\begin{bmatrix}1 & 0 & x & 0 & y & 0 & xy & 0\\ 0 & 1 & 0 & x & 0 & y & 0 & xy\end{bmatrix}$$

$$=\begin{bmatrix}0 & 0 & 1 & 0 & 0 & 0 & y & 0\\ 0 & 0 & 0 & 0 & 0 & 1 & 0 & x\\ 0 & 0 & 0 & 1 & 1 & 0 & x & y\end{bmatrix} \tag{9.63}$$

用矩阵 $\boldsymbol{B}$ 来定义单元的应变：

$$\boldsymbol{\varepsilon}=\boldsymbol{\delta u}=\boldsymbol{\delta TXd}=\boldsymbol{BXd} \tag{9.64}$$

式中

$$\boldsymbol{BX}=\begin{bmatrix}n_{21}+n_{41}y & 0 & n_{22}+n_{42}y & 0 & n_{23}+n_{43}y & 0 & n_{24}+n_{44}y & 0\\ 0 & n_{31}+n_{41}x & 0 & n_{31}+n_{42}y & 0 & n_{33}+n_{43}y & 0 & n_{34}+n_{44}y\\ n_{31}+n_{41}x & n_{21}+n_{41}y & n_{32}+n_{42}x & n_{22}+n_{42}y & n_{33}+n_{43}x & n_{23}+n_{43}y & n_{34}+n_{44}x & n_{24}+n_{44}y\end{bmatrix} \tag{9.65}$$

表示所有正应变分量沿垂直于应变分量方向呈线性分布，剪切应变在两个坐标方向上均呈线性变化。假设材料为弹性材料，令单元应力矢量为 $\boldsymbol{\sigma}=(\sigma_x,\sigma_y,\sigma_{xy})^{\mathrm{T}}$ ，则

$$\boldsymbol{\sigma}=\boldsymbol{E\varepsilon}=\boldsymbol{EBXd} \tag{9.66}$$

式中，$\boldsymbol{E}$ 为由式(9.50)给出的弹性张量。与三角形单元类似，四边形单元的两个重要特性可以用与式(9.28)和式(9.30)相同的符号表示。第一个矩阵为

$$\boldsymbol{H}=\iint_{\Omega}\boldsymbol{T}^{\mathrm{T}}\boldsymbol{T}\mathrm{d}\Omega=\begin{bmatrix}S_{00} & 0 & S_{10} & 0 & S_{01} & 0 & S_{11} & 0\\ 0 & S_{00} & 0 & S_{10} & 0 & S_{01} & 0 & S_{11}\\ S_{10} & 0 & S_{20} & 0 & S_{11} & 0 & S_{21} & 0\\ 0 & S_{10} & 0 & S_{20} & 0 & S_{11} & 0 & S_{21}\\ S_{01} & 0 & S_{11} & 0 & S_{02} & 0 & S_{12} & 0\\ 0 & S_{01} & 0 & S_{11} & 0 & S_{02} & 0 & S_{12}\\ S_{11} & 0 & S_{21} & 0 & S_{12} & 0 & S_{22} & 0\\ 0 & S_{11} & 0 & S_{21} & 0 & S_{12} & 0 & S_{22}\end{bmatrix} \tag{9.67a}$$

式中

$$S_{mn}=\iint_{\Omega}x^m y^n\mathrm{d}\Omega \tag{9.67b}$$

Ω 是通过四边形单元坐标定义的积分域。

第二个矩阵为

$$
\boldsymbol{D}=\iint_{\Omega}\boldsymbol{B}^{\mathrm{T}}\boldsymbol{E}\boldsymbol{B}\mathrm{d}\Omega
$$

$$
=\frac{E}{1-\nu^2}\begin{bmatrix}
0 & 0 & 0 & 0 & 0 & 0 & 0 & 0\\
0 & 0 & 0 & 0 & 0 & 0 & 0 & 0\\
0 & 0 & S_{00} & 0 & 0 & S_{00}\nu & S_{01} & 0\\
0 & 0 & 0 & \frac{1-2\nu}{\nu}S_{00} & \frac{1-2\nu}{\nu}S_{00} & 0 & \frac{1-2\nu}{\nu}S_{10} & \frac{1-2\nu}{\nu}S_{01}\\
0 & 0 & 0 & \frac{1-2\nu}{\nu}S_{00} & \frac{1-2\nu}{\nu}S_{00} & 0 & \frac{1-2\nu}{\nu}S_{10} & \frac{1-2\nu}{\nu}S_{01}\\
0 & 0 & S_{00}\nu & 0 & 0 & S_{00} & S_{01}\nu & S_{10}\\
0 & 0 & S_{01} & \frac{1-2\nu}{\nu}S_{10} & \frac{1-2\nu}{\nu}S_{10} & S_{01}\nu & S_{02}+\frac{1-2\nu}{\nu}S_{20} & \frac{(1-\nu)^2}{\nu}S_{11}\\
0 & 0 & S_{10}\nu & \frac{1-2\nu}{\nu}S_{01} & \frac{1-2\nu}{\nu}S_{01} & S_{10} & \frac{(1-\nu)^2}{\nu}S_{11} & S_{20}+\frac{1-2\nu}{\nu}S_{02}
\end{bmatrix}
\tag{9.68}
$$

刚性块体、三角形单元和四边形单元的位移矢量(式(9.28)、式(9.43)和式(9.62))，以及三角形单元和四边形单元的应变和应力矢量(式(9.48)、式(9.49)、式(9.64)和式(9.66))均以相同的形式表示，以用于之后的能量最小化处理。然而，矩阵 $\boldsymbol{T}$ 、$\boldsymbol{B}$ 、$\boldsymbol{X}$ 以及节点位移矢量 $\boldsymbol{d}$ 的表示是完全不同的，它们的秩分别是 3、6 和 8。

9.6　单元刚度矩阵和荷载矢量的计算

在 DDA 中，块体和单元的刚度矩阵是通过将特定物理过程的能量泛函最小化得到的，这些物理过程包括变形、接触、内外部荷载和边界约束。其主要思路是用单元节点位移向量的函数作为能量泛函，来表示某一物理机制的效应，然后将相对于节点位移向量的能量泛函最小化，从而推导出所需刚度矩阵和荷载矢量的数学表达式，如 9.1 节所述。针对不同的机制，能量泛函的数学形式是不同的。本书中，仅对以下机制进行说明：

(1) 岩石材料的弹性变形——应变能最小化，仅对于具有三角形和四边形网格的可变形块体。

(2) 岩石材料的质量惯性效应——块体和单元动能最小化，对于刚性块体和可变形块体。

(3) 块体(单元)之间三种不同接触形式的接触效应，即纯法向接触、无滑动的法向和切向位移的倾斜接触、滑动的法向和切向位移的倾斜接触——接触力做功最小化。

(4) 外部荷载效应：体积力、点力、分布力和流体压力——外部力做功最小化。

(5) 点锚固假设的锚固效应——锚固力做功最小化。

(6) 边界约束的影响——由于特定的位移约束产生的势能最小化。

上述机制是块体系统变形过程中所涉及的基本物理过程，但并不是完整的。很多重要的机理，如热效应、流体流动、不同的加固措施、动态效应、不同应力(力)和位移边界条件以及破裂等，对于 DDA 成功应用并解决更为普遍和复杂的实际问题十分关键。计算考虑上述效应的刚度矩阵可以采用与本节类似的方法，或者直接采用不使用能量最小化过程的标准有限元方法。然而，这些方法的介绍超出了本书的范围，并且这些方法都是现有成果的直接应用，仅 9.8 节考虑了流体在结构面中的流动过程。

9.6.1 岩石材料的弹性变形——应变能最小化

岩石材料特征单元 i 的弹性变形效应是通过考虑弹性应变能最小化实现的，且仅针对可变形块体。回顾前面定义的三角形和四边形单元的应力、应变和矩阵 $\boldsymbol{D}$ 表达式(式(9.48)、式(9.49)和式(9.52))，应变能的泛函可以写为

$$\begin{aligned}\Pi_e &= \frac{1}{2}\iint_{\Omega} \boldsymbol{\varepsilon}_i^{\mathrm{T}} \boldsymbol{\sigma}_i \mathrm{d}\Omega = \frac{1}{2}\iint_{\Omega} \left(\boldsymbol{d}^{\mathrm{T}} \boldsymbol{X}_i^{\mathrm{T}} \boldsymbol{B}_i^{\mathrm{T}}\right)\left(\boldsymbol{E}_i \boldsymbol{B}_i \boldsymbol{X}_i \boldsymbol{d}_i\right)\mathrm{d}\Omega \\ &= \frac{1}{2}\boldsymbol{d}_i^{\mathrm{T}} \boldsymbol{X}_i^{\mathrm{T}}\left(\iint_{\Omega} \boldsymbol{B}_i^{\mathrm{T}} \boldsymbol{E}_i \boldsymbol{B}_i \mathrm{d}\Omega\right)\boldsymbol{X}_i \boldsymbol{d}_i = \frac{1}{2}\boldsymbol{d}_i^{\mathrm{T}} \boldsymbol{X}_i^{\mathrm{T}} \boldsymbol{D}_i \boldsymbol{X}_i \boldsymbol{d}_i\end{aligned} \tag{9.69}$$

由 $\partial \Pi_e / \boldsymbol{d}_i = 0$ 最小化得

$$\boldsymbol{k}_{ii} = \boldsymbol{X}_i^{\mathrm{T}} \boldsymbol{D}_i \boldsymbol{X}_i \tag{9.70}$$

这是一个 6×6 或 8×8 的方阵，其阶数取决于选择的是三角形单元还是四边形单元。对于前者，矩阵 $\boldsymbol{X}$ 和 $\boldsymbol{D}$ 应该采用式(9.45)和式(9.52)，而对于后者，矩阵 $\boldsymbol{X}$ 和 $\boldsymbol{D}$ 应该采用式(9.60)和式(9.68)。这个矩阵表示岩石材料单元的弹性变形能力。

采用式(9.70)计算每个单元的变形刚度矩阵，并将其组合在式(9.5)第 i 个单元整体刚度矩阵的对角线位置上。

9.6.2 质量惯性——动能最小化

质量为 m 的质点动能的微分形式可以写成

$$\mathrm{d}K_{\mathrm{P}} = m\boldsymbol{v} \cdot \frac{\mathrm{d}\boldsymbol{v}}{\mathrm{d}t} = m\boldsymbol{v} \cdot \frac{\mathrm{d}^2\boldsymbol{u}}{\mathrm{d}t^2} \tag{9.71}$$

式中，$\boldsymbol{u}=(u_x,u_y)^{\mathrm{T}}$ 为质点的位移矢量。

对于质量为 m^i 的块体或单元，动能泛函的一种更广义的形式可以写成

$$
\begin{aligned}
\Pi_K &= -m^i\iint_{\Omega}\left(\left\{u_x\ u_y\right\}\begin{Bmatrix}\mathrm{D}^2u_x\\ \mathrm{D}^2u_y\end{Bmatrix}\right)\mathrm{d}\Omega = -m^i\iint_{\Omega}\left(\left\{u_x\ u_y\right\}\mathrm{D}^2\begin{Bmatrix}u_x\\ u_y\end{Bmatrix}\right)\mathrm{d}\Omega \\
&= -m^i(\boldsymbol{d}^i)^{\mathrm{T}}(\boldsymbol{X}^i)^{\mathrm{T}}\left(\iint_{\Omega}(\boldsymbol{T}^i)^{\mathrm{T}}\boldsymbol{T}^i\mathrm{d}\Omega\right)\boldsymbol{X}^i\mathrm{D}^2(\boldsymbol{d}^i) = -m^i(\boldsymbol{d}^i)^{\mathrm{T}}(\boldsymbol{X}^i)^{\mathrm{T}}\boldsymbol{H}^i\boldsymbol{X}^i\mathrm{D}^2(\boldsymbol{d}^i)
\end{aligned}
\tag{9.72}
$$

式中，$\mathrm{D}^2(\cdot)=\partial^2(\cdot)/\partial t^2$；$u_x$ 和 u_y 为块体或单元的时变位移函数；矩阵 $\boldsymbol{H}^i$ 为分别由式(9.30)、式(9.51)和式(9.67)给出的刚性块体、三角形单元和四边形单元的属性矩阵。式(9.72)表示由于块体或单元 i 的质量而产生的动能，这也可以看成惯性力效应：

$$
f_x^i=-m^i\frac{\partial^2u_x}{\partial t^2},\quad f_y^i=-m\frac{\partial^2u_y}{\partial t^2} \tag{9.73}
$$

在 $t=0$ 的 Δt 邻域内将 $\boldsymbol{d}^i$ 泰勒展开，可得

$$
\boldsymbol{d}^i=\boldsymbol{d}_0^i+\frac{\partial\boldsymbol{d}^i}{\partial t}\Delta t+\frac{1}{2}\frac{\partial^2\boldsymbol{d}^i}{\partial t^2}(\Delta t)^2+\cdots \tag{9.74}
$$

由于采用欧拉运动描述，t=0 时初始位移为 0，即 $\left\{d^i\right\}_0=\{0\}$，则可以近似假设

$$
\boldsymbol{d}^i\approx\frac{\partial\boldsymbol{d}^i}{\partial t}\Delta t+\frac{1}{2}\frac{\partial^2\boldsymbol{d}^i}{\partial t^2}(\Delta t)^2 \tag{9.75}
$$

即

$$
\frac{\partial^2\left(\boldsymbol{d}^i\right)}{\partial t^2}\approx\frac{2\boldsymbol{d}^i}{(\Delta t)^2}-\frac{2}{\Delta t}\frac{\partial\boldsymbol{d}^i}{\partial t} \tag{9.76}
$$

将式(9.76)代入式(9.72)，得到单元(或块体)的动能泛函：

$$
\begin{aligned}
\Pi_K &= -m^i(\boldsymbol{d}^i)^{\mathrm{T}}(\boldsymbol{X}^i)^{\mathrm{T}}\boldsymbol{H}^i\boldsymbol{X}^i\mathrm{D}^2(\boldsymbol{d}^i) \\
&= -m^i(\boldsymbol{d}^i)^{\mathrm{T}}(\boldsymbol{X}^i)^{\mathrm{T}}\boldsymbol{H}^i\boldsymbol{X}^i\left(\frac{2\boldsymbol{d}^i}{(\Delta t)^2}-\frac{2}{\Delta t}\frac{\partial\boldsymbol{d}^i}{\partial t}\right) \\
&= -2m^i\left(\frac{(\boldsymbol{d}^i)^{\mathrm{T}}(\boldsymbol{X}^i)^{\mathrm{T}}\boldsymbol{H}^i\boldsymbol{X}^i\boldsymbol{d}^i}{(\Delta t)^2}-\frac{(\boldsymbol{d}^i)^{\mathrm{T}}(\boldsymbol{X}^i)^{\mathrm{T}}\boldsymbol{H}^i\boldsymbol{X}^i\boldsymbol{v}^0}{\Delta t}\right)
\end{aligned}
\tag{9.77}
$$

式中，矢量 $\boldsymbol{v}^0$ 是时间步开始时单元(或块体)的初始速度，对于刚性块体，有

$$\boldsymbol{v}^0=\left.\frac{\partial \boldsymbol{d}^i}{\partial t}\right|_{\Delta t=0}=\left.\begin{pmatrix}\frac{\partial u_x^c}{\partial t} & \frac{\partial u_y^c}{\partial t} & \frac{\partial r^c}{\partial t}\end{pmatrix}^{\mathrm{T}}\right|_{\Delta t=0} \tag{9.78}$$

对于三角形单元，有

$$\boldsymbol{v}^0=\left.\frac{\partial \boldsymbol{d}^i}{\partial t}\right|_{\Delta t=0}=\left.\begin{pmatrix}\frac{\partial u_x^l}{\partial t} & \frac{\partial u_y^l}{\partial t} & \frac{\partial u_x^m}{\partial t} & \frac{\partial u_y^m}{\partial t} & \frac{\partial u_x^n}{\partial t} & \frac{\partial u_y^n}{\partial t}\end{pmatrix}^{\mathrm{T}}\right|_{\Delta t=0} \tag{9.79}$$

对于四边形单元，有

$$\boldsymbol{v}^0=\left.\frac{\partial \boldsymbol{d}^i}{\partial t}\right|_{\Delta t=0}=\left.\begin{pmatrix}\frac{\partial u_x^k}{\partial t} & \frac{\partial u_y^k}{\partial t} & \frac{\partial u_x^l}{\partial t} & \frac{\partial u_y^l}{\partial t} & \frac{\partial u_x^m}{\partial t} & \frac{\partial u_y^m}{\partial t} & \frac{\partial u_x^n}{\partial t} & \frac{\partial u_y^n}{\partial t}\end{pmatrix}^{\mathrm{T}}\right|_{\Delta t=0} \tag{9.80}$$

Π_K 对 $\boldsymbol{d}^i$ 求偏导并最小化得

$$\boldsymbol{f}^i=-\frac{2m^i}{(\Delta t)^2}(\boldsymbol{X}^i)^{\mathrm{T}}\boldsymbol{H}^i\boldsymbol{X}^i\boldsymbol{d}^i+\frac{2m^i}{\Delta t}(\boldsymbol{X}^i)^{\mathrm{T}}\boldsymbol{H}^i\boldsymbol{X}^i\boldsymbol{v}^0=0 \tag{9.81}$$

它表示单元(块体)i 的质量动能对系统全局平衡的贡献。由式(9.81)可以导出刚度矩阵和荷载矢量，即

$$\boldsymbol{k}^{ii}=-\left(\frac{2m^i}{\left(\Delta t\right)^2}\right)(\boldsymbol{X}^i)^{\mathrm{T}}\boldsymbol{H}^i\boldsymbol{X}^i \tag{9.82}$$

$$\boldsymbol{f}^i=-\left(\frac{2m^i}{(\Delta t)^2}\right)(\boldsymbol{X}^i)^{\mathrm{T}}\boldsymbol{H}^i\boldsymbol{v}^0 \tag{9.83}$$

然后将它们分别组合到全局运动方程(9.5)的第 i 个对角子矩阵 $\boldsymbol{k}_{ii}$ 和等式右侧的第 i 个单元 $\boldsymbol{f}_i$ 中。

对于动力分析，下一时间步的初始速度 $\boldsymbol{v}^0$ 是当前时间步结束时的速度，即

$$\boldsymbol{v}^0_{(t+\Delta t)}=\boldsymbol{v}^0_{(t)}+(\Delta t)\mathrm{D}^2(\boldsymbol{d}^i) \tag{9.84}$$

对于静力分析，迭代过程中仍然可以人为设定时间步长，但是在每一时间步迭代结束时，初始速度应该为零。

9.6.3　单元(块体)接触

顶点-边接触是基本的接触类型，并且其他接触类型都可以分解为顶点-边接触的组合，因此单元(块体)的接触公式可以完全基于这种基本接触类型。在顶点-

边接触的变形中，在接触的顶点和边上可能产生摩擦力，从而发生滑动。假设接触的法向刚度为 K_n(等于块体边界接触点法线方向的虚拟弹簧刚度)，假定嵌入深度为 d，对应可能发生的不同物理状态，剪切力和法向力有四种组合。

(1) 接触力的法向分量 F_n 为拉力，即 $F_n = K_n d > 0$，由于接触面不能承受拉力，接触应被移除。

(2) 法向力是压力但无剪切力，即 $F_n = K_n d \leqslant 0$，$F_s = 0$。该接触是通过考虑在弹簧的法向位移(即嵌入深度 d)上所做的功确定的。接触力的法向分量为压力，但剪切分量不足以引起滑移。

(3) 同样假设接触切向方向的弹性响应由剪切刚度为 K_s 的剪切弹簧表示(单位：力/长度)，即

$$F_n = K_n d \leqslant 0, \quad F_s = K_s S < |F_n| \tan\phi + C \tag{9.85}$$

式中，ϕ 和 C 为接触点处的摩擦角和黏聚力；S 为剪切位移。因为不涉及能量耗散，只需要对顶点位移增量引起的势能进行最小化，该过程是可逆的，且与路径无关。

(4) 接触力的法向分量是压力，且沿块体边界的切向分量满足莫尔-库仑滑动摩擦定律，即

$$F_n = K_n d \leqslant 0, \quad F_s = |F_n| \tan\phi + C \tag{9.86}$$

顶点将会沿块体边界滑移。法线方向上嵌入距离为 d 的势能和切向方向上滑动距离为 S 的耗散能都需要最小化。

上述考虑均基于对嵌入深度 d 以及接触点的法向和剪切刚度的识别。

DDA 中的接触是通过在接触点处施加弹簧来实现的。假设块体 i 的顶点 p_1 和块体(单元) j 的边 $\overline{p_2 p_3}$ 接触，其嵌入深度为 d，它表示时间步结束时弹簧在接触点的变形。记 (x_i, y_i) 和 $\{u_{xi}, u_{yi}\}^{\mathrm{T}} (i = 1,2,3)$ 分别为顶点 p_i 的坐标和位移增量，并调用式(9.24)和式(9.25)，嵌入深度 d 可以重写为(图 9.11)

$$d = \frac{\Delta}{L} = \frac{1}{L}\begin{vmatrix} 1 & x_1 + u_{x1} & y_1 + u_{y1} \\ 1 & x_2 + u_{x2} & y_2 + u_{y2} \\ 1 & x_3 + u_{x3} & y_3 + u_{y3} \end{vmatrix} \tag{9.87}$$

式中，$L = \sqrt{(x_3 - x_2)^2 + (y_3 - y_2)^2}$。式(9.87)中的行列式可以分解为

$$\Delta = \begin{vmatrix} 1 & x_1 & y_1 \\ 1 & x_2 & y_2 \\ 1 & x_3 & y_3 \end{vmatrix} + \begin{vmatrix} 1 & u_{x1} & y_1 \\ 1 & u_{x2} & y_2 \\ 1 & u_{x3} & y_3 \end{vmatrix} + \begin{vmatrix} 1 & x_1 & u_{y1} \\ 1 & x_2 & u_{y2} \\ 1 & x_3 & u_{y3} \end{vmatrix} + \begin{vmatrix} 1 & u_{x1} & y_{y1} \\ 1 & u_{x2} & y_{y2} \\ 1 & u_{x3} & y_{y3} \end{vmatrix}$$

$$\approx \begin{vmatrix} 1 & x_1 & y_1 \\ 1 & x_2 & y_2 \\ 1 & x_3 & y_3 \end{vmatrix} + \begin{vmatrix} 1 & u_{x1} & y_1 \\ 1 & u_{x2} & y_2 \\ 1 & u_{x3} & y_3 \end{vmatrix} + \begin{vmatrix} 1 & x_1 & u_{y1} \\ 1 & x_2 & u_{y2} \\ 1 & x_3 & u_{y3} \end{vmatrix} \tag{9.88}$$

由于最后一项

$$\begin{vmatrix} 1 & u_{x1} & u_{y1} \\ 1 & u_{x2} & u_{y2} \\ 1 & u_{x3} & u_{y3} \end{vmatrix} \tag{9.89}$$

为二阶无穷小量，可以忽略。

式(9.88)的第一项是由三个顶点围成的三角形面积，将其记为

$$a_0 = \begin{vmatrix} 1 & x_1 & y_1 \\ 1 & x_2 & y_2 \\ 1 & x_3 & y_3 \end{vmatrix} = (x_2 y_3 - x_3 y_2) - (x_1 y_3 - x_3 y_1) + (x_1 y_2 - x_2 y_1) \tag{9.90}$$

式(9.88)中的行列式变为

$$\begin{aligned} \Delta &= a_0 + \begin{vmatrix} 1 & u_{x1} & y_1 \\ 1 & u_{x2} & y_2 \\ 1 & u_{x3} & y_3 \end{vmatrix} + \begin{vmatrix} 1 & x_1 & u_{y1} \\ 1 & x_2 & u_{y2} \\ 1 & x_3 & u_{y3} \end{vmatrix} \\ &= a_0 + u_{x1}(y_2 - y_3) + u_{y1}(x_3 - x_2) + u_{x2}(y_3 - y_1) + u_{y2}(x_1 - x_3) \\ &\quad + u_{x3}(y_1 - y_2) + u_{y3}(x_2 - x_1) \\ &= a_0 + \{y_2 - y_3 \;\; x_3 - x_2\} \begin{Bmatrix} u_{x1} \\ u_{y1} \end{Bmatrix} + \{y_3 - y_1 \;\; x_1 - x_3\} \begin{Bmatrix} u_{x2} \\ u_{y2} \end{Bmatrix} \\ &\quad + \{y_1 - y_2 \;\; x_2 - x_1\} \begin{Bmatrix} u_{x3} \\ u_{y3} \end{Bmatrix} \end{aligned} \tag{9.91}$$

由于顶点 p_1 属于块体 i，顶点 p_2 和 p_3 属于块体 j，这三个顶点的位移可以表示为

$$\begin{Bmatrix} u_{x1} \\ u_{y1} \end{Bmatrix} = \boldsymbol{T}^i_{(x_1,y_1)} \boldsymbol{X}^i \boldsymbol{d}^i, \quad \begin{Bmatrix} u_{x2} \\ u_{y2} \end{Bmatrix} = \boldsymbol{T}^j_{(x_2,y_2)} \boldsymbol{X}^j \boldsymbol{d}^j, \quad \begin{Bmatrix} u_{x3} \\ u_{y3} \end{Bmatrix} = \boldsymbol{T}^j_{(x_3,y_3)} \boldsymbol{X}^j \boldsymbol{d}^j \tag{9.92}$$

记矢量 $\boldsymbol{e}^i$ 和 $\boldsymbol{g}^j$ 为

$$\boldsymbol{e}^i = \frac{1}{L}\{y_2 - y_3 \;\; x_3 - x_2\} \boldsymbol{T}^i_{(x_1,y_1)} \tag{9.93}$$

$$\boldsymbol{g}^j = \frac{1}{L}(\{y_3 - y_1 \quad x_1 - x_3\}\boldsymbol{T}^j_{(x_2,y_2)} + \{y_1 - y_2 \quad x_2 - x_1\}\boldsymbol{T}^j_{(x_3,y_3)} \tag{9.94}$$

嵌入深度 d(或弹簧在法向方向长度的改变量)可以写为

$$d = \frac{a_0}{L} + (\boldsymbol{e}^i)^{\mathrm{T}}\boldsymbol{X}^i\boldsymbol{d}^i + (\boldsymbol{g}^j)^{\mathrm{T}}\boldsymbol{X}^j\boldsymbol{d}^j \tag{9.95}$$

1. 纯法向压缩条件下的接触

在纯法向压缩加载条件下，接触由一个刚度为 K_n 的法向弹簧表示，点-边接触动点从 t 到 $t+\Delta t$ 时刻向边的方向运动，导致弹簧位移发生变化，u_n 等于假定嵌入深度，即 $u_n = d$ ，如式(9.95)(图 9.11)。

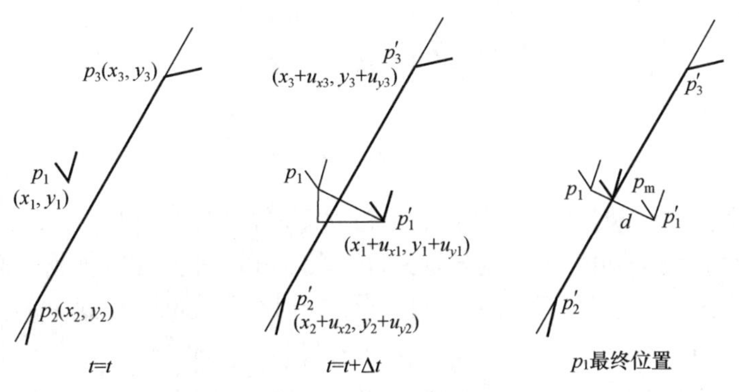

图 9.11　纯法向压缩下的接触(Jing，1993)

法向接触力可以计算为

$$F_n = K_n u_n = K_n\left(\frac{a_0}{L} + (\boldsymbol{e}^i)^{\mathrm{T}}\boldsymbol{X}^i\boldsymbol{d}^i + (\boldsymbol{g}^j)^{\mathrm{T}}\boldsymbol{X}^j\boldsymbol{d}^j\right) \tag{9.96}$$

由弹簧法向变形产生的势能为

$$\begin{aligned}
\Pi_p &= \frac{F_n u_n}{2} = \frac{K_n u_n^2}{2} = \frac{K_n}{2}\left(\frac{a_0}{L} + (\boldsymbol{e}^i)^{\mathrm{T}}\boldsymbol{X}^i\boldsymbol{d}^i + (\boldsymbol{g}^j)^{\mathrm{T}}\boldsymbol{X}^j\boldsymbol{d}^j\right)^2 \\
&= \frac{K_n}{2}\left[\left(\frac{a_0}{L}\right)^2 + (\boldsymbol{d}^i)^{\mathrm{T}}(\boldsymbol{X}^i)^{\mathrm{T}}\boldsymbol{e}^i(\boldsymbol{e}^i)^{\mathrm{T}}\boldsymbol{X}^i\boldsymbol{d}^i + (\boldsymbol{d}^j)^{\mathrm{T}}(\boldsymbol{X}^j)^{\mathrm{T}}\boldsymbol{g}^j(\boldsymbol{g}^j)^{\mathrm{T}}\boldsymbol{X}^j\boldsymbol{d}^j\right. \\
&\quad \left. +2(\boldsymbol{d}^i)^{\mathrm{T}}(\boldsymbol{X}^i)^{\mathrm{T}}\boldsymbol{e}^i(\boldsymbol{g}^j)^{\mathrm{T}}\boldsymbol{X}^j\boldsymbol{d}^j + 2\frac{a_0}{L}(\boldsymbol{d}^i)^{\mathrm{T}}(\boldsymbol{X}^i)^{\mathrm{T}}\boldsymbol{e}^i + 2\frac{a_0}{L}(\boldsymbol{d}^j)^{\mathrm{T}}(\boldsymbol{X}^j)^{\mathrm{T}}\boldsymbol{g}^j\right]
\end{aligned} \tag{9.97}$$

由于块体(单元) i 和块体(单元) j 的接触，Π_p 分别对 $(\boldsymbol{d}^i)^{\mathrm{T}}$ 和 $(\boldsymbol{d}^j)^{\mathrm{T}}$ 求极小值，从而产生了两个独立的运动方程。

$$K_n\boldsymbol{X}^i\boldsymbol{e}^i(\boldsymbol{e}^i)^{\mathrm{T}}\boldsymbol{X}^i\boldsymbol{d}^i+K_n\boldsymbol{X}^i\boldsymbol{e}^i(\boldsymbol{g}^j)^{\mathrm{T}}\boldsymbol{X}^j\boldsymbol{d}^j+\frac{K_na_0}{L}\boldsymbol{e}^i=0 \tag{9.98}$$

$$(\boldsymbol{X}^j)^{\mathrm{T}}\boldsymbol{g}^j(\boldsymbol{e}^i)^{\mathrm{T}}\boldsymbol{X}^i\boldsymbol{d}^i+K_n(\boldsymbol{X}^j)^{\mathrm{T}}\boldsymbol{g}^j(\boldsymbol{g}^j)^{\mathrm{T}}\boldsymbol{X}^j\boldsymbol{d}^j+\frac{K_na_0}{L}\boldsymbol{g}^j=0 \tag{9.99}$$

式(9.98)及式(9.99)表示块体(单元)i 和块体(单元) j 的接触在块体(单元) j 边界法向上对全局运动方程的贡献。导出的刚度矩阵和荷载矢量分别可以写为

$$\boldsymbol{k}^{ii}=K_n(\boldsymbol{X}^i)^{\mathrm{T}}\boldsymbol{e}^i(\boldsymbol{e}^i)^{\mathrm{T}}\boldsymbol{X}^i \tag{9.100a}$$

$$\boldsymbol{k}^{ij}=K_n(\boldsymbol{X}^i)^{\mathrm{T}}\boldsymbol{e}^i(\boldsymbol{g}^j)^{\mathrm{T}}\boldsymbol{X}^j \tag{9.100b}$$

$$\boldsymbol{k}^{ji}=K_n(\boldsymbol{X}^j)^{\mathrm{T}}\boldsymbol{g}^j(\boldsymbol{e}^i)^{\mathrm{T}}\boldsymbol{X}^i \tag{9.100c}$$

$$\boldsymbol{k}^{jj}=K_n(\boldsymbol{X}^j)^{\mathrm{T}}\boldsymbol{g}^j(\boldsymbol{g}^j)^{\mathrm{T}}\boldsymbol{X}^j \tag{9.100d}$$

$$\boldsymbol{f}^i=-\frac{K_na_0}{L}(\boldsymbol{X}^i)^{\mathrm{T}}\boldsymbol{e}^i \tag{9.101a}$$

$$\boldsymbol{f}^j=-\frac{K_na_0}{L}(\boldsymbol{X}^j)^{\mathrm{T}}\boldsymbol{e}^j \tag{9.101b}$$

如前所述，上述刚度矩阵和荷载矢量对于刚性块体分别是 3×3 的子矩阵和 3×1 的矢量，对于三角形单元则分别是 6×6 的子矩阵和 6×1 的矢量，而对于四边形单元分别是 8×8 的子矩阵和 8×1 的矢量，分别根据式(9.93)、式(9.94)、式(9.100)和式(9.101)由相应的 $\boldsymbol{X}^i$ 、$\boldsymbol{X}^j$ 、$\boldsymbol{e}^i$ 和 $\boldsymbol{e}^j$ 进行计算。这些矩阵和矢量应分别组合在全局式(9.5)的子矩阵 $\boldsymbol{k}_{ii}$、$\boldsymbol{k}_{ij}$、$\boldsymbol{k}_{ji}$ 和 $\boldsymbol{k}_{jj}$ 以及矢量 $\boldsymbol{f}_i$ 和 $\boldsymbol{f}_j$ 中。上述关系只有当 $d<0$ 时才成立。如果 $d>0$，力将是拉力并且接触被移除，因为接触面不允许出现拉力。

本节导出的接触刚度矩阵和广义荷载矢量表示接触在法线方向上的变形能力。在每个时间步的末尾，通过数值迭代以满足无嵌入条件，并减小时间步长来避免预测的法向位移超过预测幅值，以保证式(9.95)求出的距离 d(负值)在允许的误差范围内。理论上，拉格朗日乘子法可以满足无嵌入条件。然而，它的数值效率可能优于也可能不优于这种试错方法。

2. 无滑动的变剪切力接触

令块体 i 的顶点 p_1 向块体 j 的边 $\overline{p_2p_3}$ 移动，产生法向和切向位移，从而产生法向和剪切接触力。然而，根据莫尔-库仑摩擦定律，产生的剪切力不足以引起滑动(参看式(9.86))。因此，接触由两个弹簧表示：一个是在法线方向上，另一个在切线方向上，此处忽略黏聚力 C。对法向接触效应的处理与上一节中提出的方法相同。因为没有出现滑动，剪切力的影响由刚度为 K_s 的弹性剪切弹簧表示。动点 p_1 和边 $\overline{p_2p_3}$ 的几何关系如图 9.12 所示。设(x_m, y_m)为时间步结束时 p_1 在边 $\overline{p_2p_3}$ 上的位置，位移微分可以写为

$$\begin{Bmatrix}\Delta u_x \\ \Delta u_y\end{Bmatrix}=\begin{Bmatrix}x_1+u_{x1}-x_m-u_{xm} \\ y_1+u_{y1}-y_m-u_{ym}\end{Bmatrix}=\begin{Bmatrix}u_{x1} \\ u_{y1}\end{Bmatrix}-\begin{Bmatrix}u_{xm} \\ u_{ym}\end{Bmatrix}+\begin{Bmatrix}x_1-x_m \\ y_1-y_m\end{Bmatrix}$$
$$=\boldsymbol{T}^i_{(x_1,y_1)}\boldsymbol{X}^i\boldsymbol{d}^i-\boldsymbol{T}^j_{(x_m,y_m)}\boldsymbol{X}^j\boldsymbol{d}^j+\begin{Bmatrix}x_1-x_m \\ y_1-y_m\end{Bmatrix} \tag{9.102}$$

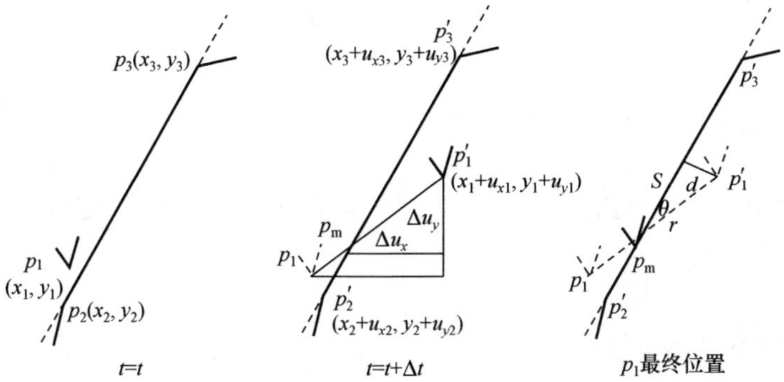

图 9.12　顶点与剪切距离为 S 的边之间的摩擦接触(Jing，1993)

基于几何关系，矢量 $\overline{p_2p_3}$ 和 $\overline{\boldsymbol{r}}=\{\Delta u_x,\Delta u_y\}^{\mathrm{T}}$ 之间的角度 θ 和剪切距离为 S 为

$$\cos\theta=\frac{\overline{p_2p_3}\cdot\overline{\boldsymbol{r}}}{\left|\overline{p_2p_3}\right|\left|\overline{\boldsymbol{r}}\right|} \tag{9.103}$$

$$S=\left|\overline{\boldsymbol{r}}\right|\cos\theta \tag{9.104}$$

根据式(9.102)、式(9.103)和式(9.104)，可以得到剪切距离(也是剪切弹簧的变形)：

$$S=\left|\overline{\boldsymbol{r}}\right|\cos\theta=\frac{\overline{p_2p_3}\cdot\overline{\boldsymbol{r}}}{\left|\overline{p_2p_3}\right|}=\frac{\{x_3-x_2\quad y_3-y_2\}\begin{Bmatrix}\Delta u_x \\ \Delta u_y\end{Bmatrix}}{\sqrt{(x_3-x_2)^2+(y_3-y_2)^2}}=\begin{Bmatrix}\dfrac{x_3-x_2}{L} & \dfrac{y_3-y_2}{L}\end{Bmatrix}\begin{Bmatrix}\Delta u_x \\ \Delta u_y\end{Bmatrix}$$
$$=\begin{Bmatrix}\dfrac{x_3-x_2}{L} & \dfrac{y_3-y_2}{L}\end{Bmatrix}\left(\boldsymbol{T}^i_{(x_1,y_1)}\boldsymbol{X}^i\boldsymbol{d}^i-\boldsymbol{T}^j_{(x_m,y_m)}\boldsymbol{X}^j\boldsymbol{d}^j+\begin{Bmatrix}x_1-x_m \\ y_1-y_m\end{Bmatrix}\right)$$
$$=\boldsymbol{m}^{i\mathrm{T}}\boldsymbol{X}^i\boldsymbol{d}^i-\boldsymbol{n}^{j\mathrm{T}}\boldsymbol{X}^j\boldsymbol{d}^j+X_m \tag{9.105}$$

$$(\boldsymbol{m}^i)^{\mathrm{T}}=\begin{Bmatrix}\dfrac{x_3-x_2}{L} & \dfrac{y_3-y_2}{L}\end{Bmatrix}\boldsymbol{T}^i_{(x_1,y_1)} \tag{9.106a}$$

$$(\boldsymbol{n}^j)^{\mathrm{T}}=\begin{Bmatrix}\dfrac{x_3-x_2}{L} & \dfrac{y_3-y_2}{L}\end{Bmatrix}\boldsymbol{T}^j_{(x_m,y_m)} \tag{9.106b}$$

$$X_m = \left\{ \frac{x_3 - x_2}{L} \ \frac{y_3 - y_2}{L} \right\} \left\{ \begin{matrix} x_1 - x_m \\ y_1 - y_m \end{matrix} \right\} \tag{9.106c}$$

角度θ应始终处于$0 \leqslant \theta < 90°$范围内，θ不能等于90°，因为此种情况下$S = 0$，不会发生剪切位移，这与假设是矛盾的。弹性剪切力所做的功为

$$\begin{aligned}\Pi_s &= -\frac{F_s S}{2} = -\frac{K_s}{2} S^2 = -\frac{K_s}{2} (\boldsymbol{m}^i \boldsymbol{X}^i \boldsymbol{d}^i - \boldsymbol{n}^j \boldsymbol{X}^j \boldsymbol{d}^j + X_m)^2 \\ &= -\frac{K_s}{2} \Bigg[\left(\frac{X_m}{L} \right)^2 + (\boldsymbol{d}^i)^{\mathrm{T}} \boldsymbol{X}^i \boldsymbol{m}^i (\boldsymbol{m}^i)^{\mathrm{T}} (\boldsymbol{X}^i)^{\mathrm{T}} \boldsymbol{d}^i + (\boldsymbol{d}^j)^{\mathrm{T}} \boldsymbol{X}^j \boldsymbol{n}^j (\boldsymbol{n}^j)^{\mathrm{T}} (\boldsymbol{X}^j)^{\mathrm{T}} \boldsymbol{d}^j \\ &\quad -2(\boldsymbol{d}^i)^{\mathrm{T}} (\boldsymbol{X}^i)^{\mathrm{T}} \boldsymbol{m}^i (\boldsymbol{n}^j)^{\mathrm{T}} \boldsymbol{X}^j \boldsymbol{d}^j + 2\frac{X_m}{L} (\boldsymbol{d}^i)^{\mathrm{T}} (\boldsymbol{X}^i)^{\mathrm{T}} \boldsymbol{m}^i - 2\frac{X_m}{L} (\boldsymbol{d}^j)^{\mathrm{T}} (\boldsymbol{X}^j)^{\mathrm{T}} \boldsymbol{n}^j \Bigg]\end{aligned} \tag{9.107}$$

泛函Π_s对$\boldsymbol{d}^i$和$\boldsymbol{d}^j$最小化得

$$-\left(K_s (\boldsymbol{X}^i)^{\mathrm{T}} \boldsymbol{m}^i (\boldsymbol{m}^i)^{\mathrm{T}} \boldsymbol{X}^i \right) \boldsymbol{d}^i + \left(K_s (\boldsymbol{X}^i)^{\mathrm{T}} \boldsymbol{m}^i \boldsymbol{n}^{j\mathrm{T}} \boldsymbol{X}^j \right) \boldsymbol{d}^j - K_s X_m (\boldsymbol{X}^i)^{\mathrm{T}} (\boldsymbol{m}^i)^{\mathrm{T}} = 0 \tag{9.108}$$

$$K_s (\boldsymbol{X}^j)^{\mathrm{T}} \boldsymbol{n}^j (\boldsymbol{m}^i)^{\mathrm{T}} \boldsymbol{X}^i \boldsymbol{d}^i - \left(K_s (\boldsymbol{X}^j)^{\mathrm{T}} \boldsymbol{n}^i (\boldsymbol{n}^i)^{\mathrm{T}} \boldsymbol{X}^j \right) \boldsymbol{d}^j + K_s X_m (\boldsymbol{X}^j)^{\mathrm{T}} (\boldsymbol{n}^i)^{\mathrm{T}} = 0 \tag{9.109}$$

从而可以导出以下单元刚度矩阵和荷载向量：

$$\boldsymbol{k}^{ii} = -K_s (\boldsymbol{X}^i)^{\mathrm{T}} \boldsymbol{m}^i (\boldsymbol{m}^i)^{\mathrm{T}} \boldsymbol{X}^i \tag{9.110a}$$

$$\boldsymbol{k}^{ij} = K_s (\boldsymbol{X}^i)^{\mathrm{T}} \boldsymbol{m}^i (\boldsymbol{n}^j)^{\mathrm{T}} \boldsymbol{X}^j \tag{9.110b}$$

$$\boldsymbol{k}^{ji} = K_s (\boldsymbol{X}^j)^{\mathrm{T}} \boldsymbol{n}^j (\boldsymbol{m}^i)^{\mathrm{T}} \boldsymbol{X}^i \tag{9.110c}$$

$$\boldsymbol{k}^{jj} = -K_s (\boldsymbol{X}^j)^{\mathrm{T}} \boldsymbol{n}^j (\boldsymbol{n}^j)^{\mathrm{T}} \boldsymbol{X}^j \tag{9.110d}$$

$$\boldsymbol{f}^i = K_s X_m (\boldsymbol{X}^i)^{\mathrm{T}} \boldsymbol{m}^i \tag{9.111a}$$

$$\boldsymbol{f}^j = -K_s X_m (\boldsymbol{X}^j)^{\mathrm{T}} \boldsymbol{n}^j \tag{9.111b}$$

这些矩阵和矢量应分别组合在全局式(9.5)子矩阵$\boldsymbol{k}_{ii}$、$\boldsymbol{k}_{ij}$、$\boldsymbol{k}_{ji}$和$\boldsymbol{k}_{jj}$以及矢量$\boldsymbol{f}_i$和$\boldsymbol{f}_i$中。

需要注意的是，对于刚性块体、三角形单元和四边形单元，$\boldsymbol{X}^i$、$\boldsymbol{X}^j$、$\boldsymbol{m}^i$和$\boldsymbol{n}^j$是不同阶数的矩阵和表达式。

3. 滑动摩擦接触

采用与上一小节同样的假设，但现在剪切力足够大，满足摩擦准则，该过程

是不可逆的，剪切力在滑动距离 S 上所做的功是耗散能。

采用莫尔-库仑摩擦准则，并假设滑动后的剪切力为

$$F_s = F_n \tan\phi + C = K_n d \tan\phi + C \tag{9.112}$$

结合式(9.95)、式(9.105)和式(9.106)，剪切力在滑动距离 S 上所做的功可以写成

$$\begin{aligned}
\Pi_f &= -F_s S = -\left(F_n \tan\phi + C\right)S = -\left(K_n \tan\phi\right)\left(Sd\right) - CS \\
&= -\left(K_n \tan\phi\right)\left((\boldsymbol{m}^i)^{\mathrm{T}} \boldsymbol{X}^i \boldsymbol{d}^i - (\boldsymbol{n}^j)^{\mathrm{T}} \boldsymbol{X}^j \boldsymbol{d}^j + X_m\right)\left(\frac{a_0}{L} + (\boldsymbol{e}^i)^{\mathrm{T}} \boldsymbol{X}^i \boldsymbol{d}^i + (\boldsymbol{g}^j)^{\mathrm{T}} \boldsymbol{X}^j \boldsymbol{d}^j\right) \\
&\quad - C\left((\boldsymbol{m}^i)^{\mathrm{T}} \boldsymbol{X}^i \boldsymbol{d}^i - (\boldsymbol{n}^j)^{\mathrm{T}} \boldsymbol{X}^j \boldsymbol{d}^j + X_m\right) \\
&= -\left(K_n \tan\phi\right)\Bigg((\boldsymbol{d}^i)^{\mathrm{T}} (\boldsymbol{X}^i)^{\mathrm{T}} \boldsymbol{e}^i (\boldsymbol{m}^i)^{\mathrm{T}} \boldsymbol{X}^i \boldsymbol{d}^i + (\boldsymbol{d}^i)^{\mathrm{T}} (\boldsymbol{X}^i)^{\mathrm{T}} \boldsymbol{m}^i (\boldsymbol{g}^j)^{\mathrm{T}} \boldsymbol{X}^j \boldsymbol{d}^j \\
&\quad - (\boldsymbol{d}^i)^{\mathrm{T}} (\boldsymbol{X}^i)^{\mathrm{T}} \boldsymbol{e}^i (\boldsymbol{n}^j)^{\mathrm{T}} \boldsymbol{X}^j \boldsymbol{d}^j - (\boldsymbol{d}^j)^{\mathrm{T}} (\boldsymbol{X}^j)^{\mathrm{T}} \boldsymbol{g}^j (\boldsymbol{n}^i)^{\mathrm{T}} \boldsymbol{X}^j \boldsymbol{d}^j + \frac{a_0}{L} (\boldsymbol{d}^i)^{\mathrm{T}} (\boldsymbol{X}^i)^{\mathrm{T}} \boldsymbol{m}^i \\
&\quad - \frac{a_0}{L} (\boldsymbol{d}^j)^{\mathrm{T}} (\boldsymbol{X}^j)^{\mathrm{T}} \boldsymbol{n}^j + X_m (\boldsymbol{d}^i)^{\mathrm{T}} (\boldsymbol{X}^i)^{\mathrm{T}} \boldsymbol{e}^i + X_m (\boldsymbol{d}^j)^{\mathrm{T}} (\boldsymbol{X}^j)^{\mathrm{T}} \boldsymbol{g}^j + \frac{X_m a_0}{L} \Bigg) \\
&\quad - C (\boldsymbol{d}^i)^{\mathrm{T}} (\boldsymbol{X}^i)^{\mathrm{T}} \boldsymbol{m}^i + C (\boldsymbol{d}^j)^{\mathrm{T}} (\boldsymbol{X}^j)^{\mathrm{T}} \boldsymbol{n}^j - X_m C
\end{aligned} \tag{9.113}$$

Π_f 对 $\boldsymbol{d}^i$ 和 $\boldsymbol{d}^j$ 最小化，可以得两个局部平衡方程：

$$\begin{aligned}
&-\left(K_n \tan\phi\right)\Big[(\boldsymbol{X}^i)^{\mathrm{T}} \boldsymbol{e}^i (\boldsymbol{m}^i)^{\mathrm{T}} \boldsymbol{X}^i \boldsymbol{d}^i + \left((\boldsymbol{X}^i)^{\mathrm{T}} \boldsymbol{m}^i (\boldsymbol{g}^j)^{\mathrm{T}} \boldsymbol{X}^j - (\boldsymbol{X}^i)^{\mathrm{T}} \boldsymbol{e}^i (\boldsymbol{n}^j)^{\mathrm{T}} \boldsymbol{X}^j\right) \boldsymbol{d}^j \\
&+ \frac{a_0}{L} (\boldsymbol{X}^i)^{\mathrm{T}} \boldsymbol{m}^i + X_m (\boldsymbol{X}^i)^{\mathrm{T}} \boldsymbol{e}^i \Big] - C (\boldsymbol{X}^i)^{\mathrm{T}} \boldsymbol{m}^i = 0
\end{aligned} \tag{9.114}$$

$$\begin{aligned}
&-\left(K_n \tan\phi\right)\Big[\left((\boldsymbol{X}^j)^{\mathrm{T}} \boldsymbol{g}^j (\boldsymbol{m}^i)^{\mathrm{T}} \boldsymbol{X}^i - (\boldsymbol{X}^j)^{\mathrm{T}} \boldsymbol{n}^j (\boldsymbol{e}^i)^{\mathrm{T}} \boldsymbol{X}^i\right) \boldsymbol{d}^i \\
&- (\boldsymbol{X}^j)^{\mathrm{T}} \boldsymbol{g}^j (\boldsymbol{n}^j)^{\mathrm{T}} \boldsymbol{X}^j \boldsymbol{d}^j - \frac{a_0}{L} (\boldsymbol{X}^j)^{\mathrm{T}} \boldsymbol{n}^j + X_m (\boldsymbol{X}^j)^{\mathrm{T}} \boldsymbol{g}^j \Big] + C (\boldsymbol{X}^i)^{\mathrm{T}} \boldsymbol{n}^j = 0
\end{aligned} \tag{9.115}$$

这两个方程表示块体(单元) i 和块体(单元) j 之间的滑动接触对块体系统整体平衡的贡献。因此，推导得到的刚度矩阵和荷载矢量为

$$\boldsymbol{k}^{ii} = -\left(K_n \tan\phi\right)(\boldsymbol{X}^i)^{\mathrm{T}} \boldsymbol{e}^i (\boldsymbol{m}^i)^{\mathrm{T}} \boldsymbol{X}^i \tag{9.116a}$$

$$\boldsymbol{k}^{ij} = -\left(K_n \tan\phi\right)(\boldsymbol{X}^i)^{\mathrm{T}} \left(\boldsymbol{m}^i (\boldsymbol{g}^j)^{\mathrm{T}} - \boldsymbol{e}^i (\boldsymbol{n}^j)^{\mathrm{T}}\right) \boldsymbol{X}^j \tag{9.116b}$$

$$\boldsymbol{k}^{ji} = -\left(K_n \tan\phi\right)(\boldsymbol{X}^j)^{\mathrm{T}} \left(\boldsymbol{g}^j (\boldsymbol{m}^i)^{\mathrm{T}} - \boldsymbol{n}^j (\boldsymbol{e}^i)^{\mathrm{T}}\right) \boldsymbol{X}^i \tag{9.116c}$$

$$\boldsymbol{k}^{jj} = \left(K_n \tan\phi\right)(\boldsymbol{X}^j)^{\mathrm{T}} \boldsymbol{g}^j (\boldsymbol{n}^j)^{\mathrm{T}} \boldsymbol{X}^j \tag{9.116d}$$

$$\boldsymbol{f}^i = \left(K_n \tan\phi\right)\left(-\frac{a_0}{L}(\boldsymbol{X}^i)^{\mathrm{T}} \boldsymbol{m}^i - X_m (\boldsymbol{X}^i)^{\mathrm{T}} \boldsymbol{e}^i\right) + C(\boldsymbol{X}^i)^{\mathrm{T}} \boldsymbol{m}^i \tag{9.117a}$$

$$\boldsymbol{f}^j = \left(K_n \tan\phi\right)\left(\frac{a_0}{L}(\boldsymbol{X}^j)^{\mathrm{T}} \boldsymbol{n}^j - X_m (\boldsymbol{X}^j)^{\mathrm{T}} \boldsymbol{g}^j\right) - C(\boldsymbol{X}^j)^{\mathrm{T}} \boldsymbol{n}^j \tag{9.117b}$$

这些矩阵和矢量应分别组装在整体平衡方程(9.5)各自的子矩阵 $\boldsymbol{k}_{ii}$、$\boldsymbol{k}_{ij}$、$\boldsymbol{k}_{ji}$ 和 $\boldsymbol{k}_{jj}$ 以及荷载矢量 $\boldsymbol{f}_i$ 和 $\boldsymbol{f}_j$ 中。同样应注意，对于刚性块体、三角形单元和四边形单元，$\boldsymbol{X}^i$、$\boldsymbol{X}^j$、$\boldsymbol{m}^i$、$\boldsymbol{n}^j$、$\boldsymbol{e}^i$ 和 $\boldsymbol{e}^j$ 应是不同阶数的矩阵表达式。

然而，当发生摩擦剪切破坏时，子矩阵 $\boldsymbol{k}^{ii}$、$\boldsymbol{k}^{ij}$、$\boldsymbol{k}^{ji}$ 和 $\boldsymbol{k}^{jj}$ 可能成为非对称矩阵。因此，应使用能够处理非对称矩阵方程的特殊方程求解器。

9.6.4 外力

1. 点力

集中力可能作用在块体内部或其边界上，它们可以是外部荷载，也可以是接触点上产生的接触力。设 $\left\{F_x, F_y\right\}^{\mathrm{T}}$ 是作用于刚性块体或单元(三角形或四边形) i 上任一点 (x, y) 的点力矢量(图 9.13)。由外部点力贡献的势能泛函为

$$\Pi_p = \left(F_x u_x + F_y u_y\right) = \left\{F_x \ \ F_y\right\} \begin{Bmatrix} u_x \\ u_y \end{Bmatrix}_{x=x_0, y=y_0} = \boldsymbol{F}^{\mathrm{T}} \boldsymbol{d}^i = \boldsymbol{F}^{\mathrm{T}} \boldsymbol{T}^i_{(x_0, y_0)} \boldsymbol{X}^i \boldsymbol{d}^i \tag{9.118}$$

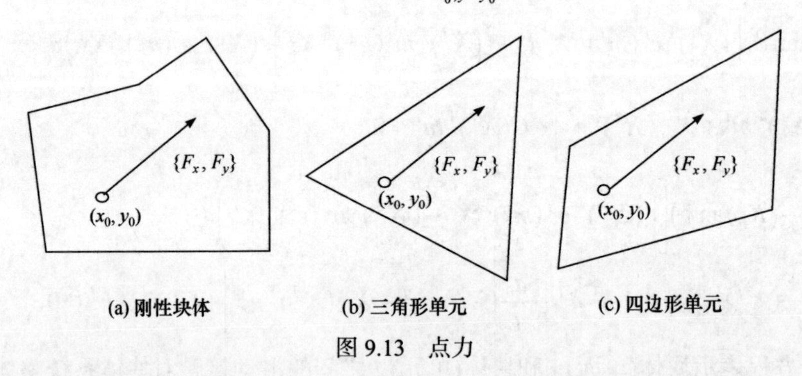

图 9.13 点力

进行泛函最小化，得到如下局部运动方程：

$$\frac{\partial \Pi_p}{\partial \boldsymbol{d}^i} = \frac{\partial}{\partial \boldsymbol{d}^i}\left(\boldsymbol{F}^{\mathrm{T}} \left(\boldsymbol{T}^i_{(x_0, y_0)}\right)^{\mathrm{T}} \boldsymbol{X}^i \boldsymbol{d}^i\right) = \boldsymbol{F}^{\mathrm{T}} \left(\boldsymbol{T}^i_{(x_0, y_0)}\right)^{\mathrm{T}} \boldsymbol{X}^i = 0 \tag{9.119}$$

荷载矢量：

$$\boldsymbol{f}^i=-\boldsymbol{F}^{\mathrm{T}}\left(\boldsymbol{T}^i_{(x_0,y_0)}\right)^{\mathrm{T}}\boldsymbol{X}^i \tag{9.120}$$

表示点力矢量对块体系统平衡的贡献。它应该组装至全局方程(9.5)第 i 个单元的右侧矢量 $\boldsymbol{f}_i$ 中，对于系统所选择的刚性块体、三角形单元或四边形单元，应使用不同的矩阵 $\boldsymbol{T}$ 和 $\boldsymbol{X}$。

2. 分布力

分布力是作用于块体或单元 i 上的外力，假设其分布在沿点 (x_1,y_1) 到点 (x_2,y_2) 长度为 L 的直线上(图9.14)。线段的参数方程可以写成

$$\begin{cases}x=(x_2-x_1)\omega+x_1\\ y=(y_2-y_1)\omega+y_1\end{cases}\quad 和\quad L=\sqrt{(x_2-x_1)^2+(y_2-y_1)^2} \tag{9.121}$$

式中，$0\leqslant\omega\leqslant1$。

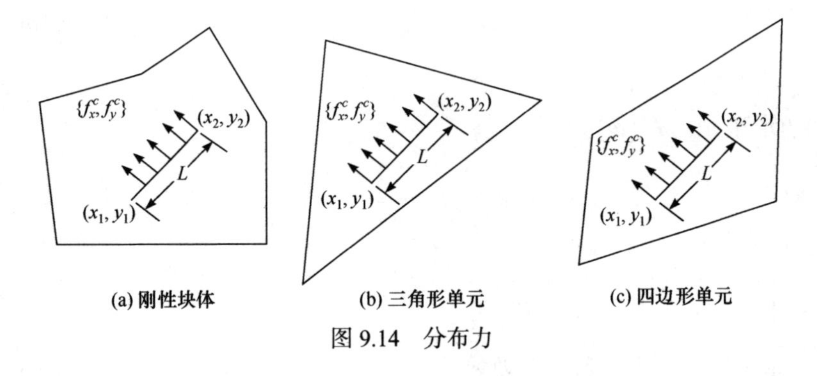

图9.14　分布力

假设沿线段的外部力集度为 $\boldsymbol{F}(\omega)=\{f_x(\omega)\ \ f_y(\omega)\}^{\mathrm{T}}$，势能泛函可以写为

$$\begin{aligned}\Pi_l&=\int_0^L\left(f_x(\omega)u_x+f_y(\omega)u_y\right)\mathrm{d}l=\int_0^1\left\{f_x(\omega)\ \ f_y(\omega)\right\}\begin{Bmatrix}u_x\\u_y\end{Bmatrix}L\mathrm{d}\omega\\&=\int_0^1\left(\boldsymbol{F}(\omega)\right)^{\mathrm{T}}\boldsymbol{T}^i(\omega)\boldsymbol{X}^i\boldsymbol{d}^iL\mathrm{d}\omega=\left(L\int_0^1\left(\boldsymbol{F}(\omega)\right)^{\mathrm{T}}\boldsymbol{T}^i(\omega)\boldsymbol{X}^i\mathrm{d}\omega\right)\boldsymbol{d}^i\end{aligned} \tag{9.122}$$

式中，$\boldsymbol{T}^i$ 也成为参数 ω 的函数。

泛函 Π_l 对节点位移矢量最小化，可得

$$\frac{\partial\Pi_l}{\partial\boldsymbol{d}^i}=\frac{\partial}{\partial\boldsymbol{d}^i}\left(\left(L\int_0^1\left(\boldsymbol{F}(\omega)\right)^{\mathrm{T}}\boldsymbol{T}^i(\omega)\boldsymbol{X}^i\mathrm{d}\omega\right)\boldsymbol{d}^i\right)=L\int_0^1\left(\boldsymbol{F}(\omega)\right)^{\mathrm{T}}\boldsymbol{T}^i(\omega)\boldsymbol{X}^i\mathrm{d}\omega=0 \tag{9.123}$$

这种最小化的结果是一个荷载向量，表示分布外力对块体系统整体平衡的贡献。

$$\boldsymbol{f}^i=-L\boldsymbol{F}_T^i\boldsymbol{X}^i \tag{9.124}$$

式中

$$\boldsymbol{F}_T^i = \int_0^1 \left(\boldsymbol{F}(\omega)\right)^{\mathrm{T}} \boldsymbol{T}^i(\omega)\mathrm{d}\omega \tag{9.125}$$

这个外部荷载向量应组装至全局方程(9.5)第 i 个单元的右侧矢量 $\boldsymbol{f}_i$ 中。积分式(9.125)取决于 $f_x(\omega)$ 和 $f_y(\omega)$ 的函数形式。对于简单形式的 $f_x(\omega)$ 和 $f_y(\omega)$，可能得到闭合解；否则，必须使用数值积分。

考虑到式(9.27)、式(9.44)和式(9.59)，对于刚性块体，变换后的矩阵 $\boldsymbol{T}^i(\omega)$ 为

$$\boldsymbol{T}^i(\omega) = \begin{bmatrix} 1 & 0 & -(y_2 - y_1)\omega + (y_1 - y_c) \\ 0 & 1 & (x_2 - x_1)\omega + (x_1 - x_c) \end{bmatrix} \tag{9.126}$$

对于三角形单元，$\boldsymbol{T}^i(\omega)$ 为

$$\boldsymbol{T}^i(\omega) = \begin{bmatrix} 1 & 0 & (x_2 - x_1)\omega + x_1 & 0 & (y_2 - y_1)\omega + y_1 & 0 \\ 0 & 1 & 0 & (x_2 - x_1)\omega + x_1 & 0 & (y_2 - y_1)\omega + y_1 \end{bmatrix} \tag{9.127}$$

对于四边形单元，$\boldsymbol{T}^i(\omega)$ 为

$$\boldsymbol{T}^i(\omega) = \begin{bmatrix} 1 & 0 \\ 0 & 1 \\ (x_2 - x_1)\omega + x_1 & 0 \\ 0 & (x_2 - x_1)\omega + x_1 \\ (y_2 - y_1)\omega + y_1 & 0 \\ 0 & (y_2 - y_1)\omega + y_1 \\ \left[(x_2 - x_1)\omega + x_1\right]\left[(y_2 - y_1)\omega + y_1\right] & 0 \\ 0 & \left[(x_2 - x_1)\omega + x_1\right]\left[(y_2 - y_1)\omega + y_1\right] \end{bmatrix}^{\mathrm{T}} \tag{9.128}$$

考虑两个简单的情况：① $\boldsymbol{F}(\omega)$ 是均匀的；② $\boldsymbol{F}(\omega)$ 是沿线段线性分布的。

1) 均布力

此种情况下，$f_x(\omega) = f_x^0$，$f_y(\omega) = f_y^0$，并且 f_x^0 和 f_y^0 都为常数(图 9.14)，对于刚性块体、三角形单元和四边形单元，式(9.125)的积分将得到不同的矢量 $\boldsymbol{F}_T^i$。根据式(9.126)、式(9.127)和式(9.128)，这些矢量分别为

$$\boldsymbol{F}_T^i = \left\{ f_x^c \quad f_y^c \quad \frac{f_y^c(x_2 - x_1) - f_x^c(y_2 - y_1)}{2} + f_y^c(x_1 - x_c) + f_x^c(y_1 - y_c) \right\}^{\mathrm{T}} \tag{9.129}$$

$$\boldsymbol{F}_T^i=\left\{f_x^c \quad f_y^c \quad f_x^c\frac{x_2+x_1}{2} \quad f_y^c\frac{x_2+x_1}{2} \quad f_x^c\frac{y_2+y_1}{2} \quad f_y^c\frac{y_2+y_1}{2}\right\}^{\mathrm{T}} \tag{9.130}$$

$$\boldsymbol{F}_T^i=\left\{\begin{array}{c} f_x^c \\ f_y^c \\ f_x^c\dfrac{x_2+x_1}{2} \\ f_y^c\dfrac{x_2+x_1}{2} \\ f_x^c\dfrac{y_2+y_1}{2} \\ f_y^c\dfrac{y_2+y_1}{2} \\ f_x^c\left(\dfrac{(x_2-x_1)(y_2-y_1)}{3}+\dfrac{x_2y_1+x_1y_2}{2}+x_1y_1\right) \\ f_y^c\left(\dfrac{(x_2-x_1)(y_2-y_1)}{3}+\dfrac{x_2y_1+x_1y_2}{2}+x_1y_1\right) \end{array}\right\} \tag{9.131}$$

使用相应的矩阵$\boldsymbol{X}^i$，将式(9.129)、式(9.130)和式(9.131)代入式(9.124)，得到三种不同情况的荷载矢量。

2) 线性分布力

如果$\boldsymbol{F}(\omega)=\{f_x(\omega),f_y(\omega)\}^{\mathrm{T}}$沿加载线为线性变化(图 9.15)，它可以表示为参数ω的函数：

$$\begin{cases} f_x(\omega)=(f_{x2}-f_{x1})\omega+f_{x1} \\ f_y(\omega)=(f_{y2}-f_{y1})\omega+f_{y1} \end{cases} \quad (0\leqslant\omega\leqslant1) \tag{9.132}$$

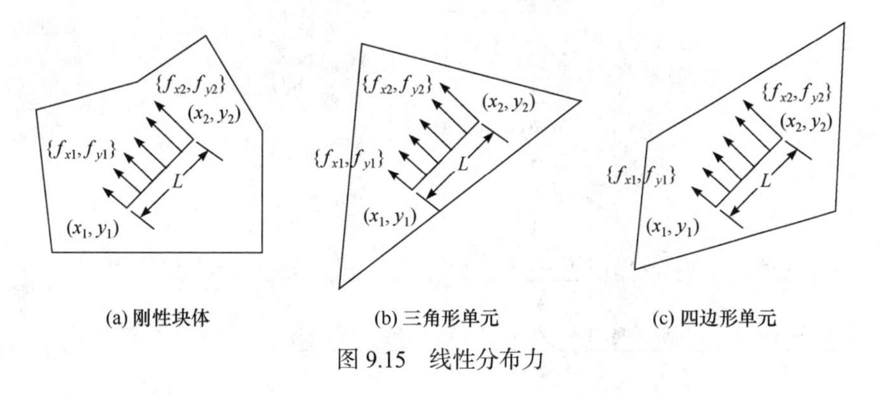

图 9.15　线性分布力

使用式(9.132)、式(9.126)、式(9.127)、式(9.128)，并分别记$\Delta x_{21}=x_2-x_1$，

$\Delta y_{21}=y_2-y_1$，$\Delta x_{1c}=x_1-x_c$，$\Delta y_{1c}=y_1-y_c$，$\Delta f_x=f_{x2}-f_{x1}$，$\Delta f_y=f_{y2}-f_{y1}$，对于刚性块体、三角形单元和四边形单元，式(9.125)的积分式分别为

$$\boldsymbol{F}_T^i=\left\{\begin{matrix}\dfrac{f_{x2}+f_{x1}}{2}\\ \dfrac{f_{y2}+f_{y1}}{2}\\ \dfrac{\Delta f_y\Delta x_{21}}{3}+\dfrac{\Delta f_y\Delta x_{1c}}{2}+\dfrac{f_{y1}\Delta x_{21}}{2}+f_{y1}\Delta x_{1c}-\dfrac{\Delta f_x\Delta y_{21}}{3}+\dfrac{\Delta f_x\Delta y_{1c}}{2}+f_{x1}\Delta y_{1c}-f_{x1}\dfrac{\Delta y_{21}}{2}\end{matrix}\right\} \tag{9.133}$$

$$\boldsymbol{F}_T^i=\left\{\begin{matrix}\dfrac{\Delta f_x}{2}+f_{x1}\\ \dfrac{\Delta f_y}{2}+f_{y1}\\ \dfrac{\Delta f_x\Delta x_{21}}{3}+\dfrac{x_1\Delta f_x+f_{x1}\Delta x_{21}}{2}+x_1f_{x1}\\ \dfrac{\Delta f_y\Delta x_{21}}{3}+\dfrac{x_1\Delta f_y+f_{y1}\Delta x_{21}}{2}+x_1f_{y1}\\ \dfrac{\Delta f_x\Delta y_{21}}{3}+\dfrac{y_1\Delta f_x+f_{x1}\Delta y_{21}}{2}+y_1f_{x1}\\ \dfrac{\Delta f_y\Delta y_{21}}{3}+\dfrac{y_1\Delta f_y+f_{y1}\Delta y_{21}}{2}+y_1f_{y1}\end{matrix}\right\} \tag{9.134}$$

$$\boldsymbol{F}_T^i=\left\{\begin{matrix}\dfrac{\Delta f_x}{2}+f_{x1}\\ \dfrac{\Delta f_y}{2}+f_{y1}\\ \dfrac{\Delta f_x\Delta x_{21}}{3}+\dfrac{x_1\Delta f_x+f_{x1}\Delta x_{21}}{2}+x_1f_{x1}\\ \dfrac{\Delta f_y\Delta x_{21}}{3}+\dfrac{x_1\Delta f_y+f_{y1}\Delta x_{21}}{2}+x_1f_{y1}\\ \dfrac{\Delta f_x\Delta y_{21}}{3}+\dfrac{y_1\Delta f_x+f_{x1}\Delta y_{21}}{2}+y_1f_{x1}\\ \dfrac{\Delta f_y\Delta y_{21}}{3}+\dfrac{y_1\Delta f_y+f_{y1}\Delta y_{21}}{2}+y_1f_{y1}\\ \dfrac{\Delta f_x\Delta x_{21}\Delta y_{21}}{4}+\dfrac{\Delta f_x\left(y_1\Delta x_{21}+x_1\Delta y_{21}\right)+f_{x1}\Delta x_{21}\Delta y_{21}}{3}+\dfrac{\Delta f_x x_1y_1+f_{x1}\left(y_1\Delta x_{21}+x_1\Delta y_{21}\right)}{2}+f_{x1}x_1y_1\\ \dfrac{\Delta f_y\Delta x_{21}\Delta y_{21}}{4}+\dfrac{\Delta f_y\left(y_1\Delta x_{21}+x_1\Delta y_{21}\right)+f_{y1}\Delta x_{21}\Delta y_{21}}{3}+\dfrac{\Delta f_y x_1y_1+f_{y1}\left(y_1\Delta x_{21}+x_1\Delta y_{21}\right)}{2}+f_{y1}x_1y_1\end{matrix}\right\} \tag{9.135}$$

令 $f_{x2}=f_{x1}=f_x^c$，$f_{y2}=f_{y1}=f_y^c$，则 $\Delta f_x=\Delta f_y=0$，式(9.133)、式(9.134)和式(9.135)分别简化为式(9.129)、式(9.130)和式(9.131)的形式。

9.6.5　体力

恒体力被视为另一种形式的外部荷载，如重力。假设体力的集度为 $\left(b_x,b_y\right)$，则由块体体力产生的势能泛函为

$$\Pi_b=\iint_{\Omega}\left\{b_x\ \ b_y\right\}\begin{Bmatrix}u_x\\u_y\end{Bmatrix}\mathrm{d}\Omega=(\boldsymbol{b}^i)^{\mathrm{T}}\left(\iint_{\Omega}\boldsymbol{T}^i\mathrm{d}\Omega\right)\boldsymbol{X}^i\boldsymbol{d}^i=(\boldsymbol{b}^i)^{\mathrm{T}}\boldsymbol{I}^i\boldsymbol{X}^i\boldsymbol{d}^i \tag{9.136}$$

式中，$\boldsymbol{b}^i=\{b_x\ \ b_y\}^{\mathrm{T}}$，$\boldsymbol{I}^i=\iint_{\Omega}\boldsymbol{T}^i\mathrm{d}\Omega$，根据式(9.27)、式(9.44)和式(9.59)，对于刚性块体，式(9.136)中的矩阵 $\boldsymbol{I}^i$ 为

$$\boldsymbol{I}^i=\iint_{\Omega}\begin{bmatrix}1&0&-(y-y_c)\\0&1&x-x_c\end{bmatrix}\mathrm{d}\Omega=\begin{bmatrix}S_{00}&0&-S_{01}+y_cS_{00}\\0&S_{00}&S_{10}-x_cS_{00}\end{bmatrix}=\begin{bmatrix}S_{00}&0&0\\0&S_{00}&0\end{bmatrix} \tag{9.137}$$

对于三角形单元，$\boldsymbol{I}^i$ 为

$$\boldsymbol{I}^i=\iint_{\Omega}\begin{bmatrix}1&0&x&0&y&0\\0&1&0&x&0&y\end{bmatrix}\mathrm{d}\Omega=\begin{bmatrix}S_{00}&0&S_{10}&0&S_{01}&0\\0&S_{00}&0&S_{10}&0&S_{01}\end{bmatrix} \tag{9.138}$$

对于四边形单元，$\boldsymbol{I}^i$ 为

$$\boldsymbol{I}^i=\iint_{\Omega}\begin{bmatrix}1&0&x&0&y&0&xy&0\\0&1&0&x&0&y&0&xy\end{bmatrix}\mathrm{d}\Omega=\begin{bmatrix}S_{00}&0&S_{10}&0&S_{01}&0&S_{11}&0\\0&S_{00}&0&S_{10}&0&S_{01}&0&S_{11}\end{bmatrix} \tag{9.139}$$

势能 Π_b 对节点位移矢量最小化，可得

$$\frac{\partial\Pi_b}{\partial\boldsymbol{d}^i}=(\boldsymbol{b}^i)^{\mathrm{T}}\boldsymbol{I}^i\boldsymbol{X}^i=0 \tag{9.140}$$

得到一个 $m\times1$ 的矢量：

$$\boldsymbol{f}^i=-(\boldsymbol{b}^i)^{\mathrm{T}}\boldsymbol{I}^i\boldsymbol{X}^i \tag{9.141}$$

组合至全局方程(9.5)第 i 个单元的右侧矢量 $\boldsymbol{f}_i$ 中，对于刚性块体、三角形单元和四边形单元，m 应分别为 3、6 和 8。

9.6.6　位移约束

特定方向的位移约束是最常见的两种边界条件之一(另一种是力/应力边界条件，可以通过边界上的点荷载或分布荷载来考虑)。更一般地，在块体或单元的内部(或边界上)某一点的某一方向上存在位移δ可以被视为系统的输入(图 9.16)，使

用具有指定位移且刚度较大的人工弹簧作为其预张力位移。

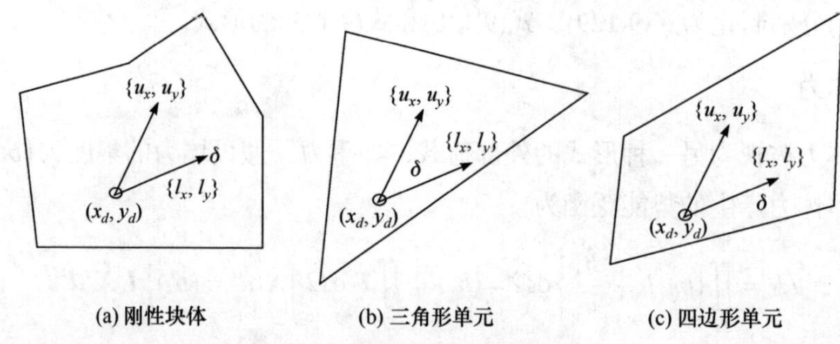

图 9.16　特定方向上的位移约束

设(l_x, l_y)为块体(单元) i 上的特定点(x_d, y_d)上大小为 δ 的特定位移矢量的方向余弦，特定位移矢量可以写为

$$\begin{Bmatrix} u_x^0 \\ u_y^0 \end{Bmatrix} = \delta \begin{Bmatrix} l_x \\ l_y \end{Bmatrix} \tag{9.142}$$

因此，在这一时间步的位移矢量的微分为

$$\begin{Bmatrix} \Delta u_x \\ \Delta u_y \end{Bmatrix} = \begin{Bmatrix} u_x^d \\ u_y^d \end{Bmatrix} - \delta \begin{Bmatrix} l_x \\ l_y \end{Bmatrix} = \begin{Bmatrix} u_x^d \\ u_y^d \end{Bmatrix} - \begin{Bmatrix} u_x^0 \\ u_y^0 \end{Bmatrix} \tag{9.143}$$

假设块体(单元) i 在点(x_d, y_d)处的变形刚度为 k，假想将一个强弹簧作用于与指定位移δ相反的方向，则假想的弹簧力为

$$\begin{Bmatrix} f_x \\ f_y \end{Bmatrix} = k \begin{Bmatrix} \Delta u_x \\ \Delta u_y \end{Bmatrix} = k \left(\begin{Bmatrix} u_x^d \\ u_y^d \end{Bmatrix} - \begin{Bmatrix} u_x^0 \\ u_y^0 \end{Bmatrix} \right) \tag{9.144}$$

位移约束需要 k 是一个大数。因为$l_x^2 + l_y^2 = 1$，由指定位移δ引起的势能可以写为

$$\begin{aligned} \Pi_\delta &= \frac{1}{2} \begin{Bmatrix} f_x & f_y \end{Bmatrix} \begin{Bmatrix} \Delta u_x \\ \Delta u_y \end{Bmatrix} = \frac{k}{2} \left(\begin{Bmatrix} u_x^d \\ u_y^d \end{Bmatrix} - \begin{Bmatrix} u_x^0 \\ u_y^0 \end{Bmatrix} \right)^2 \\ &= \frac{k}{2} \left(\begin{Bmatrix} u_x^d & u_y^d \end{Bmatrix} \begin{Bmatrix} u_x^d \\ u_y^d \end{Bmatrix} - 2 \begin{Bmatrix} u_x^0 & u_y^0 \end{Bmatrix} \begin{Bmatrix} u_x^d \\ u_y^d \end{Bmatrix} + \delta^2 \right) \\ &= \frac{k}{2} \left((\boldsymbol{d}^i)^{\mathrm{T}} (\boldsymbol{X}^i)^{\mathrm{T}} (\boldsymbol{T}^i_{(x_d, y_d)})^{\mathrm{T}} \boldsymbol{T}^i_{(x_d, y_d)} \boldsymbol{X}^i \boldsymbol{d}^i \right) - (k\delta) \begin{Bmatrix} l_x, l_y \end{Bmatrix} \boldsymbol{T}^i_{(x_d, y_d)} \boldsymbol{X}^i \boldsymbol{d}^i + \frac{k\delta^2}{2} \end{aligned} \tag{9.145}$$

Π_δ 对节点位移矢量最小化，可以得到局部运动方程为

$$\frac{\partial \Pi_\delta}{\partial \boldsymbol{d}^i} = k(\boldsymbol{X}^i)^{\mathrm{T}}(\boldsymbol{T}^i_{(x_d,y_d)})^{\mathrm{T}}\boldsymbol{T}^i\boldsymbol{X}^i_{(x_d,y_d)}\boldsymbol{d}^i - k\left\{u_x^0 \ \ u_y^0\right\}\boldsymbol{T}^i_{(x_d,y_d)}\boldsymbol{X}^i = 0 \tag{9.146}$$

它表示点 (x_d, y_d) 在 (l_x, l_y) 方向上的指定位移 δ 对系统整体方程的贡献。可以导出 $m\times m$ 的子矩阵 $\boldsymbol{k}^{ij}$ 和 $m\times 1$ 的矢量 $\boldsymbol{f}^i$：

$$\boldsymbol{k}^{ii} = k(\boldsymbol{X}^i)^{\mathrm{T}}(\boldsymbol{T}^i_{(x_d,y_d)})^{\mathrm{T}}\boldsymbol{T}^i_{(x_d,y_d)}\boldsymbol{X}^i \tag{9.147a}$$

$$\boldsymbol{f}^i = k\left\{u_x^0 \ \ u_y^0\right\}\boldsymbol{T}^i_{(x_d,y_d)}\boldsymbol{X}^i \tag{9.147b}$$

对于刚性块体、三角形单元和四边形单元，m 应分别为 3、6 和 8。它们应分别组装到全局平衡矩阵中第 i 个对角子矩阵 $\boldsymbol{k}_{ij}$ 和第 i 个单元的右手侧矢量 $\boldsymbol{f}_i$ 中。

当 $\delta = 0$ 时，$u_x^0 = u_y^0 = 0$，$\boldsymbol{f}_i = \{0\}$ 意味着块体(单元)i 在指定方向上是固定的，当该边界条件施加到块体(单元)边界上时，它可以用作相对于该指定方向的固定位移边界条件。当 $\delta \neq 0$ 时，该公式可用作非零位移边界条件，以指定某些特定块体(单元)所需的某些位移路径，表示某些特定的加载历史。

9.6.7　锚杆

在当前版本的 DDA 中实现了一个简单的锚固方案，它是通过一个常刚度的弹簧连接两个块体 i 和 j。如图 9.17 所示，一个锚固点(x_1, y_1)位于块体(单元)i 内，另一个锚固点(x_2, y_2)位于块体(单元) j 内。

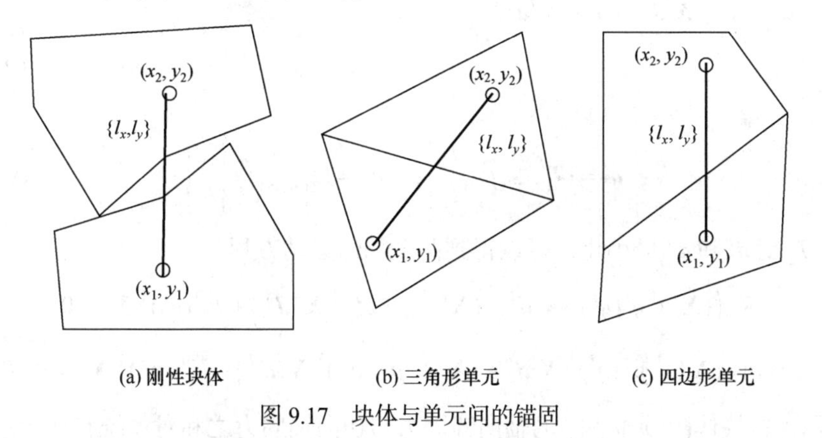

(a) 刚性块体　(b) 三角形单元　(c) 四边形单元

图 9.17　块体与单元间的锚固

目前，锚固仅在受张力下有效并且不考虑锚固的屈服。锚固点的位移分别为 (u_{x1}, u_{y1}) 和 (u_{x2}, u_{y2})。锚杆的初始长度 L 和方向余弦 (l_x, l_y) 可以写为

$$L=\sqrt{\left(x_2-x_1\right)^2+\left(y_2-y_1\right)^2},\quad l_x=\frac{x_2-x_1}{L},\quad l_y=\frac{y_2-y_1}{L} \tag{9.148}$$

设锚杆的刚度为 $K_{\mathrm{b}}=EA_{\mathrm{b}}/L$，式中 E 为锚杆材料的杨氏模量，A_{b} 为锚杆的截面面积。锚杆在一个时间步内的拉伸位移微分为

$$\Delta L=\begin{Bmatrix}l_x & l_y\end{Bmatrix}\begin{Bmatrix}u_{x1}\\u_{y1}\end{Bmatrix}-\begin{Bmatrix}l_x & l_y\end{Bmatrix}\begin{Bmatrix}u_{x2}\\u_{y2}\end{Bmatrix} \tag{9.149}$$

假设锚杆的初始张力为 F_T^0，由伸长量 ΔL 引起的增量为 $K_{\mathrm{b}}(\Delta L)$，锚杆中产生的势能为

$$\begin{aligned}
\Pi_m&=\frac{K_{\mathrm{b}}}{2}(\Delta L)^2+F_T^0\left(\Delta L\right)\\
&=\frac{K_{\mathrm{b}}}{2}\left(\begin{Bmatrix}l_x & l_y\end{Bmatrix}\begin{Bmatrix}u_{x1}\\u_{y1}\end{Bmatrix}-\begin{Bmatrix}l_x & l_y\end{Bmatrix}\begin{Bmatrix}u_{x2}\\u_{y2}\end{Bmatrix}\right)\\
&\quad+F_T^0\left(\begin{Bmatrix}l_x & l_y\end{Bmatrix}\begin{Bmatrix}u_{x1}\\u_{y1}\end{Bmatrix}-\begin{Bmatrix}l_x & l_y\end{Bmatrix}\begin{Bmatrix}u_{x2}\\u_{y2}\end{Bmatrix}\right)\\
&=\frac{K_{\mathrm{b}}}{2}\left(\begin{Bmatrix}u_{x1}\\u_{y1}\end{Bmatrix}^{\mathrm{T}}\begin{Bmatrix}l_x\\l_y\end{Bmatrix}\begin{Bmatrix}l_x\\l_y\end{Bmatrix}^{\mathrm{T}}\begin{Bmatrix}u_{x1}\\u_{y1}\end{Bmatrix}-2\begin{Bmatrix}u_{x1}\\u_{y1}\end{Bmatrix}^{\mathrm{T}}\begin{Bmatrix}l_x\\l_y\end{Bmatrix}\begin{Bmatrix}l_x\\l_y\end{Bmatrix}^{\mathrm{T}}\begin{Bmatrix}u_{x2}\\u_{y2}\end{Bmatrix}+\begin{Bmatrix}u_{x2}\\u_{y2}\end{Bmatrix}^{\mathrm{T}}\begin{Bmatrix}l_x\\l_y\end{Bmatrix}\begin{Bmatrix}l_x\\l_y\end{Bmatrix}^{\mathrm{T}}\begin{Bmatrix}u_{x2}\\u_{y2}\end{Bmatrix}\right)\\
&\quad+F_T^0\left(\begin{Bmatrix}l_x & l_y\end{Bmatrix}\begin{Bmatrix}u_{x1}\\u_{y1}\end{Bmatrix}-\begin{Bmatrix}l_x & l_y\end{Bmatrix}\begin{Bmatrix}u_{x2}\\u_{y2}\end{Bmatrix}\right)\\
&=\frac{K_{\mathrm{b}}}{2}\left((\boldsymbol{d}^i)^{\mathrm{T}}(\boldsymbol{X}^i)^{\mathrm{T}}\boldsymbol{q}^i(\boldsymbol{q}^i)^{\mathrm{T}}\boldsymbol{X}^i\boldsymbol{d}^i-2(\boldsymbol{d}^i)^{\mathrm{T}}(\boldsymbol{X}^i)^{\mathrm{T}}\boldsymbol{q}^i(\boldsymbol{p}^j)^{\mathrm{T}}\boldsymbol{X}^j\boldsymbol{d}^j+(\boldsymbol{d}^j)^{\mathrm{T}}(\boldsymbol{X}^j)^{\mathrm{T}}\boldsymbol{p}^j(\boldsymbol{p}^j)^{\mathrm{T}}\boldsymbol{X}^j\boldsymbol{d}^j\right)\\
&\quad-2F_T^0\left((\boldsymbol{q}^i)^{\mathrm{T}}\boldsymbol{X}^i\boldsymbol{d}^i-(\boldsymbol{p}^j)^{\mathrm{T}}\boldsymbol{X}^j\boldsymbol{d}^j\right)
\end{aligned} \tag{9.150a}$$

式中

$$\boldsymbol{q}^i=(\boldsymbol{T}^i_{(x_1,y_1)})^{\mathrm{T}}\begin{Bmatrix}l_x\\l_y\end{Bmatrix},\quad \boldsymbol{p}^j=(\boldsymbol{T}^j_{(x_1,y_1)})^{\mathrm{T}}\begin{Bmatrix}l_x\\l_y\end{Bmatrix} \tag{9.150b}$$

势能 Π_m 对 $\boldsymbol{d}^i$ 和 $\boldsymbol{d}^j$ 最小化，可以得到两个局部运动方程：

$$K_{\mathrm{b}}\left((\boldsymbol{X}^i)^{\mathrm{T}}\boldsymbol{q}^i(\boldsymbol{q}^i)^{\mathrm{T}}\boldsymbol{X}^i\boldsymbol{d}^i-(\boldsymbol{X}^i)^{\mathrm{T}}\boldsymbol{q}^i(\boldsymbol{p}^j)^{\mathrm{T}}\boldsymbol{X}^j\boldsymbol{d}^j\right)+F_T^0(\boldsymbol{q}^i)^{\mathrm{T}}\boldsymbol{X}^i=0 \tag{9.151}$$

$$K_{\mathrm{b}}\left(-(\boldsymbol{X}^j)^{\mathrm{T}}\boldsymbol{p}^j(\boldsymbol{q}^i)^{\mathrm{T}}\boldsymbol{X}^i\boldsymbol{d}^i+(\boldsymbol{X}^j)^{\mathrm{T}}\boldsymbol{p}^j(\boldsymbol{p}^j)^{\mathrm{T}}\boldsymbol{X}^j\boldsymbol{d}^j\right)-F_T^0(\boldsymbol{p}^j)^{\mathrm{T}}\boldsymbol{X}^j=0 \tag{9.152}$$

它表示连接块体(单元)i 和 j 的轴向锚固力与切向锚固力之和对系统整体运动方程的贡献。采用与之前相同的方法，得到 $m\times m$ 刚度矩阵和 $m\times 1$ 荷载矢量为

$$\boldsymbol{k}^{ii}=K_{\mathrm{b}}(\boldsymbol{X}^i)^{\mathrm{T}}\boldsymbol{q}^i(\boldsymbol{q}^i)^{\mathrm{T}}\boldsymbol{X}^i \tag{9.153a}$$

$$\boldsymbol{k}^{ij} = -K_{\mathrm{b}}(\boldsymbol{X}^i)^{\mathrm{T}}\boldsymbol{q}^i(\boldsymbol{p}^j)^{\mathrm{T}}\boldsymbol{X}^j \tag{9.153b}$$

$$\boldsymbol{k}^{ji} = -K_{\mathrm{b}}(\boldsymbol{X}^j)^{\mathrm{T}}\boldsymbol{p}^j(\boldsymbol{q}^i)^{\mathrm{T}}\boldsymbol{X}^i \tag{9.153c}$$

$$\boldsymbol{k}^{jj} = K_{\mathrm{b}}(\boldsymbol{X}^j)^{\mathrm{T}}\boldsymbol{p}^j(\boldsymbol{p}^j)^{\mathrm{T}}\boldsymbol{X}^j \tag{9.153d}$$

$$\boldsymbol{f}^i = -F_T^0(\boldsymbol{q}^i)^{\mathrm{T}}\boldsymbol{X}^i \tag{9.154a}$$

$$\boldsymbol{f}^j = F_T^0(\boldsymbol{p}^j)^{\mathrm{T}}\boldsymbol{X}^j \tag{9.154b}$$

如前所述，对于刚性块体、三角形单元和四边形单元，m 的值分别为 3、6 和 8。它们应分别组合至全局平衡矩阵(9.5)中的子矩阵 $\boldsymbol{k}_{ii}$、$\boldsymbol{k}_{ij}$、$\boldsymbol{k}_{ji}$ 和 $\boldsymbol{k}_{jj}$ 以及荷载矢量 $\boldsymbol{f}_i$ 和 $\boldsymbol{f}_j$ 中。

9.7　全局运动方程的组合

组合全局运动矩阵(或平衡方程)的方法与有限单元方相同，都需要合理设计块体和单元的编号系统。为了简化组合过程和减少计算机存储需求，最好先对块体进行连续编号，如 $1,2,3,4,\cdots,N$，然后对每个块体中的单元和节点进行连续编号，即

块体 1：单元 $1,2,\cdots,M_E^1$；节点：$1,2,\cdots,M_N^1$；

块体 2：单元 $M_E^1+1,M_E^1+2,\cdots,M_E^2$；节点 $M_N^1+1,M_N^1+2,\cdots,M_N^2,\cdots$；

块体 i：单元 $M_E^{i-1}+1,M_E^{i-1}+2,\cdots,M_E^i$；节点 $M_N^{i-1}+1,M_N^{i-1}+2,\cdots,M_N^i,\cdots$；

块体 N：单元 $M_E^{N-1}+1,M_E^{N-1}+2,\cdots,M_E^N$；节点 $M_N^{N-1}+1,M_N^{N-1}+2,\cdots,M_N^N$；

为解释组装过程，如图 9.18 所示，以一个简单的三块体系统为例。本例采用

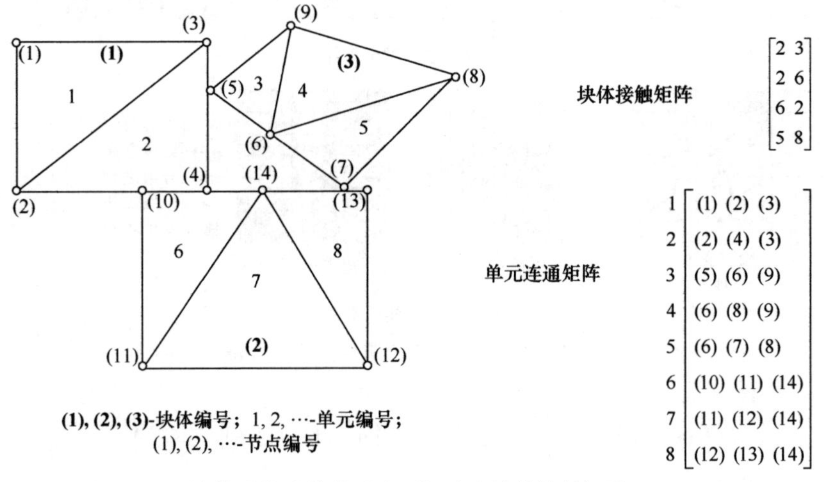

图 9.18　三块体系统及其单元连通矩阵和块体接触矩阵(Jing，1998)

三角形单元，仅考虑固体变形和块体接触这两种物理过程。单元和块体的变形和接触刚度子矩阵的形成，以及得到的全局刚度矩阵如图 9.19 所示，其中，每个小的非空方格表示一个 2×2 矩阵，对应于节点上的两个正交位移分量。

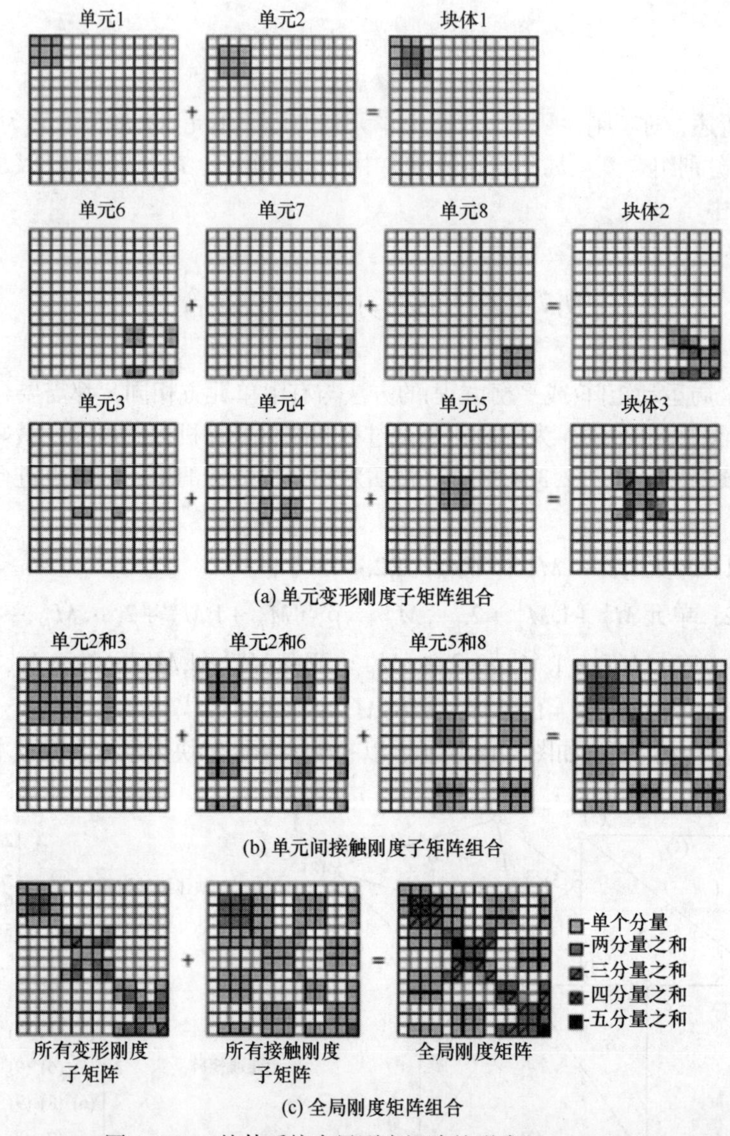

图 9.19 三块体系统全局刚度矩阵的形成(Jing，1998)

9.8 DDA 中流体流动和水-力耦合分析

目前，DDA 中的流体流动模拟方法与标准离散裂隙网络(DFN)采用的模拟方法相同，都是通过求解结构面及其交叉点上的压力和流量分布完成的。Wittke(1990)对二维和三维问题的数学原理进行了阐述，本书在第 4 章也进行了总结。对于二维问题，最近才实现了用 DDA 方法对块体系统进行流体流动与岩石变形耦合分析，可参考 Ma(1999)和 Jing 等(2001)。以下对其进行简单的介绍。

假定岩石块体是不透水的，且流体流动主要发生在连通的裂隙网络中，即在岩石块体之间形成的连通空间。这些流体流动的结构面空间是长而窄的，开度一般很小，并遵循第 4 章所述的立方定律。目前，忽略了结构面壁粗糙度的影响。流动和块体变形的耦合表现为：

(1) 流体压力作为外部荷载作用在岩石块体的边界上，从而影响岩石块体的应力、应变和总移动量。

(2) 在变形过程中，由于结构面开度的变化，岩石块体的应变和变形会影响流体的流动速率。

需要注意的是，前面已经对应力-变形分析进行了充分的介绍，并且第 4 章详细介绍了黏性流体通过连通裂隙网络流动的控制方程。因此，本节只给出离散块体系统流动-变形耦合算法，并且只考虑稳态流体流动。

9.8.1 DDA 中流体压力-块体变形耦合表达形式

通过结合式(4.57)和式(9.5)，即可得到渗流-变形耦合分析的控制方程：

$$
\begin{cases} \boldsymbol{T}_{ij}\boldsymbol{p}_j = \hat{\boldsymbol{q}}_j \\ \boldsymbol{k}_{ij}\boldsymbol{d}_j = \boldsymbol{f}_j \end{cases} \tag{9.155}
$$

式中，$\boldsymbol{p}_j$ 为压力矢量(而不是式(4.57)的水头矢量，但这两个量很容易相互转换)；$\hat{\boldsymbol{q}}_j$ 为流动速率矢量；$\boldsymbol{k}_{ij}$ 为岩石块体(单元)的刚度矩阵；$\boldsymbol{d}_j$ 为节点位移矢量；$\boldsymbol{f}_j$ 为荷载矢量；$\boldsymbol{T}_{ij}$ 为传导矩阵，由等效开度 e_{ij} 以及连接交叉点 i 和交叉点 j 的裂隙长度 L_{ij} 给出(参考式(4.58))。由于结构面开度随其节点的位移而变化，块体(单元)的荷载矢量因流体压力(或水头)而变化。因此，传导矩阵是节点位移矢量的函数，荷载矢量是流体压力或水头的函数，即

$$
\begin{cases} \boldsymbol{T}_{ij}(\boldsymbol{d}_j)\boldsymbol{p}_j = \hat{\boldsymbol{q}}_j \\ \boldsymbol{k}_{ij}\boldsymbol{d}_j = \boldsymbol{f}_j(\boldsymbol{p}_j) \end{cases} \tag{9.156}
$$

需要选取合适的时间步 Δt 来求解上述方程。耦合分析需要在每个时间步结束时执行以下两个操作：

(1) 重新计算交叉点 i 与交叉点 j 之间裂隙的等效开度 e_{ij} 和长度 L_{ij}，根据当前节点位移更新传导矩阵 $\boldsymbol{T}_{ij}(\boldsymbol{d}_j)$。

(2) 根据形成结构面的块体边界或单元边界的压力分布更新荷载矢量

$\boldsymbol{f}_j(\boldsymbol{p}_j)$。

第一个是简单的操作，不需详细说明。第二个需要采用额外的公式计算压力引起的荷载矢量，其计算过程在第 4 章做了简要说明。下面分别介绍针对 DDA 中刚性块体、三角形单元和四边形单元(图 9.20)，根据能量最小化原理导出的一种由流体压力引起的荷载矢量公式。

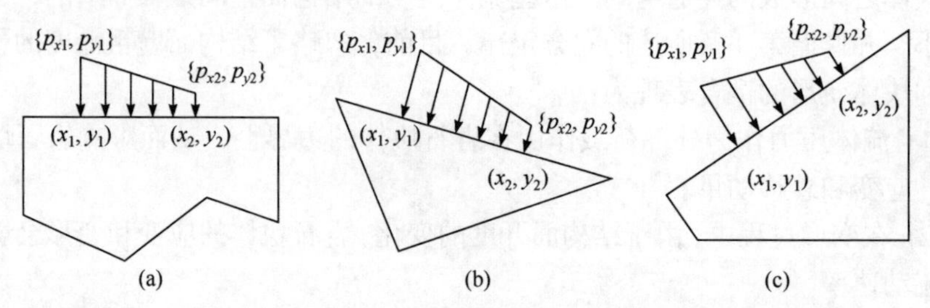

图 9.20　作用在(a)刚性块体(b)三角形单元(c)四边形单元上的流体压力

该公式与线性分布荷载相似。这里约定压力总是负的(压缩)，指向块体或单元的边界，并且是线性分布在由点(x_1, y_1)和点(x_2, y_2)定义的长度为 L 的线段上。根据式(9.121)，线段上动点的坐标由两点及其长度定义为

$$\begin{cases} x = (x_2 - x_1)\omega + x_1 \\ y = (y_2 - y_1)\omega + y_1 \end{cases} \quad 和 \quad L = \sqrt{(x_2 - x_1)^2 + (y_2 - y_1)^2} \tag{9.157}$$

式中，$0 \leqslant \omega \leqslant 1$。压力 p 与水头之间采用如下公式换算：

$$p = (h - z)\rho g \tag{9.158}$$

式中，ρ 为流体密度；g 为重力加速度；z 为相对标高。注意到矢量 $\boldsymbol{p}(\omega) = \{p_x(\omega)\ \ p_y(\omega)\}^{\mathrm{T}}$ 沿压力作用线线性变化(图 9.20)，它可以表示为参数 ω 的函数：

$$\begin{cases} p_x(\omega) = (p_{x2} - p_{x1})\omega + p_{x1} \\ p_y(\omega) = (p_{y2} - p_{y1})\omega + p_{y1} \end{cases} \tag{9.159}$$

由于压力和材料变形作用下的势能泛函为

$$\Pi_w = -\int_0^1 (\boldsymbol{p}(\omega))^{\mathrm{T}} \boldsymbol{u} L \mathrm{d}\omega = -\int_0^1 \{p_x(\omega)\ \ p_y(\omega)\} \begin{Bmatrix} u_x \\ u_y \end{Bmatrix} L \mathrm{d}\omega \tag{9.160}$$

$$= -L\left(\int_0^1 \{p_x(\omega)\ \ p_y(\omega)\} \boldsymbol{T}^i(\omega) \mathrm{d}\omega\right) \boldsymbol{X}^i \boldsymbol{d}^i = -L(\boldsymbol{F}_p^i)^{\mathrm{T}} \boldsymbol{X}^i \boldsymbol{d}^i \tag{9.161}$$

记 $\Delta x_{21} = x_2 - x_1$，$\Delta y_{21} = y_2 - y_1$，$\Delta x_{1c} = x_1 - x_c$，$\Delta y_{1c} = y_1 - y_c$，$\Delta p_x = p_{x2} - p_{x1}$，$\Delta p_y = p_{y2} - p_{y1}$，采用与 9.6.4 节相同的方法，对于刚性块体、三角形单元和四边形单元，式(9.161)中矢量 $\boldsymbol{F}_p^i$ 分别为

$$\boldsymbol{F}_p^i=\begin{Bmatrix}\dfrac{p_{x2}+p_{x1}}{2}\\ \dfrac{p_{y2}+p_{y1}}{2}\\ \dfrac{\Delta p_y\Delta x_{21}}{3}+\dfrac{\Delta p_y\Delta x_{1c}}{2}+\dfrac{\Delta p_{y1}\Delta x_{21}}{2}+p_{y1}\Delta x_{1c}-\dfrac{\Delta p_x\Delta y_{21}}{3}+\dfrac{\Delta p_x\Delta y_{1c}}{2}+p_{x1}\Delta y_{1c}-p_{x1}\dfrac{\Delta y_{21}}{2}\end{Bmatrix}\tag{9.162}$$

$$\boldsymbol{F}_p^i=\begin{Bmatrix}\dfrac{\Delta p_x}{2}+p_{x1}\\ \dfrac{\Delta p_y}{2}+p_{y1}\\ \dfrac{\Delta p_x\Delta x_{21}}{3}+\dfrac{x_1\Delta p_x+p_{x1}\Delta x_{21}}{2}+x_1p_{x1}\\ \dfrac{\Delta p_y\Delta x_{21}}{3}+\dfrac{x_1\Delta p_y+p_{y1}\Delta x_{21}}{2}+x_1p_{y1}\\ \dfrac{\Delta p_x\Delta y_{21}}{3}+\dfrac{y_1\Delta p_x+p_{x1}\Delta y_{21}}{2}+y_1p_{x1}\\ \dfrac{\Delta p_y\Delta y_{21}}{3}+\dfrac{y_1\Delta p_y+p_{y1}\Delta y_{21}}{2}+y_1p_{y1}\end{Bmatrix}\tag{9.163}$$

$$\boldsymbol{F}_p^i=\begin{Bmatrix}\dfrac{\Delta p_x}{2}+p_{x1}\\ \dfrac{\Delta p_y}{2}+p_{y1}\\ \dfrac{\Delta p_x\Delta x_{21}}{3}+\dfrac{x_1\Delta p_x+p_{x1}\Delta x_{21}}{2}+x_1p_{x1}\\ \dfrac{\Delta p_y\Delta x_{21}}{3}+\dfrac{x_1\Delta p_y+p_{y1}\Delta x_{21}}{2}+x_1p_{y1}\\ \dfrac{\Delta p_x\Delta y_{21}}{3}+\dfrac{y_1\Delta p_x+p_{x1}\Delta y_{21}}{2}+y_1p_{x1}\\ \dfrac{\Delta p_y\Delta y_{21}}{3}+\dfrac{y_1\Delta p_y+p_{y1}\Delta y_{21}}{2}+y_1p_{y1}\\ \dfrac{\Delta p_x\Delta x_{21}\Delta y_{21}}{4}+\dfrac{\Delta p_x\left(y_1\Delta x_{21}+x_1\Delta y_{21}\right)+p_{x1}\Delta x_{21}\Delta y_{21}}{3}+\dfrac{\Delta p_xx_1y_1+p_{x1}\left(y_1\Delta x_{21}+x_1\Delta y_{21}\right)}{2}+p_{x1}x_1y_1\\ \dfrac{\Delta p_y\Delta x_{21}\Delta y_{21}}{4}+\dfrac{\Delta p_y\left(y_1\Delta x_{21}+x_1\Delta y_{21}\right)+p_{y1}\Delta x_{21}\Delta y_{21}}{3}+\dfrac{\Delta p_yx_1y_1+p_{y1}\left(y_1\Delta x_{21}+x_1\Delta y_{21}\right)}{2}+p_{y1}x_1y_1\end{Bmatrix}\tag{9.164}$$

将势能 Π_w 最小化，得到一个阶数为 $m\times1$ 的荷载矢量：

$$\boldsymbol{f}^i=L(\boldsymbol{F}_p^i)^{\mathrm{T}}\boldsymbol{X}^i\tag{9.165}$$

它应该组装至第 i 个单元的全局荷载矢量 $\boldsymbol{f}_i$ 中，表示流体压力对整体荷载系统的贡献。对于刚性块体、三角形单元和四边形单元，荷载矢量 $\boldsymbol{f}^i$ 的阶数 m 分别为 3、6 和 8。

9.8.2 求解方法

求解方程(9.156)通常需要通过时间步进过程进行迭代。目的是针对力学及水力学变量得到稳态解，特别是稳定的水力自由面和应力、应变场的准静态分布。每一个时间步，流体流动分析采用的方法是调整水力自由面的位置(通过改变传导矩阵)、接触形态和流速矢量(开度的变化引起连通矩阵的改变)并采用初始流量求解方法。流动分析的迭代过程与力学分析的迭代过程交替进行，因此可以考虑开度变化(由于节点位移的改变)，从而更新连通矩阵。反过来，将开度变化引起的沿结构面的压力变化作为力学边界条件重新计算荷载向量。迭代过程会持续进行，直到块体系统达到稳定应力场和近零的速度场，并且水力分析中的自由面同时达到稳定状态。该方法还可以通过将流动分析的迭代插入力学计算的迭代过程中来改变，但在计算机执行时会导致不同的收敛速度。

在以下章节中，首先提出流动分析的初始流量方法，然后给出流动-应力耦合计算的交替迭代方法。

1. 自由流动问题的剩余流量法

对于受约束流动问题，即求解域的所有边界是通过压力、水头或流量来限定的，式(9.155)是线性的并且求解过程比较简单。然而，如果求解域的部分边界是一个位置未知的自由面，则为自由流动，此时求解问题必然伴随着通过迭代过程确定自由面的位置。渗流问题中的最高水位位置便是一个典型的包含自由面的例子，因为其位置无法事先确定。可以采用两种迭代方法来实现这一目的：Desai (1976，1977)提出的剩余流量法以及 Bathe 和 Khoshgoftaar(1979)提出的变连通矩阵法。它们与固体力学中弹塑性变形问题迭代求解的初始应力法和初始刚度矩阵法相似。众所周知，这些方法几乎是标准方法，本书仅针对剩余流量法进行说明，Jing 等(2001)将其应用于 DDA 中对二维离散裂隙网络进行水-力耦合分析。

自由面具有以下特征：① $h=z$，即自由面的水头值等于点的标高；② $p=0$，即压力为零，这是特征①的推论；③ $\partial h/\partial n=0$，即通过自由面(表面的法向方向)的流量为零。

剩余流量法的分析步骤如下：

(1) 利用结构面开度的初始值形成初始传导矩阵 $\boldsymbol{T}_{ij}^0$，这可以是已知的，也可以是假设的。

(2) 假定自由面的初始位置(如模型的顶面)，并计算初始水头矢量 $\boldsymbol{h}_j^0$，作为连通结构面交叉点处的标高与初始水头的差异。

(3) 通过式(9.166)对流速向量 $\hat{\boldsymbol{q}}_i^0$ 进行初始估计：

$$\hat{\boldsymbol{q}}_i^0 = \boldsymbol{T}_{ij}^0 \boldsymbol{h}_j^0 \tag{9.166}$$

并根据问题的要求使用合适的边界条件。

(4) 对于第 i 次迭代(i=1, 2,···, N)，将裂隙交叉点的标高与其水头值进行比较，并将满足 h=z 条件的点连接起来，这些点形成当前自由面的位置。为更准确地确定自由面，跨越边界块体(或单元)的边界可能需要插值。

(5) 检查当前自由面位置是否满足 $\partial h / \partial n = 0$ 的条件，若满足，则该自由面即为最终自由面，迭代结束。若不满足，则自由面位置应该通过添加剩余流量矢量的修正项来调整。修正项是通过在当前自由面的交点上使用过多的流量越过自由面形成的，即

$$\Delta \boldsymbol{q}^i = -\boldsymbol{T}_{ij}^0 \Delta \boldsymbol{h}_j^i \tag{9.167}$$

式中

$$\Delta \boldsymbol{h}_j^i = \boldsymbol{h}_j^i - \boldsymbol{z}_j^{i-1} \tag{9.168}$$

(6) 用式(9.169)修改流速矢量

$$\hat{\boldsymbol{q}}_j^{i+1} = \hat{\boldsymbol{q}}_j^i + \Delta \boldsymbol{q}^i \tag{9.169}$$

并求解方程

$$\boldsymbol{h}_j^{i+1} = (\boldsymbol{T}_{ij}^0)^{-1} \hat{\boldsymbol{q}}_j^{i+1} \tag{9.170}$$

(7) 返回第 3 步并开始下一次迭代。

对于流动分析的迭代求解过程，连通矩阵保持不变，这是因为假定开度的初始值是相关问题的代表值并且忽略力学变形产生的变化。

2. 水-力耦合计算的迭代求解

水-力耦合方程(9.156)的解是通过将渗流计算循环插入应力计算循环中实现的。这意味着在应力分析的每个时间步结束时，将使用来自新节点的位移矢量更新开度，用于更新连通矩阵，并对新自由面的位置进行迭代，直到找到稳定的自由面为止。然后，根据新的水头矢量更新连通结构面的压力，并采用式(9.161)、式(9.162)或式(9.163)计算相关块体(单元)边界上的压力分布，从而重新计算新的荷载矢量进行应力分析。然后，在下一个迭代步采用新的右侧荷载矢量继续进行应力分析，以得到新的节点位移矢量，该迭代过程一直持续进行，直到获得力学变

量的最终解。因此，由于开度的变化，自由面位置在每个力学迭代时间步长上进行更新，并通过重新计算沿结构面表面作用的流体压力来改变每个时间步开始时力学分析的荷载矢量。计算步骤可以简单地概括如下：

(1) 如上一小节的步骤(1)、(2)和(3)所述，形成初始传导矩阵 $\boldsymbol{T}_{ij}^0$ 、初始水头矢量 $\boldsymbol{h}_j^0$ 和初始流速矢量 $\hat{\boldsymbol{q}}_i^0$ ；形成刚度矩阵 $\boldsymbol{k}_{ij}$，它在这个过程中保持不变，根据初始水头矢量 $\boldsymbol{h}_j^0$ (根据式(9.158)将其转化为压力)形成右侧荷载矢量 $\boldsymbol{f}_j^0$ 。

(2) 求解式(9.5)得到初始荷载矢量 $\boldsymbol{d}_j^0$ ：

$$\boldsymbol{d}_j^0 = \boldsymbol{k}_{ij}^{-1} \boldsymbol{f}_j^0 \tag{9.171}$$

(3) 对每个应力分析迭代步 $l\,(l=1, 2,\cdots, M)$以及渗流分析迭代步 $k(k=1, 2,\cdots, N)$，利用剩余流量法方程确定此时自由面的位置。

$$\Delta\boldsymbol{q}^k = -\boldsymbol{T}_{ij}^{k-1} \Delta\boldsymbol{h}_j^k \tag{9.172}$$

$$\hat{\boldsymbol{q}}_j^{k+1} = \hat{\boldsymbol{q}}_j^k + \Delta\boldsymbol{q}^k \tag{9.173}$$

$$\boldsymbol{h}_j^{k+1} = (\boldsymbol{T}_{ij}^k)^{-1} \hat{\boldsymbol{q}}_j^{k+1} \tag{9.174}$$

式中

$$\Delta\boldsymbol{h}_j^k = \boldsymbol{h}_j^k - \boldsymbol{z}_j^{k-1} \tag{9.175}$$

更新 $\boldsymbol{T}_{ij}^N$ 、$\boldsymbol{q}_j^N$ 、$\boldsymbol{h}_j^N$ ，直到获得一个新的自由面。

(4) 根据更新的水头矢量，在所有的交叉点重新计算右侧荷载矢量。

$$\boldsymbol{f}_j^{l+1} = \boldsymbol{f}_j^1 + \Delta\boldsymbol{f}^j(h) \tag{9.176}$$

式中，修正项为

$$\Delta\boldsymbol{f}^j(h) = L(\Delta\boldsymbol{F}_p^j)^{\mathrm{T}} \boldsymbol{X}^j \tag{9.177}$$

通过在式(9.162)、式(9.163)或式(9.164)中用式(9.178)变换压力分量得到 ΔF_p^j ：

$$\Delta p_x^l = p_x^l - p_x^{l-1}, \quad \Delta p_y^l = p_y^l - p_y^{l-1} \tag{9.178}$$

(5) 求解力学运动方程得到新的节点位移矢量。

$$\boldsymbol{d}_j^{l+1} = \boldsymbol{k}_{ij}^{-1} \boldsymbol{f}_j^{l+1} \tag{9.179}$$

(6) 根据新的节点位移矢量修正裂隙开度，从而更新传导矩阵。

$$\boldsymbol{T}_{ij}^0 = \boldsymbol{T}_{ij}^N\left(\boldsymbol{d}_j^{l+1}\right) \tag{9.180}$$

此处根据新的节点位移矢量 $\boldsymbol{d}_j^{l+1}$ ，采用新的开度数据形成新的初始传导矩阵，并使用式(9.181)和式(9.182)更新所有初始水力变量。

$$\boldsymbol{h}_j^0 = \boldsymbol{h}_j^N \tag{9.181}$$

$$\hat{\boldsymbol{q}}_j^0 = \hat{\boldsymbol{q}}_j^N \tag{9.182}$$

(7) 返回步骤(3)进行下一步的应力分析，直到得到最终解。

9.9 总　　结

由于 DDA 方法的优点不能被基于连续介质的方法或显式 DEM 所取代，在分析地质力学问题中，它已成为广泛采用的方法。与显式 DEM 相比，DDA 方法具有四个基本优点。

(1) 对于准静态问题，平衡条件是自动满足的，而不需要使用过多的迭代循环。

(2) 时间步长可以更大，并且不会引起数值不稳定性的风险。

(3) 单元或块体刚度矩阵的积分可以采用闭合解，故可不采用高斯求积。

(4) 容易将现有的有限元代码转换为 DDA 代码，并兼有许多成熟的有限元技术，且克服了普通有限单元法的局限性，如小变形假设、连续材料、几何形状及较低的动力分析效率。然而，仍使用与 FEM 相同的方法产生矩阵方程并求解。

另外，DDA 也继承了 FEM 的一些缺点。其中最主要的是它的系统矩阵方程需要更大的计算机存储空间，由于块体(单元)之间的接触，这些系统矩阵变得更加稀疏。与 FEM 不同，将 DDA 扩展至三维，以及对于多孔和裂隙岩石的热-水-力耦合过程分析还没有达到与 FEM 相同的成熟程度，以便更可靠和灵活地模拟岩石工程应用。

类似的 DDA 方法也得到了发展并报告在文献中，如 Ghaboussi(1988)、Barbosa 和 Ghaboussi(1990)对岩石力学和岩土工程问题的 DEM，以及 Munjiza 等(1995)、Munjiza 和 Andrews(2000)、Munjiza 和 John(2002)提出的针对固体破碎过程和裂隙问题的有限元-DEM 混合方法。前者使用与 DDA 几乎相同的 FEM 来表示块体变形，后者在 Munjiza(2004)的书中进行了全面的描述。因此，这些方法在本书中不再重复。

在很多方面，DDA 也与 Shi(1991，1992b，1996)提出的以及 Lin(1995，2003)和 Chen 等(1998)将其进一步发展的流形元方法(MM)类似。相对于有限元和非连续变形分析方法，后者实际上是对岩石基质变形、块体运动、接触和裂隙等方面的更一般、更均匀化的处理，故 DDA 可视为 MM 的特例。事实上，DDA 和 MM

的基本原理是相似并且相互关联的。由于篇幅限制，而且目前 DEM 和 DDA 是岩石工程离散方法研究和应用的主流方法，本书不再对 MM 详细讲解。

参 考 文 献

Barbosa R E, Ghaboussi J. 1990. Discrete finite element method for multiple deformable bodies. Finite Elements in Analysis and Design, 7(2): 145-158.

Bathe K J, Khoshgoftaar M R. 1979. Finite element free surface seepage analysis without meshiteration. International Journal for Numerical and Analytical Methods in Geomechanics, 3(1): 13-22.

Cai Y, He T, Wang R. 2000. Numerical simulation of dynamic process of the Tangshan earthquake by a new method—LDDA. Pure and Applied Geophysics, 157(11-12): 2083-2104.

Chang Q. 1994. Non-linear dynamic discontinuous deformation analysis with finite element meshed block systems. Berkeley: University of California.

Chang C T, Monteiro P, Nemati K, et al. 1996. Behavior of marble under compression. Journal of Materials in Civil Engineering, 8(3): 157-170.

Chen G, Miki S, Ohnishi Y. 1996. Practical improvement on DDA//Salami M R, Banks D. Discontinuous Deformation Analysis(DDA) and Simulations of Discontinuous Media. Albuquerque: TSI Press: 302-309.

Chen G Q, Ohnishi Y, Ito T. 1998. Development of high-order manifold method. International Journal for Numerical Methods in Engineering, 43(4): 685-712.

Cheng Y M. 1998. Advancements and improvement in discontinuous deformation analysis. Computers and Geotechnics, 22(2): 153-163.

Cheng Y M, Zhang Y H. 2000. Rigid body rotation and block internal discretization in DDA analysis. International Journal for Numerical and Analytical Methods in Geomechanics, 24(6): 567-578.

Chiou Y J, Tzeng J C, Hwang S C. 1998. Discontinuous deformation analysis for reinforced concrete frames infilled with masonry walls. Structural Engineering and Mechanics, 6(2): 201-215.

Chiou Y J, Tzeng J C, Liou Y W. 1999. Experimental and analytical study of masonry infilled frames. Journal of Structural Engineering, 125(10): 1109-1117.

Desai C S. 1976. Finite element residual schemes for unconfined flow. International Journal for Numerical Methods in Engineering, 10(6): 1415-1418.

Desai C S. 1977. Flow through porous media//Numerical Methods in Geotechnical Engineering. New York: McGrawHill.

Doolin D M, Sitar N. 2001. DDAML—Discontinuous deformation analysis markup language. International Journal of Rock Mechanics and Mining Sciences, 38(3): 467-474.

Ghaboussi J. 1988. Fully deformable discrete element analysis using a finite element approach. Computers and Geotechnics, 5(3): 175-195.

Hatzor Y H, Benary R. 1998. The stability of a laminated Voussoir beam: Back analysis of a historic roof collapse using DDA. International Journal of Rock Mechanics and Mining Sciences, 35(2): 165-181.

Hatzor Y H, Feintuch A. 2001. The validity of dynamic block displacement prediction using DDA.

International Journal of Rock Mechanics and Mining Sciences, 38(4): 599-606.

Hsiung S M. 2001. Discontinuous deformation analysis(DDA)with n-th order polynomial displacement functions//Elsworth D, Tinucci J P, Heasley P E. Rock Mechanics in the National Interest. Washington D C: Swets & Zeitlinger Lisse: 1437-1444.

Hsiung S M, Shi G. 2001. Simulation of earthquake effects on underground excavations using discontinuous deformation analysis(DDA)//Elsworth D, Tinucci J P, Heasley P E. Rock Mechanics in the National Interest. Lisse: Swets & Zeitlinger: 1413-1420.

Jiang Q H, Yeung M R. 2004. A model of point-to-face contact for three-dimensional discontinuous deformation analysis. Rock Mechanics and Rock Engineering, 37(2): 95-116.

Jing L. 1993. Contact formulations via energy minimization//Proceedings of 2nd International Conference on DEM, Boston: 15-26.

Jing L R. 1998. Formulation of discontinuous deformation analysis(DDA)—An implicit discrete element model for block systems. Engineering Geology, 49(3-4): 371-381.

Jing L. 2003. A review of techniques, advances and outstanding issues in numerical modelling for rock mechanics and rock engineering. International Journal of Rock Mechanics and Mining Sciences, 40(3): 283-353.

Jing L R, Ma Y, Fang Z L. 2001. Modeling of fluid flow and solid deformation for fractured rocks with discontinuous deformation analysis(DDA) method. International Journal of Rock Mechanics and Mining Sciences, 38(3): 343-355.

Kim Y I, Amadei B, Pan E. 1999. Modeling the effect of water, excavation sequence and rock reinforcement with discontinuous deformation analysis. International Journal of Rock Mechanics and Mining Sciences, 36(7): 949-970.

Kong X J, Liu J. 2002. Dynamic failure numeric simulations of model concrete-faced rock-fill dam. Soil Dynamics and Earthquake Engineering, 22(9-12): 1131-1134.

Koo C Y, Chern J C. 1998. Modification of the DDA method for rigid block problems. International Journal of Rock Mechanics and Mining Sciences, 35(6): 683-693.

Lin J S. 1995. Continuous and discontinuous analysis using the manifold method//Proceedings of 1st International Conference on Analysis of Discontinuous Deformation(ICADD-I), Chungli: 223-241.

Lin J S. 2003. A mesh-based partition of unity method for discontinuity modeling. Computer Methods in Applied Mechanics and Engineering, 192(11-12): 1515-1532.

Lin C T, Amadei B, Jung J, et al. 1996 Extensions of discontinuous deformation analysis for jointed rock masses. International Journal of Rock Mechanics and Mining Sciences & Geomechanics Abstracts, 33(7): 671-694.

Ma Y. 1999. Study on the DDA method for coupled fluid flow and rock deformation. Beijing: Beijing University of Science and Technology.

MacLaughlin M, Sitar N, Doolin D, et al. 2001. Investigation of slope-stability kinematics using discontinuous deformation analysis. International Journal of Rock Mechanics and Mining Sciences, 38(5): 753-762.

Mortazavi A, Katsabanis P D. 1998. Discontinuum modelling of blasthole expansion and explosive gas pressurization in jointed media. International Journal for Blasting and Fragmentation, 2(3): 249-268.

Mortazavi A, Katsabanis P D. 2000. Modelling the effects of discontinuity orientation, continuity, and dip on the process of burden breakage in bench blasting. International Journal for Blasting and Fragmentation, 4(3-4): 175-197.

Mortazavi A, Katsabanis P D. 2001. Modelling burden size and strata dip effects on the surface blasting process. International Journal of Rock Mechanics and Mining Sciences, 38(4): 481-498.

Munjiza A. 2004. The Combined Finite-Discrete Element Method. New York: Wiley.

Munjiza A, Andrews K R F. 2000. Penalty function method for combined finite-discrete element systems comprising large number of separate bodies. International Journal for Numerical Methods in Engineering, 49(11): 1377-1396.

Munjiza A, John N W M. 2002. Mesh size sensitivity of the combined FEM/DEM fracture and fragmentation algorithms. Engineering Fracture Mechanics, 69(2): 281-295.

Munjiza A, Owen D R J, Bicanic N. 1995. A combined finite-discrete element method in transient dynamics of fracturing solids. Engineering Computations, 12(2): 145-174.

Ohnishi Y, Nishiyama S, Sasaki T. 2006. Development and application of discontinuous deformation analysis//Leung C F, Zhou Y X. Rock Mechanics in Underground Constructions(Proceedings of 4th Axia Rock Mechanics Symposium Nov. 8-10, 2006, Singapore), New York: World Scientific Publishtion Company: 59-70.

Pearce C J, Thavalingam A, Liao Z, et al. 2000. Computational aspects of the discontinuous deformation analysis framework for modelling concrete fracture. Engineering Fracture Mechanics, 65(2-3): 283-298.

Shi G. 1988. Discontinuous deformation analysis—A new numerical model for the statics and dynamics of block systems. Berkeley: University of California.

Shi G. 1991. Manifold method of material analysis//9th Army Conference on Applied Mathematics and Computing, Minneapolis: 57-76.

Shi G. 1992a. Discontinuous deformation analysis. A new numerical model for the statics and dynamics of deformable block structures. Engineering Computations, 9(2): 157-168.

Shi G. 1992b. Modeling rock joints and blocks by manifold method//Proceedings of 33rd US Symposium on Rock Mechanics, Santa Fe: 639-648.

Shi G. 1993. Block System Modeling by Discontinuous Deformation Analysis. Boston: Computational Mechanics Publications.

Shi G. 1996. Manifold method//Salami M R, Banks D. Discontinuous Deformation Analysis and Simulations of Discontinuous Media. Albuquerque: TSI Press: 52-262.

Shi G. 2001. Three dimensional discontinuous deformation analysis//Elsworth D, Tinucci J P, Heasley P E. Rock Mechanics in the National Interest. Lisse: Swets & Zeitlinger: 1421-1428.

Shi G, Goodman R E. 1985. Two dimensional discontinuous deformation analysis. International Journal for Numerical and Analytical Methods in Geomechanics, 9(6): 541-556.

Shi G, Goodman R E. 1989. Generalization of two-dimensional discontinuous deformation analysis for forward modelling. International Journal for Numerical and Analytical Methods in Geomechanics, 13(4): 359-380.

Shyu K. 1993. Nodal-based discontinuous deformation analysis. Berkeley: University of California.

Soto-Yarritu G R, Martinez A. 2001. Computer simulation of granular material transport: Vibrating feeders. Powder Handling and Processing, 13(2): 181-184.

Thavalingam A, Bicanic N, Robinson J I, et al. 2001. Computational framework for discontinuous modelling of masonry arch bridges. Computers & Structures, 79(19): 1821-1830.

Wittke W. 1990. Rock Mechanics—Theory and Applications with Case Histories. Berlin: Springer-Verlag.

Yeung M R. 1993. Analysis of a mine roof using the DDA method. International Journal of Rock Mechanics and Mining Sciences & Geomechanics Abstracts, 30(7): 1411-1417.

Yeung M R, Leong L L. 1997. Effects of joint attributes on tunnel stability. International Journal of Rock Mechanics and Mining Sciences, 34(3-4): 348.e1-348.e18.

Yeung M R, Jiang Q H, Sun N. 2003. Validation of block theory and three-dimensional discontinuous deformation analysis as wedge stability analysis methods. International Journal of Rock Mechanics and Minings Sciences, 40(2): 265-275.

Zhang X, Lu M W. 1998. Block-interfaces model for non-linear numerical simulations of rock structures. International Journal of Rock Mechanics and Mining Sciences, 35(7): 983-990.

第 10 章　离散裂隙网络法

10.1 引　　言

裂隙系统的连通性决定了裂隙岩体内流体的流动模式。当岩石基质的渗透率与裂隙的渗透率相比可忽略不计时，特别是对于花岗岩等低孔隙度岩石，流体是通过连接裂隙形成的通道传导的。在一组裂隙中，如果不考虑外荷载引起的裂隙扩展，孤立裂隙(与其他裂隙不相交的裂隙)和单连通裂隙(与其他裂隙只有一个交叉处的裂隙)对流场不会产生影响。此外，当裂隙系统接近逾渗阈值时，流场对裂隙系统的连通性模式非常敏感。在这种状态下，裂隙连通性的微小变化(如增加一个小裂隙)可能导致不同的流动模式。另外，裂隙岩体的变形或应变场更多地依赖于裂隙组的密度和方向，而较少依赖于裂隙的连通性。

在过去的几十年里，DEM 和基于连续介质的数值方法(如 FEM)都被用于模拟裂隙岩体中的水-力耦合过程(Lemos，1988；Jing et al.，1995)。应用 DEM 的第一步是建立几何模型，描述连通裂隙及其形成块体的几何特性。通过特别的数值或理论分析方法，可以获得裂隙网络中流动的解答，从而得到每条裂隙内的流场，研究人员基于此发展出了 DFN 方法(Long et al.，1982；Robinson，1984)。当假定岩石基质是一种刚性且不可渗透的材料时，可以用简单的流动规律来描述裂隙的渗流特性。然而，要将基于连续介质的数值方法(如 FEM 或 BEM)应用于裂隙岩体，必须对岩体性质进行均质化处理，以形成等效连续介质的弹性刚度(或弹性柔度)和渗透率张量。这假设裂隙网络是一个渗透系统。只有通过对裂隙网络拓扑结构的详细分析才能判断裂隙网络能否渗透。

DFN 方法是分析通过裂隙岩体中连通裂隙系统进行流体流动与输运的一种特别的离散方法。该方法创建于 20 世纪 80 年代，用于解决二维和三维问题(Long et al.，1982，1985；Andersson et al.，1984；Endo，1984；Robinson，1984；Smith and Schwartz，1984；Endo et al.，1984；Elsworth，1986a，1986b；Andersson and Dverstop，1987；Dershowitz and Einstein，1987)，此后不断发展，在土木、环境、储藏工程以及其他地球科学和地球工程领域得到了广泛的应用。

岩体的力学变形和热传递对流体流动和传输的影响在 DFN 中难以模拟，通常被忽略或粗略近似。因此，该方法多适用于难以或不需要建立等效连续介质模型的裂隙岩体中流体流动和物质输运的研究，或者用于对裂隙岩体中等效连续介质流动和传输性质的推导(Zimmerman and Bodvasson，1996；Yu et al.，1999)。期刊以及国际专题讨论会已经报道了大量的相关研究。DFN 方法的系统介绍和评价详见以下书籍：Bear 等(1993)、Sahimi(1995)、美国国家研究委员会(1996)，尤其是 Adler 和 Thovert(1999)。Berkowitz(2002)对与 DFN 方法有关的问题进行了较全面的综述。

DFN 模型建立在对以下两个因素的理解和表达上：裂隙系统的几何特性及单个裂隙的开度或渗透率。前者通过采用由现场测绘获得的裂隙几何特性参数(密度、方向、尺寸、开度或渗透率)的概率密度函数，并假设裂隙形状(圆形、椭圆形或任意多边形)条件下的裂隙系统随机模拟实现。直接测绘仅能通过有限尺寸的岩体表面暴露面，有限直径(长度)深度的钻孔和隧道、洞室竖井等地下开挖面来获取裂隙信息。裂隙网络信息的可靠性取决于测绘和采样的质量，因此难以评估其充分性和可靠性。由于只能采用有限位置获得的有限数量的裂隙试样进行原位和实验室测试，并且试样尺寸的影响很难确定，确定裂隙总体的开度和渗透率也同样困难。

尽管存在上述局限性，DFN 模型仍在裂隙岩体的流体流动问题中得到了广泛的应用。这可能主要是因为：迄今为止，在对近场和远场尺度内流体流动和输运现象进行模拟时，DFN 方法仍是一种不可替代的工具。近场适用性是指由于中小尺度下裂隙几何特征对裂隙性质具有主导作用，从而使得用于连续体近似的体积均匀化原则不再适用。远场适用性是指大尺度岩体的等效连续特性能通过使用 DFN 模型升尺度和均质化过程来近似计算。类似于 DEM，当大量裂隙的直接表示使 DFN 模型的效率降低，具有等效性质的连续介质模型变得更有效时，远场适用性是必要的。

目前 DFN 的计算程序有很多，其中最著名的是 FRACMAN/MAFIC(Dershowitz et al.，1993)和 NAPSAC(Stratford et al.，1990；Herbert，1994，1996；Wilcock，1996)，这些方法多年来在岩石工程项目中有许多应用。下面列举了在干热岩(HDR)、油藏工程、地下开挖和岩体表征领域中的一些应用。

(1) HDR 储层模拟：Layton 等(1992)、Ezzedine 和 de Marsily(1993)、Watanabe 和 Takahashi(1995)、Bruel(1995a，1995b)、Kolditz(1995)、Willis-Richards 和 Wallroth(1995)、Willis-Richards(1995)、Babadagli(2001)。

(2) 裂隙岩体渗透特性：Priest 和 Samaniego(1983)、Dershowitz 等(1992)、Dershowitz(1993)、Herbert 和 Layton(1995)、Geier 等(1995)、Doe 和 Wallmann(1995)、Barthélémy 等(1996)、Jing 和 Stephansson(1997)、Margolin 等(1998)、Mazurek 等(1998)、Zhang 和 Sanderson(1999)、Chen 等(1999)、Min 等(2004)。

(3) 油气藏应用：Dershowitz 和 La Pointe(1994)、Bruhn 等(1997)。

(4) 水对地下开挖和岩石边坡的作用：Rouleau 和 Gale(1987)、Dverstorp 和 Andersson(1989)、Xu 和 Cojean(1990)、He(1997)、Birkholzer 等(1999)。

本章主要针对裂隙岩体中的单相饱和裂隙渗流，不考虑岩石基质与裂隙间的相互作用，但简单介绍了考虑基质-裂隙相互作用的一种用于分析裂隙孔隙介质中流体流动的 DEM-BEM 混合方法中的基本概念。本章不讨论输运过程、多相流问题和 THMC 耦合过程。由于该领域发表了大量的文献，本章仅对基本概念、不同求解方法和重要问题进行简要的分析和总结，以便读者对 DFN 方法的基本特征及其在岩石工程中的适用性有一个基本了解，并把它作为更深入研究和应用的基础。

10.2 裂隙网络表征

10.2.1 单裂隙

岩石裂隙通常简化为一对光滑平行的平面，因此可以使用立方定律描述单裂隙中的流体流动。这种简化对于涉及大量裂隙的大尺寸 DFN 模型特别方便。然而，在现实中，裂隙面是粗糙的，立方定律可能并不能完全适用于所有工况。利用随机场理论、地质统计学和分形几何学，学者们对裂隙表面粗糙度及其对裂隙渗流和变形的影响进行研究(Brown and Scholz，1985；Keller and Bonner，1985；Poon et al.，1992；Johns et al.，1993；Brown，1995；Schmittbuhl et al.，1995；Lanaro et al.，1998，1999；Fardin et al.，2001a，2001b，2003)。这些方法主要基于对裂隙面的二维或三维轮廓仪测量或 X 射线计算机断层扫描(CT)技术(Duliu，1999)。

大量研究发现裂隙面具有分形特征，且多采用幂律 Hurst 指数进行描述，但这一现象并未得到恰当的解释。幂律分布表明了尺寸效应的存在，这对裂隙的数学建模具有重要的影响。如果这种尺寸效应存在于所有尺寸上并具有相同或相似的重要程度，则在整个范围内，裂隙物理性质就是裂隙尺寸的函数，这样会对超出实验室规模的大尺寸裂隙的物理性质表征提出一个特别困难的挑战，因为将不再存在一个代表性单元尺寸(RES)的裂隙。然而，Lanaro 等(1998，1999)和 Fardin 等(2001a，2001b，2003)发现，随着测试岩石裂隙试样采样面积的逐渐增大，表面粗糙度达到平稳阈值，超过该尺寸后，尺寸效应不再存在。这一发现表明，裂隙面可能存在粗糙程度的某些“主导”尺寸，在这个尺寸上，裂隙的代表性物理性质可以进行表征。

实验室内使用二维或三维轮廓仪测量裂隙试样的表面形貌，试样通常为几厘米至几十厘米的小尺寸试样，由于试样尺寸太小或存在结构不稳定的情况，在某些情况下可能无法获得平稳性阈值(即裂隙表面不是名义上的平坦，而是具有明显的起伏或倾斜)。针对大尺寸(工程现场尺度)裂隙，很少有关于其粗糙度的详细测量，但 Feng 等(2003)使用全站仪技术，发现裂隙粗糙度多阶性和长度相关性的变化性的存在。这可能是因为在现场尺寸上，裂隙面可能不会表现为自相似，但名义上的平面和平稳阈值在某些代表性裂隙尺寸上可能存在。当这种代表性尺寸对实验室测试来说太大时，直接测量物理性质就会变得困难，因为现场测试在初始条件和边界条件的控制上具有更多的不确定性。目前关于裂隙粗糙度阈值的研究表明，对于岩石工程中常见的裂隙，粗糙度平稳阈值小于 1m(通常为 0.4～0.6m)。考虑到实际应用的许多(如果不是大多数)DFN 模型中，最小的裂隙尺寸大于 1m，因此 DFN 模型中的平面和等效光滑裂隙假设是一个相对有效的假设。

除由粗糙度引起的裂隙表面尺寸效应外，对于 DFN 模型中的单个裂隙，另一个具有挑战性的问题是用于评估渗透率的开度定义及其测量。在文献中存在不同的裂隙开度定义：几何开度、力学开度和水力开度，渗透率是水力开度的函数。需要注意的是，由于粗糙度的存在，裂隙的刚度(或变形)是裂隙面上应力和累积损伤的函数，这些开度都取决于裂隙的应力和相应的变形过程，因此开度是变量，而不是常数。同样的原因，开度和渗透率除与尺寸有关外，还与应力有关。

在实践中，裂隙的水力开度通常是通过实验室试验计算出来的(不是直接测量的)，或者是基于现场试验结果反算出来的(假设裂隙几何形状(尺寸)和压力梯度，并认为遵循立方定律，Tsang，1992)。前一种方法的缺点是在取样过程中，裂隙试样的初始原位条件发生不可逆破坏，尽管可能是在根据取样深度估算的法向应力下的渗流试验中得到的，但是计算出来的水力开度值也不能准确地代表其初始状态。后一种方法在现场测试中通常具有局限性，即流体流动的边界条件和初始条件不确定、被测裂隙的几何形状不确定以及与被测裂隙相连的隐藏或未知裂隙的影响不确定。

由于粗糙度的影响，单个裂隙中的流体流动通常表现出沟槽流动(Tsang and Tsang，1987；Tsang et al.，1988；Moreno and Neretnieks，1993)，如波纹铁皮屋顶。这种沟槽流动因应力和变形过程而增强(Yeo et al.，1998；Koyama et al.，2004，2006)。

在 DFN 应用中，单个裂隙的开度或渗透率被视为常数或随机分布(Moreno et al.，1988；Nordqvist et al.，1996)，使用 FEM、BEM 或管网方法进行流量计算(见 10.3 节)。FEM 基于测量数据假设裂隙的开度(或渗透率)，遵循一定的概率分布，因此开度或渗透率可以按单元变化。管网模型(或通道格子模型)采用一组连通管道表示裂隙开度场，其中管道的等级水力直径根据测量所得裂隙开度(或渗透率)值或分布来确定。采用管网模型时，计算量大大减少。

在大多数 DFN 程序中，由于裂隙表面真实形状无法完全获知，为了方便，单个裂隙的形状通常假设为圆形、矩形或多边形。然而，有一种观点认为，对于裂隙密度非常大的大尺寸 DFN 模型，裂隙形状对最终结果的影响可能会大大减小。另一方面，如果裂隙的数量不是很多，单个裂隙的形状可能会对裂隙系统的连通性产生重要影响。在现在及可预见的未来，裂隙形状仍将是一个未解的问题。

裂隙岩体矿物中的地球化学过程对裂隙开度的影响也很重要，如裂隙表面的矿物溶解和沉淀。这是岩石裂隙 THMC 耦合过程中的一个重要问题，特别是当时间尺度较大时。本章只考虑单相流体流动过程，而不考虑应力、热和化学效应的影响。

10.2.2　裂隙网络

与 DEM 一样，裂隙系统的随机模拟是 DFN 方法的几何基础，对 DFN 模型的性能和可靠性起着至关重要的作用。其中最关键的过程是，依据钻孔测井、地表测绘、窗口测绘或地球物理技术(通常使用地震波、电阻或磁共振成像方法)等的现场测绘结果，建立与密度、位置、方向和尺寸有关的裂隙组几何参数概率密度函数(Balzarini et al.，2001)。根据这些概率密度函数和关于裂隙形状(圆形、椭圆形或多边形)的假设(Dershowitz，1984，1993；Billaux et al.，1989)生成裂隙系统是一个直接的反演数值过程。这项技术的一个关键问题是，如何处理通过传统的一维测线或二维测窗所测量的裂隙密度、方向和迹长的估计偏差。圆形测窗技术的发展为这个问题的解决迈出了重要的一步(Mauldon，1998；Mauldon et al.，2001)。图 10.1 为两条裂隙网络实现的示例，一个是 Äspö 硬岩实验室(瑞典用于核废料处理的研究设施)，另一个是韩国的地下储库。

(a)

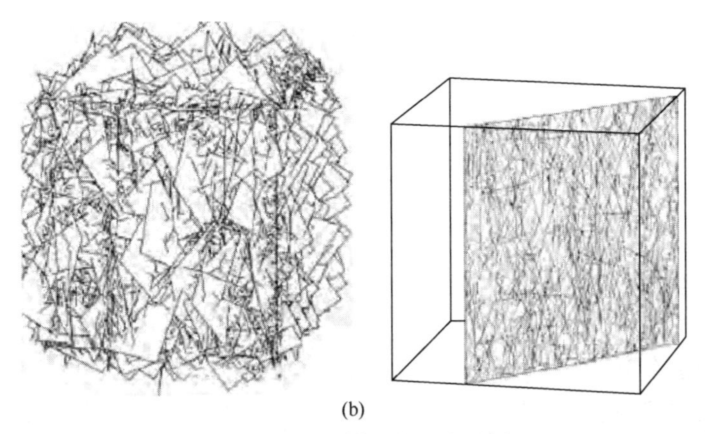

(b)

图 10.1　DFN 模型的两个示例

(a) 瑞典 Äspö 硬岩实验室随机生成的裂隙网络之一(Svensson，2001a)：生成模型中的总裂隙系统(左)，以及总系统中连通裂隙形成的流动通道(右)；(b)使用现场钻孔测井数据生成的三维 DFN 模型(Park et al.，2002)：模拟韩国地下储库设施而生成的三维裂隙系统模型(左)，以及其中一个垂直横截面上的裂隙面(右)

裂隙岩体中，裂隙的连通性是决定变形的一个关键特征，特别是对流体流动和输运过程的控制(Long and Billaux，1987；Tsang and Tsang，1987；Koudina et al.，1998；Margolin et al.，1998)。

一个典型的例子如图 10.2 所示，其中 Stripa 矿试验区内的流体流动高度分散，集中在少数几个位置，采用传统的连续介质方法难以模拟上述现象。使用基于

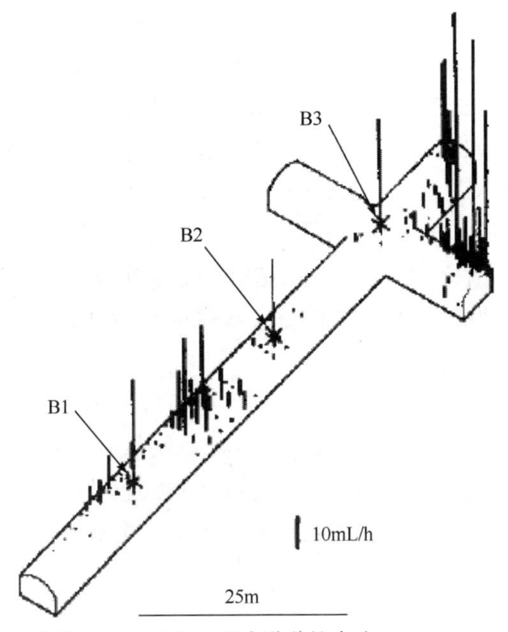

图 10.2　瑞典 Stripa 矿流入试验隧道的水流(Abelin et al.，1987)

DFN 方法的 NAPSAC 和 FRACMAN/MAFIC 这两种程序对试验结果进行了评价，这两种程序是 DFN 建模技术发展的重要驱动因素之一。Long 和 Billaux(1987)报道了法国 Fanay-Augères 现场裂隙控制流体流动的例子。研究发现，大尺度上只有约 0.1%的裂隙对流动有贡献。在许多现场试验和地下开挖中也发现了类似的现象，在这些情况下发现小部分裂隙群控制了流体流动。事实上，即使看起来岩体破碎程度严重的区域，也可能没有很好的连通性。因此，裂隙连通性不仅对 DFN 建模重要，对现场特征描述也是至关重要的。然而，对这一现象的数值模拟并不是一项简单的工作，因为从连通良好的裂隙系统中选择少量的连通裂隙是一个主观步骤，即使在有试验数据的情况下也是如此。在 DFN 模型中，删除非连通裂隙后，剩余裂隙的连通性可以确定，其取决于测绘技术的质量和裂隙系统参数从一维、二维到三维的扩展。

第 4 章和第 5 章详细介绍了裂隙系统的随机生成以及二维裂隙的流体流动方程，在此不再赘述。

10.3 裂隙网络内渗流场的求解

人们利用解析解、有限元、边界元、简化管网和通道格子模型，发展了求解单裂隙渗流场的数值技术。解析解目前仅适用于解决平整、光滑且形状规则(即圆形或矩形圆盘)的平板裂隙的稳态流动问题(Long，1983)或稳态与瞬态流动问题(Amadei and Illangasekare，1992)。对于一般形状的裂隙，必须使用数值方法求解。FEM 可能是 DFN 模型中使用的最常用的技术，并已用于 DFN 程序 FRACMAN/MAFIC 和 NAPSAC 中。它的基本概念是在代表空间裂隙的单个圆盘上划分有限元网格(图 10.3(a))并求解流动方程。裂隙内的开度或渗透率场可以是常数，也可以是随机分布的。同样，边界元离散化也可以应用于仅在圆盘边界上定义的边界单元(图 10.3(b))，在 BEM 中，裂隙交叉点被视为内边界，相容性条件施加在圆盘的交叉处。详细表达形式见文献 Elsworth(1986a，1986b)和 Robinson(1986)。

根据裂隙的渗透率、尺寸和形状分布，管网模型将裂隙表示为从圆盘中心开始到与其他裂隙相交处结束的具有等效导水率的管道(图 10.3(c))(Cacas et al.，1990)。通道格子模型中整条裂隙表示为由规则通道网格组成的网络(图 10.3(d))。管网模型使裂隙系统的几何形态和流动特性得到了简化，但可能无法正确地表示断层或破碎带等大尺寸裂隙的行为。

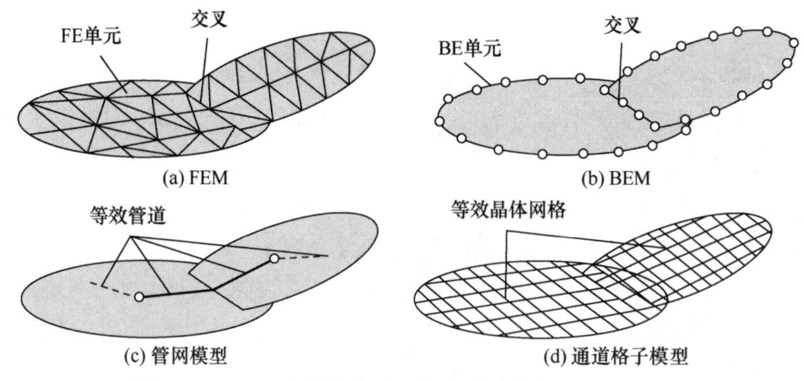

图 10.3　DFN 中流体流动的解的裂隙代表(Jing，2003)

通道格子模型更适合于模拟裂隙内部的复杂流动行为，如“沟槽流”现象(Tsang and Tsang，1987)，并且通道单元流场解是解析的，因此计算量比 FEM 和 BEM 模型少。

本章将重点介绍 FEM 和 BEM。管网模型和通道格子模型使用具有等效水力直径的管道或通道代替裂隙体积，此处不做介绍。

10.3.1　FEM 求解技术

1. 概述

本节首先简要介绍使用有限元网格离散裂隙中流体流动有限元解的一般情况，然后对数值细节进行更详细的介绍。

裂隙内的流体流动假设为平行于光滑裂隙表面的二维达西流动，对于含大量裂隙的 DFN 模型，第 i 条裂隙的流体流动方程可以写成

$$S\frac{\partial H^i}{\partial t}=\nabla(T^i\nabla H^i)+W^i \tag{10.1a}$$

式中，标量 S 为储水系数；H^i 为水头；T^i 为渗透率；W^i 为源项。通常假设沿交叉线无流动或交叉处无水头损失，但当交叉线用一维单元表示时，可以不进行这种假设。忽略裂隙中速度剖面的抛物线分布，裂隙中的流体流动由平均流速和压力表示。根据式(10.1a)的 Galerkin 有限元格式，导出了第 i 条裂隙中流体流动的有限元方程：

$$\left(\boldsymbol{T}_{m\times n}^i+\frac{\boldsymbol{S}_{m\times n}^i}{\nabla t}\right)(\boldsymbol{H}_{n\times 1}^i)^k=\left(\boldsymbol{W}_{m\times 1}^i+\frac{\boldsymbol{S}_{m\times n}^i}{\nabla t}\right)(\boldsymbol{H}_{n\times 1}^i)^{k-1} \tag{10.1b}$$

式中，$\boldsymbol{T}^i$ 和 $\boldsymbol{S}^i$ 为渗透率和储水系数矩阵；$(\boldsymbol{H}^i)^k$ 和 $(\boldsymbol{H}^i)^{k-1}$ 分别为时间步 k 和 k–1

的水头向量；$\boldsymbol{W}^i$ 为源项向量；n 为第 i 条裂隙的有限元节点总数；m 为具有未知水头的节点数。在交叉节点处施加连通裂隙之间的水头连续性条件，即在裂隙 i 和裂隙 j 之间的所有交叉节点处 $H^i = H^j$，这为组合全局系数矩阵提供了联系。

DFN 模型常常用到钻孔，在 DFN 模型中，这些钻孔通常采用常等效水力直径的管单元模拟，当岩块不透水时，钻孔只能在裂隙相交处与固岩出现流动现象。钻孔可以假定为固定压力或固定轴向流速(抽水流速)。

对于由具有任意方向裂隙组成的矩形区域内的裂隙系统模型，上述假设使得模型中流动计算更加简便直接，同时边界条件也更容易指定，通常采用无流动或固定水头条件。

为了求解式(10.1)，有时在单个裂隙和整个裂隙系统尺度上采用两级离散。裂隙内的离散化与大尺度上的离散化完全不同。如果存在的话，可以直接使用单裂隙内的解析解。下面描述的方法来自 Robinson(1984，1986)。

2. FEM 技术(Robinson，1984，1986)

该技术是在全系统范围内进行有限元离散，而每条裂隙由区域范围内的单个单元表示。系统中的未知量通常是水头 P，以便更容易地描述水头边界条件，选择流量作为未知量是不现实的。给定交叉处的水头，裂隙内的水头由式(10.1)确定。因此对于整个系统，我们只需要离散交叉线。每条交叉线的节点数量和与之相关的一维拉格朗日形函数可以在任何关于 FEM 的教科书中找到。设 N_i 为交叉线 i 的节点数，$\phi_j^{(i)}(\alpha)$ 为交叉线 i 的第 j 个形函数，且 α 为沿交叉线的变量，其范围是 0～1.0，则形函数具有以下性质：

$$\phi_j^{(i)}(\alpha_k) = \delta_{jk} \tag{10.2}$$

也就是说，第 j 个形函数在节点 j 处的值为 1.0，在其他节点处的值为 0。

$$\sum_{j=1}^{N_i} \phi_j^{(i)}(\alpha) = 1 \tag{10.3}$$

即形函数的和必须为 1。形函数可以是分段常数、分段线性或分段二次型。

控制方程表示交叉线处的质量守恒，其关于流量的弱形式为

$$\int_0^1 Q^{(i)}(\alpha)\varphi_j^{(i)}(\alpha)\mathrm{d}\alpha = 0, \quad j = 1,2,\cdots,N_i, \forall\, i \tag{10.4}$$

式中，$Q^{(i)}(\alpha)$ 为沿交叉线的一维单元在 α 位置进入交叉线 i 的总流量。基于裂隙内的线性假设，该流量可以写成节点水头的线性组合，式(10.4)可以写成

$$\sum_s \boldsymbol{F}_{rs} P_s = 0 \tag{10.5}$$

式中，矩阵 $\boldsymbol{F}_{rs}$ 为与节点 r 相关的形函数的积分乘以当 $P_s=1$ 时包含 r 的交叉线的流量，并且其他水头均为 0。r 和 s 如果在同一裂隙(单元)上，$\boldsymbol{F}_{rs}$ 等于零。将裂隙(单元)k 对 $\boldsymbol{F}_{rs}$ 的贡献表示为 $\boldsymbol{F}_{rs}^{(k)}$，该矩阵的一个重要性质是

$$\sum_s \boldsymbol{F}_{rs}^{(k)} = 0 \tag{10.6}$$

当所有节点上有水头保持恒定时，该矩阵表示无流动状态。根据式(10.3)，该特性意味着，沿着裂隙的边界和内部，水头都是恒定的。每条裂隙内的质量守恒可表示为

$$\sum_r \boldsymbol{F}_{rs}^{(k)} = 0 \tag{10.7}$$

并且总流量为 0。

矩阵 $\boldsymbol{F}_{rs}$ 的另一个性质是它是对称的(Robinson，1984)，适用于任意形状的裂隙和任意形函数，即

$$\boldsymbol{F}_{rs}^{(k)} = \boldsymbol{F}_{sr}^{(k)} \tag{10.8}$$

式(10.5)将在指定边界条件的整个系统内求解。根据得到的节点水头，可以计算出各处的水头和流量。

每条裂隙的矩阵 $\boldsymbol{F}_{rs}^{(k)}$ 需要系统地计算。当裂隙的开度为常数时，原则上可以在给定流量的情况下求解出水头。然而，实际应用上不太容易，除非在特殊情况下(如圆盘状裂隙)，因为解析解将由无穷个和组成，其收敛速度非常慢或不收敛，所以解析解将涉及积分，这仍然需要对矩阵 $\boldsymbol{F}_{rs}^{(k)}$ 进行数值计算，且当裂隙内的开度不恒定时，可能不存在解析解，所以需要采用 FEM 求解。

应用式(10.5)的传统 Galerkin 弱形式，裂隙上节点 i 的方程为

$$A_{ij}P_j = Q_j \tag{10.9}$$

式中

$$A_{ij} = \frac{e^3}{12\mu}\int\left(\frac{\partial \phi_i}{\partial x}\frac{\partial \phi_j}{\partial x} + \frac{\partial \phi_i}{\partial y}\frac{\partial \phi_j}{\partial y}\right)\mathrm{d}x\mathrm{d}y \tag{10.10}$$

式中，e 为裂隙开度；μ 为流体黏度；Q_j 为节点 j 处的流量。在交叉线处，用指定压力代替这些方程，这就导致在所讨论的整个裂隙系统的每个节点产生一个右端项。

为了计算流量，可以使用交叉线处舍弃的方程。利用水头解答的系数，可以得到与水头解答一致的节点流量。然后，使用这些节点流量的加权平均值获得满足式(10.6)和式(10.7)特性的 $\boldsymbol{F}_{rs}^{(k)}$ 项，因为当所有指定水头相等且全局守恒时，有

限元将给出确定的无流量结果。仅当式(10.10)的 $A_{ij} = A_{ji}$ 时，式(10.8)满足。用两级离散法求解式(10.5)是一种直接的有限元数值方法。

de Dreuzy 和 Erhel(2003)提出了一种类似于上述技术的解决方法，而没有对裂隙进行离散化。Long(1983)提出了一种半解析的有限元求解方法，该方法利用汇和源的匹配图像在裂隙外边界边处创建无流动边界条件，但得到的全局矩阵是非对称的，可采用有限差分法求解。

有限元求解技术的优点是能够考虑单裂隙内开度(或渗透率)分布的变化来表示表面粗糙度的影响。然而，考虑交叉处附近流体速度和水头的急剧变化，它要求在交叉处周围有密集的单元，从而导致矩阵系统的总自由度大大增加。

10.3.2 BEM 求解技术

与 FEM 假设相同，BEM 是式(10.1)的另一种解决方法(Elsworth，1986a，1986b)。如图 10.4(a)所示(Elsworth，1986a)，该系统由任意形状的连通裂隙组成，与 FEM 处理方式相同，每条裂隙在边与交叉线上采用一维等参单元离散(图 10.4(b))。

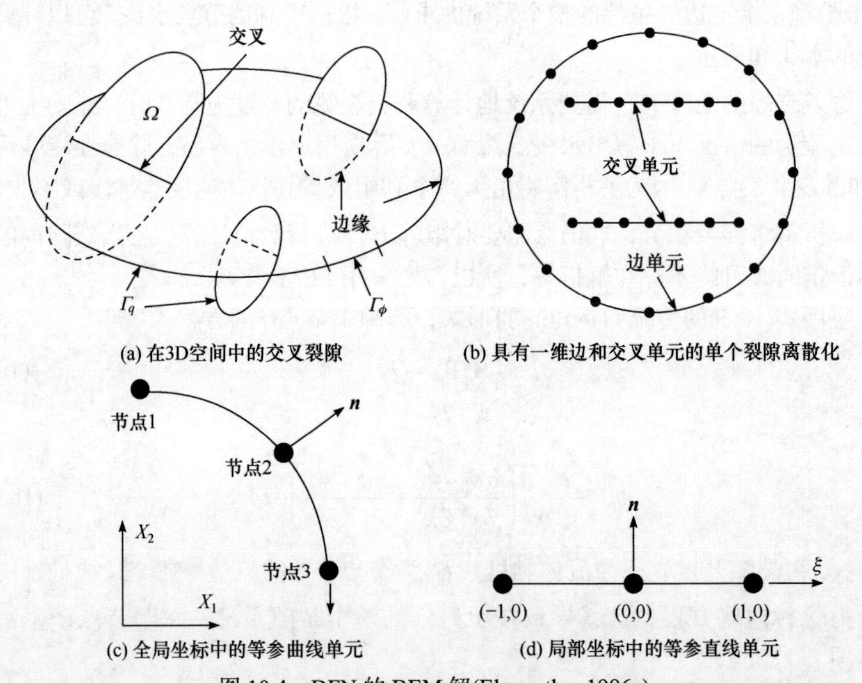

图 10.4　DFN 的 BEM 解(Elsworth，1986a)

对于裂隙域 Ω 和边界 Γ 内的线性流势，边界积分方程为

$$c(p)\phi(p)+\int_{\Gamma}V(p,q)\phi(q)\mathrm{d}\Gamma=\int_{\Gamma}\Phi(p,q)v(q)\mathrm{d}\Gamma \tag{10.11}$$

式中，$V(p,q)$ 和 $\Phi(p,q)$ 分别为由于域内点 p 处单位源引起边界 Γ 上点 q 处的速度和势能的核函数；项 $v(q)=\partial\phi(q)/\partial n$ 和 $\phi(q)$ 为点 q 处的流速和势能(水头)，它们可作为边界条件或需要计算的未知函数。向量 $\boldsymbol{n}$ 是边界 Γ 的外法向向量；而 $c(p)$ 是一个自由项，表示场点 p 处的几何效应，当 p 完全位于 Ω 内时，$c(p)$=1.0，当 p 位于光滑的边界 Γ 上时，$c(p)$=1/2。

对于无限介质中线源为 M 的二维线性流动问题，相关的核函数(基本解)为

$$\Phi(p,q)=\frac{M}{2\pi}\ln r \tag{10.12}$$

$$V(p,q)=-\frac{KM}{2\pi r} \tag{10.13}$$

式中，K 为裂隙的流体传导率，对于具有恒定开度 e 的层流，$K=(g/12\nu)e^2$，g 和 ν 分别为流体的重力加速度和运动黏度；r 为从场点 p 到源点 q 的径向距。只需要用标准的曲线或直线等参单元表征裂隙的边和交叉线(图 10.4(c)和(d))，并且在 BEM 中使用与 FEM 中相同的数值积分法(Stroud and Secrest，1966)用于核函数的数值积分便可进行求解。向量形式的形函数 $\boldsymbol{h}$ 由式(10.14)给出：

$$\boldsymbol{h}=\begin{Bmatrix}h_1\\h_2\\h_3\end{Bmatrix}=\frac{1}{2}\begin{Bmatrix}(1-\xi)-(1-\xi^2)\\(1+\xi)-(1-\xi^2)\\2(1-\xi^2)\end{Bmatrix} \tag{10.14}$$

式中，$\xi\in[-1,1]$ 为沿等参单元的固有坐标。使用这些形函数，可以将全局坐标系中定义的几何和物理变量映射到单元的局部固有坐标系中，即

$$x_1=\boldsymbol{h}^{\mathrm{T}}\boldsymbol{x}_1,\quad x_2=\boldsymbol{h}^{\mathrm{T}}\boldsymbol{x}_2,\quad \phi=\boldsymbol{h}^{\mathrm{T}}\boldsymbol{\varphi},\quad v\cdot\boldsymbol{n}=\boldsymbol{h}^{\mathrm{T}}\boldsymbol{v}\cdot\boldsymbol{n} \tag{10.15}$$

式中，右侧的向量项是单元节点上各个变量的值。

将边界边和交叉线处划分为 N 个单元，并使用式(10.15)的映射，可以更容易地将式(10.11)集成到所有单元的局部固有坐标空间中，如下所示：

$$c(p)\phi_i(p)+\sum_{j=1}^{N}\int_{\Gamma_j}V_i(p,q)\phi_j(q)\frac{\mathrm{d}\Gamma_j}{\mathrm{d}\xi}\mathrm{d}\xi=\sum_{j=1}^{N}\int_{\Gamma_j}\Phi_i(p,q)v_j(q)\frac{\mathrm{d}\Gamma_j}{\mathrm{d}\xi}\mathrm{d}\xi \tag{10.16}$$

$$c(p)\phi_i(p)+\sum_{j=1}^{N}\left[\int_{\Gamma_j}V_i(p,q)\frac{\mathrm{d}\Gamma_j}{\mathrm{d}\xi}\mathrm{d}\xi\right]\phi_j(q)=\sum_{j=1}^{N}\left[\int_{\Gamma_j}\Phi_i(p,q)\frac{\mathrm{d}\Gamma_j}{\mathrm{d}\xi}\mathrm{d}\xi\right]v_j(q) \tag{10.17}$$

重新排列后，记

$$G_{ij}=\int_{\Gamma_j}V_i(p,q)\frac{\mathrm{d}\Gamma_j}{\mathrm{d}\xi}\mathrm{d}\xi,\quad H_{ij}=\int_{\Gamma_j}\Phi_i(p,q)\frac{\mathrm{d}\Gamma_j}{\mathrm{d}\xi}\mathrm{d}\xi \tag{10.18}$$

则式(10.16)变为

$$c(p)\phi_i(p)+\sum_{j=1}^{N}G_{ij}\phi_j(q)=\sum_{j=1}^{N}H_{ij}v_j(q) \tag{10.19}$$

式(10.18)中的积分可采用高斯面积积分法和映射的雅可比变换进行求解：

$$\frac{\mathrm{d}\Gamma}{\mathrm{d}\xi}=\left[\left(\frac{\mathrm{d}x_1}{\mathrm{d}\xi}\right)^2+\left(\frac{\mathrm{d}x_2}{\mathrm{d}\xi}\right)^2\right]^{1/2} \tag{10.20a}$$

式中

$$\frac{\mathrm{d}x_1}{\mathrm{d}\xi}=\frac{\mathrm{d}(\boldsymbol{h}^{\mathrm{T}}\boldsymbol{x}_1)}{\mathrm{d}\xi}=\frac{\mathrm{d}(\boldsymbol{h}^{\mathrm{T}})}{\mathrm{d}\xi}\boldsymbol{x}_1 \tag{10.20b}$$

$$\frac{\mathrm{d}x_2}{\mathrm{d}\xi}=\frac{\mathrm{d}(\boldsymbol{h}^{\mathrm{T}}\boldsymbol{x}_2)}{\mathrm{d}\xi}=\frac{\mathrm{d}(\boldsymbol{h}^{\mathrm{T}})}{\mathrm{d}\xi}\boldsymbol{x}_2 \tag{10.20c}$$

$$\frac{\mathrm{d}\phi}{\mathrm{d}\xi}=\frac{\mathrm{d}(\boldsymbol{h}^{\mathrm{T}}\boldsymbol{\varphi})}{\mathrm{d}\xi}=\frac{\mathrm{d}(\boldsymbol{h}^{\mathrm{T}})}{\mathrm{d}\xi}\boldsymbol{\varphi} \tag{10.20d}$$

$$\frac{\mathrm{d}(\boldsymbol{v}\cdot\boldsymbol{n})}{\mathrm{d}\xi}=\frac{\mathrm{d}(\boldsymbol{h}^{\mathrm{T}}\boldsymbol{v}\cdot\boldsymbol{n})}{\mathrm{d}\xi}=\frac{\mathrm{d}(\boldsymbol{h}^{\mathrm{T}})}{\mathrm{d}\xi}(\boldsymbol{v}\cdot\boldsymbol{n}) \tag{10.20e}$$

$$\frac{\mathrm{d}(\boldsymbol{h}^{\mathrm{T}})}{\mathrm{d}\xi}=(\xi-1/2\ \ \xi+1/2\ \ -2\xi) \tag{10.20f}$$

式(10.19)可以转换成 N 阶代数矩阵方程：

$$(\boldsymbol{G}_{ij}(p,q))_{N\times N}(\boldsymbol{\phi}_j(q))_{N\times 1}=(\boldsymbol{H}_{ij}(p,q))_{N\times N}(\boldsymbol{v}_j(q))_{N\times 1} \tag{10.21}$$

或者简单表示为

$$\boldsymbol{G\varphi}=\boldsymbol{Hv} \tag{10.22}$$

式中，$\boldsymbol{G}$ 和 $\boldsymbol{H}$ 为完全填充的 N 阶方阵；$\boldsymbol{v}$ 和 $\boldsymbol{\varphi}$ 分别为节点法向(到边界)速度和水头的向量。必须指定 N 个边界条件才能使式(10.21)有解。

在不失一般性的前提下，可以假定向量 $\boldsymbol{v}$ 和 $\boldsymbol{\varphi}$ 分为两个部分，即 $\boldsymbol{v}=(\boldsymbol{v}_n,\boldsymbol{v}_m)$ 和 $\boldsymbol{\varphi}=(\boldsymbol{\varphi}_n,\boldsymbol{\varphi}_m)$，分别对应外边的 n 个节点和沿交叉线的 m 个节点，其中 $n+m=N$，则式(10.22)可写为

$$\begin{bmatrix}G_{nn} & G_{nm}\\ G_{mn} & G_{mm}\end{bmatrix}\begin{Bmatrix}\boldsymbol{\varphi}_n\\ \boldsymbol{\varphi}_m\end{Bmatrix}=\begin{bmatrix}H_{nn} & H_{nm}\\ H_{mn} & H_{mm}\end{bmatrix}\begin{Bmatrix}\boldsymbol{v}_n\\ \boldsymbol{v}_m\end{Bmatrix} \tag{10.23}$$

对于裂隙中的流体流动,可以选择裂隙边的零法向流量(即 $\boldsymbol{v}_n \cdot \boldsymbol{n} = 0$)和沿交叉线未知但恒定的水头(即 $\boldsymbol{\varphi}_m$ = 常数)，则式(10.23)可写为

$$\begin{bmatrix} G_{nn} & -H_{nm} \\ G_{mn} & -H_{mm} \end{bmatrix} \begin{Bmatrix} \boldsymbol{\varphi}_n \\ \boldsymbol{v}_m \end{Bmatrix} = \begin{Bmatrix} -V_{mn}\boldsymbol{\varphi}_m \\ -V_{mm}\boldsymbol{\varphi}_m \end{Bmatrix} \tag{10.24}$$

当交叉线上的水头都已知时，可以通过反算求解方程(10.24)：

$$\begin{Bmatrix} \boldsymbol{\varphi}_n \\ \boldsymbol{v}_m \end{Bmatrix} = \begin{bmatrix} G_{nn} & -H_{nm} \\ G_{mn} & -H_{mm} \end{bmatrix}^{-1} \begin{Bmatrix} -V_{mn}\boldsymbol{\varphi}_m \\ -V_{mm}\boldsymbol{\varphi}_m \end{Bmatrix} \tag{10.25}$$

否则需要两步才能求解。

一般情况下，通过式(10.25)可以进一步得到交叉线单元的子集方程：

$$\boldsymbol{v}_{m\times 1} = \boldsymbol{A}_{m\times m}\boldsymbol{\varphi}_{m\times 1} \tag{10.26}$$

式中，$\boldsymbol{A}_{m\times m}$ 为不考虑外部影响的裂隙几何传导率张量。将 $\boldsymbol{A}_{m\times m}$ 的初始 $\boldsymbol{k}_i$ 乘以裂隙水力开度(e)来获得水力传导率，即通过下列积分计算：

$$\boldsymbol{k}_i = e\int_{-1}^{+1} \boldsymbol{h}^{\mathrm{T}} \frac{\mathrm{d}\Gamma_i}{\mathrm{d}\xi}\mathrm{d}\xi \tag{10.27}$$

并由此获得将流量和势能(水头)关联起来的水力传导率张量 $\boldsymbol{K}_{m\times m}$

$$\boldsymbol{q}_{m\times 1} = \boldsymbol{K}_{m\times m}\boldsymbol{\varphi}_{m\times 1} \tag{10.28}$$

式中，$\boldsymbol{q}$ 为流速。式(10.28)与 FEM 相同，可以组合为全局 DFN 模型的标准 FEM 表达形式来得到沿交叉线的水头，其原因可解释为裂隙系统等效于用裂隙边截取无限域内的流量边界条件的均质系统。

与 FEM 相比，BEM 技术的优点是单元数量大大减少，因此全局系数矩阵密集且不对称，需要采用有效的方程求解器进行求解。

10.3.3　考虑岩石基质渗透和裂隙传导的 BEM 方法

在 DFN 模型中通常不考虑岩石基质对岩石裂隙中流体流动的影响，但是当岩石基质的渗透率与裂隙的渗透率相比不可忽略不计时，或者时间尺度足够长以至于不能忽略基质中流体的扩散时，还需要考虑与之相关的影响。在这种情况下，内置于高孔隙基质中的裂隙系统需要被恰当地表征，如 Sudicky 和 McLaren (1992)使用的 FEM 技术。Dershowitz 和 Miller(1995)提出了一种简化的 DFN 技术，其使用概率方法来考虑基质对连通裂隙系统中流体流动的影响。Lough 等(1998)提出了一种更直接的方法。该方法使用 BEM 技术来考虑裂隙与岩石基质对流体流动的耦合作用，目的是应用于网格块水平的油藏模拟。Rasmussen 等(1987)报道了该方法最初的进展，为了更好地研究 BEM 表示的裂隙，Lough 等(1998)提高了 BEM 表征中对裂隙的有效处理水平，下面将根据 Lough 等(1998)的文献内

容对相关技术进行总结。

采用图 10.5 所示的模型对技术进行说明，图中连通裂隙系统内置于多孔基质中，裂隙方向随机分布，裂隙终止于块体边界或基质内。

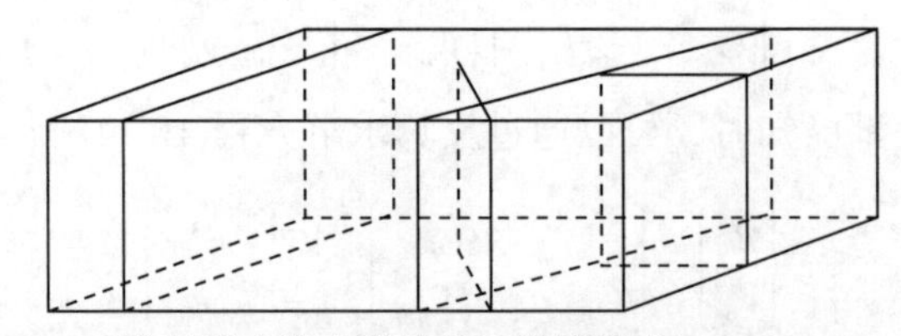

图 10.5　多孔基质中嵌入裂隙的网格块模型(Lough et al.，1998)

基质和裂隙被视为独立但相互作用的系统，并在裂隙面的一对相对应面(F_i^+, F_i^-) ($i=1,2,3,\cdots,N$，N为裂隙总数)处连接。第 i 条裂隙的外侧边被当成边界段，其平均(中心)面记作F_i，F_i与F_i^+和F_i^-平行。第 i 条裂隙开度 e 是在裂隙的单位法向上从F_i^-到F_i^+之间的距离。通过在F_i上定义的局部坐标系将裂隙中的流体流动视为二维问题。因此，网格块模型中包含的连接面是所有裂隙面和边的并集，即$U_i^{N=1}(F_i^+ \cup F_i^- \cup F_i^b)$。在块模型的总体积 V 中，矩阵和裂隙占据的体积分别记为V_m和$V_i (i=1,2,\cdots,N)$。

在下文中，加粗字母 $\boldsymbol{x}$、$\boldsymbol{y}$、$\boldsymbol{z}$ 表示 V 中点的位置矢量，它具有三个分量。希腊字母ξ和ς指的是其中一条裂隙F_i的平均平面上的点的位置矢量，在该裂隙上的二维坐标系中具有两个分量。基于裂隙平均流速的假设，并使用 $\boldsymbol{v}_i$ 和 $\boldsymbol{p}_i$ 表示裂隙 i 与其他相连裂隙的交叉线 m_i 的流速和压力，流动方程可写为

$$\boldsymbol{v}_i(\xi) = -k_i \nabla p_i(\xi) \tag{10.29a}$$

$$\nabla \cdot \boldsymbol{v}_i(\xi) = -\frac{1}{e_i} Q_i(\xi) + \sum_{j=1}^{m_i} \int_{L_i^j} q_i^j(\varsigma) \delta(\xi - \varsigma) \mathrm{d}l(\varsigma) \tag{10.29b}$$

式中，$Q_i(\xi)$表示从裂隙到基质的流体流动的源大小；$\delta(\cdot)$表示二维狄拉克德尔塔函数。与其他裂隙的相交线处被视为流体流动的源或汇，其作用由迹长为L_i^j ($j=1,2,3,\cdots,m_i$)的式(10.29b)中的积分来判定，其中$q_i(\varsigma)$为沿 m_i 交叉线处的源或汇的大小。式(10.29a)中的裂隙 i 的渗透率是$k_i = e_i^2/12$。需要注意的是，微分仅限于裂隙的二维空间。如果裂隙位于网格模型(∂V)的边界内部，则裂隙内流体流动的边界条件由零法向量给出；如果裂隙与网格模型边界相交，则压力等于边界压力。

$$\boldsymbol{v}_i(\xi) \cdot \boldsymbol{n}_i = 0 \quad (\text{如果 } \xi \text{ 在 } \partial V \text{ 内}) \tag{10.30a}$$

$$p_i(\xi) \cdot \boldsymbol{n}_i = p|_{\xi \in \partial V} \quad (\text{如果 } \xi \text{ 在 } \partial V \text{ 上}) \tag{10.30b}$$

假设多孔基质内部的流体是不可压缩的，并且服从达西定律，则渗透率 k_m、速度 $\boldsymbol{v}_m$ 和压力 p_m 之间满足

$$\boldsymbol{v}(\boldsymbol{x}) = -k_m \nabla p_m(\boldsymbol{x}) \tag{10.31a}$$

$$\nabla \cdot \boldsymbol{v}(\boldsymbol{x}) = \sum_{i=1}^{N} \int_{F_i} Q_i(\xi(\boldsymbol{x}))\delta(\boldsymbol{x}-\boldsymbol{z})\mathrm{d}A(\boldsymbol{z}) \tag{10.31b}$$

式中，$\mathrm{d}A(\cdot)$为相对于全局三维坐标空间的裂隙的微分面积单元。式(10.31b)表示裂隙与基质之间的耦合。

通常在边界 ∂V 上指定势能或流量边界条件或两者的结合。在基质和裂隙之间的公共界面处，将流体压力作为裂隙压力，流速取决于裂隙的源或汇的大小。

$$p_m(\boldsymbol{x})|_{x\in F_i} = p_i(\xi(\boldsymbol{x}))|_{\xi\in F_i} \tag{10.32a}$$

$$(\boldsymbol{v}_m(\boldsymbol{x})|_{\boldsymbol{x}\in F_i^+} - \boldsymbol{v}_m(\boldsymbol{x})|_{\boldsymbol{x}\in F_i^-})\cdot \boldsymbol{n}_i = Q_i(\xi(\boldsymbol{x}))|_{\xi(x)\in F_i} \tag{10.32b}$$

然后应用基本解(参见式(10.12)和式(10.13))和格林公式得出第 i 条裂隙的边界积分方程：

$$\begin{aligned} & c_i p_i(\xi) + \int_{\partial F_i} \ln(|\varsigma-\xi|)\frac{\partial p_i(\varsigma)}{\partial n_i}\mathrm{d}l(\varsigma) \\ = & \int_{\partial F_i} \frac{\varsigma-\xi}{|\varsigma-\xi|^2}\partial p_i(\varsigma)\mathrm{d}l(\varsigma) + \frac{1}{e_i k_i}\int_{F_i}\ln(|\varsigma-\xi|)Q_i(\varsigma)\mathrm{d}A(\varsigma) \\ & -\frac{1}{k_i}\sum_{j=1}^{m_i}\int_{L_i^j}\ln(|\varsigma-\xi|)q_i^j(\varsigma)\mathrm{d}A(\varsigma) \end{aligned} \tag{10.33}$$

式(10.33)中 c_i 为自由项；∂F_i 为第 i 条裂隙的平均平面 F_i 的外侧边。类似地，矩阵中流体流动的边界积分方程写为

$$\begin{aligned} c_m p_m(\boldsymbol{x}) = & \int_{\partial V}\frac{1}{|\boldsymbol{y}-\boldsymbol{x}|}\frac{\partial p_m(\boldsymbol{y})}{\partial_n}\mathrm{d}A(\boldsymbol{y}) + \int_{\partial V}\frac{(\boldsymbol{y}-\boldsymbol{x})\cdot \boldsymbol{n}(\boldsymbol{y})}{|\boldsymbol{y}-\boldsymbol{x}|^3}p_m(\boldsymbol{y})\mathrm{d}A(\boldsymbol{y}) \\ & + \frac{1}{k_m}\sum_{i=1}^{N}\int_{F_i}\frac{1}{|\boldsymbol{y}-\boldsymbol{x}|}Q_i(\xi(\boldsymbol{y}))\mathrm{d}A(\boldsymbol{y}) \end{aligned} \tag{10.34}$$

式中，c_m 为自由项。

边界积分方程(10.33)和(10.34)、连接面条件(10.32a)和(10.32b)以及全局边界条件(10.30a)和(10.30b)构成了完整的方程组。然后，使用等参元素和高斯积分的标准 BEM 技术可以将这些方程转换为 BEM 公式中的一组代数方程，主要的未知变量有全局网格模型边界上的压力和法向速度、裂隙平面上的压力和源大小、裂隙平面外侧边的压力和法向流量以及裂隙交叉线处的源大小。与 10.3.2 节介绍的

两步方法相比，这是一种单步解决方法。令

(1) 向量$\boldsymbol{U}$表示网格块边界每个节点上的压力或法向速度值。

(2) 向量$\boldsymbol{Q}$表示裂隙平面节点处源大小的节点值。

(3) 向量$\boldsymbol{P}_f$表示裂隙平面上压力的节点值。

(4) 向量$\boldsymbol{P}_{fb}$表示裂隙平面边上节点处的压力值。

(5) 向量$\boldsymbol{W}_{fb}$表示裂隙平面边上节点处速度的法线分量值。

(6) 向量$\boldsymbol{q}$表示裂隙交叉线处的源大小。

(7) 向量$\boldsymbol{P}_{fi}$表示裂隙平面相交线处压力的对应值。

通过应用标准边界元技术，式(10.33)和式(10.34)的矩阵-向量系统具有以下更紧凑的分块矩阵形式，为方便起见，将方程分为单独的部分(块)：

$$
\begin{bmatrix}
\boldsymbol{A}_1 & \boldsymbol{B}_1 & 0 & 0 & 0 & 0 \\
\boldsymbol{A}_2 & \boldsymbol{B}_2 & \boldsymbol{C}_2 & 0 & 0 & 0 \\
0 & \boldsymbol{B}_3 & \boldsymbol{C}_3 & \boldsymbol{D}_3 & \boldsymbol{E}_3 & \boldsymbol{F}_3 \\
0 & 0 & \boldsymbol{C}_4 & \boldsymbol{D}_4 & 0 & 0 \\
\boldsymbol{A}_5 & 0 & 0 & \boldsymbol{D}_5 & \boldsymbol{E}_5 & 0 \\
0 & \boldsymbol{B}_6 & 0 & \boldsymbol{D}_6 & \boldsymbol{E}_6 & \boldsymbol{F}_6
\end{bmatrix}
\begin{Bmatrix}
\boldsymbol{U} \\ \boldsymbol{Q} \\ \boldsymbol{P}_f \\ \boldsymbol{P}_{fb} \\ \boldsymbol{W}_{fb} \\ \boldsymbol{q}
\end{Bmatrix}
=
\begin{Bmatrix}
\boldsymbol{R}_1 \\ \boldsymbol{R}_2 \\ 0 \\ 0 \\ \boldsymbol{R}_5 \\ 0
\end{Bmatrix}
\tag{10.35}
$$

第一个块是在全局模型(网格块)边界上配置矩阵方程得到的，第二个块是在裂隙表面上配置矩阵方程得到的,第三个块是在裂隙边缘上配置裂隙方程得到的，第四个块表明基质和裂隙中的压力节点值必须在裂隙边缘处重合，第五个块是在裂隙边缘设置边界条件，第六个块是通过使每对交叉裂隙之间的裂隙压力相等得到的。

需要注意矩阵块的一些特殊性质，以简化式(10.35)。如果向量$\boldsymbol{U}$中的未知变量是全局网格块模型边界上的归一化压力$p(\boldsymbol{x}) = p(\boldsymbol{x}) - \boldsymbol{x}\cdot\boldsymbol{J}$ ($\boldsymbol{J}$为压力梯度)和归一化速度$\hat{\boldsymbol{v}}_m(\boldsymbol{x})\cdot\boldsymbol{n} = \boldsymbol{v}_m(\boldsymbol{x})\cdot\boldsymbol{n} + k_m\boldsymbol{J}\cdot\boldsymbol{n}$，那么$\boldsymbol{R}_1 = 0$成立。块$D_4$是一个单位矩阵。块 C_2是裂隙平面上节点值的插值，其结构具有较强的可预测性，C_2的逆也同样简单。此外，当假定周期性边界条件时(当网格块用作更大模型的标准单元以用于储层表征或推导裂隙岩体的代表性行为(性质)时，这种边界条件尤其适用)，可以将裂隙边视为在模型边界内，由此可以将这些裂隙边处的法向速度设为零，即$\boldsymbol{W}_{fb} = 0$。之后，通过上述所有简化操作，可以大大简化方程。

$$
\begin{bmatrix}
\boldsymbol{A}_1 & \boldsymbol{B}_1 & 0 \\
\hat{\boldsymbol{A}}_3 & \hat{\boldsymbol{B}}_3 & \boldsymbol{F}_3 \\
\hat{\boldsymbol{A}}_6 & \hat{\boldsymbol{B}}_6 & \boldsymbol{F}_6
\end{bmatrix}
\begin{Bmatrix}
\boldsymbol{U} \\ \boldsymbol{Q} \\ \boldsymbol{q}
\end{Bmatrix}
=
\begin{Bmatrix}
0 \\ \boldsymbol{R}_3 \\ \boldsymbol{R}_6
\end{Bmatrix}
\tag{10.36}
$$

式中

$$\widehat{A}_3 = -(C_3 - D_3C_4)C_2^{-1}A_2 \tag{10.37a}$$

$$\widehat{A}_6 = -D_6C_4C_2^{-1}A_2 \tag{10.37b}$$

$$\widehat{B}_3 = B_3 - (C_3 - D_3C_4)C_2^{-1}B_2 \tag{10.37c}$$

$$\widehat{B}_6 = B_6 + D_6C_4C_2^{-1}B_2 \tag{10.37d}$$

$$R_3 = -(C_3 - D_3C_4)C_2^{-1}R_2 \tag{10.37e}$$

$$R_6 = D_6C_4C_2^{-1}R_2 \tag{10.37f}$$

上述 BEM 技术也为考虑基质中的应力-流动耦合提供了一种方法，使得基质应力对裂隙位移和流体流动的影响，以及裂隙与基质在流体流动方面的相互作用等因素得以分析，当然这也使计算变得更为困难。但这样的组合是 BEM 的一个优势。

10.3.4　管网和通道格子模型

与裂隙系统渗流的 FEM 和 BEM 相比，等效管网模型和通道格子模型的计算最简单，这是因为裂隙被具有有效直径的单个或格子管道所代替，管道有效直径由裂隙体积(即面积和开度)决定；而且管网内流动的建模是直接的，无须像 FEM 和 BEM 那样对偏微分方程进行数值积分。然而，这种方法只适用于流体流动和输运过程，而不考虑热和应力的影响，因此不能应用于需要考虑热和应力影响的岩石力学问题。

管网或通道格子网络可以构造为规则网格(Long et al.，1991)或服从泊松过程的随机网络(Dershowitz，1984)。为了提高这两种方法的适用性，已经通过大规模的现场试验(Long et al.，1991)和基于连续介质模型的流线分布(Herbert and Layton，1992)对其进行了调整。该类方法的一个最新应用是分析英国塞拉菲尔德 RCF3 压水试验裂隙岩体中流体流动的通道格子模型(Billaux and Detournay，1997)，这一研究为国际 DECOVALEX II 期项目中核废料储存库的 THM 耦合过程的模拟与实验研究的一部分(Jing et al.，1998)。针对裂隙介质的等效连续特性，Adler 和 Berkowitz(2000)用随机格子模型与等效介质理论(EMT)进行比较。

10.4　逾渗理论

逾渗理论基于通道(裂隙)的随机格子模型和几何概率概念的系统连通性，推导流体流动条件(临界密度)和特性(渗透性)(Robinson, 1984; Hestir and Long, 1990; Berkowitz and Balberg，1993；Sahimi，1995)。该理论为根据表征临界概率的逾渗阈值来理解裂隙介质中发生流动的几何条件提供了理论基础。这一理论在岩石力学和工程问题中的应用集中在表征裂隙岩体的流动特性上。下面给出该领域的一些应用。

(1) 裂隙岩体的变形和渗透性的临界行为：Zhang 和 Sanderson(1998)。

(2) 裂隙网络中的流动和输运：Mo 等(1998)。

(3) 岩石的微观结构和物理性质：Guéquen 等(1997)。

(4) 逾渗裂隙中的流动、热量和质量传输：Kimmich 等(2001)。

逾渗理论可用于裂隙介质渗透性的定量标度，通常采用幂律的形式。Broadbent 和 Hammersley(1957)、Essam(1980)的工作显示，逾渗理论起源于固体物理领域，主要是半导体。经典的渗流理论始于通过键连接的无数对位点。逾渗模型可表述为位逾渗模型和键逾渗模型。前者与一个独立于其他位点的开放点位概率 $P^{(S)}$有关，连接的开放位点形成路径。在键逾渗模型中，假设所有的位点都是开放的，但存在键开放的概率 $P^{(B)}$，同样该键独立于所有其他键。这些位点通过开放的键连接起来，形成路径，位点集由可通过路径连通的位点组成。该理论的目的是定义临界概率 $P_{\mathrm{c}}^{(S)}$，在该临界概率处，连接位点集的路径将从模型的一部分到达另一部分。对于位逾渗情况，如果 $P^{(S)} < P_{\mathrm{c}}^{(S)}$，仅存在有限的位点集(局部连接)，如果 $P^{(S)} > P_{\mathrm{c}}^{(S)}$，则存在无限的连接的位点集，并且整个集(位点)系统都是导电的(或流体流动)。在键逾渗中也有类似的情况，通常所考虑的系统是具有连接相邻位点的键的晶格。位点逾渗模型(Robinson，1984)和键逾渗模型(Adler and Thovert，1999)都被用于描述裂隙岩体中的流体流动，适用性也基本相同。在本节中，我们假设位点逾渗模型如 Robinson(1984)所述。位点用来表示根据裂隙的位置、大小和方向随机生成的裂隙，如果两条裂隙相交，它们之间就有一个键。一个集是一组相连的裂隙。

对于有限尺寸的逾渗模型，定义临界密度的方法并不唯一。在大多数实践中，选择一个固定尺寸的正方形(或立方体)区域，然后不断产生随机裂隙，直到形成一组连通裂隙并与该区域的所有边相连通，因此裂隙系统被称为是渗透的，集中在该区域的裂隙数量与该区域的面积(或体积)之比为裂隙系统的逾渗密度，重复以上过程，取相同统计参数生成的多个裂隙系统逾渗密度的平均值作为临界密度，也称为逾渗阈值。由此定义的临界密度相当于在二维(三维)中取正方形(或立方体)的一半，但区域仍有一个裂隙集接触所有四(或六)边时对应的密度。

另一种定义是要求裂隙集连接正方形的任意一对相对边，或者连接三维立方体中的任意一对相对面。这与上面提到的定义相同，但是对模型边界处裂隙集的连通性要求放宽。还有一种定义是以正方形区域的周期性网络为基本单元。这样虽然系统的交叉处很容易找到，但要找到无限的裂隙集在计算上是相当困难的，因此这个定义在实际中并不经常应用。

除临界密度外，每条裂隙的交叉点数(有时在文献中也称为配位数)是逾渗理论中的另一个重要变量。如前所述，它可以直接使用 DFN 算法进行计算，也可以根据简单的几何参数使用裂隙统计数据进行预测。逾渗阈值处对应的裂隙交叉点数为 $zP_c^{(S)}$，其中 z 是 DFN 模型中每条裂隙的交叉点数量。Shante 和 Kirkpatrick (1971)研究结果表明，随着配位数 z 的增大，二维中 $zP_c^{(S)}$ 趋于 4.5，三维中 $zP_c^{(S)}$ 趋于 2.7。

Robinson(1984)提出了一种定义逾渗密度与交叉点平均数量之间关系的方法。在不失一般性的前提下，假设系统中裂隙的几何特性(位置、尺寸、方向)可以由一组具有已知概率分布 $f(s)$的参数 s 描述。如果两条裂隙的参数满足某些条件使得它们有一个交叉点，则可表示为 $b(s_i, s_j)=1$，若两条裂隙没有交叉点，则表示为 $b(s_i, s_j)=0$。每条裂隙的平均交叉数量就是裂隙数乘以连接函数 b 的参数空间上的积分，再乘以概率函数，写为

$$I = N\int \mathrm{d}s_i \int \mathrm{d}s_j b(s_i, s_j) f(s_i) f(s_j) \tag{10.38}$$

假设某一裂隙的实际交叉点数服从均值为 I^z 的泊松分布，则裂隙的交叉点数由该分布给出：

$$P_z = \frac{e^{-I} \cdot I^z}{z!} \tag{10.39}$$

但是，这不适用于裂隙迹长变化的情况。

以下给出一个例子来证明上述模型的有效性，对于一个裂隙系统，密度为 ρ，迹长恒定为 $2l$，且在水平方向或垂直方向具有相等概率，其覆盖面积为 A，包含 $N = \rho A$ 条裂隙。如果一对裂隙是正交的，并且其中一条裂隙的中心位于另一条裂隙的中心周围边长 $2l$ 的正方形内，则这两条裂隙相交。忽略边界的影响，两者相交的概率为 $P=(2l)^2/(2A)$。因此，任一裂隙与其他裂隙相交的概率为

$$P_z = \frac{(N-1)(N-2)\cdots(N-z)}{z!}(1-P)^{N-1} P^z (1-P)^z \tag{10.40}$$

由于面积 A 以及裂隙的总数 N 趋于无穷大，可得出

$$P_z = \frac{(2\rho l^2)^2}{z!} \mathrm{e}^{-2\rho l^2} \tag{10.41}$$

这表明，交叉点数量的分布服从泊松分布，如上面所述，且平均值为 $I=2\rho l^2$。因此，在这种情况下，每条裂隙的临界交叉点数是 $I_c=2\rho_c l^2$。类似的结果也可用于

其他裂隙统计，如表 10.1 所示。另一方面，正方形晶格上键逾渗的临界概率为 1/2。

表 10.1　密度和交叉点数量之间的关系

裂隙统计	每条裂隙的交叉点数
两个正交裂隙(长度 $2l$，双向各一半，总密度 ρ)	$2\rho l^2$
夹角为 α 的两条裂隙(长度 $2l$，双向各一半，总密度 ρ)	$2\rho l^2 \sin\alpha$
各方向均匀分布的裂隙(长度 $2l$，总密度 ρ)	$8\rho l^2/\pi$
方向均匀分布在 0 和 α 之间的裂隙(长度 $2l$，总密度 ρ)	$\rho l^2(2/\alpha^2)[2\alpha-\sin(2\alpha)]$
长度均匀分布的任何情况	与固定长度等于平均长度但不服从泊松分布的情况相同

逾渗理论中推导的幂律关系通常采用以下形式(Berkowitz，2002)：

$$A \propto (N-N_{\mathrm{c}})^{-X} \tag{10.42}$$

式中，A 为几何或物理观察量(如渗透系数)；X 为 A 的特定指数；N_{c} 为逾渗阈值处的临界裂隙数；N 为系统的裂隙总数。这种形式的幂律用来描述几何特征，如确保网络连通性所需的裂隙密度和大小、裂隙集的大小和范围，以及裂隙地层水力连通的可能性(Balberg et al.，1991；Berkowitz and Balberg，1993；Sahimi，1995；Bour and Davy，1997，1998，1999)。另一方面，在实际中，通常直接根据测量结果(地表裂隙测绘、利用飞机或卫星测量地图进行的线性测量)给出裂隙迹长的典型幂律：

$$f \propto aL^{-X} \tag{10.43}$$

式中，f 为频率密度(裂隙迹长和模型尺寸的函数)；L 为迹长；a 为比例系数(与裂隙密度和模型尺寸相关)；幂律指数 X 通常为 1～3(Segall and Pollard，1983；Scholz and Cowie，1990；Davy，1993)。结晶岩和沉积岩中上述迹长分布相关报道较为常见。这种迹长分布表征的最大不确定性在于定义测量分辨率极限、用于数据处理的下限截止长度，以及确定地表特征和地下特征之间的相关性(如考虑到破裂模式时的岩性随深度的分层或大致变化)。不考虑场地条件而盲目用幂律函数拟合数据得到 a 和 X，将引起很大的不确定性。

如上所述，逾渗取决于密度和连通性(用配位数表示)。由于缺少连通性，看似很密集的裂隙网络不一定是渗透的，相反，如果稀疏的裂隙系统与模型边界连接良好，则可能是渗透的。然而，密集的裂隙系统可能接近临界状态，因此局部裂隙几何特征或密度的微小变化都可能导致系统渗透性显著变化。

对于存在空间相关或各向异性方面复杂性的任一裂隙系统，当裂隙系统的连通性已经通过数值方式得到明确确定时，DFN 建模不需要估计裂隙系统的临界裂隙密度和配位数。对于或多或少的规则裂隙系统，经典的逾渗理论裂隙密度是建立在纯随机(不相关、各向同性)系统的基本假设基础上的，并且幂律关系仅对接近逾渗阈值的裂隙系统严格有效。对于具有各向异性、可变密度或空间相关性的天然裂隙系统，逾渗理论的适用性可能受到限制，在这方面 DFN 模拟更加灵活。即便如此，无论是确定性的还是随机的，在获取空间结构、相关特性以及天然裂隙模式连通性方面，DFN 和逾渗理论都需要继续向前发展(Bour and Davy，1999; Odling et al., 1999)。主要困难在于量化连通性和尺度特性的相关参数的不确定性，以及无法验证用随机实现来表示隐藏在地下岩体中的真实裂隙系统的可靠性。Berkowitz 等(2000)、Bour 等(2002)、Berkowitz 等(2000)和 Bour 等(2002)在考虑裂隙密度分形特征(Davy et al.，1990)基础上采用裂隙连通性和长度分布的更具一般意义的综合表达式，并采用以下三个参数：尺度指数、裂隙中心分形维数和密度项，克服了上述困难，其成果将相关研究推进了一步。

10.5　组合拓扑理论

就数学特性而言，裂隙系统有两类几何特性。一类是度量特征，如方向、间距、开度和大小。这些特性可以用某些物理单位来测量(如度、米、平方米或立方米)，并且在某些条件下，它们可能会变化(如在变形过程中)。另一类是拓扑特性，典型的如裂隙连通性，无法使用任何物理单位进行测量，但在连续且较小的变形过程中不会发生改变。例如，两个连通的裂隙将仍保持连通状态，除非包含这两条裂隙的岩块完全破裂，但是这是不连续的大变形过程。连通性定义了裂隙单元(形状、边界和相交)与由此形成的块体之间的几何关系。拓扑属性不能直接测量，它们只能以组合方式表示。

本节介绍一种基于组合拓扑和逾渗理论的裂隙系统表征新技术(Jing and Stephanson，1997)。该技术的基本假设是岩石基质的渗透性可以忽略不计(零)，并且不考虑裂隙扩展。为了简单明了地演示，只针对二维问题进行分析。Dershowitz (1984)、Low(1986)和 Einstein(1993)使用以下方法来描述裂隙系统：

(1) 在所涉及的岩体区域中的裂隙交叉点密度(单位面积上裂隙交叉点数)表示为 C1。

(2) 逾渗概率，即随机选择的裂隙通过与其他裂隙的连通，从区域的一端延伸到另一端的概率，表示为 C5。

(3) 区域中裂隙总长度，表示为 C8t。

(4) 沿 x 轴方向投影的裂隙总长度，表示为 C8x。

(5) 区域中独立(不连通)子网络的数目。一个独立的子网络是由总裂隙群的一部分构成的，但与剩余部分裂隙及区域全部边界不连通。

除逾渗概率(C5)与裂隙交叉点密度(C1)有关外，上述测量值相互独立，并通过计算相关区域内的所有裂隙来定义，这些测量值之间的关系尚未定义。裂隙岩体的水力特征表征过程中，对不影响整个区域渗透性(或导水率)的孤立和单连通裂隙，应首先进行规则化处理。

C1 是通过计算除孤立裂隙外的所有裂隙来测定的。如果包括单连通裂隙，C1 值高表示裂隙相交程度高，但并不一定意味着裂隙连通程度高。相交是两个(或多个)裂隙之间的几何关系，而连通性是整个裂隙系统(或网络)的拓扑性质。如图 10.6(a)所示，在裂隙系统的极端示例情况下，裂隙高度相交，C1 为较大值，但是没有形成连通的裂隙通道，也没有与外部边界连接，即零连通性，因此裂隙系统是不渗透的，岩体的等效渗透率为零(假定岩体基质不可渗透)。

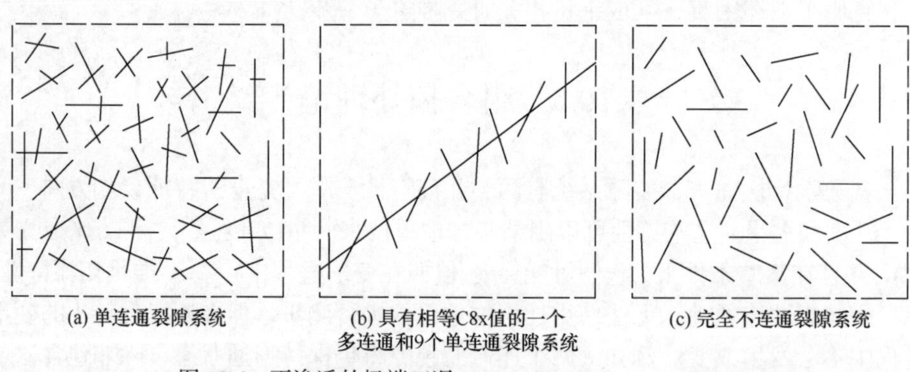

图 10.6　不渗透的极端工况(Jing and Stephansson，1996)

C5的定义不受孤立裂隙的影响，但可能包含单连通裂隙的影响。如图 10.6(b)所示，裂隙系统包含一个多连通裂隙和多个单连通裂隙，这些单连通裂隙对区域渗透性没有任何贡献。同样，这表明仅交叉处的数量并不能自动地正确表征连通性。

上述两个极端例子说明了在逾渗理论中结合使用临界裂隙密度和交叉点数的必要性，如 10.4 节所述。

C8t 和 C8x 是度量值，而不是裂隙系统的拓扑特性。单独 C8t 或 C8x 的较大值并不能直接表示高概率的渗透性，因为完全不连通的离散裂隙系统也可能具有非常大的 C8t 或 C8x 值，而不具有连通性(图 10.6(c))。因此，C8t 和 C8x 值对裂隙网络的表征不是特别有用，但对 DFN 程序编程可能有用，因为必须考虑裂隙大小和方向的分布。

由于连通性是裂隙系统的拓扑性质，在 DFN 模型中，很自然地使用组合(或代数)拓扑理论来描述裂隙系统的几何性质(Aleksandrov，1956；Henle，1974)。这一理论的一个特别优势在于，它提供了一个简单的工具来表示多边形系统或空间多面体系统的点、线、面之间的代数关系。岩体中的裂隙网络可以表示为二维或三维图形，这些图形是由裂隙平面(或表面)及其交叉点(边和顶点)定义的。然后，可以采用或调整拓扑关系来定性描述裂隙系统的连通性，拓扑关系是在组合拓扑中考虑点、线、面来定义的。最后，可以使用扩展的 Euler-Poincare 公式(7.1)(请参阅第 7 章 7.1 节)来表征网络连通性。

在式(7.1)中，令 $N_{sn}=0$(这适用于规则化后的全局裂隙网络，且没有独立的子网络)，两侧除以相关区域的总面积 A，可以改写为

$$d_v+\frac{1}{a_b}-d_e=\frac{1}{A} \tag{10.44}$$

或

$$d_v+d_f-d_e=\frac{1}{A} \tag{10.45}$$

式中，$d_v=N_v/A$ 为规则化裂隙交叉点的密度，它等于 C1 减去初始裂隙系统中由单连通裂隙所形成的交叉点数；$d_f=N_f/A$ 为块体(多边形)的密度；$a_b=A/N_f$ 为块体(多边形)的平均尺寸；$d_e=N_e/A$ 为边的密度，是该区域裂隙集迹长和间距分布特征的函数。d_v、d_f 和 d_e 为拓扑参数，a_b 和 A 为度量参数。它们共同表征求解区域 A 的平均多边形剖分。

式(10.45)表示完全连通裂隙网络的关键拓扑参数和度量参数之间的相互关系。因此，它是表征裂隙网络特征的有用模型，尤其在考虑裂隙岩体的水力特性时。任何具有满足式(10.44)或式(10.45)的拓扑测度的裂隙网络都是一个完全连通的网络，其中包含所有可能的流体流动路径。

如 10.4 节所述，临界裂隙密度或逾渗阈值定义为当整体裂隙集连接到外部边界时研究域中裂隙交叉点的密度。由于裂隙网络的连通性代表了裂隙交叉点之间的拓扑关系，裂隙交叉点的密度更适合进行逾渗表征。因此，规则化裂隙网络的组合拓扑和逾渗理论同时使用，为裂隙交叉点的逾渗阈值提供了唯一而准确的定义。

仅从裂隙组的统计分布来看，对于一般裂隙系统，没有用于确定逾渗阈值的解析解。裂隙规则化和块体流动路径追踪的拓扑算法(Jing and Stephansson，1994a，1994b)可以用来确定裂隙系统是否满足式(7.1)。渗透裂隙系统必须满足两个条件：

①裂隙网络规则化后必须满足式(7.1)；②规则化裂隙系统与求解域的外边界相连。裂隙交叉点的临界密度表示为 d_{vc}，是在裂隙生成和规则化过程中满足式(7.1)的最小 d_v 值，而裂隙组的方向、迹长和间距的分布保持不变。在系统渗透之后，增加更多的裂隙只会使系统更具有传导性，但不会改变系统已经逾渗的事实，因为已经超过了临界阈值 d_{vc}。对于许多实际问题，当 $1/A \to 0$ 时，以裂隙交叉点的临界密度为基本量度的逾渗准则可以写成

$$\begin{cases} d_v = d_e - \dfrac{1}{a_b} \geqslant d_{vc} \quad 或 \quad d_v = d_e - d_f \geqslant d_{vc} \\ \max(l_e^i, i = 1,2,\cdots,N_e) < \min(l_e^b) \end{cases} \tag{10.46}$$

式中，$i(i=1,2,\cdots,N_e)$为边的长度；l_e^b 为求解域外边界的边长。这个关系将裂隙网络的拓扑性质与其渗透可能性联系起来，它还表示逾渗阈值、求解域面积和块体密度之间的定量关系。式(10.46)是基于网络拓扑的理论关系式，可用于确定裂隙系统是否渗透，无论裂隙系统是直接生成的还是利用方向、迹长、间距等分布函数生成的，式(10.46)均可直接与标准 DFN 模拟相结合。

10.6　总　　结

下面讨论与裂隙系统的 DFN 表征有关的几个重要问题，这些问题涉及表征方法、分形或幂律表征的有效性以及裂隙系统的连通性。以下总结性评论主要基于 Odling(1997)和 Berkowitz(2002)的概述。

10.6.1　裂隙测绘质量与数据估计

实际中，通常不可能收集超过两个数量级的(空间)数据。由于测量分辨率限制、删剪和其他有限尺寸效应，幂律可应用的尺寸往往被限制在小于一个量级范围。裂隙的准确定义是分辨率的函数：在航空影像上显示为单条连续轨迹的裂隙，通常由在地面观测到的一系列较小的、未连接的(雁阵式)裂隙组成。

Bonnet 等(2001)认为，分析技术的盲目应用和缺乏对幂律表征现场特定数据适用性的客观评价，很可能导致不可靠的裂隙特征。为了避免这种盲目的应用，根据地质成因、地层历史和层序对裂隙集进行适当的分组或分类，以及正确评价测绘技术的局限性，是裂隙系统表征和后续随机实现的重要问题。难点在于验证生成的裂隙系统的几何结构。已发表的关于迹长和开度的幂律指数和分形维数差异很大，绝大多数数据是基于一维(测线测绘和钻孔测井)和二维(表面迹线测绘)测量，将其外推到三维系统仍然存在问题，并且很大程度上取决于二维扩展到三

维时使用的几何概率函数。

10.6.2　分形或幂律表征的尺度效应

使用现场测量来估计裂隙系统的幂律指数和分形维数(以及其他特征分布)仍然存在问题。为了考虑裂缝系统几何特征的尺度依赖性和升尺度渗透率特性，分形概念已应用于裂隙系统表征。分形概念通常使用盒计数法或 Cantor-dust 模型(Barton and Larsen，1985；Chilés，1988；Barton，1992；Castaing et al.，1997；Wilson，2001；Babadagli，2002；Doughty and Karasaki，2002)。Renshaw(1999)发现裂隙迹长中存在幂律规律，并用于表示裂隙系统连通性。对这些问题的详细分析参见 Bonnet 等(2001)，文献中研究了如何确定幂律指数和分形维数，以及准确客观地估计这些参数的方法。

Berkowitz(2002)认为，具有尺度效应的系统不存在均质化尺度。如果上述尺度特性在所有裂隙尺寸范围内均有效，则意味着裂隙岩石不存在表征单元体(REV)，并且等效连续介质方法完全没有物理上的依据，因为弹性柔度和渗透率张量只能在特定尺度下定义为连续介质。另外，不管是有或没有显式表征裂隙，连续介质方法通常在不同尺度下产生有意义的结果。这表明等效连续介质假设对于足够大尺度的问题仍然有效。因此，尺度效应可能具有一定的有效性范围，并且均匀化在表征裂隙岩体或裂隙孔隙岩体的整体性质上仍然是可行的(Cravero and Fidelibus，1999；Barla et al.，2000；Svensson，2001b；Park et al.，2002；Min et al.，2004)。对于裂隙岩体表征单元体存在性，可能不存在普遍有效的标准或方法，必须将问题视为场址特定的，因此为获得客观结果，需评估不同测绘和表征技术的适用范围以及由区域地质(如岩性分层限制裂隙迹长)和裂隙形成的力学过程(如构造应力过程限制裂隙的方位和扩展速率)施加的限制条件(Gringarten，1998；Meyer and Einstein，2002)。

10.6.3　网络连通性

裂缝网络的连通性与其他水文地质参数取决于所生成的裂隙网络的几何结构。二维随机实现虽然在概念上清晰明了，在数学和计算上都非常方便，但对于解释三维情况可能并不可靠，因为在第三方向上的连通性可能与 DFN 模型在二维平面上的连通性大不相同。然而，将一维和二维数据外推到三维可能是唯一可行的方法(Warburton，1980a，1980b；Piggott，1997)。Berkowitz 和 Adler(1998)考虑了裂隙数据从一维到二维、从二维到三维的外推，并建立了一系列的解析关系。他们特别研究了一个平面与裂隙网络之间的交叉统计特性，裂隙网络包括几种类型的圆盘直径分布——均匀分布、幂律分布、对数正态分布和指数分布，以及其他参数(如区域中的裂隙数)的影响。但是，在可预见的未来，对大小不同的大型裂隙集，不能直接测量地下三维裂隙的几何形状，因此无法轻易对这种外推进行验证。

在 DFN 实践中，一种减少不确定性的方法是用 Monte Carlo 方法重复生成三维裂隙网络。换句话说，根据测绘结果进行调整。由于与 DFN 模型模拟区域相比，现场测绘面积太小且在地表或开挖边墙上太过稀疏，这种调整的可靠度往往有限，并不能起到主导作用。

上述限制和困难不仅限于 DFN 模型，而是适于所有的 DEM 模型集，因为裂隙系统的几何特征是所有 DEM 模型的最根本基础。

还应该注意到，在特定位置处的裂隙系统存在确定性，使得随机裂隙系统的概念在物理上是不正确的。然而，由于测量技术在探索地下结构几何特征和位置方面的局限性，必须将根据在有限位置获得的可用的少量数据包含在模型中，采用随机方法扩大预测结果范围。在可预见的未来，我们必须面对这些限制条件和相关不确定性，并尽可能客观地为工程目的提供最佳估计。

参 考 文 献

Abelin H, Bergesson L, Gidlund J, et al. 1987. 3-D migration experiment, Report 3, Performed experiments, Results and Evaluation, Stripa Project. Technical Report TR 87-21, Swedish Nuclear Fuel and Waste Management Co. (SKB), Stockholm.

Adler P M, Berkowitz B. 2000. Effective medium analysis of random lattices. Transport in Porous Media, 40(2): 145-151.

Adler P M, Thovert J F. 1999. Fractures and Fracture Networks. Dordrecht: Kluwer Academic Publishers.

Aleksandrov P S. 1956. Combinatorial Topology. Baltimore: Graylock Press.

Amadei B, Illangasekare T. 1992. Analytical solutions for steady and transient flow in non-homogeneous and anisotropic rock joints. International Journal of Rock Mechanics and Mining Sciences & Geomechanical Abstracts, 29(6): 561-572.

Andersson J, Shapiro A M, Bear J. 1984. Astochastic model of a fractured rock conditioned by measured information. Water Resources Research, 20(1): 79-88.

Andersson J, Dverstorp B. 1987. Conditional simulations of fluid flow in three-dimensional networks of discrete fractures. Water Resources Research, 23(10): 1876-1886.

Babadagli T. 2001. Fractal analysis of 2-D fracture networks of geothermal reservoirs in south-western Turkey. Journal of Volcanology and Geothermal Research, 112(1-4): 83-103.

Babadagli T. 2002. Scanline method to determine the fractal nature of 2-D fracture networks. Mathematical Geology, 34(6): 647-670.

Balberg I, Berkowitz B, Drachsler G E. 1991. Application of a percolation model to flow in fractured hard rocks. Journal of Geophysical Research: Solid Earth, 96(B6): 10015-10021.

Balzarini M, Nicula S, Mattiello D, et al. 2001. Quantification and description of fracture network by

MRI image analysis. Magnetic Resonance Imaging, 19(3-4): 539-541.

Barla G, Cravero M, Fidelibus C. 2000. Comparing methods for the determination of the hydrological parameters of a 2D equivalent porous medium. International Journal of Rock Mechanics and Mining Sciences, 37(7): 1133-1141.

Barthélémy P, Jacquin C, Yao J, et al. 1996. Hierarchical structures and hydraulic properties of a fracture network in the Causse of Larzac. Journal of Hydrology, 187(1-2): 237-258.

Barton C C. 1992. Fractal analysis of the scaling and spatial clustering of fractures in rock//Proceedings of 1988 GSA Annual Meeting, Boston.

Barton C C, Larsen E. 1985. Fractal geometry of two-dimensional fracture networks at Yucca Mountain, southwestern Nevada//Proceedings of International Symposium on Rock Joints. Bjorkliden: 77-84.

Bear J, Tsang C F, de Marsily G. 1993. Flow and Contaminant Transport in Fractured Rock. San Diego: Academic Press Inc.

Berkowitz B. 2002. Characterizing flow and transport in fractured geological media: A review. Advances in Water Resources, 25(8-12): 861-884.

Berkowitz B, Adler P M. 1998. Stereological analysis of fracture network structure in geological formations. Journal of Geophysical Research: Solid Earth, 103(B7): 15339-15360.

Berkowitz B, Balberg I. 1993. Percolation theory and its application to groundwater hydrology. Water Resources Research, 29(4): 775-794.

Berkowitz B, Bour O, Davy P, et al. 2000. Scaling of fracture connectivity in geological formations. Geophysical Research Letters, 27(14): 2061-2064.

Billaux D, Detournay Ch. 1997. Groundwater flow modelling of the RCF3 pump test. Prepared for ANDRA by ITASCA Consultants, Report B RP ITA 96.014/A.

Billaux D, Chiles J P, Hestir K, et al. 1989. Three-dimensional statistical modelling of a fractured rock mass—An example from the Fanay-Augéres mine. International Journal of Rock Mechanics and Mining Science & Geomechanics Abstracts, 26(3-4): 281-299.

Birkholzer J, Li G, Tsang C F, et al. 1999. Modeling studies and analysis of seepage into drifts at Yucca mountain. Journal of Contaminant Hydrology, 38(1-3): 349-384.

Bonnet E, Bour O, Odling N E, et al. 2001. Scaling of fracture systems in geological media. Reviews of Geophysics, 39(3): 347-383.

Bour O, Davy P. 1997. Connectivity of random fault networks following a power law fault length distribution. Water Resources Research, 33(7): 1567-1583.

Bour O, Davy P. 1998. On the connectivity of three-dimensional fault networks. Water Resources Research, 34(10): 2611-2622.

Bour O, Davy P. 1999. Clustering and size distributions of fault patterns: Theory and measurements. Geophysical Research Letters, 26(3): 2001-2004.

Bour O, Davy P, Darcel C, et al. 2002. A statistical scaling model for fracture network geometry, with validation on a multiscale mapping of a joint network (Hornelen Basin, Norway). Journal of Geophysical Research: Solid Earth, 107(B6): ETG4-1-ETG4-12.

Broadbent S R, Hammersley J M.1957. Percolation processes. I. Crystals and mazes. Proceedings of the Cambridge Philosophical Society, 53(3): 629-641.

Brown S R. 1995. Simple mathematical model of a rough fracture. Journal of Geophysical Research: Solid Earth, 100(B4): 5941-5952.

Brown S R, Scholz C H. 1985. Broad bandwidth study of the topography of natural rock surfaces. Journal of Geophysical Research: Solid Earth, 90(B14): 12575-12582.

Bruel D. 1995a. Heat extraction modelling from forced fluid flow through stimulated fractured rock masses: Application to the rosemanowes hot dry rock reservoir. Geothermics, 24(3): 361-374.

Bruel D. 1995b. Modelling heat extraction from forced fluid flow through stimulated fractured rock masses: Evaluation of the Soultz-Sous-Forets site potential. Geothermics, 24(3): 439-450.

Bruhn R L, Bering D, Bereskin S R, et al. 1997. Field observations and analytical modeling of fracture network permeability in hydrocarbon reservoirs. International Journal of Rock Mechanics and Mining Sciences, 34(3-4): e1-e10.

Cacas M C, Ledoux E, de Marsily G, et al. 1990. Modeling fracture flow with a stochastic discrete fracture network: Calibration and validation: 1. The flow model. Water Resources Research, 26(3): 479-489.

Castaing C, Genter A, Chilés J P, et al. 1997. Scale effects in natural fracture networks. International Journal of Rock Mechanics and Mining Sciences, 34(3-4): e1-e18.

Chen M, Bai M, Roegiers J C. 1999. Permeability tensors of anisotropic fracture networks. Mathematical Geology, 31(4): 335-373.

Chilés J P, 1988. Fractal and geostatistical methods for modeling a fracture network. Mathematical Geology, 20(6): 631-654.

Cravero M, Fidelibus C. 1999. A code for scaled flow simulations on generated fracture networks.Computers & Geosciences, 25(2): 191-195.

Davy P. 1993. On the frequency-length distribution of the San Andreas fault system. Journal of Geophysical Research: Solid Earth, 98(B7): 12141-12152.

Davy P, Sornette A, Sornette D. 1990. Some consequences of a proposed fractal nature of continental faulting. Nature, 348: 56-58.

de Dreuzy J R, Erhel J. 2003. Efficient algorithms for the determination of the connected fracture network and the solution to the steady-state flow equation in fracture networks. Computers & Geosciences, 29(1): 107-111.

Dershowitz W S. 1984. Rock joint systems. Boston: Massachusetts Institute of Technology.

Dershowitz W S. 1993. Geometric conceptual models for fractured rock masses: Implications for groundwater flow and rock deformation//Sousa L R E, Grossmann N E. Proceedings of EUROCK’ 93, Vol. 1. Rotterdam: Balkema: 71-76.

Dershowitz W S, Einstein H H. 1987. Three-dimensional flow modelling in jointed rock masses// Proceedings of 6th ISRM Congress, Montreal: 87-92.

Dershowitz W S, La Pointe P. 1994. Discrete fracture approaches for oil and gas applications//Nelson P P, Laubach S E. Rock Mechanics. Rotterdam: Balkema: 19-30.

Dershowitz W, Miller I. 1995. Dual porosity fracture flow and transport. Geophysical Research Letters, 22(11): 1441-1444.

Dershowitz W S, Wallmann P, Doe T W. 1992. Discrete feature dual porosity analysis of fractured rock masses: Applications to fractured reservoirs and hazardous waste//Tillerson, Wawersik. Rock Mechanics. Rotterdam: Balkema: 543-550.

Dershowitz W S, Lee G, Geier J, et al. 1993. User documentation: FracMan discrete feature data analysis, geometric modelling and exploration simulations. Golder Associates, Seattle.

Doe T W, Wallmann P C. 1995. Hydraulic characterization of fracture geometry for discrete fracture modelling//Proceedings of the 8th IRAM Congress, Tokyo: 767-772.

Doughty C, Karasaki K. 2002. Flow and transport in hierarchically fractured rock. Journal of Hydrology, 263(1-4): 1-22.

Duliu O G. 1999. Computer axial tomography in geosciences: An over review. Earth Science Reviews, 48(4): 265-281.

Dverstorp B, Andersson J. 1989. Application of the discrete fracture network concept with field data: Possibilities of model calibration and validation. Water Resources Research, 25(3): 540-550.

Einstein H H. 1993. Modern developments in discontinuity analysis—the persistence-connectivity problem//Hudson J A. Comprehensive Rock Engineering. Vol. 3. New York: Pergamon Press: 193-213.

Elsworth D. 1986a. A hybrid element-finite element analysis procedure for fluid flow simulation in fractured rock masses. International Journal for Numerical and Analytical Methods in Geomechanics, 10(6): 569-584.

Elsworth D. 1986b. A model to evaluate the transient hydraulic response of three-dimensional sparsely fractured rock masses. Water Resources Research, 22(13): 1809-1819.

Endo H K. 1984. Mechanical transport in two-dimensional networks of fractures. Berkeley: University of California.

Endo H K, Long J C S, Wilson C R, et al. 1984. A model for investigating mechanical transport in fractured media. Water Resources Research, 20(10): 1390-1400.

Essam J W. 1980. Percolation theory. Reports on Progress in Physics, 43(7): 833-912.

Ezzedine S, de Marsily G. 1993. Study of transient flow in hard fractured rocks with a discrete fracture network model. International Journal of Rock Mechanics and Mining Sciences & Geomechanics Abstracts, 30(7): 1605-1609.

Fardin N, Jing L, Stephansson O. 2001a. Heterogeneity and anisotropy of roughness of rock joints//Proceeding of EUROCK 2001. Rotterdam, CRC Press: 223-227.

Fardin N, Stephansson O, Jing L. 2001b. The scale dependence of rock joint surface roughness. International Journal of Rock Mechanics and Mining Sciences, 38(5): 659-669.

Fardin N, Stephansson O, Jing L. 2003. Scale effect on the geometrical and mechanical properties of rock joints//Proceedings of 10th International Society of Rock Mechanics Congress-Technology roadmap for rock mechanics, Sandton: 319-324.

Feng Q, Fardin N, Jing L, et al. 2003. A new method for in-situ non-contact roughness measurement of large rock fracture surfaces. Rock Mechanics and Rock Engineering, 36(1): 3-25.

Geier J, Dershowitz W S, Doe T W. 1995. Discrete fracture modeling of in-situ hydrologic and tracer experiments//Myer L R, Cook N G W, Goodman R E. Fractured and Jointed Rock Masses. Rotterdam: Balkema: 511-518.

Genter A, Castaing C, Bourgine B, et al. 1997. An attempt to simulate fracture systems from well data in reservoirs. International Journal of Rock Mechanics and Mining Sciences, 34(3-4): 488.

Gringarten E. 1998. FRACNET: Stochastic simulation of fractures in layered systems. Computers & Geosciences, 24(8): 729-736.

Guéquen Y, Chelidze T, Le Ravalec M. 1997. Microstructures, percolation thresholds, and rock physical properties. Tectonophysics, 279(1-4): 23-35.

He S. 1997. Research on a model of seepage flow of fracture networks and modelling for coupled hydromechanical processes in fractured rock masses//Yuan J X. Computer Methods and Advances in Geomechanics. Vol. 2. Rotterdam: Balkema: 1137-1142.

Henle M. 1974. Introduction to Combinatorial Topology. San Francisco: W. H. Freeman and Company.

Herbert A W. 1994. NAPSAC (Release 3.0) summary document. AEA D&R 0271 Release 3.0, AEATechnology, Harwell, UK.

Herbert A W. 1996. Modelling approaches for discrete fracture network flow analysis//Stephansson O, Jing L, Tsang C F. Coupled Thermo-Hydro-Mechanical Processes of Fractured Mediamathematical and Experimental Studies. Amsterdam: Elsevier: 213-229.

Herbert A W, Layton G W. 1992. Modeling tracer transport in fractured rock at Stripa. Stockholm: Stripa TR 92-01, SKB.

Herbert A W, Layton G W. 1995. Discrete fracture network modeling of flow and transport within a fracture zone at Stripa//Myer L R, Cook N G W, Goodman R E. Fractured and Jointed Rock Masses. Rotterdam: Balkema: 603-609.

Hestir K, Long J C S. 1990. Analytical expressions for the permeability of random two-dimensional Poisson fracture networks based on regular lattice percolation and equivalent media theories. Journal of Geophysical Research: Solid Earth, 95(B13): 21565-21581.

Jing L. 2003. A Review of technigues, advances and outstanding issues in numerical modeling for rock mechanics and rock engineering. International Journal of Rock Mechanics and Mining Sciences, 40(3): 283-353.

Jing L, Stephansson O. 1994a. Topological identification of block assemblages for jointed rock masses. International Journal of Rock Mechanics and Mining Sciences & Geomechanics Abstracts, 31(2): 163-172.

Jing L, Stephansson O. 1994b. Identification of block topology for jointed rock masses using boundary operators. Proc. IV CSMR: Integrated Approach to Applied Rock Mechanics, Santiago: 19-29.

Jing L, Stephansson O. 1997. Network Topology and homogenization of fractured rocks//Jamtveit B, Yardley B. Fluid flow and Tansport in Rocks: Mechanisms and Effects. London: Chapman and Hall: 191-202.

Jing L, Tsang C F, Stephansson O. 1995. DECOVALEX—An International co-operative research project on mathematical models of coupled T-H-M processes for safety analysis of radioactive waste repositories. International Journal of Rock Mechanics and Mining Sciences & Geomechanics Abstracts, 32(5): 389-398.

Jing L, Stephansson O, Tsang C F, et al.1998. DECOVALEX Ⅱ project—Technical Report-Task 1A and 1B. SKI report 98: 39, Swedish Nuclear Power Inspectorate (SKI), Stockholm, Sweden.

Johns R A, Steude J S, Castanier L M, et al. 1993. Non-destructive measurements of fracture aperture in crystalline rock cores using X ray computed tomography. Journal of Geophysical Research: Solid Earth, 98(B2): 1889-1990.

Keller K, Bonner B P. 1985. Automatic, digital system for profiling rough surfaces. Review of Scientific Instruments, 56(2): 330-331.

Kimmich R, Klemm A, Weber M. 2001. Flow diffusion, and thermal convection in percolation clusters: NMR experiments and numerical FEM/FVM simulations. Magnetic Resonance Imaging, 19(3-4): 353-361.

Kolditz O. 1995. Modelling flow and heat transfer in fractured rocks: Conceptual model of a 3-D deterministic fracture network. Geothermics, 24(3): 451-470.

Koudina N, Gonzales-Garcia R, Thovert J F, et al. 1998. Permeability of three-dimensional fracture networks. Physical Review E, 57(4): 4466-4479.

Koyama T, Fardin N, Jing L. 2004. Shear-induced anisotropy and heterogeneity of fluid flow in a single rock fracture by translational and rotary shear displacements—A numerical study. International Journal of Rock Mechanics and Mining Sciences, 41: 360-365.

Koyama T, Fardin N, Jing L, et al. 2006. Numerical simulation of shear-induced flow anisotropy and scale-dependent aperture and transmissivity evolution of rock fracture replicas. International Journal of Rock Mechanics and Mining Sciences, 43(1): 89-106.

Lanaro F, Jing L, Stephansson O. 1998. 3-D laser measurements and representation of roughness of rock fractures//Rossmanith H P. Proceedings of the 3rd International Conference on Mechanics of Jointed and Faulted Rock (MJFR-3), April 6-9, Vienna, Austria. Rotterdam: Balkema: 185-189.

Lanaro F, Jing L, Stephansson O. 1999. Scale dependency of roughness and stationarity of rock joints//Proceedings of 9th Congress of International Society for Rock Mechanics, Paris: 1291-1295.

Layton G W, Kingdon R D, Herbert A W. 1992. The application of a three-dimensional fracturenetwork model to a hot-dry-rock reservoir//Tillerson J R, Wawersik W R. Rockmechanics. Rotterdam: Balkema: 561-570.

Lemos J. 1988. A distinct element model for dynamic analysis of jointed rock with application to dam foundation and fault motion. Minnesota: University of Minnesota.

Long J C S. 1983. Investigation of equivalent porous media permeability in networks of discontinuous fractures. Berkeley: University of California.

Long J C S, Karasaki K, Davey A, et al. 1991. An inverse approach to the construction of fracture hydrology models conditioned by geophysical data: An example from the validation exercises at the Stripa Mine. International Journal of Rock Mechanics and Mining Sciences & Geomechanics Abstracts, 28(2-3): 121-142.

Long J C S, Billaux D M. 1987. From field data to fracture network modeling: An example incorporating spatial structure. Water Resources Research, 23(7): 1201-1216.

Long J C S, Remer J S, Wilson C R, et al. 1982. Porous media equivalents for networks of discontinuous fractures. Water Resources Research, 18(3): 645-658.

Long J C S, Gilmour P, Witherspoon P A. 1985. A model for steady fluid flow in random three dimensional networks of disc-shaped fractures. Water Resources Research, 21(8): 1105-1115.

Lough M F, Lee S H, Kamath J. 1998. An efficient boundary integral formulation for flow through fractured porous media. Journal of Computational Physics, 143(2): 462-483.

Low L S. 1986. Parametric studies in fracture geometry. Cambridge: MIT.

Margolin G, Berkowitz B, Scher H. 1998. Structure, flow and generalized conductivity scaling in fracture networks. Water Resources Research, 34(9): 2103-2121.

Mauldon M. 1998. Estimating mean fracture trace length and density from observations in convex windows. Rock Mechanics and Rock Engineering, 31(4): 201-216.

Mauldon M, Dunne W M, Rohrbaugh M B. 2001. Circular scanlines and circular windows: New tools for characterizing the geometry of fracture traces. Journal of Structural Geology, 23(2-3): 247-258.

Mazurek M, Lanyon G W, Vomvoris S, et al. 1998. Derivation and application of a geologic dataset for flow modelling by discrete fracture networks in low-permeability argillaceous rocks. Journal of Contaminant Hydrology, 35(1-3): 1-17.

Meyer T, Einstein H H. 2002. Geologic stochastic modeling and connectivity assessment of fracture systems in the Boston area. Rock Mechanics and Rock Engineering, 35(1): 23-44.

Min K B, Jing L, Stephansson O. 2004. Fracture system characterization and evaluation of the equivalent permeability tensor of fractured rock masses using a stochastic REV approach. International Journal of Hydrogeology, 12(5): 497-510.

Mo H H, Bai M, Lin D Z, et al. 1998. Study of flow and transport in fracture network using percolation theory. Applied Mathematical Modelling, 22(4-5): 277-291.

Moreno L, Neretnieks I. 1993. Fluid flow and solute transport in a network of channels. Journal of Contaminant Hydrology,14(3-4): 163-192.

Moreno L, Tsang Y W, Tsang C F, et al. 1988. Flow and tracer transport in a single fracture: A stochastic model and its relation to some field observations. Water Resources Research, 24(12): 2033-2048.

Nordqvist A W, Tsang Y W, Tsang C F, et al. 1996. Effects of high variance of fracture transmissivity on transport and sorption at different scales in a discrete model for fractured rocks. Journal of Contaminant Hydrology, 22(1-2): 39-66.

Odling N E. 1997. Scaling and connectivity of joint systems in sandstones from western Norway. Journal of Structural Geology, 19(10): 1257-1271.

Odling N E, Gillespie P, Bourgine B, et al. 1999. Variations in fracture system geometry and their implications for fluid flow in fractures hydrocarbon reservoirs. Petroleum Geoscience, 5(4): 373-384.

Park B Y, Kim K S, Kwon S, et al. 2002. Determination of the hydraulic conductivity components using a three-dimensional fracture network model in volcanic rock. Engineering Geology, 66(1-2): 127-141.

Piggott A R. 1997. Fractal relations for the diameter and trace length of disc-shaped fractures. Journal of Geophysical Research: Solid Earth, 102(B8): 18121-18125.

Poon C Y, Sayles R S, Jones T A. 1992. Surface measurement and fractal characterization of naturally fractured rocks. Journal of Physics D: Applied Physics, 25(8): 1269-1275.

Priest S D, Samaniego A. 1983. A model for the analysis of discontinuity characteristics in two dimensions//Proceedings of International Congress on Rock Mechanics of ISRM, Melbourne: F199-F207.

Rasmussen T C, Yeh T C J, Evans D D. 1987. Effect of variable fracture permeability/matrix permeability ratios on three-dimensional fractured rock hydraulic conductivity//Bunton B E. Proceedings of the Conference on Geostatistical Sensitivity and Uncertainty Methods for Groundwater Flow and Radionuclide Transport Modelling. California: Battelle Press: 337.

Renshaw C E. 1999. Connectivity of joint networks with power law length distributions. Water Resources Research, 35(9): 2661-2670.

Robinson P C. 1984. Connectivity, flow and transport in network models of fractured media. Oxford: St. Catherine's College, Oxford University.

Robinson P C. 1986. Flow modelling in three dimensional fracture networks. Research Report, AERE-R-11965, UK AEA, Harwell.

Rouleau A, Gale J E. 1987. Stochastic discrete fracture simulation of groundwater flow into an underground excavation in granite. International Journal of Rock Mechanics and Mining Sciences & Geomechanics Abstracts, 24(2): 99-112.

Sahimi M. 1995. Flow and transport in porous media and fractured rock. Weinheim: VCH Verlagsgesellschaft mbH.

Schmittbuhl J, Schmitt F, Scholz C H. 1995. Scaling invariance of crack surfaces. Journal of Geophysical Research: Solid Earth, 100(B4): 5953-5973.

Scholz C H, Cowie P A. 1990. Determination of total strain from faulting using slip measurements. Nature, 346: 837-839.

Segall P, Pollard D D. 1983. Joint formation in granitic rock of the Sierra Nevada. Geological Society of America Bulletin, 94(5): 563-571.

Shante V K S, Kirkpatrick S. 1971. An introduction to percolation theory. Advances in Physics, 20(85): 325-357.

Smith L, Schwartz F W. 1984. An analysis of the influence of fracture geometry on mass transport in fractured media. Water Resources Research, 20(9): 1241-1252.

Stratford R G, Herbert A W, Jackson C P. 1990. A parameter study of the influence of aperture variation on fracture flow and the consequences in a fracture network//Barton N, Stephansson O. Rock Joints. Rotterdam: Balkema: 413-422.

Stroud A H, Secrest D.1966. Gaussian Quadrature Formulas. Englewood Cliffs: Prentice-Hall.

Sudicky E A, McLaren R G. 1992. The Laplace transform Galerkin technique for large-scale simulation of mass transport in discretely fractured porous formations. Water Resources Research, 28(2): 499-514.

Svensson U. 2001a. A continuum representation of fracture networks. Part I: Method and basic test cases. Journal of Hydrology, 250(1-4): 170-186.

Svensson U.2001b. A continuum representation of fracture networks. Part II: Application to the Äspö

Hard Rock Laboratory. Journal of Hydrology, 250(1-4): 187-205.

Tsang Y W. 1992. Usage of 'equivalent apertures' for rock fractures as derived from hydraulic and tracer tests. Water Resources Research, 28(5): 1451-1455.

Tsang Y W, Tsang C F. 1987. Channel model of flow through fractured media. Water Resources Research, 23(3): 467-479.

Tsang Y W, Tsang C F. Neretnieks I, et al. 1988, Flow and tracer transport in fractured media: A variable aperture channel model and its properties. Water Resources Research, 24(12): 2049-2060.

US National Research Council. 1996. Rock Fractures and Fluid Flow-Contemporary Understanding and Applications. Washington: National Academy Press.

Warburton P M. 1980a. A stereological interpretation of joint trace data. International Journal of Rock Mechanics and Mining Sciences & Geomechanics Abstracts, 17(4): 181-190.

Warburton P M. 1980b. Stereological interpretation of joint trace data: Influence of joint shape and implications for geological surveys. International Journal of Rock Mechanics and Mining Sciences & Geomechanics Abstracts, 17(6): 305-316.

Watanabe K, Takahashi H. 1995. Parametric study of the energy extraction from hot dry rock based on fractal fracture network model. Geothermics, 24(2): 223-236.

Wilcock P. 1996. The NAPSAC fracture network code//Stephansson O, Jing L, Tsang C F. Coupled Thermo-Hydro-Mechanical Processes of Fractured Media. Rotterdam: Elsevier: 529-538.

Willis-Richards J. 1995. Assessment of HDR reservoir stimulation and performance using simple stochastic models. Geothermics, 24(3): 385-402.

Willis-Richards J, Wallroth T. 1995. Approaches to the modelling of HDR reservoirs: A review. Geothermics, 24(3): 307-332.

Wilson T H. 2001. Scale transitions in fracture and active fault networks. Mathematical Geology, 33(5): 591-613.

Xu J X, Cojean R. 1990. A numerical model for fluid flow in the block interface network of three dimensional rock block system//Rossmanith H P. Mechanics of Jointed and Faulted Rock. Rotterdam: Balkema: 627-633.

Yeo I W, de Freitas M H, Zimmerman R W. 1998. Effect of shear displacement on the aperture and permeability of a rock fracture. International Journal of Rock Mechanics and Mining Sciences, 35(8): 1051-1070.

Yu Q, Tanaka M, Ohnishi Y. 1999. An inverse method for the model of water flow in discrete fracture network//Proceedings of 34th Japan National Conference on Geotechnical Engineering, Tokyo: 1303-1304.

Zhang X, Sanderson D J. 1998. Numerical study of critical behaviour of deformation and permeability of fractured rock masses. Marine and Petroleum Geology, 15(6): 535-548.

Zhang X, Sanderson D J. 1999. Scale up of two-dimensional conductivity tensor for heterogenous fracture networks. Engineering Geology, 53(1): 83-99.

Zimmerman R W, Bodvarsson G S. 1996. Effective transmissivity of two-dimensional fracture networks. International Journal of Rock Mechanics and Mining Sciences & Geomechanics Abstracts, 33(4): 433-438.

第 11 章　颗粒材料离散单元法

11.1　引　　言

虽然裂隙岩体看起来不像颗粒材料，但是在微观或准微观尺度上，岩体材料可以近似为由不同的接触模型或胶结效应黏结在一起的很小尺寸的颗粒的集合，因此颗粒材料模型常常被用来研究岩石和类岩石材料(如混凝土、陶瓷和不同的复合材料成分)的微观或准微观力学行为。岩体材料的力学性质可以通过所有颗粒在加载或卸载过程中表现出的运动、位移、脱粘或再粘接、滑动和颗粒间旋转等共同作用来评估。其中一些模型还考虑了热效应和流体压力，颗粒可以是刚性的或可变形的，具有不同形状的光滑或粗糙表面(二维问题中大多为圆形或椭圆形，三维问题中大多为球体或椭球体)。这些模型通常都是基于 DtEM，是 DEM 的重要组成部分。事实上，颗粒材料的 DtEM 模型是 DEM 的先驱，由于其在岩石力学和岩石工程以外的其他不同学科和工程领域具有更广泛的适用性，如矿物工程、化学工程、材料科学与工程、岩土工程等，已成为 DEM 文献资料的主流。

颗粒材料最显著的特征是它介于不连续、离散和连续体之间的双重性质。单个颗粒是固体，颗粒只在接触点相连。在较低的法向应力下，大多数颗粒状材料的切向键强度较弱，在很小的剪应力作用下，颗粒材料可以像流体一样流动。因此，运动中颗粒材料的行为可视为颗粒流动的流动-力学现象来进行研究，其中单个颗粒可以视为流动颗粒材料的“分子”。在实际中许多应用于地质材料的颗粒模型中，典型的计算域所包含的颗粒数量非常大，类似于构成流体或气体的大量分子。图 11.1 为用 DEM 程序 PFC2D 研究颗粒流过程，从而模拟开挖围岩微观变形和损伤(如拉伸裂纹)的例子。

颗粒介质与连续介质的区别在于组成系统的颗粒的存在，以及颗粒之间的接触或界面。在用数学运算或数值技术模拟颗粒材料的变形时，颗粒间的接触公式是其重要组成部分。Cundall 和 Hart(1992)区分了硬接触和软接触。在硬接触中，虽然两个颗粒之间可以发生剪切运动和颗粒间的张开，但无法进行相互嵌入。

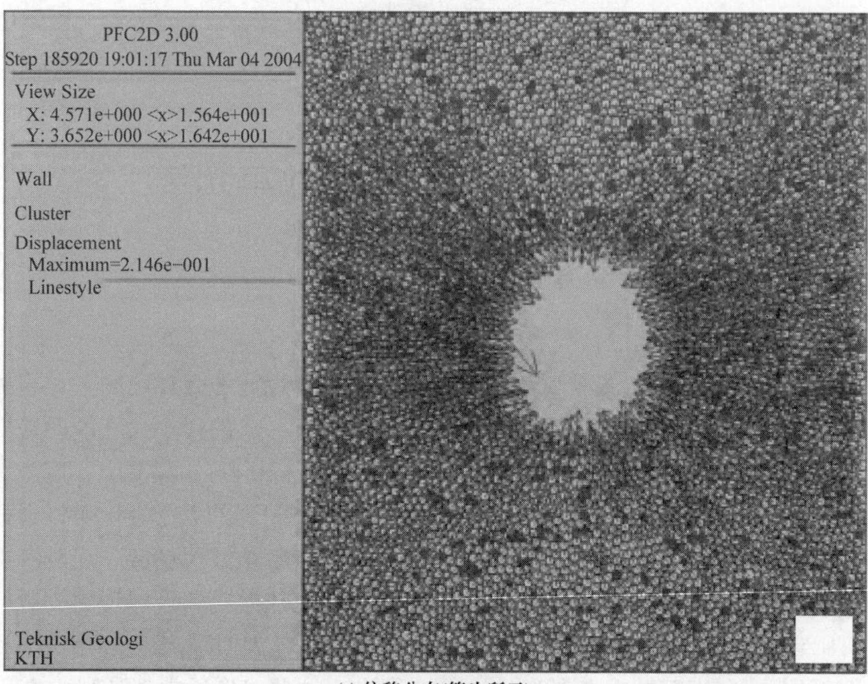

(a) 位移分布(箭头所示)

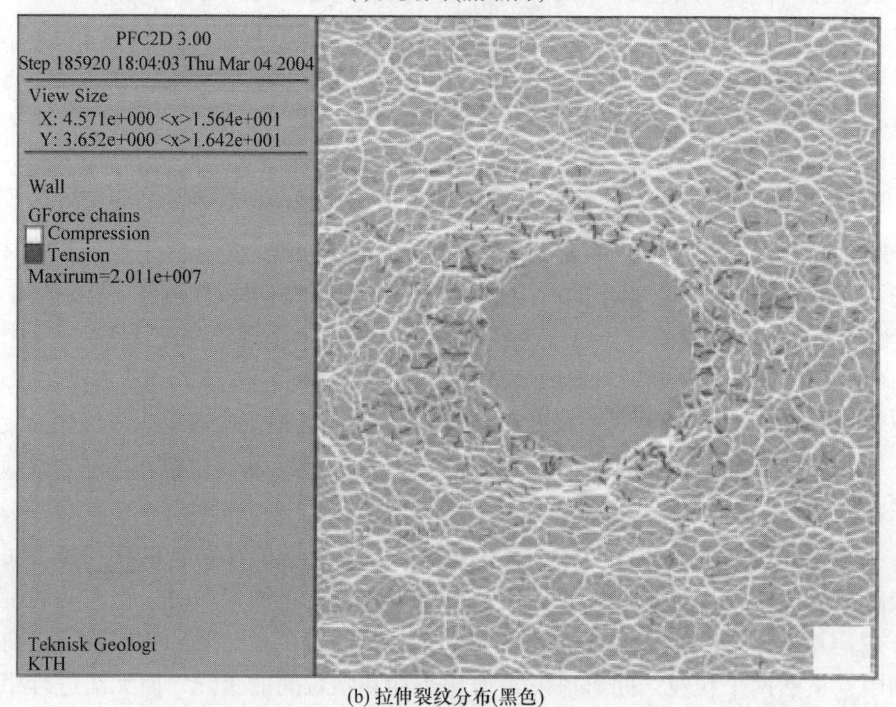

(b) 拉伸裂纹分布(黑色)

图 11.1　岩石开挖近场变形与损伤模拟

软触点利用颗粒相互嵌入来测量产生接触力的相对法向变形。正如 Cundall 和 Hart(1992)所指出的那样，尽管在数学意义上两个颗粒能相互嵌入不合适，但它真正代表的是颗粒表面层的相对变形(特别是表面粗糙且有相对凹凸体)，而不是真正的嵌入。图 11.2 解释了三维颗粒的这种软接触逻辑(Maeda et al.，2003)。图 11.3 为不同软、硬颗粒混合情况下的三维颗粒模型。

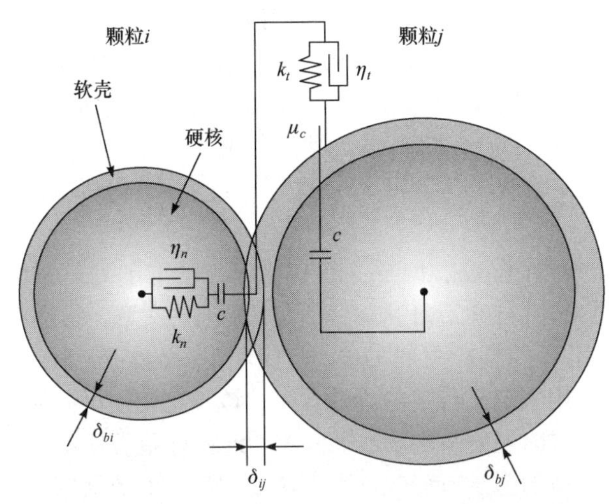

图 11.2　DEM 颗粒模型中具有软表面层与硬核的颗粒相互嵌入的软接触方式(Maeda et al.，2003)

图 11.3　(a)初始排列形式，30%硬颗粒(灰色)和 70%软颗粒(白色)，相对密度为 0.64；(b)颗粒组成相同，但相对密度为 0.90 的排列形式(Martin and Bouvard，2003)

两个颗粒间的剪切引起滑动和变形，并在接触点产生力。在硬接触组中，当超过剪切强度或摩擦准则时，就会发生滑动。基本的摩擦定律 $T=\mu N$(其中 T 和 N 分别是切向力和法向力，μ 是颗粒间的摩擦系数)是用来模拟摩擦或黏结强度最常见的准则。

为确定接触刚度所选择的接触定律类型和是否允许颗粒旋转是发展颗粒材料 DtEM 的重要问题。原则上，存在四种不同类型的接触定律。第一种类型，也是最简单的类型，假设法向压缩符合线性接触定律，且具有恒定的剪切刚度和滑动摩擦角。其余类型假设法向荷载-位移关系为非线性弹性，或具有力依赖性的法向和剪切刚度。需要注意的是，在颗粒模型中，力和位移是主要变量，而不是块体系统 DEM 模型中的应力和应变。因此，如果需要等效为连续体，通常需要通过均匀化来评估颗粒系统的整体性能。与用于块体系统的常规 DEM 模型相似，在颗粒材料 DEM 模型中，经常利用阻尼(如图 11.2 中所示的阻尼元件)吸收过多的系统动能以达到静态或稳态解或表征具有物理意义的能量耗散机制。

基于 Cundall(1978)、Strack 和 Cundall(1978)早年的工作，Cundall 和 Strack(1979a，1979b，1979c，1979d，1982，1983)发表了一系列的文章，报道将 DEM 应用于岩土力学和土木工程的颗粒材料的早期工作。Cundall 和 Strack(1979a)提出了 DtEM 这一术语，用来定义特定的离散方案，该方案使用可变形接触和圆形刚性颗粒运动方程的显式时域解来求解。第一个 DtEM 计算机程序 BALL 能在二维空间中描述颗粒集合体的力学行为。这种方法采用显式的数值格式，其中颗粒间相互作用通过逐个监测接触实现，而颗粒的运动通过逐个模拟颗粒实现。为了验证 BALL 程序的性能，将结果与在圆盘集合体上进行的光弹实验结果进行比较，结果表明，用 BALL 模拟得到的力矢量图与实测值很接近，证明了该方法和程序是研究颗粒材料性能的有效工具。BALL 程序的三维扩展(Cundall and Strack，1979b)产生了 TRUBAL 程序，这两个程序成为 20 世纪 80 年代最广泛采用的适用于颗粒材料模拟的 DEM 程序平台。作为 20 世纪 80 年代的早期研究者，Walton(1982，1983)、Campbell 和 Brennen(1983)、Hawkins(1983)、Kawai 和 Takeuchi(1983)、Thornton 和 Barnes(1986)、Ting 等(1986)、Ng(1989)关注该方法的基本原理、编程技术和在颗粒材料基本宏观力学特性方面的应用，在这些研究中，还包括对土和砂的细观行为。

Cundall 和 Strack(1983)总结了用 BALL 程序获得的微观和宏观结果，同时报道了发展出的与圆盘集合体稳定性密切相关的分区应力张量和约束比，其中约束比与自由度数和约束条件有关。Campbell 和 Brennen(1983)的论文是最早发表的使用 DEM 对颗粒材料的简单剪切流动或 Couette 流动进行计算机模拟的论文之一。为了建立合适的颗粒-颗粒和颗粒-壁面相互作用的力学模型，将模拟结果与稳态流动的实验结果进行了比较。上述模拟的目的是最小化几何形状和相互作用的复杂性，以便能够产生足够长时间的稳定流动，进行流变学分析。

颗粒材料在剪切变形下的“物理正确”模型的发展必须认识到离散的本质，

以及在颗粒层次上的力学特性。Rothenburg(1980)、Thornton 和 Barnes(1986)、Rothenburg 和 Bathurst(1989，1991，1992)、Bathurst 和 Rothenburg(1988a，1988b，1990，1992，1994)在这个问题上取得了代表性的进展。在 Rothenburg 和 Barthurst (1989)的论文中，建立了颗粒材料应力-力-组构关系的理论背景，推导了一组圆盘接触的应力张量的一般表达式，其中包含平均法向和切向接触力。推导的应力张量主成分说明应力张量的主方向与各向异性和接触力的主方向一致，加载引起的主方向旋转导致组构各向导性(接触矢量方向)与主应力方向之间的轻微偏差。DEM 中颗粒系统的流-固相互作用算法是由 Thornton 等(1993)和 Oda 等(1993)开发的。

20 世纪 80 年代和 90 年代见证了颗粒材料 DEM 的快速发展和广泛应用，在此期间开发了许多程序来模拟颗粒材料特性，包括圆形、椭圆形或多边形的二维圆盘，或球形、椭球形或多面体的三维实体等颗粒系统，如 Trent 和 Margolin(1992)的 SKRUBAL 程序、Issa 和 Nelson(1992)的 MASOM 程序、Bathurst 和 Rothenburg (1992)的 DISC 程序、Ng and Lin(1993)的 ELLIPSE2 程序、Lin 和 Ng(1994)的 ELLIPSE3 程序、Saltzer(1993)的 DEFORM 程序、Zhang 等(1993)的 JUMP 程序、Fox 等(1994)的 FIBER 程序、Mirghasemi 等(1994)的 POLY 程序。这些发展和应用大部分发表在期刊及一系列研讨会和会议的论文集上，在颗粒介质的微观力学领域，如 Jenkins 和 Satake(1983)、Satake 和 Jenkins(1988)、Biarez 和 Gourvés(1989)、Thornton(1993)、Siriwardane 和 Zaman(1994)，在岩土力学领域，如 Mustoe 等(1989)、Williams 和 Mustoe(1993)、Shimizu 等(2004)。使用 DDA 方法进行颗粒系统的模拟主要发表在 ICADD 会议系列中，如 Li 等(1995)、Salami 和 Banks(1996)、Ohnishi(1997)、Amadei(1999)、Bićanić(2001)、Hatzor(2002)。

针对颗粒材料的 DEM 中，数值稳定所需的时间步长极限与质量除以弹簧常数的平方根成正比。高刚度的小颗粒模拟需要大量的时间步。为了克服这一限制，Meegoda(1997)、Kuraoka 和 Bosscher(1997)建议应用并行计算来解决这一问题。Meegoda(1997)基于 TRUBAL 程序开发了名为“大规模并行机的 Trubal”(TPM)的并行计算程序。TPM 算法为每个处理器分配球体集合体中的多个接触对。为了避免过多的通信消耗，为每个球体与颗粒材料中其他任一球体均建立了连接，并将这些连接放置在同一个处理器中。这种方法允许所有计算同时运行，加快了处理速度。据报道，一个含有 512 个处理器的超级计算机上并行计算的性能速度提高了 800%。Kuraoka 和 Bosscher(1997)开发了基于 TRUBAL 域分解方案的完全并行 DEM 程序，使用 16 个处理器的并行计算机进行 400 个球的模拟，速度提高了 900%。

除模拟颗粒流和颗粒材料的变形外，颗粒流模型还可以用来模拟固体材料的特性。颗粒组可通过接触点结合在一起，这样颗粒组就可以像独立的固体一样运动。这种物体的集合体也可以看成一种具有弹性的固体材料，且一旦达到黏结强度极限就会发生破坏。破碎块体可以是任意形状，且颗粒之间可以发生相互作用。

DEM 已广泛应用于土力学、加工工业、非金属材料科学和国防科研等多个领域。岩石工程领域最著名的程序是用于解决二维和三维问题的 PFC 程序(二维和三维颗粒流程序)(Itasca，1995a，1995b)以及 Taylor 和 Preece(1989，1992)、Preece 等(2001)编写的 DMC 程序。PFC2D 程序通过一组圆形刚性颗粒或圆盘实现了颗粒流模型，PFC3D 程序模拟了一组刚性球体。PFC 程序和 DMC 程序都基于同一想法，即岩体可以由大量的颗粒表征，颗粒的接触刚度和反弹行为在本质上是简单的。通用的颗粒流模型模拟了由离散的、任意形状的颗粒组成系统的力学行为，这些颗粒运动独立且只在接触点上具有相互作用。

Lorig 等(1995a，1995b)指出，与一般块体系统的 DEM 程序 UDEC 和 3DEC 相比，PFC 程序具有一些特殊的功能。首先，PFC 程序在接触检测方面可能更有效，圆盘或球体之间的接触力计算比 UDEC 和 3DEC 要简单得多，这主要是由于颗粒几何特征较简单。其次，在 PFC 分析中允许块体(由一些具有特殊黏结的小颗粒组合而成)破裂，即岩石黏结颗粒模型(Potyondy and Cundall，2004)。

在 PFC 程序中，可以根据粒径和孔隙率的统计分布来定义颗粒材料的排列，并为颗粒分配法向刚度、切向刚度和摩擦系数。在 PFC 程序中有两种颗粒黏结形式，分别为接触黏结和平行黏结(Itasca，1995a，1995b)，这两种黏结形式可以单独使用，也可以同时使用。此外，还增加了流体和热流动的功能(Shimizu，2006)。

一般的 DEM 模型模拟由任意形状的颗粒组成系统的力学行为。颗粒可以相互独立运动，只在颗粒之间、颗粒与边界之间的接触或交界面上相互作用。在计算便捷性方面，二维圆盘单元和三维球体单元是表示颗粒材料的最简单形状，它们是最初应用于颗粒材料方法中的几何形状(Strack and Cundall，1978；Cundall and Strack，1979a，1979b)，可仅用半径来定义颗粒的几何特征，颗粒之间只有一种可能的接触形式，可以很容易地识别到。因此，利用这些颗粒形状可以使计算机内存需求和计算机处理时间最小化，并且可以分析大量的颗粒。随后，引入了椭圆颗粒、三维椭球体和超二次曲面体的平面集合体，为 DEM 中颗粒表征提供了更大的灵活性(Ting and Corkum，1988；Rothenburg and Bathurst，1991，1992；Mustoe and De Poorter，1993；Williams and Pentland，1992，Ng and Lin，1993；Ting et al.，1995；Ng，1994；Sawada and Pradhan，1994；Williams and O'Connor，1995；Williams et al.，1995；Lin and Ng，1997；Miyata et al.，2000)。最后，扩展到多边形或一般形状的颗粒(Ghaboussi and Barbosa，1990；Mirghasemi et al.，1994；Mustoe et al.，2000；Mustoe and Miyata，2001)，如 PFC 程序和 Yamane 等(1998)的论文中所述，黏结颗粒组也被用来表示 DEM 模型中的一般形状体。

除颗粒形状外，颗粒自身的可变形性也被考虑到颗粒材料的 DEM 模型中。

Oelfke 等(1995)在对地下矿山地面控制问题开发拉格朗日 DEM 时考虑了弹性颗粒的影响。Thornton 和 Zhang(2003)应用类似的方法来研究颗粒应力和变形对颗粒集合体剪切带特性的影响。然而，这个方向发展的主要推动力是 DEM 和 FEM 相结合的方法，如 Munjiza 等(1995，1999a，1999b，2004)、Mohammadi 等(1998)、Munjiza 和 Andrews(2000)、Owen 和 Feng(2001)、Owen 等(2002)、Komodromos 和 Williams(2002a，2002b)、Bangash 和 Munjiza(2003)。

下面列出的只是已发表文献的一小部分，在这里引用这些文献是为了强调 DEM 在岩土工程领域中颗粒系统广泛的应用范围。

(1) 岩石爆破的破裂和破碎工艺：Preece(1990，1994)、Preece 和 Knudsen(1992)、Preece 等(1993，2001)、Preece 和 Scovira(1994)、Donzé 等(1997)、Lee 等(1997)、Lin 和 Ng(1994)。

(2) 地面塌陷和移动：Iwashita 等(1988)、Zhai 等(1997)。

(3) 岩石中的水力压裂：Thallak 等(1991)、Huang 和 Kim(1993)、Kim 和 Yao(1994)。

(4) 油藏工程中的出砂：O’Connor 等(1997)。

(5) 地下开挖：Kiyama 等(1991)、Potyondy 等(1996)、Potyondy 和 Fairhurst (1998)、Cundall 等(1996a，1996b)、Potyondy 和 Cundall(1998)。

(6) 溃坝：Zhang 等(1993)。

(7) 岩石破裂和断裂：Blair 和 Cook(1992)、Saltzer(1993)。

(8) 土壤/砂土和颗粒岩土材料特性：Anandarajah(1994)、Ratnaweera 和 Meegoda (1993)、Zhai 等(1997)、Jensen 等(2001a，2001b)、Zhang 和 Li(2006)。

(9) 采矿：Lorig 等(1995a，1995b)。

接下来将介绍只考虑圆形刚性颗粒或球体颗粒介质 DEM 的基础知识，在某种意义上介绍相关分析方法。第 12 章介绍利用 DEM 颗粒模型进行的一些应用研究。

11.2　颗粒材料 DEM 计算特征

颗粒材料 DEM 的计算方法与刚性块体系统 DEM 几乎是相同的，但是大大简化了接触识别过程和接触模型(请参阅第 8 章)，并且可以通过时间步进有限差分方案交替调用牛顿第二定律和接触点的力-位移定律。牛顿第二定律用于确定由接触力和体力引起的每个颗粒的平动和转动，力-位移定律用于更新由每个触点的相对运动引起的接触力。DEM 模型中，壁面的存在是用于用户指定边界条件，分析中仅要求为颗粒-壁面接触指定力-位移定律。

求解方案与用于求解连续过程的显式有限差分法相似，也与 DEM 求解块体系统问题相同。所选择的时间步长非常小，在单位时间步长内，扰动只能由某个颗粒传播至邻近颗粒。作用在颗粒上的力由与其接触颗粒的相互作用决定。在时间步上使用显式的数值方案可以研究大量的颗粒，而不需要大量的计算机内存和迭代过程。在计算循环中，根据牛顿第二定律和各接触点的力-位移定律可以有效地对颗粒运动进行并行计算(Sadd et al.，1993)。

圆形刚性颗粒的 DEM 算法可能是最著名的算法，诸多学者已进行叙述。Mohammadi(2003)、Oda 和 Iwashita(1999)都进行了系统的陈述。椭圆圆盘为 DEM 模拟中对颗粒材料的描述上提供了更大的灵活性，但与圆盘不同，椭圆圆盘需要四阶代数方程的解，而四阶代数方程可以通过解析求解得到。椭圆圆盘的关键特征在于接触面的法线方向是偏心的，由此将产生旋转力矩(或旋转阻力)，因此这个特征更适合松散的颗粒材料，如土壤和砂土，圆形和球体颗粒更适合准固体。本章只介绍二维圆盘的算法，二维椭圆、三维球体和三维椭球体颗粒的相关计算说明可以参考相关文献(Lin and Ng，1994；Ting et al.，1995；Mohammadi，2003)，这里不再赘述。

在不失一般性的前提下，双圆盘系统如图 11.4 所示。表 11.1 和表 11.2 列出了二维圆盘对相对速度、位移和接触力的算法。表中，t 为时间，θ 为转角，x_{ia} 和 x_{ib} ($i = 1, 2$)分别为半径为 R_a 的圆盘 A 和半径为 R_b 的圆盘 B 的中心的位置向量，n_i 和 t_i 分别为法向和切向的单位方向向量，U_n 和 U_t 分别为法向和切向位移，F_n 和

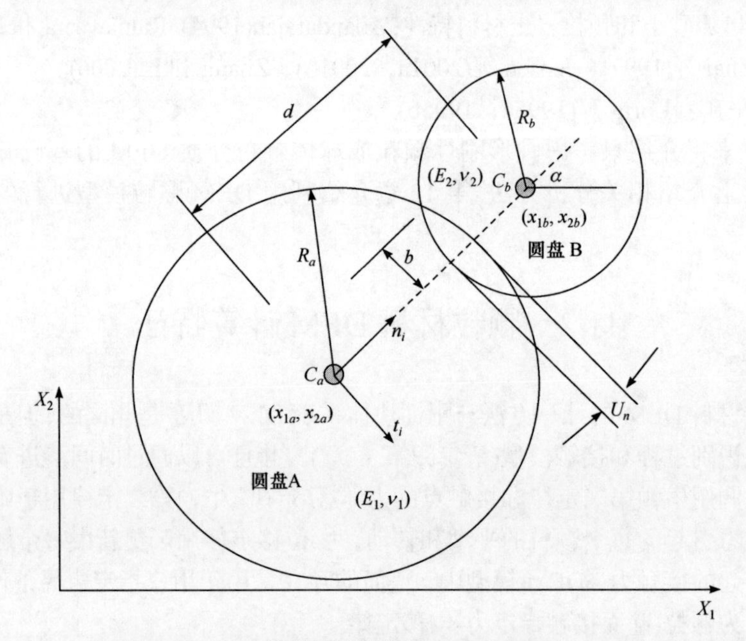

图 11.4　两个接触的圆形颗粒(Mohammadi，2003)

F_t 分别为法向和切向接触力，K_n 和 K_t 分别为法向和切向接触刚度，ϕ 和 C 分别为接触点的摩擦角和内聚力，m 是颗粒的质量，M 和 I 分别为质点的合力矩和惯性矩。在上述顺序的末端，随着时间步增加，整个过程按照相同的顺序循环。

表 11.1　二维圆盘对接触力-位移计算顺序(i=1, 2)

相对速度	$v_i = (\dot{x}_{ia} - \dot{x}_{ib}) - (\dot{\theta}_a R_a + \dot{\theta}_b R_b) t_i$
接触法向和切向方向相对位移增量	$\Delta U_n = (v_i n_i)\Delta t$，$\Delta U_t = (v_i t_i)\Delta t$
接触力增量	$\Delta F_n = K_n \Delta U_n$，$\Delta F_t = K_t \Delta U_t$
时间步 j 的总力	$F_n^j = F_n^{j-1} + \Delta F_n$，$F_t^j = F_t^{j-1} + \Delta F_t$
滑动条件校核	$F_t \leqslant F_n \tan\phi + C$

表 11.2　二维圆盘颗粒运动计算顺序

力矩计算(对接触中的颗粒求和)	$M_a = \sum F_a R_a$，$M_b = \sum F_b R_b$
时间步 j 的加速度计算(假设从 $t^{(j-1/2)}$ 到 $t^{(j+1/2)}$ 力和力矩恒定)	$\ddot{x}_i^j = \sum F_i / m$，$\ddot{\theta}^j = \sum M / I$
速度计算	$\dot{x}_i^{(j+1/2)} = \dot{x}_i^{(j-1/2)} + \ddot{x}_i^j \Delta t$，$\dot{\theta}^{(j+1/2)} = \dot{\theta}^{(j-1/2)} + \ddot{\theta}_i^j \Delta t$
位移计算(假设从 t^j 到 $t^{(j+1)}$ 速度恒定)	$x_i^{j+1} = x_i^j + \dot{x}_i^{(j+1/2)} \Delta t$，$\theta^{j+1} = \theta^j + \dot{\theta}^{(j+1/2)} \Delta t$

当不使用表 11.1 的经验接触刚度 K_n 和 K_t 时，可采用 Hertzian 接触模型，在此模型中法向接触力为接触压力 P_n 和黏性项之和，表达式由式(11.1)给出：

$$F_n = P_n + C_n v_{nr} \tag{11.1}$$

式中，v_{nr} 为两个接触颗粒在接触处的法向相对速度，

$$P_n = \frac{\pi}{4} \frac{1 + \left(\dfrac{K_1}{K_3}\right)^2}{K_1 + K_2} \frac{R_a + R_b}{R_a R_b} b^2 \tag{11.2a}$$

$$K_1 = \frac{1 - \nu_1}{G_1} \tag{11.2b}$$

$$K_2 = \frac{1 - \nu_2}{G_2} \tag{11.2c}$$

$$K_3 = \frac{1 - 2\nu_1}{G_1} - \frac{1 - 2\nu_2}{G_2} \tag{11.2d}$$

由 Hertz 理论得到静态恒定法向刚度：

$$K_n = \frac{\pi h E_1 E_2}{2(E_1 + E_2)} \tag{11.2e}$$

式中，h 为一个圆盘状颗粒的厚度；E_1、E_2、G_1 和 G_2 代表两个接触颗粒的弹性模量和剪切模量(图 11.4)。当采用质量比例阻尼时，系数 C_n 为

$$C_n = \alpha_m \left(2\sqrt{\frac{m_1 m_2}{m_1 + m_2} K_n} \right) \tag{11.3}$$

式中，α_m 为经验常数。类似地，切向接触力为

$$F_t = P_t + C_t v_{tr} \tag{11.4}$$

式中，v_{tr} 为两个接触颗粒在接触处的切向相对速度，由 Hertz 理论得到的压力为

$$P_t = \tan\phi F_n \left[1 - \left(1 - \frac{v_{tr}}{\frac{8}{\pi} F_n (K_1 + K_2) \frac{R_a R_b}{R_a + R_b}} \right)^2 \right] \tag{11.5}$$

类似地，系数 C_t 可表示为

$$C_t = \beta_m \left(2\sqrt{\frac{m_1 m_2}{m_1 + m_2} K_t} \right) \tag{11.6}$$

式中，β_m 为经验常数。

通过两个圆盘的运动方程可获得其速度，法向相对速度和切向相对速度由式(11.7)给出：

$$v_{nr} = (\boldsymbol{v}_a - \boldsymbol{v}_b) \cdot \boldsymbol{n}, \quad v_{tr} = (\boldsymbol{v}_a - \boldsymbol{v}_b) \cdot \boldsymbol{t} \tag{11.7}$$

在 PFC 程序中(Itasca，1995a，1995b)中，采用平均剪切模量 $\langle G \rangle$ 和平均泊松比 $\langle \nu \rangle$ 修正的 Hertzian-Mindlin 接触模型(Mindlin and Deresiewicz，1953)，法向和切向接触刚度为

$$K_n = \left[\frac{2\langle G \rangle \sqrt{2\langle R \rangle}}{3(1 - \langle \nu \rangle)} \right] \sqrt{U_n}, \quad K_t = \left[\frac{2\left(\langle G \rangle^2 3(1 - \langle \nu \rangle) \langle R \rangle \right)^{1/3}}{2 - \langle \nu \rangle} \right] |F_n| \tag{11.8}$$

$$\langle R \rangle = \frac{2 R_a R_b}{R_a + R_b} \tag{11.9}$$

11.3　PFC 程序应用示例

这里给出两个例子来说明颗粒材料的 DEM 模型用于岩石力学问题的适用性和计算流程。第一个例子是模拟实验室中标准尺寸岩石试样在单轴压缩下的力学过程，试样加载至破坏，获取全应力-应变曲线，包括无围压或很小的围压两种情况，试样为瑞典南部的 Äspö硬岩实验室的闪长岩试样(Koyama and Jing，2005)。图 11.5 为两个试验的情形。假设试验采用伺服控制试验机进行，轴向应变率为控制变量，加载速率为 0.2m/s。该模型是一个二维模型，包含 3600 个均匀尺寸的刚性圆形颗粒。在全应力-应变曲线的不同阶段，试样模型、裂纹扩展和接触力的逐步变化如图 11.6～图 11.11 所示。校准后的岩石力学性质和 PFC 模型参数分别列于表 11.3 和 11.4 中。由表可知，尽管 PFC 数值模拟值与实测值之间存在或多或少的差异，但是 PFC 方法能够对岩石的力学性能进行定量估计，并模拟完整的应力-应变曲线，而这对于连续体模型是难以实现的。

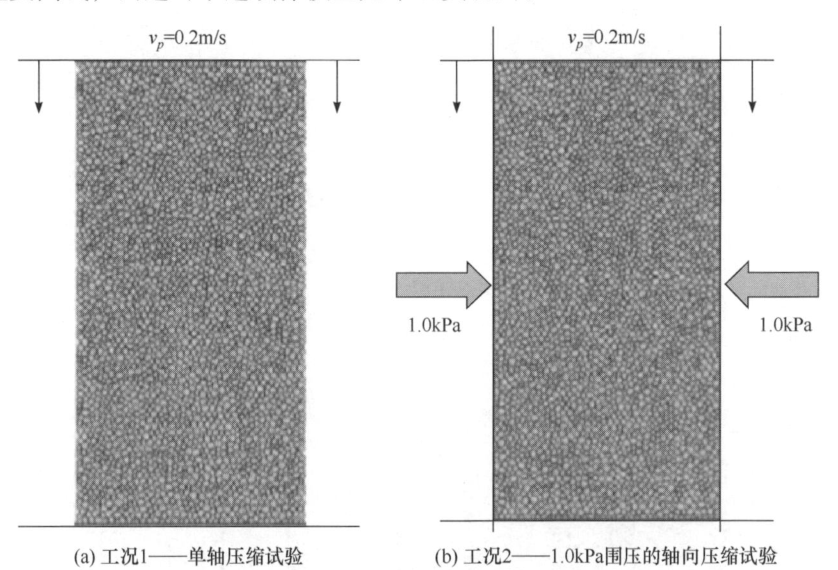

(a) 工况1——单轴压缩试验　(b) 工况2——1.0kPa围压的轴向压缩试验

图 11.5　模拟加载试验的两个 PFC 模型(Koyama and Jing，2005)

上面的例子展示了使用 DEM 中颗粒模型的优点。正如文献所指出的，岩石试样中的微裂纹在达到单轴抗压峰值强度之前就已经产生，通常在峰值强度的 70%时产生。在连续加载的情况下，通过使用轴向应变率作为控制变量决定了应变的单调增加，获得了完整的应力-应变曲线，图 11.6～图 11.11 清楚地表明了试样内部裂纹的扩展和在不同应变阶段的破坏损伤模式，在达到峰值强度后，试样失去其力学性能完整性从而失效，而不再具有连续完整固体的力学性能。

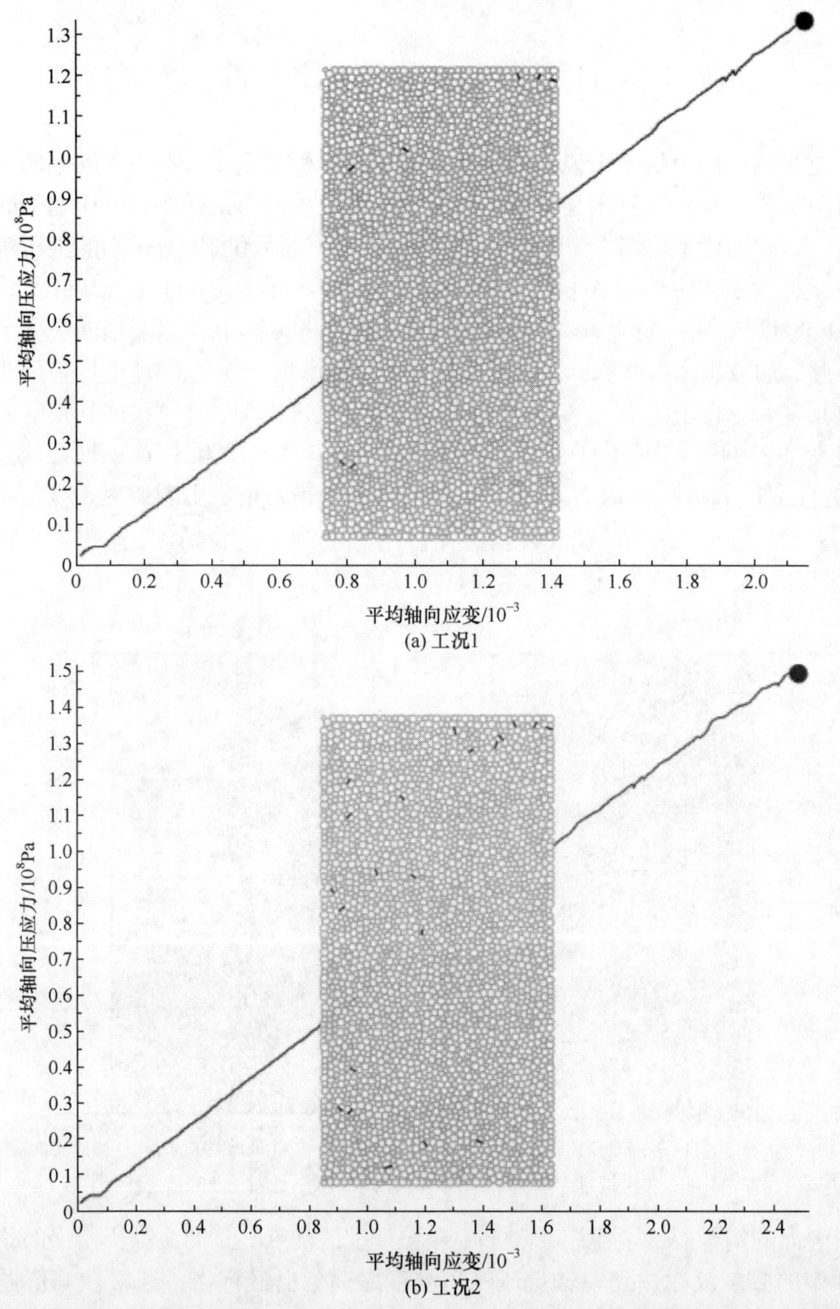

图 11.6　在达到岩石试样单轴抗压峰值强度的 70%时，PFC 模型中的微裂纹萌生。PFC 模型中的黑色区段显示了裂纹萌生的位置(拉伸或剪切)。应力-应变曲线末端的黑点表示试样在应力-应变曲线上的状态。工况 1 有 7 条微裂纹，工况 2 有 21 条微裂纹，分布随机且稀疏 (Koyama and Jing，2005)

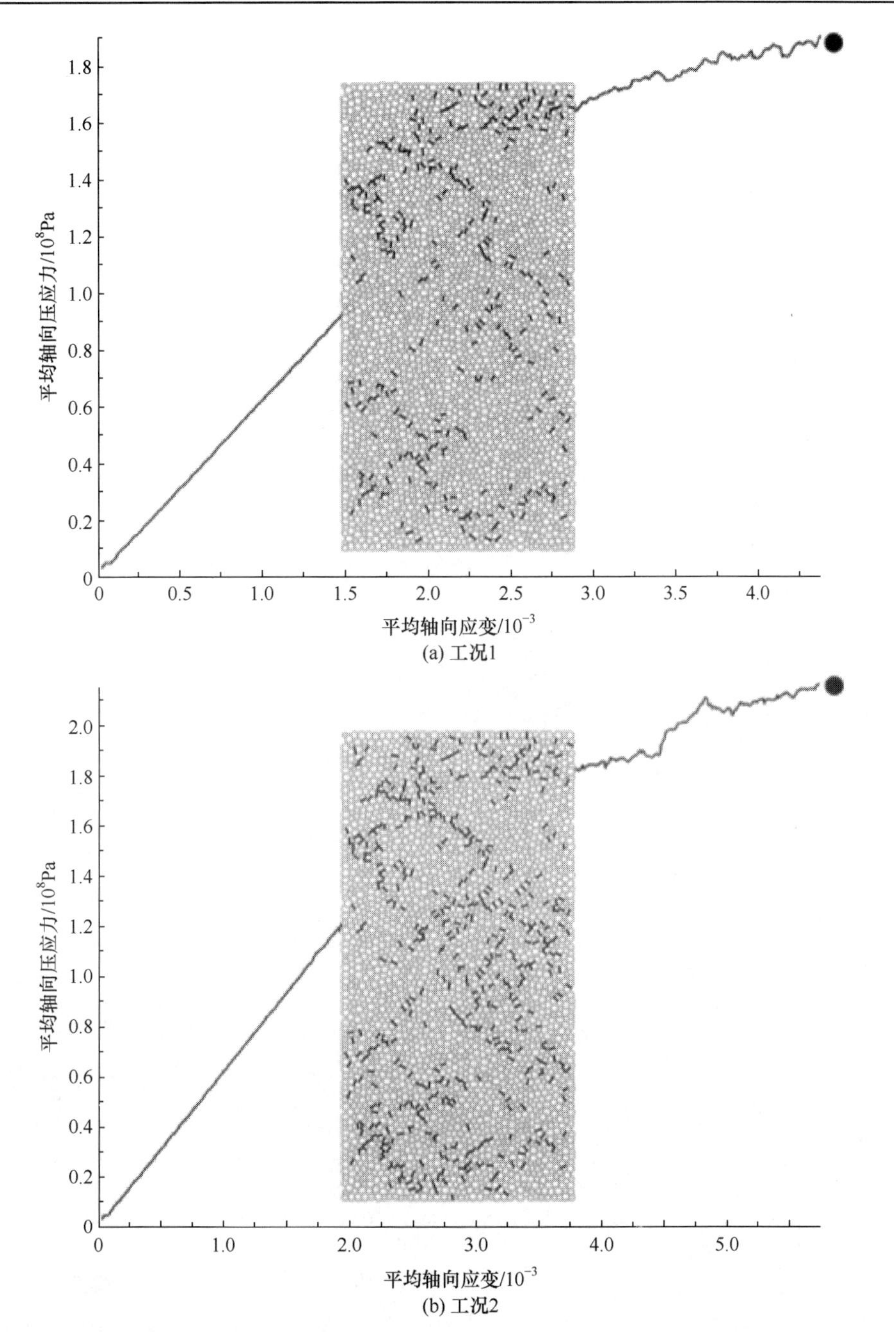

图 11.7　在达到岩石试样单轴抗压峰值强度时，PFC 模型中的微裂纹萌生。PFC 模型中的黑色区段显示了裂纹萌生的位置(拉伸或剪切)。应力-应变曲线末端的黑点表示试样在应力-应变曲线上的状态。工况 1 有 290 条微裂纹，工况 2 有 496 条微裂纹，无裂隙局部化/聚集现象 (Koyama and Jing，2005)

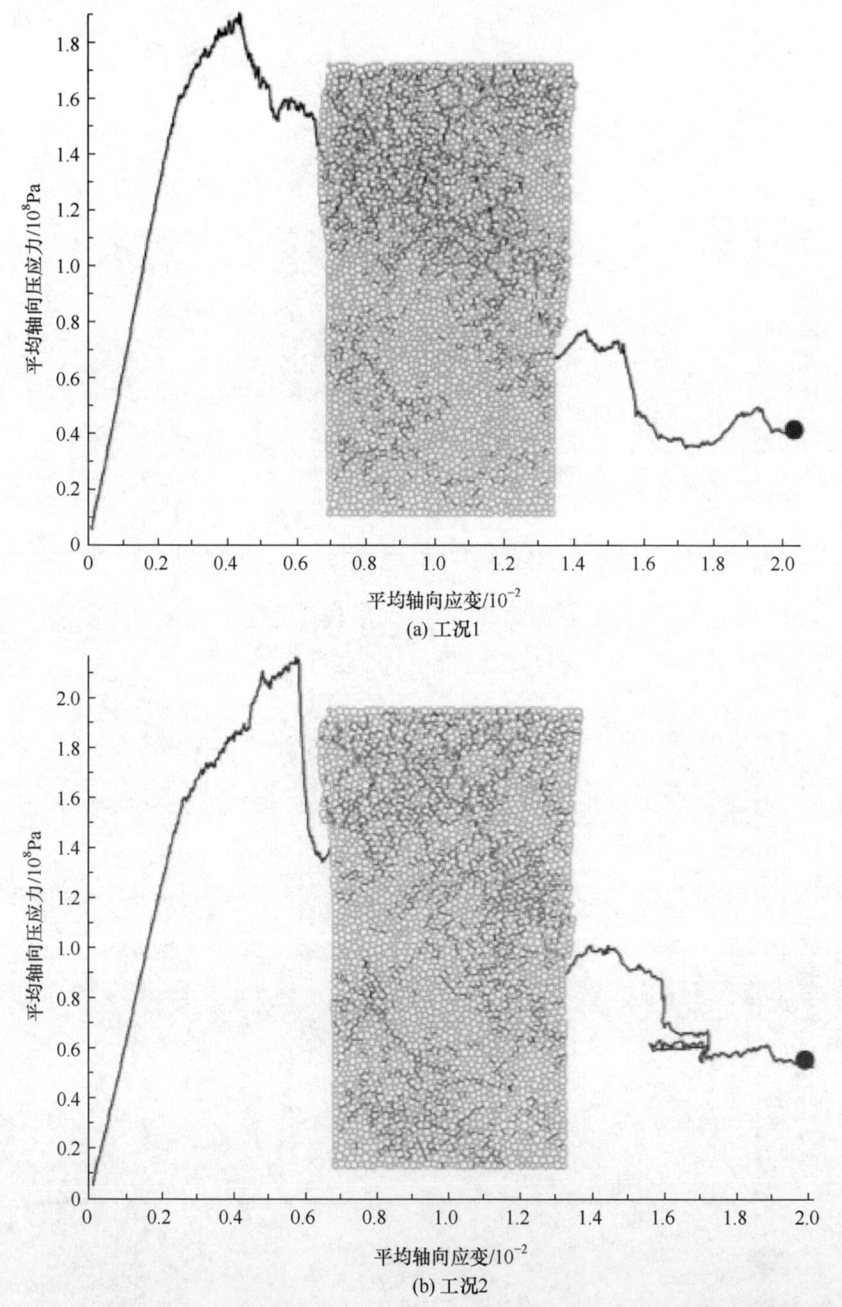

图 11.8　在达到岩石试样的峰后阶段时，PFC 模型中的微裂纹萌生。PFC 模型中的黑色区段显示了裂纹萌生的位置(拉伸或剪切)。应力-应变曲线末端的黑点表示试样在应力-应变曲线上的状态。工况 1 有 1047 条微裂纹，工况 2 有 1196 条微裂纹，分布清晰，位置明确 (Koyama and Jing，2005)

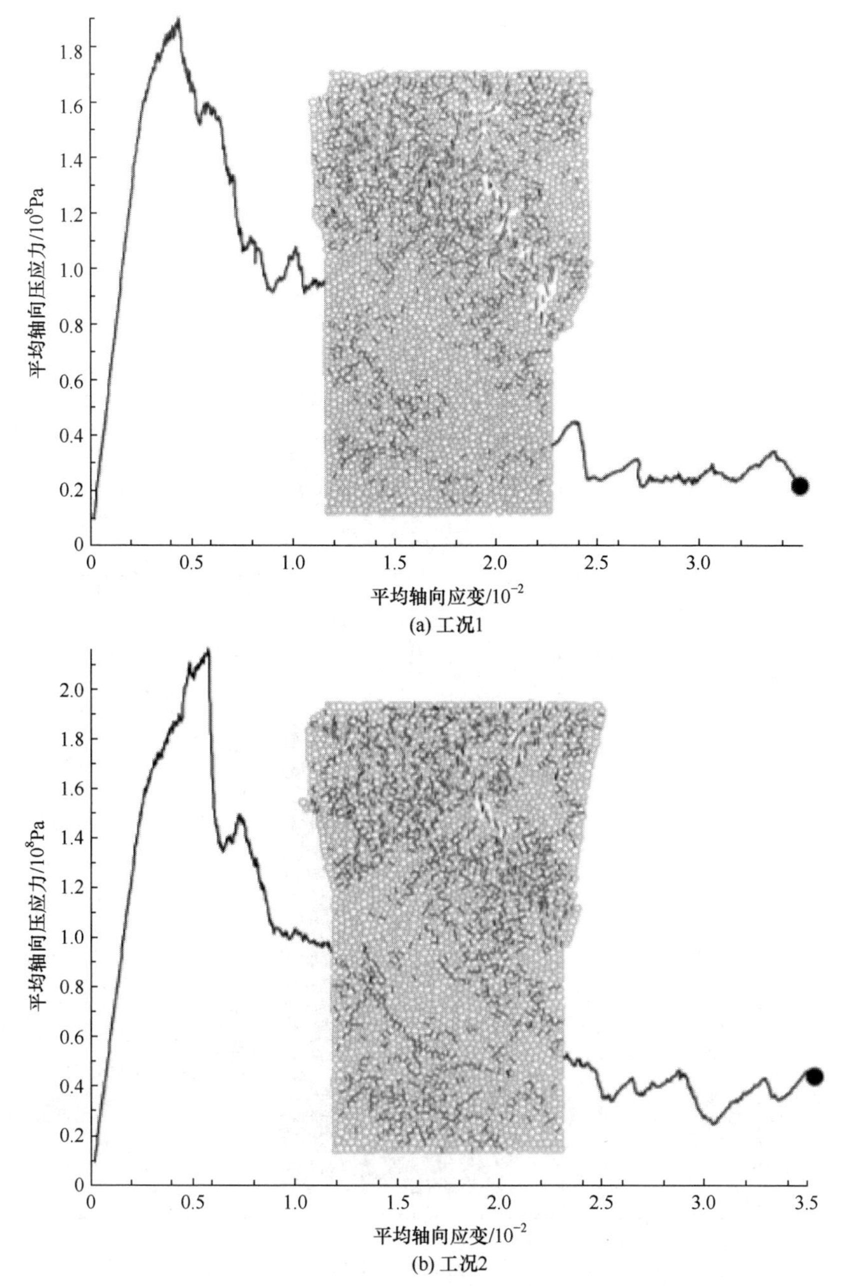

图 11.9　在达到岩石试样的持续峰后阶段时，PFC 模型中的微裂纹萌生。PFC 模型中的黑色区段显示了裂纹萌生的位置(拉伸或剪切)。应力-应变曲线末端的黑点表示试样在应力-应变曲线上的状态。工况 1 有 1072 条微裂纹，工况 2 有 1267 条微裂纹，具有明确的裂纹位置和最终破坏模式(Koyama and Jing，2005)

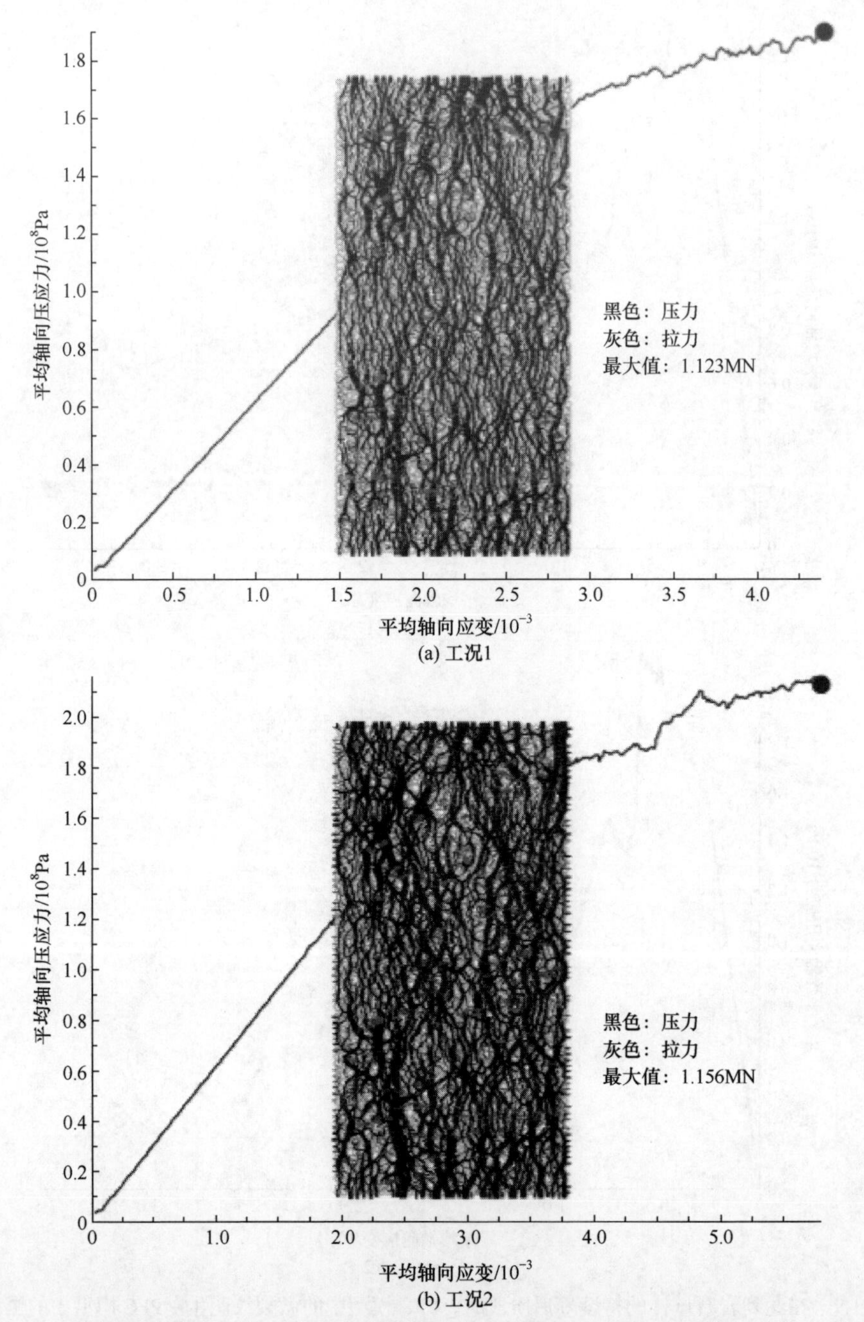

图 11.10　在达到岩石试样的单轴抗压峰值强度时，PFC 模型中的颗粒间接触力分布。应力-应变曲线末端的黑点表示试样在应力-应变曲线上的状态。从图中可以明显看出在垂直方向均匀分布的接触压应力，无裂纹聚集(应变局部化)(Koyama and Jing，2005)

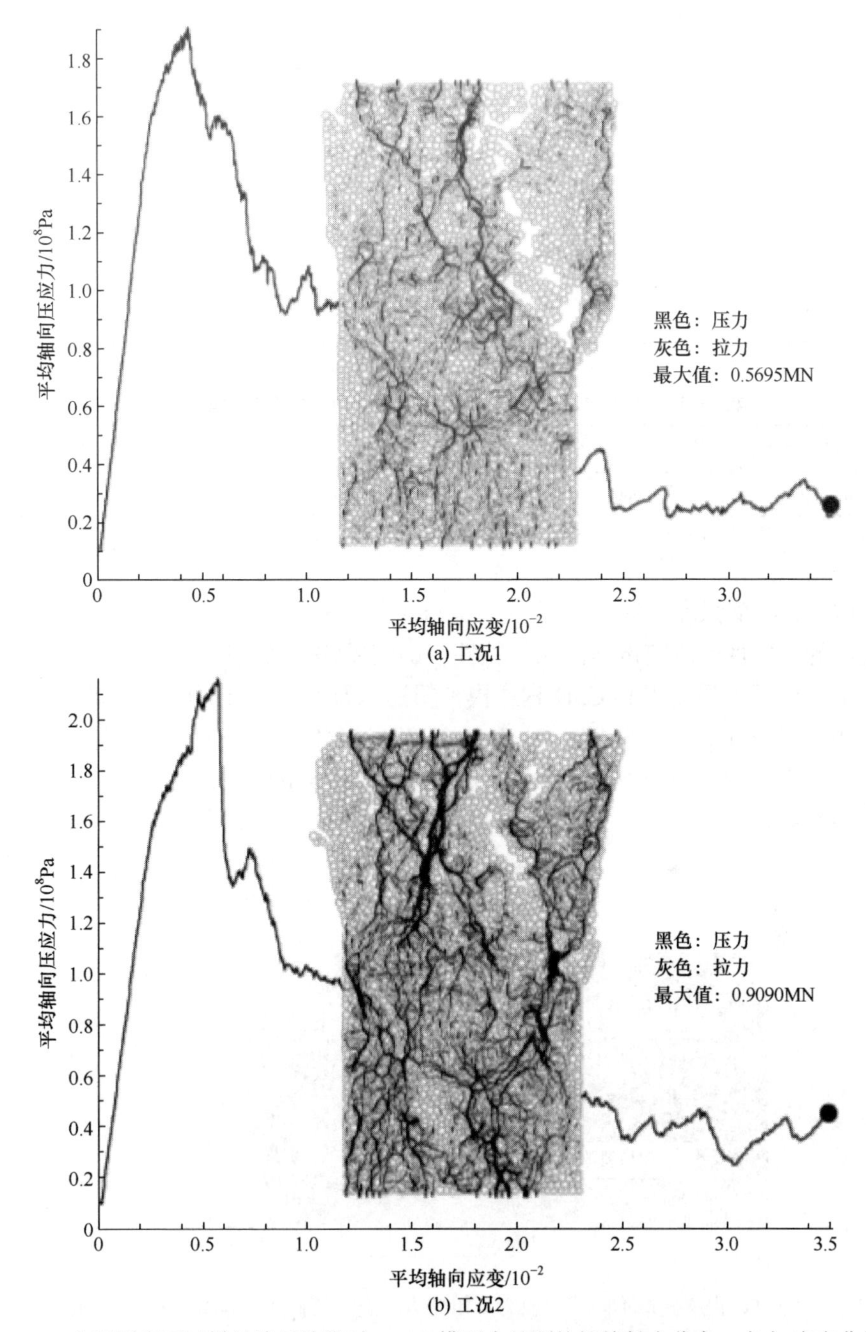

图 11.11　在达到岩石试样的峰后阶段时，PFC 模型中的颗粒间接触力分布。应力-应变曲线末端的黑点表示试样在应力-应变曲线上的状态。从图中可以看出在垂直方向上均匀分布的压应力和明显的裂纹聚集(应变局部化)(Koyama and Jing，2005)

表 11.3　通过与 Äspö 闪长岩测量数据比较校准后的岩石参数(Koyama and Jing，2005)

岩石宏观力学参数	室内试验数据	数值模拟数据	
		工况 1	工况 2
杨氏模量/GPa	68	57.51	57.91
泊松比	0.24	0.27	0.27
单轴抗压强度/MPa	214	190.67	216.47
单轴裂纹萌生应力/MPa	121	131.14	136.82

表 11.4　与表 11.3 中岩石参数对应的 PFC 模型中的细观参数

颗粒粒径/mm	法向黏结强度/MPa	接触模量/GPa	法向/切向刚度比	摩擦系数
0.5～0.83	600	110	5	0.2

注：使用的颗粒数为 3600，共有 15880 个时间步。

因此，峰值强度之后的应力-应变曲线不是材料“软化”现象，而是由破裂碎片之间的摩擦性质决定试样的结构特性，即明显的分叉过程。

第二个例子是使用 PFC2D 程序模拟粗糙岩石裂隙的直剪试验，如图 11.12 所示，法向应力分别为 0.5MPa、1MPa、2MPa、5MPa 和 10MPa，模型共有 9646 个颗粒，剪切位移可达 10mm，颗粒粒径为 0.25～0.53mm。其他力学参数与表 11.4 中所列参数相同。

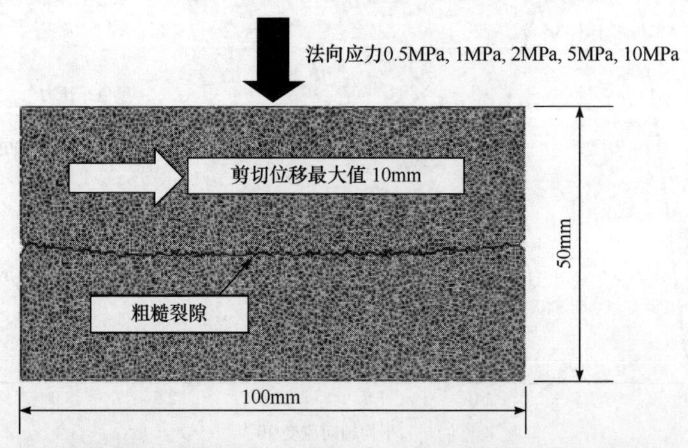

图 11.12　用 PFC 程序模拟不同法向应力下粗糙岩石裂隙的直剪试验(Koyama and Jing，2005)

图 11.13 为在 5MPa 法向应力下试验结束时的颗粒变形模式，其中暗色松散颗粒代表裂隙表面之间剪切产生的碎屑。图 11.14 为不同的法向应力下完整剪切力-剪切位移曲线(平均值)和法向剪胀-剪切位移曲线。图 11.15 显示了接触的粗糙

尖端处接触力的集中分布以及剪切引起的微裂纹位置，表示裂隙表面区域的损伤程度。当然这些图形是针对这个问题的定性结果，但与室内试验测试得到的结果相似。在模拟岩石常规直剪试验的连续模型中无法观察到以上破坏的细节特征。因此，PFC 模拟方法提供了另一种分析工具，可加深对裂隙剪切过程中局部应力、接触面积和损伤发展的理解。

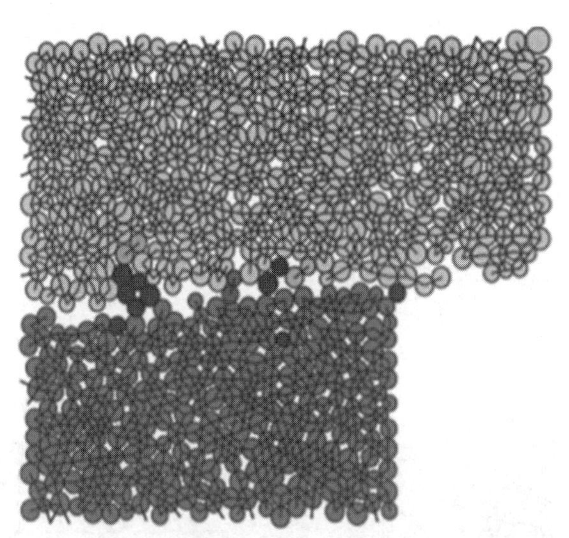

图 11.13　在 5MPa 法向应力下剪切试验结束时裂隙表面附近颗粒系统变形的局部图示。每个颗粒中的线段表示其接触数量和方向(Koyama and Jing，2005)

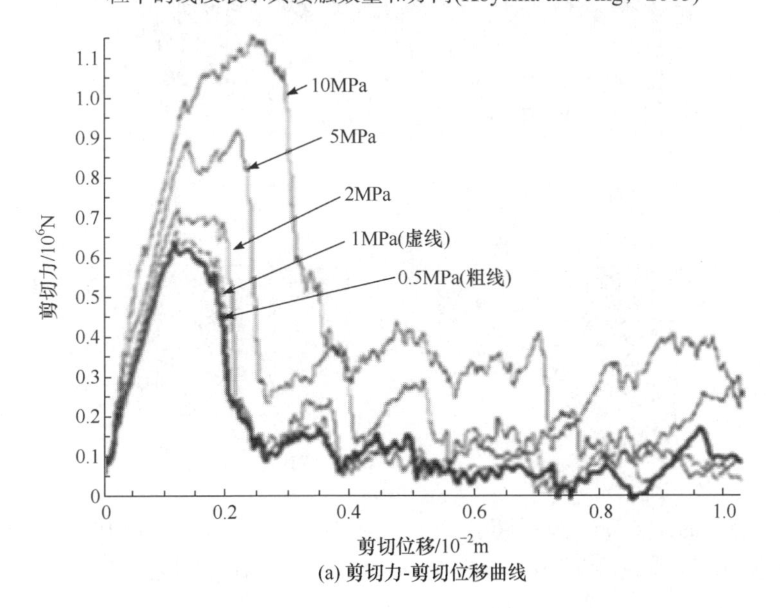

(a) 剪切力-剪切位移曲线

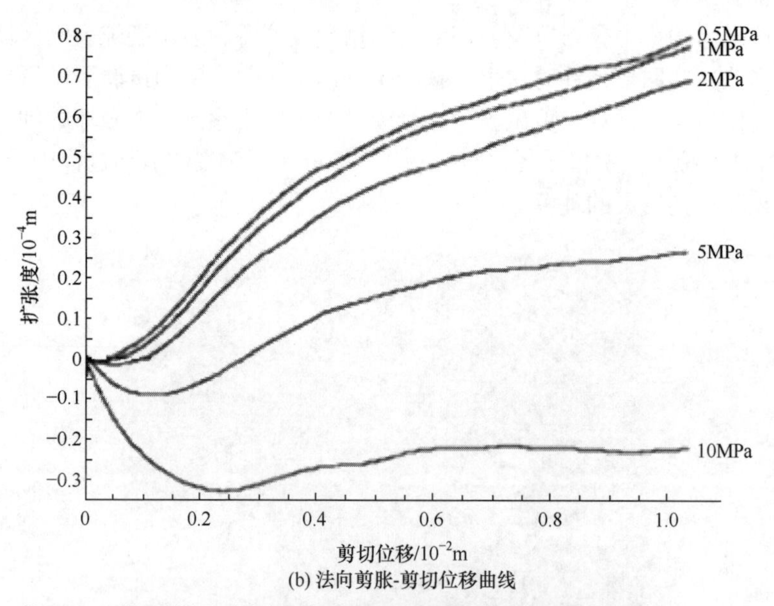

(b) 法向剪胀-剪切位移曲线

图 11.14　使用 PFC 模型模拟不同法向应力下粗糙裂隙直剪试验结果(Koyama and Jing，2005)

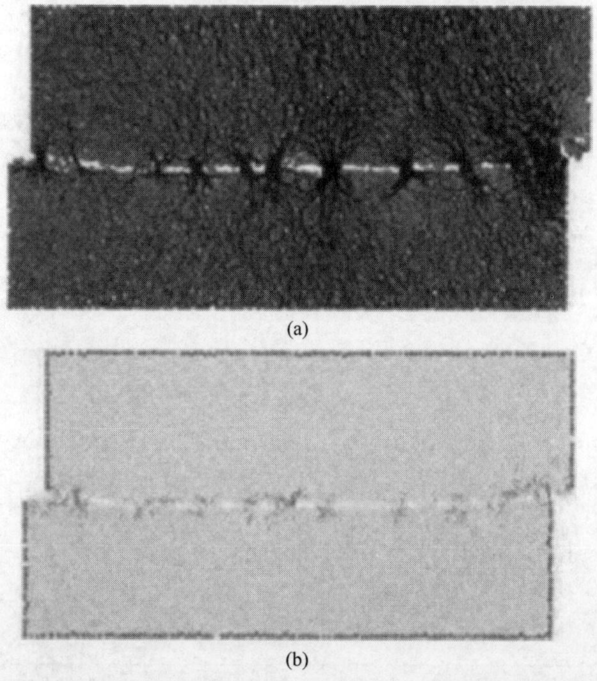

图 11.15　接触力的分布(a)(红色的是拉力分布，黑色的是压力分布)及微裂纹的扩展(b)(蓝线代表的是在 5MPa 法向应力作用下剪切位移约为 5.5mm 时剪切引起的微裂纹位置)

(Koyama and Jing，2005)

11.4　数值稳定性与时间积分问题

颗粒系统积分的数值算法与 FEM 类似，并且有大量关于颗粒力学问题的文献。O’Sullivan 和 Bray(2004)对该问题进行了详细的综述，本节主要以此为基础展开。

11.4.1　FEM 网格与 DEM 颗粒系统的类比

如 Kishino 和 Thornton(1999)所述，显式和隐式离散元都已经被用来研究颗粒系统(如颗粒材料)的力学行为。采用矩阵的形式，颗粒系统的离散时间间隔方程可以写成

$$\boldsymbol{M}\boldsymbol{a}+\boldsymbol{C}\boldsymbol{v}+\boldsymbol{K}\Delta\boldsymbol{x}=\Delta\boldsymbol{f} \tag{11.10}$$

式中，$\boldsymbol{M}$ 为质量矩阵；$\boldsymbol{a}$ 为加速度矢量；$\boldsymbol{K}$ 为刚度矩阵；$\Delta\boldsymbol{f}$ 为力矢量的增量；$\Delta\boldsymbol{x}$ 为位移矢量的增量；$\boldsymbol{v}$ 为速度矢量；$\boldsymbol{C}$ 为阻尼矩阵，当采用混合质量比例和刚度比例格式时，计算如下：

$$\boldsymbol{C}=\alpha\boldsymbol{M}+\beta\boldsymbol{K} \tag{11.11}$$

式中，α 和 β 为常数，取决于指定的材料和系统构型。刚度矩阵 $\boldsymbol{K}$ 和速度矢量 $\boldsymbol{v}$ 随颗粒几何分布和接触的力学状态变化而变化。

上述方程类似于连续体动力学分析的 FEM 方程。正如 O’Sulliva 和 Bray(2001，2004)所述，FEM 和 DEM 的结构框架有类比性，FEM 的节点对应于 DEM 的颗粒，FEM 的单元对应于 DEM 的粒间接触，如图 11.16 所示。与 Itasca(1998)的 PFC 模型相比，这种类比可以帮助 DEM 估计时间积分问题，尤其是用于确定临界时间步长。

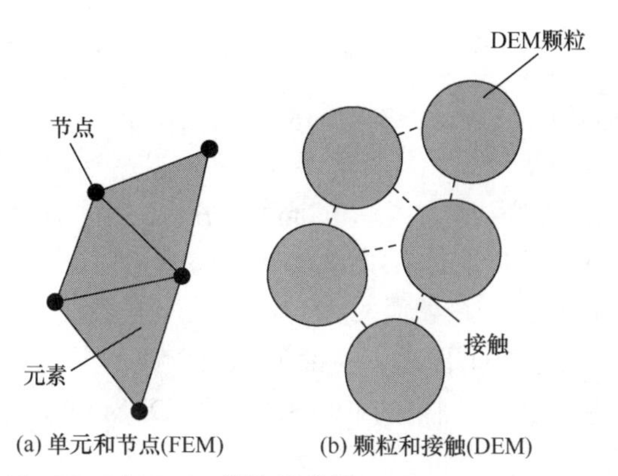

图 11.16　FEM 与 DEM 类比示意图(O’Sulliva and Bray，2004)

如 Belytschko 等(2000)所述，时间积分法的性能主要取决于偏微分方程的类型

和数据的平滑度。对于双曲线方程，如应力波传播方程和接触颗粒的动态运动方程，在 PFC 中当采用较小的时间步长来满足稳定性要求时，采用显式时间积分法更合适。对于接触引起的位移、速度和加速度数值变化的处理简单直接，不用使用全局刚度矩阵。以 DDA 为代表的隐式 DEM 方程的求解需要刚度矩阵的迭代变化，如 Shi(1988)、Ke 和 Bray(1995)使用的方法。DDA 方法使用上一个时间步结束时颗粒的接触状态(即接触刚度矩阵)来预测当前时间步的位移增量，然后更新刚度矩阵。若不收敛，则重新划分时间步长区间，重新进行计算。这将增加重复矩阵求逆操作的计算时间。显式时间积分方案(如用于颗粒系统的 PFC 程序)不需要这种迭代。如果需要模拟具有数百万个离散颗粒的大尺寸 DEM 模型，这将是一个很大的优势。

DEM 的中心差分时间积分格式是条件稳定的，可以大致估计出稳定分析的临界时间步长。但是，即使对于线性动态系统，也没有通用的标准来估计一般条件下 DEM 模型的临界时间步长。最大的稳定时间增量(Δt_{crit})是当前刚度矩阵特征值的函数(Belytschko，1983)。对于没有阻尼的线性系统，采用式(8.106)中的最大频率 $\omega_{\max}$ 或最大特征值 $\lambda_{\max}$，通过式(11.10)中 $\boldsymbol{M}^{-1}\boldsymbol{K}$ 矩阵定义。

对于一个单自由度系统，即只考虑一个 DEM 颗粒，对于中心差分时间积分格式，临界时间步长(Δt^{c})可以用式(11.12)表示(类似式(8.102))：

$$\Delta t^{\text{c}}=\frac{T}{\pi}=2\sqrt{\frac{m}{K_{\text{eff}}}} \tag{11.12}$$

式中，T 为自由度的自由振动周期；m 为颗粒质量；K_{eff} 为接触颗粒的最大弹性刚度。在 Itasca(1998)的 PFC 程序中，给出了一种估算临界时间步长的方法。如图 11.17 所示，该方法将无穷多个均匀大小的圆形颗粒通过弹簧连接组成颗粒系统，以此来避免颗粒系统的不稳定性，临界时间步长可用式(11.13)表示：

$$\Delta t^{\text{c}}_{\text{particles}}=\sqrt{\frac{m}{K}} \tag{11.13}$$

式中，K 为弹簧接触刚度；m 为颗粒质量。建议使用时将上述公式计算的临界时间步长乘以 0.8 的安全系数。

对于岩土 DEM 模拟中经常考虑的准静态分析，当不考虑系统的惯性效应响应时，可以使用密度或质量缩放(参阅 8.8 节)来减弱对时间步长的约束。如果高频响应很重要，则不应采用质量缩放。

O'Sulliva 和 Bray(2004)提出了一种计算圆盘或球形颗粒系统临界时间步长的方法，该方法考虑了 FEM 网格的节点和单元与 DEM 的颗粒分布规律和接触形式之间的直接类比。

考虑到图 11.16(a)展示的 FEM 网格，采用标准的 FEM 可以计算出每个单元的质量矩阵($\boldsymbol{M}^{\text{e}}$)和刚度矩阵($\boldsymbol{K}^{\text{e}}$)，对于图 11.16(b)所示的颗粒，可以通过系统

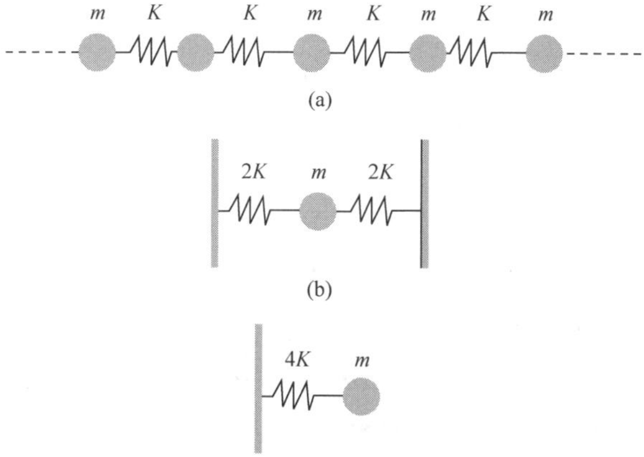

(a)

(b)

(c)

图 11.17　PFC 中计算临界时间步长的颗粒质量-弹簧系统(O’Sulliva and Bray，2004)

构型计算出颗粒的接触刚度矩阵。因此，颗粒的几何分布和每个接触点的接触方式(平动和转动)决定了颗粒接触刚度矩阵。对于均匀对称分布的颗粒构型可进行直接计算，而对于一般的构型则不能进行直接计算，因为只有在这种简化的情况下，才能用单元刚度矩阵、质量矩阵和临界时间步长计算出特征值λ^{e}。

11.4.2　接触单元的刚度矩阵

如图 11.18 所示，在二维情况下，DEM 的颗粒接触模型与结构分析中的杆单元类似。因此，每个接触点的单元刚度矩阵与杆结构的单元刚度矩阵相类似(Sack，1989)。

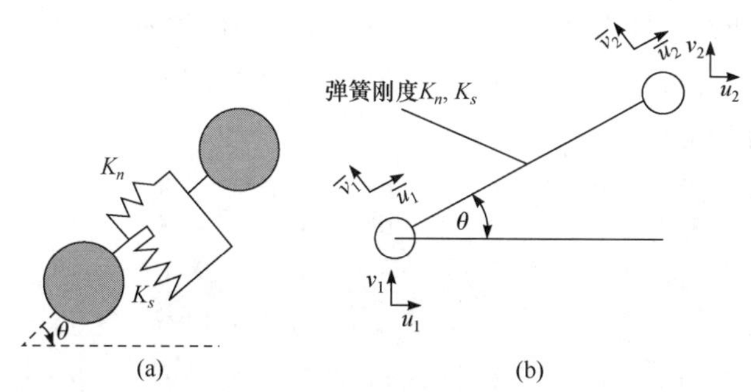

图 11.18　(a)DEM 颗粒的法向和切向接触弹簧(b)确定接触单元刚度矩阵的杆单元(O’Sulliva and Bray，2004)

在与全局(惯性)坐标系有一定倾角的局部坐标系中，对于一对具有相同半径 r 的颗粒，一定的旋转增量 $\Delta\varphi_i$ 将会引起力矩增量 $r^2K_s\Delta\varphi_i$。当考虑旋转自由度时，接触单元刚度矩阵由六个自由度决定(每个颗粒的 Δu_n、Δu_s 和 $\Delta\phi$)，表示为(O’Sulliva and Bray，2004)：

$$\boldsymbol{K}_{\text{local}}^{\text{c}}=\begin{bmatrix} K_n & 0 & 0 & -K_n & 0 & 0 \\ 0 & K_s & 0 & 0 & -K_s & 0 \\ 0 & 0 & K_s r^2 & 0 & 0 & 0 \\ -K_n & 0 & 0 & K_n & 0 & 0 \\ 0 & -K_s & 0 & 0 & K_s & 0 \\ 0 & 0 & 0 & 0 & 0 & K_s r^2 \end{bmatrix} \tag{11.14}$$

坐标转换矩阵(全局坐标系和局部坐标系)为

$$\boldsymbol{T}=\begin{bmatrix} \cos\theta & \sin\theta & 0 & 0 & 0 & 0 \\ -\sin\theta & \cos\theta & 0 & 0 & 0 & 0 \\ 0 & 0 & 1 & 0 & 0 & 0 \\ 0 & 0 & 0 & \cos\theta & \sin\theta & 0 \\ 0 & 0 & 0 & -\sin\theta & \cos\theta & 0 \\ 0 & 0 & 0 & 0 & 0 & 1 \end{bmatrix} \tag{11.15}$$

单元刚度矩阵的局部-全局转换关系为

$$\boldsymbol{K}_{\text{global}}^{\text{c}}=\boldsymbol{T}^{\text{T}}\boldsymbol{K}_{\text{local}}^{\text{c}}\boldsymbol{T} \tag{11.16}$$

在非球体颗粒的三维空间中(详见第 2 章)，相对于三个惯性主轴的惯性矩是不同的，并且三个旋转自由度(相对于每个惯性主轴)是相互耦合的。中心差分法不能用来计算转动运动方程的积分。Lin 和 Ng(1997)、Munjiza 等(2003)采用必要的附加计算消耗的方法来替代时间积分方法。

对于球体颗粒，即 $I_{xx}=I_{yy}=I_{zz}$，不存在转动耦合问题，可以采用中心差分法进行时间积分。对于不耦合的情况，其单元刚度矩阵为

$$\boldsymbol{K}_{\text{local}}^{\text{c}}=\begin{bmatrix} K_n & 0 & 0 & 0 & 0 & 0 & -K_n & 0 & 0 & 0 & 0 & 0 \\ 0 & K_s & 0 & 0 & 0 & 0 & 0 & -K_s & 0 & 0 & 0 & 0 \\ 0 & 0 & K_s & 0 & 0 & 0 & 0 & 0 & -K_s & 0 & 0 & 0 \\ 0 & 0 & 0 & K_s r_{\text{eff},1}^2 & 0 & 0 & 0 & 0 & 0 & -K_s r_{\text{eff},1}^2 & 0 & 0 \\ 0 & 0 & 0 & 0 & K_s r_{\text{eff},2}^2 & 0 & 0 & 0 & 0 & 0 & -K_s r_{\text{eff},2}^2 & 0 \\ 0 & 0 & 0 & 0 & 0 & K_s r_{\text{eff},3}^2 & 0 & 0 & 0 & 0 & 0 & -K_s r_{\text{eff},3}^2 \\ -K_n & 0 & 0 & 0 & 0 & 0 & K_n & 0 & 0 & 0 & 0 & 0 \\ 0 & -K_s & 0 & 0 & 0 & 0 & 0 & K_s & 0 & 0 & 0 & 0 \\ 0 & 0 & -K_s & 0 & 0 & 0 & 0 & 0 & K_s & 0 & 0 & 0 \\ 0 & 0 & 0 & -K_s r_{\text{eff},1}^2 & 0 & 0 & 0 & 0 & 0 & K_s r_{\text{eff},1}^2 & 0 & 0 \\ 0 & 0 & 0 & 0 & -K_s r_{\text{eff},2}^2 & 0 & 0 & 0 & 0 & 0 & K_s r_{\text{eff},2}^2 & 0 \\ 0 & 0 & 0 & 0 & 0 & -K_s r_{\text{eff},3}^2 & 0 & 0 & 0 & 0 & 0 & K_s r_{\text{eff},3}^2 \end{bmatrix} \tag{11.17}$$

局部-全局坐标转换矩阵为

$$
\boldsymbol{T}=\begin{bmatrix}
\cos\alpha_x & \cos\alpha_y & \cos\alpha_z & 0 & 0 & 0 & 0 & 0 & 0 & 0 & 0 & 0 \\
\cos\beta_x & \cos\beta_y & \cos\beta_z & 0 & 0 & 0 & 0 & 0 & 0 & 0 & 0 & 0 \\
\cos\gamma_x & \cos\gamma_y & \cos\gamma_z & 0 & 0 & 0 & 0 & 0 & 0 & 0 & 0 & 0 \\
0 & 0 & 0 & \cos\alpha_x & \cos\alpha_y & \cos\alpha_z & 0 & 0 & 0 & 0 & 0 & 0 \\
0 & 0 & 0 & \cos\beta_x & \cos\beta_y & \cos\beta_z & 0 & 0 & 0 & 0 & 0 & 0 \\
0 & 0 & 0 & \cos\gamma_x & \cos\gamma_y & \cos\gamma_z & 0 & 0 & 0 & 0 & 0 & 0 \\
0 & 0 & 0 & 0 & 0 & 0 & \cos\alpha_x & \cos\alpha_y & \cos\alpha_z & 0 & 0 & 0 \\
0 & 0 & 0 & 0 & 0 & 0 & \cos\beta_x & \cos\beta_y & \cos\beta_z & 0 & 0 & 0 \\
0 & 0 & 0 & 0 & 0 & 0 & \cos\gamma_x & \cos\gamma_y & \cos\gamma_z & 0 & 0 & 0 \\
0 & 0 & 0 & 0 & 0 & 0 & 0 & 0 & 0 & \cos\alpha_x & \cos\alpha_y & \cos\alpha_z \\
0 & 0 & 0 & 0 & 0 & 0 & 0 & 0 & 0 & \cos\beta_x & \cos\beta_y & \cos\beta_z \\
0 & 0 & 0 & 0 & 0 & 0 & 0 & 0 & 0 & \cos\gamma_x & \cos\gamma_y & \cos\gamma_z
\end{bmatrix}
\tag{11.18}
$$

式中，$r_{\text{eff},i}$ 为球面接触点与旋转轴的垂直距离(O'Sullivan and Bray，2004)。这与二维情况不同，在三维情况下，$r_{\text{eff},i} \neq r$，r 是球体半径。例如，考虑图 11.19 中菱形(或六边形)排列的颗粒系统，若系统绕中心球纵轴旋转，对于中心球和编号为 1～6 的球之间的接触，有 $r_{\text{eff},i}=r$，但对于中心球和编号为 7～9 的球之间的接触，有 $r_{\text{eff},i}=r/\sqrt{3}$ (O'Sullivan and Bray，2004)。

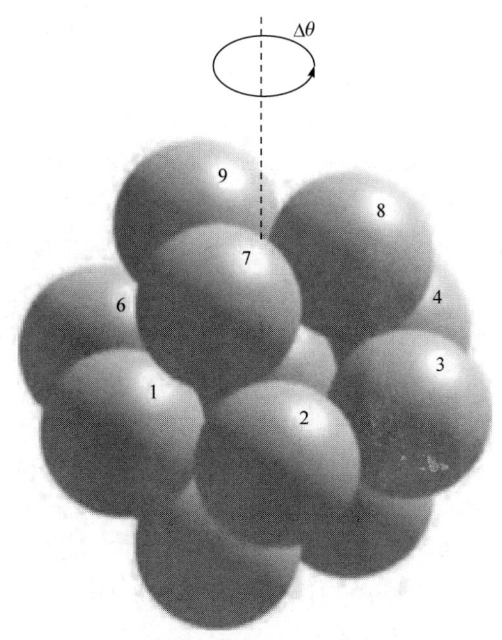

图 11.19　具有菱形排列形式的均匀球体的转动(O'Sullivan and Bray，2004)

11.4.3 接触单元的质量矩阵

在 FEM 中，集中质量矩阵通常用来构建单元质量矩阵，因为这种方法将全局质量矩阵对角化，并且计算效率高(Zienkiewicz and Taylor，2000)。节点的质量是节点上接触的单元的质量总和，其计算取决于单元的形状。例如，二维情况下，简单的三节点三角形单元，每个节点具有两个自由度，则单元的质量矩阵为

$$\boldsymbol{M}^{\mathrm{e}}=\frac{\rho A^{\mathrm{e}}}{3}\begin{bmatrix}1&0&0&0&0&0\\0&1&0&0&0&0\\0&0&1&0&0&0\\0&0&0&1&0&0\\0&0&0&0&1&0\\0&0&0&0&0&1\end{bmatrix} \tag{11.19}$$

式中，ρ 为颗粒的密度；A^{e} 为单元的面积。每个节点的集中质量为

$$m_k=\frac{1}{3}\sum_{i=1}^{N_k}\rho_i A_j^{\mathrm{e}} \tag{11.20}$$

式中，m_k 和 N_k 分别是集中质量和与节点 k 接触的单元的数量。FEM 的质量系统与人工颗粒系统相类似。

在 DEM 颗粒系统中，当颗粒生成时，质量会作为指定值自然地“集中”在颗粒(节点)上。与刚度矩阵类似，每个颗粒的质量按比例分配到它与其他颗粒共享的接触点上，从而可以为每个接触单元建立质量矩阵。只有针对具有规则、对称排列形式的圆盘或球体颗粒系统，颗粒的质量才会在接触点上均匀分布，从而得到单元质量矩阵，并推导出质量矩阵的解析表达式。例如，对于二维空间内两个相互接触的圆盘，每个颗粒都有三个自由度(两个平动自由度和一个转动自由度)，颗粒的质量为 m_i，颗粒的旋转惯性矩为 I_i，与颗粒 i 接触的颗粒数量为 n_i^{c}，连接颗粒 i 和 j 的接触单元刚度矩阵由 6×6 的矩阵 $\boldsymbol{M}_{ij}^{\mathrm{e}}$ 给出(O'Sulliva and Bray，2004)，其所有的非对角元素都是 0，对角线上的元素为

$$M_{11}^{\mathrm{e}}=M_{22}^{\mathrm{e}}=\frac{m_i}{n_i^{\mathrm{c}}},\quad M_{44}^{\mathrm{e}}=M_{55}^{\mathrm{e}}=\frac{m_j}{n_j^{\mathrm{c}}},\quad M_{33}^{\mathrm{e}}=\frac{I_i}{n_i^{\mathrm{c}}},\quad M_{66}^{\mathrm{e}}=\frac{I_j}{n_j^{\mathrm{c}}} \tag{11.21}$$

同样地，在三维空间内两个相互接触的球体，每个球体都有六个自由度(三个平动自由度和三个转动自由度)，可以用一个 12×12 的矩阵 $\boldsymbol{M}_{ij}^{\mathrm{e}}$ 表示，其非对角线上的元素都是 0，对角线上的元素为

$$M_{11}^{\mathrm{e}}=M_{22}^{\mathrm{e}}=M_{33}^{\mathrm{e}}=\frac{m_i}{n_i^{\mathrm{c}}},\quad M_{77}^{\mathrm{e}}=M_{88}^{\mathrm{e}}=M_{99}^{\mathrm{e}}=\frac{m_j}{n_j^{\mathrm{c}}} \tag{11.22a}$$

$$M_{44}^{\mathrm{e}}=\frac{I_x^i}{n_i^{\mathrm{c}}},\ M_{55}^{\mathrm{e}}=\frac{I_y^i}{n_i^{\mathrm{c}}},\ M_{66}^{\mathrm{e}}=\frac{I_z^i}{n_i^{\mathrm{c}}},\ M_{10,10}^{\mathrm{e}}=\frac{I_x^j}{n_j^{\mathrm{c}}},\ M_{11,11}^{\mathrm{e}}=\frac{I_y^j}{n_j^{\mathrm{c}}},\ M_{12,12}^{\mathrm{e}}=\frac{I_z^j}{n_j^{\mathrm{c}}} \tag{11.22b}$$

当颗粒排列形式最密集时，颗粒系统的质量矩阵最小(n_i^{c} 最大)，这种情况可以作为质量矩阵计算的极限情况。对于均匀的圆盘(二维空间)，六边形构型是可以获得的最密集排列形式(图 11.20)。这种排列形式具有对称性，因此颗粒的质量可以均匀地分布在六个接触点上。

图 11.20　均匀的六边形圆盘排列形式，颗粒之间的线代表接触方向(O'Sulliva and Bray，2004)

在三维空间中，有两种排列形式可以使颗粒的密集度达到最大：菱形(或封闭的六边形)和面心立方(FCC)排列形式(图 11.21)。尽管这两种情况的孔隙率和配位数是相同的，但是颗粒集合体的材料组构不同，导致两种球体排列形式的力学响应不同。

(a) 面心立方构型

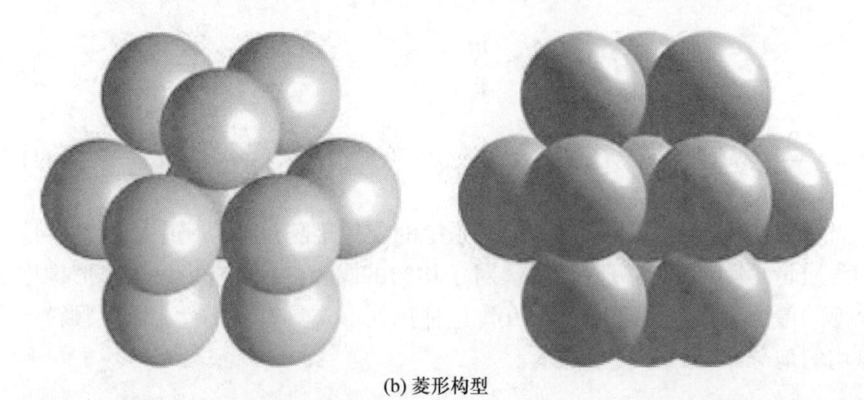

(b) 菱形构型

图 11.21　具有面心立方和菱形排列模式的均匀球体的正交视图(O’Sulliva and Bray，2004)

菱形和面心立方排列并不完全对称。对于它的旋转对称性，当它围绕着轴旋转 360°/n 的角度后与它自身重合，这说明其具有 n 重的旋转对称性。以过中心球的轴为旋转轴，面心立方排列具有四重旋转对称性，而菱形排列具有三重旋转对称性。

计算具有菱形和面心立方排列的均匀球体中接触单元质量矩阵的方法有两种(O’Sulliva and Bray，2004)。第一种方法，将质量均匀分配给 12 个接触点。第二种方法，将球体划分为如图 11.22 所示的 3 个区域。顶部区域的质量均匀分配给上层接触点(面心立方排列有 4 个，菱形排列有 3 个)，中间区域的质量均匀分配给顶部接触点和底部接触点之间的接触点(面心立方排列有 8 个，菱形排列有 9 个)。两种方法计算的质量矩阵都能被用来计算临界时间增量。

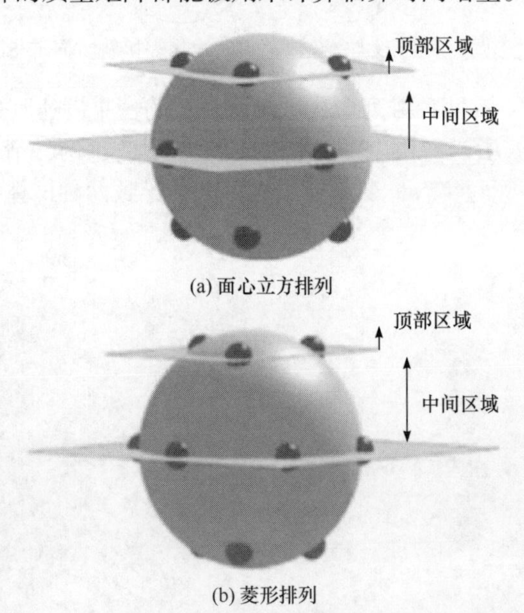

(a) 面心立方排列

(b) 菱形排列

图 11.22　惯性值非均匀分配给接触单元的球体的划分示意图(O’Sulliva and Bray，2004)

11.4.4　特征值计算

为了计算出颗粒系统运动方程中心差分积分时所需的临界时间步长，需要在全局坐标系中计算矩阵乘积$(\boldsymbol{M}^{\mathrm{e}})^{-1}\boldsymbol{K}_{\mathrm{global}}^{\mathrm{e}}$的特征值。因为$\boldsymbol{M}^{\mathrm{e}}$是对角矩阵，所以$(\boldsymbol{M}^{\mathrm{e}})^{-1}$也是对角矩阵，因此有(O’Sulliva and Bray，2004)

$$(\boldsymbol{M}^{\mathrm{e}})^{-1}\boldsymbol{T}^{\mathrm{T}}\boldsymbol{K}_{\mathrm{local}}^{\mathrm{e}}\boldsymbol{T}=\boldsymbol{T}^{\mathrm{T}}(\boldsymbol{M}^{\mathrm{e}})^{-1}\boldsymbol{K}_{\mathrm{local}}^{\mathrm{e}}\boldsymbol{T} \tag{11.23}$$

由于矩阵$\boldsymbol{T}$是正交矩阵，即$\boldsymbol{T}^{\mathrm{T}}=\boldsymbol{T}^{-1}$，矩阵$(\boldsymbol{M}^{\mathrm{e}})^{-1}\boldsymbol{K}_{\mathrm{local}}^{\mathrm{e}}$和$\boldsymbol{T}^{\mathrm{T}}(\boldsymbol{M}^{\mathrm{e}})^{-1}\boldsymbol{K}_{\mathrm{local}}^{\mathrm{e}}\boldsymbol{T}$相似且具有相同的特征值(Golub and van Loan，1983)。对于每个接触单元，在全局坐标系中$(\boldsymbol{M}^{\mathrm{e}})^{-1}\boldsymbol{K}_{\mathrm{global}}^{\mathrm{e}}$的特征值计算等同于在局部坐标系中$(\boldsymbol{M}^{\mathrm{e}})^{-1}\boldsymbol{K}_{\mathrm{local}}^{\mathrm{e}}$的特征值计算。考虑到这种等同性，并假设法向弹簧刚度和剪切弹簧刚度相等(即$K_n=K_s=K$)，计算若干由均匀圆盘和球体组成的对称排列矩阵的特征值。然后用$(\boldsymbol{M}^{\mathrm{e}})^{-1}\boldsymbol{K}_{\mathrm{local}}^{\mathrm{e}}$的特征值确定临界时间步长(参考式(8.106))。

O’Sulliva 和 Bray(2004)提出，对于一些平动和转动接触的对称二维圆盘结构，在平动中，二维最小临界时间步长仅为$0.577\sqrt{m/K}$，当颗粒也进行转动时，最小临界时间步长为$0.408\sqrt{m/K}$。

然而，三维条件下临界时间步长更小。如果颗粒惯性均匀分布在所有接触点上，只在平动下的最小临界时间步长为$0.408\sqrt{m/K}$，当颗粒也发生转动时，最小临界时间步长为$0.258\sqrt{m/K}$。

如图 11.22 所示，如果颗粒惯性分布不均匀，则只发生平动条件下的最小临界时间步长为$0.348\sqrt{m/K}$，当颗粒也发生转动时，最小临界时间步长为$0.221\sqrt{m/K}$，$\sqrt{m/K}$的理论值似乎有些过大。上述例子说明，刚性颗粒的临界时间步长取决于用接触配位数(每个颗粒的接触数)所表示的排列密度。当配位数增加时，临界时间步长减小。即使在密度相同的情况下，材料组构不同也会改变临界时间步长，如在相同密度下的菱形和面心立方排列。

O’Sulliva 和 Bray(2004)建议二维空间中的临界时间步长为$0.3\sqrt{m/K}$，三维空间中的临界时间步长为$0.17\sqrt{m/K}$，m为最小颗粒质量，K为最大接触刚度。

临界时间步长的估算对保持数值稳定性和结果收敛性具有重要意义，它也影响着计算时间。上述理论仅适用于粒径均匀的简单颗粒排列形式，对于不规则的构型，通常需要进行多次数值试验确定。

11.4.5　检测数值不稳定性的能量平衡方法

显式模拟中的数值不稳定性可以通过能量平衡来检测，如果产生虚假的能量，将导致违反能量守恒定律。采用 Belytschko 等(2000)提出的方法，能量守恒要求如下：

$$\left|W_{\text{kinetic}}+W_{\text{internal}}-W_{\text{external}}\right| \leqslant \varepsilon \max(W_{\text{kinetic}},W_{\text{internal}},W_{\text{external}}) \tag{11.24}$$

式中，W_{kinetic} 为动能；W_{internal} 为内能；W_{external} 为外能；ε 为一个数量级为 0.01 的常数。Itasca(1998)建议用增量法计算离散单元模型中式(11.24)的能量项。

动能项 W_{kinetic} 为

$$W_{\text{kinetic}}=\frac{1}{2}\sum_{i=1}^{N_{\text{p}}}(\boldsymbol{v}^i)^{\text{T}}m^i\boldsymbol{v}^i \tag{11.25}$$

式中，N_{p} 为定义域内的颗粒数；$\boldsymbol{v}^i$ 和 m^i 分别为颗粒 i 的速度矢量和质量。

内能项 W_{internal} 在时间 $t+\Delta t$ 时为

$$W_{\text{internal}}^{t+\Delta t}=W_{\text{strain}}^{t+\Delta t}-W_{\text{friction}}^{t+\Delta t}=\frac{1}{2}\sum_{i=1}^{N_{\text{c}}}\left(\frac{\left|F_n\right|^2}{K_n}+\frac{\left|F_s\right|^2}{K_s}\right)-\left(W_{\text{friction}}^t+\sum_{i=1}^{N_{\text{c}}}F_s^i\Delta u_s^i\right) \tag{11.26a}$$

式中，W_{strain} 为应变能(考虑所有的颗粒)；W_{friction} 为滑动摩擦中的能量损耗(仅在接触点处)；N_{c} 为定义域内接触点的数量；F_n^i 为接触点 i 处的法向应力；F_s^i 为接触点 i 处的剪切力；Δu_s^i 为接触点处的切向位移增量；K_n 和 K_s 分别为法向和剪切弹簧刚度。

外能项 W_{external} 为

$$W_{\text{external}}^{t+\Delta t}=W_{\text{BF}}^{t+\Delta t}+W_{\text{AF}}^{t+\Delta t}+W_{\text{WF}}^{t+\Delta t} \tag{11.26b}$$

$$W_{\text{BF}}^{t+\Delta t}=W_{\text{BF}}^t+\sum_{i=1}^{N_{\text{p}}}m^i\boldsymbol{b}^i\Delta\boldsymbol{u}^i \tag{11.26c}$$

$$W_{\text{AF}}^{t+\Delta t}=W_{\text{AF}}^t+\sum_{i=1}^{N_{\text{p}}}\boldsymbol{F}_{\text{applied}}^i\Delta\boldsymbol{u}^i \tag{11.26d}$$

$$W_{\text{WF}}^{t+\Delta t}=W_{\text{WF}}^t+\sum_{i=1}^{N_{\text{p}}}\boldsymbol{F}_{\text{contact}}^i\Delta\boldsymbol{u}_{\text{c}}^i \tag{11.26e}$$

式中，W_{BF} 为颗粒与体力相关的能量，如重力；W_{AF} 为与任何外部施加荷载(如边界应力/力)相关的能量；W_{WF} 为刚性边界(接触点的数量 N_{c})对系统做的功；$\boldsymbol{b}^i$ 为颗粒 i 的体积力矢量；$\Delta\boldsymbol{u}^i$ 为颗粒 i 的位移增量矢量；$\boldsymbol{F}_{\text{applied}}^i$ 为作用在颗粒 i 上的外力矢量；$\boldsymbol{F}_{\text{contact}}^i$ 为接触点 i 的接触力矢量；$\Delta\boldsymbol{u}_{\text{c}}^i$ 为接触点 i 的位移增量矢量。位移增量为当前时间 t 到 $t+\Delta t$ 上发生的位移。

11.5　颗粒系统的 Cosserat 连续体等效

11.5.1　基本概念

颗粒模型的主要目标之一是通过接触处的微观力学本构关系建立颗粒系统的微观和宏观变量/参数之间的关系。与连续体相比，颗粒具有额外的转动自由度，这使得它们除通过平动传递的力外，还能传递偶应力。具有这种额外转动自由度颗粒系统的等效连续体称为 Cosserat 连续体或微观极性连续体(Cosserat and Cosserat, 1909)。要描述 Cosserat 连续体，除经典的 Cauchy 应力和应变张量外，还需要从力、扭矩、接触点的平动和转动位移来计算偶应力和转动梯度张量。Eringen(1999)介绍了相关的理论基础，Kruyt(2003)给出了相关的综述。

Cosserat 微观极性连续体的概念也被引入岩土力学与工程领域，如 Papamichos 等(1990)的岩石爆破和剥落中涉及的分层弹性介质、Dawson 和 Cundall(1995)的分层岩石 Cosserat 塑性模型、Dai 等(1996)的裂隙岩体力学、Cerrolaza 等(1999)关于块体结构的研究、Sulem 和 Cerrolaza(2000)关于岩石边坡的研究、Morris 等(2004)关于地下开挖的研究、Durand 等(2006)关于岩土的稳定性研究，这里仅列举几例。

在将颗粒系统描述为等效 Cosserat 连续体时，采用两种方法推导出相应的宏微观性质。一种方法是直接使用连续介质力学原理，如 Chang 和 Ma(1991，1992)以及 Oda 和 Iwashita(2000)。另一种方法是基于颗粒接触特性的微观-宏观力学方法，如 Kruyt(2003)。虽然宏观连续介质力学模拟方法(用 Cosserat 连续体概念)在岩石力学中应用较多，但微观力学方法与颗粒系统的 DEM 的关系更为密切。因此，本节主要基于 Kruyt(2003)对微观力学方法进行更加详细和系统的总结描述。

Cosserat 连续体和 DEM 颗粒(或块)模型之所以能同时应用，是因为 DEM 模型可以显式地和合理地模拟颗粒的接触和旋转，接触力、扭矩和摩擦力矩及偶应力、转动梯度张量的影响可以被离散且准确地分析。本节将对 Cosserat 微观极性连续体理论及其与 DEM 的关系进行一个简要的总结，以便在进行更为深入和系统的岩土工程应用研究前可以初步理解此方法的基本原理。

均匀化是 Cosserat 微观力学理论的基本概念之一。由于在研究颗粒材料的宏观行为时，通常不需要对微观尺度(颗粒尺度)的精确应力场有详细的了解，用等效均匀连续体表示颗粒集合体是可行的。均匀化是必要的，因为颗粒集合体的几何(如尺寸和位置分布不均匀)和力学(如单个颗粒中的非均匀应力分布，参见 Timoshenko 和 Goodier(1970))非均匀性需要通过对特定计算域或体进行平均来处理，从而使用

Cosserat 连续体原理推导出有效或等效的宏观特性。显然，与颗粒内部应力变化相关的长度尺寸要远远小于粒子半径。为了使这种均匀化过程有意义，均匀压力 σ_{ij} 变化代表长度尺寸 λ 必须显著大于颗粒半径但小于研究区域(体)，与之前介绍的 REV 非常类似(图 11.23(a))。

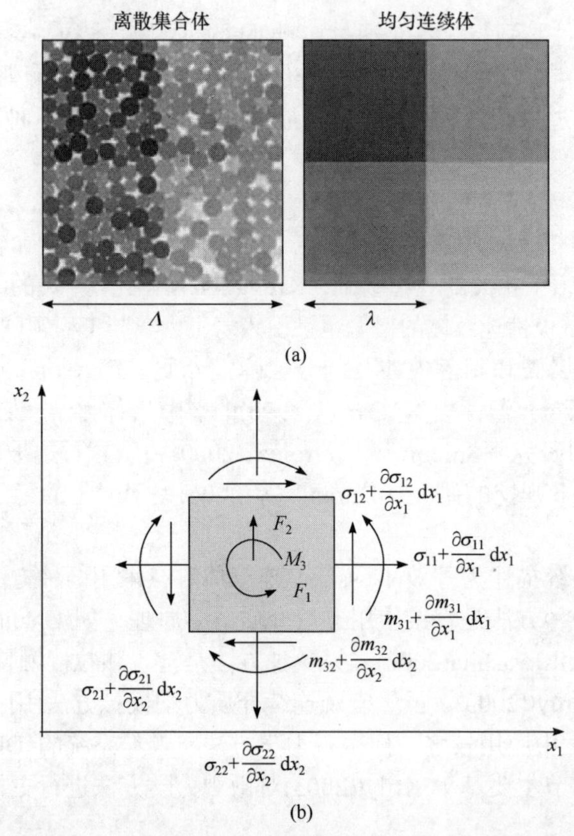

图 11.23　(a)颗粒系统均匀 Cosserat 连续体，灰度表示压力水平，$R \ll \lambda < \Lambda$ (Kruyt, 2003)。(b)二维问题平衡应力状态中在 x_1 和 x_2 方向上边长为增量 $\mathrm{d}x_1$ 和 $\mathrm{d}x_2$ 的 Cosserat 连续体体元的应力平衡

Cosserat 连续体中任意点的平衡方程为(图 11.23(b))

$$
\begin{bmatrix}
\frac{\partial}{\partial x} & 0 & \frac{\partial}{\partial y} & 0 & 0 & 0 \\
0 & \frac{\partial}{\partial x} & 0 & \frac{\partial}{\partial y} & 0 & 0 \\
0 & 1 & -1 & 0 & \frac{\partial}{\partial x} & \frac{\partial}{\partial y}
\end{bmatrix}
\begin{Bmatrix} \sigma_{11} \\ \sigma_{12} \\ \sigma_{21} \\ \sigma_{22} \\ m_{31} \\ m_{32} \end{Bmatrix}
+ \begin{Bmatrix} \boldsymbol{F}_1 \\ \boldsymbol{F}_2 \\ \boldsymbol{M}_3 \end{Bmatrix}
= \begin{Bmatrix} 0 \\ 0 \\ 0 \end{Bmatrix} \tag{11.27}
$$

式中，$\boldsymbol{F}_1$、$\boldsymbol{F}_2$和$\boldsymbol{M}_3$分别为图 11.23(b)中微分区域的合力和力矩。注意$\sigma_{12} \neq \sigma_{21}$，由于式中包含微观结构和偶应力影响，应力张量是不对称的，这可能对材料的破坏机理产生重要影响。对应的 Cosserat 连续体变形可表示为

$$\begin{bmatrix} \dfrac{\partial}{\partial x} & 0 & 0 \\ 0 & \dfrac{\partial}{\partial x} & -1 \\ \dfrac{\partial}{\partial y} & 0 & 1 \\ 0 & \dfrac{\partial}{\partial y} & 0 \\ 0 & 0 & \dfrac{\partial}{\partial x} \\ 0 & 0 & \dfrac{\partial}{\partial y} \end{bmatrix} \begin{Bmatrix} \dot{u} \\ \dot{v} \\ \dot{w} \end{Bmatrix} = \begin{Bmatrix} \dot{\gamma}_{11} \\ \dot{\gamma}_{12} \\ \dot{\gamma}_{21} \\ \dot{\gamma}_{22} \\ \dot{\kappa}_{31} \\ \dot{\kappa}_{32} \end{Bmatrix} \tag{11.28}$$

式中，$\dot{u}$、$\dot{v}$和$\dot{w}$分别为在x和y方向上的变形率和转动速度；$\dot{\kappa}_{31}$和$\dot{\kappa}_{32}$分别为转动梯度率(速度)在x和y方向上的分量，表示均匀 Cosserat 介质可以承受由扭矩造成弯曲的能力。由于这个区别，应变率矢量不能写成连续介质力学中的应变矢量的相似形式。方程(11.27)和方程(11.28)对连续介质力学及离散介质力学之间的区别进行了解释。

11.5.2　颗粒系统均匀化的微观力学基本概念

当用 Cosserat 连续体来表征颗粒集合体时，基本运动学量就是位移场$U_i(x)$和转动场$\omega_i(x)$，基本力学量就是均匀 Cauchy 应力张量σ_{ij}和偶应力张量μ_{ij}。由于附加的偶应力和转动梯度，颗粒应力的局部平均值和均匀 Cauchy 应力的局部平均值不需要相等，但是离散颗粒集合体和均质连续体的力学行为要求等效。因此，均匀应力张量σ_{ij}在边界B上的拉力矢量必须等于作用在集合体边界上离散力的合力(Kruyt，2003)

$$\int_B n_i \sigma_{ij} \mathrm{d}B = \sum_{\beta \in B} f_i^{\beta} \tag{11.29a}$$

式中，n_i为边界B的单位外法向矢量，总和为$\beta \in B$的接触点求和；f_i^{β}为作用在边界B上接触点β的力。

同样，均匀的偶应力张量μ_{ij}在颗粒集合体边界B上的偶拉力矢量必须等于作用在颗粒集合体边界上离散偶力的合力(Kruyt，2003)。

$$\int_B n_i \mu_{ij} \mathrm{d}B = \sum_{\beta \in B} \kappa_i^{\beta} \tag{11.29b}$$

式中，κ_i^{β} 为作用在 $\beta \in B$ 接触上的偶力，不涉及接触力。

下面将介绍颗粒集合均匀化为连续体的数学基础。与位置相关的接触密度 $m_V(\boldsymbol{x})$ 可定义为单位体积内接触数目。更一般地，也可以定义与位置相关的均值(在接触点上)$\langle \psi(\boldsymbol{x}) \rangle$，以及一般意义上接触量 ψ^c，如接触力或位移的分量。那么接触密度与平均接触量将满足以下关系(Kruyt，2003)：

$$\sum_{c \in C} 1 = \int_V m_V(\boldsymbol{x}) \mathrm{d}V \tag{11.30a}$$

$$\sum_{c \in C} \psi^c = \int_V m_V(\boldsymbol{x}) \langle \psi(\boldsymbol{x}) \rangle \mathrm{d}V \tag{11.30b}$$

式中,C 为体积为 V 的指定范围中接触的完整集合,$\boldsymbol{x}$ 为颗粒的位置矢量。式(11.30a)等号左边的量为接触点的总数。因为 $\langle \psi(\boldsymbol{x}) \rangle$ 在特定问题中为常数，关系式(11.30b)为式(11.30a)的自然扩展。

在均匀化颗粒系统的特性中，经常会遇到一个通常随目标域变化的位置相关变量 $\phi(\boldsymbol{x})$。因为在区域间 $\phi(\boldsymbol{x})$ 被视为是变化缓慢的，我们可以把两个变量乘积的平均值写成以下形式：

$$\langle \phi \psi(\boldsymbol{x}) \rangle = \phi(\boldsymbol{x}) \langle \psi(\boldsymbol{x}) \rangle \tag{11.31a}$$

假设求和在体积上是可以相加的，对接触点的总和可以用一个等效的体积积分来代替(Kruyt，2003)：

$$\sum_{c \in C} \phi(\boldsymbol{C}^c) \psi^c = \int_V m_V(\boldsymbol{x}) \phi(\boldsymbol{x}) \langle \psi(\boldsymbol{x}) \rangle \mathrm{d}V \tag{11.31b}$$

式中，$\boldsymbol{C}^c$ 为接触点 c 的位置向量。

式(11.31b)是推导等效连续体与离散颗粒集合体之间连接关系的基础。

11.5.3 微观力学——运动学变量

1. 接触变量

令 f_i^{pq} 和 κ_i^{pq} 为接触力的矢量，并在颗粒 p 和 q 之间接触处成偶应力(由颗粒 p 对 q 施加力)。相对位移 Δ_i^{pq} 和相对转动 Ω_i^{pq} (接触点处运动学变量)由下式定义(Kruyt，2003)：

$$\begin{cases} \Delta_i^{pq} = (U_i^q + e_{ijk} \omega_j^q r_k^{qp}) - (U_i^p + e_{ijk} \omega_j^p r_k^{pq}) \\ \Omega_i^{pq} = \omega_i^q - \Omega_i^p \end{cases} \tag{11.32}$$

式中，U_i^p 为颗粒 p 的位移增量；ω_i^p 为颗粒 p 的转动量；e_{ijk} 为三维置换符号。矢量 $r_i^{pq} = C_i^{pq} - X_i^p$ 和 $r_i^{qp} = C_i^{pq} - X_i^q$ 分别为颗粒 p 中心 X_i^p 与颗粒 q 中心 X_i^q 距离接触点 C_i^{pq} 的距离(图 11.24)。

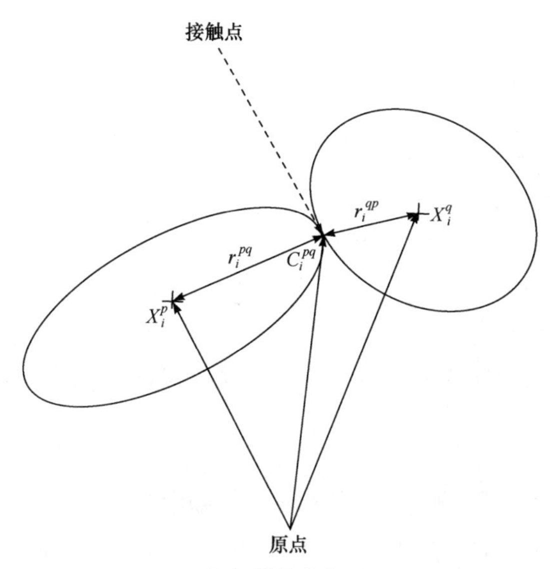

图 11.24　几何矢量的定义(Kruyt，2003)

颗粒 p 与边界 B 的接触点 β 的相对位移和相对转动定义如下(Kruyt，2003)：

$$\begin{cases} \Delta_i^{p\beta} = U_i^\beta - (U_i^p + e_{ijk}\omega_j^p r_k^{p\beta}) \\ \Omega_i^{p\beta} = \omega_i^\beta - \Omega_i^p \end{cases} \tag{11.33}$$

式中，U_i^β 和 ω_i^β 为在边界处的位移和转动量。滑动在推导这个方程过程中是允许的。

相对位移 Δ_i^{pq} 为两部分的和：由颗粒中心点的平动引起的 δ_i^{pq} 和由颗粒转动引起的 ρ_i^{pq} (Kruyt，2003)。

$$\begin{cases} \delta_i^{pq} = U_i^q - U_i^p \\ \rho_i^{pq} = e_{ijk}\omega_j^q r_k^{qp} - e_{ijk}\omega_j^p r_k^{pq} \end{cases} \tag{11.34}$$

在整个颗粒集合体的刚体运动中，颗粒 p 和 q 之间将不会有相对位移，即 $\Delta_i^{pq} = \Omega_i^{pq} = 0$，但是 δ_i^{pq} 不一定为零。这一对($\Delta_i^{pq}, \Omega_i^{pq}$)更适合计算微观力学表达量——应变和转动梯度张量。

接触点的力 f_i^{pq} 和力偶 κ_i^{pq} 符合牛顿第三定律(作用力与反作用力定律)，即 $f_i^{qp} = -f_i^{pq}$，$\kappa_i^{qp} = -\kappa_i^{pq}$，而且在接触点的相对位移和相对转动满足类似关系，即

$\Delta_i^{qp} = -\Delta_i^{pq}$，$\Omega_i^{qp} = -\Omega_i^{pq}$。静力学变量 f_i^{pq} 和 κ_i^{pq} 与动力学变量 Δ_i^{pq} 和 Ω_i^{pq} 之间的准确关系可以用问题的接触本构关系来描述。

2. 离散平衡方程

在无体力的情况下，对于准静态力和力矩，颗粒 q(与颗粒 p 接触)的离散平衡方程为(Kruyt，2003)：

$$\begin{cases} \sum_q f_j^{pq} + f_j^{p\beta} = 0 \\ \sum_q (\kappa_j^{pq} + e_{jkl} C_k^{pq} f_l^{pq}) + (\kappa_j^{p\beta} + e_{jkl} C_k^{p\beta} f_l^{p\beta}) = 0 \end{cases} \tag{11.35}$$

式中，f_i^{pq} 和 κ_i^{pq} 为接触边界(如果存在)对颗粒 p 的力和力偶；C_i^{pq} 和 $C_i^{p\beta}$ 分别为颗粒 p 和 q 之间以及颗粒 p 与边界之间接触点 β 的位置矢量。需要注意的是，在当前的公式中，两个颗粒之间不允许多个接触，即只考虑凸面接触。

3. 颗粒接触的图形表征

在二维空间中，建立颗粒接触的相对位移和相对转动的相容方程时常采用颗粒接触拓扑模式的图形或有向图表征(Satake，1992)。在这个图形表征中，内部节点(或顶点)表示颗粒的中心，边界节点表示边界上的接触点(图 11.25)。节点之间

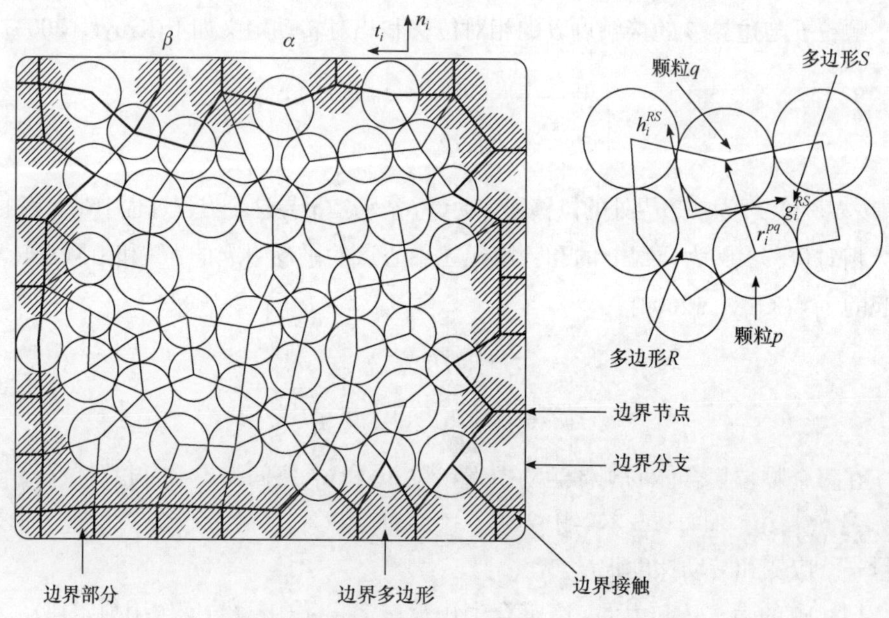

图 11.25　颗粒集合体的图形表征：多边形、边(分支)向量、多边形向量和转动多边形向量(Kruyt，2003)

的边表示接触，包括颗粒对接触和颗粒与边界接触。为了保证图是一个完全有向图，满足 Euler-Poincare 关系，在边界上添加了相邻接触点之间的附加边界(参阅第 6 章)。

图中，令颗粒数目为 N_p，边界上接触点的数目为 N_c^B，节点数目为 N_v，$N_\mathrm{v}=N_\mathrm{p}+N_\mathrm{c}^\mathrm{B}$。所有接触点的集合为 C，由所有的内部接触点 C^I(颗粒和颗粒之间)和所有的边界接触点 C^B(颗粒与边界之间)组成。内部接触、边界接触和所有接触的数目分别为 N_c^I、N_c^B 和 N_c，其关系为 $N_\mathrm{c}=N_\mathrm{c}^\mathrm{I}+N_\mathrm{c}^\mathrm{B}$。接触边的数目 $N_\mathrm{e}=N_\mathrm{c}^\mathrm{B}+N_\mathrm{c}$，其中，$N_\mathrm{c}^\mathrm{B}$ 为边界接触边的数目(分支)。

边(接触)向量 l_i^{pq} 被定义为连接相互接触的颗粒 p 和 q 中心的向量，它们组成了封闭环或多边形，如图 11.25 所示。对于相邻的多边形 R 和 S，定义 g_i^{RS} 为连接两个多边形几何中心的向量，将 g_i^{RS} 逆时针旋转 90°，可定义另一个多边形向量 h_i^{RS} (Kruyt and Rothenburg，1996)，如图 11.25 所示。这些多边形向量组成了一个右手系，而且在推导离散颗粒系统的相对位移和相对转动的相容方程时要用到这些多边形向量。接触可以通过所涉及的颗粒或多边形来识别，前者在方程中用带有小写上标 pq 的颗粒标签表示，后者用带有大写的上标 RS 的多边形标签表示。

图 11.25 中的多边形包括“边界”多边形，即与边界共享一条边的多边形(图 11.25 中的粗线)。定义 h_j^{RS} 为两个多边形 R 与 S 边界接触的多边形向量，该向量从多边形 R 边界边缘的中点到多边形 S 边界边缘的中点。这些边界多边形的数目等于边界接触的数目 N_c^B，内部多边形的数目为 N_l^I，总的多边形的数目为 $N_\mathrm{l}=N_\mathrm{l}^\mathrm{I}+N_\mathrm{c}^\mathrm{B}$。

颗粒 p 与边界接触的边向量 $l_i^{p\beta}$ 从颗粒 p 中心点指向接触点 $C_i^{p\beta}$，即 $l_i^{p\beta}=C_i^{p\beta}-X_i^p$。

基于上述定义，Euler-Poincare 关系式为

$$N_\mathrm{v}-N_\mathrm{e}+N_\mathrm{l}=1 \tag{11.36}$$

式中不包括法向指向图形平面背面的所有边界边所形成的一个面(多边形)。在方程(11.36)中，N_v 为节点(顶点)的数目，N_l 为多边形(封环)的数目，N_e 为图形中的边数。运用公式 $N_\mathrm{v}=N_\mathrm{p}+N_\mathrm{c}^\mathrm{B}$ 和 $N_\mathrm{e}=N_\mathrm{c}+N_\mathrm{c}^\mathrm{B}$，可以得到

$$N_\mathrm{p}-N_\mathrm{c}+N_\mathrm{l}=1 \tag{11.37}$$

边向量 l_i^c 与多边形(面)向量 h_j^c 的几何关系为(Kruyt and Rothenburg，1996)

$$I_{ij}=\frac{1}{A}\sum_{c\in C}l_i^c h_j^c \tag{11.38}$$

式中，I_{ij} 为二维单位张量；A 为指定计算域面积，这种关系是建立在多边形嵌合面基础上的。注意式(11.38)适用于任意颗粒形状，而不是只适用于圆盘。

11.5.4　Cosserat 连续体与颗粒系统静力学和运动学变量的微宏观等效表达

在明确颗粒间与接触组间接触的接触变量、平衡方程和接触的图形表征后，接下来的任务是推导颗粒系统的相容方程、应力和应变张量、应力偶和转动梯度张量、系统的虚功和互补虚功，这样就可以容易地从颗粒系统模型的颗粒接触形态和本构关系确定宏观力学性质。

理论框架见表 11.5。需要注意的是，考虑二维情况是为了强调双重性的存在，为了使平衡方程和相容方程更加清晰，边界项被省略了。表中，为简便起见，指标 c 用于表示颗粒接触集，指标 S 用于表示多边形接触集。这些表达式的推导细节在本书末尾的附录中给出。

Kruyt 和 Rothenburg(2002)定义了二维情况下接触点运动学和静力学的统一表达式。均匀应变与转动梯度下接触点的相对位移和相对转动表达如下：

$$\varDelta_i^c=l_k^c\varepsilon_{ki},\quad \varOmega^c=l_k^c\frac{\partial\omega}{\partial x_k} \tag{11.39}$$

类似地，均匀应力和偶应力条件下接触处的力和力偶由式(11.40)给出：

$$f_i^c=h_k^c\sigma_{ki},\quad \kappa^c=h_k^c\mu_k \tag{11.40}$$

对于黏结接触二维颗粒集合体的有效弹性模量，这些均匀的场表达式可以用于推导严格的弹性模量范围(Kruyt and Rothenburg，2002)。作为示例，附录中给出了等效为 Cosserat 连续体颗粒系统的应力和偶应力张量微观力学表达式的推导细节。表 11.5 中列出了其他微观力学量的推导(Kruyt，2003)。

表 11.5　颗粒系统 Cosserat 连续体离散微观力学方法理论框架(Kruyt，2003)

静力学		动力学	
变量	表达式	变量	表达式
接触边矢量	l_i^c	接触多边形矢量	h_i^c
力偶	κ_i^c	相对转动	$\varOmega^c$
颗粒平衡方程	$\begin{cases}\sum_q f_j^{pq}=0\\ \sum_q\left(\kappa^{pq}+e_{ij}C_i^{pq}f_j^{pq}\right)=0\end{cases}$	接触多边形相容方程	$\begin{cases}\sum_S(\varDelta_i^{RS}+e_{ij}C_j^{RS}\varOmega^{RS})=0\\ \sum_S\varOmega^{RS}=0\end{cases}$

续表

静力学		动力学	
变量	表达式	变量	表达式
应力	$\langle\sigma_{ij}\rangle=\frac{1}{A}\sum_{c\in C}\left(l_i^c f_j^c\right)$	应变	$\langle\varepsilon_{ij}\rangle=\frac{1}{A}\sum_{c\in C}\left(h_i^c\Delta_j^c\right)$
偶应力	$\langle\mu_i\rangle=\frac{1}{A}\sum_{c\in C}\left(l_i^c\kappa^c\right)$	转动梯度	$\left\langle\frac{\partial\omega}{\partial x_j}\right\rangle=\frac{1}{A}\sum_{c\in C}\left(h_j^c\Omega^c\right)$
虚功	$\begin{cases}\sum_{c\in C}\left(f_i^c\Delta_i^{c*}\right)+\sum_{c\in C}\left(\kappa_i^c\Omega_i^{c*}\right)\\=\sum_{\beta\in B}\left(f_i^\beta U_i^{\beta*}\right)+\sum_{\beta\in B}\left(\kappa^\beta\omega^{\beta*}\right)\end{cases}$	互补虚功	$\begin{cases}\sum_{c\in C}\left(f_i^c\Delta_i^{c*}\right)+\sum_{c\in C}\left(\Omega_i^c\kappa_i^{c*}\right)\\=\sum_{\beta\in B}\left(U_i^\beta f_i^{\beta*}\right)+\sum_{\beta\in B}\left(\omega^\beta\kappa^{\beta*}\right)\end{cases}$
几何变量	$I_{ij}=\frac{1}{A}\sum_{c\in C}\left(l_i^c h_j^c\right)$		

Chang 和 Ma(1991，1992)以及 Oda 和 Iwashita(2000)用不同的公式表示偶应力张量。然而，Kruyt(2003)提出的接触多边形方法证明与从边界位移(Cambou et al.，2000；Bagi and Bojtár，2001)推导出的宏观位移梯度张量是一致的，而且为颗粒系统的接触形式拓扑处理提供了有用的接触信息。

无明确强调的话，上述的微观力学方法在默认情况下遵循一个重要的假设，即均匀化过程是在不小于 REV 的研究域内进行的，REV 可能会随着尺寸、颗粒空间分布和接触本构关系而变化。这一假设的有效性需要在实际应用中得到检验。

11.6　总　　结

本章的目的是对颗粒状材料的 DEM 进行简要介绍。因此，本章叙述的重点在于它的主要特点和假设条件，以及它与微观力学研究的关系，因为这是它的主要侧重点和优势之一。已经出版了关于使用 DEM 的颗粒力学方法的优秀书籍，如 Oda 和 Iwashita(1999)、Mohammadi(2003)，因此本章未对颗粒运动算法做详细介绍。第 12 章将给出一些颗粒材料 DEM 的应用案例，读者可以从这些例子中了解更多关于颗粒系统 DEM 方法的灵活性、局限性和优点。综上所述，颗粒材料 DEM 中存在的如下一些重要问题：

(1) 实际上，岩石材料或土壤/砂土的颗粒尺寸非常小，而且通常在微米数量级。如何更真实地表征岩石材料和土壤/砂土的颗粒形状，而不是用常规形状的球体(圆形)和椭球体(椭圆)，这是具有挑战性的难题。困难不仅来自于极高的计算能力和资源的需求，也来自于如何在微米数量级下描述砂土颗粒间的接触。

(2) 由于流固耦合数值处理的复杂性，在颗粒材料的颗粒流或其他 DEM 模型中，流体流动的影响通常不被考虑。若考虑流体效应，则要在孔隙尺寸上实现孔隙流体与颗粒模型中由颗粒表示的骨架结构之间的本质耦合，这在孔隙结构、孔隙连通性和骨架变形的详细描述上提出了挑战。

(3) 颗粒材料 DEM 模型存在三个本质困难：颗粒排列的初始状态和孔隙度分布、颗粒本身的变形能力以及颗粒模型对细观参数标定的要求。在许多岩石力学问题中，初始颗粒排列形式和孔隙度分布实际上是未知的。在 DEM 中可以模拟颗粒变形甚至破碎的影响，但由于实际问题中的颗粒数量通常很大，计算量也大大增加。目前最大困难是第三个，即颗粒细观参数标定的必要性，如颗粒尺寸或尺寸分布、接触刚度和黏结参数(摩擦、黏聚力、黏结强度等)。因为这些细观参数并不是传统的岩土力学参数，并且不能通过室内试验测量得到，常规方法是通过测量岩石的宏观力学参数，如使用标准岩石试样进行室内力学试验获取完整的应力-应变曲线，然后利用 DEM 颗粒模型迭代细观参数，为测量的曲线和模拟计算的力学特性提供最佳拟合。拟合效果与室内力学试验获得曲线最接近的一组细观参数认为是表征岩石颗粒系统的真实参数。这种标定是存在一定问题的，因为不能保证细观参数的唯一性，参数的选择可能不是物理上最优或唯一的，一些模型参数或许不是实际确定的(如颗粒形状和接触性质)。Yang 等(2006)对颗粒系统的微观-宏观特性进行了研究。

尽管存在上述问题，在岩石工程和岩石力学/岩石物理学领域中，用于模拟岩石基质力学行为的颗粒力学方法正在迅速发展。迄今为止，这仍然是唯一可以帮助学者和工程师们从细观尺度角度提高对岩石力学行为认识的工具，因此岩石力学和岩石物理学的一些重要问题，如开挖损伤区、裂隙产生和扩展、微震事件(如声发射)和近场的损伤演化，使用等效连续体或者块体系统 DEM 并不能准确模拟，然而采用颗粒力学方法可以得到较好的模拟。重要的是在评估其产生的定量数据以及这种数值模拟工作所需的置信水平时，要意识到此方法的定性性质。

参考文献

Amadei B. 1999. Proceedings of the 3rd International Conference on Analysis of Discontinuous Deformation. Rotterdam: Balkema.

Anandarajah A. 1994. Discrete element method for simulating behavior of cohesive soils. Journal of Geotechnical Engineering, ASCE, 120(9): 1593.

Bagi K, Bojtár I. 2001. Different microstructural strain tensors for granular assemblies//Bicanic N. Proceedings of ICADD-4 Discontinuous Deformation Analysis: 261-270.

Bangash T, Munjiza A. 2003. Experimental validation of a computationally efficient beam element for combined finite-discrete element modelling of structures in distress. Computational Mechanics, 30(5-6): 366-373.

Bathurst R J, Rothenburg L. 1988a. Micromechanical aspects of isotropic granular assemblies with linear contact interactions. Journal of Applied Mechanics, 55(1): 17-23.

Bathurst R J, Rothenburg L. 1988b. Note on a random isotropic granular material with negative Poisson's ratio. International Journal of Engineering Science, 26(4): 373-383.

Bathurst R J, Rothenburg L. 1990. Observations on stress-force-fabric relationships in idealized granular materials. Mechanics of Materials, 9(1): 65-80.

Bathurst R J, Rothenburg L. 1992. Investigation of micromechanical features of idealized granular assemblies using DEM. Engineering Computations, 9(2): 199-210.

Bathurst R J, Rothenburg L. 1994. Investigation of plane elliptical particle assemblies under stress rotations//Siriwardane H J, Zaman M M. Computer Methods and Advances in Geomechanics. Rotterdam: Balkema: 1325-1330.

Belytschko T. 1983. An overview of semidiscretization and time integration procedures//Belytschko T, Hughes T J R. Computational Methods for Transient Analysis. Computational Methods in Mechanics Series. New York: North Holland: 1-65.

Belytschko T, Liu W K, Moran B. 2000. Nonlinear Finite Elements for Continua and Structures. New York: Wiley.

Biarez J, Gourvés R.1989. Proceedings of the International Conference on Micromechanics of Granular Media, Clermont- Ferrand, December 4-8, 1989. Rotterdam: Balkema.

Bićanić N. 2001. Different microstructural strain tensors assemblies//Proceedings of the 4th International Conference on Analysis of Discontinuous Deformation (ICADD-4), June 6-8, 2001. Scotland: University of Glasgow.

Blair S C, Cook N G W. 1992. Statistical model of rock fracture//Tillerson J R, Wawersik W R. Rock Mechanics. Rotterdam: Balkema: 729-735.

Cambou B, Chaze M, Dedecker F. 2000. Change of scale in granular materials. European Journal of Mechanics-A/Solids, 19(6): 999-1014.

Campbell C S, Brennen C E O. 1983. Computer simulation of shear flows of granular material// Jenkins J T, Satake M. Mechanics of Granular Materials: New Models and Constitutive Relations. Amsterdam: Elsevier: 313-326.

Cerrolaza M, Sulem J, Elbied A. 1999. A Cosserat non-linear finite element analysis software for blocky structures. Advances in Engineering Software, 30(1): 69-83.

Chang C S, Ma L. 1991. A micromechanical-based micropolar theory for deformation of granular solids. International Journal of Solids and Structures, 28(1): 67-86.

Chang C S, Ma L. 1992. Elastic material constants for isotropic granular solids with particle rotation. International Journal of Solids and Structures, 29(8): 1001-1018.

Cosserat E, Cosserat F. 1909. Théorie des Corps Deformable. Paris: Hermann.

Cundall P A. 1978. BALL—A Program to Model Granular Media Using the Distinct Element Method. London: Dames and Moore Advanced Technology Group.

Cundall P A, Hart R D. 1992. Numerical modelling of discontinua. Engineering Computations, 9(2): 101-113.

Cundall P A, Strack O D L. 1979a. A discrete numerical model for granular assemblies. Géotechnique, 29(1): 47-65.

Cundall P A, Strack O D L. 1979b. The distinct element method as a tool for research. Report to NSF concerning grant ENG76-20711, Department of Civil and Mineral Engineering. Minneapolis: University of Minnesota.

Cundall P A, Strack O D L. 1979c. The development of constitutive laws for soil using the distinct element method//Wittke W. Numerical Methods in Geomechanics. Rotterdam: Balkema: 289-298.

Cundall P A, Strack O D L. 1979d. The distinct element method as a tool for research in Granular media. Report to NSF concerning grant ENG 76-20711, Part II, Department of Civil Engineering. Minneapolis: University of Minnesota.

Cundall P A, Strack O D L. 1983. Modeling of microscopic mechanisms in granular material//Jenkins J T, Satake M. Mechanics of Granular Materials: New Models and Constitutive Relations. Amsterdam: Elsevier: 137-149.

Cundall P A, Konietzky H, Potyondy D O. 1996a. PFC ein neues Werzeug für numerische Modellierungen. Bautechnik, 73(8): 492-498.

Cundall P A, Potyondy D O, Lee C A. 1996b. Micromechanic-based models for fracture and breakout around the mine-by tunnel//Proceedings of Excavation Disturbed Zone Workshop on Designing the Excavation Disturbed Zone for a Nuclear Repository in Hard Rock. Winnipeg: 113-122.

Dai C, Mühlhaus H, Meek J, et al. 1996. Modelling of blocky rock masses using the cosserat method. International Journal of Rock Mechanics and Mining Sciences & Geomechanics Abstracts, 33(4): 425-432.

Dawson P E M, Cundall P A. 1995. Cosserat plasticity for modeling layered rock//Myer L R, Cook N W G, Goodman R E, et al. Fractured and Jointed Rock Masses. Rotterdam: Balkema: 267-274.

Donzé F V, Bouchez J, Magnier S A. 1997. Modeling fractures in rock blasting. International Journal of Rock Mechanics and Mining Sciences, 34(8): 1153-1163.

Durand A F, Vargas E A, Vaz L E. 2006. Applications of numerical limit analysis (NLA) to stability problems of rock and soil masses. International Journal of Rock Mechanics and Mining Sciences, 43(3): 408-425.

Eringen A C. 1999. Microcontinuum Field Theories: Foundations and Solids. New York: Springer-Verlag.

Fox P J, Edil T B, Malkus D S. 1994. Discrete element model for compression of peat//Siriwardane H J, Zaman M M. Proceedings of 8th International Conference on Computer Methods and Advances in Geomechanics. Rotterdam: Balkema: 815-819.

Ghaboussi J, Barbosa R. 1990. Three-dimensional discrete element method for granular materials. International Journal for Numerical and Analytical Methods in Geomechanics, 14(7): 451-472.

Golub G H, van Loan C F. 1983. Matrix-computations. Oxford: North Oxford Academic.

Hatzor Y H. 2002. Stability of rock structures//Proceedings of the 5th International Conference on Analysis of Discontinuous Deformation (ICADD-5), Israel.

Hawkins G W. 1983. Simulation of granular flow//Jenkins J T, Satake M. Mechanics of Granular Materials: New Models and Constitutive Relations. Amsterdam: Elsevier: 305-312.

Huang J, Kim K. 1993. Fracture process zone development during hydraulic fracturing. International Journal of Rock Mechanics and Mining Sciences & Geomechanics Abstracts, 30(7): 1295-1298.

Issa J A, Nelson R B. 1992. Numerical analysis of micromechanical behaviour of granular materials. Engineering Computations, 9(2): 211-223.

Itasca Consulting Group, Inc. 1995a. PFC2D (particle flow code in 2 dimensions). Version 1.1. Minneapolis.

Itasca Consulting Group, Inc. 1995b. PFC3D (particle flow code in 3 dimensions). Version 1.0. Minneapolis.

Itasca Consulting Group Inc. 1998. PFC2D 2.00 particle flow code in two dimensions. Minneapolis.

Iwashita K, Tarumi Y, Casaverde L, et al. 1988. Granular assembly simulation for ground collapse// Jenkins J T, Satake M. Micromechanics of Granular Materials. Amsterdam: Elsevier: 125-132.

Jenkins J T, Satake M. 1983. Mechanics of Granular Materials: New Models and Constitutive Relations. Amsterdam: Elsevier.

Jensen R P, Edil T B, Bosscher P J, et al. 2001a. Effect of particle shape on interface behavior of DEM-simulated granular materials. International Journal of Geomechanics, 1(1): 1-19.

Jensen R P, Plesha M E, Edil T B, et al. 2001b. DEM simulation of particle damage in granular media-structure interfaces. International Journal of Geomechanics, 1(1): 21-39.

Kawai T, Takeuchi N. 1983. New discrete models and their application to mechanics of granular materials//Jenkins J T, Satake M. Mechanics of Granular Materials: New Models and Constitutive Relations. Amsterdam: Elsevier: 151-172.

Ke T C, Bray J D. 1995. Modeling of particulate media using discontinuous deformation analysis. Journal of Engineering Mechanics, 121(11): 1234-1243.

Kim K, Yao C. 1994. The influence of constitutive behaviour on the fracture process zone and stress field evolution during hydraulic fracturing//Nelson P P, Laubach S E. Rock Mechanics: Models and Measurements-Challenges from Industry. Rotterdam: Balkema: 193-200.

Kishino Y, Thornton C. 1999. Discrete element approaches//Oda M, Iwashita K. Introduction to Mechanics of Granular Materials. Rotterdam: Balkema, 147-221.

Kiyama H, Fujimura H, Nishimura T, et al. 1991. Distinct element analysis of the Fenner-Pacher type characteristic vurve for tunneling//Wittke W. Proceedings of the 7th Congress of ISRM, Aachen: 769-772.

Komodromos P I, Williams J R. 2002a. On the simulation of deformable bodies using combined discrete and finite element methods. Geotechnical Special Publication, 117: 138-144.

Komodromos P I, Williams J R. 2002b. Utilization of Java and database technology in the development of a combined discrete and finite element multibody dynamics simulator. Geotechnical Special Publication, 117: 118-124.

Koyama T, Jing L. 2005. PFC modelling for EDZ effects in rocks for the DECOVALEX-THMC project. Presentation at Project Workshop in Ottawa, Canada, October 3-4.

Kruyt N P. 2003. Statics and kinematics of discrete Cosserat-type granular materials. International Journal of Solids and Structures, 40(3): 511-534.

Kruyt N P, Rothenburg L. 1996. Micromechanical definition of the strain tensor for granular materials. Journal of Applied Mechanics, 63(3): 706-711.

Kruyt N P, Rothenburg L. 2002. Micromechanical bounds for the effective elastic moduli of granular materials. International Journal of Solids and Structures, 39(2): 311-324.

Kuraoka S, Bosscher P J. 1997. Parallelization of the distinct element method//Yan J X. Proceedings of 9th International Conference on Computer Methods and Advances in Geomechanics, Wuhan, China. Rotterdam: Balkema: 501-506.

Lee K W, Ryu C H, Synn J H, et al. 1997. Rock fragmentation with plasma blasting method//Lee H K, Yang H S, Chung S K. Environmental and Safety Concerns in Underground Construction. Rotterdam: Balkema: 147-152.

Li C, Wang C Y, Sheng J. 1995. Continuous and discontinuous analysis using the manifold method// Proceedings of the First International Conference on Analysis of Discontinuous Deformation (ICADD-1), Chungli.

Lin X, Ng T. 1994. Numerical modelling of granular soil using random arrays of three-dimensional elastic ellipsoids//Siriwardane H J, Zaman M M. Proceedings of 8th International Conference on Computer Methods and Advances in Geomechanics. Rotterdam: Balkema: 605-610.

Lin X, Ng T T. 1997. A three-dimensional discrete element model using arrays of ellipsoids. Géotechnique, 47(2): 319-329.

Lorig L, Board M P, Potyondy D O, et al. 1995a. Numerical modeling of caving using continuum and micro-mechanical models//Proceedings of 3rd Canadian Conference on Computer Application in the Mineral Industry, Montreal: 416-425.

Lorig L, Gibson W, Alvial J, et al. 1995b. Gravity flow simulation with the particle flow code (PFC). ISRM News Journal, 3(1): 18-24.

Maeda Y, Maruoka Y, Makino H, et al. 2003. Squeeze molding simulation using the distinct element method considering green sand properties. Journal of Materials Processing Technology, 135(2-3): 172-178.

Martin C L, Bouvard D. 2003. Study of the cold compaction of composite powders by the discrete element method. Acta Materialia, 51(2): 373-386.

Meegoda J N. 1997. Micro-mechanics and microscopic modeling in geotechnical engineering. Current status and future//Yan J X. Proceedings of 9th International Conference on Computer Methods and Advances in Geomechanics, Wuhan, China. Rotterdam: Balkema: 197-206.

Mindlin R D, Deresiewicz H. 1953. Elastic spheres in contact under varying oblique forces. Journal of Applied Mechanics, 20(3): 327-344.

Mirghasemi A A, Rothenburg L, Matyas E L. 1994. Effect of confining pressure on angle of internal friction of simulated granular materials//Siriwardane H J, Zaman M M. Proceedings of 8th International Conference on Computer Methods and Advances in Geomechanics. Rotterdam: Balkema: 629-633.

Miyata M, Nakagawa M, Mustoe G G W. 2000. Design considerations of rubble rock foundations based on a discrete superquadric particle simulation method//Topping B H V. Proceedings of 5th International Conference on Engineering Computational Technology. Edinburgh: Civil-Comp Press: 213-218.

Mohammadi S. 2003. Discontinuum Mechanics: Using Finite and Discrete Elements. Southampton: WIT Press.

Mohammadi S, Owen D R J, Peric D. 1998. Combined finite/discrete element algorithm for delamination analysis of composites. Finite Elements in Analysis and Design, 28(4): 321-336.

Morris J P, Rubin M B, Blair S C, et al. 2004. Simulations of underground structures subjected to dynamic loading using the distinct element method. Engineering Computations, 21(2-4): 384-408.

Munjiza A, Andrews K R F. 2000. Penalty function method for combined finite-discrete element systems comprising large number of separate bodies. International Journal for Numerical Methods in Engineering, 49(11): 1377-1396.

Munjiza A, Owen D R J, Bicanic N. 1995. Combined finite-discrete element method in transient dynamics of fracturing solids. Engineering Computations, 12(2): 145-174.

Munjiza A, Andrews K R F, White J K. 1999a. Combined single and smeared crack model in combined finite-discrete element analysis. International Journal for Numerical Methods in Engineering, 44(1): 41-57.

Munjiza A, Latham J P, Andrews K R F. 1999b. Challenges of a coupled combined finite-discrete element approach to explosive induced rock fragmentation, FRAGBLAST. International Journal for Blasting and Fragmentation, 3(3): 237-250.

Munjiza A, Latham J P, John N W M. 2003. 3D dynamics of discrete element systems comprising irregular discrete elements—Integration solution for finite rotations in 3D. International Journal for Numerical Methods in Engineering, 56(1): 35-55.

Munjiza A, Bangash T, John N W M. 2004. The combined finite-discrete element method for structural failure and collapse. Engineering Fracture Mechanics, 71(4-6): 469-483.

Mustoe G G W, de Poorter G. 1993. A numerical model for the mechanical behavior of particulate media containing non-circular shaped particles. Powders and Grains, 93: 421-427.

Mustoe G G W, Miyata M. 2001. Material flow analyses of noncircular-shaped granular media using discrete element methods. Journal of Engineering Mechanics, 127(10): 1017-1026.

Mustoe G G W, Henriksen M, Huttelmaier H P. 1989. Proceedings of the 1st US Conference on Discrete Element Methods. Golden: Colorado School of Mines Press (CSM Press).

Mustoe G G W, Miyata M, Nakagawa M. 2000. Discrete element methods for mechanical analysis of systems of general shaped bodies//Topping B H V. Proceedings of 5th International Conference on Computational Structure Technology. Edinburgh: Civil-Comp Press: 219-224.

Ng T. 1989. Numerical simulation of granular soil under monotonic and cyclic loading: Aperticulate mechanics approach. Troy: Rensselaer Polytechnic Institute.

Ng T T. 1994. Numerical simulations of granular soil using elliptical particles. Computers and Geotechnics, 16(2): 153-169.

Ng T, Lin X. 1993. Numerical simulations of naturally deposited granular soil with ellipsoidal elements//

Williams J R, Mustoe G G W. Proceedings of 2nd International Conference on Discrete Element Methods(DEM), MIT, March 18-19, AFORS, NSF (Geomechanical, Geotechnical and Environmental Engineering Division) and Department of Civil and Environmental Engineering, MIT, Cambridge: 557-567.

O'Connor R M, Torczynski J R, Preece D S, et al. 1997. Discrete element modeling of sand production. International Journal of Rock Mechanics and Mining Sciences, 34(3-4): 231. e1-231. e15.

Oda M, Iwashita K. 1999. Mechanics of Granular Materials—An Introduction. Rotterdam: Balkema.

Oda M, Iwashita K. 2000. Study on couple stress and shear band development in granular media based on numerical simulation analyses. International Journal of Engineering Science, 38(15): 1713-1740.

Oda K, Shigematsu T, Onishi N. 1993. A new numerical method for analyzing liquid-solid flows-it's application to analyzing behavior of solid particles dumped into water//Williams J R, Mustoe G G W. Proceedings of 2nd International Conference on Discrete Element Methods (DEM), MIT, March18-19, AFORS, NSF (Geomechanical, Geotechnical and Environmental Engineering Division) and Department of Civil and Environmental Engineering, MIT, Cambridge: 177-187.

Oelfke S M, Mustoe G G W, Kripakov N P. 1995. Application of the discrete element method toward simulation of ground control problems in underground mines//Proceedings of the 8th International Conference on Computer Methods and Advances in Geomechanics. Vol. 3. 1865.

Ohnishi Y. 1997. Proceedings of the 2nd International Conference on Analysis of Discontinuous Deformation (ICADD-II), Kyoto.

Oner M. 1984. Analysis of fabric changes during cyclic loading of granular soils//Proceedings of 8th World Conference on Earthquake Engineering, San Francisco: 55-62.

O'Sulliva C, Bray J D. 2001. Acomparative evaluation of two approaches to discrete element modeling of particulate media//Proceedings of the Fourth International Conference on Discontinuous Deformation, Scotland: 97-110.

O'Sulliva C, Bray J D. 2004. Selecting a suitable time step for discrete element simulations that use the central difference time integration scheme. Engineering Computations, 21(2-4): 278-303.

Owen D R J, Feng Y T. 2001. Parallelised finite/discrete element simulation of multi-fracturing solids and discrete systems. Engineering Computations, 18(3-4): 557-576.

Owen D R J, Feng Y T, Cottrel M G, et al. 2002. Discrete/finite element modelling of industrial applications with multi-fracturing and particulate phenomena. Geotechnical Special Publication, 117: 11-16.

Papamichos E, Vardoulakis I, Mühlhaus H B. 1990. Buckling of layered elastic media: A Cosserat-continuum approach and its validation. International Journal for Numerical and Analytical Methods in Geomechanics, 14(7): 473-498.

Potyondy D O, Cundall P A. 1998. Modeling notch-formation mechanisms in the URL mine-by test tunnel using bonded assemblies of circular particles//Proceedings of 3rd North American Rock Mechanics Symposium on NARM'98. Cancun: 510-511.

Potyondy D O, Cundall P A. 2004. A bonded-particle model for rock. International Journal of Rock Mechanics and Mining Sciences, 41(8): 1329-1364.

Potyondy D O, Fairhurst C E. 1998. The value of numerical modeling in understanding the complete load/deformation behavior of cohesive-frictional materials//Non destructive and Automated Testing for Soil and Rock Properties, San Diego: 290-299.

Potyondy D O, Cundall P A, Lee C A. 1996. Modeling rock using bonded assemblies of circular particles//Proceedings of 2nd North American Rock Mechanics Symposium, Montreal. Rotterdam: Balkema: 1937-1944.

Preece D S. 1990. Rock motion simulation and prediction of porosity distribution for at wo-level retort//Oil Shale Symposium Proceedings, Colorado School of Mines Press, Golden: 62-67.

Preece D S. 1994. A numerical study of bench blast row delay timing and its influence on percent-cast//Siriwardane H J, Zaman M M. Computer Method Sand Advances in Geomechanics. Rotterdam: Balkema: 863-870.

Preece D S, Knudsen S D. 1992. Computer modeling of gas flow and gas loading of rock in a bench blasting environment//Tilerson J R, Wawersik W R. Rock Mechanics. Rotterdam: Balkema: 295-303.

Preece D S, Scovira D S. 1994. Environmentally motivated tracking of geologiclayer movement during bench blasting using discrete element method//Nelson P P, Laubach S E. Rock Mechanics. Rotterdam: Balkema: 615-622.

Preece D S, Burchell S L, Scovira D S. 1993. Coupled explosive gas flow and rock motion modeling with comparis on to bench blast field data//Rossmanith H P. Rock Fragmentation by Blasting. Rotterdam: Balkema: 239-245.

Preece D S, Jensen R A, Chung S H. 2001. Development and application of a 3-D rock blast computer modeling capability using discrete elements-DMCBLAST 3D//Proceedings of the 27th Annual Conference on Explosives and Blasting Technique, Orlando: 11-18.

Ratnaweera P, Meegoda N J. 1993. Microscopic modeling of drained shear strength and stress-strain behavior of saturated granular soils//Williams J R, Mustoe G G W. Proceedings of 2nd International Conference on Discrete Element Methods(DEM), MIT, March18-19, AFORS, NSF (Geomechanical, Geotechnical and Environmental Engineering Division) and Department of Civil and Environmental Engineering, MIT, Cambridge: 535-546.

Rothenburg L. 1980. Micro mechanics of idealized granular materials. Ottawa: Carleton University.

Rothenburg L, Bathurst R J. 1989. Analytical study of induced anisotropy in idealized granular materials. Géotechnique, 39(4): 601-614.

Rothenburg L, Bathurst R J. 1991. Numerical simulation of idealized granular assemblies with plane elliptical particles. Computers and Geotechnics, 11(4): 315-329.

Rothenburg L, Bathurst R J. 1992. Micromechanical features of granular assemblies with planar elliptical particles. Géotechnique, 42(1): 79-95.

Sack R L. 1989. Matrix Structural Analysis. Illinois: Waveland Press.

Sadd M H, Tai Q M, Shukla A. 1993. Contact law effects on wave propagation in particulate materials using distinct element modeling. International Journal of Non-Linear Mechanics, 28(2): 251-265.

Salami M R, Banks D. 1996. Discontinuous Deformation Analysis (DDA)and Simulations of Discontinuous Media. Albuquerque: TSI Press.

Saltzer S D. 1993. Numerical modeling of crustal scale faulting using the distinct element method//Williams J R, Mustoe G G W. Proceedings of 2nd International Conference on Discrete Element Methods (DEM), MIT, March 18-19, AFORS, NSF (Geomechanical, Geotechnical and Environmental Engineering Division) and Department of Civil and Environmental Engineering, MIT, Cambridge: 511-522.

Satake M. 1992. A discrete mechanical approach to granular materials. International Journal of Engineering Science, 30(10): 1525-1533.

Satake M, Jenkins J T. 1988. Micromechanics of Granular Materials. Amsterdam: Elsevier Science .

Sawada S, Pradhan T B S. 1994. Analysis of anisotropy and particle shape by distinct element method//Siriwardane H J, Zaman M M. Proceedings of 8th International Conference on Computer Methods and Advances in Geomechanics. Rotterdam: Balkema: 665-670.

Shi G H. 1988. Discontinuous deformation analysis, a new numerical model for the statics and dynamics of block systems. Berkeley: University of California.

Shimizu Y. 2006. Three-dimensional simulation using fixed coarse-grid thermal-fluid scheme and conduction heat transfer scheme in distinct element method. Powder Technology, 165(3): 140-152.

Shimizu Y, Hart R D, Cundall P A. 2004. Numerical modelling in via particle methods-2004//Proceedings of the 2nd International PFC Symposium. Rotterdam: Balkema.

Siriwardane H J, Zaman M M. 1994. Proceedings of the 8th International Conference on Computer Methods and Advances in Geomechanics. Rotterdam: Balkema.

Strack O D L, Cundall P A. 1978. The distinct element method as a tool for research in granular media. Research Report, Part I. Department of Civil Engineering, University of Minnesota.

Sulem J, Cerrolaza M. 2000. Slope stability analysis in blocky rock//Proceedings of the International Conference on Geotechnical & Geological Engineering, Melbourne: 484.

Taylor L M, Preece S D. 1989. DMC-arigid body motion code for determining the interaction of multiple spherical particles. Sandia National Laboratory, USA: Research Report SND-88-3482.

Taylor L M, Preece D S. 1992. Simulation of blasting induced rock motion using spherical element models. Engineering Computations, 9(2): 243-252.

Thallak S, Rothenburg L, Dusseault M. 1991. Simulation of multiple hydraulic fractures in a discrete element system//Roegiers J C. Rock Mechanics as a Multidisciplinary Science. Rotterdam: Balkema: 271-280.

Thornton C. 1993. Proceedings of the 2nd International Conference Micro Mechanics of Granular Media, Birmingham, UK, July 12-16, 1993. Rotterdam: Balkema.

Thornton C, Barnes D J. 1986. Computer simulated deformation of compact granular assemblies. Acta Mechanica, 64(1-2): 45-61.

Thornton C, Zhang L. 2003. Numerical simulations of the direct shear test. Chemical Engineering & Technology, 26(2): 153-156.

Thornton C, Lian G, Adams M J. 1993. Modelling of liquid bridges between particles in DEM simulations of particle systems//Williams J R, Mustoe G G W. Proceedings of 2nd International Conference On Discrete Element Methods(DEM), MIT, March18-19, AFORS, NSF(Geomechanical, Geotechnical and Environmental Engineering Division) and Department of Civil and Environmental

Engineering, MIT, Cambridge: 177-187.

Timoshenko S P, Goodier J N. 1970. Theory of Elasticity. New York: McGraw-Hill.

Ting J M, Corkum B T. 1988. Strength behavior of granular materials using discrete numerical modeling//Proceedings of 6th International Conference on Numerical Modelsin Geomechanics, Innsbruck: 305-310.

Ting J M, Corkum B T, Greco C. 1986. Application of distinct element method in geotechnical engineering. Belgium//Proceedings of 2nd International Symposium on Numerical Models in Geomech, Ghent.

Ting J M, Maechum L, Rowell J D. 1995. Effect of particle shape on the strength and deformation mechanisms of ellipse-shaped granular assemblages. Engineering Computations, 12(2): 99-108.

Trent B C, Margolin L G. 1992. A numerical laboratory for granular solids. Engineering Computations, 9(2): 191-197.

Walton O R. 1982. Explicit particle dynamics model for granular materials//Proceedings of 4th International Conference on Numerical Methods in Geomech, Edmonton: 1261-1268.

Walton O R. 1983. Particle-dynamics calculations of shear flow//Jenkins J T, Satake M. Mechanics of Granular Materials: New Models and Constitutive Relations. Amsterdam: Elsevier: 327-328.

Williams J R, Mustoe G G W. 1993. Proceedings of 2nd International Conference on Discrete Element Methods (DEM), MIT, March 18-19, 1993, AFORS, NSF, MIT, Cambridge.

Williams J R, O'Connor R. 1995. Alinear complexity intersection algorithm for discrete element simulation of arbitrary geometries. Engineering Computations, 12(2): 185-201.

Williams J R, Pentland A P. 1992. Superquadrics and modal dynamics for discrete elements in interactive design. Engineering Computations, 9(2): 115-127.

Williams J R, Rege N, O'Connor R, et al. 1995. Dynamic wave propagation in particulate materials with different particles hapes using a discrete element method//Proceedings of Engineering Mechanics, Vol. 1, pp. ASCE, New York: 493-496.

Yamane K, Nakagawa M, Altobelli S A, et al. 1998. Steady particulate flows in a horizontal rotating cylinder. Physics of Fluids, 10(6): 1419-1427.

Yang B D, Jiao Y, Lei S T. 2006. A study on the effects of microparameters on macroproperties for specimens created by bonded particles. International Journal for Computer-Aided Engineering and Software, 23(6): 607-631.

Zhai E D, Miyajima M, Kitaura M. 1997. DEM simulation of rise of excesspore water pressure of saturated sands under vertical ground motion//Yuan J. Computer Methods and Advances in Geomechanics, Vol.1. Rotterdam: Balkema: 535-539.

Zhang R, Li J Q. 2006. Simulation on mechanical behavior of cohesive soil by distinct element method. Journal of Terramechanics, 43(3): 303-316.

Zhang R, Mustoe G G W, Nelson K R. 1993. Simulation of hydraulic phenomena using the discrete element method//Williams J R, Mustoe G G W. Proceedings of the 2nd International Conference on Discrete Element Methods (DEM), MIT, AFORS, NSF: 189-200.

Zienkiewicz O, Taylor R. 2000. The Finite Element Method, Volume 1, the Basis. 5th ed. Oxford: Butterworth-Heinemann.

第 12 章　DEM 在地质、地球物理和岩石工程中的应用案例研究

12.1　引　言

如今，离散模拟技术的发展使人们倾向于去尝试构建越来越复杂的模型，这些模型包含大量具有不同特性的地质结构和岩石类型。这将面临以下困境，即模拟结果是否可以应用于实际岩石工程(Hart, 1990)：一方面，大量具有不同特性的裂隙和岩石类型的模拟满足岩体结构与特性的概念；另一方面，问题可能变得过于复杂，导致模拟结果对工程描述的有效性差。此外，对于工程项目，由于添加了更多的细节信息，计算能力要求可能会迅速超过可用能力。

缺乏地质和岩石力学数据是进行岩体工程建模的主要难题。Starfield 和 Cundall(1988)在生态学建模的背景下讨论了建模指导原则，并将其转换为岩石力学问题建模的初步指导原则。这些适用于岩石工程问题的原则是：

(1) 明确为什么要建立模型以及它试图解决什么问题；

(2) 在项目早期，使用模型来生成数据帮助理解；

(3) 确定问题的重要力学原理；

(4) 在工程开始时进行简单的数值试验，以限定真实情况；

(5) 运行更复杂的模型，以探究地质和力学中被忽略的因素；

(6) 对最重要的参数进行敏感性分析；

(7) 使用更复杂的模型进行运算，并根据模型揭示的机理推导出简化的方程式。

Starfield 和 Cundall(1988)指出，开展岩石力学模拟应与室内试验保持同等的细心和好奇心。在运行模型之前，可视化和预测结果也是很重要的，在模拟开始时，需要特别关注模型几何特性、边界条件以及材料模型和特性。本章将首先介绍一些地质、地球物理学和岩石工程方面的案例，用来说明上述准则的本质。所选择的工程案例可以证明 DEM 在岩石工程问题中的广泛应用，例如：

(1) 大型岩石结构(天然岩石边坡、断层和地震失稳)；

(2) 地下开挖(隧道、岩洞、岩石支护)的稳定性；

(3) 矿山结构(露天矿、地下矿、支柱、沉降、爆炸荷载)；

(4) 放射性废物处置(封堵测试、竖井掘进、远场和近场稳定性、THM 耦合)；

(5) 地下水流动(地热能、坝基、抽水试验)。

本章最后介绍使用 UDEC 程序对水-力耦合特性的共性系统研究，来展示 DEM 在裂隙岩体水-力耦合研究中的能力。

12.2　地质结构与过程

12.2.1　地壳变形

基于 DEM 和 DDA 的数值建模已经应用于研究不同地质和构造地形条件下的地壳变形，这样可以更好地认识地壳变形机理，以及不同地层和施加的不同荷载与边界条件对岩体结构的影响。模拟的结果通常与地质测绘和地球物理探测的数据结合使用，以解释地质结构以及测得的应力和位移。DEM 允许具有线性或非线性材料特性的复杂结构产生大变形，因此 DEM 对研究这类问题非常有用。

DEM 可用于地质过程的物理试验分析，同时可用于研究自然尺度上的实际问题(Cundall and Hart，1992)。Saltzer(1993)、Dupin 等(1993)、Schelle 和 Grünthal(1994)、Holmberg 等(1997，2004)、Morgan(1999)、Saltzer 和 Pollard(1999)、Burbidge 和 Braun(2002)、Pascal 和 Gabrielsen(2001)、Pascal(2002)将 DEM 应用于断裂和地壳变形的研究中。Rosengren 和 Stephansson(1993)使用 UDEC 程序模拟了瑞典中部 Finnsjoén 2.5km 长和 2.0km 深地壳断面在冰川和冰川消退作用下大断裂带应力和位移状态。DEM 也用于模拟构造过程，如褶皱、断层、挤压和开裂。Finch 等(2003)研究了一种与断层有关的特殊褶皱类型，即强制褶皱。该研究作为本章的工程案例之一，用于说明 DEM 在地壳构造和相关问题中的适用性。

断展褶皱是地质构造中的常见结构，在这种构造中，沉积岩覆盖在沉积盆地和其他区域的基岩上。由于可以形成油气圈闭，断展褶皱是一种重要的地质结构，且因其造成地震灾害的潜在危险性而被熟知。许多断展褶皱在深部离散断层上方形成向上扩展的分布变形带(单斜构造)(Finch et al.，2003)。图 12.1(a)为沉积覆盖层中基底断裂和相关褶皱机制的一些天然实例，图 12.1(b)为由可伸展刚性基底断裂位移形成的软覆盖层的黏土物理模型。

为了更好地理解刚性基底断层块体上方断展褶皱的发展，Finch 等(2003)建立了二维 DEM 模型，研究基底逆冲断裂下的沉积覆盖层变形。该模型用于研究基底断层倾角和沉积覆盖层强度对基底块体运动引起的褶皱几何形状和断层扩展速率的影响。DEM 模型为由可破坏的弹性弹簧连接的圆形颗粒集合体，颗粒在黏结断裂前保持约束状态，而断裂发生在颗粒间距离达到极限破坏应变时。Finch 等(2003)将其 DEM 模型应用于断展褶皱的问题中，岩石的低强度沉积层随着刚性基

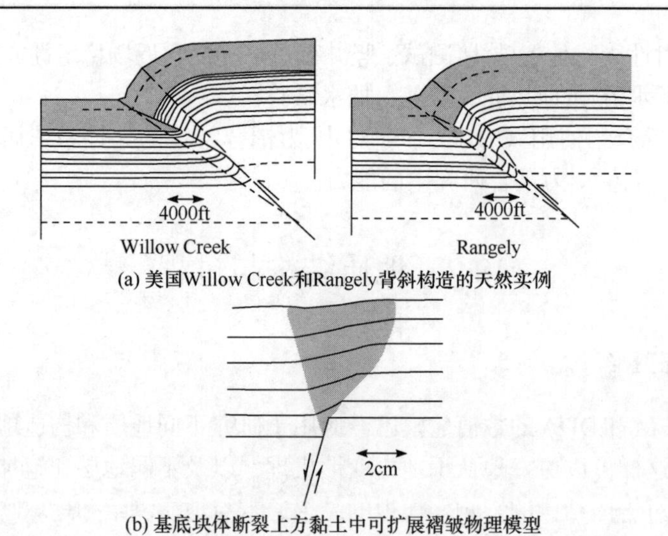

(a) 美国Willow Creek和Rangely背斜构造的天然实例

(b) 基底块体断裂上方黏土中可扩展褶皱物理模型

图 12.1　在刚性基底断层上方的褶皱(Finch et al., 2003)

底块体的断裂运动而变形。研究中假定在基底中存在一个离散的、预先存在的倾角为 45°的断层，该断层会重新活化并将基底分为两个块体。在每个迭代步中，将向上移动(上盘)块体的位移固定为 0.000025 单位。图 12.2 为具有 40 单位位移，基底存在运动断层的模型的初始状态。

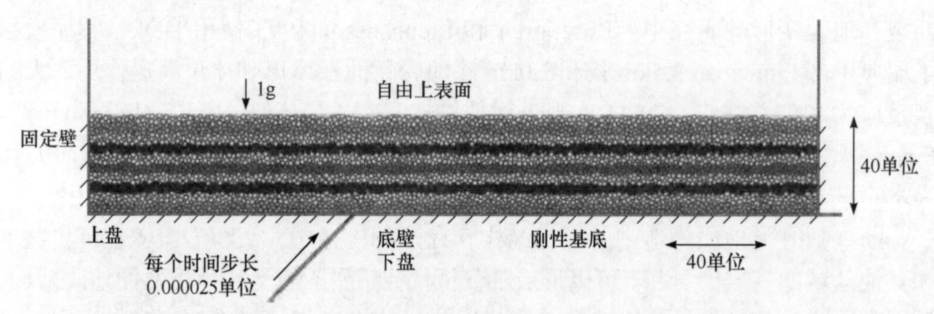

图 12.2　用于模拟发育有 45°倾角断层基底上方断层扩展的 DEM 模型(Finch et al., 2003)

假定基底是刚性的，位于基底和垂直边界处的颗粒是固定的。覆盖层厚度为 40 单位，包含 10 层具有相同特性的颗粒层，颗粒层受重力作用。每个模型在一台超级计算机上总共运行了超过 100 万个时间步，而这花费了大约 90h 的 CPU 时间。当在基底断层上发生滑动时，覆盖层产生变形。

图 12.3 为模型的连续演化，时间步长分别为 3330000、660000、858000 和 1056000。图中显示了不同时间步长的相应位移单位和褶皱结构的连续演化。在基底断层上方形成向上扩展的单斜构造。随着变形的扩展，褶皱翼变陡，褶皱变得更紧闭，单层在背斜区域变薄，在向斜区域变厚。

通过增大或减小断层倾角，变形区域大致保持三角形。图 12.3 为将断层倾角增加到 80°的结果，它增加了单斜枢纽区内的拉伸断裂数量。还要注意的是，褶皱的向斜枢纽区地层变厚。随着上覆地层变软，这种增厚更加明显。

采用 DEM 来研究构造过程和机制的优势之一是它能够记录结构大变形的发展，如观测强沉积和弱沉积覆盖层之间模型行为的差异。

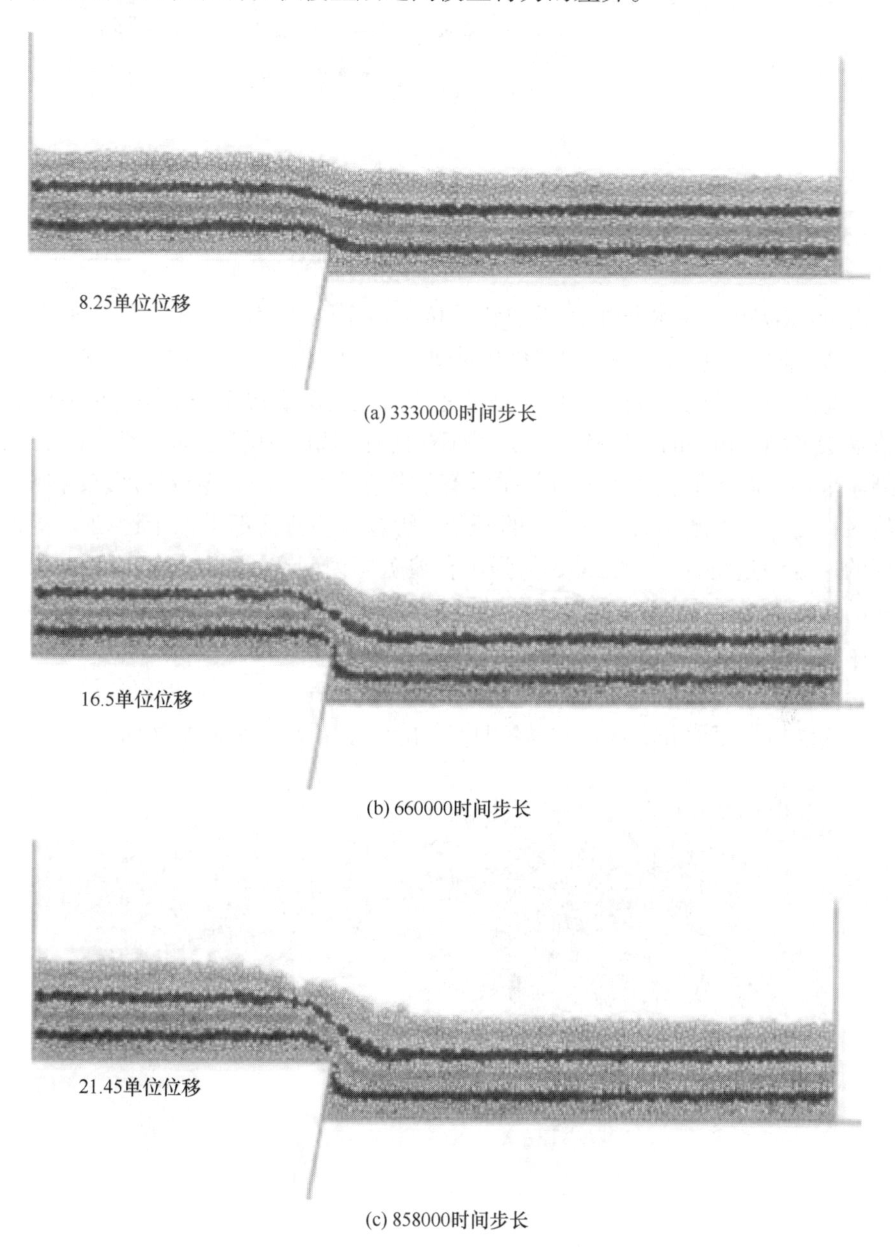

(a) 3330000时间步长

(b) 660000时间步长

(c) 858000时间步长

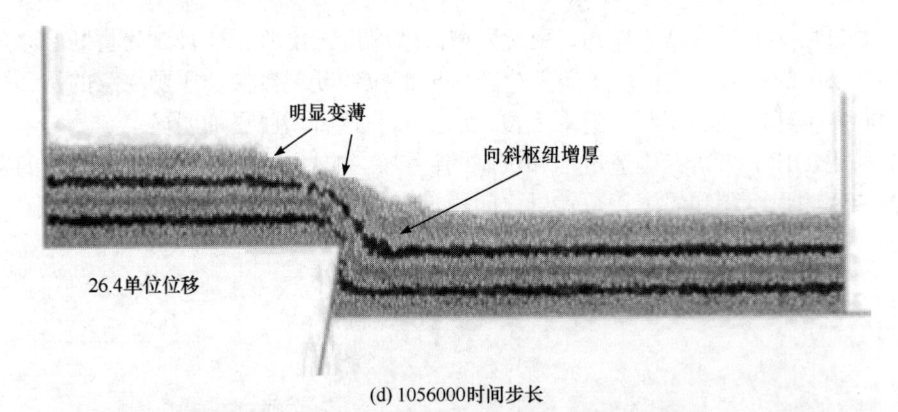

(d) 1056000时间步长

图 12.3 具有 80°倾角逆冲断层刚性基底上方软弱覆盖层中断展褶皱的连续演化。总位移为 26.4 单位(Finch et al., 2003)

Finch 等(2003)对相同的水平位移单位下由不同覆盖层强度产生的速度矢量做了比较。他们使用 132000～165000 时间步长之间的总位移(对应于 0.825 单位，相当于总水平位移的 3%)来计算模型基底褶皱上弱沉积覆盖层(图 12.4(a))和强沉积覆盖层(图 12.4(b))的不同速度场。对于这两种模型，在断层的上盘块体上方产生刚体平移，而在下盘块体上方几乎没有位移。在平移区和零位移区之间有一个过渡区，相对于主断层大约有 25°的倾角。所有这些特征都类似于运动学模型中发现的速度向量特征。图 12.4(c)为强沉积覆盖层模型在 660000～693000 时间步长时的速度矢量。上盘的刚性平移区域和下盘区域上方的零位移区保持不变，而过渡区域几乎消失了。还要注意的是，在靠近断层尖端的速度场中存在扰动。

总而言之,DEM 模型已经证明了对研究构造过程和相关的地质结构有很大的帮助，其模拟大变形和非线性材料特性的功能尤为重要。在此案例研究中，DEM

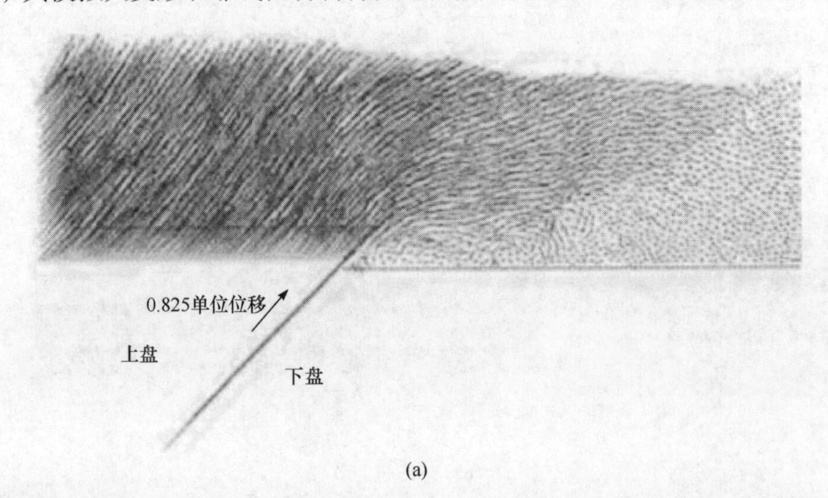

(a)

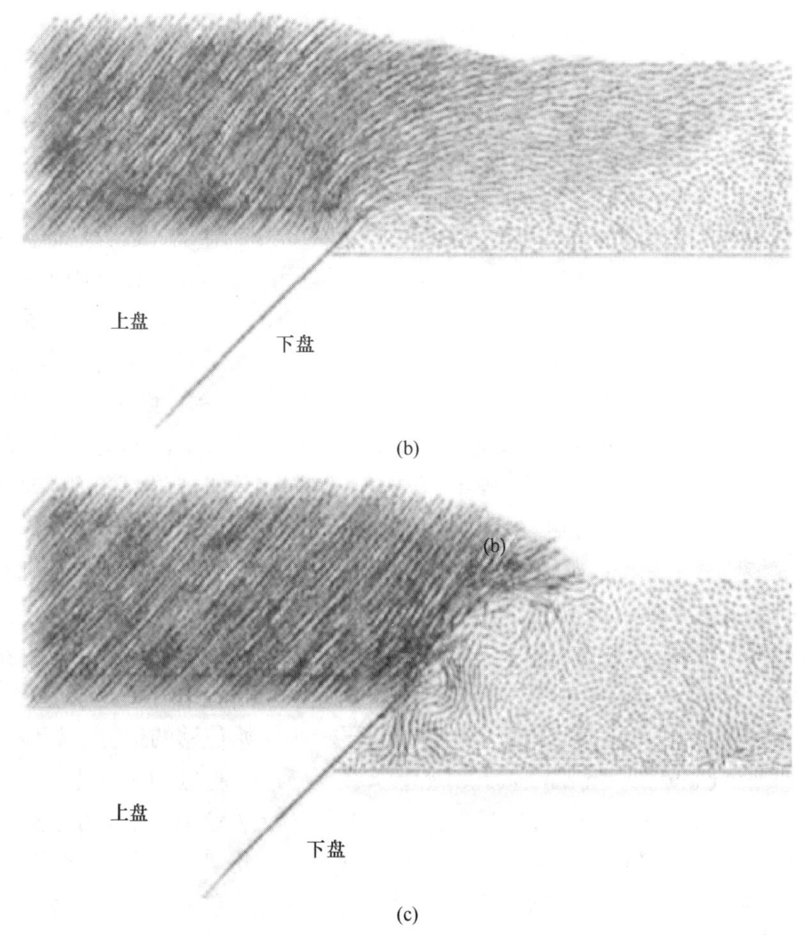

图 12.4　断层倾角为 45°的断展褶皱模型中心部分的速度矢量。(a) 弱沉积覆盖层模型；(b) 强沉积覆盖层模型，132000～165000 时间步长内的结果；(c) 强沉积覆盖层模型，660000～693000 时间步长内的结果。速度矢量扩大了 10 倍，并且在(a)和(b)中用灰色表示上盘和下盘之间的过渡区域(Finch et al.，2003)

模型用于研究包含脆性(断层)和延性(褶皱)变形机制的问题。刚性基底上方的断展褶皱模型再现了物理模型和现场测试中获得的许多特征。

12.2.2　地震和地震灾害

DEM 为理解裂隙岩体中的各种动力学问题提供了一个有用的工具，包括地震激发的潜在来源，如地震和岩爆，以及爆破中的动态加载效应。DEM 具有对应变和应力进行实时模拟和可视化的能力，以及对断层和块体系统的大应变、峰后行为及应力波传播进行模拟的能力。因此，可以以直接的方式，针对岩体以及断层和节理进行大应变、旋转、一般非线性本构行为和时域计算。Bardet 和 Scott(1985)、Lemos(1987)、Lemos 等(1985，1987)、Cundall 和 Lemos(1988)在 20 世纪 80 年代中后期使用 DEM 开展不连续岩体动力学分析，做出了开创性工作。20 世纪 90 年代之后，Lorig 和 Hobbs(1990)、Lemos 和 Cundall(1999)也开展了相关研究。

基于 DEM 的数值模拟为研究复杂几何性质的断层破坏和地震机理提供了可能，其中还包括相交断层的相互作用。Lemos 等(1985)使用 UDEC 程序研究断层几何特征对二维应力场两个相交雁列式断层渐进破坏可能性的影响，其中最大主压应力与断层迹线之一的夹角为 12°。断层首先被弹性剪切，然后逐渐破坏。最后，在断层之一的短节理上发生拉伸破坏，并且破坏后的应力方向调整明显。结果表明，即使远场最大主应力与断层迹线几乎平行，雁列式断层结构也可能渐进破坏。

Lemos(1987)、Cundall 和 Lemos(1988)及 Lemos 和 Cundall(1999)用裂隙连续屈服模型对断层失稳进行了数值模拟。Lemos(1987)在数值试验中模拟了动态断层滑动，其中含有一个平面断层的弹性块体受到给定历史远场应力作用。吸收边界被用来模拟围岩的影响。当所施加的岩石刚度小于断层给定的应力-应变曲线的下降斜率时，在模型中可以观察到不稳定的滑动。在断层中心，滑动突然产生，同时应力下降。当岩石刚度较大时，在断层应力-应变曲线的整个下降部分，滑移都以稳定的方式发生。岩块中弹性应变能的变化提供了系统中可用的总能量，沿着断层的摩擦会耗散一部分能量。对于赋予断层较小初始位移的地方，记录了能量释放的速率。Cundall 和 Lemos(1988)展示了当在断层上耗散的能量比弹性岩体释放出的能量多时，在加载过程中是如何存在时限的。尽管用二维模型获得的能量估计值在物理上绝对意义不大，但是它们为具有不同几何特征和材料特性模型之间的比较提供了概念上的理解。地质力学中动力系统的数值表征还要求使用允许能量充分辐射的边界条件。Lemos 和 Cundall(1999)在混凝土重力坝的地震分析中使用吸收边界来满足这一要求。

Lorig 和 Hobbs(1990)展示了使用 DEM 对断层的摩擦滑动和黏滑行为进行模拟的能力，这些问题中断层摩擦系数取决于滑动的瞬时速度以及其他唯象状态变量。他们基于大量不同的本构定律，针对加载条件下岩体系统的数值结果与理论分析结果，开展了广泛的验证研究。研究结果表明，围岩刚度对理解单个断层的滑动失稳具有重要意义。为了解决模拟中的这个问题，Lorig 和 Hobbs(1990)建议将 DEM 与 BEM 表达形式结合起来，以表征近场弹性特性的影响。Stephansson 和 Shen(1991)以及 Ma 和 Brady(1992)采用 UDEC 对单次地震荷载和反复地震荷载下节理岩体中地下开挖体的动力性能进行了分析。

为了说明对地震现象模拟的能力，下面给出中国唐山大地震动力学过程的数值示例，该地震于 1976 年 7 月 28 日发生。本案例应用拉格朗日非连续变形分析(LDDA)法，该方法基于拉格朗日运动描述的 DDA 和域分解算法(Cai et al., 2000)。

在 LDDA 中，DDA 中的接触识别算法用于确定弹性块体之间的接触，而域分解算法则用于寻找系统的解。该方法可以处理具有复杂地质结构和材料特性的动力学问题，并且不需要像 FEM 中那样预先定义滑线或滑面。

唐山大地震是 20 世纪最具破坏力的地震灾害之一，造成了巨大的人员伤亡和基础设施破坏。图 12.5 为用于模拟唐山大地震的几何模型，几何尺寸为 250km×240km，划分为 25 个弹性子区域。

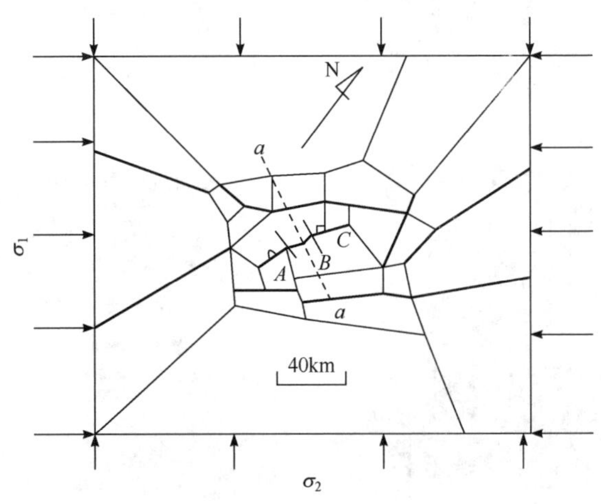

图 12.5　模拟唐山大地震的几何模型和边界条件。实线是断层，*B* 表示震中位置(Cai et al., 2000)

该模型由 10909 个节点组成，并用 25 个节点模拟 60km 长的地震断层，震中位于图 12.5 中的 *B* 点。为了模拟模型的不同摩擦强度，还用虚线将断层分为三个部分。该模型采用平面应力和均质弹性模型，其杨氏模量为 97.2GPa，泊松比为 0.25。该区域断层(图 12.5 中的粗线)由服从库仑摩擦定律的接触界面模拟，当处于黏着状态时，摩擦系数为 0.6，其他断层的摩擦系数为 0.5，一旦断层上的剪应力大于断层的摩擦阻力，摩擦系数将降至 0.2，这意味着发生了地震(Cai et al., 2000)。在模型左右边界施加的应力为 100MPa，在模型上下边界施加的应力为 50MPa。初始时间步长设置为 0.5s，并采用较大的阻尼值在模型中生成准静态初始应力场。唐山大地震断层中段的摩擦系数从 0.6 降低到 0.2 导致系统状态从静态变为动态。当在模型中检测到滑动时，将自动调整时间步长以模拟不稳定过程。LDDA 模拟的动态求解总时长持续 30s。

图 12.6 为唐山大地震在不同时间下的 LDDA 模型模拟生成的位移等值线。从位移等值线的顺序图中可以追踪唐山大地震断层中段断裂是如何开始的(图 12.6(a))，首先移动到西南段(图 12.6(b))，再移动到东北段(图 12.6(c))，模拟位移范围为 0.5～1.0m。

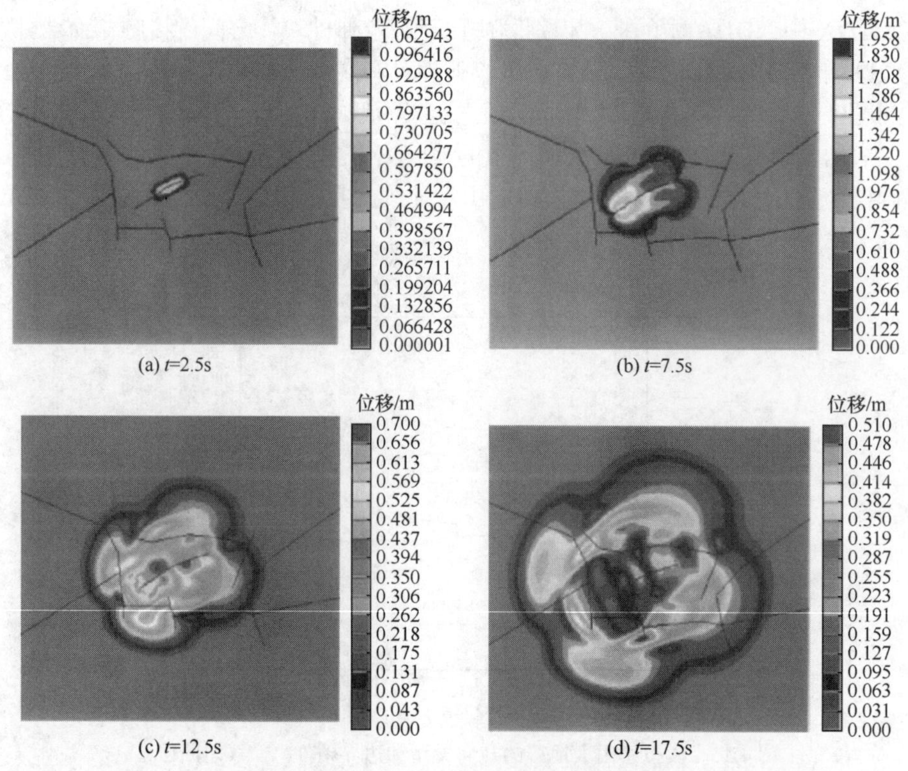

图 12.6　1976 年唐山大地震期间位移的 LDDA 模拟(Cai et al.，2000)

图 12.7(a)为唐山大地震后用 LDDA 模拟的位移矢量场。位移矢量在唐山大地震断层附近最大，远离断层则减小。此外，断层凹面侧的矢量大于凸面侧的矢量，

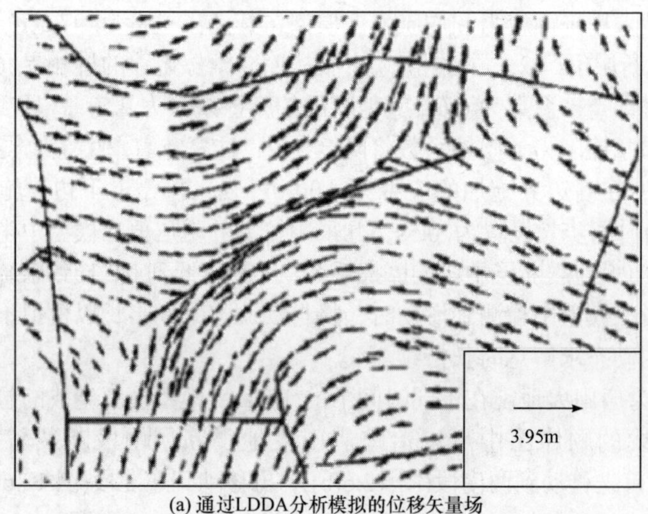

(a) 通过LDDA分析模拟的位移矢量场

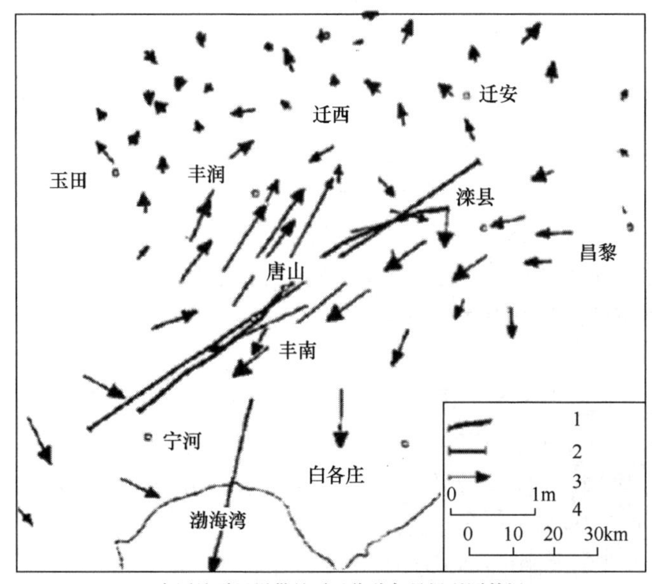

(b) 中国地震局提供的震后位移矢量场观测数据

图 12.7 1976 年唐山大地震后的位移矢量场(Cai et al., 2000)

这可能是由断层略微弯曲的形状所致。还要注意的是，断层中心的位移矢量最大，并在断层的两端衰减。位移矢量场的模式与中国地震局(SSB)提供的观测数据非常吻合，如图 12.7(b)所示。图中 1 表示地壳观测的地震断层；2 表示从大地测量数据反演的地震断层；3 表示水平位移矢量；4 表示位移矢量比例尺。

本案例研究结果表明，DEM 尤其是 LDDA 可用于对地震过程进行模拟。地震断层的位移、地震源时间函数、切应力降和破裂速度很容易获得。这些方法可以处理不均匀的材料分布、复杂的几何性质、地震源和边界条件。除地震问题外，该方法还可以用来解决接触和冲击问题(Cai et al., 2000)。

12.2.3 岩体应力

岩体中的天然应力对几乎所有地下岩石结构的稳定性分析都具有重要意义。岩体中的应力通常是在连续力学的背景下描述的。根据定义，岩体应力是作用在一点上的二阶笛卡儿张量，因此它是一个假想且难解的量，在其表征、测量和岩石工程中的应用方面都带来了挑战。岩体中的应力无法直接测量，只能通过岩体扰动来推断，如通过钻孔或开槽并记录岩体对施加扰动的响应。

Amadei 和 Stephansson(1997)提出了测量岩体应力的方法以及如何分析结果并将其应用于岩石工程问题。通常，由于岩石的复杂性质，无法准确确定岩体应力。如果岩体质量等级从良好到非常好，并且是 CHILE(continuous, homogeneous, isotropic and linearly elastic)类型，即连续、均质、各向同性和线弹性，并且位于定义明确的地质边界之间，则可以确定应力，其大小误差在±10%～±20%，方向误差在±10°～±20°。在质量等级低的岩体中，岩体应力的测量很困难，成功率很低。考虑到岩石材料的复杂性，对自然地质结构，特别是对不连续结构的应力状态进行数值模拟的结果有助于解释应力的大小和方向。

Hart(2003)发表了一些数值分析的成果，评估了不同因素(如地形、开挖、加载历史和地质结构)对岩体应力状态的影响。根据模型中所处的应力状态选择的方法可以近似推断现场地质过程的类型。该方法需要利用现场实测应力通过多次模拟来校核数值模型，如智利 El Teniente 矿山的情况(McKinnon and Lorig，1999；McKinnon，2001)。

为了研究在区域构造活动周期中可能在现有裂隙表面上引起的不可恢复的运动，Brady 等(1986)使用 DEM 来分析岩石块体的组合，这些岩石块体定义在半径为 25m 的圆形区域并包含在无限弹性连续体中。在初始静水压力和各向同性荷载加载条件下，模型上施加的应力比为 1～4。应力集中是通过模拟构造运动引入的，在构造运动中，滑动结构面在其他交错裂隙处终止。这种应力称为“锁定”应力，因为它们在加载或构造活动停止后仍持续存在。数值分析结果表明，含有非贯穿裂隙组的岩体实际上仍可能受到局部变化的应力场作用。在加载、卸载和再加载循环之后绘制的法向主应力云图再次清晰地描绘了裂隙交叉处的复杂应力模式。在施加边界荷载后锁定的应力是在模型中的裂隙交叉处产生应力集中的结果。采用的 DEM 模型能够显示出裂隙岩体的这些现象。

在法国南部的普罗旺斯煤层盆地中测量到了高应力和大应力比。为了解释这些测量数据，Homand 等(1997)使用 UDEC 程序开展了大尺寸 DEM 模拟。生成了三个不同的二维模型，大小为 27km × 22km，它们描述了 1100m 深度的地质情况。这些模型具有不同的边界条件，并且模拟反映了该地区历史和当前构造的主要断层带的方向。计算结果可以更好地解释该地区的主应力方向，这与对 NE—SW 方向应力的观测和现有的地质信息一致。在该地区进行了现场应力测量，DEM 分析结果与所测结果总体一致。

Stephansson 等(1991a)研究了由两个相交断层和三个受远场应力场影响的块体组成的断层岩体的位移和应力状态，Su 和 Stephansson(1999)使用二维 DEM 的 UDEC 程序探讨了单一断层对区域地应力方向和大小的影响。Hakami 等(2006)应用 3DEC 程序研究了瑞典两个放射性废物处置候选地点的合理地应力分布。这些应用表明，通过适当的概念化和系统/材料表征，DEM 模型可以用于研究复杂加载机制和条件下的地应力场演化。

加拿大原子能机构(AECL)地下研究实验室(URL)被选为岩石应力研究的一个案例，因为它是最全面记录岩体应力测量和解释的站点之一。在 URL 进行的工作旨在研究深度为 500～1000m 的深成岩中核燃料和放射性废物的深地质处置问题。

Martin 和 Simmons(1993)全面总结了 URL 的地质力学工作。Amadei 和 Stephansson (1997)给出了应力记录。为了研究反向倾角位移对 URL 中小倾角主要断层的影响，Chandler 和 Martin(1994)分别使用 FDM 的 FLAC 程序以及 DEM 的 UDEC 程序开展了数值模拟。下面将介绍相应的结果。

URL 位于加拿大马尼托巴省加拿大地盾西部边缘的 Lac du Bonnet 花岗岩基岩内。岩盘出露面积为 75km×25km，深度可达到约 10km。在紧邻 URL 的岩体中存在三个破碎带，其中破碎带 2 影响最大(图 12.8(a))。

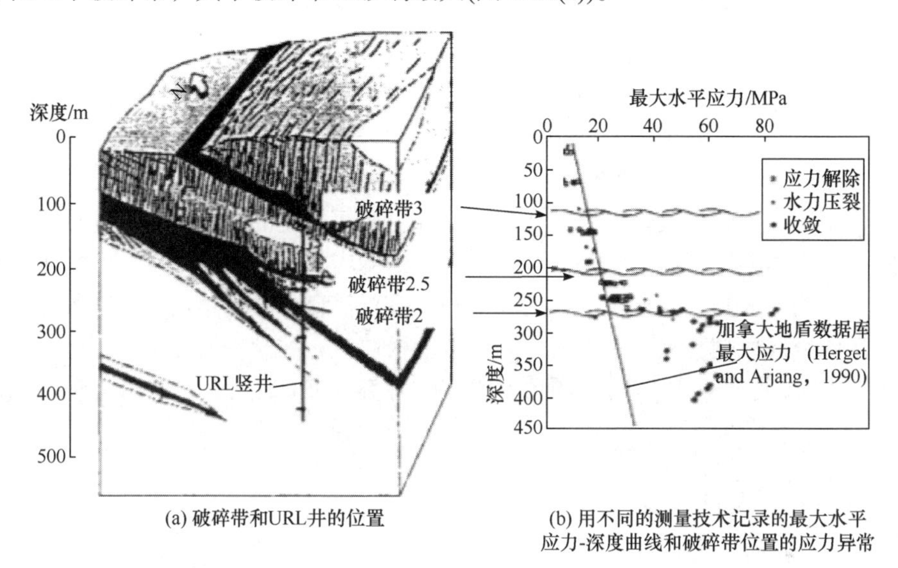

(a) 破碎带和URL井的位置

(b) 用不同的测量技术记录的最大水平应力-深度曲线和破碎带位置的应力异常

图 12.8　加拿大 URL 的地质环境(Chandler and Martin，1994)

这些破碎带是典型的逆冲断层，表明在破碎发生时，水平应力是主要应力分量，垂直应力是次要应力分量。沿破碎带 2 可以观察到约 7m 的反向倾角位移。如图 12.8(b)所示，在 URL 中测得的最大水平应力可分为三个明确的区域。在破碎带 2.5 上方，在 URL 中测得的水平应力类似于加拿大地盾其他地方在相同深度处测得的平均水平应力。在破碎带 2 以下，与加拿大地盾和世界其他地盾地区的平均应力状态相比，在 URL 中测得的水平应力异常高。在破碎带 2.5 和 2 之间的区域中，水平应力的大小中等。在破碎带 2.5 以下，岩体基本上由块状的灰色花岗岩组成，除破碎带 2 处花岗岩有较多的裂隙外，几乎没有裂隙。同样，主应力的方向在三个区域也不尽相同，例如，在破碎带 2 下方，从走向到倾向，最大水平应力的方向旋转 90°。

为了确定是否可以重现这些观测值，Chandler 和 Martin(1994)使用 FDM 的 FLAC 程序和 DEM 的 UDEC 程序开展了 URL 围岩断面的模拟，断面长 2km，深 1.5km，假设为平面应变问题。破碎带 2 和 3 是通过简单的线性结构模拟的，该线性结构倾角为 25°，垂直间隔为 180m。模型的几何形状和边界条件如图 12.9 所示。

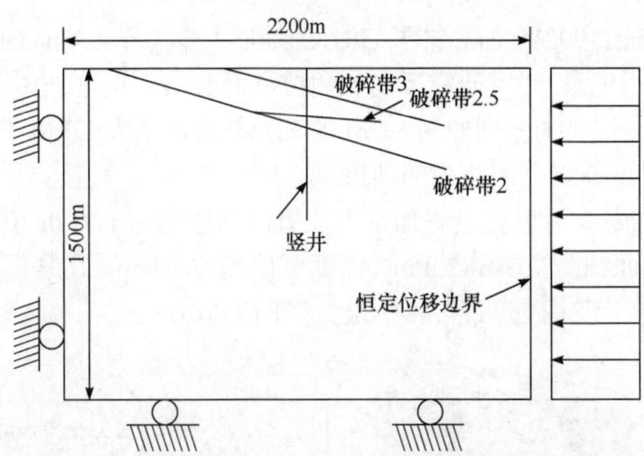

图 12.9　URL 的 UDEC 和 FLAC 数值模型中几何特征和边界条件(Chandler and Martin，1994)

为了满足围岩连续性条件，在模型的边界应用恒定的位移边界。垂直边界之间的水平距离逐渐减小，直到在 420m 深度处的应力与平均测量值一致为止，倾向上应力为 55MPa，走向上应力为 48MPa。在没有破碎带的情况下，这种假设将产生随深度线性变化的水平应力，并且与泊松效应一致。

图 12.10 将 URL 中测得的倾角方向的应力与 UDEC 计算的水平应力进行了比

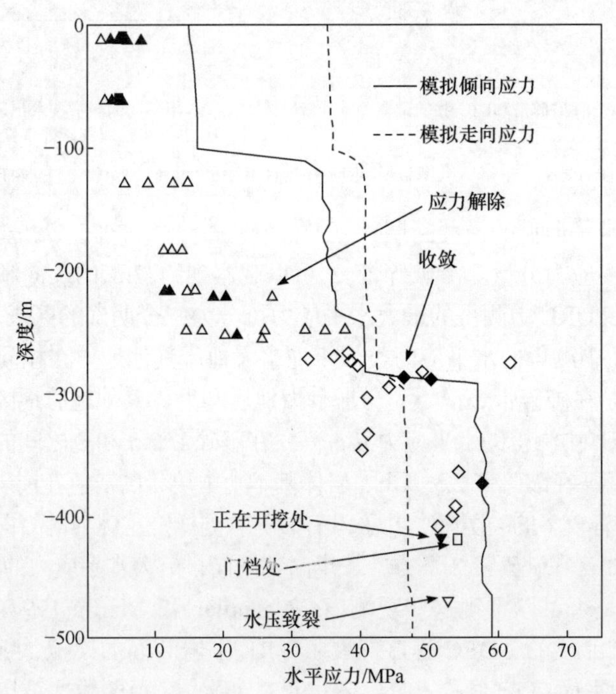

图 12.10　用 UDEC 对 URL 破碎带 2 的倾角方向的水平应力-深度关系模拟和测量结果对比(Chandler and Martin，1994)

较，图中还显示了用 UDEC 确定的平面外的平面应力。倾向应力是由模型计算的水平应力，而走向应力是满足平面应变条件的平面外应力。沿着断层的滑动导致应力随着深度的增加而逐渐增加，最大水平应力的方向从破碎带 2 下方的倾角方向转到破碎带上方的走向方向。这与现场应力测量的结果完全一致。此外，模拟结果表明，破碎带之间的应力随深度保持基本恒定。

FLAC 计算的应力结果与 UDEC 计算的应力结果相似，不同之处在于 FLAC 中破碎带 2 上方的应力降更大。两种模型方法都高估了浅层沿走向的水平应力(图 12.11)。

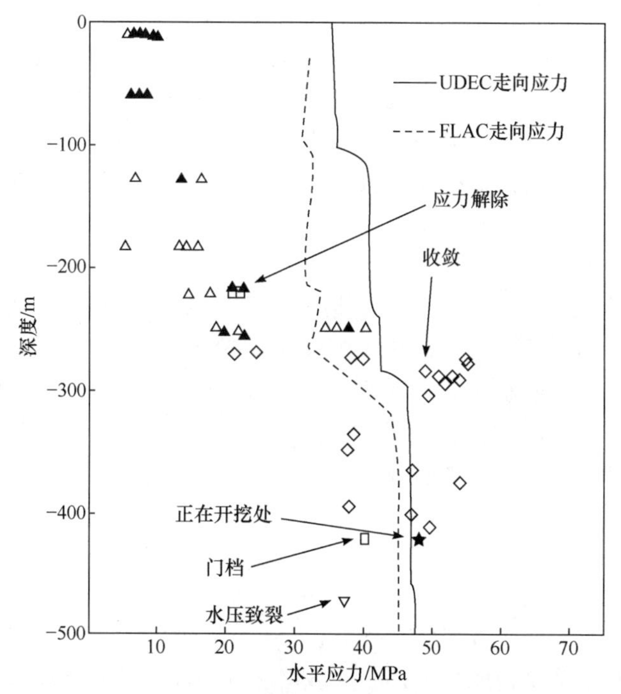

图 12.11 用 UDEC 和 FLAC 对 URL 破碎带 2 的走向方向的水平应力-深度关系模拟与测量结果对比(Chandler and Martin，1994)

URL 的破碎带是圆盘状的，而数值模拟将其视为平面。结构面的曲率应导致在较浅深度的破碎带走向上产生较高的应力。此特征在二维模型中无法模拟。

Chandler 和 Martin(1994)提出的模型在几何形状上非常简单，但是能够证明由断层滑动引起的应力释放，并表明在断裂带之间的区域内，应力大小几乎保持恒定的趋势。这也表明，最深的破碎带以下的水平应力不会随深度显著增加。

深埋放射性废料潜在处置库的地应力大小是决定储库隧道、储库位置和深度的因素之一。Chandler 和 Martin(1994)的研究表明，前文中提到的简单数值模拟可以获得近地表应力随深度的变化,解释应力在破碎带之间几乎保持恒定的原因。在无法直接进行应力测量的情况下，数值模拟还可以为更深度处的地应力状态提供有价值的指导。

12.2.4　天然岩石边坡的失稳

天然岩石边坡的失稳通常是由滑动引起的，可以根据滑动块体的几何形状将其分类，如楔形、块形或厚板形。就运动和破坏的类型而言，它们可以表现为平面、平动、转动和倾倒。滑动机理也可以根据运动和运动速率分为蠕变、滑移和黏滑。坚硬岩石中的滑坡几乎完全由沿已有裂隙的运动规律控制。斜坡是否保持稳定取决于滑动面和斜坡面的方向、裂隙的贯穿性及其粗糙情况、强度和作用在其中的水压。软岩中的滑动可沿完整岩石中新生的滑动面或沿已有裂隙的裂隙面发生。当近于垂直的岩板和岩柱底部发生破坏并且重心移动到基岩支撑区域之外时，就会发生一种称为倾倒的特殊破坏(Call，1992)。岩板既可以独立旋转，也可以在位于斜坡上方的岩块传递的重力作用下旋转。

天然岩石边坡的稳定性分析大多数是通过极限平衡分析法进行的(Hoek and Bray，1977)。但是，大多数天然岩石边坡的块状结构使 DEM 成为进行岩石边坡稳定性分析和治理的有效方法(Vengeon et al.，1996)。Ishida 等(1987)和 Adachi 等(1991)开展了日本天然边坡的倾倒破坏研究，Esaki 等(1999a，1999b)开展了加利福尼亚 Belden Siphon 岩石边坡治理研究，Hsu 和 Nelson(1995)开展了美国得克萨斯州 Eagle Ford 页岩岩石边坡研究。以上研究中都运用了 DEM，且都是用 UDEC 程序进行的二维分析。Homand-Etienne 等(1990)用 UDEC 程序对法国卢瓦尔河谷沿线被侵蚀的白垩岩峭壁的岩块进行模拟。Allison 和 Kimber(1998)使用 UDEC 程序研究了英格兰中南部波贝克岛石灰岩地层中岩石边坡和悬崖的变化速率及变化机理。Rachez 和 Durville(1996)用 UDEC 程序对裂隙岩石边坡上的桥梁基础进行了数值模拟。Hatzor 等(2002)和 Hatzor(2003)使用 DDA 对以色列马萨达山高度不连续的岩石边坡进行全动态的二维稳定性分析。Ohnishi 等(2006)使用 DDA 研究了不同类型的阻尼对日本边坡稳定性和岩崩的影响。

以意大利阿布鲁佐地区科瓦拉钙质悬崖的稳定分析为例来阐述二维 DEM 分析在天然岩石边坡中的应用(Lanaro et al.，1996)。科瓦拉悬崖沿南北向延展近 4km，宽约 500m，并被接近垂直的断层系统切割，由此造成悬崖边坡的阶梯线形状，具有陡峭的倾斜面和岩壁。岩体由钙质、微晶的和生物碎屑灰岩组成，具有近水平状的层理和角砾，覆盖在砂质黏土地层顶部。除断层构造外，五组平均间距为 0.1～1.7m 的裂隙与悬崖相交。自 20 世纪初以来，位于山体北角的村庄被告知悬崖不稳定而搬迁。从那之后，在老城下方 60m 的省道和市道附近发生了一些倾倒和岩石坠落的情况。科瓦拉悬崖的主要失稳现象是由断层和与坡面倾向相反裂隙网络切割的楔形体和扁平棱柱引起的。此外，悬崖坡脚处的黏土层会发生蠕变。人们针对上述问题开展了大量的现场监测和室内试验。

Lanaro 等(1996)使用具有可变形块 DEM 模型的 UDEC 程序和连续体模型的 FLAC 程序对科瓦拉悬崖进行数值模拟。选取西—东向竖直剖面进行建模，该剖面穿过悬崖顶和边坡最高坡面的坡脚，且穿过现场勘察孔。该剖面包含影响岩体稳定的断层和重要裂隙组，对其进行了平面应变分析，其中模型垂直边的水平位移为零，底部垂直位移为零，顶部为自由表面。为了表征原位条件，对模型指定了特定的边界速度约束和重力加速度。为此，对岩石材料和裂隙都赋予小变形(线性弹性)和高强度(Mohr-Coulomb)。在 FLAC 模型中，使用遍布节理材料模型来表示具有一系列嵌入软弱带的岩体。一方面，定义明确、软弱的主要断层的存在来证明显示块体假设和 DEM 模型及 UDEC 程序使用的合理性；另一方面，大量的小间距裂隙组用来证明采用具有遍布节理模型的等效连续介质方法的合理性。此外，离散模拟的结果在很大程度上受块体结构的影响，因此大块体可能会变得松散并产生岩石滑动、松动和岩崩。

图 12.13(a)为 UDEC 模型中块体沿裂隙的剪切运动和塑性屈服指标。悬崖深处的岩层移动较慢，这主要是由于悬崖底部黏土层的阻滞。图 12.13(b)为 FLAC 模型中黏土层的位移矢量和水平位移云图。在悬崖中坚硬的石灰岩与坡脚处软黏土层的接触处，黏土层中产生了较高的压应力。FLAC 模型中屈服区的垂直延伸(图 12.14)和黏土地层中水平位移的云图(图 12.13(b))说明圆弧模式

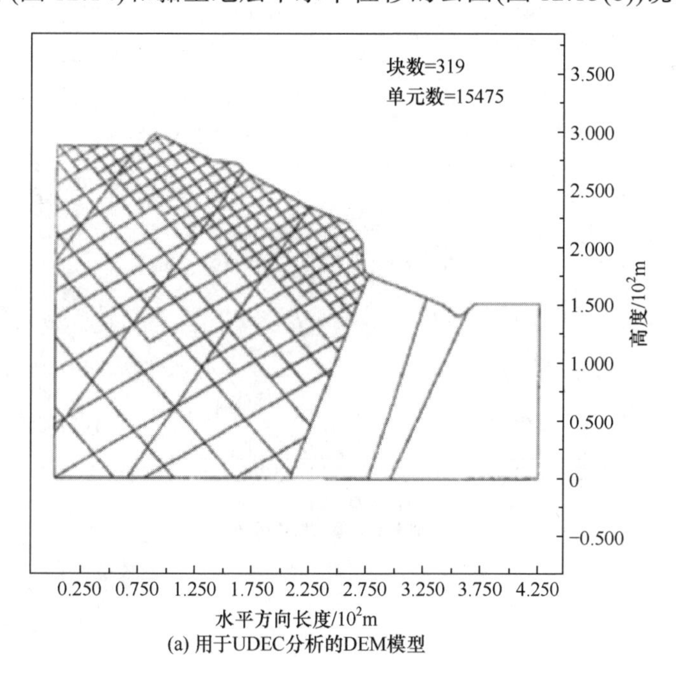

(a) 用于UDEC分析的DEM模型

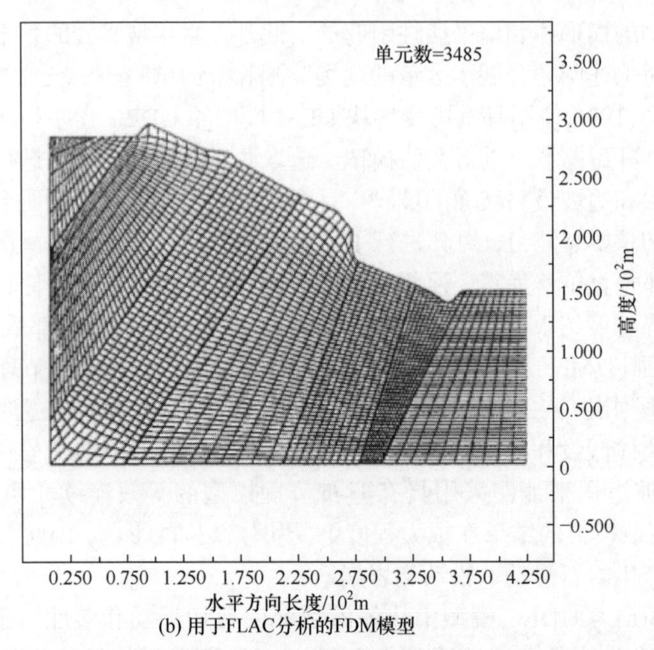

(b) 用于FLAC分析的FDM模型

图 12.12　意大利科瓦拉悬崖的数值模型(Lanaro et al.，1996)

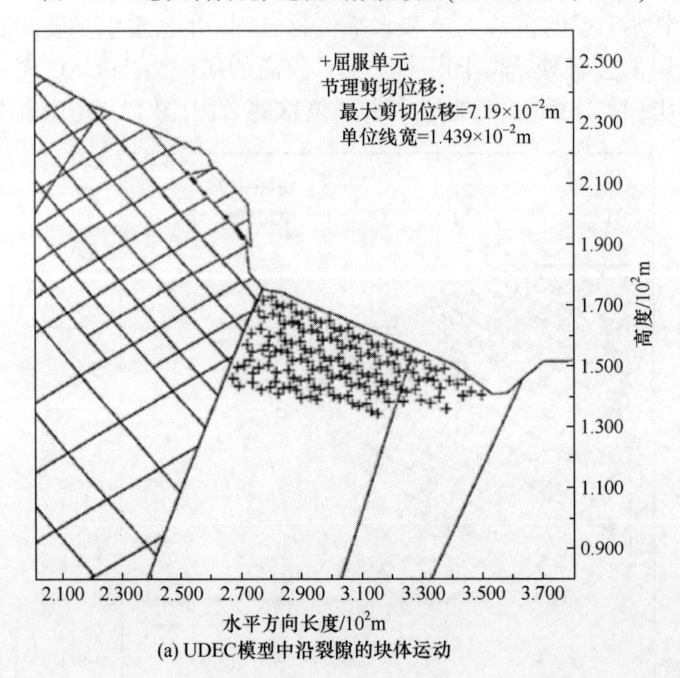

(a) UDEC模型中沿裂隙的块体运动

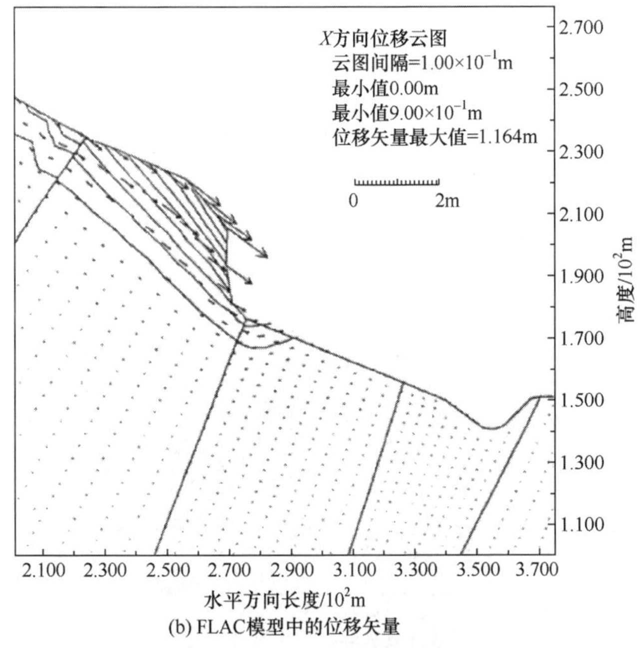

(b) FLAC模型中的位移矢量

图 12.13　意大利科瓦拉悬崖的位移结果(Lanaro et al., 1996)

的形成。沿近垂直断层的滑动受到限制，沿裂隙的位移存在差异，导致悬崖表面产生变形。这些观测结果与科瓦拉镇和悬崖脚上旧房屋的损坏是一致的。

从连续的 FLAC 模型计算得出的位移集中在悬崖的顶部，并且随着深度线性减小。沿着断层在悬崖顶部和底部分别产生了 4.0cm 和 4.6cm 的较大剪切位移。沿结构面的滑动和拉伸破坏以及黏土地层中塑性屈服区的范围如图 12.14 所示。模型没有达到最终的稳定状态是由于在计算结束时仍然存在作用在系统上的不平衡力。

可以发现，离散的 UDEC 模型和连续的 FLAC 模型都给出了合理且一致的结果，并且令人满意地获得了科瓦拉悬崖的破坏模式。两种计算均表明，决定悬崖稳定性的重要因素是悬崖坡脚处黏土层的强度和可变形性。

模拟结果对材料特性微小变化的敏感性表明，边坡处于极限平衡状态，几何性质、材料特性和地下水条件的微小变化可能会对稳定性产生重大影响。滑动现象位于悬崖的顶部，并延伸至悬崖的后方约 50m 处。位于该区域的房屋始终受到地基基础上差异位移的影响，从而造成严重损坏。

天然岩石边坡的特征之一是在极限平衡阶段能够保持完整。雨、雪、冰、冻胀、地下水涨落和风化引起的几何性质、完整岩石和裂隙强度的微小变化都会引起边坡的不失稳并导致破坏。因此，必须进行极限稳定性研究，还应包括对几何性质和控制参数的敏感性分析。此外，还必须解决大型岩体工程完整岩石和裂隙的相关材料属性(尺度效应)问题。对于山区地形中的某些天然岩石边坡，还必须

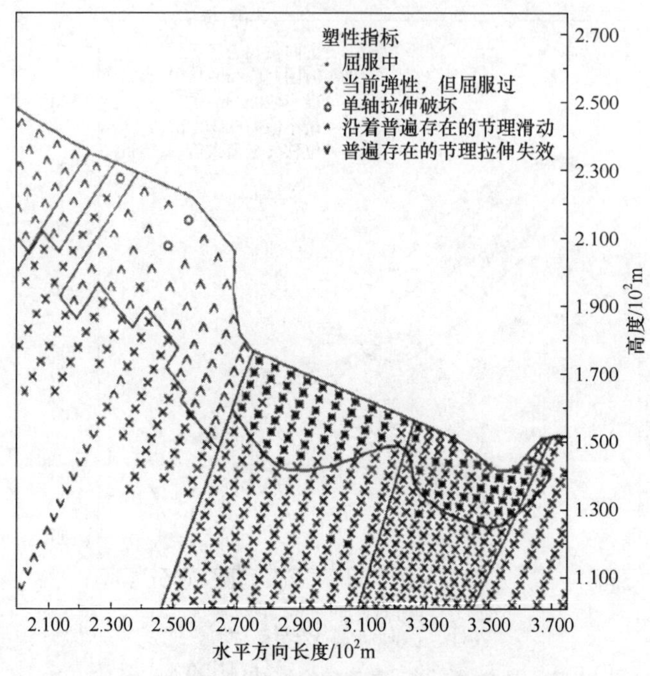

图 12.14 连续 FLAC 模型计算的边坡最终状态

考虑原始应力场的作用。对于大多数情况，考虑重力荷载和固结可能就足够了。

12.3 地下土木结构

地下空间的需求随着城市社区，特别是大城市基础设施的增长而增长。现代城市对土地扩张的需求、环境方面的问题以及土地价格的上涨，使得地下空间成为地面建筑极具吸引力的替代品。地下土木结构的设计包括开挖处围岩应力和位移的确定，因此 DEM 非常适用。地下土木结构开挖设计分析还要求定量确定特定加固方式的效果。加固力学的交互性要求岩体和支护或加固要充分体现在模型中。本节将介绍 DEM 在此类问题上的一些应用，如隧道、市政工程洞室以及岩石加固设计。

12.3.1 隧道工程

尽管为各种民用用途建造了大量隧道，但迄今为止，关于 DEM 在隧道设计和性能模拟中应用的文献很少。Karaca(1995)研究了裂隙对软弱岩石中浅埋隧道稳定性的影响。Kosugi 等(1995)针对日本隧道，比较了 UDEC 模型模拟结果和隧道开挖周围钻孔的位移测量结果。Monsen 等(1992)以及 Shen 和 Barton(1997)用

UDEC-BB 程序研究了裂隙岩体中隧道周围的开挖扰动区。UDEC-BB 是 UDEC 程序的特殊版本，其中包含 Barton-Bandis 结构面模型。Monsen 等(1992)在对瑞典 Stripa 矿现场特征和演化趋势的研究中观察到了开挖扰动区的现象。在一系列文章中，Souley 和 Homand(1993，1996)以及 Souley 等(1997)研究了结构面本构模型对在法国板岩中开挖的实验巷道稳定性的影响。Mitarashi 等(2006)采用三维 DEM 研究了浅埋隧道长壁锚杆支护的效果。

隧道掌子面的稳定对隧道的安全开挖至关重要。在岩石条件差的隧道中，辅助开挖方法，如掌子面锚固和预支护，可以稳定隧道掌子面并防止隧道掌子面岩体松散和坍塌。掌子面锚固意味着岩石锚杆或钢筋平行于隧道轴线并在隧道掌子面上安装，而预支护意味着锚杆或钢筋平行于隧道轴线但仅在隧道周边顶部大约 120°的区域内安装。

Kamata 和 Mashimo(2003)为了阐明不同加固方法对隧道掌子面稳定性的影响，开展了各种布置和长度锚杆的离心机模型试验，并将结果与 UDEC 模拟结果进行了比较。离心机仅用于模拟重力作用。

模型试验中的材料为砂，其容重为 15.1kN/m^3，含水率为 6.5%，黏聚力为 4.6kPa，摩擦角为 34.5°。将砂倒入容器中，并在所有测试中以固定的高径比 1.0 分层压实(图 12.15)。隧道模型制作完成后，将容器放入离心机中并施加离心加速度，当离心机的加速度达到预定值时，将预先安装在模型中的铝板取出，以释放隧道掌子面的应力，观测并记录掌子面及其周围的相对稳定性。

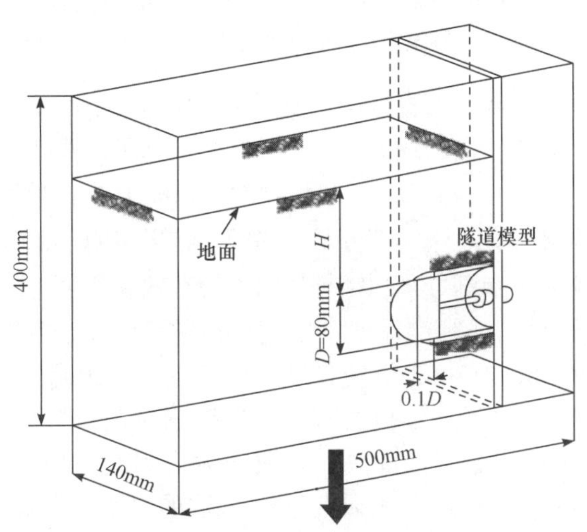

图 12.15　隧道稳定性离心机模型容器。将该容器放入离心机中以产生预定的加速度。隧道模型由压实的砂制成，直径为 80mm，分为有加固和无加固两种情况。在预定的加速度下，取出铝板以释放掌子面的压力(Kamata and Mashimo，2003)

图 12.16 为两个无加固模型的破坏状态示意图，这两个模型试验的加速度分别为 25g 和 30g，其中 g 表示地球的重力加速度。对于这两种情况，均观察到一个开始于隧道仰拱并向上延伸到隧道拱顶且超出隧道拱顶的滑移面。在加速度为 25g 的情况下，破坏区域向上超出隧道拱顶约 0.4D(隧道直径)；在加速度为 30g 的情况下，破坏区域一直延伸到模拟的地面。

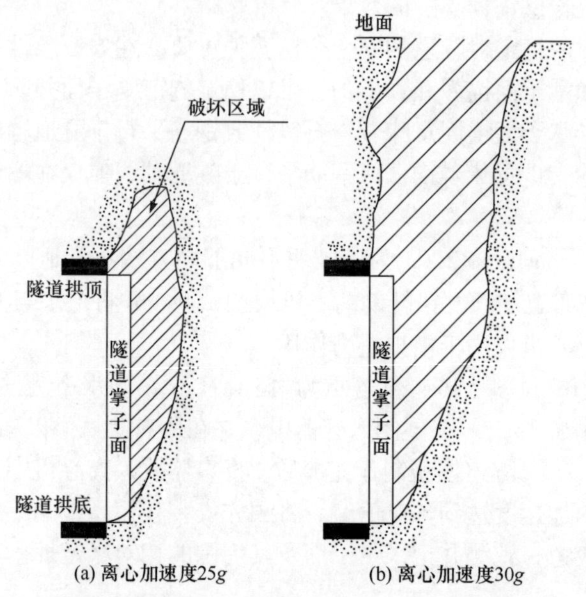

图 12.16　砂制离心隧道模型的破坏状态(Kamata and Mashimo，2003)

用直径为 1.0～1.2mm 的青铜锚杆模拟用于加固掌子面的锚杆，并在表面涂上砂以模拟摩擦。采用不同的锚固方式和长度模拟掌子面锚杆锚固、竖向预加固锚杆支护和预支护。图 12.17 为离心机模型在加速度为 25g 时的破坏状态，隧道掌子面全断面，上半部分、下半部分采用锚固。结果表明，在隧道掌子面上半部分采用锚杆加固比在下半部分采用锚杆加固更为有效和安全。试验得出的另一个结论是，当锚杆长度大于隧道半径时，会对隧道掌子面稳定性产生有利影响。

Kamata 和 Mashimo(2003)应用二维 UDEC 程序 3.0 版对离心机模型进行了 DEM 模拟，该程序具有模拟岩石锚杆和锚索及其对开挖稳定性影响的功能。由于隧道掌子面的稳定性取决于岩块的大小和裂隙特性，作者决定首先通过模拟无加固的离心机模型来研究这些参数的影响。如果无加固的 DEM 模型显示出相似的结果，则在相同条件下模拟锚固对掌子面稳定性的影响。图 12.18 为含有尺寸隧道范围和两种不同裂隙类型的数值模型，裂隙类型分为交错裂隙和交叉连续裂隙。

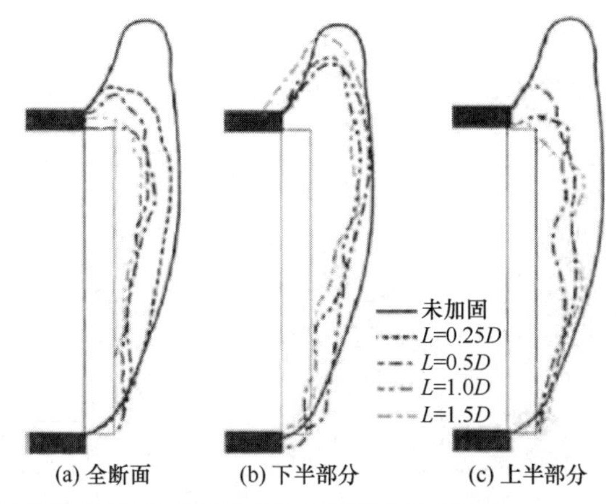

图 12.17　具有不同类型和长度锚杆离心机模型的失效状态(Kamata and Mashimo，2003)

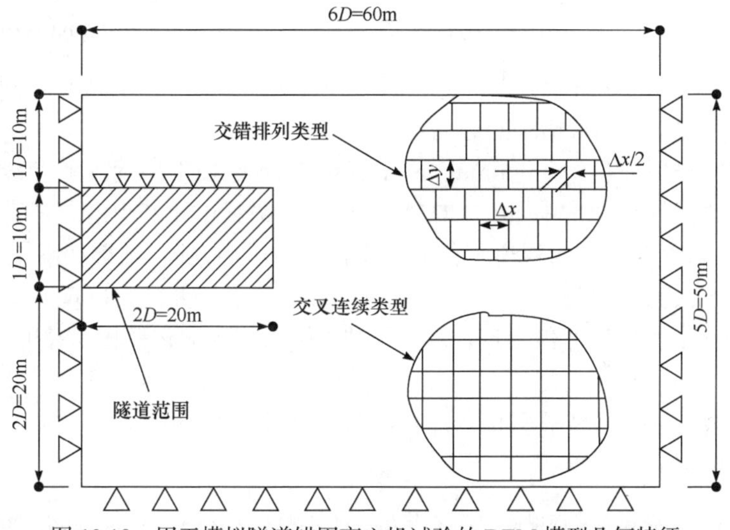

图 12.18　用于模拟隧道锚固离心机试验的 DEM 模型几何特征和边界条件(Kamata and Mashimo，2003)

为了模拟无加固情况下的隧道掌子面位移，令岩块弹性模量(E)、块体交界面的法向刚度(k_n)和剪切刚度(k_s)保持不变，而黏聚力(C)、摩擦角(φ)和块体大小(0.5m×0.5m 和 0.25m×0.25m)有所不同，以 1g 的加速度进行模拟。图 12.19(a)为具有交错裂隙，块体尺寸为 0.5m×0.5m 的模型中的块体几何特征发生破坏，产生滑动面，并从隧道仰拱向地表延伸。破坏区域由模型内分离的块体界定。根据 Kamata 和 Mashimo(2003)的研究，这些结果与试验结果非常吻合，并为下一步建模中选择模拟锚固的参数提供了信心。图 12.19(b)为交叉连续裂隙情况，块体尺寸为 0.5m×0.5m。在隧道掌子面，岩体沿预先存在裂隙破坏，并像塞子一样发生位移，

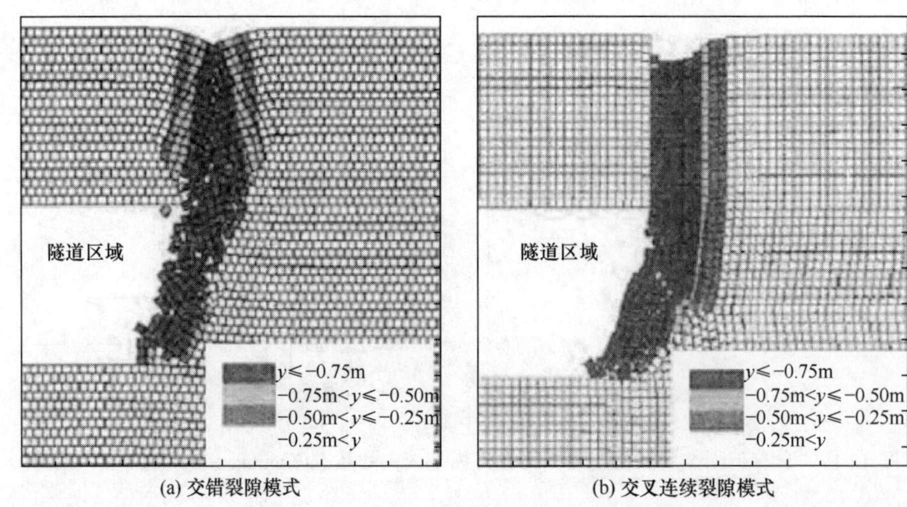

图 12.19　块体大小为 0.5m×0.5m，无加固情况下 DEM 模拟的位移(Kamata and Mashimo，2003)

即烟囱破坏。这种破坏模式与离心机试验中发生的破坏模式有较大不同，因此采用交错裂隙类型来模拟锚固的影响。

采用交错裂隙类型、0.5m×0.5m 的块体以及表 12.1 中列出的参数值，来开展掌子面锚固的 UDEC 模拟。UDEC 程序中的锚索单元产生沿着锚索方向的轴向力，加入了五个长度为隧道半径的锚索作为掌子面锚固，结果如图 12.20 所示。该图显示了沿五个锚杆长度方向的轴向拉力，其中最大拉力出现在锚杆的中心(图 12.20(a))，模型破坏仅出现在隧道仰拱。使用与隧道直径相同长度的锚杆时，掌子面状态保持稳定。但是，对于锚杆长度小于或等于隧道直径四分之一的情况，计算结果从未达到平衡状态，最终破坏如图 12.20(b)所示。大位移深至隧道掌子面后的岩体。

表 12.1　隧道掌子面锚固 UDEC 模拟的计算参数(Kamata and Mashimo，2003)

材料	变量	取值
砂(块体)	杨氏模量 E/MPa	20
	泊松比	0.35
	容重 γ/(kN/ m^3)	16
裂隙(块体之间)	法向刚度 k_n/(kN/ m^3)	2.2×10^5
	剪切刚度 k_s/(kN/ m^3)	7.0×10^4
	黏聚力 C/kPa	1.0
	摩擦角 φ/(°)	0

续表

材料	变量	取值
锚杆(锚索单元)	杨氏模量 E/MPa	2.06×10^{5}
	面积 / m^2	5.1×10^{-44}
	抗拉和抗压强度 / kN	123
	法向黏结刚度/ (MN/m)	12
	切向黏结刚度/ (kN/m)	96

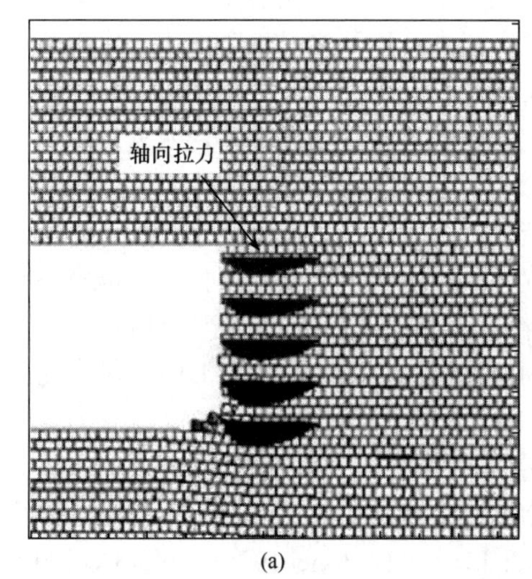

(a)

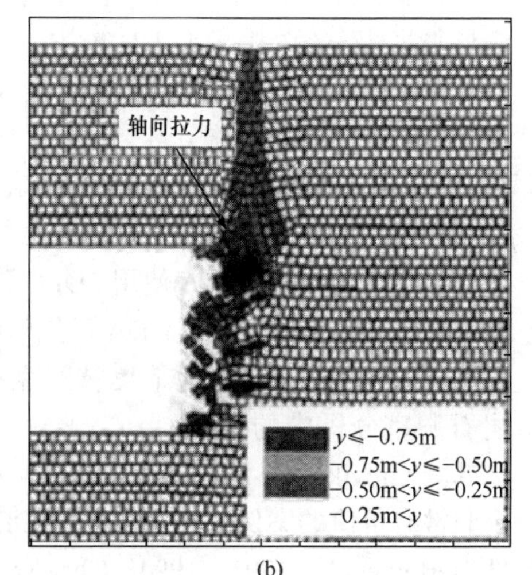

(b)

图 12.20　块体大小 0.5m×0.5m，掌子面锚固的隧道中的锚固力：(a)沿五个锚杆长度方向的轴向拉力，锚杆的长度为隧道半径，并且在隧道仰拱有一些松散的块；(b)沿五个锚杆长度方向的轴向拉力，锚杆的长度为隧道直径的四分之一，隧道面块体杂乱(Kamata and Mashimo，2003)

隧道掌子面加固的 DEM 结果与离心试验结果一致。这表明无加固模型的离心机模型所得结果可用于校准 DEM 模型的模型参数。离心机模型和 DEM 模型都表明，为了对掌子面进行适当的锚固，重要的是要安装足够长的锚杆。本案例研究结果表明，长度大于隧道半径的掌子面锚固对软土地基的稳定性具有有利的影响。

12.3.2　岩石洞室

与地面设施相比，岩石洞室提供了越来越多的储存功能，并拥有许多重要的优势。Franklin 和 Dusseault(1991)给出了地下空间的一些主要用途和优势。岩石洞室设计和建设的基本目标是减少对围岩的干扰，通过优化几何形状和方向来保持或增强洞室的自然稳定性，尽可能少地进行岩石加固，并能满足洞室的长期功能。

洞室设计者需要根据原位测试的数据评估项目的可行性，并采用数值分析来帮助确定洞室位置、相对于初始应力和地质结构的方位、施工程序以及支护和监测方法。地下储存洞室的理想场址是最大程度地避免与主要裂隙或裂隙带的交叉，特别是那些软弱的、高应力或低应力但含水的裂隙。岩石通常含有裂隙，大型岩体中几乎总是存在主要的裂隙和破碎带，因此 DEM 是地下洞室设计、施工和监测的有力分析工具(Brady，1987)。

二维 UDEC 程序已广泛应用于发电站、储能和地下运动设施的洞室设计，如 Akky 等(1994)、Barton 等(1991，1994)、Baroudi 等(1991)、Bhasin 等(1996)、Chryssanthakis 和 Barton(1995)、Larsson 等(1989)。Bhasin 和 Høeg(1998)将 UDEC 程序与非线性岩石裂隙模型 UDEC-BB 结合起来开展了喜马拉雅山大型水电站的参数研究。Dasgupta 等(1995)采用三维 3DEC 程序研究了主要剪切带对印度水电项目厂房边墙性质的影响。芬兰赫尔辛基郊外的 Viikinmäki 地下污水处理厂是欧洲最大的地下设施之一，Johansson 和 Kuula(1995)使用 3DEC 程序对其进行了一系列反分析，并将计算结果与现场测量结果进行比较，以验证模型并检查相关洞室的稳定性。Jiang 等(2006)使用 3DEC 程序研究了日本大型地下抽水蓄能电站洞室的变形、稳定性和加固。DDA 已用于各种大小地下洞室的稳定性分析。

本节以挪威 Gjövik 地下奥林匹克冰球场洞室为例，介绍 DEM 方法在大型岩石洞室分析中的应用。

挪威 Gjövik 地下奥林匹克冰球场洞室跨度为 62m，可容纳 5300 名观众，是一个非常有价值的案例，可用来评估 DEM 模型在进行大型洞室稳定性分析的可行性(Barton et al.，1991，1994；Chryssanthakis and Barton，1995)。此冰球场洞室于 1992 年完成开挖，用于 1994 年的利勒哈默尔冬季奥运会。该洞室位于一个小山坡上，毗邻一个已有的地下游泳池，也是通信站和人防设施。冰球场洞室的最终跨度为 62m，长度为 91m，高度为 24m，在当时它是世界上最大的公共工程洞室。图 12.21 为洞室布置、带有锚杆的横截面以及开挖顺序。

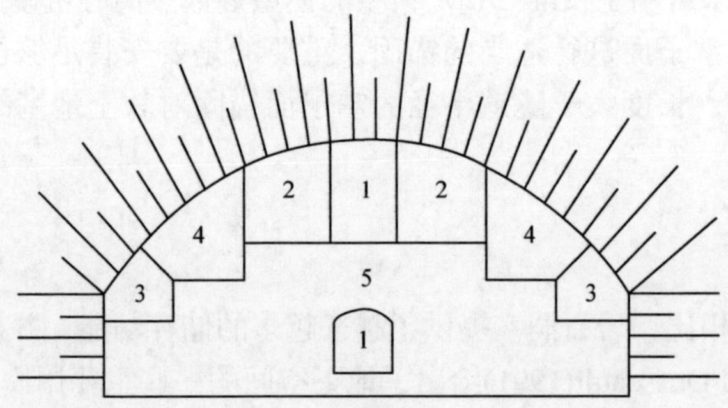

图 12.21　跨度 62m 的挪威 Gjövik 奥林匹克冰球场洞室开挖顺序和锚固形式(Chryssanthakis and Barton，1995)

Barton 等(1991)发现，Gjövik 的前寒武纪片麻岩裂隙发育，平均岩体质量指标 RQD 约为 70%。裂隙普遍是粗糙的，咬合情况良好，并且变质作用较弱。典型岩体质量 Q 值从 30 到 1.1，其加权平均值为12 。根据一系列应力解除和水压致裂的岩石应力测量结果，在洞室拱顶处主要的水平应力大约为 4.4MPa。如图 12.22 所示，随深度呈双线性变化的水平应力作用于 UDEC 模型的边界。竖向应力是由上覆层的重量产生的。在已有的岩洞中可以测量出裂隙面上大幅度起伏，裂隙的粗糙度由钻取的岩芯确定。Chryssanthakis 和 Barton(1995)使用的 UDEC-BB 程序中的 Barton-Bandis 非线性结构面模型参数如下：$\mathrm{JRC}_0 = 7.5$, $\sigma_c = 100\mathrm{MPa}$，$L_n = 0.5\mathrm{m}$，$\mathrm{JCS}_0 = 75\mathrm{MPa}$，$\varphi_r = 27°$，$i = 6°$ 。

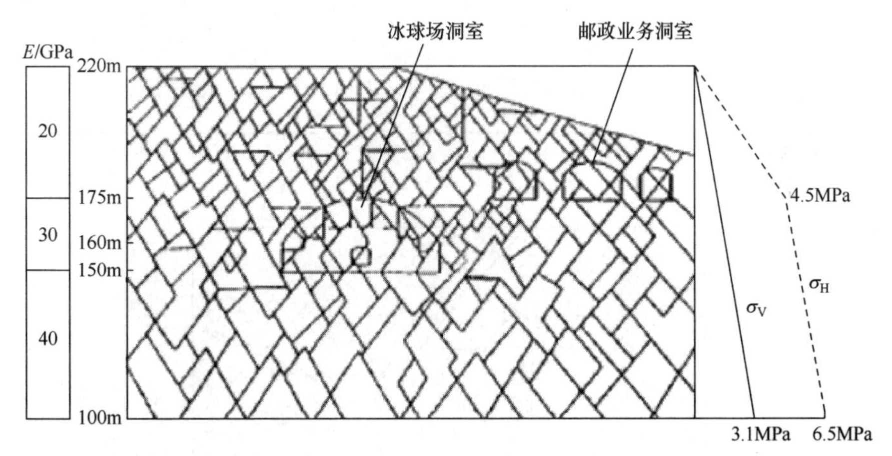

图 12.22　Gjövik 奥林匹克冰球场洞室 UDEC-BB 模型，包含结构面的几何特征、开挖形状、应力边界条件以及杨氏模量随深度的变化(Chryssanthakis and Barton，1995)

在数值分析中，假设杨氏模量随深度增加，评估附近用于邮政业务的洞室对洞室稳定性的影响(图 12.22)。表 12.2 给出了每个开挖步的 UDEC-BB 程序模拟结果，图 12.23 给出了在第 4 和第 5 开挖步之间发生的应力重分布。

表 12.2　挪威 Gjövik 奥林匹克冰球场洞室使用 UDEC-BB 程序进行的计算总结(Chryssanthakis and Barton，1995)

参数		开挖步					洞室开挖			备注
		1	2	3	4	5	1号	2号	3号	
最大主应力/MPa		9.29	11.49	9.91	8.39	8.37	8.56	8.71	8.83	总变形沿着水平节理
最大位移/mm	总位移	1.85	1.80	2.63	6.99	8.16	8.28	8.43	8.65	
	边墙位移	—	—	—	1.33	3.78	3.88	3.92	3.97	

续表

参数		开挖步 1	2	3	4	5	洞室开挖 1号	2号	3号	备注
最大位移/mm	拱顶(垂直部分)	0.50	1.08	2.62	4.05	4.33	4.39	4.87	7.01	
最大剪切位移/mm	沿水平节理	1.11	1.54	2.49	3.51	4.67	5.67	5.54	5.56	
	拱顶	1.11	1.54	2.49	3.51	3.70	3.70	4.10	6.85	总变形沿着水平节理
拱顶最大水力开度/mm		0.69	1.01	1.62	2.64	2.86	3.68	3.72	4.13	
锚杆最大轴力/tf		7.0	25	25	25	25	25	25	25	

注：$1tf = 9.96402 \times 10^3 N$。

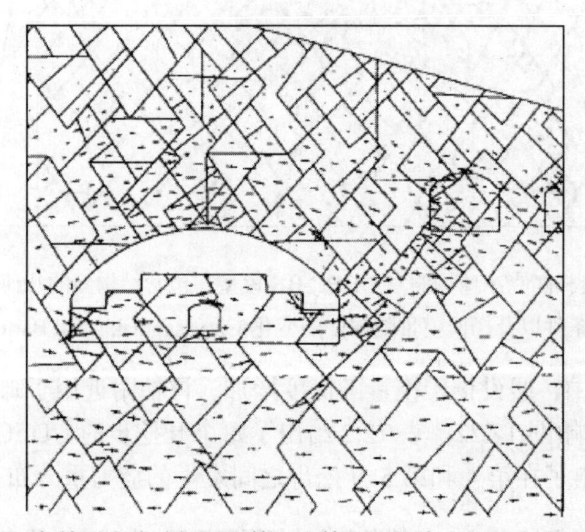

图 12.23　挪威 Gjövik 奥林匹克冰球场洞室第 4 和第 5 开挖步之间的应力重分布(Chryssanthakis and Barton，1995)

在第 2 个开挖步之后，位移逐渐增加，并且最大变形发生在洞室左右两侧的近水平裂隙处。在洞室的拱顶，第 5 个开挖步后计算出的最大变形为 4.33mm (表 12.2)。该值在每个用于邮政业务的洞室开挖后继续增加，开挖完成后的最终变形量如图 12.24 所示。需要注意的是，洞室拱顶两侧的块体有水平位移的趋势。在第 5 个开挖步之后，顶部沿水平裂隙的最大剪切位移为 3.70mm，在 3 号用于邮政业务的洞室开挖之后增大至 6.85mm。表 12.2 还列出了计算出的拱顶最大水力开度和作用在岩石锚杆上的最大轴力。

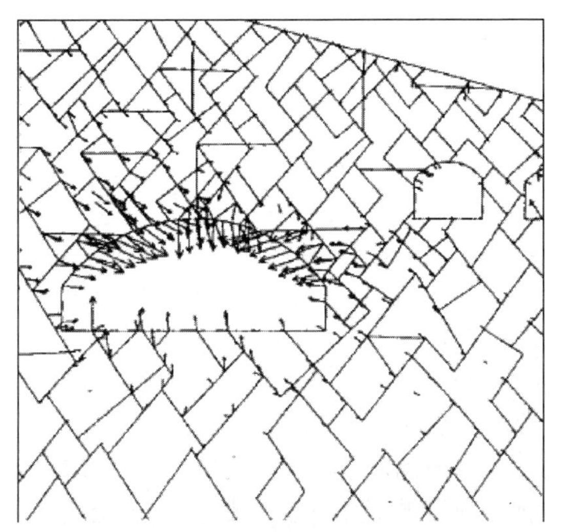

图 12.24　挪威 Gjövik 奥林匹克冰球场洞室第 4 和第 5 开挖步之间的位移
(Chryssanthakis and Barton，1995)

施工中还对 Gjövik 奥林匹克冰球场洞室进行了大量的岩石变形监测。洞室的近地表位置意味着可以将多点位移计从地面往下放置在洞穴拱顶上方 1.5m 和 2.0m 的钻孔中。采用水准测量测得多点位移计顶端高程，通过高程测量与多点位移计读数计算可得，洞室南端的总变形为 8.4mm，洞室北端的总变形为 8.7mm。在第 5 个开挖步后，数值计算得到的相应变形结果为 4～6mm。洞室开挖完成约 1 个月后，变形实际上停止了。

总之，对 Gjövik 的大型岩洞的岩石力学研究表明，整个洞室顶板是一种自支撑结构，小位移是相对较高的水平初始应力和粗糙且表面起伏的不规则裂隙导致的。这项研究表明，二维 DEM 模拟可提供有关顶板稳定性问题的有用信息，尤其是那些由沿裂隙的局部剪切作用引起的稳定性问题。采用 UDEC-BB 模型进行整体变形模拟的结果令人满意。在 Scheldt 等(2002)的研究中，DEM 和 FEM 模拟的结果原则上一致。预测与实测之间良好的一致性可以验证 UDEC-BB 程序满足二维 DEM 模型中的假设(Barton et al.，1994)及其模拟裂隙岩体中开挖效应的能力。

12.4　矿 山 结 构

采矿的本质是从地面掘进巷道进入矿床，然后开采矿石。矿床位置决定了开采位于地表还是位于地下。开采方法取决于矿体的薄或厚、板状或块状、水平倾斜或急倾斜，还需要考虑矿体和围岩的破碎及强度特性。原则上，矿山在其生命周期中要经历探矿、勘查、开拓、开采和修复五个阶段。在后四个阶段，岩石力学原理和数值模拟是至关重要的。在勘查阶段，将根据矿山稳定性、开挖顺序和岩层加固等模拟结果对不同开采方法进行评估。在矿山开拓阶段，需要进行详细的模拟，以选择不同矿山结构的几何形状、方向和位置，如露天矿中的边坡、台阶和斜坡道，地下矿山的竖井、斜坡道、天井、运输通道、采场(开采产生的巷道)、矿柱和放矿溜井。地层控制，即对采矿活动产生的各种开挖体周围的围岩变形和位移的控制，是露天矿或地下矿开采和运营中的主要问题。在采矿的不同阶段，可以进行数值模拟以支持矿山生产计划和地层控制的日常决策。近年来，矿山修复已成为一个重要的环境问题，数值模拟成为研究旧矿山、其上方基础设施安全性及其对当地或区域环境影响的重要工具。

地下矿山的布局设计要确保采矿不会出现突然的力学失稳和岩体不可接受位移的风险，这可能会或可能不会对当地或区域的地下水状况产生负面影响。岩体的破坏通常取决于岩体所受应力是否达到断层或巷道附近主要裂隙带强度。开采引起的断层滑动及岩爆的强度和程度与开采深度、地质、岩石强度和采矿方法有关。Hart 等(1988)、Hart(1993)、Tinucci 和 Hanson(1990)介绍了 DEM 在加拿大的 Strathcona 矿山诱发断层和断层滑移诱发岩爆分析中的应用，Lightfoot 等(1994)介绍了针对南非深部 Western Deep Levels South 矿山开展的相关研究，Board(1996)介绍了对美国爱达荷州 Lucky Friday 矿山和加拿大深部矿山开展的相关研究。

采矿诱发地震是一个重要的课题，特别是对深部采矿而言，通常需要采用数值模拟来了解采矿诱发地震的主要机制、主要影响变量和参数以及采矿布局和顺序优化方法。对于此类分析，在确定矿区地质模型后，通常会进行数值分析来预测指定开采顺序下采矿活动引起的应力分布特征。然后将应力状态叠加在裂隙模型上，并使用 Ryder(1987)提出的超剪应力(ESS)方法来确定震源。沿断层上任意一点的超剪应力是指剪应力超过动剪切摩擦强度的大小的应力。超剪应力正值表明在动态条件下可能发生滑移。将计算出的震源与记录的实际地震数据进行比较，作为校准模型的一种手段。

Board(1996)采用采矿诱发地震模拟方法，研究了 Lucky Friday 矿在长壁式开采工作面推进的情况下可能与硬质石英岩中的软泥质层间滑动相关的地震活动现象。通过使用 3DEC 软件对滑移进行显式模拟，获得了断层两端结构的滑移势。

DEM 在矿山结构及其稳定性分析中得到了广泛的应用(Hardy et al.，1999)。本节将介绍 DEM 在采矿相关问题中的一些应用，如模拟露天矿和采石场的边坡行为、地下矿结构(如采场和矿柱作业)的稳定性以及矿山沉陷。

12.4.1　露天矿和采石场

在露天矿和采石场设计中，增大边坡角可减少废石剥离，提高矿石回采率，因此具有较高的经济效益。但是，边坡角的增大会影响边坡的稳定性，增加边坡失稳次数、规模和滑动速率的风险。在较大边坡角下，由边坡失稳造成的清理破坏材料、生产损失和矿石损失的成本可能比较大边坡角带来的经济效益更高。轻微的落石和台阶破坏通常被认为几何设计不太保守。露天矿和采石场的临时边坡通常不采用锚固的方法进行加固，因此边坡的设计主要基于地质结构与边坡几何结构之间的关系。

为了定量评估边坡的稳定性，可以使用解析或数值模型。这些模型需要破坏面几何特征、材料参数、初始应力、水力条件和边界条件。块体滑动破坏是最常见的一种破坏形式，它是指沿一个或多个地质构造发生位移，潜在的移动岩体被认为是一个或多个刚性块体。剪切面、板裂、阶梯式破坏和楔形体破坏是最常见的滑块几何形状。上述破坏形式再加上高厚比大块体的倾倒破坏，是最适合 DEM 模拟的破坏几何形态，因为 DEM 能够进行大位移模拟。

Hencher 等(1996)给出了西班牙南部大型 Aznalcóllar 露天矿下盘边坡复杂破坏的 UDEC 模拟结果。该模型由主要的平行解理裂隙和一组陡倾张裂隙组成，平行解理裂隙是控制边坡性质的主要因素。模拟中假定水平应力等于覆盖层自重产生的垂直应力，完整岩石和裂隙被模拟为弹塑性材料，剪切强度采用莫尔-库仑准则。模拟结果表明，UDEC 模型中发生显著位移的区域与现场观测到的破坏程度和深度吻合良好，局部位移矢量与现场观测结果吻合较好。研究验证了主要失稳机制在模拟中得到正确处理，并且所采用的模型及复杂裂隙系统几何结构特征可以适用于未来采矿、边坡几何形状和排水等条件变化下的研究。

Zhu 等(1996)和 Coulthard 等(1997)分别采用 UDEC 和 3DEC 软件完成中国大冶露天铁矿边坡稳定性问题的模拟研究，Sjöberg(1999)对瑞典北部 Aitik 露天矿岩石高边坡、Hutchison 等(2000)针对澳大利亚矿山弯曲倾倒破坏和 Xu 等(2000)对澳大利亚铁矿坑壁稳定性和风险评估研究中也开展了类似模拟分析工作。

Deangeli 等(1996)、Coggan 和 Pine(1996)开展了岩石力学研究和二维 DEM 建模，以改善采石场的边坡稳定性条件。1967 年，英国康沃尔德拉博尔板岩采石场西部工作面发生重大破坏，其复杂的破坏机制涉及不同的裂隙平面。此外，深部弯曲倾倒也可能是导致边坡失稳的原因。为提高对破坏机制的理解，而不是提供详细的分析，Coggan 和 Pine(1996)使用 UDEC 软件研究了这个边坡破坏。在整个模拟过程中，通过输入关键参数进行敏感性分析，模拟验证了破坏模式、剪切强度和裂隙刚度对模型行为的重要性。地下水模拟证实了地下水位升高对边坡稳定性的不利影响，同时也表明，观测到张裂隙的周期性张开和闭合可能与地下水位的季节性变化有关。

12.4.2　地下矿

地下开采的计算模型应适应岩石类型和性质以及在空间和时间上开采顺序的变化，这包括非线性本构行为和模拟大变形的能力。该模型还应该能够模拟多条交叉裂隙及不同荷载和应力条件下的岩体变形或沿这些裂隙的运动特征。Hart(1990)、Cundall 和 Hart(1992)、Oelfke 等(1994)对深部开挖和矿山离散分析的前提条件进行了一般性讨论。

Cundall 和 Hart(1992)、Hart(1990)总结了各种离散单元法和极限平衡方法的属性，发现 DtEM 最适合对深部地下开挖和矿山重要机理进行模拟。UDEC(用于二维分析)和 3DEC(用于三维分析)已广泛应用于采矿领域。以下是一些例子。

1) UDEC 程序的应用示例(Itasca，1995a)

(1) 矿山开挖设计(Coulthard et al., 1992; Gomes et al., 1993; Eve and Squelch, 1994；Kullman et al.，1994；Squelch et al.，1994；Ravi and Dasgupta，1995；Shen and Duncan Fama, 1997, 2000; Duncan Fama et al., 1999; MacLaughlin et al., 2001; MacLaughlin and Clapp，2002)。

(2) 矿柱设计与稳定性分析(Sjöberg, 1992; Esterhuizen, 1994; Nordlund et al., 1995；Sansone and Ayres da Silva，1998；Hardy et al.，1999)。

(3) 滑移诱发岩爆(Lightfoot，1993；Lightfoot et al.，1994)。

(4) 矿石可崩性(Hassan et al.，1993)。

(5) 长壁式开采中长壁防护能力的确定(Gilbride et al.，1998)。

2) 3DEC 程序的应用示例

(1) 意大利阿尔卑斯山脉中部 Brusada 的深孔采矿法(Wojtkowiak et al., 1995)。

(2) 瑞典 Kiirunavaara 矿大炮孔分段崩落法(Jing and Stephansson，1991)。

(3) 矿石可崩性(Lorig et al.，1989；Hart，1990)。

(4) 加拿大 Strathcona 矿和其他地区的断层滑移诱发岩爆现象(Hart et al., 1988；Hart，1990；Tinucci and Hanson，1990；Bigarre et al.，1993；Lightfoot, 1993；Board，1996)。

(5) 矿柱和上盘稳定性(Antikainen et al.，1993；Nordlund et al.，1995；Board et al.，2000；Ferrero et al.，1995)。

瑞典北部基律纳 LKAB Kiirunavaara 矿大规模分段采矿的 3DEC 分析说明了 DtEM 在裂隙岩体开挖相关机理研究中的适用性(Jing and Stephansson，1991)。此模拟是 3DEC 最早应用于矿山开采的案例之一。Kiirunavaara 矿的传统采矿方法是分段崩落法。为了提高生产效率，减少矿石损失和贫化，进行了大直径炮孔分段回采技术的试验研究。从矿体内钻孔巷道钻出大直径炮孔，并向上进行每个采场的爆破作业(图 12.25)。该设计方案可将高磷矿石(B 型)和低磷矿石(D 型)进行分离。爆破后的矿石在运输石门装载，然后运输到附近的放矿溜井。

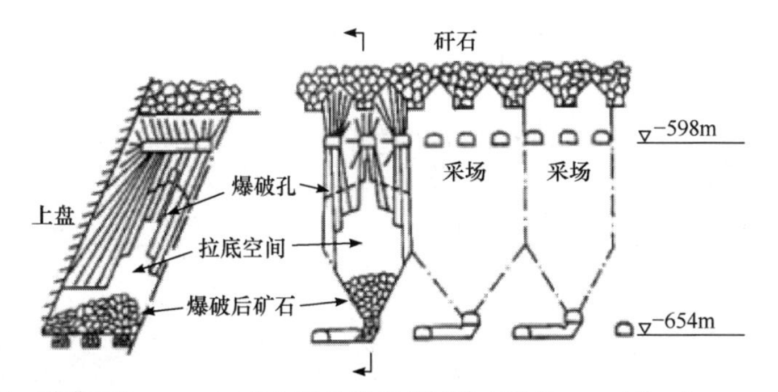

图 12.25　瑞典 Kiirunavaara 矿大型分段采矿试验方案(Jing and Stephansson，1991)

试验包括四个大型未开采采场和采场之间四个临时矿柱和四个顶柱，位于 OSCAR 区域 Y29 和 Y30 断面之间,水平位置位于−654～−586m(图 12.26)。OSCAR 矿区的矿体分为四个大型空采场：B、C、A/D 和 E 采场。由于放矿与钻孔、装药和爆破在不同工作面上分开进行，可实现连续生产。当第一个采场距装载工作面 44m 高时，采用大爆破拆除洞室临时顶柱，并放出爆破矿石。试验区有 9 条主要断层和 3 组裂隙。用 3DEC 软件模拟时只考虑了主要断层(图 12.26)。

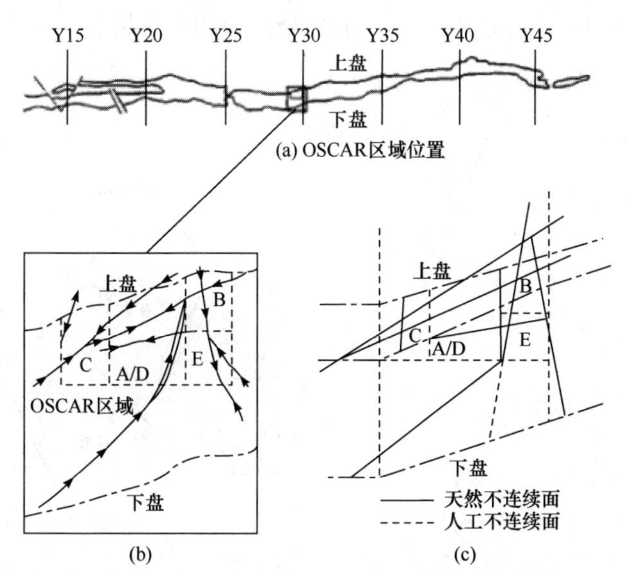

图 12.26　OSCAR 试验区位置、地质构造及试验开采采场布置图(Jing and Stephansson，1991)

表 12.3 列出了模拟中使用的材料参数。将岩块视为线弹性材料，采用恒定刚度的莫尔-库仑摩擦定律对断层进行模拟。考虑到由采矿引起的块体移动导致的黏

聚力和摩擦力的退化，将位于正在开采的采场附近的试验采场内的断层或部分断层的摩擦角减小到 30°，黏聚力降低至 0.1MPa。这是考虑到由采矿引起的矿块运动导致的黏聚力和摩擦力的退化。利用应力计和多点位移计对岩体的响应和变形进行了监测，验证了模型的正确性。

表 12.3　OSCAR 试验案例的 3DEC 模拟岩石和断层的材料参数(Jing and Stephansson，1991)

岩石类型	法向刚度/(GPa/m)	剪切刚度/(GPa/m)	摩擦角/(°)	黏聚力/MPa	体积模量/GPa	剪切模量/GPa	密度/(kg/m³)
矿石(D 型)	2.67	0.21	40	1	32	19	4500
矿石(B 型)	3.33	0.27	40	1	40	24	4500
上盘	3.33	0.27	40	1	40	24	2700
下盘	3.33	0.27	40	1	40	24	2700

在区域计算模型上进行了试验开采模拟，该模型的边界应力是从较大的全局模型生成的。图 12.27 为包含区域模型和 OSCAR 区域中大型采场几何特征的全局模型子结构。该区域模型由 256 个块体和 9746 个有限差分单元组成，模拟了 OSCAR 地区分段崩落过程中的扰动应力，监测了区域模型中对应于 A/D 采场中 6 号多点位移计锚点的 8 个监测点处的位移及应力监测点的 3 个应力分量。同时监测采场中心点的位移和速度，以检验区域模型的平衡状态。

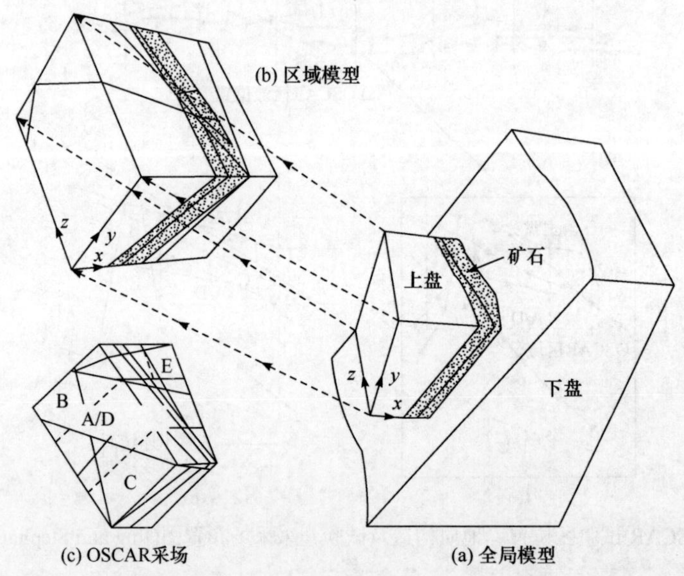

图 12.27　(a)Kiirunavaara 矿山全局模型的子结构(b)OSCAR 试验场的区域模型(c)采场(Jing and Stephansson，1991)

采用逐个采场递进方法进行试验开采模拟。利用数值模拟对临时矿柱的稳定性进行预测，并将计算结果与多点位移计和应力计的监测结果进行对比。模拟分为三个阶段：

(1) B、C 采场开采模拟与数值模型验证。

(2) 不同开采顺序下的 A/D、E 采场模拟。

(3) 全新采场形态的设计与模拟。

在 B、C 采场模拟开采中，临时矿柱未发生重大破坏，两个采场试采成功。在此阶段的模拟中，通过多点位移计和应力计监测数据对数值模型进行了验证。表 12.3 中列出的参数，尤其是断层的摩擦角，是根据这一阶段分析结果确定的，并在整个模拟过程中使用。如图 12.28 所示，在 B 采场和 B、C 两个采场开采后，6 号多点位移计监测到的相对轴向位移与计算得到的锚点相对距离有很好的一致性。数值模拟与测得的两个应力分量也较为一致。

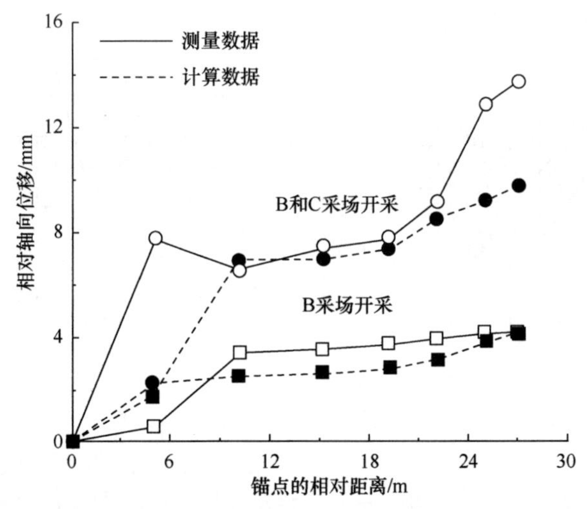

图 12.28　OSCAR 试验案例中 B 采场和 B、C 两个采场开采后 6 号多点位移计 8 个监测点的相对轴向位移监测值与计算值对比(Jing and Stephansson，1991)

为避免试验区最大采场 A/D 采场的大面积矿石损失和整体塌落，采用区域模型分析了两种备选开采顺序，即原计划在 A/D 采场开采前开采 E 采场和在 E 采场开采前先开采 A/D 采场。图 12.29 比较了两个备选采矿顺序引起的拉应力区(灰底区)。如果先开采 E 采场，拉应力区明显增大。多点位移计相对轴向位移的增加证明了岩体的变形也会发生同样的情况。因此，建议在开采 E 采场之前先开采 A/D 采场，并缩小 A/D 采场矿房的尺寸。开采试验方案接受了这一建议，A 采场开采期间岩体未发生重大破坏事件。

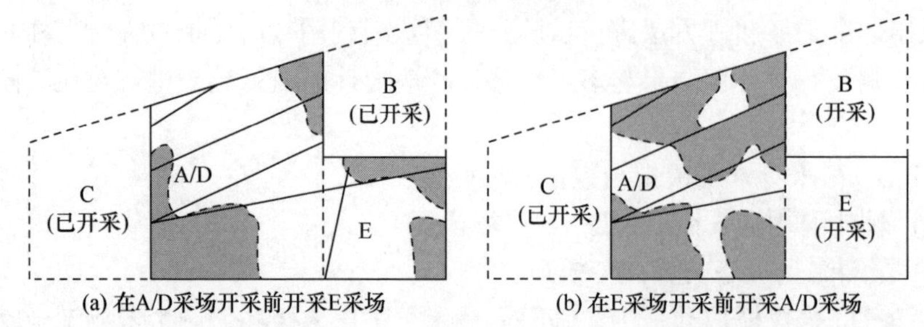

(a) 在A/D采场开采前开采E采场　　(b) 在E采场开采前开采A/D采场

图 12.29　OSCAR 试验案例残余矿体中拉应力区与开采顺序的关系(Jing and Stephansson, 1991)

在 3DEC 模拟的第三阶段，使用已验证的区域模型对开采试验不同采场形式进行研究。本次设计根据开采顺序将试验区划分为五个采场，其开采顺序为 C1→C2→A1→A2→D1→D2→B1→B2→E1→E2(图 12.30)。在这种情况下，采用“后退”式的采矿顺序。

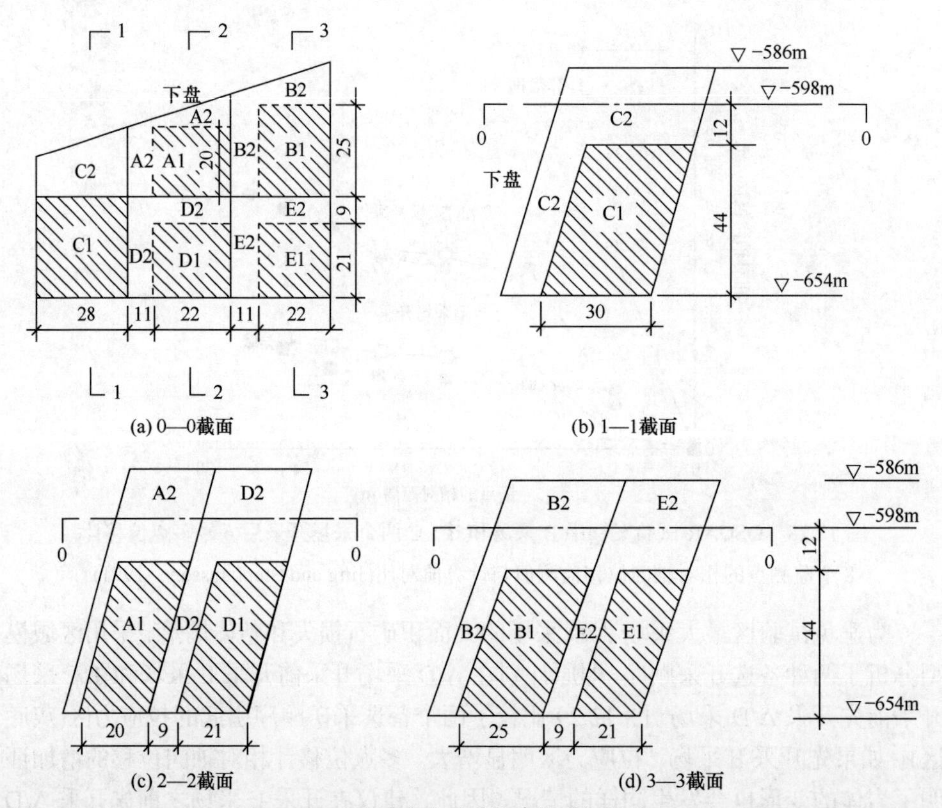

(a) 0—0截面　　(b) 1—1截面

(c) 2—2截面　　(d) 3—3截面

图 12.30　Kiirunavaara 矿 OSCAR 地区试验开采的建议采场设计(Jing and Stephansson，1991)

模拟结果表明，在相同的材料性质和边界应力条件下，C、A、B 采场是可以安全开采的。主矿房体积占整个采场体积的比例达到 31.9%，略高于 OSCAR 试验开采的理论阈值。

Jing 和 Stephansson(1991)根据建模结果得出以下一般结论：

(1) Kiirunavaara 矿大型矿房和矿柱的三维地下结构无法通过二维模型充分表示。

(2) 大断层和其他地质结构的存在，要求从几何和力学上清楚地描述这些结构。

(3) DtEM 建模成功与否在很大程度上取决于对主要断层几何分布、大小和性质的认识。

(4) 基于连续性分析的常规数值方法不适用于对 OSCAR 试验案例中出现的类似问题进行模拟。

(5) 位移和应力的现场监测是成功应用和验证 DEM 模拟或应用其他数值方法的前提。

综上所述，Kiirunavaara 矿 OSCAR 地区大炮孔分段回采的 DtEM 模拟结果表明，一旦采用现场监测结果对数值模型进行验证，则该模型可用于替代正向模拟采场结构和开采顺序方案来进行矿山设计。

12.4.3　矿山地表沉陷

开采诱发沉陷是指地下开采矿石后引起的地表沉陷。根据 Brady 和 Brown(1985)的研究，沉陷可分为连续沉陷和不连续沉陷两种类型。

(1) 连续沉陷会导致地面沉陷曲线光滑，该曲线没有陡峭的变化，通常与开采上覆软弱塑性岩层(通常为沉积成因)的缓倾斜矿体有关。房柱式开采和长壁式开采活动会导致连续的沉陷和相关问题，并可能导致地面上建筑物和基础设施沉陷。

(2) 不连续沉陷的特征是在有限的地表区域内发生较大的地表位移，而位移会导致沉陷剖面上出现较大的台阶。烟囱状塌落、沉洞、管涌和漏斗是此类破坏机制的例子，这些破坏机制是由无支护采空区通过上覆岩层逐渐迁移到地表引起的，是典型的不连续沉陷类型，可能会产生灾难性后果。

学者已采用经验预测(UK National Coal Board，1975)和 DEM 数值模拟方法(Coulthard and Dutton，1988；Choi and Coulthard，1990；O’Connor and Dowding，1990，1992a，1992b；Ahola，1992；Siekmeier and O’Connor，1994；Coulthard，1995)对连续沉陷与顶板稳定性进行了研究。为了模拟与连续沉陷相关的岩体行为的重要模式，O’Connor 和 Dowding(1992a)将西北刚性块体模型(NURBM)与 Cundall(1974)开发的 RBM 程序相结合，开发了一种混合数值程序。

在澳大利亚悉尼西部煤田 Angus Place Colliery 附近两个工作面上方监测了

地表和地下变形。在发布现场监测数据之前，对不同开采阶段的地表沉陷进行了数值预测(Kay et al.，1991)。本案例将介绍 Coulthard(1995)对 Angus Place 案例采用 UDEC 分析获得的结果。2.5m 厚煤层的上覆岩层由 250～300m 的砂岩、黏土岩、页岩和煤互层组成。工作面宽 211m、长 1600m，由 35.2m 宽的煤柱隔开。

开采前已建立了沉陷监测网格线，一条靠近工作面 11 的起点(网格线 A)、一条横跨工作面 11 和 12 的中心(网格线 X)和一条沿工作面 11 的中心的纵向线，如图 12.31 所示。

在纵向网格线和网格线 X 相交处的钻孔中安装了机械式地下监测系统。除近水平层理平面外，没有关于岩体裂隙的信息。

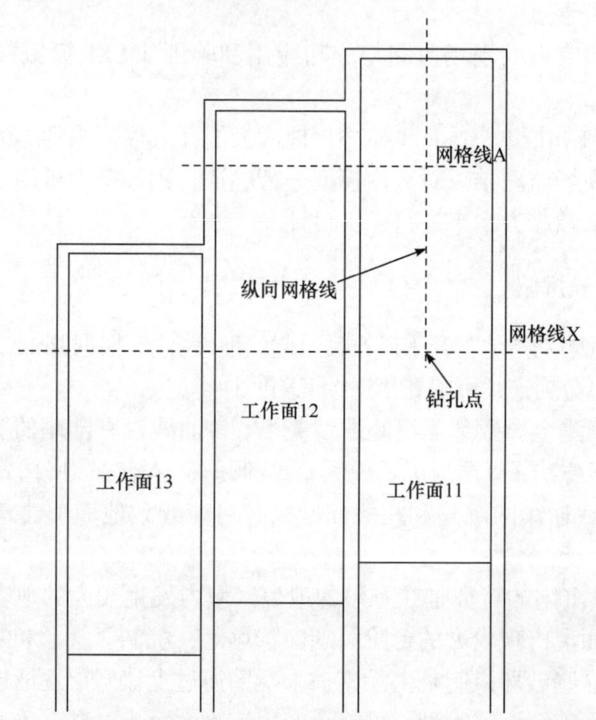

图 12.31　澳大利亚新南威尔士州 Angus Place 煤矿案例研究的长壁工作面和沉陷监测网格线(Coulthard，1995)

在沿网格线 X 的垂直剖面上进行了 UDEC 分析，网格从地表延伸到煤层下方 25m 或 50m 处。最上层岩层的层理面间距为 12.5m，但在煤层上方 100m 内间距变小。层理面之间的地层中包含近垂直裂隙，其平面内间距在 UDEC 模型中设为可变。共使用 2300 个块体分析横穿工作面 11 和 12 的剖面，内部块体采用莫尔-库仑弹塑性本构模型。层理面采用标准的 UDEC 裂隙模拟，将垂直裂隙视为完整的岩石，一旦达到岩石的抗剪强度或抗拉强度，就将其转变为功能性裂隙。表 12.4

列出了模拟中使用的材料参数。垂直和水平初始地应力设定为：$\sigma_V = 0.02y$ 和 $\sigma_H=2/3\sigma_V$，式中 y 以 m 为单位，应力以 MPa 为单位。

表 12.4　Angus Place 案例研究中使用的材料参数(Coulthard，1995)

材料	参数	单位	试验范围	平均值	UDEC 中使用的值
岩层	杨氏模量	GPa	2.6～20.2	10	10
	泊松比	—	0.19～0.46	0.3	0.25
	密度	t/m³	1.83～2.73	2.3	2.0
	单轴抗压强度	MPa	6～126	50	—
	黏聚力	MPa	11～28	21	12
	摩擦角	°	11～41	24	35
	剪胀角	°	—	—	25
	抗拉强度	MPa	0.2～10.8	4	5
煤	杨氏模量	GPa	2.7～7.3	4.5	5.0
	泊松比	—	0.20～0.47	0.3	0.25
	密度	t/m³	1.29～1.42	1.36	1.3
	单轴抗压强度	MPa	14～54	30	—
	黏聚力	MPa	—	—	6
	摩擦角	°	—	—	20
	抗拉强度	MPa	—	—	1
层面	黏聚力	MPa	0～0.45	0.2	0
	摩擦角	°	19～21	20	20
	剪胀角	°	—	—	0
	抗拉强度	MPa	—	—	0
	法向刚度	GPa/m	—	—	100
	剪切刚度	GPa/m	—	—	10

表 12.5 为七种条件下沿网格线 X 的 UDEC 分析结果。所有分析结果都显示，工作面 12 的最大沉陷量小于工作面 11 的最大沉陷量，如图 12.32 所示。当在上覆地层中使用更精细的离散化(表 12.5 中的方法 2E)时，位移更接近监测值。煤层底板层中分区细化(表 12.5 中的方法 2G)增加了每个阶段的计算沉陷量。将剪胀角从 25°减小到 10°对该问题变形的影响最小，这是因为变形机制以层理面分离为主，而近垂直裂隙的剪切力较小。

表 12.5　Angus Place 案例研究的 UDEC 分析和开采工作面 11 和 12 的沉陷计算(Coulthard, 1995)

分析编号	说明	第一个工作面开挖后最大沉陷量/m	两个工作面开挖后沉陷量/m		
			工作面 11 最大值	最小值	工作面 12 最大值
2A	"标准分析" UDEC1.3	0.24	0.34	0.18	0.31
2D	"标准分析" UDEC1.7	0.26	0.38	0.17	0.31
2E	2A+上覆地层更细分区	0.70	0.87	0.19	0.72
2F	2E+更细分区和更低煤层强度	0.56	0.85	0.23	0.66
2G	2F+底板更细分区	0.84	1.00	0.16	0.63
2I	2E+岩石剪胀角从 25°减小到 10°	0.70	0.87	0.19	0.71
3A	2D，但颠倒开采顺序	0.27	0.42	0.15	0.37

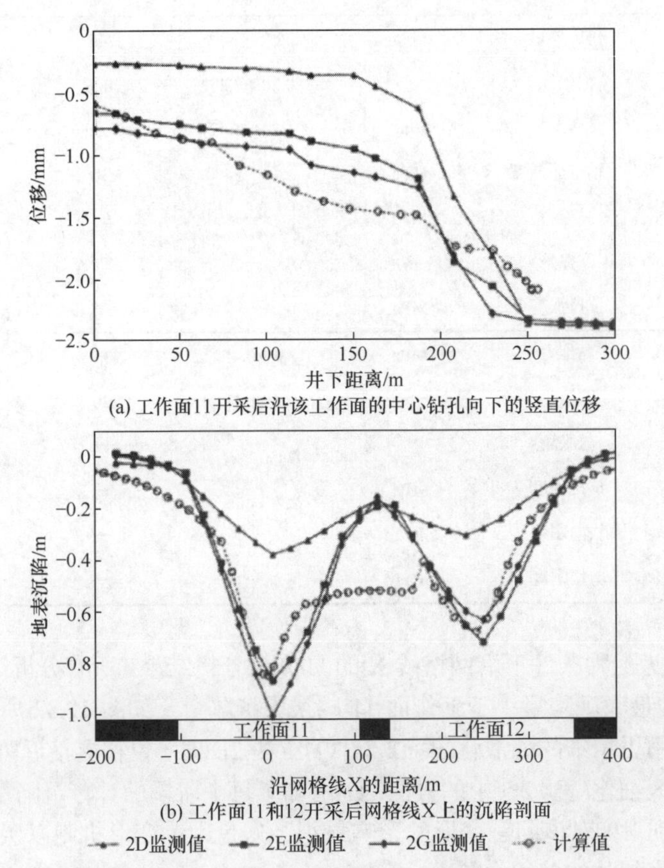

图 12.32　Angus Place 案例中监测和计算变形比较(Coulthard, 1995)

由 UDEC 软件计算的顶板岩层变形模式详情如图 12.33 所示。该模型描述了工作面顶板的坍塌、煤柱上方和模型中心的近垂直裂隙的破坏(此处挠曲和弯曲应力最大)以及沿层理面的岩层分离。

正如 Coulthard(1995)指出的那样，在获得现场数据之后，无须对材料参数或其他参数进行任何人工调整，顶板变形和破坏的总体情况与现场监测结果非常吻合。

如图 12.32 所示，计算得出的沉陷剖面不对称性无法通过线性或非线性连续体分析获得。本节 UDEC 模型最主要的局限性是它无法再现顶板坍塌时发生的块体旋转和膨胀的复杂性，从而形成破碎材料(废矿)的膨胀，与钻孔中测得的位移相比，上覆地层中层理面的张开量相对较小，并且在一定程度上低估了煤柱上方的沉陷。

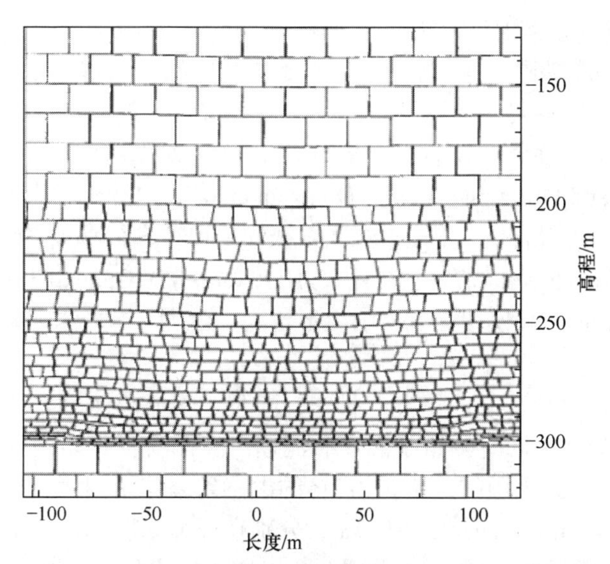

图 12.33　对 Angus Place 工作面 11 用方法 2E 进行 UDEC 分析得到的顶板坍塌、层理面分离和近垂直裂隙(粗线)(Coulthard，1995)

12.5　放射性废物处置

在许多国家，采用地下储库的地质处置方法是永久处置放射性废物和核乏燃料的几种可能方法之一。为了评估这种处置方法的各种地质介质，有必要充分了解不同基岩特性并获得相关数据，还必须考虑不同的场地位置和储库设计方案。评估岩体中处置系统的安全性，尤其是评估各种尺寸岩石裂隙的影响和由储库工程产生新生裂隙的可能性也是至关重要的。岩体变形与稳定性、构造应力、地下水流动和废物衰变产生热荷载的耦合评估是安全分析的一个重要组成部分。

为了说明核废料储库与生物圈隔离的有效性，必须具备在岩石工程中预测长时间内主要机制和耦合过程对储库性能和安全性影响的数值模拟能力。岩体中液体和气体的存在以及废物衰变产生的热效应对隔离有效性具有重要影响，因此在工程屏障(膨润土等缓冲材料)与天然屏障(裂隙岩体等地质屏障)中，力学、水力、热和化学过程之间的耦合是非常重要的。耦合过程表示一个过程影响另一个过程的启动和进行。值得注意的是，岩体中不同尺寸的裂隙在耦合的力学、热和水力行为方面比完整岩块发挥更重要的作用，这种差异可以达到多个数量级。

由于所涉及的问题一般不存在严格的解析解，而且范围大、影响时间长，进行大规模的试验研究不切实际，所以采用数学模型和数值方法来研究核废料处置的响应。Stephansson 等(1996，2004)总结了裂隙岩体和核废料储库缓冲材料中 THM 耦合过程数值模拟方法的研究现状。Jing 等(1996a，1996b，2002)总结了应用于核废料储库裂隙岩体的热-水-力耦合过程的连续和离散数值模拟方法。

为检测和验证放射性废物处置数值软件而进行的第一批试验为大尺寸岩块试验，如在美国华盛顿州汉福德开展的玄武岩废物隔离项目试验(Hart et al.，1985；Cundall and Fairhurst，1986；Donovan et al.，1987)。试验中，获取有闭合裂隙的大尺寸玄武岩岩块，用锚索加固系统和千斤顶进行常规三轴加载，记录岩块响应并将其与数值模拟结果进行比较。Hart 等(1985)、Cundall 和 Fairhurst(1986)得出结论：为了研究和模拟玄武岩的变形行为，必须考虑岩体中单个玄武岩柱的转动和滑动。

在其他的岩块测试中，除力荷载外，同时还施加流体压力和热荷载，试验中除位移和应变外，同时测量了温度和流速。美国科罗拉多州的科罗拉多矿业学院(CSM)岩块试验采用的是边长为 2m 的由三条裂隙切割而成的前寒武纪片麻岩立方体(Chryssanthakis et al.，1991a)，分别在环境温度和高温下使用千斤顶对该块体进行双轴和单轴加载，并采用钻孔内加热方式测试岩块的热-水-力响应。这个试验采用了多种测试手段，并为模拟程序开展了一系列支持试验，如在千斤顶加载过程中使用不同的仪器系统进行应力测试。根据 CSM 岩块试验的结果，已经测试了两种版本的 UDEC 程序：UDEC 线性程序，裂隙刚度随应力线性变化；UDEC-BB 代码，裂隙刚度随应力非线性变化，这与 Barton-Bandis 裂隙模型一致。

作为美国尤卡山项目的现场尺寸热效应测试方案的一部分，对尺寸为 3m×3m×4.5m 的拼接凝灰岩进行大型岩块试验。Yeung 和 Blair(1999)使用 DDA 进行了二维正向和反向分析。

法国核监管局(IRSN)在法国 Fanay-Augér 的废弃铀矿试验场进行了大规模的花岗岩现场加热试验。测试地点位于地表以下约 100m 的深度。在较干燥的测试室底部 3m 深的位置安装了五个 1.5m 长的圆柱形加热器。六条主要裂隙穿过试验块，并且安装了大量的监测设备来记录岩体响应。采用 DEM 并考虑五条主要裂隙影响模拟了在 Fanay-Augér 矿开展的加热试验，结果表明，三维 FEM 和 DEM 完全能够模拟由具有特定力学性质裂隙作为边界的一组硬岩岩块的热力学行为(Rejeb，1993)。

热-力耦合对核废料储库周围裂隙岩体的影响是储库性能和安全性评估的重要方面(Jing et al.，2002)。由于热源的温度衰减，必须考虑废料的最终热荷载和随时间变化的温度分布。围岩应力应变场、储库的稳定性和系统对冰川、冰期后地壳反弹和海平面变化等未来荷载机制响应等是废料储库性能评估均需考虑的问题。这些荷载和过程属于远场问题，必须用千米尺度的模型来研究。Johansson 等(1991)、Tolppanen 等(1996)、Kwon 等(2000)和 Blair 等(2001)介绍了使用 DEM 方法进行模拟的工作。

通常采用近场模型研究用于废料罐存放的探洞和放置孔开挖效应、放射性废物、核乏燃料释放的热量以及膨润土回填的膨胀压力。Barton 等(1995b)使用 UDEC-BB 模型分析了英国塞拉菲尔德场址低放射性核废料处置隧道和洞室开挖时的岩体响应。Shen 和 Stephansson(1991)、Stephansson 和 Shen(1991)、Stephansson 等(1991b)、Hansson 等(1995)、Jing 等(1997)采用二维和三维 DEM 及 BEM 模拟了瑞典核燃料和废料管理公司(SKB，1992)硬岩中 KBS-3 处置概念下储库围岩响应。为了探索有限元连续表征和离散裂隙表征之间的差异以及它们对热-力耦合的响应，Jung 和 Brown(1995)、Chen 等(2000)在美国内华达州尤卡山场址的裂隙岩体中进行了探洞响应试验研究。Jing 和 Stephansson(1987)、Chryssanthakis 等(1991a，1991b)采用二维 DEM 模拟分析了冰川、冰流和冰川消退对放射性废物储库含大规模断层围岩的影响。本书作者的其他一些代表性成果可以在 Stephansson(1994，2001，2004)、Jing 等(1995，1996a，1996b)、Tsang 等(2004)的文章中看到。

12.5.1　案例分析 1——热和冰川荷载作用下储库性能三维 DEM 预测

为了说明潜在储库在初始应力、核乏燃料产生的热量和冰川期-冰川消退期循环荷载作用下的热-力耦合响应，本节选用 Hansson 等(1995)和 Jing 等(1997)的研究作为一个典型的应用实例。这个研究的主要目的是分析：①储库附近的温度分布和热梯度；②热荷载和冰川作用引起的应力分布和裂隙变形；③地层整体和隧道与放置孔周围近场围岩的稳定条件。为了实现这些目标，采用了四个 DEM 计算模型：一个是未开挖隧道和放置孔的大尺度远场模型；其他三个是根据不同裂隙网络建立的近场模型，模型中考虑隧道、放置孔开挖与膨润土膨胀压力的影响，采用瑞

典南部的 Äspö 地区和 Äspö 硬岩实验室地质、破碎带、裂隙网络、初始应力状态和材料特性。这个假想的储库位于 Äspö 地区地下 500m。图 12.34 为 4km×4km×4km 3DEC 模型，模型中包含 1024 个块体和 84574 个有限差分单元。

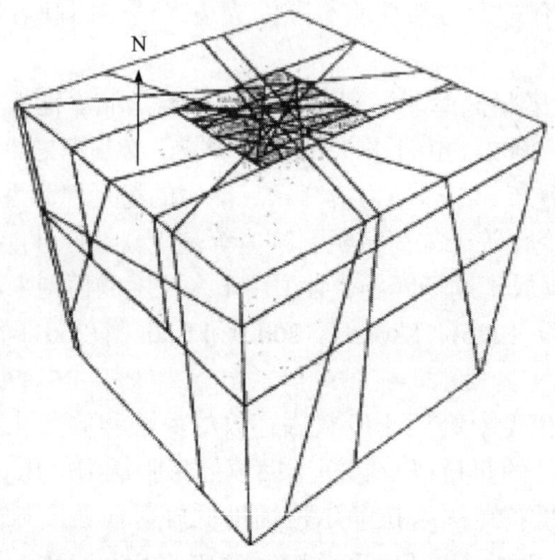

图 12.34　三维远场模型(Jing et al.，1997)

包含储库的内部区域模型大小为 1.5km×1.5km×1.5km，使用更精细的网格对此模型进行剖分。假设储库中共有 4000 个废料罐，且被放置在同一水平的 10 个平行隧道内，隧道间距为 40m。每个隧道布置 40 个放置孔，平均间距为 6m。模型四周边界与两个水平应力方向垂直，即沿 z 轴和 x 轴方向。模型底部固定，顶部用自由位移边界来模拟地面。模型初始温度场的梯度为 16°C/km，顶部温度为 6°C。所有的热计算均采用绝热边界条件。远场模型垂直边界上的边界应力随深度变化，并根据地应力测量结果取值。

近场模型基于 KBS-3 概念(SKB，1998)中隧道-处置孔系统，生成了三个不同的 DEM 模型，模型分别有 139 条、202 条和 126 条裂隙。近场模型的尺寸为 25m×25m×18m，其中包含 7.5m×7.5m×7.5m 的内部区域模型。图 12.35 为有 139 条裂隙的裂隙系统经过简化后的 DEM 模型。边界应力受 500m 深度处应力状态控制。在远场模型中岩块假定为线性弹性材料，而在近场模型中假定为 Mohr-Coulomb 塑性材料。裂隙剪切性质服从库仑摩擦定律，法向和切向刚度为常数。在远场模型中，刚度值与岩块弹性性质成正比，而与破碎带宽度成反比。用两种不同的热源函数对废料罐随着时间变化的放热进行了计算。Hansson 等(1995)和 Jing 等(1997)详细介绍了模拟中采用的废料温度-释放函数和材料特性。

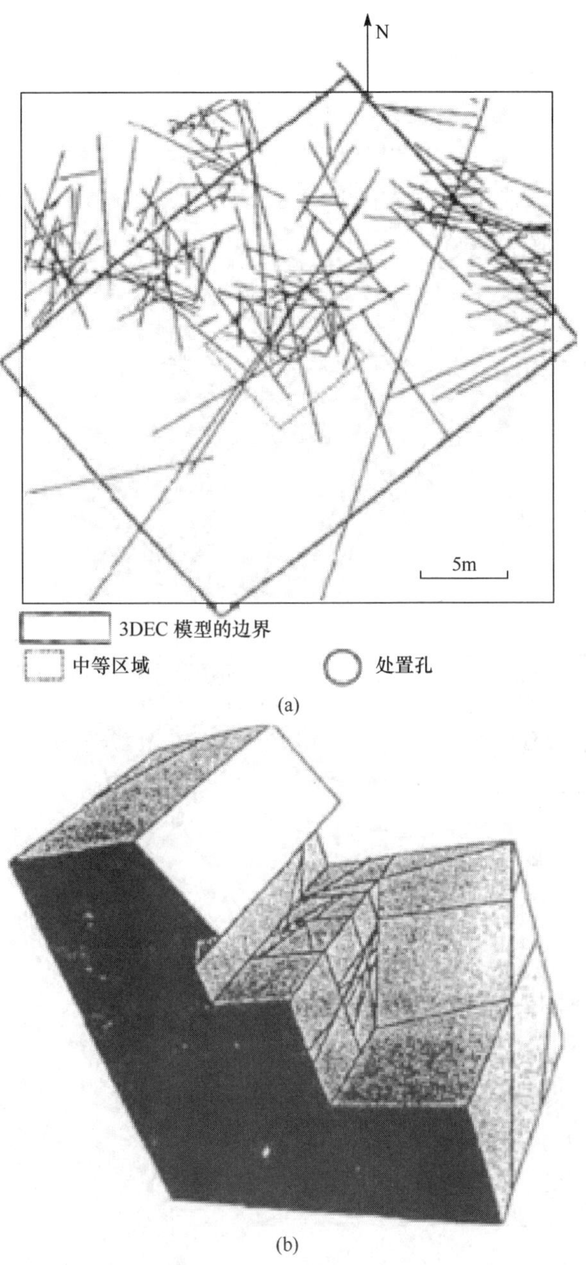

图 12.35　(a)简化后的 Äspö 岩体裂隙网络模型和(b)简化后的三维近场模型(Jing et al.，1997)

研究中主要分析以下五个主要影响因素：①初始应力；②因放置的废料产生热量而引起的热荷载；③冰川时期厚度为 2200m 的冰层和冰川消退时冰层融化；④隧道与处置孔开挖；⑤处置孔壁由压实膨润土回填物膨胀产生的 10MPa 膨胀压

力。在远场建模中，仅考虑因素前三个因素的影响。

远场 3DEC 模型分析结果表明，在放置处置罐 200 年后，储库中心温度达到峰值，约为 48℃，之后峰值温度将再保持约 200 年，然后逐渐降低，直到 60000 年回到初始温度(图 12.36)。冰川时期冰荷载作用期间，破碎带的变形通常比加热期间大。在储库深度水平上，破碎带变形模式在加热时为闭合，在冷却时为张开，在冰荷载作用下为剪切。图 12.37 为与储库相交的破碎带(43 号)最大剪切位移和

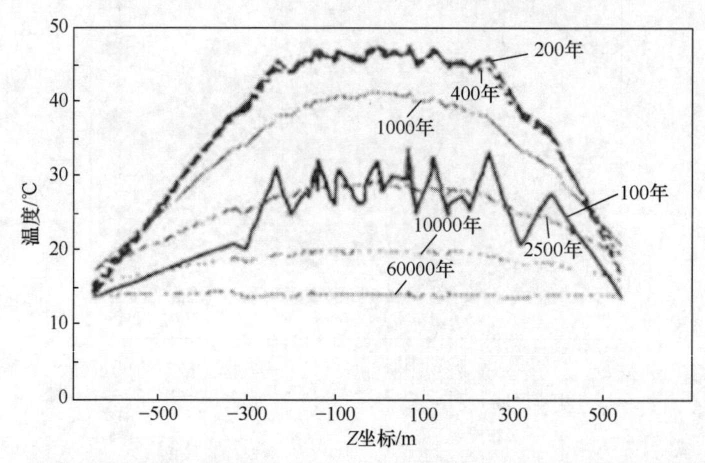

图 12.36　加热过程中潜在储库远场模型沿中心剖面的温度分布(Hansson et al.，1995)

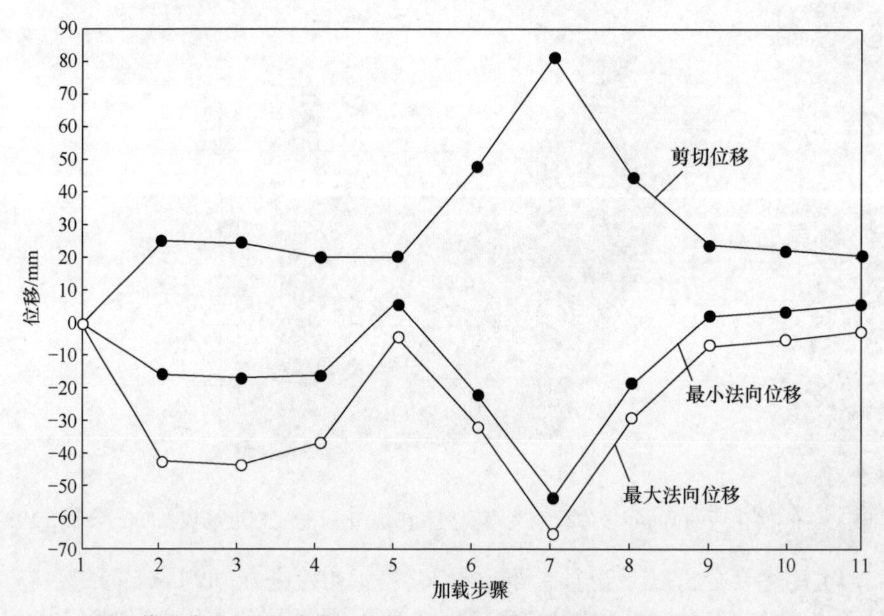

图 12.37　3DEC 模型中 43 号破碎带在加载过程中的剪切位移和法向位移(Hansson et al.，1995)
1-当前情况；2-加热 200 年；3-加热 400 年；4-加热 1000 年；5-加热 60000 年；6-冰厚 1000m；7-冰厚 2200m；8-冰厚 1000m；9-冰崖高 200m；10-水深 100m；11-冰川末期

法向位移的变化。该破碎带的最大剪切位移和法向(闭合)位移分别为 82mm 和 65mm。裂隙沿法线方向(正值)张开度最大仅为 6mm，出现在加热 60000 年后的冰川期结束时。

图 12.38 为 Äspö 岛上 KAS03 钻孔中测得的应力和初始状态下计算的应力。在 3DEC 模型中，使用附近钻孔 KAS02 测得的应力来确定边界上的水平应力。由加热引起的水平方向最大净应力增量为 10MPa，垂直方向最大净应力增量为 3MPa，由冰川作用引起的水平方向最大净应力增量为 10～22MPa，垂直方向最大净应力增量为 10～30MPa。在破碎带的交叉部位附近会出现较大的应力变化，应力集中或释放取决于块体的相对位移情况，这一点在最近对 Äspö 岛的 Äspö 硬岩实验室应力场研究中得到了证实(Ask，2004)。由于存在破碎带，在 500m 深度可能会发生±10MPa 量级的应力变化。

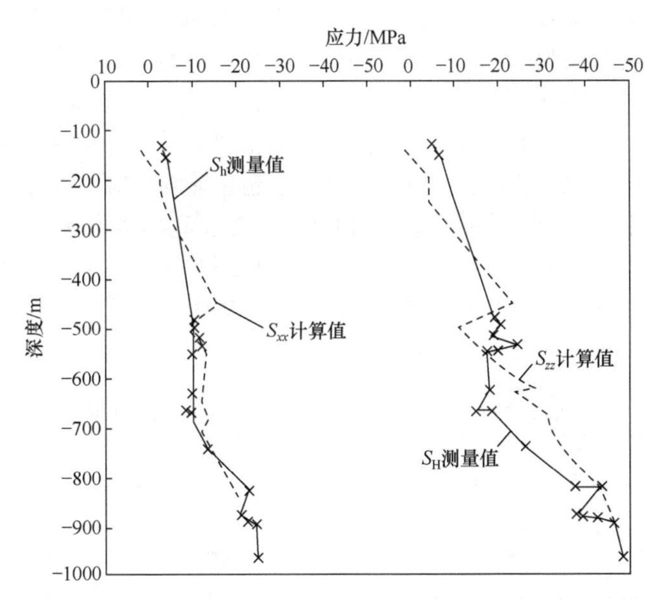

图 12.38　Äspö 岛上 KAS03 钻孔测量和计算得到的水平应力分量比较

近场 3DEC 模型结果显示，由于开挖、膨胀压力、热荷载和冰川作用，隧道及处置孔附近的应力状态如图 12.39 所示。废料埋置 200 年后，热荷载对近场应力状态和裂隙变形的影响最大。压实膨润土的膨胀压力可将处置孔周围的应力集中程度降低约 12%，因此就处置库稳定性而言，这是一种有利的支护措施。由于开挖的原因，隧道壁和处置孔壁附近出现了局部塑性变形或屈服，这种屈服在加热和冰川荷载作用下更加普遍。

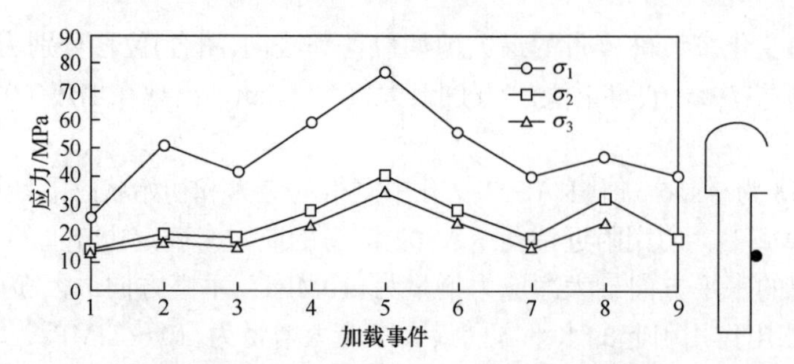

图 12.39　3DEC 模拟处置孔壁上的主应力随不同加载事件的变化(Jing et al.，1997)

1-原始应力；2-开挖；3-压实膨润土的膨胀压力；4-加热 1 年；5-加热 200 年；6-加热 1000 年；7-加热 10000 年；8-冰川作用；9-冰消作用

综上所述，热-冷循环和冰期-消冰期循环过程对储库的稳定性和安全性具有重要影响。模拟结果表明，这些因素可能引起远场和近场岩体的失稳，在主要断层或破碎带附近的某些部位引起裂隙萌生、扩展和贯通，从而改变地下水流动路径。研究发现，处置孔内膨润土的膨胀压力对岩石稳定性和裂隙变形的影响虽小，但有正面作用。闭合是加热过程中裂隙变形的主要方式，它减少了流入隧道和处置孔中的水量，因此可能延长再饱和时间，但也可能会使隧道和处置孔周围完整岩体中的应力更为集中，从而反过来对岩体稳定性产生负面影响。储库的冷却和冰川消融作用导致应力释放和裂隙重新张开，从而改变了地下水流动的路径，降低了裂隙的剪切强度，也降低了完整岩体的应力集中。由三维 DEM 模拟得到的不同加载机制引起的力学响应如表 12.6 所示。

表 12.6　不同加载机制下储库的 3DEC 模型力学响应汇总(Jing et al.，1997)

响应	开挖(仅限近场)	加热	冰川
最高温度/℃		25～31[a]	
		48[b]	
处置孔收敛/mm	0.8		
裂隙最大剪切位移/mm	0.4	1.0[a]	0.85[a]
		25[b]	82[b]
裂隙最大法向位移/mm	0.14(张开)	0.4 闭合[a]	0.5[a]
		42 闭合[b]	65[b]
		6.0 张开[b]	
材料破坏(塑性屈服)	靠近隧道和处置孔	在裂隙交叉部位广泛分布	在裂隙交叉部位广泛分布

注：a 来自近场模型，b 来自远场模型。

Hansson 等(1995)和 Jing 等(1997)的模拟结果已用于评估不同加载机制对硬岩储库中深层地质处置的安全性和性能。在上述工作中仅模拟了热-力机制及其耦合，为了更全面地分析核废料储库的性能和安全性，不仅要考虑力学稳定性，还要考虑核素的迁移过程，因此需要考虑裂隙岩体中 T-H-M-C 的完全耦合过程。这种复杂分析的可靠性所面临的挑战不仅在于计算能力和数值求解技术，更在于裂隙系统的可靠表征及对不确定性的估计、表征和处理。

12.5.2　案例分析 2——处置孔渗水量三维 DEM 研究

核废料储库中处置孔渗水量是评估储库性能和安全性的重要因素，并且受应力-渗透耦合、温度、水的脱气等一系列过程的影响。这些过程可能取决于围岩特征，如近场裂隙分布、裂隙的力学与水力学特性和初始应力场。在瑞典的 Stripa 和 Äspö 硬岩实验室开展了大规模的现场测试，对隧道和处置孔渗水量进行研究。试验结果表明，大尺寸处置孔渗水量往往小于预测值。为了提高对处置孔渗水量预测所涉及的水-力耦合过程和岩体特征的理解，Mas Ivars 等(2004)考虑了流体流动和裂隙变形的水-力耦合效用，采用 3DEC 软件开展了定性模拟研究。研究中尽可能采用来自瑞典 Äspö 硬岩实验室的实测数据。

如图 12.40 所示，该模型由 20m×20m×20m 的岩体组成，并含有一条竖直裂隙。在模型中心处开挖了一个长 8m、直径 2m 的处置孔，裂隙与处置孔相交。

(a)

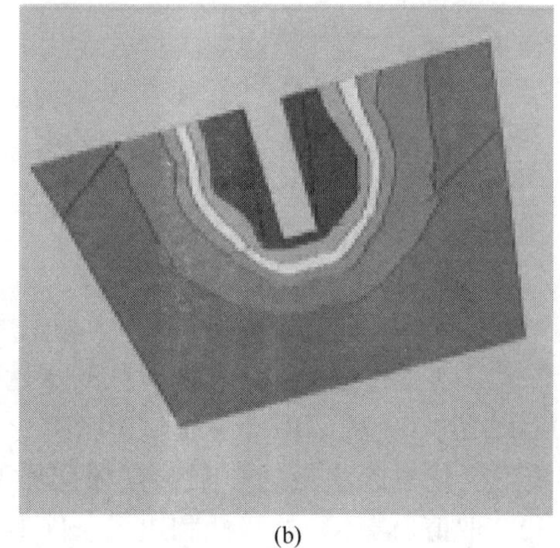

(b)

图 12.40　(a)带有裂隙的几何模型(20m×20m×20m)(b)裂隙面开度分布(Mas Ivars et al.，2004)

模拟的裂隙走向为 127°，倾角为 84.2°。Äspö 的最大主应力方位趋近 150°，倾角为 0°。由于模型中的最大主应力与 σ_{xx} 相对应，将裂隙走向设为 337°，倾角设为 84.2°，以保持裂隙方向与初始应力的相对方向一致。该模型的所有面都施加滚动边界条件。6 个边界的水压力均由模型中心深度 500m 处的静水压力梯度来设定，顶面水压为 4.9MPa，底面水压为 5.1MPa。

根据与深度相关的线性关系建立初始地应力场：

$$\sigma_{xx} = 0.0373(-z) + 4.3(\text{MPa})$$
$$\sigma_{yy} = 0.027(-z)(\text{MPa})$$
$$\sigma_{zz} = 0.0174(-z) + 3.3(\text{MPa})$$

式中，z 为深度，m。模型中心的主应力大小分别为 $\sigma_{xx} = 22.95\text{MPa}$，$\sigma_{zz} = 13.5\text{MPa}$，$\sigma_{yy} = 12\text{MPa}$。

模型中的岩块为各向同性、均质和线弹性材料，密度为 2700kg/m^3，杨氏模量为 40GPa，泊松比为 0.22。选用莫尔-库仑弹塑性模型描述裂隙性质，岩体响应的不确定性通过不同参数取值和不同性质组合来分析。表 12.7 列出了模型中采用的裂隙特性。

表 12.7　用 3DEC 模拟处置孔渗水量的裂隙特性

特性	数值
[k_n /(GPa/m), k_s /(GPa/m)]	[20,12], [61.5,35.5], [360,210]
摩擦角/(°)	25，30，40
剪胀角/(°)	0，5
黏聚力/MPa	0
初始水力开度/μm	30
残余水力开度/μm	5
最大水力开度/μm	60

注：k_n 为法向刚度，k_s 为剪切刚度。

图 12.41 为不同法向刚度 k_n 和剪切刚度 k_s 下与处置孔相交裂隙的开度分布图。随着裂隙刚度的增加，流入处置孔的水量明显增加。图 12.42 为在 k_s=3GPa/m 和 210GPa/m、k_n=360GPa/m、裂隙剪胀角为 5°时预测的渗水量。研究中还分析了裂隙倾角变化对渗水量的影响。在保持模型尺寸为 20m×20m×20m、裂隙参数如表 12.7 取值、岩体初始特性和边界条件不变的情况下，研究了将裂隙倾角从 84.2°变为 90°时对渗水量的影响。研究发现倾角为 90°的情况下作用于裂隙的有效法向应力变小，因此渗水量较高，且最大剪切位移是倾角为 84.2°时的 2 倍。

研究中对模型尺寸、裂隙刚度、裂隙方位、初始地应力、流体体积模量、水压、初始水力开度、残余水力开度、裂隙摩擦角和剪胀角选取不同参数值，总共进行了 560 次 3DEC 模拟。表 12.8 列出了参数取值范围。研究目的是分析哪些参

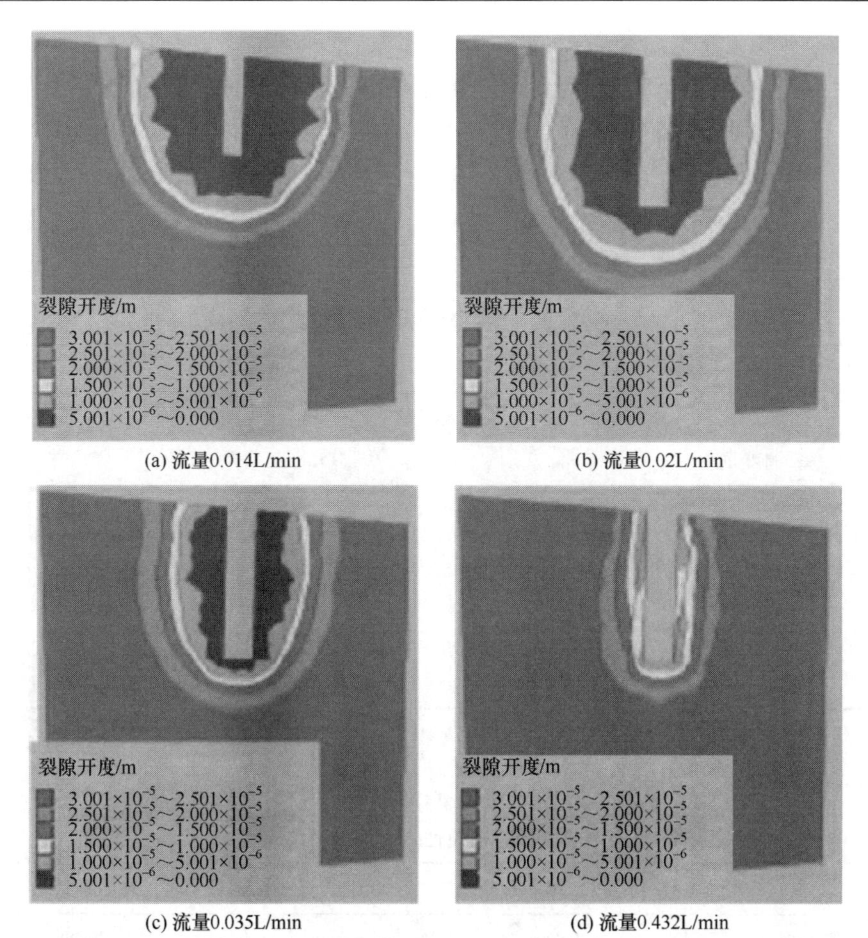

图 12.41　摩擦角 30°、剪胀角 0°条件下不同 k_n(GPa/m)和 k_s(GPa/m)对裂隙开度与处置孔渗水量影响。(a)30m×30m×30m 模型；(b)～(d)20m×20m×20m 模型

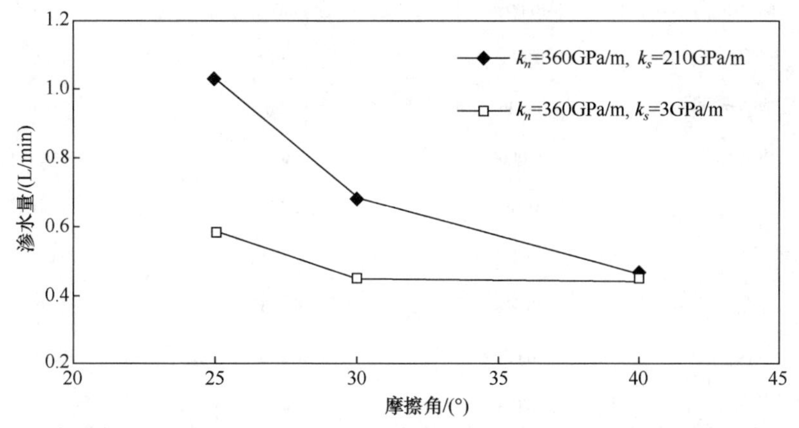

图 12.42　常法向刚度 360GPa/m 和剪胀角 5°条件下剪切刚度对渗水量与裂隙摩擦角的影响

数对处置孔渗水量影响最显著，然后对所有与渗水量、最大剪切位移和最大法向位移有关的因素进行皮尔森相关分析，在相关分析中没有考虑初始和残余水力开度的影响。在处置孔渗水量相关分析中，两个最相关的参数为法向刚度和剪切刚度，相关系数分别为 0.329 和 0.327(表 12.9)。模型的水压力、流体体积模量、模型尺寸和网格尺寸与处置孔渗水量相关性较低，摩擦角、两个法向应力状态、倾向和裂隙长度与最大剪切位移相关性较高，而法向刚度和剪切刚度与最大法向位移相关性较高。

表 12.8　相关分析中参数取值范围

参数	取值
裂隙倾角/(°)	84.2，90
裂隙倾向/(°)	315，337，360
初始地应力大小	±20%
裂隙水压力大小	±20%
流体体积模量/GPa	0.2，2
模型尺寸/m×m×m	20×20×20，30×30×30
网格尺寸/m	1，2

注：裂隙特性采用表 12.7 数据。

表 12.9　从 560 个 3DEC 模拟中分析流体流入量、最大剪切位移和最大法向位移的相关性(Mas Ivars et al.，2004)

参数	渗水量	最大剪切位移	最大法向位移
法向刚度 k_n	0.329[a]	0.053	−0.620[a]
剪切刚度 k_s	0.327[a]	0.040	−0.620[a]
摩擦角	−0.098[b]	−0.272[a]	0.008
剪胀角	0.123[a]	−0.190[a]	−0.052
主应力 σ_{xx}	0.046	0.256[a]	0.056
主应力 σ_{yy}	0.006	0.032	0.007
主应力 σ_{zz}	−0.161[a]	−0.307[a]	0.016
水压力 P	−0.002	0.039	0.025
倾角	−0.033	−0.183[a]	−0.082
倾向	−0.021	−0.318[a]	−0.172[a]
流体体积模量 K_f	−0.010	0.015	−0.001

续表

参数	渗水量	最大剪切位移	最大法向位移
裂隙长度	–0.035	0.241[a]	0.032
模型尺寸	–0.014	0.006	–0.009
网格尺寸	0.015	0.050	0.008
最大值	18.072L/min	4.9×10^{-3}m	9.1×10^{-4}m
最小值	0.017L/min	1.1×10^{-5}m	

注：a 相关性显著水平为 0.01(双侧)，b 相关性显著水平为 0.05(双侧)。

另一方面，低相关性并不意味着渗水量、最大剪切位移或最大法向位移不受相关参数的影响，而是意味着本次研究中低相关参数的不确定性不如高相关参数的不确定性重要。

12.6　岩 体 加 固

岩体加固的目的是保持开挖处上方和周围岩体的稳定，提供安全的施工工作条件，并能维持结构的长期性能。硬岩中常用的加固类型有岩石锚杆、钢架、钢丝网和喷射混凝土。如果岩石由大型耐久块体组成，可单独使用锚杆支护，但如果岩体较软，最好与钢丝网和喷射混凝土(有或无钢纤维)结合使用。锚杆有两种类型：有预应力或没有预应力的端锚锚杆；水泥或树脂注浆锚杆。锚杆用于维持岩体的局部稳定性。锚索或钢筋束用于加固大型地下岩体结构。

从裂隙高度发育的岩体开挖过程中发现，当发生大位移时，松弛型数值方法(如 DEM)适合模拟岩体响应。岩体加固通常设计为与岩体相互作用，因此在 DEM 程序中加入了岩体加固模拟以分析岩石强度和变形特性。

Lorig(1984)将端锚锚杆假定为一维杆单元。此后，Lorig(1985)加入了剪切刚度和强度的影响，即全黏结钢筋的传力杆作用，以模拟无预应力全长水泥浆锚杆。模拟中考虑了较大的剪切位移。其数值模型由两个弹簧组成，弹簧位于不连续界面上，分别与加固轴线平行和垂直。模型中局部变形引起的荷载与锚杆轴向刚度和剪切刚度引起的位移有关。

在受混合变形模式影响的岩体中，相对于上述局部变形模式的加固方式，空间扩展加固在力学上更合适。局部抗剪强度对空间扩展加固来说影响不大，因此一维本构模型足以描述轴向性能。Brady 和 Lorig(1988)提出锚索或钢筋束轴向伸长的有限差分表征可通过将锚索分成单独的节段来模拟，其中每个节段都由一个刚度相当于剪切刚度的弹簧模拟，并服从塑性屈服准则。锚索和岩石之间的相互作用由弹簧-滑块单元模拟，弹簧表征灌浆体的刚度，滑块的极限剪切阻力表征灌浆体、岩石/灌浆体或灌浆体/锚杆之间接触的极限剪切能力。Lorig(1985)、Brady 和 Lorig(1988)提出的加固模型已嵌入 UDEC、3DEC 和 FLAC 程序中，并应用于大型采场上盘加固(Brady and Lorig，1988)、隧道支护(Lorig，1987；Makurat et al.，1990a；Wong et al.，1993)以及矿山和采矿结构支护(Brady and Brown，1985；Brady and Lorig，1988；Rosengren et al.，1992；Ng et al.，1993)。

如今，喷射混凝土和纤维增强喷射混凝土作为地下开挖和隧道的临时或永久性支护方式得到了广泛的应用。Chryssanthakis 和 Barton(1995)建立了地下结构中多层纤维增强喷射混凝土支护的模拟算法，并在 UDEC 和 UDEC-BB 程序中实现了该算法。限定喷射混凝土在开挖岩石表面的应用区域后，UDEC 程序将自动创建所需单元用于表征均匀的喷射混凝土表层。力矩-推力图用于说明在不同的开挖偏心情况下典型剖面所能施加的最大力。纤维增强和非增强喷射混凝土的极限强度相同，而纤维增强喷射混凝土在极限荷载下破坏后仍具有残余强度。岩体加固的 UDEC 模型的输出结果是锚杆的轴向力、喷射混凝土单元上的力、力矩和破坏模式。在黑云母片麻岩裂隙岩体中开挖的韩国某浅埋试验隧道的研究证明了 UDEC 纤维增强喷射混凝土程序的可靠性。Hwang 等(2001)发表了喷射混凝土和锚杆支护对隧道稳定性影响的分析结果。

12.7　地下水流动和地热能开采

裂隙岩体中的流体流动在油气开采、核废料处置、地热能开采、地下储存与运输流体和污染物运移等领域具有重要意义。裂隙影响岩体的力学和水力行为，并且这种行为是耦合的，即在某种意义上，裂隙的渗透率取决于裂隙变形，反之，裂隙中的流体压力影响其力学响应，这种双向耦合在用 DEM 模型进行水-力耦合模拟时非常重要。

UDEC 程序的早期构想严格限定于稳态承压流。尽管如此，还是可以获得工程问题中水-力耦合行为的本质特征。Lemos(1987)发表了混凝土重力坝下方裂隙岩体的流体流动分析结果，Fairhurst 和 Lemos(1988)利用早期版本的 UDEC 程序研究了水力发电站压力隧洞中裂隙对水流动的影响和水力压裂试验的有效性，为确定此类隧洞衬砌安装需求提供指导。Lemos 和 Lorig(1990)开发了一种有效的算法，用于完全水-力耦合分析，计算中考虑了裂隙中的流体压力。对于承压流和有自由表面流动，可以分析稳态和瞬态流动问题。Ferrero 等(1993)使用 UDEC 程序研究了意大利威尼斯潟湖大坝长岸 Pellestrina 防波堤的水-力性能和稳定性。防波堤由淤泥和火山灰水泥固定的大型岩块组成，受到风暴和海蚀的影响。

Gutierrez 和 Barton(1994)使用具有水-力耦合功能的 UDEC 程序(Itasca，1991)研究了长 100mm、厚 20mm 裂隙岩体中单个裂隙的水力和力学特性。通过连接一系列直线段来模拟裂隙，这些直线段是从裂隙表面的数字化剖面获得的。每个直线段都分配了适当的水力和力学特性，其中水力开度由初始水力开度和裂隙的法向变形之和控制。Kim 和 Lee(1995)应用 UDEC 程序(1.83 版)的水-力耦合性能，研究了韩国六个硬岩储油洞室及其上方水幕巷道的性能和稳定性。研究结果表明，开挖引起的应力重分布压缩了垂直最大主应力方向的裂隙，导致裂隙中流体压力增大。但是，地下水压力的变化对收敛值和稳定性的影响很小。

采用连续多孔介质的传统方法对岩体水力特性的模拟无法获得水-岩相互作用过程，尤其是在接近或高于最小岩体应力水平的流体压力下，裂隙可能会张开和扩展。为此，Pine 和 Cundall(1985)开发了水-岩相互作用程序(FRIP)，该程序是早期 DtEM 程序的一个特殊版本，该程序在分析中包括可变形但不可渗透岩块集合体中的流体压力和流动。FRIP 模型由被裂隙分割成的矩形块体组成，在这些矩形块体中发生层流流动。裂隙开度随流体压力的变化而变化，在一定条件下，可能会发生由剪切引起的剪胀。FRIP 程序中的求解技术与 UDEC 程序类似，Pine 和 Cundall(1985)介绍了 FRIP 程序的后续开发步骤和主要特点。

结合 Camborne 矿业学院地热项目的现场监测结果及 Cornwall 深层干热岩(hot dry rock，HDR)系统的两种岩石和注入试验的模拟结果，FRIP 程序被用于模拟裂隙岩体中的高压流体流动。第一个模型模拟了以中等流量注入 2km 深的注入井，流速为 24L/s，持续约 9min。引入的弹性边界可使模型在 30×15 的块体网格上运行，注入孔位于模型中心。如图 12.43 所示，压力(与时间的关系)的监测和模拟结果一致。模拟曲线中的拐点表明井口裂隙开始产生剪切作用，压力降是由裂隙剪胀引起的。井口周围裂隙的剪切作用导致应力重分布，在远离井口的位置出现了剪胀带和孔隙压力降低区。

如图 12.44 所示，在随后的 FRIP 模拟研究中，模拟了带有两组垂直的贯穿裂隙岩体，水平有效应力比为 2∶1。由于水平应力与裂隙方向不一致，裂隙中存在剪切应力。当有效应力小于或等于 $\tau/\tan\phi$ 时，井内流体注入引起裂隙滑动，其中 τ 是沿裂隙的剪切应力，ϕ 是摩擦角。如图 12.44 所示，滑动导致裂隙雁阵形剪胀，扩展方向介于主水平应力方向和其中一组裂隙走向之间。这种裂隙剪胀和扩展的趋势与主注水试验微震监测结果一致。裂隙剪胀主要受走滑剪切作用影响，数千个微震探头的监测结果也表明走滑剪切与 FRIP 模型一致(Pine and Cundall，1985；Pine and Nicol，1988)。Carnmenellis 花岗岩现场试验结果(Camborne 矿业学院 HDR

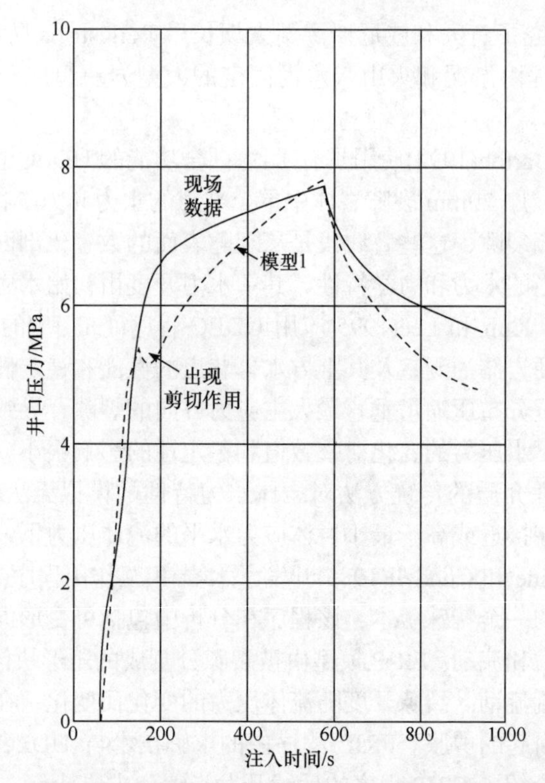

图 12.43　英国 Cornwall 地区 Camborne 矿业学院 HDR 项目的中等流量注入试验，井口压力-注入时间关系的 FRIP 模拟和现场监测数据对比(Pine and Cundall，1985)

项目的一部分)及相关的 FRIP 模拟结果在理解水-岩相互作用和裂隙岩体的水-力耦合性质上起到关键作用，如微震的本质和位置、原位裂隙和应力测量以及注入试验的压力/流量/时间记录等。主要结论是，高压注入必须考虑到原岩应力和裂隙状态，这些因素会导致在注入过程中产生依赖于压力的各向异性。在预期应力非均质性较大的区域，可能会产生剪切为主的增产过程，剪胀和剪切位移方向受应力梯度和裂隙与应力相对方向控制。

尽管 FRIP 程序被证明是研究裂隙地热储层注水特性的有价值的工具，但它缺少一些重要的性能，例如，块体几何形状被限制为矩形，不能处理非线性材料，不能适应大位移。为了克服这些局限性，Last 和 Harper(1990)对流动模型进行了改进，块体系统中的流体流动模拟为单一、饱和、可压缩流体在由孔隙块体和裂隙组成的网络中扩散。单个可充满液体的单元(块体、裂隙和孔隙)可视为均匀压力的储存场所，在这些储存场所之间，流体根据简单的一维流动规律发生转移。流体流动的主要路径是沿裂隙流动，但也可通过块体。

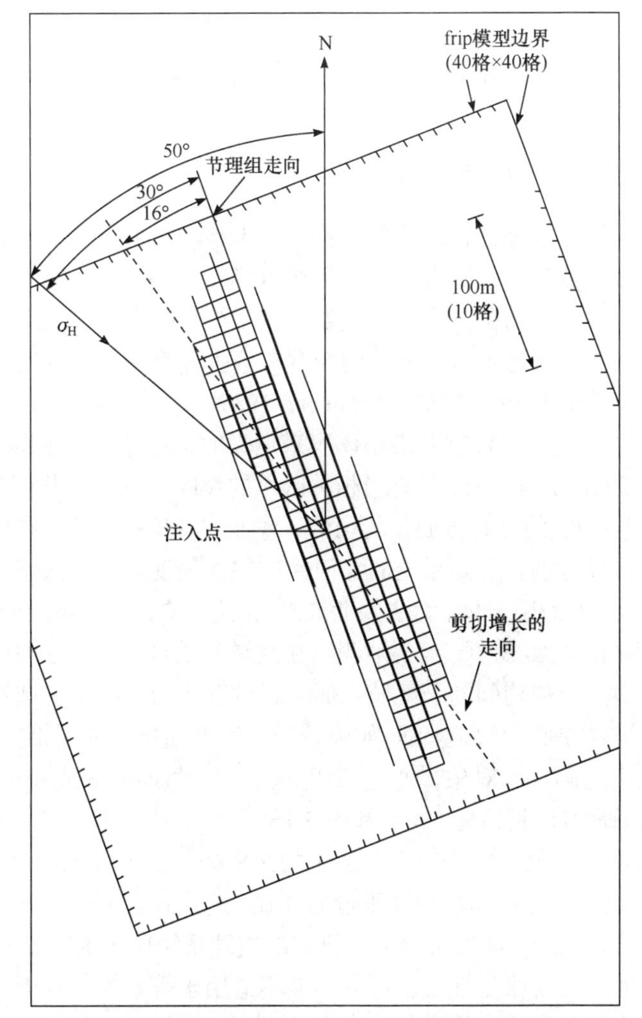

图 12.44　英国 Cornwall 地区 HDR 项目大型水力试验 FRIP 模拟的裂隙剪胀模式(粗实线)(Pine and Cundall，1985)

Last 和 Harper(1990)用修正的程序分析了向埋深约 3km 具有代表性的油气藏的裂隙岩体中注入流体的情况(Harper and Last，1990a，1990b)。针对裂隙几何性质和施加应力的不同组合，模拟了剪切过程中流体通过裂隙壁的泄漏和裂隙剪胀。

综上所述，DEM 模型和程序已广泛应用于模拟不同工程或地质和地震灾害的裂隙岩体的力学、水力和热学的许多方面。DEM 的成功是毋庸置疑的，今后将继续被应用和进一步发展。然而，如本章引言中介绍的导则，裂隙系统的几何和物理特征表征与对工程项目和地球物理过程的适当简化(以抓住主要影响因素)依然是成功应用的基础。

12.8　裂隙岩体等效水-力性质的推导

12.8.1　裂隙岩体连续介质近似的基本概念

对大量不同尺寸裂隙进行表征并计算是很困难的，需要应用等效连续模型。等效连续介质方法依赖于：①裂隙系统存在 REV；②在 REV 尺度下导出的等效物理性质可以近似表示为张量形式。例如，在二维情况下，等效水力系数渗透张量是通过不同方向的渗透系数平方根的倒数在极坐标系中用椭圆近似表示的原则建立的(Bear，1972；Long，1982；Khaleel，1989)。

理论上，REV 是由取样域的最小体积来定义的，超过这个体积，域中材料属性基本保持不变(Bear，1972)。只有当相关区域的裂隙系统在其几何参数(如密度、尺寸、方向和连通性)的分布方面是均匀的，才能实现这一目标。在实际中，裂隙系统通常是各向异性的，裂隙系统的几何性质往往表现出尺度依赖性。因此，一般来说，对于给定的裂隙岩体，无法保证 REV 始终存在(Neuman，1987；Panda and Kulatilake，1996)。在实践中，当裂隙测绘在数量和质量上足够多时，能够将研究区域划分为几何上近似均匀的子区域，那么就可以认为这些子区域具有等效连续属性。另一种方法是将大尺度特征(如破碎带、大型断层和断层带)视为可单独添加到数值模型中的确定性对象，通过仅考虑较小尺寸(即中等或较小尺寸)的裂隙来确定 REV 和等效特性(另见 5.4 节和图 5.16)。

REV 的存在是等效连续介质方法适用的必要条件，但仅此一个条件还不够。REV 的存在还取决于等效物理特性张量的存在，这些张量可以充分地近似系统的连续性行为。这意味着，即使可以为要研究的裂隙系统确定 REV，所确定的等效水力特性也可能不具有张量性质，所以可能不适用于等效连续分析。因此，需要仔细检验裂隙岩体等效连续体表征的适当性，而且相关问题基本上是特定用于某些场地的。

由于不可能建立地下裂隙的全部几何信息，DFN 方法主要依赖于使用 Monte Carlo 模拟技术随机生成裂隙系统。在统计意义上，生成的每一个系统都被视为真实地下裂隙系统的一种可能的局部表征。因此，基于数据随机生成的裂隙网络具有不同的几何特征类型，从而使各个网络产生了不同的水力特性，尽管它们可能遵循相同的裂隙几何参数统计分布。这是对已存在的地下结构系统的随机描述效应的表现方式，即随机 REV 法(Min and Jing，2003；Min et al.，2004a)。

下面提出一种混合 DFN/DEM 的方法来推导裂隙岩体的 REV 尺寸、等效渗透率和弹性柔度张量。这将是一个通用的二维研究，研究采用现场勘察获得的真实数据，并基于 REV 模型分析了应力对渗透性的影响。其目的是为理论上解决此类问题建立严格的数学基础，并指出二维近似法的缺点，即目的不是提供试验区域的代表性质。

12.8.2　使用 DEM 确定裂隙岩体 REV 和推导等效连续介质渗透性

本案例中的裂隙系统基于英国英格兰 Cumbria 郡 Sellafield 地区的部分现场描绘结果(Nirex，1995，1997)，所研究的裂隙系统位于博罗代尔火山群地层，是一个奥陶纪火山碎屑岩的厚岩层。需要说明的是，案例研究中的部分表征结果是作为国际合作研究项目 DECOVALEX(Andersson and Knight，2000)基准测试的一部分，因此本部分的结论不能代表 Sellafield 地区的全部场地特征描述。

1. 裂隙系统表征

该基准问题视为二维问题。裂隙系统表征相关基础已在 5.4 节给出，迹长的最小值和最大值分别设置为 0.5m 和 250m，与测量的裂隙分布相对应。使用分形维数(D)导出迹长(L)的累积概率密度分布函数(参见图 5.16)：

$$L = [\mathrm{cut}_{\min}^{-D} - F(\mathrm{cut}_{\min}^{-D} - \mathrm{cut}_{\max}^{-D})]^{-\frac{1}{D}} \tag{12.1}$$

式中，$\mathrm{cut}_{\min}$ 和 $\mathrm{cut}_{\max}$ 为迹长的最小值和最大值；F 为均匀分布的随机概率函数，范围为 $0 \leqslant F \leqslant 1$；$L$ 为迹长。

假设裂隙的方向遵循 Fisher 分布，且与平均方位角的累积概率密度函数偏离角 (θ) 可由 Fisher 常数 K 推导得到(Priest，1993)：

$$\theta = \arccos \frac{\ln[\mathrm{e}^K - F(\mathrm{e}^K - \mathrm{e}^{-K})]}{K} \tag{12.2}$$

偏离角是在裂隙组平均法线方向测得的一维形式，因此要将其转化为三维形式，转化方式为在 0~2π 中取随机角度，并围绕裂隙组的平均法线旋转而生成单位法向量(Priest，1993)，采用球坐标与坐标轴变换(Dershowitz et al.，1998)。在本节研究中，生成的三维方向被转化为二维视方向。

在根据下列递推方程(式(12.3))按照泊松过程生成裂隙位置(参见图 5.15)后，由式(12.1)和式(12.2)，使用 Monte Carlo 方法生成迹长和裂隙方向：

$$R_{i+1} = 27.0R_i - \mathrm{INT}(27.0R_i) \tag{12.3}$$

式中，R_i 为 $0 \leqslant R_i \leqslant 1$ 范围内均匀分布的随机数；INT(·)为取整，初始值 R_0 由乘法同余算法生成。

假设通过单个裂隙的流体流量遵循立方定律，水力开度由实验室剪切流试验测得，即使用以下方程间接计算(Nirex，1995)：

$$e = \sqrt[3]{\frac{12Qv}{gwi}} \tag{12.4}$$

式中，e 为水力开度(m)；w 为流动路径宽度(m)；ν 为运动黏度(m^2/s)；Q 为流量(m^3/s)；i 为水力梯度；g 为重力加速度(m/s^2)。计算获得四个试样的开度为 30～100μm，平均为 65μm。

生成随机离散网格模型的算法(参见图 5.14)基本上遵循 Priest(1993)和 Jang 等(1996)建议的方法，同时也考虑到了最小化边界效应(Samaniego and Priest，1984)。

2. DFN 模型的随机生成

为了避免边界效应，首先根据现场裂隙系统的特征参数，建立了 10 个足够大的 300m×300m 的 DFN 模型。从这 10 个大型网络模型中提取 12 个较小的分析模型，其大小从 0.25m×0.25m 到 10m×10m 不等(图 12.45)。选择 0.25m 和 0.5m 的边长来确定小区域的影响，因为本次研究中的最小裂隙长度为 0.5m。采用 UDEC 将总共 120 个 DFN 模型(图 5.14 中所示的为 10 个 5m×5m 的示例)作为计算等效渗透率的几何 DFN 模型(Itasca，2000)。为了检验渗透率是否具有张量特性，将一系列 DFN 模型按顺时针方向旋转 30°，用相同边界条件计算 DFN 模型的定向渗透率。

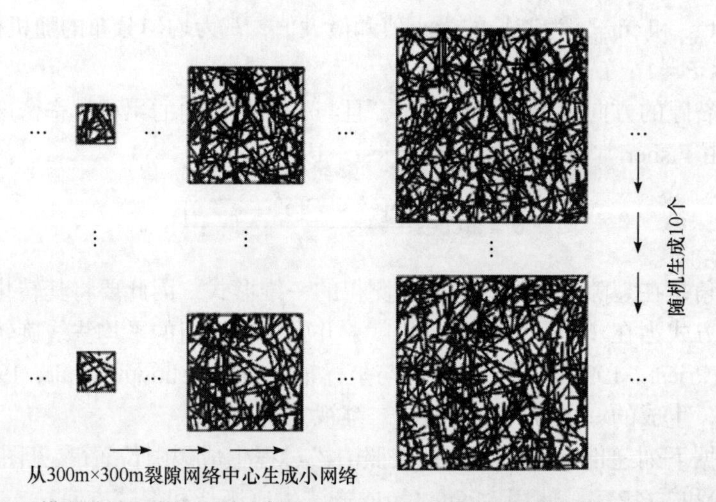

图 12.45　DFN 模型随机生成的过程示意图(Min and Jing, 2003)(图中模型的尺寸为 1m、2m 和 3m)

3. REV 尺寸和渗透率张量的计算

该分析的基本假设是岩石基质是不透水的，流体仅通过裂隙流动，且遵循立方定律，不考虑粗糙度的影响。

假设由 DFN 模型表示的裂隙岩体遵循各向异性和均质多孔介质的广义达西

定律(Bear，1972)，表示为

$$Q_i = A\frac{k_{ij}}{\mu}\frac{\partial P}{\partial x_j} \tag{12.5}$$

式中，Q_i为流速矢量；A 为 DFN 模型的横截面积；k_{ij}为渗透率张量；μ 为动力黏度；P 为施加的液压，忽略高程水头。

图 12.46 为计算渗透张量的两组线性独立边界条件。在 x 和 y 方向上，以恒定的液压梯度计算 x 和 y 方向的流量。对于每个 DFN 数值试验，可以获得 DFN 模型二维渗透率张量 k_{ij}的完整分量(Long et al.，1982)。为了计算定向渗透率，对旋转 DFN 模型进行了重复的数值试验。如果旋转 DFN 模型的方向渗透率可以用具有两个主渗透率值(k_a和 k_b)的椭圆方程表示(Bear，1972)：

$$\frac{x^2}{\frac{1}{k_a}} + \frac{y^2}{\frac{1}{k_b}} = 1 \tag{12.6}$$

即渗透率可以用张量来近似，并且可以应用连续系统分析。

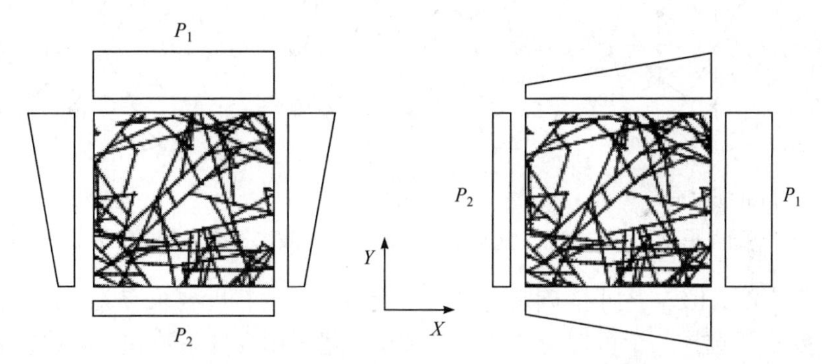

图 12.46 计算渗透率张量的通用边界条件(P_1和 P_2表示液压)(Min et al.，2004a)

在二维旋转笛卡儿坐标系中，渗透率张量的旋转变换是比较和建立渗透率张量所必需的，它是通过旋转映射操作来实现的，即

$$k'_{pq} = k_{ij}\alpha_{pi}\alpha_{qj} \tag{12.7}$$

式中，k_{ij} 和 k'_{pq} 分别为原始轴和旋转轴上的渗透率张量；α_{pi} 和 α_{qj} 为方向余弦。用极坐标图绘制了旋转模型定向渗透率平方根的倒数关系，以考察它们是否能拟合为椭圆。为了进行这样的比较，首先在给定的边长尺度下计算平均渗透率张量 $\overline{k}_{ij}$，对所有旋转模型的渗透率计算平均值，并将平均渗透率张量转换为相关的旋转角度。平均渗透率张量计算如下：

$$\bar{k}_{ij}=\frac{1}{N}\sum_{r=1}^{N}k_{pq}^{r}\alpha_{ip}\alpha_{jq} \tag{12.8}$$

式中，N 为旋转次数；k_{pq}^{r} 为每个旋转模型中计算的渗透率。

图 12.47 为不同模型尺寸下极坐标图中定向渗透率分量值的结果。结果表明，当边长为 5m 和 10m 时，可以获得合适的方向渗透率椭圆近似值。

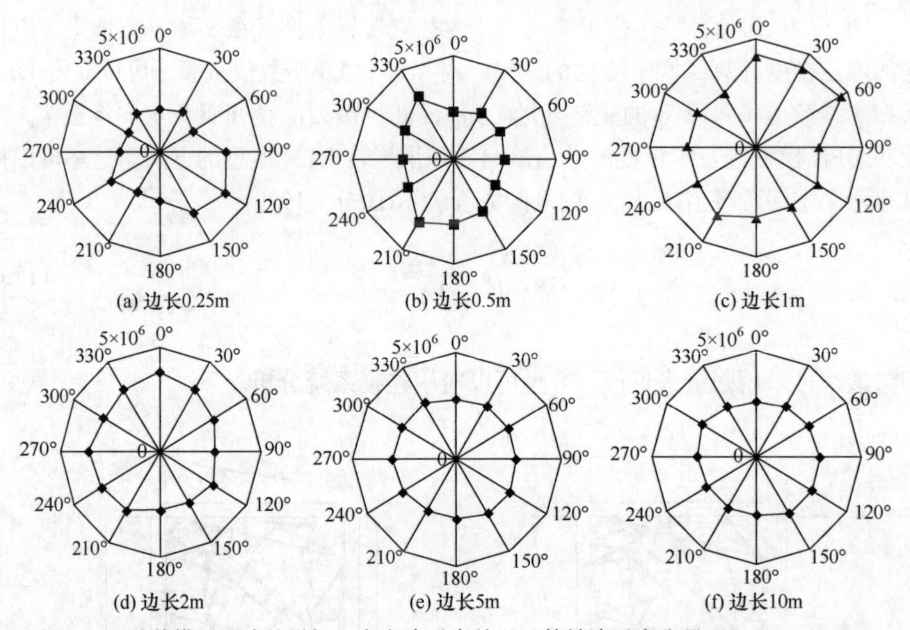

图 12.47 随着模型尺寸的增加，定向渗透率趋近于等效渗透率张量(Min et al.，2004a)

结果表明，REV 大小的确定与某一特定目的下的精度要求有关。为了有助于在给定要求下选择一个可接受的 REV 大小，建议用变异系数和预测误差来确定 REV。预测误差的定义是评价推导渗透率张量所涉及的误差或拟合优度，表示渗透率张量中对角线分量的相对误差，表示为

$$\mathrm{EP}_{p1}=\frac{1}{N}\frac{\sum_{r=1}^{N}\left|k_{11}^{r}-\bar{k}_{11}\right|}{\bar{k}_{11}},\quad \mathrm{EP}_{p2}=\frac{1}{N}\frac{\sum_{r=1}^{N}\left|k_{22}^{r}-\bar{k}_{22}\right|}{\bar{k}_{22}} \tag{12.9}$$

式中，EP_{pi} 为渗透率张量在 i 方向的预测误差(i=1,2)；$\bar{k}_{11}$ 和 $\bar{k}_{22}$ 为平均渗透率张量的对角线分量；k_{11}^{r} 和 k_{22}^{r} 为数值试验中第 r 次旋转状态下渗透率张量的对角线分量；N 为旋转次数(本次研究的六次旋转分别为 0°、30°、60°、90°、120°、150°，见图 12.48)。

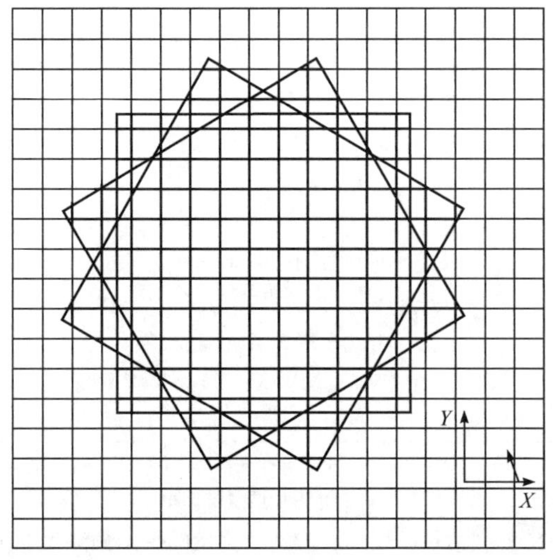

图 12.48　含两组垂直贯穿裂隙的旋转计算模型(图中的模型是 0°、30°和 60°旋转的示例)

需要注意的是，在评估预测误差时，为简单起见，忽略了渗透率张量非对角分量的影响，然后将预测误差平均值(μ_{EP_p})的定义为

$$\mu_{\mathrm{EP}_p}=\frac{1}{2}\sum_{i=1}^{2}\mathrm{EP}_{pi} \tag{12.10}$$

案例中，在边长为 5m 和 10m 时，渗透率椭圆可近似在平均预测误差的 5%以内。因此，最终 REV 尺寸可确定为 5m(变异系数为 20%，预测误差为 5%)或 10m(变异系数为 10%，预测误差为 5%)。图 12.49 和图 12.50 为不同分辨率度量值下 k_{xx} 和 k_{yy} 值的变化。

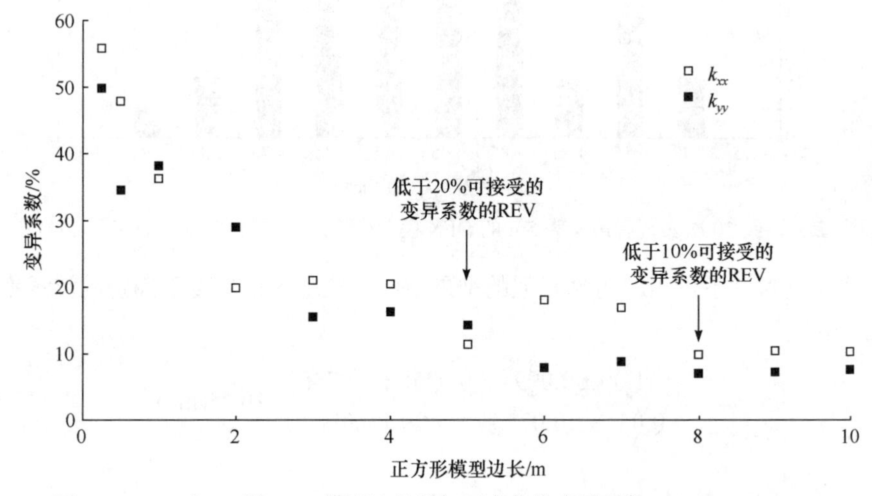

图 12.49　k_{xx} 和 k_{yy} 随 DFN 模型边长增加而变化的变异系数(Min et al.，2004a)

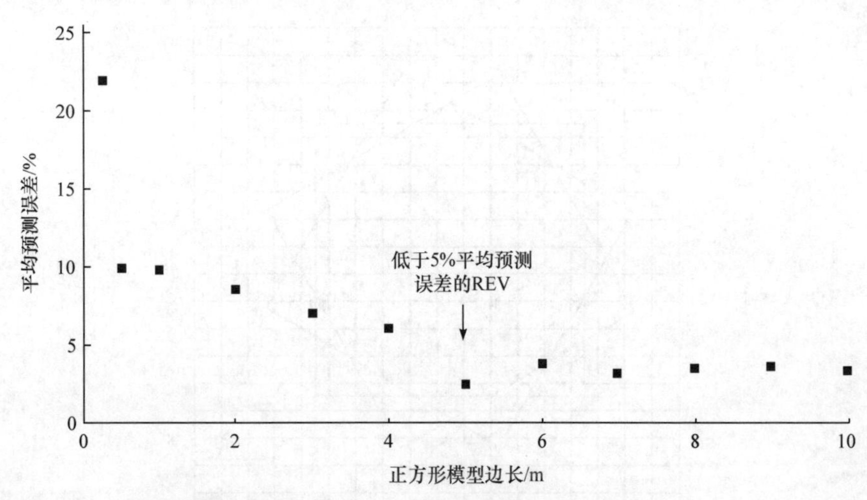

图 12.50　随着 DFN 模型边长的增加，渗透率张量的平均预测误差(Min et al.，2004a)

为了对结果进行随机分析，将边长为 0.25m、0.5m、1m、5m 和 10m 的模型个数扩展到 50 个，以得出渗透率的统计范围。图 12.51 为 50 个边长为 5m 的随机 DFN 模型中 k_{yy} 出现的频率，近似服从正态分布。

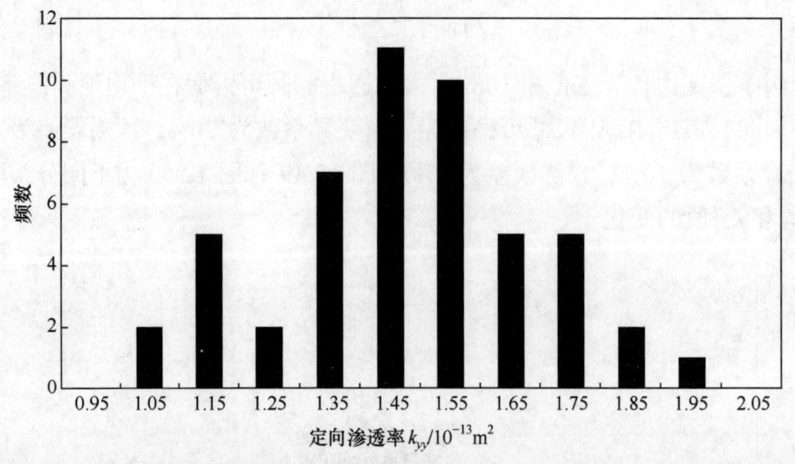

图 12.51　经 50 次实现后边长为 5m 的 DFN 模型中 k_{yy} 出现的频率(Min et al.，2004a)

在不同尺寸下也可以得到相似的结果(图 12.52)。8m 尺度下确定的渗透率张量可表示为

$$k_{ij} = \begin{pmatrix} 1.00 \pm 0.099 & 0.0348 \pm 0.0745 \\ 0.0348 \pm 0.0745 & 1.29 \pm 0.09 \end{pmatrix} \times 10^{-13} (\text{m}^2) \tag{12.11}$$

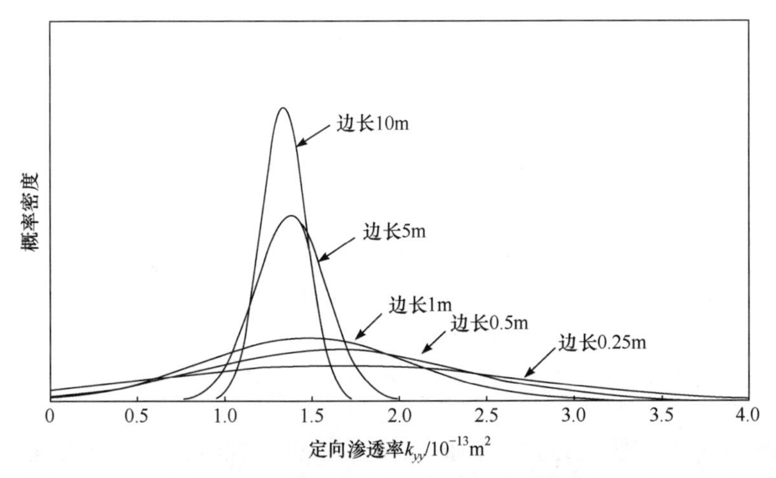

图 12.52　k_{yy} 在不同 DFN 模型尺寸下的概率密度函数(Min et al.，2004a)

在最初的 x-y 坐标系中，可靠度为 95%。需要注意的是，从数值模拟结果来看，k_{xy} 和 k_{yx} 很接近但不相等(图 12.53)，即严格地说，渗透率合成矩阵不是对称的，尽管它很接近对称。式(12.11)中非对角项的对称值是平均后的结果，因此可以提出一个对称的渗透率张量来表示等效连续处理的裂隙岩石的近似渗透率张量。

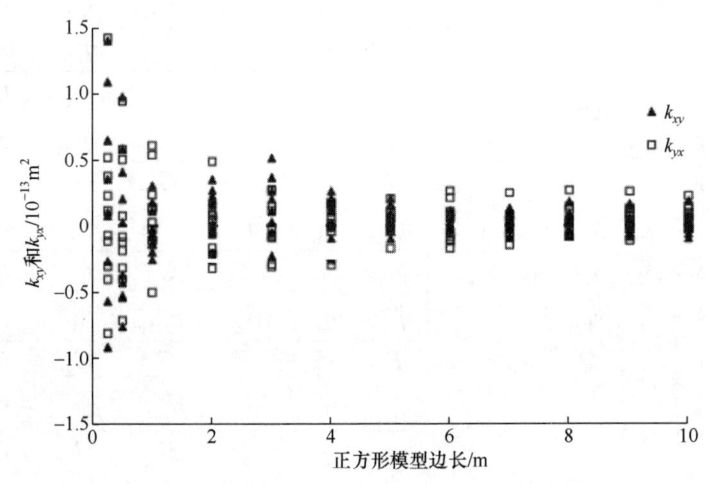

图 12.53　非对角线渗透率分量 k_{xy} 和 k_{yx} 随模型尺寸的变化(Min et al.，2004a)

12.8.3　裂隙岩体 REV 和弹性柔度张量

1. 各向异性弹性固体本构方程和柔度张量

一般线弹性本构关系可表示为(Ting，1996)

$$\boldsymbol{\varepsilon}_{ij} = \boldsymbol{S}_{ijkl}\boldsymbol{\sigma}_{kl} \tag{12.12}$$

以张量形式或以矩阵形式表示为

$$\begin{Bmatrix} \varepsilon_x \\ \varepsilon_y \\ \varepsilon_z \\ \gamma_{yz} \\ \gamma_{xz} \\ \gamma_{xy} \end{Bmatrix} = \begin{bmatrix} s_{11} & s_{12} & s_{13} & s_{14} & s_{15} & s_{16} \\ s_{21} & s_{22} & s_{23} & s_{24} & s_{25} & s_{26} \\ s_{31} & s_{32} & s_{33} & s_{34} & s_{35} & s_{36} \\ s_{41} & s_{42} & s_{43} & s_{44} & s_{45} & s_{46} \\ s_{51} & s_{52} & s_{53} & s_{54} & s_{55} & s_{56} \\ s_{61} & s_{62} & s_{63} & s_{64} & s_{65} & s_{66} \end{bmatrix} \begin{Bmatrix} \sigma_x \\ \sigma_y \\ \sigma_z \\ \tau_{yz} \\ \tau_{xz} \\ \tau_{xy} \end{Bmatrix} \quad 或 \quad \boldsymbol{\varepsilon}_i = \boldsymbol{s}_{ij}\boldsymbol{\sigma}_j \tag{12.13}$$

式中，$\boldsymbol{\varepsilon}_{ij}$、$\boldsymbol{\sigma}_{kl}$为二阶应力和应变张量；$\boldsymbol{S}_{ijkl}$为四阶柔度张量，由于考虑到弹性能量对称性，涉及 21 个独立元素；$\boldsymbol{s}_{ij}$为二阶柔度矩阵；符号ε_i 和γ_{ij} $(i, j=x, y, z)$分别为正应变和剪应变；符号σ_i 和$\tau_{ij}(i, j = x, y, z)$分别表示正应力和剪应力。柔度矩阵的每个元素都具有物理意义，如弹性模量、泊松比、剪切模量和固体的其他常数(Lekhnitskii，1963)。注意到

$$\begin{bmatrix} s_{11} & s_{12} & s_{13} & s_{14} & s_{15} & s_{16} \\ s_{21} & s_{22} & s_{23} & s_{24} & s_{25} & s_{26} \\ s_{31} & s_{32} & s_{33} & s_{34} & s_{35} & s_{36} \\ s_{41} & s_{42} & s_{43} & s_{44} & s_{45} & s_{46} \\ s_{51} & s_{52} & s_{53} & s_{54} & s_{55} & s_{56} \\ s_{61} & s_{62} & s_{63} & s_{64} & s_{65} & s_{66} \end{bmatrix} = \begin{bmatrix} \dfrac{1}{E_x} & -\dfrac{\nu_{yx}}{E_y} & -\dfrac{\nu_{zx}}{E_z} & \dfrac{\eta_{x,yz}}{G_{yz}} & \dfrac{\eta_{x,xy}}{G_{xz}} & \dfrac{\eta_{x,xy}}{G_{xy}} \\ -\dfrac{\nu_{xy}}{E_x} & \dfrac{1}{E_y} & -\dfrac{\nu_{yz}}{E_z} & \dfrac{\eta_{y,yz}}{G_{yz}} & \dfrac{\eta_{y,xz}}{G_{xz}} & \dfrac{\eta_{y,xy}}{G_{xy}} \\ -\dfrac{\nu_{xz}}{E_x} & -\dfrac{\nu_{yz}}{E_y} & \dfrac{1}{E_z} & \dfrac{\eta_{z,yz}}{G_{yz}} & \dfrac{\eta_{z,xz}}{G_{xz}} & \dfrac{\eta_{z,xy}}{G_{xy}} \\ \dfrac{\eta_{yz,x}}{E_x} & \dfrac{\eta_{yz,y}}{E_y} & \dfrac{\eta_{yz,z}}{E_z} & \dfrac{1}{G_{yz}} & \dfrac{\mu_{yz,xz}}{G_{xz}} & \dfrac{\mu_{yz,xy}}{G_{xy}} \\ \dfrac{\eta_{xz,x}}{E_x} & \dfrac{\eta_{xz,y}}{E_y} & \dfrac{\eta_{xz,z}}{E_z} & \dfrac{\mu_{xz,yz}}{G_{yz}} & \dfrac{1}{G_{xz}} & \dfrac{\mu_{xz,xy}}{G_{xy}} \\ \dfrac{\eta_{xy,x}}{E_x} & \dfrac{\eta_{xy,y}}{E_y} & \dfrac{\eta_{xy,z}}{E_z} & \dfrac{\mu_{xy,yz}}{G_{yz}} & \dfrac{\mu_{xy,xz}}{G_{xz}} & \dfrac{1}{G_{xy}} \end{bmatrix} \tag{12.14}$$

式中，E_x、E_y、E_z为 x、y 和 z 方向上的等效弹性模量；G_{yz}、G_{xz}、G_{xy}是 yz、xz 和 xy 平面上的等效剪切模量；ν_{ij} $(i, j = x, y, z)$ 为等效泊松比，即在 j 方向上的应力引起的 i 方向上的应变与 i 方向上的应变之比；$\mu_{ij,kl}$ $(i, j, k, l = x, y, z)$ 为 Chentsov 系数，表示平行于指标 ij 定义平面上的剪切应变在平行于指标 kl 定义的平面上产生剪应

力；$\eta_{k,ij}$ $(i,j,k=x,y,z)$ 为第一类相互影响系数，表示由平行于指标 ij 定义的平面内的剪切应力引起的 k 方向拉伸效应；$\eta_{ij,k}$ $(i,j,k=x,y,z)$ 为第二类相互影响系数，描述在 k 方向作用的法向应力影响下，由指标 ij 定义的平面上的剪切效应。

从柔度矩阵的对称性来看，存在以下关系：

$$\frac{\nu_{ij}}{E_i}=\frac{\nu_{ji}}{E_j}, \quad \frac{\mu_{ik,jk}}{G_{jk}}=\frac{\mu_{jk,ik}}{G_{ik}}, \quad \frac{\mu_{ij,k}}{E_k}=\frac{\eta_{k,ij}}{G_{ij}} \tag{12.15}$$

由于 $\boldsymbol{S}_{ijkl}$ 是四阶张量,其旋转变换也可以通过以下映射操作来定义(Ting,1996):

$$\boldsymbol{S}'_{ijkl}=\beta_{im}\beta_{jn}\beta_{kp}\beta_{lp}\boldsymbol{S}_{mnpq} \tag{12.16}$$

式中，$\boldsymbol{S}'_{ijkl}$ 为变换轴上的柔度矩阵；$\boldsymbol{S}_{mnpq}$ 为原始轴上的柔度矩阵；β_{im}、β_{jn}、β_{kp}、β_{lp} 为旋转运算的方向余弦。式(12.16)在数学上是简练准确的，但是由于引入四阶张量运算，在实际计算中并不方便。为简化运算，引入以下 6×6 矩阵进行柔度矩阵变换(Lekhnitskii，1963)：

$$\boldsymbol{S}'_{ij}=\boldsymbol{S}_{mn}\boldsymbol{q}_{mi}\boldsymbol{q}_{nj} \tag{12.17}$$

式中，$\boldsymbol{S}'_{ij}$ 为变化主轴后的柔度矩阵，$\boldsymbol{S}_{mn}$ 为初始主轴下的柔度矩阵。将原始 $(x\text{-}y\text{-}z)$ 坐标和旋转 $(x'\text{-}y'\text{-}z')$ 坐标对应轴之间的方向余弦分别定义为 $\alpha_1=\cos(x,x')$，$\beta_1=\cos(y,x')$，$\gamma_1=\cos(z,x')$，$\alpha_2=\cos(x,y')$，$\beta_2=\cos(y,y')$，$\gamma_2=\cos(z,y')$，$\alpha_3=\cos(x,z')$，$\beta_3=\cos(y,z')$，$\gamma_3=\cos(z,z')$，相应地，矩阵 $\boldsymbol{q}_{ij}$ 可表示为

$$\boldsymbol{q}_{ij}=\begin{bmatrix} \alpha_1^2 & \alpha_2^2 & \alpha_3^2 & 2\alpha_2\alpha_3 & 2\alpha_3\alpha_1 & 2\alpha_1\alpha_2 \\ \beta_1^2 & \beta_2^2 & \beta_3^2 & 2\beta_2\beta_3 & 2\beta_3\beta_1 & 2\beta_1\beta_2 \\ \gamma_1^2 & \gamma_2^2 & \gamma_3^2 & 2\gamma_2\gamma_3 & 2\gamma_3\gamma_1 & 2\gamma_1\gamma_2 \\ \beta_1\gamma_1 & \beta_2\gamma_2 & \beta_3\gamma_3 & \beta_2\gamma_3+\beta_3\gamma_2 & \beta_1\gamma_3+\beta_3\gamma_1 & \beta_1\gamma_2+\beta_2\gamma_1 \\ \gamma_1\alpha_1 & \gamma_2\alpha_2 & \gamma_3\alpha_3 & \gamma_2\alpha_3+\gamma_3\alpha_2 & \gamma_1\alpha_3+\gamma_3\alpha_1 & \gamma_1\alpha_2+\gamma_2\alpha_1 \\ \alpha_1\beta_1 & \alpha_2\beta_2 & \alpha_3\beta_3 & \alpha_2\beta_3+\alpha_3\beta_2 & \alpha_1\beta_3+\alpha_3\beta_1 & \alpha_1\beta_2+\alpha_2\beta_1 \end{bmatrix} \tag{12.18}$$

当只涉及一个轴的旋转时，变换形式变得简单。如果绕 z 轴的逆时针旋转角度为 φ，则方向余弦矩阵为

$$\boldsymbol{\beta}_{ij}=\begin{bmatrix} \cos\varphi & \sin\varphi & 0 \\ -\sin\varphi & \cos\varphi & 0 \\ 0 & 0 & 1 \end{bmatrix} \tag{12.19}$$

$\boldsymbol{q}_{ij}$的最终形式为

$$\boldsymbol{q}_{ij}=\begin{bmatrix}\cos^2\varphi & \sin^2\varphi & 0 & 0 & 0 & -2\sin\varphi\cos\varphi\\ \sin^2\varphi & \cos^2\varphi & 0 & 0 & 0 & 2\sin\varphi\cos\varphi\\ 0 & 0 & 1 & 0 & 0 & 0\\ 0 & 0 & 0 & \cos\varphi & \sin\varphi & 0\\ 0 & 0 & 0 & -\sin\varphi & \cos\varphi & 0\\ \sin\varphi\cos\varphi & -\sin\varphi\cos\varphi & 0 & 0 & 0 & \cos^2\varphi-\sin^2\varphi\end{bmatrix}=\boldsymbol{Q} \tag{12.20}$$

上述情况适用于考虑绕平面外轴(z 轴)旋转的二维简化情况。

根据式(12.18)～式(12.20)，可以用相对于原始坐标轴的方向余弦和分量来表示旋转坐标轴上的弹性常数，即弹性模量或泊松比。上述旋转映射关系对于推导本节后面不同 DFN 模型的弹性柔度张量分量非常重要。

由于在二维平面应变分析中可以去除与 z 方向相关的剪切应变和剪切应力分量，在去除式(12.14)中矩阵的第 4 列/行和第 5 列/行分量后，式(12.12)可简化为以下形式：

$$\begin{Bmatrix}\varepsilon_x\\ \varepsilon_y\\ \varepsilon_z\\ \gamma_{xy}\end{Bmatrix}=\begin{bmatrix}s_{11} & s_{12} & s_{13} & s_{16}\\ s_{21} & s_{22} & s_{23} & s_{26}\\ s_{31} & s_{32} & s_{33} & s_{36}\\ s_{61} & s_{62} & s_{63} & s_{66}\end{bmatrix}\begin{Bmatrix}\sigma_x\\ \sigma_y\\ \sigma_z\\ \tau_{xy}\end{Bmatrix} \tag{12.21}$$

对于此处采用的平面应变假设，由于 z 方向上的应变限制产生的 σ_z 影响 x 和 y 方向的变形，需要保留 z 方向上与正应力相关的分量。考虑到没有平面外裂隙的影响(这意味着 UDEC 模型中的裂隙在概念上具有平面外 z 方向的走向)，z 方向的弹性模量(E_z)可以预先确定为完整岩石的弹性模量。此外，如果考虑对称性条件，$s_{13}=s_{31}$，$s_{23}=s_{32}$，$s_{36}=s_{63}$，这些条件与 z 方向应力和应变有关，最终在式(12.20)中矩阵的每一行(或列)中只有三个分量是独立的。因此，三个线性独立的应力边界条件足以得到式(12.21)所示矩阵的所有分量。事实上，所有与 σ_z 有关的成分都可以预先确定。如图 12.54 所示，考虑到 ν_{zx} 和 ν_{zy} 与完整岩石的泊松比相同，可以确定元素 s_{13} 和 s_{23} 的值(Min and Jing，2003)。此外，s_{36} 将为零，因为剪切应力 τ_{xy} 不影响 z 方向变形。

具有随机裂隙系统岩体的柔度张量不是以闭合形式存在的，只有一些规则裂隙系统的简化情况除外，如 Amadei 和 Goodman(1981)提出的三组三维正交连续裂隙的情况，其柔度张量表示为

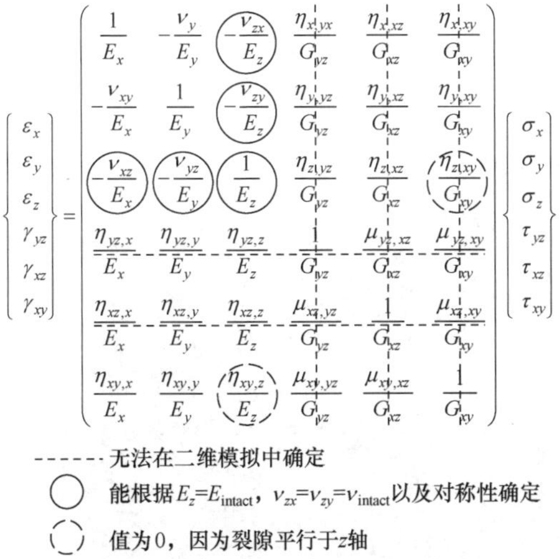

$$
\begin{Bmatrix} \varepsilon_x \\ \varepsilon_y \\ \varepsilon_z \\ \gamma_{yz} \\ \gamma_{xz} \\ \gamma_{xy} \end{Bmatrix} =
\begin{pmatrix}
\frac{1}{E_x} & -\frac{\nu_y}{E_y} & -\frac{\nu_{zx}}{E_z} & \frac{\eta_{x,yz}}{G_{yz}} & \frac{\eta_{x,xz}}{G_{xz}} & \frac{\eta_{x,xy}}{G_{xy}} \\
-\frac{\nu_{xy}}{E_x} & \frac{1}{E_y} & -\frac{\nu_{zy}}{E_z} & \frac{\eta_{y,yz}}{G_{yz}} & \frac{\eta_{y,xz}}{G_{xz}} & \frac{\eta_{y,xy}}{G_{xy}} \\
-\frac{\nu_{xz}}{E_x} & -\frac{\nu_{yz}}{E_y} & \frac{1}{E_z} & \frac{\eta_{z,yz}}{G_{yz}} & \frac{\eta_{z,xz}}{G_{xz}} & \frac{\eta_{z,xy}}{G_{xy}} \\
\frac{\eta_{yz,x}}{E_x} & \frac{\eta_{yz,y}}{E_y} & \frac{\eta_{yz,z}}{E_z} & \frac{1}{G_{yz}} & \frac{\mu_{yz,xz}}{G_{xz}} & \frac{\mu_{yz,xy}}{G_{xy}} \\
\frac{\eta_{xz,x}}{E_x} & \frac{\eta_{xz,y}}{E_y} & \frac{\eta_{xz,z}}{E_z} & \frac{\mu_{xz,yz}}{G_{yz}} & \frac{1}{G_{xz}} & \frac{\mu_{xz,xy}}{G_{xy}} \\
\frac{\eta_{xy,x}}{E_x} & \frac{\eta_{xy,y}}{E_y} & \frac{\eta_{xy,z}}{E_z} & \frac{\mu_{xy,yz}}{G_{yz}} & \frac{\mu_{xy,xz}}{G_{xz}} & \frac{1}{G_{xy}}
\end{pmatrix}
\begin{Bmatrix} \sigma_x \\ \sigma_y \\ \sigma_z \\ \tau_{yz} \\ \tau_{xz} \\ \tau_{xy} \end{Bmatrix}
$$

------ 无法在二维模拟中确定

○ 能根据$E_z=E_{\text{intact}}$，$\nu_{zx}=\nu_{zy}=\nu_{\text{intact}}$以及对称性确定

◌ 值为0，因为裂隙平行于z轴

图 12.54　对原始柔度矩阵的简化过程(Min and Jing，2003)

$$
\begin{bmatrix}
\frac{1}{E_x}+\frac{1}{K_{nx}S_x} & -\frac{\nu_{xy}}{E_y} & -\frac{\nu_{xz}}{E_z} & 0 & 0 & 0 \\
-\frac{\nu_{yx}}{E_y} & \frac{1}{E_y}+\frac{1}{K_{ny}S_y} & -\frac{\nu_{zy}}{E_z} & 0 & 0 & 0 \\
-\frac{\nu_{zx}}{E_z} & -\frac{\nu_{zy}}{E_z} & \frac{1}{E_z}+\frac{1}{K_{nz}S_z} & 0 & 0 & 0 \\
0 & 0 & 0 & \frac{1}{G_{yz}}+\frac{1}{K_{sy}S_x}+\frac{1}{K_{sz}S_z} & 0 & 0 \\
0 & 0 & 0 & 0 & \frac{1}{G_{xz}}+\frac{1}{K_{sx}S_x}+\frac{1}{K_{sz}S_z} & 0 \\
0 & 0 & 0 & 0 & 0 & \frac{1}{G_{xy}}+\frac{1}{K_{sx}S_x}+\frac{1}{K_{sy}S_y}
\end{bmatrix}
\tag{12.22}
$$

式中，E_x、E_y、E_z为完整岩石在x、y和z方向上的弹性模量；G_{yz}、G_{xz}、G_{xy}为完整岩石在yz、xz和xy平面上的剪切模量；ν_{yx}、ν_{zx}、ν_{zy}为完整岩石的泊松比，符号ν_{ij}是在i方向施加应力时j方向与i方向正应变之比；K_{nx}、K_{ny}、K_{nz}是x、y和z方向上裂隙的法向刚度；K_{sx}、K_{sy}、K_{sz}为x、y和z方向裂隙的切向刚度；S_x、S_y、S_z为在x、y和z方向测量的裂隙组间距。需要注意的是，裂隙不一定均匀分布。柔度矩阵也可以采用式(12.17)在变换后的坐标轴上表示。

2. 用于 DEM 建模和校验的数值技术

将 12.8.2 节所述的用于水力分析生成的 DFN 模型再次用于力学分析，将它们离散为恒定应变的三角形区域，以便使用 UDEC 程序进行显式离散单元分析，并且三角形区域的线性尺寸大小从 0.002m 到 0.1m 不等。本次研究所要分析的内部区域的最大数量约为 5 万个，对于大小为 8m×8m 的 DEM 模型，有 5000 个块体。图 12.55 为 3m×3m 大小模型的块体和内部有限差分区域(单元)。

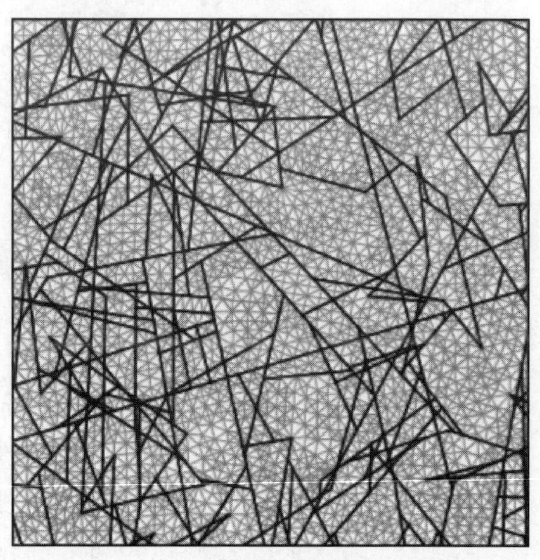

图 12.55　一个 3m×3m DEM 模型，模型中块体可变形且被剖分为 6234 个三角形有限差分单元 (Min and Jing，2003)

图 12.56 图示了三个线性独立的边界条件(BC1～BC3)，用于生成式(12.21)中的二维柔度矩阵。BC1 由双轴正应力组成，而 BC2 是通过在 y 方向上依次增大正应力来创建的。即使在 y 方向上的一个附加法向应力增量就足以满足 BC2 的要求，也还是采用 2～4 个连续的 y 方向正应力增量来检查力学行为的线性度。类似地，BC3 是通过在最终 BC2 的应力条件上依次叠加剪应力增量而创建的，应用 3～5 个依次的剪应力增量来考虑模型响应的线性。如果观察到线性，则将每个边界条件的 DFN 模型的最终应力和应变状态用于柔度张量计算。

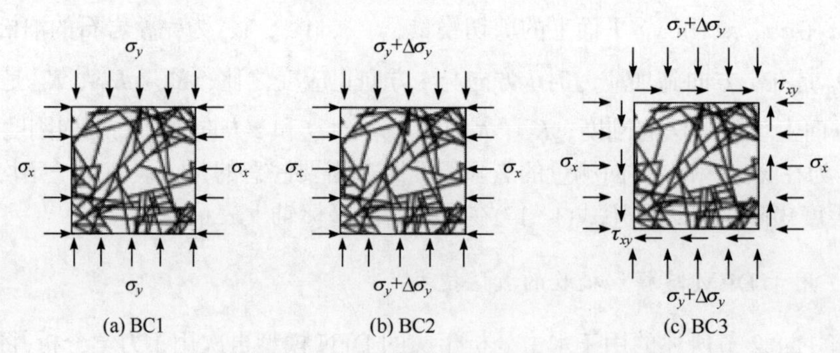

图 12.56　数值试验的三个线性独立边界条件(Min and Jing，2003)

为了验证上述方法，使用两个正交裂隙组的模型来比较数值试验产生的弹性特性和采用式(12.22)简化形式获得的旋转模型解析解。以 10°为间隔旋转计算模型，用类似于图 12.48 的方式评估旋转方向上的弹性模量变化。还要注意模型边界是否位于裂隙间距中心，以避免发生需要调整间距的情况。此示例使用的力学性能如下：完整岩石的弹性模量为 84.6GPa，泊松比为 0.24，裂隙的初始法向刚度为 434GPa/m，剪切刚度为 43.4GPa/m，裂隙间距为 0.5m。裂隙组 1(竖直)的法向刚度与裂隙组 2(水平)的法向刚度之比为 K，K 在 0.1～0.5 变化，以便在极坐标图中生成必要的数值点，这样就可以与由 Wei(1988)获得的解析解进行比较。应用上述三个边界条件以获得柔度矩阵。当两个裂隙组的属性相同时，由于模型关于 x 轴和 y 轴对称，仅需比较从 0°到 90°的值即可。如图 12.57 所示，两组结果显示出几乎完美的一致性。因此，可以合理地认为，采用 UDEC 程序进行数值分析可以用于不规则裂隙系统几何性质更复杂的情况。

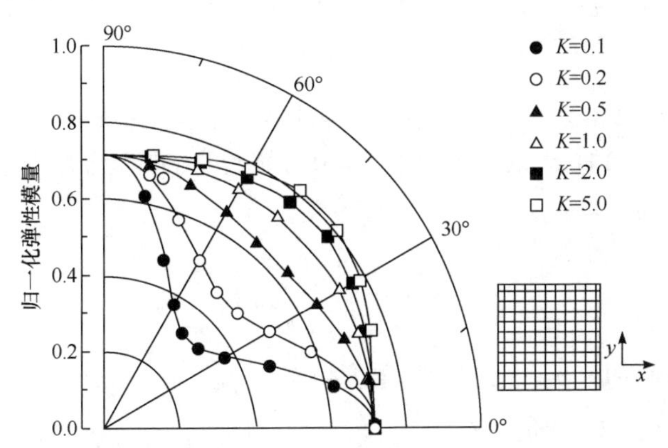

图 12.57 带有两个正交裂隙组的裂隙岩体的解析解和 UDEC 建模结果对比。形状对应于具有不同 K 值的数值结果，线是解析解(Min and Jing，2003)

图 12.58 为 UDEC 模型双轴加载(BC2)下的裂隙岩体在 y 方向上的位移。需要注意的是，因为在两侧都施加了应力，零位移位于模型的中心。结果表明，尽管位移的分布受裂隙变形的影响很大，但由于大量裂隙的共同作用，仍可观察到大致均匀的变形梯度的总体趋势。因此，平均过程可用于得出位移梯度和应变的平均值。在现有的 UDEC 程序中没有包含裂隙的死端，并且假定其影响不大。

3. 裂隙岩体力学性质的尺度相关性和张量特性的结果

为了评估研究中的裂隙岩体的方向性，DFN 模型以 30°间隔(0°、30°、60°、90°、120°和 150°)沿六个方向旋转，以执行类似的 UDEC 模拟，来计算六个旋转的 DFN 模型的柔度矩阵。为了检验计算出的弹性特性是否可以用弹性柔度张量来表示，在不同尺度下，通过对数值试验得到的六个旋转 DFN 模型的六个柔度

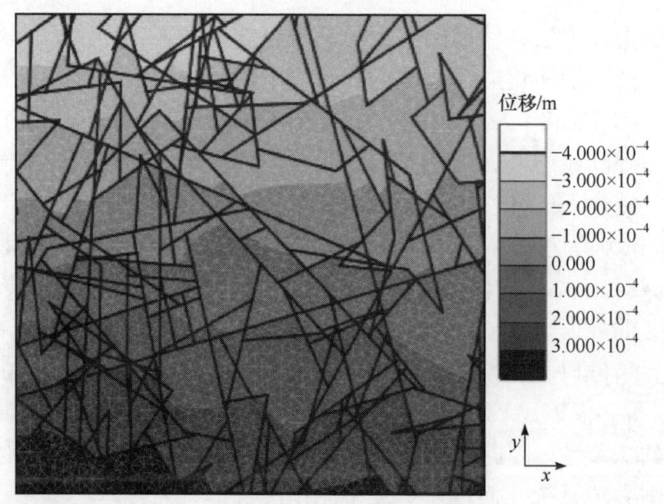

图 12.58　双轴压缩加载σ_x=−5MPa，σ_y=−10MPa(尺寸 3m×3m，DFN3)下的 y 方向位移 (Min and Jing，2003)

矩阵进行平均计算得到平均柔度矩阵。当比较或平均这些矩阵时，有一个参考轴很重要(Hudson and Harrison，1997)，本节将初始的 x-y 轴选为参考轴。平均柔度矩阵 $\bar{\boldsymbol{S}}_{ij}$ 可表示为

$$\bar{\boldsymbol{S}}_{ij} = \frac{1}{N}\sum_{r=1}^{N}\boldsymbol{S}_{pq}^{r}\boldsymbol{q}_{pi}\boldsymbol{q}_{qj} \tag{12.23}$$

式中，$\boldsymbol{S}_{pq}^{r}$ 为旋转后 p-q 轴的计算柔度矩阵；$\boldsymbol{q}_{pi}$、$\boldsymbol{q}_{qj}$ 为旋转的方向余弦矩阵，如式(12.18)～式(12.20)所定义。

当在某一尺度上，平均柔度矩阵与所有六个柔度矩阵的差值低到可以接受时，这个尺度将决定 REV 的大小。图 12.59 为 DFN1 系列在不同尺度下所有旋转模型在 x 方向上弹性模量的平均值和计算轨迹曲线。图中实线表示随旋转角度变化的 x 方向上平均弹性模量，而离散的实心正方形表示 DFN 模型计算结果。

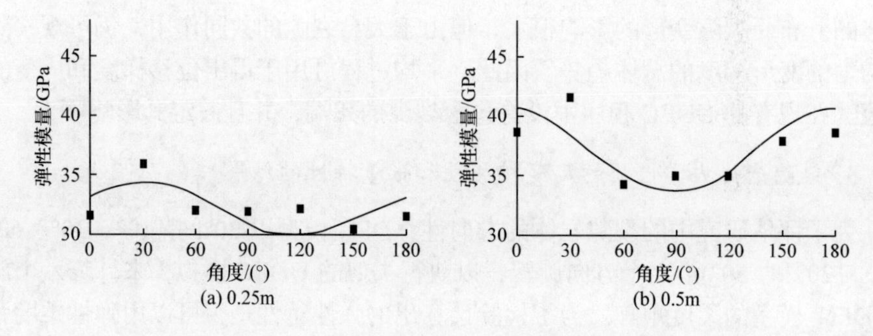

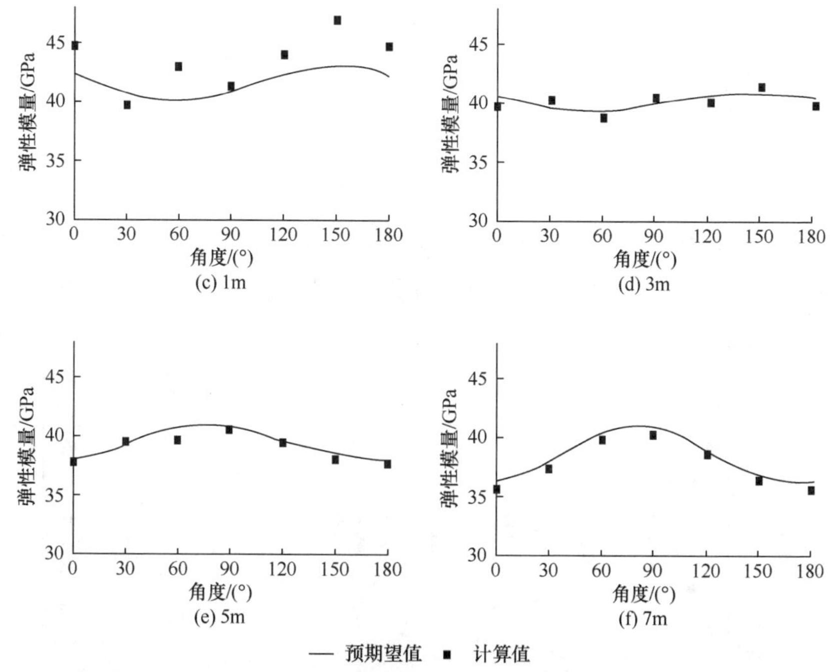

图 12.59　旋转轴上的期望弹性模量与计算弹性模量(E_x)比较。预期望值使用式(12.23)计算(Min and Jing，2003)

如图 12.59 所示，模型边长小于 5m 的小模型的数值结果与平均值并不吻合，这表明可以确定 REV 大小为 5m，并且该大小及以上的性质可以通过如上所述的均匀化(平均)过程，以紧凑形式的弹性柔度矩阵表示四阶张量近似。

图 12.60 为在切向和法向刚度之比 k_s/k_n=1 和 0.2 条件下泊松比与模型边长的关系。与 12.8.2 节介绍的渗透率张量情况类似，为了给定可接受的变化程度，定义变异系数为在从某特定尺度下随机 DFN 模型中获得的某标量性质标准差与平均值之比。其前提条件为随着尺度增大，平均值保持不变。为了评估张量或矩阵之间的差异，定义弹性柔度矩阵的预测误差来表示该差异。为简单起见，仅考虑正应变的影响，因为它们是主要因素。在二维条件下，只需要考虑柔度矩阵的前两个元素，因此可将预测误差定义为

$$\mathrm{EP}_{ci}=\frac{1}{N}\frac{\sum_{r=1}^{N}\sum_{j=1}^{2}\left|\boldsymbol{s}_{ij}^{r}-\overline{\boldsymbol{s}}_{ij}\right|}{\sum_{j=1}^{2}\left|\overline{\boldsymbol{s}}_{ij}\right|} \tag{12.24}$$

式中，EP_{ci} 为柔度矩阵在 i 方向(i=x, y)的预测误差；$\overline{\boldsymbol{s}}_{ij}$ 为如上定义的平均柔度矩

阵，是从旋转 DFN 模型的数值试验中获得的；N 为 DFN 模型旋转次数(此研究中 N=6)。还需要注意的是，这种比较是针对相同的参考轴进行的。之后可以将平均预测误差(EP_c)定义为两个 EP_{ci} 的平均值，即

$$\mu_{\mathrm{EP}_c} = \frac{1}{2}\sum_{i=1}^{2}\mathrm{EP}_{ci} \tag{12.25}$$

并将其用作预测误差的集体度量，以进行不同尺度的比较。选定一个平均预测误差的可接受变化范围，就能确定四阶柔度张量近似柔度矩阵的尺度大小。

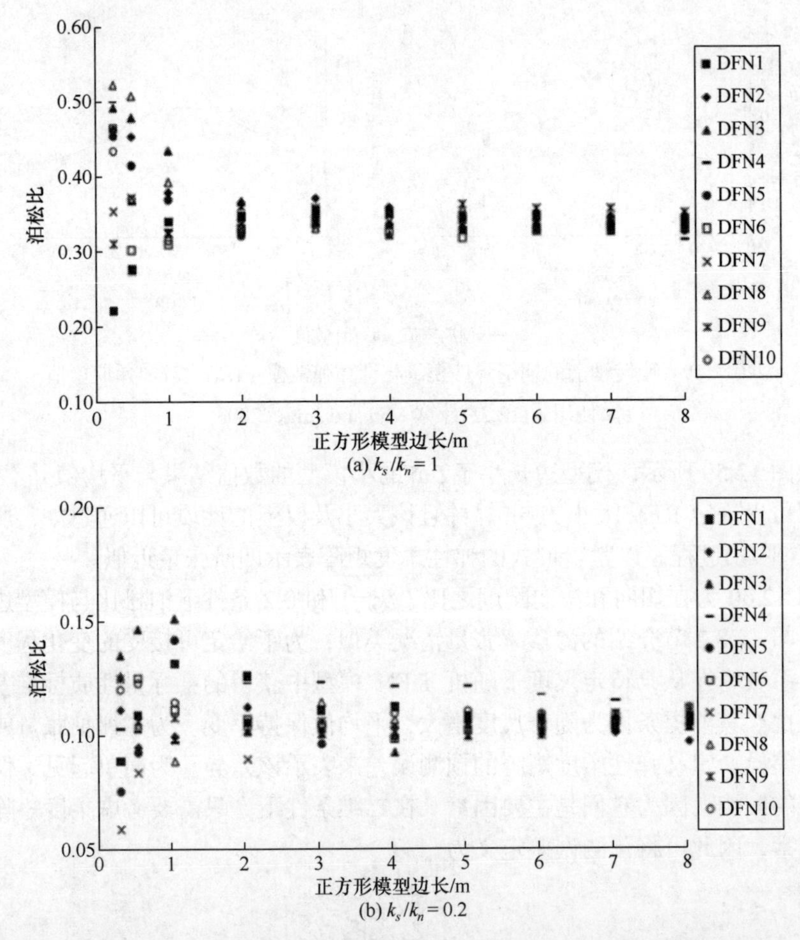

图 12.60　泊松比随正方形模型边长的变化(Min and Jing，2003)

在本节研究的案例中，针对不同的裂隙刚度比(Min and Jing，2003)，下面列出 6m×6m 尺度的 10 个实现的平均柔度矩阵。对于 $k_s/k_n=1$：

$$\begin{bmatrix} s_{11} & s_{12} & s_{13} & s_{16} \\ s_{21} & s_{22} & s_{23} & s_{26} \\ s_{31} & s_{32} & s_{33} & s_{36} \\ s_{61} & s_{62} & s_{63} & s_{66} \end{bmatrix} = \begin{bmatrix} 2.7709 & -0.2933 & -0.2800 & -0.0445 \\ -0.2933 & 2.3934 & -0.2814 & -0.0405 \\ -0.2800 & -0.2814 & 1.1820 & -0.0051 \\ -0.0591 & -0.0653 & -0.0051 & 5.5066 \end{bmatrix} \times 10^{-11}\mathrm{Pa}^{-1} \quad (12.26)$$

对于 $k_s/k_n = 0.2$：

$$\begin{bmatrix} s_{11} & s_{12} & s_{13} & s_{16} \\ s_{21} & s_{22} & s_{23} & s_{26} \\ s_{31} & s_{32} & s_{33} & s_{36} \\ s_{61} & s_{62} & s_{63} & s_{66} \end{bmatrix} = \begin{bmatrix} 3.8389 & -1.3073 & -0.2808 & -0.2039 \\ -1.3097 & 3.4556 & -0.2812 & -0.1151 \\ -0.2808 & -0.2812 & 1.1820 & -0.0012 \\ -0.2336 & 0.1018 & -0.0012 & 10.683 \end{bmatrix} \times 10^{-11}\mathrm{Pa}^{-1} \quad (12.27)$$

需要注意的是，式(12.26)和式(12.27)中的柔度矩阵几乎是对称的，且对角占优，并且剪切应力对平面外法向应变ε_z的贡献和平面外法向应力σ_z对平面剪切应变γ_{xy}的贡献几乎为零，分别由元素 s_{36} 和 s_{63} 的非常小的值表示。因为最初使用 $s_{31}=s_{13}$ 和 $s_{32}=s_{23}$ 的对称性假设确定元素，所以式(12.26)和式(12.27)中矩阵的对称性与数值试验的准确性无关。但是，其他分量的近对称特征(即 s_{12} 和 s_{21}、s_{16} 和 s_{61} 及 s_{26} 和 s_{62})由数值解确定。这部分是来自 10 个案例的平均过程，其中来自不同案例的非对称贡献在一定程度上得到了补偿，但是对角线分量在每个单独案例中的对称偏差也都低于 5%。通过图 12.54 比较 s_{13}、s_{23} 和 s_{36}，可以进一步评估计算结果的准确性。在完整岩石泊松比为 0.24、弹性模量为 84.6GPa 条件下，s_{13} 和 s_{23} 理论计算值为 $0.28370\times10^{-11}\mathrm{Pa}^{-1}$，数值计算值($0.28\times10^{-11}$)与理论计算值之间的差异很小(小于 2%)。此外，s_{36} 接近于零，这也类似于图 12.54 中的假定行为。该结果支持提出的数值试验方法。

使用上述确定的几乎对称的柔度矩阵，可以通过以下简单的平均运算轻松得出对称的柔度张量 $\boldsymbol{s}_{ij}$：

$$\boldsymbol{s}_{ij} = \frac{1}{2}(\boldsymbol{s}_{ij} + \boldsymbol{s}_{ij}^{\mathrm{T}}) \quad (12.28)$$

式中，$\boldsymbol{s}_{ij}^{\mathrm{T}}$ 为柔度张量 $\boldsymbol{s}_{ij}$ 的转置，该矩阵通过线性尺度为 6m 的 REV 求得，可用作连续介质分析的弹性性质。

12.8.4　应力对流体流场的影响：应力诱导的沟槽流

1. 使用 DEM 模拟应力-流动耦合过程的基本要求

对单裂隙的试验研究表明，法向闭合量和剪胀量可以显著改变裂隙的渗透率(Makurat et al.，1990b；Olsson and Barton，2001)。对于裂隙硬岩，临界方向和连通裂隙的渗透率变化(与剪切应力方向相比)可能会由于裂隙的剪切作用而在局部或区域渗透率场中产生显著变化(Barton et al., 1995a)。这些观察结果有在地热储层工程中识别热流体流动路径中得到了验证(Ito and Hayashi, 2003)。

目前，学者们提出了基于正交和贯穿裂隙组的裂隙岩体应力相关渗透率的解析模型(Bai and Elsworth, 1994; Chen and Bai, 1998; Bai et al., 1999)，这些模型考虑了裂隙的法向闭合和裂隙介质或裂隙多孔介质中的恒定剪胀。Oda 的渗透率张量方法考虑了复杂裂隙网络中渗透性的应力依赖性(Oda, 1986)。然而，这种方法不能考虑裂隙连通性和复杂的裂隙相互作用，这些是影响裂隙岩体整体水力-力学行为的重要因素。另外，当考虑裂隙剪切破坏和剪胀时，通常不存在解析解。因此，必须应用数值模型来加深对关键机理的理解，以及法向应力和剪应力对总渗透性的贡献。

Zhang 和 Sanderson(1996, 1997, 2002)以及 Zhang 等(1996)在考虑裂隙系统各种几何性质的情况下，使用 DEM 中的 UDEC 程序，广泛研究了应力对裂隙岩体渗透性的影响。Min 等(2004b)在这个方向上进行了进一步的研究，提出研究岩石裂隙的应力-流动耦合过程必须满足以下三个条件：

(1) 数值模型的 REV 大小。应该适当地确定数值试验的模型大小，以便在考虑裂隙岩体的等效行为时，模型的初始力学和水力行为在统计上具有代表性。这意味着在模拟应力影响下的水力行为之前，数值模型必须达到力学和水力 REV。

(2) 法向应力-开度关系的非线性。裂隙开度的变化对岩体整体渗透性的影响很大，因此裂隙的法向应力-位移关系应该得到真实的表征。实验室测试表明，裂隙的法向应力-闭合量关系是高度非线性的(Barton, 1982; Bandis et al., 1983)，为准确预测应力作用引起的开度变化，必须考虑这一特征。法向应力与裂隙闭合之间的线性关系(因此法向刚度恒定)将不能满足条件，因为它通常会低估法向应力较小时裂隙的渗透率变化。

(3) 剪胀。应该模拟由裂隙表面的粗糙度引起的剪胀，因为剪胀对渗透率的影响可能是显著的，特别是对于粗糙裂隙(Bawden et al., 1980)。在裂隙模型中假设零膨胀(因此假定光滑的断裂面)通常不仅会低估裂隙渗透率的变化，也会导致无法模拟裂隙岩体中临界应力状态引起的聚集流现象(Barton et al., 1995a)。

2. 应力对裂隙岩渗透性影响的 DEM

本节使用UDEC提出了基于以上三个条件的裂隙岩体应力相关渗透率问题的 DEM(Min et al., 2004b)。如 12.8.2 节和 12.8.3 节所述，等效力学和水力性质模型 REV 尺寸为 5m × 5m，本节继续使用 5m × 5m 模型(图 12.61)。

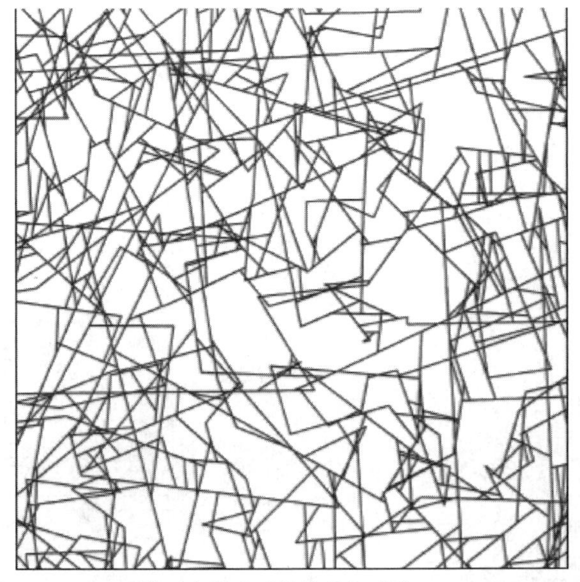

图 12.61　DFN 模型中裂隙系统的几何形状(Min et al.，2004b)

根据试验(图 12.62(a))采用裂隙的分段法向应力-法向闭合量模型和反映裂隙剪切中摩擦和膨胀效应的弹性-理想塑性本构模型，其中摩擦角为 24.9°，最大剪胀为 50μm，初始开度为 30μm，残余开度为 5μm，裂隙的 JRC(节理粗糙系数)为 3.85。上述所有三个条件都得到了满足。

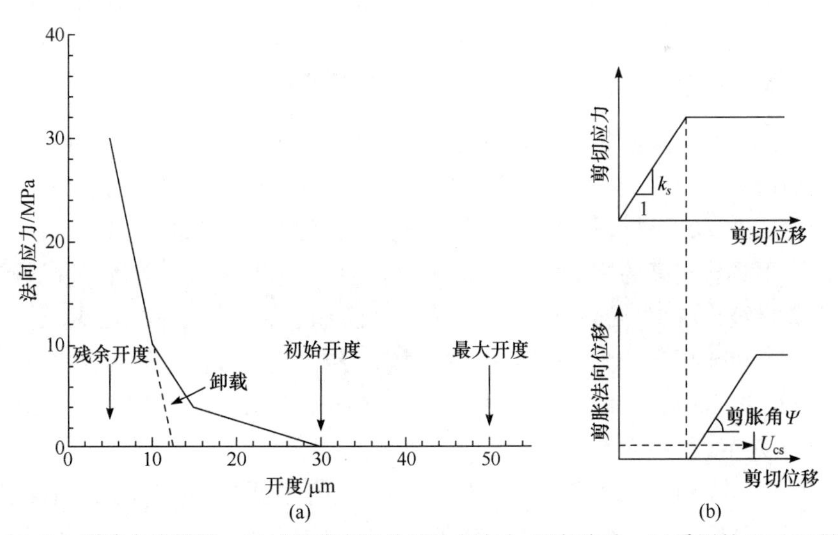

图 12.62　裂隙本构模型：(a)试验确定的分段法向应力-开度关系；(b)采用的 UDEC 程序手册(Itasca，2002；Min et al.，2004b)中的简化裂隙剪切和剪胀行为

本研究的边界条件通过两种方式施加(图 12.63)。第一种是基于 Sellafield 场址

提供的数据，以固定水平与竖直边界力系数 k=1.3 分步施加水平和竖直压应力(Andersson and Knight，2000)；第二种是水平应力逐渐增加，同时保持垂直应力不变，从而使裂隙的剪应力增加。该案例是为了研究应力对具有真实裂隙系统几何性质的裂隙岩体流动行为的影响，但与 Sellafield 的现场条件完全无关。

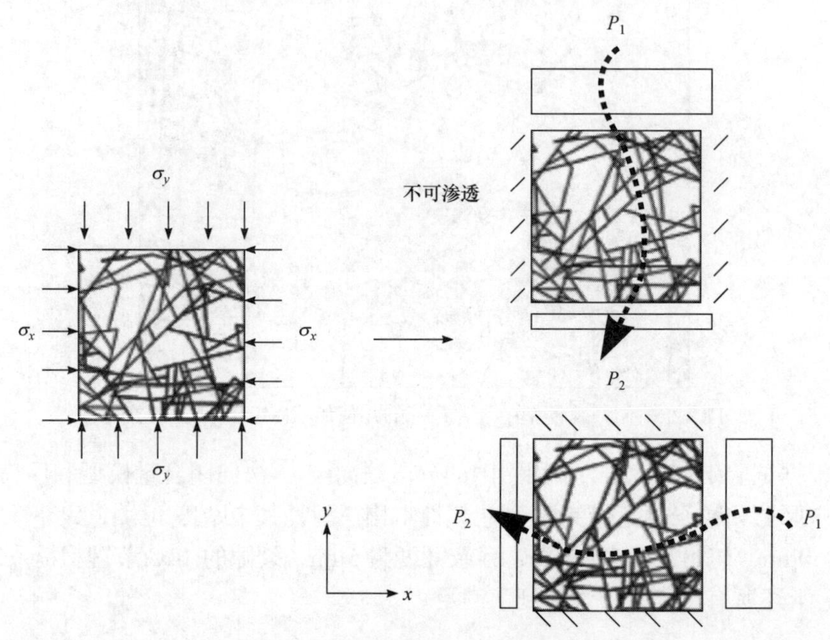

图 12.63　用于计算 x 和 y 方向等效渗透率的应力(σ_x 和 σ_y)和水力(P_1 和 P_2，$P_1>P_2$)边界条件(Min et al.，2004b)

图 12.64 为在保持水平/垂直应力分量比为 1.3 不变的情况下，计算出的等效渗透率随边界应力的变化。由于裂隙闭合主要随法向应力的增加而增加，而没有明显的剪切破坏，该模型的等效渗透率随着应力的增加呈双曲线减小，在较低的应力水平下具有较高的梯度。当大多数裂隙达到残余开度时，渗透率降低幅度超过两个数量级，在 30MPa 时达到平稳值。渗透率的各向异性并不明显。这个结果与 Wei 等(1995)报道的渗透率随深度的变化一致。当施加恒定的裂隙法向刚度时(Zhang and Sanderson，1996；Zhang et al.，1996)，不会出现等效渗透率随应力增加呈现的双曲线关系。

与图 12.64 相比，当应力比大于 2.7 时，由于临界方向(33°)和连通良好的裂隙的剪胀，从图 12.65 中可以观察到等效渗透率大小和各向异性的显著变化。当剪胀开始时，各向异性变得更加明显，最大各向异性比率约达到 8。在此示例中使用的裂隙网络呈现出一种近乎随机的方向模式，其中垂直或接近垂直的裂隙略多一些。如果模型中引起剪切破坏的临界或接近临界方向的裂隙较多，各向异性渗透率在差应力增加过程中变化更大。

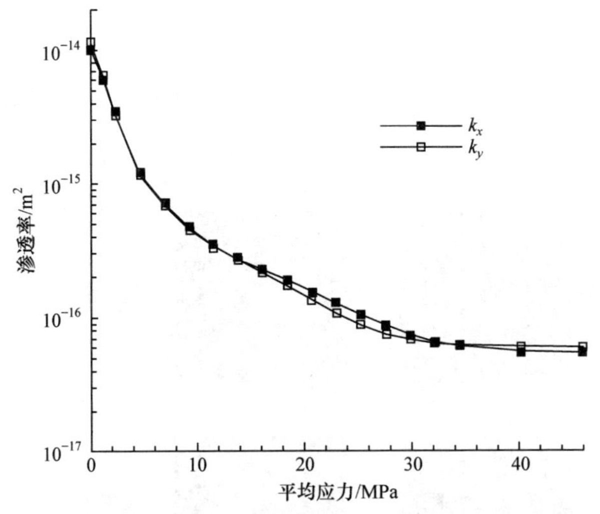

图 12.64　在水平应力与垂直应力比固定为 1.3 的情况下，渗透率(k_x 和 k_y)与平均应力变化的关系(Min et al.，2004b)

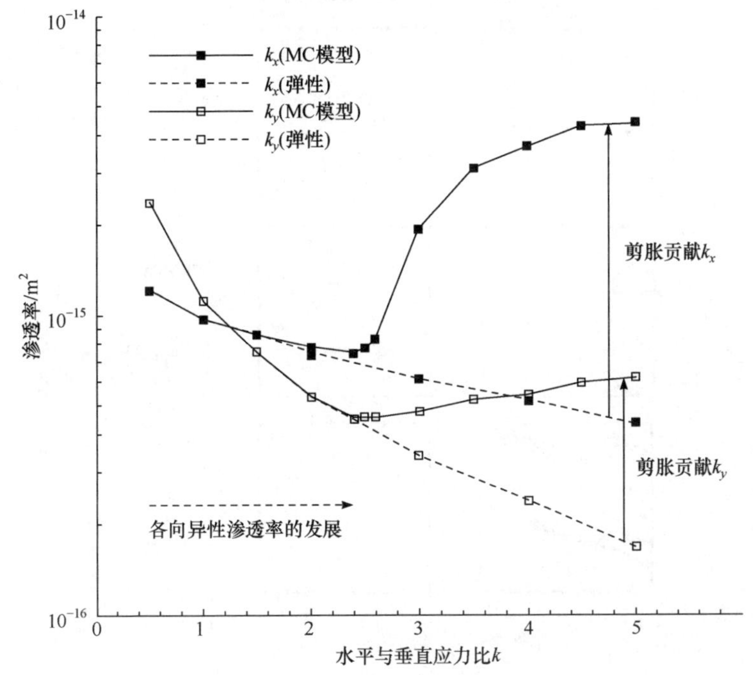

图 12.65　等效渗透率(k_x 和 k_y)随应力比的变化。虚线为采用弹性模型表征裂隙时的结果(无剪切破坏)(Min et al.，2004b)

如图 12.66 所示，随着应力比增加，流动模式发生变化，由应力诱发的剪胀引起的沟槽流现象特别明显。由于较大的剪胀集中在裂隙群的一小部分中，具有接近临界的方向、良好的连通性和较长的迹线长度，其余的裂隙群，尤其是近水平裂隙群，仍会处于闭合状态，而没有任何剪胀产生。这种情况会导致流场更加聚集，其中一些开度增大的裂隙会成为流体流动的主要途径，即“流动局部化”。

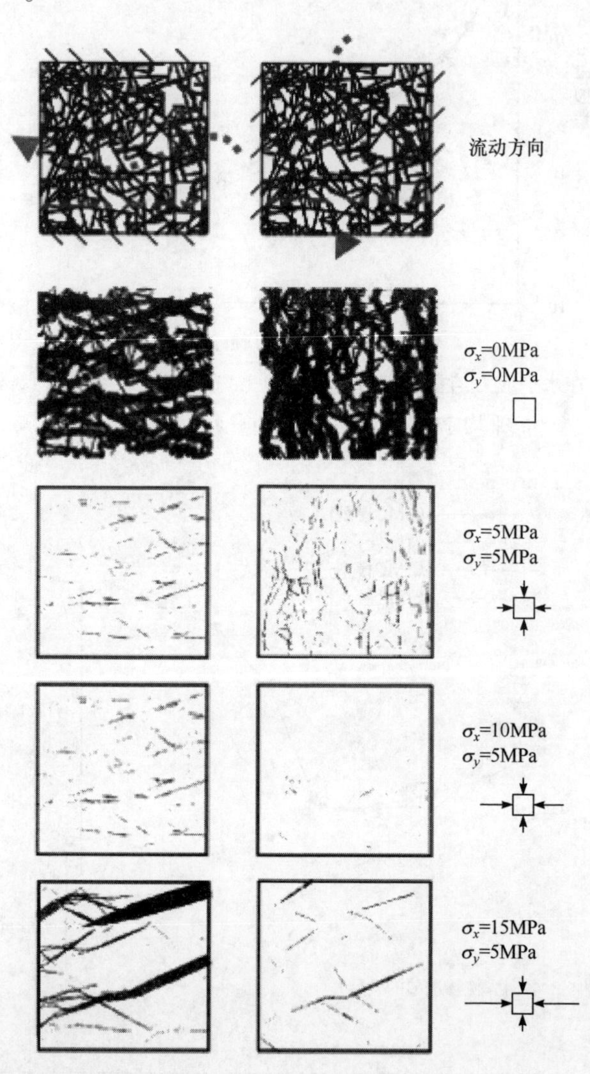

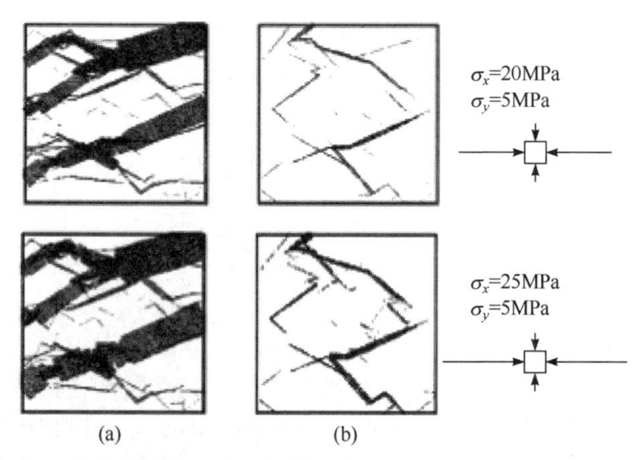

图 12.66　应力施加期间的流动路径，水力梯度的方向(a)从右到左，(b)从上到下。线的粗细代表流速的大小，细线表示流量为 $10^{-9}m^3/s$，小于该值的流量将不会显示(Min et al.，2004b)

上面的应力诱导流动局部化的演示模拟是基于简化(且连通良好)的二维裂隙系统的几何性质、本构模型和边界条件。在三维情况下，应力诱导的单个裂隙内流动各向异性和第三个方向上的裂隙系统连通性将发挥重要作用。即使在相似的应力条件下，这些三维因素也可能导致与图 12.66 不同的流动行为。下一节将进行更全面的讨论。

12.8.5　重要问题讨论

本节提供的结果说明了使用 DEM 模型对裂隙岩体的水力-力学特性进行均匀化和升尺度的 DEM 数值方法。解释结果时应注意对岩体和裂隙的尺寸及本构模型进行必要的简化和假设，尤其是由于裂隙系统几何数据的不确定性以及单个裂隙的水力和力学特性的不确定性引起的限制。由于开度值在裂隙岩体的水力行为中起着重要作用，尤其是初始开度和残余开度，可靠而准确的应力-开度关系或法向刚度(如 Barton-Bandis 模型)对模拟裂隙岩体的水力流耦合过程是至关重要的。该方法取决于裂隙的法向闭合和剪胀的现实特征和模拟。缺少上述内容中的任何一项将使该方法无法模拟应力引起的渗透率变化。

上面呈现的由应力变化引起的裂隙中的聚集(局部)流体流动表明，以前的历史应力状态(如构造应力)可能会在某些方向导致不可逆的裂隙剪切破坏，这可能是在裂隙硬岩中观察到高度聚集(沟槽)流动模式的原因之一。这种应力导致的水沟槽流对许多主要关注地下水流动的岩石工程问题(如核废料库或地热库工程)具有特别重要的意义，尽管展示的方法具有许多局限性，尤其是二维简化和忽视裂隙尺度与开度的相关性。

如上所述，二维分析从概念上对理解裂隙岩体的水力-力学行为很有帮助，但是对于特定场地的工程应用，二维模型的局限性往往是不能接受的，并且确实需要检验。首先，在二维分析中，假设与模型平面垂直的裂隙是不存在的，裂隙的方向(视倾角)取决于包含计算模型和几何性质(尤其是连通性)的参考平面的方向，由于假设裂隙走向与模型面垂直，二维模型中裂隙网络连通性随参考平面在三维空间中切割初始裂隙系统的位置而变化。其次，三维裂隙效应不能在二维 DEM 模型中考虑，尤其是 Yeo 等(1998)和 Koyama 等(2004，2006)报道的应力诱导的流动各向异性。

裂隙岩体的问题，尤其是当裂隙系统中的流体流动占主导地位时，本质上是三维问题，需要三维求解。但是，裂隙中流动的三维属性，特别是当考虑到应力引起的流动各向异性时，需要大量的计算工作。由于三维模拟中需要对大量裂隙进行显式表征并进行水-力耦合过程研究，在实际应用中容易出现计算过多的问题。因此，目前等效连续方法仍然是解决大规模问题的首选数值方法。然而，随着计算机技术的迅速发展，在不久的将来，具有混合 DEM-DFN 模型的直接三维方法可能会成为解决大尺度应力-流动耦合问题可行的方法。但是，求解结果的可靠性始终取决于对裂隙系统的表征。

参 考 文 献

Adachi T, Onishi Y, Arai K. 1991. Investigation of toppling slope failure at Route 305 in Japan//Proceedings of 7th International Congress of Rock Mechanics. Rotterdam: Balkema: 843-846.

Ahola M P. 1992. Application of the discrete element method toward roof stability problems in underground coal mines. Engineering Computations, 2: 242-247.

Akky M R, Rosidi D, Madianos M N, et al. 1994. Dynamic analyses of large underground caverns using discrete-element codes-verification and reliability//Salem A. Proceedings of Internations Conference Tunneling and Ground Conditions. Rotterdam: Balkema: 477-484.

Allison R J, Kimber O G. 1998. Modelling failure mechanisms to explain rock slope change along the Isle of Purbeck coast, UK. Earth Surface Processes and Landforms, 23(8): 731-750.

Amadei B, Goodman R E. 1981. A 3-D constitutive relation for fractured rock masses//Selvadurai A P S. Proceedings of the International Symposium on the Mechanical Behavior of Structured Media, Ottawa: 249-268.

Amadei B, Stephansson O. 1997. Rock Stress and Its Measurement. London: Chapman and Hall.

Andersson J, Knight L. 2000. Understanding the impact of upscaling THM processes on performance assessment, DECOVALEXIII Project, TASK 3, BMT2 Protocol, Version 6.0. Unpublished Project Report.

Antikainen J, Simonen A, Makinen I. 1993. 3D modelling of the central pillar in the Pyhasalmi Mine//Proceedings of the International Congress on Mine Design, Kingston, Ontario, Canada. Rotterdam: Balkema: 631-640.

Ask D. 2004. New developments of the integrated stress determination method and application to the

Aspo Hard Rock Laboratory, Sweden. Stockholm: Royal Institute of Technology.

Bai M, Elsworth D. 1994. Modeling of subsidence and stress-dependent hydraulic conductivity for intact and fractured porous media. Rock Mechanics and Rock Engineering, 27(4): 209-234.

Bai M, Meng F, Elsworth D, et al. 1999. Analysis of stress-dependent permeability in nonorthogonal flow and deformation fields. Rock Mechanics and Rock Engineering, 32(3): 195-219.

Bandis S C, Lumsden A C, Barton N R. 1983. Fundamentals of rock joint deformation. International Journal of Rock Mechanics and Mining Sciences & Geomechanics Abstracts, 20(6): 249-268.

Bardet J P, Scott R. 1985. Seismic stability of fractured rock masses with the distinct element method//Proceedings of 26th US Symposium on Rock Mechanics, Rapid City: 139-149.

Baroudi H, Piguet J P, Josien J P, et al. 1991. Modelling of underground cavity storage and consideration of rock mass discontinuity//Proceedings of 7th International Congress on Rock Mechanics, Aachen: 675-678.

Barton C A, Zoback M D, Moos D. 1995a. Fluid flow along potentially active faults in crystalline rock. Geology, 23(8): 683-686.

Barton N. 1982. Modelling rock joint behaviour from in situ block tests: Implications for nuclear waste repository design. Office of Nuclear isolation, Columbus, OH, ONWI-308.

Barton N, Løset F, Vik G, et al. 1995b. Radioactive waste repository design using Q and UDEC-BB//Proceedings of the Conference on Fractured and Jointed Rock Masses, Lake Tahoe: 709-716.

Barton N, Tunbridge L, Løset F, et al. 1991. Norwegian Olympic Ice Hockey Cavern of 60m Span//Proceedings of 7th International Congress on Rock Mechanics, Aachen: 1073-1081.

Barton N, Yufin S A, Swoboda G. 1994. Engineering decisions in rock mechanics based on numerical modeling//Proceedings of 8th Interational Conference on Computer Methods and Advances in Geomechanics. Rotterdam: Balkema: 2221-2228.

Bawden W F, Curran J H, Roegiers J C. 1980. Influence of fracture deformation on secondary permeability—A numerical approach. International Journal of Rock Mechanics and Mining Sciences & Geomechanics Abstracts, 17(5): 265-279.

Bear J. 1972. Dynamics of Fluids in Porous Media. New York: Elsevier.

Bhasin R, Høeg K. 1998. Parametric study for a large cavern in jointed rock using a distinct element model (UDEC-BB). International Journal of Rock Mechanics and Mining Sciences, 35(1): 17-29.

Bhasin R K, Barton N, Grimstad E, et al. 1996. Comparison of predicted and measured performance of a large cavern in the Himalayas. International Journal of Rock Mechanics and Mining Sciences & Geomechanics Abstracts, 33(6): 607-626.

Bigarre P, Tinucci J, Ben Slimane K, et al. 1993. 3-dimensional modelling of fault-slip rockbursting// Proceedings of the International Symposium on Rock Bursts and Seismicity in Mines 93. Rotterdam: Balkema: 315-319.

Blair S C, Carlson S R, Wagoner J L. 2001. Distinct element modelling of the Drift Scale Test// Proceedings of 38th US Rock Mechanics Symposium. Lisse: Swetz & Zeitlinger: 527-531.

Board M. 1996. Numerical examination of mining-induced seismicity//Barla G. Special Lectures, Eurock' 96, Prediction and Performance in Rock Mechanics and Rock Engineering, Torino:

89-111.

Board M, Seldon S, Brummer R. 2000. Analysis of the failure of a large hangingwall wedge: Kidd Mine Division, Falconbridge, Ltd. Bulletin of the Canadian Institute of Mining, 93: 89-97.

Brady B H G. 1987. Boundary element and linked methods for underground excavation design// Brown E T. Analytical and Computational Methods in Engineering Rock Mechanics. London: Allen and Unwin: 164-204.

Brady B H G, Brown E T. 1985. Rock Mechanics for Underground Mining. London: Allen and Unwin: 527.

Brady B H G, Lemos J V, Cundall P A. 1986. Stress measurement schemes for jointed and fractured rock//Stephansson O. Proceedings of International Symposium on Rock Stress and Rock Stress Measurements, Stockholm: 167-176.

Brady B H G, Lorig L. 1988. Analysis of rock reinforcement using finite difference methods. Computers and Geotechnics, 5(2): 123-149.

Burbidge D R, Braun J. 2002. Numerical models of the evolution of accretionary wedges and fold-and-thrust belts using the distinct-element method. Geophysical Journal International, 148(3): 542-561.

Cai Y, He T, Wang R. 2000. Numerical simulation of dynamic process of the Tangshan earthquake by a new method—LDDA. Pure and Applied Geophysics, 157(11-12): 2083-2104.

Call R D. 1992. Slope stability//Hartman H L. SME Mining Engineering Handbook. 2nd ed. Littleton: Society for Mining, Metallurgy, and Exploration: 881-896.

Chandler N, Martin D. 1994. The influence of near surface faults on in situ stresses in the Canadian Shield//Nelson P P, Laubach S E. Proceedings of 1st North American Rock Mechanics Symposium. Rotterdam: Balkema: 369-376.

Chen M, Bai M. 1998. Modeling stress-dependent permeability for anisotropic fractured porous rocks. International Journal of Rock Mechanics and Mining Sciences, 35(8): 1113-1119.

Chen R, Ofoegbu G I, Hsiung S. 2000. Modeling drift stability in fractured rock mass at Yucca Mountain, Nevada-Discontinuum approach//Proceedings of 4th North American Rock Mechanics Symposium, Seattle: 945-952.

Choi S K, Coulthard M A. 1990. Modelling of jointed rock masses using the distinct element method//Proceedings of the International Conference on Mechanics of Jointed and Faulted Rock, Vienna: 471-477.

Chryssanthakis P, Barton N. 1995. Predicting performance of the 62m span ice hockey cavern in Gjövik, Norway//Proceedings of the Conference on Fractured and Jointed Rock Masses, Lake Tahoe: 655-662.

Chryssanthakis P, Monsen K, Barton N. 1991a. Validation of UDEC-BB against the CSM block test and large scale application to glacier loading of jointed rock masses//Proceedings of 7th International Congress on Rock Mechanics, Aachen: 693-698.

Chryssanthakis P, Barton N, Jing L, et al. 1991b. Modelling the effect of glaciation, ice flow and deglaciation on large faulted rock masses//Proceedings of NEA/SKI Symposium on Validation of Geosphere Flow and Transport Models (GEOVAL), Paris: 530-541.

Coggan J S, Pine R J. 1996. Application of distinct-element modelling to assess slope stability at Delabole slate quarry, Cornwall, England. Transactions of Institution of Mining and Metallurgy (Section A: Mining Technology), 105: A22-A30.

Coulthard M A. 1995. Distinct element modelling of mining-induced subsidence-a case study//Proceedings of the Conference on Fractured and Jointed Rock Masses, Lake Tahoe: 725-732.

Coulthard M A, Dutton A J. 1988. Numerical modelling of subsidence induced by underground coal mining//Cundall P A, Sterling R L, Starfield A M. Proceedings of 29th U. S. Rock Mechanics Symposium. Rotterdam: Balkema: 529-536.

Coulthard M A, Journet N J, Swindells C F. 1992. Integration of stress analysis into mine excavation design//Tillerson J R, Wawersik W R. Rock Mechanics (Proceedings of the 33rd US Rock Mechanics Symposium. Santa Fe, June 3-5, 1992). Rotterdam: Balkema: 451-460.

Coulthard M A, Niu J K, Stewart D P, et al. 1997. Monitoring and numerical modelling of pit slope stability at Daye Iron Ore Mine//Yuan J. Proceedings. of the 9th International Conference on Computer Methods and Advances in Geomechanics. Rotterdam: Balkema: 1675-1680.

Cundall P A. 1974. Rational design of tunnel supports: A computer model for rock mass behaviour using interactive graphics for the input and output of geomaterial data. Technical Report MRD-2-74, Missuri River Division, US Army Corps of Engineers, NTIS Report No. AD/A-001 602.

Cundall P A, Fairhurst C. 1986. Correlation of discontinuum models with physical observations-an approach to the estimation of rock mass behaviour. Felsbau, 4: 197-202.

Cundall P A, Hart R D. 1992. Numerical modelling of discontinua. Engineering Computations, 9(2): 101-113.

Cundall P A, Lemos J V. 1988. Numerical simulation of fault instabilities with the continuously-yielding joint model//Proceedings of 2nd International Conference on Rockburst and Seismicity in Mines. Rotterdam: Balkema: 73-96.

Dasgupta B, Dham R, Lorig L. 1995. Three dimensional discontinuum analysis of the underground power house for Sardar Sarovar Project, India//Procedings of 8th International Congress on Rock Mechanics, Tokyo: 551-554.

Deangeli C, Del Greco O, Ferrero A M, et al. 1996. Rock mechanics studies to improve intact rock block exploitation and slope stability conditions in a quarry basin//Proc. Eurock' 96, Predictions and Performance in Rock Mechanics and Rock Engineering, Torino: 561-567.

Dershowitz W S, Lee G, Geier J, et al. 1998. FRACMAN User Documentation v. 2. 6. Golder Associates Washington.

Donovan K S, Lehman G A, Pearce R S, et al. 1987. Rationale for development of constitutive models of a basalt rock mass for design of a nuclear waste repository at the Hanford site// Proceedings of the 28th US Rock Mechanics Symposium, Tucson: 715-724.

Duncan Fama M E, Shen B T, Craig M S, et al. 1999. Layout design and case study for highwall mining of coal//Proceedings of the 9th ISRM Congress on Rock Mechanics. Rotterdam: Balkema: 265-268.

Dupin J M, Sassi W, Angelier J. 1993. Homogeneous stress hypothesis and actual fault slip: A distinct element analysis. Journal of Structural Geology, 15(8): 1033-1043.

Esaki T, Jiang Y, Bhattarai T N, et al. 1999a. Stability analysis and reinforcement system design in a progressively failed steep rock slope by the distinct element method. International Journal of Rock Mechanics and Mining Sciences, 35(4-5): 31.

Esaki T, Jiang Y, Bhattarai T N, et al. 1999b. Modelling jointed rock masses and prediction of slope stabilities by DEM//Proceedings of 37th US Rock Mechanics Symposium. Rotterdam: Balkema: 83-90.

Esterhuizen G S. 1994. The application of numerical models to assess the effect of discontinuities on coal pillar strength//Proceedings of the Conference on the Application of Numerical Modelling in Geotechnical Engineering, Pretoria: 97-99.

Eve R A, Squelch A P. 1994. Modeling of slope and gully support systems//Proceedings of the Conference on the Application of Numerical Modelling in Geotechnical Engineering, Pretoria: 127-134.

Fairhurst C, Lemos J V. 1988. Influence of in-situ stresses on fluid penetration in jointed rock from unlined pressure tunnels//Proceedings of International Symposium on Rock Mechanics and Power Plants. Rotterdam: Balkema: 231-264.

Ferrero A M, Giani G P, Verga F, et al. 1993. Back analysis of a rock block barrier subject to dynamic load using distinct element method and physical models//Proceedings of ISRM International Symposium on Safety and Environmental Issues in Rock Engineering, Eurock' 93, Lisboa: 107-113.

Ferrero A M, Giani G P, Kapenis A, et al. 1995. Theoretical and experimental study on geometric instability of pillars in discontinuous rock//Proceedings of 8th International Congress on Rock Mechanics. Rotterdam: Balkema: 555-558.

Finch E, Hardy S, Gawthorpe R. 2003. Discrete element modelling of contractional fault-propagation folding above rigid basement fault blocks. Journal of Structural Geology, 25(4): 515-528.

Franklin J A, Dusseault M B. 1991. Rock Engineering Applications. New York: McGraw-Hill.

Gilbride L J, Richardson A M, Agapito J F T. 1998. Use of block models for longwall shield capacity determinations. International Journal of Rock Mechanics and Mining Sciences, 35(4-5): 425-426.

Gomes M, Galiza A, Toscano D. 1993. Long hole sublevel stoping at the Mina do Moinho// Proceedings of ISRM International Symposium on Safety and Environmental Issues in Rock Engineering, Eurock' 93, Lisboa: 551-559.

Guitierrez M, Barton N. 1994. Numerical modelling of the hydro-mechanical behavior of single fractures//Proceedings of 1st North American Rock Mechanics Symposium. Rotterdam: Balkema: 165-172.

Hakami E, Hakami H, Christiansson R. 2006. Depicting a plausible in situ stress distribution by numerical analysis-examples from two candidate sites in Sweden//Lu M, Li C C, Kjörholt H, et al. In-situ Rock Stress. Measurement, Interpretation and Application. London: Taylor & Francis: 473-481.

Hansson H, Jing L, Stephansson O. 1995. 3-D DEM modelling of coupled thermo-mechanical response for a hypothetical nuclear waste repository//Proceedings of the 5th International Symposium on Numerical Models in Geomechanics-NUMOG V, Davos, Switzerland. Rotterdam: Balkema: 257-262.

Hardy M P, Lin M, Black K. 1999. Hydrologic stability study of the crown pillar, Cardon Deposit, in support of mine permit application//Proceedings of 37th US Rock Mechanics Symposium. Rotterdam: Balkema: 473-480.

Harper T R, Last N C J. 1990a. Response of fractured rock subject to fluid injection Part II. Characteristic behaviour. Tectonophysics, 172(1-2): 33-51.

Harper T R, Last N C J. 1990b. Response of fractured rock subject to fluid injection Part III. Practical application. Tectonophysics, 172(1-2): 53-65.

Hart R D. 1990. Lecture: discontinuum analysis for deep excavations in jointed rock//Maury V, Fourmaintraux D. Rock at Great Depth. Rotterdam: Balkema: 1123-1130.

Hart R D. 1993. An introduction to distinct element modeling for rock engineering//Hudson J A. Comprehensive Rock Engineering. Oxford: Pergamon Press: 245-260.

Hart R D. 2003. Enhancing rock stress understanding through numerical analysis. International Journal of Rock Mechanics and Mining Sciences, 40(7-8): 1089-1097.

Hart R D, Cundall P A, Cramer M L. 1985. Analysis of a loading test on a large basalt block//Proceedings of the 26th US Rock Mechanics Symposium. Rotterdam: Balkema: 759-768.

Hart R D, Board M, Brady B, et al. 1988. Examination of fault-slip induced rockbursting at the Strathcona Mine//Cundall P A, Sterling R L, Starfield A M. Proceedings of 29th US Rock Mechanics Symposium. Rotterdam: Balkema: 369-379.

Hassan F H, Spinnler L, Fine J. 1993. A new approach for rock mass cavability modeling. International Journal of Rock Mechanics and Mining Sciences & Geomechanics Abstracts, 30(7): 1379-1385.

Hatzor Y H. 2003. Fully dynamic stability analysis of jointed rock slopes//10th ISRM Congress-Technology Road Map for Rock Mechanics, South Africa: 503-513.

Hatzor Y H, Arzi A A, Tsesarsky M. 2002. Realistic dynamic analysis of jointed rock slopes using DDA//Hatzor Y H. Stability of Rock Structures. Lisse: Balkema: 47-56.

Hencher S R, Liao Q H, Monaghan B G. 1996. Modelling slope behaviour for open-pits. Transactions of Institution of Mining and Metallurgy(Section A: Mining Technology), 105: A37-A47.

Herget G, Arjang B. 1990. Update on ground stressess in the Canadian Shield//Proceedings of Conference on Stresses in Underground Structures, Ottawa: 33-47.

Hoek E, Bray J W. 1977. Rock Slope Engineering. London: Institution of Mining and Metallurgy.

Holmberg C, Hu J C, Angelier J, et al. 1997. Characterization of stress perturbations near major fault zones: Insights from 2-D distinct-element numerical modelling and field studies (Jura mountains). Journal of Structural Geology, 19(5): 703-718.

Holmberg C, Angelier J, Bergerat F, et al. 2004. Using stress deflections to identify slip events in fault systems. Earth and Planetary Science Letters, 217(3-4): 409-424.

Homand-Etienne F, Rode N, Schwartzmann R. 1990. Block modelling of jointed cliffs//Rossmanith H P. Proceedings of International Conference on Mechanics of Jointed and Faulted Rock.

Rotterdam: Balkema: 819-825.

Homand F, Souley M, Gaviglio P, et al. 1997. Modelling natural stresses in the arc syncline and comparison with in situ measurements. International Journal of Rock Mechanics and Mining Sciences, 34(7): 1091-1107.

Hsu S C, Nelson P P. 1995. Analyses of slopes in jointed weak rock masses using distinct element method//Rossmanith H P. Proceedings of the Second International Conference on Mechanics of Jointed and Faulted Rock-MJFR-2. Rotterdam: Balkema: 589-594.

Hudson J A, Harrison J P. 1997. Engineering Rock Mechanics. Amsterdam: Pergamon.

Hutchison B, Dugan K, Coulthard M. 2000. Analysis of flexural toppling at Australian Bulk Minerals Savage River Mine//Proceedings of the International Conference on Geotechnical & Geological Engineering, Melbourne: 1250.

Hwang H, Jung H, Ra S, et al. 2001. Stability analysis of a tunnel supported by shotcreterockbolt system in hard bedrock//Proceedings of 38th US Rock Mechanics Symposium, Washington: 1029-1034.

Ishida T, Chigira M, Hibino S. 1987. Application of the distinct element method for analysis of toppling observed on a fissured rock slope. Rock Mechanics and Rock Engineering, 20(4): 277-283.

Itasca Consulting Group, Inc. 1991. UDEC-Universal Distinct Element Code, ver. ICG 1. 7; User manual. Minneapolis, MN.

Itasca Consulting Group, Inc. 1995a. UDEC-Universal Distinct Element Code. Minneapolis, MN.

Itasca Consulting Group, Inc. 1995b. 3DEC-Three-dimensional Distinct Element Code. Minneapolis, MN.

Itasca Consulting Group, Inc. 2000. UDEC user' s guide, Minnesota, USA.

Itasca Consulting Group, Inc. 2002. UDEC user' s guide, Minnesota, USA.

Ito T, Hayashi K. 2003. Role of stress-controlled flow pathways in HDR geothermal reservoirs. Pure Applied Geophysics, 160: 1103-1124.

Jang H I, Chang K M, Lee C I. 1996. Groundwater flow analysis of discontinuous rock mass with probabilistic approach. Journal of Korean Society for Rock Mechanics, 6: 30-38 (in Korean).

Jiang Y J, Li B, Yamashita Y, et al. 2006. Behaviour study of largescale underground opening in discontinuous rock masses by using distinct element method//Leung C F, Zhou Y X. Rock Mechanics in Underground Construction(4th Asian Rock Mechanics Symposium, Singapore). Singapore: World Scientific: 178.

Jing L, Stephansson O. 1987. Distinct element modelling of the influence of glaciation and deglaciation on the state of stress in faulted rock masses. SKB. Stockholm: SKB Technical Report, No. 88-23.

Jing L, Stephansson O. 1991. Numerical modeling of large-scale sublevel stoping by three-dimensional distinct element method//Wittke N. Proceedings of 7th ISRM International Congress on Rock Mechanics. Rotterdam: Balkema: 741-746.

Jing L, Tsang C F, Stephansson O, 1995. DECOVALEX—An international co-operative research project on mathematical models of coupled THM processes for safety analysis of radioactive waste repositories. International Journal of Rock Mechanics and Mining Sciences & Geomechanics Abstracts, 32(5): 389-398.

Jing L, Tsang C F, Stephansson O, et al. 1996a. Validation of mathematical models against experiments for radioactive waste repositories—DECOVALEX experience//Stephansson O, Jing L, Tsang C F. Coupled Thermo-Hydro-Mechanical Processes of Fractured Media, Mathematical and Experimental Studies. Amsterdam: Elsevier: 25-56.

Jing L, Stephansson O, Tsang C F. 1996b. DECOVALEX—Mathematical models of coupled T-H-M processes for nuclear waste repositories. Executive summary for phases I, II and III. SKI Report 96: 58, Swedish Nuclear Power Inspectorate, Stockholm, Sweden.

Jing L, Hansson H, Stephansson O, et al. 1997. 3D DEM study of thermo-mechanical responses of a nuclear waste repository in fractured rocks-far- and near-field problems//Yuan J. Proceedings of the 9th International Conference on Computer Methods and Advances in Geomechanics. Rotterdam: Balkema: 1207-1214.

Jing L, Min K B, Stephansson O. 2002. Numerical models for coupled thermo-hydro-mechanical processes in fractured rocks-continuum and discrete approaches//Hatzor Y H. Stability of Rock Structures. Lisse: Balkema: 57-67.

Johansson E, Kuula H. 1995. Three-dimensional back-analysis calculations of Viikinmäki underground sewage treatment plant in Helsinki//Proceedings of 8th International Congress on Rock Mechanics. Rotterdam: Balkema: 597-600.

Johansson E M, Hakala M, Peltonen E. 1991. Comparison of two-and threedimensional thermomechanical response of jointed rock//Proceedings of 7th International Congress on Rock Mechanics. Rotterdam: Balkema: 115-119.

Jung J, Brown S R. 1995. A study of discrete and continuum joint modeling techniques//Myer L R, Cook N G W, Goodman R E, et al. Fractured and Jointed Rock Masses(Proceedings of the Conference on Fractured and Jointed Rock Masses, Lake Tahoe, CA, June 1992). Rotterdam: Balkema: 671-678.

Kamata H, Mashimo H. 2003. Centrifuge model test of tunnel face reinforcement by bolting. Tunneling and Underground Space Technology, 18(2-3): 205-212.

Karaca M. 1995. The effects of discontinuities on the stability of shallow tunnels in weak rock//Myer L R, Cook N G W, Goodman R E, et al. Fractured and Jointed Rock Masses(Proceedings of the Conference on Fractured and Jointed Rock Masses, Lake Tahoe, CA, June 1992). Rotterdam: Balkema: 733-737.

Kay D R, McNabb K E, Carter J P. 1991. Numerical modelling of mine subsidence at Angus Place Colliery//Proceedings of the 7th International Conference on Computer Methods and Advances in Geomechanics. Rotterdam: Balkema: 999-1004.

Khaleel R. 1989. Scale dependence of continuum models for fractured basalts. Water Resources Research, 25(8): 1847-1855.

Kim T K, Lee H K. 1995. Numerical analysis for coupling of groundwater flow with the behavior of jointed rocks around a cavern//Proceedings of 8th International Congress on Rock Mechanics. Rotterdam: Balkema: 783-785.

Kosugi M, Ishihara H, Nakagawa M. 1995. Tunneling method coupled with joint Monitoring and DEM analysis//Myer L R, Cook N G W, Goodman R E, et al. Fractured and Jointed Rock Masses(Proceedings of the Conference on Fractured and Jointed Rock Masses, Lake Tahoe, CA, June 1992). Rotterdam: Balkema: 739-744.

Koyama T, Fardin N, Jing L. 2004. Shear induced anisotropy and heterogeneity of fluid flow in a single rock fracture by translational and rotary shear displacements-a numerical study. International Journal of Rock Mechanics and Mining Sciences, 41(3): 360-365.

Koyama T, Fardin N, Jing L, et al. 2006. Numerical simulation of shear-induced flow anisotropy and scale-dependent aperture and transmissivity evolution of rock fracture replicas. International Journal of Rock Mechanics and Mining Sciences, 43(1): 89-106.

Kullman D H, Stewart R D, Lightfoot N. 1994. Verification of a discontinuum model used to investigate rock mass behaviour around a deep level stope//Proceedings of the Conference on the Application of Numerical Modelling in Geotechnical Engineering, Pretoria: 63-67.

Kwon S, Park B Y, Kang C H, et al. 2000. Structural stability analysis for a high-level underground nuclear waste repository in granite//Proceedings of the 4th North American Rock Mechanics Symposium, Seattle: 1279-1285.

Lanaro F, Barla G, Jing L, et al. 1996. Continuous and discontinuous modelling of the Corva cliff//Proceedings of Eurock' 96, Predictions and Performance in Rock Mechanics and Rock Engineering, Torino: 583-588.

Larsson H, Glamheden R, Ahrling G. 1989. Storage of natural gas at high pressure in lined rock caverns-rock mechanical analysis//Proceedings of International Conference on Storage of Gases in Rock Caverns, Trondheim: 177-184.

Last N C, Harper T R. 1990. Response of fractured rock subject to fluid injection Part I. Development of a numerical model. Tectonophysics, 172(1-2): 1-31.

Lekhnitskii S G. 1963. Theory of Elasticity of an Anisotropic Elastic Body. San Francisco: Holden Day Inc.

Lemos J A. 1987. Distinct element model for dynamic analysis of jointed rock with application to dam foundation and fault motion. Minnesota: University of Minnesota.

Lemos J V, Cundall P A. 1999. Earthquake analysis of concrete gravity dams on jointed rock foundation//SharmaV M, Saxena K R, Wood R D. Distinct Element Modelling in Geomechanics. New Delhi: Oxford & IBH Publishing: 117-143.

Lemos J V, Lorig L J. 1990. Hydromechanical modelling of jointed rock masses using the distinct element method//Proceedings of the International Conference on Mechanics of Jointed and Faulted Rock. Rotterdam: Balkema: 605-612.

Lemos J, Hart R D, Cundall P A. 1985. A generalized distinct element program for modelling jointed rock mass: A keynote lecture//Stephansson O. Proceedings of the International Symposium on Fundamentals of Rock Joints, Björkliden, Sweden. Lulea: Centek Publisher: 335-343.

Lemos J, Hart R, Lorig L. 1987. Dynamic analysis of discontinua using the distinct element method//Proceedings of 6th International Congress on Rock Mechanics, Montreal: 1079-1084.

Lightfoot N. 1993. The use of numerical modeling in rockburst control//Proceedings of the

International Congress on Mine Design, Kingston, Ontario, Canada. Rotterdam: Balkema: 355-360.

Lightfoot N, Kullman D H, Leach A R. 1994. A conceptual model of a hard rock, deep level, tabular ore body that incorporates the potential for face bursting as a natural product of mining//Proceedings of 1st North American Rock Mechanics Symp, Austin, TX. Rotterdam: Balkema: 903-910.

Long J C S, Remer J S, Wilson C R, et al. 1982. Porous media equivalents for networks of discontinuous fractures. Water Resources Research, 18(3): 645-658.

Lorig L. 1984. A hybrid computational model for excavation and support design in jointed media. Minnesota: University of Minnesota.

Lorig L. 1985. A simple numerical representation of fully bonded passive rock reinforcement for hard rocks. Computers and Geotechnics, 1(2): 79-97.

Lorig L. 1987. Distinct element-structural element analysis of support systems in jointed rock masses//Proceedings of 6th Australian Tunneling Conference, Melbourne: 173-182.

Lorig L J, Hobbs B E. 1990. Numerical modelling of slip instability using the distinct element method with state variable friction laws. International Journal of Rock Mechanics and Mining Sciences & Geomechanics Abstracts, 27(6): 525-534.

Lorig L J, Hart R D, Board M P. 1989. Influence of discontinuity orientations and strength on cavability in a confined environment//Khair A W. Rock Mechanics as a Guide for Efficient Utilization of Natural Resources. Rotterdam: Balkema: 167-174.

Ma M, Brady B H. 1992. Analysis of the dynamic performance of an underground excavation in jointed rock under repeated seismic loading. Geotechnical & Geological Engineering, 17(1): 1-20.

MacLaughlin M M, Clapp K K. 2002. Discrete element analysis of an underground opening in blocky rock: An investigation of the differences between UDEC and DDA results//Proceedings of 3rd International Conference on Discrete Element Methods, Santa Fe: 329-334.

MacLaughlin M M, Langston R B, Brady T M. 2001. Numerical geomechanical modelling for Stillwater Mine, Nye, Montana//Proceedings of 38th US Rock Mechanics Symposium, Washington, DC. The Netherlands: Swets & Zeitlinger: 423-432.

Makurat A, Barton N, Vik G, et al. 1990a. Investigation of disturbed zone effects and support strategies for the Fjellinjen road tunnels under Oslo//Lo K Y. Proceedings of the International Congress on Progress and Innovation in Tunneling, Toronto. Toronto: TAC/NRC/ITA: 125-134.

Makurat A, Barton N, Rad N S, et al. 1990b. Joint conductivity variation due to normal and shear deformation//Barton N, Stephansson O. Proceedings of International Symposium on Rock Joints. Rotterdam: Balkema: 535-540.

Martin C D, Simmons G R. 1993. The atomic energy of Canada limited underground research laboratory: an overview of geomechanics characterization//Hudson J A. Rock Testing and Site Characterization. Amsterdam: Elsevier: 915-950.

MasIvars D, Hakami E, Stephansson O. 2004. Influence of rock mass characteristics on inflow into deposition holes for nuclear waste disposal-a coupled hydro-mechanical analysis using 3DEC//Konietzky H. Proceedings of 1st International UDEC/3DEC Symposium, Bochum:

95-103.

McKinnnon S D. 2001. Analysis of stress measurements using a numerical model methodology. International Journal of Rock Mechanics and Mining Sciences, 38(5): 699-709.

McKinnon S D, Lorig L. 1999. Considerations for three-dimensional modelling in analysis of underground excavations//Sharma V M, Saxena K R, Wood R D. Distinct Element Modelling in Geomechanics. New Delhi: Oxford & IBH Publishing: 145-166.

Min K B, Jing L. 2003. Numerical determination of the equivalent elastic compliance tensor for fractured rock masses using the distinct element method. International Journal of Rock Mechanics and Mining Sciences, 40(6): 795-816.

Min K B, Jing L, Stephansson O. 2004a. Fracture system characterization and evaluation of the equivalent permeability tensor of fractured rock masses using a stochastic REV approach. Hydrogeology Journal, 12(5): 497-510.

Min K B, Rutqvist J, Tsang C F, et al. 2004b. Stress-dependent permeability of fractured rock masses: A numerical study. International Journal of Rock Mechanics and Mining Sciences, 41(7): 1191-1210.

Mitarashi Y, Tezuka H, Okabe T, et al. 2006. The evaluation of the effect of long face bolting by 3D distinct element method//Leung C F, Zhou Y X. Rock Mechanics in Underground Construction(4th Asian Rock Mechanics Symposium). Singapore: World Scientific: 256.

Monsen K, Makurat A, Barton N. 1992. Numerical modelling of disturbed zone phenomena at Stripa//Hudson J A. Proceedings of ISRM Symposium on Eurock'92, Chester, London, British Geotechnical Society: 354-359.

Morgan J K. 1999. Numerical simulations of granular shear zones using the distinct element method: 2. Effects of particle size distribution and interparticle friction on mechanical behavior. Journal of Geophysical Research: Solid Earth, 104(B2): 2721-2732.

Neuman S P. 1987. Stochastic continuum representation of fractured rock permeability as an alternative to the REV and fracture network//28th US Symposium on Rock Mechanics, Tucson: 533-561.

Ng L K W, Swan G, Board M. 1993. The application of energy approach in fault models for support design//Proceedings of the International Symposium on Rockbursts and Seismicity in Mines 93, Kingston: 387-391.

Nirex (Nirex UK Ltd). 1995. Geotechnical studies at Sellafield. Executive summary of NGI/WSA work from 1990-1994. Nirex Report 801.

Nirex (Nirex UK Ltd). 1997. Evaluation of heterogeneity and scaling of fractures in the Borrowdale Volcanic Group in the Sellafield Area. Nirex Report SA/97/028.

Nordlund E, Radberg G, Jing L. 1995. Determination of failure modes in jointed pillars by numerical modeling//Myer L R, Cook N G W, Goodman R E, et al. Fractured and Jointed Rock Masses(Proceedings of the Conference on Fractured and Jointed Rock Masses, Lake Tahoe, CA, June 1992). Rotterdam: Balkema: 345-350.

O'Connor K M, Dowding C H. 1990. Monitoring and simulation of mining-induced subsidence// Rossmanith H P. Proceedings of the International Conference on Mechanics of Jointed and

Faulted Rock, Vienna: 781-787.

O'Connor K M, Dowding C H. 1992a. Hybrid discrete element code for simulation of mining-induced strata movements. Engineering Computations, 9(2): 235-242.

O'Connor K M, Dowding C H. 1992b. Distinct element modeling and analysis of mining-induced subsidence. Rock Mechanics and Rock Engineering, 25(1): 1-24.

Oda M. 1986. An equivalent continuum model for coupled stress and fluid flow analysis in jointed rock masses. Water Resources Research, 22(13): 1845-1856.

Oelfke S M, Mustoe G G W, Kripakov N P. 1994. Application of the discrete element method toward simulation of ground control problems in underground mines//Proceedings of the 8th International Conference on Computer Methods and Advances in Geomechanics, Morgantown: 1865-1870.

Ohnishi Y, Nishiyama S, Sasaki T. 2006. Development and application of discontinuous deformation analysis//Leung C F, Zhou Y X. Rock Mechanics in Underground Construction(4th Asian Rock Mechanics Symposium). Singapore: World Scientific: 59-70.

Olsson R, Barton N. 2001. An improved model for hydromechanical coupling during shearing of rock joints. International Journal of Rock Mechanics and Mining Sciences, 38(3): 317-329.

Panda B B, Kulatilake P H S W. 1996. Effect of block size on the hydraulic properties of jointed rock through numerical simulation//Proceedings of 2nd North American Rock Mechanics Symposium, NARMS 96, Montreal: 1969-1976.

Pascal C. 2002. Interaction of faults and perturbation of slip: Influence of anisotropic stress states in the presence of fault friction and comparison between Wallace-Bott and 3D distinct element models. Tectonophysics, 356(4): 307-322.

Pascal C, Gabrielsen R H. 2001. Numerical modeling of Cenozoic stress patterns in the Mid Norwegian Margin and the northern North Sea. Tectonics, 20(4): 585-599.

Pine R J, Cundall P A. 1985. Application of the fluid-rock interaction program(FRIP)to the modelling of hot dry rock geothermal energy systems//Stephansson O. Proceedings of the International Symposium on Fundamentals of Rock Joints, Björkliden: 293-302.

Pine R J, Nicol D A. 1988. Conceptual and numerical models of high pressure fluid-rock interaction//Proceedings of 29th US Rock Mechanics Symposium, Minneapolis: 495-502.

Priest S D. 1993. Discontinuity Analysis for Rock Engineering. London: Chapman and Hall.

Rachez X, Durville J L. 1996. Numerical modelling of a bridge foundation on a jointed rock slope with the distinct element method//Proceedings of Eurock'96, Predictions and Performance in Rock Mechanics and Rock Engineering. Rotterdam: Balkema: 535-541.

Ravi G, Dasgupta B. 1995. Influence of joints on the stability of shallow seated underground structures at Zawarmala mine//Proceedings of the 2nd International Conference on the Mechanics of Jointed and Faulted Rock-MJFR-2, Vienna: 645-650.

Rejeb A. 1993. Mathematical simulations of coupled THM processes of Fanay-Augères field test by distinct element and discrete finite element methods//Stephansson O, Jing L, Tsang C F. Coupled Thermo-Hydro-Mechanical Processes of Fractured Media, Mathematical and Experimental Studies. Amsterdam: Elsevier: 341-368.

Rosengren L, Stephansson O. 1993. Modelling of rock mass response to glaciation at Finnsjön,

Central Sweden. Tunnelling and Underground Space Technology, 8(1): 75-82.

Rosengren L, Board M, Krauland N, et al. 1992. Numerical analysis of the effectiveness of reinforcement methods at the Kristeneberg Mine in Sweden//Proceedings of the International Symposium on Rock Support. Rotterdam: Balkema: 507-514.

Ryder J A. 1987. Excess shear stress (ESS): An engineering criterion for assessing unstable slip and associated rockburst hazards//Proceedings of 6th International Congress of Rock Mechanics, Montreal. Rotterdam: Balkema: 1211-1214.

Saltzer S. 1993. Numerical modelling of crustal scale faulting using the distinct element method//Proceedings of the 2nd International Conference on Discrete Element Methods (DEM). IESL Publications: 511-522.

Saltzer S D, Pollard D D. 1999. Distinct element modeling of structures formed in sedimentary overburden by extensional reactivation of basement normal faults. Tectonics, 11(1): 165-174.

Samaniego J A, Priest S D. 1984. Prediction of water flows through discontinuity networks into underground excavation//Proceedings of Symposium on the Design and Performance of Underground Excavations, Cambridge: 157-164.

Sansone E C, Ayres da Silva L A. 1998. Numerical modeling of the pressure arch in underground mines. International Journal of Rock Mechanics and Mining Sciences, 35(4-5): 436.

Scheldt T, Lu M, Myrvang A. 2002. Numerical analysis of Gjovik olympic cavern: A comparison of continuous and discontinuous results by using Phase2 and DDA//Hatzor Y H. Stability of Rock Structures. Lisse: Balkema: 125-131.

Schelle H, Grunthal G. 1994. Modelling of crustal block rotations in southern California-conclusions for geotechnics//Savidis S A. 2nd Conference on Earthquake Resistant Construction and Design, DGEB Publication 8: 11-18.

Shen B, Barton N. 1997. The disturbed zone around tunnels in jointed rock masses. International Journal of Rock Mechanics and Mining Sciences, 34(1): 117-125.

Shen B, Duncan Fama M E. 1997. A laminated span failure model for highwall mining span stability assessment//Proceedings of the 9th International Conference on Computer Methods and Advances in Geomechanics, Wuhan: 1585-1591.

Shen B T, Duncan Fama M E. 2000. Review of highwall mining experience in Australia and case study//Proceedings of the International Conference on Geotechnical and Geological Engineering, Melbourne: 1083.

Shen B, Stephansson O. 1991. Rock mass response to glaciation and thermal loading from nuclear waste//Symposium on Validation of Geosphere Flow and Transport Models, GEOVAL-1990, OECD, Paris: 550-558.

Siekmeier J A, O'Connor K M. 1994. Explicit modeling of rock mass discontinuities and mining subsidence simulation//Proceedings of the 8th International Conference on Computer Methods and Advances in Geomechanics, Morgantown: 1895-1900.

Sjöberg J. 1992. Failure modes and pillar behaviour in the Zinkgruvan mine//Proceedings of the 33rd US Rock Mechanics Symposium, Santa Fe. Rotterdam: Balkema: 491-500.

Sjöberg J. 1999. Analysis of large scale rock slopes. Luleå: Luleå Technical University.

SKB (Swedish Nuclear Waste and Fuel Management Co.). 1992. Project on alternative systems study (PASS). SKB Technical Report 93-04, SKB, Stockholm, Sweden.

SKB (Swedish Nuclear Waste and Fuel Management Co.). 1998. RD&D-Programme 98: Treatment and final disposal of nuclear waste. Programme for research, development and demonstration of encapsulation and geological disposal, Stockholm, Sweden.

Souley M, Homand F. 1993. Influence of joint constitutive laws on the stability of jointed rock masses//Proceedings of ISRM International Symposium on Safety and Environmental Issues in Rock Engineering, Eurock'93, Lisboa: 203-208.

Souley M, Homand F. 1996. Stability of jointed rock masses evaluated by UDEC with an extended Saeb-Amadei constitutive law. International Journal of Rock Mechanics and Mining Sciences & Geomechanics Abstracts, 33(3): 233-244.

Souley M, Homand F, Thoraval A. 1997. The effect of joint constitutive laws on the modelling of an underground excavation and comparison with in situ measurements. International Journal of Rock Mechanics and Mining Sciences, 34(1): 97-115.

Squelch A P, Roberts M K C, Taggart P N. 1994. The development of a rationale for the design of stope and gully support in tabular South African mines//Proceedings of 1st North American Rock Mechanics Symposium, Austin, TX. Rotterdam: Balkema: 919-926.

Starfield A M, Cundall P A. 1988. Towards a methodology for rock mechanics modelling. International Journal of Rock Mechanics and Mining Sciences & Geomechanics Abstracts, 25(3): 99-106.

Stephansson O, Shen B. 1991. Modelling of rock masses for site location of a nuclear waste repository//Proceedings of 7th International Congress on Rock Mechanics, Aachen: 157-162.

Stephansson O, Ljunggren C, Jing L. 1991a. Stress measurements and tectonic implications for Fennoscandia. Tectonophysics, 189(1-4): 317-322.

Stephansson O, Shen B, Lemos J. 1991b. Modelling of excavation, thermal loading and bentonite swelling pressure for a waste repository//Proceedings of 2nd Annual International Conference on High-Level Waste Management, Las Vegas, NV. New York: American Nuclear Society/ASCE: 1375-1381.

Stephansson O, Tsang C F, Kautsky F. 1994. Development of coupled models and their validation against experiments-DECOVALEX project//Proceedings of GEOVAL'94 Validation Through Model Testing, Paris: 349-360.

Stephansson O, Jing L, Tsang C F. 1996. Coupled thermo-hydro-mechanical processes of fractured media, mathematical and experimental studies//Recent Development of DECOVALEX Project for Radioactive Waste Repositories. Amsterdam: Elsevier Science: 575.

Stephansson O, Tsang C F, Kautsky F. 2001. Foreword. International Journal of Rock Mechanics and Mining Sciences, 38(1): 1-4.

Stephansson O, Jing L, Hudson J A. 2004. Coupled T-H-M-C Processes in Geosystems: Fundamentals, Modeling, Experiments and Applications. Oxford: Elsevier.

Su S, Stephansson O. 1999. Effect of fault on in situ stresses studied by distinct element method. International Journal of Rock Mechanics and Mining Sciences, 36(8): 1501-1506.

Ting T T C. 1996. Anisotropic Elasticity-Theory, Applications. Oxford: Oxford University Press, 570.

Tinucci J P, Hanson D S G. 1990. Assessment of seismic fault-slip potential at the Strathcona Mine//Rock Mechanics Contribution and Challenges. Rotterdam: Balkema: 753-760.

Tolppanen P J, Johansson E J W, Salo J P. 1996. Rock mechanical analyses of in-situ stress/strength ratio at the Posiva Oy investigation sites, Kivetty, Olkiluoto and Romuvaara, in Finland//Proceedings of Eurock'96, Predictions and Performance in Rock Mechanics and Rock Engineering, Torino. Rotterdam: Balkema: 435-442.

Tsang C F, Stephansson O, Kautsky F, et al. 2004. Coupled THM processes in geological systems and the DECOVALEX Project//Stephansson O, Hudson J A, Jing L. Coupled Thermo-Hydro-Mechanical-Chemical Processes in Geo-Systems-Fundamentals, Modelling, Experiments & Applications . Amsterdam: Elsevier: 3-16.

UK National Coal Board. 1975. Subsidence Engineers Handbook. 2nd ed. London: National Coal Board Mining Department.

Vengeon J M, Hantz D, Giraud A, et al. 1996. Numerical modelling of rock slope deformation//Proceedings of Eurock'96, Predictions and Performance in Rock Mechanics and Rock Engineering. Rotterdam: Balkema: 659-666.

Wei Z Q A. 1988. Fundamental study of the deformability of rock masses. London: Imperial College, University of London.

Wei Z Q, Egger P, Descoeudres F. 1995. Permeability predictions for jointed rock masses. International Journal of Rock Mechanics and Mining Sciences & Geomechanics Abstracts, 32(3): 251-261.

Wojtkowiak F, Soukatchoff V, Peila D, et al. 1995. Monitoring and numerical modelling of soft rock mass behaviour in a long-hole stoping mine at great depth//Proceedings of International Congress On Rock Mechanics, Tokyo: 683-687.

Wong F, Tennant D, Vaughan D, et al. 1993. Modeling of rock blocks and tunnel liner interaction, a comparative study//Noor A K. Abstracts of the 2nd US National Congress on Computational Mechanics, NASA, Washington DC: 90.

Xu D, Lilly P, Walker P. 2000. Stability and risk assessment of pit walls and BHP Iron Ore's Mt Whaleback Mine//Proceedings of the International Conference on Geotechnical & Geological Engineering, Melbourne, Australia, Paper SNES 0067.

Yeo I W, de Freitas M H, Zimmerman R W. 1998. Effect of shear displacement on the aperture and permeability of a rock fracture. International Journal of Rock Mechanics and Mining Sciences, 35(8): 1051-1070.

Yeung M R, Blair S C. 1999. Analysis of large block test data using the DDA method//Amadei B. Third International Conference on Analysis of Discontinuous Deformation-From Theory to Practice, June 3-4, Vail, CO, ARMA. Rotterdam: Balkema: 141-150.

Zhang X, Sanderson D J. 1996. Effects of stress on the two-dimensional permeability tensor of natural fracture networks. Geophysical Journal International, 125(3): 912-924.

Zhang X, Sanderson D J. 1997. Effects of loading direction on localized flow in fractured rocks//Yuan J. Computer Methods and Advances in Geomechanics. Rotterdam: Balkema: 1027-1032.

Zhang X, Sanderson D J. 2002. Numerical Modelling and Analysis of Fluid Flow and Deformation of Fractured Rock Masses. Oxford: Pergamon: 288.

Zhang X, Sanderson D J, Harkness R M, et al. 1996. Evaluation of the 2-D permeability tensor for fractured rock masses. International Journal of Rock Mechanics and Mining Sciences & Geomechanics Abstracts, 33(1): 17-37.

Zhu F, Stephansson O, Wangk Y. 1996. Stability investigation and reinforcement for slope at Daye Open Pit Mine, China//Proceedings of Eurock'96, Predictions and Performance in Rock Mechanics and Rock Engineering, Torino. Rotterdam: Balkema: 621-625.

延伸阅读

Jing L. 2003. A review of techniques, advances and outstanding issues in numerical modelling of rock mechanics and rock engineering. International Journal of Rock Mechanics and Mining Sciences, 40(3): 283-353.

Renshaw C E, Park J C. 1997. Effect of mechanical interactions on the scaling of fracture length and aperture. Nature, 386: 482-484.

部分英文缩写及中文对照

英文缩写	对应中文
DEM	离散单元法
FEM	有限单元法
FDM	有限差分法
BEM	边界单元法
FVM	有限体积法
REV	表征单元体
DFN	离散裂隙网络
EDZ	开挖损伤区
DDA	非连续变形分析
CSG	构造实体几何法
SSD	连续空间划分法
BR	边界表示法
EDEM	显式离散单元法
IDEM	隐式离散单元法
RES	代表性面元

附录　等效为Cosserat连续体颗粒系统应力和偶应力张量表达式的推导

本附录严格按照 Kruyt(2003)中的原则、逻辑和术语定义，介绍了颗粒系统应力和偶应力张量的详细推导，作为推导均匀化 Cosserat 连续体的等效宏观变量的示例。位移相容方程、偶应力和转动梯度矢量以及虚拟和互补虚拟功的详细推导可以使用类似的技术。变量、指标和定义的约定与第 11.5 节相同。

为了建立离散颗粒系统的等效 Cosserat 连续体模型，需要用力矩来获得离散的平衡方程(即静态条件下的运动方程)。主要原理是，通过将这些方程在所有颗粒上求和，可以得到连续体平衡方程。通过将平衡方程乘以位置矢量并对所有颗粒求和，可以得到平均 Cauchy 应力张量和平均偶应力张量的微观力学表达式。获得这些表达式的另一种方法是使用这些张量的连续力学定义，但是这种方法将不包括在本附录内。

A.1　连续体平衡方程

颗粒集合体的离散平衡方程的连续体等效，是通过将这些方程在所有颗粒上求和得到的，如式(11.35)。从式(11.35)中的力平衡方程，求和可以得到

$$\sum_{p}\sum_{q} f_j^{pq} + \sum_{p} f_j^{p\beta} = 0 \tag{A1}$$

式(A1)中的第一个双重求和项 $f_j^{pq} + f_j^{qp}$ 为颗粒 p 和 q 之间的作用力和反作用力，其值等于零，因为 $f_j^{pq} = -f_j^{qp}$ 。第二项为单项求和，其连续体等效表达式为 $\int_B n_k \sigma_{kj} \mathrm{d}B$ (见式(11.29a))，利用发散定理，可以表示为 $\int_V \partial\sigma_{kj} / \partial x_k \mathrm{d}V$ 。

离散力平衡方程的连续体等效后表示为

$$\frac{\partial \sigma_{kj}}{\partial x_k} = 0 \tag{A2}$$

因为这个结果对任何子体都成立。它与无体力的准静态变形的经典连续体力平衡方程相同。

同样，从式(11.35)中的离散力矩平衡方程，可以得到

$$\sum_p \sum_q (k_j^{pq} + e_{jkl} C_k^{pq} f_l^{pq}) + \sum_p (k_j^{p\beta} + e_{jki} C_k^{p\beta} f_i^{p\beta}) = 0 \tag{A3}$$

第一个双重求和包括作用力和反作用力的转动扭矩

$$(k_j^{pq} + e_{jkl} C_k^{pq} f_l^{pq}) + (k_j^{qp} + e_{jkl} C_k^{qp} f_l^{qp}) = 0 \tag{A4}$$

因为 $k_j^{pq} = -k_j^{qp}, C_j^{pq} = -C_j^{qp}$ 和 $f_j^{pq} = -f_j^{qp}$ 。方程(A3)简化为

$$\sum_p (k_j^{p\beta} + e_{jkl} C_k^{p\beta} f_l^{p\beta}) = 0 \tag{A5}$$

上式有一个连续体等效表达式(参见式(11.29a))

$$\int_B n_m (\mu_{mj} + e_{jkl} x_k \sigma_{ml}) \mathrm{d}B = 0 \tag{A6}$$

对这个表达式再次使用发散定理，可以得到

$$\int_V \frac{\partial(\mu_{mj} + e_{jkl} x_k \sigma_{ml})}{\partial x_m} \mathrm{d}V = 0 \tag{A7}$$

因此，离散力矩平衡方程的连续体等效表达式为

$$\frac{\partial(\mu_{mj} + e_{jkl} x_k \sigma_{ml})}{\partial x_m} = 0 \tag{A8}$$

因为这个结果对任何子体都成立。展开式(A8)并使用连续体力平衡方程(A2)，最后可以得到

$$\frac{\partial \mu_{mj}}{\partial x_m} + e_{jkl} \sigma_{kl} = 0 \tag{A9}$$

这与准静态变形的连续体力矩平衡方程是相同的。应该注意的是，如果不使用式 (11.29b)，就不可能得到这个结果，偶拉力矢量与平动接触力无关，平动接触力对力矩的影响体现在式(A9)的第二项中。

A.2 平衡方程的矩

通过将力平衡方程(方程(11.35)中的第一个方程)乘以 X_i^p 并对所有颗粒求和，可以得到

$$\sum_p \sum_q X_j^p f_j^{pq} + \sum_p X_i^p f_j^{p\beta} = 0 \tag{A10}$$

由于 $f_j^{pq} = -f_j^{qp}$ 第一个双重求和包含的项

$$X_j^p f_j^{pq} + X_j^q f_j^{qp} = -(X_i^q - X_i^p) f_j^{pq} = -l_i^{pq} f_j^{pq} \tag{A11}$$

由于 $l_i^{pq} f_j^{pq} = l_i^{qp} f_j^{qp}$ 是一个适当的接触属性，那么式(A10)的第一项可以写为

$$\sum_p \sum_q X_j^p f_j^{pq} = -\sum_{c \in C^I} l_i^c f_j^c \tag{A12}$$

利用边界接触的边矢量的定义，如 11.5 节中的定义 $l_i^{p\beta} = C_i^{p\beta} - X_i^p$，得到式(A10)的一个新表达式：

$$-\sum_{c \in C^I \cup C^B} l_i^c f_j^c + \sum_{\beta \in B} C_i^\beta f_j^{p\beta} = 0 \tag{A13}$$

结合式(11.29a)，式(A13)中的第二项有一个连续体等效表达式，即

$$\sum_{\beta \in B} C_i^\beta f_j^{p\beta} = \int_B x_i n_k \sigma_{kj} \mathrm{d}B = \int_V \frac{\partial (x_i \sigma_{kj})}{\partial x_k} \mathrm{d}V \tag{A14}$$

应用发散定理后，再次使用连续力平衡方程(A2)，平均应力张量 $\langle \sigma_{ij} \rangle$ 的微观力学表达式为

$$\langle \sigma_{ij} \rangle = \frac{1}{V} \int_V \sigma_{ij} \mathrm{d}V = \frac{1}{V} \sum_{c \in C} l_i^c f_j^c \tag{A15}$$

将式(A2)中的力矩平衡方程乘以 X_i^p，并在所有颗粒上求和，就可以得到平均偶应力张量的表达式，即

$$\sum_p \sum_q X_i^p (k_j^{pq} + e_{jkl} C_k^{pq} f_l^{pq}) + \sum_p X_i^p (k_j^{p\beta} + e_{jkl} C_k^{p\beta} f_l^{p\beta}) = 0 \tag{A16}$$

使用同样的技术，$X_i^p k_j^{pq} + X_i^q k_j^{qp} = -(X_i^p - X_i^q) k_j^{pq} = -l_i^{pq} k_j^{pq}$ (因为 $k_j^{pq} = -k_j^{qp}$) 和 $l_i^{pq} k_j^{pq} = l_i^{qp} k_j^{qp}$，双重求和中的第一项和第二项可以写成 $-\sum_{c \in C^I} l_i^c k_j^c$ 和 $-e_{jkl} \sum_{c \in C^I} l_i^c C_k^c f_l^c$。使用边界接触的边矢量的相同定义 $l_i^{p\beta} = C_i^{p\beta} - X_i^p$，则可得出

$$-\sum_{c \in C^I \cup C^B} l_i^c k_j^c - e_{jkl} \sum_{c \in C^I \cup C^B} l_i^c C_k^c f_l^c + \sum_{\beta \in B} C_i^\beta (k_j^\beta + e_{jkl} C_k^\beta f_l^\beta) = 0 \tag{A17}$$

使用发散定理后，式(A17)中第三项的连续体等效表达式为

$$\int_B x_i n_m (\mu_{mj} + e_{jkl} x_k \sigma_{ml}) \mathrm{d}B = \int_V \frac{\partial [x_i (\mu_{mj} + e_{jkl} x_k \sigma_{ml})]}{\partial x_m} \mathrm{d}V \tag{A18}$$

结合连续体力和力矩平衡方程(A2)和式(A10)～式(A12)，平均的偶应力张量$\left\langle \mu_{ij} \right\rangle$由式 (A19)给出：

$$\left\langle \mu_{ij} \right\rangle = \frac{1}{V}\int_V \mu_{ij} \mathrm{d}V = \frac{1}{V}\left[\sum_{c\in C} l_i^c k_j^c + e_{jkl}\left(\sum_{c\in C} C_k^c l_i^c f_l^c - \int_V x_k \sigma_{ij} \mathrm{d}V \right) \right] \tag{A19}$$

利用接触点上的和与体积分的等效关系(11.31)，表达式 (A15)中平均应力张量，可写为

$$\int_V \sigma_{ij} \mathrm{d}V = \int_V m_V(x) \left\langle l_i f_j(x) \right\rangle \mathrm{d}V \tag{A20}$$

由于这一关系对任何体 V 都是成立的，因此可以得出

$$\sigma_{ij}(x) = m_V(x) \left\langle l_i f_j(x) \right\rangle \tag{A21}$$

类似地，通过使用式(A21)和式(11.31)，可以得到

$$\sum_{c\in V} C_k^c l_i^c f_l^c = \int_V m_V(x) x_k \left\langle l_i f_j(x) \right\rangle \mathrm{d}V = \int_V x_k \sigma_{ij}(x) \mathrm{d}V \tag{A22}$$

因此，式(A19)中的最后两项相互抵消，平均偶应力张量的微观力学表达式成为

$$\left\langle \mu_{ij} \right\rangle = \frac{1}{V}\int_V \mu_{ij} \mathrm{d}V = \frac{1}{V}\sum_{c\in C} l_i^c k_j^c = \frac{1}{V}\int_V m_V(x) \left\langle l_i k_j(x) \right\rangle \mathrm{d}V \tag{A23}$$

由于这种关系对任何体 V 都是成立的，因此，可以得出

$$\mu_{ij} = m_V(x) \left\langle l_i k_j(x) \right\rangle \tag{A24}$$

结合力矩平衡方程(11.35)，通过获取关于颗粒中心的力矩，方程(11.35)中第二个方程的另一种形式可以写为

$$\sum_q k_j^{pq} + k_j^{p\beta} + e_{jkl} \sum_q r_k^{pq} f_l^{pq} + e_{jkl} r_k^{p\beta} f_l^{p\beta} = 0 \tag{A25}$$

它使用的是相对坐标。将此方程在所有颗粒上求和，可以得到

$$\sum_p \sum_q (k_j^{pq} + e_{jkl} r_k^{pq} f_l^{pq}) + \sum_p (k_j^{p\beta} + e_{jkl} r_k^{p\beta} f_l^{p\beta}) = 0 \tag{A26}$$

使用与之前相同的论据，双重求和的第一项等于零，因为颗粒 p 和 q 之间的每个接触都有 $k_j^{pq} + k_j^{qp} = k_j^{pq} - k_j^{pq} = 0$。由于 $l_i^{pq} = r_i^{pq} - r_i^{qp}$ 和 $f_j^{qp} = -f_j^{pq}$，因此，在双重求和的第二项中，每个接触的贡献成为

$$e_{jkl}(r_k^{pq} f_l^{pq} + r_k^{qp} f_l^{qp}) = e_{jkl}(r_k^{pq} - r_k^{qp}) f_l^{pq} = e_{jkl} l_i^{pq} f_l^{pq} \tag{A27}$$

而总和可以简单表示为 $e_{jkl}\sum_{c\in C^I} l_k^c f_l^c$。利用边界边(或分支)矢量 l_i^β 的定义(参阅 11.5.3 节)，在式(A26)中单次求和的接触力的贡献是 $e_{jkl}\sum_{c\in C^B} l_k^c f_l^c$。力矩平衡方程(A26)被简化为

$$\sum_{\beta=B} k_j^\beta + e_{jkl}\sum_{c\in C^I\cup C^B} l_k^c f_l^c = 0 \tag{A28}$$